AB

Weigler/Karl

Beton
Arten – Herstellung – Eigenschaften

Ernst & Sohn

Handbuch für
Beton-, Stahlbeton- und Spannbetonbau

Entwurf – Berechnung – Ausführung

Herausgegeben von
Prof. Dr.-Ing. Herbert Kupfer
Institut für Bauingenieurwesen III
Technische Universität München

Helmut Weigler, Sieghart Karl

Beton

Arten – Herstellung – Eigenschaften

Verlag für Architektur
und technische Wissenschaften
Berlin

Titelbild:
Tiefgarage Ost am Flughafen Frankfurt/Main (Arge)
(Werkfoto Bilfinger + Berger Bauaktiengesellschaft)

Dieses Buch enthält 292 Abbildungen und 66 Tabellen

CIP-Titelaufnahme der Deutschen Bibliothek

Handbuch für Beton-, Stahlbeton- und Spannbetonbau/
hrsg. von Herbert Kupfer. – Berlin: Ernst.
Früher mit d. Erscheinungsorten Berlin, München, Düsseldorf. –
NE: Kupfer, Herbert [Hrsg.]

Weigler, Helmut: Beton. – 1989.

Weigler, Helmut:
Beton : Arten – Herstellung – Eigenschaften/
Helmut Weigler; Sieghart Karl. – Berlin: Ernst, 1989
(Handbuch für Beton-, Stahlbeton- und Spannbetonbau)
ISBN 3-433-01332-2
NE: Karl, Sieghart:

© 1989 Ernst & Sohn Verlag für Architektur und technische Wissenschaften, Berlin.
Alle Rechte, insbesondere die der Übersetzung in andere Sprachen, vorbehalten. Kein Teil dieses Buches darf ohne schriftliche Genehmigung des Verlages in irgendeiner Form – durch Fotokopie, Mikrofilm oder irgendein anderes Verfahren – reproduziert oder in eine von Maschinen, insbesondere von Datenverarbeitungsmaschinen, verwendbare Sprache übertragen oder übersetzt werden.
All rights reserved (including those of translation into other languages). No part of this book may be reproduced in any form – by photoprint, microfilm, or any other means – nor transmitted or translated into a machine language without written permission from the publishers.
Die Wiedergabe von Warenbezeichnungen, Handelsnamen oder sonstigen Kennzeichen in diesem Buch berechtigt nicht zu der Annahme, daß diese von jedermann frei benutzt werden dürfen. Vielmehr kann es sich auch dann um eingetragenen Warenzeichen oder sonstige gesetzlich geschützte Kennzeichen handeln, wenn sie als solche nicht eigens markiert sind.
Satz und Druck: Tutte Druckerei GmbH, D-8391 Salzweg bei Passau
Bindung: Lüderitz & Bauer GmbH, D-1000 Berlin 61
Printed in the Federal Republic of Germany

Geleitwort

Von der Handbuchreihe für Beton-, Stahlbeton- und Spannbetonbau sind bisher die Bände

Betonfahrbahnen
von Prof. Dr.-Ing. JOSEF EISENMANN

Wasserbauten aus Beton
von Prof. Dr.-Ing. HANS BLIND

Betonkonstruktionen im Tiefbau
von Dr.-Ing. HEINRICH BALDAUF und Dipl.-Ing. UWE TIMM

Brücken aus Spannbeton-Fertigteilen
von Dr.-Ing. WOLFGANG ROSSNER

erschienen und haben in Praxis und Wissenschaft eine sehr gute Resonanz gefunden. Eine Übersicht über die geplanten Bände enthält das Geleitwort zum Band *Wasserbauten aus Beton*.

In dem vorliegenden Band haben die Autoren Prof. Dr.-Ing. HELMUT WEIGLER und Dr.-Ing. SIEGHART KARL den derzeitigen Stand des Wissens über Arten, Herstellung und Eigenschaften des Betons umfassend dargestellt. Dabei wird deutlich, daß die technologische Entwicklung dieses Baustoffes große Fortschritte gemacht hat, die viele neue Möglichkeiten eröffnen. Die Fachsprache kennt bereits nahezu 100 verschiedene Betonarten, deren Bezeichnung auf spezielle Eigenschaften, die Herstellung, die Zusammensetzung, die Verarbeitung oder die Verwendung hinweist. Zusatzmittel gestatten es zudem, die Eigenschaften des Frischbetons und des Festbetons gezielt zu beeinflussen.

Dank gebührt den Autoren für die Klarheit der Darstellung dieses äußerst komplexen Fachgebietes und dem Verlag für die gelungene äußere Form des Buches, die der der bereits erschienenen Bände der Handbuchreihe nicht nachsteht. Das Werk wird dem in der Praxis stehenden Ingenieur, aber auch dem Lehrenden und Lernenden eine wertvolle Hilfe sein.

München, im Juni 1989   HERBERT KUPFER

Vorwort

Die Ausführungsmöglichkeiten und die Kosten eines Bauwerks werden durch die Eigenschaften der verfügbaren Baustoffe bestimmt. Die Voraussetzungen für ein Bauwerk, das den Erwartungen von Bauherr und Benutzer entsprechen soll und das den Beanspruchungen aus Umwelt und Betrieb bei minimalem Unterhaltungsaufwand über Jahrzehnte zu widerstehen hat, sind, neben der Verwendung dauerhafter Baustoffe, eine jeweils werkstoffgerechte Gestaltung, Konstruktion und Ausführung. Dies bedingt in unserem Fall umfassende Einsichten in die Möglichkeiten des Baustoffes Beton, fundierte Kenntnisse über seine Eigenschaften und ein durch Erfahrung gesichertes Wissen, wie Beton zusammengesetzt, hergestellt und verarbeitet werden muß, um die angestrebten Eigenschaften zielsicher zu erreichen. Ein Bauwerk kann wohl „schlechter", aber niemals „besser" sein als der Beton, aus dem es errichtet wurde. Diese Einsichten, Kenntnisse und Erfahrungen will das vorliegende Buch vermitteln.

Behandelt werden die Betonarten und ihre Anwendungsmöglichkeiten, die für Zementbeton verfügbaren und geeigneten Ausgangsstoffe, die Zusammensetzung, Herstellung und Verarbeitung des Betons sowie die Eigenschaften des Frisch- und des Festbetons. Jeweils ein Abschnitt ist dem Leicht-, dem Spritz- und dem Faserbeton gewidmet.

Das Buch beschreibt den heutigen Stand der Betontechnik. Es orientiert sich zunächst an den Gegebenheiten in der Bundesrepublik Deutschland, berücksichtigt aber auch internationale Entwicklungen und Erkenntnisse. Darüber hinaus vermittelt es wichtige Fakten, die der mit Planung, Entwurf, Ausführung und Überwachung eines Betonbauwerkes beauftragte Ingenieur benötigt. Die dafür maßgebenden wissenschaftlichen Grundlagen und Zusammenhänge werden erläutert und damit Hilfe zur Selbsthilfe geboten.

Darmstadt, im Juni 1989   HELMUT WEIGLER   SIEGHART KARL

Inhaltsverzeichnis

Geleitwort		V
Vorwort		VII
Formelzeichen und Abkürzungen		XXIII
1	**Definition und Einteilung**	1
1.1	Betonarten	1
1.1.1	Betongefüge	2
1.1.2	Zuschlag	2
1.1.3	Bindemittel	3
1.1.4	Ort der Herstellung und Verwendung	3
1.1.5	Herstellverfahren	4
1.1.6	Bewehrung	6
1.1.7	Rohdichte und Druckfestigkeit	6
1.1.8	Beton mit besonderen Eigenschaften	6
1.1.9	Beton für bestimmte Anwendungsgebiete	7
1.2	Betonklassen	8
1.2.1	Festigkeitsklassen	8
1.2.2	Rohdichteklassen	9
1.3	Betongruppen	10
1.4	Betonsorten	10
2	**Ausgangsstoffe**	11
2.1	Zement	11
2.1.1	Begriffsbestimmung	11
2.1.1.1	Portlandzement	13
2.1.1.2	Hüttenzemente	13
2.1.1.3	Puzzolanzemente	13
2.1.1.4	Portlandkalksteinzement	14
2.1.1.5	Tonerdezement	14
2.1.1.6	Sonderzemente	14
2.1.2	Zementherstellung	17
2.1.3	Reaktionen des Zements mit dem Anmachwasser	19
2.1.3.1	Hydratphasen	19
2.1.3.2	Hydratationsprodukte	20
2.1.3.3	Hydratationsverlauf	21
2.1.3.4	Ansteifen und Erstarren	22
2.1.3.5	Aufbau des Zementsteins	23
2.1.4	Bautechnische Eigenschaften des Zements	28
2.1.4.1	Erhärten und Festigkeit	28

2.1.4.1.1	Zementfestigkeitsklassen	28
2.1.4.1.2	Festigkeitsentwicklung	30
2.1.4.1.3	Biegezugfestigkeit	33
2.1.4.2	Erstarren	34
2.1.4.3	Mahlfeinheit	35
2.1.4.4	Dichte und Schüttdichte	37
2.1.4.5	Raumbeständigkeit	37
2.1.4.6	Chemische Widerstandsfähigkeit	38
2.1.4.7	Hydratationswärme	39
2.1.4.8	Formänderungen	41
2.1.4.9	Farbe	42
2.1.4.10	Wasserdurchlässigkeit	42
2.2	Zuschlag	43
2.2.1	Einteilung	44
2.2.2	Bezeichnung	45
2.2.3	Anforderungen	45
2.2.3.1	Allgemeine Anforderungen	45
2.2.3.2	Kornzusammensetzung	45
2.2.3.3	Kornform und Kornoberfläche	47
2.2.3.4	Festigkeit	48
2.2.3.5	Frostwiderstand	48
2.2.3.6	Schädliche Bestandteile	50
2.2.3.7	Zusätzliche Anforderungen an gebrochene Hochofenschlacke	53
2.2.3.8	Zusätzliche Anforderungen an künstlich hergestellten Leichtzuschlag	53
2.2.4	Zuschlagarten – Herstellung und Eigenschaften	54
2.2.4.1	Normalzuschlag	54
2.2.4.1.1	Übersicht	54
2.2.4.1.2	Eigenschaften	56
2.2.4.2	Leichtzuschlag	59
2.2.4.2.1	Zuschlag für Konstruktionsleichtbeton	59
2.2.4.2.2	Zuschlag für vorwiegend wärmedämmende Leichtbetone	63
2.2.4.3	Schwerzuschlag	64
2.3	Betonzusatzmittel	65
2.3.1	Begriffsbestimmung	65
2.3.2	Wirkungsgruppen	65
2.3.3	Anwendungsbereich	66
2.3.4	Allgemeine Anforderungen	67
2.3.4.1	Gleichmäßigkeit und Haltbarkeit	67
2.3.4.2	Verträglichkeit mit Beton und Bewehrung	67
2.3.4.3	Einfluß auf das Erstarren	68
2.3.4.4	Einfluß auf die Raumbeständigkeit	68
2.3.4.5	Einfluß auf den Luftgehalt des Betons	68
2.3.5	Besondere Anforderungen	68
2.3.6	Arten und Wirkung	69
2.3.6.1	Betonverflüssiger (BV) und Fließmittel (FM)	69
2.3.6.2	Luftporenbildner (LP)	73
2.3.6.3	Dichtungsmittel (DM)	74
2.3.6.4	Verzögerer (VZ)	75
2.3.6.5	Beschleuniger (BE)	78

2.3.6.6	Einpreßhilfen (EH) für Einpreßmörtel bei Spannbeton	79
2.3.6.7	Stabilisierer (ST)	80
2.3.7	Betonzusatzmittel für Sonderzwecke	80
2.3.7.1	Schaumbildner und Gasbildner	80
2.3.7.2	Entschäumer	82
2.3.7.3	Fettalkohol	82
2.3.7.4	Pilz-, keim- und insektentötende Zusatzmittel	83
2.3.7.5	Zusatzmittel zum Korrosionsschutz der Bewehrung	83
2.4	Betonzusatzstoffe	83
2.4.1	Begriffsbestimmung	83
2.4.2	Einteilung	83
2.4.3	Feinkörnige mineralische Zusatzstoffe	84
2.4.3.1	Inerte Stoffe	84
2.4.3.2	Puzzolanische Stoffe	85
2.4.3.2.1	Allgemeines	85
2.4.3.2.2	Steinkohlenflugasche	85
2.4.3.2.3	Silicastaub (silica fume, microsilica)	90
2.4.3.2.4	Auswirkung auf die Festbetoneigenschaften	91
2.4.3.3	Latent hydraulische Stoffe	93
2.4.4	Farbstoffe	94
2.4.5	Organische Stoffe	96
2.5	Zugabewasser	97
2.5.1	Begriffsbestimmung	97
2.5.2	Anforderungen	97
2.5.3	Beurteilung	97
2.5.4	Betontechnologische Vergleichsprüfungen	100
3	**Betonzusammensetzung**	**101**
3.1	Kornzusammensetzung des Zuschlags	101
3.1.1	Allgemeines	101
3.1.2	Sieblinien	102
3.1.3	Stetige und unstetige Kornzusammensetzung	102
3.1.3.1	Gegenüberstellung	102
3.1.3.2	Stetige Sieblinien	103
3.1.3.3	Sieblinien für Ausfallkörnungen	106
3.1.4	Kennwerte für die Kornverteilung und den Wasseranspruch	108
3.1.5	Zusammenstellung des Zuschlaggemisches	112
3.2	Betonaufbau	114
3.2.1	Wasseranspruch	114
3.2.1.1	Kornzusammensetzung	114
3.2.1.2	Kornform und Oberflächenbeschaffenheit des Zuschlags	115
3.2.1.3	Zementgehalt und Zementart	116
3.2.1.4	Betonzusätze	118
3.2.2	Wasserzementwert und Zementgehalt	119
3.2.2.1	Allgemeines	119
3.2.2.2	Beton mit bestimmter Festigkeit	120
3.2.2.3	Bewehrter Beton	123
3.2.2.4	Beton für Außenbauteile	124
3.2.2.5	Beton mit besonderen Eigenschaften	127

3.2.3	Feinststoffe (Mehlkorn und Feinstsand)	127
3.3	Mischungsentwurf	130
3.3.1	Berechnung	130
3.3.2	Eignungsprüfung	132
3.3.3	Beispiele	133
3.3.3.1	Beton B 25, Regelkonsistenz	133
3.3.3.2	Beton mit hohem Frost- und Tausalzwiderstand für bewehrte Bauteile	135
4	**Herstellung, Verarbeitung und Nachbehandlung**	139
4.1	Herstellung	139
4.1.1	Abmessen der Ausgangsstoffe	139
4.1.2	Frischbetontemperatur	140
4.1.3	Mischen	142
4.1.3.1	Allgemeines	142
4.1.3.2	Mischzeit	143
4.1.3.3	Intensivmischen	144
4.1.3.4	Zementleimvormischung	145
4.1.3.5	Transportbeton	145
4.1.3.6	Mischen mit Dampfzuführung	145
4.1.3.6.1	Begriff und Zweck	145
4.1.3.6.2	Dampfinjektion	146
4.1.3.6.3	Wärme- und Dampfbedarf	146
4.1.3.6.4	Zusammensetzung, Herstellung und Verarbeitung des Betons	147
4.1.3.7	Trockenbeton	148
4.2	Verarbeitung	148
4.2.1	Befördern des Betons	148
4.2.2	Fördern auf der Baustelle	150
4.2.2.1	Allgemeines	150
4.2.2.2	Pumpbeton	150
4.2.2.2.1	Anwendung	150
4.2.2.2.2	Betonzusammensetzung	151
4.2.2.2.3	Einrichtung und Betrieb	152
4.2.3	Vorbehandlung der Schalung	154
4.2.3.1	Allgemeines	154
4.2.3.2	Trennmittel	155
4.2.3.2.1	Wirkungsweise	155
4.2.3.2.2	Anforderungen	155
4.2.3.2.3	Trennmittelarten	155
4.2.3.2.4	Auftrag der Trennmittel	157
4.2.4	Einbringen	158
4.2.4.1	Allgemeines	158
4.2.4.2	Fließbeton	158
4.2.4.3	Schüttbeton	159
4.2.5	Verdichten	159
4.2.5.1	Allgemeines	159
4.2.5.2	Verdichtungsarten	160
4.2.5.3	Rüttelverdichtung	161
4.2.5.3.1	Allgemeines	161
4.2.5.3.2	Innenrüttler	162

Inhaltsverzeichnis XIII

4.2.5.3.3	Außenrüttler	165
4.2.5.3.4	Oberflächenrüttler	168
4.2.5.4	Nachverdichten	169
4.2.5.5	Vakuumbehandlung	170
4.2.5.5.1	Verfahren	170
4.2.5.5.2	Zusammensetzung und Einbau des Betons	171
4.2.5.5.3	Betoneigenschaften	171
4.2.5.5.4	Anwendung	172
4.2.6	Arbeitsfugen	173
4.2.6.1	Allgemeines	173
4.2.6.2	Anordnung	173
4.2.6.3	Ausführung	174
4.3	Nachbehandlung	175
4.3.1	Allgemeines	175
4.3.2	Schutz gegen vorzeitiges Austrocknen	176
4.3.2.1	Bedeutung	176
4.3.2.2	Auswirkung	177
4.3.2.3	Maßnahmen	179
4.3.2.4	Verfahren	180
4.3.2.5	Dauer	181
4.3.3	Schutz gegen niedrige Temperaturen	183
4.3.3.1	Allgemeines	183
4.3.3.2	Frischbetontemperatur	183
4.3.3.3	Gefrierbeständigkeit	183
4.3.3.4	Frostschutzmittel	184
4.3.3.5	Schutz gegen schnelle Abkühlung	185
4.3.4	Schwingungen und Erschütterungen	185
4.3.4.1	Beton	185
4.3.4.2	Verbund der Bewehrung	186
4.4	Wärmebehandlung	187
4.4.1	Allgemeines	187
4.4.2	Einfluß der Temperatur, Reife	188
4.4.3	Arten der Wärmebehandlung	191
4.4.4	Zeitlicher Ablauf	191
4.4.4.1	Vorlagern	192
4.4.4.2	Erwärmen	193
4.4.4.3	Höchsttemperatur und Verweildauer	193
4.4.4.4	Nachbehandeln	195
4.4.4.5	Belasten	196
4.4.5	Verfahren	196
4.4.5.1	Dampfbehandlung	196
4.4.5.2	Warmluftbehandlung	196
4.4.5.3	Beheizen der Schalung	196
4.4.5.4	Infrarotbestrahlung	196
4.4.5.5	Elektrische Erwärmung	197
4.4.6	Betonzusammensetzung	197
4.4.6.1	Wasserzementwert und Konsistenz	197
4.4.6.2	Zement	198
4.4.6.3	Zuschlag und Zusätze	198
4.4.7	Betoneigenschaften	198

4.4.7.1	Druckfestigkeit	198
4.4.7.2	Zugfestigkeit	199
4.4.7.3	Wasserundurchlässigkeit	199
4.4.7.4	Verschleißwiderstand	199
4.4.7.5	Frostwiderstand, Frost- und Taumittelwiderstand und Widerstand gegen chemische Angriffe	199
4.4.7.6	Formänderungen	199
4.4.7.7	Verbund Beton – Bewehrung	200
4.5	Dampfhärtung	200
4.6	Tränkung (Imprägnieren)	202
4.6.1	Allgemeines	202
4.6.2	Kunststoffe	202
4.6.3	Schwefel	204
5	**Frischbeton**	**205**
5.1	Verarbeitung und Konsistenz	205
5.1.1	Begriffsbestimmung	205
5.1.2	Anforderungen und Einflüsse	205
5.1.2.1	Allgemeines	205
5.1.2.2	Wassergehalt und Wasserzementwert	206
5.1.2.3	Feinststoffe	206
5.1.2.4	Zuschlag	206
5.1.2.5	Zusatzmittel und Zusatzstoffe	207
5.1.3	Konsistenzmaße	208
5.1.3.1	Verdichtungsmaß	209
5.1.3.2	Ausbreitmaß	209
5.1.3.3	Setzmaß	210
5.1.3.4	VEBE-Grad	210
5.1.3.5	Auslaufzeit nach WERSE	210
5.1.3.6	Eindringmaße	211
5.1.4	Konsistenzbereiche	212
5.1.5	Fließbeton	214
5.1.5.1	Konsistenz	214
5.1.5.2	Ausgangsbeton	214
5.1.5.3	Dosierung des Fließmittels	215
5.1.5.4	Einbringen und Verdichten	215
5.1.5.5	Anwendung	216
5.1.6	Konsistenzentwicklung	216
5.2	Rohdichte	218
5.3	Luftgehalt	219
5.3.1	Allgemeines	219
5.3.2	Bestimmungsmethoden	220
5.3.2.1	Druckausgleichverfahren	220
5.3.2.2	Modifiziertes Druckausgleichverfahren	222
5.3.2.3	Volumetrisches Verfahren	222
5.3.2.4	Rechnerische Ermittlung	223
5.4	Grünstandfestigkeit	224
5.5	Schalungsdruck	226

5.6	Wasserabsondern – Absetzen	227
5.7	Frischbetonanalyse	228
5.7.1	Allgemeines	228
5.7.2	Wassergehalt	228
5.7.2.1	Darrversuch	229
5.7.2.2	KELLY-VAIL-Verfahren	229
5.7.2.3	Vakuumdestillation	229
5.7.3	Zementgehalt	230
5.7.3.1	Stoffraumrechnung	230
5.7.3.2	Auswaschversuch	230
5.7.3.3	RAM-Methode	231
5.7.3.4	Flotationsverfahren	232
5.7.4	Wasserzementwert	232
6	**Junger Beton**	**235**
6.1	Allgemeines	235
6.2	Verformungen	235
6.2.1	Chemisches Schrumpfen	235
6.2.2	Plastisches Schwinden	236
6.2.3	Wärmedehnzahl	238
6.3	Temperaturentwicklung infolge Hydratation	239
6.3.1	Adiabatischer Temperaturverlauf	239
6.3.2	Temperaturverlauf im Bauwerk	241
6.4	Festigkeit	245
6.5	Verformungseigenschaften	246
6.5.1	Dehnfähigkeit	246
6.5.2	Arbeitslinie und E-Modul	247
6.5.3	Relaxation	249
6.6	Reißneigung	249
6.6.1	Formänderungen der Schalung	249
6.6.2	Temperatureinflüsse	250
6.6.3	Austrocknung	251
7	**Festbeton**	**253**
7.1	Eigenschaften und deren Beeinflussung	253
7.2	Rohdichte	253
7.3	Porenraum	254
7.3.1	Allgemeines	254
7.3.2	Ermittlung	254
7.4	Druckfestigkeit	257
7.4.1	Allgemeines	257
7.4.2	Beeinflussung der Druckfestigkeit	258
7.4.2.1	Betonzusammensetzung	259
7.4.2.2	Erhärtungsbedingungen	259
7.4.3	Bestimmung der Kurzzeitdruckfestigkeit	259
7.4.3.1	Prüfkörper	259

7.4.3.2	Prüfeinflüsse	260
7.4.3.3	Feuchte und Temperatur	264
7.4.3.4	Vorbelastung	265
7.4.4	Streuung der Kurzzeit(Güte)festigkeit	265
7.4.5	Betonfestigkeitsklassen	267
7.4.5.1	Definition und Anforderungen	267
7.4.5.2	Nachweis	268
7.4.5.3	Annahmebedingungen	269
7.4.5.4	Zielfestigkeit für den Mischungsentwurf	271
7.4.6	Festigkeitsentwicklung	272
7.4.6.1	Allgemeines	272
7.4.6.2	Einflußgrößen	272
7.4.6.3	Nacherhärtung	274
7.4.7	Frühfestigkeit	275
7.4.8	Dauerstandfestigkeit	277
7.4.9	Dauerschwing(Druckschwell)festigkeit	278
7.4.9.1	Allgemeines	278
7.4.9.2	WöHLERlinie	279
7.4.9.3	Druckschwellfestigkeit	280
7.4.9.4	Betriebsfestigkeit	281
7.4.10	Mehrachsige Festigkeit	284
7.4.10.1	Kurzzeitfestigkeit	284
7.4.10.2	Dauerstand- und Druckschwellfestigkeit	286
7.4.11	Teilflächenbelastung	286
7.4.12	Bauwerksfestigkeit	287
7.4.12.1	Allgemeines	287
7.4.12.2	Bauwerks- und Gütefestigkeit	288
7.4.12.3	Beurteilung der Prüfergebnisse	288
7.4.12.4	Anwendungen	289
7.4.12.5	Prüfverfahren	289
7.4.12.5.1	Zerstörende Verfahren	289
7.4.12.5.2	Zerstörungsfreie Verfahren	290
7.4.13	Beschleunigte Festigkeitsprüfungen	295
7.4.14	Hochfester Beton (High strength concrete)	297
7.4.14.1	Ausgangsstoffe	297
7.4.14.2	Betonzusammensetzung	298
7.4.14.3	Verdichten	298
7.4.14.4	Nachbehandlung	298
7.4.14.5	Erreichbare Festigkeiten	299
7.4.14.6	Eigenschaften und Anwendung	299
7.5	Zugfestigkeit	300
7.5.1	Allgemeines	300
7.5.2	Beeinflussung der Zugfestigkeit	301
7.5.3	Biegezugfestigkeit	302
7.5.3.1	Bestimmung	302
7.5.3.2	Einflüsse	302
7.5.4	Spaltzugfestigkeit	304
7.5.5	Zentrische Zugfestigkeit	305
7.5.6	Festigkeitsverhältniswerte	306
7.5.7	Mehrachsige Zugfestigkeit	308

7.6	Schub-, Scher- und Torsionsfestigkeit	309
7.7	Schlagfestigkeit	309
7.8	Verbund Beton–Bewehrung	311
7.8.1	Allgemeines	311
7.8.2	Verbundfestigkeit	312
7.8.3	Auswirkungen	313
7.9	Formänderungen	313
7.9.1	Lastabhängige Formänderungen	313
7.9.2	Elastische Formänderungen	314
7.9.2.1	Arbeitslinie	314
7.9.2.1.1	Erstbelastung	314
7.9.2.1.2	Wiederholte Belastung	317
7.9.2.1.3	Einfluß von Temperatur und Feuchte	318
7.9.2.1.4	Faserbeton	318
7.9.2.1.5	Polymerisierter Beton	319
7.9.2.1.6	Zugbelastung	319
7.9.2.2	Arbeitsvermögen	321
7.9.2.3	Elastizitätsmodul	322
7.9.2.3.1	Definition und Bestimmung	322
7.9.2.3.2	Beeinflussung	324
7.9.2.3.3	Rechenwerte	326
7.9.2.3.4	Zeitliche Entwicklung	327
7.9.2.3.5	Zusammenhang statischer – dynamischer E-Modul	327
7.9.2.3.6	Zugbelastung	328
7.9.2.4	Querdehnzahl und Schubmodul	328
7.9.2.4.1	Querdehnzahl	328
7.9.2.4.2	Schubmodul	329
7.9.3	Kriechen und Relaxation	330
7.9.3.1	Allgemeines	330
7.9.3.2	Kriechmaß und Kriechzahl	331
7.9.3.3	Fließen	334
7.9.3.4	Fließzahl	335
7.9.3.4.1	Rechenwerte	335
7.9.3.4.2	Betonzusammensetzung	335
7.9.3.4.3	Belastungsalter und zeitlicher Verlauf	336
7.9.3.5	Verzögert elastische Verformung	337
7.9.3.6	Endkriechzahl	338
7.9.3.7	Einfluß des Belastungsalters	339
7.9.3.7.1	Junger Beton	339
7.9.3.7.2	Hohes Belastungsalter	340
7.9.3.8	Einfluß der Temperatur	340
7.9.3.8.1	Hohe Temperaturen	340
7.9.3.8.2	Niedrige Temperaturen	346
7.9.3.9	Zug-, Torsions- und Schwellbelastung	347
7.9.3.10	Spannungsrelaxation	348
7.9.4	Schwinden und Quellen	349
7.9.4.1	Allgemeines	349
7.9.4.2	Schwindmaß	351
7.9.4.3	Beeinflussung des Schwindmaßes	352
7.9.4.3.1	Austrocknungsbedingungen	352

7.9.4.3.2	Betonzusammensetzung	353
7.9.4.3.3	Wärmebehandlung	355
7.9.5	Temperaturverformungen	355
7.9.5.1	Allgemeines	355
7.9.5.2	Wärmedehnzahl	355
7.9.5.2.1	Zementstein	355
7.9.5.2.2	Zuschlag	357
7.9.5.2.3	Beton	357
7.9.5.3	Gefügespannungen	360
7.10	Dauerhaftigkeit	361
7.10.1	Allgemeines	361
7.10.2	Anforderungen an den Beton	362
7.11	Verschleißwiderstand	362
7.11.1	Allgemeines	362
7.11.2	Angriffsarten	362
7.11.2.1	Schleifende Beanspruchung	362
7.11.2.2	Rollende Beanspruchung	363
7.11.2.3	Prallbeanspruchung durch Schüttgüter und Flüssigkeiten	363
7.11.3	Beeinflussung	364
7.11.3.1	Druckfestigkeit	364
7.11.3.2	Betonzusammensetzung	364
7.11.3.3	Verarbeitung	365
7.11.3.4	Nachbehandlung	366
7.12	Dichtheit gegen Flüssigkeiten und Gase	366
7.12.1	Allgemeines	366
7.12.2	Dichtheit gegen Wasser	367
7.12.2.1	Einflüsse und Beurteilung	367
7.12.2.2	Prüfung	368
7.12.2.3	Wasserundurchlässiger Beton	369
7.12.2.3.1	Herstellung	369
7.12.2.3.2	Zusammensetzung	369
7.12.2.3.3	Konsistenz, Verarbeitung und Nachbehandlung	370
7.12.3	Dichtheit gegen andere Flüssigkeiten	371
7.12.4	Dichtheit gegen Gase	371
7.12.4.1	Einflüsse und Beurteilung	371
7.12.4.2	Gasundurchlässiger Beton	372
7.13	Frostwiderstand und Frost- und Taumittelwiderstand	374
7.13.1	Allgemeines	374
7.13.2	Frostwiderstand	375
7.13.2.1	Frostwirkung	375
7.13.2.2	Beeinflussung	375
7.13.2.3	Betonzusammensetzung	375
7.13.3	Frost- und Taumittelwiderstand	376
7.13.3.1	Frost- und Taumittelwirkung	376
7.13.3.2	Beeinflussung	378
7.13.3.3	Luftporensystem	378
7.13.3.3.1	Wirkungsweise	378
7.13.3.3.2	Anforderungen und Kennwerte	378
7.13.3.3.3	Luftgehalt im Frischbeton	379

7.13.3.3.4	Erzeugung der Luftporen	379
7.13.3.4	Betonzusammensetzung	380
7.13.3.5	Beton mit sehr steifer Konsistenz	382
7.13.3.6	Zusätzliche Schutzmaßnahmen	383
7.14	Widerstand gegen chemische Angriffe	384
7.14.1	Allgemeines	384
7.14.2	Angreifende Stoffe und ihre Wirkung	384
7.14.2.1	Lösender Angriff	384
7.14.2.2	Treibender Angriff	395
7.14.3	Vorkommen der angreifenden Stoffe	396
7.14.3.1	Wässer	396
7.14.3.2	Böden	397
7.14.3.3	Gase	398
7.14.4	Beurteilung des Angriffsvermögens	398
7.14.4.1	Wässer	398
7.14.4.2	Böden	400
7.14.4.3	Gase	401
7.14.5	Beton mit hohem Widerstand	401
7.14.5.1	Allgemeines	401
7.14.5.2	Betonzusammensetzung	402
7.14.5.2.1	Zementart	402
7.14.5.2.2	Zuschlag	403
7.14.5.2.3	Zusatzstoffe	403
7.14.6	Schutzmaßnahmen und bauliche Ausbildung	404
7.15	Widerstand gegen Alkalireaktion	405
7.15.1	Ursache und Wirkung	405
7.15.2	Vorbeugende Maßnahmen	406
7.16	Verhalten bei tiefen und hohen Temperaturen	406
7.16.1	Tiefe Temperaturen	406
7.16.2	Hohe Temperaturen	407
7.16.2.1	Allgemeines	407
7.16.2.2	Beton für Gebrauchstemperaturen bis 250 °C	408
7.16.2.2.1	Betonzuschlag	408
7.16.2.2.2	Druckfestigkeit	410
7.16.2.2.3	Zugfestigkeit	414
7.16.2.2.4	Verbund Beton – Bewehrung	415
7.16.2.2.5	Formänderungen	415
7.16.2.2.6	Rechenwerte für E-Modul und Druckfestigkeit	418
7.17	Wärmeleitfähigkeit	419
7.18	Brandverhalten und Feuerwiderstand	419
7.19	Widerstand gegen radioaktive Strahlung	420
7.20	Korrosionsschutz der Bewehrung	421
7.20.1	Voraussetzungen	421
7.20.2	Einleitung der Korrosion	422
7.20.2.1	Carbonatisierung	422
7.20.2.1.1	Allgemeines	422
7.20.2.1.2	Carbonatisierungstiefe und -geschwindigkeit	422
7.20.2.2	Chloridkorrosion	427

7.20.2.2.1	Allgemeines	427
7.20.2.2.2	Chloridverteilung	428
7.20.2.2.3	Kritischer Chloridgehalt	432
7.20.3	Ausbreitung der Korrosion	434
7.20.3.1	Allgemeines	434
7.20.3.2	Bei Carbonatisierung	435
7.20.3.3	Bei Chlorideinwirkung	435
7.20.4	Anforderungen an den Beton	435
7.20.4.1	Allgemeines	435
7.20.4.2	Bei Chlorideinwirkung	437
7.21	Beständigkeit anderer Stoffe in Beton	438
8	**Leichtbeton**	**443**
8.1	Übersicht	443
8.2	Leichtbeton mit geschlossenem Gefüge	443
8.2.1	Allgemeines	443
8.2.2	Tragverhalten	444
8.2.3	Festigkeits- und Rohdichteklassen	447
8.2.4	Betonzusammensetzung	448
8.2.4.1	Mischungsentwurf	448
8.2.4.2	Konsistenz	450
8.2.4.3	Kornzusammensetzung des Zuschlags	450
8.2.4.4	Wasseranspruch	450
8.2.4.5	Zementgehalt	450
8.2.5	Herstellung, Verarbeitung und Nachbehandlung	451
8.2.5.1	Herstellung	451
8.2.5.2	Verarbeitung	452
8.2.5.3	Nachbehandlung	454
8.2.6	Festbetoneigenschaften	454
8.2.6.1	Druckfestigkeit und Rohdichte	454
8.2.6.2	Festigkeitsentwicklung	455
8.2.6.3	Dauerstand- und Druckschwellfestigkeit	455
8.2.6.4	Teilflächenbelastung	456
8.2.6.5	Zugfestigkeit	456
8.2.6.6	Formänderungen	456
8.2.6.7	Wärmeleitfähigkeit	458
8.2.6.8	Dichtheit gegen Wasser und Wasserdampf	460
8.2.6.9	Dauerhaftigkeit	460
8.2.6.10	Brandverhalten und Feuerwiderstand	461
8.3	Leichtbeton mit haufwerksporigem Gefüge	462
8.3.1	Allgemeines	462
8.3.2	Betonzusammensetzung	462
8.3.2.1	Mischungsentwurf	462
8.3.2.2	Zuschlag	462
8.3.2.3	Wasseranspruch	463
8.3.2.4	Zementgehalt	463
8.3.3	Druckfestigkeit und Rohdichte	463
8.3.4	Elastizitätsmodul	464
8.3.5	Schwinden	464

8.3.6	Dichtheit und Korrosionsschutz der Bewehrung	465
8.3.7	Verbund Beton – Bewehrung	465
8.3.8	Wärmeleitfähigkeit	465
8.3.9	Wasserdampfdurchlässigkeit	465
8.3.10	Frostwiderstand	465
9	**Spritzbeton**	**467**
9.1	Allgemeines	467
9.2	Ausgangsstoffe und Betonzusammensetzung	468
9.2.1	Ausgangsstoffe	468
9.2.1.1	Zement	468
9.2.1.2	Zuschlag	468
9.2.1.3	Zusatzmittel	468
9.2.1.4	Zusatzstoffe	472
9.2.2	Betonzusammensetzung	473
9.3	Herstellung und Verarbeitung	473
9.3.1	Trockenspritzverfahren	473
9.3.2	Naßspritzverfahren	474
9.3.3	Vergleich der Verfahren	474
9.4	Festbetoneigenschaften	475
9.4.1	Allgemeines	475
9.4.2	Druckfestigkeit	476
9.4.3	Verformungsverhalten	478
9.5	Faserspritzbeton	481
9.5.1	Allgemeines	481
9.5.2	Anwendung	481
9.5.3	Faserwerkstoffe	481
9.5.4	Herstellung und Verarbeitung	481
9.5.5	Festbetoneigenschaften	482
10	**Faserbeton**	**483**
10.1	Allgemeines	483
10.2	Zusammenwirken von Fasern und Matrix	484
10.2.1	Ungerissene Matrix	484
10.2.2	Verhalten nach dem Anriß	484
10.3	Fasern	488
10.3.1	Stahlfasern	488
10.3.2	Glasfasern	489
10.3.3	Kunststoffasern	490
10.3.4	Kohlenstoff- und Zellulosefasern	492
10.4	Zusammensetzung	493
10.4.1	Beton	493
10.4.2	Fasern	493
10.5	Herstellung	494
10.6	Eigenschaften	495

10.6.1	Verhalten bei Druckbeanspruchung	495
10.6.2	Verhalten bei Zugbeanspruchung	495
10.6.3	Verhalten bei Biegebeanspruchung	497
10.6.4	Verhalten bei Schlag- und Stoßbeanspruchung	499
10.6.5	Verhalten bei Querkraft- und Torsionsbeanspruchung	500
10.6.6	Kriechen und Schwinden	502
10.6.7	Reißneigung bei behindertem Schwinden	502
10.6.8	Dauerhaftigkeit	502
10.6.9	Frostwiderstand, Frost- und Tausalzwiderstand	504
10.6.10	Hitzebeständigkeit	505
10.6.11	Verschleißwiderstand	505
10.7	Anwendung	506

Literaturverzeichnis ... 507

Stichwortverzeichnis ... 537

Formelzeichen und Abkürzungen

Zeichen	Dimension	Bedeutung
a	cm	Ausbreitmaß
a_f	–	Beiwert zur Berücksichtigung des Einflusses der Kornform auf die spezifische Oberfläche des Zuschlaggemenges
c	kJ/(kg·K)	spezifische Wärme
d	mm	Siebweite, Prüfkörperdurchmesser
d_k	mm	Zuschlaggrößtkorn
d_s	mm	Nenndurchmesser eines Bewehrungsstabes
f	M.-%	Feuchtegehalt
g	m/s²	Erdbeschleunigung ($g \approx 9{,}81$ m/s²)
h_s	m	hydrostatische Druckhöhe
k	–	Körnungsziffer
	kJ/(h·m²·K)	Wärmedurchgangskoeffizient
k_f	–	Beiwert zur Beschreibung des zeitlichen Ablaufs des Fließens
k_s	–	Zeitfunktion für das Schwinden
k_v	–	Zeitfunktion für die verzögert elastische Verformung
l_v	mm	Verbundlänge bei Ausziehversuchen
n	–	Anzahl, Umfang einer Stichprobe
p	Vol.-%	Porosität
s	unterschiedl.	Standardabweichung einer Stichprobe
t	s, h, d	Zeit, Alter
v	–	Verdichtungsmaß
	mm	Schlupf
	m/s	Geschwindigkeit
w/z	–	Wasserzementwert
A	mm²; m²	Fläche, Querschnitt
A	–	Grobkornreichste Regelsieblinie (z. B. A 32)
A_0	m²/kg	spezifische Oberfläche
B	–	Mittlere Regelsieblinie (z. B. B 32), auch Betonfestigkeitsklasse (z. B. B 15)
BE	–	Beschleuniger
BV	–	Betonverflüssiger
B I, B II	–	Betongruppen
C	–	Feinkornreichste Regelsieblinie (z. B. C 32)
D	Stoffraum-%	D-Summe, Durchgangswert
	m²/s	Diffusionskoeffizient
DM	–	Dichtungsmittel
E	N/mm²	Elastizitätsmodul, E-Modul
EH	–	Einpreßhilfe

Zeichen	Dimension	Bedeutung
EPZ	–	Eisenportlandzement
F	–	Feinheitsziffer nach HUMMEL
	kg/m³	Gehalt an Füller bzw. Betonzusatzstoff
F	–	Zusatzbezeichnung für Zement mit schneller Festigkeitsentwicklung (z. B. Z 35 F)
F_m	–	Feinheitsmodul nach ABRAMS
FAZ	–	Flugaschezement
FAHZ	–	Flugasche-Hüttenzement
FM	–	Fließmittel
G	kg/m³	Zuschlaggehalt
H	kJ/kg	Hydratationswärme
HOZ	–	Hochofenzement
HS	–	Zusatzbezeichnung für Zement mit hohem Sulfatwiderstand (z. B. PZ 35 L – HS)
KF	–	fließfähige Konsistenz
KP	–	plastische Konsistenz
KR	–	Regelkonsistenz
KS	–	steife Konsistenz
L	–	Zusatzbezeichnung für Zement mit langsamer Festigkeitsentwicklung (z. B. Z 35 L)
LB	–	Festigkeitsklasse von Leichtbeton (z. B. LB 25)
LP	–	Luftporenbildner
M	kN·m	Biegemoment
N	N/mm²	Normdruckfestigkeit des Zements (z. B. N_{28})
NA	–	Zusatzbezeichnung für Zement mit niedrigem Alkaligehalt (z. B. PZ 45 F–NA)
NW	–	Zusatzbezeichnung für Zement mit niedriger Hydratationswärme (z. B. HOZ 35 L–NW)
O	m²	Oberfläche
P	Vol.-%, dm³/m³	Luftgehalt
P_o	Vol.-%	offene Porosität
PKZ	–	Portlandkalksteinzement
PÖZ	–	Portlandölschieferzement
PUZ	–	Phonolithzement
PZ	–	Portlandzement
R	°C·h	Reife, Reifegrad
R_g	°C·h	gewogener Reifegrad
R_m	Skalenteile	mittlere Rückprallstrecke
St	–	Stabilisierer
T	°C	Temperatur
TrHOZ	–	Traßhochofenzement
TrZ	–	Traßzement
TSZ	–	Tonerdeschmelzzement
TZ	–	Tonerdezement
U	–	Untere Grenzsieblinie für Ausfallkörnungen (z. B. U 32)
V	dm³, m³	Volumen
	%	Variationskoeffizient
VKZ	–	Vulkanzement

Zeichen	Dimension	Bedeutung
VZ	–	Verzögerer
W	m³	Widerstandsmoment
	kg/m³	Wassergehalt
W_p	%	Annahmewahrscheinlichkeit
Z	kg/m³	Zementgehalt
Z	–	Zementfestigkeitsklasse (z. B. Z 55)
α	–	Belastungshöhe σ/β, auch Völligkeit des Belastungsastes der Arbeitslinie
α_k	$\dfrac{1}{\text{N/mm}^2}$	Kriechmaß ε_k/σ
α_T	K⁻¹	Wärmedehnzahl
β	N/mm²	Festigkeit
β_{BZ}	N/mm²	Biegezugfestigkeit
β_C	N/mm²	Zylinder(druck)festigkeit
β_D	N/mm²	Druckfestigkeit
β_P	N/mm²	Prismen(druck)festigkeit
β_R	N/mm²	Rechenwert der Betonfestigkeit
β_{SZ}	N/mm²	Spaltzugfestigkeit
β_W	N/mm²	Würfel(druck)festigkeit
β_{WN}	N/mm²	Nennfestigkeit
β_{WS}	N/mm²	Serienfestigkeit
β_Z	N/mm²	Zugfestigkeit
γ	kN/m³	Wichte
$\dot{\gamma}$	s⁻¹	Schergeschwindigkeit
Δ	–	Änderung einer Größe (z. B. ΔT = Temperaturänderung)
ε	‰	Dehnung, Stauchung
ε_s	‰	Schwindverkürzung
ε_u	‰	Bruchdehnung oder -stauchung, meist ist der Wert unter Höchstlast gemeint
$\dot{\varepsilon}$	‰/min	Dehn- bzw. Stauchgeschwindigkeit
λ_R	W/(m·K)	Rechenwert der Wärmeleitfähigkeit
μ	–	Wasserdampf-Diffusionswiderstandszahl
ν	–	Querdehnzahl
ϱ	kg/dm³	Dichte
ϱ_b	kg/m³	Betonrohdichte
$\varrho_{b,h}$	kg/m³	Frischbetonrohdichte
$\varrho_{b,d}$	kg/m³	Trockenrohdichte des Betons
ϱ_{Rg}	kg/dm³	Kornrohdichte des Zuschlags
σ	unterschiedl.	Standardabweichung der Grundgesamtheit
σ	N/mm²	Normalspannung
$\dot{\sigma}$	N/(mm²·s)	Belastungsgeschwindigkeit
τ	N/mm²	Schubspannung, Scherspannung
τ_u	N/mm²	Verbundfestigkeit
τ_v	N/mm²	Verbundspannung
φ	–	Kriechzahl $\varphi = \varepsilon_k/\varepsilon_{el}$

Fußzeiger (Indizes)

b	Beton (z. B. E_b)
el	elastisch (z. B. ε_{el})
ef	wirksam (z. B. d_{ef})
f	Zusatzstoff, Füller (z. B. ϱ_f)
	oder Fließen (z. B. k_f)
g	Zuschlag (z. B. $\varrho_{R,g}$)
h	Frischbeton (von *h*umid = feucht, z. B. $\varrho_{b,h}$)
k	Kriechen (z. B. σ_k)
lb	Leichtbeton
m	Mittelwert (z. B. R_m)
o	offen (z. B. P_o = offene Porosität)
s	Stahl (z. B. d_s)
u	den Bruchzustand betreffend, von *u*ltimate = äußerst (z. B. τ_u)
v	Verbund (z. B. τ_v)
w	Wasser (z. B. c_w)
z	Zement (z. B. ϱ_z)
BZ	Biegezug (z. B. β_{BZ})
C	Zylinder (z. B. β_C)
D	Druck (z. B. β_D)
N	Nennwert (nur in β_{WN})
P	Prisma (z. B. β_P)
R	Rechenwert (z. B. β_R)
S	Serie (nur in β_{WS})
SZ	Spaltzug (z. B. β_{SZ})
T	Temperatur (z. B. α_T)
Z	Zentrischer Zug (z. B. β_Z, c_Z)

1 Beton – Definition und Einteilung

Beton ist ein Konglomerat aus Zuschlagkörnern, die mit einem Bindemittel verkittet sind. Er kann neben diesen beiden Grundbestandteilen noch Zusatzmittel und Zusatzstoffe enthalten, die zugegeben werden, um die Herstellung zu erleichtern oder um einzelne Eigenschaften zu verbessern. Im Grundsatz stellt Beton ein Zweistoffsystem mit dem Zuschlag als fester und dem erhärteten Bindemittel als viskoser Phase dar.

Der Betonzuschlag besteht aus einem Gemenge von gewöhnlich verschieden großen Körnern, meist aus natürlichem oder künstlichem Gestein mit dichtem oder porigem Gefüge, in Sonderfällen auch aus natürlichen oder künstlichen organischen Stoffen, z. B. Holzabfällen, Polystyrol oder Metallen, z. B. Stahlabfällen.

Als Bindemittel werden anorganische hydraulisch erhärtende Stoffe, in der Regel Zement, oder bituminöse Massen, z. B. Asphalt, und für Sonderzwecke auch Kunstharze verwendet.

Im folgenden wird unter Beton, wenn nicht ausdrücklich etwas anderes gesagt wird, stets Zementbeton verstanden.

1.1 Betonarten

Um Beton den verschiedenen Verwendungszwecken jeweils optimal anzupassen oder um vorhandene Ausgangsstoffe möglichst wirtschaftlich einzusetzen, wird er unterschiedlich zusammengesetzt und hergestellt. Dabei lassen sich seine Eigenschaften in weiten Grenzen steuern; dementsprechend gibt es eine Vielzahl von Betonarten, für die sich Bezeichnungen eingebürgert haben, die auf ein charakteristisches Merkmal hinweisen. Solche Merkmale sind die Gefügeart (vgl. Abschn. 1.1.1), die Zusammensetzung (vgl. Abschn. 1.1.2 und 1.1.3), die Herstellung (vgl. Abschn. 1.1.4 und 1.1.5) oder die Bewehrung (vgl. Abschn. 1.1.6), besondere Eigenschaften (vgl. Abschn. 1.1.7 und 1.1.8) oder das Anwendungsgebiet (vgl. Abschn. 1.1.9).

Demgegenüber bezeichnen die Begriffe *Frischbeton, grüner Beton, junger Beton* und *Festbeton* keine besonderen Betonarten, sondern geben Auskunft über den zeitabhängigen Erhärtungszustand eines Zementbetons. Solange der fertig gemischte Beton noch einwandfrei verarbeitet werden kann, heißt er Frischbeton. Nach dem Einbau und Verdichten entsteht daraus durch das Erhärten des Zementleims allmählich der Festbeton. Dazwischen liegen die Übergangsstadien grüner Beton und junger Beton. Beim grünen Beton handelt es sich um den fertig eingebauten Frischbeton, solange er noch nicht merklich erstarrt und erhärtet ist. Beim jungen Beton im Alter von einigen Stunden bis einigen Tagen ist das Erstarren bereits abgeschlossen und die Hydratation des Zements in vollem Gang. Die Festigkeit und der Elastizitätsmodul nehmen rasch zu.

In der Praxis wird Beton nach den unter 1.1.1 bis 1.1.9 besprochenen Merkmalen unterteilt.

1.1.1 Betongefüge

Den Regelfall bildet *Beton* mit *geschlossenem Gefüge*. Er ist so zusammengesetzt, daß nach dem Verdichten alle Hohlräume zwischen den Zuschlagkörnern, die sog. Haufwerksporen, bis auf einen unvermeidbaren Restporenraum von 1 bis 2 Stoffraum-% mit Zementleim ausgefüllt sind. Der Zementleim bzw. der Feinmörtel, bestehend aus dem Zementleim und dem Sandanteil 0/2 mm, bildet die Matrix, in welche die gröberen Zuschlagkörner, die sich im allgemeinen nicht direkt berühren, eingebettet sind. Beton mit geschlossenem Gefüge weist einen hohen Widerstand gegen das Eindringen von Flüssigkeiten und Gasen auf.

Demgegenüber wird bei *Beton mit haufwerksporigem Gefüge* der Gehalt an Zementleim bzw. Feinmörtel so stark reduziert, daß zwischen den Zuschlagkörnern luftgefüllte Hohlräume verbleiben. Im Grenzfall sind die Zuschlagkörner nur „punktweise" zu einem tragenden Gerüst verkittet. Um ein möglichst großes Porenvolumen zu erzielen, verwendet man meist Zuschlag einer eng begrenzten Korngruppe. Der haufwerksporige Beton wird deshalb auch oft als *Einkornbeton* bezeichnet. Der Vorteil liegt in einer Verringerung der Betonrohdichte und in einer Verbesserung der Wärmedämmung.

Beim *Luftporenbeton* (LP-Beton) handelt es sich um einen Beton mit geschlossenem Gefüge, dessen Mörtelmatrix eine Vielzahl kugelförmiger Luftporen mit einem Durchmesser < 0,3 mm enthält, die mit Hilfe besonderer Zusatzmittel, den sog. Luftporenbildnern, erzeugt werden. Sie verbessern den Widerstand des Betons gegen Frost-Taumittel-Einwirkung. Dafür genügt bereits ein Luftgehalt von 3 bis 5 Vol.-%.

Enthält der Beton deutlich größere Luftgehalte, so spricht man von *Schaumbeton* oder *Porenleichtbeton*. Wie der *Gasbeton*, bei dem Poren ähnlicher Größe und Menge dadurch entstehen, daß bei chemischen Reaktionen zwischen dem Bindemittel und gasbildenden Zusätzen, z. B. Aluminiumpulver, ein Gas, z. B. Wasserstoff, abgespalten wird, das den Mörtel auftreibt, enthält auch der Schaumbeton in der Regel keinen Grobzuschlag. Gasbeton und Schaumbeton sind im strengen Sinne keine Betone, sondern porige Mörtel (vgl. Abschn. 1.1.2).

1.1.2 Zuschlag

Zur weiteren Kennzeichnung eines Betons können das Größtkorn des Zuschlags, seine Stoffart oder die Kornform angegeben werden.

Beton mit einem Zuschlag-Größtkorn über 32 mm bezeichnet man als *Grobbeton*; *Feinbeton* hingegen enthält nur Körner bis 8 mm. Besteht der Zuschlag nur aus Sand bis maximal 4 mm Korngröße, so spricht man von *Mörtel*.

Für bestimmte Anwendungszwecke ist die Stoffart des Zuschlags von Bedeutung. So eignet sich z. B. *Barytbeton* besonders gut als *Strahlenschutzbeton* (vgl. Abschn. 1.1.9). *Blähschieferbeton, Bimsbeton, Polystyrolbeton* oder *Ziegelsplittbeton* sind weitere Beispiele für die Benennung nach der Stoffart des Zuschlags. Namengebend ist dabei die Stoffart des Grobkorns. Das Feinkorn besteht häufig aus einem anderen Material, z. B. aus quarzhaltigem Natursand.

Kombinationen von Schaummörtel und Leichtzuschlag werden als *Leichtzuschlag-Schaumbeton*, abgekürzt *LZS-Beton*, bezeichnet.

Ist der Zuschlag über 4 oder 8 mm gebrochen, so wird dies durch die Bezeichnung *Splittbeton* gekennzeichnet. Beton aus natürlich gekörntem Zuschlag mit vorwiegend rundlicher Kornform heißt Kiessandbeton oder einfach *Kiesbeton*. Soll auch die Stoffart näher bezeichnet werden, sind weitere Zusätze erforderlich, z. B. Basaltsplitt, Kalksteinsplitt oder Flußkies, Moränekies.

1.1.3 Bindemittel

Bei den in dieser Handbuchreihe behandelten Betonen handelt es sich um Zementbetone.

Im Straßenbau spielt dagegen der *Asphaltbeton* die Hauptrolle. Für Sondereinsätze, z. B. für säurefeste Rohre, kommen auch *Kunstharzbetone* in Frage.

Bei *Silikatbeton* besteht das Bindemittel aus einem Gemisch von Kalk und feingemahlenem Sand. Während einer Dampfhärtung werden die silikatischen Bestandteile unter der Einwirkung von hohen Temperaturen und Druck durch den Kalk des Bindemittels angeätzt und aufgeschlossen und gehen dabei feste Bindungen vorwiegend in Form von Calciumsilikathydraten (CSH) ein. Silikatbeton wird als dichter Silikatbeton und als poriger Silikatbeton hergestellt. Dichter Silikatbeton kommt vorwiegend für die Herstellung von Kalksandsteinen in Frage. Dabei wird als Zuschlag Sand bis zu einer Korngröße von etwa 4 mm verwendet. Poriger Silikatbeton mit Feinsand als Zuschlag wird vorwiegend als Gasbeton hergestellt.

1.1.4 Ort der Herstellung und Verwendung

Die Einteilung nach dem Ort der Herstellung und der Verwendung ist besonders für die Überwachung, den Gütenachweis und eventuelle Gewährleistungsansprüche von Bedeutung.

Bei *Baustellenbeton* werden die Bestandteile vom Bauausführenden auf der Baustelle zusammengesetzt und gemischt. Im Gegensatz dazu ist *Transportbeton* ein Beton, dessen Bestandteile in einem Werk außerhalb der Baustelle zugemessen und in einem stationären Mischer oder Mischfahrzeug gemischt werden und der dem Abnehmer in frischem Zustand mit den geforderten Eigenschaften übergeben wird.

Trockenbeton ist ein Gemisch aus Zement, getrockneten Zuschlägen und ggf. Zusatzstoffen, das in einer gleichbleibenden Zusammensetzung werkmäßig hergestellt wird, lagerungsfähig verpackt ist und nach dem Vermischen mit einer bestimmten Wassermenge Normalbeton (vgl. Abschn. 1.1.7) der Festigkeitsklasse B 25 im oberen, weichen, Bereich des Konsistenzbereichs KR ergibt.

Bei *Ortbeton* erhärtet der Beton im Gegensatz zu Fertigteilen, die nach dem Erhärten noch transportiert und eingebaut werden, in seiner endgültigen Lage im Bauwerk.

In Massenfertigung hergestellte Fertigteile kleineren Ausmaßes und ohne wesentliche konstruktive Funktion, wie Gehwegplatten, Ornamentsteine, Kanalringe, fallen unter die Sammelbezeichnung *Betonwaren*.

Betonwerkstein ist nach DIN 18 500 ein vorgefertigtes Erzeugnis aus bewehrtem oder unbewehrtem Beton. Die Ansichtsflächen sind werksteinmäßig bearbeitet oder besonders gestaltet. Dies kann z. B. durch Krönen, Scharrieren, Stocken, Sägen, Schleifen, Auswaschen des Mörtels oder Sandstrahlen geschehen. Häufig besteht Betonwerkstein aus einem normalen Kernbeton und einem besonderen Vorsatzbeton an der Sichtfläche.

Beton mit vorwiegend tragender Funktion wird als *Konstruktionsbeton* bezeichnet. Im Gegensatz dazu stehen die *Dämmbetone* oder *Isolierbetone*. Für die beiden Anwendungsgebiete gelten ganz verschiedene Anforderungen an Betonzusammensetzung und -eigenschaften.

Besonders deutlich wird der Unterschied beim *Leichtbeton*. So steht beim Konstruktionsleichtbeton die Verringerung der Rohdichte unter Beibehaltung der mit normalen Konstruktionsbetonen erreichbaren Festigkeiten und des dort vorhandenen Korrosionsschutzes für die Bewehrung im Vordergrund. Konstruktionsleichtbeton ist immer ein Beton mit geschlossenem Gefüge, der ganz oder teilweise unter Verwendung von porigem Leichtzuschlag hergestellt wird. Demgegenüber kann wärmedämmender Leichtbeton auch Haufwerksporen enthalten. Die Hauptzielgröße ist hier eine möglichst niedrige Wärmeleitfähigkeit. Ihr zuliebe nimmt man auch starke Festigkeitseinbußen und ggf. auch die Notwendigkeit besonderer Korrosionsschutzmaßnahmen in Kauf.

1.1.5 Herstellverfahren

Die verschiedenen Herstellverfahren können unterschiedliche Frischbetoneigenschaften und damit besondere Betonzusammensetzungen erfordern, was sich auch auf die Festbetoneigenschaften auswirkt. Daneben kann das Herstellverfahren die Festbetoneigenschaften auch noch direkt beeinflussen, z. B. durch Ausbildung eines besonderen Gefüges, wie es u. a. beim *Schleuderbeton* der Fall ist. Die Bezeichnung nach dem Herstellverfahren gibt daher wichtige Aufschlüsse über die Art des verwendeten Betons.

Um die Erhärtung zu beschleunigen, wird beim *Warmbeton* der Frischbeton auf eine höhere Anfangstemperatur gebracht. Dies kann durch Vorwärmen der Ausgangsstoffe oder durch „Dampfmischen" geschehen.

Pumpbeton kann fertig gemischt in Rohrleitungen von 80 bis 200 mm Nennweite bis zu mehr als 100 m hoch und mehrere hundert Meter weit gepumpt werden. Dabei darf er sich nicht entmischen und nicht zu Verstopfern führen. Er muß daher eine gewisse Plastizität aufweisen und ein gutes Zusammenhaltevermögen besitzen.

Spritzbeton ist ein Beton, der in einer geschlossenen, druckfesten Schlauch- oder Rohrleitung bis zur Einbaustelle gefördert, dort durch Spritzen aufgetragen und dabei gleichzeitig verdichtet wird. Je nachdem, ob der Förderleitung ein Naßgemisch (Zement, Zuschlag, Zugabewasser und ggf. Zusätze) oder ein Trockengemisch (Zement, Zuschlag und u. U. pulverförmige Zusätze) zugeführt wird, spricht man vom *Naßspritz*- oder vom *Trockenspritzverfahren*. Beim Trockenspritzverfahren wird das erforderliche Zugabewasser, ggf. zusammen mit flüssigen Betonzusatzmitteln, erst in der Spritzdüse beigemengt. Der aufgespritzte Beton hat eine steife Konsistenz. Beim Naßspritzverfahren hängt die Konsistenz von der Förderart ab. Bei pneumatischer Förderung (Dünnstromförderung) liegt sie im Bereich KS bis KP, bei Pumpförderung im Bereich KP bis KR nach DIN 1045, Abschnitt 6.5.3. Die Herstellung und die Prüfung von Spritzbeton ist in DIN 18551 geregelt.

Nicht immer gelangt der Beton fertig gemischt in die Schalung. Beim Ausgußbeton wird zuerst der Grobzuschlag in die Schalung gepackt, dann werden die Zwischenräume (Haufwerksporen) mit Mörtel ausgegossen oder ausgepreßt. Die bekanntesten Verfahren dazu sind das *Prepact*- und das *Colcrete-Verfahren*.

Beim *Dry-cast-Beton* wird zunächst ein Trockengemisch aus Zement und Zuschlag in der Form verdichtet und dann das zur Hydratation benötigte Wasser infiltriert. Nähere Erfahrungen mit dieser in den USA patentierten Betonart liegen bei uns nicht vor.

Während die Verarbeitung des Dry-cast-Betons ganz ohne Anmachwasser erfolgt, arbeitet man beim *Vakuumbeton* mit einem Wasserüberschuß, der das Einbringen und Verdichten erleichtert. Da Überschußwasser die Betongüte beeinträchtigen würde, wird es anschließend durch Anlegen eines Vakuums wieder abgesaugt. Dabei nimmt der Wasserzementwert bis in eine Tiefe von mehreren Dezimetern ab. Der vakuumbehandelte Frisch-

1.1 Betonarten

beton zeichnet sich durch eine ungewöhnlich hohe Grünstandfestigkeit aus, so daß die Seitenschalung i. allg. sofort entfernt werden kann.

Unterwasserbeton wird unter Wasser eingebaut. Damit das Bindemittel nicht ausgespült wird, muß er beim Einbringen als geschlossene Masse fließen und darf nicht frei durch das Wasser fallen. Am besten läßt sich dies durch Pumpen erreichen oder auch, indem der Beton durch ein stets mit Beton gefülltes Trichterrohr eingefüllt wird, das immer nur so langsam nach oben gezogen werden darf, daß sein unteres Ende noch in der bereits eingebrachten Frischbetonschüttung verbleibt. Unterwasserbeton kann auch dadurch hergestellt werden, daß ein schwer entmischbarer Mörtel von unten her in eine Zuschlagschüttung mit geeignetem Kornaufbau (ohne Fein- und Mittelkorn) eingepreßt wird. Die Mörteloberfläche soll dabei gleichmäßig hochsteigen.

Unter *Schüttbeton* versteht man einen haufwerksporigen unbewehrten Einkornbeton, meist aus Leichtzuschlägen, der in die Schalung geschüttet und nur durch Stochern leicht verdichtet wird.

Eine weitere Unterteilung ergibt sich aus der Betonzusammensetzung im Hinblick auf das vorgesehene Verdichtungsverfahren. Während früher hauptsächlich *Stampfbeton* in erdfeuchter oder steifer Konsistenz verwendet wurde, bei dem die Verdichtung durch Stampfen von Hand oder mit Maschinen geschah, kommt heute überwiegend *Rüttelbeton* zur Ausführung. Dieser hat eine weichplastische bis steifplastische Konsistenz und ist so zusammengesetzt, daß er auch bei längerem Rütteln nicht zum Entmischen neigt.

Beim *Rüttelgrobbeton* für massige Bauteile, wie Staumauern, Fundamente usw., werden lagenweise in 30 bis 50 cm dicke Schichten aus Beton mit einem Größtkorn von etwa 32 bis 63 mm Gesteinsbrocken bis etwa 600 mm Kantenlänge eingerüttelt, wozu besonders große und starke Innenrüttler oder Oberflächenrüttler zur Verfügung stehen.

Fließbeton ist ein Beton mit fließfähiger Konsistenz, der aus einem Ausgangsbeton mit steifer bis plastischer Konsistenz durch Zugabe eines Fließmittels entsteht (s. Abschn. 5.1.5).

Wird die gefüllte Schalung oftmals angehoben und wieder hart fallengelassen, so entsteht der *Schockbeton*. Dieses Verdichtungsverfahren ist bei Betonwaren und Fertigteilen anwendbar. Es erfordert eine sehr stabile und schwere Form.

Betonhohlkörper wie Rohre, Maste oder Rammpfähle, können als *Schleuderbeton* hergestellt werden. Dabei dient die Außenschalung als Schleuderform, in die das Mischgut eingebracht und durch Rotation der Form um ihre Längsachse gleichmäßig über die Wandung verteilt wird. Infolge ihrer größeren Dichte bewegen sich die Zuschlagkörner nach der Elementaußenseite und verdrängen dort den leichteren Feinmörtel, der sich an der Innenwand ansammelt, wobei Überschußwasser abfließt.

Durch diese Entwässerung und die durch den hohen Anpreßdruck bewirkte starke Verdichtung wird der ursprünglich weich eingebrachte Frischbeton so steif, daß er nach Beendigung des Schleuderns stehen bleibt (s. Abschn. 4.2.5.2).

Die Fertigung von *Walzbeton-Rohren* stellt eine Kombination von Schleudern und Walzen dar. Die mit dem Bewehrungskorb versehene Rohraußenform hängt horizontal auf der Walzspindel in der Fertigungsmaschine. Die Muffenringe der Form bilden zugleich die Laufringe. Während sich die Form, durch die Spindel in Bewegung gesetzt, dreht, wird der Beton über ein Förderband eingebracht. Die Walzspindel verteilt ihn und preßt ihn an die Rohrform, wo er durch die Zentrifugalkraft gehalten wird. Der Vorteil gegenüber Schleuderbeton besteht in einer besseren Maßgenauigkeit und einem höheren Verschleißwiderstand der Rohrinnenfläche.

Preßbeton wird als endloser Strang durch ein Mundstück gepreßt und dann auf die erforderliche Länge abgesägt. Zur Verarbeitung gelangt ein steifer Beton mit einem Wasserzementwert um 0,35.

Beim *Waschbeton* werden an der Oberfläche die Zuschlagkörner durch Auswaschen des Mörtels bis zu mehreren mm Tiefe freigelegt, wodurch die Art des Zuschlags besonders zur Geltung kommt. Um das Auswaschen zu erleichtern, wird das Abbinden des Mörtels an der Oberfläche meist mit Hilfe eines Verzögerers verlangsamt.

1.1.6 Bewehrung

Betonbauwerke können in unbewehrtem oder bewehrtem Beton ausgeführt werden. Die Bewehrung besteht beim Stahlbeton und Spannbeton aus Stahleinlagen in Form von Stäben, Drähten, Matten oder Litzen.

Sie wird beim *Faserbeton* durch Stahlfasern, Kunststoffasern oder Glasfasern ergänzt oder ersetzt. Die Fasern behindern die Rißentwicklung und bewirken ein feiner verteiltes Rißbild. Sie verbessern das Formänderungsvermögen und die Schlagzähigkeit des Betons (s. Kap. 10).

Die Fasern können in etwa gleichmäßig verteilt in den Frischbeton eingemischt oder nachträglich bei der Verarbeitung des Betons eingestreut oder eingelegt werden. Bei der nachträglichen Zugabe besteht die Möglichkeit, die Faserrichtung dem Verlauf der zu erwartenden Zugspannungen anzupassen. Für die Zugabe im Mischer eignen sich nur kurze Fasern. Zum Einlegen in den Frischbeton stehen Bündel (Rovings), Matten, Gewebe und Vliese aus Glas- und Kunststoffasern zur Verfügung. Während der Korrosionsschutz der Stahlfasern i. allg. unproblematisch ist, bestehen bei Glas- und manchen Kunststoffasern Probleme bezüglich der Alkali- und Alterungsbeständigkeit, die man im Fall von Glasfasern durch die Verwendung spezieller zirkonhaltiger Glassorten zu lösen hofft.

1.1.7 Rohdichte und Druckfestigkeit

Nach der Trockenrohdichte unterscheidet man:

Leichtbeton   bis 2,0 kg/dm^3
Normalbeton   von 2,0 bis 2,8 kg/dm^3
Schwerbeton   über 2,8 kg/dm^3.

Eine Benennung der Betonart nach der Festigkeit ist nicht gebräuchlich. Gelegentlich taucht die Bezeichnung hochfester Beton auf. Die Bedeutung dieses Begriffes ist jedoch relativ und der Entwicklung unterworfen. Während Leichtbetone mit Druckfestigkeiten über 30 N/mm^2 öfters als hochfest bezeichnet werden, würde man diese Bezeichnung bei Normalbeton erst ab etwa der doppelten Druckfestigkeit verwenden. Betone höchster Festigkeit, im englischen Sprachgebrauch „*high strength concrete*", können Festigkeiten bis zu 100 N/mm^2 und mehr erreichen, wurden bis jetzt jedoch nur in seltenen Sonderfällen eingesetzt.

1.1.8 Beton mit besonderen Eigenschaften

Betonteile, die längere Zeit einseitig Wasser ausgesetzt werden, erfordern einen *wasserundurchlässigen Beton*, der durch eine begrenzte Wassereindringtiefe gekennzeichnet ist (DIN 1045, Abschn. 6.5.7.2). Dies läßt sich durch eine geeignete Betonzusammensetzung, eine sorgfältige Verdichtung und eine ausreichende Nachbehandlung erreichen. Seitens

1.1 Betonarten

mancher Zusatzmittel-Hersteller wird der sog. *Sperrbeton* propagiert, der dadurch gekennzeichnet ist, daß er ein Betonzusatzmittel enthält, das die Kapillaren verstopfen oder wasserabweisend machen soll. Ob solche Zusatzmittel allerdings eine spürbare und vor allem auch dauerhafte Verbesserung bringen, ist umstritten. Bei zweckmäßig zusammengesetztem und richtig verdichtetem Beton sind sie entbehrlich.

An *Beton mit hohem Widerstand gegen chemische Angriffe* (vgl. DIN 1045, Abschn. 6.5.7.5) werden je nach Angriffsgrad besondere Anforderungen an die Dichtigkeit und an die Zusammensetzung (Wasserzement, Zementart) gestellt.

Beton mit hohem Verschleißwiderstand (vgl. DIN 1045, Abschn. 6.5.7.6) wird dort eingesetzt, wo starker mechanischer Angriff einwirkt, z. B. durch starken Verkehr, rutschendes Schüttgut, häufige Stöße, schnell strömendes und Feststoffe führendes Wasser und dgl. Besteht der Zuschlag aus Hartstoffen, zu denen neben einigen natürlichen Hartgesteinen vor allem die besonders harten künstlichen Korund- und Silicium-Carbid-Zuschläge sowie Stahlspäne gehören, so spricht man auch von *Hartbeton*. Wegen ihres hohen Preises werden die Hartstoffe häufig lediglich in einer dünnen Verschleißschicht verwendet oder nur auf die frische Betonoberfläche aufgestreut und eingearbeitet.

Beton mit hohem Frostwiderstand (vgl. DIN 1045, Abschn. 6.5.7.3) ist dort erforderlich, wo der Beton in durchfeuchtetem Zustand häufigen und schroffen Frost-Tau-Wechseln ausgesetzt ist. Dazu sind Zuschläge mit erhöhten Anforderungen an den Frostwiderstand und ein wasserundurchlässiger Beton nötig.

Beton mit hohem Frost- und Tausalzwiderstand (vgl. DIN 1045, Abschn. 6.5.7.4) wird dort gebraucht, wo der Beton im durchfeuchteten Zustand Frost und Tau-Wechseln und der gleichzeitigen Einwirkung von Tausalzen ausgesetzt ist. Dazu ist ein entsprechend beständiger Zuschlag und die Verwendung eines luftporenbildenden Betonzusatzmittels notwendig.

Wirken auf Betonbauteile zeitweilig oder ständig Temperaturen über $80\,°C$ bis etwa $250\,°C$ ein, so erfordern sie einen *Beton für hohe Gebrauchstemperaturen bis $250\,°C$* (s. DIN 1045, Abschn. 6.5.7.7). Temperaturen über $250\,°C$ darf solcher Beton für längere Zeit jedoch nicht ausgesetzt werden. Bei sehr hohen Temperaturen, wie sie z. B. im Feuerungsbau auftreten, ist der sogenannte *Feuerbeton* zu verwenden, der einer Schädigung dadurch widersteht, daß die zunächst hydraulische Bindung des Zements (häufig Tonerdezement) beim Erhitzen in eine keramische Bindung übergeht, an der auch feine feuerfeste Zuschläge beteiligt sind.

1.1.9 Beton für bestimmte Anwendungsgebiete

Straßenbeton umfaßt Beton für Fahrbahndecken, Rollbahnen auf Flugplätzen usw. Er muß ausreichende Druckfestigkeit besitzen und hohen Anforderung an die Biegezugfestigkeit, den Verschleißwiderstand, die Griffigkeit und den Frost- und Taumittelwiderstand genügen. Die verlangten Festbetoneigenschaften und die Einbaubedingungen setzen ganz bestimmte Betonzusammensetzungen und besondere Maßnahmen beim Verarbeiten und bei der Nachbehandlung voraus.

Massenbeton umfaßt Beton für Bauteile, deren kleinste Abmessung ein Maß von etwa 1 m übersteigt und die ein Betonvolumen von mehr als $10\,m^3$ haben. Um die Gefahr von Schalenrissen oder Spaltrissen infolge behinderter Temperaturverformungen zu vermeiden, sind Betonzusammensetzungen erforderlich, die ein übermäßiges Erwärmen des Betons durch die Hydratation des Zementes verhindern. Zusätzliche typische Maßnahmen bestehen im Absenken der Betontemperatur durch Kühlung und im Unterteilen des Bauwerks in genügend kleine Betonierabschnitte.

Strahlenschutzbeton dient zum Abschwächen von gefährlichen Strahlen, z. B. in Kernkraftwerken. Dazu kann sowohl Normalbeton als auch Schwerbeton verwendet werden. Die abschirmende Wirkung von Beton gegen Gammastrahlen steigt ungefähr proportional mit seiner Rohdichte. Für diesen Zweck werden daher Zuschläge mit hoher Kornrohdichte (Baryt, Magnetit, Stahl) eingesetzt. Für eine besonders wirksame Neutronenabschwächung ist ein höherer Gehalt an leichten Atomen (Wasserstoff) zweckmäßig, als er im Normalbeton und auch im Schwerbeton enthalten ist. Dies läßt sich durch Zusatz kristallwasserhaltigen Zuschlags, wie z. B. Serpentin oder Limonit (Brauneisenstein) erreichen. Die Neutronenabsorption kann auch durch Borzusätze verbessert werden.

Bei *Sichtbeton* wird der Werkstoff Beton als gestalterisches Element eingesetzt. Seine Sichtflächen müssen daher ein ansprechendes Aussehen haben, was auch bei an sich technisch einwandfrei ausgeführtem Beton nicht immer ohne weiteres der Fall ist. Sichtbeton erfordert bestimmte Maßnahmen und Herstellungstechniken und muß daher bereits bei der Bauausschreibung als solcher mit näheren Angaben über die gewünschte Oberflächenstruktur, Farbe usw. ausgewiesen werden.

Eine besondere Art des Sichtbetons stellt der in Großbritannien entwickelte *Faircrete* dar. Der Name Faircrete ist die Abkürzung für Fibre-Air-Concrete (Faser-Luftporen-Beton) und bezeichnet einen Beton, der unter Zusatz von Fasern und hohen Gehalten an künstlich eingeführten Luftporen hergestellt wird. Verwendet werden vorwiegend kurz geschnittene Polypropylenfasern in einer Menge von etwa 0,1 M.-% der Mischung. Der Luftporengehalt bewegt sich üblicherweise zwischen 10 und 30 Vol.-%. Als Zuschlag eignen sich Normal- oder Leichtzuschläge mit einem Größtkorn bis etwa 20 mm. Der Frischbeton verhält sich nach dem Verdichten thixotrop und zeigt keine Neigung zum Bluten. Dies gestattet es, nahezu beliebige Oberflächenstrukturen einzuprägen, was entweder mit der Kelle, mit besonderen Walzen oder mit einer speziell entwickelten Finishmaschine geschehen kann. Das Hauptanwendungsgebiet von Faircrete bilden z. Z. dekorative Fassaden mit z. T. tragender und wärmedämmender Funktion.

Bei gewöhnlichem Beton kann eine architektonisch wirksame Formgebung der Oberfläche durch Einlegen von Matrizen in die Schalung erreicht werden. Der Sammelname für auf diese oder eine andere Weise strukturierte Sichtflächen ist *Strukturbeton*.

Gefällebeton und *Ausgleichsbeton* dient zur Herstellung eines gewünschten Gefälles, z. B. bei Flachdächern. Er braucht i. allg. nur eine geringe Festigkeit zu besitzen, soll aber möglichst leicht sein, um die tragende Konstruktion nur wenig zusätzlich zu belasten.

1.2 Betonklassen

Für die Bemessung von Betonbauwerken hat es sich als zweckmäßig erwiesen, den Beton in Festigkeits- und Rohdichteklassen einzuteilen. Die Klasseneinteilung ist so eng, daß für die maßgebenden Werkstoffkenngrößen innerhalb einer Klasse i. allg. ein konstanter Rechenwert angesetzt werden kann.

1.2.1 Festigkeitsklassen

Die Beton- und Stahlbetonnorm DIN 1045 unterteilt den Beton nach seiner bei der Güteprüfung im Alter von 28 Tagen an Würfeln mit 20 cm Kantenlänge im Kurzzeitversuch ermittelten Druckfestigkeit in 7 Festigkeitsklassen von B 5 bis B 55 (Tabelle 1.1-1). Die Kurzbezeichnung entspricht der Beton-Nennfestigkeit und ist zahlenmäßig gleich dem

1.2 Betonklassen

Tabelle 1.1-1 Festigkeitsklassen des Betons und ihre Anwendung

Beton-gruppe	Festigkeits-klasse des Betons	Nennfestigkeit*) β_{WN} (Mindestwert für die Druck-festigkeit β_{W28} jedes Würfels nach DIN 1045, Abschnitt 7.4.3.5.2) N/mm²	Serienfestigkeit β_{WS} (Mindestwert für die mittlere Druck-festigkeit β_{Wm} jeder Würfelserie) N/mm²	Zusammen-setzung nach	Anwendung
Beton B I	B 5	5	8	DIN 1045, Abschnitt 6.5.5	Nur für unbewehrten Beton
	B 10	10	15		
	B 15	15	20		Für bewehrten und unbewehrten Beton
	B 25	25	30		
Beton B II	B 35	35	40	DIN 1045, Abschnitt 6.5.6	
	B 45	45	50		
	B 55	55	60		

*) Der Nennfestigkeit liegt das 5%-Quantil der Grundgesamtheit zugrunde.

geforderten Mindestwert β_{WN} [N/mm²] der 28-Tage-Druckfestigkeit von Würfeln mit 20 cm Kantenlänge. Auch für die verschiedenen Leichtbetonarten sind Festigkeitsklassen festgelegt (vgl. DIN 4219 Teil 1 – Leichtbeton und Stahlleichtbeton mit geschlossenem Gefüge, DIN 4232 – Wände aus Leichtbeton mit haufwerksporigem Gefüge, DIN 4028 – Stahlbetondielen aus Leichtbeton mit haufwerksporigem Gefüge und DIN 4223 – Gasbeton, bewehrte Bauteile). Abweichungen bestehen bei der Anzahl der Klassen, der Klassengrenzen und dem Abstand Nennfestigkeit-Serienfestigkeit.

1.2.2 Rohdichteklassen

Zur Zeit wird nur der Leichtbeton in Rohdichteklassen eingeteilt, weil hier die Rohdichte neben der Druckfestigkeit die Hauptkenngröße darstellt. Die Rohdichte des Normalbetons weicht i. allg. nur so wenig vom Mittelwert 2,3 kg/dm³ ab, daß eine Unterteilung in verschiedene Rohdichteklassen nicht erforderlich ist. Für Schwerbeton, der nur in wenigen Sonderfällen angewendet wird, hat sich eine Unterteilung in Rohdichteklassen ebenfalls nicht als notwendig erwiesen.

Die DIN 4219 – Leichtbeton und Stahlleichtbeton mit geschlossenem Gefüge – unterscheidet, in Abhängigkeit von der Beton-Trockenrohdichte der im Alter von 28 Tagen auf Druckfestigkeit geprüften Gütewürfel, 6 Rohdichteklassen 1,0 bis 2,0. Dabei entspricht die Kennzahl der zulässigen oberen Grenze des Mittelwerts der Beton-Trockenrohdichte jeder Würfelserie.

Auch für andere Leichtbetonarten sind entsprechende Rohdichteklassen, die z. T. in anderen Rohdichtebereichen liegen, vorgesehen.

1.3 Betongruppen

Um die geforderten Betoneigenschaften zielsicher zu erreichen, sind bestimmte Maßnahmen bei der Wahl der Ausgangsstoffe, dem Mischungsentwurf, der Betonherstellung und der Überwachung erforderlich. Die Anforderungen an Art und Umfang dieser Maßnahmen steigen mit den Anforderungen an die Betoneigenschaften. Dem trägt DIN 1045 durch die Einteilung in zwei Betongruppen Rechnung, die sich hinsichtlich Art und Umfang der o. g. Maßnahmen unterscheiden.

Die *Betongruppe B I* umfaßt alle Betone der Festigkeitsklassen B 5 bis einschließlich B 25. Die Zusammensetzung ist aufgrund einer Eignungsprüfung festzulegen. Dabei muß das Vorhaltemaß, das ist die Differenz zwischen der in der Eignungsprüfung ermittelten Festigkeit und der für die jeweilige Klasse maßgebenden Serienfestigkeit β_{WS}, mindestens 3 (B 5) bzw. 5 N/mm^2 (B 10 bis B 25) betragen. Auf eine Eignungsprüfung kann verzichtet werden, wenn die Mindestzementgehalte (vgl. DIN 1045, Tab. 4) eingehalten werden, die nach der Betonfestigkeitsklasse, dem Sieblinienbereich des Zuschlags und der Konsistenz des Frischbetons gestaffelt sind (Rezeptbeton). Da die Zementgehalte sehr vorsichtig gewählt sind, ist dieses Verfahren im allgemeinen unwirtschaftlich.

Insgesamt liegen die vorgegebenen Rezepte bzw. die einzuhaltenden Vorhaltemaße so weit auf der sicheren Seite, daß die geforderte Mindestfestigkeit in der Regel beträchtlich überschritten wird. Die Anforderungen an Personal und Ausstattung der Baustellen und Werke, die solchen Beton herstellen und verarbeiten, sind daher ermäßigt, und es genügt ein Minimum an Überwachung.

Die *Betongruppe B II* umfaßt alle Betone der Festigkeitsklassen B 35 bis B 55 und bei den Betonen mit niedrigerer Festigkeitsklasse im Grundsatz alle Betone mit besonderen Eigenschaften. Die Wahl des Vorhaltemaßes bleibt hier dem Unternehmer überlassen. Es muß aber so groß sein, daß bei der Güteprüfung die Anforderungen sicher erfüllt werden. Beton B II setzt gut eingerichtete Herstellbetriebe, geschultes Personal und eine umfassende Überwachung beim Hersteller und Abnehmer voraus.

Abweichend von DIN 1045 enthält der CEB-FIP Model Code [1-1] noch eine weitere Betongruppe, den „Beton mit vorgeschriebener Zusammensetzung" (prescribed mix). Hier schreibt der Auftraggeber die Ausgangsstoffe und die Mischungszusammensetzung vor. Der Betonhersteller ist dafür verantwortlich, daß der gelieferte Beton diesen Angaben entspricht, aber nicht für die Betoneigenschaften.

1.4 Betonsorten

Betonwerke und Transportbeton-Werke, die verschiedene, aber immer wiederkehrende Frischbetonrezepturen benutzen, führen diese gewöhnlich in einem Betonsortenverzeichnis auf. Transportbetonwerke müssen in dieses Verzeichnis für jede zur Lieferung vorgesehene Betonsorte Angaben über die Eignung für unbewehrten oder bewehrten Beton, die Festigkeitsklasse, die Konsistenz des Frischbetons, die Ausgangsstoffe und die Betonzusammensetzung aufnehmen.

2 Ausgangsstoffe

2.1 Zement

Beton erlangt seine Festigkeit durch die Erhärtung des Zementleims, der die Zuschlagkörner fest und dauerhaft miteinander verkittet.

2.1.1 Begriffsbestimmung

Zement gehört zur Gruppe der hydraulischen Bindemittel. Das sind feingemahlene mineralische Stoffe, die nach dem Anmachen mit Wasser sowohl an der Luft als auch unter Luftabschluß steinartig erhärten und danach wasserbeständig sind. Gegenüber den übrigen hydraulischen Bindemitteln, wie z. B. den hydraulischen Kalken nach DIN 1060 und den Putz- und Mauerbindern nach DIN 4211, zeichnen sich die Zemente durch eine wesentlich höhere Festigkeit aus.

Die wichtigsten im Bauwesen verwendeten Zemente sind in DIN 1164 genormt. Diese Norm umfaßt den Portlandzement (PZ), den Eisenportlandzement (EPZ), den Hochofenzement (HOZ), den Traßzement (TrZ), und den Portlandölschieferzement (PÖZ). Außerdem sind in der Bundesrepublik Traßhochofenzement (TrHOZ), Vulkanzement (VKZ), Phonolithzement (PUZ), Flugaschezement (FAZ), Flugasche-Hüttenzement (FAHZ) und Portlandkalksteinzement (PKZ) bauaufsichtlich als den Normzementen gleichwertige Bindemittel für tragende Bauteile aus unbewehrtem und bewehrtem Beton zugelassen.

Wesentlicher Bestandteil dieser Zemente ist Portlandzementklinker, der mit einem geringen Zusatz eines Sulfatträgers in Form von Gips ($CaSO_4 \cdot 2H_2O$) oder Anhydrit ($CaSO_4$) – allein oder zusammen mit weiteren reaktionsfähigen Komponenten, den sogenannten Zumahlstoffen – zu den verschiedenen Zementen vermahlen wird. Die Zumahlstoffe sind namengebend für die jeweilige Zementart. Beim Eisenportlandzement und beim Hochofenzement handelt es sich um Hüttensand, beim Traßzement um Traß (gemahlener trachytischer Bimsstuffstein). Dem Traßhochofenzement werden Traß und Hüttensand zugemahlen, dem Portlandölschieferzement gebrannter Ölschiefer, dem Vulkan- und Phonolithzement natürliche Puzzolane (Lavamehl bzw. getemperter Phonolith), dem Flugaschezement Steinkohlenflugasche mit Prüfzeichen als Betonzusatzstoff und dem Portlandkalksteinzement Kalksteinmehl mit hohem Calcitanteil.

Zur Verbesserung der physikalischen Eigenschaften, insbesondere der Verarbeitbarkeit, darf der Zement bis zu 5 M.-% an fein aufgeteilten anorganischen mineralischen Stoffen enthalten. Andere Zusätze dürfen 1 M.-% nicht überschreiten. Die Zusätze dürfen die Korrosion der Bewehrung nicht fördern.

Chloride dürfen dem Zement nicht zugesetzt werden, er kann jedoch aus den Rohstoffen Spuren von Chlorid (bis zu 0,10 M.-%) enthalten.

Tabelle 2.1-1 gibt einen Überblick über die in der Bundesrepublik Deutschland hergestellten Zementarten. Bei den für besondere Aufgaben angebotenen Sonderzementen handelt es sich in der Regel um Sonderformen der Normzemente.

Tabelle 2.1-1 Überblick über die in der Bundesrepublik Deutschland hergestellten Zementarten

Zementart	Kurzbezeichnung	Herstellung und Zusammensetzung	
Portlandzement	PZ	Feinmahlen von Portlandzementklinker unter Zusatz eines Sulfatträgers (Gips oder Anhydrit) bis zu einem maximalen SO_3-Gehalt von 3,5 bis 4,0 M.-%	Normzemente nach DIN 1164 Teil 1
Eisenportlandzement	EPZ	Ersatz von 6 bis 35 M.-% PZ-Klinker durch Hüttensand (rasch abgekühlte, glasig erstarrte Hochofenschlacke)	
Hochofenzement	HOZ	Ersatz von 36 bis 80 M.-% PZ-Klinker durch Hüttensand	
Traßzement	TrZ	Ersatz von 20 bis 40 M.-% PZ-Klinker durch Traß (feingemahlener Tuffstein)	
Portlandölschieferzement	PÖZ	Ersatz von 10–35 M.-% PZ-Klinker durch gebrannten kalkhaltigen Ölschiefer	Normzement nach DIN 1164 Teil 100
Flugaschezement	FAZ	Ersatz von 30 M.-% PZ-Klinker durch Steinkohlenflugasche	Zemente mit allgemeiner bauaufsichtlicher Zulassung
Flugasche-Hüttenzement	FAHZ	Ersatz von 30 M.-% PZ-Klinker durch 15 M.-% Steinkohlenflugasche und 15 M.-% Hüttensand	
Phonolithzement	PUZ	Ersatz von 30 M.-% PZ-Klinker durch getemperten Phonolith	
Portlandkalksteinzement	PKZ	Ersatz von 15 M.-% PZ-Klinker durch Kalksteinmehl	
Traßhochofenzement	TrHOZ	Ersatz von 50 bis 75 M.-% PZ-Klinker durch Traß und Hüttensand im Verhältnis von etwa 1:2	
Vulkanzement	VKZ	Ersatz von 25 M.-% PZ-Klinker durch Lavamehl	
Tonerdezement Tonerdeschmelzzement	TZ*) TSZ*)	Besteht im Gegensatz zu den obigen silikatischen Zementen hauptsächlich aus Calciumaluminaten. Klinker aus Bauxit oder Tonerde und Kalkstein durch Sintern oder Schmelzen bei 1200 bis 1600 °C oder durch besondere Schlackenführung im Hochofenprozeß hergestellt	Seit 1962 für tragende Bauteile nicht mehr zugelassen. Bindemittel für feuerfesten Mörtel und Beton

*) zur Zeit in der Bundesrepublik nicht hergestellt

2.1 Zement

2.1.1.1 Portlandzement

Portlandzement entsteht durch Feinmahlen von Portlandzementklinker unter Zusatz von Gips oder einem anderen Calciumsulfat bis zu einem Höchstgehalt an SO_3 von 4 M.-%. Der Calciumsulfatzusatz dient zur Regelung des Erstarrungsverhaltens.

Der Portlandzementklinker besteht chemisch-mineralogisch aus Kalk, Silikaten, Tonerde und Ferriten, die nach dem Brand in Form von Calciumsilikaten, Calciumaluminaten und Calciumaluminatferrit vorliegen.

In der Bundesrepublik Deutschland macht der Portlandzement knapp 3/4 der gesamten Zementproduktion aus (Stand 1988).

2.1.1.2 Hüttenzemente

Die Hüttenzemente enthalten außer Portlandzementklinker und geringen Mengen des zur Regelung des Erstarrens stets zugegebenen Calciumsulfats den sog. Hüttensand. Dieser wird zusammen mit dem Klinker vermahlen.

Der Hüttensand fällt bei der Roheisengewinnung im Hochofen an. Die dort entstehende Schlackenschmelze ist von ihrer chemischen Zusammensetzung her dem Portlandzementklinker nahe verwandt. Sie besteht wie dieser vorwiegend aus Kalk, Kieselsäure und Tonerde. Beim schnellen Abkühlen dieser Schlackenschmelze durch Abschrecken in Wasser entsteht ein fein zerteiltes, glasig erstarrtes Produkt mit latent hydraulischen Eigenschaften, der sogenannte Hüttensand.

Um in technisch nutzbarer Zeit hydraulisch erhärten zu können, braucht der Hüttensand wie alle latent hydraulischen Stoffe einen Anreger. Diese Aufgabe übernimmt beim Eisenportland- und Hochofenzement das bei der Hydratation des feingemahlenen Portlandzementklinkers mit Wasser abgespaltene Kalkhydrat (Klinkeranregung). Der Anreger wird bei der Hydratation nicht verbraucht.

Liegt der Hüttensandanteil zwischen 36 und 80 M.-%, so bezeichnet man den Zement als Hochofenzement HOZ. Ist der Hüttensandanteil geringer (6 bis maximal 35%), spricht man von Eisenportlandzement.

Die Hüttenzemente sind an der gesamten Zementerzeugung zu etwa einem Viertel beteiligt. Der Anteil des Eisenportlandzementes beträgt etwa 7% und der des Hochofenzementes rd. 15%. Alle übrigen Zemente zusammen machen nur etwas mehr als 3 Prozent der Gesamtproduktion aus (alle Mengenangaben gelten für 1988).

2.1.1.3 Puzzolanzemente

Puzzolanzemente sind Zemente, bei denen ein Teil des Portlandzementklinkers durch ein Puzzolan ersetzt ist. Puzzolane sind Stoffe natürlicher oder künstlicher Herkunft. Sie bestehen überwiegend aus Silicium-Aluminatverbindungen, die mit Wasser und Kalkhydrat zementsteinähnliche Produkte bilden. Das erforderliche Kalkhydrat wird bei der Hydratation des Portlandzementanteiles abgespalten und bei der weiteren Reaktion unlöslich eingebaut. Zu den Puzzolanzementen gehören u. a. der Traßzement, der Traßhochofenzement, der Portlandölschieferzement, der Phonolithzement und der Flugaschezement.

Traßzement (TrZ) wird durch gemeinsames werkmäßiges Feinmahlen von PZ-Klinker und 20 bis 40 M.-% Traß unter Zusatz von $CaSO_4$ als Erstarrungsregler hergestellt. Bei dem zu den natürlichen Puzzolanen gehörenden Traß handelt es sich um feingemahlenen Tuffstein. Traßhochofenzement (TrHOZ) besteht aus PZ-Klinker, bis zu 20 M.-% Traß und bis zu 50 M.-% Hüttensand sowie Gips oder Anhydrit zur Erstarrungsregelung.

Beim Portlandölschieferzement sind 10 bis 35 M.-% des PZ-Klinkers durch gebrannten Ölschiefer ersetzt.

Flugaschezement enthält außer Zementklinker bis zu 30 M.-% Flugasche, die unter bestimmten Voraussetzungen beim Verbrennen von Steinkohlenstaub in Kraftwerken anfällt und in Filtern abgeschieden wird (s. Abschn. 2.4.3.2.2).

2.1.1.4 Portlandkalksteinzement

Portlandkalksteinzement wird aus Portlandzementklinker und Kalkstein (Mischungsverhältnis Klinker : Kalkstein 85 : 15 M.-%) unter Zusatz von Gips und/oder Anhydrit durch gemeinsames Vermahlen hergestellt. Im Gegensatz zu dem latent hydraulischen Hüttensand und den natürlichen oder künstlichen Puzzolanen verhält sich der Kalkstein im Zementstein zwar nahezu inert. Seine geringe Reaktionsfähigkeit mit C_3A (s. Abschn. 2.1.2) bei der Zementhydratation reicht jedoch aus, um zwischen der Oberfläche der Kalksteinpartikel und der Zementsteinmatrix einen festigkeitssteigernden Verbund zu entwickeln. Die Bedeutung von Kalkstein als Zumahlstoff beruht jedoch in erster Linie auf seiner Füllerwirkung. Der leicht mahlbare Kalkstein hat einen hohen Anteil an Feinkorn, das das Lückenvolumen zwischen den Klinkerpartikeln teilweise ausfüllen kann. Dadurch wird der Bedarf an Anmachwasser verringert. Hierfür reichen Kalksteingehalte von etwa 15 M.-% aus. Da die Festigkeit bei Kalksteingehalten von über 10 M.-% annähernd proportional mit der zugesetzten Menge abnimmt, ist es erforderlich, Portlandkalksteinzemente insgesamt feiner zu mahlen, um die gleiche Normfestigkeit wie die des entsprechenden Portlandzements zu erreichen. Gegenüber dem zugehörigen Portlandzement zeichnet sich der Portlandkalksteinzement in der Regel durch einen niedrigeren Wasseranspruch aus [2-1]. Die übrigen Eigenschaften entsprechen etwa denen des Eisenportlandzements. Es ist zu erwarten, daß der Portlandkalksteinzement langfristig den PZ 35 F ersetzt.

2.1.1.5 Tonerdezement

Während die bisher genannten Zemente vorwiegend aus Calciumsilikaten bestehen, setzt sich der Tonerdezement im wesentlichen aus Calciumaluminaten zusammen. Er wird aus Bauxit und Kalkstein durch Sintern oder Schmelzen hergestellt. Er hydratisiert wesentlich schneller als Portland-, Hütten- und Traßzement und bindet etwa doppelt so viel Wasser (s. Abschn. 2.1.3.1).

Tonerdezement ist für tragende Bauteile aus Beton, Stahlbeton und Spannbeton nicht zugelassen. Er wird in erster Linie als Bindemittel für feuerfesten Mörtel und Beton verwendet. Sonderformen sind der Barium- und der Strontium-Tonerdezement, bei denen Barium bzw. Strontium die Stelle des Calciums einnehmen. Diese Zemente zeichnen sich durch besonders hohe Feuerfestigkeit aus.

2.1.1.6 Sonderzemente

Für besondere Aufgaben werden Sonderzemente hergestellt. Dabei stehen Sonderformen der Normzemente im Vordergrund, bei denen bestimmte Eigenschaften besonders entwickelt sind. Da dies jedoch meist nur auf Kosten anderer Eigenschaften geschehen kann, sind solche Zemente meist nicht so universell anwendbar wie die üblichen Normzemente. Im folgenden werden zunächst die wichtigsten Sonder-Normzemente und ihre Anwendungsgebiete beschrieben.

2.1 Zement

Zemente mit niedriger Hydratationswärme (NW)

Um bei der Herstellung massiger Bauteile das Entstehen hoher Temperaturen zu vermeiden und die mit dem nachfolgenden Abkühlen verbundene Gefahr der Spaltrißbildung infolge von Temperaturspannungen zu verringern, ist die Verwendung von Zementen mit niedriger Hydratationswärme zweckmäßig. Diese mit der Zusatzbezeichnung NW gekennzeichneten Normzemente dürfen bei der Bestimmung der Hydratationswärme nach dem Lösungswärmeverfahren gemäß DIN 1164 Teil 8 in den ersten 7 Tagen eine Wärmemenge von höchstens 270 J/g entwickeln. Diese Bedingung wird z. B. von Hochofenzementen mit hohem Hüttensandanteil und auch von Portlandzementen 35 L mit niedrigem Gehalt an Tricalciumaluminat (C_3A, s. Abschn. 2.1.2) erfüllt. NW-Zemente weisen eine langsamere Festigkeitsentwicklung auf als reguläre Zemente der gleichen Festigkeitsklasse (s. Abschn. 2.1.4.7).

Zemente mit hohem Sulfatwiderstand (HS)

Für Beton in Wässern und Böden mit erhöhten Sulfatgehalten (s. DIN 4030) ist Zement mit hohem Sulfatwiderstand zu verwenden. Als Zement HS gelten nach DIN 1164 Teil 1 Portlandzement mit einem Gehalt an Tricalciumaluminat C_3A von höchstens 3 M.-% und mit einem Gehalt an Aluminiumoxid Al_2O_3 von höchstens 5 M.-% sowie Hochofenzement mit mindestens 70 M.-% Hüttensand. Nach neueren Untersuchungen [2-2] genügen bereits 65% Hüttensand.

Zemente mit niedrigem Alkaligehalt (NA)

Enthält der Zuschlag alkaliempfindliche Bestandteile, was in der Bundesrepublik bei einigen norddeutschen Vorkommen der Fall ist, können Schäden durch Verwendung eines Zementes mit niedrigem wirksamen Alkaligehalt (NA-Zement) vermieden werden, vorausgesetzt, daß schädliche Alkalien nicht durch andere Ausgangsstoffe oder nachträglich von außen in den Beton gelangen. In Anlehnung an die Festlegungen in anderen Ländern gelten als Zement mit niedrigem wirksamen Alkaligehalt (NA-Zement) Portlandzement mit einem Gesamtalkaligehalt von höchstens 0,60 M.-% Na_2O-Äquivalent, Hochofenzement mit mindestens 65 M.-% Hüttensand und einem Gesamtalkaligehalt von höchstens 2 M.-% Na_2O-Äquivalent und Hochofenzement mit mindestens 50 M.-% Hüttensand und einem Gesamtalkaligehalt von höchstens 1,10 M.-% Na_2O-Äquivalent [2-3].

Neben diesen Sonder-Normzementen gibt es noch Zemente für eng begrenzte, spezielle Anwendungsgebiete, wie z. B.:

Hydrophober Zement (Pectacrete-Zement, soil cement). Dabei handelt es sich um einen beim Mahlen mit wasserabweisenden Stoffen, z. B. Ölsäure oder Stearinsäure, versetzten Normzement, in der Regel Portlandzement. Dank der wasserabweisenden Hülle um die Zementkörner, die erst beim Mischen zerstört wird, kann er auch bei ungünstigen Witterungsbedingungen in Säcken oder sogar lose auf dem Boden ausgebreitet lagern, ohne durch Aufnahme von Feuchtigkeit oder Kohlendioxid an Erhärtungsfähigkeit einzubüßen. Seine hauptsächliche Anwendung findet er bei der Bodenvermörtelung im Straßenbau. Der Beton selbst wird durch die Zusätze nicht hydrophobiert.

Weißer Portlandzement, auch einfach Weißzement genannt, ermöglicht durch seine weiße Farbe bei Sichtbeton und Betonwerkstein besondere architektonische Wirkungen. Zu seiner Herstellung sind praktisch eisenoxidfreie Rohstoffe erforderlich, und auch beim Brennen und Mahlen müssen besondere Vorkehrungen getroffen werden, um den Zutritt oder das Entstehen der färbenden Oxide des Eisens und des Mangans zu verhindern und andere störende Verunreinigungen zu vermeiden. Das fertige Produkt entspricht den Anforderungen der Zementnorm und unterscheidet sich in seinen Eigenschaften praktisch nicht von denen des gewöhnlichen Portlandzementes.

Schnellzement ist ein Zement mit sehr schneller Festigkeitsentwicklung in den ersten Stunden nach dem Anmachen. Er wurde in den USA entwickelt und wird dort wie auch in Japan in größerem Umfang hergestellt. Eine allgemeine bauaufsichtliche Zulassung besteht für den sog. Wittener Schnellzement in Deutschland mit der Bezeichnung Z 35 SF. Dabei handelt es sich um ein Gemisch aus Portlandzement, Tonerdeschmelzzement (≈ 18 M.-%) und Zusätzen. Die Anwendung ist auf die Befestigung von Dübeln und Ankern sowie zur Ausbesserung von Bauteilen aus Beton, Stahlbeton und Spannbeton mit nachträglichem Verbund beschränkt, wobei die Bauteile keiner über die übliche Sonnenbestrahlung hinausgehenden Temperaturbeanspruchung oder Wärmebehandlung ausgesetzt werden dürfen [2-4].

Quellzemente, die als Schwindausgleich-Zement (shrinkage-compensating-cement) und Selbstspannzement (self-stressing-cement) in den USA hergestellt werden [2-5], enthalten eine Quellkomponente, vorwiegend in Form von Calciumaluminatsulfat, die beim Erhärten eine Ausdehnung bewirkt, so daß das Schwinden teilweise oder ganz kompensiert wird oder sogar eine Verlängerung gegenüber dem Ausgangszustand eintritt. Nach bisherigen Erfahrungen läßt sich jedoch auf diese Weise Rissefreiheit oder Druckvorspannung des Betons auf Dauer kaum erreichen.

Tiefbohrzement (oil well cement) wird für die Herstellung einer Zementschlämme verwendet, die z. B. bei den Bohrarbeiten für die Erdölgewinnung die Verrohrung fixieren und gegen das Gebirge abschließen soll. Die üblichen Bauzemente eignen sich nur für Tiefen von höchstens 1200 bis 1800 m. Für größere Tiefen ist Tiefbohrzement erforderlich. Seine Eigenschaften und ihre Prüfung sind von dem Amerikanischen Petroleuminstitut in der Vorschrift API STD 10 A und 10 B festgelegt [2-6].

Schließlich gibt es eine Reihe von Bindemitteln, die vielfach ebenfalls als Zement bezeichnet werden, aber keine Zemente im heutigen Wortsinn darstellen, da sie entweder nicht hydraulisch erhärten oder nicht die in DIN 1164 Teil 1 für Zement geforderte Mindestfestigkeit von 25 N/mm^2 erreichen. Einige dieser Bindemittel werden im folgenden angesprochen.

Magnesitzement, Magnesiazement oder Sorelzement ist ein Magnesitbinder oder kaustische Magnesia. Es handelt sich um ein aus natürlich vorkommendem Magnesit (Magnesiumcarbonat) oder anderen in der Natur vorkommenden Magnesiumsalzen erbranntes Erzeugnis, das mit Wasser steinartig erhärtet. Magnesitbinder zeichnet sich dadurch aus, daß er große Mengen von Zuschlägen vornehmlich organischer Art zu binden vermag. Er dient vor allem der Herstellung von Magnesiaestrichen nach DIN 272, von Steinholz und von Kunststeinen. Magnesitbinder ist kein hydraulisches Bindemittel, und die damit hergestellten Produkte eignen sich wegen mangelnder Wasserbeständigkeit nur für Innenräume.

Phosphatzement, besser Phosphatbinder, spielt im Bauwesen keine Rolle. Er wird u. a. für Zahnfüllungen verwendet.

Marmorzement, englischer Zement oder Keenezement bezeichnet Marmorgips. Es handelt sich um doppelt gebrannten, zwischen den beiden Brennvorgängen gewöhnlich mit Alaun getränkten Gips. Er wird hauptsächlich zum Verlegen von Fliesen und Wandplatten, zu Kunstmarmor und für andere Sonderzwecke verwendet (vgl. DIN 1168 Teil 1).

Krater-Zement ist ein natürliches feuerfestes Mörtelmaterial.

Bei *Schwefel-Zement* handelt es sich um eine Vergußmasse aus Schwefel und Füllstoffen, wie z. B. Gesteinsmehl. Zur Verarbeitung wird das Material durch Erhitzen auf etwa 140 °C geschmolzen. Beim Abkühlen erstarrt es zu einer festen Masse, die durch erneutes

2.1 Zement

Erhitzen wieder verflüssigt werden kann und beim Abkühlen wieder fest wird. Das Material eignet sich u. a. zum Abgleichen unebener Druckflächen von Betonproben für Festigkeitsprüfungen. Es wird in Nordamerika in größerem Umfang hergestellt und verwendet [2-7].

Romanzement ist ein hydraulisches Bindemittel, das durch Brennen von Kalk- oder Dolomitmergeln unterhalb der Sintergrenze und anschließendes Feinmahlen hergestellt wurde. Nach der heute in der Bundesrepublik üblichen Bezeichnungsweise handelt es sich um einen hochhydraulischen Kalk (vgl. DIN 1060 Teil 1). Das gleiche gilt für den *Naturzement* (natural cement) nach der früheren US-Norm ASTM C 10-73.

Der *masonry-cement* nach ASTM C 91-83a entspricht ebenso wie der französische ciment a maçonner CM etwa unserem Putz- und Mauerbinder (PM-Binder). Er besteht aus einem Gemisch von Zement oder hydraulischem Kalk mit Steinmehl oder anderen geeigneten feingemahlenen mineralischen Stoffen und enthält gewöhnlich einen Luftporenbildner, der die Ergiebigkeit sowie die Verarbeitbarkeit und das Wasserrückhaltevermögen des damit hergestellten Mauermörtels verbessern soll.

Keine Zemente, wie die Bezeichnung vermuten läßt, sondern Zementerzeugnisse sind der *Asbestzement* und der *Ferrozement*. Asbestzement ist mit Asbestfasern bewehrter Zementstein. Bei Ferrozement handelt es sich um einen mit einem engmaschigen Netz dünner Stahldrähte bewehrten Mörtel.

2.1.2 Zementherstellung

(Schematische Darstellung vgl. Bild 2.1-1)

Alle Normzemente enthalten gemahlenen Portlandzementklinker. Das Stoffgemisch zur Herstellung des Klinkers besteht hauptsächlich aus Calciumoxid und Siliciumdioxid und,

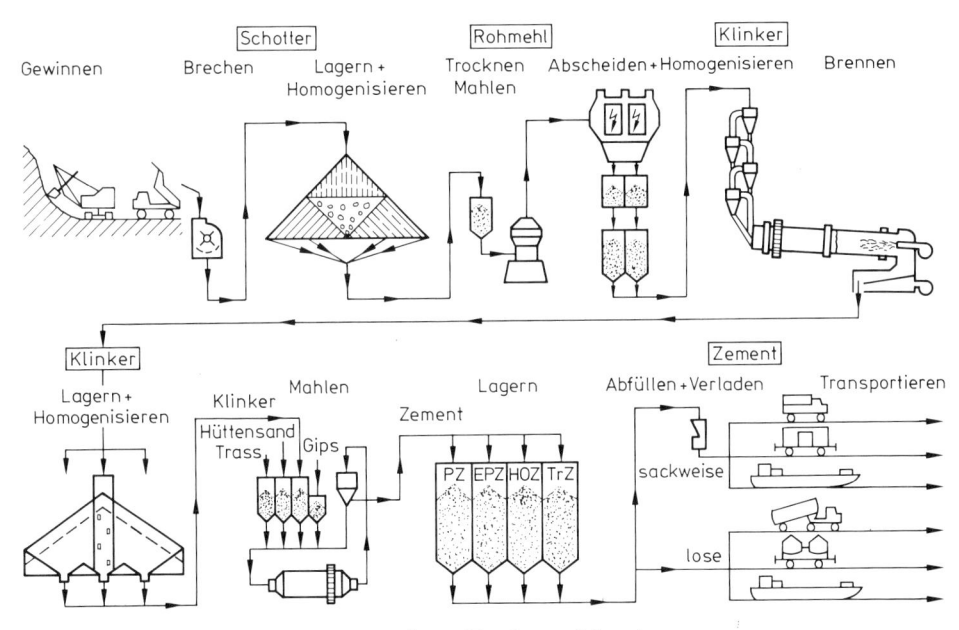

Bild 2.1-1 Fließbild der Zement-Herstellung (Trockenverfahren)

in geringeren Mengen, aus Oxiden des Aluminiums und des Eisens. Diese Verbindungen, für die sich in der Zementchemie besondere Abkürzungen eingebürgert haben, stammen aus natürlichen Rohstoffen, nämlich

C	Kalk (CaO) aus Kalkstein, kalkreichem Mergel, Kreide
S	Silikate (SiO_2) aus Ton, Lehm, Quarzsand, tonreichem Mergel
A	Tonerde (Al_2O_3) aus Ton, Lehm, tonreichem Mergel
F	Ferrite (FeO, Fe_2O_3) aus Ton, Bauxit, Kiesabbrand

Wesentlich für Güte und Gleichmäßigkeit des Zements ist eine günstige und gleichbleibende Zusammensetzung des Rohmaterials.

Die Weiterverarbeitung des Rohmaterials kann entweder auf trockenem oder auf nassem Wege erfolgen. Beim Trockenverfahren, nach dem heute in der Bundesrepublik der Portlandzementklinker fast ausschließlich hergestellt wird, gelangen die nach Kalk- und Tongehalt getrennt erfaßten Rohmaterialkomponenten in genau geregeltem Mischungsverhältnis in die Rohmühle, in der das Material gleichzeitig getrocknet und zu Rohmehl feingemahlen wird. Durch laufende Analyse des Rohmehls lassen sich Änderungen der Zusammensetzung schnell erkennen. Verbleibende Schwankungen können durch Zugabe von Korrekturmehl und mit Hilfe von Homogenisiersilos ausgeglichen werden.

Das aufbereitete Rohstoffgemisch wird zu Portlandzementklinker gebrannt. Dies geschieht heute fast ausschließlich in Drehöfen. Das sind feuerfest ausgemauerte, leicht geneigt liegende, langsam rotierende Rohre mit Durchmessern von 3,7 bis 7 m und Längen von 40 bis 200 m. Beim Durchlaufen des Ofens wird das Brenngut bis auf die Sintertemperatur von 1400 bis 1450 °C erhitzt. Beim Brennen bilden sich neue Verbindungen, die sog. Klinkerphasen:

C_3S	Tricalciumsilikat mit etwa 65 M.-%
C_2S	Dicalciumsilikat mit etwa 15 M.-%
$C_2(A,F)$	Calciumaluminatferrit mit etwa 10 M.-%
C_3A	Tricalciumaluminat mit etwa 10 M.-%

Dem Tricalciumsilikat verdankt der Zement seine wesentlichen Eigenschaften. Mit Wasser angemacht erhärtet es sehr schnell und erreicht sehr hohe Festigkeiten. Das Dicalciumsilikat erhärtet wesentlich langsamer. Das Tricalciumaluminat reagiert mit Wasser sehr schnell. Es bestimmt das Erstarrungsverhalten des Zementleims und erhöht die Anfangsfestigkeit.

Nach Verlassen des Ofens wird der Klinker in dem sich an den Ofen anschließenden Klinkerkühler möglichst rasch abgekühlt. Nach einer Zwischenlagerung wird er allein oder mit Zusätzen von Hüttensand, Traß, gebranntem Ölschiefer oder anderen geeigneten reaktionsfähigen Stoffen feingemahlen. Zur Regelung des Erstarrungsverhaltens des Zementes setzt man dem Mahlgut Calciumsulfat in Form von Gipsstein oder Anhydrit entsprechend einem Höchstgehalt an SO_3 bis zu 4,0 M.-%, bei Hochofenzement mit mehr als 70% Hüttensand bis zu 4,5 M.-% zu.

Beim Mahlen neigen sehr feine Teilchen zum Ansetzen an den Mühlenwandungen und an den Mahlkörpern. Für sehr fein gemahlene Zemente, das sind insbesondere Zemente der oberen Festigkeitsklassen, werden deshalb Mahlhilfen zugesetzt. Es handelt sich meist um organische Stoffe, wie Propylenglykol oder Triethanolamin, in sehr geringen Zusatzmengen.

2.1 Zement

2.1.3 Reaktionen des Zements mit dem Anmachwasser

Beim Anmachen des Zements mit Wasser entsteht der sogenannte Zementleim, eine flüssige bis plastische Suspension. Unmittelbar nach dem Anmachen beginnen chemische Reaktionen des Zements mit dem Wasser, die Hydratation. Sie führt kontinuierlich über Ansteifen und Erstarren zum Erhärten des Zementleims und damit zur Bildung des Zementsteins. Das Erstarren und Erhärten beruht vor allem auf der Bildung kristallwasserhaltiger Verbindungen, die als Hydratphasen bezeichnet werden.

Für das Erstarren ist insbesondere die Reaktion zwischen Tricalciumaluminat und Calciumsulfat, für das Erhärten ist dagegen die Hydratation der Calciumsilikate maßgebend.

2.1.3.1 *Hydratphasen*

In Gegenwart von Sulfat bilden die Aluminate des Zements bevorzugt Calciumaluminatsulfathydrate und zwar in sulfatreichen Lösungen nadelförmiges Trisulfat (Ettringit), in sulfatärmeren und kalkreicheren Lösungen tafelförmiges Monosulfat.

Die wesentliche Hydratphase, die bei der Hydratation aller Zemente mit Ausnahme des Tonerdezements entsteht und auf der die Festigkeitsbildung beruht, ist das Calciumsilikathydrat (CSH). Bei seiner Bildung wird Calciumhydroxid abgespalten. Nach elektronenmikroskopischen Untersuchungen liegt das Calciumsilikathydrat im erhärteten Zementstein in Form von nadel- oder leistenförmigen Kristallen vor, die ihrerseits wahrscheinlich wiederum aus aufgerollten Folien bestehen (vgl. Bild 2.1-2). Zwischen den einzelnen Schichten der Calciumsilkathydrat-Kristalle können Wassermoleküle als sogenanntes Zwischenschichtwasser eingelagert werden. Aus den kalkreichen Aluminaten (C_3A) des Zements bildet sich bei ihrer Hydratation tafelförmiges Tetracalciumaluminathydrat. Bei der Hydratation des Calciumaluminatferrits ($C_2(AF)$) entstehen ähnliche Verbindungen, bei denen ein Teil des Al_2O_3 durch Fe_2O_3 ersetzt ist.

Die Hydratationsprodukte des Portlandzements und der Hüttenzemente sind im wesentlichen gleich. Bei letzteren wird wegen des geringeren Kalkgehaltes des Hüttensandes weniger Calciumhydroxid abgespalten, und die Erhärtung verläuft langsamer.

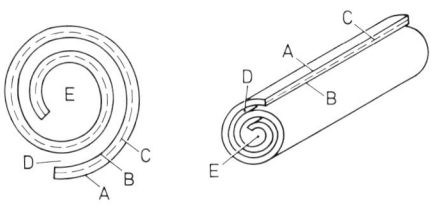

A, B Calciumsilicat- hydratschichten	Hydratwasser	nicht verdampfbar } chemisch gebunden
C Zwischenschicht- bereich	Zwischenschicht- wasser	
D Raum zwischen den aufgerollten Folien	Porenwasser (Gelwasser)	verdampft bei 105 °C oder Vakuum- trocknung } physikalisch gebunden
E Innenraum des Röhrchens		

Bild 2.1-2 Aufbau des Calciumsilicathydrats und Wasserbindung im Zementgel. Schematisch, nach RICHARTZ und LOCHER [2-8]

Beim Traßzement verbinden sich die reaktionsfähigen silikatischen und aluminatischen Bestandteile mit dem bei der Hydratation des Klinkeranteils freiwerdenden Calciumhydroxid zu Silikat- und Aluminathydraten. Der erhärtete Traßzement enthält daher wie die anderen Puzzolanzemente weniger Calciumhydroxid als Portlandzement.

Gebrannter Ölschiefer erhärtet selbständig hydraulisch. Die Hydratationsprodukte entsprechen denen des Portlandzementes.

Tonerdezement besteht vorwiegend aus Calciumoxid und Aluminiumoxid. Er hydratisiert wesentlich schneller als Portland-, Hütten- und Traßzement, bindet etwa doppelt so viel Wasser und spaltet kein Calciumhydroxid ab. Träger der Erhärtung sind das Monocalciumaluminathydrat $CaO \cdot Al_2O_3 \cdot 10\ H_2O$ und amorphes Aluminiumhydroxid. Das Monocalciumaluminathydrat ist nur bei Temperaturen unter etwa 22 °C, in trockener Umgebung oder in sehr dichtem Zementstein beständig. Andernfalls wandelt es sich in Gegenwart von Feuchtigkeit allmählich in das stabile Tricalciumaluminathydrat $3\ CaO \cdot Al_2O_3 \cdot 6\ H_2O$ um. Dies ist mit einer Erhöhung der Porosität des Zementsteins und dadurch mit einer wesentlichen Festigkeitsabnahme verbunden. Wegen der Porositätszunahme kann Tonerdezementbeton den Bewehrungsstahl nicht dauerhaft vor Korrosion schützen [2-9].

2.1.3.2 Hydratationsprodukte

Im Zementleim sind die einzelnen Zementkörnchen, deren Durchmesser in der Größenordnung von einigen bis hundert µm liegen, von einer Wasserhülle umgeben. Die an den Zementkornoberflächen einsetzenden chemischen Reaktionen führen zu den unter 2.1.3.1 beschriebenen Hydratationsprodukten. Sie bestehen aus submikroskopisch kleinen Partikeln, die erst mit Hilfe des Elektronenmikroskops als solche erkennbar sind. Ihr mittlerer Durchmesser wird auf etwa ein Tausendstel der ursprünglichen Zementkorngröße geschätzt. Die Gesamtheit der Partikel nennt man Zementgel. Zwischen den Partikeln verbleiben Hohlräume, die man als Gelporen bezeichnet. Ihr mittlerer Durchmesser liegt in der Größenordnung von einigen bis 100 nm [2-10].

Das Zementgel umhüllt das einzelne Zementkorn zunächst nur in einer dünnen Schicht (Bild 2.1-3). Bei der weiteren Hydratation muß das Wasser zunächst durch die Gelporen hindurchdiffundieren, bis es an den nicht hydratisierten Kern des Zementkorns gelangt. Dort löst es einen weiteren Teil des Zementkorns auf.

Ein Teil der gelösten Stoffe fällt sofort in dem beim Lösungsvorgang freiwerdenden inneren Raum aus. Der Rest diffundiert nach außen und fällt an der Grenze Gelhülle – Wasser aus, wobei die Hydratationsprodukte in den Wasserraum zwischen den Zementkörnern hineinwachsen. Die Gesamtabmessungen des hydratisierenden Zementkorns vergrößern

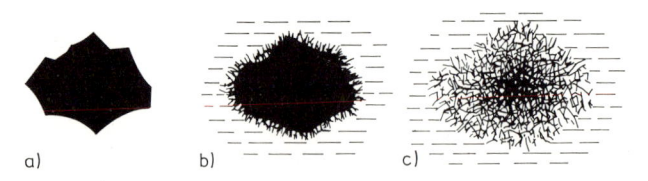

Bild 2.1-3 Schematische Darstellung der Hydratation eines Zementkorns [2-11]
a) Zementkorn vor Wasserzugabe.
b) Zementkorn kurz nach Wasserzugabe; um das gesamte Zementkorn hat sich eine Schicht aus Zementgel gebildet.
c) Ende der Hydratation. Das gesamte Zementkorn hat sich in Zementgel umgewandelt.

sich dabei fortlaufend, bis es nach vollständiger Hydratation etwa das Doppelte seines Ausgangsvolumens einnimmt. Gleichzeitig wächst seine innere Oberfläche als Summe der Oberflächen der winzigen Hydratationsprodukte auf etwa das Tausendfache an.

Bei der Hydratation bindet der Zement eine gewisse Menge Wasser chemisch. Das restliche Anmachwasser in den Zementsteinporen liegt nur zum Teil in flüssiger Form vor. Teilweise haften die Wassermoleküle adsorptiv an der Oberfläche der Hydratationsprodukte oder befinden sich als geordnetes Zwischenschichtwasser innerhalb der Calciumsilikathydrate (Bild 2.1-2).

Eine zuverlässige Trennung zwischen dem chemisch gebundenen Wasser und dem Porenwasser ist bislang nicht möglich. Das Wasser, das bei 105 °C nicht verdampft und erst durch Glühen bei etwa 1000 °C vollständig ausgetrieben werden kann, ist auf jeden Fall chemisch gebunden. Vollständig hydratisierter Portlandzement enthält, weitgehend unabhängig von seiner Zusamensetzung, etwa 25 % seiner usprünglichen Masse an nicht verdampfbarem Wasser.

Der Anteil des Zwischenschichtwassers, das bei scharfen Trocknungsbedingungen zwar verdampft, aber heute i. allg. aufgrund seiner Anordnung im Zementstein ebenso wie das chemisch gebundene Wasser dem Feststoff zugeordnet wird, läßt sich bislang nur grob auf etwa 10 ± 5 M.-%, bezogen auf den Zement, abschätzen.

Das Volumen der Hydratationsprodukte ist kleiner als der Raum, den der Zement und das später chemisch gebundene Wasser ursprünglich eingenommen haben. Zwar wächst das einzelne Zementkorn nach außen hin auf etwas mehr als das Doppelte seines Ausgangsvolumens an. Diese Volumenvergrößerung kommt aber nur dadurch zustande, daß Hohlräume in das Zementgel eingebaut werden. Die Gelporen machen etwa ein Viertel (genauer 28 %) des Gelvolumens aus [2-10]. Betrachtet man nur den Feststoffraum, so verbleibt ein Volumendefizit von etwa 0,06 cm^3 je g vollständig hydratisierten Zements.

Diese Volumenabnahme bezeichnet man als chemisches Schrumpfen, besser „inneres" Schrumpfen, weil es die äußeren Abmessungen des Zementsteins i. allg. nicht wesentlich vermindert. Es äußert sich aber dahingehend, daß unter Wasser gelagerter Zementstein entsprechende Mengen Wasser aufsaugt.

Dieses innere oder chemische Schrumpfen ist entgegen weitverbreiteter Auffassung nicht die wesentliche Ursache der sogenannten „Schrumpfrisse" im jungen Beton. Diese sind vielmehr überwiegend auf zu schnelles Austrocknen, Abkühlen und auf Sedimentieren zurückzuführen.

2.1.3.3 Hydratationsverlauf

Der Verlauf der Hydratation ist in Bild 2.1-4 schematisch dargestellt. Es lassen sich dabei drei zeitlich aufeinanderfolgende Stufen unterscheiden.

Hydratationsstufe I (i. allg. bis etwa 4 bis 6 Stunden nach dem Anmachen)

In dem noch plastischen Zementleim bilden sich kurz nach dem Anmachen zunächst nur geringe Mengen an Calciumhydroxid und Trisulfat. Danach sind längere Zeit keine chemischen Reaktionen feststellbar. Diese Zeit wird als Ruheperiode bezeichnet. Noch im Verlauf der Ruheperiode bewirkt eine Umkristalisation des zunächst auf der Oberfläche des Calciumaluminats in Gestalt feiner Säulen entstandenen Trisulfats (Ettringit) zu längeren Nadeln, die die einzelnen Zementpartikel miteinander verbinden, ein Ansteifen der Masse, das in diesem Stadium aber durch eine mechanische Bearbeitung wieder weitgehend aufgehoben werden kann (thixotropes Verhalten).

Hydratationsstufe II (i. allg. zwischen etwa 4–6 Stunden nach dem Anmachen bis zum Alter von 1 Tag)

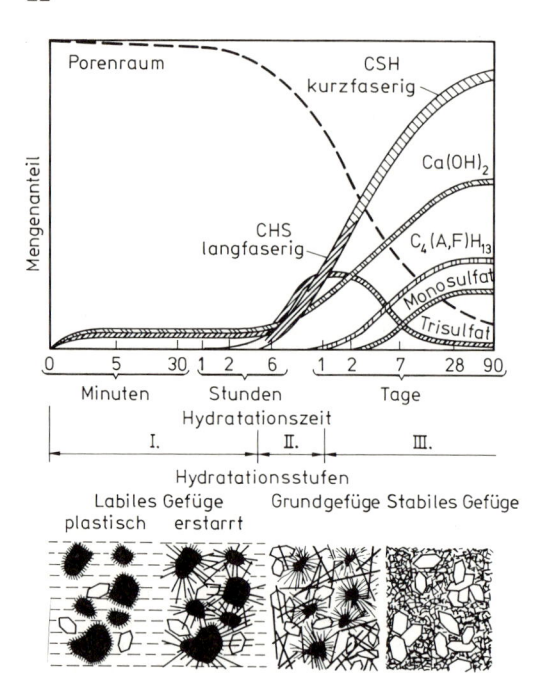

Bild 2.1-4 Schematische Darstellung der Bildung der Hydratphasen und der Gefügeentwicklung bei der Hydratation des Zements (nach W. RICHARTZ, entnommen aus [2-9]
CSH = Calciumsilicathydrat
$C_4(A,F)H_{13}$ = Eisenoxidhaltiges Tetracalciumaluminathydrat

Die Trisulfatbildung, die für das Erstarren maßgebend ist, aber nichts zur Erhärtung beiträgt, schreitet fort. Gleichzeitig setzt die Hydratation der Calciumsilikate verstärkt ein. Es bilden sich langfaserige, ineinander verschlungene Calciumsilikathydrat-Kristalle, die die wassergefüllten Zwischenräume zwischen den Zementpartikeln überbrücken und dabei das Gefüge verfestigen.

Hydratationsstufe III (etwa ab 1 Tag)

In die noch vorhandenen Poren wachsen kurzfaseriges Calciumsilikathydrat und Calciumaluminathydrat-Kristalle hinein, verdichten dabei das Gefüge und erhöhen die Festigkeit. Das sich bei der Hydratation des C_3S und des C_2S bildende Calciumhydroxid wird in Form größerer hexagonaler Kristalle in das Gefüge eingebaut, ohne wesentlich zur Festigkeit beizutragen. Das in den beiden ersten Hydratationsstufen entstandene Trisulfat wandelt sich allmählich in Monosulfat um.

2.1.3.4 Ansteifen und Erstarren

Im Zementleim sind die einzelnen Zementkörner von einer Wasserhülle umgeben und deshalb gegeneinander verschiebbar. Die Steife des Zementleims wird überwiegend durch den Wassergehalt bestimmt. Das Verhältnis Wassergehalt : Zementgehalt wird als Wasserzementwert bezeichnet. Mit steigendem Wasserzementwert wird der Zementleim dünnflüssiger. Von begrenztem Einfluß ist auch die Mahlfeinheit, genauer die Korngrößenverteilung (Granulometrie) des Zements. Sie bestimmt den Wasseranspruch für eine bestimmte Steife.

Durch die unmittelbar nach dem Anmachen einsetzenden chemischen Reaktionen entstehen Hydratationsprodukte, welche die Zementkörner zunehmend starr miteinander verbinden.

2.1 Zement

Dies führt zu einem anfangs geringen, nach einiger Zeit verstärkten Ansteifen. Erreicht das Ansteifen ein bestimmtes Maß, so spricht man vom Erstarren. Die danach fortschreitende Verfestigung wird Erhärten genannt. Maßgebend für den zeitlichen Verlauf von Ansteifen und Erstarren sind der Gehalt an reaktionsfähigem Tricalciumaluminat sowie Art und Menge des zugesetzten Calciumsulfats (Gips bzw. Anhydrit).

Unmittelbar nach dem Anmachen des Zements geht ein geringer Anteil des Tricalciumaluminates in Lösung und reagiert mit gleichfalls gelöstem Calciumsulfat unter der Bildung von Trisulfat (vgl. Abschn. 2.1.3.3, Hydratationsstufe I). Das Trisulfat bildet einen dünnen Belag auf der Oberfläche der Zementkörner, der noch zu dünn ist, um den Zwischenraum zwischen den Körnern zu überbrücken. Die Konsistenz wird nur wenig steifer. Das normgemäße Erstarren beginnt 1 bis 3 Stunden nach dem Anmachen, d. h. noch in der sog. Ruheperiode. Ursache ist vermutlich eine Rekristallisation der Trisulfat-Kristalle, bei der größere Kristalle entstehen, die den Zwischenraum zwischen den Zementpartikeln überbrücken.

Um ein langsames Ansteifen und ein für den Betoneinbau ausreichend spätes Erstarren sicherzustellen, wird das zur Regelung des Erstarrens dem Zement zugesetzte Calciumsulfat auf die chemisch-mineralogische Zusammensetzung der Ausgangsstoffe und auf die Herstellbedingungen abgestimmt.

Es kann aber auch mit Zementen, die hinsichtlich des Sulfats optimal eingestellt sind, ein frühzeitiges Ansteifen eintreten. Dafür sind mehrere Einflüsse von Bedeutung [2-12, 2-13, 2-14]:

Höhere Frischbetontemperaturen bewirken bei allen Zementen ein rascheres Ansteifen und eine Vorverlegung des Erstarrungsbeginns, da sie die chemischen Reaktionen beschleunigen und darüber hinaus das Optimum des Sulfatzusatzes verschieben.

In ähnlicher Weise wirken Betonzusätze, die in die chemisch-mineralogischen Reaktionen eingreifen, wie z. B. verzögernde Betonzusatzmittel (vgl. Abschn. 2.3.6.4). Auch können bereits kleine Verunreinigungen, wie z. B. geringe Mengen zuckerähnlicher organischer Stoffe, das Erstarren und Erhärten sehr stark verzögern oder im Grenzfall sogar vollständig verhindern.

Eine längere Lagerung des Zements kann durch Zutritt von Luftfeuchte und CO_2 das Erstarrungsverhalten ebenfalls verändern. Es empfiehlt sich in solchen Fällen eine Überprüfung insbesondere hinsichtlich des Erstarrungsbeginns.

Ein fortwährendes langes und intensives Mischen führt zu einem verstärkten Ansteifen (s. Abschn. 4.1.3.2).

2.1.3.5 *Aufbau des Zementsteins*

Für den Aufbau und damit für die Eigenschaften des Zementsteins ist das Verhältnis Wasser zu Zement maßgebend. Der bezogene Wassergehalt, d. h. der Wasserzementwert, bestimmt die Dicke der Wasserschicht zwischen den Zementkörnern. Sie liegt in der Größenordnung von wenigen µm und nimmt mit steigendem Wasserzementwert etwas weniger als proportional zu.

Die Vorgänge bei der Hydratation und die dabei entstehenden Produkte, das Zementgel, sind in den Abschnitten 2.1.3.2 und 2.1.3.3 beschrieben. Die im Zementgel verbleibenden Zwischenräume, die Gelporen, sind mit Gelwasser gefüllt, das unter normalen Austrocknungsbedingungen nicht verdunstet. Die Gelporen sind deshalb praktisch undurchlässig für Flüssigkeiten und Gase. Durch Trocknung bei 105 °C wird das Gelwasser ausgetrieben. Angaben über die Zusammensetzung des Porenwassers befinden sich am Ende des Abschnitts 2.1.3.5.

Mit fortschreitender Hydratation wächst das Zementgel in die wassergefüllten Räume zwischen den Zementkörnern hinein. Trocknet der Zementstein nicht vorzeitig aus, so kommt dieser Vorgang erst zum Stillstand, wenn der gesamte Zement hydratisiert ist oder wenn die Zwischenräume ganz ausgefüllt sind. Welche der beiden Möglichkeiten eintritt, hängt vom bezogenen Wassergehalt (Wasserzementwert) ab (Bild 2.1-5).

Bei der Hydratation wird eine bestimmte Wassermenge chemisch als Hydratwasser und Zwischenschichtwasser und physikalisch als Gelwasser gebunden. Enthält der Zementleim eine größere Wassermenge, so verbleiben Hohlräume, die sog. Kapillarporen. Diese sind zunächst wassergefüllt, können aber wegen ihres im Vergleich zu den Gelporen rund 1000 mal größeren Durchmessers (Tab. 2.1-2) bei Lagerung an der Luft austrocknen. Sie beeinflussen also die Durchlässigkeit des Zementsteins bzw. des Betons für Flüssigkeiten und Gase. Die Kapillarporosität nimmt mit wachsendem Wasserzementwert zu und bei gleichem Wasserzementwert mit steigendem Hydratationsgrad ab (Bild 2.1-6).

Bei einem Wasserzementwert um 0,40 entspricht das Volumen des Zementgels bei vollständiger Hydratation dem Volumen der ursprünglichen Zementkörner und des ursprünglichen Anmachwassers. Es verbleiben keine Kapillarporen [2-16, 2-17].

Dies gilt allerdings nur, wenn eine nachträgliche Wasserzufuhr von außen erfolgt. Ist dies nicht der Fall, so entstehen luftgefüllte Kapillarporen bis zu 10 Vol.-%.

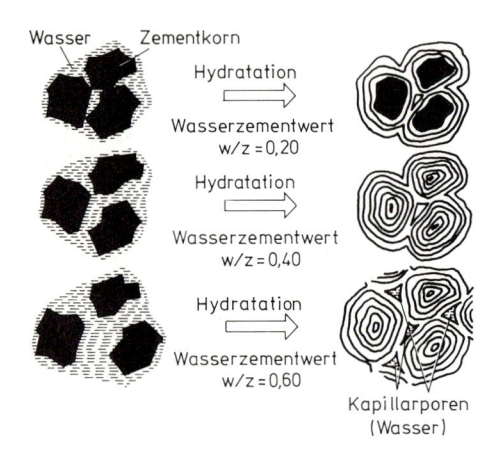

Bild 2.1-5 Erhärtung von Zementleim mit unterschiedlichem Wasserzementwert [2-11]

Tabelle 2.1-2 Porenarten im Zementstein und ihre Größenbereiche [2-15]

Porenart	Porenradien		Porenmenge
	Nanometer nm	Millimeter mm	Vol.-% *)
Gelporen	10^0 bis 10^1	10^{-6} bis 10^{-5}	26
Kapillarporen	10^1 bis 10^5	10^{-5} bis 10^{-1}	20
Luftporen	10^3 bis 10^6	10^{-3} bis 10^0	
Gesamtporosität	10^0 bis 10^6	10^{-6} bis 10^0	46

*) am Beispiel eines Zementsteins aus Portlandzement mit einem Wasserzementwert $w/z = 0,5$ bei annähernd vollständiger Hydratation

2.1 Zement

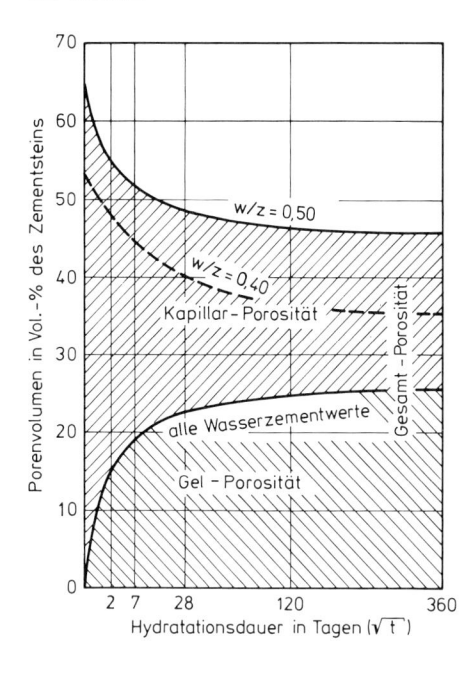

Bild 2.1-6 Zeitliche Entwicklung der Porosität im Zementstein (Portlandzement) [2-15]

Bei kleineren Wasserzementwerten sind die Zwischenräume bereits mit Zementgel ausgefüllt, bevor der Zement vollständig hydratisiert ist. Der Zementstein enthält dann noch unhydratisierte Klinkerreste. Da sie sich im Inneren der Zementkörner befinden, tragen sie auch in diesem Zustand noch zur Festigkeitsbildung bei.

Die Porosität bestimmt die Dichtigkeit und die Festigkeit des Zementsteins, die ihrerseits maßgebend für die erreichbaren Festbetoneigenschaften sind.

Der Einfluß der Porosität auf die Festigkeit des Zementsteins läßt sich durch die Formel

$$D = D_0 \left(1 - \frac{p}{100}\right)^n$$

beschreiben, bei der D die Druckfestigkeit des Zementsteins, D_0 die Festigkeit des porenfreien Zementsteins, p der Volumenanteil der Poren in % und n eine Konstante ist.

Legt man für p die Kapillarporosität zugrunde, die am erhärteten Beton experimentell nachgeprüft werden kann, so erhält man eine gute Annäherung an Versuchsergebnisse, wenn als Festigkeit des kapillarporenfreien Zementsteins ein Wert D_0 von etwa 200 N/mm^2 und ein Exponent n von 4,7 eingesetzt werden [2-18]. Der Zusammenhang zwischen dem Gehalt an Kapillarporen und der Druckfestigkeit ist in Bild 2.1-7 dargestellt. Er kann nahezu unabhängig von der Mahlfeinheit und der chemisch-mineralogischen Zusammensetzung des Zements angenommen werden.

Auf der Grundlage dieses Zusammenhangs läßt sich auch der Einfluß des Wasserzementwertes und des Hydratationsgrades auf die Zementfestigkeit ableiten. Bild 2.1-8 gibt das Ergebnis solcher Berechnungen wieder, aus dem vor allem der vorherrschende Einfluß des Wasserzementwertes hervorgeht. Danach sind z. B. Zementsteinfestigkeiten von 50 N/mm^2 selbst bei vollständiger Hydratation überhaupt nur erreichbar, wenn ein Wasserzementwert von 0,6 nicht überschritten wird.

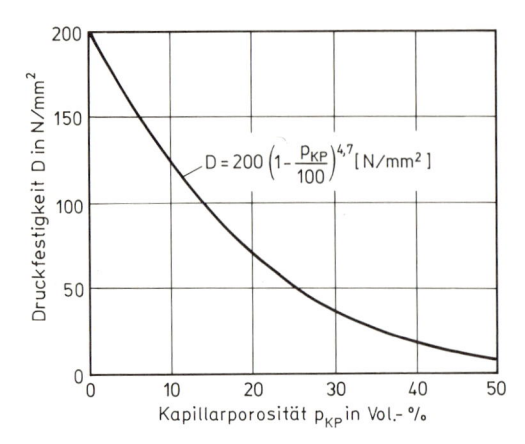

Bild 2.1-7 Einfluß der Kapillarporosität auf die Druckfestigkeit von Zementstein [2-18]

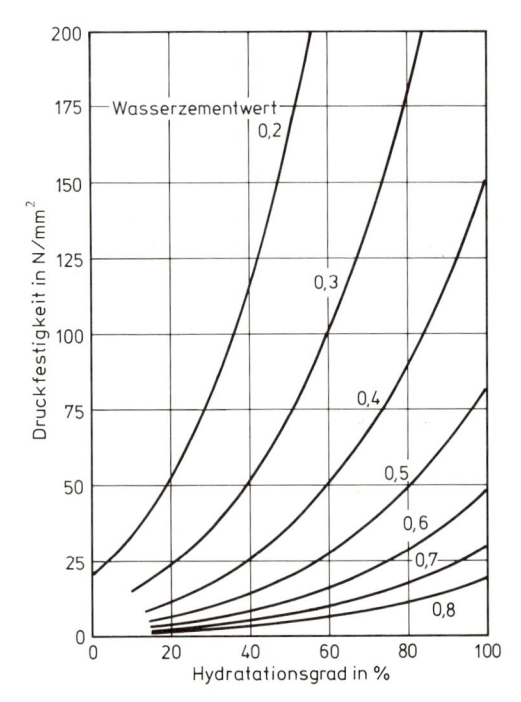

$$D = 200 \left(1 - \frac{p_{KP}}{100}\right)^{4,7} [N/mm^2]$$

Bild 2.1-8 Einfluß des Wasserzementwerts und des Hydratationsgrades auf die Druckfestigkeit von Zementstein [2-18]

Der Wasserzementwert wirkt sich nicht nur auf die bei einem bestimmten Hydratationsgrad erreichten absoluten Festigkeiten, sondern auch auf das Verhältnis Frühfestigkeit zu 28-Tage- bzw. Endfestigkeit aus. Festigkeit entsteht erst bei Verflechtung der aus der Oberfläche der Zementkörner herauswachsenden Hydratationsprodukte. Je höher der Wasserzementwert ist, desto weiter sind die Zementkörner voneinander entfernt. Anhand eines sehr vereinfachten Zementsteinmodells hat HENK [2-19] berechnet, daß zur Überbrückung der Zwischenräume bei einem Wasserzementwert von $w/z = 0,4$ ein Hydratationsgrad von nur 18 %, bei $w/z = 0,6$ ein solcher von 50 % und bei $w/z = 0,8$ ein Hydratationsgrad von 80 % erforderlich ist. Dementsprechend nimmt das Verhältnis Frühfe-

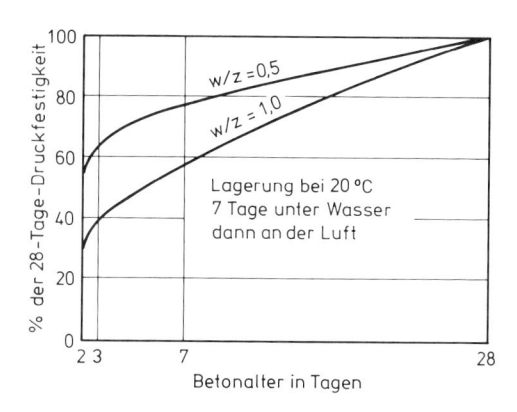

Bild 2.1-9 Einfluß des Wasserzementwerts auf die Festigkeitsentwicklung (nach WISCHERS)

stigkeit zu 28-Tage- bzw. Endfestigkeit mit abnehmendem Wasserzementwert zu (siehe Bild 2.1-9).

Die vorstehend beschriebenen Zusammenhänge erklären den durchschlagenden Einfluß des Wasserzementwertes und die große Bedeutung der Nachbehandlung für die Festbetoneigenschaften.

Wie eingangs ausgeführt, sind die Gelporen unter normalen Umweltbedingungen wassergefüllt. Die Zusammensetzung der Porenwasserlösung ist von der chemischen Zusammensetzung des Zements und vom Hydratationsgrad abhängig. Hauptbestandteile der Porenlösung sind bei Portland- und Hüttenzementen, als Oxide ausgedrückt, K_2O, Na_2O, SO_3 und CaO. Während die Gehalte an K_2O und Na_2O im Laufe der Zeit zunehmen, werden SO_3 und CaO schnell bis auf unbedeutende Reste gebunden oder in fester Form, z. B. als $Ca(OH)_2$ ausgeschieden. Der pH-Wert der stark alkalischen Lösung steigt in den ersten 28 Tagen in der Regel von rd. 12,8 auf über 13 an. Im Alter von 28 Tagen enthält die Porenlösung etwa folgende Bestandteile [2-20]:

	Durchschnittlicher Portlandzement	Hochofenzement mit 80 M.-% Hüttensand
Na_2O	4–5 g/l	2–3 g/l
K_2O	24–26 g/l	4–6 g/l
SO_3	0–0,8 g/l	0–0,1 g/l
CaO	0,1 g/l	0–0,2 g/l

Der niedrige Gehalt an CaO und der hohe Gehalt an Na_2O und K_2O ist eine Folge der unterschiedlichen Löslichkeit und entspricht nicht den Anteilen dieser Stoffe im Zementstein. Portlandzement enthält durchschnittlich etwa 65 % CaO insgesamt und etwa 1 % freies CaO. Demgegenüber beträgt der Na_2O-Gehalt durchschnittlich nur 0,2 % und der K_2O-Gehalt nur 0,9 %. Der CaO-Gehalt der Porenlösung liegt in der Regel in der Größenordnung der maximalen Löslichkeit von $Ca(OH)_2$ in der Gegenwart von KOH und NaOH. Die Vorstellung, daß es sich bei der Zementsteinporenlösung um eine gesättigte $Ca(OH)_2$-Lösung handelt, stellt daher eine unzutreffende Vereinfachung dar. Vielmehr handelt es sich in jedem Hydratationszustand um eine aufgrund ihres Gehaltes an KOH und NaOH stark alkalische Lösung, die mit im Vergleich dazu vernachlässigbar geringen Mengen an $Ca(OH)_2$ gesättigt ist.

2.1.4 Bautechnische Eigenschaften des Zementes

2.1.4.1 Erhärten und Festigkeit

Beton verdankt seine Festigkeit der verkittenden Wirkung des erhärteten Zementsteins. Die Bindekraft des Zements beurteilt man anhand seiner Normdruckfestigkeit, die an einer in DIN 1164 Teil 7 festgelegten Mörtelmischung festgestellt wird. Die erreichbare Betonfestigkeit steigt i. allg. proportional mit der Normdruckfestigkeit an.

2.1.4.1.1 Zementfestigkeitsklassen

Die Zemente werden gemäß DIN 1164 Teil 1 nach ihrer 28-Tage-Normdruckfestigkeit in die Festigkeitsklassen Z 25, Z 35, Z 45 und Z 55 eingeteilt (Tabelle 2.1-3). Die Kennzahl entspricht in ihrem Zahlenwert der Mindestdruckfestigkeit des Normmörtels (Prismen $4 \times 4 \times 16\,\text{cm}^3$, $w/z = 0{,}5$, Unterwasserlagerung bis zur Prüfung) im Alter von 28 Tagen. Innerhalb der Festigkeitsklassen Z 35 und Z 45 wird bei gleicher 28-Tage-Festigkeit unterschieden zwischen Zementen mit langsamer Anfangserhärtung (Zusatzbezeichnung L) und Zementen mit höherer Anfangsfestigkeit (Zusatzbezeichnung F).

Für die mittelschnell bis schnell erhärtenden Zemente der Festigkeitsklassen Z 35 F und aufwärts ist bereits für ein Alter von 2 Tagen eine Mindestfestigkeit festgelegt. Bei den langsam erhärtenden Zementen Z 25 und Z 35 L wird die Anfangsfestigkeit dagegen erst im Alter von 7 Tagen geprüft.

Zement Z 25 braucht nach 7 Tagen erst die gleiche Festigkeit von 10 N/mm² aufzuweisen, die der Z 35 F bereits nach 2 Tagen erreichen muß.

Während für die Anfangserhärtung nur die Einhaltung eines Mindestwertes der Druckfestigkeit gefordert wird, ist für die 28-Tage-Druckfestigkeit mit Ausnahme des Z 55 auch zusätzlich ein Höchstwert festgelegt, der nicht überschritten werden darf. Die Spanne zwischen den beiden Grenzwerten beträgt für Zemente aller Festigkeitsklassen einheitlich 20 N/mm².

Um die insgesamt zulässige Schwankungsbreite von 20 N/mm² einzuhalten, muß der

Tabelle 2.1-3 Festigkeitsklassen der Zemente nach DIN 1164 Teil 1 und ihre Kennzeichnung

Festigkeitsklasse		Druckfestigkeit in N/mm² nach				Kennfarbe der Säcke oder des Hinweisblattes am Silo	Farbe des Aufdrucks
		2 Tagen min.	7 Tagen min.	28 Tagen min.	28 Tagen max.		
Z 25[1])		–	10	25	45	violett	schwarz
Z 35	L[2])	–	18	35	55	hellbraun	schwarz
	F[3])	10	–				rot
Z 45	L[2])	10	–	45	65	grün	schwarz
	F[3])	20	–				rot
Z 55		30	–	55	–	rot	schwarz

[1]) nur für Zemente mit niedriger Hydratationswärme und/oder hohem Sulfatwiderstand
[2]) langsame Anfangserhärtung
[3]) höhere Anfangsfestigkeit

Zementhersteller einen Wert in der Mitte zwischen unterer und oberer Festigkeitsgrenze anzielen. Man kann davon ausgehen, daß 90% aller Festigkeitsergebnisse von diesem Mittelwert um nicht mehr als 5 N/mm² nach unten oder nach oben abweichen und daß zwei Drittel aller Werte innerhalb eines Schwankungsbereiches von nur rd. ± 3 N/mm² liegen [2-21]. Die Herstellung des Zementes innerhalb dieser verhältnismäßig engen Toleranzen schützt den Anwender z. B. weitgehend davor, den gleichen Zement für die Bauausführung mit einer wesentlich niedrigeren Festigkeit geliefert zu bekommen, als er ihn für die Eignungsprüfung verwendet hat. Andernfalls würde er Gefahr laufen, trotz Einhaltung der Soll-Rezeptur die gewünschte Festigkeit nicht mehr zu erreichen, wenn das von ihm gewählte Verhaltemaß derartige Schwankungen der Zementfestigkeit nicht berücksichtigt.

Bei der Festigkeitsklasse Z 55 konnte man auf die Festlegung einer Maximalfestigkeit verzichten, weil die Zemente dieser Festigkeitsklasse ohnehin an der oberen Grenze des technisch Erreichbaren liegen, so daß eine übermäßige Überschreitung des Durchschnittswertes und unzulässig große Schwankungen nicht befürchtet zu werden brauchen.

Obwohl sich die 4 Festigkeitsklassen in der Mindestfestigkeit nach 28 Tagen jeweils nur um 10 N/mm² unterscheiden, während der Abstand zwischen Mindest- und Höchstfestigkeit 20 N/mm² beträgt, ist es praktisch nicht möglich, einen Zement im Überschneidungsbereich zweier benachbarter Festigkeitsklassen zu erzeugen.

Die Gewähr einer etwa gleichen mittleren Normdruckfestigkeit aller Zemente einer Festigkeitsklasse und die erzwungenen geringen Festigkeitsstreuungen erleichtern die zielsichere Herstellung von Beton bestimmter Festigkeit wesentlich. Es ist möglich, für alle Zementarten dieselben Kurven für den Zusammenhang zwischen Festigkeitsklasse des Zements, Wasserzementwert und Betondruckfestigkeit im Alter von 28 Tagen zu benutzen (Bilder 3.2-4 und 3.2-5). Im Hinblick auf die Prüfstreuungen ist sogar davon abzuraten, einem Mischungsentwurf Einzelergebnisse von Zementfestigkeitsprüfungen zugrunde zu legen [2-21].

Von den Zementen der niedrigsten Festigkeitsklasse Z 25 werden stets besondere Eigenschaften (niedrige Hydratationswärme (NW) und/oder hoher Sulfatwiderstand (HS)) verlangt. Sie werden zur Zeit in der Bundesrepublik Deutschland ausschließlich als Hochofenzement HOZ 25 oder Traßhochofenzement Tr HOZ 25 produziert.

Diese langsam erhärtenden Zemente mit entsprechend langsamer Hydratationswärmeentwicklung sind speziell für den Einsatz bei Massenbetonbauwerken bestimmt, bei denen ein möglichst geringer Temperaturanstieg während der Erhärtung gefordert wird. Es läßt sich damit maximal die Betonfestigkeitsklasse B 25 erreichen. Die Nacherhärtung ist jedoch beträchtlich.

In der Festigkeitsklasse Z 35 L finden sich ebenfalls überwiegend Hochofenzemente, oft auch mit besonderen Eigenschaften NW, HS und/oder NA. Sie werden wegen ihrer langsamen Wärmeentwicklung und ihrer guten Beständigkeit bei chemischem Angriff bevorzugt bei massigen Bauteilen des Tiefbaus eingesetzt. Es lassen sich Betonfestigkeitsklassen bis B 35 erreichen. An der gesamten Zementproduktion der Bundesrepublik hat der Z 35 L einen Anteil von etwa 15% (Stand 1988).

Zement der Festigkeitsklasse Z 35 F ist der Standardzement. Er umfaßt gut 50% der gesamten Zementproduktion. Dabei überwiegen die Portlandzemente. Sie machen etwa 85% der hergestellten Zementmenge in dieser Festigkeitsklasse aus. Der Rest entfällt auf Eisenportlandzement, den es in der Festigkeitsklasse Z 35 L nicht gibt, wohl aber als EPZ 45 L und sogar als EPZ 45 F. Wasserabweisender (hydrophober) Zement wird überwiegend als PZ 35 F-Pectacrete und nur in einem Werk als PZ 45 F (Hygrodur) hergestellt. Den Z 35 F gibt es vereinzelt auch als PZ 35 F – NA und als PZ 35 F – HS, daneben auch als

Traßzement, Portlandölschieferzement, Vulkanzement, Phonolithzement, Flugaschezement und Portlandkalksteinzement.

Für Sonderzwecke wird noch ein Schnellzement Z 35 SF mit eingeschränktem Anwendungsbereich hergestellt.

Die Zemente der Festigkeitsklasse Z 35 F werden ebenso wie der Z 35 L hauptsächlich für Beton $\leq$ B 35 verwendet. Unter günstigen Bedingungen (niedriger Wasserzementwert, Nachweis der Betonfestigkeit in höherem Alter) läßt sich damit auch die Festigkeitsklasse B 45 noch erreichen.

Zemente der Festigkeitsklasse Z 45 L werden nur von verhältnismäßig wenig Werken hergestellt und zwar überwiegend als Hochofenzement. Die erzeugte Menge Z 45 L macht nur etwa 3 % der gesamten Zementproduktion aus.

Die Festigkeitsklasse Z 45 F ist fast ausschließlich den Portlandzementen vorbehalten, wird aber auch noch vom Eisenportlandzement und vom Portlandölschieferzement erreicht. Portlandzement 45 F gibt es auch als HS-, NA und kombinierten HS/NA-Zement. Ebenso gehört der einzige in der Bundesrepublik hergestellte Weißzement dieser Festigkeitsklasse an. Dieser Weißzement entspricht der Zementnorm DIN 1164 und ist technisch dem grauen PZ 45 F vergleichbar. Ein hydrophober Portlandzement PZ 45 F Hygrodur und zwei besonders helle Portlandzemente (PZ 45 F Spezial) vervollständigen das derzeitige Angebot an Zementsorten dieser Festigkeitsklasse, die mit einem Anteil von rd. 25 % der gesamten Zementproduktion in der Bundesrepublik an zweiter Stelle steht. Z 45 F eignet sich für alle Betonfestigkeitsklassen und wird gern in Betonfertigteilen verwendet. Er wird auch für die mittleren und niedrigen Betonfestigkeitsklassen eingesetzt, wenn es auf schnelle Erhärtung, z. B. für das Ausschalen, das Vorspannen oder das Betonieren bei kühler Witterung, ankommt.

Die höchste Festigkeitsklasse Z 55 wird nur von Portlandzementen ohne zusätzliche besondere Eigenschaften erreicht. Z. Z. stellen ihn in der Bundesrepublik etwa 30 Werke her. Mengenmäßig macht er allerdings nur etwa 5 % der gesamten Zementerzeugung aus. Hauptanwendungsgebiet sind Betonfertigteile.

2.1.4.1.2 *Festigkeitsentwicklung*

Die Festigkeitsentwicklung wird durch die Mahlfeinheit und die chemisch-mineralogische Zusammensetzung des Zements bestimmt. Zwischen den beiden Eigenschaften besteht eine Wechselwirkung. Deshalb muß z. B. ein HOZ mit einem hohen Anteil an reaktionsträgem Hüttensand feiner gemahlen werden als ein PZ der gleichen Festigkeitsklasse.

Die Festigkeit in jungem Alter wird als Anfangs- oder Frühfestigkeit bezeichnet. Für den Baubetrieb sind dabei vor allem die ersten Stunden und Tage von Interesse. Die Nacherhärtung bestimmt den Festigkeitszuwachs ab einem Alter von 28 Tagen bis zu einigen Monaten oder Jahren. Frühfestigkeit und Nacherhärtung stehen in einem gewissen Zusammenhang. Allgemein weisen Zemente mit hoher Frühfestigkeit nur eine geringe Nacherhärtung auf und umgekehrt.

Sind die Festigkeiten an zwei Prüfterminen zwischen 1 und 28 Tagen bekannt, so kann die Festigkeit zu einem beliebigen anderen Zeitpunkt innerhalb dieser Zeitspanne mit Hilfe des von G. Sadran und R. Dellyes entwickelten Nomogramms (Bild 2.1-10) abgeschätzt werden, da sich die Festigkeitsentwicklung bei der gewählten Teilung der Koordinatenachsen annähernd als Gerade darstellt. Dabei ist vorausgesetzt, daß die Temperatur konstant bleibt und sich auch die Lagerungsbedingungen hinsichtlich der Feuchtigkeit nicht wesentlich ändern.

2.1 Zement

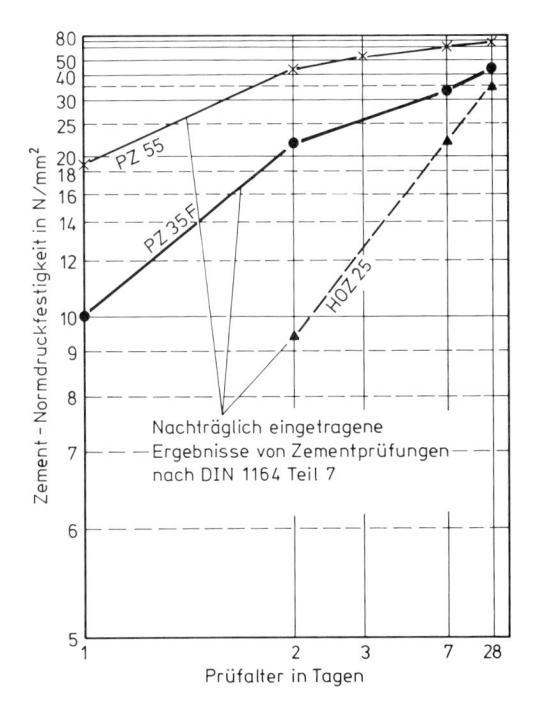

Bild 2.1-10 Nomogramm nach SADRAN und DELLYES [2-22] für die Festigkeitsentwicklung von Zementmörtel. Ist die Festigkeit bei zwei Altersstufen bekannt, so kann man die Festigkeit in einem anderen Alter zwischen 1 und 28 Tagen näherungsweise auf einer durch die beiden Punkte gelegten Geraden ablesen

Einfluß der Festigkeitsklasse

Zemente der höheren Festigkeitsklassen erreichen bis zum Alter von 28 Tagen nicht nur eine absolut höhere Festigkeit, sondern erlangen einen bestimmten Prozentsatz ihrer 28-Tage-Festigkeit in der Regel auch schon wesentlich früher. Bild 2.1-11 zeigt Richtwerte für die Festigkeitsentwicklung von Beton aus Zementen der verschiedenen Festigkeitsklassen für ständige Lagerung bei 20 °C.

Der Unterschied in der Festigkeitsentwicklung von Zementen L und F der gleichen Festigkeitsklasse geht aus Bild 2.1-12 hervor. Die Zemente Z 35 F und Z 45 F erreichen bei gleicher 28-Tage-Festigkeit nach zwei Tagen etwa die doppelte Festigkeit wie die entsprechenden Zemente Z 35 L bzw. Z 45 L.

Einfluß des Wasserzementwertes

Das Verhältnis Früh- zu 28-Tage-Festigkeit nimmt mit abnehmendem Wasserzementwert zu (vgl. Abschn. 2.1.3.3 Bild 2.1-9).

Einfluß der Temperatur

Höhere Temperaturen beschleunigen, niedrigere Temperaturen verzögern die Erhärtung. Ist die Festigkeitsentwicklung bei einer bestimmten Erhärtungstemperatur (z. B. bei 20 °C) bekannt, dann kann der Erhärtungszustand des Zementsteins bei anderen Erhärtungstemperaturen überschläglich anhand seiner Reife beurteilt werden. Unter Reife versteht man das Produkt von Erhärtungstemperatur in °C und -dauer in Stunden (s. Abschn. 4.4.2).

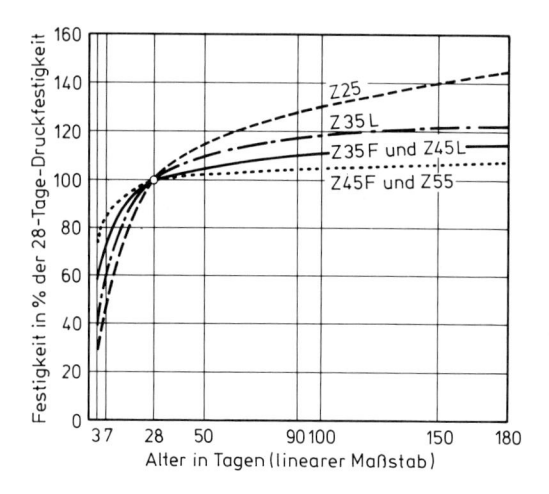

[Diagram: Festigkeit in % der 28-Tage-Druckfestigkeit vs. Alter in Tagen (linearer Maßstab), Kurven für Z25, Z35L, Z35F und Z45L, Z45F und Z55]

Zementfestig-keitsklasse	Festigkeit in % der 28-d-Druckfestigkeit nach				
	3 d	7 d	28 d	90 d	180 d
Z 25	20–30	40–55	100	115–140	130–160
Z 35 L	30–40	50–65	100	110–125	115–130
Z 35 F, Z 45 L	50–60	65–80	100	105–115	110–120
Z 45 F, Z 55	70–80	80–90	100	100–105	105–110

Bild 2.1-11 Richtwerte für die Festigkeitsentwicklung von Beton aus Zementen der verschiedenen Festigkeitsklassen (Temperatur 20 °C) [2-22a]

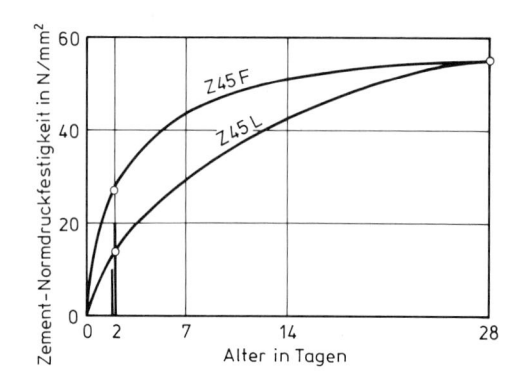

[Diagramm: Zement-Normdruckfestigkeit in N/mm² vs. Alter in Tagen, Kurven für Z45F und Z45L]

Bild 2.1-12 Festigkeitsentwicklung von Zementen der gleichen Festigkeitsklasse mit hoher Frühfestigkeit (F) und mit langsamer Festigkeitsentwicklung (L) [2-21]

Einfluß mühlenwarmen Zements

Da beim Vermahlen des Zements viel Wärme entsteht, kommt es vor, daß der ausgelieferte Zement noch heiß ist. Vor allem bei der Lagerung größerer Zementmengen in Silos kann dieser seine hohe Temperatur noch längere Zeit beibehalten. Irgendwelche nachteiligen Auswirkungen auf das Erhärtungsverhalten oder auf die Eigenschaften des erhärteten Zementsteins bzw. des Betons sind hierdurch jedoch in der Regel nicht zu erwarten. Eine um 10 K erhöhte Zementtemperatur steigert die Frischbetontemperatur nur um etwa 1 K. Die höhere Ausgangstemperatur hat natürlich einen gewissen Einfluß auf das Erstarren

2.1 Zement

des Zements sowie auf den Erhärtungsverlauf und andere Eigenschaften des Betons, die von der Ausgangstemperatur abhängen. Ein darüber hinausgehender spezifischer Einfluß des heißen und frischen Zements wurde nicht beobachtet [2-23].

2.1.4.1.3 Biegezugfestigkeit

Der Zusammenhang zwischen Druck- und Biegezugfestigkeit von Normzementmörtel ist auf Bild 2.1-13 für Alter von 1 bis 28 Tagen dargestellt. Unabhängig vom Alter kann man in Abhängigkeit von der Druckfestigkeit mit etwa folgenden Verhältnissen Biegezug- zu Druckfestigkeit rechnen:

Druckfestigkeit N/mm²	Biegezug-/Druckfestigkeit —
< 10	$\geq 1/4$
10 bis 30	1/4 bis 1/5
30 bis 60	1/5 bis 1/6

Da das Verhältnis Biegezug- zu Druckfestigkeit mit zunehmender Druckfestigkeit abnimmt, verläuft die zeitliche Entwicklung der Biegezugfestigkeit, bezogen auf den 28-Tage-Wert, schneller als bei der Druckfestigkeit. In Bild 2.1-14 ist dies für je einen Zement mit langsamer, mittlerer und schneller Festigkeitsentwicklung dargestellt.

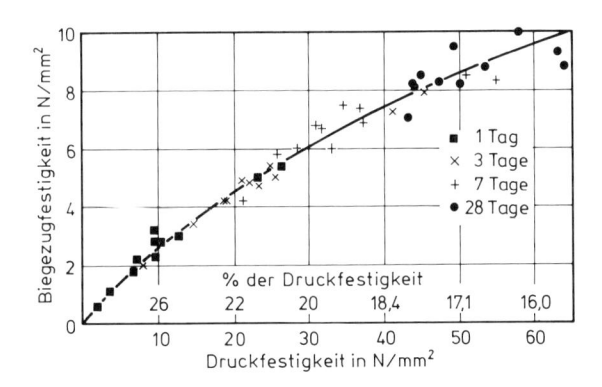

Bild 2.1-13 Zusammenhang zwischen Biegezugfestigkeit und Druckfestigkeit von Mörtelprismen entsprechend DIN 1164 Teil 7 [2-24]

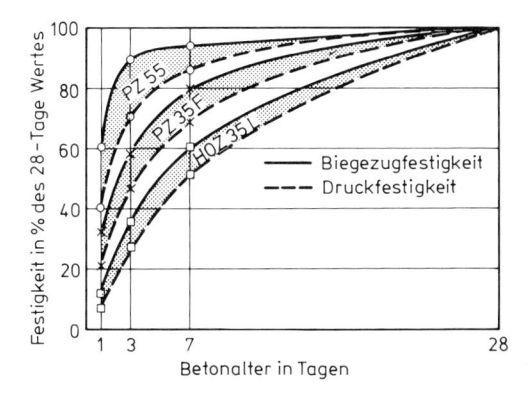

Bild 2.1-14 Zeitliche Entwicklung der Biegezugfestigkeit und der Druckfestigkeit von Normmörtel nach DIN 1164 Teil 7 mit verschiedenen Zementen [2-24]

2.1.4.2 Erstarren

Die über Ansteifen und Erstarren zum Erhärten führenden Vorgänge, der zeitliche Ablauf und die dafür maßgebenden Einflüsse sind in Abschnitt 2.1.3.4 behandelt.

Das Erstarrungsverhalten wird üblicherweise nach DIN 1164 Teil 5 mit dem in Bild 2.1-15 dargestellten VICAT'schen Nadelgerät an einem Zementleim geprüft, bei dem der Wasserzusatz so zu bemessen ist, daß die mit einem Tauchstab gemessene Normsteife vorliegt. Als Erstarrungsbeginn gilt der Zeitpunkt, zu dem die Nadel 3 bis 5 mm über der Bodenplatte im Zementbrei steckenbleibt. Das Erstarrungsende gilt als erreicht, wenn die Nadel nur noch höchstens 1 mm tief in die vorher gewendete Probe eindringt. Bei normgerechten Zementen darf der Erstarrungsbeginn frühestens nach 1 h und muß das Erstarrungsende spätestens nach 12 h eintreten.

Im allgemeinen zeigen schnell erhärtende Zemente, wie z. B. PZ 45 F und in ganz besonderem Maße der PZ 55, einen deutlich früheren Erstarrungsbeginn zwischen 1 und 2 Stunden, während die langsamer erhärtenden Zemente, wie z. B. Hochofenzement, erst zwischen 3 und 4 Stunden erstarren.

Die bei der vorgenannten Prüfung gefundenen Werte sind nur ein Vergleichsmaßstab und können nicht ohne weiteres auf Beton übertragen werden, weil das Erstarren von zahlreichen Einflüssen, wie z. B. vom Wasserzementwert (vgl. Bild 2.1-16) und der Frischbeton-

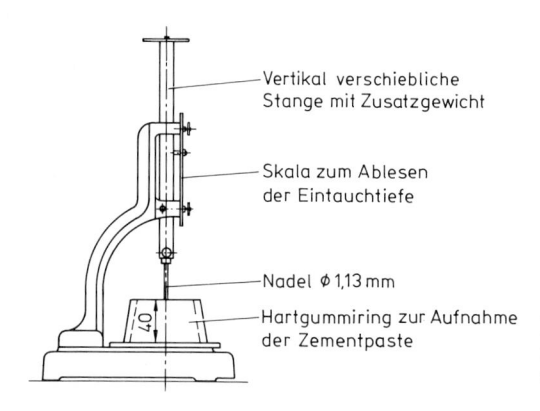

Bild 2.1-15 Nadelgerät nach VICAT zur Untersuchung des Erstarrungsverhaltens von Zement nach DIN 1164 Teil 5

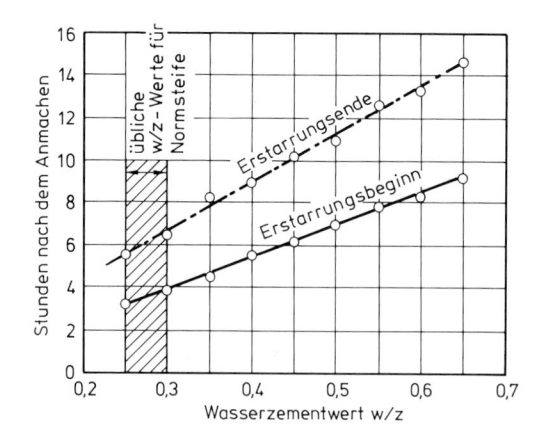

Bild 2.1-16 Einfluß des Wasserzementwertes auf das Erstarren des Zements [2-25]

2.1 Zement   35

temperatur, bestimmt wird, die sich bei den einzelnen Zementen graduell unterschiedlich auswirken. Des weiteren ist die zeitliche Auflösung des Erstarrungsverlaufs bei diesem Prüfverfahren unzureichend.

Besser als mit dem Nadelgerät nach DIN 1164 Teil 5 läßt sich das Ansteif- und Erstarrungsverhalten von Zementpasten oder -mörteln mit einem modifizierten VICAT-Gerät in Anlehnung an DIN 1168 verfolgen, bei dem anstelle der Nadel ein Konus verwendet wird [2-26]. Andere geeignete Prüfverfahren für Mörtel sind das Ausbreitmaß nach DIN 18 555 Teil 2 auf dem HAEGERMANN-Tisch (vgl. auch DIN 1060 Teil 3) oder Messungen mit einem speziellen Viskosimeter [2-26].

Aus den Ergebnissen solcher Untersuchungen läßt sich herleiten, daß die Zemente nach ihrer Auswirkung auf den Wasseranspruch und das Ansteifen des Frischbetons im Prinzip wie folgt grob eingeteilt werden können [2-27]:

- Zemente mit niedrigem Wasseranspruch und relativ langsam verlaufendem Ansteifen. Diese erweisen sich für die Transportbetonherstellung als besonders vorteilhaft.
- Zemente mit niedrigem Wasseranspruch und relativ raschem, jedoch gleichmäßigem Ansteifen. Die Herstellung von Transportbeton mit vorgegebener Frischbetonkonsistenz an der Übergabestelle ist zwar schwieriger, aber dennoch beherrschbar.
- Zemente mit hohem Wasseranspruch und relativ langsam verlaufendem Ansteifen. Zwar sind die Frischbetoneigenschaften hiermit einfach zu erreichen, jedoch bedingt der hohe Wasseranspruch einen erhöhten Zementgehalt oder führt zu einer Beeinträchtigung der meisten Festbetoneigenschaften.
- Zemente, deren Wasserbedarf und Ansteifverhalten je nach Lieferung in relativ weiten Grenzen schwanken. Eine zielsichere Herstellung von Transportbeton mit vorgegebenen Eigenschaften ist hiermit erschwert.

Der geschilderte Einfluß des Zementes auf den Wasseranspruch und das Ansteifverhalten des Betons läßt sich allerdings im Einzelfall nur durch entsprechende Betonversuche zuverlässig klären, da die Übertragbarkeit der Ergebnisse von Zementleim- oder Mörtelversuchen auf den Beton nicht immer befriedigt.

2.1.4.3 Mahlfeinheit und Partikelgrößenverteilung

Die Beurteilung der Mahlfeinheit des Zements erfolgt gewöhnlich anhand seiner massenbezogenen Oberfläche O_m, die nach DIN 1164 Teil 4 nach dem Verfahren von R. L. BLAINE mit Hilfe von Luftdurchlässigkeitsmessungen an einem Pulverbett mit vorgegebener Porosität bestimmt wird. Die Norm fordert eine massenbezogene Oberfläche von i. allg. mindestens 2200 cm^2/g. Für Sonderfälle darf auch ein Zement mit einer massenbezogenen Oberfläche bis herab zu 2000 cm^2/g verwendet werden. Eine obere Begrenzung ist nur bei Straßenbauzement vorgeschrieben, bei dem die massenbezogene Oberfläche einen Wert von 4000 cm^2 nicht überschreiten darf.

Als mittlere Mahlfeinheit wird heute ein Bereich von etwa 2800 bis 4000 cm^2/g angesehen. Zemente mit massenbezogenen Oberflächen unter 2800 cm^2/g gelten als grob, solche mit mehr als 4000 cm^2/g als fein. Sehr feine Zemente können massenbezogene Oberflächen bis etwa 5500 cm^2/g haben.

Die bautechnischen Eigenschaften des Zements hängen in starkem Maße von der Partikelgrößenverteilung ab. Diese wird im Feinheitsbereich von 1 bis 128 µm derzeit praktisch ausschließlich mit dem automatisch arbeitenden Laser-Granulometer bestimmt. Aus den Analysenwerten können die Massendichteverteilung und die Massensummenverteilung berechnet werden. Die Massensummenverteilungen der meisten Zemente lassen sich mit guter Näherung durch die RRSB-Verteilungsfunktion beschreiben, die durch den Lagepa-

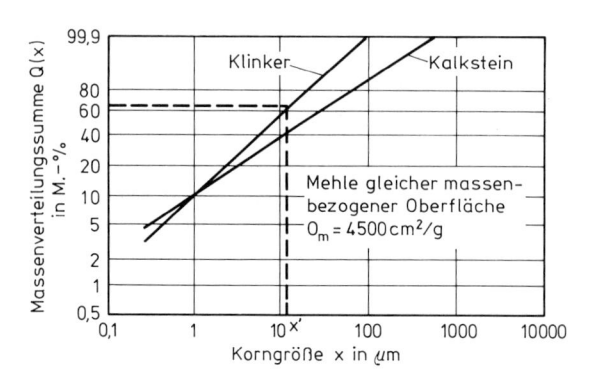

Bild 2.1-17 Partikelgrößenverteilungen von im Labor gemahlenem Klinker und Kalkstein im RRSB-Körnungsnetz [2-1]

rameter x' (Partikelgröße x' bei einer Massenverteilungssumme von 63,2 %) und das Steigungsmaß n der Verteilungs-Ausgleichsgeraden im RRSB-Körnungsnetz gekennzeichnet werden kann (Bild 2.1-17). Je kleiner der Lageparameter ist, desto feiner ist der Zement. Je größer das Steigungsmaß ist, desto enger ist die Partikelgrößenverteilung.

Einfluß auf die Normfestigkeit

Die Normfestigkeit steigt an, wenn bei gleichem Steigungsmaß n, d.h. bei gleich breiter Partikelgrößenverteilung, die massenbezogene Oberfläche zunimmt und wenn bei gleicher massenbezogener Oberfläche die Partikelgrößenverteilung enger wird, d. h. das Steigungsmaß n ansteigt. Dagegen ändert sich die 28-Tage-Normfestigkeit nicht, wenn der Lageparameter x' konstant bleibt (Bild 2.1-18).

Bei gegebener chemischer Zusammensetzung und normalen Erhärtungsbedingungen kann die Entwicklung der Normfestigkeit in erster Linie durch den Lageparameter x' beschrieben werden. Das ist dadurch begründet, daß der Lageparameter x' bei technischen Zementen zwischen etwa 10 und 30 µm liegt und daher den Feinkornanteil repräsentiert, der das Festigkeitsverhalten bestimmt.

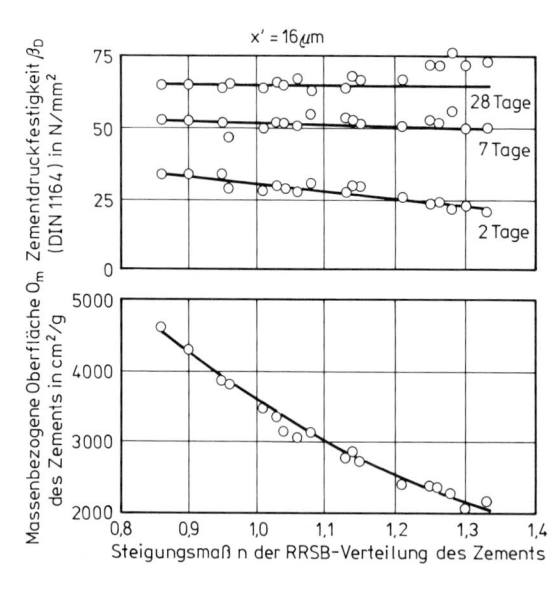

Bild 2.1-18 Normdruckfestigkeit nach DIN 1164 und massenbezogene Oberfläche von Laborzementen mit gleichem Lageparameter x' der RRSB-Verteilung in Abhängigkeit vom Steigungsmaß n [2-1]

2.1 Zement

Einfluß auf den Wasseranspruch

Bild 2.1-19 läßt erkennen, daß der Wasseranspruch des Zementes abnimmt, wenn der Lageparameter x' größer und der Zement gröber wird. Bei gleichem Lageparameter x' nimmt der Wasseranspruch zu, wenn die Partikelgrößenverteilung enger wird, d. h. das Steigungsmaß ansteigt, und dies, obwohl die massenbezogene Oberfläche wesentlich abnimmt. Dies ist im wesentlichen auf die Vergrößerung des mit Wasser zu füllenden Hohlraumvolumens zurückzuführen.

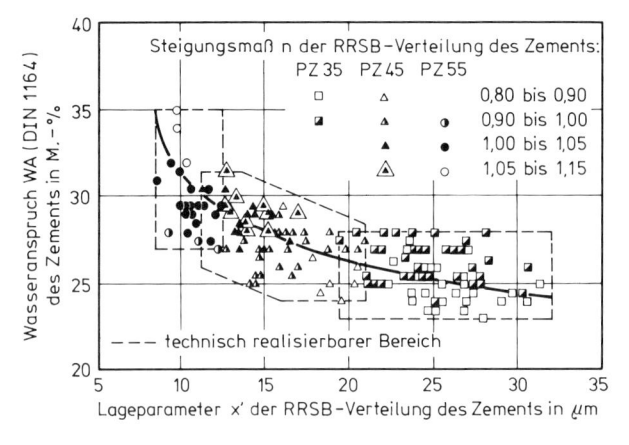

Bild 2.1-19 Wasseranspruch nach DIN 1164 von Portlandzementen Z 35 F, Z 45 F und Z 55 bei unterschiedlichem Lageparameter x' und Steigungsmaß n der RRSB-Partikelgrößenverteilung [2-1]

2.1.4.4 Dichte und Schüttdichte

Die Dichte des Zements ist eine Maßzahl für den Raumbedarf des nichthydratisierten Zements. Sie liegt bei allen Zementen nahe bei 3 g/cm^3 und ist je nach der Zusammensetzung etwas unterschiedlich.

Für Normzemente kann man als Richtwerte folgende Dichten annehmen:

Portlandzement	3,13 g/cm^3
C$_3$A-armer Portlandzement	3,22 g/cm^3
Eisenportlandzement	3,04 g/cm^3
Hochofenzement	3,00 g/cm^3
Traßzement	2,93 g/cm^3

Die Dichten von Hüttensand mit rd. 2,85 g/cm^3 und von Traß mit 2,45 bis 2,70 g/cm^3 sind deutlich geringer als die von Portlandzementklinker.

Die Schüttdichte des Zements kann je nach seiner Lagerungsdichte in den weiten Grenzen von etwa 0,9 bis 1,9 g/cm^3 schwanken. Gleich nach dem Mahlen ist der Luftgehalt sehr hoch und die Schüttdichte entsprechend niedrig. Lose eingefüllter Zement hat dann eine Schüttdichte zwischen 0,9 und 1,2 g/cm^3. Beim Abziehen aus dem Silo kann die Schüttdichte je nach Luftgehalt zwischen 0,9 und 1,5 g/cm^3 liegen. Bei volumetrischer Zugabe von Zement sind daher starke Schwankungen des Zementgehaltes zu erwarten. Deshalb wird in den Vorschriften verlangt, daß der Zement durch Wägung abgemessen wird.

2.1.4.5 Raumbeständigkeit

Zement muß nach DIN 1164 raumbeständig sein. Raumbeständigkeit bedeutet, daß der Zement keine Stoffe enthalten darf, die unter den Bedingungen, denen der Beton normalerweise ausgesetzt ist, zu einer Zerstörung durch Treiberscheinungen führen. Mangelnde Raumbeständigkeit kann durch einen zu hohen Gehalt an freiem Kalk (Kalktreiben), an freiem Magnesiumoxid (Magnesiatreiben) oder an Sulfat (Gipstreiben) bedingt sein.

Kalktreiben ist dann zu befürchten, wenn die Zementkörner in ihrem Inneren ungelöschten Kalk einschließen, zu dem das Wasser erst dann vordringt, wenn der Zementleim bereits weitgehend erhärtet und nicht mehr genügend verformungsfähig ist, um die mit dem Ablöschen des freien Kalkes verbundene Volumenvergrößerung schadlos aufnehmen zu können.

Ein unzulässig hoher Gehalt an freiem Kalk wird durch den Kochversuch nach DIN 1164 Teil 6 erfaßt. Dabei wird ein nach Vorschrift hergestellter und gelagerter Zementleimkuchen nach 24stündigem Erhärten über 2 Stunden in siedendem Wasser gelagert. Nach dieser Behandlung muß der Zementleimkuchen immer noch scharfkantig und rissefrei sein und darf sich nicht erheblich verkrümmt haben.

Auch ein an sich genügend raumbeständiger Zement kann u. U. diese scharfen Bedingungen nicht erfüllen, wenn er noch zu frisch ist. In diesem Fall ist das Ergebnis eines Wiederholversuchs maßgebend an Zement, der 3 Tage lang in einer rd. 5 cm dicken Schicht bei mindestens 50% rel. Luftfeuchte gelagert hat.

Bei einer Wärmebehandlung oder Dampfhärtung reagieren besonders intensiv verdichtete Betone mit hohem Zementgehalt und mit steifer Konsistenz wesentlich empfindlicher auf alle Einflüsse, die zu Treiberscheinungen führen können, als unter normalen Bedingungen erhärtende Betone. Beim Zusammentreffen mehrerer ungünstiger Einflüsse ist die Aussagekraft des Kochversuchs nicht immer ganz ausreichend. Um Schäden auch in solchen Extremfällen auszuschließen, müssen besondere Anwendungsregeln beachtet werden (s. Abschn. 4.4).

Während das Kalktreiben schon nach kurzer Zeit zum Abschluß kommt, macht sich das durch die Hydratation des freien Magnesiumoxids (MgO) hervorgerufene Magnesiatreiben erst nach einigen Jahren bemerkbar, da das Magnesiumoxid als Periklas sehr viel langsamer mit Wasser reagiert als der freie Kalk. Das Magnesiatreiben kann durch die Kochprobe nicht erkannt werden, sondern nur durch eine mindestens dreistündige Autoklavbehandlung, wie sie in der amerikanischen Norm ASTM C 253-52 vorgeschrieben war. Durch die Begrenzung des MgO-Gehalts auf höchstens 5 M.-% nach DIN 1164 Teil 1 wird das Magnesiatreiben zuverlässig verhindert.

Zu Gipstreiben kann es kommen, wenn der Gipsgehalt eines Zementes nicht ordnungsgemäß auf die Zusammensetzung und die Mahlfeinheit abgestimmt ist. Bei zu hohem Gipsgehalt bilden sich auch im schon erhärteten Zementstein noch Trisulfat (Ettringit) und Monosulfat, die durch ihren Kristallisationsdruck das Gefüge auflockern. Um Gipstreiben auszuschließen, ist der Sulfatzusatz nach DIN 1164 Teil 1 in Abhängigkeit von der Zementart und der Mahlfeinheit nach oben auf 3,5 bis 4,5-% begrenzt.

Treiberscheinungen können auch bei Verwendung eines von Hause aus einwandfreien Zementes vorkommen, wenn schädigende Stoffe nachträglich in den Zement oder in die Mischung gelangen. Vorsicht ist z. B. geboten, wenn die zum Zementtransport benutzten Silofahrzeuge auch zum Transport anderer mehlfeiner Stoffe, wie z. B. Gips, Kalk oder Chemikalien, eingesetzt werden. In solchen Fällen ist das Silofahrzeug vor jedem Beladen mit Zement innen zusätzlich zu säubern.

2.1.4.6 Chemische Widerstandsfähigkeit

Man unterscheidet bei der Einwirkung betonangreifender Stoffe zwischen lösendem und treibendem Angriff. Ein lösender chemischer Angriff wird durch verschiedene Säuren und

2.1 Zement

bestimmte austauschfähige Salze hervorgerufen. Er löst den Zementstein aus dem Beton heraus. Dabei schreitet die Schädigung von außen nach innen fort und ist bereits kurze Zeit nach Beginn der Einwirkung an einem Absanden der Oberfläche zu erkennen. Dagegen wird Treiben meist durch in den Zementstein eindringende Ionen bewirkt, die mit den Hydratationsprodukten reagieren und dabei Verbindungen mit größerem Raumbedarf bilden, die durch ihren Kristallisationsdruck so hohe Zugspannungen erzeugen, daß sie die Zugfestigkeit des Zementsteins schließlich überwinden und ihn zertreiben. Diese Form des chemischen Angriffs ist äußerlich meist erst dann erkennbar, wenn es bereits zu einer tiefgreifenden Schädigung gekommen ist.

Richtwerte zur Beurteilung des Angriffsgrades von Wässern und Böden enthält DIN 4030. Es wird dabei zwischen schwachem, starkem und sehr starkem Angriff unterschieden.

Der Widerstand gegen alle chemischen Angriffe hängt in erster Linie von den Eigenschaften des Betons, vorrangig von seiner Dichtigkeit ab.

Widerstand gegen lösende Angriffe

Zahlreiche Stoffe wirken lösend auf Zementstein. Sehr starken lösenden Angriffen, wie z. B. durch starke Säuren, kann der Zementstein nicht widerstehen, sondern er wird vollständig aufgelöst. Bei schwächer angreifenden Stoffen schreitet die Schädigung jedoch so langsam ins Innere eines dichten Zementsteins fort oder kommt durch Schutzschichtbildung nach einiger Zeit sogar zum Stillstand, so daß man von einer ausreichenden Widerstandsfähigkeit sprechen kann.

Der Widerstand wird in erster Linie durch die Dichtigkeit des Zementsteins bestimmt. Demgegenüber ist der Einfluß der Zementart klein. Allgemein weisen Betone aus hüttensandreichen Hochofenzementen gegenüber den meisten lösenden Angriffen einen etwas höheren Widerstand auf als solche aus anderen Normzementen.

Welche Stoffe im einzelnen den Zementstein und Beton durch Lösungsvorgänge angreifen, wird im Abschnitt 7.14.2.1 behandelt.

Widerstand gegen treibende Angriffe

Anlaß zu zerstörenden Treiberscheinungen sind meist in den Zementstein eindringende Sulfationen, die mit bestimmten Hydratphasen reagieren und dabei Calciumaluminatsulfat-Kristalle in Form von Ettringit (Trisulfat) bilden. Diese Kristalle, die wegen ihrer stäbchenartigen Form auch „Zementbazillus" genannt werden, können den Zementstein durch ihren Kristallisationsdruck zertreiben. Anders als beim lösenden Angriff hängt die Widerstandsfähigkeit des Zementsteins gegen Sulfatangriff in hohem Maße von der Zementart ab. Einen erhöhten Sulfatwiderstand bewirken Portlandzemente mit sehr niedrigem C_3A-Gehalt und niedrigem Aluminiumoxidgehalt sowie hüttensandreicher Hochofenzement (vgl. Abschn. 2.1.1.6).

Ein Zement HS mit hohem Sulfatwiderstand soll nach DIN 4030 und DIN 1045 immer dann verwendet werden, wenn der Sulfatgehalt in Form von SO_4^{2-} im Wasser mehr als 600 mg/l oder im Beton mehr als 3000 mg/kg beträgt.

2.1.4.7 Hydratationswärme

Bei den im Abschnitt 2.1.3 beschriebenen Hydratationsvorgängen handelt es sich um exotherme Reaktionen. Die Wärme wird um so schneller freigesetzt, je höher die Anfangsfestigkeit des Zements ist.

Zemente, die bezogen auf ihre Festigkeit eine insgesamt niedrige Hydratationswärme aufweisen und diese auch noch vergleichsweise langsam abgeben, sind bei massigen Betonbauteilen vorteilhaft. Umgekehrt sind Zemente mit hoher Anfangsfestigkeit, die in den ersten Tagen eine relativ hohe Wärmemenge freigeben, z. B. im Winterbau bei niedrigen Temperaturen günstig.

Die Hydratationswärme wird nach DIN 1164 Teil 8 in einem Lösungskalorimeter bestimmt. Da die Wärmeentwicklung der einzelnen Zementbestandteile recht verschieden ist, hängt die Hydratationswärme des Zements in starkem Maße von seiner chemisch-mineralogischen Zusammensetzung ab. Das Verhältnis von freigesetzter Wärme zum Festigkeitsbeitrag ist allerdings bei den verschiedenen Bestandteilen unterschiedlich groß. So entwickelt z. B. Tricalciumaluminat (C_3A) eine hohe Hydratationswärme, trägt aber nur in geringem Maße zur Festigkeit bei.

Die Wärmeentwicklung der in der Bundesrepublik hergestellten Normzemente für verschiedene Zeitpunkte bis zum Alter von 28 Tagen kann anhand der in Tabelle 2.1-4 angegebenen Richtwerte abgeschätzt werden. Den Einfluß des Hüttensandgehaltes zeigt Bild 2.1-20.

Tabelle 2.1-4 Hydratationswärme von deutschen Zementen [2-3], bestimmt als Lösungswärme nach DIN 1164 Teil 8, im Vergleich zu den Höchstwerten verschiedener Normen

Zement-Festigkeitsklasse	Hydratationswärme in J/g nach Tagen			
	1	3	7	28
Z 25, Z 35 L	60–175	125–250	150–300	200–375
Z 35 F, Z 45 L	125–200	200–335	275–375	300–425
Z 45 F, Z 55	200–275	300–350	325–375	375–425
Höchstwerte für Zemente mit niedriger Hydratationswärme				
Britische Norm BS 1370: 58 für low-heat-cement			250	295
US-Norm ASTM C 150–76 für Zement Type II (mäßig gesenkte Hydratationswärme)			290	330
für Zement Type IV (niedrige Hydratationswärme)			250	290
DIN 1164 Teil 1 für Zement NW			270	–

In den Zementnormen verschiedener Länder sind die Anforderungen an Zement mit niedriger Hydratationswärme festgelegt. Die entsprechenden Anforderungen in DIN 1164 (vgl. Abschn. 2.1.1.6) sind nicht sehr streng. Wie Tabelle 2.1-4 zeigt, wird der Grenzwert von 270 J/g innerhalb der ersten 7 Tage zum Teil erheblich unterschritten. Die extrem niedrige Hydratationswärme des Z 25 schlägt jedoch in der Praxis nicht immer voll zu Buche, weil er dem Beton u. U. in etwas größeren Mengen zugesetzt werden muß als ein Zement höherer Festigkeitsklasse. Maßgebend ist die insgesamt in einem Kubikmeter Beton frei werdende Wärmemenge, die sich aus dem Produkt von Zementgehalt und (spezifischer) Hydratationswärme ergibt.

2.1 Zement

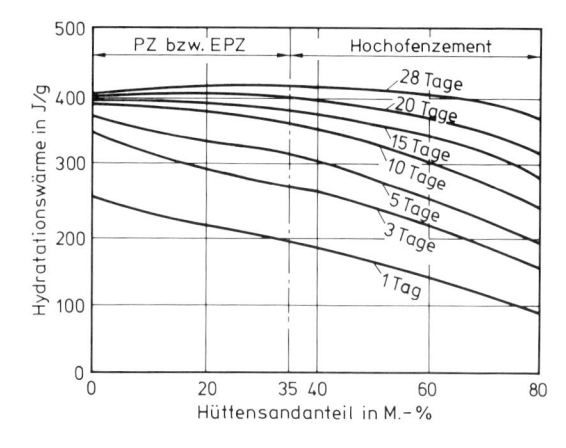

Bild 2.1-20 Einfluß des Hüttensandanteils auf die Hydratationswärme des Zements [2-28]

2.1.4.8 Formänderungen

Elastizitätsmodul

Zementstein ist ein viskoelastischer Stoff. Der Elastizitätsmodul, der das Verhältnis von Spannung zu reversibler Dehnung beschreibt, ist näherungsweise konstant, obwohl die gesamten Verformungen, auch im Kurzzeitversuch, überproportional mit der Spannung ansteigen.

Der *E*-Modul des Zementsteins wird im wesentlichen von den gleichen Einflußgrößen bestimmt wie die Druckfestigkeit (vgl. Abschn. 2.1.4.1). Er nimmt daher mit steigender Porosität stark ab.

Schwinden

Als Schwinden bezeichnet man die Verkürzung von Zementstein, Mörtel oder Beton durch Austrocknen. Unterschiedliche Zemente können bei der Prüfung eines Einheitsmörtels zu einem unterschiedlichen Schwindmaß führen. Der Einfluß der Zementart auf das Schwinden größerer Betonkonstruktionen ist aber gegenüber anderen Einflüssen (Betonzusammensetzung, Umweltbedingungen, Bauteilabmessungen) in der Regel vernachlässigbar gering. Es ist bislang auch nicht möglich, aus den Ergebnissen von Mörtelversuchen auf den Einfluß des Zementes auf das Schwindverhalten von Beton zu schließen.

Kriechen

Als Kriechen bezeichnet man die zeitabhängige Zunahme der Verformungen unter dauernd einwirkenden Spannungen. Wird die Belastung stets bei gleichem Verhältnis Festigkeit zum Zeitpunkt der Belastung zur Endfestigkeit aufgebracht, so besteht nach den derzeitigen Kenntnissen kein Einfluß der Zementart. Das bedeutet aber, daß Beton mit langsam erhärtendem Zement bei im gleichen Alter und bei gleicher Temperatur aufgebrachter Belastung stärker kriecht als sonst gleich zusammengesetzter Beton mit schnell erhärtendem Zement.

Wärmedehnzahl

Die Wärmedehnzahl hängt stark vom Feuchtegehalt ab. Sie ist mit rd. $11 \cdot 10^{-6}$/K am kleinsten bei vollständig trockenem und bei wassergesättigtem Beton. Bei einem Feuchtegehalt entsprechend einer relativen Feuchte der umgebenden Luft von 70 % ist sie mehr als doppelt so groß.

2.1.4.9 Farbe

In Abhängigkeit von den Ausgangsstoffen und den Herstellungsbedingungen entsteht normalerweise ein etwas hellerer oder dunkler Grauton. Dieser kann von Zementsorte zu Zementsorte unterschiedlich sein, und auch innerhalb einer Zementsorte des gleichen Herstellwerkes sind gewisse Schwankungen unvermeidlich. Die letzteren sind jedoch meist so klein, daß andere Einflüsse auf die Farbe des Betons, wie z. B. der Wasserzementwert oder die Farbe der Feinststoffe im Zuschlag, den Einfluß dieser Farbschwankungen des Zements bei weitem überdecken.

Außer den normalen grauen Zementen gibt es den Weißzement und dazwischen noch Sonderzemente mit besonders heller Farbe.

Frische Schnitt- oder Bruchflächen von Zementstein aus Hüttenzement zeigen eine blaugrüne Farbe, die jedoch bald in einen normalen Grauton übergeht.

2.1.4.10 Wasserdurchlässigkeit

Die Wasserdurchlässigkeit des Zementsteins wird ausschließlich durch den Gehalt an Kapillarporen bestimmt. Das Zementgel ist praktisch undurchlässig (vgl. Abschn. 2.1.3.5).

Bild 2.1-21 zeigt die Wasserdurchlässigkeit von Zementstein in Abhängigkeit vom Gehalt

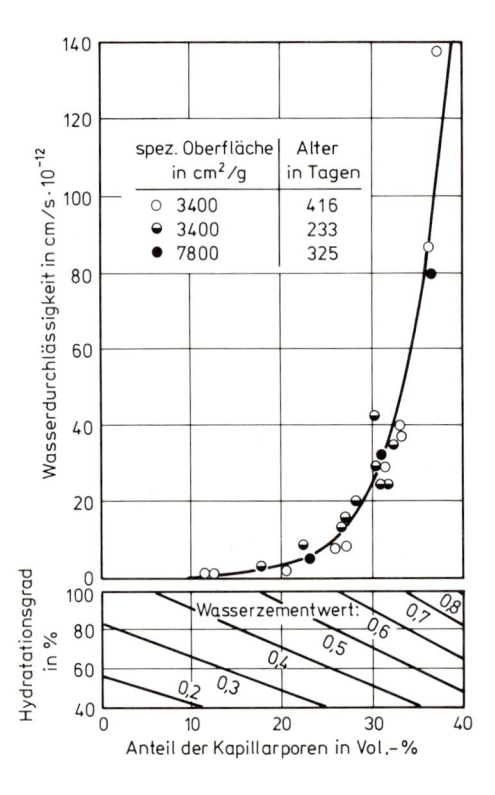

Bild 2.1-21 Kapillarporosität und Wasserdurchlässigkeit von Zementstein in Abhängigkeit vom Wasserzementwert und Hydratationsgrad (nach T. C. Powers)

der Kapillarporen. Im unteren Teil ist der Zusammenhang von Kapillarporosität, Wasserzementwert und Hydratationsgrad dargestellt. Man erkennt, daß ab einem Kapillarporengehalt von etwa 25 Vol.-% die Durchlässigkeit stark ansteigt.

2.2 Zuschlag

Zuschlag ist ein Gemenge oder Haufwerk von ungebrochenen oder gebrochenen Körnern aus natürlichen oder künstlichen mineralischen Stoffen, die durch das Bindemittel Zement zum Beton verkittet werden. Sie nehmen im Mittel etwa 70 % des Betonvolumens ein und bilden somit mengenmäßig den Hauptbestandteil des Betons.

Zuschlag kann in der Natur bereits in einer für die Betonherstellung geeigneten Form vorliegen. Erforderlichenfalls wird er durch mechanische Prozesse, wie Zerkleinern, Sieben, Waschen, aufbereitet. Verschiedentlich wird er auch aus natürlich vorkommenden Stoffen oder aus Neben- bzw. Abfallprodukten bestimmter industrieller Prozesse künstlich hergestellt.

Zuschlag für Mörtel unterscheidet sich vom Betonzuschlag nur durch das Größtkorn. Es ist beim Mörtelzuschlag auf 4 mm begrenzt. Für Betonzuschlag ist ein Größtkorn von 16 mm oder 32 mm üblich.

Als Zuschlag sind alle Stoffe geeignet, die eine für den jeweiligen Verwendungszweck des Betons ausreichende Kornfestigkeit aufweisen, die Erhärtung des Zementes nicht stören, einen ausreichenden Haftverbund mit dem Zementstein ergeben und die Beständigkeit des Betons nicht beeinträchtigen. An Zuschlag für Beton mit besonderen Eigenschaften werden z. T. noch darüber hinausgehend Anforderungen gestellt, z. B. hinsichtlich der Kornrohdichte, des Verschleißwiderstandes oder der Absorption von energiereichen Strahlen. Tabelle 2.2-1 gibt eine Übersicht über die Arten der Betonzuschläge.

Tabelle 2.2-1 Übersicht über die Arten der Betonzuschläge

Zuschlagart	Natürliche Zuschläge		Künstliche Zuschläge
	natürlich gekörnt	mechanisch zerkleinert	
Normalzuschläge	Flußsand, Flußkies, Grubensand, Grubenkies, Moränesand, Moränekies, Dünensand	Brechsand, Splitt und Schotter aus geeigneten Natursteinen	Hochofenschlacke, Metallhüttenschlacken, Klinkerbruch, Sintersplitt, Hartstoffe, wie künstl. Korund und Silicium-Karbid
Leichtzuschläge	Bims, Lavakies, Lavasand	gebrochener Bims, gebrochene Schaumlava, gebrochene Tuffe	Blähschiefer, Blähton, gesinterte Flugasche, aufbereitete Feuerungs- oder Müllschlacken, Hüttenbims, Ziegelsplitt, Perlit, Vermikulit, Schaumglasgranulat, Schaumkunststoffe
Schwerzuschläge	Baryt (Schwerspat), Magnetit	Baryt, Magnetit, Roteisenstein, Ilmenit, Hämatit	Stahlpartikel, Sintererze, Ferrosilicium

Die Anforderungen an Zuschlag für Beton nach DIN 1045 und die Verfahren zur Prüfung und Überwachung der maßgebenden Eigenschaften sind in DIN 4226 – Zuschlag für Beton – niedergelegt.

2.2.1 Einteilung

Die Einteilung erfolgt nach Herkunft, Gefüge, Kornrohdichte, Kornform und Korngröße.

Nach der Herkunft unterscheidet man zwischen natürlichen und künstlichen Zuschlägen. Benennungen nach dem Ort der Gewinnung, wie z. B. Oberrheinkies, Mainsand oder Eifellava, geben Hinweise auf ihre Entstehung und mineralische Zusammensetzung, die mit bestimmten Eigenschaften einhergehen.

Hinsichtlich des Gefüges unterscheidet man Zuschlag mit dichtem und mit porigem Gefüge. Zum ersteren gehören Normalzuschlag und Schwerzuschlag. Leichtzuschlag hat immer ein poriges Gefüge. Die drei genannten Zuschlagarten lassen sich anhand ihrer Kornrohdichte ϱ_{Rg} etwa wie folgt abgrenzen

Zuschlagart	Kornrohdichte in kg/dm³
Schwerzuschlag	über 3,2
Normalzuschlag	2,2 bis 3,2 (überwiegend um etwa 2,6)
Leichtzuschlag	unter 2,2

Dabei versteht man unter der Kornrohdichte den Quotienten aus der Masse m der Zuschlagkörner und ihrem Volumen V_R einschließlich etwa im Korninneren vorhandenen Porenraums.

Hinsichtlich der Kornform unterscheidet man gedrungen (kugelig, würfelig), plattig, gerundet und kantig. Die Kornform wird durch die Aufbereitung beeinflußt. Man unterscheidet natürlich gekörnten, ungebrochenen und mechanisch zerkleinerten, gebrochenen Zuschlag. Im letzteren Fall spricht man von Splitt oder Schotter.

Nach der Korngröße wird zwischen Sand, dem Feinzuschlag, und Kies, dem Grobzuschlag, unterschieden (vgl. Tabelle 2.2-2).

Tabelle 2.2-2 Bezeichnung von Betonzuschlag nach seinem Korngrößenbereich nach DIN 4226 Teil 1

Kleinstkorn mm	Größtkorn mm	Ungebrochener Zuschlag	Gebrochener Zuschlag
0	0,25	Feinstsand	Feinst-Brechsand
0	1	Feinsand	Fein-Brechsand
1	4	Grobsand	Grob-Brechsand
4	32	Kies	Splitt
32	64	Grobkies	Schotter

Ein Gemenge aus Sand und Kies wird als Kiessand bezeichnet.

2.2.2 Bezeichnung

Die Bezeichnung eines Zuschlags erfolgt nach der Korngruppe. Eine Korngruppe umfaßt Körner zwischen einer unteren und einer oberen Prüfkorngröße. Beispielsweise bedeutet die Bezeichnung 8/16, daß beim Absieben nahezu alle Körner auf dem Lochblech mit 8 mm Quadratlochweite liegenbleiben und durch das Blech mit 16 mm hindurchfallen. Unter- und Überkorn in begrenzter Menge ist zulässig.

Die Bezeichnung nach der Korngruppe kann durch eine Benennung nach Tabelle 2.2-2, durch eine stoffliche bzw. Herkunftsbezeichnung oder durch Angaben über besondere Anforderungen, wie z. B. erhöhten Frostwiderstand, ergänzt werden.

Wie die Tabelle zeigt, ist die Grenze zwischen Grobsand und Kies bzw. Splitt durch eine Korngröße von 4 mm festgelegt.

2.2.3 Anforderungen

2.2.3.1 Allgemeine Anforderungen

Zuschlag darf unter der Einwirkung von Wasser nicht erweichen, sich nicht zersetzen, mit den Zementbestandteilen keine schädlichen Verbindungen eingehen und den Korrosionsschutz der Bewehrung nicht beeinträchtigen. Man unterscheidet zwischen Regelanforderungen und erhöhten bzw. verminderten Anforderungen. Maßgebend sind der Verwendungszweck und die Beanspruchungen, denen der Beton im Bauwerk ausgesetzt ist.

Die Regelanforderungen beziehen sich auf Kornzusammensetzung, Kornform, Festigkeit, Widerstand gegen Frost bei mäßiger Durchfeuchtung des Betons und schädliche Bestandteile.

Die erhöhten Anforderungen beziehen sich auf den Widerstand gegen Frost und Frost- und Taumitteleinwirkung, den Anteil an quellfähigen Bestandteilen organischen Ursprungs (s. Abschn. 2.2.3.6), den Gehalt an wasserlöslichem Chlorid und die Kornform.

Um alle vorhandenen Lagerstätten möglichst vollständig nutzen zu können, darf auch Zuschlag mit verminderten Anforderungen verwendet werden, wenn der Betonhersteller die Brauchbarkeit des mit solchem Zuschlag hergestellten Betons durch eine Eignungsprüfung nachweist. Diese verminderten Anforderungen betreffen die Kornform, die Festigkeit, den Widerstand gegen Frost, den Gehalt an abschlämmbaren Bestandteilen, den Anteil an feinverteilten quellfähigen Stoffen organischen Ursprungs, den Gehalt an Sulfaten und den Gehalt an wasserlöslichem Chlorid.

2.2.3.2 Kornzusammensetzung

Die Zusammensetzung erfolgt nach Korngruppen, die nach den unteren und oberen Grenzwerten der Korngröße, den sog. Prüfkorngrößen, bezeichnet sind. Tabelle 2.2-3 enthält die in Deutschland maßgebenden Korngruppen und Zuschlaggemenge. In anderen Ländern sind z. T. abweichende Korngruppen üblich.

Die Korngröße wird nach der Lochweite der Prüfsiebe benannt, durch die das betreffende Korn gerade noch hindurchgeht. Die Prüfsiebe bis zur Lochweite 2 mm bestehen aus Prüfsiebgewebe, Siebe mit einer Lochweite über 2 mm aus Lochblech mit Quadratlochung. Die Staffelung der Siebweiten entspricht der Serie A der Norm ISO 565, bei der die Lochweite, ausgehend von 0,063 mm, sich von Sieb zu Sieb verdoppelt.

Von der Vielzahl der vorgesehenen Korngruppen haben bei Normalzuschlag im wesentlichen nur die Korngruppen 0/2, 0/4, 2/8, 4/8, 8/16 und 16/32 und die daraus hergestellten

Tabelle 2.2-3 Zuschlaggemische und Korngruppen für Normal- und Leichtzuschläge nach DIN 4226 Teil 1 und Teil 2

Zuschlaggemisch Korngruppe mm	für Normalzuschlag	für Leichtzuschlag	untere Prüfkorngröße mm	obere Prüfkorngröße mm
0/1	×	–	–	1
0/2	×	×	–	2
0/4	×	×	–	4
0/8	×	× *)	–	8
0/16	×	× *)	–	16
0/25	–	× *)	–	25
0/32	×	–	–	31,5
0/63	×	–	–	63
1/2	×	–	1	2
1/4	×	–	1	4
2/4	×	×	2	4
2/8	×	×	2	8
4/8	×	×	4	8
4/16	×	× *)	4	16
4/32	×	–	4	31,5
8/16	×	×	8	16
8/25	–	× *)	8	25
8/32	×	–	8	31,5
16/25	–	×	16	25
16/32	×	–	16	31,5
16/63	×	–	16	63
32/63	×	–	31,5	63

*) nach DIN 4219 Teil 1 nicht zulässig für Leichtbeton mit geschlossenem Gefüge

Gemenge wirtschaftliche Bedeutung, bei Leichtzuschlag die Korngruppen 0/4, 4/8, 8/16 und 16/25 mm. Der weit überwiegende Anteil des Natursandes wird als 0/2 mm aufbereitet. Eine Ausnahme bilden nur die süddeutschen Moränegebiete und die Fluß-Kiessande des alpinen Einzugsbereichs. Dort ist der in der Ablagerung vorhandene Sandanteil für die Betonherstellung zu gering, und es muß deshalb Kies zu Sand gemahlen werden. Dabei beschränkt man sich aus wirtschaftlichen Gründen auf die Herstellung von Grobsand (1/4 mm).

Unterkorn und Überkorn

Als Unter- bzw. Überkorn einer Korngruppe wird der Anteil an Korn unterhalb bzw. oberhalb der Prüfkorngröße bezeichnet. Um bei der Zusammensetzung eines Zuschlaggemenges aus mehreren Korngruppen die vorgegebene Kornzusammensetzung mit ausreichender Genauigkeit einhalten zu können, dürfen die einzelnen Korngruppen nur eine beschränkte Menge an Unterkorn und an Überkorn enthalten. In DIN 4226 Teil 1 und Teil 2 ist der zulässige Anteil allgemein auf 10 bzw. 15 M.-% begrenzt. Bei einer Beurteilung von eventuellen Überschreitungen der zulässigen Grenzwerte ist zu berücksichtigen, daß Abweichungen im Bereich über 4 mm Korngröße sich viel weniger stark auf die Verarbeitbarkeit des Frischbetons und den Wasserbedarf auswirken als Abweichungen im Feinkornbereich.

Die Anteile der Korngrößen bzw. Korngruppen am Zuschlaggemenge werden allgemein in Massen-% angegeben, obwohl eigentlich die Stoffraumanteile maßgebend sind. Bei nicht zu unterschiedlichen Kornrohdichten können jedoch die Stoffraum-Anteile gleich den Masse-Anteilen angenommen werden.

Mehlkorn und Feinstsand

Der Anteil des Zuschlags bis 0,125 mm Korngröße wird dem Mehlkorn, der Anteil bis 0,25 mm Korngröße dem Feinstsand zugerechnet. Menge und Art des Feinstsandes, besonders aber des Mehlkorns, sind von großer Bedeutung für die Verarbeitbarkeit des Frischbetons und für die Undurchlässigkeit, die Frostbeständigkeit, den Widerstand gegen chemische Angriffe und den Verschleißwiderstand des Festbetons. Bei gegebenem Mehlkorn- und Feinstsandgehalt kommt dem Kornaufbau dieser Fraktion große Bedeutung zu (s. Abschn. 3.2.3). Die Verarbeitbarkeit des Frischbetons wird besonders vom Anteil unter 0,125 mm Korngröße beeinflußt. Das Feinstkorn unter 0,02 mm kann sich nachteilig auf die Frostbeständigkeit auswirken. Ungünstig sind quellbare tonige Bestandteile in Form von Calcium-Aluminiumsilikaten, wie sie bei gemahlenen tonhaltigen Gesteinen vorkommen. Natürliches Mehlkorn, wie es in Sand und Kies nach dem Waschen vorhanden ist, ist dagegen weitgehend tonfrei. Überschreitungen der nach der Zuschlagnorm zulässigen Grenzen sind nicht so kritisch zu bewerten, wenn der Kornanteil unter 0,02 mm im Sand 1,5 M.-% nicht übersteigt [2-29].

Werkgemischter Betonzuschlag

Vielfach wird der Zuschlag an den Betonhersteller bereits als nach Korngruppen zusammengesetztes Gemisch geliefert. Dieser sog. werkgemischte Zuschlag darf bis zu einem Größtkorn von 32 mm hergestellt werden. Für Zuschlaggemische bis 8 mm Größtkorn ist er aus mindestens zwei, für Gemische mit 16 oder 32 mm Größkorn aus mindestens 3 Korngruppen zusammenzusetzen.

2.2.3.3 Kornform und Kornoberfläche

Kornform und Kornoberfläche sind vor allem für die Verarbeitbarkeit des Frischbetons von Bedeutung.

Bei gleicher Zementleimmenge und Qualität läßt sich Beton mit kugelig geformten Zuschlagkörnern, wie z. B. Kiessand, leichter verarbeiten und verdichten als Beton mit länglich geformten Zuschlagkörnern oder gar sperrigem Splitt. Gebrochener Zuschlag erfordert für gleiche Verarbeitbarkeit mehr Wasser als natürlich gerundeter Zuschlag. Auf der anderen Seite können sich splittige Körner mit rauher Oberfläche besser miteinander verzahnen und dadurch die Betonfestigkeit erhöhen.

Die Zuschlagkörner sollen eine möglichst gedrungene Form, kugelig oder würfelig, haben. Als ungünstig geformt gelten längliche, spießige oder plattige Körner, bei denen das Verhältnis Länge zu Dicke größer ist als 3 : 1. Der Anteil solcher ungünstig geformter Körner soll im Zuschlag über 4 mm nicht mehr als 50 M.-% betragen.

Brechsande sind kantig und je nach Gestein z. T. auch länglich oder plattig und deshalb für die Verarbeitbarkeit ungünstiger als gerundete Fluß- oder Grubensande. Glimmer ist blätterig und deshalb im Sand nicht erwünscht.

Am günstigsten ist eine mäßig rauhe Oberfläche. Sehr rauhe, grobporige Oberflächen, wie z. B. bei gebrochener Lavaschlacke, haben einen höheren Zementleim- bzw. Wasseranspruch für die Verarbeitbarkeit des Frischbetons.

2.2.3.4 Festigkeit

Die Körner des Zuschlags müssen so fest sein, daß sie die Herstellung eines Betons mit den geforderten Eigenschaften gestatten. Zuschlag aus gebrochenem Felsgestein gilt als ausreichend fest für die Herstellung von Beton aller in DIN 1045 vorgesehenen Festigkeitsklassen, wenn das Gestein in durchfeuchtetem Zustand bei Prüfung nach DIN 52 105 – Prüfung von Naturstein, Druckversuch – eine Druckfestigkeit von mindestens 100 N/mm^2 aufweist oder die Anforderungen der TL Min StB-83 [2-30] erfüllt. Natürliche Sande und Kiese bestehen in der Regel aus ausreichend festem Korn, da die weniger festen Bestandteile durch die vorausgegangene natürliche Beanspruchung zerfallen sind.

Die Festigkeit läßt sich nach der Gesteinsart der Zuschläge abschätzen. Tabelle 2.2-4 enthält Richtwerte für die Gesteinseigenschaften von Normalzuschlag.

In Zweifelsfällen ist die Brauchbarkeit des Zuschlags durch Betoneignungsprüfungen festzustellen. Bei künstlich hergestelltem Zuschlag ist eine solche Eignungsprüfung stets erforderlich.

2.2.3.5 Frostwiderstand

Die Anforderungen an den Frostwiderstand richten sich nach den Beanspruchungen, denen der Beton im Bauwerk ausgesetzt ist.

Für Beton, der Frost-Tau-Wechsel bei nur mäßiger Durchfeuchtung erfährt, ist ein Zuschlag ausreichend, der die Regelanforderungen (vgl. Abschn. 2.2.3.1) erfüllt. Dies gilt im allgemeinen für den weiten Bereich der Hochbauten, sofern es sich nicht um stark exponierte Flächen von Außenbauteilen handelt.

Für Beton, der häufige Frost-Tau-Wechsel im stark durchfeuchteten Zustand erfährt, ist ein Zuschlag erforderlich, der erhöhte Anforderungen (eF) erfüllt. Dies gilt z. B. für horizontale Betonflächen im Freien oder Bauteile in der Wasserwechselzone.

Beton, der häufigen Frost-Tau-Wechseln und einer Einwirkung von Taumitteln im durchfeuchteten Zustand ausgesetzt ist, bedingt einen Zuschlag, der verschärften erhöhten Anforderungen (eFT) genügt.

Den unterschiedlichen Anforderungen entsprechen unterschiedliche Prüfbedingungen. Der wassergetränkte Zuschlag wird an Luft (Regelanforderung) oder unter Wasser (erhöhte Anforderung) gefroren. Die Beurteilung erfolgt nach der Masse der Kornabsplitterung. Der zulässige Wert beträgt nach DIN 4226 4% bei erhöhten und 2% bei verschärften erhöhten Anforderungen.

Bei der Interpretation der Prüfergebnisse ist zu berücksichtigen, daß sich ein freies Korn bei Frostbeanspruchung je nach Korngröße oftmals anders als bei Einbettung im Beton verhält. Loses grobes Korn kann eine Durchfeuchtung und damit eine Frostbeanspruchung erfahren, die im Beton wegen des umgebenden Zementsteins nicht erreicht wird. Loses Feinkorn dagegen wird trotz völliger Durchfeuchtung beim Gefrieren kaum geschädigt, weil Wasser und Eis entweichen können, was im Beton aber durch den Zementstein behindert wird.

Harnstofflösungen und Glycerin können manche Zuschläge auch ohne zusätzliche Frosteinwirkung schädigen. So wurde nach [2-31] Diabassplitt schon durch 20tägige Lagerung in 20%iger Harnstofflösung oder 4monatige Lagerung in Glycerin weitgehend zerstört, während Rheinkies und Porphyrsplitt keinen erkennbaren Schaden erlitten.

Nicht ausreichend frostbeständig kann Zuschlag mit schädlichen Bestandteilen (vgl. Abschn. 2.2.3.6) sein sowie Zuschlag aus Gestein, das wenig fest oder bereits stark verwittert ist oder bei Feuchtigkeitszutritt erweicht, wie z. B. Mergel und Schiefertone oder

2.2 Zuschlag

Tabelle 2.2-4 Eigenschaften von Gesteinen für Normalzuschlag [DIN 52100, 2-37, 2-44]

Gesteinsgruppen	Kornrohdichte	Dichte (Spez. Gewicht) DIN 52102	Wasseraufnahme DIN 52103	Druckfestigkeit des trockenen Gesteins DIN 52105*)	Biegezugfestigkeit	Verschleiß durch Schleifen DIN 52108 Verlust auf 50 cm²	Elastizitätsmodul	Wärmedehnzahl (Temperaturbereich 0 bis 60 °C)
	kg/dm³	kg/dm³	M.-%	N/mm²	N/mm²	cm³	10^3 N/mm²	10^{-6} K^{-1}
A. Erstarrungsgesteine								
1. Granit, Syenit	2,60 bis 2,80	2,62 bis 2,85	0,2 bis 0,5	160 bis 280	10 bis 20	5 bis 8	40 bis 75	6,5 bis 8,5
2. Diorit, Gabbro	2,80 bis 3,00	2,85 bis 3,05	0,2 bis 0,4	170 bis 300	10 bis 22	5 bis 8	50 bis 100	5,5 bis 8,0
3. Quarzporphyr, Keratophyr, Porphyrit, Andesit	2,55 bis 2,80	2,58 bis 2,83	0,2 bis 0,7	180 bis 300	15 bis 20	5 bis 8	25 bis 65	6,5 bis 8,5
4. Basalt, Melaphyr, Dolerit	2,85 bis 3,10	2,90 bis 3,15	0,1 bis 0,3	290 bis 440	15 bis 25	5 bis 8,5	55 bis 115	5,5 bis 8,5
Basaltlava	2,20 bis 2,35	2,90 bis 3,15	4 bis 10	80 bis 150	8 bis 12	12 bis 15	30 bis 40	5,5 bis 8,5
5. Diabas	2,80 bis 2,90	2,85 bis 2,95	0,1 bis 0,4	180 bis 250	15 bis 25	5 bis 8	70 bis 90	5,5 bis 8,5
B. Schichtgesteine								
6. Kieselige Gesteine								
a) Gangquarz, Quarzit, Grauwacke	2,60 bis 2,65	2,64 bis 2,68	0,2 bis 0,5	150 bis 300	13 bis 25	7 bis 8	60 bis 75	10,0 bis 12,5
b) quarzitische Sandsteine				120 bis 200	12 bis 20		10 bis 45	10,0 bis 12,5
c) sonst. Quarzsandsteine	2,00 bis 2,65	2,64 bis 2,72	0,2 bis 9	30 bis 180	3 bis 15	10 bis 14	2 bis 15	10,0 bis 12,5
7. Kalksteine								
a) Dichte (feste) Kalke und Dolomite (einschl. Marmore)	2,65 bis 2,85	2,70 bis 2,90	0,2 bis 0,6	80 bis 180	6 bis 15	15 bis 40	20 bis 85	3,5 bis 11,5
b) sonstige Kalksteine							20 bis 85	3,5 bis 11,5
einschl. Kalkkonglomerate	1,70 bis 2,60	2,70 bis 2,74	0,2 bis 10	20 bis 90	5 bis 8	—	20 bis 85	3,5 bis 11,5
C. Metamorphe Gesteine								
8. a) Gneise, Granulit	2,65 bis 3,00	2,67 bis 3,05	0,1 bis 0,6	160 bis 280	—	4 bis 10	10 bis 30	6,5 bis 8,5
b) Amphibolit	2,70 bis 3,10	2,75 bis 3,15	0,1 bis 0,4	170 bis 280	—	6 bis 12	—	—
c) Serpentin	2,60 bis 2,75	2,62 bis 2,78	0,1 bis 0,7	140 bis 250	—	8 bis 18	—	—
D. Hochofenschlacke	2,50 bis 2,90	2,90 bis 3,10	0,4 bis 5,0	80 bis 250	—	5 bis 10	35 bis 100	—

*) Die Tabellenwerte gelten bei Schichtgesteinen für die Prüfung rechtwinklig zur Schichtung.

bestimmte Sandsteine und Kalksteine. Auch bei an sich genügend festem und gesundem Gestein kann ein ausreichender Frostwiderstand in Frage gestellt sein, wenn durch tektonische Bewegung oder bei der Gewinnung und Aufbereitung (z. B. durch Brechen) Gefügelockerungen oder Risse entstanden sind.

Erfahrungsgemäß enthalten Sand und Kies und daraus durch Brechen gewonnener Zuschlag meist nur wenige frostempfindliche Körner, da ggf. im Ausgangsgestein enthaltenes frostempfindliches Material durch die natürliche Beanspruchung weitgehend ausgesondert worden ist.

Zuschlag aus gebrochenem Felsgestein hat in Beton i. allg. einen ausreichenden Frostwiderstand, wenn seine Wasseraufnahme bei der Prüfung nach DIN 52106 einen Wert von 0,5 M.-% nicht überschreitet oder wenn das Gestein bei Prüfung nach DIN 52105 in durchfeuchtetem Zustand eine Druckfestigkeit von mindestens $150 \, N/mm^2$ aufweist. Mit diesen Kennwerten kann der Frostwiderstand jedoch nicht immer ausreichend beurteilt werden.

2.2.3.6 Schädliche Bestandteile

Schädliche Bestandteile sind Stoffe, die das Erstarren oder Erhärten des Zementleims stören, die Festigkeit oder Undurchlässigkeit des Betons herabsetzen, Raumveränderungen verursachen, die Beständigkeit des Betons oder den Korrosionsschutz der Bewehrung beeinträchtigen.

Abschlämmbare Bestandteile

Als abschlämmbare Bestandteile gelten alle im Zuschlag enthaltenen Stoffe mit einer Korngröße unter 0,063 mm. Es handelt sich dabei i. allg. um tonige Stoffe oder sehr feines Gesteinsmehl. Sie können an den Zuschlagkörnern haften, als Knollen vorliegen oder pulverförmig verteilt sein. Wenn sie in geringen Mengen im Zuschlag fein verteilt sind, schaden sie nicht und wirken sich sogar günstig auf die Verarbeitbarkeit des Frischbetons aus. Sie können auch die Dichtigkeit des Betons und die damit zusammenhängenden Eigenschaften verbessern. Nachteilig sind abschlämmbare Bestandteile dagegen, wenn ihr Anteil sehr hoch ist und sie durch ihre große Oberfläche den Wasseranspruch erhöhen. Ausgesprochen schädlich wirken sie, wenn sie so fest auf der Kornoberfläche haften, daß sie beim Mischen nicht abgerieben werden, weil sie dann den Verbund zwischen Zuschlagkorn und Zementstein beeinträchtigen. Zusammenballungen in Form von Ton- oder Lehmknollen stellen örtliche Fehlstellen dar und können auch dem Aussehen von Sichtflächen schaden.

Tabelle 2.2-5 enthält die Richtwerte der DIN 4226 für die Begrenzung des Gehalts an abschlämmbaren Stoffen für Normalzuschlag und Leichtzuschlag. Diese Richtwerte dürfen überschritten werden, wenn die Eignung des Betons für den vorgesehenen Verwendungszweck nachgewiesen wird.

Der Gehalt an abschlämmbaren Bestandteilen wird i. allg. im Absetzversuch oder im Auswaschversuch bestimmt. Beim Absetzversuch wird mäßig feuchter oder lufttrockener Zuschlag bis 4 mm Korngröße in einen Meßzylinder geschüttet, mit Wasser aufgefüllt und durchgeschüttelt. Nach entsprechender Ruhezeit wird die Dicke der aus der Aufschlämmung abgesetzten oberen Schicht abgelesen und daraus die Trockenmasse der abgesetzten Bestandteile errechnet, wobei man für die Trockenrohdichte einen Schätzwert ansetzt. Wegen möglicher Flockenbildung kann die Dichte sehr stark von diesen Schätzwerten abweichen, so daß wesentlich zu große Schlämmstoffgehalte vorgetäuscht werden.

2.2 Zuschlag

Tabelle 2.2-5 Richtwerte für die Höchstmenge an abschlämmbaren Bestandteilen im Zuschlag nach DIN 4226 Teil 1 für Zuschläge mit dichtem Gefüge (Normalzuschlag) und nach Teil 2 für Zuschläge mit porigem Gefüge (Leichtzuschlag)

Korngrößen in mm		Höchstgehalt an abschlämmbaren Bestandteilen in M.-%
Normalzuschlag	Leichtzuschlag	
–	0/2, 2/4	5,0
0/1, 0/2, 0/4	0/8, 2/4, 2/8	4,0
0/8, 1/2, 1/4, 2/4	0/16, 0/25, 4/8, 4/16	3,0
0/16, 0/32, 2/8, 4/8	8/16, 8/25, 16/25, 16/32	2,0
0/63, 2/16, 4/16, 4/32	–	1,0
8/16, 8/32, 16/32, 32/63	–	0,5*)

*) Bei Zuschlägen aus gebrochenem Material sind Gehalte bis 1,0 M.-% zulässig.

Zuverlässige Werte erhält man mit dem Auswaschversuch. Hier wird der Zuschlag bei 105 °C getrocknet, die Trockenmasse bestimmt, anschließend unter Wasser gelagert und dann mit einem Wasserstrahl so lange durch die Prüfsiebe 8 mm, 1 mm und 0,063 mm gespült, bis das durchtretende Wasser klar ist. Die Rückstände auf den Sieben werden getrocknet, gewogen und auf die Einwaage bezogen.

In [2-29] wird ein gewichtsanalytisches Schnellverfahren beschrieben, das eine Kombination von Absetz- und Auswaschversuch darstellt und mit einem Flockungsmittel als Sedimentationshilfe arbeitet. Die Versuchsdauer beträgt etwa 1,5 Stunden.

Ein zu hoher Gehalt an abschlämmbaren Bestandteilen kann durch Waschen vermindert werden. Dabei ist jedoch zu bedenken, daß ein gewisser Anteil an Feinststoffen wegen des eingangs erwähnten günstigen Einflusses auf Verarbeitbarkeit und Dichtigkeit des Betons erwünscht ist.

Stoffe organischen Ursprungs und andere erhärtungsstörende Stoffe

Stoffe organischen Ursprungs, wie z. B. humusartige oder zuckerartige Stoffe, können in feinverteilter Form das Erhärten des Zements stören. Gröbere Teilchen können örtlich Verfärbungen hervorrufen oder bei Wasseraufnahme quellen und, wenn sie dicht unter der Oberfläche liegen, Absprengungen verursachen. Zu vermeiden sind daher Verunreinigungen durch Mutterboden, Torf, Kohlestückchen, Holzteilchen, Wurzeln, Gras, Laub usw. Bei Verdacht feinverteilter organischer Bestandteile empfiehlt sich die Durchführung einer Färbeprüfung mit Natronlauge. Zuckerähnliche Stoffe werden dadurch allerdings nicht erfaßt.

Im Zweifelsfall kann anhand einer Eignungsprüfung an Beton festgestellt werden, ob der Zuschlag erhärtungsstörende Bestandteile enthält. Dies empfiehlt sich immer, wenn Verdacht auf Verunreinigungen durch zuckerähnliche Stoffe oder lösliche Salze besteht, die u. U. schon in geringer Menge das Erstarren oder Erhärten des Zements beeinträchtigen oder verändern können.

Quellfähige Stoffe organischen Ursprungs weisen meist eine niedrigere Rohdichte auf als das Zuschlaggestein. Sie können durch ein Aufschwimmverfahren ermittelt werden. Die Dichte der dazu benutzten Flüssigkeit muß niedriger als die Kornrohdichte des Zuschlags, aber höher als die Rohdichte der Verunreinigungen sein. Hierzu eignet sich z. B. eine gesättigte Zinkchloridlösung mit einer Dichte von ungefähr 2,0 kg/dm^3.

Alkalilösliche Kieselsäure

Zuschlagbestandteile, die alkalilösliche Kieselsäure enthalten, wie z. B. Opal oder poröse Flinte, können mit dem im Porenwasser des Zementsteins gelösten Alkalihydroxid (vgl. Abschn. 2.1.3.5) reagieren. Dabei bildet sich eine klare, häufig hochkonzentrierte und dann dickflüssige Alkalisilikatlösung. Unter bestimmten Voraussetzungen kann die Reaktion zu einer Volumenvergrößerung und zu einer Schädigung des Betons führen.

In der Bundesrepublik können die von der Eiszeit betroffenen Gebiete Norddeutschlands, etwa nördlich einer Linie Braunschweig – Hildesheim – Osnabrück, mit Ausnahme der großen Flußtäler (Weser, Oker) in mehr oder weniger starkem Maße alkalireaktive Bestandteile enthalten [2-32, 2-33]. Am bekanntesten sind bestimmte Vorkommen in Schleswig-Holstein, Hamburg und Teilen Niedersachsens. Dabei handelt es sich um Opalsandstein und poröse Flinte. Andere alkalireaktive Gesteine sind bisher in deutschen Kiessanden nicht bekannt [2-34, 2-35].

Bei Verdacht sind die vorgesehenen Zuschläge nach der Richtlinie „Alkalireaktion im Beton" [2-33] zu prüfen. Die Prüfung besteht in einer Bestimmung des Gehalts an Opalsandstein und anderen opalhaltigen Gesteinen sowie des Gehalts an reaktionsfähigem Flint. Danach wird der Zuschlag als „unbedenklich", „bedingt brauchbar" oder „bedenklich" hinsichtlich der Alkalireaktion eingestuft. Während für „unbedenklichen" Zuschlag keinerlei Einschränkungen gelten, sind bei „bedingt brauchbarem" und „bedenklichem" Zuschlag vorbeugende betontechnische Maßnahmen erforderlich (s. Abschn. 7.15).

Erfahrungsgemäß können mit den in [2-33] angegebenen Prüfverfahren alkaliempfindliche Bestandteile sicher erkannt werden. Es ist jedoch möglich, daß auch unbedenklicher Zuschlag mit hohen Gehalten an Graniten, sonstigen kristallinen Gesteinen, Grauwacken, bestimmten Sandsteinen und Flammenmergel als nur „bedingt brauchbar" bis „bedenklich" eingestuft wird, weil bei der Behandlung mit Natronlauge auch diese Gesteine angegriffen werden [2-34].

Für Auslandsbaustellen wird häufig eine Untersuchung nach ASTM C 289 gewünscht. Bei diesem chemischen Prüfverfahren werden die Zuschläge zerkleinert und als Kornfraktion 0,15/0,30 mm während 24 h einer 1 n-Natriumhydroxidlösung (1 n = 1 Äquivalentgewicht in g in 1 l Lösung) bei 80 °C angesetzt. Es werden das lösliche SiO_2 und die Abnahme der Alkalität festgestellt. Beurteilungskriterien finden sich in ASTM C 33. Für die flintreichen norddeutschen Zuschläge ist das Verfahren nicht geeignet, weil es bereits völlig unbedenkliche Zuschläge mit 3 bis 5 M.-% dichtem Flint als reaktionsfähig ausweist.

Schwefelverbindungen

Schwefelverbindungen in größerer Menge können unter besonderen Bauwerksverhältnissen zu Treiberscheinungen im Beton führen. Dabei spielt die Art der Schwefelverbindung und ihre Verteilung eine Rolle.

Als schädlich kommen insbesondere die löslichen Alkalisulfate, Gips und Anhydrit in Betracht, aber auch Sulfide (Schwefelwasserstoffsalze), sofern sie bei Zutritt von Luft und Feuchtigkeit oxidieren und dabei in Sulfate übergeführt werden. Bariumsulfat (Schwerspat) kann dagegen unbedenklich als Betonzuschlag verwendet werden, weil es praktisch wasserunlöslich ist und sich im Beton nicht umsetzt. Aufgrund des Schwefelgehaltes im Koks enthalten Hochofenschlacken stets Schwefel. Er ist dort jedoch in Form von schwer löslichem Schwefelkalk CaS gebunden, so daß er im Beton i. allg. nicht schadet.

Besonders ungünstig ist es, wenn die schädlichen Schwefelverbindungen in fein verteilter

2.2 Zuschlag

Form vorhanden sind, weil sie dann in ihrer Gesamtheit mit dem Zement reagieren können. Für das Verhalten eines sulfatreichen Betons spielt die Möglichkeit eines späteren Feuchtezutritts eine entscheidende Rolle. Wenn der Beton immer trocken bleibt, kann es zu keinem Sulfattreiben kommen, weil das zur Bildung der Sulfoaluminatverbindungen erforderliche Wasser fehlt.

Bei Verdacht auf schädliches Sulfat ist der Zuschlag nach DIN 4226 Teil 3 zu prüfen. Dabei darf der Gehalt an Sulfat, berechnet als SO_3, 1 M.-% bezogen auf den trockenen Zuschlag nicht überschreiten.

Enthält der Zuschlag Sulfide (z. B. Pyrit), so ist eine besondere Beurteilung notwendig. Dabei ist zu überprüfen, ob die vorhandenen Sulfide im Beton beständig sind und ob der Beton später durchfeuchtet werden kann oder immer trocken bleibt.

Stahlangreifende Stoffe

Zuschlag für bewehrten Beton darf keine schädlichen Mengen an Salzen enthalten, die den Korrosionsschutz der Bewehrung beeinträchtigen. Am gefährlichsten sind wasserlösliche Chloride, aber auch andere Halogenide (außer Fluorid) und Nitrate können schädlich sein.

Besondere Anforderungen werden an Zuschlag für Spannbeton mit sofortigem Verbund gestellt, weil Spannstähle besonders korrosionsempfindlich sind. Nach DIN 4226 Teil 1 darf der Gehalt an wasserlöslichem Chlorid, berechnet als Chlor Cl^-, für diesen Verwendungszweck 0,02 M.-% nicht überschreiten. Bei Stahlbeton und bei Spannbeton mit nachträglichem Verbund beträgt der höchstzulässige Gehalt 0,04 M.-%.

2.2.3.7 Zusätzliche Anforderungen an gebrochene Hochofenschlacke

Gebrochene Hochofenschlacke als Zuschlag für Normalbeton soll ein möglichst dichtes und kristallines Gefüge aufweisen. Sie muß raumbeständig sein und die Prüfungen auf Kalkzerfall und Eisenzerfall nach DIN 4226 bestehen.

2.2.3.8 Zusätzliche Anforderungen an künstlich hergestellten Leichtzuschlag

Die zusätzlichen Anforderungen beziehen sich auf Glühverlust und Raumbeständigkeit bei Prüfung nach DIN 4226 Teil 3.

Hüttenbims gilt als raumbeständig, wenn er die Prüfungen auf Kalkzerfall und Eisenzerfall, anderer Leichtzuschlag, wenn er den Autoklavversuch besteht.

Weitergehende Anforderungen werden an Zuschlag für Leichtbeton der Festigkeitsklassen LB 8 und höher sowie für Leichtbeton einer bestimmten Rohdichteklasse gestellt.

Um solchen Beton in gleichmäßiger Güte herstellen zu können, muß der Leichtzuschlag ausreichend gleichmäßig sein, weil sich hier Schwankungen der Zuschlageigenschaften viel stärker auf die Betoneigenschaften auswirken als bei Normalbeton.

Die Gleichmäßigkeit des Leichtzuschlags wird durch Prüfung der Schüttdichte, der Kornrohdichte und ggf. der Kornfestigkeit nach DIN 4226 Teil 3 nachgewiesen. Schüttdichte und Kornrohdichte dürfen von dem festgelegten Sollwert um nicht mehr als ± 15% abweichen. Die Gleichmäßigkeit der Kornfestigkeit kann mittelbar durch Prüfung der Druckfestigkeit eines „Einheitsbetons" oder unmittelbar durch einen Zertrümmerungsversuch festgestellt werden.

2.2.4 Zuschlagarten – Herstellung und Eigenschaften

2.2.4.1 Normalzuschlag

2.2.4.1.1 Übersicht

Kiessand

Kiessand wird aus Fluß- oder Gletschergeschieben durch Baggern gewonnen. Um das Material von schluffigen, lehmigen oder tonigen Beimengungen oder von organischen Verunreinigungen zu befreien, wird es in der Regel gewaschen. Danach wird es durch Sieben in Korngruppen aufgeteilt. Überkorn wird gebrochen, abgesiebt und gewöhnlich den entsprechenden unzerkleinerten, in natürlich gerundeter Form vorliegenden Korngruppen beigemengt.

Mineralogisch enthalten die Fluß-, See- oder Grubenkiessande meist eine Vielfalt von Gesteinen. Bei Flußkiessanden wechseln die Zusammensetzung und die Korngröße vom Oberlauf zum Unterlauf oft beträchtlich.

Gebrochene Natursteine

Zuschläge aus felsartigen Natursteinen werden gebrochen und anschließend abgesiebt.
Splitt, bei dem z. B. durch zwei- oder mehrfaches Brechen der Anteil an schlecht geformten, plattigen oder spießigen Körnern auf höchstens 20 M.-% verringert wurde und der außerdem schärferen Anforderungen hinsichtlich Überkorn und Unterkorn genügt, wird als Edelsplitt bezeichnet.

Eine Übersicht der häufig als Betonzuschlag verwendeten Natursteine enthält Tabelle 2.2.-6.

Tabelle 2.2-6   Häufig als Betonzuschlag verwendete Natursteine

Magmatische Herkunft	Basalt, Basaltlava, Diabas, Diorit, Gabbro, Granit, Melaphyr, Porphyr, Porphyrit, Quarzporphyr, Syenit
Verkittete Sedimente und metamorphe Gesteine	Grauwacken, feste Kalksteine, Sandsteine (mit kieseliger oder kalkiger, aber nicht mit toniger Bindung), Quarzite, Gneise, harte Schiefer

Ungeeignet sind Anhydrit- und Gipsgestein, Schwefelkies, Steinkohle und gebrannter Kalkstein. Diese Gesteine können zu einer Schädigung des Betons durch Treiben und zu Absprengungen führen. Zu vermeiden sind auch stark schiefrige, mergelige und sonst im Verwittern bzw. in der Zersetzung begriffene Gesteine wegen ihrer mechanisch unbefriedigenden Eigenschaften und ihrer oft mangelnden Frostbeständigkeit.

In vielen Gebieten Afrikas, Asiens und Lateinamerikas, in denen in zunehmendem Maße auch deutsche Bauunternehmen tätig werden, mangelt es an erprobten Betonzuschlägen. Dort steht häufig der Gesteinstyp Laterit an. Es handelt sich um einen durch Eisenoxide gelblich, rötlich oder braun gefärbten Bodentyp der wechselfeuchten Tropenzone, der durch Verwitterung aus verschiedenen Gesteinen entsteht und bei wechselnder Durchfeuchtung und Austrocknung irreversibel erhärtet. Er kommt sowohl in Form von mächtigen, festen Lateritdecken vor, aus denen Bausteine herausgearbeitet werden können, als auch in natürlich gekörnter Form. Einige Lateritarten scheinen sich als Zuschlag zu eignen, wenn entsprechende betontechnologische Maßnahmen getroffen werden, die z. T. aus der Leichtbetontechnologie übernommen werden können [2-36].

2.2 Zuschlag

Künstlich hergestellte Normalzuschläge

Hochofenschlacke fällt bei der Verhüttung von Eisenerzen im Hochofen an. Wird die flüssige Schlacke langsam abgekühlt, so erstarrt sie kristallin zu Stückschlacke, die anschließend gebrochen und abgesiebt wird. Die Stückschlacke ähnelt in ihren Eigenschaften den natürlichen Gesteinen, besonders den ebenfalls aus einem Schmelzfluß entstandenen Erstarrungsgesteinen, wie z. B. Basalt. In ihrer äußeren Beschaffenheit ist eine dichte Stückschlacke von Basalt schwer zu unterscheiden. Im Gegensatz zum Basalt löst sie sich jedoch völlig in Salzsäure auf und entwickelt dabei Schwefelwasserstoff.

Sie ist meist mit sehr feinen Poren durchsetzt, die von dem Gasgehalt der Schlacke herrühren. Die Poren sind gegeneinander abgeschlossen, so daß sich die Stückschlacke nicht mit Wasser vollsaugen kann. Die Rauhigkeit der Oberfläche verbessert die Haftung des Mörtels. Infolge der besonderen Struktur der Hochofenschlacke ergibt sich schon bei einmaligem Brechen eine kubische Kornform.

Der in der Hochofenstückschlacke enthaltene Schwefel ist als Sulfid wasserunlöslich gebunden und daher unschädlich für den Beton und den Korrosionsschutz der Bewehrung.

Gebrochene Hochofenstückschlacke, die den Anforderungen von DIN 4226 entspricht, ist ein gut geeigneter Betonzuschlag und hochwertigen gebrochenen Natursteinen gleichwertig. Für Beton, der sehr hohen Temperaturen ausgesetzt wird, ist die Hochofenstückschlacke aufgrund ihrer niedrigen und gleichbleibenden Wärmedehnzahl sogar den meisten natürlichen Zuschlägen überlegen [2-37].

Metallhüttenschlacken entstehen beim Erschmelzen von Kupfer, Blei oder Chrom aus den entsprechenden Erzen und bei der Gewinnung von Zinkoxid. Die flüssige Schlacke wird durch geeignete Verfahren so langsam abgekühlt, daß sie zu kristalliner Stückschlacke erstarrt.

Als Zuschlag für besonders hoch beanspruchte Verschleißschichten sind Hartstoffe, wie künstlicher Korund und Siliciumkarbid, geeignet.

Die Aufbereitung und Verwendung von Abbruchbeton als Zuschlag wurde in neuerer Zeit verschiedentlich untersucht [2-39 bis 2-43]. Geeignet ist nur ein Altbeton, der keine unzulässigen Mengen an schädlichen Bestandteilen enthält. So kann z. B. Straßenbeton derart mit Chloriden verseucht sein, daß daraus hergestellter Splitt für bewehrte Bauteile im Hinblick auf den Korrosionsschutz der Bewehrung nicht verwendet werden kann. Abbruchbeton aus dem Hochbau kann andere schädliche Verunreinigungen, wie z. B. Gips, enthalten. Die überwiegende Menge solcher Verunreinigungen läßt sich durch Absieben der feinen Bestandteile des Abbruchbetons ausscheiden. Es wird in vielen Fällen auch zweckmäßig sein, nur den Grobzuschlag aus Altbeton herzustellen und als Feinanteil < 4 mm Natursand zu verwenden. Es ist zu beachten, daß die rauhe Oberfläche und die gegenüber Zuschlag aus Natursteinen größere Wasseraufnahme den Wasseranspruch erhöht. Nach [2-41] sind bei Beton mit gebrochenem Altbeton folgende Eigenschaftsänderungen gegenüber gleich zusammengesetztem Beton mit Normalzuschlag zu erwarten:

– Die Druckfestigkeit ist um 10 bis 25 % niedriger.
– Der *E*-Modul ist um etwa 15 bis 30 % kleiner.
– Die Kriech- und Schwindmaße sind entsprechend dem erhöhten kriechfähigen Zementanteil größer.

Insgesamt sollte aufbereiteter Altbeton als Zuschlag nur dort verwendet werden, wo das Verformungsverhalten nicht kritisch ist und wo auch keine hohen Anforderungen an die Festigkeit gestellt werden.

2.2.4.1.2 Eigenschaften

Die wichtigsten Kennwerte der wesentlichen Normalzuschläge sind in Tabelle 2.2-4 auf S. 49 zusammengestellt. Es handelt sich um Richtwerte zur allgemeinen Beurteilung, die im Einzelfall auch über- oder unterschritten werden können.

Die *Kornrohdichte* ϱ_{Rg} ist das Verhältnis der Masse des Zuschlags zu dem von der Kornoberfläche begrenzten Volumen unter Einschluß der Korneigenporen. Sie liegt überwiegend zwischen 2,6 bis 3,0 kg/dm^3. Sie beträgt bei Kiessand i. allg. etwa 2,6 kg/dm^3. Bei Basalt und anderen quarzfreien oder -armen Erstarrungsgesteinen und bei Hochofenschlacke liegt sie an der oberen Grenze des genannten Bereichs, z. T. sogar etwas darüber. Weniger dichte Sand- und Kalksteine können Kornrohdichten unter 2,5 kg/dm^3 aufweisen.

Die *Dichte* ϱ ist das Verhältnis der Trockenmasse zu dem Feststoffvolumen ausschließlich der Korneigenporen. Sie schwankt je nach der mineralogischen Zusammensetzung der Gesteine überwiegend zwischen 2,60 und 3,15 kg/dm^3. Angaben über die Dichte einiger wichtiger Mineralien enthält Tabelle 2.2-7.

Die *Schüttdichte* ϱ_S einer Korngruppe oder eines Zuschlaggemischs ist das Verhältnis der Masse des Zuschlags zum gesamten von dem Haufwerk eingenommenen Volumen, also einschließlich Haufwerksporen. Sie hängt von der Kornrohdichte der Zuschlagkörner, der Kornform, der Kornzusammensetzung und von der Lagerungsdichte ab. Gerundete, gedrungene Körner lagern sich beim Schütten dichter zusammen als kantige, splittige Körner. Eng begrenzte Korngruppen haben einen höheren Hohlraumgehalt als Korngemenge. Alle Korngruppen, bei denen das Größtkorn etwa doppelt so groß ist wie das Kleinstkorn (z. B. 1/2, 2/4, 4/8, 8/16, 16/32, 32/64 mm) haben bei gleichen Kornrohdichte und gleicher Kornform etwa die gleiche Schüttdichte.

Bei loser Schüttung von trockenem Material kann man die in Tabelle 2.2-8 genannten Anhaltswerte zugrunde legen.

Tabelle 2.2-7 Dichte wichtiger Mineralien im Betonzuschlag

Mineral	Dichte kg/dm^3
Quarz	2,65
Kalkspat CaCO$_3$	2,72
Dolomit CaMg(CO$_3$)$_2$	2,85–2,95
Olivin	3,40
Hornblende	3,00–3,30
Feldspäte	2,53–2,77

Tabelle 2.2-8 Schüttdichte von trockenen Zuschlägen bei loser Schüttung in kg/dm^3 [2-45]

	Kies, Sand	Splitt, Brechsand	
Kornrohdichte kg/dm^3	2,65	2,70	2,90
Eng begrenzte Korngruppen z. B. 1/2, 2/4, 4/8, 8/16 mm	1,40–1,50	1,30–1,40	1,40–1,50
Korngemische z. B. 0/16 oder 0/32 mm	1,70–1,85	1,60 bis 1,80	

2.2 Zuschlag

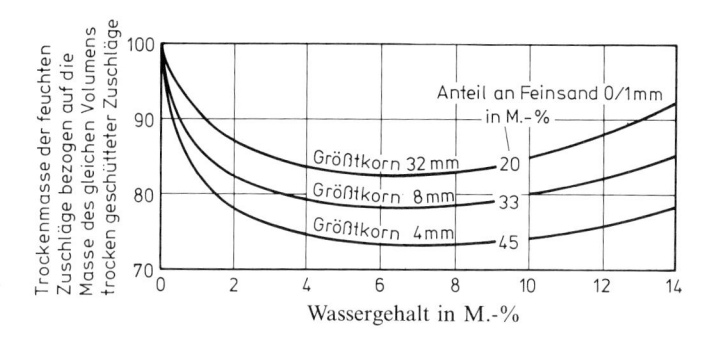

Bild 2.2-1 Abnahme der Trockenmasse von 1 m³ lose geschüttetem Kiessand mit zunehmendem Wassergehalt [2-45]

Feuchte Zuschläge haben i. allg. eine geringere Schüttdichte als trockene Zuschläge, weil das in den Haufwerksporen befindliche Wasser zu einer aufgelockerten Lagerung führt. Diese wirkt sich besonders bei den feineren Korngruppen oder bei Korngemengen mit hohem Anteil an Korn unter 1 mm aus (Bild 2.2-1).

Die *Wasseraufnahme* a_w ist die auf die Trockenmasse $m_{g,d}$ bezogene Differenz zwischen der Masse einer wassergelagerten Probe und ihrer Trockenmasse. In Tabelle 2.2-4 ist die Wasseraufnahme der Gesteine bis zur Sättigung unter Atmosphärendruck angegeben. Sie ist bei dichten Gesteinen i. allg. deutlich unter 1 M.-% und meist vernachlässigbar gering. Bei porösen Hochofenschlacken, bei Basaltlava sowie bei weniger dichten Sand- und Kalksteinen kann die Wasseraufnahme einige M.-% betragen.

Die *Druckfestigkeit* der als Betonzuschlag verwendeten Gesteine schwankt in weiten Grenzen. Sie liegt i. allg. zwischen 150 und 300 N/mm² und ist damit beträchtlich höher als die Festigkeit des Zementsteins. Bestimmte Sandsteine, Kalksteine und Kalkkonglomerate, Laterit usw. haben Festigkeiten unter 150 N/mm². Ihre Verwendbarkeit ist beschränkt auf Betone mit mäßiger Festigkeit und geringen Anforderungen an sonstige Eigenschaften, wie z. B. den Frostwiderstand oder den Verschleißwiderstand.

Die *Biegezugfestigkeit* fester Gesteine liegt i. allg. deutlich über 10 N/mm². Eine hohe Biegezugfestigkeit des Zuschlags ist nicht nur für die Zugfestigkeit des Betons günstig, sondern auch für seine Druckfestigkeit. Allerdings kommt die hohe Biegezug- bzw. Zugfestigkeit der Gesteine nicht voll zur Auswirkung, weil vor dem Brechen des Zuschlagkornes der Haftverbund zwischen Zuschlagkorn und Zementstein versagt.

Der *Verschleißwiderstand* der Zuschläge ist in der Regel erheblich höher als der des Zementsteins und maßgebend für den Verschleißwiderstand des Betons. Tabelle 2.2-4 enthält Werte für den Verschleiß, der nach DIN 52108 durch Schleifen mit Hilfe der Böhme-Scheibe ermittelt wurde. Beim Vergleich fällt der relativ geringe Verschleißwiderstand der Kalksteine auf. Dies ist im wesentlichen auf die geringe Härte des Calcits zurückzuführen.

Für Beton, der an der Oberfläche starken mechanischen Beanspruchungen reibender oder schleifender Art ausgesetzt ist, eignen sich vor allem die sogenannten Hartgesteine, zu denen die Granite, Diorite, Porphyre, Basalte und Quarzite zählen. Noch härter sind die sogenannten Hartstoffe, wie künstlicher Korund und Siliciumkarbid. Wird der Verschleißwiderstand des Zuschlags durch Kollern in einer Trommel, z. B. mit Hilfe der Los-Angeles-Prüfung [2-46], bestimmt, so ist bei der Beurteilung zu berücksichtigen, daß außer den Gesteinseigenschaften auch die Oberflächenbeschaffenheit, die Kornform und die Struktur der einzelnen Körner Einfluß auf das Prüfergebnis haben. Im Beton spielen diese Einflüsse aber kaum eine Rolle. Im Zweifelsfall sollte daher das Verschleißverhalten der Gerölle oder gebrochenen Zuschläge im einbetonierten Zustand untersucht werden.

Da der Zuschlag etwa 70 % des Betonvolumens einnimmt, hat der *Elastizitätsmodul* des Gesteins einen maßgeblichen Einfluß auf den Elastizitätsmodul des Betons.

Wie aus Tabelle 2.2-4 hervorgeht, schwankt der Elastizitätsmodul der als Betonzuschlag verwendeten Gesteine in weiten Grenzen. Besonders hoch ist er bei dichten Erstarrungsgesteinen, wie z.B. Basalt, Diorit, Gabbro, Diabas oder auch Hochofenschlacke. Bei Schichtgesteinen und metamorphen Gesteinen ist der Elastizitätsmodul meist wesentlich niedriger. Die natürlichen Kiese und Sande bestehen in der Regel aus mehreren Gesteinsarten. Rheinkies setzt sich vorwiegend aus Quarzit und Sandstein; Weserkies und Mainkies nach dem Spessartdurchbruch aus verschiedenen Sandsteinen, Neckarkies in der Stuttgarter Gegend zum größten Teil aus Kalksteinen und Donaukies aus Sandstein, Kalkstein und Granit zusammen. Das Verformungsverhalten des Zuschlaggemischs richtet sich näherungsweise nach den Volumenanteilen der Bestandteile.

Die *Wärmedehnzahl* des Zuschlags hat einen Einfluß auf die Wärmedehnzahl des Betons und auf die Gefügespannungen, die bei Temperaturänderungen entstehen. Sie ist damit auch mitverantwortlich für die Dauerhaftigkeit des Betons bei einer Temperaturbeanspruchung.

Die in Tabelle 2.2-4 angegebenen linearen Wärmedehnzahlen der Gesteine gelten für den normalen Temperaturbereich zwischen 0 und $+60\,°C$. Sie liegen meist zwischen 5 und $11 \cdot 10^{-6} K^{-1}$ und sind damit i. allg. etwas niedriger als die Wärmedehnzahl des Zementsteins, die je nach Feuchtigkeitsgehalt 10 bis $20 \cdot 10^{-6} K^{-1}$ betragen kann [2-44]. Besonders niedrig ist die Wärmedehnzahl der Kalksteine und der quarzfreien und quarzarmen Erstarrungsgesteine wie Basalt, Gabbro, Diabas, Diorit, Andesit, Trachyt, Feldspatporphyr und Syenit. Nach oben ragen die Quarzite, Sandsteine mit kieseligem Bindemittel und Quarzsand und -kies heraus. Rheinkiessand weist eine Wärmedehnzahl von etwa $11 \cdot 10^{-6} K^{-1}$ auf. Für Neckarkies in der Stuttgarter Gegend, der zum großen Teil aus Kalkstein besteht, wurde eine Wärmedehnzahl von $7{,}9 \cdot 10^{-6} K^{-1}$ gemessen [2-44].

Die Wärmedehnzahl nimmt in der Regel mit steigender Temperatur zu, was aber im klimabedingten Temperaturbereich noch vernachlässigt werden kann.

Sämtliche Gesteine, die Quarz enthalten (z.B. Granit, Quarzkies, Sandsteine, Grauwakke), zeigen bei etwa 600 °C eine sprunghafte Zunahme der Wärmedehnung, die durch die reversible Umwandlung der β-Form des Quarzes in die spezifisch leichtere α-Form bei 573 °C bedingt ist. Eine weitere starke Wärmedehnung tritt oberhalb von 900 °C ein durch die Bildung von Gasen aus Quarz- und Feldspatkristallen und das Austreten chemisch gebundenen Wassers aus dem Glimmer.

Kalkhaltige Gesteine dehnen sich bis zur Zersetzungstemperatur des Kalksteins, die bei etwa 900 °C liegt, ziemlich gleichmäßig aus. Oberhalb dieser Temperatur schwinden die Kalksteine durch die Abgabe von Kohlendioxid mehr oder weniger stark und zerfallen meist nach dem Abkühlen infolge Hydratation des durch das Erhitzen gebildeten Calciumoxides.

Vulkanische Gesteine, wie Basalt und Diabas, dehnen sich bis 900 bzw. 700 °C gleichmäßig und verhältnismäßig wenig aus, erfahren aber oberhalb dieser Temperatur eine sehr starke, sprunghafte Dehnung durch blähende Gase.

Beständige Hochofenschlacke zeigt bis 1200 °C eine gleichmäßige und geringe Wärmedehnung von etwa 1 % und ist deshalb als Zuschlag für Beton, der sehr hohen Temperaturen ausgesetzt ist, sogar noch besser geeignet als Basalt [2-37].

2.2.4.2 *Leichtzuschlag*

Leichtbeton ist durch eine Rohdichte kleiner 2,0 kg/dm³ definiert. Hier beginnt der Leichtbeton mit geschlossenem Gefüge, der mit gleicher Festigkeit wie Normalbeton herstellbar und in gleicher Weise als Leicht-, Stahlleicht- und Spannleichtbeton einsetzbar ist. Dem englischen Sprachgebrauch folgend wird er auch als Konstruktionsleichtbeton bezeichnet. Dem stehen die sehr leichten Betone mit Rohdichten unter 1,0 kg/dm³ gegenüber. Ihr primäres Merkmal ist nicht die Druckfestigkeit, sondern ein hohes Wärmedämmvermögen.

Angaben über Leichtzuschläge enthalten die Tabellen 2.2-9 und 2.2-10 auf Seite 60 bis 62.

2.2.4.2.1 *Zuschlag für Konstruktionsleichtbeton*

Hierfür eignen sich nur Zuschläge, die bei niedriger Kornrohdichte eine ausreichend hohe Festigkeit besitzen und die auch steif genug sind, um sich an der Lastübertragung in angemessener Weise zu beteiligen. In der Bundesrepublik Deutschland sind dies vorrangig Blähton und Blähschiefer.

In anderen Ländern werden auch gesinterte Flugasche (z. B. England) und gesinterte Waschberge (z. B. Holland) mit Erfolg verwendet. Geschäumte Hochofenschlacke und natürliche Schaumlava sind zwar ausreichend fest, aber relativ schwer, so daß die Gewichtsersparnis gegenüber Normalbeton gering ist.

Blähton

Blähton wird aus speziellen Tonen, wie z. B. Opalinuston, durch Brennen bis zur Sintertemperatur (1000 bis 1200 °C) meist im Drehrohrofen, seltener im Wirbelschachtofen oder auf dem Sinterband, hergestellt. Der Ton muß Stoffe enthalten, die bei hohen Temperaturen Gase entwickeln und dabei das Korn aufblähen. Andernfalls müssen ihm solche Stoffe zugemischt werden. Beim Brennen bildet sich um das Korn eine Sinterhaut, die dichter und fester ist als das porige Innere.

Bedingt durch die Aufbereitung des Rohmaterials auf Pelletier-Tellern oder durch Granulation im Drehrohrofen besitzt Blähton meist eine kugelige Kornform. Wird plastisches Ausgangsmaterial durch Strangpressen vorgeformt, so kann die Kornform auch walzen- oder tonnenförmig sein. Da es bei den üblichen Herstellungsverfahren nicht möglich ist, sandfeine Körner vorzuformen, wird der Blähtonsand in der Regel durch Brechen gröberen Korns gewonnen. Lediglich bei der Granulation plastischen Ausgangsmaterials im Drehrohrofen fällt auch etwas vorgeformtes Feinkorn an. Das gebrochene Feinkorn hat eine offenporige Oberfläche und eine meist gedrungene, aber nicht gerundete Kornform. Es ist deshalb für die Verarbeitbarkeit nicht so günstig wie natürlich gerundeter Sand.

Die Kornrohdichte nimmt bei manchen Herstellungsverfahren mit zunehmender Korngröße ab, weil die größeren Körner stärker gebläht werden. Es überwiegen aber Herstellungsverfahren, bei denen das Mittelkorn mit etwa gleicher Kornrohdichte hergestellt werden kann wie das Grobkorn. Das Feinkorn (Blähtonsand) hat immer eine höhere Kornrohdichte.

Zur Zeit stehen Blähtone mit Kornrohdichten des Grobkorns zwischen 0,6 bis 1,3 kg/dm³ zur Verfügung. Die Kornrohdichte des Blähtonsandes liegt meist bei etwa 1,5 kg/dm³. Mit den leichtesten Blähtonsorten lassen sich gefügedichte Leichtbetone mit Beton-Trockenrohdichten bis herunter zu 1,0 kg/dm³ und Druckfestigkeiten zwischen 10 und 20 N/mm² herstellen. Mit hochfestem Blähton ist die Beton-Festigkeitsklasse LB 45 ohne weiteres und unter werkmäßigen Bedingungen u. U. auch die Festigkeitsklasse LB 55 erreichbar. Hierzu gehören Beton-Trockenrohdichten von 1,6 bis 1,9 kg/dm³.

Tabelle 2.2-9 Leichtzuschläge für Konstruktionsleichtbeton [2-47, 2-48, 2-49, 2-50]

Art der Stoffe	Bezeichnung	Ausgangsstoffe	Herstellung, Gewinnung	Kornform	Kornoberfläche	Schüttdichte des Grob- u. Mittelkorns kg/dm³	Kornrohdichte des Grob- u. Mittelkorns kg/dm³	Dichte (Reindichte) kg/dm³	Wasseraufnahme M.-%	Kornfestigkeit	Erreichbare Beton-Festigkeitsklasse
	Bims (Naturbims)	feinporiger vulkanischer Auswurf	Tagebau, z.T. bereits mit geeigneten Korngrößen. Nach Sedimentation verfestigtes Material (Tuff) wird gebrochen	gedrungen bis rundlich	feinporig, ziemlich geschlossen erscheinend, wenig rauh	Grubenbims 0,4 bis 0,7 Waschbims 0,3 bis 0,5	Grubenbims 0,7 bis 1,6 Waschbims 0,6 bis 0,9	2,2 bis 2,4	bis 50 und mehr	niedrig	LB 10
natürlich	Schaumlava (Lavaschlacke, Lavakrotze, Lavalapillis, Lavakies)	grobporige basaltische Lava	Tagebau, z.T. natürlich gekörnt, z.T. durch Brechen zerkleinert	gedrungen rundlich (natürlich gekörnt), kubischkantig (gebrochen)	rauh, offenporig	0,8 bis 1,0	1,7 bis 2,2	2,8 bis 3,1	10 bis 15	mittel bis hoch	LB 25

2.2 Zuschlag

	Art	Ausgangsstoff	Herstellung	Kornform	Kornoberfläche						
künstlich	Hüttenbims (Schaumschlacke)	Hochofenschlacke	Schäumen durch Wasserzugabe zur geschmolzenen Schlacke, brechen	gedrungen eckig bis splittig	sehr rauh, grobporig	0,4 bis 1,1	1,0 bis 2,2	≈3,0	10 bis 35	niedrig bis mittel	LB 25
	Sinterbims	Flugasche allein oder mit Haldenschlacke Waschbergen, Ton, Müllschlacke	Krümeln, auf Sinterband sintern, brechen	eckig, splittig, bizarr	rauh, offenporig	0,4 bis 1,0	0,9 bis 1,8	2,6 bis 3,0	10 bis etwa 35	niedrig bis hoch	LB 25 bis LB 35
	Gesinterte Flugaschepellets	Flugasche	Granulieren, im Drehrohrofen oder auf Sinterband brennen	rund	geschlossen, glatt bis mäßig rauh, versintert, häufig rissig	0,6 bis 1,1	1,3 bis 2,1	2,6 bis 3,0	10 bis ≈20	mittel bis hoch	LB 25, z.T. auch höher
	Blähton	blähfähige Tone und Schiefertone	Aufbereiten, granulieren, blähen	rund	geschlossen, glatt bis mäßig rauh, teils etwas rissig	0,3 bis 0,8	0,6 bis 1,4	≈2,6	meist 5 bis 20	niedrig bis hoch	LB 55
	Blähschiefer	blähfähiger Schiefer	Rohmaterial brechen, Blähen im Drehrohrofen oder auf dem Sinterband	kubisch, gerundete Ecken	meist dicht und glatt	0,4 bis 0,8	0,8 bis 1,4	≈2,7	meist 5 bis 10	mittel	LB 45

Tabelle 2.2-10 Hochwärmedämmende anorganische Leichtzuschläge und organische Leichtzuschläge [2-47, 2-48, 2-50]

Art der Stoffe	Bezeichnung	Ausgangsstoffe	Herstellung Gewinnung	Kornform	Kornoberfläche	Schüttdichte kg/dm³	Kornrohdichte kg/dm³	Dichte (Reindichte) kg/dm³	Kornfestigkeit	Erreichbare Beton-Festigkeitsklasse
anorganisch	Perlit	vulkanisches Silikatgestein (Obsidian) glasig	Brechen, blähen	rundlich bis unregelmäßig, Korngröße maximal etwa 6 mm	schaumig bis glasig, leicht rauh	0,05 bis 0,15	0,10 bis 0,30	2,1 bis 2,4	sehr gering	LB 2
anorganisch	Vermiculit	Glimmer	Brechen, blähen	würfelförmig bis harmonikabalgähnlich, Korngröße bis zu 15 mm	glatt bzw. blätterig, tiefe Furchen an den Schichtgrenzen	0,06 bis 0,17	etwa 0,10 bis 0,35	2,5 bis 2,7	sehr gering	LB 2
anorganisch	Holzwolle, Holzspäne, Holzmehl	Holz	Mineralisieren	je nach Art faserig, folienartig oder körnig	glatt bis feinporig, mineralisiert	0,1 bis 0,3	0,3 bis 1,0	1,5 bis 1,8	gering	LB 10
organisch	Polystyrol-Schaumkugeln	Polystyrol	Schäumen	kugelig	glatt, geschlossen, keine Wasseraufnahme	0,01 bis 0,02	0,02 bis 0,04	rd. 1,0	sehr gering	etwa LB 2 bis LB 8, je nach Betonrohdichte

2.2 Zuschlag

Blähschiefer

Blähschiefer ist ein dem Blähton nahe verwandter Leichtzuschlag. Die Ausgangsstoffe gehen fließend ineinander über vom Ton über Schieferton und Tonschiefer zu Schiefer. Das Ausgangsmaterial wird gebrochen und dann, nach Korngruppen getrennt, wie bei der Blähtonherstellung durch Brennen gebläht. Dabei entsteht eine gedrungene Kornform, wobei die Kanten und Ecken durch die Bewegung im Drehrohrofen abgerundet werden. Die ursprüngliche Schichtung ist meist noch gut zu erkennen.

Wie beim Blähton ist auch das Blähschieferkorn von einer festeren Schale umgeben. Diese Schale ist beim Blähschiefer in der Regel wesentlich dichter als beim Blähton. Seine Wasseraufnahme verläuft deshalb langsamer, was betontechnologisch von Vorteil ist.

Durch Blähen von Schieferbrechsand ist es auch möglich, Blähschiefersand mit geschlossener Oberfläche herzustellen. Dieser enthält allerdings nur wenig Mehlkorn, weil dieses durch den Ofenzug zum größten Teil verloren geht.

Die Kornrohdichte nimmt beim Blähschiefer immer mit zunehmender Korngröße ab. Sie läßt sich auch durch den Aufbereitungs- und Blähvorgang weniger beinflussen als bei Blähton, sondern ist weitgehend durch die Bläheigenschaften des Rohmaterials vorgegeben. Um für verschiedene Anwendungsfälle den jeweils optimalen Blähschiefer einsetzen zu können, kann das geblähte Material mittels einer Sinkscheide in leichteres und schwereres Korn getrennt werden.

Die Kornrohdichte des z. Z. in der Bundesrepublik verfügbaren Blähschiefers liegt beim Grobkorn 8/16 mm zwischen 0,8 und 1,1 kg/dm^3, bei Mittelkorn 4/8 mm zwischen 0,9 bis 1,3 kg/dm^3 und bei Blähschiefersand 0/4 mm zwischen 1,5 und 1,8 kg/dm^3. Es lassen sich damit gefügedichte Leichtbetone mit Beton-Trockenrohdichten bis herunter zu 1,2 kg/dm^3 und den Festigkeitsklassen LB 10 bis LB 35 und u. U. auch LB 45 (bei höherer Betonrohdichte) herstellen.

2.2.4.2.2 Zuschlag für vorwiegend wärmedämmende Leichtbetone

Bims

Bims ist ein sehr porenreiches, glasiges (amorphes) vulkanisches Lockermaterial mit geringer Kornrohdichte. Er wird in der Bundesrepublik im Neuwieder Becken als Bimskies im Tagebau gewonnen, aber auch aus Italien und Griechenland eingeführt.

Bims steht i. allg. bis zu einem Größtkorn von 32 mm an. Er wird meist auf eine Korngröße von 8 bis 12 mm heruntergebrochen. Schwerere Bestandteile werden durch eine Sinkscheide ausgeschieden. Der durch die Sinkscheide gegangene Bims wird auch als „Waschbims" oder „Edelbims" bezeichnet [2-47].

Die Kornform des rheinischen Bimskieses ist gedrungen und überwiegend rundlich. Die Farbe ist weiß bis hellgrau. Bims ist feinporig bis mittelporig. Die Oberflächenporen sind häufig mit Gesteinsmehl verstopft, so daß die Oberfläche ziemlich geschlossen erscheint.

Gröberes Korn ist poriger und leichter als feineres Korn. Getrockneter Grubenbims hat Kornrohdichten zwischen 0,7 und 1,6 kg/dm^3, Waschbims zwischen 0,6 bis 0,9 kg/dm^3. Der Wassergehalt von grubenfeuchtem Bimskies liegt nach [2-51] zwischen 20 und 120 M.-%.

Bims wird überwiegend für die Herstellung von haufwerksporigem Leichtbeton verwendet. Das wichtigste Anwendungsgebiet sind Mauersteine (z. B. Bimsbeton-Hohlblocksteine).

Perlit und Vermiculit

Rohperlit ist ein amorphes vulkanisches Gesteinsglas, das Wasser in gebundener Form enthält. Zur Zuschlagherstellung wird er gebrochen und auf 1000 bis 1200 °C erhitzt. Dabei bläht der entstehende Wasserdampf den sinternden Rohstoff auf das 10- bis 20fache seines ursprünglichen Volumens auf. Je nach der Korngröße des Ausgangsmaterials haben die geblähten Perlitkörner eine Korngröße zwischen 0 und 6 mm. Ihre Form ist gedrungen und kubisch bis rundlich. Die Farbe ist weiß bis hellgrau. Die Poren sind sehr fein und zum größten Teil in sich geschlossen.

Die Kornrohdichte liegt zwischen etwa 0,1 bis 0,3 kg/dm^3. Die Kornfestigkeit ist sehr gering [2-47].

Vermiculit ist geblähter Glimmer. Da der Glimmer rechtwinklig zur Schichtung expandiert, ergeben sich kubische bis harmonikabalgartige Kornformen. Die Vermiculitkörner schimmern golden bis silbrig. Kornrohdichte und Korn-Festigkeit sind ähnlich niedrig wie bei Perlit.

Perlit und Vermiculit werden ausschließlich für reine Dämmbetone, -Mörtel oder -Schüttungen verwendet.

Kunststoffschaumkugeln

Treibmittelhaltiges Polystyrolgranulat wird einer thermischen Behandlung ausgesetzt und bläht dabei bis zum etwa 50fachen seines Ausgangsvolumens auf. Es entstehen weiße Schaumstoffkugeln von i. allg. 1 bis 6 mm Durchmesser mit glatter Außenhaut und feinporigem Inneren. Am bekanntesten ist dieses Material unter dem Namen STYROPOR® der Fa. BASF, von der es auch zum ersten Mal zur Herstellung sehr leichter, wärmedämmender Betone eingesetzt wurde [2-52].

Die Schaumstoffkugeln haben Kornrohdichten von wenigen g/dm^3. Sie nehmen praktisch kein Wasser auf und haben einen hohen Diffusionswiderstand. Ihre Festigkeit und Steifigkeit sind vernachlässigbar klein.

Während die früher verwendeten Polystyrolkugeln zur Verarbeitung im Beton einen Haftvermittler benötigten, ist dies bei den neueren Sorten vielfach nicht mehr erforderlich, da der Zementleim auch ohne Haftvermittler ausreichend fest auf der Oberfläche haftet.

2.2.4.3 Schwerzuschlag

Schwerzuschlag ist durch eine Kornrohdichte größer 3,5 kg/dm^3 gekennzeichnet. Es lassen sich damit Betone mit Trockenrohdichten von 2,8 bis zu etwa 6,0 kg/dm^3 herstellen. Sie werden als Strahlenschutzbeton eingesetzt oder dort, wo es auf ein besonders hohes Gewicht des betreffenden Bauteils ankommt, wie z. B. bei Maschinenfundamenten, besonders im Grundwasser.

Die Strahlenschutzwirkung hängt im wesentlichen von der Rohdichte und dem Wassergehalt ab. Demgegenüber ist die chemisch-mineralogische Zusammensetzung von untergeordneter Bedeutung. Bestimmte Elemente können allerdings die strahlenschwächende Wirkung beeinflussen. Bei kerntechnischen Anlagen ist die Abschirmung der Gamma- und Neutronenstrahlung wesentlich, während die α- und β-Strahlen ihre Energie durch Ionisationsprozesse im Baustoff verlieren. Die Abschwächung von Gammastrahlen nimmt proportional mit der Rohdichte des Betons zu.

Schnelle Neutronen werden durch wasserstoffhaltige Stoffe gebremst. Zur Absorption der abgebremsten Neutronen sind Bor-Verbindungen am besten geeignet.

2.3 Betonzusatzmittel

Als Schwerzuschlag werden überwiegend folgende Stoffe verwendet:

Baryt (Schwerspat), überwiegend $BaSO_4$

Ilmenit (Titaneisenstein), überwiegend $FeTiO_3$

Magnetit (Magneteisenstein), überwiegend Fe_3O_4

Hämatit (Roteisenstein), überwiegend Fe_2O_3

Schwermetallschlacken, überwiegend Blei- oder Chromschlacken. Schwermetallschlacken enthalten sehr häufig betonschädliche Bestandteile.

Ferrosilicium, vorwiegend im Hochofen erschmolzene Silicium-Eisen-Legierung mit einem Si-Gehalt bis zu rd. 20 M.-%.

Ferrophosphor, überwiegend eine Mischung verschiedener Phosphide (Fe_3P, Fe_2P, FeP, FeP_2). Bei Verarbeitung von Ferrophosphor können brennbare und explosive Gase entstehen.

Stahl, entweder als Stahlgranalien mit überwiegend kugeliger Kornform von 1 bis 7 mm Durchmesser und mit vom Herstellungsverfahren abhängiger Dichte oder als Stahlsand mit kugeliger oder kantiger Kornform von 0,2 bis 3 mm Durchmesser und mit sehr gleichmäßiger Dichte.

Weitergehende Angaben über Anforderungen, Herstellung und Eigenschaften von Strahlenschutzbeton sowie über entsprechenden Zuschlag finden sich in [2-53 bis 2-56].

2.3 Betonzusatzmittel

2.3.1 Begriffsbestimmung

Betonzusatzmittel sind Stoffe, die dem Beton in feinverteilter Form (flüssig, pulverförmig, in bestimmten Fällen auch als Granulat oder als Paste) in geringen Mengen zugesetzt werden, um durch chemische oder physikalische Wirkung bestimmte Eigenschaften des Frischbetons oder des erhärteten Betons zu beeinflussen. Bei einer höchstzulässigen Zugabemenge von 50 g bzw. 50 cm^3 (ml) je kg Zement für Beton und Stahlbeton bzw. 20 g bzw. 20 cm^3 je kg Zement für Spannbeton spielen sie stoffraummäßig keine Rolle*).

2.3.2 Wirkungsgruppen

Nach den Prüfrichtlinien [2-57] werden 8 Wirkungsgruppen unterschieden, denen die in Tabelle 2.3-1 auf S. 66 angegebenen Wirkungen zugeordnet werden.

Betonzusatzmittel einer Wirkungsgruppe können zusätzlich Nebenwirkungen entsprechend den Wirkungen anderer Wirkstoffgruppen haben. Auch nachteilige Nebenwirkungen, die bei den Prüfungen gemäß [2-57] nicht erfaßt werden, können vorhanden sein. Auf bekannt gewordene wesentliche Nebenwirkungen wird im Prüfbescheid (s. Abschn. 2.3.3) hingewiesen.

---

*) Größere Mengen durch Zugabe bestimmter Zusatzmittel (besonders Luftporenbildner, s. Abschn. 2.3.6.2) entstandener Luftporen sind jedoch bei der Stoffraumrechnung zu berücksichtigen.

Tabelle 2.3-1 Wirkungsgruppen der Betonzusatzmittel nach den Prüfrichtlinien [2-57]

Wirkungs-gruppe	Kurz-zeichen	Farb-kennzeichen	Wirkung	Anwendungsbereich Beton- u. Stahlbeton	Spannbeton
Betonverflüssiger	(BV)	gelb	Verminderung des Wasseranspruchs und/oder Verbesserung der Verarbeitbarkeit	×	×
Fließmittel	(FM)	grau	Verminderung des Wasseranspruchs und/oder Verbesserung der Verarbeitbarkeit, zur Herstellung von Beton mit fließfähiger Konsistenz (Fließbeton)	×	×
Luftporenbildner	(LP)	blau	Einführung gleichmäßig verteilter kleiner Luftporen zur Erhöhung des Frost- und Taumittelwiderstandes	×	×
Dichtungsmittel	(DM)	braun	Verminderung der kapillaren Wasseraufnahme	×	
Verzögerer	(VZ)	rot	Verzögerung des Erstarrens	×	×
Beschleuniger	(BE)	grün	Beschleunigung des Erstarrens und/oder des Erhärtens	×	
Einpreßhilfen	(EH)	weiß	Verbesserung der Fließfähigkeit, Verminderung des Wasseranspruchs, Verminderung des Absetzens bzw. Erzielen eines mäßigen Quellens von Einpreßmörtel	×	×
Stabilisierer	(ST)	violett	Verminderung des Absonderns von Anmachwasser (Bluten)	×	–

2.3.3 Anwendungsbereich

Betonzusatzmittel brauchen nach den bauaufsichtlichen Vorschriften ein Prüfzeichen des Instituts für Bautechnik, Berlin. Die Zuteilung eines Prüfzeichens erfolgt in einem Prüfbescheid. Im Prüfbescheid wird der Anwendungsbereich festgelegt. Dabei werden 3 Fälle unterschieden:

a) Anwendung für Beton und Stahlbeton allgemein
b) Anwendung für Spannbeton
Dabei wird nicht nach der Art des Verbundes zwischen Spanngliedern und Beton unterschieden. Genehmigungen für die Anwendung bei Spannbeton werden nur für Betonzusatzmittel der Wirkungsgruppen BV, FM, LP, VZ und EH erteilt.
c) Anwendung für Beton mit alkaliempfindlichem Zuschlag.

An Betonzusatzmittel für die Anwendungsgebiete b) und c) werden weitergehende Anforderungen an die Begrenzung bestimmter chemischer Bestandteile gestellt (s. Abschn. 2.3.4.2).

2.3.4 Allgemeine Anforderungen

Die Anforderungen an Betonzusatzmittel, die für die Zuteilung eines Prüfzeichens erfüllt sein müssen, sind in den Prüfrichtlinien [2-57] niedergelegt. Für die Produktion ist eine laufende Eigen- und Fremdüberwachung vorgeschrieben, die in den Überwachungsrichtlinien [2-58] geregelt ist (s. auch die Erläuterungen in [2-59]). Die Beurteilung nach diesen Richtlinien gibt allerdings nur Hinweise für die allgemeine betontechnologische Brauchbarkeit. Sie läßt keine Schlüsse für die Eignung im Einzelfall zu.

2.3.4.1 Gleichmäßigkeit und Haltbarkeit

Betonzusatzmittel müssen gleichmäßig sein. Sie sind nach Augenschein zu beschreiben, und zwar flüssige Betonzusatzmittel nach Farbe und Konsistenz und pulverförmige Betonzusatzmittel nach Farbe und Kornstruktur. Als weiterer Kennwert dient bei flüssigen Betonzusatzmitteln die Dichte und bei pulverförmigen Betonzusatzmitteln die Schüttdichte.

Erfahrungsgemäß sind viele Zusatzmittel nur begrenzt lagerfähig. Bei längerer Lagerung kann es zu Ausflockungen, Trennungen in Schichten unterschiedlicher Dichte oder zu einer Veränderung der chemischen Zusammensetzung und damit zu Änderungen der Wirksamkeit, zum Teil sogar der Wirkungsweise, kommen. Die Frisch- und Festbetoneigenschaften weichen dann trotz gleicher Betonzusammensetzung von den Ergebnissen der Eignungsprüfung ab.

Die Prüfrichtlinien [2-57] sehen eine optische Prüfung der Lagerfähigkeit vor. Flüssige Betonzusatzmittel dürfen während einer Standzeit von 3 Monaten keine Neigung zum Absetzen oder Entmischen zeigen, pulverförmige Betonzusatzmittel dürfen während der Handhabung nicht zum Entmischen neigen.

2.3.4.2 Verträglichkeit mit Beton und Bewehrung

Betonzusatzmittel müssen betonverträglich sein und dürfen den Korrosionsschutz der Bewehrung nicht beeinträchtigen. Aus diesem Grunde dürfen bestimmte chemische Verbindungen als Wirkstoffe nicht zugesetzt werden (Tabelle 2.3-2). Geringe Mengen solcher Verbindungen, die in Form von Verunreinigungen der Ausgangsstoffe ins Zusatzmittel

Tabelle 2.3-2   Höchstwerte für den Gesamtgehalt an Halogenen (außer Fluor) und anderen möglicherweise korrosionsfördernden Bestandteilen in Betonzusatzmitteln [2-57]

Verbindung	Beton- und Stahlbeton	Spannbeton
Halogene, ausgedrückt als Chlorid (Cl^-)	BV, FM, LP, DM, VZ, BE, ST: 0,2 M.-%[1]	BV, FM, LP, VZ: 0,2 M.-%, EH: 0,1 M.-%[1]
Thiocyanate	nicht als Wirkstoff zulässig[2]	unzulässig
Nitrite, Nitrate	nicht als Wirkstoff zulässig[2]	unzulässig
Formiate	nicht verboten	unzulässig

[1] Die durch das Betonzusatzmittel in den Beton gelangende Halogenmenge (außer Fluor), ausgedrückt als Chlorid (Cl^-), darf bei Anwendung der zweifachen zulässigen Zusatzmenge folgende Höchstwerte, bezogen auf den Zementgehalt, nicht überschreiten:
bei Beton und Stahlbeton   0,01 M.-%
bei Spannbeton   0,002 M.-%

[2] Geringe Mengen, z.B. als Verunreinigung der Ausgangsstoffe, sind nicht zu beanstanden, sofern das Betonzusatzmittel die elektrochemische Prüfung besteht [2-86].

gelangen, können unbeanstandet bleiben, wenn die in den Prüfrichtlinien [2-57] vorgeschriebenen Verträglichkeitsprüfungen bestanden werden. Dabei wird überprüft, daß das Betonzusatzmittel nicht in unzulässiger Weise das Erstarren des Zementleims beeinflußt, die Raumbeständigkeit beeinträchtigt, unerwünschte Mengen an Luftporen einführt oder die Korrosion der Bewehrung fördert (elektrochemische Prüfung).

Soll ein Betonzusatzmittel auch für Beton mit alkaliempfindlichem Zuschlag verwendet werden, so darf die mit dem Zusatzmittel bei Verwendung der zulässigen Zusatzmenge in den Beton gelangende Alkalimenge, ausgedrückt als Na_2O-Äquivalent, 0,02 M.-%, bezogen auf den Zementgehalt, nicht überschreiten.

2.3.4.3 Einfluß auf das Erstarren

Bei Zusatzmitteln der Wirkungsgruppen BV, FM, LP, DM und ST (Tabelle 2.3-1) darf bei Erstarrungsprüfungen nach DIN 1164 Teil 5 mit der zweifachen zulässigen Zugabemenge der Erstarrungsbeginn frühestens nach 1 Stunde eintreten, das Erstarrungsende darf nicht später als nach 16 Stunden erreicht sein. Bei Betonzusatzmitteln, die auch für Spannbeton verwendet werden, muß das Erstarrungsende jedoch spätestens nach 12 Stunden erreicht sein.

Von Verzögerern wird gefordert, daß der Erstarrungsbeginn bei der zulässigen Zusatzmenge später eintritt als bei Zement ohne Betonzusatzmittel. Der Zeitraum zwischen Erstarrungsbeginn und Erstarrungsende soll jedoch nicht größer sein als 8 Stunden. Bei der zweifachen zulässigen Zusatzmenge darf der Erstarrungsbeginn nicht vor 1 Stunde erfolgen.

2.3.4.4 Einfluß auf die Raumbeständigkeit

Bei Zusatzmitteln der Wirkungsgruppen BV, FM, LP, DM und ST (Tabelle 2.3-1) muß die Raumbeständigkeit eines mit der zweifachen zulässigen Zusatzmenge hergestellten Zementleimkuchens nachgewiesen werden. Der Kuchen muß am Ende der in Anlehnung an DIN 1164 Teil 6, Abschnitt 3.1, durchgeführten Prüfung scharfkantig und frei von Treibrissen sein und darf sich nicht erheblich verkrümmt haben.

2.3.4.5 Einfluß auf den Luftgehalt des Betons

Betonzusatzmittel für den Anwendungsbereich Spannbeton (mit Ausnahme der Wirkungsgruppe LP und EH) dürfen den Luftgehalt des Betons nicht wesentlich erhöhen. Diese Forderung gilt als erfüllt, wenn der Luftgehalt des Mörtels nach DIN 1164 Teil 7 durch das Betonzusatzmittel bei der zulässigen Zusatzmenge um nicht mehr als 2 Vol.-% erhöht wird.

2.3.5 Besondere Anforderungen

Die Eigenschaften von Betonzusatzmitteln, durch die je kg Zement mehr als 1 g an hochmolekularen organischen Stoffen in den Beton eingebracht werden, sind durch besondere Prüfungen nach den „Richtlinien für Versuche zur Beurteilung von Betonzusatzstoffen mit organischen Bestandteilen" [2-60] zu untersuchen. Dabei wird u. a. auch der Einfluß auf das Verformungsverhalten, die Wasserundurchlässigkeit und die Neigung zu Ausblühungen und Verfärbungen festgestellt.

2.3 Betonzusatzmittel

2.3.6 Arten und Wirkung

Betonzusatzmittel werden vor der Zuteilung eines Prüfzeichens auf ihre Wirksamkeit überprüft [2-57]. Die Art der Prüfungen ist aus Tabelle 2.3-3 ersichtlich.

Tabelle 2.3-3 Prüfgrößen bei der Wirksamkeitsprüfung von Betonzusatzmitteln [2-57]

Zusatzmittelart (Wirkungsgruppe)	Prüfgröße
BV	Wasseranspruch für Normsteife des Zements
FM	Ausbreitmaß des Betons
LP	Luftgehalt im Frischbeton
	Mikroluftporengehalt und Abstandsfaktor im Festbeton
DM	Wasseraufnahme im Mörtel
VZ	Erstarrungsbeginn und -ende von Zementleim
BE	Für Erstarrungsbeschleuniger: Ausbreitmaß von Beton
	Für Erhärtungsbeschleuniger: Druckfestigkeit von Mörtel
EH	Fließvermögen, Raumänderung und Druckfestigkeit von Einpreßmörtel
ST	Wasserabsondern (Bluten) von Zementleim und Beton

2.3.6.1 *Betonverflüssiger (BV) und Fließmittel (FM)*

Betonverflüssiger (BV) und Fließmittel (FM) haben eine plastifizierende bzw. verflüssigende Wirkung. Sie verbessern die Verarbeitbarkeit des Betons und vermindern den Wasseranspruch.

Stoffkomponenten und Wirkungsweise

Die wichtigsten Rohstoffe sind Ligninsulfonate, Naphthalinsulfonsäurekondensate und Melaminharze. Hydroxycarbonsäuren und ihre Salze haben demgegenüber nur untergeordnete Bedeutung [2-61].

Die Wirkung der Betonverflüssiger und Fließmittel beruht im wesentlichen auf einer Dispergierung von Zementagglomeraten, gegebenenfalls auch auf einer Art Schmierwirkung [2-61 bis 2-63]. Eine Herabsetzung der Oberflächenspannung des Anmachwassers allein reicht für eine gute Verflüssigung nicht aus. Melaminharze setzen die Oberflächenspannung des Anmachwassers nicht herab, haben aber trotzdem verflüssigende Eigenschaften.

a) Ligninsulfonate

Lignin ist neben der Cellulose ein wesentlicher Bestandteil des Holzes (lignum = Holz). Bei der Zellstoffgewinnung geht das Lignin in die wasserlösliche Ligninsulfonsäure bzw. deren Salze über und wird von der Cellulose durch Abpressen getrennt. Die schwarzbraune, wäßrige Ligninsulfonatlösung enthält wechselnde Mengen an Nebenbestandteilen, besonders Zucker und Cellulose-Abbauprodukte. Durch die Anwendung von Reinigungs- und chemischen Umsetzungsverfahren gelangen die Ligninsulfonate zuckerfrei und mit gleichbleibender Qualität auf den Markt.

- Ligninsulfonate sind gute Plastifizierer, die bereits in geringer Dosierung (0,2 bis 0,5 % einer 30 %igen Lösung, bezogen auf den Zementgehalt) wirksam sind.
- Verunreinigungen, aber auch das gereinigte Produkt, verzögern die Zementhydratation.

– Aufgrund ihres Gehalts an niedermolekularen, grenzflächenaktiven Bestandteilen neigen Ligninsulfonate zur Luftporenbildung im Beton. Die Verwendung eines entschäumend wirkenden Additivs ist empfehlenswert.

Betonverflüssiger und Fließmittel auf der Basis von Ligninsulfonat sind für frühhochfesten Beton (z. B. in Fertigteilwerken, frühhochfesten Straßen-Fließbeton) nicht geeignet, weil dort eine Verzögerung unerwünscht ist. Das mit Entschäumeradditiv versehene Zusatzmittel behindert auch die Bildung von Mikroluftporen, die für Beton mit hohem Frost- und Tausalzwiderstand erforderlich sind. Solche Verflüssiger eignen sich aber für Transportbeton und überall dort, wo die verzögernde Wirkung nicht stört oder sogar erwünscht ist.

b) Naphthalinsulfonsäurekondensate

Naphthalinsulfonsäure wird mit Formaldehyd kondensiert. Dabei entsteht ein synthetisches Polymer. Die Wirkung ist je nach dem Polymerisationsgrad n (Anzahl der Monomere je Molekül) unterschiedlich. Der Polymerisationsgrad liegt im Mittel bei etwa 8. Bei zu kleinem n entstehen Stoffe, die die Oberflächenspannung des Wassers stark erniedrigen und eine Luftporenbildung im Beton begünstigen. Ein zu hoher Polymerisationsgrad erhöht die Viskosität und kann bei kaltem Wetter zu Schwierigkeiten beim Pumpen des Betons führen.

Die Wirkung von Naphthalinsulfonsäurekondensaten als Betonverflüssiger läßt sich wie folgt charakterisieren:

– Sie sind sehr gute Plastifizierer bereits bei geringer Dosierung (0,2 bis 0,5 % einer 30 %igen Lösung, bezogen auf den Zementgehalt).
– Sie haben kaum einen verzögernden Einfluß auf die Zementhydratation.
– Gute Produkte bewirken keine vermehrte Luftporenbildung.
– In Kombination mit Melaminharzprodukten lassen sich gezielt bestimmte wünschenswerte Eigenschaften erreichen.

Betonverflüssiger mit diesem Grundstoff sind daher für Fertigteilwerke und, in Kombination mit Melaminharz, auch für frühhochfesten Straßen-Fließbeton sowie stets dann geeignet, wenn kurze Ausschalfristen angestrebt werden. Auch hohe Dosierungen sind möglich, ohne daß einer Verzögerung entgegengewirkt werden muß.

c) Melaminharze

Melaminformaldehydkondensate werden als Melaminharze bezeichnet. „Melment®" ist das für die Süddeutschen Kalkstickstoffwerke AG, Trostberg, eingetragene Warenzeichen für ein besonderes Kondensationsprodukt aus Melamin und Formaldehyd, das außerdem charakteristische Sulfonsäuregruppen enthält.

Sulfonierte Melaminharze in wäßriger Lösung haben folgende Wirkungen bei Frischbeton und -mörtel:

– Sie sind gute Plastifizierer. Ihre volle Wirksamkeit wird erst bei höheren Dosierungen (über 1 % einer 30 %igen Lösung, bezogen auf den Zementgehalt) erreicht.
– Sie haben keine verzögernde Wirkung und beschleunigen gelegentlich die Zementhydratation.
– Bei höheren Dosierungen entsteht ein gewisser Klebeeffekt, der einen guten Zusammenhalt des Frischbetons bewirkt, ohne daß dieser an der Schalung klebt.

Betonverflüssiger und Fließmittel mit diesem Grundrohstoff eignen sich für frühhochfeste Betone.

2.3 Betonzusatzmittel   71

Infolge der Klebewirkung werden durch LP-Mittel erzeugte Luftporen gut im Beton gehalten, so daß sich Straßen-Fließbetone mit 4 bis 5 % Mikroluftporen und hohem Frost- und Tausalzwiderstand zielsicher herstellen lassen. Um auch bei niedrigerer Dosierung eine ausreichende Verflüssigung zu erzielen, werden Melaminharze häufig mit Naphthalinsulfonsäurekondensaten gemischt.

Zweckbestimmung

Verflüssiger und Fließmittel (die letzteren entsprechend dem englischen „superplasticiser" manchmal auch „Superverflüssiger" genannt) können für folgende Zwecke benutzt werden:

a) Herstellung von Beton mit weicherer Konsistenz, im Grenzfall von Fließbeton (s. Abschn. 5.1.5), ohne zusätzliche Wasserzugabe

Da die Betonzusammensetzung, abgesehen von der geringen Zugabemenge des Zusatzmittels, nicht verändert wird, entsprechen die Festbetoneigenschaften des verflüssigten Betons bzw. des Fließbetons weitgehend denen des Ausgangsbetons mit gleichem Wassergehalt und gleichem Wasserzementwert [2-64].

b) Herstellung von Beton mit vermindertem Zementgehalt

Durch Zugabe eines Verflüssigers oder eines Fließmittels wird der Wasseranspruch deutlich gesenkt. Unter Beibehaltung der Konsistenz des Ausgangsbetons und des Wasserzementwerts kann deshalb der Zementgehalt entsprechend vermindert werden.

Die wassereinsparende Wirkung ist abhängig von Art und Menge des betreffenden Zusatzmittels, von der Betonzusammensetzung und vom verwendeten Zement.

Bild 2.3-1 zeigt, welche Schwankungen bei Kombination verschiedener Betonverflüssiger mit verschiedenen Zementen auftreten können. Die wassereinsparende Wirkung ist bei plastischem oder weichem Beton ausgeprägter als bei steifem Beton. Betonverflüssiger ermöglichen i. allg. eine Wassereinsparung von 5 bis 15 %. Durch Zugabe von Fließmitteln kann der Wassergehalt bei gleichbleibender Konsistenz um bis zu 30 % vermindert werden.

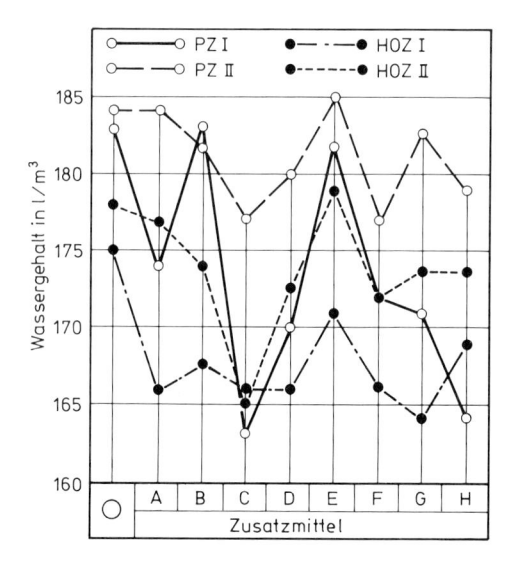

Bild 2.3-1 Schwankung des Wasseranspruchs von Beton (Ausbreitmaß 39 bis 41 cm) bei Kombination von 8 Betonverflüssigern (A bis H) mit 4 Zementen [2-65]

c) Herstellung von Beton mit niedrigem Wasserzementwert

Mit Hilfe von Verflüssigern oder Fließmitteln können Betone mit sehr niedrigem Wasserzementwert, im Extremfall bis herunter zu etwa 0,30, noch einwandfrei verarbeitet werden. Dies ermöglicht die Herstellung von Beton höchster Festigkeit (high strength concrete, s. Abschn. 7.4.14). Auch andere Eigenschaften, für die ein niedriger Wasserzementwert günstig ist, können hierdurch verbessert werden.

Weitere Wirkungen

Außer einer Wassereinsparung bzw. Verflüssigung können Verflüssiger oder Fließmittel auch eine Verbesserung des Zusammenhalts des Frischbetons bewirken und damit die Neigung zum Entmischen verringern.

Die Bildung von Schrumpfrissen (s. Abschn. 6.6.3) wird durch Verflüssiger unterschiedlich beeinflußt. Bei Platten aus Beton mit hohem Wasserzementwert ($w/z \approx 0{,}75$) wurde eine starke Abschwächung der Schrumpfrißbildung beobachtet. Bei Beton mit mittlerem Wasserzementwert von 0,60, der von Hause aus keine Schrumpfrisse bildete, wurde dagegen die Rißgefahr erhöht. Zusatzmittel, die nennenswerte Anteile an verzögernden Nebenbestandteilen enthalten, können dabei wesentlich ungünstiger wirken als solche, die nicht oder nur wenig verzögern [2-66].

Die verflüssigende Wirkung hält nur eine bestimmte Zeit an. Danach erreicht der Beton bald wieder seine Ausgangskonsistenz und steift dann immer mehr an (Bild 2.3-2). Deshalb werden z. Z. bei Transportbeton Fließmittel erst kurz vor der Übergabe an der Verwendungsstelle untergemischt. Versuche haben gezeigt, daß durch Nachdosieren die Verarbeitungszeit von 30 min auf 90 min vergrößert werden kann, ohne daß besondere Nachteile für den Beton zu erwarten sind. Durch Verzögerung ist ebenfalls eine Verlängerung der Wirkungsdauer möglich, dabei wird jedoch die Entwicklung der Frühfestigkeit nachteilig beeinflußt.

Auf die Beeinflussung des Erstarrens und der Luftporenbildung durch manche Fließmittel wurde bei der Behandlung der Grundstoffe hingewiesen. Durch Zugabe von Additiven können diese Einflüsse kompensiert werden.

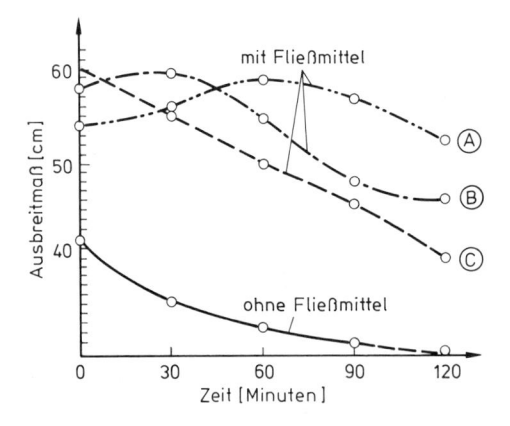

Bild 2.3-2 Konsistenzverhalten von Beton mit und ohne Fließmittel bei 20 °C in Abhängigkeit von der Zeit. Vor dem Versuch wurde der Beton jeweils 30 s gemischt [2-67]

2.3 Betonzusatzmittel

2.3.6.2 Luftporenbildner (LP)

Luftporenbildner sollen während des Mischens kleine, fein verteilte, kugelförmige, geschlossene Luftporen in den Zementleim bzw. Feinmörtel einführen, meist mit dem Ziel, den Frost- und Taumittelwiderstand des erhärteten Betons zu erhöhen (s. Abschn. 7.13) und daneben auch die Verarbeitbarkeit des Frischbetons zu verbessern.

Voraussetzung für eine wirksame Verbesserung des Frost- und Taumittelwiderstandes des Betons ist, daß der Abstand jedes Punktes im Zementstein von der nächsten Pore einen bestimmten Höchstwert nicht überschreitet (s. Abschn. 7.13.3.3.2). Um dies bei beschränktem Luftporengehalt zu erreichen, muß der Porendurchmesser überwiegend unter 0,2 bis 0,3 mm liegen. Bei Verwendung von LP-Mitteln, deren Eignung in einer Wirksamkeitsprüfung nachgewiesen wurde, kann ein ausreichender Gehalt an Mikroluftporen im Festbeton angenommen werden, wenn der Gesamtluftgehalt des eingebauten Frischbetons bestimmte Werte nicht unterschreitet.

Als Luftporenbildner werden häufig verseifte Wurzelharze verwendet, darunter das bekannte Vinsol-Resin, ein Extrakt aus Kiefernwurzeln, weiterhin Alkylarylsulfonate, Ligninsulfonate, Salze von Carboxylverbindungen und Proteinsäuren [2-68]. Der eingeführte Luftporengehalt ist vor allem abhängig von Art und Menge des Luftporenbildners, vom Wasser-, dem Feinststoffgehalt und der Konsistenz des Betons, von der Dauer und der Intensität des Mischens und von der Temperatur.

Mit wachsender Zugabemenge des LP-Mittels, das i.allg. in Abhängigkeit vom Zementgehalt dosiert wird, nimmt im üblichen Bereich der Luftporengehalt des Betons zu. In Mischungen mit plastischer oder weicher Konsistenz entstehen bei gleicher Zugabemenge meist mehr Luftporen als in steifplastischen Mischungen. Bei sehr steifem Beton, wie er für bestimmte Betonwaren verwendet wird, ist das Einführen von Mikroluftporen in ausreichender Menge nur mit erhöhtem Aufwand möglich [2-69] (vgl. auch Abschn. 7.13.3.6).

Ein besonders hoher Gehalt an Feinststoffen (Zement, Zusatzstoffe (insbesondere manche Flugaschen), Farbzusätze, Feinsand 0/0,25 mm) beeinträchtigt die Luftporenbildung. Ein ausreichender Anteil an Sand 0,25/1 mm, vor allem der Körner um 0,5 mm, begünstigt das Entstehen der Luftporen.

Niedere Betontemperaturen (Bild 2.3-3) und etwas längeres und intensives Mischen lassen höhere Luftporengehalte entstehen. Durch übermäßig langes Mischen gehen die Luftporen wieder zum Teil verloren.

Bei gleichzeitiger Verwendung von Luftporenbildnern und Fließmitteln kann es aufgrund der in manchen Fließmitteln enthaltenen Entschäumer zu einer Verminderung des Luftporengehalts und u.U. auch zu einer Veränderung der Luftporenkennwerte kommen. Beispielsweise wurde beobachtet, daß bestimmte Fließmittel auf der Basis von sulfoniertem Naphthalin-Formaldehyd-Kondensat Luftporen einführen können, wobei die eingeführten Luftporen 2 bis 3mal so groß sind wie solche, die durch Luftporenbildner erzeugt werden [2-71]. Bei gleichem Gesamtluftgehalt ist deshalb der Abstandsfaktor (s. Abschn. 13.3.3.2) geringer. Für Beton mit hohem Frost- und Taumittelwiderstand sollten Fließmittel und Luftporenbildner nur dann gleichzeitig verwendet werden, wenn nachgewiesen ist, daß bei dem geforderten Mindestluftgehalt der zulässige Abstandsfaktor nicht überschritten wird [2-72]. Werden Fließmittel zusammen mit Luftporenbildnern auf Vinsolharzbasis (Vinsol-Resin) verwendet, ist eine Überprüfung nicht erforderlich, wenn der Luftporenbildner allein den Bedingungen genügt und wenn ein ausreichend hoher Luftporengehalt im Beton mit Fließmittel erreicht wird [2-73].

Durch die Einführung von Luftporen können das Schwindmaß beim Austrocknen des

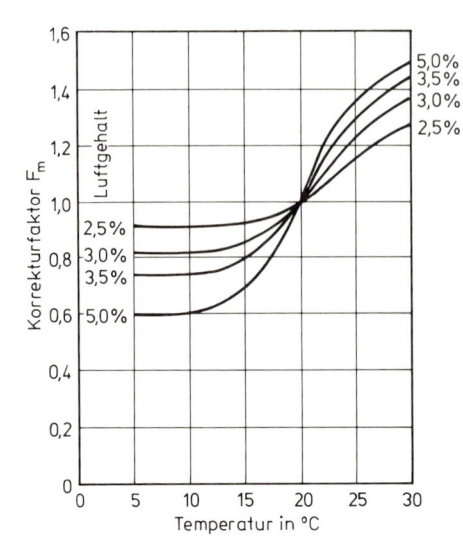

Bild 2.3-3 Korrekturwerte F_m zur Berücksichtigung des Temperatureinflusses auf die Wirksamkeit von Luftporenbildnern (LP) [2-70]
(Die Menge an LP-Mittel, die bei einer Frischbetontemperatur von 20 °C einen bestimmten Luftgehalt erzeugt, ist mit dem Beiwert F_m zu korrigieren, wenn bei einer anderen Frischbetontemperatur derselbe Luftgehalt eingehalten werden soll.)

Betons etwas größer und die Festigkeit etwas beeinträchtigt werden. Ein unkontrolliert hoher LP-Gehalt kann die Druckfestigkeit beträchtlich vermindern.

Die genaue Einhaltung eines bestimmten LP-Gehaltes mit Hilfe von Luftporenbildnern erfordert neben entsprechenden Eignungsprüfungen besondere Sorgfalt und eine laufende Überprüfung bei der Betonherstellung.

Diese Schwierigkeiten lassen sich vermeiden, indem man die erforderlichen Luftporen nicht mit Hilfe eines Luftporenbildners, sondern durch Zumischen von Mikro-Hohlkugeln (MHK) aus Kunststoff einführt [2-74, 2-75].

Der Durchmesser der MHK schwankt nur in relativ engen Grenzen, etwa zwischen 10 und 60 μm. Außerdem sind die MHK im Durchschnitt wesentlich kleiner und damit auch feiner verteilt als die künstlich eingeführten Luftporen, so daß bereits geringe Mengen für einen ausreichenden Frost- und Taumittelwiderstand des Betons ausreichen. Es genügt eine Menge von 1 M.-% des Zementgehalts, das sind etwa 2,8 % des Zementsteinvolumens [2-74]. Das entspricht bei Straßenbeton, je nach dem Zementgehalt, nur 0,7 bis 0,8 Vol.-%, bezogen auf das Betonvolumen, so daß deutlich höhere Festigkeiten als mit einem klassischen LP-Beton erreicht werden.

Wegen des hohen Preises kommen MHK zur Zeit nur für Sonderfälle in Frage, wo die Einfachheit der Herstellung wichtiger ist als niedrigere Materialkosten, z. B. bei der Auswechslung einzelner Betonfahrbahndeckenfelder mit Fließbeton.

2.3.6.3 Dichtungsmittel (DM)

Betondichtungsmittel sollen die Wasseraufnahme des Betons durch kapillare Saugwirkung oder das Eindringen von Druckwasser in den Beton vermindern. Dabei kann man drei Wirkungsweisen unterscheiden:

a) Dichtwirkung durch Wassereinsparung
b) Dichtwirkung durch Hydrophobierung
c) Dichtwirkung durch Porenfüllung

Dichtungsmittel, deren Wirkung vorwiegend auf einer Verminderung des Wassergehalts

2.3 Betonzusatzmittel

des Frischbetons beruht, erniedrigen den Wasserzementwert und damit den Gehalt an Kapillarporen im Zementstein. Hierdurch wird sich, wie auch bei Betonverflüssigern, eine mehr oder weniger stark verminderte Wasseraufnahme einstellen, sofern die Zugabe des Dichtungsmittels keine starke Luftporenbildung zur Folge hat [2-75].

Bei hydrophobierend wirkenden Dichtungsmitteln soll das wassersaugende Kapillarporensystem des Zementsteins wasserabstoßend ausgekleidet, bei porenfüllenden Dichtungsmitteln, die begrenzt quellfähige Substanzen enthalten, verengt bzw. verstopft werden. Durch Verwendung von Begriffen wie „porenstopfend", „kapillarsperrend" bzw. „Sperrmittel", „Sperrbeton" werden oft übertreibende Erwartungen an die Wirkung der Dichtungsmittel geweckt. Der Wirkungsgrad ist im allgemeinen bei kurzer Wassereinwirkung am größten. Er nimmt dann mit zunehmender Dauer der Wassereinwirkung meist deutlich ab, weil sich die anfänglich je Zeiteinheit kleinere Wasseraufnahme des Betons mit Dichtungsmittelzusatz über eine längere Zeit erstreckt, während die Wasseraufnahme des Betons ohne Dichtungsmittelzusatz früher abklingt. Die Wasseraufnahme beider Betone nähert sich im Laufe der Zeit an. Der Wirkungsgrad liegt bei 28tägiger Wassereinwirkung meist zwischen 15 und 35%. Der bleibende Wirkungsgrad muß bei einem großen Teil der Dichtungsmittel unter 20% angenommen werden [2-76].

Die Wasseraufnahme bzw. Wasserundurchlässigkeit ist stark abhängig von der Zusammensetzung des Betons (Zementgehalt, Kornzusammensetzung, Gehalt an Feinststoffen) und von seiner Verdichtung und Nachbehandlung. Der Einfluß der Dichtungsmittel ist demgegenüber gering. Bei genügend hohem Zementgehalt und günstiger Kornzusammensetzung des Zuschlags ist auch ohne Dichtungsmittel eine niedrige Wasseraufnahme des Betons bzw. geringe Eindringtiefe des Wassers zu erreichen. Andererseits lassen sich Mängel in der Zusammensetzung und bei der Verarbeitung des Betons durch Verwendung von Dichtungsmitteln nicht ausgleichen.

Allgemein werden Betondichtungsmittel in der Literatur als entbehrlich angesehen (siehe z. B. [2-75 bis 2-78]). Durch Zusatz von Dichtungsmitteln kann die Festigkeit beeinträchtigt werden (z. B. durch Lufteinführung), aber auch höher ausfallen (bei Mitteln mit wassereinsparender Wirkungsweise). Auch das Schwinden kann erhöht oder erniedrigt werden.

2.3.6.4 Verzögerer (VZ)

Zweckbestimmung

Aus arbeitstechnischen Gründen kann es zweckmäßig oder erforderlich sein, den Zeitraum, in dem der Beton mit den vorgesehenen Geräten einwandfrei verdichtbar ist, auf mehrere Stunden zu verlängern. Man nennt diesen Zeitraum die Verarbeitbarkeitszeit.

Durch Zugabe von Verzögerern wird das Erstarren des Zements, das nach DIN 1164 Teil 1 bei der Prüfung mit dem Nadelgerät frühestens 1 h nach dem Anmachen beginnen darf und spätestens 12 h nach dem Anmachen beendet sein muß, verzögert. Die Verzögerungszeit ist der Zeitraum um den damit die Verarbeitbarkeitszeit verlängert wird.

Wirkungsweise – Betontechnologische Probleme

Nach [2-68] behindern Verzögerer die Einleitung der Hydratation dadurch, daß sie das Inlösunggehen der sich zuerst umsetzenden Bestandteile des Zements, vor allem der Aluminate, eine gewisse Zeit verhindern oder daß sie an den Oberflächen der Zementkörner Zwischenprodukte bilden, die die Einwirkung des Wassers behindern. Phasenanalysen ergaben, daß vor allem der zeitliche Verlauf der Ettringitbildung beeinflußt wird [2-79].

Verzögerer greifen also in die chemisch-mineralogischen Reaktionen zwischen Zement und Anmachwasser ein. Sie reagieren häufig sehr unterschiedlich auf geringe Änderungen der chemischen Randbedingungen und/oder der Temperatur. Die Reaktionen sind kompliziert, und es ist nicht leicht, sie zielsicher zu beherrschen. Dazu kommt, daß die Erstarrungsphase des Zementleims hinausgeschoben und u. U. auch verlängert wird, der Beton aber vor und während dieser Phase für Umwelteinflüsse, insbesondere solche, die ein Austrocknen begünstigen, empfindlich ist.

Die sich daraus ergebenden betontechnologischen Probleme haben verschiedentlich zu Schwierigkeiten mit z. T. weitreichenden Folgen geführt. Um das Risiko möglichst klein zu halten, wurden vom Deutschen Ausschuß für Stahlbeton vorläufige Richtlinien für Beton mit verlängerter Verarbeitbarkeitszeit (verzögerter Beton) herausgegeben [2-80].

Stoffkomponenten

Eine erstarrungsverzögernde Wirkung haben u. a. die in Tabelle 2.3-4 aufgeführten Stoffe. Viele Verzögerer sind Gemische aus den dort genannten Stoffen, u. U. mit Zusatz einer verflüssigenden Komponente.

Tabelle 2.3-4 Wirkstoffe von Verzögerern [2-81]

Anorganische Verzögerer	Organische Verzögerer
Phosphate (Natriumpyrophosphat) Borate (Borsäure) Fluorokieselsäure-Fluorosilikate (Magnesiumsilikofluorid) Oxide (ZnO)	Saccharosen-Saccharate (Glukonat) Sulfonsäuren-Sulfonate (Ligninsulfonat) Oxycarbonsäuren (Salicylsäure) Aminoverbindungen (Triethanolamin) Ketone (Aceton) Alkohole und deren Oxidationsprodukte (Zitronensäure)

Zugabe

Verzögerer sollten stets mit dem Anmachwasser zugegeben werden. Bei nachträglicher Zugabe kann ein Teil der maßgebenden Reaktionen schon abgelaufen sein.

Einflußgrößen – Auswirkungen

Die verzögernde Wirkung eines bestimmten Zusatzmittels ist abhängig von der chemischen Zusammensetzung der Zemente. So lag der Erstarrungsbeginn bei 19 untersuchten Zementen zwischen 7 und 46 Stunden, obwohl der gleiche Verzögerer zugegeben worden war [2-68]. Hochofenzemente sprechen gewöhnlich besser auf Verzögerer an als Portlandzemente [2-82].

Die Verzögerungszeit kann auch bei unveränderter Zugabemenge und Betonzusammensetzung stärkeren Schwankungen unterliegen. Bei angestrebten Verzögerungszeiten bis zu 8 Stunden können Schwankungen um den Sollwert bis zu $\pm$ 2 Stunden auftreten. Bei längeren Verzögerungszeiten ist mit größeren Schwankungen zu rechnen.

Verzögerer verschieben oder verzerren die Erstarrungsphase. Verschiedene Versuchser-

2.3 Betonzusatzmittel   77

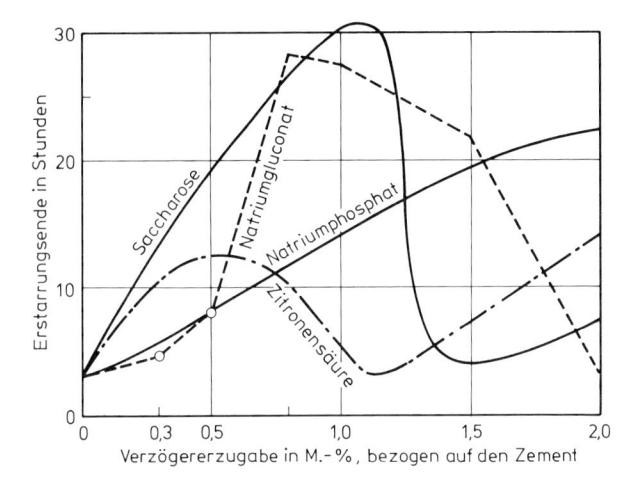

Bild 2.3-4 Einfluß einer Verzögererzugabe (VZ) auf das Erstarrungsende von Zementleim (Prüfung nach DIN 1164 Teil 5), Zement PZ 35 F

gebnisse deuten darauf hin, daß Wirkstoffe, wie Saccharose oder Hydroxycarbonsäuren das Erstarrungsende stärker verzögern als den Erstarrungsbeginn. Das bedeutet eine Spreizung der Liegezeit und damit eine tendenzielle Erhöhung der Schrumpfrißgefahr.

Bei anderen Stoffen, wie beispielsweise bei Phosphaten, ist diese Erscheinung nicht so ausgeprägt. Hier werden beide Zeitpunkte mehr oder weniger parallel verschoben.

Wasserreichere Mischungen lassen sich leichter verzögern. Die Verzögerungswirkung verringert sich bei höheren Temperaturen. Sehr lange Verarbeitbarkeitszeiten lassen sich besonders bei höheren Temperaturen nur schwer und oft nur mit ausgesuchten Zementen erreichen.

Bei hohen Zugabemengen kann sich die angestrebte Verzögerung auch in das Gegenteil verkehren (Bild 2.3-4). Ob und bei welcher Zusatzmittelmenge dieses gefürchtete Umschlagen in Richtung einer Erstarrungsbeschleunigung eintritt, kann nicht allgemein vorhergesagt werden, da dies außer vom verwendeten Verzögerer auch von der Zementart, der Betonzusammensetzung und der Temperatur abhängt.

Manche Verzögerer wirken gleichzeitig verflüssigend. Diese Nebenwirkung bleibt jedoch nicht bei allen Mitteln so lange erhalten, bis der Beton verdichtet wird. Ihre Dauer ist auch vom Zement abhängig. Eine Wassereinsparung ist deshalb nicht immer möglich.

Die Druckfestigkeit von Beton mit Verzögerer in nicht zu jungem Alter (≥ 7 Tage) ist oft größer als beim gleichen Beton ohne Verzögerer. Es wurden aber auch gelegentlich noch bei der 7-Tage-Festigkeit erhebliche Festigkeitseinbußen beobachtet. Besonders bei hoher Dosierung des Zusatzmittels ist hier Vorsicht geboten [2-83, 2-79].

Anwendungsbedingungen

Verzögerter Beton darf nach [2-80] nur unter den Bedingungen für B II gemäß DIN 1045, Abschnitt 5.2.2, verarbeitet werden. Eine Fremdüberwachung ist bei Beton der Festigkeitsklassen $\leq$ B 25 jedoch nicht erforderlich. Um so entscheidender sind Fachwissen und Pflichtbewußtsein der verantwortlichen Führungskräfte.

Zugabemengen und Verzögerungszeiten sind auf das für den Bauablauf unumgängliche Mindestmaß zu beschränken.

Verzögerung und Einbau des Betons sind zeitlich aufeinander abzustimmen. Ein verzögerter Beton, der kurzfristig nach dem Einbau erstarrt und erhärtet, ist nicht schrumpfrißempfindlicher als der gleiche Beton ohne Zusatzmittel [2-66]. Wird verzögerter Beton frühzeitig eingebaut, so daß mit einer langen „Liegezeit" gerechnet werden muß, so ist bei schrumpfrißgefährdeten Bauteilen eine Nachverdichtung zu einem möglichst späten Zeitpunkt zu empfehlen (s. Abschn. 4.2.5.4).

Der Nachbehandlung des Betons (s. Abschn. 4.3) kommt eine besondere Bedeutung zu. Sie muß so früh wie möglich eingeleitet und länger als bei nicht verzögertem Beton durchgeführt werden.

Bei der Bestellung von Transportbeton sollte zur Vermeidung von Mißverständnissen stets nur die erforderliche Verarbeitbarkeitszeit angegeben werden. Die zugehörige Verzögerungszeit ist vom Betonhersteller unter Berücksichtigung der Transportzeit festzulegen.

Um ungeeignete Kombinationen von verzögernden Betonzusatzmitteln und Zement sowie ggf. von weiteren Betonzusätzen zu erkennen und ungünstige Veränderungen einzelner Betoneigenschaften vermeiden zu können, sind neben den in DIN 1045 geforderten Prüfungen zusätzliche Untersuchungen durchzuführen. Diese umfassen eine Verträglichkeitsprüfung und erweiterte Eignungsprüfungen [2-80].

Die Verträglichkeitsprüfung soll über die grundsätzliche Eignung der vorgesehenen Kombination Zusatzmittel-Zement Auskunft geben. Sie soll einen über ein einzelnes Bauvorhaben hinausgehenden Aussagewert besitzen. Deshalb soll sie an einem „Einheitsbeton" durchgeführt werden. Dabei ist als Zugabemenge des verzögernden Betonzusatzmittels die Menge zu wählen, die der Betonhersteller in seinem Produktionsbereich als Höchstmenge einsetzen will. Eine geringere Zugabemenge im Einzelfall ist damit abgedeckt. Wegen des untergeordneten Einflusses des Zuschlags können bei der Verträglichkeitsprüfung auch andere als die im einzelnen Anwendungsfall vorgesehenen Zuschläge verwendet werden. Es sind das Ansteifen (Ausbreitmaß), die Verarbeitbarkeitszeit und der Erhärtungsverlauf zu bestimmen. Um den Einfluß der Temperatur zu erfassen, sind die genannten Versuche bei etwa $+20\,°C$ und bei zwei davon deutlich abweichenden Temperaturen (i. allg. etwa $+10\,°C$ und $+30\,°C$) durchzuführen. Um das Risiko des Umschlagens abschätzen zu können, sind die Versuche bei etwa $+30\,°C$ zusätzlich auch mit der 1,3-fachen Zugabemenge des Zusatzmittels durchzuführen.

Bei der erweiterten Eignungsprüfung werden zusätzlich zu den in DIN 1045, Abschnitt 7.4.2, geforderten Versuchen wie bei der Verträglichkeitsprüfung, jedoch an der für die Bauausführung vorgesehenen Mischung, das Ansteifungsverhalten, das Ende der Verarbeitbarkeitszeit und der Erhärtungsverlauf in den ersten 72 h bestimmt. Dabei soll die Temperatur i. allg. $20\,°C$ betragen. Sind am Bauwerk davon deutlich abweichende Temperaturen zu erwarten, so sind zusätzlich Versuche bei entsprechenden Temperaturen durchzuführen.

Tabelle 2.3-5 gibt eine Übersicht über die insgesamt geforderten Prüfungen.

2.3.6.5 Beschleuniger (BE)

Beschleuniger sollen das Erstarren des Zements und möglichst auch die Entwicklung der Frühfestigkeit des Betons deutlich beschleunigen, gegebenenfalls auch bei niedrigen Temperaturen. Sie werden verschiedentlich bei tiefen Temperaturen oder zur schnellen Wiedergewinnung der Schalung in Beton- und Fertigteilwerken benutzt sowie für Sonderanwendungen (z. B. Spritzbeton) und Ausbesserungsarbeiten.

Besonders wirksam als Beschleuniger sind Chloride, vor allem Calciumchlorid. Für bewehrten Beton sind chloridhaltige Zusatzmittel jedoch ungeeignet, da sie den Korrosionsschutz der Bewehrung beeinträchtigen können. Besonders gefährlich sind sie für Spannbe-

2.3 Betonzusatzmittel

Tabelle 2.3-5 Umfang der Prüfungen bei Beton mit verlängerter Verarbeitbarkeitszeit nach den Richtlinien [2-80]

	Verträglichkeitsprüfung				Erweiterte Eignungsprüfung	Prüfung unter Baustellenbedingungen
Zugabemenge VZ	0	Höchstmenge[1])			1,3 Höchst	gem. Mischungsentwurf	
Frischbeton- und Lagerungstemperatur	20 °C	10 °C	20 °C	30 °C	30 °C	20 °C[2])	wie vorhanden
Ansteifen	+	+	+	+	+	+	+
Verarbeitbarkeitszeit	+	+	+	+	+	+	+
Erhärtungsverlauf	+	+	+	+	+	+	

[1]) im Produktionsbereich des Betonherstellers vorgesehene Höchstmenge
[2]) Wenn am Bauwerk deutlich von 20 °C abweichende Temperaturen zu erwarten sind, so sind zusätzliche Prüfungen bei diesen Temperaturen durchzuführen.

ton mit sofortigem oder nachträglichem Verbund, da Spannstähle besonders empfindlich reagieren [2-84]. Nach DIN 1045 sind chloridhaltige oder andere die Stahlkorrosion fördernde Stoffe auch für Stahlbeton nicht zulässig. Selbst unbewehrtem Beton, der mit Stahlbeton in Berührung kommt, dürfen sie nicht zugesetzt werden, weil andernfalls unter bestimmten Bedingungen Chlorionen aus dem unbewehrten Beton in den Stahlbeton wandern können. In verschiedenen Ländern (z. B. Belgien, Großbritannien, USA) ist die Verwendung begrenzter Mengen von Calciumchlorid für Stahlbeton unter gewissen einschränkenden Bedingungen erlaubt.

Im Gebiet der Bundesrepublik Deutschland bestehen die Beschleuniger vorwiegend aus Salzen, die in wäßriger Lösung alkalisch reagieren, z. B. bestimmten Carbonaten (Natriumcarbonat), Aluminaten, Silikaten. Daneben werden auch nicht alkalisch reagierende Salze, wie Natriumnitrit, Natriumfluorid und organische Stoffe, wie Alkali- und Erdalkalithiocyanate, verwendet. Nach neueren Untersuchungen können Thiocyanate ähnlich korrosionsfördernd wirken wie Chloride, so daß auf ihre Verwendung als beschleunigender Wirkstoff bei Stahlbeton und Spannbeton verzichtet werden sollte [2-85], siehe auch Tabelle 2.3-2 auf S. 67.

Die Wirkung der Beschleuniger hängt in starkem Maße von der chemischen Zusammensetzung des Zements ab. Nicht nur die Hauptkomponenten, z. B. das Tricalciumaluminat, sondern auch Nebenbestandteile können ein unterschiedliches Verhalten bewirken. Wie bei den Verzögerern ist ein Umschlagen der Wirkung möglich. Durch die Zugabe von Beschleunigern wird die Frühfestigkeit des Betons im allgemeinen erhöht, die Festigkeit im Alter von 28 Tagen und später dagegen manchmal vermindert. Beton mit Beschleuniger kann u. U. ein vergrößertes Schwindmaß aufweisen [2-87].

2.3.6.6 *Einpreßhilfen (EH) für Einpreßmörtel bei Spannbeton*

Einpreßhilfen sollen den Wasseranspruch vermindern und das Fließvermögen des Einpreßmörtels verbessern. Sie sollen der Sedimentation des Zements entgegenwirken, den frischen Einpreßmörtel geringfügig auftreiben und die Frostbeständigkeit des Einpreßmörtels auch in jungem Alter sicherstellen. Sie enthalten deshalb eine treibende Komponente (meist Aluminiumpulver), eine verflüssigende Komponente und eine leicht verzögernde Komponente zur Verlängerung der Verarbeitbarkeitszeit.

Die Wirkung der Einpreßhilfen wird in erster Linie von der Zusammensetzung des Zements und von der Temperatur beeinflußt. Die Zugabemenge ist mit Hilfe einer Eignungsprüfung zu bestimmen.

Während der Bauausführung sind Güte- und Erhärtungsprüfungen durchzuführen [2-88].

2.3.6.7 Stabilisierer (ST)

Stabilisierer sollen den Frischbeton so stabilisieren, daß er ein homogenes Gefüge behält und sich nicht entmischt. Dazu gehört, daß der Beton auch bei sehr weicher Konsistenz nicht übermäßig stark sedimentiert und Wasser absondert (blutet) und daß die Zuschlagkörner nicht aufschwimmen oder sich unten absetzen.

Die Wirkung von Stabilisierern auf der Basis von UCR (Polyethylenoxid) beruht auf der Bildung extrem langer Molekülketten im Anmachwasser. Diese verleihen dem Frischbeton thixotrope Eigenschaften und geben ihm einen guten Zusammenhalt. Außerdem wird die innere Reibung herabgesetzt, was das Pumpen und Verdichten erleichtert. Bis zu einem gewissen Grade kann durch solche Stabilisierer auch Leichtbeton pumpbar gemacht werden [2-89 bis 2-91]. Auch die Herstellung von Leichtbeton als Fließbeton ist damit möglich [2-89].

Stabilisierer auf Polyethylenoxid-Basis vermindern auch die Wasseraufnahme der Leichtzuschläge. Hierdurch steift Transport-Leichtbeton weniger an. Bei Spritzbeton können die Anfangshaftung verbessert und der Rückprall vermindert werden. Unterwasserbeton wird durch Zusatz eines Stabilisierers besser zusammengehalten und deshalb beim Einbringen weniger ausgewaschen.

Stabilisierer können ein vorübergehendes Ansteifen des Frischbetons bewirken. Nach vollständiger Auflösung wird die Ausgangskonsistenz wieder weitgehend erreicht. Bei sehr kurzen Mischzeiten von 30 bis 45 Sekunden muß u. U. die Anmachwassermenge um 15 bis 25 l je m^3 erhöht werden. Bei zu hoher Dosierung tritt ein Kleben ein, das die Verarbeitung behindern kann, weil der Feinmörtel an den Werkzeugen haften bleibt. Im Bereich der empfohlenen Zusatzmenge steigt der Luftporenanteil nur unwesentlich an. Die Erhärtung des Zements und der Korrosionsschutz der Bewehrung werden nicht beeinflußt.

2.3.7 Betonzusatzmittel für Sonderzwecke

Außer den bisher behandelten Betonzusatzmitteln mit einer Hauptwirkung entsprechend Tabelle 2.3-1 gibt es für Sonderzwecke noch weitere Zusatzmittel, bei denen eine andere Wirkung angestrebt wird. Um sie als Betonzusatzmittel für Beton nach Norm (z. B. DIN 1045, DIN 4227, DIN 4219) anwenden zu dürfen, brauchen sie ein Prüfzeichen des Instituts für Bautechnik. Dieses kann nur erteilt werden, wenn das Zusatzmittel die Anforderungen der Prüfrichtlinien [2-57] erfüllt. Dazu gehört auch, daß die Wirksamkeit entsprechend einer der dort festgelegten 8 Wirkungsgruppen nachgewiesen worden ist. Die Erteilung eines Prüfzeichens ist möglich, wenn eine von dem betreffenden Zusatzmittel ausgeübte Nebenwirkung für einen solchen Nachweis ausreicht. Formal wird das Zusatzmittel dann entsprechend der nachgewiesenen Nebenwirkung eingestuft.

2.3.7.1 Schaumbildner und Gasbildner

Mit Schaumbildnern und Gasbildnern können hohe Luftporengehalte in den Zementstein bzw. Feinmörtel eingeführt werden. Hierdurch ist es möglich, die Rohdichte des Betons zu

2.3 Betonzusatzmittel

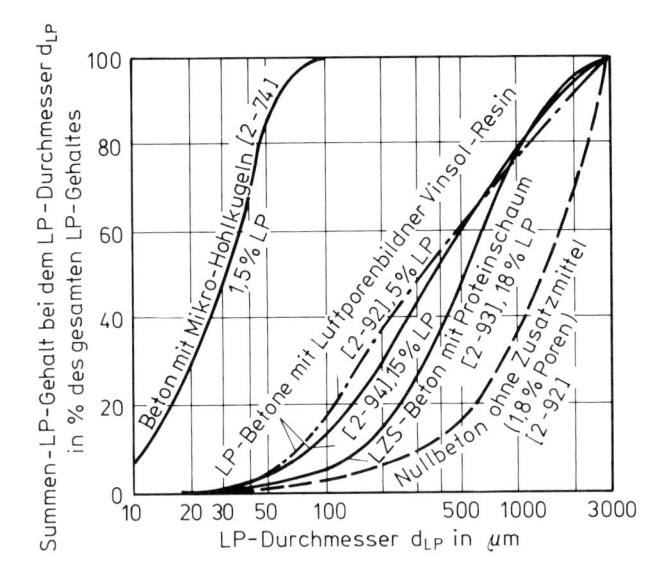

Bild 2.3-5 Porenverteilung im Beton bei Verwendung von LP-Mitteln, Proteinschaum und Mikro-Hohlkugeln MHK

senken und damit die Wärmeleitfähigkeit zu vermindern. Die so erzielbare Verbesserung der Wärmedämmung ist allerdings bei Beton mit grobkörnigem Normalzuschlag unzureichend. Deswegen können diese Stoffe nur für reinen Zementleim, für Mörtel oder für Leichtbeton mit Leichtzuschlag verwendet werden.

Die durch Schaumbildner oder Gasbildner erzeugten Poren sind i. allg. wesentlich gröber als die mit Luftporenbildnern (LP) erzeugten Luftporen (z. B. Bild 2.3-5).

Schaumbildner

Schaumbildner führen durch physikalische Wirkungen vorwiegend kugelförmige, geschlossene Luftporen ein. Man unterscheidet zwischen Mitteln, die ähnlich wie Luftporenbildner (s. Abschn. 2.3.6.2) zu einer Luftporenbildung beim Mischen führen, und Mitteln, die zur Herstellung eines vorgefertigten stabilen Luftschaums dienen, der anschließend in den bereits vorgemischten Mörtel oder Leichtzuschlagbeton eingemischt wird.

Als Schaumbildner werden u. a. vorwiegend folgende Stoffe verwendet [2-93]:

Proteinhydrolysate aus tierischen Abfällen, künstlich hergestellte Substanzen bzw. Abfallprodukte aus chemischen Prozessen, wie z. B. Sulfonate oder Laurylsulfate; Naturharze, Seifen, Saponin

Mit Proteinhydrolysaten lassen sich i. allg. nur bei getrennter Aufschäumung größere Mengen an Luftporen in den Mörtel einführen. Die meisten synthetischen Schaumbildner eignen sich dagegen sowohl für die Herstellung von getrennt vorgefertigtem Schaum als auch für die direkte Luftporenerzeugung beim Mischen.

Direkte Luftporenerzeugung im Mischer

Hier ist die lufteintragende Wirkung der einzelnen Schaumbildner verschieden. Innerhalb gewisser Grenzen läßt sich der Luftporengehalt über die Zugabemenge regeln. Weitere Einflußgrößen sind die Intensität und die Dauer des Mischens. Daneben hängt die Luftporenbildung auch von der Betonzusammensetzung, insbesondere von der Menge und der Art der feinen Bestandteile (Zement, Feinsand), und von der Konsistenz des Frischbetons ab. Unter günstigen Bedingungen lassen sich mit Schaumbildnern Luftporengehalte von 30 bis über 50% des Mörtelvolumens erzeugen.

Vorgefertigter Schaum

Bei den häufig angewendeten Druckluft-Schaumerzeugern, den sogenannten Schaumkanonen, wird eine 2- bis 3 %ige wäßrige Schaummittellösung unter Luftzufuhr durch eine Filterpatrone gepreßt, die mit Glasperlen oder anderen geeigneten Strömungswiderständen gefüllt ist, um eine Verwirbelung zu erzielen. Dabei entsteht ein cremiger Schaum, der mit einem Schlauch direkt in den Mischer eingeleitet und dort mit dem bereits vorgemischten Beton verrührt wird. Der Schaum muß genügend Stabilität besitzen, damit er beim Untermischen nicht zerstört wird. Die durch die Luftbläschen gebildeten Poren dürfen beim Lagern und bei der Verarbeitung des Frischbetons und anschließend in der Schalung während der Erstarrungsphase nicht zusammenbrechen.

Gasbildner

Als Gasbildner wird in der Regel präpariertes Aluminiumpulver verwendet, das durch chemische Reaktion mit dem im Zementleim gelösten Calciumhydroxid zu einer Wasserstoffentwicklung führt. Dabei entstehen, wie bei Verwendung von Luftporen- oder Schaumbildnern, vorwiegend geschlossene, kugelförmige Poren im Mörtel.

Die Aluminiumteilchen sind von einer dünnen Wachsschicht umgeben, um eine explosionsartige Oxidation im alkalischen Zementmörtel zu verhindern. Das Treiben erfolgt dann allmählich. Es muß vor dem Erstarren des Zements beendet sein, da sonst Gefügelockerungen eintreten können [2-68]. In großem Umfang wird Aluminiumpulver als Gasbildner für die Herstellung von dampfgehärtetem Gasbeton verwendet.

2.3.7.2 Entschäumer

In seltenen Ausnahmefällen kann es vorkommen, daß Zuschläge Gase entwickeln, die zu einer übermäßigen Luftporenbildung im Beton führen, und manchmal ist auch ein Teil der mit einem LP-Mittel eingeführten Luftporen unerwünscht. Zur Austreibung solcher überschüssiger Luftporen eignen sich entschäumende Zusatzmittel wie Dibutylphthalat, wasserunlösliche Alkohole und wasserunlösliche Kohlensäure- oder Borsäureester sowie bestimmte Silikone. Am häufigsten verwendet wird Tributylphosphat [2-94].

2.3.7.3 Fettalkohol

Fettalkohole können dem Beton zugesetzt werden, um die Gefahr der Schrumpfrißbildung zu vermindern [2-66].

Als Fettalkohole werden die durch Reduktion von natürlichen Fettsäuren erhältlichen einwertigen Alkohole mit 8 bis 22 Kohlenstoffatomen in geraden Ketten bezeichnet. Je nach Länge der Kohlenstoffkette handelt es sich um farblose Flüssigkeiten oder weiche Massen, die im Wasser schwer- bis unlöslich, in Alkohol oder Ether jedoch leicht löslich sind. Fettalkohole, als Zusatzmittel benutzt, bilden an der Betonoberfläche eine Schicht, die den Beton unter Umständen vor zu schnellem Austrocknen schützt und dadurch zur Steigerung der Widerstandsfähigkeit gegen Schrumpfrißbildung beiträgt. Allerdings kann ihre Verwendung zu einer geringen Verminderung der Betondruckfestigkeit führen. Aufgrund der wenigen vorliegenden Versuchsergebnisse ist jedoch noch kein abschließendes Urteil über die Brauchbarkeit von Fettalkohol in der Praxis möglich.

2.3.7.4 Pilz-, keim- und insektentötende Zusatzmittel

Hierzu gehören halogenisierte Polyphenole, Dieldrin-Emulsion und bestimmte Kupferverbindungen [2-94].

2.3.7.5 Zusatzmittel zum Korrosionsschutz der Bewehrung

In ausreichend alkalischem (pH > 9) und dichtem Beton ist die Bewehrung normalerweise ausreichend gegen Korrosion geschützt, weil die Stahloberfläche mit einer passivierenden Oxidschicht bedeckt ist. Wird diese Schutzschicht z. B. durch eindringende Chlorionen durchbrochen, so kann Korrosion stattfinden (s. Abschn. 7.20.2.2). Nach [2-95] kann der Korrosionsschutz dadurch verbessert werden, daß dem Beton Calciumnitrit in Form eines flüssigen Zusatzmittels zugesetzt wird. Es wäre denkbar, daß sich hierdurch auf der Stahloberfläche eine gegen Chloridangriff widerstandsfähigere Passivschicht bildet. Während andere zur Verbesserung des Korrosionsschutzes verwendete Stoffe, wie Natriumnitrit und Kaliumchromat, die Betonfestigkeiten herabsetzen, soll Calciumnitrit sogar eine festigkeitssteigernde Wirkung haben.

Die Bewährung korrosionsschützender Mittel bleibt abzuwarten. Verschiedene Fachleute warnen vor der Anwendung von Inhibitoren oder Passivatoren, weil bei einer örtlichen Durchbrechung der Schutzschicht erhöhte Gefahr für eine schädigende Korrosion bestehen kann (Bildung von Lokalelementen; stimulierende Wirkung mancher Zusatzmittel unter ungünstigen Bedingungen).

Nach den Prüfrichtlinien [2-57] ist die Verwendung von Betonzusatzmitteln mit Nitriten als Wirkstoff nicht zulässig, da die Wirkungen nicht hinreichend erforscht erscheinen.

2.4 Betonzusatzstoffe

2.4.1 Begriffsbestimmung

Zusatzstoffe sind fein aufgeteilte Stoffe, die dem Beton zugegeben werden, um einzelne Eigenschaften zu beeinflussen. Dies sind vorrangig die Verarbeitbarkeit des Frisch- und die Dichtheit des Festbetons. Sie sind als Volumenbestandteile zu berücksichtigen. Sie dürfen das Erhärten und die Beständigkeit des Betons nicht beeinträchtigen und den Korrosionsschutz der Bewehrung nicht gefährden.

2.4.2 Einteilung

Anorganisch-mineralische Stoffe

Sie werden in Mehlkorngröße verwendet. Die wichtigsten Vertreter sind Gesteinsmehle und Steinkohlenflugaschen. Nach der Reaktionsfähigkeit unterscheidet man inerte, puzzolanische und latent hydraulische Zusatzstoffe.

Inerte Stoffe, wie Quarz- oder Kalksteinmehl, reagieren unter normalen Temperatur- und Druckbedingungen nicht mit Zement und Wasser. Sie werden dem Beton zur Verbesserung der Kornzusammensetzung im Mehlkornbereich zugesetzt.

Puzzolanische Stoffe, wie Traß, glasige Steinkohlenflugasche oder getempertes Phonolithgesteinsmehl, bilden mit Wasser und Kalkhydrat zementsteinähnliche Produkte. Das Kalkhydrat wird bei der Hydratation unlöslich eingebaut.

Latent hydraulische Stoffe, wie granulierte glasige Hochofenschlacke (Hüttensand), besitzen hydraulische, dem Portlandzement vergleichbare Eigenschaften, die aber nur in Anwesenheit eines Anregers, z. B. $Ca(OH)_2$, wirksam werden. Der Anreger wird bei der Hydratation nicht verbraucht.

Puzzolanische und latent hydraulische Stoffe

Solche Zusatzstoffe tragen aktiv zur Erhärtung bei. Sie können daneben aufgrund ihrer Korngröße, -zusammensetzung und -form auch zu Verbesserung des Kornaufbaus im Mehlkornbereich dienen.

Farbstoffe

Pigmente zum Einfärben des Betons zählen ebenfalls zu den Zusatzstoffen.

Organische Zusatzstoffe

Dazu zählen Kunstharzdispersionen. Diese reagieren nicht mit den Zementbestandteilen, sondern entwickeln selbständig eine Klebewirkung. Sie werden hauptsächlich für Reparaturmörtel verwendet, um die Haftung, Zugfestigkeit und Dichtigkeit zu verbessern und das Aushärten in dünnen Schichten ohne zusätzliche Feuchtnachbehandlung zu ermöglichen.

Betonzusatzstoffe, die nicht der Zuschlagnorm DIN 4226 (z. B. Gesteinsmehl), oder einer anderen Norm (z. B. DIN 51 043 für Traß) entsprechen, dürfen für Beton nur verwendet werden, wenn für sie eine allgemeine bauaufsichtliche Zulassung vorliegt oder ein Prüfzeichen vom Institut für Bautechnik erteilt worden ist.

Da einige Betonzusatzstoffe ungünstige Nebenwirkungen haben können, ist zur Ermittlung der Betonzusammensetzung bei Verwendung von Betonzusatzstoffen, die nicht mineralisch sind oder die in den Erhärtungsvorgang eingreifen, eine Eignungsprüfung durchzuführen.

2.4.3 Feinkörnige mineralische Zusatzstoffe

2.4.3.1 Inerte Stoffe

Feingemahlene Gesteinsmehle, wie Quarzmehl oder Kalksteinmehl, werden zugesetzt, um bei zementarmen Betonen oder feinteilarmen Sanden einen für die Verarbeitbarkeit und ein geschlossenes Gefüge (Dichtheit) ausreichend hohen Mehlkorngehalt zu erzielen (s. Abschn. 3.2.3). Gesteinsmehle aus den üblicherweise auch als Betonzuschlag verwendeten Gesteinen sind in der Regel inert, können aber auch bis zu einem gewissen Grade puzzolanische oder latent hydraulische Eigenschaften aufweisen (s. Abschn. 2.4.3.2 und 2.4.3.3). Für die Verbesserung der Verarbeitbarkeit ist der Anteil unter 0,125 mm Korngröße besonders wirksam. Ungünstig sind Gesteinsmehle mit hohem Glimmeranteil, weil Glimmer eine blättrige Kornform hat.

Natürliche Gesteinsmehle (ausgenommen tonige Stoffe) können als Betonzusatzstoff verwendet werden, wenn sie die Regelanforderungen nach DIN 4226 Teil 1 erfüllen. Bei Verwendung für bewehrten Beton darf der Gehalt an wasserlöslichem Chlorid (berechnet als Chlor) 0,02 M.-% nicht überschreiten.

Durch Zusatz von Bentonit in einer Menge von 1 bis 2 % des Zementgehalts kann der Zusammenhalt des Frischbetons erhöht und dadurch die Gefahr des Entmischens beim Transport, Pumpen, Einbringen und Verdichten vermindert werden.

2.4.3.2 Puzzolanische Stoffe
2.4.3.2.1 Allgemeines

Puzzolane sind kieselsäurereiche oder kieselsäure- und tonerdehaltige Stoffe natürlicher oder künstlicher Herkunft, die bei Anwesenheit von Wasser mit Calciumhydroxid chemisch reagieren und dabei unlösliche Erhärtungsprodukte mit zementsteinähnlichen Eigenschaften bilden. Für die Reaktionsfähigkeit ist es wesentlich, daß die genannten Verbindungen in glasiger Form vorliegen und möglichst fein aufgeteilt sind.

Die puzzolanischen Reaktionen laufen wesentlich langsamer ab als die Hydratation der Portlandzemente. Dies äußert sich beim Beton in einer langsameren Festigkeitsentwicklung, einer geringeren Erwärmung massiger Bauteile und einer stärkeren Nacherhärtung in höherem Alter, erfordert aber, damit die Reaktionen möglichst vollständig ablaufen können, ein ausreichendes Feuchteangebot über einen längeren Zeitraum.

Als puzzolanische Betonzusatzstoffe werden bei uns vorwiegend Steinkohlenflugaschen und Traß verwendet, daneben auch getempertes Phonolith-Gesteinsmehl. Weitere Beispiele sind Silicastaub (silica fume), Diatomeenerde sowie bestimmte Tone und Schiefermehl in gebranntem oder ungebranntem Zustand.

2.4.3.2.2 Steinkohlenflugasche
Gewinnung

Die in Kohlekraftwerken verfeuerten gemahlenen oder pulverisierten Brennstoffe (Brennstaub) enthalten außer der Kohle mineralische Bestandteile, deren Anteil zwischen etwa 5 und 70 % liegen kann. Während der Kohlenstaub bei Temperaturen im Feuerungsraum zwischen 1100 und 1600 °C zum größten Teil verbrennt, werden die begleitenden Gesteinspartikel je nach Temperatur mehr oder weniger aufgeschmolzen und erstarren bei der relativ schnellen Abkühlung im Rauchgasstrom überwiegend glasig. Dabei erhalten die Partikel i. allg. eine kugelige Form und eine glatte Oberfläche. Die staubförmigen Verbrennungsrückstände werden in Elektrofiltern abgeschieden und als Flugasche bezeichnet. Sie setzen sich aus mineralischen Stoffen und aus einem Rest an Brennbarem zusammen.

Die für die Verwendung im Beton interessierenden Eigenschaften der Flugasche hängen sowohl von der chemischen Zusammensetzung der Begleitgesteine der Kohle als auch von den Betriebsbedingungen im Kraftwerk ab.

In den Kraftwerken der Bundesrepublik werden z. Z. im wesentlichen Steinkohlen aus dem Ruhrgebiet und Saargebiet sowie Braunkohlen aus dem rheinischen Braunkohlenrevier verfeuert. In einzelnen Fällen werden auch Importkohlen eingesetzt.

Es hat sich herausgestellt, daß die Flugasche aus der rheinischen Braunkohle wegen zu hoher Gehalte an SO_3 und freiem Kalk, und weil sie zu ungleichmäßig anfällt, nicht im Beton verwendbar ist [2-96]. Im folgenden ist daher mit Flugasche immer Steinkohlenflugasche gemeint.

Die chemische Zusammensetzung der in der Bundesrepublik als Betonzusatzstoff verwendeten Flugaschen schwankt in relativ engen Grenzen (Tabelle 2.4-1). Hauptbestandteile sind amorphe Kieselsäure, Tonerde und Fe_2O_3. Kalk ist dagegen nur in geringen Mengen vorhanden.

Von entscheidendem Einfluß auf die bautechnischen Eigenschaften sind die Verbrennungsbedingungen. Wesentliche Unterschiede ergeben sich je nachdem, ob die Steinkohle in einer Trockenfeuerung oder in einer Schmelzfeuerung verbrannt wird.

In Trockenfeuerungen fallen die festen Verbrennungsrückstände trocken als Staub an. Die

Tabelle 2.4-1 Chemische Zusammensetzung von Steinkohlenflugaschen. Statistische Auswertung der Analysenergebnisse aus der Güteüberwachung von 14 Flugaschen mit Prüfzeichen*) [2-96]

Bestandteil	Probenzahl n	min. x M.-%	max. x M.-%	$\bar{x}$ M.-%	s M.-%	V %
SiO_2	115	42,2	55,1	51,2	2,2	4,3
Al_2O_3	115	24,6	32,6	27,3	1,5	5,3
Fe_2O_3	115	5,38	12,5	8,78	1,34	15,2
CaO	115	0,59	8,27	3,04	1,27	41,8
MgO	115	0,62	4,27	2,61	0,66	25,1
PbO	90	0,03	1,70	0,42	0,42	101,2
ZnO	90	0,01	0,63	0,14	0,14	95,2
K_2O	90	1,05	5,57	4,04	0,92	22,9
Na_2O	90	0,24	1,27	0,66	0,26	39,7
SO_3	113	0,04	1,88	0,62	0,37	60,5

*) in der Tabelle bedeuten:
  min x: kleinster Wert
  max. x: größter Wert s: Standardabweichung
  $\bar{x}$:   Mittelwert V: Variationskoeffizient in %

Brenntemperatur beträgt etwa 1100° bis 1300 °C. Dabei wird das in den Mineralien vorhandene Kristallwasser ausgetrieben und $CaCO_3$ in CaO und CO_2 zerlegt. Die im Ursprungsgestein vorhandene Kristallstruktur bleibt zum Teil erhalten. Sehr kleine Teilchen und die Oberflächen gröberer Körner können in eine glasige Form umgewandelt werden. Der Anteil an inerten, kristallinen Bestandteilen kann mehr als 30 M.-% betragen. Eine Reaktion mit Zementleim oder Kalkhydrat ist im beschränkten Umfang möglich. Daneben kann die Wiederaufnahme von Kristallwasser zur Festigkeitsbildung beitragen.

Mitteltemperatur-Schmelzfeuerungen arbeiten bei Temperaturen von 1200 bis 1400 °C; Hochtemperatur-Schmelzfeuerungen erreichen bis zu 1600 °C und mehr, wobei alle Mineralien schmelzen. Rund 60% der geschmolzenen mineralischen Verbrennungsrückstände fließen unten aus der Brennkammer in ein Wasserbad, wo sie zu einem dunklen, glasigen, körnigen Stoff, dem Schmelzkammer-Granulat oder Granu-Sand, abgeschreckt werden. Er besteht aus scharfkantigen Teilen bis zu 5 mm Korngröße. Die übrigen 40 Prozent verlassen mit den Rauchgasen die Brennkammer und werden in Elektro-Filtern abgeschieden. Wenn diese Flugasche nicht sofort verwendet werden kann, wird sie in die Feuerung rückgeführt und zu glasigem Granu-Sand niedergeschmolzen. Dieser eignet sich als Betonzuschlag und hat aufgrund seiner glasigen Beschaffenheit eine gegenüber kristallinem Sand stark verminderte Wärmeleitfähigkeit. Um ihn als puzzolanischen Betonzusatzstoff verwenden zu können, muß er feingemahlen werden.

Anforderungen

Als Betonzusatzstoff dürfen nur Flugaschen verwendet werden, die ein Prüfzeichen des Instituts für Bautechnik besitzen und einer Güteüberwachung unterliegen. In den hierfür durchzuführenden Prüfungen [2-97, 2-98] wird die Unschädlichkeit der Flugasche und die Gleichmäßigkeit der Produktion kontrolliert. Sie dienen nicht dazu, die Wirksamkeit der Flugasche als Zusatzstoff oder Qualitätsunterschiede verschiedener Flugaschen aufzuzeigen.

Die Anforderungen nach der Prüfzeichenrichtlinie sind in Tabelle 2.4-2 zusammengestellt.

2.4 Betonzusatzstoffe

Tabelle 2.4-2 Anforderungen an Steinkohlenflugaschen nach der Prüfzeichenrichtlinie [2-98]

Eigenschaft	Anforderungen	
	Grenzwerte	Gleichmäßigkeit
Glühverlust	$\leq 5{,}0$ M.-%	
SO_3-Gehalt	$\leq 4{,}0$ M.-%	
Cl-Gehalt	$\leq 0{,}10$ M.-%	
massenbezogene Oberfläche (Blaine)	≥ 2000 cm^2/g	$\bar{x} \pm 500$ cm^2/g
Kornanteil < 0,04 mm	≥ 50 M.-%	$\bar{x} \pm 10$ M.-%
Kornanteil < 0,02 mm	≥ 30 M.-%	
Erstarren	≥ 1 h ≤ 12 h	
Raumbeständigkeit	Kochversuch bestanden	
rel β_D[1]) von Mörtel und Beton im Alter von 7, 28 und 90 d	$\geq 70\%$	
Carbonatisierungsverhalten	unschädlich[2])	
chemische Zusammensetzung	unschädlich[2])	

[1]) rel $\beta_D = \beta_{Df}/\beta_{Dz}$; $f/z = 0{,}25$; $w/(z+f) = 0{,}50$
[2]) Entscheidung durch das Institut für Bautechnik

Eignung

Die Eignung von Flugaschen als Betonzusatzstoff wird im wesentlichen durch den Einfluß auf die Verarbeitbarkeit bzw. den Wasseranspruch des Frischbetons und das puzzolanische Reaktionsvermögen bestimmt.

Die Reaktionsfähigkeit hängt vom mineralogischen Aufbau und von der Feinheit ab. Um reaktionsfähig zu sein, müssen die silikatischen und aluminatischen Verbindungen möglichst feinverteilt und in glasiger Form vorliegen.

Der Einfluß auf die Verarbeitbarkeit wird im wesentlichen durch die Korngröße und deren Verteilung bestimmt. Günstig ist ein hoher Anteil der Kornfraktion kleiner als 10 µm. Solche Flugaschen können im Gefüge des Frischbetons das Lückenvolumen im Feinstbereich teilweise ausfüllen und das dort sonst vorhandene Wasser verdrängen, dadurch den Wasseranspruch senken und die Verarbeitbarkeit verbessern. Hinzu kommt, daß sich bei Zement unmittelbar nach der Wasserzugabe um die Klinkerkörner eine dünne Schicht von Hydratationsprodukten bildet, die die Oberfläche rauh machen und einen Teil des Anmachwassers binden. Bei Ersatz eines Teils des Zements durch Flugasche reagiert diese nicht sofort, so daß der sonst gebundene Teil des Anmachwassers für eine weitere Verflüssigung des Leims zur Verfügung steht. Außerdem ist die Oberfläche der Flugaschepartikel glatt und glasig, so daß für ihre Benetzung nur wenig Wasser erforderlich ist. Die Kugelform der typischen Flugaschepartikel, auf die die wassereinsparende Wirkung häufig zurückgeführt wird, spielt in dieser Hinsicht eine anscheinend nur untergeordnete Rolle.

Flugaschen mit einem erhöhten Grobanteil um 125 µm können den Wasseranspruch des Zementleims u. U. sogar erhöhen und die Verarbeitbarkeit verschlechtern.

Zur Charakterisierung der Feinheit von Flugaschen ist der Blainewert wenig geeignet, da er – prüftechnisch bedingt – nicht genügend zwischen den betontechnologisch günstigen feinkörnigen Flugaschen mit vorwiegend kugelförmigen Partikeln und den ungünstigeren gröberen Flugaschen differenziert. Oberflächenkennwerte, die aus der mit dem Laser-Granulometer gemessenen Partikelgrößenverteilung abgeleitet werden, liefern ein zutreffenderes Bild. Die massenbezogene Oberfläche von Flugaschen kann allerdings nicht unmittelbar mit der von Zement verglichen werden, weil beide Stoffe stark unterschiedliche

Dichten haben, so daß sich bei gleicher Kornverteilung für die leichteren Flugaschen (Dichte ≈ 2,2 g/cm^3) höhere Werte für die massenbezogene Oberfläche ergeben als bei den schwereren Zementen (Dichte ≈ 3,1 g/cm^3). Ein Vergleich volumenbezogener Oberflächen wäre in diesem Fall aufschlußreicher.

Flugaschen aus Trockenfeuerungen haben einen Kornaufbau, der mit dem von gröberen Zementen vergleichbar ist. Flugaschen aus Mitteltemperatur-Schmelzfeuerungen entsprechen in ihrem Kornaufbau ungefähr dem von normalem Portlandzement (PZ 35 F), während Flugaschen aus Hochtemperatur-Schmelzfeuerungen etwa die Feinheit der feiner gemahlenen Zemente (PZ 45 F) erreichen oder sogar übertreffen können (Bild 2.4-1).

Eignungsnachweis

Die grundsätzliche betontechnologische Eignung von Flugaschen wird gewöhnlich anhand von Mörtelprüfungen untersucht, bei denen ein Teil des Zementes (20 bis 35%) gegen Flugasche ausgetauscht wird. Dabei wird entweder der Wassergehalt konstant gehalten, wobei sich in der Regel die Konsistenz nach der weicheren Seite hin verschiebt

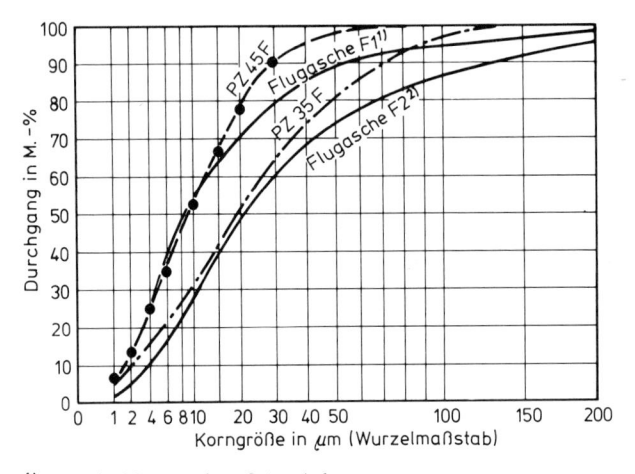

[1] aus Hochtemperatur-Schmelzfeuerung
[2] aus Trockenfeuerung

	Spezifische Oberfläche		
	massenbezogen		volumen-bezogen
	Blaine cm^2/g	aus Kornverteilung cm^2/g	cm^2/cm^3
F1	3570	7610	18420
F2	2890	4480	9860
PZ 35 F	3020	4070	12620
PZ 45 F	4640	5670	17580

Bild 2.4-1 Kornverteilung zweier Steinkohlenflugaschen im Vergleich zur Kornverteilung von Portlandzementen

2.4 Betonzusatzstoffe

(Verfahren nach der Prüfzeichenrichtlinie [2-98]), oder die Wasserzugabe wird so verändert (in der Regel verringert), daß der flugaschehaltige Mörtel die gleiche weichplastische Konsistenz erreicht wie der Ausgangsmörtel [2-99, 2-100]. Das Festigkeitsverhältnis des Mörtels mit Flugaschezusatz zum Ausgangsmörtel dient als Kennzahl für die Wirksamkeit und wird gelegentlich als „Puzzolanwert" bezeichnet. Dabei wird die eigentliche puzzolanische Wirksamkeit nur bei der Prüfung nach der Prüfzeichenrichtlinie getrennt erfaßt, während bei den Verfahren mit konstant gehaltener Konsistenz auch die wassereinsparende Wirkung mit eingeht.

Nach Bild 2.4-2 schwankt der unter Einbeziehung der Wassereinsparung nach [2-99] ermittelte Puzzolanwert der verschiedenen Flugaschen in weiten Grenzen zwischen etwa 0,70 bis 1,25.

Hohe Puzzolanwerte von über 1,10 werden hauptsächlich von Flugaschen aus Hochtemperatur-Schmelzfeuerungen erreicht. Sie kommen zustande durch eine hohe „aktive" Puzzolanität und durch eine deutliche Verminderung des Wasseranspruchs. Die hohe „aktive" Puzzolanität ist daran erkennbar, daß die Festigkeit des flugaschehaltigen Mörtels etwa die gleiche ist wie die eines reinen Portlandzement-Mörtels mit dem gleichen Wasser/Bindemittel-Verhältnis bzw. w/z-Wert (s. Vergleich mit der eingetragenen Beziehung zwischen Wasserzementwert und Festigkeit nach Walz).

Flugaschen aus Mitteltemperatur-Schmelzfeuerungen erreichen nach Bild 2.4-2 nur mittlere Puzzolanwerte zwischen 0,80 und 1,10, was auf eine verminderte wassereinsparende

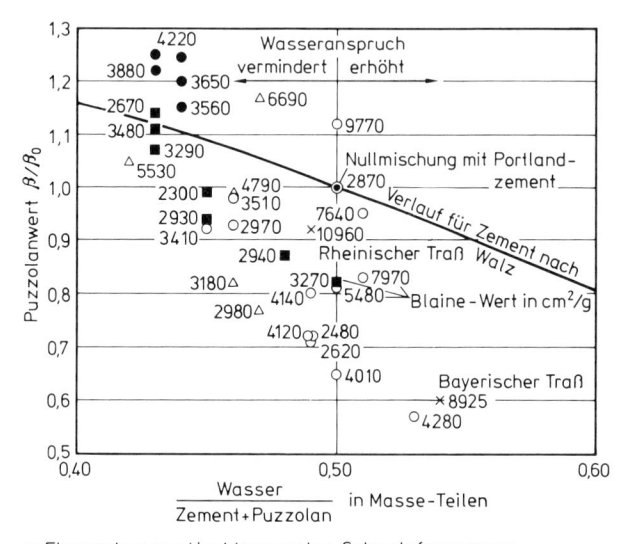

- ● Flugaschen aus Hochtemperatur-Schmelzfeuerungen
- ■ Flugaschen aus Mitteltemperatur-Schmelzfeuerungen
- ○ Flugaschen aus Trockenfeuerungen
- △ Granu-Sand

Bild 2.4-2 Zusammenhang zwischen Wasser/Bindemittel-Wert und Puzzolanwert nach [2-99] bei Mörteln (Bindemittel : Normsand = 1 : 3) mit gleichem Ausbreitmaß wie der Nullmörtel, bei denen 30% des Zements durch verschiedene Flugaschen oder Traß ersetzt sind.
(Lagerung der Prismen $4 \times 4 \times 16$ cm^3: 24 h an feuchter Luft, dann 46 h in Wasser von 50 °C, anschließend 2 h in Wasser von 20 °C, dann Prüfung)

Wirkung und auf eine niedrigere „aktive" Puzzolanität zurückzuführen ist. (Die Punkte liegen meist deutlich unter der Kurve für reine Zementmörtel.)

Der Puzzolanwert von Flugaschen aus Trockenfeuerungen liegt überwiegend zwischen 0,80 und knapp 1,0, in manchen Fällen aber auch nur um 0,70, wobei 0,70 nach den Prüfzeichenrichtlinien (in diesem Falle ohne Berücksichtigung der wassereinsparenden Wirkung) zur Erteilung eines Prüfzeichens mindestens erreicht werden muß. Eine wassereinsparende Wirkung ist bei diesen Flugaschen – zumindest im Mörtelversuch – nicht immer vorhanden.

Ganz allgemein ist zu beachten, daß der Puzzolanwert nur dann einen Hinweis auf das Verhalten im Bauwerk geben kann, wenn dort ähnlich günstige Bedingungen vorliegen wie im Versuch, das heißt, daß ein ausreichendes Feuchteangebot über längere Zeit vorhanden ist. Andernfalls muß damit gerechnet werden, daß der Flugaschebeton eine deutlich niedrigere Festigkeit erreicht als der Ausgangs-Portlandzementbeton mit gleichem Bindemittelgehalt und gleicher Konsistenz. So erbrachte z. B. ein flugaschehaltiger Mörtel bei der Ermittlung des Puzzolanwertes nach [2-99] die 1,25-fache Festigkeit des PZ-Mörtels. Wurden beide Mörtel (Prismen $4 \times 4 \times 16$ cm^3) ab dem Ausschalen nach 1 Tag bis zur Prüfung im Alter von 28 Tagen an der Luft bei 20 °C/60 % rel. F. gelagert, erreichte der flugaschehaltige Mörtel nur noch 73 % der Festigkeit des PZ-Mörtels. Dies zeigt, wie wichtig gerade bei Betonen mit Flugaschezusatz eine ausreichende Nachbehandlung für die Eigenschaften der oberflächennahen Betonbereiche ist.

2.4.3.2.3 Silicastaub (silica fume, microsilica)

Silicastaub, der vornehmlich in den nordischen Ländern neuerdings als Betonzusatzstoff verwendet wird, fällt als Nebenprodukt durch Kondensation verdampfter Kieselsäure bei der Herstellung von Ferro-Silicium-Legierungen an.

Eigenschaften

Die Staubpartikel haben kugelige Kornform; die Korngröße liegt zwischen 0,05 bis 0,5 μm. Die spezifische Oberfläche des Staubs erreicht eine Größenordnung von 22 m^2/g (Mahlfeinheit von Zement: 0,2 bis 0,7 m^2/g). Der Anteil an amorpher Kieselsäure bewegt sich zwischen 85 und 95 %. Die Dichte beträgt etwa 2,3 kg/dm^3, die Schüttdichte weniger als 0,2 kg/dm^3. Chemische und physikalische Eigenschaften schwanken in engen Grenzen. Die puzzolanische Wirkung ist extrem stark. Um diese voll ausnutzen zu können, muß das Material durch Zugabe eines Betonverflüssigers dispergiert werden. Unter der Voraussetzung einer angemessenen Nachbehandlung kann 1 Teil Silicastaub im Hinblick auf die Festigkeitseigenschaften das zwei- bis dreifache seiner Masse an Zement ersetzen [2-101, 2-102].

Anwendung

Die Verwendung von Silicastaub kann sich betontechnologisch wie folgt auswirken [2-102]

a) Frischbeton

– Der Frischbeton wird „klebriger". Um vergleichbare Verarbeitbarkeit zu erhalten, sollte die Konsistenz etwas weicher als gewöhnlich gewählt werden.

– Um den erhöhten Wasseranspruch auszugleichen, ist die Verwendung eines Verflüssigers oder Fließmittels unumgänglich.

2.4 Betonzusatzstoffe

- Silicastaub eignet sich gut zur Verbesserung der Kohäsion des Frischbetons und zur Verminderung des Blutens und der Entmischungsneigung. Es können daher auch mit höherem Grobkornanteil im Zuschlag noch gut verarbeitbare Betone hergestellt werden.
- Als Folge des verbesserten Wasserrückhaltevermögens und verminderten Blutens neigen Betone mit Zusatz von Silicastaub allerdings stärker zur Bildung von „Schrumpfrissen". Zu ihrer Vermeidung muß die Betonoberfläche deshalb schon bei mäßig austrocknenden Bedingungen abgedeckt oder anderweitig gegen Feuchtigkeitsverluste geschützt werden.

b) Festbeton
- Durch Verwendung von Silicastaub in Verbindung mit Fließmitteln können sehr hohe Betonfestigkeiten (100 bis 150 N/mm^2) erzielt werden.
- Ein Zusatz von Silicastaub macht den Zementstein undurchlässiger.
- Der Frostwiderstand, Frost- und Taumittelwiderstand, der Widerstand gegen chemischen Angriff, der Widerstand gegen das Eindringen von Chloriden und der Widerstand gegen schädigende Alkali-Reaktionen lassen sich deutlich verbessern.
- Bei niedrigem Zementgehalt, hohem Wasserzementwert und unzureichender Nachbehandlung besteht die Gefahr eines schnelleren Fortschreitens der Carbonatisierung.

Das extrem feine, staubförmige Material ist nicht ganz einfach zu handhaben. Die geringe Schüttdichte verursacht hohe Transportkosten. Um das Untermischen in den Beton zu erleichtern, kann der Staub vorher unter Wasserzugabe pelletisiert oder zu einer Schlempe angerührt werden.

Anwendungsmöglichkeiten ergeben sich in erster Linie dort, wo es auf einen hohen Widerstand gegen schädigende Einflüsse (Frost- und Taumittelangriff, sehr starker chemischer Angriff, Eindringen von Chloriden) ankommt, wie er mit den üblichen betontechnologischen Maßnahmen nicht erreichbar ist. Trotz des relativ hohen Preises können in bestimmten Fällen auch wirtschaftliche Überlegungen ausschlaggebend sein. Dabei ist im Auge zu behalten, daß Silicastaub nur in begrenzten Mengen anfällt (in der Bundesrepublik jährlich etwa 40000 t).

2.4.3.2.4 Auswirkung auf die Festbetoneigenschaften
Druckfestigkeit

Hierbei ist zwischen zwei Fällen zu unterscheiden
- Zusätzliche Zugabe ohne Verminderung des Zementgehalts
- Austausch eines Teils des Zements gegen den Zusatzstoff

Bei zusätzlicher Zugabe kann für zement- und mehlkornarme Mischungen eine Verbesserung erzielt werden, weil ein dichteres Gefüge erreicht und die Verarbeitbarkeit günstig beeinflußt wird. Bei Mischungen mit hohem Zement- und/oder Mehlkorngehalt bringt ein Zusatz kaum eine Verbesserung. Bei Verwendung von Zusatzstoffen mit hohem Puzzolanwert ($> 1{,}0$) ist bei ausreichender Nachbehandlung immer eine Festigkeitssteigerung zu erwarten.

Bei Austausch eines bestimmten Zementanteils gegen die gleiche Menge Zusatzstoff mit niedrigem Puzzolanwert ($< 1{,}0$) bleibt die Festigkeit in den ersten 6 Monaten zurück. In höherem Alter kann die Festigkeit – ein ausreichendes Feuchteangebot vorausgesetzt – aufholen. Diese Voraussetzung ist jedoch i. allg. nur bei Massenbeton oder Bauteilen des Wasserbaus erfüllt. Bei Zusatzstoffen mit hohem Puzzolanwert ($> 1{,}0$) und ausreichender

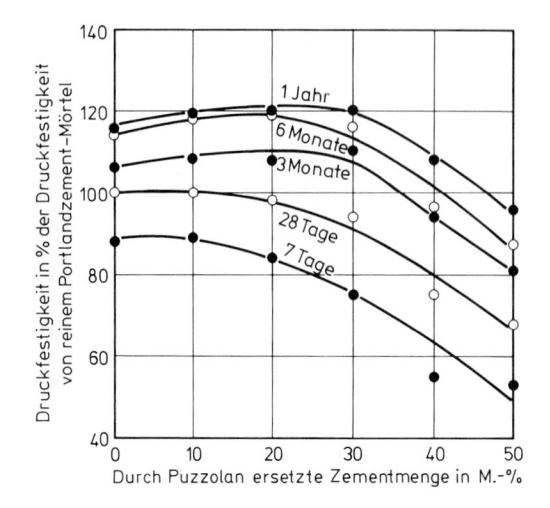

Bild 2.4-3 Einfluß eines teilweisen Ersatzes von Portlandzement durch ein Puzzolan auf die Druckfestigkeit von ISO-Normmörtel in verschiedenem Alter [2-105]

Feuchtnachbehandlung nimmt die Festigkeit in allen nicht zu jungen Altersstufen (≥ 7 Tage) mit steigendem Puzzolananteil bis zu einem Austausch von etwa 30 % des Portlandzements zu. Bei höheren Austauschprozentsätzen fällt sie wieder ab. Bei vorzeitiger Austrocknung kann die Festigkeit auch bei niedrigeren Puzzolangehalten beeinträchtigt sein.

Bild 2.4-3 illustriert die Verhältnisse bei Austausch von Portlandzement gegen ein Puzzolan mit mittlerem Puzzolanwert.

Bei Flugaschebetonen wird in der Praxis zu bestimmten Grundzementgehalten eine durch Vorversuche ermittelte Flugaschemenge hinzugefügt. Der Grundzementgehalt wird durch den Mindestzementgehalt bestimmt, der im Hinblick auf die Dauerhaftigkeit und den Korrosionsschutz der Bewehrung einzuhalten ist. Das Verhältnis Zement : Flugasche läßt sich nach technologischen und wirtschaftlichen Überlegungen optimieren. Üblich sind Flugaschezusatzmengen von etwa 30 bis 80 kg/m². Meist ergibt sich dabei eine Gesamtmenge Zement + Flugasche, die etwas über dem Zementgehalt eines Betons ohne Flugasche mit vergleichbarer Festigkeit liegt.

Sulfatwiderstand

Bei Verwendung von Zementen ohne hohen Sulfatwiderstand können puzzolanische Betonzusatzstoffe, wie Steinkohlenflugasche, Silicastaub oder Traß, den Sulfatwiderstand des Betons verbessern (Bild 2.4-4). Die Verbesserung ist besonders ausgeprägt bei zementarmen Mischungen. Bei Verwendung von Zement mit hohem Sulfatwiderstand ist keine wesentliche Verbesserung zu erwarten. Wenn der Zusatzstoff reaktionsfähige Aluminate enthält, kann sogar eine Verschlechterung eintreten [2-103, 2-104].

Beton mit alkaliempfindlichem Zuschlag

Durch Zugabe puzzolanischer Zusatzstoffe können Treiberscheinungen infolge einer Alkali-Zuschlag-Reaktion unter bestimmten Bedingungen reduziert werden (s. Abschn. 7.15.2). Es lassen sich derzeit jedoch noch keine allgemeingültigen Kriterien für die Eignung und erforderliche Zugabemenge eines puzzolanischen Betonzusatzstoffes zur sicheren Vermeidung einer schädlichen Alkali-Kieselsäure-Reaktion angeben.

2.4 Betonzusatzstoffe

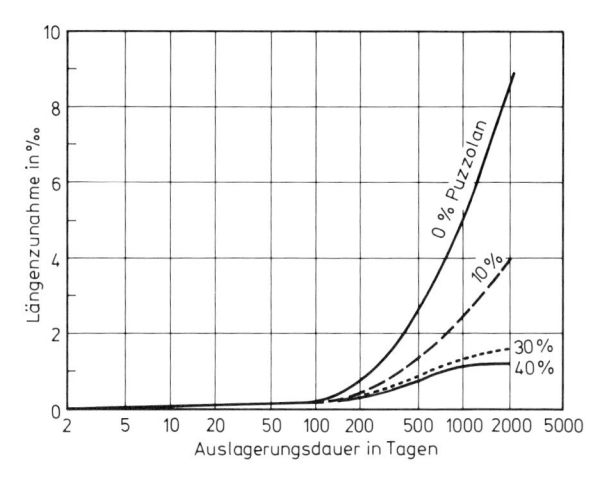

Bild 2.4-4 Einfluß eines teilweisen Ersatzes von Portlandzement durch ein Puzzolan auf die Sulfatbeständigkeit von Mörtel [2-105] (Prismen $2 \times 4 \times 25 \text{ cm}^3$ in 1%iger $MgSO_4$-Lösung)

Erhärtungstemperatur

Durch die Einsparung an Zement bei der Verwendung puzzolanischer Zusatzstoffe wird der Temperaturanstieg im Beton durch die Hydratationswärme vermindert. Bild 2.4-5 zeigt den Einfluß auf die Hydratationswärme. Zwar erhärten auch diese Stoffe exotherm, die Wärmeentwicklung erfolgt bei ihnen jedoch sehr langsam und fällt nicht mit dem Zeitpunkt maximaler Wärmeentwicklung des Zements zusammen. Die geringere Anfangserwärmung wirkt sich bei massigen Bauteilen günstig auf die Sicherheit gegen die Bildung von Temperaturrissen aus.

2.4.3.3 Latent hydraulische Stoffe

Latent hydraulische Stoffe bestehen aus Calcium-Silikat-Aluminat-Verbindungen. Sie besitzen hydraulische Eigenschaften, die aber nur in Anwesenheit eines Anregers wirksam werden.

Der für die Betonherstellung wichtigste latent hydraulische Stoff ist der Hüttensand, der

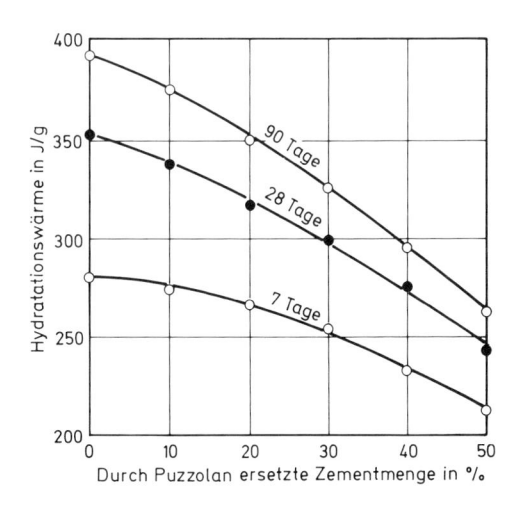

Bild 2.4-5 Einfluß eines teilweisen Ersatzes von Portlandzement durch ein Puzzolan auf die Hydratationswärme [2-105]

durch schnelles Abkühlen basischer Hochofenschlacke hergestellt wird, wobei ein hoher Anteil an glasigen Körnern entsteht. Demgegenüber hat langsam abgekühlte Hochofenschlacke ein kristallines Gefüge und ist nicht reaktionsfähig.

Feingemahlener Hüttensand kann durch Kalkhydrat zur Hydratation angeregt werden (basische Anregung) und erhärtet deshalb auch, wenn er mit Portlandzement und Wasser angemacht wird. Dabei wird im Gegensatz zu den im Abschnitt 2.4.3.2 beschriebenen puzzolanischen Reaktionen Calciumhydroxid nur dann chemisch gebunden, wenn der Kalkgehalt des Hüttensandes nicht ausreicht, um die gleichen Hydratationsprodukte zu bilden, wie sie auch beim Portlandzement entstehen. Die Erhärtungsreaktionen verlaufen i. allg. träger als beim Portlandzement, aber schneller als puzzolanische Reaktionen.

In Deutschland wird Hüttensand ausschließlich als Zumahlstoff bei der Herstellung der Hüttenzemente (HOZ, EPZ), eingesetzt. In anderen Ländern, wie z. B. in den USA und Canada, wird feingemahlener Hüttensand auch als Betonzusatzstoff, der als Komponente am Mischer zugesetzt wird, verwendet.

2.4.4 Farbstoffe

Farbstoffe, die zur Einfärbung von Beton verwendet werden, müssen alkalibeständig und lichtecht sein und dürfen das Erstarren und Erhärten des Zements nicht in unzulässigem Maße beeinträchtigen (s. DIN 53237). Organische Farben erfüllen diese Bedingungen meist nicht, daher werden überwiegend anorganische Farben verwendet, bei denen die färbende Substanz aus Metalloxiden oder Metallsalzen besteht. Die meisten dieser anorganischen Farben sind in natürlicher Form als Erdfarben oder als synthetische Mineralfarben erhältlich. Trotz des höheren Preises sind die synthetischen Mineralfarben oft wirtschaftlicher oder technologisch günstiger als die Erdfarben, weil sie durch ihre größere Feinheit und Reinheit ein höheres Färbevermögen haben und weil sie gleichmäßiger hergestellt werden können. Demgegenüber bestehen Erdfarben z. T. bis zu 90 % aus farblich wirkungslosem Ballast, dem sog. Substrat. Zu einer gründlichen Einfärbung des Betons können deshalb bei solchen Erdfarben so große Zusatzmengen erforderlich sein, daß bestimmte Betoneigenschaften durch ein Übermaß an Feinststoffen beeinträchtigt werden können.

Im Gegensatz zu den Erdfarben, die durchweg als licht- und zementecht gelten können, ist allerdings eine Reihe von Mineralfarben mit Zement nicht verträglich oder unter der Einwirkung der Witterung nicht beständig. Hierzu gehören z. B. Berliner Blau, Bremer Blau, Zinkgelb, Chromgelb und alle Bleifarben, wie Bleiweiß, Neapelgelb und bleihaltiges Zinkoxid. Die Bleifarben und Bremer Blau verfärben sich bei Einwirkung von Schwefelwasserstoffdämpfen dunkel. Zinkweiß beeinträchtigt das Abbinden des Zements [2-106].

Für das Einfärben von Beton kommen im wesentlichen Mineralfarben in Frage:

Gelb:

Gelbe Eisenoxidfarben aus gelbem wasserhaltigem Eisenoxid $Fe_2O_3 + H_2O$

Rot:

Rote Eisenoxidfarben aus Fe_2O_3, Herstellung durch Brennen der gelben Eisenoxidfarben. Orangegelbe Oxidfarben ergeben durch dieses „Kalzinieren" ein dunkelviolettes Eisenoxidrot, während das hellste Oxidgelb zum hellsten Oxidrot wird.

Grün:

Chromoxidgrün (Cr_2O_3) und Chromoxidhydratgrün $Cr_2O(OH)_4$. Sie zeichnen sich wie die Eisenoxidfarben durch sehr gute Lichtechtheit und Verträglichkeit mit Zement aus.

2.4 Betonzusatzstoffe

Blau:

Ultramarinblau (schwefelhaltiges Natrium-Aluminiumsilikat) mit latent hydraulischen Eigenschaften, nicht immer ganz zementecht, Kobaltblau (teuer und weniger farbkräftig als Ultramarinblau), Manganblau (mangan-bariumhaltige Verbindung), Spinellblau.

Weiß:

Weißpigmente werden i. allg. nur zum weiteren Aufhellen von weißem Beton verwendet, z. B. bei Fahrbahnmarkierungen.

Zinkoxid und Zinkweiß kommen nicht in Frage, weil sie das Abbinden des Zements verzögern oder schädigen. Bleiweiß sollte wegen Verschwärzungsgefahr und Bariumsulfat wegen zu geringer Einfärbekraft nicht verwendet werden.

Verwendung finden: Titandioxid (TiO_2) und das säureempfindliche Zinksulfid (ZnS), die man stets rein und nicht als Verschnittsorten einsetzen sollte.

Schwarz:

Eisenoxidschwarz (Fe_3O_4). Zur Schwarzfärbung eignen sich weiterhin auch das durch Aufbereitung natürlicher Erden gewonnene Manganschwarz und Farbzubereitungen aus Ruß- und Kohlenstoffpigmenten [2-107].

Die Farbwirkung ist abhängig von der Art, Menge und Feinheit des Farbstoffs, von der Zementart, der Zuschlagart und der Betonzusammensetzung. Sie kann zuverlässig nur am trockenen Beton beurteilt werden.

Pigmente zur Betoneinfärbung stehen als Pulver, staubarme Pulver, Pulver zur Selbstverflüssigung und pastöse Suspensionen zur Verfügung. Um eine gleichbleibende Färbung zu erzielen, müssen pulverförmige Pigmente durch Wägung dosiert werden. Pigmentsuspensionen lassen sich bequem mit volumetrischen Dosieranlagen abmessen.

Die Zugabemenge anorganischer Pigmente liegt i. allg. zwischen 2 und 10 % der Zementmenge. Sie sollte nicht höher gewählt werden als erforderlich, weil ein Übermaß derart feinteilreicher Stoffe den Wasseranspruch erhöhen und bestimmte Betoneigenschaften (z. B. Frostbeständigkeit oder das Schwinden) ungünstig beeinflussen kann. Ein erhöhter Wasseranspruch wird besonders bei Verwendung von Eisenoxidgelb beobachtet, weil Eisenoxidgelb im Gegensatz zu der kugelförmigen Kornform der anderen Pigmente aus stabförmigen Körnern ($l/d \approx 7/1$) besteht [2-108]. Besonders reine und leuchtende Farben lassen sich bei Verwendung von Weißzement erzielen. Dabei reichen bereits wesentlich geringere Farbzusätze aus als bei Grauzement. Mit dunklen Zementen lassen sich keine hellen Betone herstellen, auch nicht mit Hilfe von Pigmenten.

Bei der Einfärbung von Betonen, die einen hohen Frost- und Tausalzwiderstand aufweisen sollen, ist zu berücksichtigen, daß manche Farbstoffe die Luftporenerzeugung beeinträchtigen. Dies trifft besonders für Ruß-Schwarz-Farben zu, obwohl sie nur in einer Menge von 0,5 bis 1 % der Zementmenge zugegeben werden. Die Zugabemenge des LP-Mittels muß in solchen Fällen beträchtlich über das normale Maß erhöht werden [2-104].

2.4.5 Organische Stoffe

Organische Stoffe in Form von Kunststoffdispersionen können den Wasserbedarf des Frischbetons deutlich vermindern und seine Verarbeitbarkeit verbessern. Die in den Dispersionen enthaltenen oberflächenaktiven Substanzen (Emulgatoren) bewirken teilweise eine starke Luftporenbildung. Dies kann durch Zugabe einer entschäumenden Komponente verhindert werden. Kunststoffzusätze verbessern auch das Wasserrückhaltevermögen. Im erhärteten Beton wirken sie als zusätzliche Bindemittel. Man nimmt an, daß die Kunststoffteilchen nicht gleichmäßig in die Hydratationsprodukte eingelagert, sondern von dem sich bildenden Zementgel vor sich her geschoben werden, wobei es schließlich beim Kontakt zweier Zementsteinpartikel oder eines Zementsteinpartikels mit der Oberfläche eines Zuschlagkorns durch die in der Fuge eingeschlossenen Kunststoffteilchen zu einer zusätzlichen Verklebung kommt (Bild 2.4-6).

Kunststoffzusätze können die Druckfestigkeit, vor allem aber die Zugfestigkeit und Dehnbarkeit (Zähigkeit) des Betons verbessern. Dies setzt allerdings voraus, daß der Beton genügend austrocknen kann. Bei Wasserlagerung ist die Festigkeit von Beton mit Kunststoffzusatz geringer. Eine nachträgliche Wasserlagerung kann zu erheblichen Festigkeitsrückgängen führen. Der wesentliche Vorteil von Kunststoffzusätzen besteht auch weniger in einer Steigerung der Festigkeit als vielmehr in einer erhöhten Dauerhaftigkeit und besseren Haftfähigkeit des Betons [2-110].

Je nach Art des Kunststoffzusatzes kann das Schwindmaß des Betons erhöht oder vermindert werden. Das gleiche gilt für den Elastizitätsmodul. Das Kriechmaß wird generell erhöht, die Reißneigung bei behindertem Schwinden dagegen vermindert. Der Verbund mit der Bewehrung und die Haftung neu eingebrachten Betons an Altbeton können durch Kunststoffzusätze verbessert werden.

Die Zugabemenge der Kunststoffzusätze liegt in der Regel zwischen 2 und 10 % der Zementmenge. Als Betonzusatzstoff im eigentlichen Sinn haben sich Kunststoffe bisher nicht durchgesetzt. Ihr Hauptanwendungsgebiet liegt z.Z. bei Ausbesserungsarbeiten [2-111]. Neben der guten Haftfestigkeit wirkt sich hier das große Wasserrückhaltevermögen günstig aus, so daß auch sehr dünne nachträglich aufgebrachte Schichten nicht „verdursten".

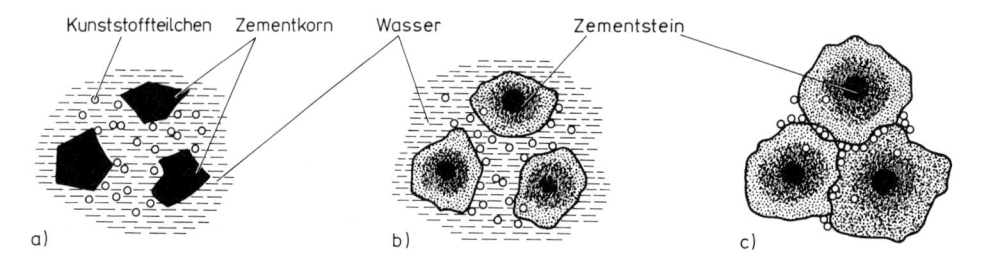

Bild 2.4-6 Einlagerung von Kunststoffteilchen in den Zementstein [2-109]
a) Zementpaste direkt nach der Wasserzugabe
b) Zementpaste während der Erhärtung
c) Erhärteter Zementstein

2.5 Zugabewasser

2.5.1 Begriffsbestimmung

Zugabewasser (Anmachwasser) ist der Teil des im Frischbeton enthaltenen Wassers, der der Mischung zugesetzt wird und nicht bereits mit dem Zuschlag als Oberflächen- oder Kernfeuchte oder ggf. mit Betonzusätzen in den Beton gelangt.

2.5.2 Anforderungen

Das Zugabewasser darf nicht unzulässig große Mengen an Bestandteilen enthalten, die das Erstarren oder Erhärten des Zements oder die Eigenschaften des Betons (Festigkeit, Dauerhaftigkeit, Raumbeständigkeit, Ausblühungen) ungünstig beeinflussen oder den Korrosionsschutz der Bewehrung beeinträchtigen können.

Die meisten in der Natur vorkommenden Wässer sind als Zugabewasser für Beton geeignet, z. B. Grundwasser, Regenwasser, Flußwasser (sofern nicht durch Industrieabwässer stark verunreinigt), u. U. auch Moorwasser. Meerwasser ist für unbewehrten Beton brauchbar, aber nicht für Stahlbeton und Spannbeton. Beispielsweise enthalten 180 Liter Meerwasser bei einem Cl-Gehalt von 18 g/l (Nordsee) 3,24 kg Cl^-. Dies würde bei einem Zementgehalt von 300 kg/m^3 einer Menge von 1,1 M.-% des Zements entsprechen.

2.5.3 Beurteilung

Dazu liegt ein Merkblatt des Deutschen Betonvereins e. V. vor [2-112]. Das Merkblatt genügt nicht für die Untersuchung und Beurteilung von Abwasser. Sollen alkaliempfindliche Zuschläge verwendet werden, so sind zusätzliche Untersuchungen erforderlich [2-113]. Hiernach wird das Wasser zunächst chemisch-physikalisch mit halbquantitativen Schnellprüfverfahren gemäß Tabelle 2.5-1 geprüft. Die Prüfungen sind an Ort und Stelle durchführbar und erlauben folgende Beurteilungen:

Brauchbar

Das Wasser ist aufgrund der eingehaltenen Grenzwerte als Zugabewasser für Beton, Stahlbeton und Spannbeton geeignet; vor der erstmaligen Verwendung ist zur Absicherung der Ergebnisse der Schnellprüfverfahren eine chemische Analyse anzuraten.

Bedingt brauchbar

Es wurden Stoffe, die z. B. das Erstarren oder Erhärten beeinflussen können, in einer Konzentration gefunden, die nicht von vornherein als unschädlich angesehen werden kann. In diesem Fall ist eine betontechnologische Vergleichsprüfung durchzuführen (s. Abschn. 2.5.4).

Unbrauchbar

Es wurden Stoffe, die den Korrosionsschutz der Bewehrung beeinträchtigen (Chloride) in einer unzulässig hohen Konzentration gefunden. Das Wasser ist als Zugabewasser für Spannbeton und Einpreßmörtel oder auch für Stahlbeton ungeeignet. Eine günstigere Beurteilung ist ggf. für Stahlbeton möglich, wenn die Chloridgehalte aller Betonausgangsstoffe berücksichtigt werden (siehe Abschnitt 7.20.4.2).

Für die Gesamtbeurteilung ist stets die ungünstigste Einzelbeurteilung maßgebend.

Tabelle 2.5-1   Grenzwerte zur Beurteilung von Zugabewasser mit Schnellprüfverfahren [2-112]

Prüfung	Prüfverfahren	Beurteilung		
		brauchbar	bedingt brauchbar[2]	unbrauchbar
1. Farbe	Visuelle Prüfung im Meßzylinder vor weißem Hintergrund (Schwebstoffe absetzen lassen)	farblos bis schwach gelblich	dunkel oder bunt (rot, grün, blau …)	
2. Öl und Fett	Prüfung nach Augenschein	höchstens Spuren	Ölfilm, Ölemulsion	
3. Detergentien	Wasserprobe in halb gefülltem Meßzylinder kräftig schütteln	geringe Schaumbildung. Schaum ≦2 min stabil	starke Schaumbildung (>2 min stabil)	
4. Absetzbare Stoffe	80 cm³ Meßzylinder, Absetzzeit 30 min	≦4 cm³	>4 cm³	
5. Geruch	Ansäuern, z. B. Aquamerck-Reagenzien (mit HCl)[1]	ohne bis schwach	stark (z. B. nach Schwefelwasserstoff)	
6. pH-Wert	pH-Papier[1]	≧4	<4	
7. Chlorid (Cl⁻) Spannbeton[3] und Einpreßmörtel	z. B. Aquamerck-Reagenzien[1] Titration mit Hg(NO₃)₂	≦600 mg/l		>600 mg/l[3]
Stahlbeton[3]		≦2000 mg/l		>2000 mg/l[3]
unbewehrter Beton		≦4500 mg/l	>4500 mg/l	

2.5 Zugabewasser

8. Sulfat (SO_4^{2-})	z. B. Merckoquant-Teststäbchen oder Aquamerck-Wasserlabor	$\leq$ 2000 mg/l	> 2000 mg/l
9. Zucker Glukose	z. B. Gluco-Merckognost[1]) Teststäbchen	$\leq$ 100 mg/l	> 100 mg/l
Saccharose	Schnellprüfverfahren fehlt	$\leq$ 100 mg/l	> 100 mg/l
10. Phosphat (P_2O_5)	z. B. Aquamerck-Reagenzien[1])	$\leq$ 100 mg/l	> 100 mg/l
11. Nitrat (NO_3^-)	z. B. Merckoquant-Teststäbchen[1])	$\leq$ 500 mg/l	> 500 mg/l
12. Zink (Zn^{2+})	z. B. Merckoquant-Teststäbchen[1])	$\leq$ 100 mg/l	> 100 mg/l
13. Huminstoffe (ggf. Ammoniakgeruch)	5 cm³ Wasserprobe in Reagenzglas füllen, 5 cm³ 3%ige oder 4%ige Natronlauge zusetzen, schütteln, nach 3 min Prüfung nach Augenschein	heller als gelbbraun	dunkler als gelbbraun

[1]) Beschreibung gemäß der Gebrauchsanweisung des Herstellers.
[2]) „bedingt brauchbar" heißt: Die endgültige Beurteilung ist von einer Beurteilung im Einzelfall und/oder der betontechnologischen Vergleichsprüfung abhängig.
[3]) Gegebenenfalls ist eine günstigere Beurteilung möglich, wenn der Chloridgehalt aller Betonausgangsstoffe berücksichtigt wird. Im allgemeinen werden Chloridgehalte $\leq$ 0,20 % des Zementgewichts für Spannbeton, $\leq$ 0,40 % des Zementgewichts für Stahlbeton als unschädlich angesehen.

2.5.4 Betontechnologische Vergleichsprüfungen

Die Prüfungen müssen mit dem für die Betonherstellung vorgesehenen Zement durchgeführt werden, weil sich z. B. erstarrungsverzögernde Stoffe bei verschiedenen Zementen unterschiedlich auswirken können. Als Zugabewasser sind vergleichend das zu beurteilende Wasser und destilliertes oder deionisiertes Wasser zu verwenden.

Zu prüfen sind:
- das Erstarren nach DIN 1164 Teil 5 an Zementleimproben
- die Raumbeständigkeit nach DIN 1164 Teil 6 an Zementsteinkuchen
- das Erhärten bzw. die Festigkeit nach DIN 1164 Teil 7 an Mörtelprismenhälften oder, in Ausnahmefällen, nach DIN 1048 Teil 1 an Betonprobekörpern, jeweils im Alter von 2, ggf. 7 und 28 Tagen.

Das untersuchte Wasser ist geeignet, wenn folgende Anforderungen erfüllt sind:

Erstarren

Das Erstarren des mit dem zu untersuchenden Wasser hergestellten Zementleims darf frühestens 1 Stunde nach dem Anmachen beginnen und muß spätestens 12 Stunden nach dem Anmachen beendet sein.

Weichen Erstarrungsbeginn oder Erstarrungsende bei Verwendung des zu beurteilenden Wassers um mehr als $\pm 25\%$ oder ± 30 min von den Vergleichswerten ab, so sind die Ursachen und ihre möglichen Auswirkungen im Einzelfall zu klären.

Raumbeständigkeit

Die mit dem zu beurteilenden Wasser hergestellten Kuchen müssen nach dem Kochversuch scharfkantig und rissefrei sein. Die Wölbung der Bodenfläche des Kuchens darf einen Stich von höchstens 2 mm haben.

Unterscheiden sich die Aufwölbungen und/oder die Rißbildungen der mit den beiden Wässern hergestellten Kuchen erheblich, so sind die Ursachen und ihre möglichen Auswirkungen im Einzelfall zu klären.

Druckfestigkeit

Im Prüfalter von 28 Tagen darf die mittlere Druckfestigkeit der mit dem zu beurteilenden Wasser hergestellten Probekörper höchstens um 10 % unter der mittleren Druckfestigkeit der Vergleichskörper liegen.

Sind die Abweichungen größer, so darf das Wasser nur verwendet werden, wenn die Ursachen bekannt sind und die möglichen Auswirkungen in dem jeweiligen Einzelfall unerheblich sind.

Der Vergleich der Druckfestigkeiten im Alter von 2 und 7 Tagen kann bereits Hinweise auf etwaige Änderungen im Erhärtungsverlauf geben. Die 7-Tage-Festigkeit erlaubt dann in der Regel Schlüsse auf die zu erwartende 28-Tage-Festigkeit.

3 Betonzusammensetzung

Die Zusammensetzung ist so zu wählen, daß mit den verfügbaren Ausgangsstoffen ein verarbeitbarer Frischbeton entsteht, der in erhärtetem Zustand die gewünschten Eigenschaften aufweist. Neben rein technologischen Gesichtspunkten spielen bei der Wahl der Betonzusammensetzung auch wirtschaftliche Überlegungen eine wichtige Rolle.

3.1 Kornzusammensetzung des Zuschlags

3.1.1 Allgemeines

Die Kornzusammensetzung wird durch die Anteile der einzelnen Korngruppen am Zuschlaggemisch beschrieben (vgl. Abschn. 2.2.3.2). Sie bestimmt neben der Kornform und der Kornoberfläche (vgl. Abschn. 2.2.3.3) den Wasseranspruch für eine ausreichende Frischbetonverarbeitbarkeit und den Bedarf an Zementleim zur Erzielung eines geschlossenen Gefüges. Bei vorgegebenem Zementgehalt ist sie deshalb maßgebend für den Wasserzementwert und alle von diesem abhängige Betoneigenschaften. Bei Beton mit vorgegebener Druckfestigkeit und hierdurch festgelegtem Wasserzementwert bestimmt die Kornzusammensetzung des Zuschlags den Zementbedarf. Die Kornzusammensetzung des Zuschlags wirkt sich auch unmittelbar auf bestimmte Festbeton-Eigenschaften aus. So hängt der innere Kräfteverlauf im Beton auch vom Größtkorn und vom Verhältnis Grob- zu Feinkorn ab. Dies kann sich z. B. auf das Verhältnis Zug-/Druckfestigkeit, auf den Verlauf der Arbeitslinie und auf die Bruchstauchung auswirken.

Für die Wahl der Kornzusammensetzung gelten folgende grundsätzliche Überlegungen:

– Grobkörnige Gemische besitzen einen kleineren Wasseranspruch und je Volumeneinheit eine geringere Oberfläche, die mit Zementleim benetzt und verkittet werden muß, als feinkörnige.

– Gemischtkörnige Kornzusammensetzungen haben einen geringeren Hohlraumgehalt als Haufwerke aus annähernd gleich großen Körnern. Zum Ausfüllen der Hohlräume ist also weniger Zementleim erforderlich als bei einem Einkorn-Haufwerk. Dies hat wirtschaftliche und technologische Vorteile. Der Temperaturanstieg im Beton infolge der Zementhydratation und die anschließende Abkühldifferenz sowie die Schwind- und Kriechzahlen nehmen mit fallendem Zementgehalt ab.

– Zu grobkornreiche Mischungen sind als Frischbeton sperrig, schwerer verarbeitbar und neigen stärker zum Entmischen. Unterhalb von groben Zuschlagkörnern besteht die Gefahr von Wasserabsonderungen.

– Festigkeit und Elastizitätsmodul von dichtem Grobzuschlag für Normalbeton sind wesentlich höher als die entsprechenden Werte der Mörtelmatrix. Das Schwinden und Kriechen des Zuschlags ist dagegen in der Regel vernachlässigbar. Dies führt bei äußerer Beanspruchung zu Spannungsspitzen, bei Austrocknen oder Temperaturänderungen zu Eigenspannungen im Betongefüge. Mit zunehmender Korngröße erhöht sich die

Spannungskonzentration um das einzelne Zuschlagkorn. Dies kann die Bildung von Mikro-Haftrissen begünstigen [3-1].

Durch den Einbau von Zwischenkörnungen vermindern sich die Spannungskonzentrationen um die groben Körner. Das Betongefüge wird homogener und damit die Kraftübertragung gleichmäßiger, was sich insbesondere auf die Zugfestigkeit günstig auswirkt.

3.1.2 Sieblinien

Die Kornzusammensetzung eines Zuschlaggemisches läßt sich am anschaulichsten durch Sieblinien beschreiben. Bei dieser Darstellung ist auf der Abszisse die Siebweite als Maßzahl für die Korngröße und auf der Ordinate der Durchgang durch das entsprechende Prüfsieb aufgetragen. Maßgebend ist der Durchgang in Stoffraum-%. Die Stoffraumanteile sind die durch die Kornrohdichte geteilten Masse-Anteile. Bei Zuschlaggemischen, bei denen sich die Kornrohdichten der verwendeten Korngruppen nicht wesentlich voneinander unterscheiden, können die Stoffraum-Anteile näherungsweise gleich den Masse-Anteilen gesetzt werden.

Man unterscheidet zwischen stetigen und unstetigen Sieblinien. Zuschlaggemische mit stetiger Sieblinie enthalten alle Korngruppen in merklichen Anteilen, so daß sich ein annähernd stetig gekrümmter Linienzug ergibt. Demgegenüber sind bei Gemischen mit unstetiger Sieblinie eine oder mehrere Korngruppen nicht oder nur unmerklich vertreten, so daß die Sieblinie streckenweise mehr oder weniger parallel zur Abszisse verläuft. Kornzusammensetzungen mit unstetigen Sieblinien werden auch als Ausfallkörnungen bezeichnet.

3.1.3 Stetige und unstetige Kornzusammensetzung

3.1.3.1 Gegenüberstellung

Die Meinungen über die Vorteile von stetigen Kornzusammensetzungen bzw. von Ausfallkörnungen gehen auseinander. Grundsätzlich kann in beiden Fällen ein guter Beton hergestellt werden. Im Einzelfall können bestimmte Umstände stetige oder unstetige Zusammensetzungen zweckmäßiger erscheinen lassen. Dafür sind wirtschaftliche Gründe, wie die Zusammensetzung der verfügbaren Sand- und Kiesvorkommen, aber auch technologische Überlegungen maßgebend. Dafür gilt [3-2, 3-3]:

– Ausfallkörnungen können in manchen Fällen aufgrund der niedrigeren Oberfläche einen geringeren Wasseranspruch haben als stetige Kornzusammensetzungen, aber auch das Gegenteil ist möglich.

– Günstig für die Verarbeitbarkeit ist bei Ausfallkörnungen, daß sich der Mörtel besser und in dickerer Schicht auf die geringere Oberfläche des Grobkorns verteilt. Andererseits ist der Frischbeton bei Ausfallkörnungen sperriger und neigt mehr zum Entmischen als bei stetiger Kornzusammensetzung. Der Aufbau und die Beurteilung des Frischbetons mit Ausfallkörnungen erfordert besondere Umsicht, da Änderungen beim Sand und im Wassergehalt sich verhältnismäßig stark auf die Verarbeitbarkeit auswirken.

– Bei ausreichendem Mörtelgehalt kann u. U. durch Weglassen der Korngruppe 2/8 und evtl. auch der Korngruppe 8/16 mm die Pumpfähigkeit verbessert werden.

– Wenn mit möglichst geringem Mörtelüberschuß gearbeitet wird, erhält man bei Beton mit geeigneter Ausfallkörnung nach der Verdichtung ein stabiles Zuschlaggerüst und damit eine hohe Grünstandfestigkeit.

- Bei gleichem Wasserzementwert ist die Druckfestigkeit von Beton mit Ausfallkörnung meist geringfügig niedriger, die Biegezugfestigkeit dagegen in der Regel deutlich niedriger als bei Beton mit stetiger Kornzusammensetzung.
- Das Schrumpfen und Wasserabsondern unter dem Grobkorn können sich bei Ausfallkörnung ungünstiger bemerkbar machen.
- Sofern durch Verwendung einer Ausfallkörnung eine Herabsetzung des Zementleimgehaltes möglich ist, sind für den damit hergestellten Normalbeton i. allg. ein höherer Elastizitätsmodul, niedrigere Schwind- und Kriechverformungen und eine geringere Wärmeentwicklung zu erwarten.
- Der Verschleißwiderstand kann bei Beton mit Ausfallkörnung höher sein als bei vergleichbarem Beton mit stetiger Kornzusammensetzung, weil der in der Oberfläche vorhandene Anteil grober Zuschlagkörner höher ist. Ist eine dünne Feinmörtelschicht über den groben Körnern jedoch erst einmal abgenutzt, z. B. auf Verkehrsflächen, so kann bei extremer Ausfallkörnung die Griffigkeit einer solchen Fläche geringer sein als die einer Fläche mit gleichmäßiger Struktur, wie sie bei einem stetig aufgebauten Zuschlaggemisch zu erwarten ist, insbesondere dann, wenn die groben Körner unter dem Verkehr glatt poliert werden.
- Der Frostwiderstand kann bei Beton mit Ausfallkörnungen niedriger sein. Auch der Widerstand gegen wechselnde und hohe Temperaturen, wie z. B. bei Bränden, kann geringer sein.
- Die Wasserundurchlässigkeit ist bei Beton mit Ausfallkörnung ähnlich zu erwarten wie bei einem vergleichbaren Beton mit stetiger Kornzusammensetzung.
- Bei Waschbeton können mit Ausfallkörnungen besondere Oberflächenstrukturen erzielt werden.

3.1.3.2 Stetige Sieblinien

Es sind viele Versuche unternommen worden, für Zuschlaggemische mit bestimmten Größtkorndurchmessern „Idealsieblinien" zu entwickeln, mit denen z. B. die größtmögliche Packungsdichte des Kornhaufwerks und damit ein minimaler Zementleimbedarf, eine optimale Verarbeitbarkeit des Frischbetons und maximale Festigkeiten erzielt werden sollen. Das älteste und bekannteste Beispiel einer solchen Idealsieblinie ist die nach dem Amerikaner FULLER benannte FULLERkurve [3-4]. Sie kann durch die Gleichung

$$A = 100 \left(\frac{d}{D}\right)^n$$

mit $n = 0,5$ ausgedrückt werden.

Dabei bedeuten:
D Größtkorndurchmesser des Zuschlaggemischs in mm
d Siebweite
A prozentualer Siebdurchgang aller Feststoffe (einschließlich des Zements) durch das Sieb mit der Siebweite d

Die FULLERkurve hat die Form einer quadratischen Parabel und läßt sich durch Auftragen der Siebweite im Wurzelmaßstab und des Siebdurchgangs in linearem Maßstab als Gerade durch den Nullpunkt darstellen. Andere, ähnliche „Idealsieblinien" sind z. B. von ROTHFUCHS entwickelt worden [3-5].

Für den Zuschlag allein liefert die FULLERparabel nicht ganz die optimale Packungsdichte, d.h. den geringsten Hohlraumgehalt des Kornhaufwerks. Durch Veränderung des Exponenten n läßt sich die Packungsdichte solcher nach einer parabolischen Sieblinie zusammengesetzten Kornhaufwerke beeinflussen. Bei Zuschlag mit gerundeten Körnern (z. B. Kiessand) wird die größte Packungsdichte meist für $n \approx 0{,}4$, bei gebrochenem Material für $n \approx 0{,}3$ erreicht [3-6].

Die Mengenanteile an Korn unter 0,125 mm sind bei den meisten Zuschlägen gering und werden bei der Sieblinie in der Regel nicht gesondert berücksichtigt, sondern zusammen

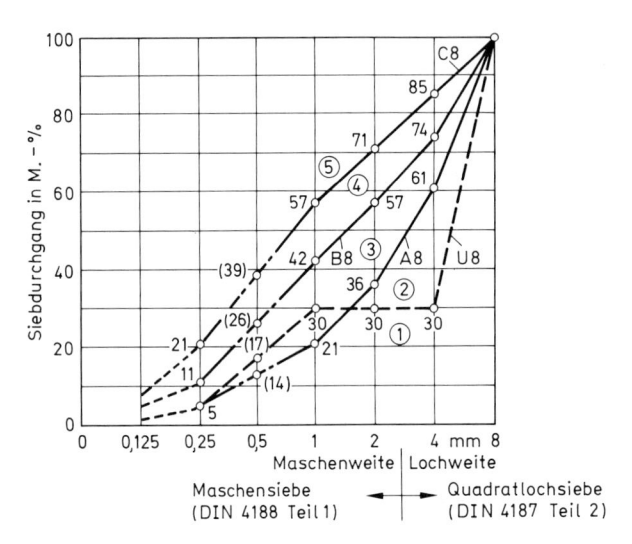

Bild 3.1-1   Sieblinienbereiche nach DIN 1045 für Zuschlaggemische 0/8 mm

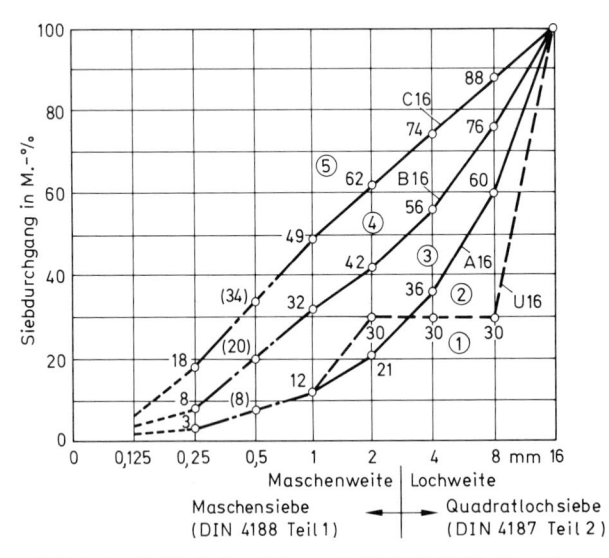

Bild 3.1-2   Sieblinienbereiche nach DIN 1045 für Zuschlaggemische 0/16 mm

3.1 Kornzusammensetzung des Zuschlags

mit dem Zement dem Mehlkorn zugerechnet. Läßt man diesen Anteil außer Betracht, so kann man die Gleichung für parabolische Kornverteilungen wie folgt abwandeln:

$$A = \frac{100}{1 - \left(\frac{0{,}125}{D}\right)^n} \left[\left(\frac{d}{D}\right)^n - \left(\frac{0{,}125}{D}\right)^n\right]$$

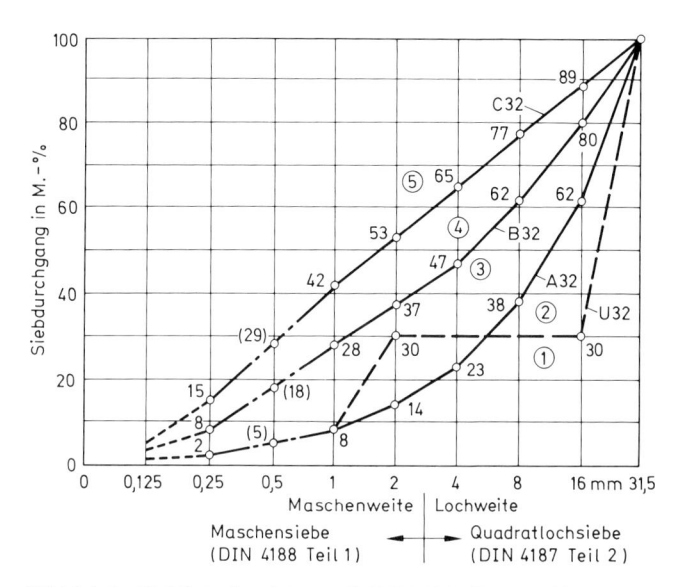

Bild 3.1-3   Sieblinienbereiche nach DIN 1045 für Zuschlaggemische 0/32 mm

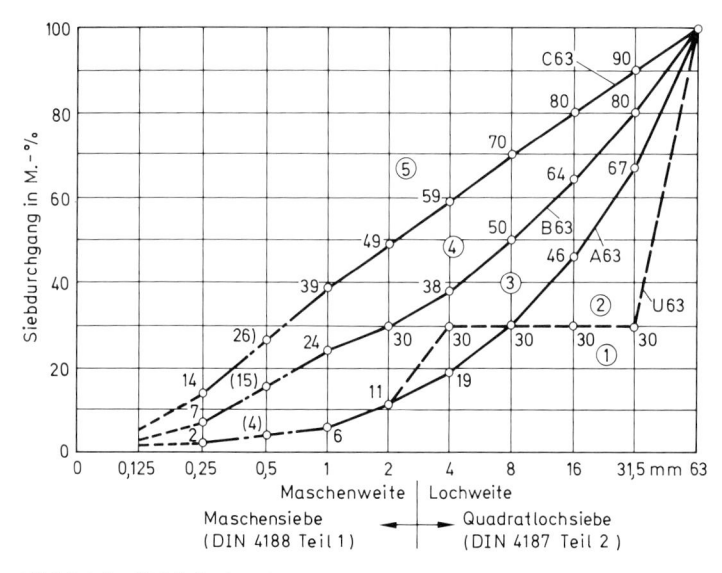

Bild 3.1-4   Sieblinienbereiche nach DIN 1045 für Zuschlaggemische 0/63 mm

Diese Gleichung bildet mit geringen Abweichungen, die die Zusammensetzung natürlicher Kiessande besser berücksichtigen sollen, die Grundlage für die stetigen Regelsieblinien der DIN 1045, die auf den Bildern 3.1-1 bis 3.1-4 dargestellt sind. Sie werden mit den Buchstaben A bis C und einer Zusatzzahl für das Größtkorn bezeichnet. Nahezu unabhängig vom Größtkorn beträgt der Exponent n für die Sieblinie A rd. 2/3 und für die Sieblinie B rd. 1/4. Für die Sieblinie C geht n gegen Null.

Die Regelsieblinien grenzen Bereiche günstiger, noch brauchbarer und ungünstiger Kornzusammensetzungen voneinander ab. Bei der benutzten Darstellungsweise ist die der Korngröße zugeordnete Abszisse in logarithmischem Maßstab geteilt, so daß sich bei der gewählten Prüfsiebreihe, bei der das folgende größere Sieb jeweils eine doppelt so große Siebweite hat wie das vorhergehende kleinere, stets gleichgroße Abstände ergeben.

Zuschlaggemische im Bereich ① mit Sieblinien unterhalb der Sieblinie A haben sich als ungünstig erwiesen, da sie zu grobkornreich sind und einen schwer verarbeitbaren Beton ergeben, der außerdem stark zum Entmischen neigt.

Der durch die Sieblinien A und B begrenzte Bereich ③ gilt als günstig, da solche Kornzusammensetzungen einen geringen Wasseranspruch haben und im allgemeinen ausreichend gut verarbeitbare Betone ergeben. Allerdings sind in der Nähe der Sieblinie A liegende Zuschlaggemische doch noch sehr grobkornreich (Bilder 3.1-5a und 3.1-6a). Im Hinblick auf die Verarbeitbarkeit sind Zuschlaggemische in der Nähe der Sieblinie B (Bild 3.1-5b und 3.1-6b) meist vorzuziehen.

Sieblinien im Bereich ④ zwischen den Regelsieblinien B und C sind feinkornreich. Mit solchen Zuschlaggemischen hergestellte Betone zeichnen sich durch einen besonders guten Zusammenhalt und leichte Verarbeitbarkeit aus. Sie haben jedoch einen höheren Wasseranspruch und erfordern deshalb für die gleiche Betonfestigkeit einen höheren Zementgehalt, sofern nicht der Wasseranspruch durch Zugabe eines Verflüssigers gesenkt wird. Noch feinkornreichere Zuschlaggemische im Bereich ⑤ oberhalb der Sieblinie C sind aufgrund ihres hohen Wasseranspruchs für Betone hoher Festigkeitsklasse oder mit besonderen Eigenschaften schlecht geeignet. Sie können jedoch für zementarme Betone niedriger Festigkeitsklasse durchaus brauchbar, ja sogar zweckmäßig sein, wenn sie nicht zu fein sind. Hierfür ist z. B. in der neuen österreichischen Norm ÖNORM B 4200 Teil 10 [3-7] ein erweiterter Sieblinienbereich vorgesehen. Dabei darf die Grenzsieblinie C bei 0,25 mm um 5 % und bei 0,5 und 1 mm um 10 % (absolut) überschritten werden.

Mischungen mit künstlich eingeführten Luftporen lassen sich auch mit sehr niedrigen Sandgehalten gut verarbeiten.

3.1.3.3 Sieblinien für Ausfallkörnungen

Während die Kornzusammensetzung nach stetigen Sieblinien i. allg. unproblematisch ist, erfordert die Zusammenstellung von Ausfallkörnungen besondere Überlegungen.

Um ein Minimum an Hohlräumen zwischen den Zuschlagkörnern zu erhalten, müssen die kleineren Körner in die Zwischenräume zwischen den größeren Körnern hineinpassen, ohne diese auseinanderzuzwängen. Da die Körner beim Betonieren nicht lagenweise aufeinandergeschichtet werden können, müssen die kleineren Körner klein genug sein, um durch die Engpässe zwischen den sich im Grenzfall berührenden größeren Körnern hindurchschlüpfen zu können. Solche Körner werden deshalb als Schlüpfkorn bezeichnet. Größere Körner, die zwar auch noch in den Kornzwischenräumen Platz finden, aber die Engstellen nicht mehr passieren können, heißen Füllkorn. Noch größere Körner bedingen für ihre Unterbringung ein Auseinanderrücken des Grobkorns. Sie heißen deshalb Sperrkorn. Wenn das Grobkorn aus lauter gleich großen Kugeln mit dem Durchmesser D

3.1 Kornzusammensetzung des Zuschlags

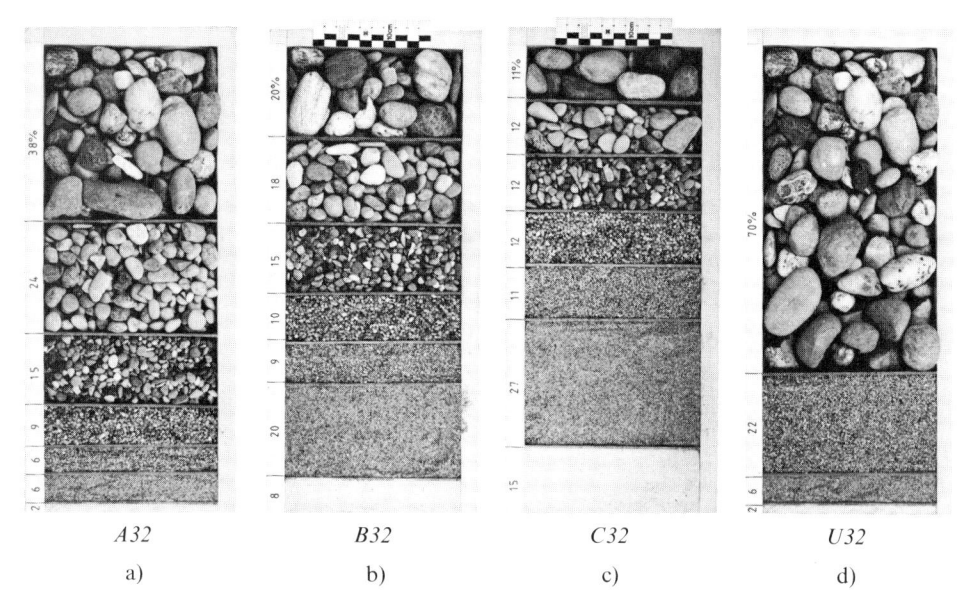

A32	B32	C32	U32
a)	b)	c)	d)

Bild 3.1-5 Kiessand-Korngemische mit 32 mm Größtkorn nach den Regelsieblinien von DIN 1045 (Bild 3.1-3 auf S. 105)

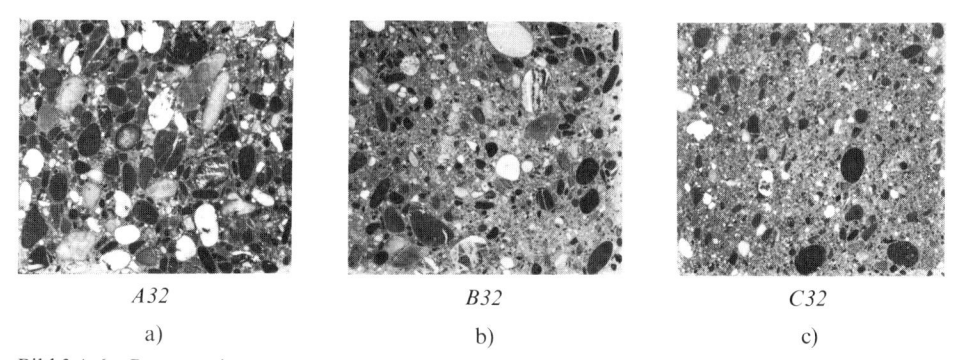

A32	B32	C32
a)	b)	c)

Bild 3.1-6 Betone mit Korngemischen aus Kiessand nach den Regelsieblinien A 32 bis C 32

besteht, darf der Durchmesser des nächstkleineren Korns theoretisch einen Wert von 0,155 D nicht überschreiten, um bei der Verdichtung in die Kornzwischenräume eindringen zu können (Bild 3.1-7). Da die groben und die feinen Zuschlagkörner nicht alle die gleiche Größe haben, mehr oder weniger von der Kugelform abweichen und außerdem noch mit Zementleim umhüllt sind, sollte das Feinkorn nicht gröber sein als etwa 1/7 des durchschnittlichen Grobkorndurchmessers [3-3]. Deshalb kommt z. B. für Grobkorn 8/16 mm oder 16/32 mm als Schlüpfkorn Sand der Korngruppe 0/2 mm in Frage.

Der Sandanteil richtet sich nach dem Hohlraumgehalt der groben Korngruppe und dem erforderlichen Zementleimgehalt. Bei lauter gleich großen Kugeln in dichtester Lagerung beträgt der Gehalt an Haufwerksporen 26 %, bei Kies der Korngruppe 16/32 mm dagegen bis zu etwa 40 %, bei gebrochenem Material, je nach Kornform, z. T. noch wesentlich

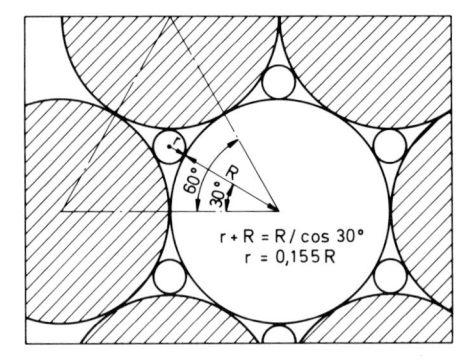

Bild 3.1-7 Schlüpfkorn bei Ausfallkörnungen

$r + R = R / \cos 30°$
$r = 0{,}155 R$

mehr. Im allg. wird daher ein Sandgehalt von mindestens 30 % des gesamten Zuschlagvolumens zweckmäßig und erforderlich sein.

Die genannten Überlegungen hinsichtlich Schlüpfkorndurchmesser und minimalem Sandgehalt sind bei den Grenzsieblinien für Ausfallkörnungen in DIN 1045 berücksichtigt. Derartige Kornzusammensetzungen führen zu Betonen mit einem Minimum an Mörtel. Wie schon erwähnt, wirken sich hier kleine Änderungen des Sandgehaltes, der Sandzusammensetzung oder des Wassergehalts stärker auf die Konsistenz und die Verarbeitbarkeit aus als bei stetigen Kornzusammensetzungen. Dies bedingt eine besonders sorgfältige Überwachung. Zur Ermittlung der Zusammensetzung sind bei Betonen mit Ausfallkörnung stets Eignungsprüfungen erforderlich.

3.1.4 Kennwerte für die Kornverteilung und für den Wasseranspruch

Als Kennwerte für die Kornverteilung des Zuschlags sind gebräuchlich:

    Körnungsziffer (k-Wert)
    Durchgangswert (D-Summe, Quersummenzahl)
    Feinheitsziffer (F-Wert) nach HUMMEL
    Feinheitsmodul F_m nach ABRAMS
    Spezifische Oberfläche

Die vier ersten Kennwerte sind ein Maß für die Fläche über bzw. unter der Sieblinie. Aus Versuchen wurde abgeleitet, daß alle Kornzusammensetzungen aus Zuschlägen mit ähnlicher Kornform und Kornoberfläche, bei denen die Fläche über der im halblogarithmischen Maßstab aufgetragenen Sieblinie gleich groß ist, etwa den gleichen Wasseranspruch für eine bestimmte Konsistenz des Frischbetons haben (vgl. Abschn. 3.2.1). Deshalb beschreiben diese Kennwerte unmittelbar den Wasseranspruch.

Auch die spezifische Oberfläche, als letzter der genannten Kennwerte, kann eine Aussage über die Größe der zu benetzenden Oberfläche und damit über den Wasseranspruch machen.

Bei der logarithmischen Auftragung der Siebweiten geht der Feinkornbereich viel stärker in die Sieblinienfläche ein als der Grobbereich. Die o. g. empirisch gefundene Flächenregel läßt also erkennen, daß dem Feinkorn bis etwa 8 mm eine besondere Bedeutung für den Wasseranspruch zukommt, während der Einfluß unterschiedlicher Kornverteilungen im Grobbereich gering ist. Dies ist dadurch begründet, daß eine Änderung der Kornzusammensetzung im Feinkornbereich die Gesamtoberfläche des Zuschlaggemischs wesentlich stärker verändert als Verschiebungen im Grobbereich.

3.1 Kornzusammensetzung des Zuschlags

Körnungsziffer (*k*-Wert)

Die Körnungsziffer *k* wird berechnet, indem man die gesamten Rückstände auf den einzelnen Prüfsieben des vollständigen Norm-Siebsatzes bis 63 mm*) addiert:

$$k = \frac{1}{100} \sum R_i$$

mit

R_i Rückstand auf dem Sieb *i* in Stoffraum-% des gesamten Zuschlags

Mit dem gleichen Siebsatz werden um so größere Körnungsziffern erhalten, je größer das Größtkorn und je höher der Grobkornanteil ist.

Durchgangswert (*D*-Summe, Quersummenzahl)

Der Durchgangswert ist definiert als Summe der Siebdurchgänge in Stoffraum-% für alle Siebe des vollständigen Siebsatzes bis 63 mm*).

$$D = \sum D_i$$

Der Durchgangswert ist im Prinzip wie der *k*-Wert zu beurteilen, jedoch in umgekehrtem Sinne. Die größeren Durchgangswerte repräsentieren die feinkornreicheren Korngemische.

Feinheitsziffer nach HUMMEL (*F*-Wert)

Der *F*-Wert eines Zuschlaggemischs ist die Summe der mit dem Anteil a_i multiplizierten F_i-Werte der Einzelkorngruppen.

$$F = \sum \frac{a_i}{100} \cdot F_i$$

mit

a_i Anteil der Korngruppe in Stoffraum-%
$F_i = \frac{1}{2} \cdot 100 \, (\log 10 d_i + \log 10 d_{i-1})$
d_i obere Prüfkorngröße der Korngruppe in mm
d_{i-1} untere Prüfkorngröße der Korngruppe in mm

Da die Korngruppe 0/0,25 mm im allgemeinen nur sehr wenig Korn unter 0,1 mm enthält, wird die untere Prüfkorngröße meist zu 0,1 mm angenommen [3-6 bis 3-8].

Die F_i-Werte für die einzelnen Korngruppen des Norm-Siebsatzes betragen

Korngruppe	0/0,25	0,25/0,5	0,5/1	(0,25/1)	1/2	2/4	4/8	8/16	16/32	32/63
F_i	20	55	85	(70)	115	145	175	205	235	265

Hieraus ist ersichtlich, daß Zuschlaggemische mit hohem Feinkornanteil kleine *F*-Werte und grobkornreiche Zuschlaggemische große *F*-Werte haben.

*) 9 Siebe mit den Siebweiten: 0,25|0,5|1|2|4|8|16|31,5|63 mm

Feinheitsmodul F_m nach ABRAMS

Zur Bestimmung des Feinheitsmoduls wird die Fläche über der in halblogarithmischer Darstellung aufgetragenen Sieblinie in senkrechte Streifen mit der Breite log 2 zerlegt und die Länge der Mittellinien dieser Streifen addiert. Die in der Literatur genannten F_m-Werte beziehen sich in der Regel auf den amerikanischen Siebsatz. In Europa ist der Feinheitsmodul weniger gebräuchlich.

Spezifische Oberfläche A_0

Die spezifische Oberfläche eines Zuschlaggemischs kann näherungsweise ermittelt werden, indem man die Oberfläche für kugelförmige Körner berechnet und die abweichende Kornform durch einen Beiwert a_f berücksichtigt.

Die spezifische Oberfläche ergibt sich als gewichtetes Mittel der spezifischen Oberflächen der einzelnen Korngruppen

$$A_0 = \sum \frac{a_i}{100} \cdot \frac{1}{d_{m,i} \cdot \varrho_{Rg,i}} \cdot a_f \ [m^2/kg]$$

mit

a_i Anteil der Korngruppe i [M.-%]

$d_{m,i}$ mittlere Korngröße [mm] der Korngruppe i, die durch die Prüfsiebe mit den Lochweiten d_i und d_{i-1} begrenzt wird

$\varrho_{Rg,i}$ Kornrohdichte [kg/dm³] der Korngruppe i

a_f Beiwert nach [3-8] zur Berücksichtigung der Kornform gemäß nachstehender Tabelle

Kornform	a_f
kugelförmig	6
würfelförmig	8,5
gedrungen, abgerundet, kantig	8 bis 10,5
plattig, nadelig	12 bis 17

Die mittlere Korngröße $d_{m,i}$ einer Korngruppe wird im allgemeinen als geometrisches Mittel der Grenz-Korngrößen (Grenzsiebweiten) berechnet zu

$$d_{m,i} = \sqrt{d_i \cdot d_{i-1}} \ (= 0{,}71 \, d_i \ \text{für} \ \frac{d_i}{d_{i-1}} = 2).$$

Die spezifischen Oberflächen der durch die Siebe des Norm-Siebsatzes begrenzten Korngruppen betragen für Kiessand mit einer Kornrohdichte von 2,63 kg/dm³ und einem angenommenen Formbeiwert von $a_f = 8{,}5$:

Korngruppe	0/0,25	0,25/0,5	0,5/1	(0,25/1)	1/2	2/4	4/8	8/16	16/32	32/63
$d_{m,i}$	0,158	0,354	0,707	(0,50)	1,41	2,83	5,66	11,3	22,4	44,5
$A_{0,i}$ [m²/kg]	20,4	9,14	4,57	(6,46)	2,29	1,14	0,57	0,29	0,14	0,07

3.1 Kornzusammensetzung des Zuschlags

Tabelle 3.1-1 Regelsieblinien nach DIN 1045 und darauf bezogene Kennwerte (in Anlehnung an [3-9])

Regel-sieblinie	Siebdurchgang in % bei einer Siebweite in mm von											Körnungs-ziffer k	Kennwerte		Spez. Ober-fläche A_0*) in m²/kg	Wasser-anspruchszahlen in dm³/100 dm³
	0,25	0,5	1	2	4	8	16	31,5	63				D-Summe	F-Wert		
A 8	5	14	21	36	61	100	–	–	–			3,63	537	134	2,97	11,01
B 8	11	26	42	57	74	100	–	–	–			2,90	610	111	5,03	14,41
C 8	21	39	57	71	85	100	–	–	–			2,27	673	92	7,32	18,60
U 8	5	17	30	30	30	100	–	–	–			3,88	512	141	3,11	11,00
A 16	3	8	12	21	36	60	100	–	–			4,60	440	163	1,88	8,95
B 16	8	20	32	42	56	76	100	–	–			3,66	534	134	3,85	12,28
C 16	18	34	49	62	74	88	100	–	–			2,75	625	107	6,37	16,89
U 16	3	8	12	30	30	30	100	–	–			4,87	413	171	1,87	8,77
A 32	2	5	8	14	23	38	62	100	–			5,48	352	189	1,27	7,54
B 32	8	18	28	37	47	62	80	100	–			4,20	480	151	3,49	11,53
C 32	15	29	42	53	65	77	89	100	–			3,30	570	123	5,44	15,13
U 32	2	5	8	30	30	30	30	100	–			5,65	335	194	1,42	7,53
A 63	2	4	6	11	19	30	46	67	100			6,15	285	209	1,05	7,09
B 63	7	15	24	30	38	50	64	80	100			4,92	408	172	2,94	10,48
C 63	14	26	39	49	59	70	80	90	100			3,73	527	136	5,00	14,32
U 63	2	4	6	11	30	30	30	30	100			6,57	243	222	1,06	7,04

*) für Kiessand mit einer Kornrohdichte von 2,63 kg/dm³ und einem Formbeiwert $a_f = 8,5$

In Tabelle 3.1-1 auf S. 111 sind die besprochenen Kennwerte für die Regelsieblinien der DIN 1045 (Bilder 3.1-1 bis 3.1-4, S. 104 und 105) zusammengestellt. Ergänzend ist auch die in Abschnitt 3.2.1.1 erläuterte Wasseranspruchszahl $WA_{1,00}$ für die den Regelsieblinien entsprechenden Korngemische mit angegeben.

3.1.5 Zusammenstellung des Zuschlaggemisches

Aus n Korngruppen mit n Einzelsieblinien soll ein Zuschlaggemisch so zusammengestellt werden, daß die sich ergebende Gesamtsieblinie möglichst gut mit vorgegebenen Sollwerten übereinstimmt. Als Vorgabe kann z. B. eine Regelsieblinie aus DIN 1045 oder ein Sieblinienbereich, wie z. B. der günstige Bereich ③ zwischen den Sieblinien A und B, gewählt werden.

Bei der Ermittlung der Kornzusammensetzung sind zunächst grundsätzlich die Stoffraumanteile zu betrachten.

Ausgehend von n Einzelsieblinien mit m Sieblochweiten und den zugehörigen Siebdurchgängen $a_{i,j}$ ($i = 1, \ldots n; j = 1, \ldots m$), lassen sich für die gesuchten Anteile x_i [Stoffraum-%] der einzelnen Korngruppen und die Werte S_i einer Soll-Sieblinie, bzw. S_{ui} und S_{oi} als untere und obere Grenze eines angestrebten Sieblinienbereichs, Gleichungen bzw. Ungleichungen aufstellen.

Im allgemeinen läßt sich eine vorgegebene Soll-Sieblinie nicht genau einhalten. Man muß sich daher darauf beschränken, die Soll-Sieblinie möglichst genau anzunähern oder die Lieferkorngruppen so zu kombinieren, daß die Ist-Sieblinie in einem vorgegebenen Sieblinienbereich verläuft. Ein Kriterium für die gute Annäherung an eine Soll-Sieblinie kann z. B. der k-Wert oder der F-Wert sein (s. Abschn. 3.1.4).

Bei der praktischen Sieblinienberechnung wird man die gesuchten Anteile x_i der Lieferkorngruppen in der Regel durch Probieren ermitteln, wie an folgendem Beispiel gezeigt wird:

Als Ausgangsstoffe stehen 4 Splittkörnungen, 1 Flußsand 0/2 mm und ein Mehlsand 0/0,25 mm zur Verfügung. Die Lieferkorngruppen sind wie folgt zusammengesetzt:

Siebweite [mm]		0,25	1	2	4	8	16	32
Lieferkorngruppe		Siebdurchgang $a_{i,j}$ in %						
1 Feinstsand	0/0,25	96,6	100	100	100	100	100	100
2 Sand	0/2	3,9	69,8	98,0	100	100	100	100
3 Splitt	2/5	0,2	0,2	1,5	67,8	100	100	100
4 Splitt	5/8	0,3	0,3	0,3	0,6	87,6	100	100
5 Splitt	8/11	0,1	0,1	0,1	0,1	5,4	100	100
6 Splitt	11/16	0	0	0	0	0,1	98,1	100

Das Zuschlaggemisch soll so zusammengesetzt werden, daß die Gesamt-Sieblinie etwa der Regelsieblinie B16 der DIN 1045 entspricht, die wie folgt aufgebaut ist:

Siebweite [mm]	0,25	1	2	4	8	16
Siebdurchgang in %	8	32	42	56	76	100

3.1 Kornzusammensetzung des Zuschlags

Versuchsweise werden die Lieferkorngruppen zunächst entsprechend den in Spalte 2 der folgenden Tabelle angegebenen Anteilen x_i zusammengesetzt.

Die Ist-Sieblinie wird dann wie folgt berechnet:

Siebweite [mm]		0,25	1	2	4	8	16	32
Korngruppe	Anteil x_i in Stoffraum-%			$\frac{1}{100} x_i \cdot a_{i,j}$				
1	7	6,8	7,0	7,0	7,0	7,0	7,0	7,0
2	30	1,2	20,9	29,4	30,0	30,0	30,0	30,0
3	20	0,0	0,0	0,3	13,6	20,0	20,0	20,0
4	20	0,1	0,1	0,1	0,1	17,5	20,0	20,0
5	10	0,0	0,0	0,0	0,0	0,5	10,0	10,0
6	13	0,0	0,0	0,0	0,0	0,0	12,8	13,0
Summe (Ist-Sieblinie)	100	8,1	28,0	36,8	50,7	75,0	99,8	100

Die ermittelte Ist-Sieblinie verläuft etwas unterhalb der Regelsieblinie B16. Um eine bessere Annäherung zu erhalten, wird der Anteil der Korngruppe 2 von 30 auf 35% erhöht und der Anteil der Korngruppe 4 von 20 auf 15% vermindert. Die verbesserte Sieblinie fällt mit der Linie B16 nahezu zusammen.

Siebweite	[mm]	0,25	1	2	4	8	16
Siebdurchgang in Stoffraum-%	Ist	8,2	31,4	41,6	55,7	75,6	99,8
	Soll	8	32	42	56	76	100

Die Körnungsziffer der Ist-Sieblinie beträgt $k = 3{,}68$, die der Sieblinie B16 $k = 3{,}66$.

Falls die Zuschläge bei der Dosierung abgewogen werden sollen, müssen die Stoffraum-Anteile x_i mit Hilfe der Kornrohdichte $\varrho_{Rg,i}$ der einzelnen Lieferkorngruppen in M.-% umgewandelt werden

$$x_i [\text{M.-\%}] = x_i [\text{Stoffraum-\%}] \cdot \frac{\varrho_{Rg,i}}{\Sigma \varrho_{Rg,i} \cdot x_i}$$

Geeignete Kombinationen der einzelnen Lieferkorngruppen können auch rechnerisch über die Körnungsziffer oder die Feinheitsziffer gefunden werden.

Sollen z. B. 2 Korngruppen mit den Körnungsziffern k_1 und k_2 so zusammengesetzt werden, daß ein Gemisch mit der Körnungsziffer k entsteht, so gilt

$$\frac{x_1}{100} \cdot k_1 + \frac{x_2}{100} \cdot k_2 = k \quad \text{und} \quad x_1 + x_2 = 100 \, [\text{Stoffraum-\%}]$$

Daraus folgt:

$$x_2 = \frac{k - k_1}{k_2 - k_1} \cdot 100; \quad x_1 = 100 - x_2$$

Analog können anstelle der *k*-Werte auch die *F*-Werte benutzt werden. Dabei können sich etwas unterschiedliche Anteile für die Korngruppen ergeben.

Die Anteile x_i können auch auf grafischem Wege ermittelt werden. Solche Verfahren sind z. B. in [3-5] und [3-10] beschrieben.

In [3-11] wird ein geschlossenes Lösungsverfahren zur Sieblinienberechnung per Computer vorgestellt, das nach der Methode der Minimierung der Fehlerquadrate arbeitet und für den Einsatz auf Kleinrechnern geeignet ist.

3.2 Betonaufbau

3.2.1 Wasseranspruch

Beim Mischungsentwurf muß vorab der für eine bestimmte Frischbetonkonsistenz bestehende Wasseranspruch abgeschätzt werden. Er hängt von den Eigenschaften der Ausgangsstoffe und ihrer mengenmäßigen Zusammensetzung ab, insbesondere der Kornzusammensetzung des Zuschlags (vgl. Abschn. 3.1.1).

Der Wasseranspruch kann außerdem durch Betonzusatzmittel oder Betonzusatzstoffe beeinflußt werden.

Die Wasseraufnahme poriger Zuschläge, wie z. B. von Leichtzuschlägen, wirkt sich auf die erforderliche Gesamtwasserzugabe aus. Im folgenden wird unter Wasseranspruch jedoch stets nur das im Zementleim vorhandene freie oder wirksame Wasser verstanden, das als Volumenbestandteil des Betons zu berücksichtigen ist. Die Wasseraufnahme der Zuschläge muß gesondert berücksichtigt werden.

3.2.1.1 Kornzusammensetzung

Wie im Abschnitt 3.1 mehrmals angedeutet, ist der Wasseranspruch um so höher, je feinkörniger der Zuschlag ist. Dies verdeutlichen die nachfolgend aufgeführten Wasseranspruchszahlen $WA_{1,00}$ nach [3-12].

Korngruppe	0/0,25	0,25/0,5	0,5/1	1/2	2/4	4/8	8/16	>16
$WA_{1,00}$ [dm³/100 dm³]	45	18	13	10	8	7	6	5

Die Werte $WA_{1,00}$ besagen, wieviel Wasser für je 100 dm³ Zuschlag-Stoffraum einer Korngruppe benötigt werden, um Beton mit plastischer Konsistenz herzustellen. Das hierbei zu erwartende Verdichtungsmaß ist abhängig vom Wasserzementwert und beträgt bei $w/z = 0,60$ etwa 1,25 und bei $w/z = 0,40$ etwa 1,10.

Für Betone mit einer von der plastischen Konsistenz abweichenden Konsistenz ist der so ermittelte Wasseranspruch mit einem als Konsistenzzahl K_z bezeichneten Beiwert zu multiplizieren, der sich zwischen 0,80 für sehr steifen Beton (Verdichtungsmaß 1,40) und 1,30 für weichen Beton (Verdichtungsmaß 1,10 bis 1,04) bewegt. Dabei hängt K_z besonders im plastischen und weichen Konsistenzbereich außer vom Verdichtungsmaß auch vom Wasserzementwert ab.

Die Werte gelten für Kiessand mit gedrungener, abgerundeter Kornform und mäßig glat-

3.2 Betonaufbau

ter Oberfläche, wie z. B. Kiessande vom Oberrhein oder aus Moränen im süddeutschen Raum.

Die Wasseranspruchszahl eines Zuschlaggemischs wird anteilmäßig aus den Wasseranspruchszahlen der einzelnen Korngruppen wie folgt berechnet:

$$WA_{1,00} = WA_{1,00,i} \cdot \frac{a_i}{100}$$

Man sieht, daß der Feinststoffanteil 0/0,25 je Volumeneinheit fast den 10fachen Wasseranspruch hat wie das Grobkorn über 16 mm.

Der Wasseranspruch einer Betonmischung wird nach [3-12] aus dem Wasseranspruch des Zuschlags und dem Wasseranspruch des Zements berechnet, wobei für den Zement im Mittel eine Wasseranspruchszahl von 85 dm³ je 100 dm³ zugrunde gelegt werden kann. Sehr fein gemahlene Zemente können einen etwas höheren, sehr grobe Zemente einen etwas niedrigeren Wasseranspruch haben.

Die Ergebnisse neuerer Untersuchungen über den Einfluß der Kornzusammensetzung des Zuschlags und des Größtkorns auf den Wasseranspruch [3-13] sind in den Bildern 3.2-1 und 3.2-2 ausgewertet. Bild 3.2-1 zeigt für die 12 stetigen Regelsieblinien der DIN 1045 (Bilder 3.1-1 bis 3.1-4) den Wasseranspruch in Abhängigkeit vom Verdichtungsmaß. Für Kornzusammensetzungen, die von den Regelsieblinien abweichen, kann der Wasseranspruch mit Hilfe des Bildes 3.2-2 abgeschätzt werden, wo er in Abhängigkeit vom k-Wert (s. Abschn. 3.1-4) aufgetragen ist. Die Regelsieblinien sind mit ihren zugehörigen k-Werten eingetragen. Man sieht, daß der Wasseranspruch bei gleichem k-Wert unabhängig vom Größtkorn gleich groß ist (vgl. z. B. Sieblinie A 8 mit Sieblinie C 63). Anhand der Bilder können die verschiedenen Sieblinien leicht hinsichtlich ihres Wasseranspruchs miteinander verglichen werden.

Die Bilder 3.2-1a und 3.2-2a gelten für Zuschläge mit „geringem Wasseranspruch", wie z. B. Kiessande vom Oberrhein oder aus Moränen mit gedrungener, abgerundeter Kornform und glatter bis mäßig rauher Oberfläche. Die Bilder 3.2-1b und 3.2-2b gelten für Zuschläge mit „hohem Wasseranspruch", wie z. B. sandsteinhaltiges Mainmaterial mit rauherer Oberfläche oder gebrochenen Zuschlag mit kantiger Kornform.

3.2.1.2 Kornform und Oberflächenbeschaffenheit des Zuschlags

Für die gleiche Konsistenz bzw. Verarbeitbarkeit des Frischbetons benötigen kantige und splittige Zuschläge mehr Wasser als gerundete und gedrungene Körner, rauhe Körner mehr Wasser als glatte. Quantitativ läßt sich der Einfluß von Kornform und Oberflächenbeschaffenheit auf den Wasseranspruch nur überschläglich abschätzen. Die Erhöhung liegt in der Größenordnung von 5 bis 15%.

Der Einfluß der Zuschlagart auf den Wasseranspruch ist abhängig von der Kornzusammensetzung, dem Größtkorn, dem Zement- bzw. Mehlkorngehalt, der Mahlfeinheit des Zements und der Konsistenz des Frischbetons. In der Regel wirkt sich die Zuschlagart bei Kornzusammensetzungen mit hohem Grobkornanteil und großem Größtkorn sowie bei niedrigen Zement- und Mehlkorngehalten stärker aus. Bei hohen Zementgehalten kann der Wasseranspruch weitgehend unbeeinflußt von der Zuschlagart sein, vor allem bei Zement mit hoher Mahlfeinheit. Bei weicher oder plastischer Konsistenz ist der Einfluß der Zuschlagart geringer als bei steifer Konsistenz.

Insgesamt gilt, daß alle angegebenen Werte nur eine ungefähre Abschätzung des Wasseranspruchs erlauben, im Einzelfall kann er nur durch Probemischungen zuverlässig ermittelt werden.

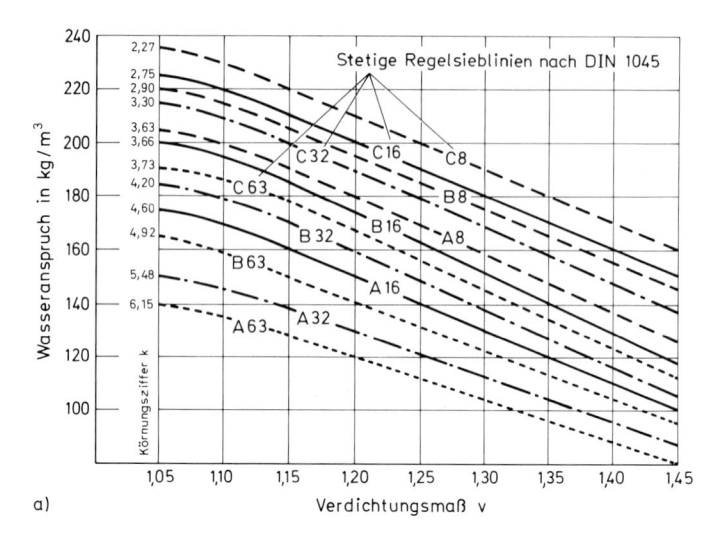

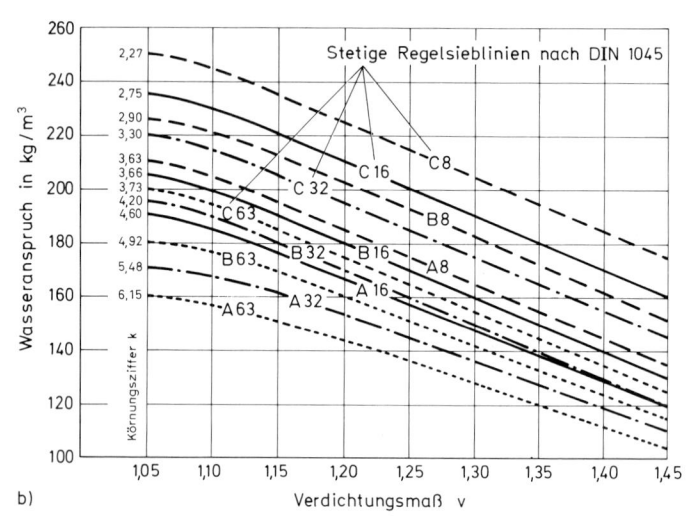

Bild 3.2-1 Wasseranspruch von Beton in Abhängigkeit vom Verdichtungsmaß und der Kornzusammensetzung des Zuschlags (Auswertung von Angaben in [3-13])
a) Zuschlag mit geringem Wasseranspruch
b) Zuschlag mit erhöhtem Wasseranspruch

3.2.1.3 Zementgehalt und Zementart

Größere Zementgehaltsunterschiede, z. B. von 100 kg/m³ und mehr, können bei Beton mit mehlkorn- und sandarmen Zuschlaggemischen, wie z. B. bei der Sieblinie A 32, nennenswerte Unterschiede von 10 bis 25 l/m³ im Wasseranspruch zur Folge haben. Mit zunehmendem Sand- und Mehlkornanteil geht aber der Einfluß des Zementgehalts auf den Wasseranspruch zurück, und zwar vor allem im weichen und im plastischen Konsistenzbereich. Bei Splittbetonen ist der Einfluß des Zementgehalts größer als bei Kies-

3.2 Betonaufbau

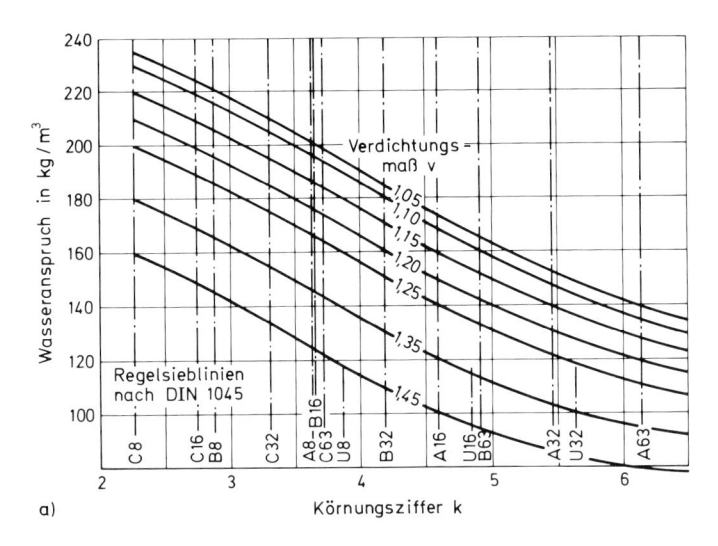

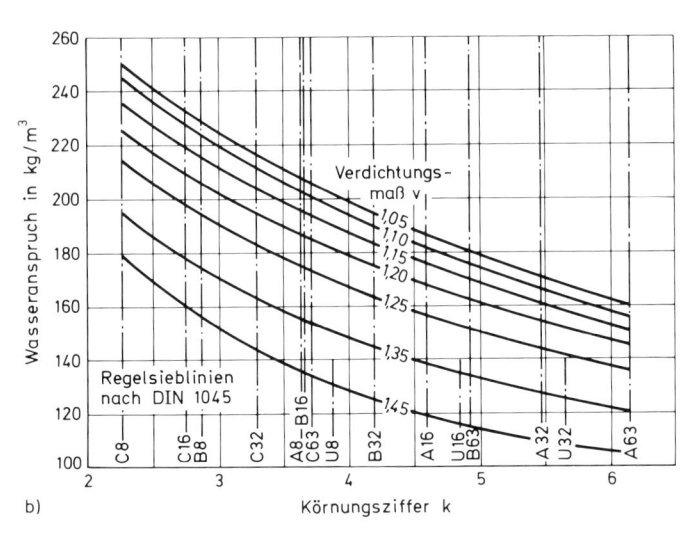

Bild 3.2-2 Wasseranspruch von Beton mit bestimmtem Verdichtungsmaß in Abhängigkeit von der Körnungsziffer k des Zuschlaggemischs (Auswertung von Angaben in [3-13])
a) Zuschlag mit geringem Wasseranspruch
b) Zuschlag mit erhöhtem Wasseranspruch

sand-Betonen [3-14]. Im Bereich zwischen 270 und 330 kg/m³ wirken sich Zementgehaltsunterschiede bei Betonen üblicher Zusammensetzung im allgemeinen nicht wesentlich auf den Wasseranspruch aus.

Der Einfluß der Zementart auf den Wasseranspruch ist bei niedrigem Zementgehalt gering. Bei mittlerem Zementgehalt um 300 kg/m³ kann Beton mit gröber gemahlenem Zement (PZ 35 F) einen höheren Wasseranspruch (z. B. um 15 l/m³) haben als Beton mit feiner gemahlenem Zement PZ 55.

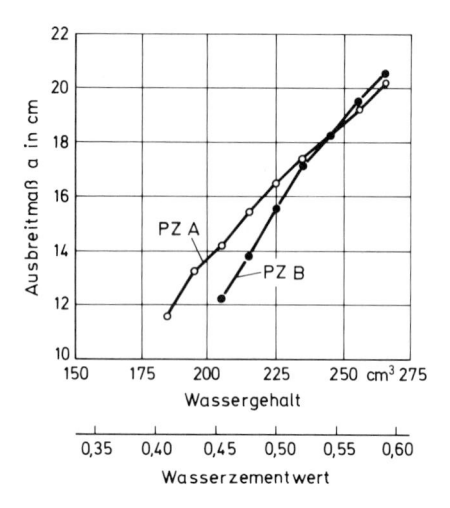

Bild 3.2-3 Einfluß der Zugabewassermenge auf das Ausbreitmaß von Normmörtel gemäß DIN 1164 (nach WIERIG)

Bei höherem Zementgehalt, z. B. über 350 kg/m³, drehen sich die Verhältnisse um. Hier ist der Wasseranspruch mit sehr feinem Zement am größten. Dies ist dadurch zu erklären, daß feinere Zemente zunächst eine Verarbeitung des Betons mit geringerem Wassergehalt ermöglichen. Bei vergrößertem Zementgehalt verursachen sie durch ihre größere zu benetzende Oberfläche dagegen einen höheren Wasseranspruch als weniger feine Zemente.

Zwei verschiedene Zemente können in einem Konsistenzbereich den gleichen Wasseranspruch, in einem anderen Konsistenzbereich dagegen einen unterschiedlichen Wasseranspruch haben (Bild 3.2-3).

3.2.1.4 Betonzusätze (s. Abschn. 2.3 und 2.4)

Betonzusatzmittel

Viele Betonzusatzmittel enthalten eine verflüssigende Komponente, so daß der Wasseranspruch mehr oder weniger vermindert wird. Wesentliche Einsparungen sind möglich bei Verwendung von Betonverflüssigern und Fließmitteln.

Die wassereinsparende Wirkung der Betonverflüssiger ist abhängig von dem betreffenden Zusatzmittel und von der Betonzusammensetzung. Sie ist bei steifem Beton geringer als bei plastischer oder weicher Konsistenz und liegt im allgemeinen zwischen 5 und 15%.

Die stärkste Wassereinsparung läßt sich mit Fließmitteln erreichen. Je nach Dosierung, Mischungszusammensetzung und Temperatur kommt man unter Beibehaltung der Ausgangskonsistenz mit 25 bis 35% weniger Wasser aus [3-15].

Die mit Hilfe von Luftporenbildnern eingetragenen kugelförmigen Luftporen vergrößern das Mörtelvolumen und verbessern die Verarbeitbarkeit. Deshalb ist der Wasseranspruch solcher Luftporenbetone geringer. Man kann davon ausgehen, daß etwa 3 bis 4 l Luftporen einen Liter Wasser ersetzen [3-16].

Betonzusatzstoffe

Zusatzstoffe können sich unterschiedlich auf den Wasseranspruch auswirken. Feinkörnige mineralische Zusatzstoffe haben einen ähnlichen Einfluß wie Zement. Bei Mischungen mit zu niedrigem Mehlkorngehalt bewirkt ein Zusatz solcher Stoffe eine Verbesserung der

Verarbeitbarkeit und eine geringfügige Verminderung des Wasseranspruchs. Demgegenüber können solche Zusatzstoffe bei Mischungen mit ausreichender Mehlkornmenge, insbesondere bei hohem Zementgehalt, den Wasseranspruch für eine bestimmte Konsistenz erhöhen.

Steinkohlenflugaschen wirken sich je nach ihrer Kornzusammensetzung und Kornform unterschiedlich auf den Wasseranspruch aus. Sie können den Wasseranspruch deutlich verringern, wenn sie einen hohen Anteil an Korn unter 10 μm aufweisen und überwiegend aus glasigen, kugelförmigen Partikeln mit glatter Oberfläche bestehen. Diese Bedingungen werden vor allem von Flugaschen aus Hochtemperatur-Schmelzfeuerungen erfüllt. Sie erlauben bei Zusatzmengen von 50 bis 80 kg/m^3 bei gleichzeitiger Verringerung des Zementgehaltes eine Wassereinsparung von größenordnungsmäßig 10 kg/m^3. Der genaue Wert kann nur durch Eignungsprüfungen festgestellt werden, weil sich ein und dieselbe Flugasche bei verschiedenen Zementen unterschiedlich auswirken kann und weil auch die übrige Betonzusammensetzung, insbesondere die Kornzusammensetzung des Zuschlags im Feinbereich, einen Einfluß hat. Bei Steinkohlenflugaschen aus Mitteltemperatur-Schmelzfeuerungen und Trockenfeuerungen ist die wassereinsparende Wirkung, wenn überhaupt vorhanden, im allgemeinen geringer. In ungünstigen Fällen kann der Wasseranspruch sogar steigen.

3.2.2 Wasserzementwert und Zementgehalt

3.2.2.1 Allgemeines

Wasserzementwert und Zementgehalt müssen so gewählt werden, daß der Beton die gewünschten Frischbeton- und Festbetoneigenschaften erreicht.

Je niedriger der Wasserzementwert ist, desto geringer ist die Porosität des Zementsteins (vgl. Abschn. 2.1.3.5).

Eine niedrige Porosität wirkt sich auf die meisten Betoneigenschaften günstig aus, da ein porenarmer Zementstein eine hohe Festigkeit aufweist und durch seine Dichtigkeit besonders widerstandsfähig gegen mechanische und chemische Beanspruchungen ist.

Der Wasserzementwert muß auf jeden Fall so niedrig sein, daß der Beton die vorgesehene Druckfestigkeit erreicht. Dies ist jedoch im Hinblick auf die Dauerhaftigkeit von bewehrten Bauteilen und/oder von Bauteilen, die der Witterung ausgesetzt sind, nicht ausreichend. Beton von Außenbauteilen ist wiederholten Frost-Tauwechseln bei unmittelbarer Einwirkung von Niederschlägen ausgesetzt. Ein schwacher chemischer Angriff ist möglich. Eine bestimmte Festigkeit, zumal, wenn sie als Festigkeit gesondert hergestellter Gütewürfel definiert ist, schließt nicht ohne weiteres die erwartete Dauerhaftigkeit ein. Beton der Festigkeitsklassen B 15 und B 25 erlaubt eine Zusammensetzung, die nicht immer einen ausreichenden Widerstand des Betons gegen die genannten Einwirkungen und den Schutz der Bewehrung gegen Korrosion gewährleistet. Auch wenn besondere Betoneigenschaften gefordert werden, wie z.B. Wasserundurchlässigkeit, hoher Frostwiderstand oder hoher Widerstand gegen chemische Angriffe, muß der Wasserzementwert u.U. niedriger gewählt werden, als es aufgrund der Festigkeit notwendig wäre.

Der erforderliche Zementgehalt ergibt sich zunächst aus dem Wasserzementwert und dem vornehmlich vom Wasseranspruch der Zuschläge bestimmten Wassergehalt im Zementleim. Er darf aber bestimmte Grenzwerte nicht unterschreiten, damit der Beton ein geschlossenes Gefüge erhält und unter den jeweiligen Umweltbedingungen ausreichend dauerhaft ist. Für den Widerstand des Betons selbst und seine Schutzwirkung gegen Korrosion der Bewehrung sind der Wasserzementwert und der Zementgehalt maßgebend.

Während für die Prüfung der Festigkeit relativ einfache, allgemein anerkannte Verfahren zur Verfügung stehen, trifft dies für die Dichtigkeit nicht zu. Auch liegen nur begrenzte Erfahrungen über die Dauerhaftigkeit von Beton mit deutlich reduziertem Zementgehalt vor, wie sie durch die kombinierte Verwendung von Zusatzstoffen und hochwirksamen Betonverflüssigern möglich sind. Aus diesen Gründen kann auf die Festlegung von Grenzwerten für den Wasserzementwert und den Zementgehalt in Abhängigkeit vom Verwendungszweck des Betons bzw. den Nutzungsbedingungen des Bauwerks nicht verzichtet werden.

3.2.2.2 Beton mit bestimmter Festigkeit

Die Betonfestigkeit wird im wesentlichen bestimmt durch die Festigkeit des Zementsteins, durch die Festigkeit des Zuschlags, durch das Verhältnis der Steifigkeiten von Zementstein und Zuschlag, durch den Haftverbund zwischen Zementstein und Zuschlag und auch durch das Verhältnis Zementsteinvolumen zu Zuschlagvolumen.

Erfahrungsgemäß ist die Betondruckfestigkeit in weiten Bereichen fast unabhängig von den Eigenschaften des Zuschlags. Solange die Zuschläge nur mindestens ebenso fest und steif sind wie der Zementstein, ist die Betonfestigkeit praktisch gleich der Festigkeit des Zementsteins, vorausgesetzt, daß die Zuschlagkörner ausreichend fest im Zementstein verankert sind, also der Haftverbund nicht beeinträchtigt ist, z. B. durch abschlämmbare Bestandteile auf der Kornoberfläche. Die Betonfestigkeit kann auch bei noch so festen und steifen Zuschlägen niemals wesentlich höher werden als die Zementsteinfestigkeit. Diese Gesetzmäßigkeit vereinfacht den Zusammenhang zwischen Zementsteinfestigkeit und Betonfestigkeit ganz wesentlich, weil man für die üblichen Normalzuschläge beide Werte gleich groß annehmen kann. Bei den meisten Leichtzuschlägen, aber auch bei manchen Normalzuschlägen (z. B. weiche Kalk- und Sandsteine, Laterit) und bei verschiedenen Schwerzuschlägen ist die Betonfestigkeit dagegen oberhalb einer vom Zuschlag abhängigen Grenzfestigkeit niedriger als die Zementsteinfestigkeit.

Die Zementsteinfestigkeit hängt nach Abschnitt 2.1.4 im wesentlichen von der Zement-Festigkeitsklasse, dem Wasserzementwert und vom Erhärtungszustand (Reife) ab. Mit Hilfe von Eignungsprüfungen wurden Kurventafeln erstellt, die die Druckfestigkeit von Normalbeton in einem bestimmten Alter unter definierten Erhärtungsbedingungen mit dem Wasserzementwert und der Normdruckfestigkeit N_{28} des Zements verknüpfen [3-17]. Bild 3.2-4 zeigt die mit Zementen der Festigkeitsklassen Z 25 bis Z 55 nach DIN 1164 Teil 1 erreichbaren Druckfestigkeiten β_{D28} im Alter von 28 Tagen, gemessen an Würfeln von 20 cm Kantenlänge, in Abhängigkeit vom Wasserzementwert. Die Würfel wurden nach DIN 1048 Teil 1 hergestellt, gelagert und geprüft. Dem Diagramm liegen folgende mittleren Normdruckfestigkeiten N_{28} für die vier Zement-Festigkeitsklassen zugrunde [3-18]:

Z 25	35 N/mm²
Z 35	45 N/mm²
Z 45	55 N/mm²
Z 55	63,5 N/mm²

Unter sonst gleichen Verhältnissen fällt die Betondruckfestigkeit mit zunehmendem Wasserzementwert nach einer stetigen Kurve ab. Die Druckfestigkeit ist also um so niedriger zu erwarten, je mehr Wasser der Zementleim enthält (ABRAMSSCHES Wasserzementwert-Gesetz). Die Kurven gelten für praktisch vollständig verdichteten Beton. In einem solchen Beton ist im großen Durchschnitt nur noch ein Gehalt an natürlichen Luftporen von rd. 1,5 Vol.-% vorhanden. Enthält der Beton, z. B. bei Verwendung von Zusatzmitteln oder

3.2 Betonaufbau

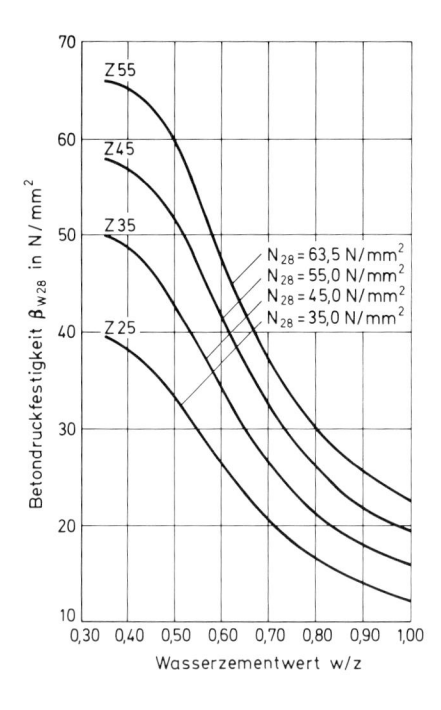

Bild 3.2-4 Zusammenhang zwischen Wasserzementwert w/z und Betondruckfestigkeit β_{W28} im Alter von 28 Tagen bei Verwendung von Zement der Festigkeitsklassen Z 25 bis Z 55 nach DIN 1164 Teil 1 [3-17]
(Für den praktisch vollständig verdichteten Frischbeton wird einheitlich ein Gehalt an natürlichen Luftporen von 1,5 Vol.-% vorausgesetzt.)

infolge unvollständiger Verdichtung, mehr Luftporen, so sind diese, ähnlich wie zusätzliches Zugabewasser, als festigkeitsmindernd zu berücksichtigen. Im allgemeinen rechnet man mit der gleichen Festigkeitsminderung wie bei der gleichen Menge zusätzlichen Zugabewassers.

Die höchste Festigkeit wird erreicht, wenn die Summe des vom Wasser im Zementleim und den eingeschlossenen Luftporen beanspruchten Raums ein Minimum ist. Dieses Minimum wird bei normalem Verdichtungsaufwand im allgemeinen bei einem Wasserzementwert um 0,30 erreicht. Bei noch niedrigeren Wasserzementwerten fällt die Festigkeit meist wieder ab, weil der Beton sich nur noch schwer vollständig verdichten läßt.

Der flachere Verlauf der Kurven im Bereich niedriger Wasserzementwerte ist zum Teil dadurch bedingt, daß solche Betone einen etwas höheren Anteil an Verdichtungsporen enthalten. Der zweite Grund ist, daß die Druckfestigkeit von Beton mit hohen Zementgehalten (z. B. über 350 kg/m³) nicht mehr dem Wasserzementwert entsprechend voll zur Wirkung kommt. Das Zementsteinvolumen solcher Betone ist verhältnismäßig groß, und zwischen den gröberen Zuschlagkörnern liegen deshalb dickere Zementstein- oder Feinmörtelschichten. Diese haben bei Normalbeton eine geringere Steifigkeit als die groben Zuschlagkörner, was zu einer über Querschnitt und Höhe ungleichmäßigen und veränderlichen Spannungsverteilung bei äußerer Druckbelastung führt. Ein höherer Zementsteinanteil ruft deshalb erhöhte Querzugspannungen und Spaltzugspannungen hervor, die die Ausbreitung von Mikrohaftrissen begünstigen und infolgedessen die Druckfestigkeit herabsetzen. Soll hochfester Normalbeton hergestellt werden, sollte deshalb die Zementleimmenge auf das für die Verarbeitbarkeit des Frischbetons notwendige Maß beschränkt werden [3-19]. Für Leichtbeton gelten diesbezüglich andere Regeln (s. Abschn. 8).

Der in Bild 3.2-4 dargestellte Zusammenhang läßt sich näherungsweise durch folgende Gleichung ausdrücken [3-20]:

$$\beta_{D28} [\text{N/mm}^2] = (7{,}46 + 0{,}575\, N_{28}) \cdot \left(\frac{1}{w/z} - 0{,}466\right)$$

Hierin bedeuten

N_{28} Nennwert der Normdruckfestigkeit des Zements im Alter von 28 Tagen in N/mm²
w/z Wasserzementwert zwischen 0,5 und 1,0 (für w/z < 0,5 ergeben sich stark überhöhte Festigkeiten)

Soll der erforderliche Wasserzementwert für einen Beton abgeschätzt werden, der in einem anderen Alter als nach 28 Tagen eine bestimmte Druckfestigkeit erreichen soll, so kann man näherungsweise den auf Bild 3.2-5 gezeigten Zusammenhang zwischen der Normdruckfestigkeit des Zementes und der Betondruckfestigkeit in Abhängigkeit vom Wasserzementwert zugrunde legen. Die dort für das Alter von 28 Tagen angegebene Kurve gilt im groben Durchschnitt auch für andere Altersstufen. Anstelle von N_{28} ist in diesem Fall die Normdruckfestigkeit des Zements im betreffenden Alter einzusetzen.

Gewisse Abweichungen können dadurch bedingt sein, daß die Mörtelprismen für die Zementprüfung ständig unter Wasser lagern, während die Betonwürfel ab einem Alter von 7 Tagen an der Luft austrocknen. Außerdem hängt das Verhältnis Frühfestigkeit zu 28-Tage-Festigkeit auch vom Wasserzementwert ab (s. Abschn. 2.1.4.1.2).

Die auf den Bildern 3.2-4 und 3.2-5 dargestellten Zusammenhänge zwischen Wasserzementwert und Würfeldruckfestigkeit des Betons wurden anhand von Festigkeitsprüfungen an Betonen vorwiegend mit Kiessand-Zuschlag abgeleitet. Bei Verwendung von Zuschlägen aus gebrochenem Gestein ausreichender Festigkeit ergibt sich bei gleichem Wasserzementwert in der Regel eine um 10 bis 20% höhere Druckfestigkeit. Die kantigen und splittigen Zuschlagkörner sind fester in der Matrix verankert als rundliche Körner, und auch innerhalb des „Zuschlaggerüsts" besteht durch größere „Übergreifungslängen" eine bessere Verzahnung. Dadurch wird die Aufnahme der bei einachsigem Druck entstehenden Querzugspannungen begünstigt und eine höhere Druckfestigkeit erreicht. Dieser Vor-

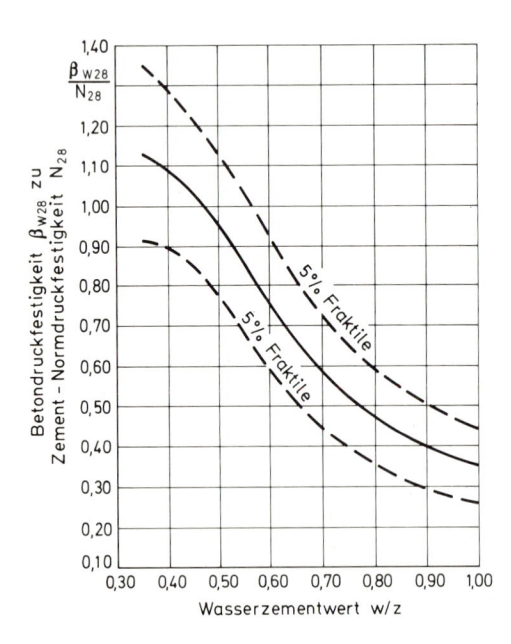

Bild 3.2-5 Beziehung zwischen Wasserzementwert w/z, Normdruckfestigkeit N_{28} des Zements und Würfeldruckfestigkeit β_{W28} des Betons [3-18].
(Die Kurven gelten näherungsweise auch für ein von 28 Tagen abweichendes Alter.)
Für die Normdruckfestigkeit der Zemente im Alter von 28 Tagen können i. allg. folgende Werte angesetzt werden:

Zement-Festigkeitsklasse	N_{28} [N/mm²]
Z 25	35
Z 35	45
Z 45	55
Z 55	63,5

3.2 Betonaufbau   123

teil des gebrochenen Materials wird allerdings durch den höheren Wasseranspruch zum Teil oder ganz wieder aufgehoben.

Der für Beton bestimmter Festigkeit erforderliche Zementgehalt ergibt sich aus dem Wasserzementwert und dem für die Verarbeitbarkeit benötigten Wassergehalt. Er wird im allgemeinen aufgrund einer Eignungsprüfung festgelegt. Bei unbewehrtem Beton muß er mindestens 100 kg/m³ betragen. Für bewehrten Beton und Beton für Außenbauteile siehe Abschnitt 3.2.2.3 bzw. 3.2.2.4.

Der Vollständigkeit halber sei erwähnt, daß nach DIN 1045 bei Beton der Gruppe B I (vgl. Abschn. 1.3) ohne Zusätze auf eine Eignungsprüfung verzichtet werden kann, wenn die in DIN 1045, Abschnitt 6.5.5.1, genannten Anforderungen an die Betonzusammensetzung, die einen auf der sicheren Seite liegenden Zementgehalt vorsehen, erfüllt werden. Diese Möglichkeit hat jedoch heute praktisch keine Bedeutung mehr.

3.2.2.3 Bewehrter Beton

Für die Betonzusammensetzung ist hier neben der Festigkeit der Korrosionsschutz der Bewehrung maßgebend. Beton besitzt von Hause aus ein hochalkalisches Milieu mit pH-Werten zwischen 12 und 13, das die Bewehrung gegen Korrosion schützt. Der Schutz wird aufgehoben, wenn der pH-Wert unter 9 absinkt. Es ist dann Korrosion möglich. Sie erfolgt allerdings nur, wenn noch weitere Voraussetzungen, wie elektrische Leitfähigkeit und Sauerstoffzutritt zur Bewehrung, vorliegen (s. Abschn. 7.20).

Überwiegende Ursache für eine Erniedrigung des pH-Wertes ist das von der Oberfläche aus eindringende CO_2, die Carbonatisierung des Betons. Tiefe und Geschwindigkeit der Carbonatisierung sind abhängig von den Umweltbedingungen, der Betonzusammensetzung und der Nachbehandlung. Bei gleichen Umweltbedingungen sind primär maßgebend der Diffusionswiderstand des Betons (Dichtigkeit bzw. Durchlässigkeit, d.h. der Wasserzementwert), ferner sein Gehalt an Stoffkomponenten, die für die Bindung von CO_2 zur Verfügung stehen, d.h. der Zementgehalt.

Angaben über den Carbonatisierungsverlauf in Abhängigkeit von Wasserzementwert und Zementgehalt finden sich in Abschnitt 7.20.2.1.

Wasserzementwert

Maßgebend für die Dichtigkeit ist die Porosität des Zementsteins. Wie Bild 2.1-21 zeigt, nimmt die Durchlässigkeit ab einer Kapillarporosität von etwa 25 Vol.-% rasch zu. Diese kritische Porosität wird bei vollständiger Hydratation ab etwa $w/z = 0{,}60$ erreicht, bei einem Hydratationsgrad von 80% ab etwa $w/z = 0{,}50$. Bei frühzeitigem Ausschalen und anschließender Luftlagerung sind Hydratationsgrade zwischen 65 und 75% zu erwarten. Die kritische Porosität tritt dann bereits bei $w/z = 0{,}45$ auf.

Ein ähnliches Bild zeigen die Ergebnisse von Durchlässigkeitsmessungen [3-21] an Mörteln in Abhängigkeit vom Wasserzementwert (Bild 3.2-6). Die Werte wurden über eine Tiefe von 10 mm ab der freien Oberfläche gemessen. Man erkennt eine überlineare Abnahme der Durchlässigkeit für Luft bei Verringerung des Wasserzementwertes von 0,80 auf 0,60.

Danach erscheint eine generelle Begrenzung des wirksamen Wasserzementwertes für bewehrten Beton auf maximal 0,70 notwendig. Die in DIN 1045 genannten Grenzwerte von 0,75 für Zemente der Festigkeitsklassen $\geq$ Z 35 (0,65 für Z 25) sind nach heutiger Kenntnis zu hoch. Für bewehrte Bauteile, die der Witterung ausgesetzt sind, ist eine weitere Abminderung angebracht (s. Abschn. 3.2.2.4).

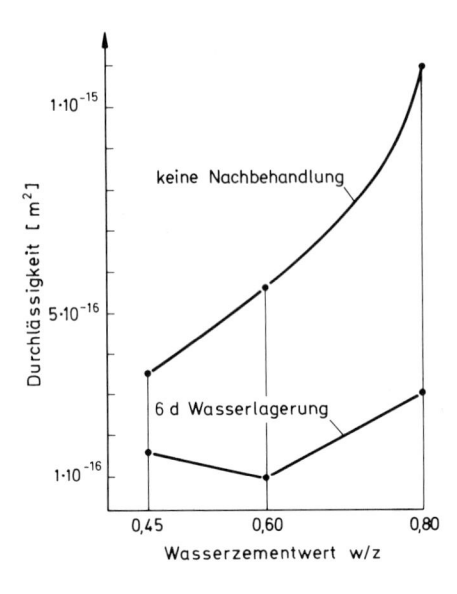

Bild 3.2-6 Einfluß des Wasserzementwertes und der Nachbehandlung auf die Gasdurchlässigkeit (spezifischer Permeabilitätskoeffizient $k\,[\text{m}^2]$) von Beton [3-21]

Die hier und im folgenden genannten Grenzwerte sind „Mindest"-Forderungen. Sie sind wegen unvermeidbarer Abweichungen in der laufenden Produktion mit einem Toleranzmaß zu versehen, für das ein Wert von 0,05 realistisch erscheint.

Damit ist beim Mischungsentwurf für bewehrten Beton im allgemeinen ein Wasserzementwert $\leq 0,65$ zu wählen. Dieser Wert ist auch im Entwurf der Euronorm DIN-EN 206-Beton vorgesehen.

Zementgehalt

Der Zeitraum, in dem die Carbonatisierungsfront bei gegebener Betondeckung die Bewehrung erreicht, ist unter sonst gleichen Bedingungen proportional der Dichtigkeit und dem Zementgehalt. Die für die Dichtigkeit maßgebende Gasdurchlässigkeit wächst mit dem Quadrat des Wasserzementwertes. Die Schutzwirkung der Betondeckung steigt also mit dem Quadrat der Wasserzementwerterniedrigung, aber auch proportional mit dem Zementgehalt.

Eine zuverlässige Berechnung des erforderlichen Mindestzementgehaltes ist nicht möglich. Man ist gezwungen, sich an den Ergebnissen von Langzeit-Auslagerungsversuchen und an Bauwerksbeobachtungen zu orientieren. Danach ist generell für bewehrten Beton ein Mindestzementgehalt von 270 kg/m^3 angebracht. Dieser Wert ist auch in der Euronorm DIN-EN 206-Beton vorgesehen. Der in DIN 1045 genannte Wert von 240 kg/m^3 für Zemente der Festigkeitsklassen $\geq$ Z 35 ist nach neueren Erkenntnissen zu niedrig.

3.2.2.4 Beton für Außenbauteile

Um den Witterungsbeanspruchungen auf Dauer ausreichend zu widerstehen und auch hier den Korrosionsschutz der Bewehrung zu gewährleisten, ist eine gegenüber dem Normalfall erhöhte Dichtigkeit erforderlich. Die dafür maßgebenden Zusammenhänge sind in Abschnitt 3.2.2.3 behandelt.

3.2 Betonaufbau   125

Wasserzementwert

Dementsprechend ist in DIN 1045 für Außenbauteile der Wasserzementwert unter Berücksichtigung des Toleranzmaßes auf 0,60 begrenzt. Dies ist aber nach den erwähnten Versuchsergebnissen wie nach praktischen Erfahrungen nicht immer ausreichend. So empfiehlt die Anleitung des American Concrete Institute [3-22] für dünne Bauteile mit einer Betondeckung < 25 mm einen Höchstwert von 0,45, bei allen anderen einen solchen von 0,50. Im Entwurf zur Euronorm DIN-EN 206-Beton ist für die Umweltbedingung „Feucht mit Frost" ein Grenzwert von 0,55 vorgesehen.

Zementgehalt

Bild 3.2-7 gibt Beobachtungen an Platten nach 30jähriger Lagerung im Freien wieder [3-23]. Hier verhielten sich Betone mit $Z = 300$ kg/m³, unabhängig von der Zementart und vom Wasserzementwert, praktisch gleich und deutlich besser als Betone mit $Z = 200$ kg/m³. Im ersten Fall waren lediglich die Zementhaut und etwas Feinmörtel abgewittert, im zweiten Fall der Feinmörtel bis in ca. 3 mm Tiefe. Dies deutet darauf hin, daß für den Widerstand des Betons gegen Witterungsbeanspruchungen nicht einmal so sehr der Wasserzementwert als vielmehr der Zementgehalt maßgebend ist.

Nach überwiegender nationaler und internationaler Meinung ist bei Außenbauteilen ein Mindestzementgehalt von 300 kg/m³ erforderlich. Dieser Gehalt ist dann auch im Hinblick auf den Korrosionsschutz der Bewehrung ausreichend. Er entspricht dem in DIN 1045, Abschnitt 6.5.5.1(3) geforderten Mindestwert. Er darf auf 270 kg/m³ ermäßigt werden, wenn Zement der Festigkeitsklassen Z 45 oder Z 55 verwendet wird oder wenn der Beton als B II zusammengesetzt, hergestellt und verarbeitet wird (s. DIN 1045, Abschn. 6.5.6.1(2)). Dabei ist man davon ausgegangen, daß mit den genannten Maßnahmen zwei wesentliche Einflüsse auf die für die Dauerhaftigkeit maßgebenden Betoneigenschaften in den oberflächennahen Bereichen indirekt und pauschal aufgefangen werden, was eine Ermäßigung des Mindestzementgehaltes erlaubt. Die erhöhte Hydratationsgeschwindigkeit der Zemente Z 45 und Z 55 läßt erwarten, daß die Auswirkungen einer mangelhaften Nachbehandlung begrenzt bleiben. Eine Herstellung und Verarbeitung als B II läßt eine erhöhte Sorgfalt und eine verbesserte Nachbehandlung erwarten.

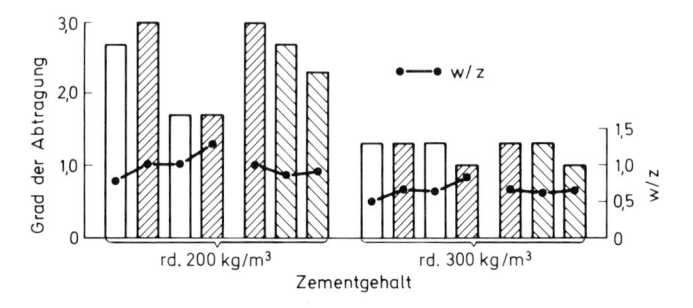

Bild 3.2-7 Grad der Abtragung von Betonplatten nach rd. 30jähriger Freiluft-Bewitterung in Abhängigkeit vom Zementgehalt und vom Wasserzementwert [3-23]
(Grad 1: schwach, Grad 2: schwach bis mäßig, Grad 3: mäßig, d.h. Feinmörtel bis in rd. 3 mm Tiefe abgetragen)

Tabelle 3.2-1 Anforderungen gemäß DIN 1045 an Betone mit besonderen Eigenschaften

Geforderte Betoneigenschaft		Herstellungsart	Sieblinienbereich	Zementgehalt [kg/m^3]	Wasserzementwert w/z	Zusätzliche Anforderungen
Wasserundurchlässigkeit		B I	A/B 16 A/B 32	≥ 370 ≥ 350	– –	Wassereindringtiefe $e_w \leq 50$ mm
		B II	^{1})	^{2})	$\leq 0{,}60\,^3$)	
Hoher Frostwiderstand		B I	A/B 16 A/B 32	≥ 370 ≥ 350	– –	Zuschläge eF ^{5}) Wassereindringtiefe $e_w \leq 50$ mm
		B II	^{1})	^{2})	$\leq 0{,}60\,^4$)	
Hoher Frost- und Tausalzwiderstand		B II	^{1})	^{2}) ^{6})	$\leq 0{,}50$	Zuschläge eFT ^{7}) Wassereindringtiefe $e_w \leq 50$ mm, LP-Gehalt nach Tab. 7.13-1 ^{8})
Hoher Widerstand gegen chemische Angriffe	schwach	B I	A/B 16 A/B 32	≥ 400 ≥ 350	– –	Wassereindringtiefe $e_w \leq 50$ mm ggf. HS-Zement ^{9})
		B II	^{1})	^{2})	$\leq 0{,}60$	
	stark	B II	^{1})	^{2})	$\leq 0{,}50$	$e_w \leq 30$ mm ggf. HS-Zement ^{9})
	sehr stark	B II	^{1})	^{2})	$\leq 0{,}50$	$e_w \leq 30$ mm ggf. HS-Zement ^{9}) zusätzl. Schutz des Betons durch Beschichtung o. ä.
Hoher Verschleißwiderstand		B II	nahe A oder B/U	nicht zu hoch (z. B. bei Zuschlag 0/32 ≤ 350)	–	Festigkeitsklasse $\geq$ B 35; Zuschlag bis 4 mm überwiegend Quarz oder mind. gleich hart, über 4 mm mit hohem Verschleißwiderstand; verlängerte Nachbehandlung
Eignung für hohe Gebrauchstemperaturen bis 250 °C		B II	^{1})	^{2})	–	Zuschläge, die sich hierfür als geeignet erwiesen haben; verlängerte Nachbehandlung
Eignung für Unterwasserschüttung		B II	A/B	≥ 350	$\leq 0{,}60$	Ausbreitmaß rd. 45 bis 50 cm oder Fließbeton; zusammenhängend fließfähig, ausreichend Mehlkorn

^{1}) Entsprechend der Eignungsprüfung.
^{2}) Entsprechend der Eignungsprüfung, jedoch bei Stahlbeton bei Zement der Festigkeitsklasse Z 35 und höher mindestens 240 kg/m^3, bei Zement Z 25 mindestens 280 kg/m^3; bei Außenbauteilen aus Stahlbeton und auch aus unbewehrtem Beton mindestens 270 kg/m^3.
^{3}) Bei Bauteilen mit d > 40 cm ist $w/z \leq 0{,}70$ zulässig.
^{4}) Bei massigen Bauteilen und LP-Gehalt nach Tabelle 7.13-1 ist $w/z \leq 0{,}70$ zulässig.
^{5}) Betonzuschläge mit erhöhten Anforderungen an den Frostwiderstand eF nach DIN 4226 Teil 1, Abschnitt 7.5.3.

3.2 Betonaufbau

3.2.2.5 Beton mit besonderen Eigenschaften

Unter dem Gesichtspunkt der Zusammensetzung ist hier wasserundurchlässiger Beton, Beton mit hohem Frostwiderstand, Beton mit hohem Frost- und Tausalzwiderstand und Beton mit hohem Widerstand gegen chemische Angriffe anzusprechen. In allen Fällen ist die Dichtigkeit des Betons entscheidend. Die dafür maßgebenden Zusammenhänge sind in den Abschnitten 3.2.2.3 und 3.2.2.4 behandelt. Die dort getroffenen Feststellungen und Schlußfolgerungen gelten hier sinngemäß.

Die für diese Fälle in DIN 1045 angegebenen Wasserzementwerte und Mindestzementgehalte sind in Tabelle 3.2-1 zusammengestellt. Es handelt sich dabei um Mindestforderungen, deren Einhaltung nicht immer ausreichend ist. Dies gilt insbesondere für Wasserzementwerte über 0,60. Es ist immer zu bedenken, daß die geforderten Eigenschaften insbesondere in den oberflächennahen Betonbereichen erreicht werden müssen.

Auch sind in einzelnen Fällen, wie z. B. bei Beton mit hohem Frostwiderstand oder Beton mit hohem Frost- und Tausalzwiderstand, weitergehende bzw. zusätzliche betontechnologische Maßnahmen erforderlich. Darauf wird im Abschnitt 7 eingegangen. Dort sind auch weitere besondere Eigenschaften und die dazu erforderlichen Maßnahmen behandelt.

Obere Grenzen für den Wasserzementwert:

Für Betone, bei denen es auf die Undurchlässigkeit des Zementsteins ankommt, wie z. B. bei wasserundurchlässigem Beton, Beton mit hohem Frostwiderstand und Beton mit hohem Widerstand gegen chemische Angriffe, soll der Wasserzementwert im allgemeinen 0,60, bei Frost- und Tausalzangriff oder bei starkem chemischen Angriff 0,50 nicht überschreiten (s. DIN 1045, Abschn. 6.5.7).

3.2.3 Feinststoffe (Mehlkorn und Feinstsand)

Die Feinststoffe bestehen aus dem sogenannten Mehlkorn 0/0,125 mm und dem Feinstsand 0,125/0,25 mm. Das Mehlkorn selbst setzt sich zusammen aus dem Zement, dem im Betonzuschlag enthaltenen Kornanteil 0/0,125 mm und gegebenenfalls dem feinkörnigen Betonzusatzstoff. Für die Eigenschaften des Frischbetons ist vor allem das Mehlkorn von Bedeutung. Ein ausreichender Mehlkorngehalt ist besonders wichtig bei Beton, der über längere Strecken oder in Rohrleitungen gefördert wird, bei Beton, der als Unterwasserbeton eingebaut wird, bei Beton für dünnwandige, eng bewehrte Bauteile und bei Beton, bei dem Anforderungen an die Undurchlässigkeit gestellt werden.

Im Hinblick auf ein geschlossenes Gefüge muß der Beton wenigstens so viel Feinmörtel enthalten, daß dieser alle Hohlräume im Kornhaufwerk ausfüllt und die Körner in genügend dicker Schicht umhüllt. Der Feinmörtel selbst muß soviel Feinststoffe enthalten, daß

◀[6]) Für Beton, der einem sehr starken Frost- und Tausalzangriff ausgesetzt ist, wie bei Betonfahrbahnen, ist Portland-, Eisenportland- oder Portlandölschieferzement mindestens der Festigkeitsklasse Z 35 oder Hochofenzement mindestens der Festigkeitsklasse Z 45 L zu verwenden.
[7]) Betonzuschläge mit erhöhten Anforderungen an den Widerstand gegen Frost- und Taumittel eFT nach DIN 4226 Teil 1, Abschnitt 7.5.4.
[8]) Abgesehen von sehr steifem Frischbeton mit sehr niedrigem Wasserzementwert ($w/z < 0,40$).
[9]) Bei Sulfatgehalten über 600 mg SO_4^{2-} je l Wasser (ausgenommen Meerwasser) bzw. über 3000 mg SO_4^{2-} je kg lufttrockenen Bodens.

er zusammenhält und stabil ist und nicht in unerwünschtem Maße Wasser absondert und damit eine gute Verarbeitbarkeit des Frischbetons gewährleistet.

Hierbei spielen auch die Art und die Kornzusammensetzung der Feinststoffe eine wesentliche Rolle. Die spezifische Oberfläche ist um so größer, je feiner die Körner sind. Gerundete Körner (z. B. Flugaschepartikel) haben einen geringeren Wasseranspruch als splittige (z. B. Zementkörner) oder plattige (z. B. Glimmerplättchen). Feinststoffe mit Korngrößen deutlich unter Zementkorngröße, wie z. B. manche Flugaschen, können sich zwischen den Zementkörnern einlagern, ohne diese auseinander zu drängen, und damit sogar den Wasseranspruch verringern (s. Abschn. 2.4.3.2.2), weil das von ihnen eingenommene Volumen nicht mehr mit Wasser gefüllt zu werden braucht, was sonst stets erforderlich ist, um den Zementleim beweglich zu machen.

Während einerseits ein ausreichender Feinststoffgehalt für die Verarbeitbarkeit und die Herstellung eines Betons mit geschlossenem und gleichmäßigem Gefüge notwendig ist, muß andererseits vor einem zu hohen Gehalt gewarnt werden, weil ein Übermaß davon den Wasseranspruch erhöht und die damit zusammenhängenden Betoneigenschaften verschlechtern kann. Nachteilige Auswirkungen können hinsichtlich der Witterungsbeständigkeit, besonders beim Frostwiderstand und beim Frost- und Taumittelwiderstand, sowie beim Verschleißwiderstand auftreten.

Aus diesem Grunde ist nach DIN 1045 der Mehlkorn- sowie der Mehlkorn- und Feinsandgehalt bei Beton für Außenbauteile und bei Beton mit besonderen Anforderungen an die o. g. Eigenschaften beschränkt. Die höchstzulässigen Werte sind in Tabelle 3.2-2 angegeben. Sie dürfen erhöht werden um den über 350 kg/m³ hinausgehenden Zementgehalt und/oder um den Gehalt eines etwaigen puzzolanischen Betonzusatzstoffes, jedoch um nicht mehr als insgesamt 50 kg/m³. Diese Angaben gelten für Betone mit einem Zuschlag-Größtkorn von 16 bis 63 mm. Beträgt das Zuschlag-Größtkorn nur 8 mm, so darf der Gehalt an Mehlkorn bzw. an Mehlkorn + Feinsand um weitere 50 kg/m³ erhöht werden.

Zur besseren Verdeutlichung sind die höchstzulässigen Werte auf Bild 3.2-8 über dem Zementgehalt aufgetragen.

Tabelle 3.2-2 Höchstzulässiger Gehalt an Mehlkorn sowie an Mehlkorn + Feinstsand nach DIN 1045, Abschnitt 6.5.4, bei
    Beton für Außenbauteile
    Beton mit hohem Frostwiderstand
    Beton mit hohem Frost- und Tausalzwiderstand
    Beton mit hohem Verschleißwiderstand
mit einem Größtkorn des Zuschlaggemisches von 16 bis 63 mm

Zementgehalt in kg/m³	Höchstzulässiger Gehalt*) in kg/m³ an	
	Mehlkorn	Mehlkorn und Feinstsand
	bei einer Prüfkorngröße von	
	0,125 mm	0,250 mm
≤ 300	350	450
350	400	500

*) Zwischenwerte sind geradlinig zu interpolieren.
   Die Werte dürfen erhöht werden (siehe Text):
     bei Zementgehalten über 350 kg/m³
     bei Zugabe puzzolanischer Betonzusatzstoffe
     bei einem Zuschlaggrößtkorn von 8 mm

3.2 Betonaufbau

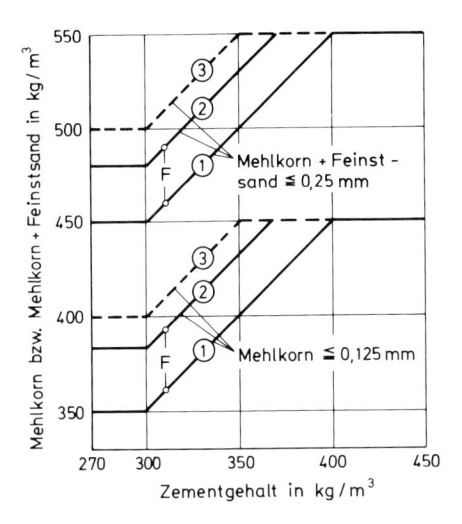

Bild 3.2-8 Höchstzulässiger Gehalt*) an Mehlkorn und Mehlkorn + Feinstsand bei Beton für Außenbauteile
Beton mit hohem Frostwiderstand
Beton mit hohem Frost- und Tausalzwiderstand
Beton mit hohem Verschleißwiderstand

*) Die Werte gelten für ein Zuschlag-Größtkorn von 16 bis 63 mm. Bei einem Zuschlag-Größtkorn von 8 mm dürfen die Werte um 50 kg/m^3 erhöht werden.

① ohne puzzolanischen Betonzusatzstoff
② bei Zugabe von F [kg/m^3] puzzolanischem Betonzusatzstoff
③ bei 50 kg/m^3 und mehr an puzzolanischem Betonzusatzstoff

Die Beschränkung nicht nur des Kornanteils bis 0,125 mm, des eigentlich „wirksamen" Mehlkorns, sondern auch des Anteils bis 0,25 mm, hat folgenden Grund: Manche Sandvorkommen weisen nur relativ wenig Material bis 0,125 mm, aber einen hohen Anteil 0,125/0,25 mm auf. Würde man den über den Zementanteil hinausgehenden Bedarf an wirksamem Mehlkorn < 0,125 mm allein mit solchem Sand decken wollen, könnten überhöhte Mengen der Korngruppe 0,125/0,25 mm in den Beton gelangen. Ein Übermaß davon ist aber betontechnologisch ungünstig, weil diese Korngruppe einerseits einen verhältnismäßig großen Wasseranspruch hat, aber andererseits nur ein geringes Wasserrückhaltevermögen besitzt. Das kann zu starkem Bluten und zu Wasseranreicherungen an der Betonoberseite, an den Schalungsflächen und unter den groben Zuschlagkörnern führen und damit die Dauerhaftigkeit beeinträchtigen.

Bei der Verwendung solcher mehlkornarmen, aber feinstsandreichen Sande sollte der Mehlkornbedarf deshalb nicht durch einen erhöhten Sandanteil, sondern durch getrennte Zugabe eines geeigneten mehlkornreichen Materials gedeckt werden.

Bei Betonen, bei denen keine besonderen Anforderungen an die Witterungsbeständigkeit oder den Verschleißwiderstand gestellt werden, können höhere Mehlkorn- und Feinstsandgehalte toleriert werden. Die Notwendigkeit dazu kann sich ergeben, wenn feinstteilreiche Zuschlagvorkommen möglichst vollständig ausgenutzt werden sollen.

Bei Verwendung luftporenbildender Betonzusatzmittel ist ein niedriger Mehlkorngehalt als sonst ausreichend und zweckmäßig. Es wird empfohlen, den Stoffraumanteil des Mehlkorns mindestens um die Hälfte des Volumens an künstlich eingeführten Luftporen zu verringern. Das entspricht je m^3 Beton bei üblichem Mehlkornmaterial etwa 15 kg für je 1% (10 dm^3/m^3) Luftporen. Ein zu hoher Mehlkorngehalt kann bei Beton mit künstlich eingeführten Luftporen zu Verarbeitungsschwierigkeiten führen, weil der Frischbeton u. U. zäh und gummiartig wird und sich schwer verdichten läßt [3-24].

3.3 Mischungsentwurf

3.3.1 Berechnung

Der Mischungsentwurf erfolgt mit Hilfe der sog. Stoffraumrechnung, wobei man unter Stoffraum jeweils das Volumen der einzelnen Betonbestandteile versteht. Die Stoffraumrechnung geht davon aus, daß die in 1 m³ verdichteten Frischbetons enthaltenen Mengen an Zement, Wasser, Zuschlag und Zusatzstoffen zusammen mit den Luftporen den Raum von 1 m³ ausfüllen (Bild 3.3-1). Damit erhält man als Bestimmungsgleichung

$$\frac{Z}{\varrho_z} + \frac{W}{\varrho_w} + \frac{G}{\varrho_{Rg}} + \frac{F}{\varrho_f} + P = 1000 \, [\text{dm}^3] \quad (3.1)$$

Hierin bedeuten:

Z Zementmenge in kg/m³
W Wassermenge in kg/m³
G Zuschlagmenge in kg/m³
F Zusatzstoffmenge in kg/m³
P Luftporenraum in dm³/m³
ϱ_z Dichte des Zements in kg/dm³
ϱ_w Dichte des Wassers ≈ 1 kg/dm³
ϱ_{Rg} Kornrohdichte des Zuschlags in kg/dm³
ϱ_f Dichte des Betonzusatzstoffes in kg/dm³

Richtwerte für Dichten und Rohdichten sind in Tabelle 3.3-1 angegeben. Die Berechnung wird in folgenden Schritten durchgeführt:

1. Wahl der Zuschläge und Festlegen der Kornzusammensetzung des Zuschlaggemischs (s. Abschn. 3.1).
2. Entscheidung über die Verwendung von Zusatzstoffen (s. Abschn. 2.4).
3. Abschätzen des Wasseranspruchs W (s. Abschn. 3.2.1).
   Hierbei ist auch der Einfluß etwaiger Betonzusätze zu berücksichtigen.
4. Wahl der Zement-Festigkeitsklasse

   Für Beton einer bestimmten Festigkeitsklasse wird im allgemeinen ein Zement der gleichlautenden oder einer höheren Festigkeitsklasse verwendet, wobei Zement der niedrigsten Festigkeitsklasse Z 25 nur in Sonderfällen eingesetzt wird. Zemente der

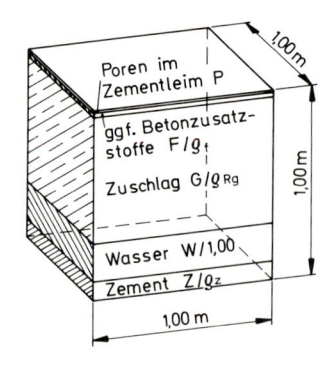

Bild 3.3-1 Schematische Darstellung der Stoffraumanteile in 1 m³ Beton

3.3 Mischungsentwurf

Tabelle 3.3-1 Richtwerte für Dichten und Rohdichten
der Ausgangsstoffe für den Mischungsentwurf

Dichte von Zement		[kg/dm³]
Portlandzement	PZ	3,10
C₃A-armer PZ		3,22
Eisenportlandzement	EPZ	3,04
Hochofenzement	HOZ	3,00
Traßzement	TrZ	2,93

Dichte von Betonzusatzstoffen	[kg/dm³]
Steinkohlenflugasche	2,20 bis 2,70
Traß	2,30 bis 2,50
Quarzmehl	2,65
Kalksteinmehl	2,70 bis 2,90

Kornrohdichte von Normalzuschlägen (s. a. Tab. 2.2-8)	[kg/dm³]
Kiessand	2,60 bis 2,65
dichter Kalkstein	2,70 bis 2,80
Erstarrungsgesteine	2,60 bis 3,10

höheren Festigkeitsklassen werden für Betone einer niedrigeren Festigkeitsklasse meist dann eingesetzt, wenn eine hohe Frühfestigkeit erzielt werden soll.

5. Festlegung des Wasserzementwertes

Der Wasserzementwert wird durch die geforderte Betondruckfestigkeit und die Normdruckfestigkeit des vorgesehenen Zements bestimmt. Er kann wie im Abschnitt 3.2.2.2 gezeigt ermittelt werden. Dabei ist ein Luftgehalt, der über den durchschnittlichen Verdichtungsporengehalt von 1,5 % hinausgeht, z. B. bei Verwendung luftporenbildender Zusatzmittel, wie zusätzliches Anmachwasser in Rechnung zu stellen.

6. Berechnung des Zementgehaltes aus dem Wasseranspruch W gemäß 3. und dem Wasserzementwert w/z gemäß 5.

$$Z = \frac{W}{w/z}$$

Ergibt sich dabei ein sehr hoher (über 350 kg/m³) oder sehr niedriger (unter 250 kg/m³) Zementgehalt, so ist ggf. der Wasseranspruch entsprechend zu korrigieren und damit der Zementgehalt erneut zu bestimmen.

Bei der Festlegung des endgültigen Zementgehaltes sind die für die verschiedenen Anwendungsfälle vorgeschriebenen Mindest-Zementgehalte zu berücksichtigen (s. Abschnitte 3.2.2.3 bis 3.2.2.5).

7. Ermittlung des Zuschlaggehalts aus der Gleichung

$$G = \left(1000 - \frac{Z}{\varrho_z} - W - \frac{F}{\varrho_f} - P\right) \cdot \varrho_{Rg} \quad [\text{kg/m}^3]$$

Dabei ist zu beachten, daß auch vollständig verdichteter Beton noch etwa 1 bis 3 % natürliche Luftporen enthält. Im allgemeinen ist es ausreichend, für P einen Durchschnittswert von 15 dm³/m³ anzusetzen. Ein wesentlich über 1,5% hinausgehender Porenraum (z. B. bei Verwendung luftporenbildender Zusatzmittel ist zu berücksichtigen.

8. Kontrolle und bei Bedarf Korrektur des Mehlkorn- und Feinstsandgehalts (s. Abschn. 3.2.3)

Mit den so ermittelten Stoffanteilen kann die Zusammensetzung von 1 m³ verdichtetem Beton und das Mischungsverhältnis in Massenteilen angegeben werden.

3.3.2 Eignungsprüfung

Bei der Eignungsprüfung ist zunächst festzustellen, ob der Frischbeton ausreichend verarbeitbar ist. Wird bei der Eignungsprüfung feuchter Zuschlag verwendet, so muß der beim Mischungsentwurf ermittelte Wassergehalt um das Oberflächenwasser des Zuschlags vermindert werden. Beim Zuschlag ist dagegen von jeder Korngruppe die berechnete Menge an trockenem Zuschlag zuzüglich der festgestellten Menge an Oberflächenfeuchte + Kernfeuchte einzuwiegen. Die Kernfeuchte kann bei dichtem Gestein etwa 0,5 M.-%, bei Sandstein bis zu etwa 2,5 M.-% betragen.

Es empfiehlt sich, von dem verbleibenden Teil des Anmachwassers (Zugabewasser) zunächst rd. 3/4 mit den übrigen Ausgangsstoffen zu mischen und nach rd. 1/2 Minute Mischdauer vom Rest noch so viel zuzusetzen, bis die vorgesehene Konsistenz nach Augenschein erreicht ist. Reicht das vorgesehene Zugabewasser nicht aus, werden nach Bedarf weiteres Wasser und soviel Zement zugegeben, daß der Wasserzementwert unverändert bleibt.

Die tatsächliche Zusammensetzung des Betons der Eignungsprüfung (Z, G, W, F in kg/m³) kann aus der gemessenen Frischbetonrohdichte $\varrho_{b,h}$ [kg/m³] des in den Formen verdichteten Frischbetons und den bei der Herstellung zugegebenen Mengen Z_1, G_1, W_1, F_1 [kg] errechnet werden. Es gilt:

$$Z + W + G + F = \varrho_{b,h} \qquad [\text{kg/m}^3]$$

Daraus erhält man

$$Z = \frac{Z_1}{Z_1 + G_1 + W_1 + F_1} \cdot \varrho_{b,h} \qquad [\text{kg/m}^3]$$

$$G = Z \cdot \frac{G_1}{Z_1} \qquad [\text{kg/m}^3]$$

$$W = Z \cdot \frac{W_1}{Z_1} \qquad [\text{kg/m}^3]$$

$$F = Z \cdot \frac{F_1}{Z_1} \qquad [\text{kg/m}^3]$$

und unter Verwendung von Gleichung (3.1)

$$P = 1000 - W - \frac{Z}{\varrho_z} - \frac{G}{\varrho_{Rg}} - \frac{F}{\varrho_f} \qquad [\text{dm/m}^3]$$

3.3 Mischungsentwurf

3.3.3 Beispiele

3.3.3.1 Beton B 25, Regelkonsistenz*)

Herzustellen ist ein Beton für Innenbauteile aus Stahlbeton einer kleinsten Dicke von 100 mm.

Ausgangsstoffe (Dichten und Kornrohdichten siehe Tab. 3.3-1, S. 131):
Portlandzement Z 35 F (Dichte 3,10 kg/dm³)

Zuschlagsgruppen:
0/2 mm (Flußsand)
2/8 mm (Kies)   (Kornrohdichte 2,62 kg/dm³)
8/16 mm (Kies)

ferner Feinstsand 0/0,25 mm zur ggf. erforderlichen Ergänzung des Mehlkorngehaltes (Kornrohdichte 2,64 kg/dm³).

Kornzusammensetzung der Zuschlagkorngruppen nach Siebversuch:

Siebweite [mm]	0,125	0,25	1	2	4	8	16	32
Lieferkorngruppe	Siebdurchgang in M.-%							
0/0,25	25,7	97,1	100	100	100	100	100	100
0/2	1,6	12,9	78,7	96,2	100	100	100	100
2/8	0,3	0,5	1,1	3,7	27,7	95,3	100	100
8/16	0,2	0,3	0,5	0,6	1,1	9,7	93,4	100
16/32**)	0,1	0,1	0,1	0,1	0,1	0,2	4,7	100

Angestrebte Kornzusammensetzung des Zuschlaggemisches im Bereich 3 zwischen den Sieblinien A16 und B16 (s. Bild 3.1-2 auf S. 104). Dazu erforderliche Anteile der Lieferkorngruppen wurden durch Probieren ermittelt.

Aus 35 % M.-% 0/2 mm + 35 M.-% 2/8 mm und 30 M.-% 8/16 mm entsteht ein Zuschlaggemisch mit folgenden Anteilen:

bis 0,125	0,25	1	2	4	8	16 mm
0,7	5	28	35	45	71	98 M.-%

und mit einer Körnungsziffer (s. Abschn. 3.1.4) von $k = 4,00$.

Geschätzter Wasseranspruch nach Bild 3.2-2a, S. 117 (Zuschlag mit geringem Wasseranspruch, $k = 4,00$, weiche Konsistenz mit Verdichtungsmaß $v \approx 1,05$): $W = 190$ kg/m³.

Für B 25 soll bei der Eignungsprüfung $\beta_{D28} = 35$ N/mm² erreicht werden. Zement Z 35 F erfordert hierfür einen Wasserzementwert $w/z = 0,58$ (Bild 3.2-4 auf S. 121).

---

*) siehe Abschnitt 5.1.4
**) Wird in diesem Beispiel nicht verwendet, aber im nächsten Beispiel.

Zementgehalt: $\quad Z = \dfrac{W}{w/z} = \dfrac{190}{0{,}58} = 328 \text{ kg/m}^3$

Zuschlaggehalt: $\quad G = \varrho_{Rg}\left(1000 - W - \dfrac{Z}{\varrho_z} - P\right)$

$$= 2{,}62\left(1000 - 190 - \dfrac{328}{3{,}10} - 15\right) = 1806 \text{ kg/m}^3$$

(Porengehalt zu 15 dm³/m³ geschätzt)

Überprüfung des Mehlkorn- und des (Mehlkorn + Feinstsand)-Gehaltes:
Vorhandenes Mehlkorn < 0,125 mm

aus Zement: $\hfill 328 \text{ kg/m}^3$
$\hfill (106 \text{ dm}^3/\text{m}^3)$

aus Zuschlag: $\dfrac{1806}{100 \cdot 100}(1{,}6 \cdot 35 + 0{,}3 \cdot 35 + 0{,}2 \cdot 30) = \quad 13 \text{ kg/m}^3$
$\hfill (5 \text{ dm}^3/\text{m}^3)$

zusammen $\hfill 341 \text{ kg/m}^3$
$\hfill (111 \text{ dm}^3/\text{m}^3)$

Um den etwas knappen Mehlkorngehalt zu erhöhen, werden pro m³ Beton 130 kg Feinstsand der Lieferkorngruppe 0/0,25 mm zugesetzt. Hierdurch wird der für den Zuschlag zur Verfügung stehende Stoffraum um 130/2,64 = 49 dm³/m³ vermindert.

Korrigierter Zuschlaggehalt: $G = 1806 - 49 \cdot 2{,}62 = 1677 \text{ kg/m}^3$

Gesamter Mehlkorngehalt < 0,125 mm:

$$328 + 13 \cdot \dfrac{1677}{1806} + 130 \dfrac{25{,}7}{100} = 373 \text{ kg/m}^3 < 378 \text{ kg/m}^3 \qquad \text{(Tab. 3.2-2, S.128)}$$

Gehalt an Mehlkorn + Feinstsand 0/0,25 mm:

$$373 + 1806 \cdot \dfrac{5}{100} = 418 \text{ kg/m}^3 < 478 \text{ kg/m}^3 \qquad \text{(Tab. 3.2-2)}$$

Rezeptur für 1 m³ verdichteten Beton:

	kg	kg/dm³	dm³
Zement PZ 35 F	328	3,10	106
Wasser	190	1,00	190
Verdichtungsporen (Annahme)	–	–	15
Sand 0/2 mm (35%)	587		
Kiessand 2/8 mm (35%) 100%	587	2,62	640
Kies 8/16 mm (30%)	503		
Feinstsand 0/0,25 mm	130	2,64	49
	2325		1000

Rückrechnung der tatsächlichen Mischungszusammensetzung des Betons der Eignungsprüfung:

3.3 Mischungsentwurf

Bei der Eignungsprüfung seien feuchte Zuschläge verwendet worden. Der Wassergehalt sei zu 3,5 M.-%, bezogen auf den feuchten Zuschlag, ermittelt worden*).

Einwaage für 50 dm³ verdichteten Beton:

Zement: $\quad\quad\quad\quad\quad\quad\quad 328 \cdot 0{,}05 = 16{,}40 \text{ kg}$

Feinstsand (trocken): $\quad\quad\quad\; 130 \cdot 0{,}05 = \;\; 6{,}50 \text{ kg}$

Zuschlag (feucht): $\quad\quad\dfrac{1}{1 - \dfrac{3{,}5}{100}} \cdot 1677 \cdot 0{,}05 = 86{,}89 \text{ kg}$

$(86{,}89 \cdot \dfrac{3{,}5}{100} = 3{,}04$ kg Wasser im Zuschlag)

Zugabewasser: 9,50–3,04 = 6,46 kg

Für die angestrebte Konsistenz sei das Zugabewasser nicht ganz benötigt worden. 0,25 kg bleiben zurück. Die gemessene Frischbetonrohdichte beträgt 2,33 kg/dm³.

Tatsächlich in 1 m³ Frischbeton enthaltene Stoffmengen:

$$Z = 2{,}330 \cdot 1000 \cdot \dfrac{16{,}40}{16{,}40 + 6{,}50 + 86{,}89 + 6{,}46 - 0{,}25} = 329 \text{ kg}$$

$$F = 329 \cdot \dfrac{6{,}50}{16{,}40} \quad\quad\quad\quad\quad\quad\quad\quad\quad\quad = 130 \text{ kg}$$

$$G = 329 \cdot \dfrac{86{,}89 - 3{,}04}{16{,}40} \quad\quad\quad\quad\quad\quad\;\; = 1682 \text{ kg}$$

$$W = 329 \cdot \dfrac{6{,}46 - 0{,}25 + 3{,}04}{16{,}40} \quad\quad\quad\quad = 186 \text{ kg}$$

$$w/z = W/Z = 186/329 = 0{,}565$$

Rechnerischer Porenraum im Frischbeton:

$$P = 1000 - \dfrac{329}{3{,}10} - \dfrac{130}{2{,}64} - \dfrac{1682}{2{,}62} - 186 = 17 \text{ dm}^3$$

3.3.3.2 Beton mit hohem Frost- und Tausalzwiderstand für bewehrte Bauteile, B 35, plastische Konsistenz KP

Es stehen die gleichen Zuschläge wie im Beispiel 3.3.3.1 und zusätzlich noch Kies 16/32 mm zur Verfügung.

Gewählte Anteile der Lieferkorngruppen:

$\quad\quad$ 0/2 30%; $\quad$ 2/8 25%; $\quad$ 8/16 20%; $\quad$ 16/32 25%

---

*) Verschiedentlich wird der Feuchtegehalt auch auf den trockenen Zuschlag bezogen.

Damit ergibt sich ein Korngemisch mit den Siebdurchgängen:

0,125	0,25	1	2	4	8	16	32 mm
0,6	4	24	30	37	56	75	100 M.-%

und einer Körnungsziffer von $k = 4{,}60$.

Geschätzter Wasseranspruch nach Bild 3.2-2a, S. 117 (für Verdichtungsmaß $v = 1{,}15$): 160 kg/m³.

Zur Erzielung eines hohen Frost- und Tausalzwiderstandes werden Luftporen mit Hilfe eines Luftporenbildners (LP) eingeführt. Angestrebter Luftgehalt 4,0 % = 40 dm³/m³ (einschließlich 1,5 % natürlicher Luft- und Verdichtungsporen).

Verminderung des Wasseranspruchs durch die eingeführten Luftporen:
geschätzt nach Abschnitt 3.2.1.4 zu

$$(40 - 15)/3 = 8\ \text{dm}^3/\text{m}^3 \triangleq 8\ \text{kg/m}^3$$

Außer dem Luftporenbildner (LP) wird noch ein Betonverflüssiger (BV) zugegeben, der den Wasseranspruch um weitere 5 % vermindert.

$$\text{Gesamter Wasseranspruch:}\quad (160 - 8) \cdot 0{,}95 \approx 145\ \text{kg/m}^3$$

Erforderlicher Wasserzementwert nach Bild 3.2-4 auf S. 121 für Druckfestigkeit 45 N/mm² (Serienfestigkeit 40 N/mm² + Vorhaltemaß 5 N/mm²) für die verschiedenen Zement-Festigkeitsklassen:

Zement-Festigkeitsklasse	Z 35	Z 45	Z 55
w/z	0,47	0,57	0,62

Die Kurven des Bildes 3.2-4 berücksichtigen einen Luftgehalt von 1,5 %, d. h. 15 dm³ in 1 m³ Frischbeton. Bei höheren Luftgehalten wirken sich die darüber hinausgehenden Luftporen in etwa gleicher Weise festigkeitsmindernd aus wie eine entsprechende Menge Wasser. Bei der Berechnung des Zementgehaltes ist deshalb nicht der Wasserzementwert, sondern der $\dfrac{W + P'}{Z}$-Wert zugrundezulegen, wobei P' der Luftgehalt P abzüglich 15 dm³/m³ bedeutet.

Erforderlicher Zementgehalt: $\quad Z = \dfrac{145 + 40 - 15}{w/z} = \dfrac{170}{w/z}$

Zement-Festigkeitsklasse	Z 35	Z 45	Z 55
Z [kg/m³]	362	298	274

3.3 Mischungsentwurf

Tatsächlicher Wasserzementwert:

Z 35	Z 45	Z 55
$\dfrac{145}{362} = 0{,}40$	$\dfrac{145}{298} = 0{,}49$	$\dfrac{145}{274} = 0{,}52$

Nach DIN 1045, Abschnitt 6.5.7.4, darf der Wasserzementwert 0,50 nicht überschreiten, und der Zementgehalt muß für Außenbauteile aus Stahlbeton mindestens 270 kg/m³ betragen.

Gewählt: PZ 45, 300 kg/m³

Zuschlaggehalt:

$$G = 2{,}62 \left(1000 - \frac{300}{3{,}10} - 145 - 40 \right) = 1882 \text{ kg/m}^3$$

Überprüfung des Mehlkorngehalts:

$$\begin{array}{ll} \text{Zement} & 300 \text{ kg/m}^3 \\ \text{Zuschlag} < 0{,}125 \text{ mm:} \quad 1882 \cdot \dfrac{0{,}6}{100} = & 11 \text{ kg/m}^3 \\ \hline & 311 \text{ kg/m}^3 \end{array}$$

Höchstzulässiger Mehlkorngehalt nach DIN 1045, Tab. 3, von 350 kg/m³ (s. Tab. 3.2-2, S. 128) ist nicht überschritten. Der vorhandene Mehlkorngehalt erscheint andererseits ausreichend hoch, da künstliche Luftporen den Zusammenhalt und die Verarbeitbarkeit des Frischbetons in ähnlicher Weise verbessern wie ein erhöhter Mehlkorngehalt.

Zusammensetzung für 1 m³ verdichteten Beton:

		kg	kg/dm³	dm³
Zement	PZ 45 F	300	3,10	97
Wasser		145	1,00	145
Sand	0/2 mm	565		
Kiessand	2/8 mm	470	2,62	718
Kies	8/16 mm	376		
Kies	16/32 mm	470		
Luft		–	–	40
		2326		1000

Außerdem Luftporenbildner (etwa 300 ml/m³) und Verflüssiger (etwa 1000 ml/m³), Zugabemengen gemäß Eignungsprüfung.

4 Herstellung, Verarbeitung und Nachbehandlung

4.1 Herstellung

4.1.1 Abmessen der Ausgangsstoffe

Voraussetzung für eine zielsichere und gleichmäßige Betonherstellung ist ein genaues Abmessen der Ausgangsstoffe. Dabei sind nach allgemeiner Auffassung (z. B. [4-1]) folgende Toleranzen einzuhalten:

$$\left.\begin{array}{l}\text{Zement}\\\text{Wasser}\\\text{gesamter Betonzuschlag}\\\text{Betonzusatzstoffe}\end{array}\right\} \pm 3 \text{ M.-\% der Zugabemenge}$$

$$\text{Betonzusatzmittel} \quad \pm 5 \text{ M.-\% der Zugabemenge}$$

Da Zement in seiner Schüttdichte sehr stark schwanken kann, kommt hier nur das Abmessen durch Abwiegen in Frage. Andere Abmeßverfahren sind nur statthaft, wenn sich ihre Zuverlässigkeit in der Praxis erwiesen hat und wenn die Abmeßgenauigkeit bei Überprüfung unter praxisnahen Bedingungen innerhalb der vorgeschriebenen Toleranzen liegt.

Das Zugabewasser (s. Abschn. 3.2.1 und 3.3) kann durch Wägung oder nach Volumen, z. B. mit Hilfe von Durchflußwasserzählern, abgemessen werden.

Der Zuschlag sollte in der Regel abgewogen werden. (Wegen des Abmessens von Leichtzuschlägen siehe Abschnitt 8.2.5.1). Der im Zuschlag enthaltene Wasseranteil ist bei Feuchtegehalten über 3 M.-% beim Zugabewasser und bei der Dosierung des Zuschlags zu berücksichtigen.

Die erforderliche Zugabewassermenge errechnet sich aus dem beim Mischungsentwurf für eine Mischerfüllung ermittelten Gesamtwassergehalt W' und der Eigenfeuchte der Zuschläge zu

$$W'_{\text{zug}} = W' - W'_{\text{g}}$$

mit

$$W'_{\text{g}} = G'_{\text{d}} \cdot \frac{f/100}{1 - f/100}$$

Die erforderliche Zuschlagmenge errechnet sich zu

$$G'_{\text{f}} = G'_{\text{d}} / \left(1 - \frac{f}{100}\right)$$

Es bedeuten:

W'_{zug} Zugabewasser für eine Mischerfüllung in kg
W' Gesamtwasser für eine Mischerfüllung in kg

W'_g in den Zuschlägen für eine Mischerfüllung enthaltenes Wasser in kg
G'_f Feuchter Zuschlag für eine Mischerfüllung in kg
G'_d Trockener Zuschlag für eine Mischerfüllung in kg
f Feuchtegehalt des Zuschlags in M.-% bezogen auf den feuchten Zuschlag

Da erfahrungsgemäß der Feuchtegehalt der gröberen Korngruppen über 4 mm gering ist und nur wenig schwankt, genügt es meist, ihn mit einem Mittelwert zu berücksichtigen. Dagegen sollte der Feuchtegehalt des Sandes, der wesentlich höher sein kann und stärker schwankt, häufig gemessen und laufend bei der Dosierung berücksichtigt werden. Für Betone, die in großen Mengen und nach gleichen Rezepturen hergestellt werden, z.B. in Fertigteil- oder Transportbetonwerken, reicht es daher aus, wenn in den Mischungsanweisungen die Zugabewassermengen W'_{zug} tabellarisch nur in Abhängigkeit vom Feuchtegehalt des Sandes 0/2 bzw. 0/4 mm festgelegt sind. Mit Erfolg werden in stationären Betonaufbereitungsanlagen auch elektronische Meß- und Regelgeräte für die kontinuierliche Berücksichtigung des Feuchtegehalts im Sand verwendet. Andere Entwicklungen zielen darauf ab, den Wassergehalt im Mischer elektronisch zu messen und automatisch zu regeln [4-2].

Pulverförmige Betonzusatzmittel und Betonzusatzstoffe sind wie der Zement stets abzuwiegen. Flüssige und pastenförmige Betonzusätze können wahlweise auch nach Volumen abgemessen werden.

Bei der Ermittlung der für eine Mischerfüllung benötigten Stoffmengen ist zu beachten, daß der Nenninhalt des Mischers nach DIN 459 das Fassungsvermögen an unverdichtetem Frischbeton mit weicher Konsistenz bezeichnet. Weicher Frischbeton (Verdichtungsmaß 1,02 bis 1,07) enthält in unverdichtetem Zustand nur ein geringes Porenvolumen. Beton mit steifer Konsistenz hat dagegen im Mischer eine geringere Lagerungsdichte, und eine Mischerfüllung ergibt ein geringeres Volumen an verdichtetem Beton. Näherungsweise können die Bestandteile B' für eine Mischerfüllung aus den für 1 m³ verdichteten Beton vorgesehenen Bestandteilen wie folgt errechnet werden

$$B' = B \cdot \frac{V_n}{v \cdot 1000}$$

Hierin bedeuten:

B' Bestandteil (z.B. Zement Z', Zuschlag G' oder Wasser W') in kg für eine Mischung
B Bestandteil (z.B. Zement Z, Zuschlag G, Wasser W) in kg für einen m^3 verdichteten Beton
V_n Nenninhalt des Mischers in Litern
v Verdichtungsmaß des Frischbetons nach DIN 1048 Teil 1, Abschnitt 3.1.1

Um sicher zu gehen, daß der Mischer nicht überfüllt wird, empfiehlt es sich, das nach obiger Formel errechnete Fassungsvermögen nur zu etwa 90% auszunutzen [4-2].

4.1.2 Frischbetontemperatur

Damit der Beton ausreichend schnell erhärtet und ggf. bei Frost keinen Schaden im jungen Alter erleidet (s. Abschn. 4.3.3), darf die Frischbetontemperatur nicht zu niedrig sein. Andererseits kann eine zu hohe Frischbetontemperatur zu Verarbeitungsschwierigkeiten und zu einer Beeinträchtigung bestimmter Festbetoneigenschaften führen. Auch besteht wegen der infolge der Hydratation des Zements erhöhten Betontemperatur eine verstärkte Gefahr für die Bildung von Rissen bei der späteren Abkühlung.

4.1 Herstellung

Die gewünschte Frischbetontemperatur kann entweder durch Erwärmen oder Kühlen der Ausgangsstoffe erreicht werden.

Aus der Temperatur der Ausgangsstoffe ergibt sich die Frischbetontemperatur $T_{b,0}$, unter der Voraussetzung, daß von außen keine Wärme zu- oder abgeführt wird und daß der Zuschlag nicht gefroren ist, wie folgt:

$$T_{b,0} = \frac{Z \cdot c_z \cdot T_z + G \cdot c_g \cdot T_g + W_{zug} \cdot c_w \cdot T_w + W_g \cdot c_w \cdot T_g}{Z \cdot c_z + G \cdot c_g + (W_{zug} + W_g) \cdot c_w}$$

Hierin bedeuten:

Z	Zementgehalt in kg/m³
G	Zuschlaggehalt in kg/m³
W_{zug}	Zugabewasser in kg/m³
W_g	in den Zuschlägen als Oberflächen- und Kernfeuchte enthaltenes Wasser in kg/m³
T_z	Zementtemperatur in °C
T_g	Zuschlagtemperatur in °C
T_w	Wassertemperatur in °C
c_z	spezifische Wärme des Zements 0,72 bis 0,92 kJ/(kg·K)
c_g	spezifische Wärme des Zuschlags [4-3, 4-69, 6-14, 7-152]
	Quarz 0,80 kJ/(kg·K)
	Kalkstein 0,85 bis 0,92 kJ/(kg·K)
	Granit 0,75 bis 0,85 kJ/(kg·K)
	Basalt 0,71 bis 1,05 kJ/(kg·K)
c_w	spezifische Wärme des Wassers 4,19 kJ/(kg·K)

Enthält der Zuschlag oder das Zugabewasser Eis, das geschmolzen werden muß, so sind zusätzlich die Schmelzwärme des Eises von 335 kJ/kg und, wenn die Temperatur wesentlich unter dem Gefrierpunkt liegt, auch die spezifische Wärme des Eises von 2,0 kJ/(kg·K) zu berücksichtigen.

Für einen Beton mittlerer Zusammensetzung ($Z = 300$ kg/m³, $G = 1900$ kg/m³, $W = 180$ kg/m³) ergibt sich mit $c_z \approx c_g \approx 0{,}84$ und $c_w = 4{,}19$ kJ/(kg·K) eine Änderung der Frischbetontemperatur um 1 °C, wenn die Temperatur

– des Zements um 10,0 °C oder die
– des Zuschlags um 1,6 °C oder die
– des Wassers um 3,5 °C verändert wird.

Die Frischbetontemperatur kann man am einfachsten dadurch beeinflussen, daß zunächst nur das Zugabewasser erwärmt bzw. gekühlt wird. Zugabewasser mit einer Temperatur wesentlich über 60 °C soll aber mit dem Zement nicht in Berührung kommen, weil dies zu vorzeitigem Erstarren führen kann. Will man heißeres Zugabewasser verwenden, so ist es erst mit dem Zuschlag zu vermischen, bevor der Zement zugegeben wird. Wenn durch Änderung der Wassertemperatur allein die gewünschte Frischbetontemperatur nicht erreicht werden kann, müssen auch die Zuschläge erwärmt bzw. gekühlt werden. Die Zuschläge sollten jedoch nicht über 100 °C (z. B. mit Dampf) erhitzt werden, weil sonst ein Teil des Zugabewassers verdampft. Gefrorene Zuschläge müssen vollständig aufgetaut sein, bevor der Frischbeton den Mischer verläßt, damit er nicht durch den Wärmeentzug beim Schmelzen des Eises nachträglich abkühlt.

Bild 4.1-1 gibt einen Anhalt dafür, welche Temperaturen der Ausgangsstoffe erforderlich sind, um eine bestimmte Frischbetontemperatur zu erreichen.

Bild 4.1-1 Frischbetontemperatur in Abhängigkeit von der Temperatur der Ausgangsstoffe (Normalbeton mit 300 kg/m³ Zement, 1900 kg/m³ trockenen Zuschlägen, 180 kg/m³ Wasser; spezifische Wärme des Zements und des Zuschlags 0,84 kJ/(kg · K), des Wassers 4,19 kJ/(kg · K))

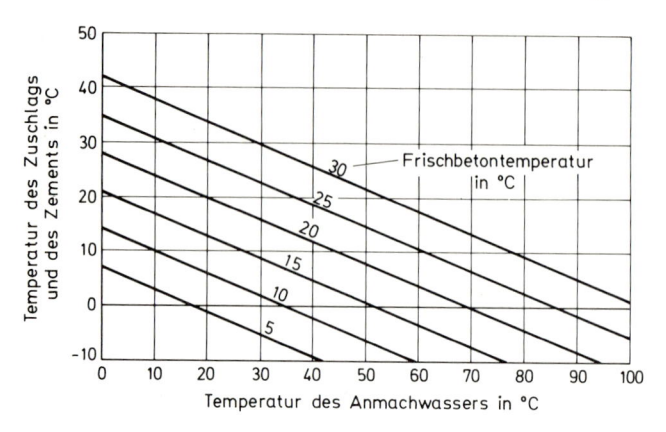

Die Betontemperatur ändert sich um etwa 1 °C bei einer Änderung der Temperatur
des Zements um 10,0 °C oder
des Zuschlags um 1,6 °C oder
des Wassers um 3,5 °C

Für eine Senkung der Frischbetontemperatur ist die Zugabe von Eis wegen dessen hoher Schmelzwärme besonders geeignet. Hierzu wird ein Teil des Anmachwassers durch zerkleinertes Eis ersetzt. Für eine Absenkung der Temperatur um 1 °C sind etwa 8 kg Eis je m³ Beton erforderlich. Bis zum Ende des Mischprozesses muß alles Eis geschmolzen sein.

Eine andere Möglichkeit ist die Einleitung von flüssigem Stickstoff (Temperatur −196 °C) mit entsprechenden Lanzen in den Mischer bzw. in das Mischfahrzeug [4-4]. Auf Großbaustellen wurde auch schon der mit Temperaturen bis zu 80 °C angelieferte Zement beim Einblasen ins Silo mit flüssigem Stickstoff gekühlt [4-5, 4-8].

Beim Fördern und Einbringen erfolgt ein teilweiser Temperaturausgleich mit der Umgebung. Dieser kann nach [4-6] ganz grob zu 15 % des Unterschieds zwischen Frischbeton- und Lufttemperatur angenommen werden.

4.1.3 Mischen

4.1.3.1 Allgemeines

Beim Mischen werden die Ausgangsstoffe miteinander vermengt. Sie müssen nach Abschluß des Mischvorganges möglichst gleichmäßig im Frischbeton verteilt sein. Eine Zugabe einzelner Stoffkomponenten, insbesondere von Wasser, aber auch von Zusatzmitteln, nach Verlassen des Mischers ist nicht zulässig. Dies gilt auch für werkgemischten Transportbeton, der in einem Mischfahrzeug befördert wird. Davon ausgenommen sind nur Fließmittel, die wegen ihrer zeitlich begrenzten Wirkung unmittelbar vor dem Nachmischen und der Übergabe noch im Mischfahrzeug zugesetzt werden dürfen.

Beton kann in ortsfesten Anlagen oder in Mischfahrzeugen gemischt werden. Mischung von Hand kommt nur in Ausnahmefällen für Beton der unteren Festigkeitsklassen und für kleine Mengen in Frage. Bei kurzer Mischzeit und zu geringer Mischintensität werden die von der Zusammensetzung her gegebenen Möglichkeiten nicht voll ausgenutzt.

4.1 Herstellung

Längeres und intensiveres Mischen schließt den Zementleim besser auf. Hierdurch wird der Frischbeton geschmeidiger und leichter verarbeitbar. Gegenüber einer zu kurzen Mischdauer ist manchmal eine Wassereinsparung möglich. Durch den besseren Aufschluß des Zementleims werden auch verschiedene Festbetoneigenschaften beeinflußt, besonders dann, wenn dadurch gleichzeitig auch der Wasserzementwert verringert werden kann. Dies gilt vor allem für die Frühfestigkeit, die Dichtigkeit und den Frostwiderstand.

4.1.3.2 Mischzeit

Die Mischzeit ist so zu wählen, daß eine ausreichende Durchmischung der Betonbestandteile sichergestellt ist.

Die erforderliche Mischzeit hängt von der Art und der Zusammensetzung des Betons, von der Bauart und dem Zustand des Mischers und, besonders bei Trommelmischern, auch vom Füllungsgrad ab. Da es für die Mischwirkung bislang keine quantitativen Kriterien gibt, ist es nicht möglich, verbindlich Mischzeiten anzugeben. Allgemein schreibt man Zwangsmischern, wozu nach DIN 459 die Tellermischer zählen, eine bessere Mischwirkung zu als Freifallmischern, wozu nach DIN 459 die Trommelmischer zu rechnen sind. Daneben gibt es von beiden Grundtypen abgeleitete Zwischenformen.

Wie Bild 4.1-2 zeigt, reichen die in DIN 1045 festgelegten Mindestwerte der Mischdauer von 0,5 bzw. 1 Minute nicht immer ganz aus. Eine Verlängerung der Mischdauer auf etwa 2 Minuten kann sowohl bei Freifallmischern als auch bei Zwangsmischern noch zu merklich höheren Festigkeiten führen. Eine über 2 Minuten hinausgehende Mischdauer bringt allerdings bei den heutigen Mischern kaum noch einen Festigkeitsgewinn, verringert aber merklich den Mischerdurchsatz, d. h. die Menge des je Zeiteinheit aufbereiteten Frischbetons in m^3/h. Dieser ist auch abhängig von dem Füllungsgrad des Mischers. Man darf, um den Durchsatz zu steigern, besonders bei Freifallmischern die Mischtrommel nicht überfüllen, weil die Mischwirkung dann spürbar verschlechtert wird.

Bei der Wahl der Mischzeit ist deren Einfluß auf das Ansteifen zu berücksichtigen. Grundsätzlich gilt, daß der Beton um so schneller ansteift, je länger und intensiver er gemischt wird, da die sich um die Zementkörner bildenden Gelschichten ständig abgerieben werden und laufend neue Reaktionsflächen entstehen [4-9]. Andererseits kann es – auch bei

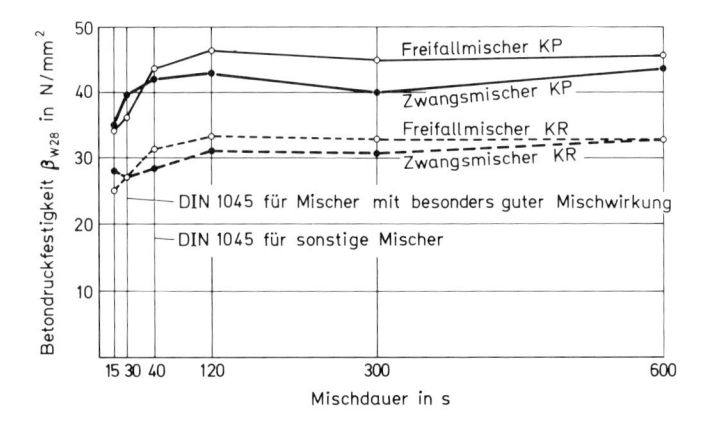

Bild 4.1-2 Einfluß der Mischdauer auf die Druckfestigkeit von Beton mit plastischer Konsistenz KP und Regelkonsistenz KR [4-7]

einem für die Erstarrungsregelung optimal abgestimmten Sulfatzusatz im Zement – vorkommen, daß Spontanreaktionen in den ersten Minuten nach dem Anmachen ein vorzeitiges Ansteifen bewirken (s. Abschn. 2.1.3.4). Dieses vorzeitige Ansteifen, vielfach als „falsches Erstarren" bezeichnet, läßt sich durch intensiveres und ausreichend langes Mischen verhindern.

Aus diesen Gründen sollte jeder Beton, von dem günstige Frischbetoneigenschaften über einen längeren Zeitraum gefordert werden, nach Zugabe aller Ausgangsstoffe mindestens 1 Minute, besser 2 Minuten, kräftig durchgemischt werden [4-10].

Darüber hinausgehendes, fortwährendes stärkeres Mischen ist jedoch nicht angebracht, da es das Ansteifen und Erstarren in unkontrollierter Weise beschleunigt.

4.1.3.3 Intensivmischen

Um den Zementleim noch besser aufzuschließen, wurden sogenannte Intensivmischer entwickelt. In diesen werden die Betonkomponenten nicht nur gleichmäßig durchgemischt, sondern gleichzeitig einem intensiven Reib- und Mahlprozeß unterworfen. Um bei der Intensivmischung in einer gegenüber der Normalaufbereitung unveränderten Mischzeit ein mehrfaches an Mischarbeit zu leisten, werden als zusätzliche Mischorgane sogenannte Wirbler eingesetzt. Diese Wirbler drehen sich mit einer hohen Umfangsgeschwindigkeit in der Größenordnung von 10 bis 30 m/s (40 bis 100 km/h) und verursachen dadurch einen Abrieb und eine Verfeinerung des Zementes und zum Teil auch des Betonzuschlags.

Durch den Mahlreibeeffekt werden die sich um das Zementkorn bildenden Gelschichten abgerieben, so daß die neu entstehenden Oberflächen für die Reaktion zur Verfügung stehen. Die besonders bei längerer Lagerung des Zements gebildeten Kornzusammenballungen werden aufgelöst, und das sonst flockig zusammenhängende Zementgel wird zerrieben und kann dadurch größere Zuschlagkornoberflächen bedecken. Durch die feine, aber gleichmäßige Ummantelung aller Zuschlagkörner wird die innere Reibung im Frischbeton vermindert und dessen Verarbeitbarkeit verbessert [4-11].

Das Intensivmischen wirkt sich auf die Betonfestigkeit in der Tendenz ähnlich aus wie die Verwendung von Zement einer höheren Festigkeitsklasse. Eine spürbare Verbesserung ist deshalb vor allem bei Verwendung von relativ groben Zementen der Festigkeitsklasse Z 35 zu erwarten, und hier vor allem bei der Anfangsfestigkeit.

Im Hinblick auf den Kornaufbau des Zuschlags ist zu berücksichtigen, daß es bei der Intensivmischung zu einer Anreicherung an Feinstteilchen kommt. Solange dies zu einer höheren Frischbetonrohdichte führt, wirkt sich die Verfeinerung des Zuschlags festigkeitsfördernd aus. Sobald jedoch infolge übermäßiger Wirblertätigkeit ein Übermaß an Feinstteilchen entsteht, wird die Konsistenz des Frischbetons steifer bzw. die Festigkeit des Betons bei gleicher Konsistenz geringer, weil der Wasseranspruch anwächst. Um nach dem Intensivmischen einen optimalen Kornaufbau zu erhalten, wird in [4-11] empfohlen, eine Zuschlagzusammensetzung gemäß der Sieblinie A der DIN 1045 zugrunde zu legen. Als Sand soll jedoch ein scharf gewaschener Sand ohne wesentlichen Anteil an Korn unter 1 mm verwendet und auf jeden weiteren Mehlkornzusatz verzichtet werden.

Um eine bestimmte Betonfestigkeit zu erzielen, kommt man bei Anwendung des Intensivmischens z. T. mit deutlich geringeren Zementgehalten aus als bei dem normalen Mischverfahren. Dessen ungeachtet dürfen jedoch die in den Bestimmungen im Hinblick auf die Dauerhaftigkeit und den Korrosionsschutz der Bewehrung festgelegten Mindest-Zementgehalte nicht unterschritten werden.

4.1.3.4 Zementleimvormischung

Bei der Zementleimvormischung wird der Beton in zwei Stufen hergestellt. Zunächst wird der Zement mit einer dem vorgesehenen Wasserzementwert entsprechenden Wassermenge vorgemischt. Von diesem Zementleim wird dem trockenen Zuschlaggemisch soviel zugegeben und untergemischt, bis der Beton die gewünschte Konsistenz erreicht [4-12]. Zum Mischen werden entweder getrennte Vormischer mit nachgeschaltetem Hauptmischer (meist Zwangsmischer) oder Zwangsmischer mit zusätzlichen Mischwerkzeugen (z. B. Wirbler) verwendet. Damit sich der einmal eingestellte Wasserzementwert nicht ändert, muß der Zuschlag vorher getrocknet werden. Die Verwendung feuchter Zuschläge ist zwar grundsätzlich auch möglich; dann muß jedoch ihr Wassergehalt bei der Festlegung des Wasserzementwerts des vorgemischten Zementleims berücksichtigt werden. Hierdurch geht der Vorteil der leichteren Konstanthaltung des Wasserzementwerts bei der Zementleimvormischung wieder zum Teil verloren.

Da bei der getrennten Zementleimvormischung der als „Mahlhilfe" wirkende Zuschlag fehlt, wird der Zement nicht in gleichem Maße verfeinert und aufgeschlossen wie bei der Einphasen-Mischung. Die Zweiphasenmischung ist deshalb nur in ganz bestimmten Fällen zu empfehlen. Ein intensives Vormischen liefert einen stabilen, sich nicht entmischenden Zementleim, was beim Auspressen für Ausguß- oder Unterwasserbeton von Vorteil ist [4-13]. Bei Grobbeton für Massenbetonbauten kann es zweckmäßig sein, zunächst einen Beton bis 32 mm Größtkorn intensiv zu mischen und dann erst das Grobkorn beizumischen bzw. einzurütteln [4-11].

Die Zementleimvormischung ermöglicht auch eine zielsichere Betonherstellung auf Kleinbaustellen. Der Beton wird dort vielfach in kleinen Kipptrommelmischern gemischt, die Dosierung erfolgt in der Regel ohne Waage nach Raumteilen und ist dementsprechend ungenau. Wesentlich weniger streuende Ergebnisse lassen sich dadurch erzielen, daß man zuerst eine bestimmte Menge Wasser einfüllt, dann den Inhalt eines halben oder ganzen Zementsackes einmischt und in den so gebildeten Zementleim so lange Zuschlag schaufelt, bis die gewünschte Konsistenz erreicht ist [4-14, 4-15].

Ein großer Vorteil dieses Verfahrens liegt darin, daß man für Beton der unteren Festigkeitsklassen (bis einschließlich B 15) nicht wie bisher eine Kornzusammensetzung im günstigen oder brauchbaren Bereich voraussetzen muß, sondern die erforderliche Güte auch dann erreicht, wenn man nichts über die Kornzusammensetzung und nur wenig über die Eigenfeuchte des Zuschlags weiß.

4.1.3.5 Transportbeton

Transportbeton kann entweder in einem stationären Mischer im Transportbetonwerk (werkgemischter Transportbeton) oder in einem Mischfahrzeug (fahrzeuggemischter Transportbeton) gemischt werden.

Der werkgemischte Beton wird bei Beförderung in Mischfahrzeugen während der Fahrt mit stark verminderter Drehzahl der Mischtrommel nur leicht bewegt (gerührt) oder heute oft auch mit stehender Trommel zur Verwendungsstelle gefahren. Dort ist er noch einmal ausreichend lange mit Mischgeschwindigkeit (i. allg. zwischen 4 und 12 Umdrehungen je Minute) durchzumischen.

4.1.3.6 Mischen mit Dampfzuführung

4.1.3.6.1 Begriff und Zweck

Beim sogenannten Dampfmischen wird während des Mischens gesättigter Wasserdampf in den Frischbeton eingeleitet. Beim Kontakt mit dem Frischbeton kondensiert der

Dampf und gibt dabei Wärme an den Beton ab. Dadurch wird die Erhärtung wesentlich beschleunigt (s. Abschn. 4.4). Als Richtwert kann man annehmen, daß sich die Erhärtungsgeschwindigkeit bei einer Temperaturerhöhung um je 10 K jeweils verdoppelt. Die Endfestigkeit von dampfgemischtem Beton ist bei sachgerechter Herstellung, Verarbeitung und Nachbehandlung nur unwesentlich niedriger als bei Beton, der bei normaler Temperatur hergestellt und verarbeitet wird. Nach eigenen Versuchen war die 90-Tage-Festigkeit bei einer Erwärmung des Frischbetons auf 65 °C und Verwendung eines Verzögerers (zur Verhinderung vorzeitigen Erstarrens) um 5 bis 10 % niedriger als bei Normallagerung. Demgegenüber betrug der Festigkeitsverlust bei nachträglich wärmebehandeltem Beton (3 h Vorlagerung, 65 °C Kammertemperatur) im Vergleich zum normalerhärteten Beton rd. 20 %.

Für dampfgemischten Beton gibt es drei Hauptanwendungsgebiete [4-16]:
– Heißbeton von 50 bis 70 °C zur ständigen Verarbeitung in Betonwerken, um kürzere Ausschalfristen und damit einen erhöhten Schalungsumschlag zu erreichen.
– Warm- bis Heißbeton von 40 bis 60 °C zur Verarbeitung in den Wintermonaten.
– Warmbeton, hergestellt in Baustellen-Mischanlagen oder in Transportbetonwerken, zur Belieferung von Baustellen mit 25 bis 30 °C warmem Frischbeton für den Winterbau.

4.1.3.6.2 Dampfinjektion

Um örtliche Überhitzung und Entmischungen zu vermeiden, muß der Dampf möglichst gleichmäßig und schnell im Beton verteilt werden. Bei Mischern mit rotierendem Teller genügt es, wenn der Dampf durch eine oder mehrere feststehende Lanzen eingeblasen wird. Der Dampf hat meist einen Überdruck von 2 bis 5 bar. Bei Mischern mit feststehendem Teller oder Trog sind zwei Systeme üblich. Im einen Fall rotieren die Bedampfungsrohre mit den Mischwerkzeugen. Im anderen Fall ist eine Ringleitung um den Mischtrog geführt, und der Dampf tritt aus mehreren in der Trogwand angeordneten Düsen aus. Beidemal wird Niederdruckdampf von etwa 0,8 bar Überdruck verwendet [4-16, 4-17]. Die Einleitung des Dampfes kann zu jedem beliebigen Zeitpunkt während des Mischens geschehen. Dampferzeuger und Zuleitungen sind meist so ausgelegt, daß das Mischgut in einer Sekunde um 0,5 bis 1,5 K erwärmt werden kann.

4.1.3.6.3 Wärme- und Dampfbedarf

Die für das Erwärmen einer bestimmten Betonmenge erforderliche Wärmemenge hängt von der Temperatur, der spezifischen Wärme und der mengenmäßigen Zusammensetzung der Ausgangsstoffe ab. Für die spezifische Wärme der Ausgangsstoffe können folgende mittleren Richtwerte angenommen werden (s. Abschn. 4.1.2):

Zement und Zuschlag   0,84 kJ/(kg · K)
Wasser   4,2 kJ/(kg · K)

Die spezifische Wärme des Betons beträgt unter durchschnittlichen Verhältnissen etwa 1,15 kJ/(kg · K) [4-17, 4-18].

Falls gefrorener feuchter Zuschlag verwendet wird, ist zusätzlich die Schmelzwärme des Eises von 335 kJ/kg und, wenn die Zuschlagtemperatur wesentlich unter dem Gefrierpunkt liegt, die spezifische Wärme des Eises von 2,0 kJ/(kg · K) zu berücksichtigen.

Der Wärmebedarf Q' zum Erreichen der Frischbetontemperatur $T_{b,0}$ beträgt somit:

$$Q' = Z' \cdot 0{,}84(T_{b,0} - T_z) + G' \cdot 0{,}84(T_{b,0} - T_g) + W' \cdot 4{,}2(T_{b,0} - T_w) + \\ + W'_g[335 + 2{,}0(-T_g)] \quad [\text{kJ}]$$

4.1 Herstellung

Hierin bedeuten:

Z' Zementmenge in einer Mischerfüllung in kg
G' Zuschlagmenge in einer Mischerfüllung in kg
W' Wassermenge in einer Mischerfüllung in kg
W'_g gefrorenes Wasser im Zuschlag in kg
$T_{b,0}$ angestrebte Frischbetontemperatur in °C
T_z Zementtemperatur in °C
T_g Zuschlagtemperatur in °C
T_w Wassertemperatur in °C

Die zuführbare Wärmemenge entspricht der Differenz zwischen dem Wärmeinhalt des Dampfes und dem Wärmeinhalt des auf Betontemperatur abgekühlten Kondenswassers. Sie setzt sich zusammen aus der Wärmemenge, die der Dampf bei Abkühlung auf 100 °C abgibt (rd. 1,4 kJ/(kg·K), der Wärmemenge bei Kondensation des 100 °C warmen Dampfes zu Wasser mit 100 °C (rd. 2260 kJ/kg) und der bei der Abkühlung von 100 °C warmem Wasser auf Frischbetontemperatur abgegebenen Wärmemenge (rd. 4,2 kJ/(kg·K)) [4-19]. Damit ergibt sich die benötigte Menge G'_d an Dampf für eine Mischerfüllung zu

$$G'_d = \frac{Q'}{(T_d - 100) \cdot 1{,}4 + 2260 + (100 - T_{b,0}) \cdot 4{,}2} \quad [\text{kg}]$$

Hierin bedeuten

T_d Dampftemperatur in °C
T_{b0} angestrebte Frischbetontemperatur in °C

Als Faustregel gilt, daß zur Erwärmung von 1 m³ Beton um 1 K etwa 1 kg Dampf benötigt wird. Die gleiche Menge Wasser gelangt mit dem Dampf in den Beton.

4.1.3.6.4 Zusammensetzung, Herstellung und Verarbeitung des Betons

Bei der Wahl der Ausgangsstoffe und beim Festlegen der Betonzusammensetzung ist zu beachten, daß bei hohem Gehalt an sehr feingemahlenem Zement oder bei einer ungeeigneten Betonzusammensetzung durch die Dampfzuführung ein Koagulieren von Zementkörnern oder ein örtliches Ansteifen oder ein frühzeitiges Erstarren auftreten kann. Eignungsprüfungen sind unumgänglich. Dabei ist der Beton mit der für die Produktion vorgesehenen Einrichtung herzustellen, um alle von dieser herrührenden Einflüsse mit zu erfassen.

Bei der Wasserzugabe ist zu berücksichtigen, daß die Kondenswassermenge des zugeführten Dampfes bei Betonierbeginn und nach längeren Pausen etwas höher sein kann als während des laufenden Betriebs.

Die erhöhte Frischbetontemperatur hat ein früheres Erstarren und ein schnelleres Erhärten zur Folge. Die Zeitspanne, innerhalb derer der Warmbeton noch einwandfrei verarbeitet werden kann, ist deshalb verkürzt. Günstig ist, daß die Betonoberfläche bereits kurz nach dem Betonieren geglättet werden kann, während man bei normaler Temperatur hiermit je nach Betonzusammensetzung mehr oder weniger lang warten muß.

Nach dem Einbau muß der Beton vor zu schnellem Abkühlen und vor vorzeitigem Austrocknen geschützt werden. Auch vor und während der Verarbeitung kann ein Schutz vor Austrocknung zweckmäßig oder notwendig sein, weil bei dem erwärmten Beton das Wasser schnell verdunstet.

Bei einer Feuchtnachbehandlung können Risse an der Betonoberfläche entstehen, wenn die Temperaturdifferenz zwischen Beton und aufgesprühtem Wasser zu groß ist. Durch Verwendung von angewärmtem Wasser und anschließendes Abdecken läßt sich diese Gefahr vermeiden. Nach dem Einbau kann eine zusätzliche Wärmebehandlung mit entsprechender Nachbehandlung zweckmäßig sein. Nach dem Abkühlen sollte der Beton noch einige Tage feuchtgehalten bzw. vor dem Austrocknen geschützt werden [4-18].

Der Wasseranspruch für eine bestimmte Konsistenz kann bei dampfgemischtem Beton höher sein als bei normal gemischtem Beton, weil das frühzeitige Erstarren noch während der Verarbeitungszeit ein Ansteifen bewirkt. Dies würde zu einer Verminderung der 28-Tage-Festigkeit und einer Beeinträchtigung all der Betoneigenschaften führen, für die ein niedriger Wasserzementwert günstig ist. Dieser Nachteil läßt sich durch Zugabe eines Verzögerers weitgehend vermeiden. Man kann damit eine Verarbeitbarkeitszeit von mindestens 20 min erzielen, und der dampfgemischte Beton erreicht nach 28 Tagen annähernd die gleiche Festigkeit (Festigkeitsverlust $\approx$ 10%) wie ein normal gemischter Beton mit gleichem Zementgehalt und gleicher Konsistenz [4-20].

4.1.3.7 Trockenbeton

Trockenbeton ist ein fertig gemischtes Gemenge von Zement, getrocknetem Zuschlag und ggf. von Betonzusätzen. Er wird in gleichbleibender Zusammensetzung werkmäßig hergestellt und lagerungsfähig verpackt. Nach Vermischen mit einer bestimmten Wassermenge ergibt sich Normalbeton der Festigkeitsklasse B 25. Die Konsistenz des Frischbetons liegt im oberen, weichen Bereich des Konsistenzbereichs KR.

Herstellung, Verwendung und Überwachung von Trockenbeton sind in einer Richtlinie geregelt [4-21].

Danach darf Trockenbeton für tragende Bauteile aus Beton oder Stahlbeton der Festigkeitsklassen bis einschließlich B 25 verwendet werden, jedoch nicht für Spannbetonbauteile und nicht für Beton mit besonderen Eigenschaften.

Trockenbeton darf auch von Hand gemischt werden. Dabei ist jedoch zu berücksichtigen, daß er sich in der Verpackung entmischt haben kann. Für eine gleichmäßige Durchmischung ist deshalb zu sorgen.

4.2 Verarbeitung

4.2.1 Befördern des Betons

Begrifflich ist zwischen dem Befördern des Betons zur Baustelle und dem Fördern auf der Baustelle zu unterscheiden. Das Fördern auf der Baustelle wird im Abschnitt 4.2.2 behandelt. Wenn der Beton nicht auf der betreffenden Baustelle selbst hergestellt wird, kann er entweder als Baustellenbeton von einer benachbarten Baustelle oder als Transportbeton aus einem Transportbetonwerk angeliefert werden.

Der Beton muß so zur Baustelle befördert werden, daß er dort in gleichmäßig durchgemischtem Zustand mit der vorgesehenen Zusammensetzung und der vereinbarten Konsistenz übergeben werden kann. Seine Temperatur muß innerhalb bestimmter Grenzen liegen. Nötigenfalls muß der Frischbeton deshalb beim Transport so behandelt und geschützt werden, daß er sich nicht entmischt, daß sein Wassergehalt durch Niederschläge nicht in unzulässigem Maße erhöht wird, daß er durch Sonneneinstrahlung und Wind

4.2 Verarbeitung

nicht austrocknet und daß er bei niedriger Temperatur nicht zu stark abkühlt oder sich an heißen Tagen nicht zu stark erwärmt.

Fahrzeuge

Der Beton soll in Fahrzeugen befördert werden, die ihn während der Fahrt ständig so in Bewegung halten, daß er sich nicht entmischt (Fahrzeuge mit Rührwerk oder Mischfahrzeuge) oder die in der Lage sind, den Beton vor der Übergabe noch einmal wirksam durchzumischen (Mischfahrzeuge).

Zu empfehlen ist eine Beförderung in Mischfahrzeugen, die den Beton mit langsamer Umdrehungsgeschwindigkeit der Mischtrommel rühren, ihn aber auch mit höherer Geschwindigkeit mischen können (s. Abschn. 4.1.3.5).

Damit der Beton nach der Übergabe noch ausreichend lange verarbeitbar bleibt, darf die Zeitspanne zwischen der Wasserzugabe beim Mischen und der Übergabe bestimmte Höchstwerte nicht überschreiten. Diese Höchstwerte hängen neben der Mischzeit davon ab, ob der Beton während der Beförderung ruht oder gerührt wird oder vor der Übergabe auf der Baustelle noch einmal durchgemischt werden kann. Weiterhin sind auch die Temperatur, das Erstarrungsverhalten des verwendeten Zements, die Verwendung bestimmter Zusatzmittel und die Konsistenz des Frischbetons von Einfluß (s. Abschn. 4.1.3.2 und 4.1.3.5).

Der Transport von Beton mit steifer Konsistenz (KS) (s. Abschn. 5.1.4) kann auch mit Fahrzeugen ohne Rührwerk erfolgen, weil sich dieser Beton dabei in der Regel nicht entmischt. Für Beton mit plastischer Konsistenz (KP) oder weicher Konsistenz (KR) ist die Beförderung in Fahrzeugen ohne Rührwerk nach DIN 1045 nur zulässig, wenn es sich um Baustellenbeton von einer benachbarten Baustelle (Luftlinienentfernung bis zu etwa 5 km) desselben Unternehmens oder derselben Arbeitsgemeinschaft handelt. Als Transportbeton darf Beton mit plastischer oder weicher Konsistenz nur in Mischfahrzeugen oder Fahrzeugen mit Rührwerk zur Verwendungsstelle befördert werden. Das gleiche gilt auch für Fließbeton.

Unter durchschnittlichen Verhältnissen sollten die in Tabelle 4.2-1 angegebenen Werte nicht überschritten werden. Bei heißem Wetter sind die Zeitabstände entsprechend zu verkürzen. Bei niedriger Temperatur oder bei Verwendung eines Verzögerers dürfen die angegebenen Zeiten auch angemessen überschritten werden, ohne daß Nachteile zu befürchten sind.

Tabelle 4.2-1 Entladefristen [Minuten] nach DIN 1045
für Transportfahrzeuge beim Befördern von Beton*)

Konsistenz	Transportbeton Mischer oder Rührwerk		Baustellenbeton von benachbarter Baustelle Mischer oder Rührwerk	
	mit	ohne	mit	ohne
KS	90	45	90	45
KP, KR, KF	90	–	90	20

*) Ist beschleunigtes Ansteifen des Betons (z. B. durch Witterungseinflüsse) zu erwarten, so sind die Zeitabstände bis zum Entladen entsprechend zu kürzen. Bei Beton mit Verzögerern dürfen die angegebenen Zeiten angemessen überschritten werden.

Die Übergabe des Transportbetons auf der Baustelle erfolgt entweder direkt über Rutschen oder Rinnen zu den Einbaustellen, in die Aufnahmebehälter der Geräte für die Weiterförderung oder in Zwischenbehälter, die eine Pufferfunktion übernehmen.

4.2.2 Fördern auf der Baustelle

4.2.2.1 Allgemeines

Auf der Baustelle muß der Beton vom Mischer oder von der Entladestelle des Transportfahrzeugs zur Einbaustelle gefördert werden. Auch beim Fördern auf der Baustelle darf der Beton keine nachteiligen Veränderungen erfahren, d. h. er darf sich nicht entmischen, nicht austrocknen oder durch Niederschläge verwässert werden, zu sehr abkühlen oder sich zu stark erwärmen. Er muß außerdem rasch genug zur Einbaustelle gebracht werden, damit er dort noch ausreichend lange verarbeitbar bleibt.

Je nach Art und Größe der Baustelle, der Weite des Förderwegs und den dabei zu überwindenden Höhenunterschieden, der Art und der Konsistenz des Betons kann man zwischen folgenden Förderarten wählen:

– Fördern in Gefäßen
– Fördern auf Bändern
– Fördern in Rohrleitungen.

In Fördergefäßen, wie Krankübeln, Kübeln von Schwebebahnen oder in „Japanern", kann jeder Beton problemlos gefördert werden.

Beim Fördern mit normalen, auf Rollen laufenden Förderbändern besteht infolge der Auf- und Abbewegung eine gewisse Entmischungsgefahr, besonders bei Betonen mit weicher Konsistenz. Seit einiger Zeit stehen aber Betonförderbänder zur Verfügung, bei denen das Band nahezu erschütterungsfrei auf Gleitschienen läuft, wodurch auch Beton der Konsistenz KR ohne zu entmischen gefördert werden kann. Durch eine Tragkonstruktion aus Aluminiumprofilen sind diese Betonförderbänder sehr leicht (Gewicht etwa 10 kN) und können auf alle gängigen Mischfahrzeuge aufgebaut werden. Die Förderweite beträgt bis zu 12 m, die Förderhöhe bis zu 6 m. Mischfahrzeuge mit aufgebautem Förderband eignen sich besonders zur Belieferung von Klein- und Privatbaustellen, wo sich die Aufstellung einer separaten Autobetonpumpe noch nicht lohnt.

An Beton, der durch Rohrleitungen gepumpt werden soll, werden bestimmte Anforderungen gestellt. Das Pumpen von Beton wird im folgenden etwas ausführlicher behandelt.

4.2.2.2 Pumpbeton

4.2.2.2.1 Anwendung

Die Pumpförderung hat sich in den letzten Jahren stark ausgebreitet. Selbst auf Kleinbaustellen, auf denen nur wenige Fahrzeugfüllungen Transportbeton zu fördern sind, kann sich der Einsatz einer Auto-Betonpumpe mit Verteilermast lohnen. Beim Bau von Hochhäusern hat die Pumpförderung auch den Vorteil, daß bei der Herstellung der oberen Geschosse noch nahezu die volle Förderleistung [m³/h] erbracht werden kann. Sie bietet sich insbesondere an, wenn die Einbaustelle von anderen Fördergeräten nur schwer oder überhaupt nicht erreicht werden kann. Auch zum Einbringen von Unterwasserbeton und im Tunnel-, Stollen- und Bergbau hat sich die Rohrförderung bewährt. In Fertigteilwerken kann u. U. durch das Pumpen eine Leistungssteigerung gegenüber einer Kranförderung erzielt werden (z. B. beim Füllen von Batterieschalungen) [4-22].

4.2 Verarbeitung

Die maximale theoretische Förderleistung der derzeit in der Bundesrepublik Deutschland angebotenen Betonpumpen liegt zwischen 17 und 135 m^3/h [4-22]. Horizontale Förderweiten bis zu 300 m und gleichzeitige Förderhöhen bis zu 90 m sind möglich. Vereinzelt wurden schon Förderweiten über 600 m und Förderhöhen über 150 m erzielt [4-23].

4.2.2.2.2 Betonzusammensetzung

Beton, der gepumpt werden soll, muß soviel Mörtel enthalten, daß alle groben Zuschlagkörner satt umhüllt sind und an der Rohrwand eine Gleitschicht entsteht. Wenn der Mörtelgehalt zu niedrig ist, wird der Förderdruck nicht durch den Mörtel, sondern durch „Keilwirkung" der sich aufeinander abstützenden gröberen Zuschlagkörner auf die Rohrwandung übertragen. Ein solcher Beton hat einen zu hohen Förderwiderstand und läßt sich nur schwer oder überhaupt nicht pumpen.

Wird einem mörtelarmen Beton zur Verbesserung der Pumpbarkeit Wasser zugegeben, so besteht die Gefahr, daß wäßriger Zementleim durch den Förderdruck ausgetrieben wird, während sich die Zuschlagkörner verkeilen. Dies kann zu einer Verstopfung der Rohrleitung führen. Eine weitere Forderung ist daher, daß der Feinmörtel einen guten Zusammenhalt aufweisen muß, damit sich der Beton bei der Pumpförderung nicht entmischt.

Im folgenden werden Hinweise für die Wahl der Ausgangsstoffe und die Zusammensetzung von Pumpbeton gegeben [4-22, 4-23]:

Ausgangsstoffe

Der Zement soll ein gutes Wasserrückhaltevermögen besitzen. Dieses nimmt mit steigender Mahlfeinheit zu. Eine sehr hohe Mahlfeinheit erhöht jedoch bei gleichem Wasserzementwert die Viskosität des Zementleims und führt damit zu einem größeren Reibungsbeiwert, so daß für die Förderung ein höherer Druck erforderlich wird. In der Praxis haben sich Zemente mit Blaine-Werten zwischen 3000 und 5000 cm^2/g als vorteilhaft erwiesen.

Der Zuschlag sollte eine gerundete oder gedrungene Kornform besitzen. Gebrochenes Material benötigt zu einer Umhüllung mehr Zementleim als rundkörniges Material. Der Größtkorndurchmesser soll bei rundkörnigem Material 40 %, bei gebrochenem Material 33 % der Nennweite der Rohrleitung nicht überschreiten. Wird z.B. durch Rohre mit einem Durchmesser von 100 mm gefördert, darf deshalb nicht zuviel Überkorn über 32 mm im Zuschlaggemisch enthalten sein.

Das Pumpen von Betonen mit Leichtzuschlägen ist nur bedingt möglich (siehe Abschnitt 8.2.5.2).

Betonzusätze (s. Abschnitte 2.3 und 2.4) können die Förderwilligkeit verbessern, u.U. aber auch verschlechtern. Zur Verbesserung werden Stabilisierer (ST), Betonverflüssiger (BV) und/oder geeignete mineralische Betonzusatzstoffe, wie Flugasche, Gesteinsmehl oder Traß, zugesetzt. Fließbeton läßt sich in der Regel gut pumpen. Die Zugabe von Erstarrungsverzögerern (VZ) ist möglich.

Auch unter Verwendung von LP-Mitteln eingeführte Luftporen wirken sich in den geringen Mengen, wie sie zur Verbesserung der Verarbeitbarkeit oder zur Erhöhung des Frost- und Tausalzwiderstandes benötigt werden, günstig auf die Pumpbarkeit aus, weil sie den Zusammenhalt verbessern und den Gleitwiderstand vermindern. Ein Übermaß an Luftporen kann jedoch besonders bei längeren Leitungen die Förderleistung dadurch beeinträchtigen, daß die zusammendrückbare Luft der Poren als „Stoßdämpfer" wirkt.

Mehlkorn und Feinstsand

Besonders wichtig für das Zusammenhaltevermögen und die Verformbarkeit des zu pumpenden Betons ist der Mehlkorngehalt. Die erforderliche Menge ist abhängig vom Zuschlag-Größtkorn und von der Art der mehlfeinen Stoffe. Anhaltswerte für den Gehalt an Mehlkorn und Feinstsand (Prüfkorngröße 0,25 mm) sind 450 kg/m^3 bei einem Zuschlag-Größtkorn von 16 mm und 400 kg/m^3 bei einem Zuschlag-Größtkorn von 32 mm. Wenn der Beton zu viel Wasser absondert oder wenn gebrochener Zuschlag verwendet wird, kann es zweckmäßig sein, den Mehlkorngehalt etwas zu erhöhen, z.B. durch Zugabe mineralischer Betonzusatzstoffe, oder die Pumpbarkeit durch Betonzusatzmittel, wie Stabilisierer, plastifizierende und ggf. luftporenbildende Verflüssiger, zu verbessern. Ein Übermaß an Mehlkorn und Feinstsand ist zu vermeiden, weil es den Beton zähklebrig und gummiartig machen und damit das Pumpen erschweren kann. Außerdem kann ein überhöhter Gehalt sich ungünstig auf das Schwinden, den Frostwiderstand, den Verschleißwiderstand und andere Festbetoneigenschaften auswirken. Bei Beton für Außenbauteile und bei bestimmten Betonen mit besonderen Eigenschaften dürfen daher die Grenzwerte der Tabelle 3.2-2 (s. S. 128) nicht überschritten werden.

Kornzusammensetzung des Zuschlags

Für die Pumpbarkeit hat sich eine Kornzusammensetzung in der oberen Hälfte des Bereichs ③, also knapp unterhalb der Sieblinie B nach DIN 1045, Bilder 1 bis 4 (Bilder 3.1-1 bis 3.1-4), als günstig erwiesen. Aber auch Betone aus Zuschlaggemischen mit Ausfallkörnungen lassen sich pumpen, sofern sie genügend verformbaren und gleitfähigen Mörtel mit ausreichendem Zusammenhalt enthalten. Um einen störungsfreien Pumpbetrieb zu ermöglichen, soll sich die Kornzusammensetzung innerhalb eines Betonierabschnitts nicht wesentlich ändern, wie überhaupt jede Änderung der Betonzusammensetzung im Verlauf des Pumpvorgangs nach Möglichkeit vermieden werden soll.

Konsistenz

Die Konsistenz darf nicht zu steif sein, damit der Beton sich noch ansaugen läßt. Außerdem erfordert das Pumpen eines steifen Betons einen höheren Druck als das eines weichen Betons.

Betone mit plastischer Konsistenz KP (Verdichtungsmaß 1,08 bis 1,19 bzw. Ausbreitmaß 35–41 cm) eignen sich am besten zum Pumpen. Ein zu weicher Beton mit hohem Wasserzusatz kann sich unter dem Pumpendruck entmischen und zu einer Verstopfung der Rohrleitung führen. Bei Rohrleitungen mit kleinerem Durchmesser (z.B. 100 oder 125 mm Nennweite) ist die Gefahr des Entmischens geringer als bei Rohren mit großem Durchmesser. Im ersten Fall lassen sich auch weiche Betone (Konsistenz KR) und Fließbeton KF mit gutem Zusammenhaltevermögen pumpen. Die Konsistenz muß möglichst gleich bleiben. Bei einer stärkeren Änderung der Konsistenz während des Pumpens kann es leicht zu einem Verstopfer kommen.

4.2.2.2.3 Einrichtungen und Betrieb

Verlegen der Rohrleitung

Für das Verlegen sollten folgende Punkte beachtet werden [4-24, 4-25]:
– Die Rohrleitung soll möglichst wenig Richtungsänderungen aufweisen.
– Die ersten 6 bis 8 m sind möglichst geradlinig und waagerecht zu verlegen.

4.2 Verarbeitung

- Bei einer Hochförderung sollte die Rohrleitung nicht schräg nach oben, sondern zunächst waagerecht und dann senkrecht nach oben verlaufen. Die Steigleitung soll nämlich von der Pumpe einen möglichst großen Abstand haben, damit die Reibung in der waagerechten Leitung während des Kolbenrücklauftaktes einen Teil des Druckes der senkrechten Betonsäule aufnimmt, so daß dieser nicht oder nur möglichst wenig auf die Pumpenschieber drückt. Außerdem ist es zweckmäßig, in der waagerechten Leitung einen Absperrschieber einzubauen, damit die Steigleitung nicht leer läuft, wenn im Reduzierstück hinter der Pumpe ein Verstopfer eintritt und beseitigt werden muß.
- In einer Abwärtsleitung darf die Betonsäule nicht abreißen. Um das Abreißen zu vermeiden, sind Staubögen (Rohrkrümmer) einzubauen, insbesondere dann, wenn sich an die Gefälleleitung keine längere waagerechte Leitung oder Steigleitung anschließt.
- Bei Förderleitungen, die zuerst abwärts und dann wieder steigend verlegt werden, z. B. auf die gleiche Höhe wie die Betonpumpe, kann sich vor der abwärts führenden Leitung ein Luftpolster bilden. Dieses Polster vermindert die Förderleistung erheblich, da die Luft ständig zusammengedrückt wird und sich im Augenblick des Umschaltens des Schiebers der Betonpumpe entspannt. Der Leistungsabfall kann bis zu 50 % betragen. Zur Vermeidung der Luftpolsterbildung ist in den Bogen vor der abwärtsführenden Leitung eine Entlüftungsmöglichkeit anzubringen; dann kann die Luft bei jedem Kolbenhub entweichen.
- Es ist in der Regel günstig, die Rohrleitung so zu verlegen, daß zunächst über die größte Entfernung gepumpt wird. Im Laufe des Betoniervorganges kann dann durch Abnehmen einzelner Rohre die Leitung verkürzt werden.
- An der Einbaustelle wird die Rohrleitung zweckmäßig so hoch gelegt, daß der Beton ohne häufiges Umlegen der Leitung oder Abnehmen von einzelnen Rohren eventuell über Rutschen verteilt werden kann (Entmischung vermeiden!). Bei Leitungen mit kleinem Durchmesser wird am Rohrende ein Verteilerschlauch angeschlossen.
- Leichtmetallrohre dürfen als Förderleitungen nicht verwendet werden, weil der Abrieb – ähnlich wie ein Zusatz von Aluminiumpulver – zu einer unerwünschten Porenbildung im Beton führen kann.

Verteilermasten

Auto-Betonpumpen sind mit sog. Verteilermasten ausgestattet. Das sind zusammenfaltbare Maste, bei denen die Rohrleitung fest an den einzelnen Mastarmen befestigt ist. Bild 4.2-1 zeigt ein Beispiel für einen relativ großen Verteilermast mit 36 m Reichhöhe und 32 m Reichweite. Die Standardmastlänge beträgt z. Z. etwa 25 m.

Reicht die Mastlänge vom Fahrzeug nicht aus, kann der Verteilermast auch auf einem Kranmast, einer Rohrsäule oder einem Bockrahmen montiert werden.

Betrieb

- Vor Beginn der eigentlichen Förderung kann zunächst eine Schmiermischung aus Zementleim oder fettem Mörtel durch die Leitung gepumpt werden, damit sich an der Rohrwandung ein Schmierfilm bildet. Bei einer Gefälleleitung kann das Abfließen der Schmiermischung durch einen Schaumgummiball verhindert werden.
- Bei einer Unterbrechung der Förderung sollte der Beton von Zeit zu Zeit durch kurzes Einschalten der Pumpe bewegt werden, damit er sich nicht in der Rohrleitung festsetzt.
- Im Sommer soll die Rohrleitung zum Schutz gegen zu starke Sonneneinstrahlung mit feuchten Säcken oder Strohmatten abgedeckt, im Winter bei strenger Kälte wärmedämmend ummantelt werden.

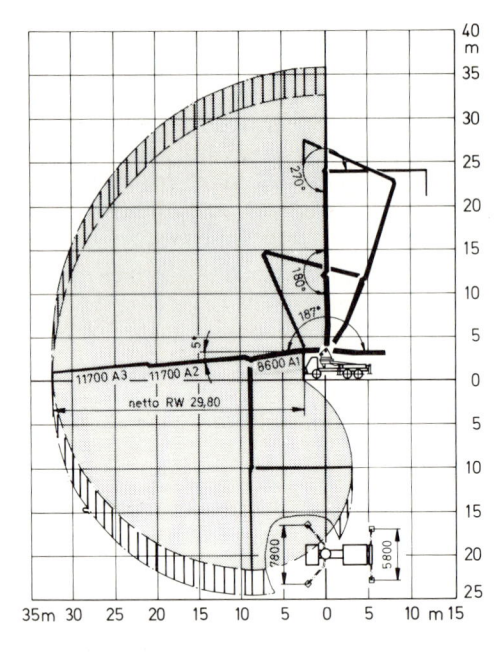

Bild 4.2-1 Arbeitsbereich einer Auto-Betonpumpe mit Verteilermast [4-26]

— Nach Beendigung des Pumpens oder bei längeren Pausen wird die Rohrleitung unter Verwendung von Schaumgummibällen o. ä. mit Wasser oder Druckluft entleert.

Beim Entleeren der Leitung mit Wasser ist darauf zu achten, daß der verwendete Schaumgummiball oder Papierpfropfen dicht an der Rohrwandung anliegt. Gelangt Druckwasser daran vorbei, so kann der davor befindliche Beton entmischt und ein Verstopfer verursacht werden. Eine mit Wasser entleerte Leitung braucht meist nicht mehr besonders gereinigt zu werden.

Beim Ausblasen mit Druckluft ist wegen erhöhter Unfallgefahr besondere Vorsicht geboten. Am Leitungsende darf auf keinen Fall noch ein Krümmer oder der Verteilerschlauch angeschlossen sein. Ein am letzten Rohr angeflanschter Fangkorb verhindert das Herausschießen des Pfropfens oder Balles. Zur Säuberung der Rohrinnenwand werden nach dem Entleeren 2 Schaumgummibälle, zwischen denen sich Wasser befindet, durch die Leitung gedrückt.

4.2.3 Vorbehandlung der Schalung

4.2.3.1 Allgemeines

Die Schalung darf dem Beton kein Wasser entziehen. Um dies zu verhindern, ist die Oberfläche von saugenden Schalungen zu imprägnieren, zu versiegeln oder zu beschichten.

Des weiteren muß ein leichtes Ausschalen ohne Beschädigung der Betonoberfläche möglich sein. Dazu wird auf die Innenfläche der Schalung ein Trennmittel aufgetragen [4-27 bis 4-31].

4.2 Verarbeitung

4.2.3.2 Trennmittel

4.2.3.2.1 Wirkungsweise

Man unterscheidet physikalisch und chemisch-physikalisch wirkende Trennmittel. Die ersteren, wie z. B. Mineralöle, setzen die Benetzbarkeit der Schalung herab und verstopfen z. T. auch die Poren. Bei den letzteren, wie z. B. bei Trennlacken, wird der Trenneffekt durch eine Hydratationsbehinderung der Zementschlämme an der Betonoberfläche verstärkt.

4.2.3.2.2 Anforderungen

- Trennmittel sollen längere Zeit lagerfähig sein. Dabei sollen keine Flockungen, Absetzerscheinungen oder sonstige Inhomogenitäten auftreten.
- Die Wirksamkeit des Trennmittels soll auch unter Witterungseinwirkung möglichst lange erhalten bleiben.
- Trennmittel sollen auf der Oberfläche von Sichtbeton-Bauteilen keine Verfärbungen oder Farbtonschwankungen hervorrufen. Sie dürfen das Erstarren des Zements und das Erhärten des Betons höchstens in einer dünnen Kontaktschicht beeinträchtigen und nicht zu einem stärkeren Abmehlen führen. Dabei ist zu berücksichtigen, daß eine bei frisch ausgeschaltem Beton vorhandene Abmehlneigung mit der Zeit verschwinden kann. Eine geringe Abmehlneigung ist meist unbedenklich.
- Trennmittel für Bauteile, auf deren Oberfläche Verbundestriche, Putz oder Tapeten aufgebracht werden sollen, dürfen keine Rückstände bilden, die den Haftverbund beeinträchtigen.
- Die Verarbeitbarkeit und die Wirksamkeit des Trennmittels sollen auch bei Temperaturen unter $+5\,°C$ und über $+30\,°C$ erhalten bleiben. Es darf nach dem Aufbringen auf die Schalung nicht zu schnell trocknen, um einen gleichmäßigen Trennfilm erzielen zu können.
- Bei Betonflächen, die mit Trinkwasser oder Nahrungsmitteln in Berührung kommen, müssen die Rückstände der Trennmittel, sofern sie nicht vollständig entfernt werden können, physiologisch unbedenklich sein und dürfen auch keine geschmackliche oder geruchliche Beeinträchtigung hervorrufen.

4.2.3.2.3 Trennmittelarten

Die für Trennmittel verwendeten Stoffgruppen unterscheiden sich hinsichtlich ihrer Viskosität, der Mischbarkeit mit Wasser und ihrer Wirkungsweise (Tabelle 4.2-2).

Die Trennmittel können dünnflüssig bis pastös sein. Mit Wasser sind sie teils mischbar, teils nicht.

Öle

Mineralöle wirken vorwiegend physikalisch. Öle mit Trennzusätzen enthalten Zusätze von Fettstoffen, Fettsäuren, Netzmitteln oder anderen organischen Stoffen. Teilweise enthalten sie auch verdunstende Lösungsmittel und können dann feuergefährlich sein. Bei ungenügendem Ablüften kann der Dampfdruck Poren an der Betonoberfläche erzeugen. In der Regel genügt eine Ablüftzeit von 30 Minuten.

Altöle können Stoffe enthalten, die zu Verfärbungen und porigen Betonoberflächen führen oder die mit dem Kalk des Zements reagieren und dann auf der Betonoberfläche eine dünne seifige Schicht bilden, auf der Putz oder Anstriche schlecht haften.

Tabelle 4.2-2   Übersicht über Trennmittel [4-27]

Stoffgruppen		Viskosität			mit Wasser		Wirkungsweise	
		dünn-flüssig	dick-flüssig	pastös	mischbar	nicht mischbar	physi-kalisch	chem.-physik.
Mineralöle		×				×	×	
Öle mit Trennzusätzen		×				×	×	×
Chem.-physik. Trennmittel	Lösungen	×				×	×	×
	Emulsionen	×			×		×	×
Ölemulsionen	Öl-in-Wasser	×			×		×	×
	Wasser-in-Öl		×				×	×
Wachs-	-lösungen	×				×	×	
	-pasten			×		×	×	
Trennlacke (Harzlösungen)		×				×	×	×

Emulsionen

Emulsionen vom Typ Öl-in-Wasser werden in der Regel vom Verbraucher aus wasserfreien Konzentraten durch Einmischen in Wasser selbst zubereitet. Wasserfreie Konzentrate sehen klar bis leicht trüb aus. Die gebrauchsfertigen Emulsionen erscheinen milchig und sind dünnflüssig. Wichtig ist, daß die Emulsion sich nicht entmischt, damit nicht zu ölreiches, emulgatorreiches oder wasserreiches Gemisch auf die Schalung kommt.

Wachsdispersionen werden meist gebrauchsfertig verdünnt geliefert.

Emulsionen vom Typ Wasser-in-Öl sind dickflüssig und sehen milchig aus. Sie lassen sich mit dünnflüssigen Erdöl-Destillaten verdünnen, nicht aber mit Wasser. Eine Wasserzugabe macht noch dickflüssiger und führt entweder zum Zerfall oder zum Umschlagen in eine Öl-in-Wasser-Emulsion.

Wachse

Wachslösungen enthalten häufig Netzmittelzusätze. Sie sind dünnflüssig, durchscheinend bis klar und neigen mitunter bei längerem Lagern oder stärkerer Abkühlung zur Ausflockung oder Trübung. Ihr Lösungsmittelanteil ist mit 70 bis 90 % vergleichsweise hoch.

Wachspasten sind Gemische aus Wachsen, Paraffinen und ähnlichen Ausgangsstoffen, die in stärkerer Konzentration in überwiegend benzinischem Lösungsmittel dispergiert sind. Sie sind milchig trüb und pastös.

Trennlacke

Trennlacke (Harzlösungen) enthalten Harze und ergeben auf der Schalung einen nichtklebenden Trennfilm, der einer mäßigen mechanischen Beanspruchung, z. B. beim Begehen, widersteht. Die meisten Trennmittel sind zur Verwendung bei normaler Temperatur bestimmt. Sie verharzen mitunter bei höheren Temperaturen, wie sie bei einer Wärmebehandlung auftreten, und haben dann statt der Trennwirkung eine anhaftende Wirkung.

4.2 Verarbeitung

Trennmittel für saugfähige Schalungen

Besonders geeignet sind Öl-in-Wasser-Emulsionen und chemisch-physikalisch wirkende Trennmittel.

Die Emulsionen brechen nach dem Aufbringen. Das Wasser dringt in die Schalung ein und bewirkt eine gleichmäßig dünne Verteilung des Öles als eigentliches Trennmittel auf der Oberfläche.

Je stärker die Schalung saugt, desto mehr Trennmittel wird verbraucht, und desto mehr muß verdünnt werden, um einen Überschuß von Öl an der Oberfläche zu vermeiden. Bei mehrfach verwendeter Schalung mit durch Zementstein verschlossenen Poren wird der Verbrauch geringer, daher sind höhere Konzentrationen zweckmäßig. Das unverdünnte Konzentrat darf nicht verwendet werden, weil dies zum Absanden der Betonoberfläche führen kann. Bei Frost können Emulsionen nicht benutzt werden.

Mineralöle ohne Zusätze haben bei saugfähigen Schalungen eine gute Trennwirkung, führen aber oft zu unbefriedigenden Sichtflächen. Mineralöle mit Zusätzen und besonders die chemisch-physikalisch wirkenden Trennmittel sind in dieser Hinsicht günstiger.

Wachslösungen und -pasten sind i. allg. ebenfalls verwendbar, jedoch können Rückstände davon auf der Betonoberfläche die spätere Weiterbehandlung, z. B. eine Beschichtung, beeinträchtigen.

Holzschalungen

Bei der Verwendung neuer Holzschalungen können Holzinhaltsstoffe, wie z. B. Holzzucker, mit dem Zementleim reagieren und Verfärbungen, Ausblühungen oder Abmehlen der Betonoberfläche verursachen. Der Auftrag eines Trennmittels kann solche Reaktionen nicht immer ganz verhindern. Die Wirkung der Inhaltsstoffe kann unterbunden werden, indem man die mit Trennmittel vorbehandelte neue Schalung vor dem ersten Einsatz mit Zementleim (Wasserzementwert etwa 0,8 bis 1,0) bestreicht und am nächsten Tag abbürstet.

Trennmittel für nichtsaugende Schalungen

Bei kunststoffvergüteten Schalungen ist die Kontaktfläche durch Imprägnierung, Versiegelung oder Beschichtung nichtsaugend und ggf. glatt gemacht worden. Durch Inhaltsstoffe, wie z. B. Phenolharze, können ähnliche Erscheinungen wie bei neuen Holzschalungen bewirkt werden (Abhilfe: siehe dort). Mit zunehmender Einsatzhäufigkeit wird die Oberfläche rauher und erfordert eine größere Trennmittelmenge.

Es eignen sich alle Arten außer Emulsionen. Auch hier führen Mineralöle ohne Zusätze oft zu unbefriedigenden Sichtflächen. Wachslösungen und -pasten können einen besonders gut haftenden, widerstandsfähigen Trennfilm ergeben. Wichtig ist ein gleichmäßiger und dünner Auftrag. Schalöle auf kunststoffversiegelten Schalplatten, wie z. B. „Betoplan", können die Versiegelungsschicht anlösen. Das gelöste Phenolharz kann zu Fleckenbildung auf der Betonoberfläche führen.

Für Stahlschalungen verwendete Trennmittel sollen rostverhindernde Zusätze (Inhibitoren) enthalten.

4.2.3.2.4 Auftrag der Trennmittel

Die Auftragtechniken richten sich nach der Viskosität des Trennmittels, den Witterungsverhältnissen und den örtlichen Gegebenheiten, z. B. Zugänglichkeit und Neigung der Schalungsflächen.

Dünnflüssige Trennmittel werden zweckmäßigerweise aufgesprüht, können aber auch mit Putzlappen aufgetragen werden. Bei starkem Regen darf nicht aufgetragen werden. Zähflüssige Trennmittel, Pasten oder Wachse werden mit Putzlappen, Pinseln, Rollen, Bürsten usw. aufgetragen. Steifere Schalungspasten werden aufgespachtelt und mit harter Bürste von Hand oder maschinell verteilt.

Die erforderliche Auftragsmenge steigt mit der Rauhigkeit und der Saugfähigkeit der Schalung. Überschüsse sind mit Schwämmen, Gummischiebern oder dgl. zu entfernen. Wenn sich beim Verdichten (Rütteln) Trennmittel mit dem Feinmörtel des Betons vermischen, so kann dies zu einer bleibenden Festigkeitsminderung in den oberflächennahen Schichten führen. Daraus erklärt sich die vielfach beobachtete Erscheinung des Abmehlens bzw. Absandens. Größere Überschüsse begünstigen eine Vermischung mit dem Feinmörtel und vergrößern die Eindringtiefe in den Beton. Dadurch kann auch in tieferen Betonschichten noch eine kritische Trennmittelkonzentration entstehen. Dies kann dazu führen, daß beim Ausschalen flächige Ausplatzungen entstehen, die an der Schalung haften.

Waagerechte Flächen sollen i.allg. nicht mit flüssigen Trennmitteln behandelt werden, weil sonst die Gefahr besteht, daß Staub und Rostteilchen, die auf der zunächst ölfeuchten Schalungsfläche haften, nach dem Eintrocknen des Trennmittels trotz Abspülens der Schalung nicht entfernt werden können und Flecken auf dem Beton verursachen.

Ein ungleichmäßiger Auftrag von Trennmitteln auf einer glatten, nichtsaugenden Schalungsfläche kann durch unterschiedliche Beeinflussung der Grenzflächenspannung zu einer Schlierenbildung führen. Diese „Marmorierung" tritt vor allem bei Beton der Konsistenz KP auf.

4.2.4 Einbringen

4.2.4.1 *Allgemeines*

Der zum Einbau bestimmte Beton muß gut durchgemischt sein und noch eine ausreichende Verarbeitbarkeit besitzen. Diese wird bei gleicher Ausgangskonsistenz durch die Zeitspanne zwischen Mischen und Einbau bestimmt. Der Beton steift während der Beförderung und bei längerer Lagerung vor dem Einbau an (s. Abschnitte 4.1.3.2 und 4.2.1). Das Ansteifen kann durch erneutes Durchmischen wieder teilweise rückgängig gemacht werden. Es kann deshalb zweckmäßig sein, Transportbetonfahrzeuge auf der Baustelle nicht sofort zu entleeren (z.B. in Kippsilos), sondern den Beton so lange im Fahrmischer zu lassen, bis etwaige Einbauverzögerungen behoben sind, um ihn vor der Übergabe noch einmal kräftig durchmischen zu können.

Beim Einbringen des Frischbetons in die Schalung darf keine Entmischung auftreten. Bei unsachgemäßem Einbringen besteht die Gefahr, daß sich Grobzuschläge absondern, örtlich anreichern und Nester bilden. Hierdurch werden u.a. die Festigkeit, die Dichtigkeit, der Korrosionsschutz der Bewehrung und das Aussehen beeinträchtigt.

4.2.4.2 *Fließbeton*

Fließbeton wird über geneigte Rohre, Rinnen oder Rutschen (Mindestneigung etwa 1 : 4 bis 1 : 5) eingebracht. Er fließt an der Einbringstelle von selbst ohne Bildung eines hohen Schüttkegels auseinander. Bei waagerechten flächigen Bauteilen kann man von einer Einbringstelle aus etwa 50 m^2 versorgen.

4.2 Verarbeitung

4.2.4.3 Schüttbeton

Beim Schütten muß der Beton lagenweise eingebracht werden, um die Bildung eines hohen Schüttkegels mit der Folge einer Entmischung zu vermeiden. Die Höhe der einzelnen Lagen richtet sich nach der Frischbetonkonsistenz, den Bauteilabmessungen und dem Verdichtungsverfahren. Bei plastischer bis weicher Konsistenz sind Höhen zwischen 30 und 50 cm angemessen.

Beim Schütten soll der Beton nach Möglichkeit durch Rohre, Leitbleche oder flexible Führungen, die erst kurz über der Verarbeitungsstelle enden, zusammengehalten werden. Gebräuchlich sind 1 m lange, sich nach unten etwas verjüngende Fallrohrstücke (Hosenrohre), die sich übergreifen und mit Ketten aneinandergehängt sind. Der Auslauf am unteren Ende soll vertikal und ohne Hindernisse sein, die eine Aufteilung des Betons bewirken können.

Bei entsprechender Zusammensetzung und weicher Konsistenz lassen sich durch Schütten in Fallrohrleitungen Fallhöhen von 1000 m (z. B. im Schachtbau) bewältigen, ohne daß sich der Beton entmischt.

Auch innerhalb der Schalung, z. B. beim Betonieren von Stützen und Wänden, soll der Beton beim Schütten zusammengehalten werden. Freier Fall ohne Rohr über mehr als 1 m Höhe kommt nur für plastischen Beton infrage. Im übrigen richtet sich die zulässige Fallhöhe nach dem Zusammenhaltevermögen des Betons, nach den Bauteilabmessungen und nach den Abständen der Bewehrungsstäbe. Die obere Grenze liegt bei etwa 3 m.

Bei hohen Wänden, bei denen zwischen der äußeren und der inneren Bewehrungslage nur ein geringer Abstand vorhanden ist, kann es zweckmäßig sein, den Beton, statt ihn von oben zu schütten, durch seitliche Fenster in der Schalung einzubringen. Das Hineinfließen kann durch Rüttler unterstützt werden. Durch Verwendung von Fließbeton läßt sich die Anzahl und der Abstand der Einbringstellen vermindern.

Manchmal sollen Stützen, Wände oder hohe Unterzüge zusammen mit einer darüber liegenden Platte in einem Guß hergestellt werden. In diesem Fall sollte die Platte erst betoniert werden, wenn sich der Beton in den unterstützenden hohen Bauteilen gesetzt hat (s. Abschn. 5.6). Die Wartezeit richtet sich nach der Temperatur und dem Erstarrungsverhalten des Zements. Der zuerst eingebrachte und verdichtete Beton sollte beim Nachrütteln wieder plastisch werden.

4.2.5 Verdichten

4.2.5.1 Allgemeines

Um die mit der Betonzusammensetzung möglichen Festbetoneigenschaften zu erreichen und den Korrosionsschutz der Bewehrung zu gewährleisten, muß bei der Verarbeitung ein geschlossenes Gefüge und eine vollständige Verdichtung erzielt werden. Sie ist dann erreicht, wenn der Beton die Schalung vollständig ausfüllt, die Bewehrung satt umhüllt und keine Nester oder undichte Stellen aufweist.

Auch praktisch vollständig verdichteter Frischbeton enthält allerdings noch einen geringen Anteil an feinen Poren (1 bis 2 Vol.-% bei 32 mm Größtkorn, feinkörniger steifer Beton und Leichtbeton bis etwa 4 Vol.-%), die mit den üblichen Verdichtungsverfahren nicht ausgetrieben werden können und die nicht zu beanstanden sind. In den Wasserzementwertkurven (Bilder 3.2-4 und 3.2-5) ist ein Luftgehalt von 1,5 % berücksichtigt. Ist der Luftgehalt deutlich höher, z. B. infolge mangelhafter Verdichtung, so wirkt sich dies auf die Festigkeit und andere wesentliche Betoneigenschaften nachteilig aus. Der Einfluß der Luftporen auf die Druckfestigkeit kann in etwa anhand der genannten Wasserzementwert-Kurven abgeschätzt werden, wenn man das Luftporenvolumen wie zusätzliches Anmachwasser berücksichtigt. Er kann erheblich sein. Bei 10 % Luftporen muß man bereits mit Festigkeitseinbußen von etwa 40 bis 50 % rechnen.

4.2.5.2 Verdichtungsarten

Beim Verdichten des Betons sollen seine Bestandteile eine möglichst dichte Lagerung annehmen. Hierzu ist eine mehr oder weniger große innere Reibung zu überwinden, die von der Konsistenz des Frischbetons und von der Zähigkeit des Feinmörtels sowie von der Kornform und Oberflächenbeschaffenheit der Zuschlagkörner abhängt. Die zur Verdichtung erforderliche Verschiebung der Bestandteile kann durch Massenkräfte, durch äußeren Druck oder beides bewirkt werden.

Stochern

Bei Fließbeton oder bei weichem Beton mit flüssigem Feinmörtel (Konsistenz KR) sind zur Verdichtung nur geringe äußere Einwirkungen erforderlich, um die angestrebte dichte Lagerung unter dem Einfluß der Schwerkraft zu erreichen. Es genügt ein Stochern mit einem Stab oder einer Latte oder leichtes Erschüttern, z. B. durch Klopfen an der Schalung.

Rütteln

Beton mit plastischer bis steifer Konsistenz (KP, KS) erfordert zur Verdichtung stärkere äußere Einwirkungen. Die am meisten angewandte Verdichtungsart ist das Rütteln (siehe Abschnitt 4.2.5.3). Der Beton wird in Schwingungen versetzt, wobei sich die innere Reibung stark vermindert. Ist die Rütteleinwirkung ausreichend, so nimmt der Beton während des Rüttelns etwa die Eigenschaften einer zähen Flüssigkeit an. Er fließt unter dem Einfluß der Schwerkraft und füllt dabei Hohlräume aus. Die Zuschlagkörner führen Eigenbewegungen aus und sinken dabei im Zementleim nach unten oder steigen nach oben, je nachdem, ob ihr Gewicht größer oder kleiner ist als ihr Auftrieb. Gleichzeitig schachteln sie sich ineinander und nehmen eine dichtere Lagerung ein.

Die praktisch gewichtslosen Luftporen und Lufteinschlüsse haben die Tendenz, zur Oberfläche zu wandern und dort auszutreten. Ein erhöhter Druck, sei es durch das Gewicht der darauf lastenden Betonsäule oder durch eine äußere Auflast, begünstigt das Zusammenrücken der Bestandteile.

Voraussetzung für die Rüttelverdichtung ist, daß die Schüttung mit einem klebenden Zementleim- oder Feinmörtelfilm an der schwingenden Fläche haftet, weil nur so die Schwingungsausschläge voll auf den Beton übertragen werden können. Ist der Beton zu trocken, muß der Kontakt durch zusätzlichen Druck hergestellt werden. Hiervon macht man beim Rüttelstampfen Gebrauch.

Schocken

Steifer bis schwach plastischer Beton kann auch durch Schocken verdichtet werden. Dabei wird die Form mit dem Frischbeton etwas angehoben, fällt dann frei herab und prallt auf eine feste Unterlage. Die hierbei auftretenden Massenkräfte bewirken eine gute Verdichtung, verlangen aber sehr stabile Formen. Schocktische können für das Verdichten schwerer Fertigteile oder für das gemeinsame Verdichten einer größeren Zahl kleinerer Einheiten zweckmäßig sein. Der Beton wird am besten während des Schockens eingefüllt.

4.2 Verarbeitung

Schleudern

Eine Möglichkeit zur Verdichtung von radialsymmetrischen Betonhohlkörpern, wie Rohren, Pfählen oder Masten, ist das Schleuderverfahren. Schleuderbeton wird in rotierenden Stahlformen hergestellt. Der Durchmesser kann bis zu 3 m und mehr betragen. Beim Schleudern werden die spezifisch schwereren Teile des plastischen bis weichen Betons durch die Fliehkraft nach außen gedrückt. Ein Teil des Überschußwassers läuft nach innen ab, und die Poren schließen sich. Hierdurch ergibt sich ein niedriger wirksamer Wasserzementwert, so daß ein dichter und hochfester Beton entsteht. Auf diese Weise ist es möglich, relativ leichte, schlanke und sehr hoch beanspruchbare Bauteile herzustellen. Allerdings kommt es zu einem schichtenartigen Aufbau. Die Grobzuschläge reichern sich außen an, während der überschüssige Feinmörtel nach innen verdrängt wird. Die Folge sind veränderliche Steifigkeiten und ein unterschiedliches Schwindverhalten über die Wanddicke. Der Abriebwiderstand an der Innenwand wird herabgesetzt.

Walzen

Eine Verdichtung durch Walzen eignet sich für Betone mit steifer Konsistenz.

Unter Walzbeton oder „Roller Compacted Concrete" RCC wird ein erdfeuchter Beton verstanden, der mit Geräten des Erdbaus eingebaut und verdichtet wird. Seit Beginn der 70er Jahre wird er in großem Umfang für die Herstellung von Dämmen und Staumauern eingesetzt. Vor allem in den USA gewinnt der Walzbeton in jüngster Zeit in zunehmendem Maße für Verkehrsflächen an Bedeutung. Der Zement- bzw. Bindemittelgehalt erreicht bei anspruchsvollen Deckenbetonen annähernd Werte, wie sie für vergleichbare konventionelle Betone üblich sind. Auch die verwendeten Zuschlaggemische unterscheiden sich nur unwesentlich von denen für konventionellen Beton. Der Beton wird mit einem Straßenfertiger eingebaut und vorverdichtet und anschließend mit einer Glattmantelwalze abgewalzt [4-32].

4.2.5.3 Rüttelverdichtung

4.2.5.3.1 Allgemeines

Rüttler werden meist durch eine Unwucht in Schwingungen versetzt, die sich auf den Beton übertragen. Für die Verdichtungswirkung sind die auf den Beton gerichtete Beschleunigung a und die Rütteldauer maßgebend. Die Beschleunigung hängt von der Schwingungsbreite s und der Frequenz f ab. Bei Sinusschwingungen gilt

$$a = 2\pi^2 s \cdot f^2$$

Je größer die Schwingungsbreite in der Kontaktfläche Beton-Rüttler ist, desto weiter reichen die Schwingungen in den Beton hinein.

Die Schwingungsbreite eines frei schwingenden Rüttlers wird durch seine Fliehkraft, seine Frequenz und seine Masse bestimmt. Sie wird vermindert durch die in Schwingung zu versetzende Masse der Schalung und des Betons. Bei zu großer Schwingungsbreite werden die Verdichtungseinrichtungen stark beansprucht. Außerdem besteht die Gefahr, daß sich der Beton entmischt.

Die Verflüssigung des Zementleims nimmt bei gleicher Schwingungsbreite mit steigender Frequenz zu.

Nach ihrem Standort wird zwischen Innenrüttlern und Außenrüttlern unterschieden. Innenrüttler sind meist zylindrische Rüttelflaschen, die in den Beton eingetaucht und deshalb auch als Tauchrüttler bezeichnet werden. Außenrüttler versetzen entweder die Schalung oder auf die Betonoberfläche aufgesetzte Rüttelbohlen oder -platten in Schwingungen.

4.2.5.3.2 Innenrüttler

Betonzusammensetzung

Voraussetzung für das Verdichten mit Innenrüttlern ist ein hinreichend feuchter Beton, der mit dem schwingenden Rüttler in Verbindung bleibt, so daß zwischen Rüttelflasche und Beton kein Spalt entsteht und die Schwingungen voll auf den Beton übertragen werden. Der Feinmörtel des Betons muß daher nasser als erdfeucht sein. Der Frischbeton muß so beschaffen sein, daß er beim langsamen Herausziehen des Rüttlers hinter diesem zusammenfließt und kein Loch verbleibt. Entsteht beim Rütteln auf der Oberfläche eine wäßrige Schlämme, dann ist der Beton zu weich angemacht. Wenn sich jedoch eine dünne geschlossene Schicht zäher Schlämme bildet, so ist dies nicht zu beanstanden.

Beim Verdichten von Leichtbeton neigt das Grobkorn des Leichtzuschlags zum Aufschwimmen. Um dies zu verhindern, soll die Konsistenz des Leichtbetons nicht zu weich sein (Verdichtungsmaß nicht unter 1,10) und sein Mörtel einen guten Zusammenhalt besitzen.

Beim Rütteln von Schwerbeton sinkt der Schwerzuschlag infolge seiner hohen Kornrohdichte in dem verhältnismäßig leichteren Mörtel schneller ab als Normalzuschlag in Normalbeton. Dieses nachteilige Entmischen tritt um so weniger ein, je geringer der Gehalt an Mörtel und je wasserärmer und zäher der Mörtel ist. Günstig ist es, wenn die verschiedenen Zuschlaganteile ungefähr gleiche Kornrohdichte haben. Stahlzuschläge neigen aufgrund ihrer großen Kornrohdichte von 7,8 kg/dm^3 besonders dazu, sich unten anzusammeln, selbst wenn die übrigen Zuschläge eine hohe Kornrohdichte von 3,5 bis 5,0 kg/dm^3 haben. Das Absetzen von Stahlzuschlag läßt sich bei der üblichen Rüttelverdichtung kaum vermeiden. Es wird empfohlen, einen solchen Beton nach besonderen Verfahren, z. B. dem Prepact-Verfahren, einzubringen [4-33, 4-34].

Handhabung und Rütteldauer

Der Rüttler ist rasch in den Beton einzutauchen und nach kurzem Verweilen im Tiefstpunkt so langsam herauszuziehen, daß hinter dem Rüttler kein Loch verbleibt. Wenn der Rüttler zu langsam eingetaucht wird, wird der Beton oben zuerst verdichtet und erschwert dadurch das Entweichen der Luft aus dem darunter liegenden Bereich.

Eine ausreichende Verdichtung im Wirkungsbereich des Rüttlers ist daran zu erkennen, daß sich der Ton des Rüttlers im Beton nicht mehr ändert, der Beton sich nicht mehr setzt, seine Oberfläche mit Feinmörtel geschlossen ist und nur noch vereinzelt größere Luftblasen austreten. Der Grobzuschlag soll in den Feinmörtel eingesunken, aber noch nicht ganz untergetaucht sein.

Wirkungsbereich und Abstand der Eintauchstellen

Der Wirkungsbereich eines Rüttlers hängt von seinen mechanischen Kennwerten und der Beschaffenheit des Betons ab. Bei durchschnittlich zusammengesetztem Normalbeton können die Abstände der Eintauchstellen in cm etwa so groß gewählt werden, wie der Flaschendurchmesser in mm beträgt. In DIN 4235 Teil 2 werden folgende Richtwerte angegeben:

4.2 Verarbeitung

Durchmesser des Innenrüttlers mm	Durchmesser des Wirkungsbereichs cm	Abstand der Eintauchstellen cm
< 40	30	25
40 bis 60	50	40
> 60	80	70

Bei Leichtbeton ist es zweckmäßig, die o. g. Abstände ungefähr zu halbieren, weil sich die Schwingungen aufgrund der stärkeren Dämpfung weniger weit fortpflanzen. Auch bei Schwerbeton ist der Wirkungsbereich eines Rüttlers i. allg. etwas kleiner als in Normalbeton, und zwar aufgrund seiner höheren Rohdichte.

Bei Leichtbeton und bei Schwerbeton sollte die Rütteldauer an den einzelnen Eintauchstellen möglichst kurz gehalten werden, um eine Entmischung zu vermeiden.

Durch ungleiches Schwingen von Beton und Schalung, z. B. bei zu nahem Heranführen von kräftigen Rüttlern an eine weiche Schalung, kann an undichten Fugen Luft eingesaugt werden und Zementleim austreten. Die Folgen sind ein löcheriges Gefüge und sandige Stellen im Bereich undichter Schalungsfugen. Der kleinste Abstand des Rüttlers von der Schalung soll etwas kleiner sein als der Radius des Wirkungsbereichs.

Einbringen und Verdichten

Der Beton sollte möglichst gleichmäßig dicht in Lagen von nicht mehr als 50 cm Höhe mit waagerechter Oberfläche geschüttet werden. Um Entmischungen zu vermeiden, sollen Innenrüttler nicht zum Verteilen des Betons von der Schüttstelle aus benutzt werden.

In der untersten Schicht soll der Rüttler etwas schräg eingetaucht werden. Dadurch wird der Beton an der Unterlage der Schüttung durch die nach unten gerichtete Komponente der Schwingung besser verdichtet als bei lotrecht eingetauchtem Rüttler. Neigung und Richtung des Rüttlers sollen bei schrägem Eintauchen immer gleich sein.

Auch auf einer geneigten Unterlage soll der Beton stets mit einer waagerechten Oberfläche geschüttet werden, wenn die Oberfläche des verdichteten Betons waagerecht sein soll. Mit dem Rütteln ist im Bereich der größten Schichtdicke zu beginnen (Bild 4.2-2). Andernfalls kann es durch das stärkere Zusammensacken an der tiefsten Stelle zu einem Nachfließen des bereits verdichteten Betons kommen, wobei sich in diesem Risse oder Lockerstellen bilden können (Bild 4.2-3).

Der Beton muß vor der Eintauchstelle eines Rüttlers immer ausreichend weit vorgeschüttet sein, weil er sonst an der Eintauchstelle nicht gestützt ist und ohne ausreichende Verdichtung wegfließt. Muß ausnahmsweise die Böschung einer Schüttlage oder eines Schütt-

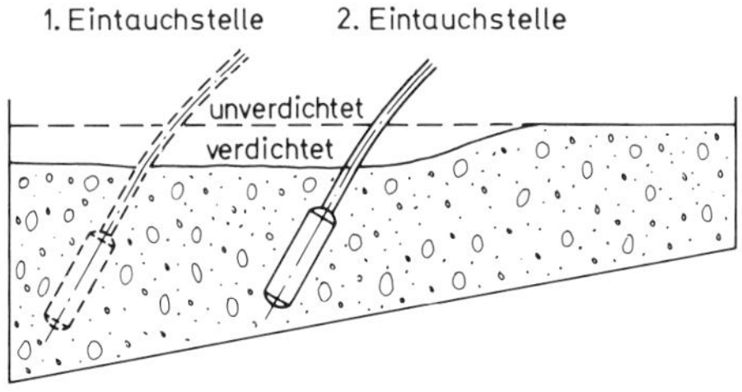

Bild 4.2-2 Richtiges Einsetzen des Rüttlers an der tiefsten Stelle beginnend. Schüttung mit waagerechter Oberfläche. Schräges Eintauchen in der untersten Schicht [4-35]

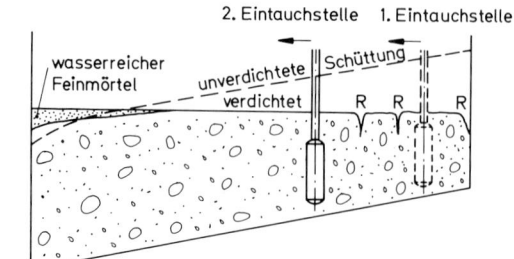

Bild 4.2-3 Falsches Einsetzen des Rüttlers im oberen Teil einer in der Neigung geschütteten Lage beginnend. Nachfließen des bereits gerüttelten Betons, Bildung von Rissen R und Lockerstellen im oberen gerüttelten Teil sowie Ansammeln von wasserreichem Feinmörtel an der tiefsten Stelle [4-35]

kegels gerüttelt werden, so ist es zweckmäßig, den Rüttler zuerst nahe am Böschungsfuß einzusetzen, weil dann der unverdichtete Beton gegen den Rüttler fließt und der später verdichtete Beton im oberen Bereich sich gegen den verdichteten Fuß abstützen kann. Beim Einsetzen im oberen Teil der Böschung würde der abfließende Beton den unverdichteten Beton am Böschungsfuß überdecken und dort eine bereits stattgefundene Verdichtung vortäuschen [4-35].

Wird der Beton in mehreren Schichten „frisch auf frisch" eingebracht, so ist die erste Schüttlage wie beschrieben zu verdichten. Bei den weiteren Lagen wird der Rüttler schnell lotrecht durch die zu verdichtende Schüttung hindurch 10 bis 15 cm tief in die darunter befindliche, bereits verdichtete Schicht eingeführt und nach kurzem Verweilen langsam herausgezogen. Auf diese Weise wird eine gute Verbindung der einzelnen Schüttlagen erzielt. Ist der Beton in der unteren Schüttlage einmal infolge unvorhergesehener Umstände so weit erstarrt, daß der Rüttler nicht mehr eindringen kann, aber trotzdem noch frisch und reaktionsfähig, so kann durch sorgfältiges und systematisches Rütteln der oberen Schicht immer noch ein guter Verbund erzielt werden [4-33]. In diesem Fall ist es vorteilhaft, den Rüttler schräg einzuführen, wie dies für das Verdichten der untersten Lage empfohlen wurde, weil dann durch die nach unten gerichteten Rüttelstöße auch die unterste Zone des frischen Betons besser in Schwingung versetzt und angerüttelt wird [4-35]. Ist der Beton in der unteren Lage dagegen bereits so weit erhärtet, daß er nicht mehr als reaktionsfähig anzusprechen ist, so sind besondere Maßnahmen erforderlich, um die beiden Schichten miteinander zu verbinden (s. Abschn. 4.2.6).

Rütteln hoher Wände und Stützen

Eine über die ganze Höhe gleichmäßige Verdichtung läßt sich zuverlässig durch lagenweises Einbringen und Rütteln erzielen. Wird der Beton jedoch ohne Unterbrechung geschüttet, so muß der Rüttler im Beton bleiben und mit dem Schütten hochgeführt werden. Dabei soll der Rüttler stets etwas unter dem Schüttspiegel arbeiten. Die Steiggeschwindigkeit des Betons soll möglichst gleichmäßig sein.

Rütteln von bewehrtem Beton

Damit der Rüttler im erforderlichen Abstand eingeführt werden kann, müssen bei sehr dichter Bewehrung u. U. besondere Rüttelgassen angeordnet werden.

Bei eng liegender Bewehrung ist es manchmal nicht möglich, den Beton in gleichmäßig hohen Schichten einzubringen. Es kann deshalb notwendig werden, den Beton des Schüttkegels oder der Böschung durch Einführen des Innenrüttlers auszubreiten. Um übermäßig langes Rütteln und dadurch verursachtes Entmischen zu vermeiden, soll der Beton auch hier höchstens 50 cm hoch geschüttet werden. Der Beton muß so zusammengesetzt sein, daß er geschlossen fließt und kein Wasser absondert. In schwierigen Fällen kann man das Einbringen und Verdichten durch Verwendung von Fließbeton erleichtern. Beim Betonieren schmaler, hoher oder eng bewehrter Bauteile erreicht man mit sachgerechtem Fließbeton sicherer ein geschlossenes Betongefüge als mit Beton anderer Konsistenz. Im Gegensatz zu sehr weich angemachtem Beton ohne Fließmittel ist beim Fließbeton auch bei durchgreifendem Rütteln ein Entmischen nicht zu befürchten. Das längere Berühren der Bewehrung mit dem Rüttler ist in der Regel zu vermeiden, da sich dann wasserreiche Schlämme um die Bewehrungsstäbe anreichern kann, die den Verbund beeinträchtigt.

Sichtbeton

Um möglichst geschlossene und gleichartig beschaffene Sichtflächen zu erhalten, ist es notwendig, Beton zweckmäßiger Zusammensetzung besonders gleichmäßig zu schütten und zu verdichten. Die Höhe der Schüttlagen soll 30 cm nicht übersteigen. Der Rüttler ist immer gleich tief in die untere, bereits verdichtete Schicht einzuführen. Die Eintauchstellen sind gleichmäßig zu verteilen. Der günstigste Abstand von der Schalung ist etwas geringer als der Radius des Wirkungsbereichs. Es kann zweckmäßig sein, entlang der Schalung leichtere Rüttler (Flaschendurchmesser $\leq$ 40 mm) einzusetzen. Die Rütteldauer sollte auf das Mindestmaß beschränkt bleiben. Das Berühren der nahe der Schalung liegenden Bewehrung mit dem Rüttler kann zur Folge haben, daß sich die Stäbe an der Sichtfläche abzeichnen.

Porenarme und gleichmäßig beschaffene Sichtflächen können auch erhalten werden, wenn die Rüttler im Beton bleiben und mit dem Schütten hochgeführt werden. Zweckmäßig ist auch die Verwendung von Fließbeton, der jedoch durch Rütteln gut entlüftet werden sollte.

Luftporenbeton

Luftporenbeton darf nur so lange gerüttelt werden, als zum Erlangen eines geschlossenen Gefüges und zum Austreiben der größeren Luftblasen unbedingt nötig ist. Bei längerem Rütteln wird auch ein Teil der künstlich eingeführten Luftporen ausgetrieben, insbesondere in der nächsten Umgebung des Rüttlers. Auf diese Weise kann mehr als die Hälfte des Ausgangsluftgehaltes verloren gehen. Jedoch bleiben bei richtigem Abstand der Eintauchstellen und üblicher Rütteleinwirkung die zur Verbesserung des Frost- und Tausalzwiderstandes wirksamen kleineren Luftporen im Bereich der Schalung und in der oberen Zone der verdichteten Schicht ausreichend erhalten. Insgesamt ist auch in dieser Hinsicht eine Beeinträchtigung der Betongüte durch ausgiebiges Rütteln weniger zu befürchten als durch eine mangelhafte Verdichtung [4-33].

Probekörper für die Eignungs- und Güteprüfung vom Luftporenbeton dürfen nicht mit Innenrüttlern verdichtet werden, weil der Beton in den kleinen Formen durch Innenrüttler stärker entlüftet wird als im Bauteil.

4.2.5.3.3 *Außenrüttler*

Wirkungsweise

Beim Verdichten mit Außenrüttlern wird die Form oder die Schalung in Schwingungen versetzt, die sich auf den Beton übertragen. Außenrüttler können direkt an der Schalung befestigt oder an Rütteltischen oder Rüttelböcken angebracht werden (Bild 4.2-4). Die Formen oder Schalungen können auf dem Rütteltisch oder einem oder mehreren Rüttelböcken fest aufgespannt oder lose aufgesetzt sein. Ist die Form lose aufgesetzt, so kommt

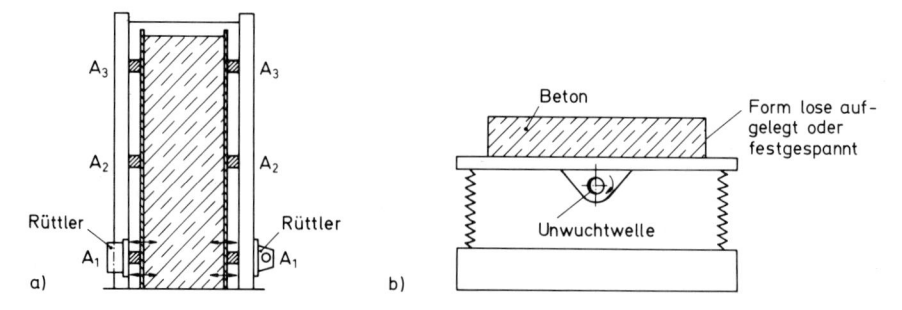

Bild 4.2-4 Anwendung von Außenrüttlern
a) Verdichten mit Schalungsrüttlern
   Links: Befestigung an waagerechten Aussteifungen, Unwuchtwelle lotrecht
   Rechts: Befestigung an lotrechten Aussteifungen, Unwuchtwelle waagerecht
   A_1 bis A_3: Ansetzstellen
b) Rütteltisch mit einem Außenrüttler

es infolge unterschiedlicher Bewegung von Tisch bzw. Bock zu sogenannten Prellschlägen. Durch die Prellschläge werden große Massenkräfte erzeugt, die eine wirkungsvolle Verdichtung auch bei dickeren Betonbauteilen bewirken können. Allerdings führen sie auch zu einer starken Beanspruchung der Formen und der Verdichtungseinrichtung und verursachen eine erhöhte Lärmemission.

Außenrüttler werden bevorzugt für die Serienfertigung von Betonfertigteilen und Betonwaren eingesetzt. Nach einmaligem Einrichten bieten sie die Gewähr für eine gleichmäßige und gute Verdichtung. Der Zeitaufwand ist geringer als bei der Verdichtung mit Innenrüttlern, und der Erfolg ist weniger von der sorgsamen Arbeitsweise des Bedienungspersonals abhängig. Auf der Baustelle ist ihre Handhabung meist umständlicher als das Verdichten mit Innenrüttlern. Dort werden sie deshalb meist nur dann verwendet, wenn Innenrüttler nicht eingesetzt werden können. So ist steifer Beton in zweiseitigen Schalungen für schräge Behälterwände oder für dünne Stollen- und Tunnelauskleidungen mit Schalungen, die über das ganze Profil reichen, oft nur mit Schalungsrüttlern verdichtbar. Auch eine sehr dichte Bewehrungsanordnung oder sehr enge Schalungen können das Verdichten mit Innenrüttlern erschweren, so daß auf Außenrüttler zurückgegriffen werden muß. In schwierigen Fällen kann auch die gleichzeitige Verwendung beider Rüttlerarten zweckmäßig sein, z. B. bei komplizierten Formen oder zum Entlüften von Beton unter vorspringenden Kanten mit Innenrüttlern.

Außenrüttlerarten

Die Hauptunterscheidungsmerkmale der verschiedenen Außenrüttler sind die Schwingungszahlen und die Größe der erzeugten Fliehkräfte. Zum Verdichten von Beton werden Außenrüttler mit 3000 und 6000 bis 12000 U/min verwendet. Außenrüttler mit 3000 U/min können mit normalem Wechsel- oder Drehstrom von 50 Hz betrieben werden. Um Drehzahlen von 6000 bis 12000 U/min zu erreichen, ist eine Umformung auf eine erhöhte Frequenz, z. B. 200 Hz, erforderlich. Für diese Rüttler hat sich die Bezeichnung Hochfrequenzrüttler (HF-Rüttler) eingebürgert.

Außenrüttler erzeugen Kreisschwingungen, die bei großen Schwingungsbreiten, wie sie bei 3000 U/min auftreten, eine unerwünschte Wanderbewegung des Betons hervorrufen können. Um dies zu vermeiden, können zwei Rüttler mit entgegengesetzten Drehrichtun-

4.2 Verarbeitung

gen parallel nebeneinander angeordnet werden. Da sich die Komponenten in der Verbindungsebene der beiden Rüttelachsen aufheben, entstehen gerichtete Schwingungen rechtwinklig dazu.

Bei gleicher Fliehkraft verändert sich die Schwingungsbreite umgekehrt proportional zum Quadrat der Drehzahl. Je größer die Schwingungsbreite, desto größer die Tiefenwirkung, um so stärker aber auch die Entmischungsgefahr. HF-Rüttler haben eine kleinere Schwingungsbreite und damit auch eine geringere Tiefenwirkung als Rüttler mit 3000 U/min, jedoch bewirkt die höhere Schwingungszahl eine bessere Entlüftung des Betons und geschlossenere Oberflächen. Auch bei langen Rüttelzeiten besteht kaum Entmischungsgefahr [4-34].

Für eine ausreichende Rüttelwirkung muß eine Mindest-Schwingungsbreite eingehalten werden, um bei gegebener Drehzahl die erforderliche Beschleunigung zu erzielen. In DIN 4235 Teil 4 sind folgende Richtwerte angegeben:

Betriebsfrequenz f_b Hz	Drehzahl η U/min	Beschleunigung a m/s^2	Schwingungsbreite s mm
50	3 000	30 bis 50	0,60 bis 1,00
100	6 000	60 bis 80	0,30 bis 0,40
150	9 000	80 bis 100	0,18 bis 0,22
200	12 000	100 bis 120	0,12 bis 0,15

Reicht die Schwingungsbreite nicht aus für eine wirksame Verdichtung, so muß die Fliehkraft entsprechend erhöht werden. Der erforderliche Fliehkraftbedarf kann oft nur nach Erfahrung abgeschätzt oder empirisch ermittelt werden.

Ansetzstellen der Rüttler

Die Rüttler sind so zu verteilen, daß eine möglichst gleichmäßige Verdichtungswirkung an allen Stellen erzielt wird. Dies kann dann angenommen werden, wenn sich die Betonoberfläche etwa gleichzeitig schließt. Ergibt sich kein gleichmäßiges Verdichtungsbild, so kann häufig durch Änderung von Ort, Ausbildung und Anzahl der Ansetzstellen eine Verbesserung erzielt werden. Es kann auch zweckmäßig sein, einige Rüttler um 90° gedreht anzubringen, damit die Schwingungen nicht alle in annähernd gleicher Richtung verlaufen.

Um einen größeren Bereich der Schalung in Schwingungen versetzen zu können, werden Schalungsrüttler an Versteifungen befestigt (Bild 4.2-4). Unmittelbar an der Schalungshaut sollen die Rüttler nicht angebracht werden.

Einbringen und Verdichten des Betons

Der Beton wird entweder stetig oder lagenweise eingebracht. Im ersten Fall muß die Rütteleinrichtung ständig laufen. Bei lagenweisem Einbringen soll die Schütthöhe bei waagerechter Fertigung 0,10 bis 0,15 m, bei lotrechter Fertigung 0,25 bis 0,30 m betragen. Die Rüttler sollen möglichst erst dann in Betrieb genommen werden, wenn die Schalung bis etwas über der Ansatzstelle des Rüttlers mit Beton gefüllt ist.

4.2.5.3.4 Oberflächenrüttler

Einsatzmöglichkeiten

Oberflächenrüttler in Form von Rüttelbohlen oder Rüttelplatten eignen sich zum Verdichten mäßig dicker, waagerechter oder schwach geneigter Betonschüttungen von der Oberfläche aus. Die Verdichtung erfolgt durch Schwingungen, die von dem aufgesetzten Gerät übertragen werden. Hierzu kann der Oberflächenrüttler langsam und stetig über die Schüttung bewegt oder eine ausreichend lange Zeit auf sich etwas überschneidenden Teilflächen abgesetzt werden. Die Verdichtungswirkung beschränkt sich vorwiegend auf den unter der schwingenden Fläche befindlichen Bereich und nimmt nach der Tiefe hin ab. Oberflächenrüttler werden bevorzugt zum Verdichten dünnerer flächiger Bauteile, z. B. von Fahrbahnen und plattenförmigen Fertigteilen bei liegender Fertigung, benutzt. Sie können frei auf der Betonoberfläche aufliegend arbeiten oder bei der Verdichtung auf Lehren oder Schienen geführt sein.

Betonzusammensetzung

Sitzt der Oberflächenrüttler unmittelbar auf der Schüttung auf, so soll der Beton möglichst steif sein (Konsistenzbereich KS), jedoch muß der Feinmörtel des Betons etwas nasser als erdfeucht sein, damit der Beton durch die eingeleiteten Schwingungen ins Fließen kommt. Der Mehlkorngehalt und ein evtl. erforderlicher Luftporengehalt sind auf das notwendige Maß zu beschränken, da der Beton sonst eine gummiartige Beschaffenheit annehmen kann, die das Verdichten und das Erreichen der Ebenflächigkeit erschwert.

Auch plastischer oder weicher Beton kann mit Rüttelbohlen verdichtet werden. Um das Einsinken zu verhindern, muß die Rüttelbohle auf Lehren, Schienen oder auf den Formrändern geführt werden.

Um eine störende Feinmörtelanreicherung an der Oberfläche zu vermeiden, soll der Beton nicht mehr Feinmörtel enthalten, als für das Erreichen eines geschlossenen Gefüges erforderlich ist. Zweckmäßig sind deshalb Zuschlaggemische mit einer Sieblinie im unteren Teil des Bereichs ③ nach DIN 1045, Bilder 1 bis 4, (Bilder 3.1-1 bis 3.1-4, S. 104 und 105) oder, bei Ausfallkörnungen, zwischen den Sieblinien B und U.

Einbringen und Verdichten

Der Beton muß in möglichst gleichmäßig dichter oder gleichhoher Schüttung eingebracht werden. Größere Unterschiede in der Schüttdichte und der Schütthöhe können Ursache für ungleiche Verdichtung und eine unebene Oberfläche sein.

Die Dicke der Betonschüttung, die in einer Schicht verdichtet werden kann, ist von den Kennwerten des Rüttlers (Gewicht, Frequenz, Schwingungsbreite bzw. Fliehkraft), der Beschaffenheit des Betons und von der Fortbewegungsgeschwindigkeit abhängig. Bei kräftig wirkenden Oberflächenrüttlern soll die Schichtdicke nach dem Verdichten in der Regel 0,20 m, bei leichten Rüttelbohlen und plastischem oder weichem Beton 0,15 m nicht überschreiten. Ist die Gesamtdicke größer, muß der Beton entweder in mehreren Lagen eingebracht und verdichtet werden, oder man muß für die Verdichtung des unteren Bereichs zusätzlich Innenrüttler zu Hilfe nehmen.

Beim Verdichten ist der Oberflächenrüttler so langsam mit gleichmäßiger Geschwindigkeit fortzubewegen, daß der Beton unter ihm plastisch wird und die Betonoberfläche hinter ihm geschlossen ist. Eine ausreichende Verdichtung kann dann angenommen werden, wenn hinter dem Oberflächenrüttler der Beton mitschwingt, nur noch wenige Luftblasen austreten und der Beton so fest ist, daß ein vorsichtig aufgesetzter Fuß kaum einen Eindruck hinterläßt.

Für Schüttungen aus steifem Beton können mehrere Übergänge zweckmäßig sein, da bei nur einem Übergang mit verhältnismäßig langsamer Fortbewegung Beton unter dem Rüttler zu der noch unverdichteten Schüttung hin ausweichen kann.

Geneigte Flächen müssen vor der tiefsten Stelle aus verdichtet werden, damit der Beton dort tragfähig wird und den weiter oben in der Böschung befindlichen Beton abstützen kann, wenn dieser unter der Rütteleinwirkung „verflüssigt" wird.

4.2.5.4 Nachverdichten

Durch Wasserabsondern, durch Wasserbindung bei der Hydratation und u. U. auch durch die Wasseraufnahme von Zuschlägen bilden sich im verdichteten Beton feine Hohlräume. Werden diese Hohlräume durch eine erneute Verdichtung teilweise oder ganz geschlossen, so erlangt der Beton eine höhere Dichtigkeit und Festigkeit als ohne diese Maßnahme und verhält sich wie ein Beton, der mit niedrigerem Wasserzementwert hergestellt worden ist. Darüber hinaus können durch Wasserabsondern und plastisches Schwinden entstandene Risse wieder geschlossen werden.

Die Wirkung einer solchen Nachverdichtung ist um so größer, je mehr Poren und Hohlräume bis zu diesem Zeitpunkt entstanden sind und wieder geschlossen werden können.

Sie sollte also zu einem möglichst späten Zeitpunkt erfolgen. Der Beton muß jedoch unter der Rütteleinwirkung noch etwas plastisch werden. Besonders zu empfehlen ist eine Nachverdichtung bei Betonen mit hohem Wassergehalt und geringem Wasserrückhaltevermögen, um die vom ausgetretenen Wasser gebildeten Kanäle und Poren wieder zu schließen.

Bei einer Vergrößerung der Auflagerdrehwinkel von Rüstträgern infolge des Betonierens anderer Bereiche können sich Anrisse im bereits verdichteten Beton bilden. Falls eine Nachverdichtung dort noch möglich ist, lassen sie sich hierdurch wieder schließen.

Rasch betonierte hohe Bauteile mit sichtbar bleibenden Betonflächen sollten mit Schalungsrüttlern oder Schalungsklopfern nachverdichtet werden, um Wasserrinsel, die an der Schalungsfläche sandige Adern hinterlassen, und Luftporen an der Schalungsfläche weitgehend zu beseitigen. Die Nachverdichtung sollte von unten nach oben fortschreiten. Insbesondere ist die Nachverdichtung des oberen Bereichs höherer Bauteile angebracht.

Wenn bei flächigen Bauteilen sich eine oben liegende Bewehrung nach dem letzten Rüttlerübergang an der Betonoberfläche abzeichnet, läßt sich dies durch eine Nachverdichtung mit einem Oberflächenrüttler beseitigen. Wird an senkrechte Flächen anbetoniert, sollte, wenn irgend möglich, der neue Beton nachgerüttelt werden, damit er sich nicht durch Schwinden ablöst. Überhaupt ist das Nachverdichten immer angezeigt, wenn der neu eingebrachte Beton vorhandene Bauteile kraftschlüssig miteinander verbinden soll. Dies gilt vor allem für das nachträgliche Schließen von Wanddurchbrüchen oder das Unterstopfen von Trägern. Dabei muß zusätzlicher Frischbeton nachfließen können, um die durch Wasserabsondern oder plastisches Schwinden eingetretene Volumenverminderung auszugleichen.

Innenrüttler können solange eingesetzt werden, wie sie noch in den Beton einzudringen vermögen und der Beton sich beim Herausziehen wieder hinter der Rüttelflasche schließt. Mit Oberflächenrüttlern, Schalungsrüttlern und Rütteltischen, ggf. mit Auflast, ist eine Nachverdichtung auch noch zu einem späteren Zeitpunkt möglich als mit Innenrüttlern.

Die von Rüttlern in erstarrendem oder bereits erstarrtem Beton eingeleiteten Schwingungen stören das Erhärten nicht und verursachen erfahrungsgemäß auch keine Formänderungen, die das Gefüge lockern.

Besteht die Möglichkeit, daß Bewehrungsstäbe in erstarrendem Beton beim Rütteln neu eingebrachten Betons oder beim Nachrütteln stärker in Schwingung geraten, so ist keine

Beeinträchtigung des Haftverbundes zu befürchten, wenn der umgebende erstarrende Beton wieder beweglich wird oder wenn der Beton schon so weit erhärtet ist, daß der Stab sich nicht ablöst. Eine kritische Zeit, während der eine Schädigung des Haftverbundes, mindestens am Anfang der Einbettungslänge, nicht auszuschließen ist, weil der Beton nicht mehr ausreichend beweglich wird und der Stab noch nicht fest genug am Beton haftet, beginnt je nach Zementart, Betonzusammensetzung, Temperatur und Ausgangskonsistenz unter durchschnittlichen Verhältnissen nach etwa 7 h und endigt nach etwa 24 h.

4.2.5.5 Vakuumbehandlung [4-36 bis 4-38]

4.2.5.5.1 Verfahren

Bei der Vakuumbehandlung wird dem eingebauten und verdichteten Frischbeton ein Tei des Wassers, das zur Hydratation des Zements nicht benötigt wird, entzogen. Dies führt zu einer Reduzierung des wirksamen Wasserzementwertes und damit zu erhöhter Dichtigkeit und Festigkeit. Dazu wird an der Betonoberfläche durch Vakuumteppiche, -matten, -tafeln oder -schalungen oder im Innern des Betons durch Vakuumnadeln ein Unterdruck erzeugt (Bild 4.2-5).

Der Unterdruck bewirkt eine Flächenpressung auf den Frischbeton, die aufgrund des atmosphärischen Druckes maximal etwa 80 bis 90 kN/m² betragen kann. Um diesen Druck übertragen zu können, müssen die Zuschlag- und Bindemittelkörner eine dichtere Lagerung einnehmen. Dabei werden ein Teil des Kapillarporenwassers und der eingeschlossenen Luft herausgepreßt und gelangen durch die Filter und Saugleitungen in die Vakuumkammern. Die entsprechenden Wasserteilchen wandern nicht durch den ganzen Beton, sondern erfahren nur geringe Verschiebungen. Das zum Filter fließende Wasser bildet deshalb auch keine neuen Kapillaren, aber die bestehenden Kapillarquerschnitte verengen sich. Das Volumen des so behandelten Frischbetons verringert sich merklich.

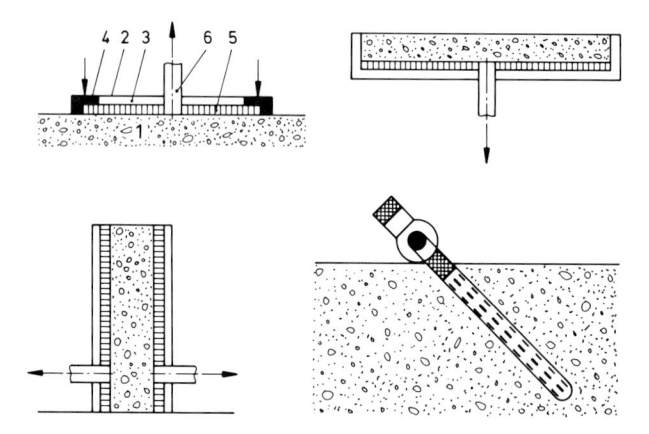

Bild 4.2-5 Verschiedene Arten der Vakuumbehandlung von Frischbeton:
oben links Vakuummatte für großflächige Bauteile geringer Dicke und zur „Oberflächenvergütung", oben rechts Vakuumschalung mit Vakuum von unten, unten links Vakuumschalung auf einer oder mehreren Flächen stehend betonierter Bauteile und unten rechts eine Vakuumnadel.
1 Frischbeton, 2 Vakuumschalung, 3 Saugraum mit Drahtgewebeeinlage, 4 Randabdichtungen, 5 Filter und 6 Saugstutzen [4-36]

4.2 Verarbeitung

Der Wirkungsgrad einer Vakuumbehandlung hängt im wesentlichen von der Betonzusammensetzung, der Vorverdichtung und der Frischbetontemperatur ab.

4.2.5.5.2 Zusammensetzung und Einbau des Betons

Die Kornabstufung der Zuschläge hat großen Einfluß auf die Verdichtungswilligkeit und die mögliche Wasserabgabe sowie auf die Wirkungstiefe des Unterdrucks. Die Sieblinie soll im günstigen Bereich ③ nach DIN 1045 liegen. Besondere Bedeutung hat die Zusammensetzung im Feinbereich. Der Mehlkornanteil darf nicht zu hoch sein, um die Vakuumbehandlung nicht unnötig zu verlängern, jedoch ausreichend groß, um ein geschlossenes Gefüge zu erzielen.

Der Zementgehalt soll i. allg. zwischen 300 bis 370 kg/m^3 liegen. Bei hohem Zementgehalt und großer Mahlfeinheit des Zements muß die Vakuumbehandlung länger dauern.

Die Konsistenz soll beim Einbringen plastisch sein.

Meist wird mit einem Unterdruck von 500 bis 700 mm Quecksilbersäule ($\approx$ 0,07 bis 0,09 N/mm^2) gearbeitet. Bei kleinerem Unterdruck sind die Verdichtungskräfte geringer. Man kann dies teilweise durch eine längere Behandlungsdauer ausgleichen.

Rütteln während der Vakuumbehandlung verringert die innere Reibung und die Reibung an der Schalung. Es fördert den Wasserentzug und ermöglicht eine kürzere Behandlungsdauer. Rüttelt man den vakuumbehandelten Beton nach, so vergrößert sich seine Dichte weiter. Dabei wurden zusätzliche Festigkeitssteigerungen bis zu 10 % festgestellt.

Die Viskosität des Wassers nimmt mit steigender Temperatur ab. Deshalb ist die Tiefenwirkung des Vakuums bei warmem Beton, der auch schneller erhärtet, innerhalb bestimmter Grenzen größer oder die erforderliche Behandlungsdauer kürzer. Bei niedrigen Temperaturen führt ein hohes Vakuum zu frühzeitiger Eisbildung und verringert dadurch den Wirkungsgrad der Vakuumbehandlung. Darum sind bei kühler Witterung die Zuschläge und/oder das Anmachwasser früher als sonst anzuwärmen oder das Vakuum zu verringern.

4.2.5.5.3 Betoneigenschaften

Frischbetoneigenschaften

Der Wasserentzug durch die Vakuumbehandlung beträgt je nach Betonkonsistenz und Behandlungsdauer 30 bis 60 l je m^3 Beton. Der Wasserzementwert verringert sich entsprechend, z. B. von 0,70 auf etwa 0,55 (Bild 4.2-6). Je niedriger der Ausgangswasserzementwert ist, desto weniger kann er durch die Vakuumbehandlung gesenkt werden.

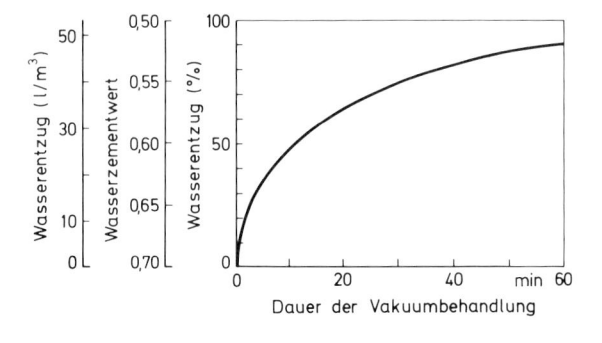

Bild 4.2-6 Wasserentzug aus einer 20 cm dicken Betonplatte während einer einseitigen Vakuumbehandlung. Zementgehalt 300 kg/m^3, Sieblinie des Zuschlags im Bereich ③ des Bildes 3.1-3, S. 105, Unterdruck 500 mm Hg [4-36]

Unter einen Wasserzementwert von 0,3 kommt man auch bei günstiger Kornzusammensetzung nicht herunter.

Je höher der Wasserzementwert des Frischbetons ist, desto länger dauert die Vakuumbehandlung, um einen angestrebten Endwert zu erreichen, z. B. von 0,7 auf 0,65 rd. 3 Minuten, von 0,9 auf ebenfalls 0,65 rd. 30 Minuten. Es ist deshalb nicht zweckmäßig, den Beton weicher anzumachen, als es die Verarbeitung erfordert. Es kann sogar vorteilhaft sein, den Ausgangswassergehalt durch Verwendung eines Verflüssigers zu senken.

Vakuumbehandelter Frischbeton hat eine viel höhere Grünstandfestigkeit (s. Abschn. 5.4) als der auf übliche Weise, z. B. durch Rütteln allein verdichtete Beton. Er kann z. B. schon vor dem Erstarren des Zements begangen werden. Bei flächigen, horizontal liegenden Bauteilen kann daher sofort mit der Oberflächenbearbeitung begonnen werden. Sie wird meist mit rotierenden Glättscheiben (Flügelglättern) durchgeführt. Bauteile bis zu 6 m Höhe können sofort ausgeschalt werden. Hiervon macht man z. B. bei der Rohrfertigung Gebrauch. Die hohe Grünstandfestigkeit ermöglicht auch bei Kletterschalungen einen rascheren Baufortschritt. Besondere Vorteile bietet das Verfahren auch für das Betonieren stark geneigter Flächen ohne Gegenschalung, z. B. bei Shedschalen oder anderen Schalenbauten.

Festbetoneigenschaften

Die Festigkeiten werden infolge des verringerten Wasserzementwertes deutlich erhöht. Besonders ausgeprägt ist die Steigerung der Frühfestigkeit.

Die elastischen Verformungen sowie die Verformungen infolge von Kriechen und Schwinden sind deutlich vermindert.

Die Undurchlässigkeit wird infolge Verengung der Kapillaren und der dichteren Lagerung der Zuschlagkörner verbessert. Dies wirkt sich auch günstig auf den Widerstand gegen chemische Angriffe und auf den Frostwiderstand aus. Bei gleichzeitiger Einwirkung von Frost und Taumitteln ist jedoch auch bei vakuumbehandeltem Beton die Einführung von künstlichen Luftporen notwendig. Die Vakuumbehandlung dauert in diesem Fall etwas länger, weil die Luftporen die Kapillaren teilweise verlegen. Nach [4-39] kann eine Vakuumbehandlung das Luftporensystem im Beton beeinträchtigen und damit den Frost- und Taumittelwiderstand verringern.

Der Verschleißwiderstand wird durch eine Vakuumbehandlung sehr verbessert und zwar gerade in dem dem Verschleiß ausgesetzten Oberflächenbereich, wo bei normaler Rüttelverdichtung die Neigung zu einer Anreicherung wasserreicher Schlempe besteht.

4.2.5.5.4 Anwendung

Eine Vakuumbehandlung ist i. allg. nur bei solchen Bauteilen zweckmäßig, die sich aufgrund ihrer einfachen Form mit Filtern leicht belegen lassen und die genügend große abwickelbare Begrenzungsflächen haben, um den Einsatz von Vakuumschalungen, -tafeln oder -matten zu ermöglichen. Sie sollen auch nicht zu dickwandig sein, weil die Entwässerung mit zunehmender Tiefe stark verlangsamt wird, es sei denn, man beabsichtigt, lediglich einen oberflächennahen Bereich zu vergüten. Für eine Anwendung geeignet sind z. B. Platten, Stützen, Pfeiler, Schalen, Rohre, Wände, Kanäle, Tunnelauskleidungen, Fahr- und Rollbahnen.

Die Wirkung der Vakuumbehandlung schreitet etwa mit einer Geschwindigkeit von 0,5 bis 1,5 cm/Minute ins Innere des Frischbetons fort und nimmt mit der Entfernung zum Filter ab. Bei einseitiger Behandlung beträgt die Tiefenwirkung meist etwa 25 bis 35 cm.

4.2 Verarbeitung

Bei massigen Bauteilen dient eine Vakuumbehandlung deshalb meist nur zur Oberflächenvergütung, z. B. zur Erhöhung des Verschleißwiderstandes, des Frostwiderstandes, zur Verringerung der Schwindrißgefahr bei nachträglich anbetonierten Schichten und gelegentlich auch zur Schalungsersparnis; durch die Vakuumbehandlung werden nämlich die äußeren Betonschichten binnen kurzer Zeit selbsttragend und können sogar für den im Inneren befindlichen Beton die Abstützfunktion der Schalung übernehmen.

Im allgemeinen werden die Vakuumschalungen nach 10 bis 30 Minuten wieder frei, bei Massenbeton nach etwa einer Stunde.

4.2.6 Arbeitsfugen

4.2.6.1 Allgemeines

Beim Betonieren können aus verschiedenen Ursachen Arbeitsunterbrechungen erforderlich sein. In der Regel handelt es sich um planmäßige Unterbrechungen, die durch den Arbeitsablauf und/oder die Leistung der Geräte bedingt sind. Dazu zählt auch ein abschnittsweises Betonieren, z. B. zur Verminderung der Rißgefahr infolge behinderter Schwind- oder Abkühlverkürzungen. Hinzu kommen nicht vorhersehbare Unterbrechungen durch Wetter, Maschinenschäden oder Lieferverzögerungen von Baustoffen. Den Anschluß zwischen dem vor und nach der Arbeitsunterbrechung eingebauten Beton bezeichnet man als Arbeitsfuge.

Wenn die Arbeitsfugen bei der Bemessung nicht besonders berücksichtigt werden, müssen in der Fuge Druck-, Schub- und u. U. auch begrenzte Zugspannungen einwandfrei übertragbar sein. Der Bauwerksbeton beiderseits der Fuge soll die gleiche Festigkeit aufweisen wie der übrige Bauwerksbeton. Soweit für den Beton Wasserundurchlässigkeit gefordert wird, darf diese durch die Arbeitsfuge nicht beeinträchtigt werden. Bei Sichtbeton wird besonderer Wert auf ein einwandfreies Aussehen gelegt.

4.2.6.2 Anordnung

Die Anzahl der Arbeitsfugen ist auf das unbedingt notwendige Maß zu beschränken. Die Fugen sollen so angeordnet werden, daß die Resultierende der zu übertragenden Kräfte etwa rechtwinklig zur Fuge, aber auf jeden Fall innerhalb eines Reibungswinkels von etwa 20° verläuft. Ist dies nicht möglich, so ist eine stufenförmige Verzahnung vorzusehen [4-40].

Bei Fundamenten oder Bauteilen im Wasser sind Arbeitsfugen in der Wasserwechselzone zu vermeiden, weil der Beton dort besonderen physikalischen und chemischen Beanspruchungen ausgesetzt ist.

Arbeitsfugen, die nicht waagerecht verlaufen, müssen in der Regel abgeschalt werden. Sie sind so anzuordnen, daß beim Einschalen keine Schwierigkeiten, z. B. durch engliegende Bewehrung, auftreten. Um aufwendige Schalungsarbeit zu vermeiden, kann man zum Abstellen auch Streckmetallplatten oder feinmaschiges Drahtgewebe verwenden, die im Beton verbleiben. Abgeschalte Arbeitsfugen sollen möglichst rechtwinklig zur Außenschalung liegen, weil eine spitzwinklige Kante leicht abbricht.

Bei Sichtbeton dürfen die Arbeitsfugen das Aussehen nicht beeinträchtigen. Es wird empfohlen, sie durch besondere Schalungsmaßnahmen zu betonen, z. B. durch Verwendung von Leisten. Sie sollen grundsätzlich geradlinig und waagerecht oder lotrecht verlaufen.

4.2.6.3 Ausführung

Behandlung des Altbetons

Um einen guten Verbund mit dem Neubeton zu erzielen, sollen die Zuschlagkörner des Altbetons ähnlich wie bei Waschbeton zum Teil freigelegt werden. Das ist am einfachsten durch einen scharfen Wasserstrahl zu erzielen, solange der Beton noch nicht erhärtet ist. Bereits erhärteter Beton ist mit Stahldrahtbürsten, Sandstrahlgebläse oder leichten Druckluftwerkzeugen zu bearbeiten. Dabei ist jedoch darauf zu achten, daß keine Lockerung des Betongefüges eintritt. Vor dem Weiterbetonieren sind die aufgerauhte Altbetonoberfläche und die Schalung von allen losen Teilen und vom Staub sorgfältig mit Druckluft oder Wasserstrahl zu säubern.

Wenn der ältere Beton erhärtet und ausgetrocknet ist, sollte er in kritischen Fällen vor dem Anbetonieren mehrere Tage lang gründlich genäßt werden. Hierdurch können die Spannungen infolge ungleichmäßigen Schwindens vermindert werden. Ferner wird vermieden, daß der ältere Beton dem neuen Beton zu viel Wasser entzieht. Beim Einbringen des Neubetons darf jedoch kein überschüssiges Wasser auf der Fugenfläche vorhanden sein. Diese soll höchstens mattfeucht aussehen. Es ist günstig, wenn sie leicht saugend ist, so daß etwas Zementleim aus dem neuen Beton eindringen und sich in den Poren verankern kann.

Bleibt eine vorher eingeplante Arbeitsfuge nur wenige Stunden ohne Anschlußbeton, z. B. über Nacht, so ist es zweckmäßig, den letzten Mischungen des Erstbetons einen Verzögerer (VZ) zuzusetzen. Hierdurch kann der ältere Beton eine begrenzte Zeit so weich gehalten werden, daß er beim Anbetonieren noch rüttelfähig ist und sich nahezu monolithisch mit dem Anschlußbeton verbindet. Um die erforderliche Verzögerermenge festzulegen, sind rechtzeitig Eignungsprüfungen durchzuführen.

Einbringen des Anschlußbetons

Wenn der Beton in Stützen oder Wänden aus größerer Höhe eingebracht wird, sollte bei den ersten Mischungen das Grobkorn weggelassen werden, um sicher zu sein, daß keine Kiesnester entstehen, weil sich der Beton beim Einbringen entmischt. Falls dies, wie z. B. bei Verwendung von Transportbeton, nicht möglich ist, sollte der Beton durch Fallrohre, die dicht an die Fugenfläche heranreichen, zusammengehalten werden.

Verschiedentlich wird empfohlen, auf die alte Fläche unmittelbar vor dem Anbetonieren zähen Zementleim oder fetten Mörtel mit niedrigem Wasserzementwert ($\leq 0{,}45$) aufzuspritzen oder einzubürsten [4-35]. Diese Maßnahme ist aber oft arbeitstechnisch schwer durchzuführen, z. B. weil die Schalung beim Aufbringen hinderlich ist. Wenn der Mörtel oder Zementleim vor dem Einbringen des Anschlußbetons abtrocknet, kann der Verbund sogar schlechter sein als bei unmittelbarem Anbetonieren [4-41].

Zur Erzielung einer guten Haftung in der Arbeitsfuge hat sich auch ein Voranstrich mit Kunstharz bewährt; er ist aber nicht unbedingt notwendig und kann bei unsachgemäßer Ausführung oder bei Verwendung eines ungeeigneten Harzes den Verbund sogar beeinträchtigen. Das Harz muß u. a. beständig sein gegenüber den basischen Einwirkungen aus dem Zementstein, auch bei höheren und niederen Temperaturen. Als geeignet erwiesen haben sich bestimmte Epoxidharze.

Der Anschlußbeton ist insbesondere entlang der Fugenfläche sorgfältig zu verdichten. Beim Anbetonieren auf waagerechten Flächen soll die neue Lage durch schräges Einführen des Innenrüttlers verdichtet werden. An lotrechten Flächen sollte der neue Beton, wenn irgend möglich, zu einem späteren Zeitpunkt noch einmal nachgerüttelt werden, damit ein Ablösen durch Schrumpfen und Absetzen verhindert wird [4-35].

4.3 Nachbehandlung

Wasserundurchlässige Arbeitsfugen

Bei Arbeitsfugen in Behältersohlen und -wänden werden in der Regel Fugenbänder aus Kunststoff oder Gummi eingelegt. Bild 4.2-7 zeigt eine solche Fuge mit Fugenband und zusätzlicher Fugendichtung bei einem Bauteil, das zum Schutz gegen sehr starken chemischen Angriff mit einem Schutzüberzug versehen wurde.

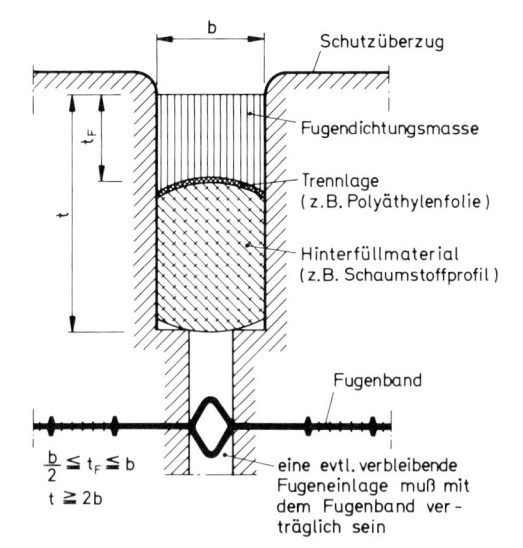

Bild 4.2-7 Fuge mit Fugenband [4-42]

$\frac{b}{2} \leq t_F \leq b$

$t \geq 2b$

4.3 Nachbehandlung

4.3.1 Allgemeines

Damit der Beton die angestrebten und nach seiner Zusammensetzung möglichen Eigenschaften erreicht, ist eine entsprechende Hydratation des Zements erforderlich, die durch die Feuchte und die Temperatur während der Erhärtung bestimmt wird. Im Hinblick auf die Endeigenschaften sind eine hohe Feuchte, aber begrenzte Temperaturen zu Beginn der Erhärtung günstig. Wird eine hohe Frühfestigkeit angestrebt, so darf die Temperatur anfangs nicht zu niedrig sein. Die Frühfestigkeit nimmt unter sonst gleichen Bedingungen mit steigender Erhärtungstemperatur zu.

Um eine ausreichende Hydratation in angemessener Zeit sicherzustellen, sind unmittelbar nach dem Einbau zusätzliche Maßnahmen erforderlich, die man unter dem Begriff Nachbehandlung zusammenfaßt. Sie sollen den Beton gegen Einflüsse schützen, die eine Schädigung und insbesondere eine Beeinträchtigung der Hydratation bewirken können, bis eine ausreichende Erhärtung erreicht ist. Dazu gehören im einzelnen Maßnahmen zum Schutz gegen

– vorzeitiges Austrocknen
– Auswaschen durch Regen oder strömendes Wasser
– rasches Abkühlen in den ersten Tagen
– zu niedrige Temperaturen oder Frost
– Schwingungen und Erschütterungen, die das Betongefüge lockern und den Verbund zwischen Bewehrung und Beton stören können.

4.3.2 Schutz gegen vorzeitiges Austrocknen

4.3.2.1 Bedeutung

Da sich Hydratationsprodukte nur in wassergefüllten Zwischenräumen bilden, ist über einen längeren Zeitraum ein entsprechendes Feuchtigkeitsangebot erforderlich. An sich ist dafür das Anmachwasser ausreichend, da die wegen der Verarbeitbarkeit erforderliche Wasserzugabe in aller Regel größer ist als der für die Hydratation erforderliche Wasseranspruch. Diese Wassermenge wird aber durch Feuchtigkeitsabgabe an den Oberflächen der Bauteile reduziert. Die Abgabe ist abhängig vom Wasserrückhaltevermögen und der Temperatur des Frischbetons, in erster Linie aber von den Umweltbedingungen, d. h. von Temperatur, relativer Feuchte und Windbewegung der Luft, sowie von der Sonneneinstrahlung. Eine weitere Einflußgröße sind die Bauteilabmessungen.

Von dieser Feuchtigkeitsabgabe sind insbesondere die oberflächennahen Bereiche betroffen. Die Betoneigenschaften in diesen Bereichen, wie Verschleißwiderstand, Dichtigkeit und Frostwiderstand, bestimmen aber die Gebrauchsfähigkeit und Dauerhaftigkeit der Bauteile. Es sind also Maßnahmen erforderlich, die auch in diesen Bereichen ein Feuchtigkeitsangebot nach Höhe und Dauer sicherstellen, das zu einer entsprechenden Hydratation führt.

Die maßgebenden Zusammenhänge kommen in Versuchsergebnissen von POWERS, MONFORE, CARRIER und CADY (nach [4-43]) anschaulich zum Ausdruck.

In Bild 4.3-1 ist die Wasseraufnahme von lose geschüttetem Zement innerhalb von 6 Monaten in Abhängigkeit von der Luftfeuchte aufgetragen. Der steile Anstieg der Kurve ab rd. 80 % r. F. zeigt, daß erst oberhalb dieses Feuchtegehaltes eine deutliche, dann aber rasch anwachsende Hydratation einsetzt. POWERS schloß daraus, daß die Feuchte im erhärteten Beton auf dem vergleichsweise hohen Wert von über 80 % r. F. gehalten werden muß, wenn ein ausreichender Hydratationsgrad erreicht werden soll.

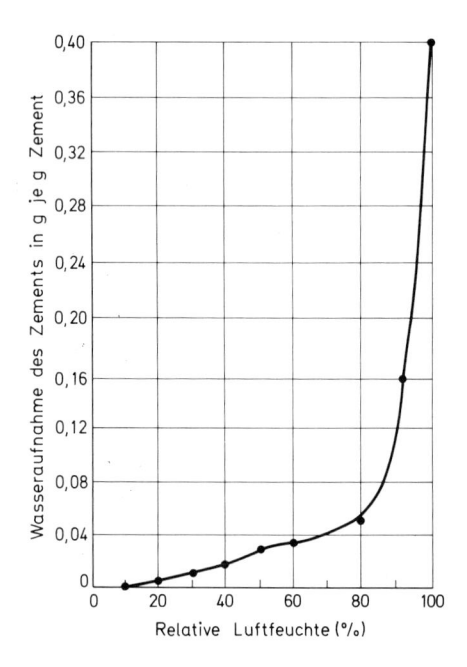

Bild 4.3-1 Wasseraufnahme von losem Zement nach 6 Monaten Lagerung an der Luft mit unterschiedlicher Feuchte [4-43]

4.3 Nachbehandlung　　　　　　　　　　　　　　　　　　　　　　　　　　　　　　177

Ob, innerhalb welcher Zeit und bis in welche Tiefe ab Betonoberfläche dieser Grenzwert unterschritten wird, hängt vom Austrocknungsverhalten des Betons ab. Dafür sind neben der Betonzusammensetzung in erster Linie die Umweltbedingungen maßgebend. Die qualitativen Zusammenhänge verdeutlichen die Bilder 4.3-2 und 4.3-3 anhand von Beispielen.

Bild 4.3-2 zeigt den Abfall der Betonfeuchte über die Zeit im Zentrum von Zylindern mit 20 bzw. 150 mm Durchmesser, die nach 7 Tagen Wasserlagerung an Luft mit 24 °C/50 % r. F. austrocknen konnten. Man erkennt den entscheidenden Einfluß der Probekörperabmessungen, die näherungsweise die Verhältnisse in verschiedenen Tiefen ab Oberfläche beschreiben. Danach wurde in 10 mm Tiefe die kritische Betonfeuchte von 80 % bereits nach rund 5 Tagen erreicht, in 75 mm Tiefe erst nach rund 150 Tagen.

Bild 4.3-3 zeigt als Beispiel die Feuchteverteilung über die Tiefe ab Oberfläche mit und ohne Nachbehandlung nach 7 Tagen Luftlagerung. Selbst bei guter Nachbehandlung blieb die Betonfeuchte bis in rund 6 mm Tiefe unter dem erforderlichen Wert von 80 %. Diese Schicht zeigte eine deutlich reduzierte Festigkeit. Der Bruch verlief längs der Zuschlagoberflächen. Der Zementstein war weitgehend unhydratisiert. Bei fehlender Nachbehandlung erreichte die kritische Zone eine Tiefe von rund 20 mm. Nach 28 Tagen war hier die Hydratation bis in eine Tiefe von 80 mm zum Stillstand gekommen.

Die beschriebenen Beobachtungen sind grundsätzlicher Natur. Sie zeigen, daß ungeachtet der von Fall zu Fall unterschiedlichen Verhältnisse die für die Dauerhaftigkeit entscheidenden Betoneigenschaften in den oberflächennahen Bereichen nur durch einen intensiven Schutz des Betons gegen vorzeitiges Austrocknen erreicht werden können.

4.3.2.2 Auswirkung

Die Auswirkung einer unterschiedlichen Nachbehandlung wurde wiederholt untersucht. Von besonderem Interesse sind Untersuchungen, die hinsichtlich Betonzusammensetzung und Ausführung den heutigen Verhältnissen Rechnung tragen [4-44, 4-45].

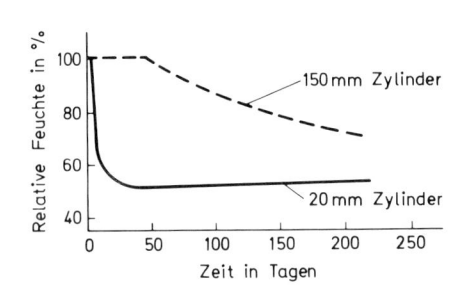

Bild 4.3-2　Abnahme der relativen Betonfeuchte bei Lagerung an Luft (24 °C/50 % rel. F.) nach 7 Tagen Feuchtlagerung [4-43]

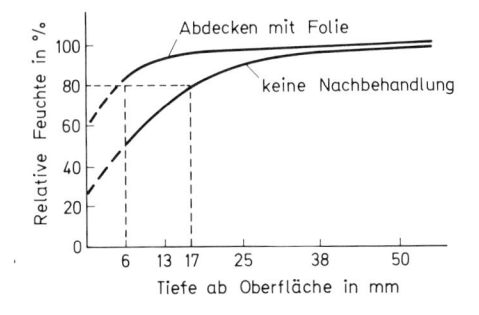

Bild 4.3-3　Relative Betonfeuchte über die Tiefe ab Oberfläche nach 7 Tagen Luftlagerung [4-43]

KERN hat in [4-44] die Nachbehandlung von Beton eingehend behandelt. Er hat dazu u. a. Versuche über deren Auswirkung bei

(1) Lagerung unter Wasser während 14 Tagen
(2) Lagerung unter feuchter Jute und Folie während 14 Tagen
(3) Belassen in der Schalung für 24 Std.

mit jeweils anschließender Luftlagerung sowie bei

(4) sofortiger Lagerung an Luft (20 °C/65 % r. F.)

auf die Wasserabgabe und die Druckfestigkeit von Zementmörtel ($w/z = 0{,}42$) durchgeführt.

Die Wasserabgabe wurde in Platten $D/d = 19/4$ cm ermittelt. Bei den Lagerungsarten (1) und (2) ergab sich je nach Zementart eine mehr oder weniger ausgeprägte Wasseraufnahme. Die Wasserabgabe bei den Lagerungsarten (3) und (4) ist auf Bild 4.3-4 dargestellt. Danach verringerte ein Belassen in der Schalung für 24 Std. die Abgabe bis zum 14. Tag um rd. 35 % (HOZ 35 L-NW) bis 80 % (PZ 55).

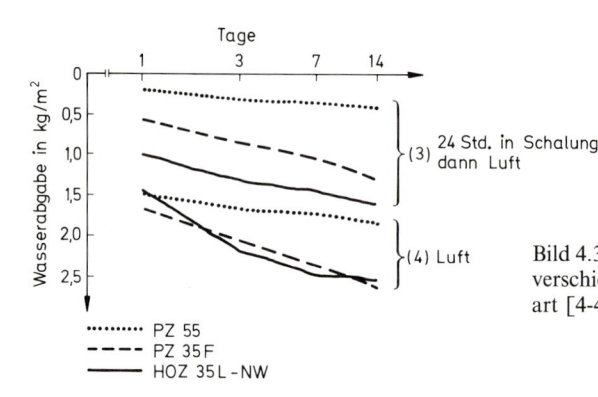

Bild 4.3-4 Wasserabgabe von Mörtel bei verschiedener Nachbehandlung und Zementart [4-44]

Man erkennt gleichzeitig den günstigen Einfluß einer schnellen Erhärtung, wie sie durch Verwendung eines PZ 55 erreicht wurde. Die bei fehlender Nachbehandlung je nach Art und Festigkeitsklasse des Zements erhöhte Wasserabgabe muß sich auf den Hydratationsgrad und damit auf Festigkeit und Dichtigkeit insbesondere der oberflächennahen Bereiche nachteilig auswirken.

Die Druckfestigkeit nach 56 Tagen, ermittelt an entnommenen Würfeln von 40 mm Kantenlänge, war bei Lagerung (1) und (2) in etwa gleich. Darauf bezogen betrug der Festigkeitsabfall in % bei

Lagerung	(3)	(4)
HOZ 35 L-NW	≈ 35	≈ 35
PZ 35 F	≈ 10	≈ 25
PZ 55	≈ 10	≈ 25

HILSDORF und GÜNTER [4-45] haben den Einfluß der Nachbehandlung auf den Frost- und Tausalzwiderstand von Beton mit verschiedenen Zementarten untersucht. Eine längere Nachbehandlung wirkt sich ganz allgemein günstig auf den Frost- und Tausalzwiderstand aus. Die weniger nachbehandlungsempfindlichen Portlandzement-Betone mit einem ausreichenden Luftporengehalt haben schon nach einer Nachbehandlungsdauer von weniger als 7 Tagen einen hohen Frost- und Tausalzwiderstand. Mit steigendem Hüttensandgehalt des Zements nimmt die erforderliche Dauer und Intensität der Nachbehandlung zu. Z. B. sind flüssig aufgesprühte filmbildende Nachbehandlungsmittel bei Betonen mit Portland- oder Eisenportlandzement ausreichend. Sie stellen aber bei Beton mit hüttensandreichem Zement und anschließender trockener Lagerung keinen genügenden Frost- und Tausalzwiderstand sicher.

Die Wirksamkeit einer Nachbehandlung kann durch Permeabilitätsmessungen überprüft werden [4-46]. Dabei wird die Durchlässigkeit von Betonoberflächen gegenüber Luft als strömendem Medium gemessen. Auf die ebene, definiert vorgetrocknete Oberfläche wird eine Saugglocke aufgesetzt, darin ein Unterdruck erzeugt, der zeitliche Verlauf des Druckanstieges nach Abschluß der Evakuierung gemessen und daraus das Permeabilitätsmaß errechnet. Das Meßverfahren arbeitet zerstörungsfrei, ist auf der Baustelle anwendbar und liefert in kurzer Zeit (< 15 Minuten) zuverlässige Ergebnisse. Diese erlauben eine sehr gute Unterscheidung zwischen schlecht und gut nachbehandeltem Beton bzw. eine Bestimmung der notwendigen Nachbehandlungsdauer.

4.3.2.3 Maßnahmen

Für den Schutz des Betons gegen vorzeitiges Austrocknen bestehen zwei Möglichkeiten
- Naßnachbehandlung mit Wasserzufuhr von außen
- Konservierung der Anmachfeuchte

Wie in Abschnitt 2.1.3.2 beschrieben, entstehen bei Hydratation ohne Wasserzufuhr von außen (Konservierung) auch bei Wasserzementwerten unter 0,4 zwangsläufig Kapillarporen, während bei nachträglicher Wasserzufuhr (Naßnachbehandlung) alle Kapillarporen mit Hydratationsprodukten ausgefüllt werden können. Der Zementstein besitzt daher im ersten Fall auch bei vollständiger Hydratation eine um 10 bis 20 % erhöhte Gesamtporosität. Bei höheren Wasserzementwerten besteht theoretisch kein Unterschied in der Gesamtporosität. Praktisch ist jedoch auch hier der Hydratationsgrad bei zusätzlicher Wasserzufuhr höher als bei reiner Konservierung, wo Feuchteverluste in den oberflächennahen Bereichen unvermeidbar sind.

Eine Naßnachbehandlung ist daher stets dann zu empfehlen, wenn an die Festigkeit und Dichtigkeit des Betons insbesondere in den oberflächennahen Bereichen hohe Anforderungen gestellt werden. Als Verfahren kommen dafür eine Lagerung unter Wasser oder das Aufbringen wasserhaltender Abdeckungen in Frage.

Verfahren für eine konservierende Nachbehandlung sind das Belassen in der Schalung, das Abdecken mit Folien, das Aufbringen von flüssigen Nachbehandlungsmitteln oder das Besprühen mit Wasser.

Art und Dauer der Maßnahmen werden in 4.3.2.4 im einzelnen behandelt. Bei sachgerechter Ausführung kann man davon ausgehen, daß im allgemeinen auch in den oberflächennahen Bereichen die Betoneigenschaften erreicht werden, die für die Gebrauchsfähigkeit und Dauerhaftigkeit eines Bauwerks erforderlich sind. Dessen ungeachtet gilt:

- Die erforderlichen Maßnahmen und Fristen sind von einer Vielzahl, z. T. bauwerksbezogener Einflüsse abhängig, die pauschal nicht ausreichend erfaßt werden können.
- Das bedeutet, daß Art und Dauer der Nachbehandlung vom Ingenieur in jedem Einzelfall den jeweiligen Verhältnissen entsprechend festzulegen sind.
- In Sonderfällen, wie z. B. bei sehr feingliedrigen Bauteilen oder wenn an die Oberfläche besondere Anforderungen gestellt werden, können weitergehende Maßnahmen erforderlich sein.

- Die Auswirkung der Maßnahmen hängt entscheidend vom frühzeitigen Beginn und der Sorgfalt der Ausführung ab. Es ist daher notwendig, die jeweiligen Maßnahmen bereits vor Baubeginn festzulegen und die dafür erforderliche Ausrüstung vor Betonierbeginn bereitzustellen.
- Die Nutzungsbedingungen des Bauwerks sollten im Leistungsverzeichnis beschrieben und darauf abgestimmte Nachbehandlungsmaßnahmen als besondere Position ausgewiesen werden.

4.3.2.4 Verfahren

Am wirksamsten ist eine Lagerung unter Wasser, was jedoch nur in Sonderfällen möglich sein dürfte. Als gebräuchlich werden in der Reihenfolge ihrer Wirksamkeit unter Berücksichtigung der Praktikabilität die folgenden Verfahren empfohlen:

Belassen in der Schalung

Das Belassen in der Schalung ist ein guter, frühzeitig wirksamer und in der Regel auch ausreichender Schutz gegen das Austrocknen des Betons. Saugende Schalungen sind feucht zu halten. Stahlschalungen erwärmen sich unter Sonneneinstrahlung stark. Dies kann einen lokalen Wasserentzug an der eingeschalten Betonfläche bewirken, der zu einem späteren Absanden führt. Stahlschalungen sind deshalb ggf. gegen Sonneneinstrahlung zu schützen.

Abdecken mit Folien

Wenn der Bauablauf ein ausreichend langes Belassen in der Schalung nicht erlaubt, so stellt das Abdecken oder Abhängen mit Folien eine einfache, praxisgerechte und in den meisten Fällen ausreichende Methode dar. Die Folien müssen die freien Betonoberflächen so umschließen, daß keine Feuchteabgabe an die Umgebung möglich ist. Die Folien sollen möglichst früh aufgelegt werden, sobald sich auf der Betonoberfläche kein freies Wasser mehr befindet. Vorsicht ist bei Sichtbeton geboten, weil es besonders bei stark wechselnden Temperaturen durch Kondenswasserbildung und Wanderung löslicher Substanzen zu einer Fleckenbildung kommen kann. Saugfähige Gewebebahnen mit Kunststoffbeschichtung sind in diesem Fall besser geeignet, weil sie die überschüssige Feuchte aufnehmen und verteilen können[4-47].

Aufbringen von wasserhaltenden Abdeckungen

Wasserhaltende Abdeckungen aus Jute oder Segeltuch bewirken u. U. eine begrenzte Wasseraufnahme des Betons, verhindern aber auf jeden Fall eine Wasserabgabe. Sie sind ständig feucht zu halten oder durch eine Folie vor Feuchteabgabe zu schützen. Die zusätzliche Verwendung einer Folie verhindert eine Verdunstung und die damit verbundene Abkühlung. Diese kombinierte Methode ist in der Wirkung einer Wasserlagerung in etwa gleichwertig und bei hohen Anforderungen an die Oberflächengüte des Betons angebracht. Allerdings können dabei, wie bei unmittelbarer Auflage einer Folie allein, Ausblühungen auftreten.

Aufbringen von flüssigen Nachbehandlungsmitteln

Flüssig aufgebrachte Nachbehandlungsmittel können eine vorzeitige Austrocknung verhindern oder diese verzögern. Sie ermöglichen eine frühzeitige Nachbehandlung ohne

Beeinträchtigung des weiteren Bauablaufes. Die derzeit verfügbaren Mittel unterscheiden sich in der Zusamensetzung und der Verwendungsmöglichkeit, z. B. auf bereits abgetrockneten oder noch feuchten Oberflächen. In der Wirksamkeit bestehen deutliche Unterschiede [4-45]. Eignungsprüfungen sind daher unerläßlich. Bei scharfen Austrocknungsbedingungen ist ihre Wirkung meist nicht ausreichend, so daß zusätzliche Maßnahmen erforderlich werden. Weiterhin ist zu beachten, daß die Haftfestigkeit später aufzubringender Beschichtungen oder Bekleidungen beeinträchtigt werden kann. Für solche Fälle sind Beschichtungssysteme verfügbar, bei denen die Grundierung gezielt zur Nachbehandlung eingesetzt werden kann.

Besprühen mit Wasser

Das Besprühen mit Wasser ist nur begrenzt wirksam, den vorgenannten Verfahren nicht gleichwertig und wegen möglicher schädlicher Nebenwirkungen nur mit Vorbehalt zu empfehlen. Da die Temperatur frisch ausgeschalter Betonflächen praktisch immer höher ist als die Wassertemperatur, entsteht ein Abschreckeffekt, der zu Schalenrissen in den oberflächennahen Bereichen führen kann. Diese Maßnahme sollte, wenn überhaupt, nur dann angewendet werden, wenn kontinuierlich und flächendeckend besprüht werden kann und sichergestellt ist, daß keine großen Temperaturunterschiede zwischen Betonoberfläche und Wasser auftreten.

4.3.2.5 Dauer

Die Dauer der Nachbehandlung ist so zu wählen, daß, wie mehrfach erwähnt, auch in den oberflächennahen Bereichen eine ausreichende Erhärtung (Hydratation) des Betons erreicht wird. Als Anhalt für eine ausreichende Erhärtung kann unter den bei uns gegebenen Verhältnissen eine Druckfestigkeit zwischen 30 und 50 % der 28-Tage-Festigkeit angesehen werden. Die dafür erforderliche Nachbehandlungsdauer hängt vom zeitlichen Erhärtungsverlauf ab, der durch

– die Festigkeitsentwicklung des Betons an sich und
– die Lagerungsbedingungen

bestimmt wird.

Damit ergeben sich als entscheidende Einflußgrößen für die Dauer

– die Betonzusammensetzung (Art und Festigkeitsklasse des Zements, Wasserzementwert, Zementgehalt sowie ggf. Zusatzmittel und Zusatzstoffe)
– die Umgebungsbedingungen (Sonneneinstrahlung, Windeinwirkung, relative Luftfeuchte)
– die Betontemperatur.

Darüber hinaus sind die Beanspruchungen des Betons während der späteren Nutzung zu berücksichtigen. So ist z. B. zwischen Außen- und Innenbauteilen zu unterscheiden.

Die Richtlinie des Deutschen Ausschusses für Stahlbeton zur Nachbehandlung von Beton [4-48][1]), sieht drei Klassen der Festigkeitsentwicklung, nämlich schnell, mittel und langsam vor. Die Klassen werden durch die Zementfestigkeitsklasse und den Wasserzement-

---

[1]) Die Richtlinie behandelt die im Regelfall auf Baustellen und bei Werkfertigung erforderlichen Maßnahmen. In Sonderfällen, wie z. B. bei sehr feingliedrigen Bauteilen oder bei Bauteilen, an deren Oberfläche besondere Anforderungen gestellt werden, wie z. B. hoher Widerstand gegen Frost- und Tausalzbeanspruchung, gegen chemischen Angriff usw., sind weitergehende Maßnahmen erforderlich.

wert entsprechend den bei uns üblicherweise angewendeten Betonzusammensetzungen beschrieben. Damit soll die gegenläufige Auswirkung einer steigenden Zementfestigkeitsklasse und eines zunehmenden Wasserzementwertes auf die Zeit, die für einen bestimmten Hydratationsgrad erforderlich ist, erfaßt werden. Im einzelnen gilt:

Festigkeitsentwicklung	Zementfestigkeitsklasse	Wasserzementwert
schnell	Z 55, Z 45 F	< 0,50
mittel	Z 55, Z 45, Z 35 F oder	0,50 bis 0,60
	Z 35 L	< 0,50
langsam	Z 35 L oder Z 35 L – NW/HS, Z 25	0,50 bis 0,60 < 0,50

Für die Umgebungsbedingungen sind ebenfalls drei Klassen vorgesehen. Sie berücksichtigen die akkumulierende Wirkung von Sonneneinstrahlung, Windeinwirkung und relativer Luftfeuchte auf die Austrocknung. Diese, und damit die erforderliche Nachbehandlungsdauer, nehmen von Klasse I bis III zu. Für die Einordnung ist der jeweils ungünstigste Einzeleinfluß maßgebend. Im einzelnen gilt:

I   Vor unmittelbarer Sonneneinstrahlung und Windeinwirkung geschützt, relative Luftfeuchte durchgehend nicht unter 80%.

II Mittlere Sonneneinstrahlung und/oder Windeinwirkung und/oder relative Luftfeuchte nicht unter 50% abfallend.

III Starke Sonneneinstrahlung und/oder starke Windeinwirkung und/oder relative Luftfeuchte unter 50%.

Die Richtlinie enthält in Abhängigkeit von den vorgenannten Kriterien Anhaltspunkte für die im Regelfall mindestens erforderliche Nachbehandlungsdauer von Außenbauteilen bei durchschnittlichen Temperaturen der Betonoberfläche über +10 °C. Sie variieren zwischen einem und fünf Tagen. Die angegebenen Zeiträume wurden aufgrund von Versuchsergebnissen und von Beobachtungen an ausgeführten Bauwerken festgelegt.

Anstelle der Betontemperatur kann man auch von der mittleren Lufttemperatur ausgehen. Man liegt damit auf der sicheren Seite, da der günstige Einfluß der Hydratationswärme auf die Festigkeitsentwicklung vernachlässigt wird. Bei Temperaturen unter +10 °C sind die angegebenen Zeiträume zu verdoppeln.

Für Innenbauteile reicht im allgemeinen eine Nachbehandlungsdauer von einem Tag, bei Betontemperaturen unter +10 °C von zwei Tagen aus.

Wird bei Fahrbahndecken eine Naßnachbehandlung durchgeführt, so ist der Beton auf die Dauer von mindestens 3 Tagen auf der gesamten Oberfläche ständig naß zu halten. [4-49].

Der Beton muß grundsätzlich über längere Zeit geschützt werden, wenn er bei niedrigen Temperaturen erhärtet oder wenn sehr langsam erhärtender Zement verwendet wird oder wenn man die langsam verlaufende Erhärtung von puzzolanischen oder latent hydraulischen Betonzusatzstoffen (z. B. Flugasche, Traß, Hüttensand) nutzen will. Dabei kann man als grobe Faustregel unterstellen, daß sich bei einem Vergleich von Portlandzement : Hüttensand : Flugasche die für gleichen Hydratationsgrad erforderlichen Lagerungszeiten unter Wasser von 20 °C bei gleicher Mahlfeinheit der Zementbestandteile etwa wie 1 : 3 : 7 verhalten. Das bedeutet, daß unter diesen Bedingungen für einen Hydratationsgrad, wie er von Portlandzement nach 1 Woche Feuchtlagerung erreicht wird, bei Hüttensand 3 Wochen und bei Flugasche sogar 7 Wochen Feuchtlagerung erforderlich sind [4-50].

4.3.3 Schutz gegen niedrige Temperaturen
4.3.3.1 Allgemeines

Bei niedriger Temperatur erhärtet der Beton langsamer. Er erreicht jedoch eine höhere Endfestigkeit als bei normaler Temperatur. Dies wird auf die Bildung von Calciumsilikathydraten mit längerer Faserstruktur zurückgeführt.

Die Hydratation kommt bei etwa $-10\,°C$ völlig zum Stillstand, setzt aber bei einem Temperaturanstieg wieder ein. Dessenungeachtet kommt es zu bleibenden Gefügeschäden, wenn die Temperatur im Beton unter 0 °C absinkt, bevor der Beton eine Mindestfestigkeit erreicht hat.

Um eine genügend rasche Erhärtung zu gewährleisten und eine Schädigung durch Frost zu vermeiden, ist der Beton mit ausreichend hoher Temperatur einzubringen und gegen eine vorzeitige Wärmeabgabe bis zum Erreichen der Gefrierbeständigkeit (s. Abschn. 4.3.3.3) zu schützen.

Des weiteren ist der Beton nach dem Einbau auch bei Lufttemperaturen über 0 °C gegen eine schnelle Abkühlung zu schützen.

4.3.3.2 Frischbetontemperatur

Die maximal zulässige Frischbetontemperatur beträgt im allgemeinen + 30 °C. Bei Lufttemperaturen zwischen + 5 und − 3 °C darf die Frischbetontemperatur + 5 °C nicht unterschreiten. Sie muß mindestens 10 °C betragen, wenn der Zementgehalt niedriger ist als 240 kg/m^3 oder wenn Zement mit niedriger Hydratationswärme (NW-Zement) verwendet wird.

Bei Lufttemperaturen unter − 3 °C muß sie ≥ + 10 °C betragen. Der Beton soll anschließend wenigstens 3 Tage auf mindestens + 10 °C gehalten werden. Ist dies nicht möglich, ist er so lange zu schützen, bis er eine ausreichende Festigkeit erreicht hat, um gefrierbeständig zu sein (s. Abschn. 4.3.3.3).

Bei Anwendung des Betonmischens mit Dampfzuführung (s. Abschn. 4.1.3.6) sind höhere Frischbetontemperaturen als + 30 °C zulässig. Der warm eingebrachte Frischbeton muß dann aber besonders sorgfältig vor zu schneller Abkühlung und gegen Feuchteverluste geschützt werden. Die Wärmeverluste lassen sich durch wärmedämmende Abdeckungen und durch späteres Ausschalen vermindern. Bei Bedarf muß zusätzliche Wärme von außen zugeführt werden. Als Schutz gegen Feuchteverluste ist bei kühlem Wetter Abdecken des Betons mit Folien einer Naßnachbehandlung vorzuziehen, da wassergesättigter Beton empfindlicher gegen Frosteinwirkung ist.

4.3.3.3 Gefrierbeständigkeit

Unter der Gefrierbeständigkeit des Betons versteht man seine Fähigkeit, im eingebauten und verdichteten Zustand ein einmaliges Gefrieren ohne Schädigung zu ertragen. Gut zusammengesetzter Beton (Wasserzementwert nicht über 0,60, Zementgehalt mindestens 270 kg/m^3) ist i. allg. gefrierbeständig, wenn seine Druckfestigkeit wenigstens etwa 5 N/mm^2 erreicht hat [4-2, 4-51]. Voraussetzung für die Gefrierbeständigkeit bei einer so niedrigen Festigkeit ist allerdings, daß der Beton von starker Durchfeuchtung geschützt wird. Es entstehen dann im Zementstein durch den Einbau eines Teils des Anmachwassers in die Hydratationsprodukte (chemisches Schrumpfen, s. Abschn. 2.1.3.2) feinverteilte Luftporen, in die sich das gefrierende Anmachwasser ausdehnen kann.

Wird ein entsprechender Festigkeitsnachweis nicht geführt, so muß nach DIN 1045, Abschnitt 11.1, bei Lufttemperaturen unter −3 °C die Betontemperatur beim Einbringen mindestens +10 °C betragen und anschließend mindestens 3 Tage auf wenigstens +10 °C gehalten werden.

Um die Gefrierbeständigkeit möglichst schnell zu erhalten, ist es vorteilhaft, Zemente mit hoher Hydratationswärme und schneller Festigkeitsentwicklung zu verwenden und den Beton mit niedrigem Wasserzementwert herzustellen. In Tabelle 4.2-3 sind die erforderlichen Erhärtungszeiten zur Erreichung der Gefrierbeständigkeit angegeben, wie sie sich in Abhängigkeit vom Wasserzementwert und der Zementfestigkeitsklasse in Anlehnung an die RILEM-Richtlinien für das Betonieren im Winter [4-52] ergeben.

4.3.3.4 Frostschutzmittel

Bei den manchmal als „Frostschutzmittel" bezeichneten Betonzusatzmitteln handelt es sich in der Regel um Erstarrungsbeschleuniger (BE). Diese schützen zwar den Beton nicht vor dem Gefrieren, da sie den Gefrierpunkt des Zementleims nicht nennenswert erniedrigen; jedoch wird durch die beschleunigte Hydratation die Gefrierbeständigkeit früher erreicht. Günstig wirkt sich dabei auch die schneller freigesetzte Hydratationswärme aus.

Tabelle 4.2-3 Erforderliche Erhärtungsdauer in Tagen zum Erreichen der Gefrierbeständigkeit [4-52]

Zementfestigkeitsklasse	Wasser-zement-wert	Erforderliche Erhärtungszeit in Tagen bei einer Betontemperatur von		
		5 °C	12 °C	20 °C
Z 55, Z 45 F	0,4	½	¼	¼
	0,6	¾	½	½
	0,8	1	¾	¾
Z 45 L, Z 35 F	0,4	1	¾	½
	0,6	2	1½	1
	0,8	4	3	2
Z 35 L	0,4	2	1½	1
	0,6	5	3½	2
	0,8	7	5	3
Z 25	0,4	4	2½	1½
	0,6	9	5	3
	0,8	15	9	5

Der gleiche Effekt kann durch Verwendung rasch erhärtender Zemente in hoher Dosierung in Verbindung mit einem niedrigen Wasserzementwert erreicht werden.

Der wirksamste Erstarrungsbeschleuniger ist nach wie vor Calciumchlorid. Da Chloride den Korrosionsschutz der Bewehrung beeinträchtigen, ist in der Bundesrepublik die Verwendung für bewehrten Beton und für Beton, der mit bewehrtem Beton in Berührung steht, verboten. In anderen Ländern (z. B. USA, Großbritannien, Belgien) ist die Verwendung unter bestimmten Einschränkungen (z. B. nicht in Verbindung mit HS-Zementen) auch für Stahlbeton gestattet.

4.3.3.5 Schutz gegen schnelle Abkühlung

Wenn ein durch hohe Tagestemperaturen und die Hydratationswärme des Zementes stark aufgeheizter Beton während der Anfangserhärtung – insbesondere in der ersten Nacht und am folgenden Morgen – durch Wärmeabstrahlung, kühle Luft und Verdunstungskälte an der Oberfläche stark abgekühlt wird, so entstehen als Folge des Temperaturgefälles über den Querschnitt Eigenspannungen. Sie können zu Rissen führen, die fälschlicherweise oft als „Schrumpfrisse" bezeichnet werden. Diese Gefahr besteht vorzugsweise bei flächenartigen Bauteilen. Sie ist zu vermeiden, wenn der junge Beton gegen rasches Abkühlen durch wärmedämmende Abdeckungen geschützt wird.

4.3.4 Schwingungen und Erschütterungen

Wirken auf ein Bauteil bei der Herstellung Schwingungen und Erschütterungen ein, so kommt es zu Beanspruchungen des Betons und des Verbundes mit der Bewehrung während der Erstarrungs- und Erhärtungsphase. Entscheidend ist dabei das Verformungsverhalten des Betons.

Für die Beurteilung von Erschütterungen ist vor allem bei niedrigen Frequenzen die Schwinggeschwindigkeit maßgebend. Während DIN 4150 Teil 3 Richtwerte für Geschwindigkeiten in Abhängigkeit von der Frequenz enthält, die von Stahlbetonbauwerken noch ohne Schädigung ertragen werden, fehlen entsprechende Angaben für noch nicht erhärteten Beton.

4.3.4.1 Beton

Solange der in die Schalung eingebrachte und verdichtete Beton noch nachgiebig genug ist, um Bewegungen, die durch äußere Einwirkungen hervorgerufen werden, plastisch zu folgen, wirkt sich eine Erschütterung nicht negativ aus. Sie führt vielmehr i. allg. zu einer Nachverdichtung und damit zu einer verminderten Porosität und höheren Festigkeit.

Mit fortschreitendem Erstarren geht die Verformungsfähigkeit des Betons zurück. Ab einem bestimmten Erhärtungsgrad führen Erschütterungen zu Zug- und Scherbeanspruchungen. Werden dabei die Dehnfähigkeit oder die zunächst noch geringe Festigkeit des jungen Betons überschritten, treten Gefügelockerungen und Risse auf. Die kritische Phase ist überwunden, wenn die Festigkeit so weit angewachsen ist, daß der Beton die durch die Erschütterungen bewirkte Beanspruchung schadlos ertragen kann.

Beginn und Ende des kritischen Zeitraums hängen vor allem von dem Erhärtungsverhalten des Zements, vom Wasserzementwert, der Verwendung verzögernder oder beschleunigender Zusatzmittel, der Konsistenz und der Betontemperatur ab.

Die genannten Zusammenhänge sind noch nicht systematisch untersucht. Aus den bisherigen Ergebnissen kann folgendes geschlossen werden [4-53]:

- Bei Betonen üblicher Zusammensetzung wirken sich Erschütterungen mit Schwinggeschwindigkeiten von weniger als rd. 20 mm/s, unabhängig vom Zeitpunkt ihres Auftretens, i. allg. nicht nachteilig auf die Festbetoneigenschaften aus.
- Ein Vergleich mit den Ergebnissen von Erschütterungsmessungen und praktische Erfahrungen [4-54] zeigen, daß bei allen verkehrsbedingten Erschütterungen üblicher Stärke sowie bei den meisten sonstigen in der Praxis auftretenden Erschütterungsfällen (z. B. Sprengungen in der Nachbarschaft, Erschütterungen durch laufende Maschinen, Rütteln des angrenzenden Betons, Rammarbeiten) keine zusätzlichen Maßnahmen zum Schutz des jungen Betons erforderlich sind.
- Sind im Einzelfall, etwa beim Betonieren in der unmittelbaren Umgebung von Rammoder Sprengarbeiten, stärkere Erschütterungen nicht auszuschließen, so sollten zunächst Messungen der Schwinggeschwindigkeit (und Frequenz oder Amplitude) am Betonierort durchgeführt werden. Werden Schwinggeschwindigkeiten über rd. 20 mm/s festgestellt, so sollte die Auswirkung der Erschütterung auf den Beton durch eine Erhärtungsprüfung untersucht werden. Die dafür verwendeten Probekörper müssen die tatsächlichen Gegebenheiten in dem zu betonierenden Bauteil ausreichend genau erfassen.
- Treten bei einer solchen Erhärtungsprüfung Risse, eine Verminderung der Betonfestigkeit oder sonstige Schäden auf, so sollen die Erschütterungen, insbesondere in dem bei der Prüfung als kritisch ermittelten Zeitraum der anfänglichen Erhärtung, möglichst vermieden werden. Ist dies im Einzelfall nicht möglich, so sollte ihre Einwirkung durch erschütterungsdämpfende Maßnahmen, durch die in erster Linie die Schwingungsamplituden verringert werden, wie etwa eine Schwingisolierung des zu betonierenden Bauteils gegenüber seiner Umgebung oder durch zusätzliche Aussteifung der Schalung, auf ein ungefährliches Maß vermindert werden. Außerdem sollte geprüft werden, ob es möglich ist, durch betontechnologische Maßnahmen die zur Aufnahme der Erschütterungsbeanspruchung erforderliche Festigkeit schneller zu erreichen.
- Aufgrund der vorliegenden Erfahrungen ist zu erwarten, daß Beton üblicher Zusammensetzung auch durch Schwinggeschwindigkeiten bis zu rd. 100 mm/s nicht mehr geschädigt wird, wenn er eine Druckfestigkeit von 5 bis 6 N/mm^2 erreicht hat.

Bei bisher unveröffentlichten Versuchen, die am Institut für Massivbau der TH Darmstadt durchgeführt wurden, führte eine Dauerschwingbeanspruchung, bei der der Beton während der Erhärtung häufig Dehnungen von 0,05‰ erfuhr, zu keiner erkennbaren Schädigung und Festigkeitsminderung.

4.3.4.2 *Verbund der Bewehrung*

Bei Ausziehversuchen mit gerippten Betonstabstählen aus Balken, bei denen der Beton während der Erhärtung der im vorstehenden Absatz genannten Schwingbeanspruchung ausgesetzt war, wurde zwar eine anfänglich geringere Verbundwirkung (d. h. ein größerer Schlupf), aber die gleiche Bruch-Verbundspannung wie beim ruhend erhärteten Vergleichsbalken beobachtet.

Werden aus dem Beton herausragende Bewehrungsstäbe (Anschlußbewehrung) rechtwinklig zur Stabachse periodisch bewegt oder erschüttert (z. B. durch Wind), so kann eine sofort nach dem Betonieren einsetzende Stahlbewegung mit kleiner Amplitude den späteren Verbund verbessern, während eine erst bei fortgeschrittener Erstarrung einsetzende Bewegung mit großer Amplitude zu einer deutlichen Schädigung führt. Bei einer zwischen diesen Extremen liegenden Beanspruchung (kleine Amplitude, später Beginn oder große Amplitude, früher Beginn) wird ein mit frühhochfestem Zement (PZ 55) hergestellter Beton eher geschädigt als bei Verwendung von Z 35 F [4-55].

Wenn während des Erhärtens des Betons die Einwirkung von Erschütterungen oder von äußeren Kräften auf die Bewehrung nicht ausgeschlossen werden kann, so sollten unbedingt Maßnahmen zur Verminderung der Bewegungsamplitude der Bewehrung getroffen werden (s. z. B. [4-56]). Darüber hinaus sollte je nach Möglichkeit

- der Arbeitsablauf so eingerichtet werden, daß eventuelle zeitlich vorhersehbare besonders starke Erschütterungen nicht in die kritische Phase der Betonerstarrung fallen (Zeitraum zwischen Erstarrungsende des Zements und Erreichen einer Betonfestigkeit, die Bewegungen der einbetonierten Teile der Bewehrung bei den zu erwartenden Beanspruchungen ausschließt).
- der Betonierfortschritt so gewählt werden, daß dem erstarrenden Beton zur Dämpfung der Stahlbewegungen jederzeit eine mindestens 15 cm hohe Schicht jüngeren Betons aufliegt [4-55].

4.4 Wärmebehandlung

4.4.1 Allgemeines

Die Hydratation und damit die Erhärtung können durch eine Erwärmung des Frischbetons unmittelbar nach dem Verdichten wesentlich beschleunigt werden. Dazu wird die Betontemperatur auf etwa 40 bis maximal 85 °C angehoben.

Mit steigender Maximaltemperatur und Behandlungsdauer nimmt die Frühfestigkeit zu. Man erreicht die bei Normalerhärtung zu erwartende Dreitagefestigkeit bereits nach etwa 10 bis 15 Stunden. Gleichzeitig verringern sich die 28-Tage- und die Endfestigkeit gegenüber den Werten bei Normalerhärtung. Dabei wird die Zugfestigkeit stärker beeinträchtigt als die Druckfestigkeit.

Der E-Modul ist meist etwa gleich groß oder nur geringfügig kleiner als bei Normalerhärtung; eine etwaige Abminderung ist ausgeprägter als die der Enddruckfestigkeit. Die Schwind- und Kriechverformungen von wärmebehandeltem Beton sind kleiner als die von normalerhärtetem Beton gleicher Zusammensetzung. Die Abminderung kann je nach Intensität der Wärmebehandlung und nach der Betonzusammensetzung bis zu 30 % betragen.

Eine intensive Wärmebehandlung kann die Dauerhaftigkeit von Bauteilen, die der Witterung ausgesetzt sind und dabei häufig durchfeuchtet werden, nachteilig beeinflussen. Die Intensität der Wärmebehandlung ist deshalb auf die für die Betonbauteile zu erwartenden Umweltbedingungen abzustellen. Dies geschieht in [4-57] durch Zuordnung der Bauteile zu den Feuchtigkeitsklassen „trocken" (WD) oder „feucht" (WF) und eine Abstufung der Behandlungsprogramme in Abhängigkeit von der Feuchtigkeitsklasse. Ein entsprechend [4-57] sachgerecht wärmebehandelter Beton ist allgemein ausreichend dauerhaft. Dafür wesentliche Eigenschaften, wie der Frost- und der Frost- und Taumittelwiderstand, die Dichtigkeit und das Carbonatisierungsverhalten können denen von normalerhärtetem Beton gleichgesetzt werden.

Eine Wärmebehandlung kommt vor allem für Fertigteile in Frage, um die Ausschalfristen zu verkürzen und eine frühzeitige Transportfähigkeit zu erreichen. Bei Ortbetonbauteilen ist sie auf Ausnahmefälle beschränkt und wird dort im allgemeinen nur in Verbindung mit Winterbaumaßnahmen angewendet.

4.4.2 Einfluß der Temperatur, Reife

Der Einfluß einer Wärmebehandlung und, ganz allgemein, der Einfluß unterschiedlicher Temperaturen auf die Erhärtung des Betons läßt sich quantitativ anhand der Reife abschätzen. Die Reife ist ein Maß für den Erhärtungszustand zu einem bestimmten Zeitpunkt. Sie ist eine Funktion der Erhärtungsdauer und der zugehörigen Temperatur. Sie ist so definiert, daß bei einem gegebenen Beton bei einer bestimmten Reife unabhängig vom Alter und vom zeitlichen Verlauf der Betontemperatur die gleiche Betondruckfestigkeit erreicht wird.

Der Zusammenhang zwischen Reife und Betondruckfestigkeit gilt jeweils nur für einen bestimmten Beton. Er wird u. a. beeinflußt durch die Zementart, den Zementgehalt und den Wasserzementwert und muß im Einzelfall durch Beobachten der Festigkeitsentwicklung bei konstanter oder veränderlicher Temperatur versuchsmäßig ermittelt werden.

Am bekanntesten ist die Reifeformel nach SAUL

$$R = \Sigma (T_i + 10) \cdot \Delta t$$

in der T_i die mittlere Betontemperatur in °C im Zeitabschnitt Δt bedeutet. Dies geht davon aus, daß eine Erhärtung bis herunter zu Temperaturen von $-10\,°C$ stattfindet, daß der Einfluß der Temperatur auf die Erhärtung eine lineare Funktion der Temperatur ist und unabhängig von der Zementart und unabhängig vom Erhärtungszustand.

Die Reife entspricht somit der Fläche unter der Temperatur-Zeit-Kurve oberhalb von $-10\,°C$. In DIN 4227 Teil 1 wird diese Beziehung zur Ermittlung des wirksamen Betonalters benutzt.

Die der SAUL'schen Reifeformel zugrundeliegenden Annahmen stellen jedoch eine grobe Näherung dar. Wie aus Bild 4.4-1 links hervorgeht, haben höhere Temperaturen einen größeren Einfluß auf die Erhärtungsgeschwindigkeit als aufgrund der Formel zu erwarten ist. Dieser Einfluß läßt sich dadurch erfassen, daß die Zeiten bei höherer Betontemperatur stärker gewichtet werden als die bei niedrigen Temperaturen. Dieser Gewichtsfaktor ist auch von der Zementart abhängig. Hochofenzemente reagieren stärker auf veränderte Temperaturen als Portlandzemente. Durch die Einführung eines geeigneten Gewichtsfaktors kann die Aussage „gleiche Reife = gleiche Festigkeit" wesentlich besser verwirklicht werden.

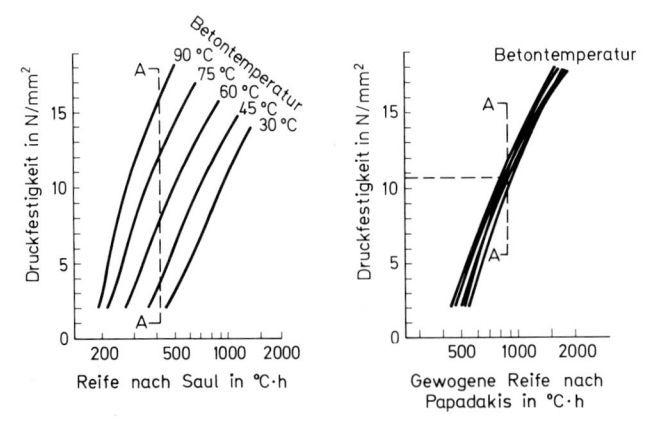

Bild 4.4-1 Zusammenhang zwischen Reife und Druckfestigkeit eines bestimmten Betons, der bei unterschiedlichen Temperaturen erhärtet [4-58, 4-59]

4.4 Wärmebehandlung

Für Temperaturen oberhalb von + 10 °C liefert die gewogene Reife nach PAPADAKIS [4-58 bis 4-60] brauchbare Ergebnisse (Bild 4.4-1 rechts). Hierbei wird die Fläche unter der Temperatur-Zeit-Kurve im Bereich oberhalb von 20 °C in Streifen mit einer Höhe von 10 °C unterteilt. Die gewogene Reife ist die Summe der mit einem von der Temperatur und der Zementart abhängigen Gewichtsfaktor multiplizierten Teilfläche oberhalb von 20 °C zuzüglich der Fläche zwischen 0 und 20 °C.

$$R_g = \sum_{i=0}^{\max n} \cdot F_i \cdot A^{n_i}$$

Darin bedeuten:
R_g gewogener Reifegrad nach PAPADAKIS in °C · h
F_i Teilfläche im Temperatur-Zeit-Diagramm (Bild 4.4-2)
A zementabhängiger Beiwert. Für Portlandzement i. allg. ≈ 1,20, für Hochofenzement zwischen 1,25 und 1,55 [4-58].
n $\dfrac{½(T_o + T_u) - 15}{10} \geq 0$ temperaturabhängiger Exponent (s. Bild 4.4-2)

(T_o, T_u Temperatur an der oberen bzw. unteren Grenze der betreffenden Teilfläche. $T_u = 10, 20, 30, 40 \ldots$ °C, $T_o = T_u + 10$ °C)

Für das im Bild 4.4-2 dargestellte Temperatur-Zeit-Diagramm ergibt sich bei $t = 48$ h für $A = 1,4$ (Hochofenzement) folgender gewogene Reifegrad [4-61]:

$$F_0 = \frac{15 + 20}{2}(°C) \cdot 6(h) + 20(°C) \cdot 42(h) = 945 \,°C \cdot h$$
$$F_1 = 10(°C) \cdot 36(h) \qquad\qquad\quad = 360 \,°C \cdot h$$
$$F_2 = 10(°C) \cdot 24(h) \qquad\qquad\quad = 240 \,°C \cdot h$$
$$F_3 = 5(°C) \cdot 15(h) \qquad\qquad\quad\; = 75 \,°C \cdot h$$
$$R_g = \Sigma F_n \cdot A^n = 945 \cdot 1,4^0 + 360 \cdot 1,4^1 + 240 \cdot 1,4^2 + 75 \cdot 1,4^3$$
$$\qquad\quad = 2125 \,°C \cdot h$$

Für Temperaturen unter 20 °C entspricht die Reife nach PAPADAKIS im Prinzip der mit der SAUL'schen Formel ermittelten Reife, weil in diesem Bereich auch bei PAPADAKIS keine Gewichtung mehr vorgenommen und auch nicht mehr nach der Zementart unterschieden wird ($A^{n_0} = 1$). Dies kann insbesondere bei Temperaturen unter 10 °C zu einer Überschätzung der Druckfestigkeit führen. In diesem Bereich liefert die CEMIJ-Methode zutreffen-

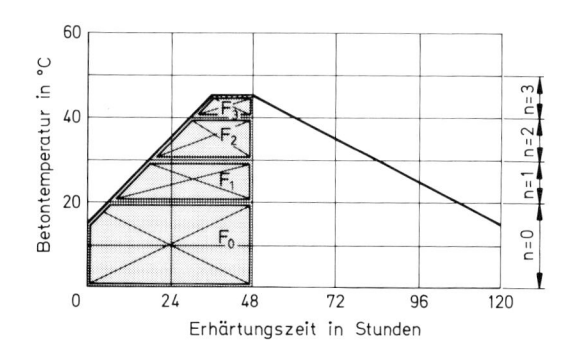

Bild 4.4-2 Beispiel zur Berechnung des „gewogenen Reifegrades" nach PAPADAKIS

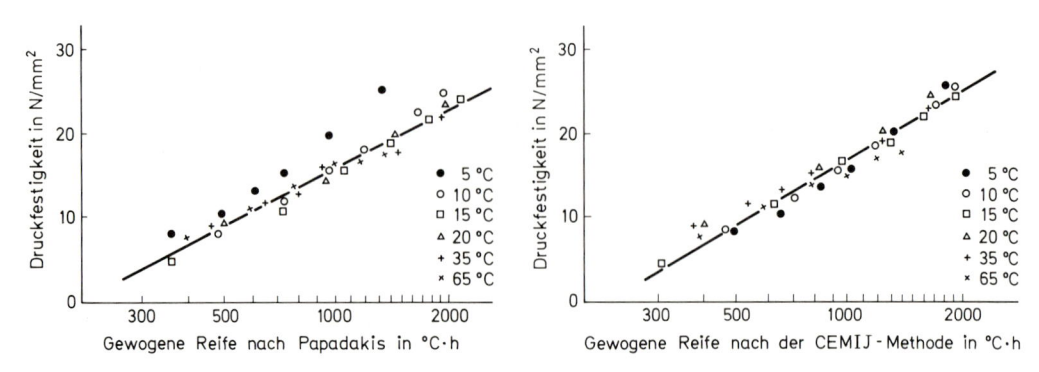

Bild 4.4-3 Zusammenhang zwischen der nach unterschiedlichen Verfahren ermittelten gewogenen Reife und der Betondruckfestigkeit [4-58, 4-59]

dere Ergebnisse (Bild 4.4-3). Diese entspricht oberhalb von $+20\,°C$ vom Grundsatz her der PAPADAKIS-Methode, nimmt aber auch im Bereich unter $+20\,°C$ noch eine Gewichtung vor.

Der nach der CEMIJ-Methode bei einer bestimmten Temperatur in 1 Stunde erreichte Zuwachs an Reife beträgt

$$\Delta R_g = 10 \, (C^{(0,1T - 1,245)} - C^{-2,245}) \, / \, \ln C$$

Hierin ist T die mittlere Temperatur im Zeitintervall 1 h und C ein Beiwert, der wie der Beiwert A in der Formel von PAPADAKIS, die Temperaturabhängigkeit der Festigkeitsentwicklung des betreffenden Zementes charakterisiert. Dieser Faktor kann nach einem in [4-58] beschriebenen Verfahren experimentell bestimmt werden. Für Portlandzement kann er näherungsweise zu $C = 1,3$, für Hochofenzemente zwischen 1,45 und 1,65 angenommen werden.

Zur Ermittlung der Reife wird die Temperatur-Zeit-Kurve in senkrechte Intervalle von z. B. $\Delta t = 2$ Stunden Breite unterteilt. Für jedes Intervall wird die durchschnittliche Temperatur geschätzt und damit ΔR_g aus der vorgenannten Gleichung berechnet oder aus Tabellen (z. B. in [4-58, 4-62]) abgelesen. Die gewogene Reife ist dann

$$R_g = \Sigma \Delta R_g \cdot \Delta t$$

Von einer holländischen Firma wurde ein „Betonreifecomputer" entwickelt, der fortlaufend die Temperatur des erhärtenden Betons mißt und daraus die Reife nach der CEMIJ-Methode berechnet. Das Gerät besitzt verschiedene Anwendungsmöglichkeiten:

– Laufende Bestimmung der Reife zur Abschätzung der Druckfestigkeit in frisch betonierten Bauteilen. Hierdurch läßt sich der Zeitpunkt zum Ausschalen, Spannen oder Belasten ermitteln.

– Steuerung von Wärmebehandlungsanlagen durch Eingabe der gewünschten Festigkeit zum vorgewählten Zeitpunkt.

– Verbesserte Erhärtungsprüfung durch „Delta-T-Regelung". Betonprobekörper für die Druckfestigkeitsprüfung werden in einem temperaturgesteuerten Wasserbehälter den gleichen Temperaturverhältnissen ausgesetzt, wie sie im Bauteil auftreten. Hierdurch sind genauere Rückschlüsse auf die Festigkeit der Konstruktion möglich.

Es muß noch einmal betont werden, daß der Zusammenhang zwischen Reife und Druckfestigkeit jeweils nur für einen ganz bestimmten Beton gilt, da in den Reifeformeln keine

4.4 Wärmebehandlung

betontechnologischen Parameter berücksichtigt sind, die die Betondruckfestigkeit und deren zeitlichen Verlauf beschreiben, ausgenommen die Beiwerte A bzw. C zur Charakterisierung der Festigkeitsentwicklung des Zementes.

So führt z. B. eine Senkung des Wasserzementwertes nicht nur zu einer höheren Druckfestigkeit in einem bestimmten Alter sondern auch zu einer beschleunigten Festigkeitsentwicklung, d.h. einer höheren relativen Frühfestigkeit (s. auch Abschn. 2.1.3.3).

4.4.3 Arten der Wärmebehandlung

Voraussetzung für eine erfolgreiche Wärmebehandlung ist, daß dabei eine Feuchteabgabe des Betons weitgehend verhindert wird.

Man unterscheidet
– das Erwärmen des in die Schalung eingebrachten Betons
– das Erwärmen des Frischbetons vor der Verarbeitung.

Eine Kombination beider Verfahren ist möglich.

Erwärmen des eingebrachten Betons

Die Erwärmung kann erfolgen durch
– Wärmeübertragung, z. B. ungespannter Dampf, Heißluft
– Wärmeleitung, z. B. heißes Wasser oder Öl in Leitungen, elektrische Widerstandsheizung, Heizmatten;
– Wärmestrahlung, z. B. Infrarotbestrahlung.

Überwiegend angewendet wird die Lagerung der Bauteile in gesättigtem Dampf.

Erwärmen vor der Verarbeitung (Warmbeton)

Warmbeton wird durch Erwärmen der Betonausgangsstoffe oder durch Erwärmen des Betons während des Mischens, z. B. durch Zuführung von Heißdampf (Dampfmischen, siehe Abschnitt 4.1.3.6) erzielt. Eine Kombination beider Verfahren, z. B. durch ein Vorwärmen der Zuschläge und/oder des Anmachwassers und anschließendes Dampfmischen ist möglich.

4.4.4 Zeitlicher Ablauf

Die Wärmebehandlung gliedert sich zeitlich in die Abschnitte Vorlagern, Erwärmen, Verweilen unter Höchsttemperatur, Abkühlen und Nachbehandeln (Bild 4.4-4).

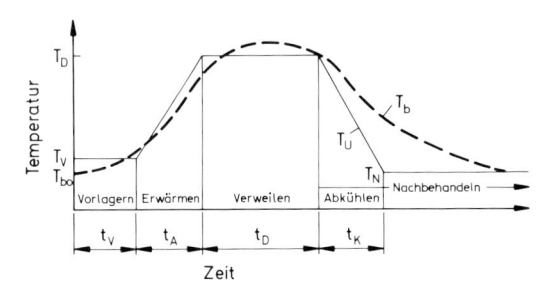

Bild 4.4-4 Verlauf einer Wärmebehandlung (schematisch) [4-63]

4.4.4.1 Vorlagern

Bedeutung

Um eine ungünstige Auswirkung der Wärmebehandlung auf die Eigenschaften des Festbetons, insbesondere auf die Dauerhaftigkeit, auszuschließen, darf das Erwärmen nicht unmittelbar nach der Betonherstellung erfolgen. Es ist vielmehr ein Vorlagern des Frischbetons erforderlich. Dafür sind physikalische und chemisch-mineralogische Einflüsse maßgebend [4-64 bis 4-67].

Wegen der im Vergleich zu Zement und Zuschlag großen Wärmedehnzahlen des Wassers und der im Frischbeton eingeschlossenen Luft kann das Erwärmen ein schwaches Auftreiben bewirken. Dabei wurden bleibende Volumenvergrößerungen von 1 bis 5% gemessen und die Bildung von Rissen auf den Betonoberflächen beobachtet [4-68]. Mit dem Erwärmen sollte daher erst begonnen werden, wenn der Beton so weit verfestigt ist, daß ein stärkeres Auftreiben und hierdurch verursachte Gefügestörungen (Mikrorisse) nicht mehr zu befürchten sind. Dazu ist je nach Aufheizrate eine Druckfestigkeit von 0,04 bis 0,08 N/mm^2 erforderlich, die annähernd nach dem Erstarren des Zementleims erreicht wird [4-68, 4-69].

Die Festigkeit des Zementsteins wird durch die Struktur der Hydratationsprodukte beeinflußt. Bei Vorlagern mit einer Betontemperatur unter 25°C entsteht im Gegensatz zu sofortigem Erwärmen eine feinere, die Festigkeit erhöhende Struktur [4-70, 4-71].

Erreicht oder überschreitet die Betontemperatur während der Erstarrungsphase 40°C, so verändert sich die Hydratphasenbildung im Zementstein gegenüber der Normalerhärtung. Das dem Zement zur Erstarrungsregelung in Form von Gips bzw. Anhydrit zugegebene Sulfat wird nicht vollständig gebunden (s. Abschn. 2.1.3.3). Bei hoher Betonfeuchtigkeit können dann später noch ettringitähnliche Sulfatverbindungen entstehen, die im erhärteten Beton eine Treibwirkung hervorrufen. Dies wirkt sich insbesondere bei Gefügestörungen (Mikrorissen) infolge zu schnellen Erwärmens und/oder infolge stark unterschiedlicher Wärmedehnung der Betonkomponenten nachteilig aus [4-64 bis 4-66].

Der Zeitraum zwischen Ende des Mischvorganges und Beginn der planmäßigen Temperaturerhöhung, die Vorlagerungsdauer, soll für „feuchte" Bauteile, das sind Bauteile, die während der Nutzung häufig oder längere Zeit feucht sind, wie z. B. ungeschützte Außenbauteile, Bauteile in Feuchträumen oder Bauteile mit häufiger Taupunktunterschreitung, drei bis vier Stunden betragen. Für „trockene" Bauteile, das sind Bauteile, die nach normaler Nachbehandlung nicht längere Zeit feucht und nach dem Austrocknen während der Nutzung weitgehend trocken bleiben, wie z. B. Innenbauteile, Außenbauteile, die nicht unmittelbar Niederschlägen, Oberflächenwasser oder Bodenfeuchtigkeit ausgesetzt sind oder Bauteile, die durch Sondermaßnahmen, wie Beschichten, dauerhaft vor Feuchtigkeitszutritt geschützt sind, genügt eine Vorlagerungsdauer von einer Stunde. Während des Vorlagerns darf die Betontemperatur 30 bis 40°C nicht überschreiten [4-57].

Bei der sog. „Kurzzeitwarmbehandlung" wird das Vorlagern stark verkürzt und im Extremfall sogar ganz weggelassen. Dies kann zu erheblichen Einbußen bei der Endfestigkeit führen, die Durchlässigkeit für Flüssigkeiten und Gase beträchtlich erhöhen sowie den Frostwiderstand und die Dauerhaftigkeit des Betons herabsetzen. Diese nachteiligen Auswirkungen sollen sich durch eine im Anschluß an die Wärmebehandlung durchgeführte Feucht-Nachbehandlung abmildern lassen [4-72, 4-73].

Bei Erwärmen des Frischbetons vor der Verarbeitung (Warmbeton) setzt die Beschleunigung der Hydratation und damit die weitere Erwärmung unmittelbar nach der Betonherstellung ein. Dies ist ungefährlich, wenn die Frischbetontemperatur begrenzt wird. [4-57] sieht einen Grenzwert von 30°C für während der Nutzung „feuchte" und von 50°C für „trockene" Bauteile vor.

4.4.4.2 Erwärmen

Nach dem Vorlagern soll der Beton möglichst stetig und nicht zu schnell auf seine Höchsttemperatur erwärmt werden. Bei zu schnellem Erwärmen stellen sich größere Temperaturunterschiede zwischen Randzone und Kern ein, die zu Gefügestörungen und zu einer inneren Umverteilung der Feuchte führen können. Hinzu kommt, daß die Wärmedehnzahl des Wassers mit steigender Temperatur beträchtlich zunimmt.

Die mögliche Aufheizrate hängt vom Erstarrungs- und Erhärtungszustand beim Beginn der planmäßigen Erwärmung ab. Beton, der infolge längerer Vorlagerung und/oder höherer Temperatur während der Vorlagerung eine höhere Reife (s. Abschn. 4.4.2) erlangt hat, kann – ohne Schaden zu nehmen – etwas schneller erwärmt werden als nur kurz bei niedriger Temperatur vorgelagerter Beton. Als Richtwerte gelten Aufheizraten von 20 bis 30 K/h für bis zu 10 cm dicke Bauteile und von 10 bis 20 K/h für Bauteile über 10 cm Dicke. Schneller als 20 K/h sollte die Betontemperatur i. allg. nicht gesteigert werden, wenn der Beton nicht durch eine allseits geschlossene starre Schalung oder durch äußeren Druck an der Ausdehnung gehindert wird. [4-57] sieht eine einheitliche Aufheizrate von 20 K/h vor.

4.4.4.3 Höchsttemperatur und Verweildauer

Bild 4.4-5 zeigt den Einfluß der Temperatur auf die Festigkeitsentwicklung des Betons innerhalb der ersten drei Tage. Eine rechnerische Abschätzung ist mit Hilfe der Reife R möglich. Nach Abschnitt 4.4.2 versteht man darunter allgemein das Produkt aus der Temperatur T des Betons und der Zeit t. Sie wird für die gesamte Lagerung ab der Herstellung berechnet. Gleiche Reife bedeutet etwa gleichen Hydratationsgrad des Zementsteins und damit bei gleicher Betonzusammensetzung auch etwa gleiche Festigkeit.

Die üblicherweise verwendete SAUL'sche Formel

$$R = \Sigma(T_i + 10\,°C) \cdot \Delta t$$

liefert keine voll befriedigenden Aussagen über die Anfangsfestigkeit des Betons nach

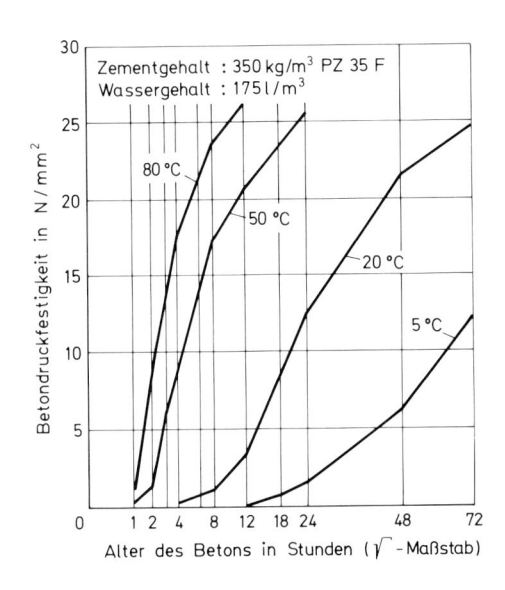

Bild 4.4-5 Einfluß der Temperatur auf die Erhärtung des jungen Betons [4-74]

einer Wärmebehandlung. Für die Abschätzung der Druckfestigkeit im Alter von wenigen Stunden hat sich die von WIERIG [4-74] angegebene modifizierte Reifeformel

$$R = (T + 10\,°C) \cdot \sqrt{t}$$

als brauchbar erwiesen. Hierin ist T die mittlere Behandlungstemperatur in °C und t die Behandlungsdauer in Stunden. Ein und derselbe Beton erzielt bei gleicher Reife etwa die gleiche Druckfestigkeit.

Wertet man die Gleichung aus, wie dies in Bild 4.4-6 geschehen ist, so läßt sich für eine beliebige Temperatur die erforderliche Behandlungsdauer ablesen, die benötigt wird, um eine Druckfestigkeit zu erzielen, die sich bei 20 °C Normallagerung z. B. nach 1 Tag (untere Kurve) oder nach 3 Tagen (obere Kurve) einstellt.

Durch Steigerung der Höchsttemperatur kann man die für die gleiche Festigkeit erforderliche Dauer der Wärmebehandlung verkürzen. Der Höchsttemperatur sind jedoch in Abhängigkeit vom verwendeten Zement, der Betonzusammensetzung, der Bauteildicke, der Art der Wärmebehandlung und der für die Bauteile zu erwartenden Umweltbedingungen Grenzen gesetzt. Es ist auch zu beachten, daß die Betontemperatur durch die bei höheren Temperaturen schneller freigesetzte Hydratationswärme bei massigen Fertigteilen oder bei Verwendung schnell erhärtender Zemente (z. B. Z 45 F, Z 55) deutlich über die Temperatur des Behandlungsraums ansteigen kann. Besonders stark ist dieser Effekt bei Leichtbeton aufgrund seiner geringeren Wärmekapazität und seiner niedrigen Wärmeleitfähigkeit. Die Betontemperatur muß, damit der Beton nicht austrocknet und durch den Dampfdruck Schaden erleidet, ausreichend weit unterhalb des Siedepunktes (100 °C) liegen.

Im allgemeinen liegt die Höchsttemperatur zwischen 50 und 80 °C. Sie ist in [4-57] bei Erwärmen des eingebrachten Betons auf 60 °C für „feuchte" und 80 °C für „trockene" Bauteile begrenzt. Bei Warmbeton betragen die Grenzwerte einheitlich 80 °C, da bei „feuchten" Bauteilen die Frischbetontemperatur auf 30 °C begrenzt ist und die Erwärmung infolge Hydratation wesentlich langsamer erfolgt als bei äußerer Wärmezufuhr. Der größte Einzelwert darf jeweils um 5 °C höher sein. Die vorgenannten Grenzwerte gelten einheitlich für alle Zemente nach DIN 1164.

Bei langen Wärmebehandlungen mit einer Verweildauer von 6 Stunden und mehr hat sich gezeigt, daß eine Temperatursteigerung von z. B. 60 °C auf 80 °C keine wesentliche Erhöhung der 1-Tags-Festigkeit mehr bringt [4-74].

Bild 4.4-6 Linien gleicher Festigkeit in Abhängigkeit vom Alter des Betons und der Erhärtungstemperatur [4-74]

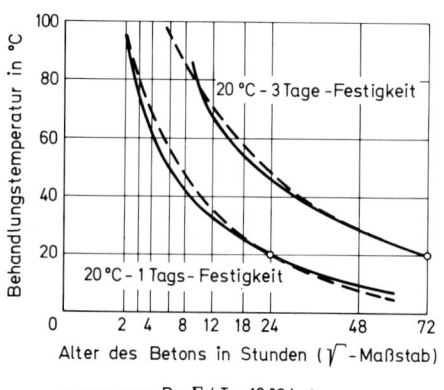

– – – aus $R = \Sigma\,(T_i + 10\,°C) \cdot t_i$
——— aus $R = (T + 10\,°C) \cdot \sqrt{t}$

4.4 Wärmebehandlung

Die Verweildauer bei Höchsttemperatur beträgt meist 2 bis 4 Stunden. Sie richtet sich vor allem danach, welche Festigkeit am Ende der Wärmebehandlung benötigt wird. U. U. kann die Verweilzeit ganz entfallen, wenn der Beton, wie es im Hinblick auf die Gefügebeanspruchungen günstig ist, langsam erwärmt und nach Erreichen der Höchsttemperatur gleich wieder abgekühlt wird.

4.4.4.4 Nachbehandeln

Die Nachbehandlung erstreckt sich auf die Abkühlphase und die anschließende Lagerung der Bauteile. Sie umfaßt Maßnahmen gegen ein zu rasches Abkühlen und ein vorzeitiges Austrocknen des Betons.

Der Wärmeabfluß ist so zu begrenzen, daß eine Rißbildung durch Eigenspannungen vermieden wird. Der Unterschied zwischen der Temperatur im Kern und in den Randbereichen der Bauteile soll 20 K nicht überschreiten [4-57].

Bei schnellem Abkühlen kann die temperaturbedingte Zugspannung unter Vernachlässigung der in diesem Fall nur geringen Spannungsrelaxation und der Nachgiebigkeit des warmen Kernbetons abgeschätzt werden zu

$$\sigma_{zug} = \Delta t \cdot \alpha_t \cdot E_b$$

mit

Δt Temperaturunterschied zwischen Kern und Außenfläche,
α_t Wärmedehnzahl des Betons (etwa 10^{-5}/K)
E_b Elastizitätsmodul des Betons (10000 bis 30000 MN/m²).

Hieraus ergeben sich Zugspannungen von über 2 N/mm², wenn der Temperaturunterschied 10 K übersteigt und wenn der Zug-Elastizitätsmodul des Betons 20000 MN/m² beträgt. Demgegenüber liegt die Zugfestigkeit des wärmebehandelten Betons in der Größenordnung von 1 bis 3 N/mm². Wenn der Temperaturunterschied 20 K überschreitet, ist folglich meistens mit Rissen zu rechnen.

Bei gleicher Abkühlgeschwindigkeit der Umgebung ist der Temperaturunterschied zwischen Oberflächenbereich und Kern bei dicken Bauteilen größer als bei dünnen. Darum sollen die Bauteile um so langsamer abgekühlt werden, je dicker sie sind. Einseitiges Abkühlen ist besonders bei langen und großen Elementen zu vermeiden, weil sonst Risse und Verwölbungen entstehen können.

Gleichzeitig ist der Beton vor vorzeitiger Austrocknung zu schützen, um Schwindspannungen klein zu halten und die zum Erreichen der Festbetoneigenschaften erforderliche Nachhydratation sicherzustellen.

Der Wärmeabfluß während des Abkühlens kann beispielsweise durch Belassen der Bauteile im Behandlungsraum oder durch wärmedämmende Abdeckungen begrenzt werden. Damit wird auch ein Schutz gegen vorzeitiges Austrocknen erreicht.

Die Festigkeit beträgt unmittelbar nach der Wärmebehandlung nur 50 bis 70% der Endfestigkeit. Um eine weitere Festigkeitszunahme und ein dichtes Gefüge zu erreichen, müssen die Betonteile daher anschließend gründlich befeuchtet und noch einige Tage vor dem Austrocknen geschützt werden. Haarrisse, die durch nicht ganz sachgemäßes Vorgehen bei der Wärmebehandlung entstanden sein können, füllen sich bei einer längeren Naßnachbehandlung mit Hydratationsprodukten und verwachsen wieder [4-68, 4-72, 4-73].

4.4.4.5 Belasten

Bei im Spannbett hergestellten Fertigteilen kann man die Vorspannkraft auf den Beton übertragen, sobald die dafür erforderliche Betonfestigkeit erreicht ist, auch wenn die Fertigteile noch nicht abgekühlt sind. Das Vorspannen im warmen Zustand hat sogar den Vorteil, daß Temperatur- und Schwindzugspannungen in Trägerlängsrichtung überdrückt werden, so daß keine Querrisse entstehen. Ein nennenswerter Spannkraftverlust tritt beim Abkühlen nicht ein, weil bei einer Wärmebehandlung im Spannbett der Beton und der Spannstahl die gleiche Temperatur haben und sich beim Abkühlen aufgrund der nur wenig verschiedenen Wärmedehnzahl auch etwa in gleichem Maße verkürzen.

4.4.5 Verfahren

4.4.5.1 Dampfbehandlung

Dies ist das am meisten angewendete Verfahren der Wärmebehandlung. Die Betonteile werden in Kammern, Kanälen, Tunnels oder unter Hauben der Einwirkung von gesättigtem ungespannten Dampf oder einem Dampf-Luft-Gemisch ausgesetzt. Die Erwärmung des Betons erfolgt durch Wärmeübertragung. Gleichzeitig verhindert der Dampf das Austrocknen des Betons, solange die Betontemperatur die Temperatur im Behandlungsraum nicht übersteigt. Sichtbeton muß vor Kondenswassertropfen geschützt werden, die eine helle Verfärbung bewirken können. Beim Abkühlen ist die Betontemperatur höher als die Temperatur im Behandlungsraum. In dieser Phase verdampft Wasser an der Betonoberfläche, und der Beton trocknet teilweise aus. Zur Vermeidung von Feuchteverlusten kann die Oberfläche mit Folien abgedeckt werden, oder der Beton wird zuerst mit angewärmtem und später mit kühlerem Wasser besprüht.

4.4.5.2 Warmluftbehandlung

Bei der Warmluftbehandlung wird die Luft im Behandlungsraum direkt durch Heizungen erwärmt, in vielen Fällen bereits vor der Beschickung mit den Betonteilen. Bei sachgemäßer Durchführung bleibt die Austrocknung erträglich. Während der mit Warmluft üblichen kurzen Behandlungsdauer können nur geringe Wassermengen verdunsten, zumal das aus den Betonteilen verdunstende Wasser die relative Feuchte im Behandlungsraum erhöht. Die Wasserverdunstung kann durch Abdecken der Betonoberflächen verringert werden, ferner dadurch, daß im Behandlungsraum Wasserbecken angeordnet werden oder warmes Wasser feinverteilt eingesprüht wird, um die Luftfeuchte zu erhöhen.

4.4.5.3 Beheizen der Schalung

Das Beheizen der Schalung hat sich gut bewährt bei großflächigen Fertigteilen, wie z. B. bei Deckenplatten oder bei Großtafeln in Batterieschalungen.

Durch eine zweiseitige Erwärmung können gegenüber einseitiger Wärmezufuhr die Dauer der Behandlung wesentlich verkürzt und die aus ungleichmäßiger Temperatur und Feuchte herrührenden Spannungen vermindert werden.

4.4.5.4 Infrarotbestrahlung

Bei diesem Verfahren wird der Beton direkt durch gerichtete Strahlungswärme erwärmt. Als Strahlungsquelle dienen meist elektrische oder mit Gas beheizte Infrarotstrahler, die 7 bis 15 cm von der Betonoberfläche entfernt angeordnet werden. Die Behandlung kann

4.4 Wärmebehandlung

sowohl im Freien ohne Wärmeschutzmaßnahmen, allerdings nur mit größeren Wärmeverlusten, als auch in geschlossenen Räumen angewendet werden. Während der Bestrahlung sind die freien, nicht eingeschalten Betonoberflächen mit einer verdunstungshemmenden, aber infrarot durchstrahlbaren Abdeckung (z. B. Plastikfolie) zu umhüllen, sofern die Behandlung nicht unter geschlossenen Hauben oder in Kammern vorgenommen wird, wo sich durch die anfängliche Verdunstung sehr schnell eine hohe Luftfeuchte einstellt. Stabförmige Infrarotstrahler können auch in Hohlräumen, z. B. von Stahlbetonhohldecken oder in Rohren installiert werden. Dabei ist die Außenseite der Bauteile zweckmäßigerweise mit einer wärmedämmenden und verdunstungshemmenden Abdeckung zu umschließen. Die Bestrahlung von außen wirkt (durch Wärmeleitung) nur auf eine bestimmte Tiefe, so daß sich das Verfahren nur bei dünnwandigen Bauteilen bis etwa 20 cm Dicke anwenden läßt.

Besonders günstig sind die Voraussetzungen für eine automatische Steuerung des gesamten Wärmebehandlungsablaufs in Betonwerken. Das Verfahren findet darüber hinaus auch Anwendung im Winterbau. Es hat den Vorteil, daß umfangreiche Anlagen, wie z. B. bei der Dampfbehandlung, nicht erforderlich sind [4-69].

Zur Erzielung optimaler Betoneigenschaften gelten die im Abschnitt 4.4.4 genannten allgemeinen Regeln. Die Oberflächentemperatur soll möglichst 100 °C nicht erreichen. Auch bei der Infrarotbehandlung ist großer Wert auf eine kontrollierte Abkühlung zu legen, wobei zur Abkühlung u. U. warmes Wasser verwendet werden kann.

4.4.5.5 Elektrische Erwärmung

Das Erwärmen des frischen Betons durch direktes Anlegen einer Wechselspannung hat sich hierzulande aus technischen und wirtschaftlichen Gründen bislang nicht in nennenswertem Umfang durchsetzen können. Von den elektrischen Verfahren kommt in Deutschland z. Z. nur das Aufheizen mit besonderen, im Beton oder außerhalb des Bauteils verlegten Heizdrähten, zur Anwendung [4-69].

Als Vorteil kann man die einfache Installation, z. B. auch bei einer Ausführung in Ortbeton, ansehen. Da auch die Wärmeverluste gering gehalten werden können, lassen sich die Energiekosten in wirtschaftlichem Rahmen halten.

4.4.6 Betonzusammensetzung

Eine Wärmebehandlung ist bei jedem Beton möglich; ihre Wirkung kann aber durch eine gezielte Betonzusammensetzung verbessert werden.

4.4.6.1 Wasserzementwert und Konsistenz

Ein niedriger Wasserzementwert und eine steife Konsistenz fördern die Frühfestigkeit. Die zuzuführende Wärmemenge ist um so geringer, je höher die Frühfestigkeit aufgrund der Betonzusammensetzung von Hause aus ist. Eine geringere erforderliche Wärmemenge erlaubt eine Absenkung der Höchsttemperatur, was die Intensität der Wärmebehandlung mildert und sich günstig auf das Betongefüge auswirkt.

Der Wasserzementwert soll innerhalb der auch sonst je nach Verwendung der Bauteile üblichen Grenzen liegen. Die Angaben in Abschnitt 4.4.4 gelten nach den vorliegenden Untersuchungen in Übereinstimmung mit der praktischen Erfahrung für Wasserzementwerte zwischen 0,35 und 0,55.

Bei sehr geringen Wasserzementwerten < 0,35, die nur in Sonderfällen angewendet werden, erfolgt üblicherweise eine starke Verdichtung des Betons, z. B. durch Rüttel-Press-Verdichtung. Ein derart dichtes Betongefüge kann gegenüber Volumenänderungen, wie sie bei einer Wärmebehandlung möglicherweise auftreten, anfällig sein. Es empfiehlt sich daher für solche Betone nur eine gemäßigte Wärmebehandlung.

4.4.6.2 Zement

Die Angaben in Abschnitt 4.4.4 gelten einheitlich für alle Zemente nach DIN 1164 Teil 1.

HS-Zemente sowie Zemente mit nennenswerten Anteilen an latent hydraulischen oder puzzolanischen Stoffen, wie gemahlener Hüttensand, Traß oder Steinkohlenflugasche (s. Abschn. 2.1.1), können bei intensiver Wärmebehandlung ein im Hinblick auf die Dauerhaftigkeit günstigeres Verhalten des Betons bewirken. Nach dem derzeitigen Stand der Kenntnisse ist es jedoch nicht möglich, die Werte für die Dauer der Vorlagerung und die Höchsttemperatur in Abhängigkeit von der Zementart zu staffeln.

4.4.6.3 Zuschlag und Zusätze

Hier bestehen keine besonderen Anforderungen. Es gelten die Angaben in den Abschnitten 2.2.3, 2.3 und 2.4.

4.4.7 Betoneigenschaften

Bei einer Wärmebehandlung mit Temperaturen bis maximal knapp 100 °C entstehen keine grundsätzlich anderen Hydratationsprodukte als bei Normalerhärtung. Deshalb hat wärmebehandelter Beton keine grundlegend anderen Eigenschaften als normalerhärteter Beton. Gewisse graduelle Unterschiede können sich durch eine weniger vollständige Hydratation und durch Gefügestörungen bei unsachgemäßer Wärmebehandlung oder bei Verwendung von Ausgangsstoffen ergeben, die für eine Wärmebehandlung weniger geeignet sind.

So neigen z. B. manche Kalksteinsplitte bei einer Wärmebehandlung zum Quellen. Es hat sich auch gezeigt, daß eine Verwendung von Kalksteinsplitt zu stärkeren Ausblühungen bei wärmebehandelten Sichtbetonflächen führen kann [4-69].

4.4.7.1 Druckfestigkeit

Die Frühfestigkeit ist wesentlich höher als bei Normallagerung. Die 1-Tags-Festigkeit der Normallagerung kann bei einer Behandlungstemperatur von 60 °C etwa in 5 h erreicht werden. Die normale 3-Tage-Festigkeit wird bei 60 °C etwa in 15 h und bei 80 °C etwa in 10 h erzielt (Bild 4.4-6).

Die 28-Tage-Festigkeit und die Endfestigkeit von wärmebehandeltem Beton sind gegenüber der Normallagerung meist deutlich (bis ca. 40%) niedriger. Der Unterschied kann durch ausreichend langes Vorlagern und durch eine Feuchtnachbehandlung stark vermindert werden. Günstig wirkt sich auch die Verwendung von Warmbeton oder die Wärmebehandlung in allseits geschlossenen Schalungen aus. Beton aus Hochofenzement erreicht bei sachgemäßer Wärmebehandlung oft sogar höhere Endfestigkeiten als bei Normallagerung, weil die latent hydraulischen Eigenschaften des Hüttensandes besser genutzt werden. Im Gegensatz zu Portlandzement sind bei Hochofenzement hohe Behandlungstemperaturen von 90 bis 95 °C nicht nur für die Frühfestigkeit sondern auch für die Endfestigkeit günstig [4-69].

4.4 Wärmebehandlung

4.4.7.2 Zugfestigkeit

Das Verhältnis Zugfestigkeit zu Druckfestigkeit kann etwas niedriger sein als bei normalerhärtetem Beton [4-72]. Bei hoher Aufheizrate kann die Zugfestigkeit sogar stark abfallen [4-69].

4.4.7.3 Wasserundurchlässigkeit

Die Wassereindringtiefe kann bei wärmebehandeltem Beton 1,5- bis 4mal so groß sein wie bei Normalerhärtung, und zwar auch dann, wenn die wärmebehandelten Proben anschließend noch längere Zeit unter Wasser lagern [4-69, 4-72].

4.4.7.4 Verschleißwiderstand

Der Verschleißwiderstand von wärmebehandeltem Beton kann u. U. besser sein als der von normalerhärtetem Beton, vor allem dann, wenn Gefügestörungen vermieden werden und der Beton nach der Wärmebehandlung feucht nachbehandelt wird [4-75].

4.4.7.5 Frostwiderstand, Frost- und Taumittelwiderstand und Widerstand gegen chemische Angriffe

Der Einfluß der Wärmebehandlung auf den Frostwiderstand und den Frost- und Taumittelwiderstand hängt davon ab, ob es während der Behandlung zu einer Gefügestörung kommt und ob der Hydratationsgrad vermindert und damit die Kapillarporosität erhöht wird (siehe Abschnitt 4.4.4.1). Der Widerstand wird i. allg. kaum beeinträchtigt, wenn der Beton ausreichend vorgelagert wird, eine nicht zu intensive Wärmebehandlung erfährt, im Anschluß daran feucht nachbehandelt wird und vor der ersten Frosteinwirkung wieder austrocknen kann [4-69, 4-72]. Die günstige Wirkung künstlich eingeführter Luftporen auf den Frostwiderstand und den Frost- und Taumittelwiderstand bleibt bei einer Wärmebehandlung erhalten.

Verschiedene Untersuchungen deuten darauf hin, daß wärmebehandelter Beton einen etwas erhöhten Widerstand gegen Sulfatangriff hat. Die höhere Sulfatbeständigkeit wird auf die Bildung von sulfatbeständigeren Aluminaten bei höherer Temperatur zurückgeführt [4-69]. Auf der anderen Seite begünstigt die verminderte Wasserundurchlässigkeit das Eindringen aggressiver Stoffe. Um die Wasserundurchlässigkeit zu verbessern, sollten wärmebehandelte Betonfertigteile, die aggressiven Medien ausgesetzt werden, nach der Wärmebehandlung noch einige Zeit feucht nachbehandelt werden.

4.4.7.6 Formänderungen

Elastizitätsmodul

Der Elastizitätsmodul von wärmebehandeltem Beton ist meist etwa gleich groß oder nur geringfügig kleiner als bei Normalerhärtung. Dagegen ist die Bruchdehnung i. allg. niedriger [4-69, 4-72].

Schwinden

Wärmebehandelte Betone weisen meist ein kleineres Schwindmaß auf als normalerhärtete. Dies ist z. T. darauf zurückzuführen, daß ein Teil des Schwindens bereits bei der Abkühlung eintritt und deshalb nicht mitgemessen wird. Der Unterschied nimmt mit steigender Temperatur und Verweildauer zu [4-69, 4-72].

Kriechen

Das Kriechmaß α_k ist bei wärmebehandeltem Beton deutlich geringer, wenn die Belastung bei gleicher Druckfestigkeit erfolgt. Die Abnahme wird auf die veränderte Struktur des Zementsteins und auf den teilweisen Wasserverlust beim Abkühlen zurückgeführt [4-69].

4.4.7.7 Verbund Beton – Bewehrung

Der Verbund ist für Betonrippenstahl i. allg. bei wärmebehandelten Bauteilen etwa so gut wie bei normalgelagerten Bauteilen mit etwa gleicher Betondruckfestigkeit. Bei glattem Stahl wurden dagegen Einbußen festgestellt [4-69].

Durch größere Temperaturunterschiede zwischen Stahl und Beton bei einer Elektroerwärmung kann das Verbundverhalten beeinträchtigt werden [4-76].

4.5 Dampfhärtung

Unter Dampfhärtung versteht man die Behandlung des frischen, verdichteten Betons in einem Autoklaven (Druckkammer) mit gespanntem Dampf von über 100 °C. Dabei macht man sich zunutze, daß ab Temperaturen von etwa 170 °C der bei der Hydrolyse des Zements abgespaltene Kalk mit Quarz reagiert, wenn dieser in feinverteilter Form vorliegt. Bei dieser Kalk-Kieselsäure-Reaktion bilden sich Calciumsilikathydrate in ähnlicher Form, wie bei der hydraulischen Erhärtung des Zements. Diese entstehen anscheinend trotz der hohen Autoklavtemperatur z. T. als Gel mit großer Oberfläche [4-77] und fördern deshalb die Festigkeitsbildung wesentlich.

Demzufolge können selbst Mischungen, bei denen beträchtliche Anteile des Zementes durch Quarzmehl ersetzt sind, innerhalb weniger Stunden Festigkeiten erreichen, die die unter Normalbedingungen erhärtete Ausgangsmischung erst nach mehreren Wochen aufweisen. Andererseits führt eine Dampfhärtung ohne diese Kalk-Kieselsäure-Reaktion, wenn also keine geeignete Kieselsäure-Komponente im Zuschlag enthalten ist, zu keinem Erfolg. Die Endfestigkeit des autoklavbehandelten Betons ist in diesem Fall sehr viel niedriger als bei Normalerhärtung. Das liegt hauptsächlich daran, daß bei den hohen Temperaturen der Dampfhärtung die Hydratationsprodukte in wesentlich gröberer Struktur entstehen als bei Normaltemperatur. Dabei sinkt die innere Oberfläche, die maßgebend für die physikalischen Bindekräfte und damit wesentlich verantwortlich für die Zementsteinfestigkeit ist, etwa um eine Zehnerpotenz ab. Dieser Festigkeitsabfall wird jedoch bei einem Kieselsäurezusatz durch die bei der Autoklavbehandlung stattfindende Kalk-Kieselsäure-Reaktion aus den genannten Gründen mehr als wettgemacht.

Eine Dampfhärtung führt auch zu einem grundsätzlich anderen Schwindverhalten. Der dampfgehärtete Beton verkürzt sich bei Austrocknung bis zu einem Feuchtegehalt von etwa 2 Vol.-% nur sehr wenig, bei weiterer Austrocknung allerdings noch beträchtlich (Bild 4.5-1). Dabei ist jedoch zu berücksichtigen, daß unter den üblichen Austrocknungsbedingungen ein Feuchtegehalt von 2 Vol.-% in der Regel nicht unterschritten wird, so daß sich dampfgehärtete Betonerzeugnisse bei Feuchteänderungen im baupraktisch vorkommenden Feuchtebereich nur sehr wenig verformen. Demgegenüber verkürzt sich normalerhärteter Zementstein beim Austrocknen schon im Bereich höherer Feuchtegehalte wesentlich stärker.

4.5 Dampfhärtung

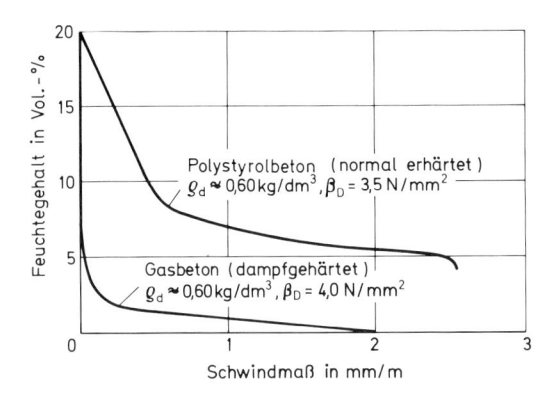

Bild 4.5-1 Unterschiedliches Schwindverhalten von dampfgehärtetem und normal erhärtetem Beton am Beispiel von Gasbeton und Polystyrolbeton

Ein weiterer Vorzug von dampfgehärtetem Beton ist sein hoher Widerstand gegen chemischen Angriff. Diesen verdankt er hauptsächlich der Bildung schwer löslicher Calciumsilikathydrate. Bei hohen Temperaturen bilden darüber hinaus die Silikate mit den Aluminaten eine Reihe von Verbindungen, die Hydrogranate genannt werden. Diese sind sehr beständig und gegen die Wirkung von Sulfatlösungen in hohem Maße widerstandsfähig [4-78, 4-79].

Auf der anderen Seite weist dampfgehärteter Beton gegenüber normal erhärtetem auch Nachteile auf. Hierzu gehören eine geringere Dichtigkeit und damit zusammenhängend auch ein niedrigerer Frostwiderstand und ein verminderter Korrosionsschutz der Bewehrung. Letzterer ist außer durch die verminderte Dichtigkeit vor allem dadurch begründet, daß der pH-Wert des dampfgehärteten Betons unter den für eine Passivierung der Stahloberfläche erforderlichen Bereich von 9 bis 13 (s. Abschn. 7.20.1) absinkt, weil das stark basische $Ca(OH)_2$ bei der Kalk-Kieselsäure-Reaktion weitgehend verbraucht bzw. umgewandelt wird.

Da zur Dampfhärtung Autoklaven oder Druckkammern für hohe Drücke (8 bis 12 bar, in Ausnahmefällen bis zu 20 bar) benötigt werden, sind die Anlagen- und Betriebskosten vergleichsweise hoch. Allein aus diesem Grunde wird die Dampfhärtung in Deutschland bei Normalbetonfertigteilen nur in vereinzelten Fällen angewendet.

Sie ist unerläßlich bei der Herstellung von Gasbeton, weil nicht dampfgehärteter Gasbeton bei gleicher Rohdichte nicht nur eine niedrige Festigkeit aufweist, sondern auch so stark schwindet, daß die Anwendungsmöglichkeiten wegen der starken Schwindrißbildung stark eingeschränkt sind.

Ein weiteres Anwendungsgebiet für die Dampfhärtung ist die Herstellung von Kalksandsteinen. Bei diesen wird auf Zement als Bindemittel ganz verzichtet. Sie werden aus vorwiegend kieselsäurehaltigen Zuschlägen (in der Regel Quarzsand) und Kalk, meist in Form von Branntkalk, hergestellt und verdanken ihre hohe Festigkeit der bei der Dampfhärtung stattfindenden Kalk-Kieselsäure-Reaktion.

4.6. Tränkung (Imprägnieren)

4.6.1 Allgemeines

Der Zementstein des erhärteten Betons kann je nach Wasserzementwert und Hydratationsgrad bis zu 40 Vol.-% und mehr Kapillarporen enthalten (s. Abschn. 2.1.3.5). Diese sind anfangs mit Wasser und später teils mit Wasser, teils mit Luft gefüllt. Mit steigendem Porenraum nimmt die Festigkeit ab. Es ist jedoch möglich, nachträglich einen Teil der Poren durch Tränken des Betons mit Flüssigkeiten zu füllen, die später erhärten. Hierfür kommen bestimmte Kunststoffe sowie geschmolzener Schwefel in Frage.

4.6.2 Kunststoffe

Hier hat sich im Hinblick auf die Verfahrenstechnik und die erreichbaren Festigkeiten Polymethylmethacrylat (PMMA) besonders bewährt. Daneben verwendet man auch Polystyrol und die Polymere von Vinylchlorid, Acrylnitril und Ethylacrylat [4-80]. Um das Eindringen zu ermöglichen, wird der Beton zunächst getrocknet und dann nach Entlüftung mittels Vakuum mit dem dünnflüssigen Kunststoff getränkt. Die Tränkung kann durch Anwendung eines Überdrucks (Luft oder Stickstoff) beschleunigt werden [4-81]. In bestimmten Fällen kann es zweckmäßig sein, den Beton vor der Tränkung im Autoklaven dampfzuhärten. Hierbei entsteht ein Porensystem, das bei etwa gleichem Kapillarporenraum mehr verhältnismäßig weite und weniger enge Kapillaren enthält als bei normaler Erhärtung. Hierdurch kann das Monomer leichter eindringen [4-80].

Das Harz liegt in den Poren des Zementsteins zunächst als Monomer vor. Zur Erhärtung, die in diesem Fall durch Polymerisation geschieht, muß Energie zugeführt werden. Dies kann entweder in Form von γ-Strahlung (Strahlungspolymerisation) oder mittels Wärme (thermisch-katalytische Polymerisation) geschehen.

Je nach der Porosität des Ausgangsbetons und dem Füllungsgrad der Poren kann der Kunstharzverbrauch 10 bis 35% des Zementsteinvolumens, das entspricht etwa 30 bis 100 l je m^3 Beton, betragen. Hiermit lassen sich Steigerungen der Druck- und der Zugfestigkeit von etwa 50 bis 300% erzielen (Bilder 4.6-1 und 4.6-2). Der E-Modul kann auf über 50000 N/mm^2 ansteigen (Bilder 4.6-2 und 4.6-3), häufig wächst er auf etwa den doppelten Wert an. Messungen zum Kriechverhalten ergaben extrem niedrige Kriechmaße von etwa 1/10 des Normalbetons. Nach Untersuchungen in den USA bleiben die Eigenschaften des polymerisierten Betons bei Temperaturen bis zu etwa 140 °C nahezu unverändert, selbst wenn thermoplastische Kunstharze verwendet worden sind.

Die Kosten für polymerisierten Beton betragen das zwei- bis zehnfache der von Normalbeton. Dieser hohe Aufwand ist in den meisten Anwendungsfällen nur gerechtfertigt, wenn außer einer sehr hohen Druckfestigkeit auch die übrigen günstigeren Eigenschaften von Bedeutung sind und genutzt werden können, z. B. der verbesserte Widerstand gegen chemische Angriffe und die Undurchlässigkeit. Hierfür wird aber in vielen Fällen anstelle einer vollständigen Tränkung über die ganze Dicke die Imprägnierung einer 1 bis 3 cm dicken Außenschicht ausreichen. Dafür genügt bei autoklavbehandeltem Beton ein Eintauchen in ein Monomer ohne vorhergehendes Evakuieren und ohne Druckkessel.

4.6 Tränkung (Imprägnieren)

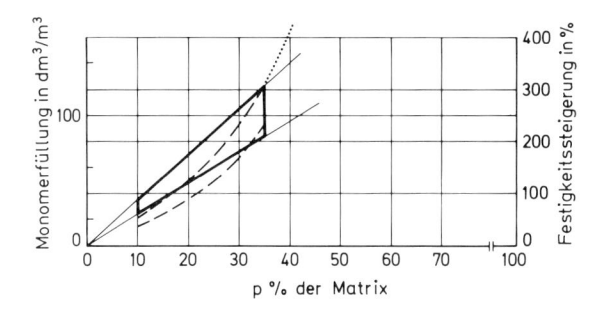

Bild 4.6-1 Einfluß einer Tränkung des Betons mit einem Monomer und nachfolgender Polymerisation auf die Druckfestigkeit [4-82]

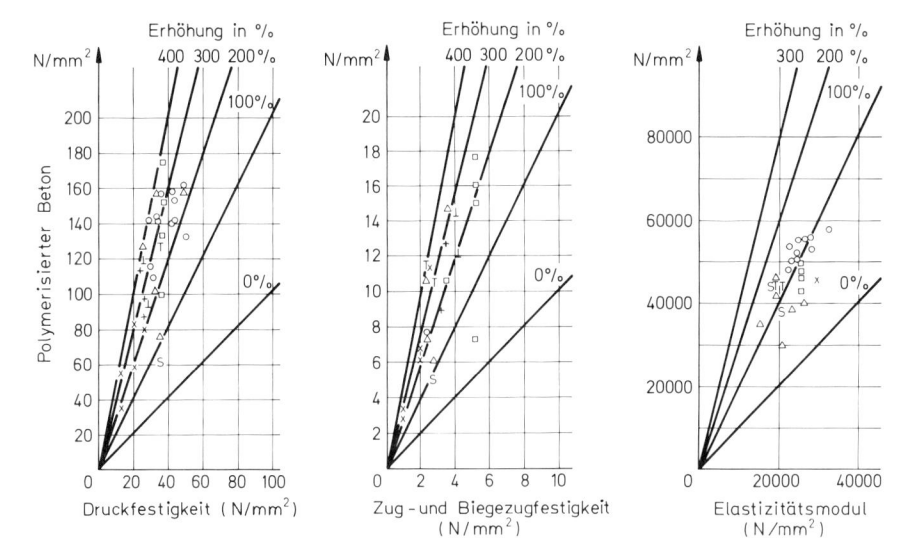

Bild 4.6-2 Einfluß einer Tränkung des Betons mit einem Monomer mit nachfolgender Polymerisation auf verschiedene Festbetoneigenschaften [4-82]

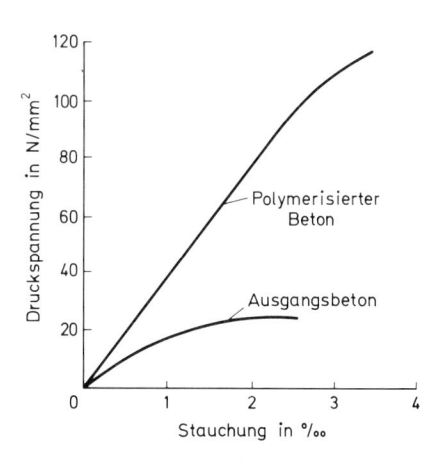

Bild 4.6-3 Arbeitslinie von polymerisiertem Beton [4-83]

4.6.3 Schwefel

Eine ähnliche Wirkung wie eine Porenfüllung mit polymerisierbarem Harz hat die Tränkung des Betons mit geschmolzenem Schwefel. Bei diesem Verfahren muß der Beton ebenfalls bei Temperaturen knapp über 100 °C getrocknet werden. Anschließend wird das noch warme Bauteil in geschmolzenen Schwefel ($\approx$ 120 °C) getaucht und dort etwa 3 h belassen. Dann wird es bei Raumtemperatur an der Luft abgekühlt. Damit ist der Vorgang beendet.

Eine verbesserte Porenfüllung wird erreicht, wenn die Tränkung unter Anlegen eines Vakuums erfolgt.

Durch die Tränkung mit Schwefel werden enorme Festigkeitssteigerungen erzielt, z. B. bei einem Wasserzementwert von 0,70 um das 12fache und eine Festigkeit von über 100 N/mm^2 bereits im Alter von 2 Tagen. Auch die Undurchlässigkeit und die damit zusammenhängenden Eigenschaften, wie der Widerstand gegen chemische Angriffe und der Frostwiderstand, werden sehr verbessert und der E-Modul erhöht.

Prozentual am stärksten ist die Wirkung einer Schwefeltränkung bei Ausgangsmischungen mit hohem Wasserzementwert und dementsprechend hoher Porosität.

Im Gegensatz zum polymerisierten Beton, wo die Verwendung bei Ausgangsmischungen mit hoher Porosität wegen des hohen Preises des Harzes in der Regel unwirtschaftlich ist, kann die Verbesserung poriger Ausgangsbetone mit Schwefel durchaus zweckmäßig sein. Schwefel ist billig, und die Tränkung des Betons dürfte deshalb keine hohen Kosten verursachen [4-84].

Die Schwefeltränkung eignet sich gut für Betonfertigteile. Mögliche Anwendungsgebiete sind Rohre, Schleuderbetonpfähle, Eisenbahnschwellen, landwirtschaftliche Silos und kleinformatige Fertigteile, wie z. B. Gehwegplatten und Bordsteine [4-85].

5 Frischbeton

5.1 Verarbeitbarkeit und Konsistenz

5.1.1 Begriffsbestimmung

Unter Verarbeitbarkeit versteht man das Verhalten des Frischbetons beim Mischen, Transport, Fördern (auf der Baustelle) Einbringen, Verdichten und Abgleichen. Eine auf die Geometrie der Bauteile und die Ausführungstechnik abgestellte Verarbeitbarkeit ist Voraussetzung, um die in der Betonzusammensetzung angelegten Festbetoneigenschaften auch im Bauwerk zu erreichen. Die Verarbeitbarkeit entzieht sich einer quantitativen Erfassung. Sie wird wesentlich durch die Konsistenz bestimmt.

Unter Konsistenz versteht man den Steifezustand des Frischbetons. Er kann erdfeucht, steif, plastisch, weich oder als Fließbeton sogar nahezu flüssig sein. Die Konsistenz wird durch Konsistenzmaße gemäß Abschnitt 5.1.3 beschrieben, die bei anwendungsbezogener Auswahl eine Beurteilung der Verarbeitbarkeit ermöglichen.

Im Gegensatz zur Konsistenz ist die Verarbeitbarkeit keine numerische Größe, sondern eine relative Qualität. So wäre z. B. Massenbeton, der beim Betonieren eines Staudamms gut verarbeitbar ist, für feingliedrige, dicht bewehrte Bauteile unverarbeitbar. Steifplastischer Beton, der mit Hochfrequenzrüttlern einwandfrei verdichtet werden kann, läßt sich in bewehrten Bauteilen nicht verarbeiten, wenn Rüttler nicht benutzt werden können. Fließbeton ist für die Mehrzahl der Anwendungsfälle der Frischbeton mit der besten Verarbeitbarkeit. Er ist aber ungeeignet für Bauteile, die sofort entschalt werden sollen und deshalb eine hohe Grünstandfestigkeit des Betons erfordern (s. Abschn. 5.4) oder für Bauteile mit einer Oberflächenneigung von mehr als 2 bis 3 %.

5.1.2 Anforderungen und Einflüsse

5.1.2.1 Allgemeines

Die erforderliche Konsistenz richtet sich nach dem Verwendungszweck und den Einbaumöglichkeiten des Frischbetons. Sie ist so zu wählen, daß sich der Beton nicht entmischt und praktisch vollständig verdichtet werden kann. Der Einfluß der Konsistenz auf die Verarbeitbarkeit ist unterschiedlich und z. T. entgegengesetzt. Je weicher der Frischbeton, desto leichter läßt er sich i. allg. einbringen und verdichten. Jedoch neigt weicher Beton eher zum Entmischen als plastischer Beton mit gutem Zusammenhaltevermögen.

Konsistenz und Verarbeitbarkeit sind abhängig von der Betonzusammensetzung, insbesondere vom Wassergehalt, vom Gehalt an Feinststoffen sowie von Kornzusammensetzung und Art des Zuschlags. Sie können durch bestimmte Zusatzmittel und Zusatzstoffe beeinflußt werden.

5.1.2.2 Wassergehalt und Wasserzementwert

Wassergehalt

Mit steigendem Wassergehalt wird die Konsistenz weicher. Die Verarbeitbarkeit ist jedoch nicht um so besser, je nasser die Mischung ist. Ein zu nasser bzw. zu flüssiger Beton neigt zum Entmischen. Es können Kiesnester entstehen, oder es bildet sich übermäßig viel wäßrige Schlempe an der Oberfläche und erschwert deren Bearbeitung. Aus diesem Grunde darf Beton mit einem Ausbreitmaß über 48 cm nur als Fließbeton (s. Abschn. 5.1.5) hergestellt werden. Dabei wird die fließfähige Konsistenz nicht durch einen erhöhten Wassergehalt, sondern durch nachträgliche Zugabe eines Fließmittels (s. Abschn. 2.3.6.1) zu einem steifen bis plastischen Ausgangsbeton erzielt.

Dem Beton sollte grundsätzlich nicht mehr Wasser zugemischt werden, als für eine weiche Konsistenz erforderlich ist. Enthält der Frischbeton andererseits zu wenig Wasser, so ist das Einbringen und Verdichten erschwert. Auch zu trockener Frischbeton kann sich entmischen, indem das Grobkorn beim Schütten zum Rand des Schüttkegels rollt, weil der Beton keinen genügenden Zusammenhang hat.

Allgemein gilt, daß der Beton mit dem geringsten Wassergehalt eingebaut werden soll, der noch eine ordnungsgemäße Verarbeitung erlaubt. In Abschnitt 3.2.1 ist erläutert, welcher Wasseranspruch für eine bestimmte Frischbetonkonsistenz besteht und wie dieser Wasseranspruch durch andere Einflüsse verändert wird.

Wasserzementwert

Der Wasserzementwert beeinflußt die Frischbetonkonsistenz nur wenig. Durch entsprechende Wahl der Zementleimmenge und Abstimmung auf Zusammensetzung und Art des Zuschlags kann mit allen üblichen Wasserzementwerten Beton fast jeder Konsistenz hergestellt werden.

5.1.2.3 Feinststoffe

Mit steigendem Gehalt an Feinststoffen (Mehlkorn + Feinstsand) wird im allgemeinen das Zusammenhaltevermögen und die Verarbeitbarkeit des Frischbetons verbessert. Abschnitt 3.2.3 enthält Hinweise über den zweckmäßigen Feinststoffgehalt.

Der Feinststoffgehalt ist jedoch auf das für eine ausreichende Verarbeitbarkeit notwendige Maß zu beschränken, weil ein zu hoher Gehalt den Wasseranspruch für eine bestimmte Konsistenz erhöht wodurch wesentliche Festbetoneigenschaften ungünstig beeinflußt werden können.

5.1.2.4 Zuschlag

Kornzusammensetzung und Art des Zuschlags wirken sich nicht nur auf den Wasseranspruch für eine bestimmte Konsistenz aus (s. Abschn. 3.2.1), sie beeinflussen die Verarbeitbarkeit auch unmittelbar. Betone mit unterschiedlicher Kornzusammensetzung oder mit Zuschlägen, die hinsichtlich Kornform und Oberflächenrauhigkeit unterschiedlich beschaffen sind, können bei gleicher Konsistenz unterschiedlich verarbeitbar sein.

Je grobkörniger das Zuschlaggemisch ist, desto weicher wird die Konsistenz bei gleichem Wassergehalt. Beton mit grobkornreichem Zuschlag ist jedoch schwerer verarbeitbar als feinkornreicher Beton mit gleicher Konsistenz. Er kann sich beim Fördern und auch beim Einbringen leichter entmischen, insbesondere bei dichter Bewehrung oder enger Schalung.

5.1 Verarbeitbarkeit und Konsistenz

Die Verarbeitbarkeit von Betonen mit gebrochenem Zuschlag (Splitt) wird vielfach als ungünstiger angesehen als die von Beton mit Rundkorn. Man kann jedoch auch mit gebrochenem Zuschlag Beton mit ausreichender Verarbeitbarkeit herstellen. Hierfür ist es u. U. nötig, eine von den Regelsieblinien der DIN 1045 abweichende Kornzusammensetzung zu wählen [5-1]. Dabei sollte im Sandbereich ≤ 2 mm die Sieblinie im Bereich der Regelsieblinie B und im Splittbereich ≥ 4 mm im Bereich der Regelsieblinie A liegen. Der Verzicht auf die Korngruppe 2/4 mm (Ausfallkörnung) hat sich bewährt [5-2].

Die Kornzusammensetzung ist dann günstig, wenn der Beton bei der baustellenüblichen Verdichtungsmethode eine hohe Beweglichkeit hat. Dabei kann für Splittbeton u. U. eine etwas steifere Konsistenz hingenommen werden, ohne daß die Fließfähigkeit unter Rütteleinwirkung nennenswert beeinträchtigt ist. Im Feinbereich wird man auch hier in der Regel auf rundkörnigen Natursand zurückgreifen, weil die Mörtelmatrix bei Verwendung von scharfkantigem Brechsand zu sperrig und zu wenig fließfähig ist. Steht nur Brechsand zur Verfügung, so müssen aus Gründen der Verarbeitbarkeit der Sandgehalt etwas angehoben und auch der Wassergehalt erhöht werden.

5.1.2.5 Zusatzmittel und Zusatzstoffe

Zusatzmittel

Neben den Fließmitteln beeinflussen auch normale Verflüssiger die Konsistenz und Verarbeitbarkeit stark. Sie können z. B. einen steifplastischen Beton in einen weichplastischen umwandeln. Sie verbessern in der Regel auch das Zusammenhaltevermögen des Frischbetons und vermindern die Neigung zum Entmischen. Auf diese Weise ist es möglich, Anmachwasser einzusparen und trotzdem einen Beton mit verbesserter Verarbeitbarkeit zu erhalten, der den Raum zwischen benachbarten Bewehrungsstäben vollständig ausfüllt, diese satt umhüllt und der sich auch bei längerem Transport oder unter schwierigen Einbauverhältnissen nicht entmischt.

Auch andere Betonzusatzmittel, wie Verzögerer, Dichtungsmittel oder Luftporenbildner, enthalten häufig eine verflüssigende Komponente, die bei unverändertem Wassergehalt die Verarbeitbarkeit verbessert bzw. bei bereits ausreichender Verarbeitbarkeit eine Wassereinsparung erlaubt. Dies wirkt sich günstig auf die Festbetoneigenschaften aus.

Einen erheblichen Einfluß auf die Verarbeitbarkeit haben luftporenbildende Zusatzmittel. Sie verleihen dem Frischbeton einen besonders guten Zusammenhalt und verhindern wirkungsvoll das Entmischen und Wasserabsondern. Die Verbesserung der Verarbeitbarkeit ist besonders ausgeprägt bei zement- und mehlkornarmen Mischungen. Die Luftporen vergrößern die Feinmörtelmenge und führen auch bei geringem Feinststoffgehalt zu einer ausreichenden Verarbeitbarkeit. Wo zusätzliche Luftporen nicht erwünscht sind, kann eine ähnliche Verbesserung des Zusammenhaltevermögens durch Zugabe eines Stabilisierers erreicht werden (siehe Abschnitt 2.3.6.7).

Zusatzstoffe

Feinkörnige Betonzusatzstoffe (s. Abschn. 2.4) können ebenfalls die Verarbeitbarkeit verbessern, indem sie den Feinmörtel geschmeidiger und zusammenhängender machen. Sie wirken insbesondere bei zement- und feinststoffarmen Mischungen günstig. Für die Verbesserung der Verarbeitbarkeit ist vor allem der Anteil an Korn unter 0,125 mm maßgebend. Bei Betonzusammensetzungen mit ausreichender Feinststoffmenge, insbesondere mit einem hohen Zementgehalt, können solche Zusatzstoffe jedoch auch die Verarbeitbarkeit verschlechtern bzw. den Wasseranspruch für eine bestimmte Konsistenz erhöhen.

5.1.3 Konsistenzmaße

Zur Bestimmung der Konsistenz wurde eine Vielzahl von Prüfverfahren entwickelt, die sich in der Simulation der tatsächlichen Verarbeitungsbedingungen, dem Geräteaufwand, der Handhabbarkeit auf der Baustelle und der Reproduzierbarkeit der Ergebnisse unterscheiden. Die Brauchbarkeit und Aussagefähigkeit der einzelnen Verfahren ist vielfach auf einen, zumindest aber auf benachbarte Konsistenzbereiche (s. Abschn. 5.1.4) begrenzt. Die dabei benutzten Kennwerte bezeichnet man als Konsistenzmaße. Im Hinblick auf die o. g. Einsatzkriterien werden vorzugsweise das Verdichtungs-, das Ausbreit- und das Setzmaß benutzt [5-3, 5-4].

Bei allen Verfahren wird das Fließverhalten des Frischbetons bei definierter Zufuhr an Verarbeitungsenergie bestimmt bzw. die Energie, die erforderlich ist, um eine definierte geometrische Umformung des Betons herbeizuführen. Das Fließverhalten wird durch den Zusammenhang zwischen einer einwirkenden Scherbeanspruchung τ und dem Scherwinkel γ bzw. der Schergeschwindigkeit $\dot{\gamma} = d\gamma/dt$ beschrieben (Bild 5.1-1). Es entspricht für Beton näherungsweise dem eines BINGHAM-Mediums. Dieses Medium ist dadurch gekennzeichnet, daß es sich für Scherbeanspruchungen unterhalb der Fließspannung τ_f wie ein elastischer Festkörper, oberhalb von τ_f wie eine NEWTONsche Flüssigkeit verhält. Es gilt:

$$\tau = \tau_f + \eta \cdot \dot{\gamma} \; [N/m^2]$$

mit

γ Scherwinkel [–]
$\dot{\gamma} = d\gamma/dt$ Schergeschwindigkeit $[s^{-1}]$
η Zähigkeit $[\frac{N \cdot s}{m^2}]$

Das bedeutet, daß zunächst eine bestimmte Scherspannung überschritten werden muß, um das Material zum Fließen zu bringen.

Für die Verarbeitbarkeit des Betons ist die Fließspannung und das Verhalten oberhalb der Fließspannung maßgebend. Zur Beschreibung dieses Verhaltens sind mindestens 2 Wertepaare τ, $\dot{\gamma}$ erforderlich [5-5, 5-6]. Die üblichen Prüfverfahren arbeiten im übertragenen Sinn mit konstanter Verformungsgeschwindigkeit bzw. Schergeschwindigkeit und liefern nur einen Punkt der o. g. Beziehung. Sie können deshalb kein vollständiges Bild von

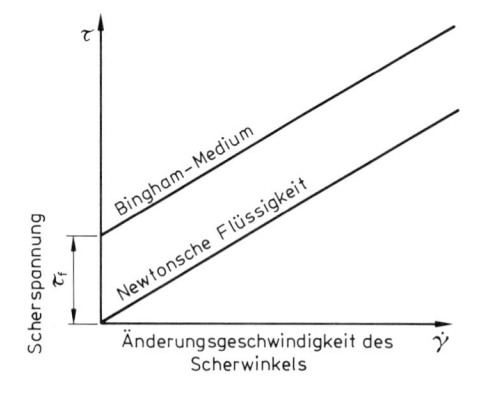

Bild 5.1-1   Zusammenhang zwischen Schergeschwindigkeit $\dot{\gamma} = d\gamma/dt$ und Scherwiderstand

5.1 Verarbeitbarkeit und Konsistenz

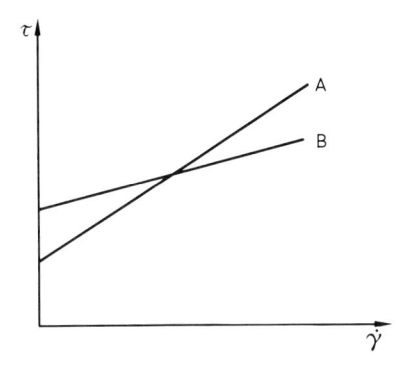

Bild 5.1-2 Einfluß der Verformungsgeschwindigkeit $\dot{\gamma}$ auf den Verformungswiderstand

Konsistenz und Verarbeitbarkeit vermitteln. Z. B. ist der Beton B in Bild 5.1-2 bei hoher Verformungsgeschwindigkeit leichter verformbar als der Beton A. Ein Prüfverfahren, bei dem der Beton mit niedriger Verformungsgeschwindigkeit untersucht wird, würde aber den Beton A als verformungswilliger ausweisen.

5.1.3.1 Verdichtungsmaß (s. DIN 1048 Teil 1)

Der gut durchgemischte Beton wird in einen 40 cm hohen, oben offenen Kasten mit 20 cm × 20 cm Querschnitt lose eingefüllt, mit einem Lineal abgestrichen und durch Rütteln verdichtet. Das Verdichtungsmaß v ist das Verhältnis der Höhe des locker eingefüllten Betons zur Höhe des verdichteten Betons.

Das Meßverfahren beruht darauf, daß der Beton beim Einfüllen durch den Aufprall eine Vorverdichtung erfährt. Sie ist um so ausgeprägter, je weicher der Beton ist. Entsprechend weniger sackt er beim anschließenden Rütteln zusammen. Weicher Beton hat daher ein kleines, steifer Beton ein großes Verdichtungsmaß.

Bild 3.2-1 auf S. 116 zeigt den Zusammenhang zwischen dem Verdichtungsmaß und dem Wassergehalt für Betone mit Zuschlaggemischen nach den Regelsieblinien der DIN 1045. Im Bereich steifer bis plastischer Konsistenz besteht ein nahezu linearer degressiver Zusammenhang. Bei Beton mit weicher Konsistenz bewirkt jedoch bereits eine geringe Änderung des Wassergehalts eine große Änderung des Verdichtungsmaßes. Die Empfindlichkeit des Meßverfahrens ist in diesem Bereich sehr groß und die Reproduzierbarkeit der Ergebnisse entsprechend gering.

Das Verdichtungsmaß ist vorzugsweise für steifen und plastischen Beton geeignet. Der Prüfaufwand ist gering.

5.1.3.2 Ausbreitmaß (s. DIN 1048 Teil 1)

Beim Ausbreitversuch wird der in einer entsprechenden Form zu einem Kegelstumpf geformte und durch leichtes Stampfen verdichtete Frischbeton durch Schocken auf einem speziellen Tisch zu einem Kuchen ausgebreitet. Das Ausbreitmaß ist der mittlere Durchmesser des Kuchens nach 15maligem Fallenlassen des Ausbreittischs. Der Beton muß nach dem Ausbreiten geschlossen und gleichförmig sein.

Das Ausbreitmaß ist nur für Beton mit plastischer und weicher Konsistenz sowie für Fließbeton geeignet.

Aufgrund der einfachen Versuchseinrichtung ist der Ausbreitversuch, ebenso wie der Verdichtungsversuch, auch für die Baustelle gut geeignet.

5.1.3.3 Setzmaß (s. ASTM C 143 bzw. ISO 4109–1980)

Das Setzmaß (Slump) nach ABRAMS ist das im Ausland am häufigsten verwendete Konsistenzmaß. Die Versuchseinrichtung ist sehr einfach. Gemessen wird die Höhenabnahme, die ein 30 cm hoher Betonkegelstumpf mit 10 cm oberem Durchmesser und 20 cm unterem Durchmesser beim Ziehen der Form unter seinem Eigengewicht erfährt. Das Verfahren wird in DIN 1048 Teil 1 als Trichterversuch bezeichnet.

Ebenso wie das Ausbreitmaß eignet sich das Setzmaß nur für plastischen und weichen Beton, bedingt auch für Fließbeton.

5.1.3.4 VEBE-Grad (s. z. B. ISO 4110)

Bei diesem Prüfverfahren, in DIN 1048 Teil 1 als Setzzeitversuch bezeichnet, wird die Zeit gemessen, die erforderlich ist, um einen Betonkegelstumpf von 30 cm Höhe, 10 cm oberem Durchmesser und 20 cm unterem Durchmesser auf einem genormten Rütteltisch unter gleichzeitiger Einwirkung einer Auflast in einen Zylinder von 24 cm Durchmesser umzuformen.

Der Kennwert VEBE-Grad (Setzzeit) ist besonders für Beton mit steifer und steifplastischer Konsistenz geeignet. Bei weicherem Beton ist die Trennschärfe weniger befriedigend. Der apparative Aufwand ist relativ hoch.

5.1.3.5 Auslaufzeit nach Werse [5-7]

Die Prüfeinrichtung (Bild 5.1-3) besteht aus einem Behälter, wie er zur Ermittlung des Verdichtungsmaßes verwendet wird, jedoch mit einer einseitigen unteren Auslauföffnung von 100 mm Höhe, und einer Auslaufrinne. Behälter und Rinne werden auf einen Rütteltisch montiert.

Der Behälter wird zunächst so gegen die mit einer Schaumgummidichtung versehene Stirnseite der Rinne gerückt, daß die Auslauföffnung verschlossen ist. Er wird mit Beton

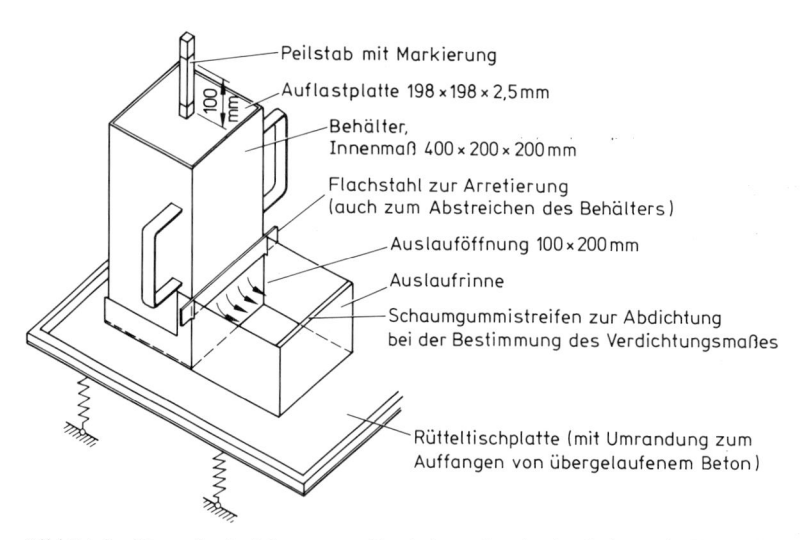

Bild 5.1-3 Versuchseinrichtung zur Ermittlung der Auslaufzeit nach WERSE [5-7]

5.1 Verarbeitbarkeit und Konsistenz

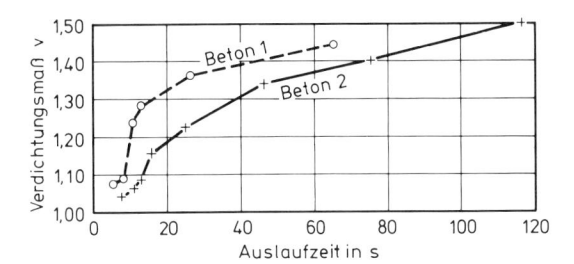

Bild 5.1-4 Zusammenhang zwischen Auslaufzeit nach WERSE [5-7] und Verdichtungsmaß
Beton 1: 300 kg/m³ PZ 35 F, 50 kg/m³ Traß,
      Zuschlag: Rheinmaterial, unstetige Sieblinie
Beton 2: 300 kg/m³ HOZ 35 L, kein Zusatzstoff,
      Zuschlag: Basaltedelsplitt + Grubensand, unstetige Sieblinie

gefüllt und das Verdichtungsmaß, wie unter 5.1.3.1 beschrieben, bestimmt. Danach wird unter Rütteln Beton nachgefüllt.
Anschließend bestimmt man die Auslaufzeit der durch Rütteln vorverdichteten Probe. Dazu wird der Behälter an das andere Ende der Rinne verschoben, wobei die Auslauföffnung frei wird, eine Auflastplatte mit Peilstab auf die Betonoberfläche gesetzt, der Rütteltisch eingeschaltet und die Zeit gemessen, bis der Betonspiegel um 10 cm abgesunken ist.
Ein Blick in die Rinne vermittelt zusätzlich einen Eindruck vom Zusammenhalt, Wasserabsondern und anderen Verarbeitungseigenschaften des Betons.
Bild 5.1-4 zeigt den Zusammenhang zwischen Verdichtungsmaß und Auslaufzeit für zwei unterschiedliche Betone, bei denen ausgehend von einer steifen Konsistenz stufenweise Wasser zugegeben wurde, bis schließlich eine weiche Konsistenz erreicht war. Man erkennt, daß bei jeweils gleichem Verdichtungsmaß der Beton 1 leichter durch Rütteln zu verdichten ist als der Beton 2. Bei gleicher Fließfähigkeit kommt man bei Beton 1 mit etwa 10 l Wasser/m³ weniger aus als bei Beton 2.
Die Auslaufzeit gibt Auskunft über das Fließverhalten des Betons unter Rütteleinwirkung, d. h. unter praxisnahen Verarbeitungsbedingungen. Sie ermöglicht in Verbindung mit Eignungsprüfungen die Wahl einer für die Rüttelverdichtung optimalen Kornzusammensetzung des Zuschlags.

5.1.3.6 Eindringmaße

Die folgenden Verfahren eignen sich weniger zur Messung der Konsistenz, können aber dazu benutzt werden, um das Ansteifen des bereits verdichteten Betons zu verfolgen.

Betonsonde nach Humm [5-8]

Ein Rundstab wird durch ein Fallgewicht bis zu einer vorgegebenen Eindringtiefe in den verdichteten Frischbeton gerammt. Die Zahl der dazu erforderlichen Schläge ist ein Maß für die Steife des Betons zum Zeitpunkt der Prüfung.

Kegelfallgerät nach DIN 272

Ein mit einer Führungsstange verbundener Kegel fällt aus 15 cm Höhe auf die Oberfläche des verdichteten Frischbetons. Die Eindringtiefe in Abhängigkeit von der Zeit gibt Auskunft über das Ansteifen des Betons.

Beton-Penetrometer nach ASTM C 403-77

Hier wird der Widerstand gemessen, der überwunden werden muß, um einen Bolzen 25 mm tief in den verdichteten Frischbeton hineinzudrücken. Je nach dem Erstarrungsgrad können Bolzen mit einem Durchmesser von 5 bis 30 mm verwendet werden.

5.1.4 Konsistenzbereiche

Um den Beton hinsichtlich seiner Verarbeitbarkeit zu charakterisieren, hat sich die Einführung von Konsistenzbereichen als zweckmäßig erwiesen. DIN 1045 unterscheidet die Bereiche KS (steif), KP (plastisch), KR (Regelkonsistenz, weich) und KF (fließfähig). Sie sind durch die in Tabelle 5.1-1 angegebenen Ausbreit- und Verdichtungsmaße gegeneinander abgegrenzt.

Tabelle 5.1-1 Konsistenzbereiche des Frischbetons

Konsistenzbereiche		Ausbreitmaß a cm	Verdichtungsmaß v
Bezeichnung	Symbol		
steif	KS	–	$\geq 1{,}20$
plastisch	KP	35–41	1,19–1,08*)
weich	KR	42–48	1,07–1,02*)
fließfähig	KF	49–60	–

*) Zu empfehlen für Splittbeton, sehr mehlkornreichen Beton, Leicht- oder Schwerbeton im Konsistenzbereich KP und KR.

Die geforderte Konsistenz kann innerhalb der einzelnen Bereiche durch Angabe eines bestimmten Ausbreitmaßes oder Verdichtungsmaßes näher bezeichnet werden. Da für die verschiedenen Betone kein fester Zusammenhang zwischen den einzelnen Konsistenzmaßen besteht – einem bestimmten Ausbreitmaß kann z. B. bei Kiesbeton ein anderes Verdichtungsmaß zugeordnet sein als bei Splittbeton – ist das Prüfverfahren vorher zu vereinbaren.

Die Konsistenz des Frischbetons in den einzelnen Bereichen läßt sich wie folgt beschreiben:

KS (steifer Beton)

Der Feinmörtel des Betons ist etwas nasser als erdfeucht. Der Frischbeton lagert sich beim Schütten noch lose. Er läßt sich durch kräftig wirkende Rüttler oder durch kräftiges Stampfen in dünner Schüttlage verdichten.

Steifer Beton wird verwendet für massige, unbewehrte oder schwach bewehrte Bauteile (z. B. Brückenpfeiler, Stützmauern), für Betonfahrbahnen und für Betonwaren, die sofort entschalt werden sollen. Er ist ungeeignet für Bauteile in enger Schalung oder mit dichter Bewehrung. Aufgrund des geringen Wasseranspruchs ergibt sich für einen bestimmten Mindestzementgehalt ein relativ niedriger Wasserzementwert und somit bei guter Verdichtung eine hohe Festigkeit. Bei ungenügender Verdichtung, z. B. durch Handstampfer, ergeben sich leicht Nester, mangelhafte Dichtigkeit und unbefriedigende Sichtflächen. Schwinden und Kriechen sind bei steifem Beton niedriger als bei Beton mit weicher Konsistenz. Beim Transport und Verdichten ist die Entmischungsneigung gering. Nur steifer

5.1 Verarbeitbarkeit und Konsistenz

Beton darf als Transportbeton in Fahrzeugen ohne Mischer oder Rührwerk befördert werden. Sehr steifer Beton kann nicht gepumpt werden, weil er sich beim Schütten lose lagert und sich deshalb aus dem Ansaugtrichter nicht ansaugen läßt. Mit Hilfe verflüssigender Zusatzmittel (s. Abschn. 2.3.6.1) kann steifer Beton zur Verbesserung seine Verarbeitbarkeit ohne Veränderung seiner Zusammensetzung in plastischen oder weichen Beton oder sogar in Fließbeton umgewandelt werden.

KP (plastischer Beton)

Der Feinmörtel des Betons ist weich. Beim Schütten fällt der Frischbeton schollig bis knapp zusammenhängend. Plastischer Beton wird am besten durch Rütteln verdichtet, notfalls auch durch Stochern oder Stampfen.

Plastischer Beton ist besonders geeignet für alle bewehrten und unbewehrten Bauteile, von denen nicht nur eine genügend hohe Festigkeit, sondern auch eine möglichst gute Dichtigkeit und Widerstandsfähigkeit des Betons gegen chemische Einwirkungen und ggf. auch eine besondere Qualität der Sichtflächen verlangt werden.

KR (weicher Beton, Regelkonsistenz)

Der Feinmörtel des Betons ist flüssig. Beim Schütten verhält sich der Frischbeton schwach fließend. Weicher Beton läßt sich durch kurzes Rütteln oder durch Stochern leicht verdichten. Bei längerem Rütteln entmischt er sich jedoch eher als plastischer oder steifer Beton.

Beton mit weicher Konsistenz ist besonders geeignet für Bauteile in enger Schalung und mit dichter Bewehrung, wird heute aber aufgrund seiner leichten Verarbeitbarkeit zunehmend auch für solche Bauaufgaben eingesetzt, wo plastischer Beton – bei etwas höherem Verarbeitungsaufwand – ebenfalls verwendet werden könnte.

KR bezeichnet die Regelkonsistenz. Im allgemeinen und insbesondere, wenn bei der Bestellung keine besonderen Angaben erfolgen, soll stets Beton dieser Konsistenz ausgeliefert werden. Er ist relativ leicht verarbeitbar und unempfindlich gegen Einbau- und Verdichtungsfehler, so daß selbst bei weniger sachkundiger Arbeit meist noch ein geschlossenes Gefüge und eine dichte Betondeckung der Stahleinlagen entsteht.

Die weiche Konsistenz kann durch einen erhöhten Wassergehalt oder die Zugabe von Fließmitteln erreicht werden [5-9]. Im ersten Fall muß, um die geforderte Festigkeit und die sonstigen Festbetoneigenschaften zu erreichen, auch der Zementgehalt entsprechend dem hierfür benötigten Wasserzementwert höher sein. Deshalb ist weicher Beton von den Stoffkosten her teurer als plastischer oder steifer Beton. Aufgrund des höheren Wasserzusatzes schwindet und kriecht weicher Beton stärker als plastischer Beton. DIN 4227 Teil 1 sieht für Beton der Konsistenz KR um 25 % höhere, für KS um 25 % niedrigere Kriechzahlen und Schwindmaße vor als für Beton der Konsistenz KP. Bei Verwendung von Fließmitteln dürfen jedoch die genannten Kennwerte entsprechend der Ausgangskonsistenz vor Zugabe des Fließmittels angesetzt werden (siehe auch [5-10, 5-11]).

KF (fließfähiger Beton)

Beton mit dieser Konsistenz darf nur als Fließbeton (s. Abschn. 5.1.5) verwendet werden. Er hat eine nahezu flüssige Konsistenz und bei sachgemäßer Zusammensetzung ein gutes Zusammenhaltevermögen. Er erfordert im Vergleich zu Beton der Konsistenzen KS, KP und KR den geringsten Aufwand beim Fördern und Verarbeiten.

5.1.5 Fließbeton

Fließbeton ist ein Beton mit fließfähiger Konsistenz (s. Abschn. 5.1.4). Dazu wird einem Beton der Konsistenzbereiche KS (steif) oder KP (plastisch), dem sog. Ausgangsbeton, ein Fließmittel (s. Abschn. 2.3.6.1) – im allgemeinen nachträglich – zugemischt. Im übrigen bleibt die Betonzusammensetzung unverändert. Die verflüssigende Wirkung des Zusatzmittels klingt nach 30 bis 45 Minuten ab. Ab diesem Zeitpunkt entspricht das Ansteifen und Erstarren des Fließbetons weitgehend dem des Ausgangsbetons. Dies gilt grundsätzlich auch für die Festbetoneigenschaften.

Bei der Herstellung und Verarbeitung von Fließbeton sind neben den in den Abschnitten 3 und 4 behandelten allgemeinen Regeln noch einige zusätzliche Gesichtspunkte zu beachten [5-11 bis 5-19].

5.1.5.1 Konsistenz

Für ein ausreichendes Fließvermögen ist ein Ausbreitmaß von mindestens $a = 49$ cm erforderlich. Es soll aber nicht größer als 60 cm sein, weil der Beton sonst zum Sedimentieren neigt. Die beste Verarbeitbarkeit wird im allgemeinen bei Ausbreitmaßen zwischen 55 und 60 cm erreicht.

Eine Begrenzung des Ausbreitmaßes ist notwendig, wenn eine Bauteiloberfläche mit Gefälle herzustellen ist. Als Erfahrungswert gilt $a \leq 60 - 0{,}5\, n\sqrt{A}$. Dabei bezeichnet n die Neigung der Oberfläche in % und A den Einbauquerschnitt in dm^2 [5-15].

5.1.5.2 Ausgangsbeton

Der Ausgangsbeton muß so zusammengesetzt werden, daß er die jeweils geforderten Festbetoneigenschaften auch ohne Fließmittelzusatz erreichen würde. Als Frischbeton muß er ein gutes Zusammenhaltevermögen aufweisen. Er darf jedoch nicht zu zähklebrig sein, weil er sich sonst nicht ausreichend verflüssigen läßt. Das Zusammenhaltevermögen kann durch die Kornzusammensetzung des Zuschlags sowie durch Art und Menge des Mehlkorns beeinflußt werden. Sehr grobkornreiche oder extrem feinkornreiche Zuschlaggemische sind zu vermeiden. Günstig ist ein stetiger Kornaufbau im oberen Bereich zwischen den Sieblinien A und B oder sogar noch etwas oberhalb der Sieblinie B, wobei sich im Sandbereich eine deutliche Anhebung über die Sieblinie B als zweckmäßig erwiesen hat (Bilder 3.1-1 bis 3.1-4). Für ein gutes Fließvermögen sind runde und glatte Zuschläge günstiger als kantige und rauhe.

Auch bei gutem Zusammenhaltevermögen des Fließbetons bleiben grobe Zuschlagkörner leicht in der Bewehrung hängen. Man sollte deshalb einen kleineren Größtkorndurchmesser und eine grobkornärmere Kornzusammensetzung als bei einem vergleichbaren Beton der Konsistenz KP oder KR wählen.

Für den Feinststoffgehalt bis 0,25 mm Korngröße (s. Abschn. 3.2.3) haben sich bei Zuschlag mit einem Größtkorn von 32 mm Mengen zwischen 360 und 420 kg/m^3 als zweckmäßig erwiesen [5-17]. Davon sollten mindestens 300 kg in Form von Zement vorliegen. Günstig sind i.allg. mittlere Zementgehalte von etwa 300 bis 350 kg/m^3.

Die Frischbetonkonsistenz des Ausgangsbetons muß im Bereich KS oder KP liegen [5-11]. Das Ausbreitmaß soll zwischen 30 und 41 cm oder das Verdichtungsmaß zwischen 1,40 und 1,10 liegen. Für die Herstellung von Verkehrsflächen aus frühhochfestem Fließbeton wird ein Ausgangsbeton mit einem Ausbreitmaß zwischen 25 und 33 cm oder mit einem Verdichtungsmaß zwischen 1,40 und 1,20 empfohlen [5-16].

5.1 Verarbeitbarkeit und Konsistenz

5.1.5.3 Dosierung des Fließmittels

Die Zugabemenge richtet sich nach der angestrebten Verflüssigung und Konsistenz, sie ist in einer Eignungsprüfung festzulegen. Damit das Fließmittel sich beim nachträglichen Untermischen gleichmäßig verteilt, ist die Mindestzugabemenge für Beton des Konsistenzbereiches KS auf 8 und für Beton des Konsistenzbereiches KP auf 4 cm^3/kg Zement festgelegt [5-11]. Die Höchstmenge darf den im Prüfbescheid des Fließmittels genannten Größtwert nicht überschreiten. Die Zugabemenge kann bis zu etwa 5 l/m^3 Beton betragen. Für die Beurteilung des Wasserzementwertes, zum Beispiel für Beton mit besonderen Eigenschaften, ist die gesamte Zusatzmittelmenge, wenn sie 2,5 l je m^3 Frischbeton oder mehr beträgt, dem Wassergehalt zuzurechnen.

Da die Dauer der verflüssigenden Wirkung begrenzt ist, sollte das Fließmittel dem Ausgangsbeton erst unmittelbar vor der Übergabe an der Verwendungsstelle zugemischt werden. Hat die verflüssigende Wirkung bis zum Zeitpunkt der Verarbeitung nachgelassen, kann durch Nachdosieren des Fließmittels erneut eine Verflüssigung erzielt werden (Bild 5.1-5). Die gleiche Fließmittelmenge bewirkt bei der zweiten Zugabe in der Regel sogar eine stärkere Verflüssigung als bei der ersten Zugabe. Beim Nachdosieren dürfen jedoch bei Zurechnung des Fließmittels zum Wassergehalt der bei der Eignungsprüfung festgelegte Wasserzementwert und die im Prüfbescheid festgelegte größte Zugabemenge nicht überschritten werden.

Beim Nachdosieren können verstärkt unerwünschte Nebenwirkungen auftreten. Bei luftporenhaltigem Beton kann sich der Luftporengehalt verändern. Bei Fließmitteln auf Melaminharzbasis kann er beträchtlich abnehmen, bei solchen auf Ligninsulfonatbasis dagegen zunehmen. Der Verlust an Luftporen kann u. U. den Frostwiderstand vermindern. Das Nachdosieren kann sich auch auf das Erstarrungsverhalten auswirken. Fließmittel auf Ligninsulfonatbasis führen dabei oft zu einer starken Verzögerung [5-19].

5.1.5.4 Einbringen und Verdichten

Fließbeton läßt sich gut auch durch Rohrleitungen mit kleinem Durchmesser pumpen. Zu tiefer gelegenen Einbaustellen fließt er von selbst über geneigte Rohre, Schüttrinnen oder Rutschen (Mindestneigung 1:4 bis 1:5) und breitet sich dort ziemlich weit aus, ohne einen

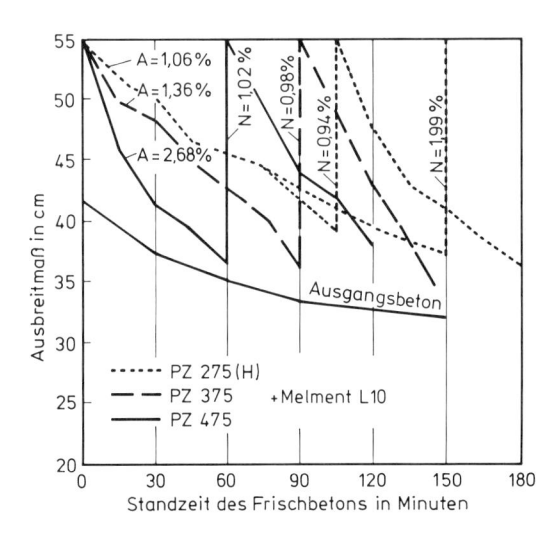

Bild 5.1-5 Konsistenzabnahme von Fließbeton bei erstmaliger und wiederholter Dosierung eines Fließmittels. Einfluß der Festigkeitsklasse des Zements [5-18]

370 kg Zement/m^3 Beton, $w/z = 0{,}468$
A = Anfangsdosierung,
N = Nachdosierung

hohen Schüttkegel zu bilden. Er nimmt bereits beim Einbringen eine weitgehend dichte Lagerung an und füllt die Schalung satt aus.

Beim Betonieren dünner Platten kann man oft auf eine gesonderte Verdichtung verzichten, wenn das Ausbreitmaß zwischen 55 und 60 cm gehalten wird. Lufteinschlüsse, die u. U. noch nach dem Einbringen vorhanden sind, entweichen beim Abziehen und Glätten der Oberfläche. Hierzu können auch leichte Rüttelbohlen benutzt werden. Ihre Verwendung ist besonders zweckmäßig, wenn der Fließbeton ein Ausbreitmaß unter 55 cm hat.

Beim Betonieren hoher, schlanker Bauteile, wie z. B. Wände, Stützen, hohe Balken, aber auch besonders dicke Platten, sollte der Fließbeton in jedem Falle verdichtet bzw. entlüftet werden, am besten durch leichtes Rütteln mit einem Innenrüttler, das wirksamer und zuverlässiger ist als Stochern. Eine Rüttelverdichtung ist auch immer dann zu empfehlen, wenn der Beton wasserundurchlässig oder besonders dicht sein soll. Bei zweckmäßig zusammengesetztem Fließbeton braucht man im Gegensatz zu sehr weich angemachtem Beton ohne Fließmittel auch bei intensivem Rütteln ein Entmischen nicht zu befürchten [5-12].

5.1.5.5 Anwendung

Die Anwendungsmöglichkeiten des Fließbetons ergeben sich aus seinen Frisch- und Festbetoneigenschaften. Von den Festbetoneigenschaften her kann Fließbeton für alle Bauaufgaben eingesetzt werden, für die der Ausgangsbeton auf Grund seiner Zusammensetzung geeignet ist. Eine Einschränkung der Anwendbarkeit ergibt sich aus dem Fließvermögen. Da sich die Oberfläche des Fließbetons von selbst annähernd horizontal einspiegelt, ist es nicht möglich, Bauteile mit stärker geneigter Oberfläche ohne obere Gegenschalung herzustellen. Die größte Neigung, bei der Fließbeton noch stehen bleibt und nicht zu stark schiebt, beträgt je nach dem gewählten Flüssigkeitsgrad etwa 2 bis 3 % (s. Abschn. 5.1.5.1). Da Fließbeton keine Grünstandfestigkeit besitzt, kann er auch für die Herstellung von Betonwaren, die kurz nach dem Betonieren entschalt werden sollen, nicht verwendet werden.

Die Verwendung von Fließbeton kann durch erhöhte Einbauleistungen, verminderten Personalbedarf und geringeren Geräteaufwand beim Fördern, Einbringen und Verdichten wirtschaftliche Vorteile bringen. Technische Vorteile ergeben sich dort, wo Beton mit anderer Konsistenz nur schwer eingebracht und verdichtet werden kann. Durch die hohen Einbauleistungen kann man bei Verwendung von Fließbeton Arbeitsfugen vermeiden oder zumindest ihre Zahl stark verringern. In Fertigteilwerken läßt sich durch Verwendung von Fließbeton die bei der Rüttelverdichtung entstehende Lärmbelästigung weitgehend ausschalten.

Neue Möglichkeiten des Fließbetons erscheinen noch nicht ausgeschöpft, z. B. bei Betonwaren und dünnwandigen, beidseits geschalten Fertigteil-, Schalen- bzw. Faltwerkselementen.

5.1.6 Konsistenzentwicklung

Die Konsistenz wird mit zunehmendem Alter des Frischbetons steifer. Dies ist im wesentlichen auf folgende Einflüsse zurückzuführen:

– Ansteifen und Erstarren des Zementleims
– Verdunsten von Wasser
– ggf. Wasseraufnahme der Zuschläge
– ggf. nachlassende Wirksamkeit verflüssigender Zusatzmittel.

5.1 Verarbeitbarkeit und Konsistenz

Die zeitliche Entwicklung der Konsistenz verdeutlicht Bild 5.1-6. Es zeigt den Verlauf des Ausbreitmaßes von Betonen mit der Ausgangskonsistenz KR. Der Frischbeton wurde während der Lagerung ständig mit Rührgeschwindigkeit bewegt. Innerhalb einer Stunde hat das Ausbreitmaß um 8 bis 14 cm abgenommen, d. h. aus dem ursprünglich weichen Beton ist ein plastischer bis steif-plastischer Beton geworden. Bei Fließbeton muß mit einer noch stärkeren Abnahme des Ausbreitmaßes gerechnet werden (Bild 5.1-5).

Um für Transportbeton bei der Übergabe auf der Baustelle das geforderte Konsistenzmaß zu gewährleisten, muß bei der Herstellung für die Konsistenz ein Vorhaltemaß berücksichtigt werden. Dazu sind erweiterte Eignungsprüfungen erforderlich, die den Einfluß der Betonausgangsstoffe, der Herstell-, der Transport- und der Umweltbedingungen und vor allem der Transportdauer auf das Ansteifen erfassen.

Der Einfluß des Zements auf die Konsistenzentwicklung kann durch die Prüfung von Zementmörtel im Rotationsviskosimeter abgeschätzt werden [5-21 bis 5-23]. Dabei wird die zeitliche Änderung des Scherwiderstandes gemessen (Bild 5.1-7).

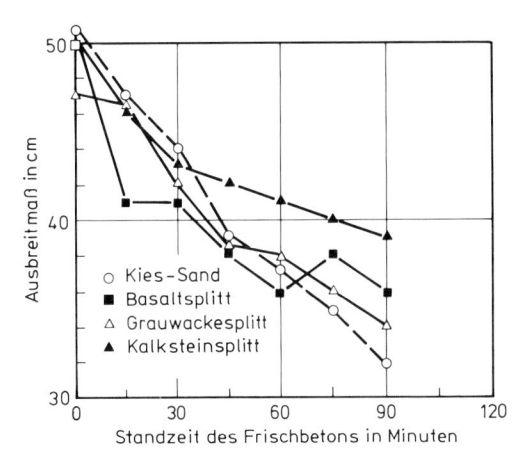

Bild 5.1-6 Zeitliche Veränderung des Ausbreitmaßes von Beton mit unterschiedlichen Zuschlägen [5-20]

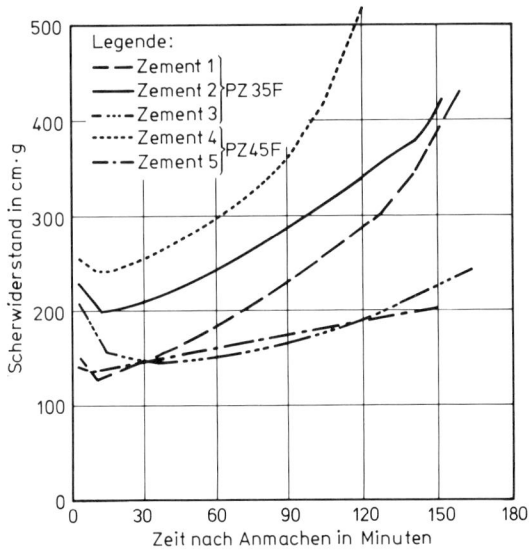

Bild 5.1-7 Zeitliche Änderung des Scherwiderstandes von Zementmörtel, gemessen mit einem Rotationsviskosimeter [5-22]

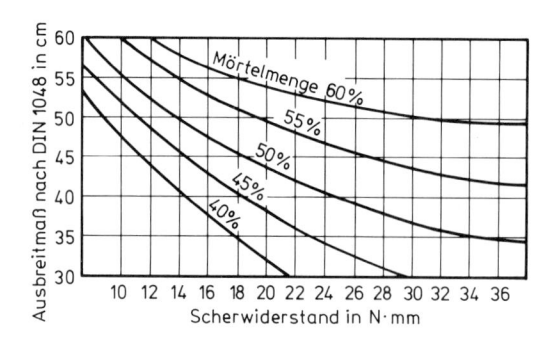

Bild 5.1-8 Zusammenhang zwischen dem mit einem Viskosimeter (Viscocorder) gemessenen Scherwiderstand des Mörtels, der Mörtelmenge und dem Ausbreitmaß des Frischbetons [5-23]

Nach Bild 5.1-8 besteht ein Zusammenhang zwischen dem Scherwiderstand des Zementmörtels (s. Abschn. 5.1.3), dem Mörtelgehalt des Betons und dem Beton-Ausbreitmaß.

Eine nachträgliche Konsistenzverbesserung durch Wasserzugabe ist nicht zulässig, weil dabei der Wasserzementwert ansteigt, wodurch wesentliche Festbetoneigenschaften beeinträchtigt werden. Sie kann ohne Nachteile nur durch Nachdosierung von Zementleim oder durch Zugabe eines Fließmittels vorgenommen werden.

5.2 Rohdichte

Die Frischbetonrohdichte $\varrho_{b,h}$ ist der Quotient aus der Masse $m_{b,h}$ und dem Volumen V_b des eingebauten und verdichteten Frischbetons.

$$\varrho_{b,h} = \frac{m_{b,h}}{V_b} \quad [\text{kg/dm}^3]$$

Zusammen mit der Konsistenz ermöglicht sie eine Kontrolle der Betonzusammensetzung und Verdichtung.

Die Frischbetonrohdichte hängt von der Rohdichte bzw. Dichte der einzelnen Mischungsbestandteile, der Betonzusammensetzung und dem Gehalt P an Luft- und Verdichtungsporen ab. Mit den im Abschnitt 3 gewählten Bezeichnungen (F Gehalt an Betonzusatzstoffen oder Füller) gilt

$$\varrho_{b,h} = \frac{m_{b,h}}{V_b} = \frac{Z+G+F+W}{\dfrac{Z}{\varrho_z} + \dfrac{G}{\varrho_{Rg}} + \dfrac{F}{\varrho_w} + \dfrac{W}{\varrho_w} + P} \quad [\text{kg/dm}^3]$$

Bei Zuschlag mit nennenswerter Wasseraufnahme (z.B. Leichtzuschlag) ist für ϱ_{Rg} die Kornrohdichte in kernfeuchtem Zustand einzusetzen.

Mit $G/Z = \gamma$, $F/Z = \varphi$ und $W/Z = w/z$ (Wasserzementwert) erhält man:

$$\varrho_{b,h} = \frac{1+\gamma+\varphi+w/z}{\dfrac{1}{\varrho_z} + \dfrac{\gamma}{\varrho_{Rg}} + \dfrac{\varphi}{\varrho_f} + \dfrac{w/z}{\varrho_w}} \left(1 - \frac{P}{1000}\right) \quad [\text{kg/dm}^3]$$

5.3 Luftgehalt

Beispiel
Mischungsverhältnis $1 : \gamma : \varphi : w/z = 1 : 6{,}00 : 0{,}20 : 0{,}50$ [Massenteile]

$$\varrho_z = 3{,}10 \text{ kg/dm}^3, \; \varrho_{Rg} = 2{,}62 \text{ kg/dm}^3, \; \varrho_f = 2{,}50 \text{ kg/dm}^3$$

P (Verdichtungsporen) $\approx 20 \text{ dm}^3/\text{m}^3 = 2 \text{ Vol.-}\%$

$$\varrho_{b,h} = \frac{1 + 6{,}00 + 0{,}20 + 0{,}50}{\dfrac{1}{3{,}10} + \dfrac{6{,}00}{2{,}62} + \dfrac{0{,}20}{2{,}50} + \dfrac{0{,}50}{1{,}00}} \left(1 - \frac{20}{1000}\right) = 2{,}364 \; [\text{kg/dm}^3]$$

Da Zement in der Regel der spezifisch schwerste und Wasser neben der Luft der spezifisch leichteste Bestandteil ist, nimmt die Frischbetonrohdichte zu

– mit steigendem Zementhalt
– mit abnehmendem Wasserzementwert
– mit abnehmendem Porengehalt.

Die Frischbetonrohdichte nimmt ab

– mit zunehmendem Wassergehalt
– mit zunehmendem Porengehalt.

Bei der Betonherstellung ist es zweckmäßig, die tatsächlich erreichte Frischbetonrohdichte mit dem rechnerischen Sollwert (s. Abschn. 3.3.1) zu vergleichen. Ist der gemessene Wert deutlich niedriger, so besteht der Verdacht, daß entweder der Beton nicht vollständig verdichtet wurde oder daß der Wassergehalt, z. B. infolge nicht voll berücksichtigter (oder „erhöhter") Zuschlagfeuchte zu hoch ist. Ein erhöhter Wassergehalt wirkt sich auch auf die Konsistenz aus und könnte anhand der Ergebnisse der Konsistenzprüfung erkannt werden.

Ist die Frischbetonrohdichte dagegen höher als der Sollwert, so deutet dies i. allg. auf eine Entmischung hin. Wasser oder wasserreicher Feinmörtel kann durch eine undichte Schalung ausgeflossen sein oder ist beim Verdichten aufgestiegen und mit dem überflüssigen Beton abgestrichen worden.

5.3 Luftgehalt

5.3.1 Allgemeines

Auch vollständig verdichteter Frischbeton enthält in der Regel noch eine geringe Menge an Luft in Form von kleinen Bläschen, die an den festen Bestandteilen haften, oder in Form größerer Lufteinschlüsse, die sogenannten Verdichtungsporen. Darüber hinaus enthalten manche Betone zusätzlich künstlich erzeugte Luftporen im Mörtel, die eingeführt werden, um den Widerstand gegen Frost- und Taumittelangriff zu verbessern oder eine bessere Verarbeitbarkeit zu erzielen. Betone mit Leichtzuschlägen enthalten außerdem auch Luft in den Zuschlagkörnern.

Bei Betonen mit hohem Frost- und Taumittelwiderstand geht man davon aus, daß ein genügend großer Anteil an wirksamen Mikroporen im Zementstein bzw. Feinmörtel enthalten ist, wenn der Gesamtporenraum im Frischbeton – ohne die Kornporen der Zuschläge – bestimmte Mindestwerte nicht unterschreitet. Dabei wird vorausgesetzt, daß zur Erzeugung der Luftporen ein LP-Mittel verwendet wurde, dessen Eignung in einer Wirksamkeitsprüfung nachgewiesen ist, und daß der Beton keinen erhöhten Gehalt an Verdichtungsporen enthält, die für die Verbesserung des Frost- und Taumittelwiderstandes unwirksam sind.

Bei Transportbeton kann sich der Luftgehalt während der Beförderung vom Herstellwerk zur Einbaustelle verändern. Er nimmt in der Tendenz oberhalb eines bestimmten Ausgangswertes ab und unterhalb dieses Wertes zu. Steifer Beton neigt zu einer Verminderung des Luftgehalts, wenn dieser größer als 3,5 Vol.-% ist. Bei plastischen Betonen dagegen wurden Luftgehaltsverluste erst ab rd. 5 Vol.-% beobachtet [5-24].

Durch eine Rüttelverdichtung werden zunächst vor allem große Poren, durch übermäßig langes Rütteln aber auch ein Teil der kleineren, für den Frost- und Taumittelwiderstand wichtigen Luftporen ausgetrieben.

5.3.2 Bestimmungsmethoden

Am Frischbeton kann unmittelbar nur der Gesamtluftgehalt festgestellt werden. Es gibt derzeit kein Verfahren, mit dem die Anteile an künstlich eingeführten Mikroporen und an natürlichen Makroporen (Verdichtungsporen) getrennt ermittelt werden können. Eine näherungsweise Bestimmung der Porenanteile ist nur durch einen Vergleich des LP-Betons mit dem Ausgangsbeton ohne LP-Zusatz möglich.

Der Gesamtluftgehalt kann nach dem Druckausgleichverfahren und dem volumetrischen Verfahren (Roll-Verfahren) bestimmt werden. Weiter ist eine rechnerische Ermittlung mit Hilfe der Frischbetonrohdichte möglich.

In der Bundesrepublik ist bei Beton aus Zuschlag mit dichtem Gefüge das Druckausgleichverfahren üblich und z.T. zur Überwachung von Straßenbeton bindend vorgeschrieben [5-14].

Es ist nicht geeignet für Betone, die Leichtzuschläge oder andere Zuschläge mit hohem Porengehalt enthalten, weil ein Teil der Zuschlagporen in das Meßergebnis eingeht, so daß zu hohe Luftgehalte angezeigt werden. Außerdem ist der Meßwert zeitabhängig (Bild 5.3-1). Für solche Betone wird das volumetrische Verfahren empfohlen. Es ist auch für Beton aus Zuschlag mit dichtem Gefüge geeignet, ist aber aufwendiger als das Druckausgleichverfahren.

5.3.2.1 Druckausgleichverfahren (s. auch DIN 1048 Teil 1)

Das Verfahren beruht auf dem Gesetz von BOYLE-MARIOTTE, wonach das Produkt aus dem Druck p und dem Volumen V eines idealen Gases bei gleichbleibender Temperatur konstant ist. Dies gilt auch für Luft im hier relevanten Bereich. Der Luftgehalt wird aus der Druckänderung bestimmt, die sich einstellt, wenn die im Beton befindlichen Luftporen durch einen äußeren Überdruck zusammengedrückt werden.

Das Prinzip ist auf Bild 5.3-2 dargestellt. Der zu prüfende Beton wird in einen Topf mit bekanntem Volumen V_b (z.B. 8 l) eingefüllt und so verdichtet, daß seine Frischbetonrohdichte möglichst mit der im Bauwerk übereinstimmt (Bild 5.3-2a). Zum Verdichten soll kein Innenrüttler verwendet werden, weil dieser aus dem Beton im Prüftopf mehr Luftporen austreiben würde als aus dem Bauteilbeton.

Der Topf wird mit einem Deckel luftdicht verschlossen und der zwischen Beton und Deckel befindliche Raum mit Wasser gefüllt (Bild 5.3-2b).

Der Deckel enthält eine Druckkammer mit bekanntem Volumen V_1. Hierin wird mittels einer Luftpumpe ein Ausgangsdruck p_1 erzeugt. Durch Öffnen eines Ventils strömt kom-

5.3 Luftgehalt

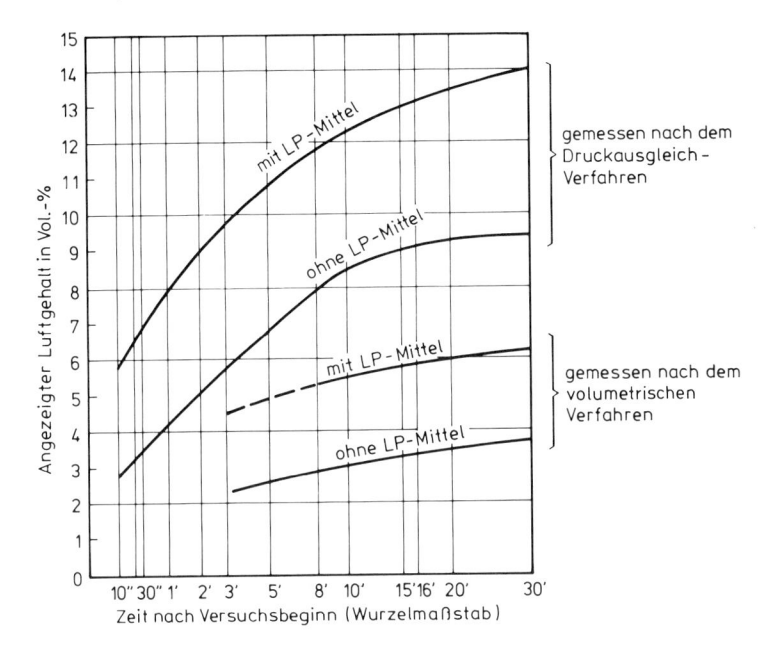

Bild 5.3-1 Luftgehaltsmessungen an Blähton-Leichtbetonen [5-25]. Die Wasseraufnahme der Leichtzuschläge während des Versuchs täuscht besonders beim Druckausgleichverfahren einen mit zunehmender Versuchsdauer stark erhöhten Luftgehalt vor.

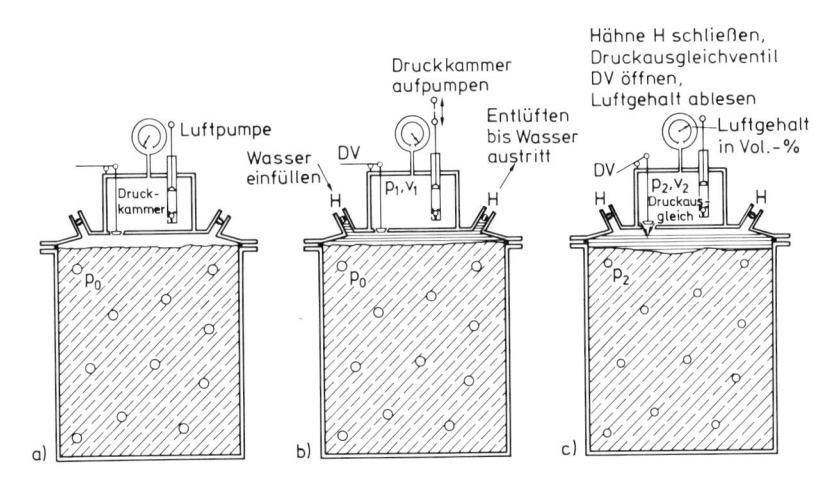

Bild 5.3-2 Bestimmung des Luftgehalts im Frischbeton nach dem Druckausgleichverfahren
a) Ausgangszustand nach Einfüllen des Betons
b) Wasser auffüllen, Druckkammer auf Anfangsdruck p_1 aufpumpen
c) Druckausgleich zwischen Druckkammer und Topf

primierte Luft unter den Deckel und drückt über das aufstehende Wasser auf den Beton. Dort pflanzt sich der Druck fort, und die im Beton enthaltenen Luftporen werden komprimiert. Nach vollständigem Druckausgleich herrscht im ganzen Gerät überall der Druck p_2 (Bild 5.3-2c).

Der Luftgehalt ergibt sich zu

$$P = (\frac{p_1}{p_2} - 1) \cdot \frac{V_1}{V_b} \cdot 100 \text{ [Vol.-\%]}$$

Das Manometer der im Handel erhältlichen Geräte zeigt unmittelbar den Luftgehalt in % des Betonvolumens an.

Um zuverlässige Meßwerte zu erhalten, sollten folgende Punkte beachtet werden:
- Die Manometeranzeige des Luftgehaltsprüfers ist in nicht zu großen Zeitabständen zu überprüfen.
- Bei steifem und sperrigem Beton kann die Druckübertragung durch Reibung behindert sein. Um diese zu überwinden, sollte solange bei geöffnetem Druckausgleichsventil an die Behälterwand geklopft werden, bis die Manometeranzeige nicht mehr zunimmt.
- Wenn der Beton porige Zuschläge enthält, dringt unter dem Überdruck p_2 u. U. eine nicht mehr vernachlässigbare Menge Wasser oder Zementleim in die Körner ein. Hierdurch wird ein zu hoher Luftgehalt vorgetäuscht. Bei Zuschlägen mit geringer Porosität läßt sich dieser Einfluß durch einen Parallelversuch am Zuschlag allein abschätzen.

Sehr steifer, „erdfeuchter" Beton, wie er vielfach in der Betonsteinindustrie verwendet wird, enthält oft einen erhöhten und stark schwankenden Anteil an Haufwerksporen. Der gemessene Gesamtluftgehalt erlaubt daher keine zuverlässige Aussage über den Gehalt an Mikroluftporen. Eine Eliminierung der Haufwerksporen ist mit der in [5-26] beschriebenen Vorgehensweise möglich. Dabei werden diese durch Rühren des in kleinen Portionen eingebrachten Betons unter Wasser ausgetrieben, während die künstlichen Mikroluftporen weitgehend erhalten bleiben.

5.3.2.2 Modifiziertes Druckausgleich-Verfahren [5-27]

Beim Transport, Einbringen und Verdichten des Betons kann ein Teil der künstlich eingeführten Luftporen verloren gehen. Der verbliebene, wirksame Gehalt wird im allgemeinen durch Ausmessen des Luftporensystems am erhärteten Beton festgestellt, z. B. nach dem Meßlinienverfahren nach ROSIWAL [5-28]. Mit einem neu entwickelten Gerät auf der Basis des Druckausgleichverfahrens soll es möglich sein, den Luftgehalt auch am fertig verarbeiteten Frischbeton zu messen. Das Gerät besteht im Prinzip aus einem unten offenen Rohr, in das mittig eine elektrische Heizung eingebaut ist. Das Rohr wird bis zum oberen Flansch in den Frischbeton eingedrückt und die Heizung 30 s lang eingeschaltet. Der Temperaturanstieg bewirkt eine Ausdehnung der eingeschlossenen Luftporen. Dies führt zu einem Druckanstieg im Meßsystem, welcher in etwa proportional zum Luftgehalt ist.

5.3.2.3 Volumetrisches Verfahren [5-29]

Das Prinzip des Verfahrens, auch Rollverfahren genannt, ist auf Bild 5.3-3 dargestellt. Der Frischbeton wird in ein stabiles zylindrisches Gefäß von mindestens 2, besser aber 5 bis 8 l Inhalt eingefüllt und verdichtet. Dann wird ein sich nach oben verjüngender Aufsatz mit einem Standrohr aufgeschraubt und bis zu einer Marke mit Wasser gefüllt. Die Wassermenge soll mindestens dem Betonvolumen entsprechen.

5.3 Luftgehalt

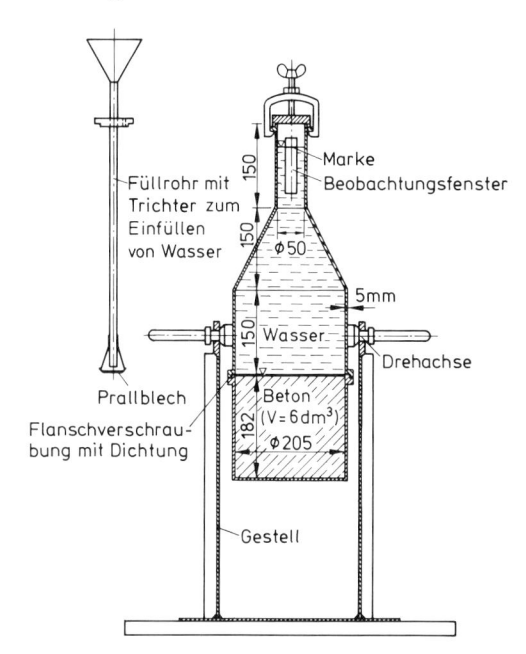

Bild 5.3-3 Luftgehaltsprüfer nach dem volumetrischen Verfahren (Roll-A-Meter)

Durch wiederholtes Umstürzen und Schütteln des Gerätes wird der Beton vollständig mit dem Wasser vermischt. Dabei werden die Luftporen durch die Schwerkraft ausgetrieben, was durch Rütteln auf einem Rütteltisch unterstützt werden kann. Auf der Oberfläche schwimmender Schaum kann durch Zugießen von Isopropyl-Alkohol zerstört werden.

Der Luftgehalt des Betons ergibt sich aus der Flüssigkeitsmenge, die zur Ergänzung des Gefäßinhalts bis zum Ausgangswasserspiegel zugegeben werden muß.

Der so erhaltene LP-Gehalt entspricht bei dichten Zuschlägen dem im Zementleim bzw. Mörtel enthaltenen gesamten Porenraum.

Bei saugfähigen Zuschlägen ist der ermittelte LP-Gehalt um das Volumen des während des Versuchs aufgenommenen Wassers zu hoch. Dieser Anteil hängt von der Porosität des Zuschlags, dessen Sättigungsgrad und, wie Bild 5.3-1 zeigt, von der Versuchsdauer bis zur Ablesung ab.

Der durch ein Zusatzmittel eingeführte Luftporengehalt kann durch Vergleich mit einem entsprechenden Beton ohne LP-Mittel bestimmt werden. Dabei liefert das volumetrische Verfahren zuverlässigere Werte als das Druckausgleichverfahren.

5.3.2.4 Rechnerische Ermittlung

Verdichtungsporen

Für einen m³ verdichteten Frischbeton mit der Rohdichte $\varrho_{b,h}$ [kg/m³] und dem vorgegebenen Mischungsverhältnis $Z:G:W$ errechnet sich der Zementgehalt zu (s. Abschn. 5.7.3.1)

$$Z = \frac{1000\,\varrho_{b,h}}{1 + G/Z + W/Z} \quad [\text{kg/m}^3]$$

Weiter gilt

$$1000 = Z/\varrho_z + G/\varrho_{Rg} + W + P \quad [\text{dm}^3]$$

Damit ergibt sich der Gehalt an Verdichtungsporen bzw. der Gesamtluftgehalt zu

$$P = 1000 - Z\left(\frac{1}{\varrho_z} + \frac{G}{Z} \cdot \frac{1}{\varrho_{Rg}} + \frac{W}{Z}\right) \quad [\text{dm}^3/\text{m}^3]$$

Künstlich eingeführte Luftporen

Dazu wird die Frischbetonrohdichte an Beton mit und ohne luftporenbildendem Zusatzmittel bestimmt. Aus diesen Werten errechnet sich der Gehalt an künstlich eingeführten Luftporen zu

$$\Delta P = \left(1 - \frac{\varrho_{b,h1}}{\varrho_{b,h0}}\right) \cdot 100 \quad [\text{Vol.-}\%]$$

mit
$\varrho_{b,h0}$ Rohdichte des Frischbetons mit LP-Mittel
$\varrho_{b,h1}$ Rohdichte des Frischbetons ohne LP-Mittel

5.4 Grünstandfestigkeit

Bei der Herstellung bestimmter Betonwaren und -fertigteile oder bei Verwendung von Gleitschalungsfertigern soll der Beton bereits sofort nach dem Verdichten so standfest sein, daß die seitlichen Schalungen entfernt werden können, ohne daß es zu einer Gestaltsänderung kommt. Der Beton wird in diesem Stadium, vor Beginn eines merklichen Erstarrens, als grüner Beton bezeichnet. Seine Festigkeits- und Verformungseigenschaften werden im wesentlichen durch Adhäsionskräfte zwischen dem Wasser und den festen Bestandteilen sowie durch die innere Reibung und die Kornverzahnung des Zuschlages bestimmt. Die Fähigkeit, nach dem Entschalen seine Gestalt zu bewahren, bezeichnet man als Grünstandfestigkeit. Sie hängt von den Festigkeitseigenschaften des grünen Betons (Gründruckfestigkeit) sowie von der Gestalt und der Größe der Formlinge ab.

Die Gründruckfestigkeit wird vorrangig durch den Wassergehalt, die Verdichtung sowie durch Kornform und Kornzusammensetzung des Zuschlags bestimmt. Daneben spielt noch der Zementgehalt eine wesentliche Rolle [5-30 bis 5-32].

Wie aus Bild 5.4-1 ersichtlich, hat der Beton bei hohen Wassergehalten, die zu plastischer oder weicher Konsistenz des Frischbetons führen, praktisch keine Gründruckfestigkeit. Mit abnehmendem Wassergehalt wird die Konsistenz steifer, und die Gründruckfestigkeit nimmt zu. Bei einem bestimmten Wassergehalt, der von der aufgewendeten Verdichtung abhängt, erreicht sie ein Maximum und nimmt bei weiterer Verringerung wieder ab, weil der Beton dann so steif und schwer verdichtbar wird, daß er kein geschlossenes Gefüge mehr erlangt.

Das Bild verdeutlicht auch den großen Einfluß der Verdichtung. Je intensiver diese ist, desto trockenere und steifere Mischungen lassen sich verarbeiten.

Das Festigkeitsmaximum verschiebt sich bei stärkerer Verdichtung in den Bereich niedrigerer Wassergehalte und steigt dabei an.

5.4 Grünstandfestigkeit

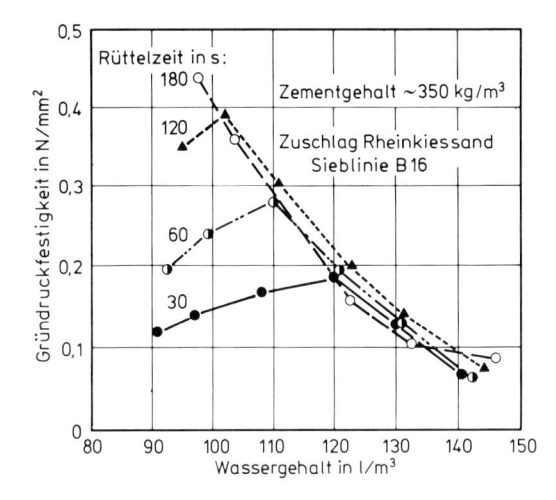

Bild 5.4-1 Gründruckfestigkeit des Betons in Abhängigkeit von der Rüttelzeit und dem Wassergehalt [5-30]. Würfel mit 100 mm Kantenlänge, Druckfestigkeitsprüfung unmittelbar nach dem Einfüllen und Verdichten nach Wegnahme der Seitenteile der Formen

Bei Verwendung von gebrochenem Zuschlag mit kantiger Kornform ist die Gründruckfestigkeit meist deutlich höher als bei Zuschlag mit rundkörnigem Kiessand.

Von der Kornzusammensetzung her begünstigen Zuschlaggemische mit geringem Feinanteil und großem Größtkorndurchmesser die Gründruckfestigkeit. Eine Erhöhung des Feinsandanteils über die optimale Menge hinaus erfordert mehr Wasser und vermindert sie.

Während bei rundkörnigem, ungebrochenem Zuschlag stetige Sieblinien meist zu einer höheren Gründruckfestigkeit führen als unstetige Sieblinien (Ausfallkörnungen), wurde ein solcher Einfluß bei gebrochenem Material nicht festgestellt [5-32].

Ein hoher Zementgehalt wirkt sich günstig auf die Gründruckfestigkeit aus.

Bei steifen Rüttelbetonen liegt die Gründruckfestigkeit i. allg. zwischen 0,1 und 0,3 N/mm². Bei hohem Zementgehalt, niedrigem Wassergehalt und intensiver Verdichtung (lange Rüttelzeiten, hohe Frequenzen, u. U. Verdichtung unter Auflast) können 0,4 bis 0,5 N/mm² erreicht werden.

Beim Verarbeiten zu trockener Mischungen besteht die Gefahr, daß die Sichtflächen unbefriedigend ausfallen und daß auch im Inneren kein geschlossenes Gefüge entsteht. Ein solcher Beton kann zwar eine hohe Gründruckfestigkeit erreichen, aber trotz eines extrem niedrigen Wasserzementwertes eine verminderte 28-Tage-Festigkeit aufweisen.

Aber auch bei Betonen mit ausreichender oder sogar ausgesprochen hoher 28-Tage-Festigkeit können die gefügeabhängigen Festbetoneigenschaften, wie Wasserundurchlässigkeit, Frostwiderstand, Widerstand gegen chemische Angriffe oder Korrosionsschutz der Bewehrung, beeinträchtigt sein, wenn der Beton im Interesse einer hohen Gründruckfestigkeit zu trocken verarbeitet wird. Deshalb ist immer ein ausreichend hoher Wassergehalt erforderlich. Dieser liegt i. allg. rechts von dem in Bild 5.4-1 gezeigten Festigkeitsmaximum.

In der Praxis wird häufig versucht, die Grünstandfestigkeit von Formlingen durch Betonzusätze zu verbessern. Nach [5-30] bringen Zusätze von Weißkalkhydrat, Bentonit, Quarzmehl oder Flugasche keine wesentliche Verbesserung. Ein Zusatz von Traß wirkt sich dagegen ähnlich günstig aus wie eine entsprechende Steigerung des Zementgehalts. Durch Zusatz von Fasern (z. B. Kunststoffasern) kann die Gründruckfestigkeit auf mehr als das Doppelte gesteigert werden.

Eine hohe Gründruckfestigkeit ist nicht immer identisch mit einer hohen Gründstandfestigkeit. Verschiedene Maßnahmen, die die Gründruckfestigkeit verbessern, wie ein erhöhter Zementgehalt, erhöhen auch die Haftung des Betons an der Form. Dies kann z. B. das Ziehen von Rohrkernen oder des Mantelrohrs bei der Herstellung von Bohrpfählen erschweren.

Eine besonders hohe Gründstandfestigkeit läßt sich durch eine Vakuumbehandlung erreichen (s. Abschn. 4.2.5.5). Hierbei entstehen meist auch besonders gute Sichtflächen und verbesserte Festbetoneigenschaften.

5.5 Schalungsdruck

Beim Verdichten mit Rüttlern kann Frischbeton aller Konsistenzen so weit verflüssigt werden, daß der auf die Schalung ausgeübte Druck dem hydrostatischen Druck entspricht. Deshalb ist bei der Bemessung mit dem vollen Flüssigkeitsdruck $\gamma \cdot h$ zu rechnen.

$\gamma \, [\text{kN/m}^3]$ Wichte des Frischbetons $= \varrho_{b,h} \cdot g$
  $\varrho_{b,h} \, [\text{kg/dm}^3] = $ Frischbetonrohdichte
  $g = $ Erdbeschleunigung $= 9{,}81 \, \text{m/s}^2$

$h \, [\text{m}]$ Höhe der Frischbetonsäule

Bei größeren Füllhöhen und nicht zu großer Steiggeschwindigkeit darf berücksichtigt werden, daß der erstarrte Beton im unteren Bereich keinen aktiven Seitendruck mehr ausübt. Nach DIN 18 218 ist eine Druckverteilung gemäß Bild 5.5-1 anzunehmen. Die hydrostatische Druckhöhe h_s, bis zu der der Druck noch anwächst, hängt im wesentlichen von der Steiggeschwindigkeit des Betons und von dessen Konsistenz ab. Sie nimmt mit wachsender Steiggeschwindigkeit zu und ist um so größer, je weicher die Konsistenz ist. Sie ist unabhängig von der Frischbetonrohdichte.

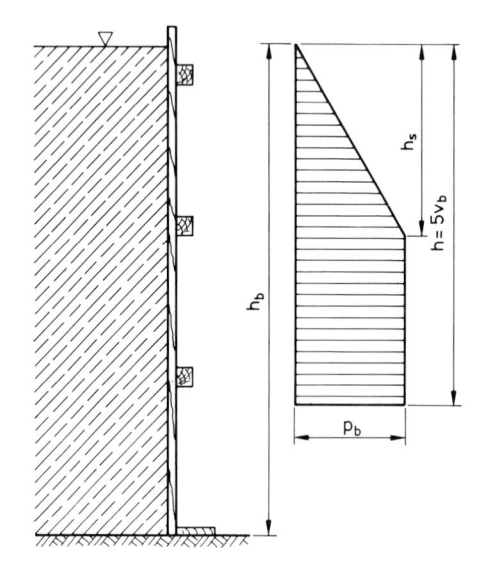

Bild 5.5-1   Verlauf des Frischbetondrucks über die Wandhöhe nach DIN 18218.
h_s: Hydrostatische Druckhöhe nach Bild 5.5-2
v_b: Steiggeschwindigkeit
Die Belastung ist als Wanderlast in ungünstigster Stellung anzusetzen. Falls $h_b < 5v_b$ ist, entfällt unten ein Teil der Belastung.

5.6 Wasserabsondern – Absetzen

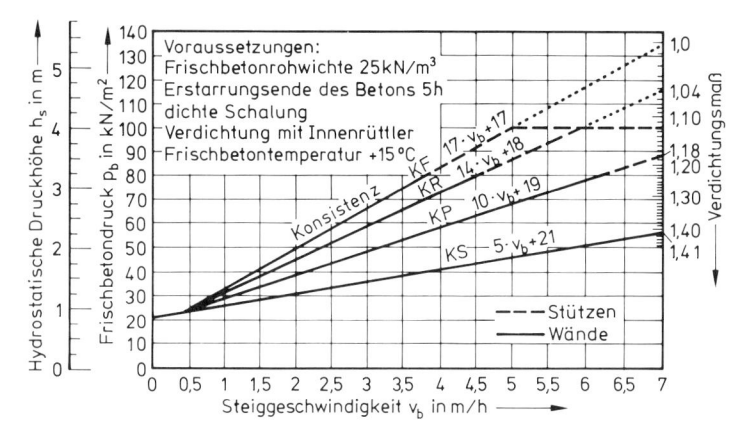

Bild 5.5-2 Diagramm zur Bestimmung des Frischbetondrucks p_b in Abhängigkeit von der Steiggeschwindigkeit v_b und der Konsistenz (entnommen aus DIN 18218)

Die in Bild 5.5-2 angegebenen Werte für die hydrostatische Druckhöhe h_s bzw. den Frischbetondruck p_b müssen erhöht werden, wenn die Betontemperatur bis zum Erstarren unter 15 °C sinkt und zwar um 3 % für je 1 °C Unterschreitung. Sie sind ferner zu erhöhen, wenn Erstarrungsverzögerer verwendet werden. Bei einer von 2,5 kg/dm³ abweichenden Frischbetonrohdichte $\varrho_{b,h}$ ist der Frischbetondruck p_b im Verhältnis $\varrho_{b,h}/2,5$ umzurechnen.

Wird der Beton mit Außen- bzw. Schalungsrüttlern verdichtet, so ist für den Schalungsbereich, auf den sie wirken, mit dem hydrostatischen Druck zu rechnen.

Bezüglich weiterer Einzelheiten wird auf DIN 18218 und [5-33 bis 5-35] verwiesen.

5.6 Wasserabsondern – Absetzen

Auf der Oberfläche des verdichteten Betons sondert sich häufig nach einiger Zeit eine mehr oder weniger dicke Wasser- bzw. Schlempeschicht ab. Man bezeichnet diesen Vorgang auch als Bluten. Er kommt dadurch zustande, daß die Zement- und Zuschlagkörner aufgrund ihrer höheren Dichte zum Absetzen neigen. Sie verdrängen das leichtere Wasser nach oben, wobei dieses Feinanteile des Zements mit sich reißt. Das beim Bluten ausgetretene Wasser wird, soweit es nicht verdunstet, vom Zementstein später ganz oder teilweise wieder aufgenommen. Es verschwindet in den Poren, die bei der Hydratation entstehen, weil die Hydratationsprodukte weniger Raum einnehmen als die Ausgangsstoffe Zement und Wasser (chemisches Schrumpfen, s. Abschn. 2.1.3).

Die Wasser- bzw. Schlempeanreicherung ist nicht nur auf die Betonoberfläche begrenzt. Sie tritt auch im Inneren unter gröberen Zuschlagkörnern auf und auf der Unterseite horizontaler Bewehrungsstäbe, da diese dem eingangs genannten Absetzvorgang nicht folgen können.

Das Ausmaß des Blutens hängt von spezifischen Eigenschaften des Zements, aber auch von der Betonzusammensetzung und den Erhärtungsbedingungen ab. Wegen der größeren Erstarrungs- und Erhärtungsgeschwindigkeit neigen feiner gemahlene Zemente weniger zum Bluten als grobkörnige.

Das Bluten tritt besonders stark bei Mangel an Feinststoffen im Zuschlag und bei zementarmen, wasserreichen Mischungen in Erscheinung. Es wird verstärkt, wenn das Erstarren infolge niedriger Temperaturen oder durch Zugabe eines Verzögerers erst spät beginnt. Abhilfe bietet u. a. der Zusatz von Feinststoffen mit hoher spezifischer Oberfläche, wie Flugasche, oder die Einführung künstlicher Luftporen.

Die nachteiligen Folgen des Blutens, ein unzureichender Widerstand der Betonoberfläche gegen Umwelteinflüsse und Verschleiß, lassen sich durch Nachverdichten nach Abklingen des Blutens, aber noch vor dem Erstarrungsende, vermeiden.

Zur Beurteilung des Blutens nach Umfang und zeitlichem Verlauf gibt es kein genormtes deutsches Prüfverfahren. Ein Verfahren für die Untersuchung von freiem Zementleim und von Mörtel ist in [5-36] beschrieben. Dabei wird frisch angemachter Zementleim in einem Behälter mit Tetrachlorkohlenstoff überschichtet, der eine größere Dichte hat als Wasser und sich mit diesem nicht mischt. Das abgesonderte Wasser sammelt sich im oberen Bereich einer aufgesetzten Trichterbürette (Glasrohr mit cm^3-Einteilung). Als Kennwerte werden die Geschwindigkeit der Wasserabgabe in cm^3/s pro cm^2 Oberfläche und die insgesamt abgegebene Wassermenge, bezogen auf das Zementleimvolumen, bestimmt.

Für die Ermittlung des Wasserabsonderns von Beton ist ein einfaches Verfahren in [5-37] beschrieben. Dabei wird der Frischbeton in einem Topf verdichtet und das an der Oberfläche ausgetretene Wasser mit einer Pipette aufgenommen und gewogen.

5.7 Frischbetonanalyse

5.7.1 Allgemeines

Die Frischbetonanalyse gibt Auskunft über die tatsächliche Betonzusammensetzung und die zu erwartenden Festbetoneigenschaften. Sie ermöglicht eine Kontrolle und Steuerung der Betonherstellung.

Die entscheidende Kenngröße ist der Wasserzementwert. Er bestimmt die Porosität des Zementsteins und damit Festigkeit und Dichtigkeit des erhärteten Betons. Als Bestimmungsgrößen für den Wasserzementwert interessieren der Wasser- und der Zementgehalt. Von Bedeutung sind weiterhin Art und Festigkeitsklasse des Zements sowie ggf. Art und Menge von latent hydraulischen oder puzzolanischen Betonzusatzstoffen. Dafür stehen jedoch bis jetzt keine geeigneten Schnellprüfverfahren zur Verfügung.

Im folgenden werden die wichtigsten Verfahren zur Bestimmung des Wassergehaltes, des Zementgehaltes und des Wasserzementwertes, soweit sie für die Baustellenüberwachung geeignet sind, behandelt. Eine Übersicht über weitere Verfahren, z. B. auf chemischer, elektrischer oder kernphysikalischer Grundlage, ist in [5-38] angegeben.

5.7.2 Wassergehalt

Der Gesamtwassergehalt läßt sich verhältnismäßig einfach bestimmen. Es ist jedoch nicht ohne weiteres möglich, das freie, im Zementleim vorhandene „wirksame" Wasser vom Kornporenwasser im Zuschlag zu trennen.

5.7 Frischbetonanalyse

5.7.2.1 Darrversuch (s. DIN 1048 Teil 1)

Eine Frischbetonprobe von 5 kg wird unter ständigem Rühren möglichst rasch erhitzt und gewogen, sobald der Beton nicht mehr klumpig ist und die Oberfläche der Zuschlagkörner annähernd trocken erscheint. Damit soll erreicht werden, daß nur das freie „wirksame" Wasser ohne die Kernfeuchte des Zuschlags bestimmt wird.

Der Wassergehalt beträgt

$$m_\text{w} = \frac{m_1 - m_{1,\text{d}}}{m_1} \cdot 100 \; [\text{M.-\%}] \quad \text{bzw.} \quad W = \frac{m_1 - m_{1,\text{d}}}{m_1} \cdot \varrho_{\text{b,h}} \; [\text{kg/m}^3]$$

mit
- m_1 Frischbetoneinwaage [kg]
- $m_{1,\text{d}}$ Betonmasse nach Trocknung [kg]
- $\varrho_{\text{b,h}}$ Frischbetonrohdichte [kg/m³]

Der Darrversuch ergibt häufig einen etwas zu großen Wassergehalt, da beim ständigen Umrühren staubförmige Bestandteile verloren gehen, was den Trocknungsverlust verfälscht.

5.7.2.2 KELLY-VAIL-Verfahren [5-38 bis 5-41]

Bei diesem Verfahren wird dem Frischbeton eine NaCl-Lösung bekannter Konzentration zugegeben. Beim Durchmischen bewirkt das im Frischbeton enthaltene Wasser eine Reduzierung der Konzentration. Die Wassermenge kann aus der Bedingung ermittelt werden, daß das Produkt aus Lösungsvolumen und Konzentration konstant bleibt. Es gilt

$$L \cdot K_1 = (L + W') \cdot K_2$$

$$W' = L \cdot \frac{K_1 - K_2}{K_2} \; [\text{dm}^3]$$

$$W = \frac{L}{m} \cdot \frac{K_1 - K_2}{K_2} \cdot \varrho_{\text{b,h}} \; [\text{dm}^3/\text{m}^3]$$

mit
- W' Wassergehalt der Probe [dm³]
- W Wassergehalt des Frischbetons [dm³/m³]
- m Frischbetoneinwaage [kg]
- L zugegebene Lösung [dm³]
- K_1 Konzentration der Lösung vor Zugabe
- K_2 Konzentration der Lösung nach Zugabe
- $\varrho_{\text{b,h}}$ Frischbetonrohdichte [kg/m³]

Die Konzentration K_2 nach Zugabe und Durchmischen wird mit einem Titrierverfahren ermittelt, das auch unter Baustellenbedingungen einsetzbar ist. Die Versuchsdauer beträgt etwa 10 min.

5.7.2.3 Vakuumdestillation [5-42]

Eine direkte Wassergehaltsbestimmung, mit der die beim Darrversuch mögliche Verfälschung vermieden wird, erlaubt die Vakuumdestillation des Frischbetons. Hierbei wird der Beton in einem dicht verschließbaren Gefäß unter Evakuieren erhitzt, das dabei in

Dampfform ausgetriebene Wasser wird durch Kühler kondensiert und in einem Kolben gesammelt.

Die Genauigkeit des Verfahrens soll sehr gut sein. Es erscheint jedoch mehr für wissenschaftliche Untersuchungen als für die Baustelle geeignet.

5.7.3 Zementgehalt

Die Bestimmung des Zementgehalts ist schwieriger als die Bestimmung des Wassergehalts. Die einfachste Methode ist die Ermittlung mittels der Stoffraumrechnung. Da diese jedoch von dem Soll-Mischungsverhältnis Zement zu Zuschlag zu Wasser ausgeht, liefert sie keine eindeutige Aussage über den Zementgehalt. Dafür ist eine unmittelbare Betonuntersuchung erforderlich.

Für die Baustellenüberwachung sind der Auswaschversuch, die RAM-Methode und bedingt das Flotationsverfahren geeignet. Man nutzt dabei den Umstand, daß sich die Korngröße, die Dichte und die Oberflächeneigenschaften des Zements deutlich von den entsprechenden Eigenschaften der übrigen Betonbestandteile unterscheiden.

5.7.3.1 Stoffraumrechnung

Für einen m³ verdichteten Frischbeton mit der gemessenen Rohdichte $\varrho_{b,h}$ [kg/dm³] und dem vorgegebenen Mischungsverhältnis $Z:G:W$ gilt (s. Abschn. 3.3.1)

$$1000 \cdot \varrho_{b,h} = Z + G + W \quad [\text{kg}]$$

Daraus ergibt sich

$$Z = \frac{1000 \cdot \varrho_{b,h}}{1 + G/Z + W/Z} \quad [\text{kg/m}^3]$$

Das Verfahren ermöglicht einen Vergleich des Zementgehaltes im verdichteten Frischbeton mit dem Sollzementgehalt gemäß dem Mischungsentwurf. Man kann daraus auf den eventuellen Verlust von Zementleim beim Verarbeiten und auf den Verdichtungsgrad bzw. die Verdichtungsporen P schließen (s. Abschn. 5.3.2.4). Es ist jedoch nicht möglich, eine fehlerhafte Betonzusammensetzung zu erkennen.

5.7.3.2 Auswaschversuch (siehe auch DIN 1048 Teil 1 und DIN 52171)

Das Verfahren nutzt den Umstand, daß die Korngröße des Zements unter 0,25 mm liegt. Durch Auswaschen einer Frischbetonprobe von 5 kg über dem 0,25 mm Maschensieb und anschließende Trocknung wird zunächst der Zuschlaganteil über 0,25 mm Korngröße bestimmt.

Der gesamte Zuschlag setzt sich aus dem Rückstand $m_{g, > 0,25}$ [kg] und dem Durchgang $m_{g, < 0,25}$ [kg] zusammen. Der letztere Anteil wird durch Siebversuche an einer Zuschlagprobe ermittelt, die so zusammengesetzt ist wie das für den Beton verwendete Zuschlaggemisch. Beträgt der Kornanteil 0/0,25 mm in der Zuschlagprobe n [%], so beträgt er in der Frischbetonprobe

$$m_{g, < 0,25} = \frac{n \cdot m_{g, > 0,25}}{100 - n} \quad [\text{kg}]$$

Im weiteren wird noch der Wassergehalt (s. Abschn. 5.7.2.1) und die Frischbetonrohdich-

5.7 Frischbetonanalyse

te (s. Abschn. 5.2) ermittelt. Der Zementgehalt in einem m³ verdichteten Frischbeton errechnet sich dann zu

$$Z = 1000 \, \varrho_{b,h} \left(1 - \frac{m_w}{100} - \frac{m_g}{m_1}\right) \quad [\text{kg/m}^3]$$

mit
m_1 untersuchte Frischbetonmenge [kg]
m_g Zuschlagmenge [kg]
m_w Wassergehalt [M.-%]
$\varrho_{b,h}$ Frischbetonrohdichte [kg/dm³]

Wie vorstehend erläutert, muß zur Bestimmung des Zementgehaltes der Feinstsandanteil bekannt sein. Er wird an einer Vergleichsprobe des Zuschlages bestimmt. Das Verfahren ist deshalb nur bei gleichbleibendem Feinstsandgehalt und geringem Abrieb des Zuschlags im Mischer brauchbar.

Diese Einschränkung kann man durch eine Modifizierung des Verfahrens umgehen. Dabei werden zunächst in gleicher Weise der Zuschlaganteil > 0,25 mm, der Wassergehalt und die Frischbetonrohdichte ermittelt. Bei jedem Versuch wird sodann zusätzlich an einer Durchschnittsprobe die Dichte ϱ_m der ausgewaschenen Feinstoffe < 0,25 mm (s. Abschn. 3.2.3) im Pyknometer bestimmt, sowie für Mischungen mit gleichbleibenden Ausgangsstoffen einmal zu Beginn die Dichte ϱ_f des Feinstsandes und die Dichte ϱ_z des Zements.

Mit den vorgenannten Bezeichnungen errechnet sich der Zementgehalt dann zu

$$Z = 1000 \, \varrho_{b,h} \left(1 - \frac{m_w}{100} - \frac{m_{g > 0,25}}{m_1}\right) \cdot \frac{\varrho_z}{\varrho_m} \cdot \frac{\varrho_f - \varrho_m}{\varrho_f - \varrho_z} \quad [\text{kg/m}^3]$$

5.7.3.3 RAM-Methode [5-43]

Die RAM-Methode ist ein Aufschlämmverfahren, bei dem die von der Cement and Concrete Association in Wexham Springs entwickelte Rapid Analysis Machine (RAM) verwendet wird (Bild 5.7-1). Das Gerät ist zur Verwendung unter Baustellenbedingungen geeignet. Es arbeitet vollautomatisch und liefert das gewünschte Ergebnis in einem Zeitraum von 8 bis 10 Minuten.

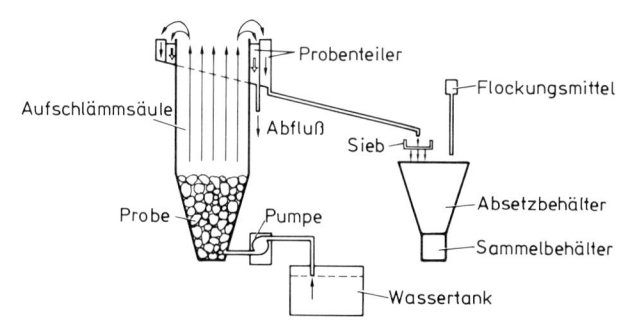

Bild 5.7-1   Funktionsprinzip der Rapid Analysis Machine (RAM) zur Bestimmung des Zementgehalts von Frischbeton

Die Feinstbestandteile des Frischbetons werden mit Wasser ausgespült und in einem Absetzbehälter gesammelt. Eine Trennung zwischen Zement und feinen Zusatzstoffen erfolgt nicht. Aus dem Gewicht des Sammelbehälters kann mit Hilfe einer Eichkurve direkt auf den Zementgehalt der Probe geschlossen werden, wenn der Zuschlag keine Anteile < 0,15 mm enthält. Andernfalls muß der Feinstsandgehalt der Zuschläge durch Untersuchung entsprechender Rückstellproben ermittelt und bei der Auswertung berücksichtigt werden [5-40].

5.7.3.4 Flotationsverfahren [5-40]

Beim Flotationsverfahren wird von den unterschiedlichen Oberflächeneigenschaften des Zements und des Zuschlags Gebrauch gemacht. Der Frischbeton wird zunächst mit Wasser zu einer Suspension verrührt. Dann werden spezielle oberflächenaktive Substanzen, sogenannte Sammler, zugegeben, die selektiv den Zement hydrophobieren. Wird Luft durch die Suspension geblasen, so haften die hydrophobierten Partikel an den Luftblasen und steigen mit diesen nach oben. Zur Stabilisierung der Luftblasen wird der Suspension vorher ein Schäumer zugesetzt. Außerdem werden zur besseren Trennung von Zement und Zuschlag zusätzlich sogenannte Regler verwendet, welche die Selektivität und die Aktivität der Sammler an die zu trennenden Mineralien anpassen.

An der Oberfläche bildet sich ein mit Zement beladener Schaum. Dieser wird abgezogen und mit einem Entschäumer versetzt, so daß eine luftfreie Zement-Wasser-Suspension vorliegt, deren Dichte mit einem Pyknometer ermittelt wird. Daraus ergibt sich mit Hilfe einer Eichkurve der Zementgehalt der Frischbeton-Probe. Hierfür muß die Dichte des verwendeten Zements bekannt sein. Mit Hilfe geeigneter Sammler und Regler können grundsätzlich auch Zement und Flugasche voneinander getrennt werden.

Von der Prüfgeräte-Industrie wurde inzwischen ein patentiertes Gerät entwickelt, mit dem in 10 Minuten aus 5 l Frischbeton 95 % bis 98 % des Zements ausgebracht werden können. Das Gerät ist transportabel, betriebssicher und einfach zu bedienen [5-44].

5.7.4 Wasserzementwert

Wenn keine Vorinformationen über die Betonzusammensetzung vorliegen, kann nach dem derzeitigen Stand der Technik der Wasserzementwert nur durch getrennte Bestimmung des Wasser- und des Zementgehalts (s. Abschn. 5.7.2 und 5.7.3) bestimmt werden.

Zwar gibt es ein Verfahren, nach dem es im Prinzip möglich ist, den Wasserzementwert direkt zu ermitteln. Es baut auf der Messung der Konzentration von Chromationen im Wasser des Zementleims auf. Das Ergebnis kann jedoch durch den Chromatgehalt des verwendeten Zements, durch das Alter des Frischbetons bei der Bestimmung und durch störende Bestandteile im Beton, wie Ton oder reduzierende Stoffe (z. B. Sulfid), beeinflußt werden [5-38, 5-40].

Eine Überwachung der Betonherstellung im Hinblick auf die Gleichmäßigkeit des Wasserzementwertes ist durch Unterwasserwägung des Frischbetons nach dem THAULOW-Verfahren möglich (siehe DIN 1048 Teil 1). Dabei wird in einem wassergefüllten Meßtopf die Rohdichte des Frischbetons ohne Luftporen ermittelt. Durch Vergleich mit der rechnerischen Frischbetonrohdichte, in deren Bestimmungsgleichung der Wasserzementwert vorkommt, kann man diesen berechnen, wenn man die Dichte des Zements, die Kornrohdichte des Zuschlags (Mittelwert des gesamten Zuschlaggemischs) und das Mischungsverhältnis Zement : Zuschlag kennt. Das Verfahren hat den Nachteil, daß ein falsches Ergebnis erhalten wird, wenn das Mischungsverhältnis Zuschlag : Zement und ggf. Zusatzstoff : Zement nicht den Sollwerten entspricht.

5.7 Frischbetonanalyse

Diesen Nachteil kann man umgehen, indem man am Frischbeton die Rohdichte $\varrho_{b,h}$ (s. Abschn. 5.2) den Luftgehalt, z. B. nach dem Druckausgleichverfahren (s. Abschn. 5.3.2.1), und den Wassergehalt, z. B. im Darrversuch (s. Abschn. 5.7.2.1) bestimmt. Ferner müssen die Dichte ϱ_z des Zements und die Kornrohdichte ϱ_{Rg} des Zuschlaggemischs bekannt sein oder ermittelt werden. Für Beton ohne Zusatzstoffe beträgt dann der Wasserzementwert

$$w/z = \frac{W(\varrho_z - \varrho_{Rg})}{\varrho_z \left[W(\varrho_{Rg} - 1) + 1000\,\varrho_{b,h} - \varrho_{Rg}(1000 - L_v)\right]}$$

mit
- W Wassergehalt des Frischbetons [kg/m³]
- ϱ_z Dichte des Zements [kg/dm³]
- ϱ_{Rg} Kornrohdichte des Zuschlaggemischs [kg/dm³] (kernfeucht, oberflächentrocken)
- $\varrho_{b,h}$ Frischbetonrohdichte [kg/dm³]
- L_v Luftgehalt des Frischbetons [dm³/m³]

Enthält der Beton auch Zusatzstoffe, werden diese am besten dem Zuschlag zugerechnet. Voraussetzung ist dabei, daß das Verhältnis Zusatzstoff zu Zuschlag bekannt und gleichbleibend ist.

6 Junger Beton

6.1 Allgemeines

Die unmittelbar nach dem Mischen einsetzende Reaktion zwischen Zement und Wasser, die Hydratation, führt kontinuierlich über Ansteifen und Erstarren zum Erhärten des Betons. Damit ist eine Zunahme der Steifigkeit, also eine Abnahme der spannungsfreien Verformbarkeit und eine Zunahme der Festigkeit verbunden. Der Übergang vom Ansteifen zum Erstarren wie von da zum Erhärten ist fließend. Man bezeichnet Beton in der Übergangsphase zwischen Erstarrungsbeginn und Erhärtung als jungen Beton. Dem ist ein Zeitraum ab Herstellung zwischen 2 bis 4 und 15 bis 24 Stunden zugeordnet.

Da die Steifigkeit schneller anwächst als die Festigkeit, können behinderte Eigenverformungen des jungen Betons oder aufgezwungene Verschiebungen zu Spannungen führen, denen noch keine ausreichende Festigkeit gegenübersteht. Dies gilt im allgemeinen nicht für Druckspannungen, weil die Bruchstauchung des jungen Betons zunächst etwa eine Zehnerpotenz größer ist als die des erhärteten Betons. Sie fällt erst allmählich auf dessen Wert ab. Mörtelproben, die im Alter von 3 bis 7 Stunden auf Druck belastet wurden, erfuhren selbst dann keine nennenswerte Vorschädigung, wenn sie dabei bis zur Bruchstauchung verformt wurden [6-1].

Handelt es sich jedoch um Zugspannungen, so besteht die Gefahr der Rißbildung. Solche Risse beeinträchtigen nicht nur das Aussehen, sie können auch die Dauerhaftigkeit und die Gebrauchsfähigkeit von Betonbauteilen herabsetzen.

Eigenverformungen des jungen Betons können entstehen durch Volumenänderungen bei der Hydratation (das sogenannte chemische Schrumpfen), durch Wasserabgabe während der Erstarrungsphase (das sogenannte plastische Schwinden) und durch Temperaturänderungen, insbesondere als Folge des Temperaturanstiegs infolge der Hydratationswärme und der nachfolgenden Abkühlung. Eine Behinderung dieser Verformungen ist möglich durch die Bewehrung, durch Haftung und Reibung an der Schalung oder durch angrenzende Bauteile, z. B. bei längeren Wänden durch die Verbindung mit den früher hergestellten Fundamenten.

Von außen aufgezwungene Verformungen entstehen vorrangig durch Lehrgerüstverformungen, soweit sie nach dem Erstarren durch das Weiterbetonieren auftreten (unzureichende Erstarrungsverzögerung oder schlechte Gerüstkonstruktion).

6.2 Verformungen

6.2.1 Chemisches Schrumpfen

Die bei der Hydratation des Zements entstehenden Reaktionsprodukte beanspruchen zusammen einen kleineren Raum als die Ausgangsstoffe (s. Abschn. 2.1.3.2). Das damit verbundene Volumendefizit bewirkt – solange der Beton noch weich ist – eine Abnahme

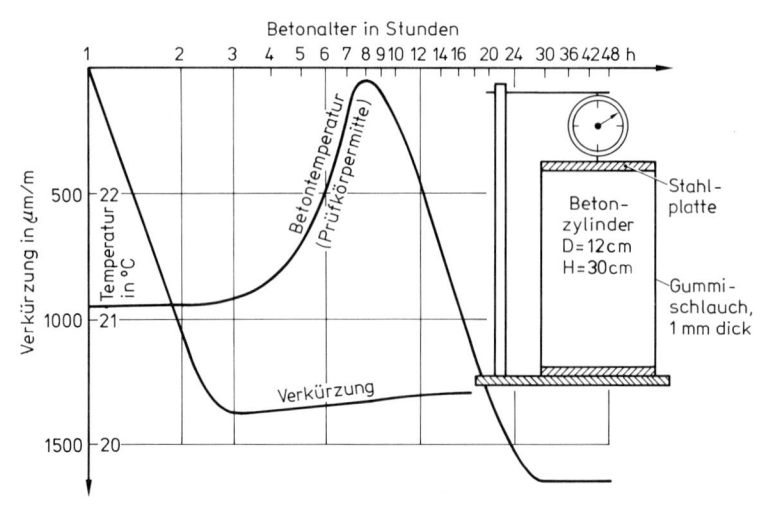

Bild 6.2-1 Längsverformungen und Temperatur eines bei 20 °C Lufttemperatur konserviert gelagerten Betonzylinders ab 1 h nach dem Mischen. (350 kg/m³ PZ 35 F, $w/z = 0{,}55$, Sieblinie B 16, Kiessand, Verdichtungsmaß 1,23) [6-4]

der äußeren Betonabmessungen [6-2, 6-3], die sich vornehmlich in vertikaler Richtung auswirkt. Die Verformungen kommen aber mit zunehmendem Ansteifen ziemlich rasch zum Stillstand.

Bild 6.2-1 zeigt das Ergebnis von Verformungsmessungen an jungem Beton, der ohne Feuchtigkeit abzugeben erhärtete. Bis zum Alter von $2\frac{1}{2}$ h verkürzte sich der Beton mit nahezu konstanter Verformungsgeschwindigkeit sehr stark in vertikaler Richtung. Mit Beginn einer merklichen Temperaturerhöhung, die das Einsetzen beschleunigter Erstarrungs- und Erhärtungsreaktionen anzeigt, kamen die Verkürzungen schnell zum Stillstand. Bis zum Alter von 3 h war eine Verkürzung von insgesamt 1,4 mm/m eingetreten. In den nächsten Stunden war ein leichter Rückgang der Verkürzung festzustellen.

Hieraus und aus ähnlichen Beobachtungen [6-3] ist zu schließen, daß bei hohen Bauteilen (z. B. Stützen, Wänden) in den ersten Stunden bis zum Erstarren mit nennenswerten vertikalen Verkürzungen von über 1 mm/m zu rechnen ist. Diese Verkürzungen können auch dann auftreten, wenn der Beton vollständig gegen Wasserabgabe geschützt ist und auch bei Betonen, die nicht zum Wasserabsondern an der Oberfläche neigen. Die Gefahr einer Vorschädigung oder eines Risses besteht, wenn die vertikale Verkürzung durch die Form der Schalung, z. B. bei hohen Plattenbalken oder Hohlkästen am Übergang zur oberen Platte, oder durch eine Bewehrung behindert ist. Da diese Verformungen am noch plastischen Beton auftreten, lassen sich Schäden durch eine Nachverdichtung vermeiden. Bei den genannten Querschnitten ist es ratsam, die Platte erst zu betonieren, wenn der in den Stegen befindliche Beton soweit erstarrt ist, daß er sich nicht mehr setzt.

6.2.2 Plastisches Schwinden

Wird dem Beton nach Erstarrungsbeginn durch Verdunstung Wasser entzogen, so führt dies zu einer Volumenverminderung, die zur Folge hat, daß sich der Beton in allen Richtungen verkürzen will. Man bezeichnet dies als plastisches Schwinden [6-5]. Es beginnt, sobald dem Beton mehr Wasser entzogen wird, als er durch Bluten freiwillig abgibt.

6.2 Verformungen

Der anfangs noch plastisch verformbare Beton gibt bereits geringen durch das Austrocknen geweckten Kontraktionskräften nach und erfährt durch die Wasserabgabe eine Volumenverringerung. Mit fortschreitendem Erstarren wächst der innere Verformungswiderstand, und der Beton ändert seine äußeren Abmessungen nur noch in dem Maße, wie ihn die Kontraktionskräfte elastisch und durch Kriechvorgänge verformen können. Die Verformungen kommen gewöhnlich zum Stillstand, wenn der Beton eine Druckfestigkeit von etwa $1\ N/mm^2$ erreicht hat.

Die Größe und der zeitliche Verlauf der Schwindverformungen werden durch den Austrocknungsbeginn, die Umgebungsbedingungen und die Betonzusammensetzung beeinflußt. Im einzelnen gilt:

- Ein verzögerter Austrocknungsbeginn vermindert das Schwinden wegen des bis dahin erhöhten Hydratationsgrades Bild 6.2-2).
- Verschärfte Austrocknungsbedingungen erhöhen das Schwindmaß, verkürzen aber die Schwinddauer.
- Bei einer Windgeschwindigkeit von 1 m/s wurden doppelt so große, bei 3 m/s fünfmal so große Schwindverformungen gemessen wie bei Austrocknung in ruhender Luft [6-7]. Eine niedrige Luftfeuchte wirkt in gleichem Sinne.
- Die Umgebungstemperatur beeinflußt das plastische Schwinden nur wenig. Zwar fördert eine höhere Temperatur die Verdunstung, sie beschleunigt aber gleichzeitig die Hydratation. Das plastische Schwinden setzt etwas früher ein, hört aber auch früher auf. Das Schwindmaß ist bei höherer Temperatur nahezu unverändert oder nur wenig größer [6-8].
- Mit steigendem Wassergehalt nimmt das plastische Schwinden zu.
- Der Einfluß des Zementgehalts ist nicht einheitlich. Bei gleichem Wassergehalt scheint sich das plastische Schwinden von Betonen mit unterschiedlichem Zementgehalt nicht wesentlich zu unterscheiden [6-4, 6-8].
- Bei Verwendung von Zementen mit spätem Erstarren und langsamer Festigkeitsentwicklung ist mit größeren Schwindverformungen zu rechnen.
- Dies gilt auch bei Verwendung von verzögernden Betonzusatzmitteln (VZ) (Bild 6.2-3).

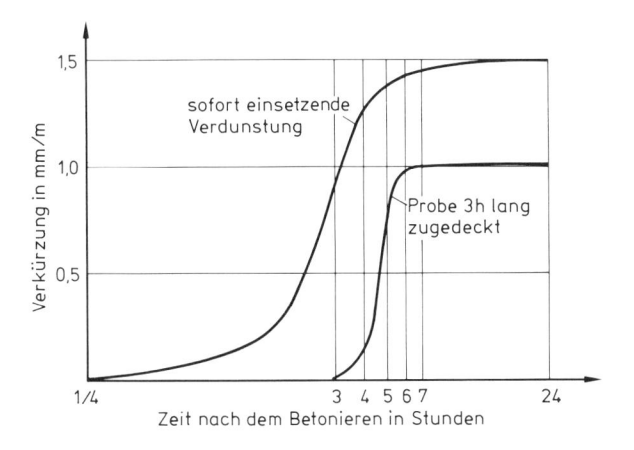

Bild 6.2-2 Einfluß des Beginns der Austrocknung auf das plastische Schwinden von Beton [6-6]

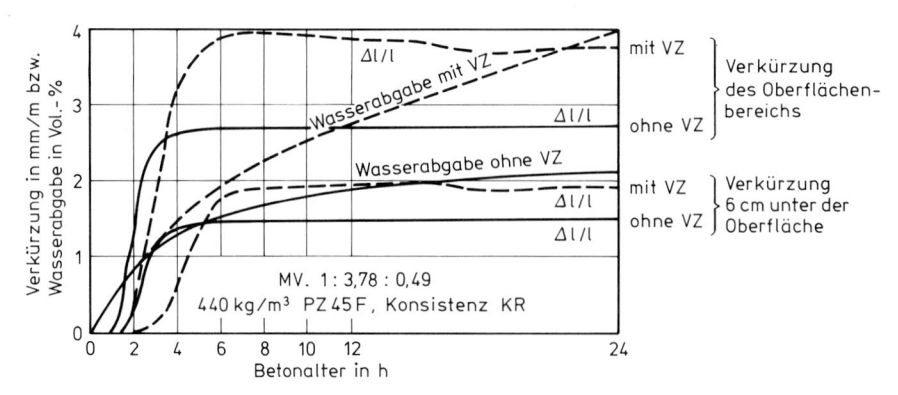

Bild 6.2-3 Einfluß eines Erstarrungsverzögerers (VZ) auf die Wasserabgabe und das plastische Schwinden des Betons [6-9] (Verformungsmessungen in Längsrichtung der liegenden Probe)

6.2.3 Wärmedehnzahl

Für die praktische Anwendung ist die lineare Wärmedehnzahl maßgebend. Sie wird grundsätzlich durch die Wärmedehnzahlen der Betonbestandteile bestimmt. Beim erhärteten Beton sind dies der Zuschlag, der Zementstein und das nicht gebundene Wasser. Wegen des Verbundes erfolgt eine gegenseitige Behinderung der Einzeldehnungen (s. Abschn. 7.9.5.2).

Demgegenüber können sich im Frischbeton die Bestandteile nahezu frei gegeneinander verschieben. Die Wärmedehnzahl ist deshalb und wegen der viel höheren Wärmedehnzahl des Wassers 8–10mal größer als für den entsprechenden Festbeton. Sie nimmt mit einsetzender Hydratation zunächst rasch ab und bleibt dann im Verlauf der weiteren Erhärtung nahezu konstant (Bild 6.2-4).

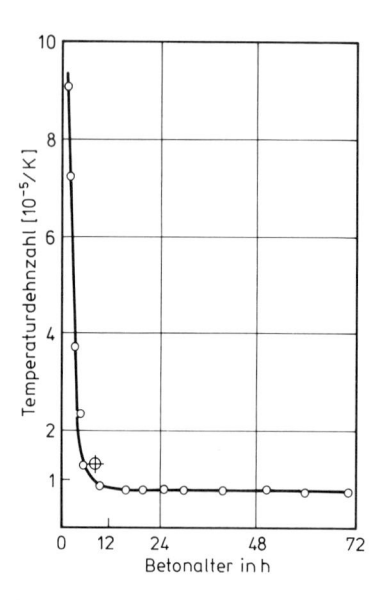

Bild 6.2-4 Wärmedehnzahl von jungem Beton (Kiessand-Zuschlag) [6-10], ergänzt durch [6-4]

6.3 Temperaturentwicklung infolge Hydratation

Die bei der Hydratation des Zements freigesetzte Wärmeenergie bewirkt im jungen Beton eine Aufheizung mit anschließender Abkühlung. Der Temperaturverlauf im Bauteil wird bestimmt von
- der Frischbetontemperatur
- der Hydratationswärme des Zements
- der spezifischen Wärme des Betons
- der bis zu dem jeweils betrachteten Zeitpunkt nach außen abgegebenen bzw. von außen aufgenommenen Wärmemenge.

Erfolgt weder eine Wärmeabgabe noch eine Wärmeaufnahme, so stellt sich der sogenannte adiabatische Temperaturverlauf ein, der mit dem adiabatischen Kalorimeter gemessen werden kann. Solche Verhältnisse liegen anfänglich im Kern von dicken Bauteilen vor [6-11 bis 6-13].

6.3.1 Adiabatischer Temperaturverlauf

Der adiabatische Temperaturanstieg ΔT bis zum Alter t beträgt

$$\Delta T_{ad,t} = \frac{Z \cdot H_t}{\varrho_{b,h} \cdot c_b}$$

mit

Z	Zementgehalt [kg/m^3]
H_t	Hydratationswärmeentwicklung des Zements [kJ/kg] bis zum Alter t
$\varrho_{b,h}$	Frischbetonrohdichte [kg/m^3]
c_b	spezifische Wärme des Frischbetons [kJ/(kg · K)]
$c_b \cdot \varrho_{b,h}$	Wärmekapazität des Frischbetons [kJ/(m^3 · K)]

Den größten Einfluß haben die Hydratationswärme und der Zementgehalt. Die Hydratationswärme hängt im wesentlichen von der Zusammensetzung des Zements ab und wird in ihrer zeitlichen Entwicklung auch von der Mahlfeinheit beeinflußt (s. Abschn. 2.1.4.7). Der Zementgehalt richtet sich nach den geforderten Festbetoneigenschaften. Die spezifische Wärme des Frischbetons beträgt unter durchschnittlichen Verhältnissen etwa 1,15 kJ/(kg · K). Sie kann im Einzelfall mit den entsprechenden Werten der Ausgangsstoffe errechnet werden (s. Abschn. 4.1.3.6.3).

Bild 6.3-1 zeigt den adiabatischen Temperaturanstieg von Normalbetonen mit 4 verschiedenen Normzementen und einem Leichtbeton. Der geringste Temperaturanstieg tritt beim schlackenreichen Hochofenzement auf, der höchste beim frühhochfesten PZ 45 F. Der Unterschied nimmt mit zunehmendem Betonalter ab. Bei anderen Zementgehalten kann der adiabatische Temperaturanstieg im üblichen Anwendungsbereich näherungsweise proportional zum Zementgehalt umgerechnet werden.

Allgemein gilt, daß Zemente, die einen niedrigen Temperaturanstieg bewirken, auch eine langsame Festigkeitsentwicklung und eine relativ niedrige 28-Tage-Normdruckfestigkeit aufweisen. Da zur Herstellung von Beton einer bestimmten Festigkeitsklasse bei Verwendung von Zement mit niedriger Normfestigkeit ein höherer Zementgehalt erforderlich ist, wird der Einfluß der niedrigeren Hydratationswärme auf den Temperaturanstieg durch den höheren Zementgehalt teilweise kompensiert.

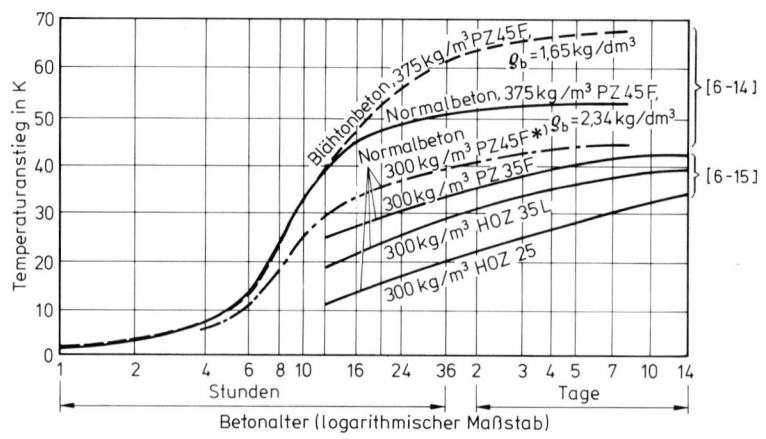

Bild 6.3-1 Adiabatischer Temperaturanstieg von Normal- und Leichtbeton mit verschiedenen Zementen (Ausgangstemperatur 20 °C)

Bei Massenbeton der unteren Festigkeitsklassen wird der Zementgehalt häufig nicht von der Festigkeit, sondern von Anforderungen an die Dichtigkeit und Dauerhaftigkeit bestimmt. In diesen Fällen kann die geringere Hydratationswärme der Zemente mit niedriger Festigkeitsklasse voll genutzt werden, um den Temperaturanstieg im Beton möglichst klein zu halten.

Niedrige Frischbetontemperaturen verzögern, höhere beschleunigen den Temperaturanstieg. Bild 6.3-2 zeigt zwei charakteristische Erscheinungen. Die Verzögerung des Temperaturanstiegs durch niedrige Frischbetontemperaturen beschränkt sich auf einen verhältnismäßig kurzen Zeitraum. Weiterhin wird der adiabatische Temperaturanstieg in höherem Alter durch niedrige Frischbetontemperaturen etwas vergrößert. Die Erhöhung kann bis 5 K betragen. Die absolute Betontemperatur liegt jedoch trotz dieser Erhöhung niedriger.

Der Einfluß des Wasserzementwertes auf den adiabatischen Temperaturanstieg ist unter sonst gleichen Verhältnissen unbedeutend. Eine Erhöhung des Wasserzementwertes bei gleichbleibendem Zementgehalt verzögert zunächst geringfügig den Temperaturanstieg. In höherem Alter sind die Temperaturerhöhungen von Betonen mit unterschiedlichen

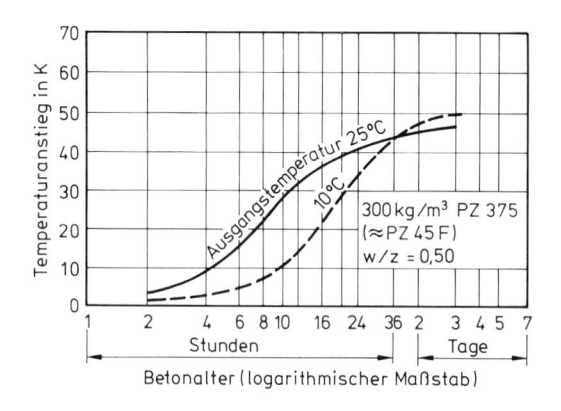

Bild 6.3-2 Einfluß der Frischbetontemperatur auf den adiabatischen Temperaturanstieg [6-16]

6.3 Temperaturentwicklung infolge Hydratation

Wasserzementwerten annähernd gleich groß, obwohl mit steigendem Wasserzementwert auch die spezifische Wärme des Betons zunimmt.

Die spezifische Wärme c_g der als Zuschlag verwendeten Gesteine weicht nicht wesentlich voneinander ab. Infolge unterschiedlicher Kornrohdichte ϱ_{Rg} kann sich aber, wie die folgende Tabelle zeigt, die Wärmekapazität $c_g \cdot \varrho_{Rg}$ stärker unterscheiden:

	c_g [kJ/(kg · K)]	ϱ_{Rg} [kg/dm³]	$c_g \cdot \varrho_{Rg}$ [kg/(dm³ · K)]
Basalt	0,85	3,00	2,55
Kalkstein	0,92	2,75	2,53
Quarzit	0,80	2,65	2,12
Blähton	0,80	0,6 bis 1,4	0,48 bis 1,12

Ein wesentlicher Unterschied besteht für Leichtzuschläge. Deren niedrige Wärmekapazität wirkt sich allerdings auf die adiabatische Temperaturerhöhung von Leichtbeton (Bild 6.3-1) nur teilweise aus, weil Leichtzuschläge oft eine beträchtliche Wasseraufnahme haben und damit bis zu etwa 100 l zusätzliches Wasser in den Beton einführen, das eine etwa doppelt so hohe Wärmekapazität hat wie z. B. Kiessand.

6.3.2 Temperaturverlauf im Bauwerk
(s. auch Band „Wasserbauten aus Beton", Kap. 1.2.4.8)

Der adiabatische Temperaturanstieg stellt sich nur im Kern massiger Bauteile in der ersten Zeit nach dem Betonieren ein. Im weiteren Verlauf entsteht (in Abhängigkeit von der

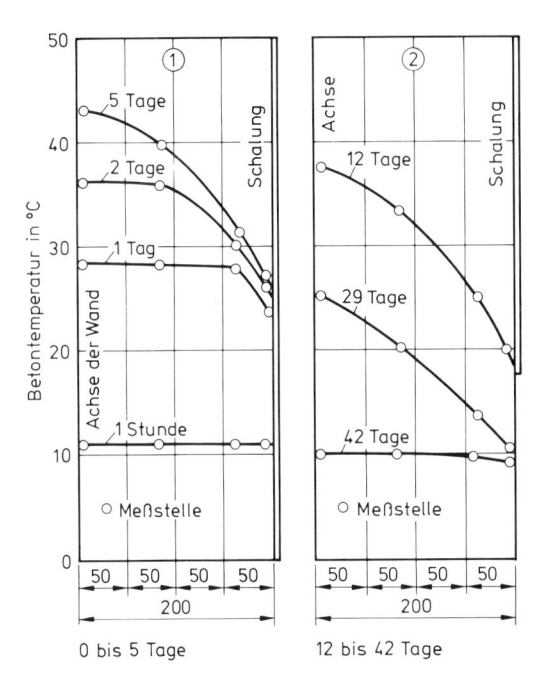

Bild 6.3-3 Temperaturverteilung in einer 4 m dicken Wand aus Normalbeton infolge Hydratationswärme [6-15]

Wärmedämmung der Schalung bzw. einer ggf. vorhandenen Abdeckung) ein Temperatursprung an den Begrenzungsflächen und ein Temperaturgefälle im Inneren, was zu einem Wärmeabfluß und schließlich zum Temperaturausgleich mit der Umgebung führt.

Bild 6.3-3 zeigt als Beispiel den Temperaturverlauf in einer 4 m dicken Wand aus Normalbeton infolge der Wärmeentwicklung und des Wärmeabflusses. Der Verlauf ist charakteristisch für massige Betonbauteile. Bis zum ersten Tag liegen fast im ganzen Querschnitt adiabatische Verhältnisse vor. Nur am Rand bildet sich ein kleines Temperaturgefälle aus. Dieses erreicht nach 5 Tagen den Kern. Ist die abfließende Wärmemenge größer als die entstehende, so beginnt auch dort der Temperaturabfall. Nach etwa 42 Tagen ist der Temperaturausgleich mit der Umgebung erreicht.

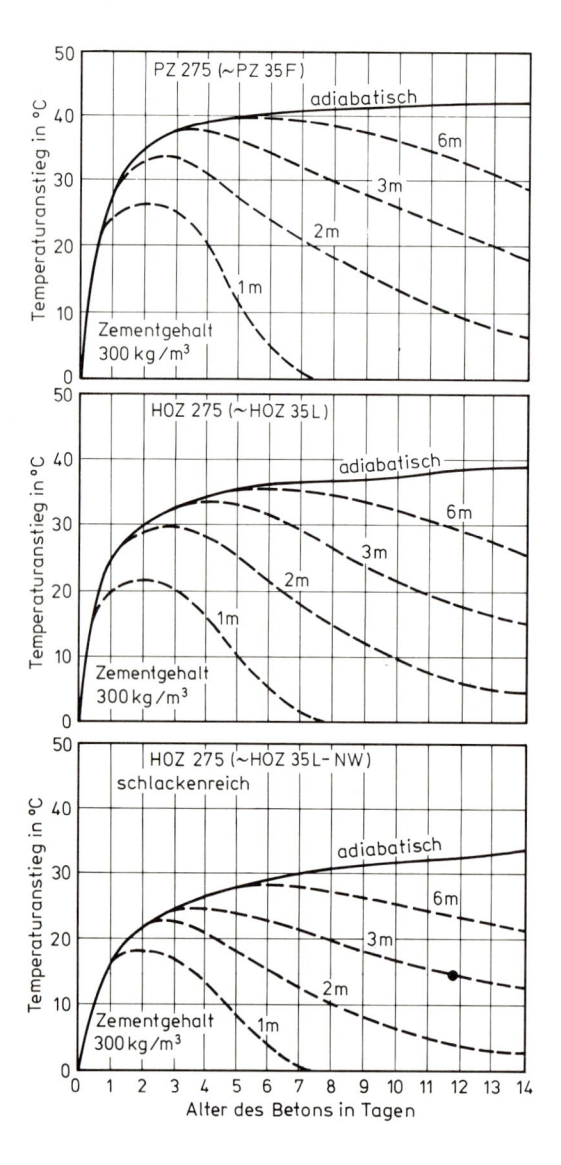

Bild 6.3-4 Verlauf des Temperaturanstiegs infolge Hydratationswärme im Kern von Betonbauteilen unterschiedlicher Dicke (Normalbeton, Zementgehalt 300 kg/m³) [6-15]

6.3 Temperaturentwicklung infolge Hydratation

Der im Kern dickwandiger Bauteile aus Normalbeton auftretende Temperaturverlauf kann anhand von Bild 6.3-4 abgeschätzt werden. Die Zeit bis zum Erreichen des Temperaturmaximums beträgt näherungsweise

$$t_{\text{maxT}} \, [\text{Tage}] \approx 0{,}8\,d + 1$$

mit

d Bauwerksdicke [m].

In dünnwandigen Bauteilen spielt das Temperaturgefälle innerhalb des Querschnitts keine große Rolle, so daß man eine gleichmäßige Temperaturverteilung annehmen kann.

Der Wärmeabfluß wird hauptsächlich durch den Temperaturunterschied zwischen Beton und Umgebungsluft bestimmt. Weitere Einflußgrößen sind die Wärmedurchgangszahl k der wärmedämmenden Ummantelung (Schalung), das Verhältnis Betonvolumen zu freier Oberfläche und die Wärmekapazität des Betons.

Diese weiteren Einflüsse können durch die Zeitkonstante τ erfaßt werden [6-17]. Diese entspricht der Zeit, in der sich die Temperatur des Betons je K Temperaturdifferenz zur Umgebung um 1 K ändert.

$$\tau = \frac{V_b \cdot c_b \cdot \varrho_b}{3{,}6 \cdot \Sigma k \cdot O} \quad [h]$$

mit

V_b Volumen des Bauteils [m³]
c_b spezifische Wärme des Betons [kJ/(kg · K)]
  (für Normalbeton 0,95 bis 1,20)
ϱ_b Betonrohdichte [kg/m³]
$c_b \cdot \varrho_b$ Wärmekapazität [kJ/(K · m³)]
  (für Normalbeton rd. 2500)
O freie Oberfläche des Bauteils [m²]
k Wärmedurchgangskoeffizient der Ummantelung (Schalung)
  [W/(K · m²)] (Anhaltswerte Tabelle 6.3-1).

Tabelle 6.3-1 Wärmedurchgangskoeffizienten k für verschiedene Wärmedämmschichten [6-17]

Wärmedämmschicht	Wärmedurchgangskoeffizient k W/(m² · K)
Keine Abdeckung mit Windeinfluß	29,0
0,5 mm Pappe	20,0
1 Abdeckplane mit Luftschicht	4,7
40 mm Strohmatte, naß	4,7
30 mm feuchte Holzschalung	3,5
50 mm Holzwolle-Leichtbauplatte	3,5
40 mm Strohmatte, lufttrocken	3,5
40 mm Strohmatte, lufttrocken auf 24 mm-Brettern	2,9
40 mm Strohmatte auf 0,5 mm-Pappe und 24 mm-Brettern	2,3
60 mm Strohmatte, lufttrocken mit Abdeckplane	2,2
40 mm Strohmatte, lufttrocken in Hartpapier	1,9
50 mm Holzwolle-Leichtbauplatte auf 24 mm-Brettern	1,7
Drei 40 mm-Strohmatten, lufttrocken, und eine Abdeckplane	1,2
50 mm Mineralwolle	0,9

Damit läßt sich aus dem adiabatischen Temperaturverlauf (s. Abschn. 6.3.1)

$$T_{ad,t} \approx T_{b0} + \Delta T_{ad,t} \quad [°C]$$

die Temperatur im Bauteil zum Zeitpunkt t schrittweise berechnen. Unter der Annahme, daß sich dort die Temperatur verzögerungsfrei ausgleicht, gilt [6-17]:

$$T_{bt} = T_{ad,t} - \sum_0^t \frac{\Delta t}{\tau}(T_b - T_l) \quad [°C]$$

mit

T_{b0} Frischbetontemperatur [°C]
T_{bt} Betontemperatur zum Zeitpunkt t [°C]
$T_{ad,t}$ zugehörige adiabatische Temperatur [°C]
Δt Zeitintervall [h] bei der schrittweisen Berechnung (z. B. 6 bis 24 h)
τ Zeitkonstante [h]. Ggf. ist mit einer schrittweise veränderlichen Zeitkonstanten, z.B. vor und nach dem Ausschalen, zu rechnen.
T_b mittlere Betontemperatur [°C] im Zeitintervall Δt, ist zu schätzen und erforderlichenfalls durch Iteration zu verbessern
T_l mittlere Temperatur [°C] der umgebenden Luft im Zeitintervall Δt

Beispiel:
0,5 m dicke Wand aus Normalbeton mit beidseitiger 30 mm dicker feuchter Holzschalung (k = 3,5 W/(m² · K), T_{b0} = +10°C,[1] T_l = +15°C, ϱ_b = 2435 kg/m³, c_b = 1,10 kJ/(kg · K), adiabatischer Temperaturverlauf gemäß Bild 6.3-5.

$$\tau = \frac{0,5 \cdot 1,10 \cdot 2435}{3,6 \cdot 3,5 \cdot 2,00} = 53 \quad [h]$$

Alter	$T_{ad,t}$	T_b*)	$\frac{\Delta t}{\tau}(T_b - T_l)$	$\sum_0^{t-\Delta t} \frac{\Delta t}{\tau}(T_b - T_l)$	T_{bt}
h	°C	°C	°C	°C	°C
0	10	10	0	0	10
24	28,0	18,2	1,4	0	26,5
48	38,2	28,6	6,2	7,6	30,6
72	41,3	29,0	6,3	13,9	27,4
96	42,6	25,6	4,8	18,7	23,9
120	43,4	22,6	3,5	22,2	21,2
144	44,0	20,3	2,4	24,6	19,4

*) durch Iteration $T_b \approx (T_{b,t} + T_{b,t-\Delta t})/2$

Das Ergebnis ist in Bild 6.3-5 eingetragen (dicke schwarze Punkte) und dem Verlauf gegenübergestellt (gestrichelte Kurve), der nach demselben Verfahren, aber mit der verkleinerten Schrittweite von 6 h berechnet wurde. Die Abweichungen sind nur unbedeutend.

[1] Zum Beispiel infolge niedriger Zuschlagtemperatur durch vorausgehende kühle Witterung

6.4 Festigkeit   245

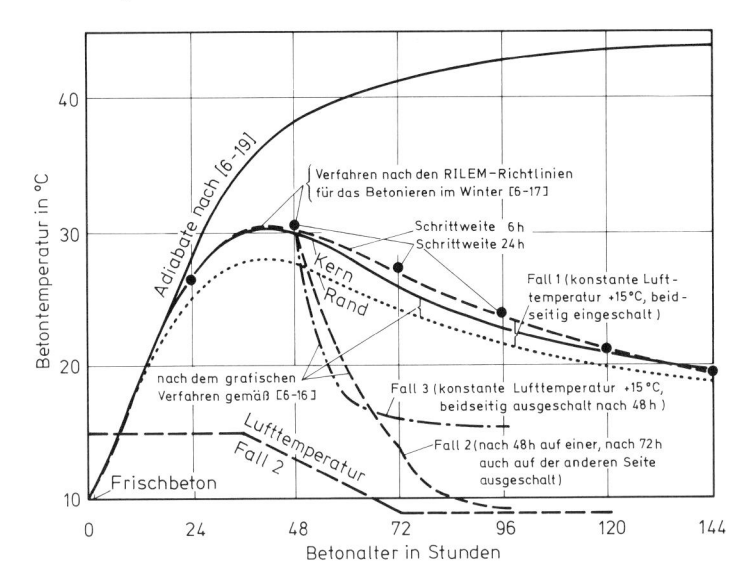

Bild 6.3-5   Temperaturverlauf in einer 0,5 m dicken Betonwand (errechnet aus der im Bild dargestellten Adiabate, s. Beispiel im Abschn. 6.3.2)

Nach dem in [6-16] beschriebenen grafischen Verfahren ergibt sich für die Kerntemperatur fast der gleiche Verlauf (ausgezogene Linie). Dabei wurde für die Wärmeleitfähigkeit des Betons der in DIN 4108 Teil 4 angegebene Rechenwert von $\lambda_R = 2{,}1$ W/(m² · K) angenommen.

Ändern sich im berechneten Zeitraum die Randbedingungen, so läßt sich dies leicht bei der Berechnung berücksichtigen. In Bild 6.3-5 sind die in gleicher Weise ermittelten Ergebnisse für den Fall 2 (nach 48 h erste Seite und nach 72 h zweite Seite ausgeschalt, Lufttemperatur zwischen 36 und 72 h von $+15$ auf $+5\,°\mathrm{C}$ abfallend) und den Fall 3 (nach 48 h beidseitig ausgeschalt, Lufttemperatur konstant $+15\,°\mathrm{C}$) eingetragen.

Man erkennt, daß die Betontemperatur nach dem Ausschalen schnell absinkt.

Ein Berechnungsverfahren nach der Finiten-Element-Methode (FEM) ist in [6-18] beschrieben.

6.4 Festigkeit

Die Festigkeit wächst zunächst sehr langsam, dann rasch und anschließend wieder langsamer.

Von besonderem Interesse ist die Entwicklung der Zugfestigkeit. Bild 6.4-1 zeigt die Entwicklung der bezogenen Zugfestigkeit von jungem Beton. Danach ist mit einer merklichen Zugfestigkeit erst ab 6 Stunden zu rechnen. Ein systematischer Einfluß des Wasserzementwertes auf die bezogene Zugfestigkeit ist nicht erkennbar. Die Verwendung eines frühhochfesten Zements wirkt sich erst im Alter von 6 bis 12 Stunden nennenswert aus.

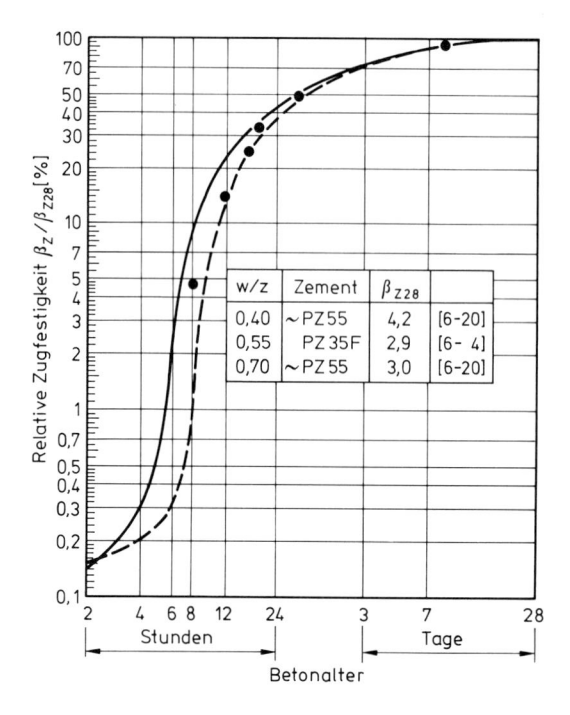

w/z	Zement	β_{Z28}	
0,40	~PZ 55	4,2	[6-20]
0,55	PZ 35 F	2,9	[6- 4]
0,70	~PZ 55	3,0	[6-20]

Bild 6.4-1 Zugfestigkeit von jungem Beton im zentrischen Zugversuch (Erhärtung bei 20 °C, gegen Feuchteabgabe geschützt)

6.5 Verformungseigenschaften

Für Beanspruchung und Verhalten des jungen Betons ist die zeitliche Entwicklung von Festigkeit und Verformungsverhalten maßgebend. Das Verformungsverhalten kann durch die Dehnfähigkeit, die Arbeitslinie, den Elastizitätsmodul und das Relaxationsverhalten beschrieben werden.

6.5.1 Dehnfähigkeit

Die Dehnfähigkeit unter Spannungseinfluß, ausgedrückt durch die Zug-Bruchdehnung unter Höchstlast im Kurzzeitversuch, nimmt zunächst stark ab, durchläuft etwa zu der Zeit, bei der die Kurve der Zugfestigkeitsentwicklung ihren Wendepunkt hat, ein Minimum und wächst anschließend wieder etwas an (vgl. Bilder 6.4-1 und 6.5-1). Im Stadium der kleinsten Verformbarkeit, das unter normalen Erhärtungsbedingungen im Betonalter zwischen etwa 6 und 24 h auftritt, kann der junge Beton bereits bei einer Dehnung von 0,05 bis 0,07 mm/m reißen. Demgegenüber beträgt die Bruchdehnung des erhärteten Normalbetons im zentrischen Kurzzeit-Zugversuch etwa 0,1 mm/m.

Die rissefrei aufnehmbare Dehnung kann wesentlich größer als die vorgenannte Bruchdehnung sein. Wenn die behinderten bzw. die von außen aufgezwungenen Verformungen sehr langsam entstehen, so bleiben die daraus resultierenden Spannungen unter der jeweiligen Zugfestigkeit. Es wird dann das große Kriechvermögen des jungen Betons aktiviert. Nach Versuchen [6-22] kann die Zugbruchdehnung bei einer frühzeitigen Vorbelastung auf mindestens das Doppelte ansteigen.

6.5 Verformungseigenschaften

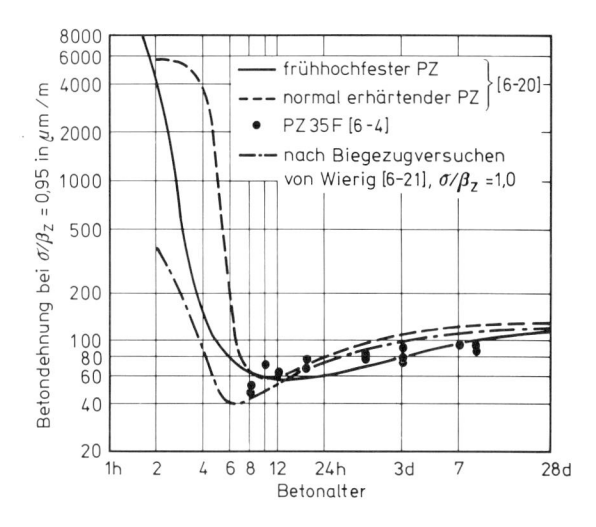

Bild 6.5-1 Kurzzeitbruchdehnung von jungem Beton im zentrischen Zugversuch und bei Biegezugprüfungen (Erhärtung bei 20 °C, Schutz vor Austrocknung)

6.5.2 Arbeitslinie und E-Modul

Die Arbeitslinien bei zentrischer Zugbelastung sind beim jungen Beton etwa parabelförmig gekrümmt, während sie in höherem Alter gestreckter verlaufen (s. Bild 6.5-2).

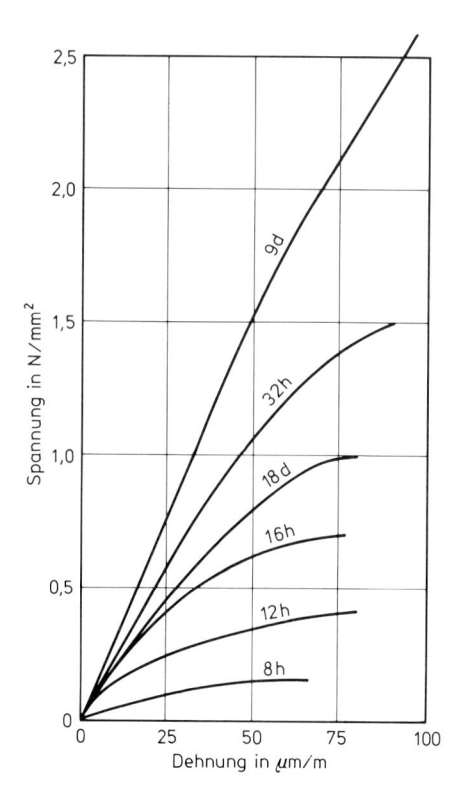

Bild 6.5-2 Arbeitslinien (ohne abfallenden Ast) bei zentrischem Zug für Betonalter zwischen 8 Stunden und 9 Tagen [6-4].
(350 kg/m^3 PZ 35 F, $w/z = 0{,}55$, Konsistenz KP, Erhärtung bei 20 °C, Schutz gegen Feuchteabgabe)

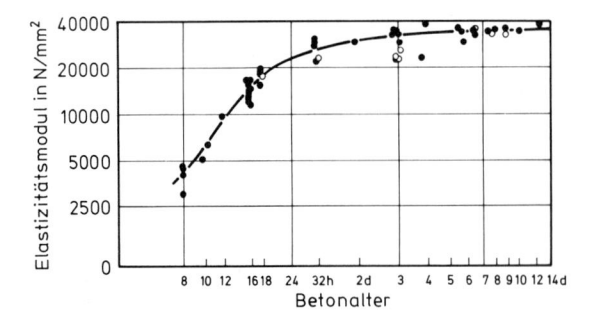

Bild 6.5-3 Elastizitätsmodul des Betons nach Bild 6.5-2 bei zentrischem Zug [6-4] (Sekantenmodul bei $\varepsilon = 0,025$ mm/m)

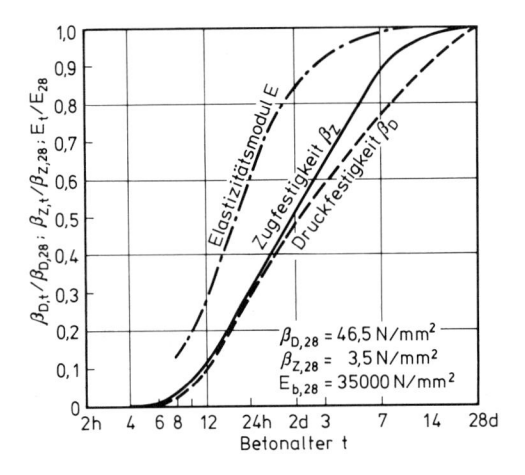

Bild 6.5-4 Vergleich der zeitlichen Entwicklung von Druckfestigkeit, Zugfestigkeit und Elastizitätsmodul [6-4] (Gleiche Betonzusammensetzung wie bei den Bildern 6.5-2 und 6.5-3)

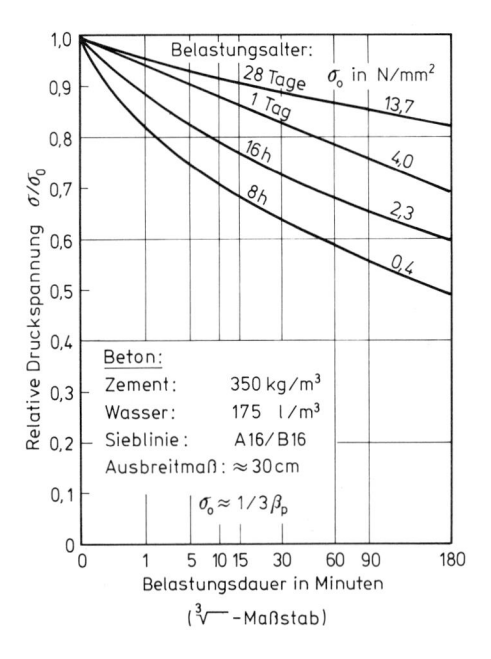

Bild 6.5-5 Druckspannungsabbau durch Relaxation in Abhängigkeit vom Alter des Betons [6-22]

Der Elastizitätsmodul nimmt in den ersten 24 Stunden linear zu (s. Bild 6.5-3).

Auf Bild 6.5-4 erkennt man, daß der Elastizitätsmodul sich wesentlich schneller seinem Endwert annähert als die Zugfestigkeit und diese wiederum schneller als die Druckfestigkeit.

6.5.3 Relaxation

Die durch behinderte bzw. von außen aufgezwungene Verformungen verursachten Spannungen werden auch ohne äußere Längenänderung mit der Zeit abgebaut. Diese Erscheinung nennt man Relaxation. Sie ist auf das Kriechvermögen des Betons zurückzuführen (s. Abschn. 7.9.3.10).

Bild 6.5-5 zeigt die Ergebnisse von Druck-Relaxationsversuchen [6-22]. Die ursprünglich aufgebrachte Druckspannung wird um so schneller abgebaut, je jünger der Beton bei der Belastung ist. Bei einer Zugbeanspruchung nimmt die Spannung wahrscheinlich noch stärker ab [6-4].

6.6 Reißneigung

Der Beton durchläuft im Alter von etwa 2 bis 24 Stunden eine kritische Phase mit noch sehr kleiner Zugfestigkeit aber bereits deutlich reduzierter Dehnfähigkeit (Bilder 6.4-1 und 6.5-1). In diesem Stadium besteht eine erhöhte Reißneigung. Risse entstehen, wenn die von außen aufgezwungenen Verformungen oder die behinderten Eigenverformungen des jungen Betons größer sind als die jeweils rissefrei aufnehmbaren Gesamtverformungen bzw. wenn die daraus resultierenden Spannungen die jeweilige Zugfestigkeit überschreiten.

Als Ursachen für die v. g. Verformungen bzw. Spannungen kommen vorrangig eine rasche Abkühlung des Betons im Übergang zwischen Erstarren und Erhärten, ein scharfes Austrocknen in jungem Alter [6-23], sowie Formänderungen der Schalung in Betracht [6-24].

Austrocknungsrisse, vielfach nicht ganz zutreffend als Schrumpfrisse bezeichnet, treten meist kurz nach dem Verschwinden des Feuchtigkeitsglanzes an der Oberfläche vorwiegend bei großflächigen horizontalen Platten auf [6-25].

6.6.1 Formänderungen der Schalung

Für die Größe der Formänderungen, die dem jungen Beton zugemutet werden können, ist die zum Zeitpunkt der Formänderungen aufnehmbare Dehnung, d. h. die Bruchdehnung maßgebend.

Diese beträgt im ungünstigsten Zeitpunkt u. U. noch nicht einmal 0,05 mm/m (Bild 6.5-1) und wird z. B. schon erreicht, wenn eine 6 m weit gespannte, 16 cm dicke Platte sich um 1 bis 2 mm durchbiegt.

Auch bei der Wärmebehandlung von Fertigteilen muß auf die geringe Verformbarkeit des jungen Betons Rücksicht genommen werden. Bei der Erwärmung eilt die Wärmedehnung der Schalung der des Betons voraus. Dabei zwingt die sich ausdehnende Schalung je nach Rauhigkeit, Geometrie und Steifigkeit dem Beton eine Dehnung auf. Wenn diese den kritischen Wert erreicht, kommt es zum Riß.

Selbst das Quellen einer nicht vorgenäßten Holzschalung kann bereits zu unverträglichen Formänderungen führen. Auch aus diesem Grund sind Holzschalungen rechtzeitig vor dem Betonieren ausgiebig zu nässen.

6.6.2 Temperatureinflüsse

Die sogenannten Schrumpfrisse in flächigen Bauteilen treten bevorzugt auf, wenn einem warmen Tag eine relativ kalte Nacht folgt. Die Abkühlung ist an der Rißentstehung maßgeblich beteiligt.

Entsteht bei der Abkühlung ein Temperaturgefälle über die Dicke des Bauteils, dann will sich dieses verkrümmen. Wird die Verkrümmung durch das Eigengewicht oder durch angrenzende Bauteile behindert, so entstehen auf der kälteren Seite Zug-, auf der wärmeren Seite Druckspannungen. Die Folge sind Biegerisse, auch als Oberflächenrisse bezeichnet. Ändert sich dagegen die Temperatur gleichmäßig über die Dicke des Bauteils, so entstehen bei der Behinderung der zugehörigen Längenänderungen über den ganzen Querschnitt Druck- bzw. Zugspannungen. In diesem Fall kommt es zu durchgehenden Rissen, auch Spaltrisse oder Trennrisse genannt.

Bild 6.6-1 zeigt schematisch den Spannungsverlauf in jungem Beton bei behinderter Temperaturverformung. Nach einer anfänglichen Ruhezeit steigt die Betontemperatur infolge der Hydratationswärme an. Wenn sich der Beton nicht ausdehnen kann, wird die Wärmedehnung in eine Stauchung umgesetzt. Der Beton ist aber plastisch noch so verformbar, daß keine meßbare Spannung entsteht. Dem entspricht die Betontemperatur T_{01}. Im Alter von einigen Stunden entstehen im erhärteten Beton infolge weiterer Erwärmung Druckspannungen, die jedoch aufgrund des niedrigen E-Moduls und vor allem infolge des Kriechens bzw. der Relaxation keine hohen Werte erreichen. Überschreitet der Wärmeabfluß die Wärmeentwicklung, so nimmt die Temperatur wieder ab. Durch die behinderte Abkühlverkürzung, unterstützt durch die fortschreitende Spannungsrelaxation, werden die Druckspannungen vermindert.

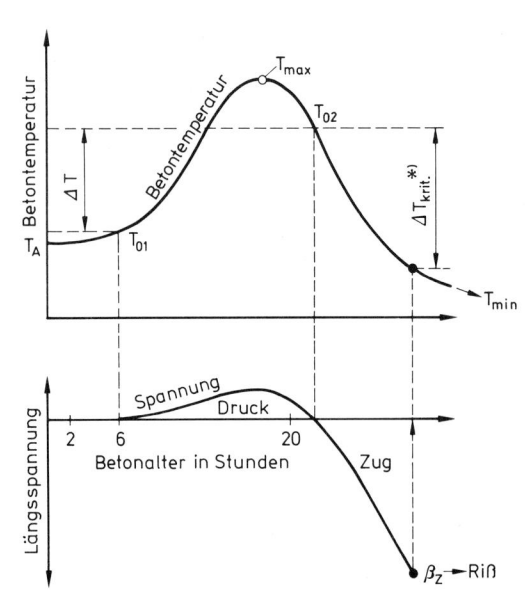

Bild 6.6-1 Temperaturverlauf und Betonspannungen bei behinderter Temperaturverformung (schematisch) [6-4]

*) abhängig von der Bruchdehnung, d.h. der elastischen und der plastischen Verformbarkeit, und von der Wärmedehnzahl

Die Temperatur T_{02}, bei der die Spannungen schließlich auf Null abgesunken sind, liegt meist deutlich über der Ausgangstemperatur. Durch die weitere Abkühlung bauen sich schließlich Zugspannungen auf, die ebenfalls aufgrund des Kriechens bzw. der Relaxation nur abgeschwächt entstehen. Sie erreichen die Zugfestigkeit, wenn die Abkühlung den Wert ΔT_{krit} überschreitet. Die ohne Risse ertragbare Abkühldifferenz liegt bei Normalbeton in der Größenordnung von 10 bis 15 K, bei gefügedichtem Leichtbeton von 35 bis 45 K.

Um temperaturbedingte Spaltrisse in verformungsbehinderten Bauteilen zu vermeiden, soll sich der Beton möglichst wenig erwärmen, damit die Temperaturdifferenz bei der nachfolgenden Abkühlung nicht zu groß wird. In kritischen Fällen kann es zweckmäßig oder notwendig sein, die Frischbetontemperatur durch besondere Maßnahmen der Betonherstellung (s. Abschn. 4.1.2) abzusenken oder die Hydratationswärme durch Kühlung abzuführen.

Um die Abminderung der Zugspannungen durch Relaxation zu begünstigen, empfiehlt es sich, durch Abdecken der Oberfläche (s. Abschn. 4.3.2) die Abkühlgeschwindigkeit zu verringern. Damit wird auch die Austrocknung behindert, die wegen der damit verbundenen Verdunstungskälte zu einer zusätzlichen Oberflächenabkühlung und zu ebenfalls behinderten Schwindverkürzungen führt.

Hinsichtlich der Betonzusammensetzung gilt, daß die Reißneigung durch Verwendung von Zuschlägen mit niedriger Wärmedehnzahl vermindert werden kann. Beim Übergang von Quarz- zu Kalkstein- oder Diabaszuschlägen erhöht sich die ertragbare Abkühldifferenz um etwa 50% [6-23]. Des weiteren sind Zemente mit anfänglich langsamer Hydratationswärmeentwicklung zweckmäßig (NW-Zemente, s. Abschn. 2.1.1.6). Allerdings ist damit allein eine geringe Reißneigung des Betons noch nicht gewährleistet. So entwickelt sich z. B. bei manchen Hüttenzementen die Zugfestigkeit des Betons extrem langsam, was die Reißneigung begünstigt. Auch können Zemente gleicher Art und Festigkeitsklasse je nach chemischer Zusammensetzung und Mahlfeinheit zu Beton mit stark unterschiedlicher Reißneigung führen [6-26]. Schließlich kann die Rißempfindlichkeit durch Einführung künstlicher Luftporen etwas gesenkt werden.

Gefügedichter Leichtbeton erwärmt sich wegen der geringeren Wärmekapazität der Leichtzuschläge und seiner niedrigeren Wärmeleitfähigkeit, oft noch in Verbindung mit einem erhöhten Zementgehalt, stärker als Normalbeton gleicher Festigkeit. Der Unterschied beträgt bei dickeren Bauteilen 10 bis 15 K. Wegen der wesentlich größeren ertragbaren Abkühldifferenz des Leichtbetons als Folge der geringeren Steifigkeit und der niedrigeren Wärmedehnzahl ist aber die Spaltrißgefahr zumindest nicht größer, sondern eher kleiner als bei Normalbeton [6-14]. Die hier üblichen technologischen und konstruktiven Maßnahmen (Nachbehandlung, Fugenabstände) sind deshalb auch dort ausreichend. Jedoch muß bei Leichtbeton verstärkt mit oberflächlichen Netzrissen gerechnet werden, weil sich infolge der geringeren Wärmeleitfähigkeit ein stärkeres Temperaturgefälle aufbaut und meist auch das Schwindgefälle größer ist.

6.6.3 Austrocknung

Eine rasche Austrocknung in jungem Alter kann innerhalb weniger Stunden zu erheblichen Verkürzungen führen (s. Abschn. 6.2.2), was unter ungünstigen Umständen Risse zur Folge hat. Diese entstehen im allgemeinen 2 bis 5 h nach dem Einbringen des Betons, meist einige Zeit, nachdem das auf der Betonoberfläche durch Bluten abgesonderte Wasser verschwunden ist und unmittelbar vor oder kurz nach dem Beginn des Temperaturanstiegs infolge der Hydratation. Das ist etwa der Zeitpunkt, in dem die anfangs sehr steile Schwindkurve ihre Steigung stark vermindert (Bild 6.2-2).

Dieses kritische Betonalter ist gekennzeichnet durch einen sehr raschen Ablauf der Hydratationsreaktionen, wobei sich der Zementleim von einer Suspension in ein Gel verwandelt. Dabei nimmt sein Verformungsvermögen sehr stark ab. Die Entwicklung der Steifigkeit eilt der Festigkeitsentwicklung voraus, so daß der Beton vorübergehend sehr empfindlich ist gegenüber Zwangspannungen, die sich aus einer Behinderung von Eigenverformungen oder aus aufgezwungenen Verformungen ergeben. Scharfe Austrocknungsbedingungen in Form niedriger relativer Luftfeuchte und starker Luftbewegung erhöhen die Rißgefahr. Die Frischbeton- und die Lufttemperatur haben demgegenüber nach [6-24] nur wenig Einfluß. In Versuchen bei Temperaturen zwischen 10 und 30 °C war lediglich das zeitliche Auftreten unterschiedlich. Bei niedriger Temperatur setzte die Rißbildung wohl aufgrund der langsameren Austrocknung später ein.

Von der Zusammensetzung her erwiesen sich Betone mit hohem Wassergehalt als besonders rißgefährdet. Dabei steigt die Rißgefahr, wenn wasserreicher Frischbeton ein ausgeprägtes Wasserrückhaltevermögen besitzt. Dieses wird durch den Feinststoffgehalt beeinflußt. Ein hoher Feinststoffgehalt ist gefährlich, besonders dann, wenn die Feinststoffe eine große spezifische Oberfläche haben. Langes Mischen trägt durch fortlaufenden Abrieb der gerade erst gebildeten Gelhüllen ebenfalls zu einer Erhöhung der klebefähigen Bestandteile bei.

Verzögernde Zusatzmittel wirken im allgemeinen ungünstig. Sie können die Schrumpfrißbildung verstärken oder ggf. sogar erst auslösen [6-24]. Ihr Einfluß ist um so ungünstiger, je mehr sie den Zeitraum zwischen dem Ende des Blutens und dem Erstarrungsende, die sogenannte Liegezeit, spreizen. Wirkstoffe im Zusatzmittel, die den Erstarrungsbeginn weniger verzögern als das Erstarrungsende, wie z. B. Hydroxycarbonsäuren oder Saccharose, scheinen daher ungünstiger zu wirken als Wirkstoffe, die beide Erscheinungen gleichmäßig verzögern, wie z. B. Phosphate [6-25].

Es ist wichtig, die Verzögerungszeit auf den Einbauzeitpunkt des Betons und die weiteren Verarbeitungsbedingungen abzustimmen. Die Gefahr einer Schrumpfrißbildung ist am größten, wenn ein verzögerter Beton unmittelbar nach der Herstellung eingebaut wird. In diesem Fall liegt der Beton lange in der Schalung, ohne zu erhärten. Wenn er während dieser Zeit Umweltbedingungen ausgesetzt ist, die die Austrocknung begünstigen, unterliegt er einem verstärkten plastischen Schwinden (s. Abschn. 6.2.2). Wird die Dosierung des Zusatzmittels dagegen so gewählt, daß der Beton nach der Übergabe normal erstarrt, so weist auch ein verzögerter Beton keine erhöhte Schrumpfrißgefahr auf. Dies ist insbesondere für Transportbeton von Bedeutung.

Insgesamt gilt, daß die Verzögerungszeit nie größer gewählt werden soll als für die Verarbeitung des Betons unbedingt erforderlich. Da die Wirkung der einzelnen Zusatzmittel unterschiedlich ist und durch die Temperaturverhältnisse stark beeinflußt wird (s. Abschn. 2.3.6.4), sind erweiterte Eignungsprüfungen unumgänglich [6-27, 6-28].

Eine besondere Bedeutung kommt der Nachbehandlung zu. Die entsprechenden Maßnahmen (s. Abschn. 4.3.2) sind zum frühestmöglichen Zeitpunkt durchzuführen.

Bereits entstandene Schrumpfrisse lassen sich durch eine Nachverdichtung wieder schließen, ohne daß man eine Gefügeschädigung befürchten muß, wenn das Erstarren noch nicht zu weit fortgeschritten ist. Bei größeren Flächen und ohne geeignete Verdichtungsgeräte kann man dabei, besonders bei warmer Witterung, in erhebliche Zeitnot geraten. Es besteht dann die Gefahr, daß die Risse nur an der Oberfläche zum Verschwinden gebracht werden, im Inneren aber geöffnet bleiben.

7 Festbeton

7.1 Eigenschaften und deren Beeinflussung

Die Reaktion zwischen Wasser und Zement, die Hydratation, führt stetig über Ansteifen und Erstarren zum Erhärten des Betons (s. Abschn. 2.1.4.1). Man spricht von Festbeton, wenn Festigkeit und Verformungswiderstand einen technisch nutzbaren Wert erreicht haben.

Die möglichen Festbetoneigenschaften sind durch die Betonzusammensetzung (s. Abschn. 3) vorgegeben. Ob und inwieweit sie erreicht werden, hängt entscheidend von der Herstellung, der Verarbeitung und der Nachbehandlung des Betons (s. Abschn. 4) sowie von den Erhärtungsbedingungen ab. Für den Erhärtungsverlauf sind vorrangig die Temperatur, die Zementart, die Bauteildicke und die Feuchte maßgebend. Die Eigenschaften können durch ein Tränken des Betons mit erhärtenden Flüssigkeiten zusätzlich verbessert werden (s. Abschn. 4.6).

Die für die meisten Anwendungen wichtigste bautechnische Eigenschaft des Betons ist die Druckfestigkeit. Sie wird deshalb auch als Kennwert für die Klassifizierung benutzt.

Grundsätzlich verbessern sich mit steigender Druckfestigkeit in der Tendenz auch alle anderen Betoneigenschaften (wenn man von der Wärmedämmung absieht). Dies gilt insbesondere für die weiteren Festigkeitswerte, bedingt auch für die Formänderungen unter sonst gleichen Voraussetzungen.

Die Festigkeit und das Verformungsverhalten ermöglichen jedoch keine ausreichende Beurteilung der Dauerhaftigkeit. Dafür ist vor allem die Dichtigkeit des Betons maßgebend.

7.2 Rohdichte

Die Rohdichte beschreibt in gleicher Weise wie beim Frischbeton (s. Abschn. 5.2) das Verhältnis Masse zu Volumen (kg/m^3). Sie wird an Prüfkörpern bestimmt.

Die Rohdichte des Festbetons ist abhängig von der Dichte bzw. Rohdichte der Ausgangsstoffe (Zement, Zuschlag), dem Wassergehalt und der Verdichtung (Porenraum) des Frischbetons und vom Feuchtigkeitsgehalt des Festbetons zum Zeitpunkt der Prüfung. Man unterscheidet die Rohdichte im lufttrockenen Zustand und die Trockenrohdichte, die nach Trocknung des Betons bei 105 °C bis zur Gewichtskonstanz bestimmt wird.

Beton, der an der Luft lagert, gibt im Laufe der Zeit einen Teil des nicht durch die Hydratation des Zementes gebundenen Wassers (s. Abschn. 2.1.3) durch Verdunstung ab. Deshalb ist seine Festbetonrohdichte niedriger als die Frischbetonrohdichte. Bis zum Erreichen des praktischen Feuchtegehaltes von etwa 5 Vol.-% (siehe DIN 4108 Teil 4) verdunsten von den ursprünglich in 1 m^3 Beton vorhandenen 160 bis 200 l Wasser etwa 50 bis 100 l. Dies entspricht einer Verringerung der Rohdichte um 50 bis 100 kg/m^3.

Für die Trockenrohdichte ist nur noch das im Zementstein chemisch gebundene Wasser (unter praktischen Bedingungen etwa 20 M.-% des Zementes) maßgebend. Sie ist deshalb i. allg. um 100 bis 150 kg/m³ niedriger als die Frischbetonrohdichte. Der Unterschied ist um so größer, je höher der Wassergehalt und je niedriger der Zementgehalt ist.

Die Festbetonrohdichte im lufttrockenen Zustand liegt bei den üblichen Kiessandbetonen zwischen 2100 und 2400 kg/m³. Werte unter 2200 kg/m³ lassen auf einen relativ großen Porenraum schließen und sind im Hinblick auf die Dichtigkeit ungünstig. Bei Betonen aus Basaltsplitt und ähnlich schweren Zuschlägen liegt die Rohdichte um 250 bis 300 kg/m³ höher.

7.3 Porenraum

7.3.1 Allgemeines

Der Betonporenraum setzt sich aus dem Zementsteinporenraum (s. Abschn. 2.1.3.2) und den sogenannten Verdichtungsporen (s. Abschn. 5.3) zusammen. Er ist für die Dichtigkeit des Betons maßgebend. Diese nimmt mit steigendem Porenraum ab, womit (mit Ausnahme der Wärmedämmung) eine Verschlechterung nahezu aller Festbetoneigenschaften einhergeht. Dabei sind außer der Größe des gesamten Porenraums auch die Porengrößenverteilung und die Form der Poren (offen, geschlossen) von Bedeutung.

Der Zementsteinporenraum verringert sich mit abnehmendem Wasserzementwert sowie bei gleichem Wasserzementwert mit fortschreitender Hydratation, d. h. er ist um so kleiner, je höher der Hydratationsgrad ist. Ein hoher Hydratationsgrad wird aber nur erreicht, wenn während der Erhärtung ausreichend Wasser zur Verfügung steht, ein frühzeitiges Austrocknen des Betons also verhindert wird. Dies erklärt die große Bedeutung der Nachbehandlung für die Festbetoneigenschaften.

Eine rechnerische Bestimmung des Porenraumes bedingt u. a. Annahmen über den Hydratationsgrad und liefert schon aus diesem Grund keine zuverlässigen Ergebnisse. Experimentell läßt sich der Porenraum durch Füllen der Poren mit einer Flüssigkeit oder einem Gas und Bestimmung des eingedrungenen Flüssigkeits- oder Gasvolumens ermitteln. Je nachdem, welches Medium man zur Porenfüllung verwendet (Molekülgröße, Benetzungswinkel, Zähigkeit), wie die Porenfüllung erfolgt (z. B. unter Druck oder Vakuum) und wie die Probe vorbehandelt wird (Trocknungsart, Zerkleinerung), ergeben sich unterschiedliche Werte. Dies liegt daran, daß bei manchen Verfahren z. B. „geschlossene" Poren oder sehr feine oder sehr grobe Poren nicht erfaßt werden.

7.3.2 Ermittlung

Für die Ermittlung des Porenraums sind hauptsächlich die nachfolgend besprochenen Verfahren gebräuchlich:

Offene Porosität

Die „offene Porosität" wird durch Tränkung mit Wasser unter Vakuum in Anlehnung an DIN 51 056, Abschnitt 6.2.2, bestimmt.

Aus der Wasseraufnahme w [M.-%] von etwa 5 bis 20 cm³ großen Bruchstücken und der Beton-Trockenrohdichte $\varrho_{b,d}$ ergibt sich die offene Porosität P_o zu

7.3 Porenraum

$$P_o = w \, \frac{\varrho_{b,d}}{\varrho_w} \quad [\text{Vol.-\%}]$$

Hierin ist ϱ_w die Dichte des Wassers (1 kg/dm^3 bzw. 1000 kg/m^3).

Da Zementstein praktisch keine geschlossenen Poren enthält (auch die mit Hilfe von LP-Mitteln erzeugten „geschlossenen" Kugelporen sind von durchlässigen Wandungen umgeben), werden hiermit praktisch alle betontechnologisch interessierenden Poren erfaßt, da Wassermoleküle auch in sehr feine Gelporen eindringen können.

Gesamtporosität

Die „Gesamtporosität" wird aus der Trockenrohdichte $\varrho_{b,d}$ und der Dichte ϱ_{b0} (früher Reindichte) des Betons nach der Beziehung

$$P_{ges.} = \frac{\varrho_{b0} - \varrho_{b,d}}{\varrho_{b0}} \cdot 100 \quad [\text{Vol.-\%}]$$

ermittelt. Dabei wird die Dichte nach dem Pyknometerverfahren bestimmt. Dazu wird der Beton bei 105 °C getrocknet und fein gemahlen (z. B. auf eine Korngröße $\leq 0{,}09$ mm). Durch das Mahlen soll bezweckt werden, daß die Meßflüssigkeit die Poren leichter erreicht und in sie eindringen kann (Verkürzung der Weglänge, Aufbrechen „geschlossener" Poren). Allerdings hat ein Korn von 0,09 mm immer noch einen etwa 10^4 mal größeren Durchmesser als eine Gelpore [7-1].

Welche Poren erfaßt werden, hängt in starkem Maße von der verwendeten Meßflüssigkeit ab. Verschiedentlich wird empfohlen, anstelle von Wasser, das Calciumhydroxid aus dem frisch gemahlenen Zementstein lösen kann, dünnflüssige organische Flüssigkeiten, die nicht mit dem Zementstein reagieren, zu verwenden, wie z. B. *n*-Heptan, Tetrachlorkohlenstoff, Methanol usw. Hiermit erhält man nach [7-1] zwar gut reproduzierbare, aber deutlich zu niedrige Dichten, da z. B. mit Tetrachlorkohlenstoff oder Methanol ein reichliches Drittel des Porenraumes nicht mit erfaßt wird, weil die Moleküle dieser Flüssigkeiten zu groß sind, um in die feinen Gelporen eindringen zu können. Es wird daher empfohlen, als Meßflüssigkeit Wasser zu verwenden. Nach [7-1] ist der Lösungsvorgang des Ca(OH)$_2$ mit keiner durch Dichtemessung feststellbaren Volumenkontraktion der beteiligten Bestandteile verbunden. Man erhält deshalb mit Wasser realistischere Ergebnisse als mit organische Meßflüssigkeiten.

Quecksilberdruckporosimetrie [7-2 bis 7-10]

Bei diesem Verfahren wird als Meßflüssigkeit Quecksilber verwendet. Da Quecksilber eine nichtbenetzende Flüssigkeit ist, wirken die Kapillarkräfte dem Eindringen entgegen. Zum Füllen der Poren muß das Quecksilber mit Druck in diese hineingepreßt werden. Dabei füllen sich bei allmählicher Drucksteigerung immer gerade die Poren, bei denen der Kapillardruck durch den äußeren Druck überwunden wird. Je kleiner die Poren sind, desto höher ist der erforderliche Druck. In der Praxis werden Drücke bis zu 2000 bar, in Ausnahmefällen sogar noch höher, aufgebracht.

Bei zylindrischen Poren wird der Zusammenhang zwischen Porenradius R und dem zum Hineinpressen des Quecksilbers erforderlichen Druck p durch die sog. WASHBURN-Gleichung beschrieben:

$$R = \frac{2\sigma_{Hg}}{p} \cdot \cos \vartheta$$

Hierin bedeutet σ_{Hg} die Oberflächenspannung des Quecksilbers und ϑ der Kontaktwinkel zwischen Quecksilber und Festkörper.

Mit $\sigma_{Hg} = 0{,}48$ N/m und $\vartheta = 141{,}4°$*) ergibt sich folgende einfache Beziehung

$$R = \frac{7{,}5 \cdot 10^{-6}}{p \,[\text{bar}]} \quad [\text{m}]$$

Als Meßergebnis erhält man eine Kurve Quecksilbervolumen über Druck, aus der mit Hilfe der vorgenannten Gleichung die kumulative Porengrößenverteilung (Summenlinie, rel. Porenvolumen V) berechnet werden kann (Bild 7.3-1a). Durch Differenzieren dieser Kurve nach $d \log R$ erhält man die differentielle Porengrößenverteilung $dV/d \log R$ (Bild 7.3-1b), deren Peaks den größten Steigungen der Summenkurve entsprechen.

Die Lage der Peaks gibt Hinweise auf den Wasserzementwert, den Hydratationsgrad und die damit zusammenhängenden Betoneigenschaften (z. B. Durchlässigkeit) und auf weitere betontechnologische Einflüsse, wie Nachbehandlung und Zementart (PZ, HOZ), sowie auf Strukturänderungen, wie z. B. Mikrorisse infolge Temperatureinwirkung. Ein hoher Anteil an feinen Poren ($R < 10^2$ nm) am gesamten Porenvolumen wirkt sich auf die Dichtigkeit und die Dauerhaftigkeit des Betons günstig aus. Er läßt sich durch einen niedrigen Wasserzementwert und durch eine gute Nachbehandlung (günstige Hydratationsbedingungen) erzielen.

Gegenüber anderen Verfahren zur Bestimmung der Porosität hat die Quecksilberdruckporosimetrie den Vorteil, daß nicht nur der Porenraum, sondern auch die Porengrößenverteilung ermittelt werden kann. Dabei sind jedoch folgende Einschränkungen und Besonderheiten zu beachten:

– Der erfaßbare Porengrößenbereich ist beschränkt. Selbst mit 2000 bar Druck lassen sich Poren unter 4 nm Radius nicht mehr füllen. Poren über 7500 nm Radius füllen sich dagegen bereits bei Atmosphärendruck und werden daher i. allg. nicht mitgemessen. Der mit dem Quecksilberdruckporosimeter ermittelte Porenraum ist deshalb immer deutlich kleiner als die „offene Porosität" oder die „Gesamtporosität".

– Der gemessene Porenraum und die Porengrößenverteilung hängen stark vom Feuchtegehalt der Proben ab. Je schärfer die Proben getrocknet werden, desto feinere Poren werden für das Eindringen von Quecksilber zugänglich gemacht. Eine scharfe Trocknung (z. B. bei 105 °C) kann jedoch bereits zu Strukturveränderungen führen, die sich ebenfalls in der Porengrößenverteilungskurve widerspiegeln.

– Da die Zementsteinporen i. allg. nicht die in der Rechnung angenommene zylindrische Form haben, können die ermittelten Porenradien nur als Vergleichswerte dienen.

– Befindet sich hinter einem engen Porenhals eine größere Pore (sogenannte „ink bottle pores"), so kann das Quecksilber die Pore erst dann füllen, wenn der äußere Druck den Kapillardruck im Porenhals überwindet. Dies hat zur Folge, daß das gesamte Porenvolumen Poren mit dem Radius des Porenhalses zugeordnet wird. Besonders kraß macht sich dieser Effekt bei Beton mit künstlich eingeführten Mikroluftporen bemerkbar. Der gesamte Porenraum der „geschlossenen" kugelförmigen Mikroluftporen erscheint im Porenvolumen-Porenradien-Diagramm bei Radien, die den Verbindungskanälen in den Porenwänden entsprechen.

---

*) Der Kontaktwinkel hängt u. a. vom Probenmaterial und vom Feuchtegehalt der Probe ab. Er läßt sich nur schwer messen. In der Literatur findet man abhängig von der Vorbehandlung und der Trocknungsmethode Werte zwischen 116 und 142°. Für viele Nichtmetalloxide liegt er bei 140°. 141,4° entspricht dem Kontaktwinkel für Quarzglas.

7.4 Druckfestigkeit

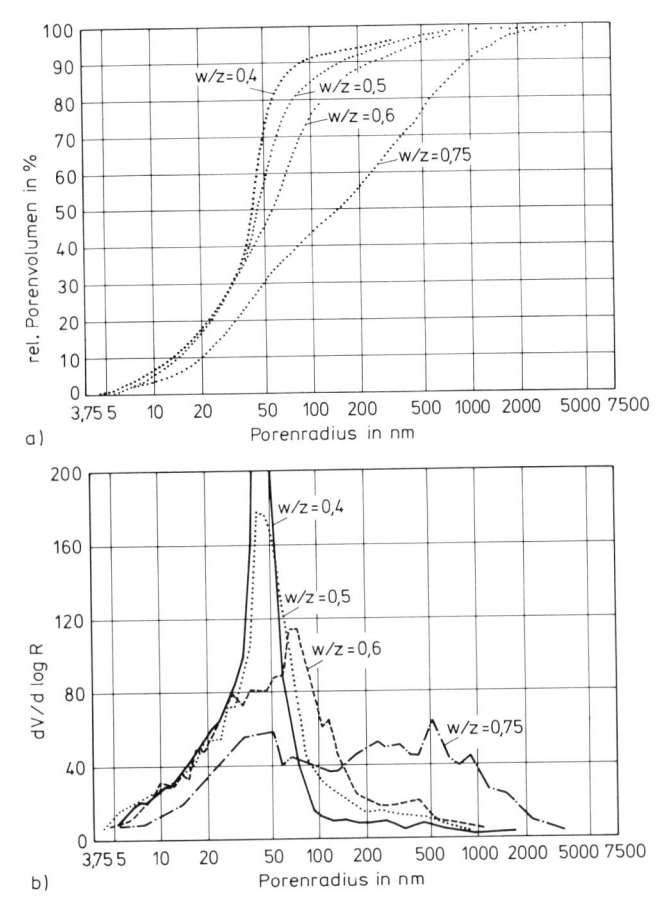

Bild 7.3-1 Mit dem Quecksilberdruckporosimeter ermittelte Porengrößenverteilung von Zementmörteln mit unterschiedlichem Wasserzementwert [7-10]
a) kumulative Porengrößenverteilung
b) differentielle Porengrößenverteilung
(Die Ordinate entspricht jeweils der Steigung der zugehörigen Kurve des Diagrammes a) bei logarithmischer Teilung der Abszisse. Gleiche Flächen unter der Kurve entsprechen gleichen Porenvolumen)

7.4 Druckfestigkeit

7.4.1 Allgemeines

Man versteht unter Festigkeit die auf die Flächeneinheit bezogene Widerstandskraft, die feste Stoffe einer Grenzverformung oder dem Bruch durch Trennung oder Gleitung entgegensetzten. Dementsprechend beschreibt die Druckfestigkeit die von Beton ertragbare Druckbeanspruchung. Sie wird durch Prüfen bestimmter Prüfkörper mit einer definierten äußeren Belastung ermittelt.

Das Tragverhalten des Betons wird durch seine Struktur bestimmt. Beton ist ein inhomogener Baustoff. Vereinfacht dargestellt handelt es sich um ein Zweistoffsystem entsprechend den beiden Hauptbestandteilen, dem Zementstein bzw. der Mörtelmatrix und dem Zuschlag. Diese besitzen unterschiedliche Festigkeits- und Verformungseigenschaften, was im Inneren zu einer ungleichmäßigen Spannungsverteilung, zu Spannungskonzentrationen und zu örtlichen Rissen führt. Bei Normalbeton besteht der Zuschlag überwiegend aus Gestein, dessen Festigkeit und Elastizitätsmodul wesentlich größer sind als die des Zementsteins. Bei üblichen Mischungsverhältnissen werden deshalb äußere Druckkräfte im wesentlichen vom Zuschlaggerüst aufgenommen. Dabei entstehen schräge Stützkräfte, die im Beton einen räumlichen Spannungszustand hervorrufen. Dieser führt zum Bruch, wenn die zugehörigen Schub- und Zugspannungen die Haftung zwischen Zementstein und Zuschlag überwinden und anschließend die Zugspannungen vom Zementstein allein nicht mehr aufgenommen werden können [7-11]. Das bedeutet, daß die Druckfestigkeit von Normalbeton in erster Linie durch die Festigkeit des Zementsteins bestimmt wird, die zugehörigen Längsverformungen aber durch das Verformungsvermögen des Zuschlags stark beeinflußt sind.

Die Druckfestigkeit wird bei der Eignungsprüfung (s. Abschn. 3.3.2) und Güteprüfung (s. Abschn. 1.2.1) an gesondert hergestellten Prüfkörpern ermittelt. Üblich sind Würfel von 15 oder 20 cm Kantenlänge und Zylinder mit 15 cm Durchmesser und 30 cm Höhe, die nach genormten Verfahren hergestellt, gelagert und geprüft werden. Bezugswert ist die Festigkeit bei Prüfung im Alter von 28 Tagen. Diese Güte(würfel)festigkeit ist maßgebend für die Einordnung des Betons in eine Festigkeitsklasse (s. Abschn. 1.2.1) und damit für Entwurf und Bemessung. Davon zu unterscheiden ist die Bauwerksfestigkeit, die an nachträglich aus dem Bauwerk entnommenen Prüfkörpern bestimmt oder mit zerstörungsfreien Prüfverfahren abgeschätzt wird.

In Abhängigkeit vom Belastungsverlauf unterscheidet man zwischen Kurzzeit-, Dauerstand-, Druckschwell- und Betriebsfestigkeit. Die Kurzzeitfestigkeit, gelegentlich auch statische Festigkeit genannt, bezeichnet die Beanspruchung, die bei innerhalb weniger Minuten stetig bis zum Bruch gesteigerter einachsiger Last ertragen wird. Wenn man allgemein von Festigkeit spricht, so ist damit stets die Kurzzeitfestigkeit gemeint. Dies gilt auch für die vorerwähnten Güte- und Bauwerksfestigkeiten.

In der Baupraxis werden derzeit – von Sonderfällen abgesehen – Betone mit einer Druckfestigkeit bis zu 80 N/mm^2 hergestellt. In Versuchen sind jedoch mit Sondermaßnahmen schon Druckfestigkeiten bis zu 150 N/mm^2 und darüber erreicht worden [7-12, 7-13] (s. Abschn. 7.4.14).

7.4.2 Beeinflussung der Druckfestigkeit

Die Druckfestigkeit wird im wesentlichen von den Eigenschaften des Zementsteins, in begrenztem Maße auch von denen des Zuschlags und von der Haftung zwischen Zementstein und Zuschlag bestimmt. Damit kann die Druckfestigkeit, eine sachgerechte Herstellung und Verarbeitung des Betons vorausgesetzt, in erster Linie durch die Betonzusammensetzung und die Erhärtungsbedingungen beeinflußt werden. In den oberflächennahen Bereichen kann die Festigkeit durch nachträgliches Imprägnieren (Tränken) verbessert werden (s. Abschn. 4.6).

Bei der Beurteilung von Druckfestigkeitsergebnissen sind die Einflüsse zu beachten, die unter 7.4.3 behandelt werden. Sie verändern zwar nicht die Druckfestigkeit an sich, wohl aber das sich bei der Prüfung einstellende Ergebnis. Dies gilt sinngemäß für alle Festbetoneigenschaften.

7.4 Druckfestigkeit

7.4.2.1 Betonzusammensetzung

Die Haupteinflußgrößen der Festigkeit sind die Zementart und der Wasserzementwert (s. Abschn. 3.2). Sie bestimmen die Zementsteinfestigkeit. Beim Zement ist die zeitliche Festigkeitsentwicklung von Bedeutung (s. Abschn. 2.1.4.1.2).

Demgegenüber hat der Zuschlag keinen wesentlichen Einfluß auf die erreichbare Druckfestigkeit, solange nur dessen Festigkeit und Steifigkeit mindestens ebenso groß ist wie die des Zementsteins bzw. der Mörtelmatrix. Diese Voraussetzung ist bei Normalzuschlag in der Regel erfüllt. Kornform und Kornzusammensetzung des Zuschlags beeinflussen den die Frischbetonkonsistenz bestimmenden Wasseranspruch und damit den für eine bestimmte Druckfestigkeit erforderlichen Zementgehalt. Auch ist es möglich, über die Kornform (rund, gebrochen) das Verhältnis Zug- zu Druckfestigkeit zu beeinflussen.

7.4.2.2 Erhärtungsbedingungen

Für die Festigkeitsentwicklung sind Feuchte und Temperatur des Betons maßgebend. Sie werden durch Feuchte und Temperatur der Umgebung beeinflußt.

Um die in der Betonzusammensetzung angelegte Druckfestigkeit zu erreichen, müssen diesbezüglich Mindestbedingungen erfüllt sein, was bei Erhärtung an Luft durch eine sachgerechte Nachbehandlung erreicht wird (s. Abschn. 4.3). Dies bedeutet jedoch keine systematische Beeinflussung der Druckfestigkeit. Eine sachgerechte Nachbehandlung ist nur die Voraussetzung für einen sachgerechten Beton.

Auch mit einer ausgesprochenen Wärmebehandlung (s. Abschn. 4.4) kann der Endwert der Druckfestigkeit nicht gezielt beeinflußt werden. Es wird damit nur eine Anhebung der Frühfestigkeit bei bestenfalls unveränderter, in der Regel aber etwas abgeminderter Endfestigkeit erreicht.

7.4.3 Bestimmung der Kurzzeitdruckfestigkeit

Die Kurzzeitfestigkeit wird durch Prüfen von Prüfkörpern mit stetiger Laststeigerung ($\dot{\sigma}$ i. allg. 0,5 N/(mm² · s)) bestimmt. Die Ergebnisse werden bei gleicher Betonzusammensetzung durch Größe, Gestalt und Beschaffenheit der Prüfkörper, durch Ebenheit der Druckflächen, durch Steifigkeit und Auflagerung der Druckplatten, durch die Steifigkeit der Prüfmaschine sowie durch das Prüfverfahren, insbesondere die Belastungsgeschwindigkeit, beeinflußt (Prüfeinflüsse). Sie sind außerdem von der Feuchte und Temperatur des Betons sowie von einer etwaigen Vorbelastung abhängig.

7.4.3.1 Prüfkörper

Die geringste Abmessung d soll in der Regel bei gesondert in Schalung hergestellten Prüfkörpern das Vierfache und bei aus Bauteilen herausgearbeiteten Prüfkörpern das Dreifache des Zuschlaggrößtkorns d_K nicht unterschreiten. Bei kleineren Verhältniswerten d/d_K, aber nicht unter 3 bzw. 2, ist wegen der größeren Streuung der Versuchsergebnisse eine größere Anzahl von Körpern zu prüfen.

Den deutschen Bestimmungen liegt die Druckfestigkeit β_{W28} zugrunde, die an 20 cm-Würfeln im Alter von 28 Tagen ermittelt wird. Es setzt sich jedoch zunehmend die Prüfung von 15 cm-Würfeln durch. Die Prüfkörper sind 7 Tage feucht und anschließend an Raumluft bei einer Temperatur zwischen 15 und 22 °C zu lagern (siehe DIN 1048 Teil 1).

In der CEB/FIP-Mustervorschrift [7-14] ist die Ermittlung der Druckfestigkeit an 28 Tage alten, bis zur Prüfung in Wasser mit $20 \pm 2\,°C$ gelagerten Zylindern mit $d/h = 15/30$ cm vorgesehen.

7.4.3.2 Prüfeinflüsse

Gestalt und Schlankheit der Prüfkörper

Prüfkörper mit einer Schlankheit $h/d > 1$ ergeben eine niedrigere Druckfestigkeit als solche mit der Schlankheit $h/d = 1$, wie z. B. Würfel. Platten und dünne Schichten können weit über der Würfeldruckfestigkeit liegende Pressungen ertragen (Bild 7.4-1).

Die überhöhten Druckfestigkeitswerte gedrungener Proben beruhen im wesentlichen auf einer Querdehnungsbehinderung durch die Druckplatten der Prüfmaschine. Hierdurch baut sich im Endbereich der Prüfkörper ein dreiachsiger Spannungszustand mit Querdruck auf (Bild 7.4-2). Vermeidet man die Behinderung der Querdehnung durch bürsten-

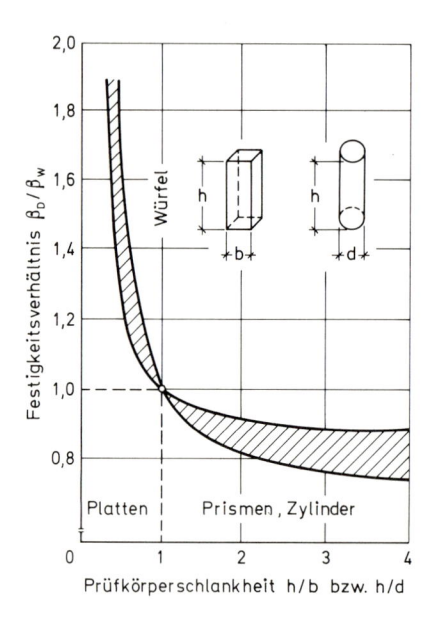

Bild 7.4-1 Einfluß der Prüfkörperschlankheit auf das Ergebnis der Druckfestigkeitsprüfung [7-15]

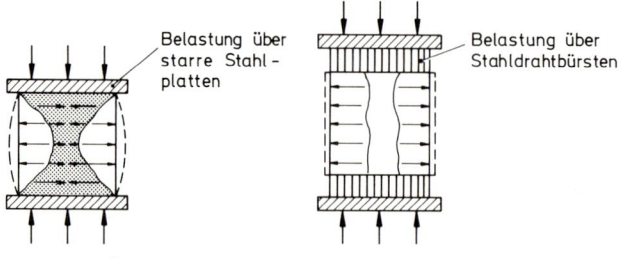

Bild 7.4-2 Querzug- und -druckspannungen in einem Betonwürfel bei der Druckfestigkeitsprüfung [7-16, 7-17]

7.4 Druckfestigkeit

artige Druckplatten, weiche Zwischenlagen oder Schmierschichten, so verschwindet der Einfluß der Prüfkörperschlankheit weitgehend (Bild 7.4-3). Die bei behinderter Querdehnung vorhandenen Bruchkegel bzw. Bruchpyramiden können sich nicht ausbilden, und der Beton versagt infolge der auch bei einachsiger Druckbeanspruchung stets auftretenden inneren Querzugspannungen, wobei sich Spaltrisse ausbilden und der Prüfkörper oft in mehrere pfeiler- oder keilförmige Teile zerfällt.

In beiden Fällen, starre Druckplatten mit Endflächenreibung bzw. „dehnschlaffe" Druckplatten oder Bürsten ohne Querdehnungsbehinderung, gibt es einen Bereich, in dem die vom Prüfkörper aufnehmbare Druckkraft nahezu unabhängig von der Schlankheit h/d ist. Die zugehörige Spannung ist in beiden Fällen praktisch gleich groß. Sie wird als „wahre" einachsige Betondruckfestigkeit bezeichnet [7-15]. Der Bereich, in dem diese Festigkeit gemessen werden kann, liegt bei Lasteinleitung über starre Druckplatten mit Endflächenreibung bei höheren h/d-Werten als bei Lasteinleitung über dehnschlaffe Druckplatten (Bild 7.4-4).

Der Zusammenhang zwischen Druckfestigkeit und Prüfkörperschlankheit h/d ist nicht für alle Prüfkörperformen einheitlich. Für Prismen mit quadratischem Querschnitt ergibt sich ein anderer Verlauf als für Zylinder oder Hohlzylinder, weil die durch die Endflächen-

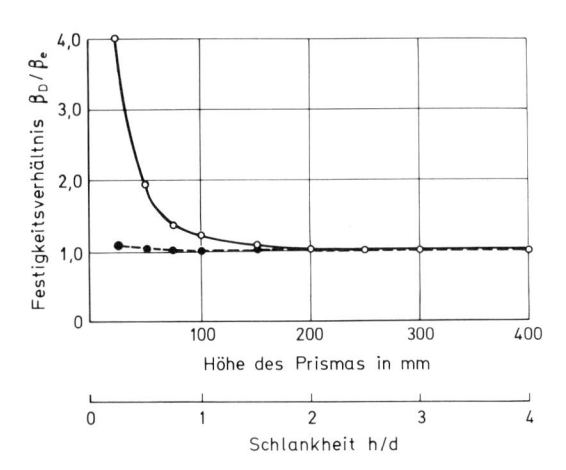

Bild 7.4-3 Verhältniswerte der an Prüfkörpern unterschiedlicher Schlankheit ermittelten Druckfestigkeit β_D zur „wahren" einachsigen Betondruckfestigkeit β_e bei Krafteinleitung über starre (———) und schlaffe (-----) Druckplatten

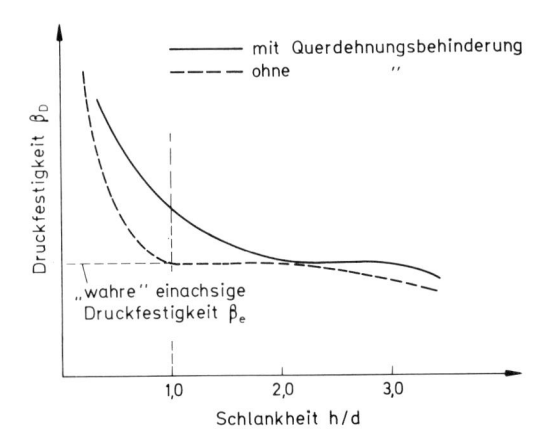

Bild 7.4-4 „Wahre" einachsige Betondruckfestigkeit β_e und Einfluß der Lasteinleitung (schematisch) [7-15]

reibung bedingte Störungszone im Verhältnis zu d beim quadratischen Querschnitt länger ist als beim Kreisquerschnitt. Der Verlauf hängt auch von der Betonfestigkeit und damit vom Prüfalter ab. Weiterhin ist das Verhältnis Zug-/Druckfestigkeit von Einfluß.

Richtwerte für Verhältniswerte in Abhängigkeit von der Schlankheit sind in Tabelle 7.4-1 angegeben.

Tabelle 7.4-1 Verhältniswert der Druckfestigkeit von Prüfkörpern verschiedener Schlankheit [7-18]

Schlankheit h/d	0,5	1,0	1,5	2,0	3,0	4,0
Druckfestigkeitsverhältniswert*)	1,40–2,00	1,10–1,20	1,03–1,07	1,00	0,94–0,98	0,89–0,94

*) Im Bereich $h/d < 2$ entsprechen die größeren Werte weniger festem Beton, die kleineren Beton höherer Festigkeit.

Prüfkörpergröße

Die Druckfestigkeit von Betonwürfeln nimmt unter sonst gleichen Verhältnissen und bei Verwendung üblicher Druckprüfmaschinen mit zunehmender Kantenlänge ab. Dies gilt insbesondere für Würfel, die in Formen hergestellt werden.

Die gleiche Tendenz ist auch bei anderen Prüfkörperformen, wie bei Zylindern, vorhanden. Für diese Erscheinung gibt es keine eindeutige Erklärung. Mögliche Ursachen sind eine mit der Prüfkörpergröße zunehmende Auswirkung der Druckplattenverformung, unterschiedliche Herstellungs- und Erhärtungsbedingungen sowie ein wahrscheinlichkeitstheoretisch begründbarer Serienschaltungseffekt, der bewirkt, daß die Prüfkörperfestigkeit von der Festigkeit des schwächsten Kettengliedes bestimmt wird (WEIBULL-Effekt).

Für das Alter von 28 Tagen ist der mittlere Zusammenhang zwischen Prüfkörpergröße und Druckfestigkeit im Bild 7.4-5 aufgetragen.

Größere Prüfkörper erhärten bei Luftlagerung stärker nach als kleinere, weil sie langsamer austrocknen. Dies kann dazu führen, daß z. B. die Festigkeit von Würfeln mit 20 cm Kantenlänge die von 10-cm-Würfeln aus dem gleichen Beton in höherem Alter erreicht oder sogar überschreitet.

Der in Bild 7.4-5 gezeigte Zusammenhang gilt daher nur für ein Alter von nicht wesentlich mehr als 28 Tagen.

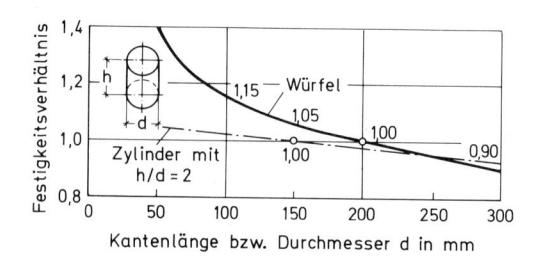

Bild 7.4-5 Mittlere Abhängigkeit der Druckfestigkeit β_{D28} von der Prüfkörpergröße [7-15, 7-16]

7.4 Druckfestigkeit

Umrechnung der Prüfergebnisse

Nach DIN 1045 dürfen für die Umrechnung der Festigkeiten anderer Prüfkörper auf die Druckfestigkeit von Würfeln mit 20 cm Kantenlänge die nachfolgenden Beziehungen verwendet werden:

Würfel (Kantenlänge 15 cm)	$\beta_{W200} = 0{,}95 \beta_{W150}$
Zylinder ($d/h = 15/30$ cm)	
Festigkeitsklasse $\leq$ B 15	$\beta_{W200} = 1{,}25 \beta_C$
Festigkeitsklasse $\geq$ B 25	$\beta_{W200} = 1{,}18 \beta_C$

Für Prüfkörper, die aus dem Bauwerk entnommen werden, sieht DIN 1048 Teil 2 die nachfolgenden Druckfestigkeitsverhältniswerte vor:

Bohrkerne mit $d = h = 10$ bis 15 cm	$\beta_{W200} = 1{,}00 \beta_C$
Bohrkerne mit $d = h = 5$ cm	$\beta_{W200} = 0{,}90 \beta_{C50}$
Würfel mit 10 bis 15 cm Kantenlänge	$\beta_{W200} = 1{,}00 \beta_W$

Material der Prüfkörperformen

Bei umfangreichen Vergleichsversuchen ergaben sich für Würfel von 15 cm Kantenlänge, die in Kunststofformen hergestellt worden waren, im Mittel um 6 % niedrigere Druckfestigkeiten als bei der Herstellung in Stahlformen.

Als Ursache werden eine schlechtere Verdichtung durch die schwingungsdämpfende Wirkung der Kunststofformen und höhere Betontemperaturen im Anfangsstadium der Erhärtung durch die erhöhte Wärmedämmung des Kunststoffs angesehen [7-19].

Belastungsgeschwindigkeit

Die bei der Prüfung ermittelte Druckfestigkeit nimmt mit steigender Belastungsgeschwindigkeit zu (Bild 7.4-6).

Bei halblogarithmischer Darstellung ergibt sich ein annähernd linearer Zusammenhang zwischen Belastungsgeschwindigkeit und Betondruckfestigkeit. Bei einer Änderung der Belastungsgeschwindigkeit um eine Zehnerpotenz ändert sich die Druckfestigkeit um 3 % bis maximal etwa 10 % [7-20, 7-21]. Der Einfluß der Belastungsgeschwindigkeit ist bei

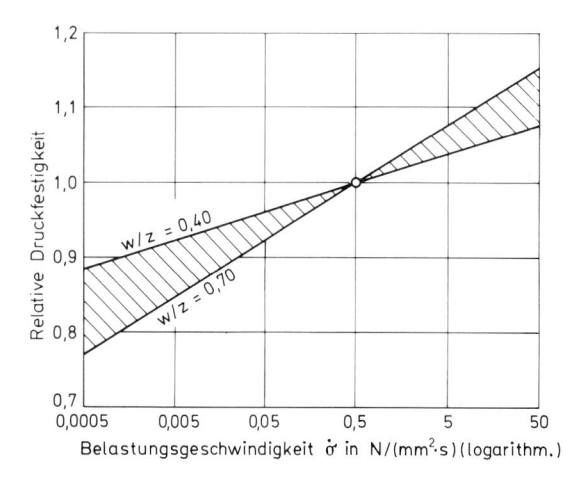

Bild 7.4-6 Einfluß der Belastungsgeschwindigkeit auf die Druckfestigkeit [7-20]

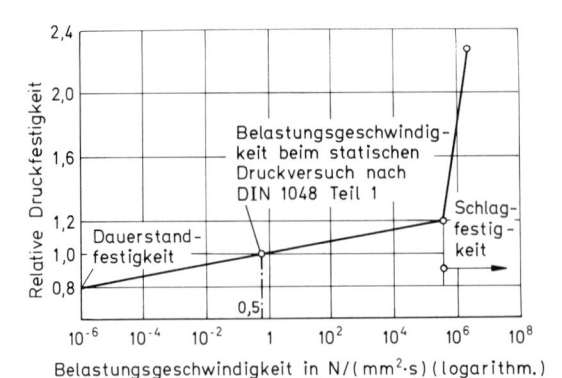

Bild 7.4-7 Relative Druckfestigkeit des Betons bei verschiedenen Belastungsgeschwindigkeiten $\dot{\sigma}$ bezogen auf den Wert bei $\dot{\sigma} = 0,5$ N/(mm² · s) [7-22]

Betonen mit höherem Wasserzementwert größer als bei Betonen mit niedrigem Wasserzementwert.

Der im Bild 7.4-6 dargestellte Zusammenhang setzt sich bis zu einer Belastungsgeschwindigkeit von 10^5 bis 10^6 N/(mm² · s) in halblogarithmischer Darstellung nahezu geradlinig fort (Bild 7.4-7). Bei einer weiteren Steigerung kommt man in den Bereich der Stoßbelastung, in dem die Bruchfestigkeit überproportional zunimmt [7-22, 7-23]. Bei einer Belastungsgeschwindigkeit in der Größenordnung von 10^6 N/(mm² · s) ist sie bereits rd. doppelt so groß wie im Kurzzeitversuch.

Auch bei Stoßbelastung ist der Einfluß der Belastungsgeschwindigkeit bei Betonen geringer Festigkeit relativ größer als bei Betonen hoher Festigkeit, was mit dem größeren plastischen Formänderungsvermögen der weniger festen Betone erklärt werden kann [7-22].

Bei sehr kleiner Belastungsgeschwindigkeit wirkt die Last sehr lange auf den Beton. Er verformt sich nicht nur elastisch, sondern erfährt auch erhebliche Kriechverformungen, die ein Mehrfaches der elastischen Verformungen ausmachen können. Bei diesen Kriechvorgängen kommt es unter hohen Lasten zu Gefügezerstörungen, die man mit Hilfe der Schallemissionsanalyse verfolgen kann. Deshalb ist die ertragbare Spannung hier spürbar niedriger als im Kurzzeitdruckversuch. Die Verminderung kann bis zu etwa 20 bis 25 % ausmachen (Bild 7.4-7).

7.4.3.3 Feuchte und Temperatur

Feuchte

Beton hat in feuchtem Zustand eine geringere Druckfestigkeit als im trockenen Zustand. Trocknet der ursprünglich feuchte Beton aus, so nimmt seine Festigkeit daher zu. Die Festigkeitszunahme kann je nach Betonzusammensetzung und Feuchtegehalt 10 bis 40 % ausmachen. Der Vorgang ist reversibel. Die Druckfestigkeit nimmt wieder ab, wenn der Beton erneut durchfeuchtet wird.

Bei Beton mit höherem Wasserzementwert und geringer Festigkeit ist der Einfluß der Feuchte auf die Festigkeit größer als bei Beton mit niedrigem Wasserzementwert und hoher Festigkeit [7-24, 7-25]. Als Ursache für die Änderung der Druckfestigkeit wird u. a. eine Vergrößerung oder Verkleinerung der inneren Reibung (Schmierwirkung) angenommen.

Ähnlich wie eine Durchfeuchtung mit Wasser setzt auch eine Tränkung des Betons mit

7.4 Druckfestigkeit

anderen Flüssigkeiten, wie z. B. Mineralöl oder Pflanzenöl, die Druckfestigkeit herab [7-16, 7-26, 7-27].

Temperatur

Im Bereich zwischen 0 und 80 °C nimmt die Druckfestigkeit je 10 °C Temperaturerhöhung um 3 bis 5% ab [7-28]. Über den Einfluß höherer Temperaturen siehe Abschnitt 7.16. Eine Schwankung der Betontemperatur bei der Prüfung von etwa $\pm$ 5 °C um den Sollwert 20 °C verändert das Prüfergebnis um rund $\pm$ 2%. Dies ist im Rahmen der gesamten Prüfstreuung vernachlässigbar.

7.4.3.4 Vorbelastung

Beton, der vor der Prüfung längere Zeit einer Druckbeanspruchung ausgesetzt gewesen war, weist eine höhere Druckfestigkeit aus als bis dahin unbelasteter Beton. Der Festigkeitsgewinn durch die Vorbelastung kann zwischen 3 und 18% liegen. Er ist um so größer [7-29]
- je höher die Betonfestigkeit ist
- je höher die Vorlast ist
- je länger die Vorlast einwirkt
- je geringer das Betonalter zu Beginn der Vorbelastung war.

7.4.4 Streuung der Kurzzeit(Güte)festigkeit

Die bei der Prüfung beobachtete Streuung der Druckfestigkeit ist auf verschiedene Ursachen zurückzuführen. Sie setzt sich zusammen aus
- der Streuung der Eigenschaften der Ausgangsstoffe, wie der Zementfestigkeit und Schwankungen in der Kornzusammensetzung des Zuschlags
- der Mischungsstreuung, verursacht durch Ungenauigkeiten bei der Zugabe der Ausgangsstoffe und Unregelmäßigkeiten bei der Verarbeitung
- der Prüfstreuung, verursacht durch die unter 7.4.3 beschriebenen Einflüsse.

Die Streuung wird durch die Standardabweichung s der n Prüfergebnisse β_i an Stichproben mit

$$s = \sqrt{\frac{\Sigma (\bar{\beta} - \beta_i)^2}{n-1}}$$

beschrieben. Sie setzt sich entsprechend den vorgenannten Einflüssen aus der Qualitätsstreuung s_g und der Prüfstreuung s_p nach der Beziehung

$$s = \sqrt{s_g^2 + s_p^2}$$

zusammen.

Eine Auswertung von Prüfergebnissen an auf der Baustelle hergestelltem Beton auf internationaler Ebene [7-30] hat ergeben:
- Die Verteilung der Druckfestigkeiten genügt im allgemeinen der GAUSS'schen Normalverteilung oder besser der Log-Normalverteilung.

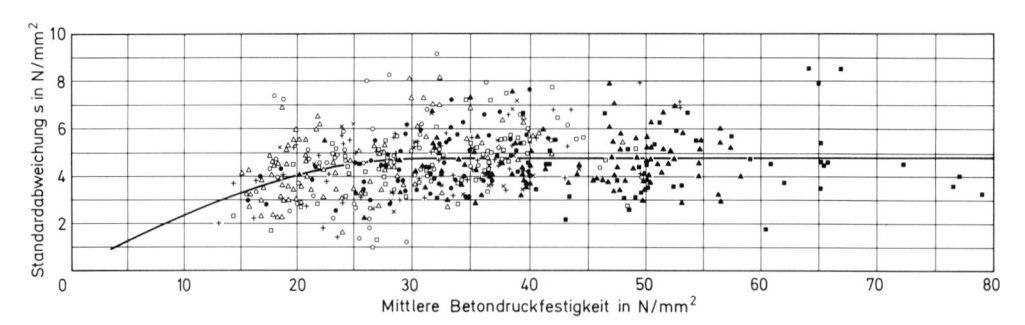

Bild 7.4-8 Standardabweichung der Betondruckfestigkeit (Baustellenbeobachtungen) in Abhängigkeit von der mittleren Festigkeit [7-30]

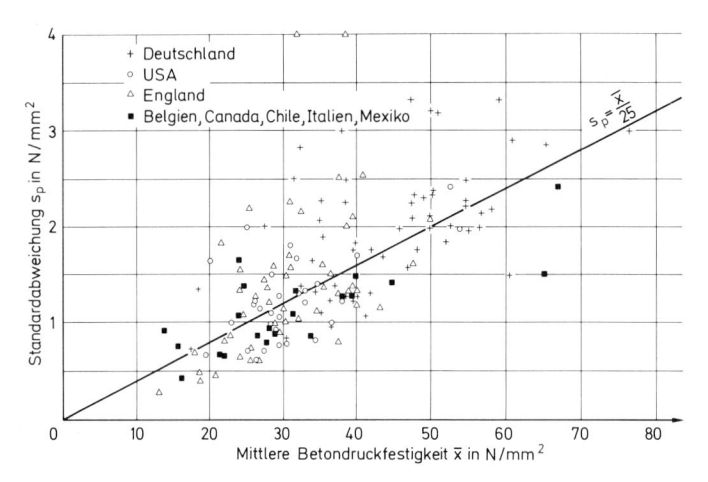

Bild 7.4-9 Standardabweichung der Prüfstreuung in Abhängigkeit von der mittleren Festigkeit [7-30]

- Die Standardabweichung s ist weitgehend unabhängig von der Festigkeit (Bild 7.4-8). Es ist deshalb sinnvoll, als Maßzahl für die Gleichmäßigkeit der Betonherstellung die absolute und nicht die auf den Mittelwert bezogene Standardabweichung, den Variationskoeffizienten $V = s/\bar{\beta}$, heranzuziehen.
- Die Standardabweichung s schwankt mit einem Mittelwert um 4,5 N/mm² zwischen den Grenzen 2 und 7 N/mm².

Im Gegensatz zur Gesamtstreuung s ist die Prüfstreuung s_p deutlich festigkeitsabhängig (Bild 7.4-9). Sie beträgt für 20 cm-Würfel und Bohrkerne mit $d = h = 15$ cm etwa 1/25 der mittleren Druckfestigkeit, was einem Variationskoeffizienten von rd. 4% entspricht.

Die Prüfstreuung hängt auch von der Größe der Prüfkörper ab. Sie ist z. B. bei Bohrkernen mit 50 mm Durchmesser etwa doppelt so groß zu erwarten wie bei Bohrkernen mit 150 mm Durchmesser.

Als Richtwerte für die Gesamtstreuung s werden in [7-31] in Abhängigkeit von der Quali-

7.4 Druckfestigkeit

fikation des Personals, der Einrichtung der Baustelle, z. B. der Mechanisierung, und der Überwachung empfohlen:

Ausstattung und Überwachung	s (N/mm²)
besonders gut	3
sehr gut	5
normal	7
gering	9

Die v. g. Werte beruhen auf Erhebungen Ende der 60er Jahre und beziehen sich wie erwähnt auf Baustellenbeton. In der Zwischenzeit wurden die Einrichtungen zur Betonherstellung verbessert und die Qualitätskontrolle der Ausgangsstoffe wie des Betons ausgebaut. Vor allem aber werden heute rd. 90 % des auf der Baustelle verarbeiteten Betons als werkgemischter Transportbeton geliefert. Hier sind auf Grund der günstigeren und weitgehend gleichbleibenden Herstellungsbedingungen kleinere Streuungen zu erwarten [7-32], die nach [7-33] denen von gut ausgestatteten und gut geführten Großbaustellen entsprechen.

7.4.5 Betonfestigkeitsklassen

7.4.5.1 Definition und Anforderungen

Der Beton wird auf Grund der Güteprüfungsergebnisse in Festigkeitsklassen eingeteilt (Tabelle 1.2-1). Jede Klasse wird durch zwei Festigkeitswerte, die Nennfestigkeit β_{WN} und die Serienfestigkeit β_{WS} beschrieben. Diese Kennwerte beinhalten eine prüftechnische und eine bemessungstechnische Aussage.

Im Hinblick auf das Prüfergebnis ist, wie unter 7.4.5.2 noch näher erläutert wird, β_{WN} der kleinste zulässige Einzelwert und β_{WS} der kleinste zulässige Mittelwert für drei aufeinanderfolgend hergestellte Prüfkörper aus drei verschiedenen Mischerfüllungen. Für die Sicherheit des Bauteils ist der schwächste Querschnitt im Bereich hoher Beanspruchungen maßgebend. Wegen der Streuung der Festigkeit kann jedoch der Kleinstwert mit einer begrenzten Anzahl von Stichproben nicht bestimmt werden. Man legt deshalb der Bemessung als „Mindestfestigkeit" die Druckfestigkeit zugrunde, die mit hoher Wahrscheinlichkeit nur in einer begrenzten Zahl von Fällen unterschritten wird. Bei statistischer Auswertung der Prüfergebnisse entspricht die Wahrscheinlichkeit der Aussagesicherheit, die „begrenzte Zahl" einer unteren Fraktile der Festigkeit bzw. dem Schlechtanteil. Eine mögliche Unterschreitung dieser „Mindestfestigkeit" wird durch den Sicherheitsbeiwert aufgefangen.

In den deutschen Bestimmungen gilt als „Mindestfestigkeit" die Nennfestigkeit β_{WN}. Diese basiert auf der 5 %-Fraktile der Druckfestigkeit des gesamten Betons einer Festigkeitsklasse (Grundgesamtheit) [7-34 bis 7-36]. Damit wird erreicht, daß größere Streuungen der Festigkeit die Sicherheit nicht wesentlich verringern. Sie vergrößern aber den Abstand zwischen der „Mindest"- bzw. Nennfestigkeit β_{WN} und der mittleren Festigkeit $\bar{\beta}$, den der Hersteller einhalten muß, um die Anforderungen zu erfüllen (Bild 7.4-10). Dieser Abstand wird unter 7.4.5.4 behandelt.

In diesem Zusammenhang sei darauf hingewiesen, daß die gegenwärtigen Festlegungen in den deutschen Bestimmungen (s. auch Abschn. 7.4.5.2 und 7.4.5.3) den heutigen sicherheitstheoretischen Auffassungen nicht mehr voll Rechnung tragen (s. dazu [7-37 bis 7-39]).

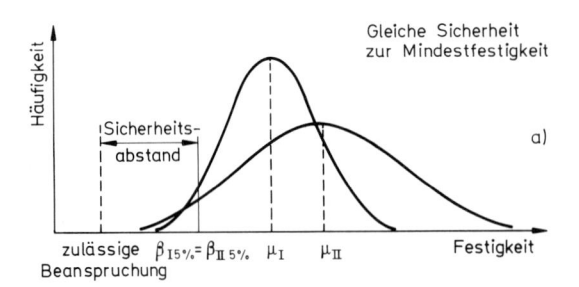

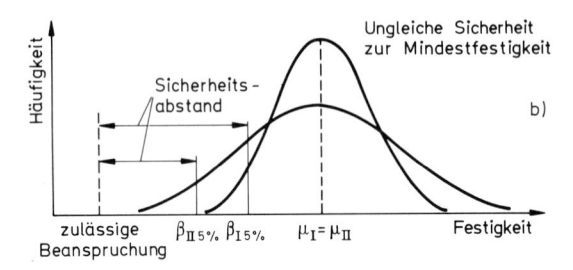

Bild 7.4-10 Gegenüberstellung der Beurteilung einer Betonfertigung nach der 5%-Fraktile (a) und nach dem Mittelwert (b) [7-34]

7.4.5.2 Nachweis

Die Anforderungen nach DIN 1045 gelten als erfüllt, wenn bei der Güteprüfung die 28-Tage-Druckfestigkeit jedes Würfels mindestens die Nennfestigkeit β_{WN} und der Mittelwert jeder Serie von drei aus verschiedenen Mischerfüllungen aufeinanderfolgend entnommenen Würfeln mindestens die Serienfestigkeit β_{WS} erreicht. Werden zahlreiche Würfel geprüft, so darf jeweils einer von neun aufeinanderfolgenden die Nennfestigkeit um $\leq 20\%$ unterschreiten. Dabei muß jeder mögliche Mittelwert von drei aufeinanderfolgenden Würfeln (gleitender Dreier-Mittelwert) mindestens die Serienfestigkeit erreichen.

Bei statistischer Auswertung der Prüfergebnisse, wie sie in DIN 1084 Teil 1 bis 3 für die Güteüberwachung von B II auf Baustellen, von Betonfertigteilen und von Transportbeton empfohlen wird, genügt der Nachweis, daß die untere 5%-Fraktile der Prüfergebnisse von Beton annähernd gleicher Zusammensetzung und Herstellung die Nennfestigkeit β_{WN} nicht unterschreitet. Er gilt als erbracht, wenn folgende Bedingungen erfüllt sind:

– Bei unbekannter Standardabweichung σ der Grundgesamtheit

$$z = \bar{\beta}_{35} - 1{,}64\,s \geq \beta_{\text{WN}}$$

– Bei bekannter Standardabweichung σ der Grundgesamtheit

$$z = \bar{\beta}_{15} - 1{,}64\,\sigma \geq \beta_{\text{WN}}$$

In diesen Gleichungen bedeuten:

z \quad Prüfgröße
$\bar{\beta}_{35}, \bar{\beta}_{15}$ \quad mittlere Druckfestigkeit einer Stichprobe vom Umfang $n = 35$ bzw. 15
s \quad Standardabweichung der Stichprobe vom Umfang $n = 35$, jedoch mindestens 3 N/mm^2
σ \quad Standardabweichung der Grundgesamtheit (bestimmt aus mindestens 35 Ergebnissen) oder 7 N/mm^2.

7.4.5.3 Annahmebedingungen

Mit den unter 7.4.5.2 beschriebenen Nachweisverfahren soll sichergestellt werden, daß die Nennfestigkeit mit hoher Wahrscheinlichkeit nur in einer begrenzten Zahl von Fällen unterschritten wird.

Die sonst in der Qualitätskontrolle üblichen hohen Aussagesicherheiten von z.B. $S = 95\%$ lassen sich im Betonbau nicht realisieren, weil sie entweder zu unvertretbar großen Vorhaltemaßen oder zu unzumutbar großen Stichprobenumfängen führen würden. Man hat sich deshalb auf Annahmebedingungen geeinigt, die einerseits dem Abnehmer ein gewisses Risiko aufbürden, eine Produktion als bedingungsgemäß annehmen zu müssen, die einen höheren Schlechtanteil als 5% aufweist, und die andererseits dem Hersteller ein gewisses Risiko zumutet, daß eine bedingungsgemäße Betonproduktion in manchen Fällen nicht abgenommen wird.

Die Annahmebedingungen lassen sich durch sogenannte Annahmekennlinien darstellen. Bei diesen ist auf der Abszisse entweder der Mittelwert der Grundgesamtheit oder der Ausfallprozentsatz (Schlechtanteil) und auf der Ordinate die Annahmewahrscheinlichkeit W_p in % aufgetragen. Eine ideale Annahmekennlinie, bei der ein Beton mit einem Schlechtanteil über 5% mit Sicherheit abgelehnt und ein Beton mit einem Schlechtanteil unter 5% mit Sicherheit angenommen wird, würde eine Probenzahl gegen ∞ bedingen und ist nicht realisierbar. Es ist deshalb ein Kompromiß erforderlich, bei dem die Interessen des Abnehmers (Sicherheit) und des Herstellers (Wirtschaftlichkeit) vernünftig gegeneinander abgewogen sind.

Das bedeutet:
- Bei einem relativ großen Schlechtanteil soll die Annahmewahrscheinlichkeit klein sein.
- Bei einem relativ kleinen Schlechtanteil soll die Annahmewahrscheinlichkeit groß sein.

Der statistischen Auswertung nach DIN 1084 liegt die auf Bild 7.4-11 dargestellte Annahmekennlinie zugrunde [7-34]. Hieran ist folgendes abzulesen:
- Eine Produktion, bei der die 5%-Fraktile der Druckfestigkeit gerade der Nennfestigkeit β_{WN} der betreffenden Festigkeitsklasse entspricht, wird in 50% der Fälle als bedingungsgemäß angenommen und in 50% der Fälle als unzureichend abgelehnt.

Die Fläche I ist ein Maß für das Herstellerrisiko. Betone, die nach Mittelwert und Standardabweichung eine 5%-Fraktile der Druckfestigkeit $\geq \beta_{WN}$ aufweisen, werden mit einer gewissen Wahrscheinlichkeit abgelehnt.

Die Fläche II ist ein Maß für das Abnehmerrisiko. Auch Betone, deren Schlechtanteil größer als 5% ist, können angenommen werden.

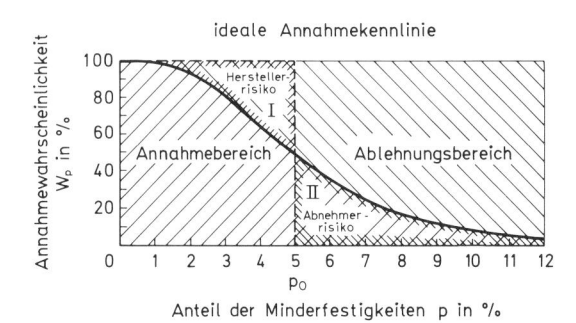

Bild 7.4-11 Annahmekennlinie für einen Minderfestigkeitsanteil $p_0 = 5\%$ mit Herstellerrisiko und Abnehmerrisiko [7-34]
(Grundlage der statistischen Auswertung nach DIN 1084 Teil 1)

Im dargestellten Fall sind die Flächen I und II etwa gleich groß, die Risiken für Hersteller und Abnehmer also gleich verteilt, und zwar unabhängig von der Standardabweichung [7-35].

– Für eine Produktion mit 11 % Schlechtanteil besteht eine Annahmewahrscheinlichkeit von 5 %, für eine solche mit nur 2 % Schlechtanteil eine Ablehnungswahrscheinlichkeit von 5 %.

Für das Nachweisverfahren nach DIN 1045 wurden nachträglich Annahmekennlinien ermittelt [7-35, 7-36]. Sie sind auf Bild 7.4-12 der Annahmekennlinie des Bildes 7.4-11 gegenübergestellt. Hieraus kann man entnehmen, daß die in DIN 1045 vorgesehenen

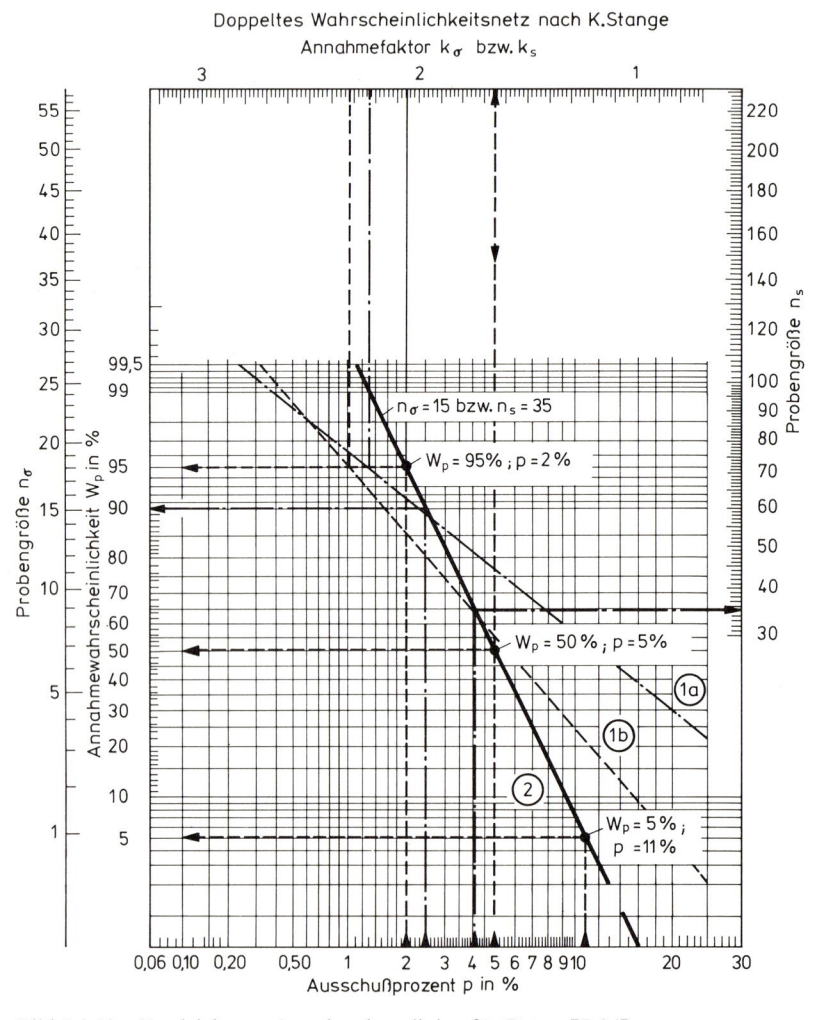

Bild 7.4-12 Vergleich von Annahmekennlinien für Beton [7-34]
1a DIN 1045, Abschnitt 7.4.3.5.2, 1. Absatz, 1 Serie von 3 Würfeln
1b DIN 1045, Abschnitt 7.4.3.5.2, 2. Absatz, 9 aufeinanderfolgende Würfel
2 DIN 1084 Teil 1

7.4 Druckfestigkeit

Prüfvorschriften unterschiedlich scharf sind. Am schärfsten ist die statistische Auswertung nach DIN 1084 Teil 1.

7.4.5.4 Zielfestigkeit für den Mischungsentwurf

Bei der Eignungsprüfung muß der Mittelwert der Druckfestigkeit der Betonmischung, deren Zusammensetzung für die Bauausführung maßgebend sein soll, die Festigkeiten β_{WN} bzw. β_{WS} um ein Vorhaltemaß überschreiten.

Für Beton B I ist das Vorhaltemaß in DIN 1045 zahlenmäßig festgelegt. Es ist auf β_{WS} bezogen und beträgt bei der Festigkeitsklasse B 5 mindestens 3,0 N/mm², bei den Festigkeitsklassen B 10, B 15 und B 25 mindestens 5,0 N/mm².

Bei Beton B II bleibt es dem Unternehmer überlassen, das Vorhaltemaß nach seinen Erfahrungen unter Berücksichtigung des zu erwartenden Streubereichs zu wählen. Das gleiche gilt auch für Beton B I, wenn er in Betonfertigteilwerken hergestellt wird, und für Beton B I mit besonderen Eigenschaften.

Das Vorhaltemaß richtet sich dann nach der zu erwartenden Streuung σ der Betonfestigkeit und nach dem vorgesehenen Nachweisverfahren, weil die Annahmewahrscheinlichkeit bei den einzelnen Verfahren, wie unter 7.4.5.3 beschrieben, unterschiedlich ist.

Für die Wahl des Vorhaltemaßes erscheint ein Herstellerrisiko von 5 % noch tragbar. Es entspricht einer Annahmewahrscheinlichkeit von 95 %. Dafür kann mit Hilfe der im doppelten Wahrscheinlichkeitsnetz dargestellten Annahmekennlinien (Bild 7.4-12) in Abhängigkeit vom Nachweisverfahren der Annahmefaktor k bestimmt werden, der auf β_{WN} bezogen ist. Die Zielfestigkeit β_D, die auch in der Eignungsprüfung erreicht werden muß, ergibt sich dann zu

$$\beta_D = \beta_{WN} + k \cdot \sigma$$

In Tabelle 7.4-2 sind die auf diese Weise errechneten Zielfestigkeiten für die einzelnen Beton-Festigkeitsklassen zusammengestellt.

Tabelle 7.4-2 Zielfestigkeiten bei der Eignungsprüfung unter Zugrundelegung der den verschiedenen Nachweisverfahren zugrunde liegenden Annahmekennlinien (siehe z. B. Bild 7-13) und einer Annahmewahrscheinlichkeit von $W_p = 95\%$

Festigkeitsklasse des Betons	Zielfestigkeit in N/mm²								Mindestwert nach DIN 1045 für Beton B I
	Nachweis nach DIN 1045				Nachweis nach DIN 1084 Teil 1				
	Voraussichtliche Standardabweichung [N/mm²]				Voraussichtliche Standardabweichung [N/mm²]				
	3	5	7	9	3	5	7	9	
B 5	14	17	20	23	11	15	19	23	11
B 10	19 *)	22	25	28	16 *)	20	24	28	20
B 15	24 *)	27	30	33	21 *)	25	29	33	25
B 25	34 *)	37	40	43	31 *)	35	39	43	35
B 35	44	47	50	53	41	45	49	53	–
B 45	54	57	60	63	51	55	59	63	–
B 55	64	67	70	73	61	65	69	73	–

*) bei Beton B I ohne besondere Eigenschaften jedoch mindestens die Werte der letzten Spalte

Da im Vorhaltemaß die Gesamtstreuung berücksichtigt ist, kann man bei der Mischungsberechnung den für den fraglichen Produktionszeitraum maßgebenden Mittelwert der Zementfestigkeit zugrunde legen.

7.4.6 Festigkeitsentwicklung

7.4.6.1 Allgemeines

Man versteht unter Festigkeitsentwicklung die Zunahme der Druckfestigkeit mit dem Alter. Sie wird durch den Erhärtungsverlauf bestimmt. Die Endfestigkeit wird unter Umständen erst nach Jahren erreicht. Der Hauptanteil stellt sich jedoch bereits bis zum 28. Tag ein. Die weitere Zunahme bezeichnet man als Nacherhärtung.

Man beschreibt die Festigkeitsentwicklung, indem man die Festigkeit zu ausgewählten Zeitpunkten, im allgemeinen nach 3, 7, 28, 56, 90 und 180 Tagen, auf die 28-Tage-Druckfestigkeit bezieht.

Maßgebend für die Festigkeitsentwicklung des Betons ist die Festigkeitsentwicklung des Zementsteins (s. Abschn. 2.1.4.1). Dementsprechend wird die Entwicklung der Betonfestigkeit vornehmlich durch die Eigenschaften des Zements, den Wasserzementwert und die Erhärtungsbedingungen, d.h. durch Feuchte und Temperatur der Umgebung, beeinflußt. Wegen der Vielzahl der sich zum Teil gegenseitig beeinflussenden Parameter ist es nicht möglich, die Festigkeitsentwicklung durch eine einfache, allgemein gültige Beziehung zu beschreiben.

7.4.6.2 Einflußgrößen

Zement und Wasserzementwert

Entscheidend für die zeitliche Entwicklung der Druckfestigkeit ist die Festigkeitsklasse des Zements. Mit steigender Festigkeitsklasse nimmt die relative Frühfestigkeit des Betons zu, während der relative Festigkeitszuwachs infolge Nacherhärtung abnimmt (Bild 2.1-11). Innerhalb der gleichen Festigkeitsklasse bewirken F-Zemente eine schnellere Festigkeitsentwicklung des Betons als L-Zemente (Bild 2.1-12).

Unter sonst gleichen Verhältnissen nimmt die Erhärtungsgeschwindigkeit mit steigendem Wasserzementwert ab (siehe Bild 2.1-9).

Die v.g. Zusammenhänge sind in Bild 7.4-13 zusammenfassend dargestellt. Tabelle 7.4-3 enthält Richtwerte für die Festigkeitsentwicklung des Betons bei einer ständigen Lagerung bei +20°C.

Tabelle 7.4-3 Richtwerte für die Druckfestigkeitsentwicklung von Beton aus verschiedenen Zementen bei einer ständigen Lagerung bei +20°C [7-40]

Zementfestigkeits-klasse	Festigkeit in % der 28-Tage-Druckfestigkeit nach				
	3 Tagen	7 Tagen	28 Tagen	90 Tagen	180 Tagen
Z 55, Z 45 F	70...80	80...90	100	100...105	105...110
Z 45 L, Z 35 F	50...60	65...80	100	105...115	110...120
Z 35 L	30...40	50...65	100	110...125	115...130
Z 25	20...30	40...55	100	115...140	130...160

7.4 Druckfestigkeit

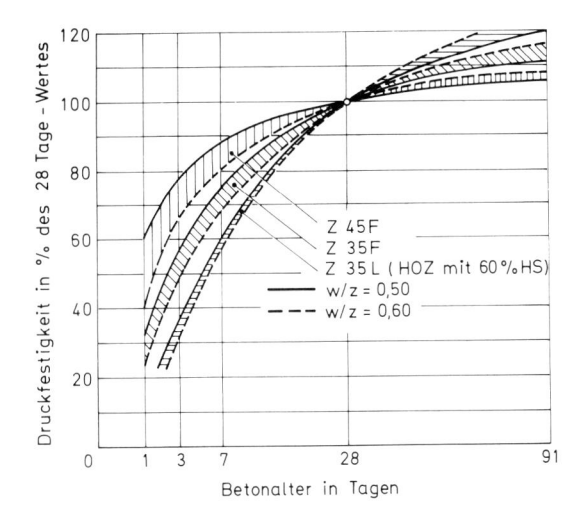

Bild 7.4-13 Einfluß des Wasserzementwerts und der Zementart auf die Festigkeitsentwicklung von Beton (Konsistenz KP)

Da selbst bei Zementen gleicher Art und Festigkeitsklasse schon unter Normbedingungen starke Schwankungen im Erhärtungsverlauf möglich sind, bieten die Richtwerte der Tabelle 7.4-3 nur einen groben Anhalt. Wenn man aus den Druckfestigkeiten im Alter von 3 oder 7 Tagen auf eine Betonfestigkeitsklasse schließen will, sollte man dazu nur die oberen Grenzwerte verwenden. Will man umgekehrt die Festigkeitsklasse aus den Festigkeiten in höherem Alter zurückrechnen oder die Zunahme der Druckfestigkeit über 28 d hinaus abschätzen, sollte man nur die unteren Grenzwerte nehmen. In DIN 1045 sind die folgenden, auf der sicheren Seite liegenden Umrechnungsfaktoren angegeben:

Zementfestigkeitsklasse	β_{W28}/β_{W7}
Z 25	1,4
Z 35 L	1,3
Z 35 F und 45 L	1,2
Z 45 F und 55	1,1

Feuchte

Eine der Betonzusammensetzung entsprechende Festigkeitsentwicklung setzt ein ausreichendes Wasserangebot voraus. Dazu ist eine sachgerechte Nachbehandlung erforderlich, die auf die Betonzusammensetzung und die Umweltverhältnisse abgestellt ist (s. Abschn. 4.3). Bei vorzeitiger Austrocknung kommt die Festigkeitsentwicklung zum Stillstand (Bild 7.4-14).

Temperatur

Die Erhärtung des Betons wird durch niedere Temperaturen verzögert, durch höhere beschleunigt. Verzögerung wie Beschleunigung sind bei langsam erhärtenden Zementen stärker, bei schnell erhärtenden schwächer ausgeprägt als bei Zementen mit mittlerer Erhärtungsgeschwindigkeit.

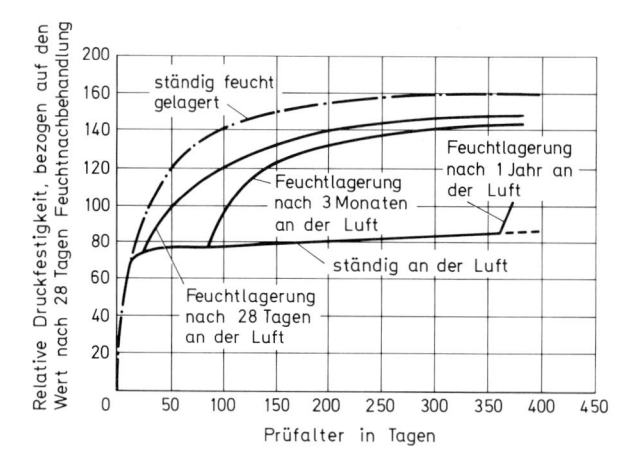

Bild 7.4-14 Nacherhärtung von Betonen, die nach anfänglicher Luftlagerung feucht nachbehandelt wurden [7-16, 7-41]

Wenn die Festigkeitsentwicklung eines Betons bei Normlagerung mit 20 °C bekannt ist, dann kann man die Festigkeit bei abweichenden, veränderlichen Temperaturen mit Hilfe der Reife abschätzen (s. Abschn. 4.4.2).

Für die Festigkeitsentwicklung bei niederer Temperatur ist zu beachten, daß die Hydratation des Zements unterhalb einer bestimmten Temperatur zum Stillstand kommt. Über diese Grenztemperatur bestehen unterschiedliche Auffassungen. Sicher ist jedoch, daß unterhalb − 10 °C keine weitere Hydratation erfolgt.

Tabelle 7.4-4 enthält Richtwerte für die Festigkeitsentwicklung bei + 5 °C-Lagerung im Vergleich zur Normlagerung bei + 20 °C (Tab. 7.4-3).

Die verzögerte Festigkeitsentwicklung ist vor allem bei den Ausschalfristen sowie beim Vorspannen des Betons zu beachten. Maßgebend ist die tatsächlich im Bauwerk vorhandene Festigkeit. Diese kann mit Erhärtungsprüfungen an Probekörpern festgestellt werden, die unter den gleichen Temperaturbedingungen lagern. Anhaltswerte lassen sich auch mit zerstörungsfreien Prüfverfahren gewinnen, z.B. mit einer Rückprallprüfung nach DIN 1048 Teil 2.

7.4.6.3 Nacherhärtung

Im Alter von 28 Tagen ist erst ein Teil des Zements hydratisiert. Deshalb erhärtet der Beton später noch weiter und gewinnt an Festigkeit, sofern das zur weiteren Hydratation erforderliche Wasser zur Verfügung steht. Für die Nacherhärtung sind die gleichen Einflußgrößen maßgebend wie für die Festigkeitsentwicklung insgesamt.

Tabelle 7.4-4 Richtwerte für die Druckfestigkeitsentwicklung von Beton aus verschiedenen Zementen bei einer ständigen Lagerung bei +5 °C [7-40]

Zement-festigkeitsklasse	5 °C-Festigkeit in % der Druckfestigkeit bei einer ständigen 20 °C-Lagerung nach		
	3 Tagen	7 Tagen	28 Tagen
Z 55, Z 45 F	60 … 75	75 … 90	90 … 105
Z 45 L, Z 35 F	45 … 60	60 … 75	75 … 90
Z 35 L	30 … 45	45 … 60	60 … 75
Z 25	15 … 30	30 … 45	45 … 60

7.4 Druckfestigkeit

Langzeituntersuchungen haben ergeben, daß der Beton seine Druckfestigkeit im Laufe mehrerer Jahrzehnte größenordnungsmäßig annähernd verdoppeln, in besonderen Fällen (grober Zement und sehr hoher Wasserzementwert) nahezu verfünffachen kann [7-42].

Die Nacherhärtung über Jahrzehnte ist i. allg. baupraktisch nur wenig nutzbar, wenngleich sie sich günstig auf die Dauerhaftigkeit und Widerstandsfähigkeit des Betons auswirkt. Dagegen kann die Festigkeitsentwicklung bis zu einem Alter von 2 oder 6 Monaten, in besonderen Fällen sogar bis zu einem Jahr, bedeutsam sein, wenn die volle Nutzung des betreffenden Bauwerks erst nach dieser Zeit beginnt.

Ganz allgemein tragen alle Einflüsse, die die Entwicklung einer hohen Frühfestigkeit verzögern, zu einer verstärkten Nacherhärtung bei und umgekehrt.

Bezogen auf die 28-Tage-Festigkeit ist eine um so stärkere Nacherhärtung zu erwarten, je niedriger die Festigkeitsklasse des Zements ist und je langsamer der Zement erhärtet, je höher der Wasserzementwert ist und je niedriger die Lagerungstemperatur, insbesondere zu Beginn der Erhärtung, ist.

Für Betone, mit einem Wasserzementwert im üblichen Bereich zwischen etwa 0,50 und 0,70, die bei einer ständigen Lagerungstemperatur von etwa 20 °C erhärten, kann das Verhältnis β_t/β_{28} für Betonalter zwischen 3 und 180 Tagen größenordnungsmäßig aus Tabelle 7.4-3 entnommen werden.

Betone mit den schnell erhärtenden Zementen Z 55 und Z 45 F erhärten nur wenig nach. Der Festigkeitszuwachs bis zu 1/2 Jahr übersteigt 10 % praktisch nicht. Demgegenüber können Betone mit den langsam erhärtenden Zementen Z 35 L und Z 25 noch beträchtlich an Festigkeit gewinnen. Auch nach einer zwischenzeitlichen Austrocknung kann die Nacherhärtung nach vorübergehendem Stillstand bei einer späteren Wasserzufuhr wieder erneut einsetzen. Allerdings scheint zwischendurch ausgetrockneter Zementstein bei späterer Wiederbefeuchtung nie mehr ganz den Hydratationsgrad und die Druckfestigkeit zu erreichen wie bei ständiger Feuchtlagerung (s. Abschn. 4.3.2 und Bild 7.4-14).

Eine erhöhte Nacherhärtung ist bei Betonen mit latent hydraulischen oder puzzolanischen Zusatzstoffen, wie Hüttensand bzw. Flugasche oder Traß, zu erwarten, sofern sie lange genug feucht gehalten werden.

Da die langsam erhärtenden Zemente der unteren Festigkeitsklassen bei ausreichendem Feuchteangebot stärker nachhydratisieren als die schnell erhärtenden Zemente der oberen Festigkeitsklassen, gleichen sich die Festigkeiten der mit Zementen verschiedener Festigkeitsklassen hergestellten Betone in höherem Alter immer mehr aneinander an. Deshalb weisen bereits ab einem Alter von 180 Tagen alle Betone gleicher Zusammensetzung, unabhängig von Zementart und Klasse, größenordnungsmäßig die gleiche Druckfestigkeit auf [7-40].

7.4.7 Frühfestigkeit

In vielen Fällen ist es erwünscht oder notwendig, daß der Beton bereits zu einem frühen Zeitpunkt eine möglichst hohe Festigkeit erreicht. Bauteile aus frühhochfestem Beton können früher ausgeschalt, ggf. früher transportiert und früher belastet werden als solche aus Beton mit langsamer Festigkeitsentwicklung. Frühhochfester Beton erreicht auch früher einen ausreichenden Widerstand gegen äußere Einwirkungen, wie z. B. Frost- und Tausalzangriff.

Die zeitliche Entwicklung der Druckfestigkeit und die dafür maßgebenden Einflüsse sind im vorhergehenden Abschnitt 7.4.6 beschrieben. Danach läßt sich eine hohe Festigkeit in den ersten Stunden und Tagen durch folgende Maßnahmen erreichen:

- Verwendung eines frühhochfesten Zements Z 35 F, Z 45 F und insbesondere Z 55 (s. Abschn. 2.1.4.1), ggf. eines Schnellzements (s. Abschn. 2.1.1.6).
- Wahl eines niedrigen Wasserzementwerts
- Wahl einer steifen Konsistenz
- Zugabe eines erhärtungsbeschleunigenden Zusatzmittels (BE).

Bei gleicher 28-Tage-Druckfestigkeit des Betons führen Zemente mit der Zusatzbezeichnung F zu einer wesentlich höheren Frühfestigkeit als Zemente mit der Zusatzbezeichnung L. Auch der Übergang auf eine höhere Zementfestigkeitsklasse macht sich bei der Frühfestigkeit deutlich bemerkbar. Zement Z 45 F ergibt unter sonst gleichen Bedingungen eine etwa 1,5 mal so große, Z 55 sogar eine rd. doppelt so große Frühfestigkeit wie Z 35 F [7-40] (auch Bild 2.1-14). Mit Schnellzement können schon nach 2 h Festigkeiten von 5 bis 7 N/mm² erreicht werden. Allerdings ist der Beton nur etwa 10 Minuten lang verarbeitbar und hat nur ein sehr eingeschränktes Anwendungsgebiet [7-43].

Je niedriger der Wasserzementwert ist, desto größer ist die Frühfestigkeit, und zwar sowohl absolut als auch bezogen auf die 28-Tage-Festigkeit (Bild 7.4-13). Die Ursachen sind im Abschnitt 2.1.3.5 erläutert.

Wenn es auf eine hohe Frühfestigkeit ankommt, kann es zweckmäßig sein, die Konsistenz so steif, wie es im Hinblick auf die Verarbeitbarkeit möglich ist, zu wählen. Schon bei gleichem Wasserzementwert erreicht steifer Beton eine höhere Frühfestigkeit (und auch eine höhere Endfestigkeit) als Beton mit weicherer Konsistenz. Z. B. war die zum Vorspannen erforderliche Betondruckfestigkeit von 36 N/mm² nach Bild 7.4-15 bei steifem Beton schon nach 22 Stunden, beim plastischen Beton dagegen erst nach 35 Stunden vorhanden. Hierzu kommt noch, daß sich steifer Beton mit niedrigerem Wasserzementwert herstellen läßt als plastischer oder weicher Beton. Durch Verwendung geeigneter Fließmittel läßt sich jedoch frühhochfester Beton auch mit weicher Konsistenz mit sehr niedrigem Wasserzementwert, z. B. $w/z = 0,35$ [7-44], oder sogar als Fließbeton herstellen. Seine Druckfestigkeit ist in der Regel mindestens ebenso groß wie die des dazugehörigen Ausgangsbetons. Kommt es auf hohe Festigkeit in ganz jungem Alter an, darf das verwendete Fließmittel allerdings keine verzögernde Nebenwirkung aufweisen.

Mit Hilfe eines Erhärtungsbeschleunigers (s. Abschn. 2.3.6.5) kann man die Frühfestigkeit beträchtlich anheben, z. B. im Alter von 5 Stunden mit PZ 55 und $w/z = 0,35$ von 7 N/mm² auf fast 25 N/mm² (Bild 7.4-16). Beton mit Zusatz eines Beschleunigers muß jedoch schneller verarbeitet werden, was bei Verwendung von Transportbeton zu Schwierigkeiten führen kann. Die Endfestigkeit kann etwas vermindert sein, und er schwindet manchmal stärker.

Die höchsten Frühfestigkeiten erhält man mit einer Wärmebehandlung (s. Abschn. 4.4).

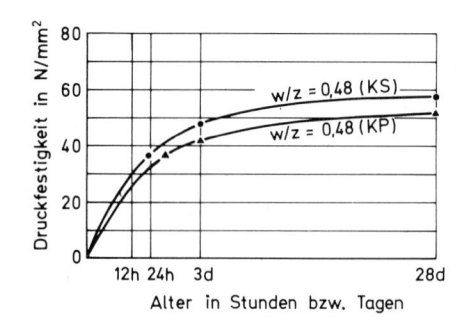

Bild 7.4-15 Einfluß der Konsistenz auf die Festigkeitsentwicklung [7-40]

7.4 Druckfestigkeit

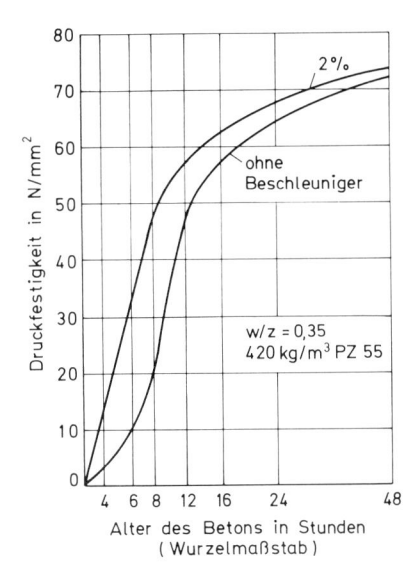

Bild 7.4-16 Einfluß eines Beschleunigers auf die Frühfestigkeit [7-40]

Dabei müssen allerdings z. T. beträchtliche Einbußen bei der 28-Tage- und der Endfestigkeit in Kauf genommen werden. Unter sonst gleichen Bedingungen ist die Festigkeit in höherem Alter am größten, wenn die Betontemperatur am Anfang niedrig war. In der warmen Jahreszeit erhält man bei der Güteprüfung deutlich erniedrigte Druckfestigkeiten, eine Erscheinung, die als das „Sommertief" bekannt ist. Nach [7-45] wurden für Betone mit Einbautemperaturen von 25 bzw. 15 °C im Mittel um 13 % bzw. 6 % niedrigere 28-Tage-Festigkeiten festgestellt als bei einem mit 5 °C eingebauten Beton. Ein Teil dieser Differenzen kann auf den höheren Wasserbedarf des wärmer eingebauten Betons (höherer Wasserzementwert) zurückgeführt werden. Der Rest ist wahrscheinlich der Bildung anderer, kurzfaserigerer Hydratationsprodukte bei höherer Temperatur zuzuschreiben.

7.4.8 Dauerstandfestigkeit

Die Dauerstandfestigkeit bezeichnet die Druckbeanspruchung, die bei konstanter Dauerbelastung ertragen wird. Da dabei bereits bei Spannungen unterhalb der Kurzzeitfestigkeit Gefügezerstörungen auftreten, ist die Dauerstandfestigkeit kleiner als die Kurzzeitfestigkeit. Die Festigkeitseinbuße kann bis zu etwa 35 % der Kurzzeitfestigkeit betragen (Bild 7.4-17).

Wird die Dauerlast in einem Alter von 28 Tagen oder darunter aufgebracht, so erfolgt ein Bruch nur bis zu Standzeiten von einigen Tagen. Tritt bis dahin kein Bruch ein, so ist er auch später nicht mehr zu erwarten. Dies ist auf zwei gegenläufige Einflüsse, die festigkeitsmindernde Wirkung der Dauerlast und die Festigkeitssteigerung infolge Nacherhärtung, zurückzuführen. Der Zusammenhang zwischen der auf β_{W28} bezogenen Dauerstandfestigkeit und der Belastungsdauer durchläuft dort ein Minimum, wo sich die beiden Einflüsse gegenseitig aufheben (Bild 7.4-18). Man nennt diesen Zeitpunkt auch die kritische Standzeit. Vorher überwiegt der festigkeitsmindernde Einfluß der Lastdauer, danach der festigkeitssteigernde Einfluß der Nacherhärtung.

In den Bemessungsregeln wird der Einfluß der Dauerlast durch einen Abminderungsfaktor 0,80 bei der Festlegung des Rechenwertes der Betondruckfestigkeit berücksichtigt.

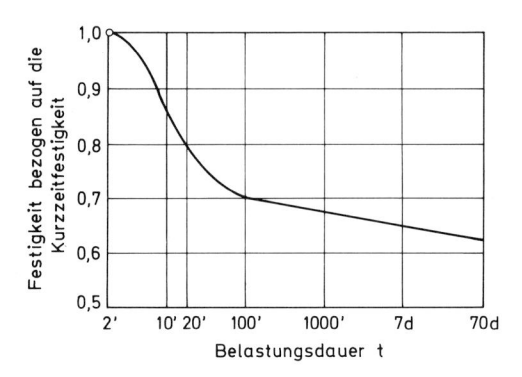

Bild 7.4-17 Einfluß der Belastungsdauer auf die Betondruckfestigkeit (ohne Berücksichtigung der Nacherhärtung des Betons während der Einwirkung der Belastung) [7-31]

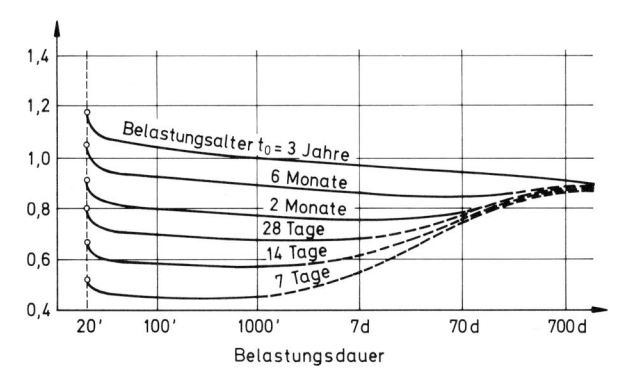

Bild 7.4-18 Festigkeit bei lang dauernder Belastung bezogen auf die Kurzzeitfestigkeit im Alter von 28 Tagen in Abhängigkeit vom Belastungsalter und der Belastungsdauer (errechnet für Beton mit normal erhärtendem Zement mit den Beiwerten von Abb. 6.11 und 6.12 in [7-31])

7.4.9 Dauerschwing(Druckschwell)festigkeit

7.4.9.1 Allgemeines

Man spricht von einer Dauerschwingbeanspruchung, wenn die einwirkende Spannung häufig wiederholt zwischen einem unteren und oberen Grenzwert wechselt (Bild 7.4-19). Zur Beschreibung sind stets zwei Angaben erforderlich, nämlich Unter- und Oberspannung oder Unter- bzw. Mittel- bzw. Oberspannung und Schwingbreite. Man unterscheidet zwischen Zugschwell-, Wechsel- und Druckschwellbeanspruchung sowie zwischen regelmäßiger und unregelmäßiger Beanspruchungsfolge.

Die Dauerschwingfestigkeit bezeichnet die regelmäßige Schwingbeanspruchung, die beliebig oft ertragen wird. Sie wird durch die bei σ_u bzw. $2\sigma_a = $ const. ertragbare Oberspannung σ_o beschrieben. Bei unregelmäßiger Belastungsfolge spricht man von Betriebsfestigkeit. Die bei der jeweiligen Beanspruchung ertragbare Lastwechselzahl bezeichnet man als Lebensdauer.

Die so definierte Dauerschwingfestigkeit ist generell kleiner als die Kurzzeitfestigkeit. Die Ursache dafür ist, daß Belastungswechsel hinreichender Größe im Werkstoff Strukturänderungen, z. B. in Form von Mikrorissen, hervorrufen, die sich über die Zeit akkumulieren und schließlich zum Bruch führen.

7.4 Druckfestigkeit

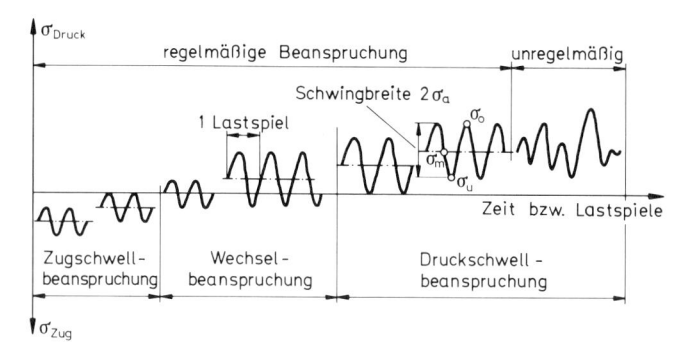

Bild 7.4-19 Beanspruchungsfälle beim Dauerschwingversuch

Beton weist im Gegensatz zu Metallen keine „echte" Dauerschwingfestigkeit auf. Die ertragbare Oberspannung bzw. die ertragbare Schwingbreite nimmt auch über Lastwechselzahlen von $2 \cdot 10^6$ hinaus weiter ab. Es handelt sich also streng genommen um eine Zeitfestigkeit (Erläuterung unter 7.4.9.2). Man definiert deshalb als Dauerschwingfestigkeit des Betons die Spannung, die bei einer Grenzlastwechselzahl, im allgemeinen bei $N_{Grenz} = 2 \cdot 10^6$, ertragen wird.

Die weiteren Ausführungen beziehen sich auf das Verhalten von Normalbeton bei Druckschwellbeanspruchung.

7.4.9.2 Wöhlerlinie

Man bestimmt Festigkeit und Lebensdauer in typisierten Dauerschwingversuchen und schließt aus den Ergebnissen auf das Verhalten unter ähnlichen Beanspruchungen. Die Grundlage bildet die im Einstufenversuch unter zentrischer Druckbelastung ermittelte Wöhlerlinie. Sie beschreibt den Zusammenhang zwischen Schwingbreite und ertragbarer Lastspielzahl bei einer vorgegebenen Unterspannung und unterteilt das Festigkeitsverhalten eines Werkstoffes in drei charakteristische Bereiche (Bild 7.4-20).

Der Bereich um den Schnittpunkt mit der Spannungsachse entspricht der Kurzzeitfestigkeit. Daran schließt sich unterhalb des geneigten Astes der Zeitfestigkeitsbereich an. Hier

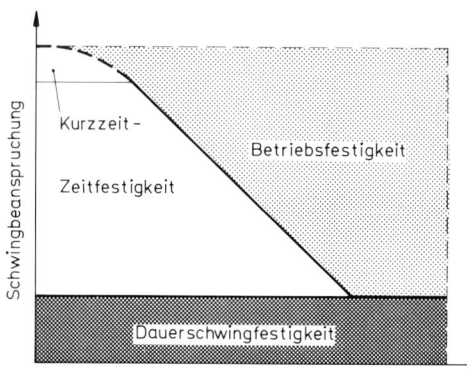

Bild 7.4-20 Wöhlerlinie (schematisch)

führt jede Schwingbeanspruchung früher oder später zum Bruch, die Lebensdauer ist also begrenzt. Dieser Bereich geht unterhalb des waagerechten Astes über in den Dauerfestigkeitsbereich. Beanspruchungen bis zu dieser Höhe können beliebig oft ertragen werden, die Lebensdauer ist unbegrenzt. Rechts und oberhalb der WÖHLERlinie befindet sich der Bereich der Betriebsfestigkeit. Er beschreibt die Lebensdauer für alle die Fälle, in denen keine über die Zeit konstante Schwingbeanspruchung vorliegt, sondern in denen sich – wie in der Praxis überwiegend – die Schwingbreite in gesetzmäßiger oder zufälliger Folge verändert.

7.4.9.3 Druckschwellfestigkeit

Die bezogene Druckschwellfestigkeit, das Verhältnis Dauer- zu Kurzzeitfestigkeit, ist weithin unabhängig von Zusammensetzung und Festigkeitsklasse des Betons. Die WÖHLERlinien für jeweils konstante Unterspannung bilden bei halblogarithmischer Darstellung bis etwa $N = 10^8$ Gerade (Bild 7.4-21). Die Bruchlastwechselzahlen sind logarithmisch normalverteilt. Die Streuungen lassen sich allein schon durch die Streuung der als Bezugswert gewählten Kurzzeitfestigkeiten erklären [7-46]. Da die Bemessung bereits von einem unteren Toleranzwert dieser Kurzzeitfestigkeit ausgeht, kann man die bezogene Druckschwellfestigkeit der mittleren WÖHLERlinie mit 50% Überlebenswahrscheinlichkeit entnehmen.

Bild 7.4-21 gilt für eine Unterspannung, also eine ständig vorhandene Grundbelastung, entsprechend $0{,}2\,\beta_C$. Bild 7.4-22 enthält zusätzlich WÖHLERlinien für eine Unterspannung von 0,05 und $0{,}4\,\beta_C$. Danach nimmt die Druckschwellfestigkeit mit steigender Unterspannung ab. Es erfolgt jedoch im untersuchten Bereich bis 10^7 Lastwechsel kein Übergang in die Horizontale. Auch schneiden sich die linear extrapolierten Kurven nicht exakt in einem Punkt. Da Überschneidungen unrealistisch sind, muß man annehmen, daß sich im Bereich $N > 10^9$ ein allmählicher Übergang vollzieht. Unter dieser Annahme ergibt sich für Normalbeton eine Quasi-Druckschwellfestigkeit von etwa $0{,}4\,\beta_C$ [7-46], solange die Unterspannung den Wert $0{,}4\,\beta_C$ bzw. die Oberspannung den Wert $0{,}8\,\beta_C$ nicht überschreitet.

Die Ergebnisse der WÖHLERversuche kann man in einem Dauerfestigkeitsschaubild zusammenfassen. Das Schaubild nach GOODMAN (Bild 7.4-23) beschreibt die ertragbare Oberspannung in Abhängigkeit von der Unterspannung. Es ist dadurch charakterisiert, daß für die Lastwiederholung $N = \infty$ die Begrenzungslinie parallel zur Winkelhalbierenden verläuft. Der Abstand zwischen den beiden Geraden entspricht der Schwingbreite.

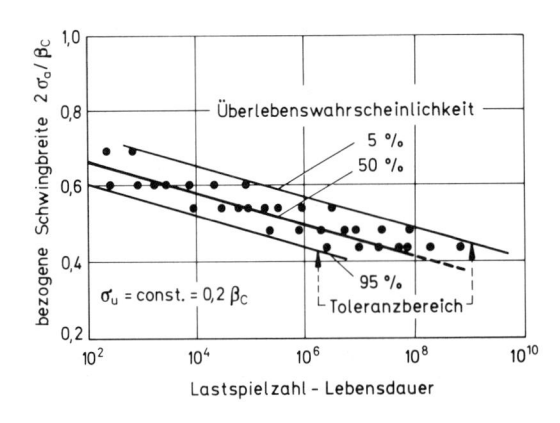

Bild 7.4-21 WÖHLERlinien für konstante Unterspannung [7-46]

7.4 Druckfestigkeit

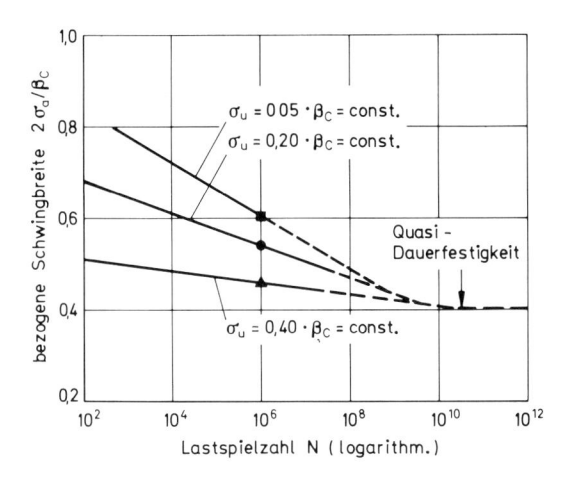

Bild 7.4-22 WÖHLERlinien für konstante Unterspannung [7-46]

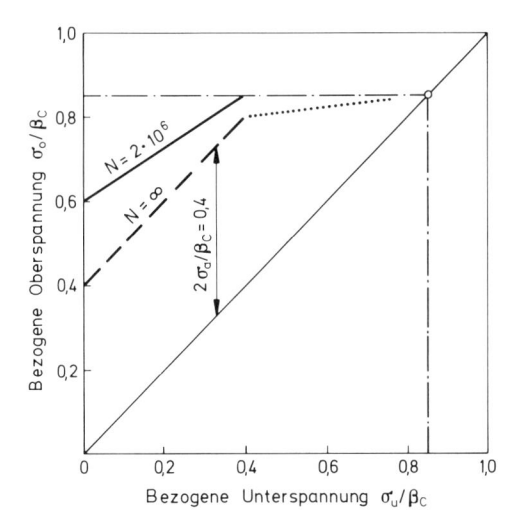

Bild 7.4-23 GOODMAN-Diagramm für Normalbeton [7-46]

Bezogene Schwingbreiten von 0,4 werden also beliebig oft ertragen, solange die bezogene Oberspannung den Wert 0,8 nicht überschreitet. Für eine begrenzte, endliche Lastwechselzahl ist die ertragbare Schwingbreite, die Zeitfestigkeit, naturgemäß größer, was in einer Spreizung der Begrenzungslinien zum Ausdruck kommt. Die Fortsetzung der Kurven nach rechts ist nicht eindeutig, was jedoch für die praktische Bemessung ohne Bedeutung ist. Eine andere Darstellungsweise ist das sog. SMITH-Diagramm, bei dem die Oberspannung σ_o und die Unterspannung σ_u über der mittleren Spannung σ_m aufgetragen sind (Bild 7.4-24).

7.4.9.4 Betriebsfestigkeit

In der Mehrzahl der Fälle verändert sich die Schwingbreite der Beanspruchung in gesetzmäßiger oder zufälliger Folge. Es ist dann eine größere Lebensdauer zu erwarten, als wenn

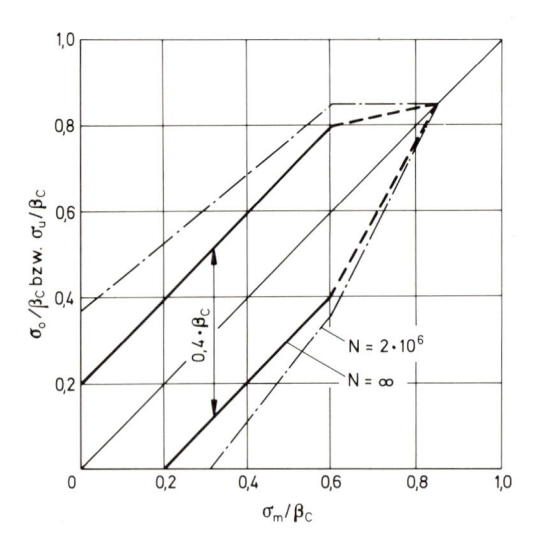

Bild 7.4-24 SMITH-Diagramm für Normalbeton [7-46]

bei jedem Wechsel die maximale Schwingbreite wirkt. Die bei einer vorgegebenen Grenzlastwechselzahl ertragbare maximale Schwingbreite ist größer als die bisher genannten Werte. Sie wird als Betriebsfestigkeit bezeichnet.

Lastkollektiv

Die Auszählung der gemessenen oder vorgegebenen Beanspruchungen liefert eine Summenhäufigkeitslinie der einzelnen Beanspruchungsstufen, das sog. Kollektiv. Es gibt Auskunft über Größe und Verteilung der Spannungsausschläge. Aus den vielfältigen möglichen Kollektivformen sind in Bild 7.4-25 zwei typische Fälle dargestellt. Die Rechteckform (gestrichelter Linienzug) entspricht einer stets gleichbleibenden Schwingbreite, es ist die obere Grenzkurve aller möglichen Formen.

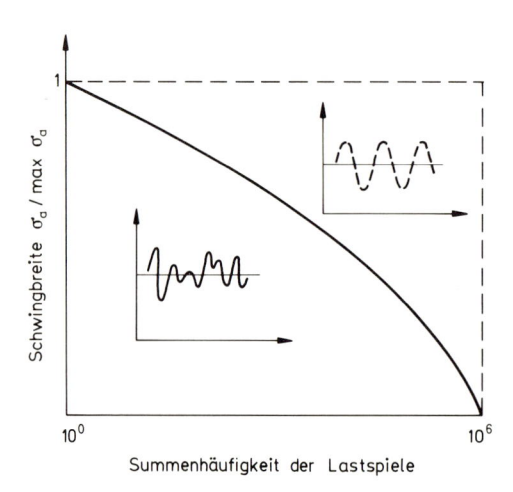

Bild 7.4-25 Kollektivtypen für konstante und veränderliche Schwingbreiten

7.4 Druckfestigkeit 283

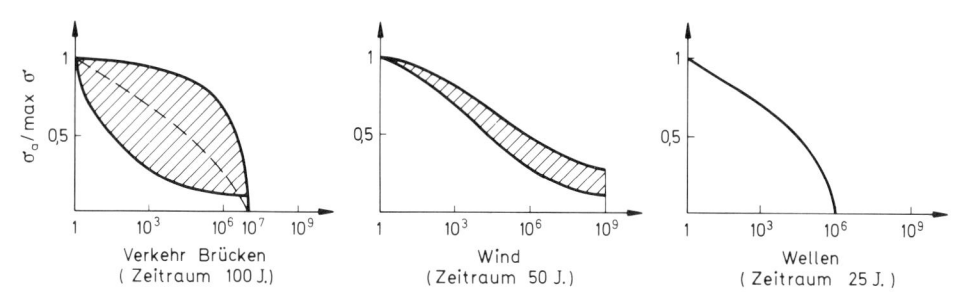

Bild 7.4-26 Reale Lastkollektive (Summenhäufigkeit der Beanspruchung) [7-47]

Die gekrümmte Kurve, die sog. Normalverteilung, entspricht einer streng regellosen, also rein zufallsbestimmten Schwingbeanspruchung. Dem sind in Bild 7.4-26 drei typische, reale Kollektive gegenübergestellt. Zunächst sind die möglichen Spannungsverteilungen aus der Verkehrsbelastung von Brücken innerhalb eines Zeitraumes von 100 Jahren dargestellt. Die gestrichelt eingetragene Kurve beschreibt eine Normalverteilung. Das Bild zeigt weiter die Verteilung infolge Windbelastung über 50 Jahre. Man erkennt einen überproportionalen Anteil der kleinen Ausschläge. Schließlich ist noch die Verteilung infolge Wellenbelastung über 25 Jahre wiedergegeben. Hier liegt fast eine Normalverteilung vor.

Um die Auswirkungen solcher Beanspruchungskollektive zu beschreiben, bedient man sich im allgemeinen der Hypothese der linearen Schadensakkumulation von MINER [7-48]. Hierbei nähert man die Summenhäufigkeitslinie der Beanspruchung durch eine Treppenkurve an. Man benutzt als Maßzahl für die Auswirkung der einzelnen Belastungsabschnitte das Verhältnis der jeweils auftretenden (n_i) zu den ertragbaren (N_i) Lastwechselzahlen, wobei die jeweils ertragbaren Lastwechsel der zugehörigen WÖHLERlinie entnommen werden. Die Verhältniswerte n_i/N_i, die Teilauswirkungen, werden aufaddiert. Sie bilden die sog. MINERsumme, die für den Fall eines Dauerschwingfestigkeitsbruches definitionsgemäß gleich 1 ist. Ein gegebenes Beanspruchungskollektiv führt danach dann nicht zum Bruch, wenn die MINERsumme innerhalb des angesetzten Nutzungszeitraums kleiner 1 bleibt. Dabei tragen Beanspruchungen unterhalb der Dauerschwingfestigkeit zur MINERsumme nicht bei, da ja deren ertragbares N_i unendlich ist. Für die Brauchbarkeit des Verfahrens bei Druckschwellbeanspruchung muß man zwei Fälle unterscheiden:

(1) alle Beanspruchungen liegen im Bereich der Zeitfestigkeit,

(2) ein Teil der Beanspruchungen liegt im Bereich der Quasidauerschwingfestigkeit.

Im *Zeitfestigkeitsbereich* kann die Auswirkung einer betriebsähnlichen Beanspruchung mit Hilfe der linearen Akkumulation ausreichend abgeschätzt werden [7-49].

Liegt dagegen ein Teil der Beanspruchungen im *Quasi-Dauerfestigkeitsbereich*, so liefert die MINERregel unzutreffende Aussagen. Das liegt daran, daß auch solche Beanspruchungen zu Strukturänderungen im Beton beitragen. Wesentlich ist dabei das Verhältnis der Teillastspielzahlen. Überwiegt die Häufigkeit der niedrigen Laststufen, so kommt es zu einer Art Trainiereffekt, der die Lebensdauer insgesamt erhöhen kann. Die MINERregel, die dies nicht berücksichtigt, führt in solchen Fällen zu einer Beurteilung, die auf der sicheren Seite liegt. Liegt jedoch die Häufigkeit der einzelnen Laststufen jeweils in der gleichen Größenordnung, so kommt es zu einer überproportionalen Schädigung. Die MINERregel ist in solchen Fällen nicht anwendbar.

7.4.10 Mehrachsige Festigkeit

Im Bauwerk ist der Beton häufig einer mehrachsigen Beanspruchung ausgesetzt. Beispiele sind Platten mit zweiachsiger Biegung, sich kreuzende Balken, Bauteile mit Längs- und Quervorspannung, Ankerkörper, umschnürte Säulen, Druckbehälter im Reaktorbau usw. Grundsätzlich gilt, daß die aufnehmbare Druckkraft durch Querdruck erhöht, durch Querzug dagegen vermindert wird.

Bezugsgröße ist die Druckfestigkeit bei einachsiger Belastung. Hier wird der Beton in Richtung der Belastungsachse gestaucht, senkrecht dazu gedehnt. Die unter Ausschaltung der Querdehnungsbehinderung ermittelte „wahre" Druckfestigkeit entspricht der Prismen- bzw. der Zylinderfestigkeit und beträgt etwa 80 bis 85% der Würfeldruckfestigkeit (s. Abschn. 7.4.3.2).

7.4.10.1 Kurzzeitfestigkeit

Zweiachsige Belastung

Die Festigkeit bei zweiachsiger Druckbeanspruchung ist immer höher als die einachsige Druckfestigkeit. Sie nimmt bis zu einem Spannungsverhältnis von $\sigma_2 : \sigma_1 \approx 0{,}5$ auf das 1,25- bis 1,4fache zu und sinkt dann bis zum Spannungsverhältnis 1 : 1 wieder auf das 1,15- bis 1,25fache der einachsigen Druckfestigkeit ab (Bild 7.4-27). Dies ist auf die Überlagerung eines stützenden und eines spaltenden Einflusses der seitlichen Druckspannung σ_2 zurückzuführen. Mit steigendem Spannungsverhältnis σ_2/σ_1 überwiegt zunächst der stützende Einfluß von σ_2. Nach Überschreiten des optimalen Spannungsverhältnisses wird die Festigkeitserhöhung durch die spaltende Wirkung der Druckspannung σ_2 in der lastfreien Richtung wieder abgemindert [7-50].

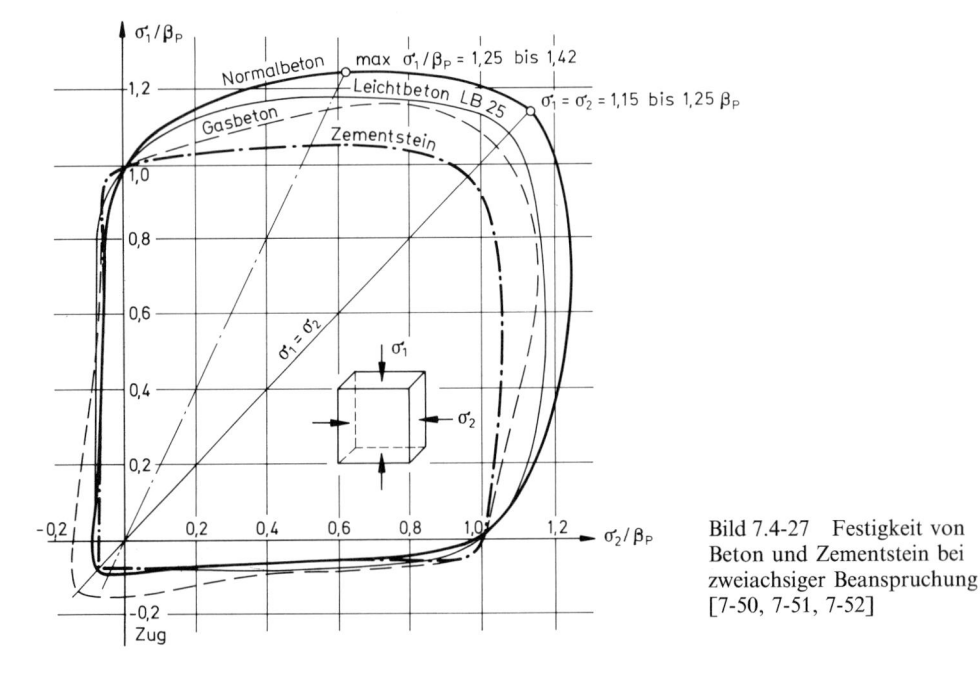

Bild 7.4-27 Festigkeit von Beton und Zementstein bei zweiachsiger Beanspruchung [7-50, 7-51, 7-52]

7.4 Druckfestigkeit

Die Festigkeitserhöhung ist relativ unabhängig von der Betonfestigkeitsklasse. In der Tendenz ist sie bei Betonen der oberen Festigkeitsklassen etwas geringer [7-53].

Für Normalbeton ergibt sich unter zweiachsiger Beanspruchung ein größerer Zuwachs an Druckfestigkeit als für Leichtbeton, Mörtel und Zementstein; für letzteren ist nahezu keine Festigkeitserhöhung zu beobachten [7-51].

Die Festigkeitserhöhung bei mehrachsiger Druckbeanspruchung hängt stark von der Feuchte des Betons ab. Bei durchfeuchtetem Beton ist sie, wahrscheinlich bedingt durch einen Abbau der inneren Reibung, wesentlich geringer als bei trockenem Beton [7-54].

In Richtung der am stärksten belasteten Achse tritt eine Stauchung und in Richtung der unbelasteten Achse eine Dehnung auf. In Richtung der schwächer auf Druck beanspruchten Achse (σ_2) können je nach dem Spannungsverhältnis σ_2/σ_1 Stauchungen oder Dehnungen auftreten. Für kleine Verhältnisse σ_2/σ_1 überwiegt der Einfluß der Querdehnung infolge σ_1, und der Beton erfährt trotz des Querdrucks eine Dehnung. Für $\sigma_2/\sigma_1 \approx 0{,}2$ wird die Querdehnung durch den Querdruck gerade aufgehoben. Bei weiter anwachsendem Verhältnis σ_2/σ_1 überwiegt die durch den Querdruck bewirkte Stauchung.

Bei Überschreitung der Bruchlast bilden sich Rißflächen aus, die parallel zur lastfreien Oberfläche verlaufen, d.h. mit der Spannungsebene zusammenfallen.

Dreiachsige Belastung

Die Festigkeit unter dreiachsiger Druckbeanspruchung ist weit höher als bei ein- und zweiachsiger Beanspruchung (Bild 7.4-28). Bereits eine Druckspannung von etwa 10% der Prismenfestigkeit in Richtung der am wenigsten beanspruchten Achse (σ_3) genügt, um die ertragbare Spannung in Richtung der am höchsten beanspruchten Achse (σ_1) auf etwa die doppelte Prismenfestigkeit anzuheben. Bei einem Verhältnis $\sigma_3/\sigma_1 = 0{,}30$ übersteigt die aufnehmbare größte Hauptspannung σ_1 das 6fache der Prismenfestigkeit [7-55]. Der Einfluß der mittleren Hauptspannung σ_2 ist ähnlich wie bei zweiachsiger Beanspruchung. Die Bruchfestigkeit wächst mit steigendem σ_2 bis zum Verhältnis $\sigma_2/\sigma_1 = 1/2$ bis $2/3$ an und nimmt dann bis zum Verhältnis $\sigma_2/\sigma_1 = 1$ wieder etwas ab.

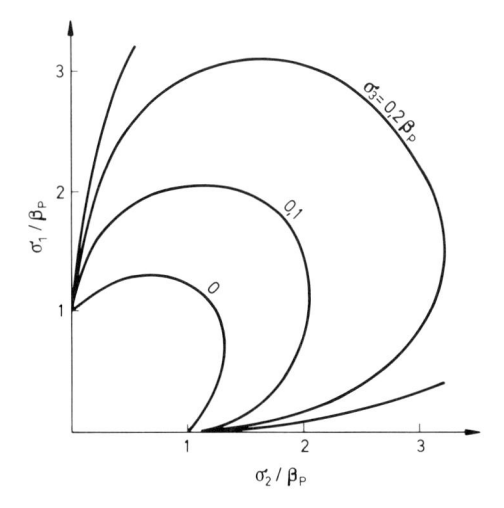

Bild 7.4-28 Bruchspannungsgrenzen von Beton unter dreiachsiger Druckbeanspruchung [7-55]

Bei dreiachsiger Druckbelastung wird der Beton in Richtung der am höchsten belasteten Achse gestaucht. In Richtung der beiden anderen Achsen können je nach dem Spannungsverhältnis und nach der Höhe der Belastung Stauchungen oder Dehnungen auftreten. Der Beton versagt durch Rißbildung mit Rißflächen rechtwinklig zur Richtung der kleinsten Hauptspannung.

7.4.10.2 Dauerstand- und Druckschwellfestigkeit

Die Dauerstandfestigkeit beträgt etwas mehr als 85 % der zugehörigen Kurzzeitfestigkeit. Dieser Wert ist unabhängig vom Spannungsverhältnis σ_2/σ_1. Damit ist das Verhältnis der zweiachsigen Dauerstand- zur Kurzzeitfestigkeit mindestens so groß wie bei einachsiger Beanspruchung [7-56].

Das Verhalten unter Druckschwellbelastung ist bei zweiachsiger Beanspruchung ähnlich dem unter einachsiger, wenn man die Grenzspannungen auf die jeweils zugehörige Kurzzeitfestigkeit bezieht. Diese ist eine Funktion des Hauptspannungsverhältnisses (Bild 7.4-27). Die Grenzkurven des Dauerfestigkeitsschaubilds (Bilder 7.4-23 und 7.4-24) sind unabhängig vom Hauptspannungsverhältnis [7-56].

7.4.11 Teilflächenbelastung

Wird nur die Teilfläche A_1 (Übertragungsfläche) eines Querschnitts durch eine Druckkraft belastet, dann ist die in der Teilfläche aufnehmbare Spannung β_1 höher als die einachsige Druckfestigkeit. Dies ist auf eine Behinderung der Querdehnung bzw. den dreiachsigen Druckspannungszustand im Lasteinleitungsbereich zurückzuführen.

Maßgebend ist das Verhältnis der rechnerischen Verteilungsfläche A zur Teilfläche A_1 (Bild 7.4-29). Mit kleiner werdender Teilfläche, d. h. mit zunehmendem Flächenverhältnis A/A_1 wächst die bezogene Bruchspannung β_1/β_C bzw. β_1/β_P deutlich an. Sie steigt auch in der Tendenz mit abnehmender Druckfestigkeit. Dabei sind zwei Versagensarten zu unterscheiden. Bei relativ großen Teilflächen wird das Versagen durch das Entstehen von Radialrissen (Spalten) eingeleitet. Bei sehr kleinen Teilflächen erfolgt ein örtlicher Betonausbruch im Einleitungsbereich [7-57].

Bild 7.4-30 zeigt den Zusammenhang zwischen bezogener Bruchspannung β_1/β_P und dem Flächenverhältnis A/A_1 bei zentrischer Belastung. Bedingungen für die Gültigkeit dieser

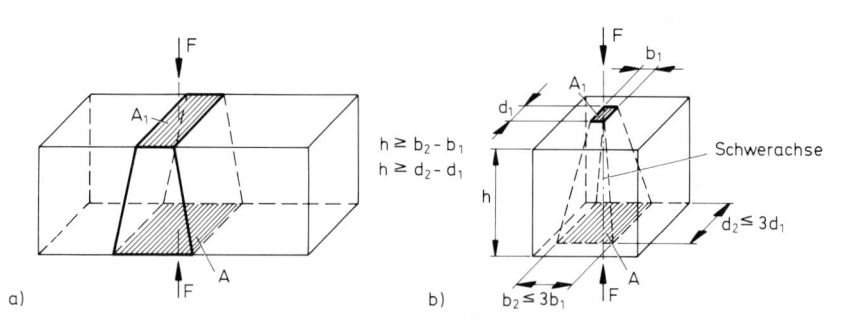

Bild 7.4-29 Ausbreitung der Druckspannungen bei örtlicher Belastung (schematisch)
a) Ausbreitung in der Ebene
b) Ausbreitung im Raum (s. DIN 1045 (07.88) Bild 14)

7.4 Druckfestigkeit

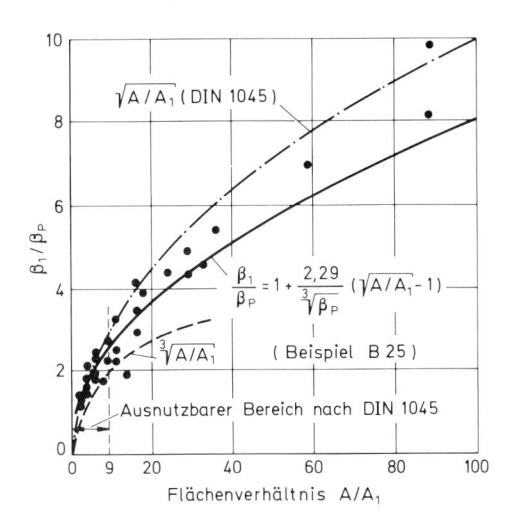

Bild 7.4-30 Ertragbare Druckspannung β_1 bei Teilflächenbelastung in Abhängigkeit vom Flächenverhältnis A/A_1. Vergleich von Versuchsergebnissen an Normalbeton mit verschiedenen Rechenannahmen [7-58]

Beziehungen sind, daß die Schwerpunkte der belasteten Teilfläche und der rechnerischen Verteilungsfläche auf einer gemeinsamen Achse liegen und daß die Bauteilhöhe mindestens gleich dem Durchmesser bzw. der größten Kantenlänge der rechnerischen Verteilungsfläche ist. Die Versuchsergebnisse liegen für Verhältniswerte $A/A_1 \leq 20$ zwischen einer oberen und unteren Grenzkurve mit dem Beiwert $\sqrt{A/A_1}$ und $\sqrt[3]{A/A_1}$. Für Verhältniswerte $A/A_1 > 20$ bildet die Beziehung $\beta_1/\beta_P = 1 + \dfrac{2,29}{\sqrt[3]{\beta_P}}(\sqrt{A/A_1} - 1)$ die untere Begrenzung der Versuchsergebnisse [7-58].

Bei linienförmiger Teilflächenbelastung (Bild 7.4-29 a) steigt die bezogene Bruchspannung nur mit $\sqrt[3]{A/A_1}$ [7-59]. Dies gilt für Leichtbeton auch bei zentrischer Belastung [7-60]. DIN 1045 begrenzt das ansetzbare Flächenverhältnis auf $A/A_1 \leq 9$ und die Erhöhung der zulässigen Spannung auf das Dreifache. Damit wird die im Einzelfall ertragbare Flächenpressung nicht ausgenutzt.

Unterhalb der Teilfläche treten Querzugkräfte auf, deren Aufnahme ggf. durch eine Bewehrung nachzuweisen ist.

7.4.12 Bauwerksfestigkeit

7.4.12.1 Allgemeines

Man bezeichnet mit Bauwerksfestigkeit die Kurzzeitdruckfestigkeit des im Bauwerk eingebauten Betons. Sie wird an nachträglich aus einem Bauteil entnommenen Prüfkörpern ermittelt oder mit zerstörungsfreien Prüfverfahren abgeschätzt.

Die Druckfestigkeit wird bei gleicher Betonzusammensetzung durch die Verarbeitung und die Erhärtungsbedingungen beeinflußt. Für die erreichbare Verdichtung und damit das Betongefüge sind neben dem Verdichtungsverfahren die Abmessungen und die Bewehrung der Bauteile von Bedeutung. Die Erhärtungsbedingungen werden in erster Linie durch Feuchte und Temperatur der Umgebung bestimmt. Die vorgenannten Bedingungen unterscheiden sich für den Bauwerksbeton immer bis zu einem gewissen Grad von den einheitlichen Verhältnissen bei der Güteprüfung an gesondert hergestellten Prüfkörpern.

Sie sind darüberhinaus von Bauwerk zu Bauwerk verschieden. Aus diesen Gründen weichen die Bauwerksfestigkeiten in der Regel von den Ergebnissen der zugehörigen Güteprüfung mehr oder weniger ab. Dabei ist auch das Prüfverfahren von Einfluß.

7.4.12.2 Bauwerks- und Gütefestigkeit [7-61, 7-62]

Nach [7-61] erreicht die Bauwerksfestigkeit (Bestimmung s. Abschnitt 7.4.12.5) bei Ortbetonkonstruktionen im allgemeinen 70 bis 100 % der zugehörigen Gütewürfelfestigkeit. Im Mittel beträgt sie 85 % (Bild 7.4-31). Dabei wurde die Bauwerksfestigkeit an Bohrkernen im Alter von 28 Tagen bestimmt.

Ein systematischer Einfluß der Bauwerksart (Brücken, Hochbauten), des Bauteiltyps (Platten, Unterzüge, Wände), der Herstellungsart (liegend, stehend) und der Baustellenausstattung war nicht festzustellen.

7.4.12.3 Beurteilung der Prüfergebnisse

Mit der Güteprüfung wird nachgewiesen, daß der zum Einbau vorgesehene Beton auf Grund seiner Zusammensetzung die geforderten Eigenschaften, insbesondere die der Bemessung zu Grunde gelegte Druckfestigkeit, erreicht. Die zugehörige Bauwerksfestigkeit weicht davon, wie vorstehend erläutert, auch bei sachgerechter Verarbeitung mehr oder weniger ab, in ungünstigen Fällen bis zu 30 %. Das bedeutet, daß man aus solchen Abweichungen allein nicht auf eine ungeeignete bzw. von den Angaben bei der Eignungs- und Güteprüfung abweichende Betonzusammensetzung oder eine nicht sachgerechte Verarbeitung schließen kann. Falls Anlaß besteht solche Mängel zu vermuten, sind zusätzliche Untersuchungen, z.B. weitergehende Festbetonanalysen erforderlich, um den Sachverhalt zu klären.

Die im allgemeinen zu erwartenden Abweichungen zwischen der Bauwerksfestigkeit und der Gütewürfelfestigkeit, die dem Rechenwert der Betonfestigkeit zugrunde liegt, sind durch die Sicherheitsbeiwerte abgedeckt. Dementsprechend reicht es nach DIN 1048 Teil 2 aus, wenn für einen Bauwerksbeton, der aus gegebenem Anlaß im Alter von 28 bis 90 Tagen geprüft wird, Bohrkernprüfungen (s. Abschn. 7.4.12.5.1) oder Schlagprüfungen (s. Abschn. 7.4.12.5.2) mindestens 85 % der für die erforderliche Festigkeitsklasse festgelegten Werte β_{WN} und β_{WS} ergeben. Dies entspricht nämlich gemäß Bild 7.4-31 der mittleren Abweichung. Bei höherem Prüfalter oder bei größeren Abweichungen sind weitergehende Untersuchungen erforderlich.

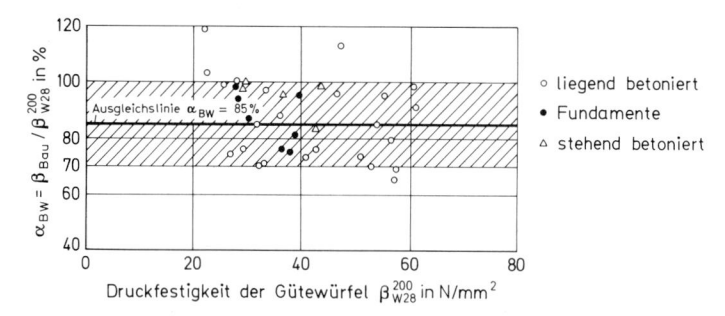

Bild 7.4-31 Verhältnis von Bauwerksfestigkeit zu Gütefestigkeit (Prüfalter in beiden Fällen 28 Tage) [7-61]

7.4 Druckfestigkeit

7.4.12.4 Anwendungen

Im allgemeinen wird die Druckfestigkeit mittels der Güteprüfung beurteilt. Eine zusätzliche Überprüfung der Bauwerksfestigkeit kann aus folgenden Gründen zweckmäßig oder notwendig sein:

- Verarbeitung und Erhärtung des Bauwerkbetons erfolgen unter wesentlich anderen Bedingungen als bei der Güteprüfung. Beispiele sind dampfbehandelter Beton, Vakuumbeton oder Beton, der beim Erhärten Erschütterungen ausgesetzt war.
- Es treten bereits in jungem Alter verhältnismäßig hohe Beanspruchungen auf.

  Beispiele sind frühes Ausschalen, Aufbringen einer Vorspannung oder ungünstige Montagezustände, besonders bei ungünstiger Witterung. Aus der Festigkeitsentwicklung gesondert hergestellter Prüfkörper und mit Hilfe von Reifeformeln (s. Abschn. 4.4.2) läßt sich der tatsächliche Erhärtungszustand nicht immer zuverlässig beurteilen.
- Es wurden keine Gütewürfel hergestellt, oder die Ergebnisse der Güteprüfung sind unzureichend oder werden angezweifelt.
- Ein Bauteil soll höher belastet werden, als es aufgrund der durch die Güteprüfung nachgewiesenen Festigkeitsklasse möglich ist.
- Zur laufenden Qualitätskontrolle, z. B. in Fertigteilwerken.

7.4.12.5 Prüfverfahren

Man unterscheidet zerstörende und zerstörungsfreie Prüfverfahren.

Bei den zerstörenden Verfahren werden Prüfkörper aus dem Bauwerk oder Bauteil entnommen und daran unmittelbar die Druckfestigkeit bestimmt.

Bei den zerstörungsfreien Verfahren wird die Betondruckfestigkeit indirekt bestimmt, indem andere physikalische Kennwerte ermittelt werden, die in Relation zur Druckfestigkeit stehen und die sich ohne den Beton zu zerstören feststellen lassen. Bei den in neuerer Zeit entwickelten Auszieh- und Abbrechprüfungen wird anstelle der Druckfestigkeit die Zugfestigkeit des Betons in Anspruch genommen und daraus auf die Druckfestigkeit geschlossen. Obwohl bei diesen Prüfungen kleine Ausbruchkegel oder Löcher im Beton entstehen, werden sie allgemein zu den zerstörungsfreien Prüfverfahren gerechnet.

7.4.12.5.1 Zerstörende Verfahren

Zur direkten Bestimmung der Druckfestigkeit werden Prüfkörper aus dem Bauwerksbeton herausgearbeitet, die die Form eines Zylinders oder Würfels haben. Seitdem geeignete Bohrgeräte verfügbar sind, verwendet man fast ausschließlich Bohrkerne. Im Gegensatz zu Proben, die auf andere Art herausgearbeitet werden, besteht bei diesen kaum die Gefahr einer Gefügeschädigung des Prüfkörpers und des die Entnahmestelle umgebenden Betons.

Bohrkerne sollen nach Möglichkeit Durchmesser von 150 oder 100 mm haben. In Sonderfällen können auch Kerne mit kleinerem Durchmesser verwendet werden, z. B. bei feingliedrigen oder stark bewehrten Bauteilen oder wenn die Entnahme größerer Kerne zu einer zu starken Schwächung führen würde. Dabei ist jedoch zu berücksichtigen, daß die Prüfstreuung bei kleineren Proben größer ist, z. B. bei Kernen mit 50 mm Durchmesser etwa doppelt so groß wie bei Kernen mit 150 mm Durchmesser (s. Abschn. 7.4.4). Dies bedingt eine Erhöhung der Probenanzahl, um den gleichen Vertrauensbereich zu erhalten wie bei größeren Proben. Bei Bohrkernen mit 150 oder 100 mm Durchmesser reicht in der

Regel die für die Güteprüfung festgelegte Probenanzahl aus (s. DIN 1045, Abschn. 7.4.3.5.1). Bei Bohrkernen mit 50 mm Durchmesser braucht man zur Bestimmung des Mittelwertes der Druckfestigkeit etwa die 1,2fache Probenanzahl, zur Bestimmung der 5%-Fraktile dagegen etwa die dreifache Probenanzahl wie bei Würfeln von 200 mm Kantenlänge oder bei Kernen mit 100 oder 150 mm Durchmesser.

Die an Kernen mit $d = h = 150$ und 100 mm ermittelte Druckfestigkeit kann unmittelbar der Druckfestigkeit von Würfeln mit 200 mm Kantenlänge gleichgesetzt werden. Werden zum Nachweis der Bauwerksfestigkeit Bohrkerne mit $d = h = 50$ mm verwendet, so ist nach DIN 1048 Teil 2 deren Festigkeit zur Umrechnung auf die Würfelfestigkeit mit dem Faktor 0,9 abzumindern (s. Abschn. 7.4.3.1).

Abschnitte von Bewehrungsstäben in den Bohrkernen können das Ergebnis verfälschen. Prüfkörper mit Stäben in Druckrichtung sind unbrauchbar, weil die Stäbe einen großen und nicht bekannten Teil der Gesamtbelastung übernehmen können. Bewehrungsstäbe rechtwinklig oder schräg zur Druckrichtung wirken sich in der Regel festigkeitsmindernd aus [7-61, 7-62]. Deshalb brauchen Prüfkörper bei der Auswertung der Prüfergebnisse nicht berücksichtigt zu werden, wenn sie mehr als 5 Vol.-% Bewehrung enthalten oder wenn im mittleren Drittel der Prüfkörperhöhe der Bewehrungsanteil mehr als 1 % des gesamten Prüfkörpervolumens beträgt.

Mit Hilfe geeigneter Bewehrungssuchgeräte kann man die Lage oberflächennaher Stäbe ermitteln und Entnahmestellen mit möglichst wenig Stäben festlegen.

Die Auswertung der Ergebnisse erfolgt in gleicher Weise wie bei der Güteprüfung (s. Abschn. 7.4.5.2).

7.4.12.5.2 Zerstörungsfreie Verfahren

In den deutschen Bestimmungen sind als zerstörungsfreie Prüfverfahren nur die Schlagprüfung mit dem Rückprallhammer und dem Kugelschlaghammer vorgesehen (s. DIN 1048 Teil 2). Verschiedentlich werden vor allem zur Eigenüberwachung auch Ultraschallprüfungen durchgeführt. Relativ neu sind der Ausreißversuch und der Abbrechversuch, die strenggenommen zu den zerstörenden Verfahren gezählt werden müßten.

Rückprallprüfung

Dazu wird der Rückprallhammer nach E. SCHMIDT verwendet. Bei diesem wird ein Schlagbolzen durch Federkraft beschleunigt, schlägt mit seinem abgerundeten vorderen Ende auf die Betonoberfläche auf und prallt anschließend wieder zurück. Die Rückprallstrecke ist um so größer, je größer der im Beton federnd gespeicherte Anteil der Schlagenergie ist, je weniger sich also der Beton plastisch verformt und je höher sein Elastizitätsmodul im Oberflächenbereich ist.

Unter bestimmten Voraussetzungen kann aus der Rückprallstrecke auf die Druckfestigkeit des Betons geschlossen werden. Dabei ist zu berücksichtigen, daß der Beton bei gleicher Festigkeit einen ganz unterschiedlichen E-Modul haben kann, da sich der E-Modul des Zuschlags stark auf den E-Modul des Betons, aber – oberhalb einer bestimmten Grenze (s. Abschn. 8.2.2) – kaum auf die Druckfestigkeit auswirkt. Ferner unterliegt das elastische Verhalten des durch die Schlagprüfung erfaßten Randbereichs häufig Einflüssen, die sich nicht in gleichem Maße auf die Druckfestigkeit des Kernbetons auswirken. Solche Einflüsse sind Entmischen, unterschiedliche Hydratation, Carbonatisierung, Durchfeuchtung, Abwitterungserscheinungen, Tiefenwirkung einer Vakuumbehandlung oder Dampfbehandlung, Betonalter u. a. Daneben spielen bei der Rückprallprüfung auch die Querschnittsabmessungen, die Einspannungsbedingungen und die Belastungsverhält-

7.4 Druckfestigkeit

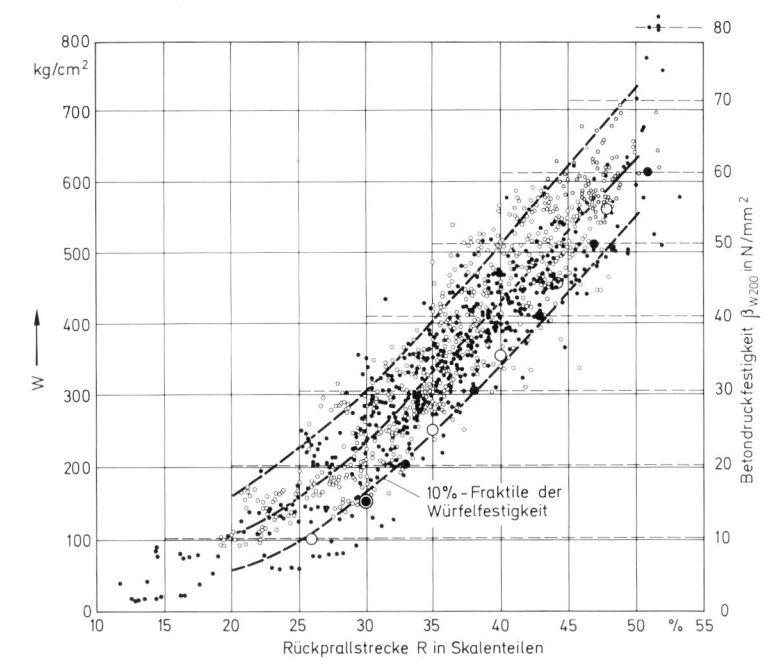

Bild 7.4-32 Zusammenhang zwischen Rückprallstrecke und Beton-Druckfestigkeit [7-63] im Vergleich zu den Mindestwerten R_m und $\bar{R}_m$ nach DIN 1048 Teil 2
○ Mindestwert R_m für jede Meßstelle, eingetragen in Höhe der Nennfestigkeit β_{WN}
● Mindestwert $\bar{R}_m$ für jeden Prüfbereich, eingetragen in Höhe der Serienfestigkeit β_{WS}

nisse eine Rolle. Deshalb streut die einer bestimmten Rückprallstrecke zugeordnete Betondruckfestigkeit sehr stark (Bild 7.4-32).

Die in DIN 1048 Teil 2 für die einzelnen Betonfestigkeitsklassen geforderten Werte R_m (Mindestwert der Rückprallstrecke für jede Meßstelle) und $\bar{R}_m$ (Mindestwert der Rückprallstrecke für jeden Prüfbereich) sind wie folgt festgelegt: Die dem Wert R_m (etwa nach der untersten Kurve von Bild 7.4-32) zugeordnete 10%-Fraktile der Würfelfestigkeit entspricht β_{WN} und die dem Wert $\bar{R}_m$ zugeordnete 10%-Fraktile der Würfelfestigkeit entspricht β_{WS}.

Ein genauerer Nachweis ist möglich, wenn für den betreffenden Beton der Zusammenhang zwischen Rückprallstrecke und Beton-Druckfestigkeit durch Versuche ermittelt wird (s. DIN 1048 Teil 4). Hierbei kann die Betondruckfestigkeit entweder an gesondert hergestellten Würfeln (Bezugsgerade W) oder an Bohrkernen aus dem zu beurteilenden Bauwerk oder Bauteil (Bezugsgerade B oder Bezugskurve B) festgestellt werden. Bild 7.4-33 zeigt links ein Beispiel für eine Bezugsgerade W und rechts ein Beispiel für eine Bezugsgerade B. Man sieht, daß hierbei für den gleichen Rückprallwert R_m i. allg. wesentlich höhere Festigkeiten erhalten werden als bei einer Auswertung ohne Bezugsgerade. Die über die Bezugsgeraden W oder B in Druckfestigkeiten umgerechneten Ergebnisse der Rückprallprüfung können den Ergebnissen von Bohrkernprüfungen gleichgestellt werden. Die Auswertung erfolgt in gleicher Weise wie bei der Güteprüfung (s. Abschn. 7.4.5.2).

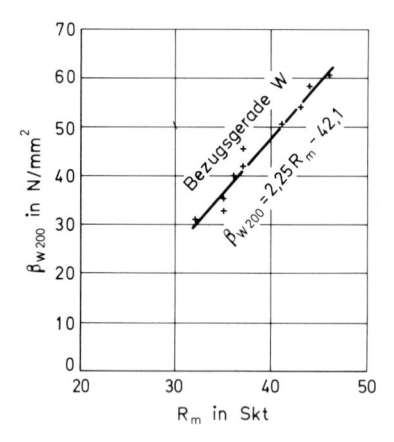

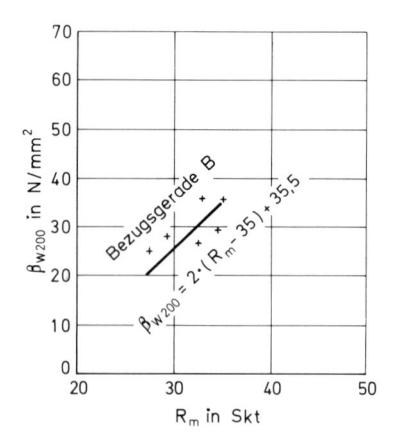

Bild 7.4-33 Beispiele für Bezugsgerade W (links) und Bezugsgerade B (rechts) zwischen Rückprallstrecke R_m und Betondruckfestigkeit β_{W200} (aus DIN 1048 Teil 2)

Kugelschlagprüfung

Dazu wird ein ähnlicher Hammer verwendet wie bei der Rückprallprüfung. Der Schlagbolzen trägt am vorderen Ende eine gehärtete Kugel, die durch die Wucht des Aufpralls mehr oder weniger tief in die Betonoberfläche eindringt und dort einen bleibenden kalottenförmigen Eindruck hinterläßt. Je härter der Zementstein bzw. Mörtel an der Betonoberfläche ist, desto kleiner ist der Durchmesser des Kugeleindrucks. Da ein gewisser Zusammenhang zwischen der Härte des Zementsteins und der Betonfestigkeit besteht, kann man aus dem Durchmesser des Kugeleindrucks unter bestimmten Bedingungen auf die Festigkeit schließen.

Die Kugelschlagprüfung kann in gleicher Weise angewendet werden wie die Rückprallprüfung. Es gelten ähnliche Einschränkungen. Der Einfluß der Zuschlagart ist bei festen Normalzuschlägen gering. Der festigkeitsmindernde Einfluß von Leichtzuschlägen wird nicht erfaßt, da nur die Kugeleindrücke im Zementstein berücksichtigt werden können. Da die Rückprallprüfung einfacher durchzuführen ist, hat sie die Kugelschlagprüfung weitgehend verdrängt.

Ultraschallverfahren

Hier wird die Laufzeit eines Ultraschallimpulses zwischen einem Geber (Sender) und dem Empfänger gemessen. Geber und Empfänger sind normalerweise auf zwei gegenüberliegenden Seiten an das Prüfobjekt angekoppelt, so daß aus der Impulslaufzeit bei bekannter Weglänge die Schallgeschwindigkeit v berechnet werden kann. Ein direkter Zusammenhang zwischen Schallgeschwindigkeit und Betondruckfestigkeit besteht nicht. Es besteht aber ein Zusammenhang zwischen dynamischem Elastizitätsmodul E_{dyn}, dynamischer Querdehnzahl v_{dyn}, Betonrohdichte ϱ_b und Schallgeschwindigkeit v [7-64]:

$$v = \sqrt{\frac{E_{dyn}}{\varrho_b} \cdot \frac{1-v_{dyn}}{(1+v_{dyn})(1-2v_{dyn})}}$$

Ferner besteht in der Tendenz ein Zusammenhang zwischen dem dynamischen E-Modul und der Betondruckfestigkeit.

7.4 Druckfestigkeit

Der vorgenannte Zusammenhang ist aber in hohem Maß vom E-Modul des Zuschlags abhängig, der im wesentlichen den E-Modul des Betons bestimmt, sich aber auf die Druckfestigkeit kaum auswirkt. Aus diesem Grund erhält man aussagefähige Festigkeitsergebnisse nur, wenn vorher an Prüfkörpern mit der jeweiligen Betonzusammensetzung Bezugskurven zwischen Schallgeschwindigkeit und Druckfestigkeit ermittelt werden. Auch in diesem Fall ist die Ermittlung der Druckfestigkeit noch mit großen Unsicherheiten verbunden, weil die Druckfestigkeit und die Schallgeschwindigkeit von den betontechnologischen Parametern unterschiedlich beeinflußt werden. Daneben können nicht-werkstoffspezifische Einflüsse das Ergebnis erheblich verfälschen. Hierzu gehört z. B. die Erhöhung der Schallgeschwindigkeit durch Bewehrungsstäbe.

Nach dem derzeitigen Entwicklungsstand kommen Ultraschallmessungen als alleiniges Meßverfahren zur Bestimmung der Druckfestigkeit von Beton nicht in Frage. Sie können aber mit zerstörenden oder anderen zerstörungsfreien Verfahren (z. B. Schlagprüfungen) kombiniert werden und die damit gewonnenen Ergebnisse weiter absichern bzw. die Genauigkeit erhöhen (vgl. z. B. [7-65]).

Ferner dürften sich Ultraschallmessungen dazu eignen, Qualitätsänderungen in Serienbauteilen nachzuweisen. Hierfür wird in [7-66] ein dreiparametriges Ultraschall-Prüfverfahren empfohlen, bei dem außer der Schallgeschwindigkeit der Longitudinalwellen auch die der Transversalwellen und die Schwächung der Intensität gemessen werden.

Ein weiteres mögliches Anwendungsgebiet ist die Verfolgung des Erstarrungs- und Erhärtungsvorgangs in jungem Betonalter [7-66, 7-67]. Das Verfahren ist ausreichend empfindlich, um physikalisch-mechanische Veränderungen in diesem Zeitraum deutlich sichtbar zu machen (Bild 7.4-34). Jedoch wurde bisher noch kein allgemeingültiger Zusammenhang zwischen dem Hydratationsgrad und den Ultraschallmeßgrößen gefunden.

Ausreißversuche

Ein Anker, der sich im Beton befindet, wird herausgezogen und die dazu erforderliche Kraft gemessen. Dabei entsteht ein kegelförmiger Ausbruch. Der Beton versagt durch Überschreiten der Zug- und Schubfestigkeit.

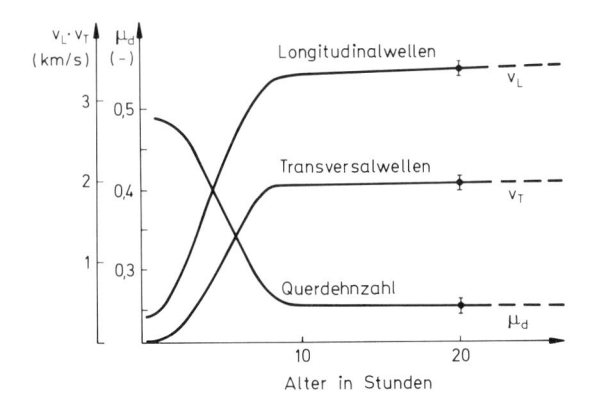

Bild 7.4-34 Ergebnisse von Schallaufzeitmessungen an erstarrender Zementpaste [7-66]
v_L: Geschwindigkeit der Longitudinalwellen
v_T: Geschwindigkeit der Transversalwellen
μ_d: dynamische Querdehnzahl

Der Anker wird in der Regel einbetoniert, kann aber auch nachträglich in Form eines Spreizdübels in ein Bohrloch eingesetzt werden. Bild 7.4-35 zeigt ein Beispiel für einen einbetonierten Anker [7-68].

Ähnliche Körper werden auch bei dem in Dänemark entwickelten LOK-Test [7-69, 7-70] verwendet. Zwischen der Ausreißkraft L und der Betondruckfestigkeit β_C besteht ein linearer Zusammenhang:

$$\beta_C \, [\text{N/mm}^2] \approx 1{,}25 \, L \, [\text{kN}] - 6{,}25 \, [\text{N/mm}^2]$$

Bild 7.4-36 zeigt einen nachträglich in ein 6 mm-Bohrloch eingesetzten Spreizdübel und den beim Ausziehen beobachteten Zusammenhang zwischen Ausziehkraft und Betondruckfestigkeit.

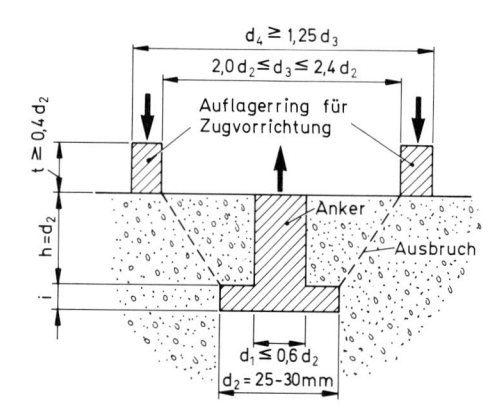

Bild 7.4-35 Ausreißversuche nach ASTM C 900-82 [7-68].
Der metallene Anker wird einbetoniert

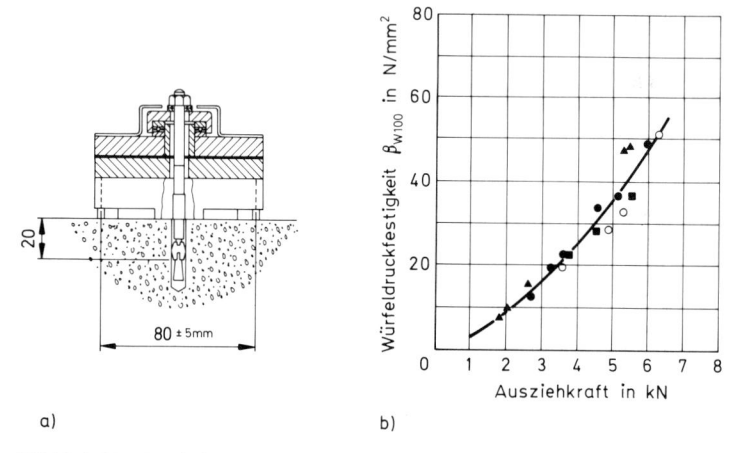

Bild 7.4-36 Festigkeitsbestimmung durch Ausziehen eines in ein 6 mm-Bohrloch eingesetzten Spreizdübels [7-71]
a) Versuchsanordnung
b) Zusammenhang zwischen der Ausziehkraft und der Betondruckfestigkeit

7.4 Druckfestigkeit

Die mit Hilfe von Ausreißversuchen gewonnenen Festigkeitswerte sind wesentlich zuverlässiger als die Ergebnisse von Schlagprüfungen, da nicht nur eine dünne Oberflächenschicht, sondern auch das Innere des Betonelements bis in eine gewisse Tiefe (z. B. 5 cm) erfaßt wird. Ein Nachteil ist, daß die Versuche vorher geplant werden müssen (Einbetonieren der Ausreißkörper), sofern man nicht das Dübelausziehverfahren anwendet. Weitere Einzelheiten siehe z. B. [7-72].

Abbrechversuch (Break-off-test)

Dazu wird ein 70 mm langes Rohrstück senkrecht zur Oberfläche in den Frischbeton eingesetzt. Beim Ziehen des Rohres entsteht ein ringförmiger Schlitz um einen Kern von 55 mm Durchmesser. Dieser wird mit einer hydraulischen Belastungsvorrichtung (TNS-Tester), die an der Betonoberfläche eine rechtwinklig zur Achse des Kerns gerichtete Kraft erzeugt, abgebrochen (Bild 7.4-37). Aus der Größe der Kraft läßt sich die „Abbrech-Festigkeit" des Betons berechnen. Sie beträgt etwa das 1,3fache der an Balken 10 cm × 10 cm × 50 cm ermittelten Biegezugfestigkeit (Bild 7.4-38). Bild 7.4-39 zeigt den Zusammenhang zwischen der „Abbrech-Festigkeit" und der Würfeldruckfestigkeit, wobei die Betonzusammensetzung in weiten Grenzen variiert wurde.

Die erforderlichen ringförmigen Schlitze können auch nachträglich mit einer Spezialbohrkrone in den erhärteten Beton gefräst werden. Dies hätte den Vorteil, daß die Versuche nicht bereits beim Betonieren vorbereitet werden müssen.

7.4.13 Beschleunigte Festigkeitsprüfung

Maßgebend für die Beurteilung der Druckfestigkeit sind die Ergebnisse der Eignungs- und Güteprüfung im Alter von 28 Tagen. In manchen Fällen ist es jedoch wünschenswert, bereits nach 24 bis 48 Stunden eine unmittelbare Aussage über die zu erwartende 28-Tage-Festigkeit zu erhalten. Dies ist möglich, wenn man die Erhärtung der Prüfkörper gezielt beschleunigt.

In [7-74] sind hierfür drei Verfahren angegeben. Bei dem am meisten angewendeten Verfahren lagern die Prüfkörper zunächst 23 Stunden bei Normaltemperatur in der Schalung,

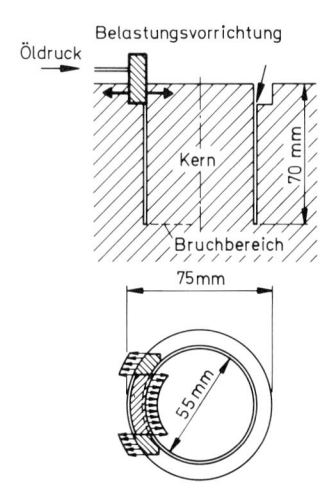

Bild 7.4-37 Abbrech-Versuch zur Ermittlung der Biegezug- bzw. Druckfestigkeit des Betons mit dem „TNS-Tester" [7-73]

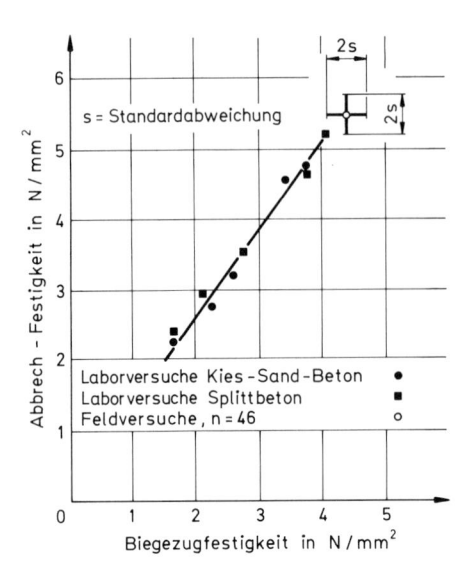

Bild 7.4-38 Zusammenhang zwischen Biegezugfestigkeit (Balken 10 cm × 10 cm × 50 cm, 2 Einzellasten) und Abbrech-Festigkeit [7-73]

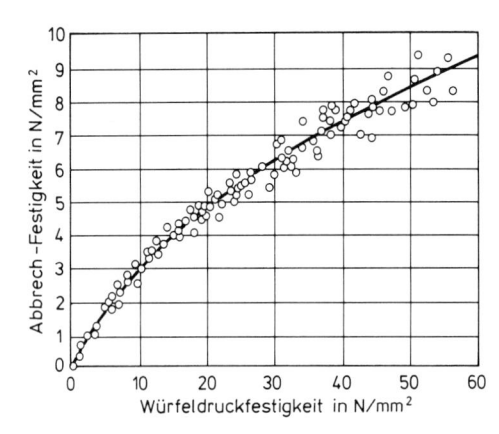

Bild 7.4-39 Zusammenhang zwischen „Abbrech-Festigkeit" (siehe Bild 7.4-37) und der Betondruckfestigkeit [7-73]

wobei sie durch eine Abdeckung gegen Feuchteverlust zu schützen sind. Anschließend werden sie im eingeschalten und abgedeckten Zustand 3,5 Stunden in kochendes Wasser gestellt, dann herausgenommen, entschalt und bei Raumtemperatur abgekühlt. Die Prüfung erfolgt im Alter von 28,5 Stunden. Bild 7.4-40 zeigt den Zusammenhang zwischen den Ergebnissen nach dem vorgenannten Prüfverfahren und der 28-Tage-Druckfestigkeit nach ASTM-Norm. Der Streubereich ist, wie zu erwarten, sehr groß. Einen wesentlich strafferen Zusammenhang erhält man, wenn man im Einzelfall Bezugskurven für den jeweiligen Beton aufstellt.

Nach [7-75] zeigen die in Canada, den USA, Mexico und anderen Ländern gewonnenen Erfahrungen, daß die beschleunigte Festigkeitsprüfung ein brauchbares Verfahren zur Qualitätskontrolle ist und dem Ingenieur bereits nach ein bis zwei Tagen zutreffende Aussagen über die zu erwartende Endfestigkeit des Bauwerksbetons liefert.

7.4 Druckfestigkeit

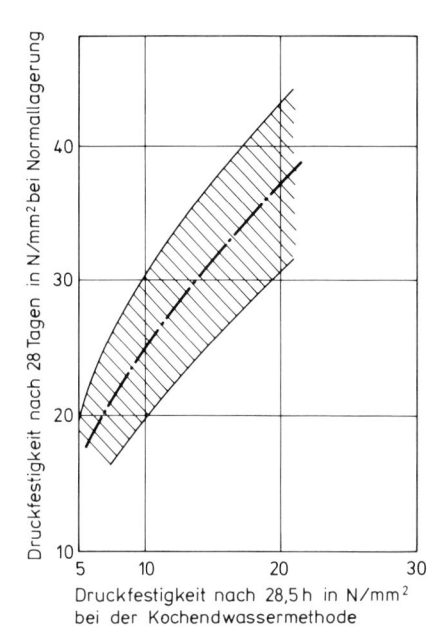

Bild 7.4-40 Zusammenhang zwischen den Ergebnissen der beschleunigten Druckfestigkeitsprüfung und der 28-Tage-Druckfestigkeit bei Normallagerung [7-75]

7.4.14 Hochfester Beton (High strength concrete)

Die Herstellung von Beton mit einer Druckfestigkeit von 60 bis 80 N/mm² ist heute in gut eingerichteten Betonfertigteil-Werken mit ausreichender Sicherheit und ohne ungewöhnliche Maßnahmen möglich. Unter Verwendung besonderer Ausgangsstoffe und mit besonderen Herstellverfahren kann man jedoch hochfesten Beton mit Druckfestigkeiten bis 150 N/mm² und darüber erzielen.

Eine umfangreiche Literaturzusammenstellung ist in einem Sachstandsbericht des ACI enthalten [7-12].

7.4.14.1 *Ausgangsstoffe*

Um hochfesten Beton herzustellen, muß
– der Zementstein eine sehr hohe Festigkeit erreichen
– der Zuschlag mindestens die gleiche Festigkeit und Steifigkeit haben wie der Zementstein
– der Verbund zwischen Zuschlag und Zementstein besonders gut sein.

Bindemittel

Als Bindemittel geeignet sind Zemente mit hoher Normdruckfestigkeit (Z 45, Z 55). Ein Zusatz von puzzolanischen Betonzusatzstoffen (Flugasche, Silicastaub) kann zweckmäßig sein.

Zuschlag

Der Zuschlag muß eine ausreichend hohe Festigkeit und Zähigkeit besitzen. Von besonderer Bedeutung sind Oberflächenbeschaffenheit und Kornform, die maßgebend für den

Verbund sind. Um einen guten mechanischen Verbund zu ermöglichen, soll die Oberfläche mäßig rauh, etwas kantig (gebrochenes Material) und frei von anhaftenden Verunreinigungen sein. Eine besonders gute Haftung ergibt sich, wenn zwischen Zement und Zuschlag feste chemische Reaktionen zustandekommen. Dies ist z.B. bei Verwendung bestimmter Kalksteine, Hochofenstückschlacken oder von gebrochenem Portlandzementklinker als Betonzuschlag möglich [7-13]. Mit quarzhaltigen Zuschlägen reagiert der Zement bei normaler Temperatur kaum. Dagegen findet bei Temperaturen über 100 °C die sog. Kalk-Kieselsäure-Reaktion statt, die zu sehr hohen Festigkeiten führt (s. Abschn. 4.5).

7.4.14.2 Betonzusammensetzung

Ausschlaggebend ist die Porosität des Zementsteins. Sie muß möglichst gering sein. Hierzu muß der Wasserzementwert unter 0,40 eingestellt werden. Das bedingt einen entsprechend hohen Zementgehalt (≥ 350 kg/m^3) und einen möglichst niedrigen Wassergehalt. Dabei richtet sich der mindestens erforderliche Wassergehalt nach der Verarbeitbarkeit des Frischbetons. Um mit einem möglichst niedrigen Wassergehalt auszukommen, muß das Zuschlaggemisch eine günstige Kornzusammensetzung aufweisen (s. Abschn. 3.1). Die Konsistenz sollte so steif gewählt werden, wie es die Verarbeitbarkeit gerade noch zuläßt. Zur Verbesserung der Verarbeitbarkeit sollten verflüssigende Zusatzmittel (Betonverflüssiger, Fließmittel) zugegeben werden. Der Verbund Zementstein-Zuschlag kann u. U. durch Kunststoffzusätze verbessert werden [7-76]. Ein Teil dieser Zusätze ist jedoch bei bestimmten Umweltbedingungen nicht geeignet (z.B. höhere Temperaturen, Feuchtigkeit).

7.4.14.3 Verdichten

Das Ziel der Verdichtung ist es, einen möglichst porenarmen Beton zu erzeugen. Falls steifer Beton verwendet wird, kann die Verdichtung durch eine Auflast begünstigt werden. Beton, der in der Form oder Schalung unter einem zusätzlichen Druck erhärtet, erlangt eine höhere Festigkeit als gleich gut verdichteter Beton ohne Druckbelastung [7-13]. Er erhält ein dichteres Gefüge, und die Haftung zwischen Zementstein und Zuschlag wird verbessert.

In ähnlicher Weise wirkt auch eine Nachverdichtung zum geeigneten Zeitpunkt.

7.4.14.4 Nachbehandlung

Da die Zementsteinporosität nicht nur vom Wasserzementwert, sondern auch vom Hydratationsgrad abhängt, ist die Nachbehandlung ausschlaggebend für die Herstellung von hochfestem Beton. Auch bei extrem niedrigen Wasserzementwerten läßt sich nur durch eine nachträgliche Wasserzufuhr von außen erreichen, daß im Zementstein keine Kapillarporen verbleiben (s. Abschn. 2.1.3.5). Wenn möglich, sollte der Beton deshalb unter Wasser erhärten, oder es sollte ihm z.B. durch kontinuierliches Besprühen Wasser angeboten werden.

In bestimmten Fällen kann man auch den Umstand nutzen, daß Beton, der anfänglich bei niedriger Temperatur (z.B. +5 °C) erhärtet, eine höhere Endfestigkeit erreicht.

Kommt es dagegen auf eine hohe Frühfestigkeit an, ist eine Wärmebehandlung zweckmäßig. Hochfester Beton läßt sich jedoch nur erreichen, wenn hierbei die bekannten Regeln für Vorlagerung, Aufheizgeschwindigkeit usw. eingehalten werden (s. Abschn. 4.4).

Sehr hohe Früh- und u. U. auch Endfestigkeiten können durch eine Dampfhärtung im

7.4 Druckfestigkeit   299

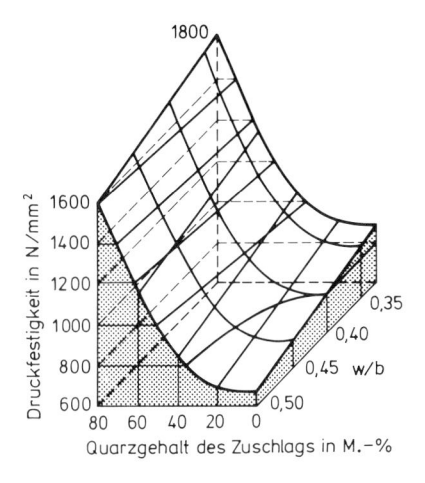

Bild 7.4-41 Einfluß des Wasser/Bindemittel-Verhältnisses w/b und des Quarzgehalts des Zuschlags auf die Druckfestigkeit von dampfgehärtetem Beton [7-77].
(Das Bindemittel bestand aus einem Gemisch von Portlandzement und gemahlenem Quarz. Es wurde ein Superverflüssiger (= Fließmittel) verwendet.)

Anschluß an eine vorausgegangene Niederdruck-Dampfbehandlung erzielt werden [7-77]. Auch hier ist eine ausreichende Vorlagerung von mindestens 5 h notwendig. Den größten Einfluß auf die Festigkeit hat jedoch bei einer Dampfhärtung der Quarzgehalt der Zuschläge. Bei Quarzgehalten über 60% können mehr als doppelt so große Druckfestigkeiten erreicht werden wie bei quarzfreien Zuschlägen (Bild 7.4-41). Als „Nachbehandlung" könnte man auch die nachträgliche Tränkung des Betons mit bestimmten Stoffen bezeichnen. In [7-78] wird beschrieben, wie durch Imprägnierung gewöhnlicher Betonfertigteile mit einem dünnflüssigen Monomer und nachträgliche Polymerisation ein hochfester Beton erzielt wird. Eine ähnliche Wirkung kann auch durch Imprägnierung mit Schwefel erzielt werden [7-79, 7-80], die wesentlich billiger ist. In beiden Fällen werden auch andere Eigenschaften des Betons (Zugfestigkeit, Widerstand gegenüber bestimmten chemischen Einwirkungen, Frostwiderstand und Frost- und Taumittelwiderstand) entscheidend verbessert (s. auch Abschnitt 4.6).

7.4.14.5 Erreichbare Festigkeiten

In [7-13] wird über Laborversuche berichtet, bei denen im Alter von 42 Tagen Festigkeiten von 123 N/mm² mit gebrochenem Quarzitzuschlag und 143 N/mm² mit Basalt-Brechsand und -Splitt erreicht wurden. Der Wasserzementwert betrug 0,32, der Zementgehalt PZ 475 ($\approx$ PZ 55) nur 350 kg/m³. Die Verdichtung des steifen Betons erfolgte mit einem Rüttelstampfer. Nach 30 Minuten wurde der Beton nachverdichtet. Anschließend erhärtete er unter einem Druck von 2 N/mm² zunächst 1 Tag bei 5°C, 6 Tage bei 10°C und danach bei 20°C, davon die ersten 28 Tage unter Wasser.

Nach [7-77] lassen sich sogar Betonfestigkeiten über 150 N/mm² erzielen. Solche Betone wurden mit einem Bindemittel aus hochfestem Portlandzement und gemahlenem Quarz und mit Zuschlag aus gebrochenem Quarz hergestellt. Durch Kombination einer Autoklavhärtung mit einer vorausgehenden Niederdruck-Dampfbehandlung wies der Beton die genannten extrem hohen Festigkeiten schon nach 36 Stunden auf.

7.4.14.6 Eigenschaften und Anwendung

Hochfester Beton ist, ähnlich wie dichter Naturstein, sehr spröde. Seine Arbeitslinie verläuft bis zum Scheitel nahezu geradlinig und fällt nach Überschreiten der Höchstlast im verformungsgesteuerten Druckversuch plötzlich ab. Der E-Modul steigt nicht in gleichem Maße an wie die Druckfestigkeit. Er kommt auch bei sehr hoher Druckfestigkeit über einen Wert von 40- bis 50 000 N/mm² nicht hinaus [7-76, 7-77].

Das Verhältnis Zugfestigkeit/Druckfestigkeit nimmt mit steigender Druckfestigkeit ab.

Hochfester Beton ist in der Herstellung wesentlich aufwendiger als Beton üblicher Festigkeit. Er kommt deshalb vor allem für besonders hoch beanspruchte Bauteile in Frage, deren Querschnitt aus bestimmten Gründen klein gehalten werden muß. Beispiele sind Stützen und Wandscheiben im Hochhausbau, Spannbetonträger und bestimmte Betonwaren bzw. Betonfertigteile, wie z. B. Pfähle.

7.5 Zugfestigkeit

7.5.1 Allgemeines

Die Zugfestigkeit beschreibt die vom Beton bei stetiger Laststeigerung bis zum Bruch aufnehmbare Zugbeanspruchung. Sie ist eine Zehnerpotenz kleiner und mit einer größeren Streuung behaftet als die Druckfestigkeit. Darüber hinaus steht sie oft nicht voll zur Aufnahme von äußeren Zugkräften zur Verfügung, da der Beton häufig bereits durch Eigen- oder Zwangspannungen aus Schwinden und/oder Temperatur beansprucht wird. Das gilt vor allem für die parallel zur Oberfläche wirkenden Spannungen.

Die Zugfestigkeit wird bei der Bemessung nicht planmäßig in Ansatz gebracht. Dessenungeachtet bedingt die Stahlbetonbauweise eine Mindestzugfestigkeit. Sie ist Voraussetzung für die Verankerung der Bewehrung und damit auch für die Funktionsfähigkeit von Übergreifungsstößen. Auch wird bei der Bemessung auf Querkraft und bei der Rißbreitenbegrenzung eine Mitwirkung des Betons auf Zug in Rechnung gestellt. Die Zugfestigkeit ist darüber hinaus insbesondere für solche Bauteile von Bedeutung, bei denen Risse nicht auftreten sollen, wie z. B. Rohre, Behälter oder Fahrbahnplatten.

Nach der Art der Beanspruchung und dem Prüfverfahren unterscheidet man zwischen der Biegezug-, der Spaltzug- und der zentrischen Zugfestigkeit (Bild 7.5-1). Es beschreiben

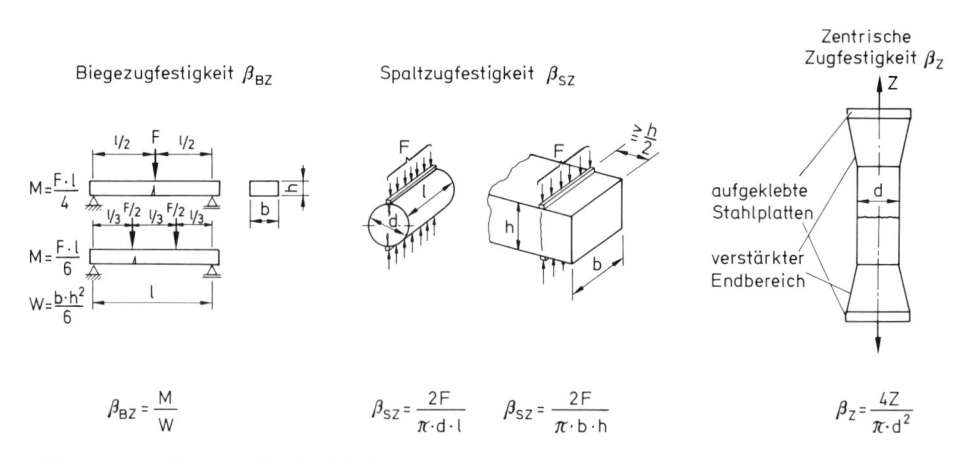

Bild 7.5-1   Prüfung der Zugfestigkeit

7.5 Zugfestigkeit   301

- die *Biegezugfestigkeit* die Zugspannung, die sich nach der linearen Elastizitätstheorie beim Versagen eines auf Biegung beanspruchten Querschnitts in der Randfaser rechnerisch ergibt. Sie ist abhängig von der Höhe des Querschnitts.
- die *Spaltzugfestigkeit* die Zugspannung, die sich mit der gleichen Rechenannahme beim Versagen eines auf Spalten beanspruchten Körpers in der Belastungsebene ergibt.
- die *zentrische Zugfestigkeit* die über die Querschnittsfläche gemittelte Zugspannung beim Versagen eines axial auf Zug beanspruchten Körpers.

Die zentrische Zugfestigkeit kommt der „wahren" Zugfestigkeit des Betons am nächsten. Die Spaltzug- und die Biegezugfestigkeit sind demgegenüber größer. Das Verhältnis Biegezug- zu Spaltzug- zu zentrischer Zugfestigkeit liegt in der Größenordnung 2 : 1,2 : 1. Die Zahlenwerte sind im einzelnen vom Prüfverfahren abhängig.

Überwiegend wird die Zugfestigkeit im Biegeversuch als Biegezugfestigkeit ermittelt. Daneben wird gelegentlich auch die Spaltzugfestigkeit zur Beurteilung der Zugfestigkeit herangezogen. Die Bestimmung der Zugfestigkeit im axialen Zugversuch ist wegen des erhöhten versuchstechnischen Aufwandes auf den Bereich der Forschung begrenzt.

7.5.2 Beeinflussung der Zugfestigkeit

Die Zugfestigkeit wird, ähnlich wie die Druckfestigkeit, im wesentlichen von den Eigenschaften des Zementsteins, den Eigenschaften des Zuschlags und von der Haftung zwischen Zementstein und Zuschlag bestimmt. Damit kann auch die Zugfestigkeit in erster Linie durch die Betonzusammensetzung und die Erhärtungsbedingungen beeinflußt werden.

Die Zugfestigkeit nimmt mit wachsendem Wasserzementwert ab, jedoch nicht so stark wie die Druckfestigkeit. Beim Zuschlag sind Form und Oberfläche der Körner entscheidend, da sie die Haftung zwischen Zementstein und Zuschlag beeinflussen. Die Haftung und Verzahnung ist bei gebrochenem Zuschlag mit rauher Oberfläche besser als bei Kiessand, was unter sonst gleichen Bedingungen und bei gleicher Druckfestigkeit zu einer Zunahme der Zugfestigkeit um 10 bis 20 % führt. Der Einfluß der Zugfestigkeit des Gesteins ist demgegenüber gering.

Die Zugfestigkeit nimmt mit dem Alter zunächst etwas schneller zu als die Druckfestigkeit, der Endwert wird früher erreicht. Nach 28 Tagen ist die Zunahme nur noch gering. Die im Versuch bestimmte Zugfestigkeit beschreibt die bei einer äußeren Beanspruchung nutzbare Festigkeit. Sie wird durch Feuchte- und/oder Temperaturwechsel des Betons bis zur Prüfung bzw. Inanspruchnahme stark beeinflußt.

Die vorgenannten Einflüsse werden bei der Biegezugfestigkeit (s. Abschn. 7.5.3) im einzelnen besprochen. Sie gelten in ähnlicher Weise auch für die Spaltzug- und die zentrische Zugfestigkeit.

Die Zugfestigkeit läßt sich durch Zusatz geeigneter Fasern, wie Asbest-, Stahl-, Glas- oder Kunststoffasern, verbessern. In die Betonmatrix eingebaute Fasern hemmen die Rißentstehung und bewirken bei größeren Dehnungen eine Aufteilung in viele feine, praktisch unsichtbare und zunächst unschädliche Risse (s. Abschn. 10).

Sehr große Zugfestigkeitssteigerungen lassen sich durch nachträgliches Imprägnieren (Tränken) des Betons mit Kunstharz (polymerisierter Beton) oder geschmolzenem Schwefel erzielen (s. Abschn. 4.7). Solche Maßnahmen kommen jedoch nur in Sonderfällen in Frage.

In [7-81] werden Möglichkeiten aufgezeigt, wie durch eine Vorbehandlung der Zuschläge die Haftung verbessert und damit auch die Zugfestigkeit des Betons erhöht werden kann.

7.5.3 Biegezugfestigkeit

7.5.3.1 Bestimmung

Die Biegezugfestigkeit wird nach DIN 1048 Teil 1 im allgemeinen an bis zur Prüfung unter Wasser gelagerten Balken mit quadratischem Querschnitt von 15 cm · 15 cm und einer Länge von 70 cm ermittelt, die bei einer Stützweite von 60 cm mit 2 Einzellasten in den Drittelspunkten belastet werden. Ersatzweise können auch Balken von 10 cm Höhe, 15 cm Breite und 70 cm Länge durch Belastung mit einer Einzellast in der Mitte der Stützweite von 60 cm geprüft werden. Für Betone mit einem Zuschlaggrößtkorn über 32 mm sind Balken mit den Abmessungen 20 cm · 20 cm · 90 cm vorgeschrieben, bei denen die Belastung durch 2 Einzellasten in den Drittelspunkten der Stützweite von 80 cm erfolgt.

Die Biegezugfestigkeit wird aus dem maximal ertragenen Biegemoment M und dem durch die Querschnittsabmessungen gegebenen Widerstandsmoment W des Balkens berechnet zu

$$\beta_{BZ} = M/W$$

Es wird also vorausgesetzt, daß die Spannungen und Dehnungen linear über den Querschnitt verteilt sind. Dies trifft jedoch bei höheren Beanspruchungen nicht zu. Die tatsächlichen Randspannungen sind kleiner als die auf diese Weise berechneten Werte. Dies ist mit ein Grund dafür, daß die Biegezugfestigkeit gegenüber anderen Zugfestigkeitskennwerten, bei denen die tatsächlichen Spannungsverhältnisse rechnerisch zutreffender erfaßt werden, beträchtlich überhöht ist.

Bei üblichen Betonen liegt die Biegezugfestigkeit zwischen 2 und 8 N/mm², maximal erreichbar sind etwa 12 N/mm² [7-28].

7.5.3.2 Einflüsse

Betonzusammensetzung und Ausgangsstoffe

Die Biegezugfestigkeit nimmt mit wachsender Zementsteinfestigkeit zu, allerdings in geringerem Maße als diese. Sie steigt daher mit abnehmendem Wasserzementwert (Bild 7.5-2) und zunehmender Zement-Normdruckfestigkeit an.

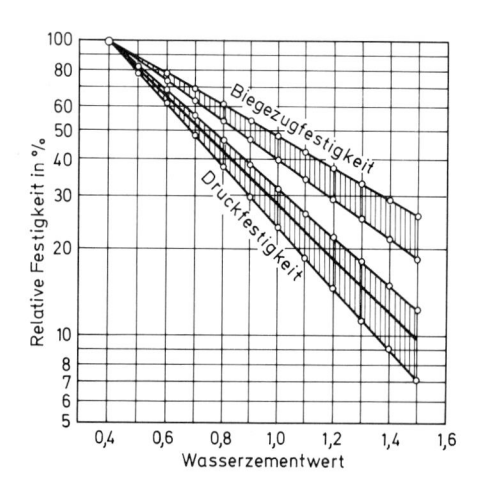

Bild 7.5-2 Einfluß des Wasserzementwerts auf die Druckfestigkeit und die Biegezugfestigkeit von Beton [7-82]

Gebrochene Zuschläge mit rauher Oberfläche und unregelmäßiger kantiger und splittriger Kornform sind in der Regel günstiger als Kiessand. Die Biegezugfestigkeit von Splittbeton ist unter sonst gleichen Bedingungen im allgemeinen um 10 bis 20 % höher als die von Kiessandbeton etwa gleicher Druckfestigkeit. Die Kornform beeinflußt also die Biegezugfestigkeit stärker als die Druckfestigkeit. Zuschlaggemische mit höherem Sandanteil und kleinerem Größtkorn liefern bei gleichem Wasserzementwert, gleicher Zementleimmenge und gleich guter Verdichtung etwas höhere Biegezugfestigkeiten.

Alter und Erhärtungsbedingungen

Die Biegezugfestigkeit nimmt mit fortschreitender Erhärtung und deshalb mit dem Alter zu. Der Endwert ist jedoch früher erreicht als bei der Druckfestigkeit. Der Gewinn an Biegezugfestigkeit nach einem Alter von 28 Tagen ist nur noch gering.

Trocknet der Beton aus, so entstehen vorübergehend in den Randzonen Schwindzugspannungen. Wird die Biegezugfestigkeit in diesem Stadium geprüft, so können sich um 10 bis 50 % verminderte Biegezugfestigkeiten ergeben [7-28]. Wenn sich das Feuchtigkeitsgefälle zwischen Kern- und Randzonen bei weiterer Austrocknung abbaut, wächst die Biegezugfestigkeit wieder an und kann sogar diejenige bei dauernder Feuchtlagerung übertreffen, sofern der Beton durch die Schwindzugspannungen nicht vorgeschädigt wurde. In gleicher Weise wie das Schwinden kann auch eine Abkühlung die Biegezugfestigkeit durch Temperaturspannungen in der Randzone zeitweilig herabsetzen. Man kann deshalb in einem Bauwerk nicht die Biegezugfestigkeit voraussetzen, wie sie an Probekörpern bestimmt wird, die bis zur Prüfung feucht und bei gleichbleibender Temperatur zu lagern sind.

Querschnittshöhe und Schlankheit

Die Biegezugfestigkeit nimmt mit zunehmender Querschnittshöhe etwas ab. An 45 cm hohen Balken wurden um etwa 15 % niedrigere Biegezugfestigkeiten festgestellt als an 15 cm hohen [7-83, 7-84]. Eine Rolle spielt auch die Biegeschlankheit, die durch das Verhältnis Stützweite l zu Querschnittshöhe h beschrieben wird. Bei Schlankheiten unter $l/h = 5$ nimmt die Biegezugfestigkeit deutlich zu.

Belastungsanordnung

Die Belastung mit 2 Einzellasten in den Drittelspunkten ergibt rd. 10 bis 30 % niedrigere Werte als mit einer Einzellast in Balkenmitte [7-85]. Bei der Drittelpunktbelastung tritt das Maximalmoment im ganzen mittleren Drittel der Stützweite auf, und der Balken bricht dort, wo in diesem Bereich örtlich die geringste Festigkeit vorhanden ist. Bei einer mittigen Einzellast wirkt das Maximalmoment nur in einem Querschnitt.

Belastungsgeschwindigkeit

In DIN 1048 Teil 1 ist für die Biegezugprüfung eine Belastungsgeschwindigkeit (Zunahme der Biegezugspannung) von 0,1 N/mm² je s vorgegeben. Bei sehr langsamer Lastaufbringung wurden bis zu 30 % niedrigere Biegezugfestigkeiten gefunden.

Dauerstand- und Schwellbelastung

Bei Dauerbelastung kann die Biegezugfestigkeit zu etwa 70 % der Kurzzeit-Biegezugfestigkeit angenommen werden [7-84].

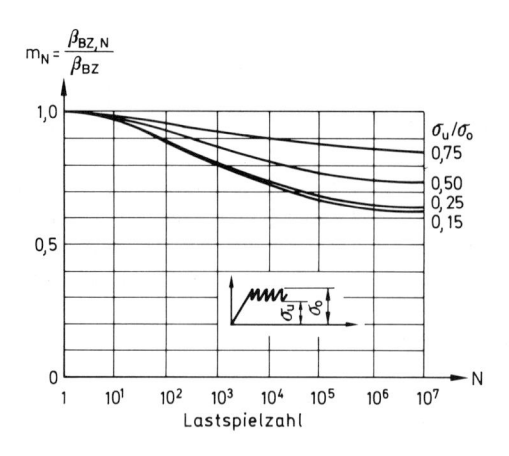

Bild 7.5-3 Einfluß wiederholter Belastung auf die Biegezugfestigkeit ($\beta_{BZ,N}$: ertragbare Biegezugspannung bei N Lastspielen, β_{BZ}: statische Kurzzeit-Biegezugfestigkeit. Die eingestellte Oberspannung σ_0 entspricht dem erreichten Bruchwert) [7-84]

Eine häufig wiederholte Belastung vermindert die Biegezugfestigkeit, und zwar um so stärker, je größer die Schwingbreite ist (Bild 7.5-3).

7.5.4 Spaltzugfestigkeit

Die Spaltzugfestigkeit kann an Zylindern, Würfeln und Prismen ermittelt werden. Zylinder werden auf zwei diametral gegenüberliegenden Mantellinien, Würfel und prismatische Körper auf gegenüberliegenden Flächen über Lastverteilungsstreifen linienförmig auf Druck belastet (Bild 7.5-1). Hierbei entsteht ein zweiachsiger Spannungszustand mit Zugspannungen rechtwinklig zur Belastungsebene.

Bei einem kreisförmigen Querschnitt (Zylinder) tritt die größte Zugspannung im Kreismittelpunkt auf. Sie ist praktisch unabhängig von der Breite der Streifenlast. Sie bleibt etwa über die halbe Höhe bis $r/d = 0,25$ konstant, nimmt dann rasch ab und geht im Randbereich in Druckspannungen über.

Bild 7.5-4 zeigt die Spannungsverteilung nach der Elastizitätstheorie, die allgemein der Ermittlung der Spaltzugfestigkeit zugrunde gelegt wird (Bild 7.5-1). Die Einführung wirklichkeitsnaher nichtlinearer und anisotroper Stoffgesetze führt zu rund 10 % kleineren Spaltzugspannungen [7-87].

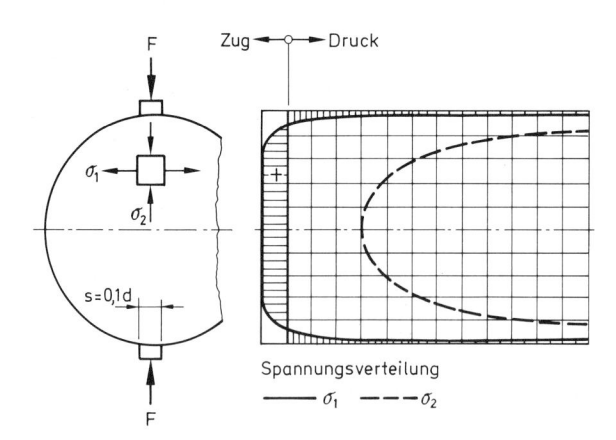

Bild 7.5-4 Spannungsverteilung beim Spaltzugversuch an zylindrischen Prüfkörpern nach der Elastizitätstheorie [7-86]

7.5 Zugfestigkeit

Bei Rechteckquerschnitten treten die größten Zugspannungen nicht in der Mitte, sondern ober- und unterhalb des Schwerpunktes auf. Ihre Größe hängt auch vom Verhältnis Lastbreite zu Querschnittshöhe und auch von der Breite des Prüfkörpers ab [7-88]. Trotz dieser Unterschiede ist die Spaltzugfestigkeit von Form und Größe der Prüfkörper weitgehend unabhängig [7-18].

Nach DIN 1048 Teil 1 wird die Spaltzugfestigkeit in der Regel an Zylindern mit 150 mm Durchmesser und 300 mm Länge bestimmt, wobei zur Lasteinleitung 10 mm breite und 5 mm dicke Streifen aus Hartfilz oder aus Hartplatten verwendet werden. Sie kann auch an Prüfkörpern mit Rechteckquerschnitt ermittelt werden, die Höhe darf aber nicht mehr als das 1,5fache der Breite betragen.

Aus der maximal ertragenen Druckkraft F und den Querschnittsabmessungen wird die Spaltzugfestigkeit wie in Bild 7.5-1 angegeben berechnet.

Bei üblichen Betonen liegt die Spaltzugfestigkeit zwischen etwa 1 und 4 N/mm². Sie ist häufig in Betonierrichtung etwas kleiner als senkrecht dazu, weil der Verbund an der Unterseite der Zuschlagkörner durch Absetzerscheinungen und Wasserabsondern geschwächt sein kann.

Schwindspannungen beeinflussen die Spaltzugfestigkeit bedeutend weniger als die Biegezugfestigkeit, weil die Spannungsspitzen infolge Schwinden gewöhnlich in Bereichen auftreten, wo bei der Spaltzugprüfung Druckspannungen entstehen (Bild 7.5-4).

7.5.5 Zentrische Zugfestigkeit

Bei der Ermittlung der zentrischen Zugfestigkeit bereitete früher die störungsfreie Einleitung der Zugkraft in den Beton Schwierigkeiten. Mit den heute verfügbaren hochfesten Klebstoffen (Epoxidharz) kann die Zugkraft über aufgeklebte Stahlplatten eingeleitet werden. Ein Prüfverfahren ist in [7-89] beschrieben.

Da die Querkontraktion durch die Stahlplatten behindert ist, herrscht im Einleitungsbereich ein zweiachsiger Zugspannungszustand, was zu vorzeitigen Brüchen führen kann. Um dies zu vermeiden, werden die für die Zugprüfung verwendeten Zylinder oder Prismen häufig an den Enden konisch erweitert [7-90] (auch Bild 7.5-1).

Nach [7-91] kann in relativ einfacher Weise auch am fertigen Bauwerk ein Kennwert für die Zugfestigkeit gewonnen werden. Hierzu wird ein Bohrkern freigebohrt und mit Hilfe einer Ausziehvorrichtung gezogen. Zur Einleitung der Zugkraft in den Beton dient eine aufgeklebte Stahlplatte.

Bei den üblichen Betonen liegt die zentrische Zugfestigkeit zwischen etwa 1,5 und 3,5 N/mm². Sie ist ebenso wie die Spaltzugfestigkeit häufig in Betonierrichtung etwas kleiner als senkrecht dazu. Diese Erscheinung ist besonders ausgeprägt, wenn sich infolge ungünstiger Zusammensetzung „Wassersäcke" unter den Zuschlagkörnern bilden.

Die zentrische Zugfestigkeit kann durch Schwind- und Temperaturspannungen in ähnlicher Weise, aber nicht so ausgeprägt, vorübergehend vermindert werden wie die Biegezugfestigkeit [7-25].

Die angegebenen Zugfestigkeiten gelten für übliche Kurzzeitbelastungen. Mit steigender Belastungsdauer nimmt die aufnehmbare Zugspannung wie in Bild 7.5-5 gezeigt ab. Der Einfluß der Belastungsdauer ist also ähnlich wie bei der Druckfestigkeit (Bild 7.4-17). Bei stoßartiger Zugbeanspruchung werden 1,5- bis 2mal so hohe Zugspannungen ertragen als im normalen Zugversuch [7-93]. Bei extremer Dehngeschwindigkeit $\dot{\varepsilon}$ ist die Zunahme noch größer.

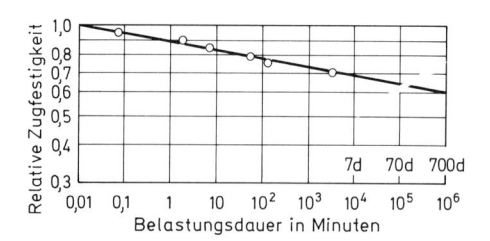

Bild 7.5-5 Zusammenhang zwischen der Belastungsdauer und der Zugfestigkeit [7-92]

7.5.6 Festigkeitsverhältniswerte

Das Verhältnis Zug- zu Druckfestigkeit wie der Zugfestigkeiten untereinander wird von der Betonzusammensetzung und den Erhärtungsbedingungen in gleicher Weise beeinflußt wie die Festigkeiten selbst. Da sich die einzelnen Einflüsse auf die Druckfestigkeit und die Zugfestigkeiten teilweise unterschiedlich auswirken, streuen die Verhältniswerte in relativ weiten Grenzen. Die im folgenden angegebenen Zusammenhänge beschreiben den möglichen Bereich. Die Richtwerte der Tabellen 7.5-2 und 7.5-3 sind Anhaltswerte, die im allgemeinen auf den Einzelfall nicht exakt übertragen werden können.

Verhältnis Zug- zu Druckfestigkeit

Der Zusammenhang zwischen den Zugfestigkeiten und der Druckfestigkeit läßt sich durch die Beziehung

$$\beta_{Zug} = c \cdot \beta_W^{2/3} \ [N/mm^2]$$

beschreiben. Im einzelnen gilt in Abhängigkeit von der Art der Zugfestigkeit [7-94]

Biegezug β_{BZ} mit $c_{BZ} = 0{,}35$ bis $0{,}55$ (Bild 7.5-6)
Spaltzug β_{SZ} mit $c_{SZ} = 0{,}22$ bis $0{,}32$ (Bild 7.5-7)
Zentr. Zug β_{Z} mit $c_{Z} = 0{,}17$ bis $0{,}32$ (Bild 7.5-8)

Nach [7-95] kann man für die einzelnen Betonfestigkeitsklassen die in Tabelle 7.5-1 angegebenen Zugfestigkeiten zu Grunde legen.

Tabelle 7.5-2 enthält Richtwerte für den Zusammenhang zwischen Druckfestigkeit und Biegezug- bzw. Spaltzugfestigkeit. Für eine grobe Abschätzung kann man annehmen, daß die Druckfestigkeit etwa 5- bis 8mal so groß wie die Biegezugfestigkeit bzw. etwa 10- bis 13mal so groß ist wie die Spaltzugfestigkeit [7-18].

Tabelle 7.5-1 Zugfestigkeiten in Abhängigkeit von der Betonfestigkeitsklasse [7-95]

Beton-festigkeits-klasse	Zugfestigkeiten [N/mm²]					
	β_{BZ}	β_{BZ} 5%	β_{SZ}	β_{SZ} 5%	β_{Z}	β_{Z} 5%
B 10	2,8	1,7	1,7	1,1	1,5	0,8
B 15	3,4	2,1	2,0	1,3	1,8	1,0
B 25	4,4	3,0	2,9	2,0	2,3	1,4
B 35	5,3	3,6	3,5	2,4	2,8	1,7
B 45	6,2	4,4	3,9	2,9	3,3	2,2
B 55	7,0	5,0	4,5	3,3	3,7	2,4

7.5 Zugfestigkeit

Tabelle 7.5-2 Richtwerte für den Zusammenhang zwischen Druckfestigkeit und Biegezug- bzw. Spaltzugfestigkeit [7-28]

Druck-festigkeit N/mm^2	Mittlerer Verhältniswert			
	Druckfestigkeit zu Biegezugfestigkeit		Druckfestigkeit zu Spaltzugfestigkeit	
	Kiessandbeton	Splittbeton	Kiessandbeton	Splittbeton
10	5,0	4,0	9,0	7,4
20	5,9	4,7	10,6	8,8
30	6,8	5,4	12,3	10,0
40	7,5	6,0	13,5	11,2
50	8,3	6,8	14,7	12,4
60	9,0	7,5	15,9	13,5

Tabelle 7.5-3 Richtwerte für den Zusammenhang zwischen Biegezug- und Spaltzugfestigkeit [7-18]

Biegezug-festigkeit β_{BZ} N/mm^2	Zugehöriger Bereich der Spaltzugfestigkeit β_{SZ} N/mm^2	Verhältniswert β_{BZ}/β_{SZ}	
		Einzelwerte	Mittel
1,0	0,4 bis 0,7	2,5 bis 1,4	2,0
2,0	0,8 bis 1,4	2,5 bis 1,4	1,9
3,0	1,2 bis 2,3	2,5 bis 1,3	1,8
4,0	1,6 bis 3,2	2,5 bis 1,2	1,6
5,0	2,1 bis 4,1	2,4 bis 1,2	1,6
6,0	2,7 bis 5,1	2,2 bis 1,2	1,5

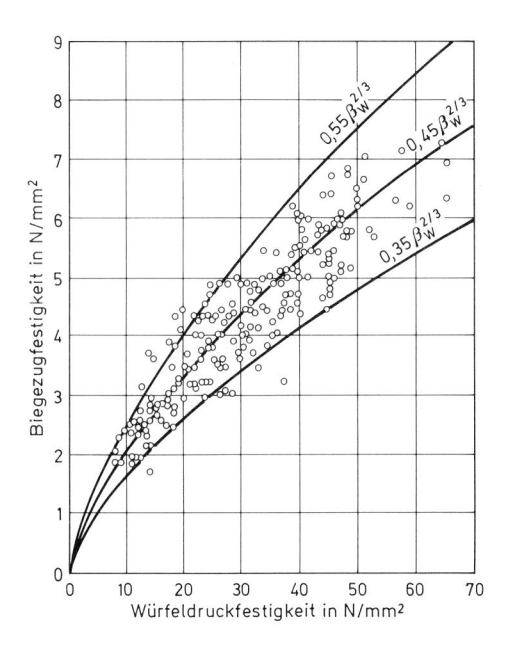

Bild 7.5-6 Zusammenhang zwischen der Druckfestigkeit und der Biegezugfestigkeit. (Balken mit 10 cm Höhe, 2 Einzellasten in den Drittelspunkten) [7-94]

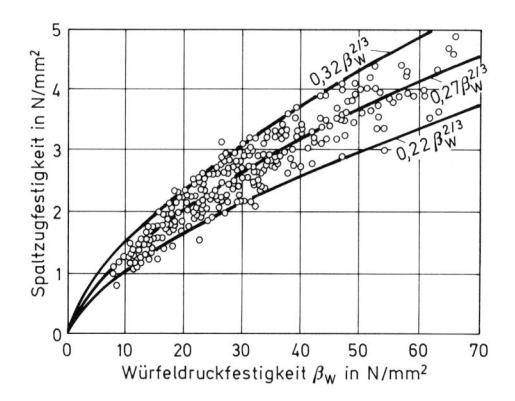

Bild 7.5-7 Zusammenhang zwischen der
Druckfestigkeit und der Spaltzugfestigkeit
[7-94]

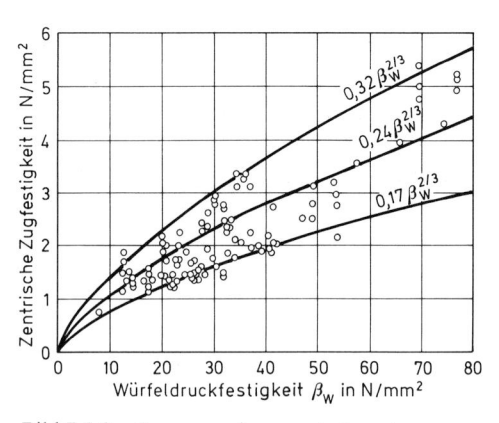

Bild 7.5-8 Zusammenhang zwischen der
Druckfestigkeit und der zentrischen
Zugfestigkeit des Betons [7-94]

Verhältnis der Zugfestigkeiten

Die Verhältniswerte können sehr stark schwanken, je nachdem an welchen Prüfkörpern und unter welchen Bedingungen die verschiedenen Festigkeiten ermittelt werden.

Tabelle 7.5-3 enthält Richtwerte für den Zusammenhang zwischen Biegezug- und Spaltzugfestigkeit.

Die Spaltzugfestigkeit beträgt in der Regel das 1,1- bis 1,3fache der zentrischen Zugfestigkeit.

Für eine grobe Abschätzung kann man das Verhältnis Biegezug- zu Spaltzug- zu zentrischer Zugfestigkeit mit etwa 2 : 1,2 : 1 annehmen.

7.5.7 Mehrachsige Zugfestigkeit

Bei zweiachsiger Zugbeanspruchung bildet sich der Bruch rechtwinklig zur Richtung der größeren Spannung aus. Die Zugfestigkeit in Richtung der größeren Spannung ist nahezu unabhängig von der Größe der Zugbeanspruchung in Querrichtung [7-50].

Bei zweiachsiger Zug-Druckbeanspruchung nimmt die Zugfestigkeit bis zu einem Spannungsverhältnis $\sigma_2 : \sigma_1 \approx 0{,}1$ linear auf etwa 2/3 ab. Darüber hinaus fällt sie parabolisch auf Null ab (Bild 7.5-9).

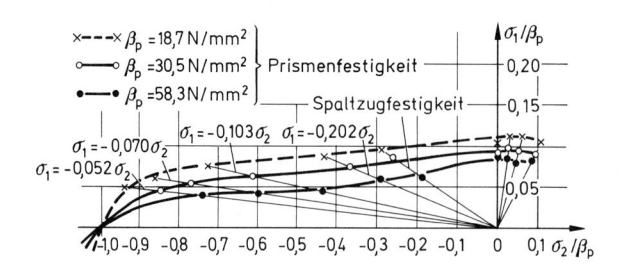

Bild 7.5-9 Festigkeit des Betons
unter zweiachsiger Druck-Zug- und
Zug-Zug-Beanspruchung [7-50]

7.6 Schub-, Scher- und Torsionsfestigkeit

Die Schub-, Scher- und Torsionsfestigkeit ist als Werkstoffkennwert für den Beton ohne Bedeutung. Maßgebend für das Versagen ist die jeweilige Hauptzugspannung. Die aufnehmbare Hauptzugspannung ist abhängig vom Verhältnis Zug- zu Druckspannung (Bild 7.5-9).

Bei reiner Schub- und Torsionsbeanspruchung liegen gleich große Hauptzug- und Hauptdruckspannungen vor. Die dann aufnehmbare Hauptzugspannung, die sogenannte „Schubfestigkeit", liegt zwischen der zentrischen Zugfestigkeit und der Spaltzugfestigkeit.

7.7 Schlagfestigkeit

Bei Beanspruchung des Betons durch Schlag oder Stoß wird eine bestimmte kinetische Energie in einer extrem kurzen Zeit übertragen. Das Verhalten unter Schlagbeanspruchung hat praktische Bedeutung vor allem für Betonrammpfähle. Stoßartige Beanspruchungen treten z. B. bei Dalben und Eisenbahnschwellen auf.

Als Schlagfestigkeit wird im folgenden die Beanspruchbarkeit des Betons durch eine Vielzahl gleicher Schläge mit vorgegebener Energie verstanden. Sie kann durch die bis zur vollständigen Zerstörung ertragene Schlagzahl beschrieben werden.

Die Schlagfestigkeit kann durch die Betonzusammensetzung und die Erhärtungsbedingungen beeinflußt werden. Eine erhebliche Verbesserung wird durch die Zugabe von Stahlfasern erreicht.

Betonzusammensetzung und Ausgangsstoffe

Als fördernd bzw. mindernd für die Schlagfestigkeit gelten [7-96]:

fördernd	mindernd
hohe Zementsteinfestigkeit, also niedriger Wasserzementwert und hohe Normdruckfestigkeit	hoher Wasserzementwert
dünne Zementsteinschichten zwischen den Zuschlagkörnern	hoher Zementsteingehalt
hoher Sandanteil, Zuschläge über 4 mm gebrochen	großes Zuschlaggrößtkorn, gerundete Zuschläge mit glatter Oberfläche
Zuschläge mit niedrigem *E*-Modul und geringer Querdehnzahl	Zuschläge mit geringer Kornfestigkeit

Für Beton mit hoher Schlagfestigkeit soll der Wasserzementwert möglichst bei etwa 0,40 liegen und 0,45 nicht überschreiten. Der Abfall der Schlagfestigkeit ist nach Bild 7.7-1 bei einer Erhöhung des Wasserzementwertes von 0,40 auf 0,50 besonders hoch und viel größer als der Abfall der Druckfestigkeit oder der Spaltzugfestigkeit.

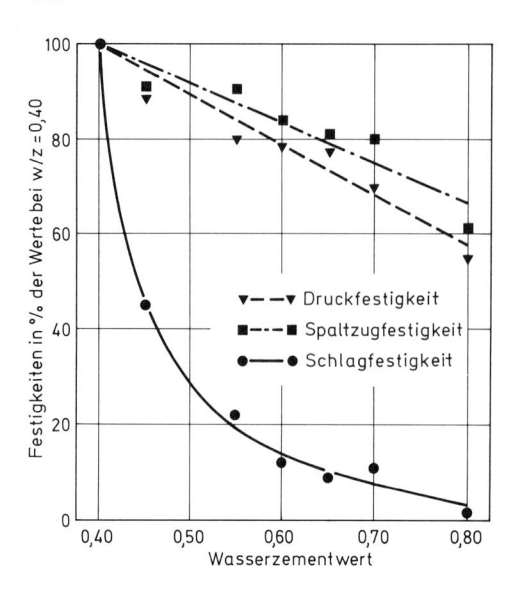

Bild 7.7-1 Veränderung der Druck-, Spaltzug- und Schlagfestigkeit mit dem Wasserzementwert [7-96]

Die Schlagfestigkeit ist um so größer, je dünner die die Körner umgebenden Zementsteinschichten sind. Bei gleichem Wasserzementwert nimmt deshalb die Schlagfestigkeit mit abnehmendem Zementgehalt zu. Dies bedeutet, daß bei gleicher Zuschlagart und Kornzusammensetzung Betone mit steifer Konsistenz günstiger sind als weiche Betone. Wenn aus Gründen der Verarbeitbarkeit eine weiche Konsistenz erforderlich ist, sollten verflüssigende Zusatzmittel verwendet werden.

Besonders hohe Schlagfestigkeiten lassen sich mit sandreichen Mischungen und kleinem Größtkorndurchmesser (16 mm oder sogar nur 8 mm) erreichen. Ungünstig sind sandarme Mischungen mit großem Größtkorn.

Der Bruch geht bei einem durch wiederholte Schlagbeanspruchung zerstörten Beton selten durch die Zuschlagkörner hindurch, sondern verläuft überwiegend durch die Mörtelschicht zwischen den groben Zuschlagkörnern und entlang der Korngrenzen. Wichtig ist deshalb außer einer hohen Zementsteinfestigkeit und Kornfestigkeit der Zuschläge eine gute Haftung. Gebrochenes Korn im Mittel- und Grobbereich ist deshalb günstiger als glattes Rundkorn.

Zuschläge mit niedrigem Elastizitätsmodul und niedriger Querdehnzahl führen zu einer erhöhten Schlagfestigkeit des Betons. Der Verbund zwischen Zuschlag und Zementstein wird aufgrund der geringeren Unterschiede im Verformungsverhalten weniger beansprucht, und die auftretenden Kräfte sind dank der größeren Nachgiebigkeit des Betons kleiner. Nach [7-96] erreichte deshalb Beton mit Quarzit (Querdehnzahl 0,12) eine um 50 % höhere Schlagfestigkeit als Beton mit Basalt (Querdehnzahl 0,28, Elastizitätsmodul um rd. 40 % höher als beim Quarzit). Ebenso erreichte Beton mit Hochofenschlacke eine um 30 % höhere Schlagfestigkeit als Beton mit Kalksteinsplitt, der etwa gleiche Druckfestigkeit, aber einen 3mal so großen Elastizitätsmodul und eine 1,8mal so große Querdehnzahl wie die Hochofenschlacke hatte.

Im Hinblick auf das Verformungsverhalten wären Leichtzuschläge besonders günstig für Beton hoher Schlagfestigkeit, jedoch ist ihre Kornfestigkeit hierfür nicht ausreichend, so daß die Schlagfestigkeit von Leichtbeton erheblich geringer ist als die von Normalbeton. Der Unterschied hängt von der Zuschlagart ab.

7.8 Verbund Beton-Bewehrung 311

Stahlfaserzusatz

Bei Zugabe von 1 Vol.-% Stahlfasern (≈ 80 kg/m^3) steigt die Schlagfestigkeit gegenüber einem Beton ohne Stahlfasern um mehr als den vierfachen Wert an. Mit höheren Faseranteilen nimmt die Schlagfestigkeit noch weiter zu. Bei entsprechend zusammengesetzten Betonen konnte mit einem Stahlfaseranteil von 3 Vol.-% eine rd. 20fach höhere Schlagfestigkeit gegenüber einem Beton ohne Stahlfasern erzielt werden [7-97].

Die günstige Wirkung der Fasern beruht im wesentlichen auf einer Behinderung der Rißbildung und der Rißausbreitung. Damit ist ein deutlich größeres Formänderungsvermögen und eine um ein Vielfaches vergrößerte Bruchenergieaufnahme des Betons verbunden (s. Abschn. 10).

Erhärtungsbedingungen

Die Schlagfestigkeit steigt nach dem 28. Tag in der Regel wesentlich stärker an als die Druck- oder Spaltzugfestigkeit (Bild 7.7-2). Dies kann mit einer entsprechenden Zunahme der Haftung zwischen Zementstein und Zuschlag erklärt werden. Bei Zuschlägen mit geringer Kornfestigkeit ist deshalb ein geringerer Zuwachs der Schlagfestigkeit zu erwarten.

Beton hat in durchfeuchtetem Zustand eine deutlich niedrigere Schlagfestigkeit als in trockenem Zustand. Deshalb soll der Beton nach einer Feuchtnachbehandlung nach Möglichkeit erst austrocknen, bevor er auf Schlag beansprucht wird.

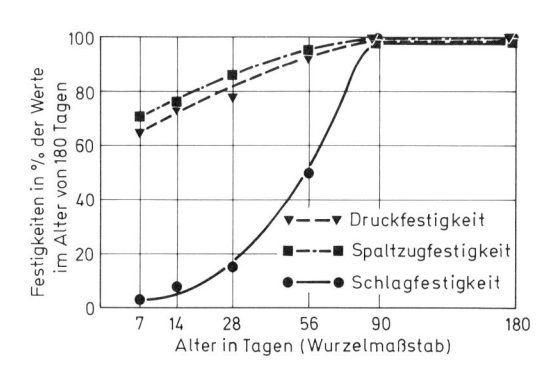

Bild 7.7-2 Veränderung der Druck-, Spaltzug- und Schlagfestigkeit mit dem Alter [7-96]

7.8 Verbund Beton-Bewehrung

7.8.1 Allgemeines

Der Verbund zwischen Bewehrung und Beton ist eine wesentliche Voraussetzung für die Stahlbetonbauweise. Er setzt sich aus dem Haft-, dem Reibungs- und dem Scherverbund zusammen.

Haftverbund

Zwischen Zementstein und Stahl ist eine Klebewirkung vorhanden, die vor allem auf physikalischen Bindungskräften beruht [7-31]. Diese Klebewirkung oder Haftung hängt

u. a. von der Rauhigkeit und Sauberkeit der Stahloberfläche ab. Sie ist aber für einen guten Verbund nicht ausreichend und wird schon bei kleinen Relativverschiebungen aufgehoben.

Reibungsverbund

Nach Überwindung der Haftung kommt es zu einer Relativverschiebung zwischen Stahl und Beton, die aufgrund der Querpressung einen Reibungswiderstand hervorruft. Kleine Querpressungen werden schon durch die Walzrauhigkeiten der Oberfläche eines sogenannten glatten Betonstahlstabes hervorgerufen. Sie können durch äußere Querdruckkräfte verstärkt werden oder beim Schwinden des Betons entstehen, wobei der Beton auf den Stahl „aufschrumpft". Der Reibungsbeiwert liegt je nach der Oberflächenrauhigkeit des Stahls zwischen etwa 0,3 und 0,6. Der Reibungswiderstand ergibt aber nur einen unzuverlässigen Verbund, wenn die Querpressung nicht planmäßig erzeugt wird. Aus diesen Gründen wurden die Betonrippenstähle entwickelt.

Scherverbund

Bei gerippten Betonstählen entstehen zwischen den Rippen Betonkonsolen, die durch die Stahlzugkraft nach Überwindung des Haft- und Reibungsverbundes auf Abscheren beansprucht werden und die weitere Relativverschiebung behindern. Der Scherverbund ist die wirksamste und zuverlässigste Verbundart und zur Nutzung hoher Stahlfestigkeiten notwendig. Er wird durch die Verzahnungsfläche, die bezogene Rippenfläche des Stahles [7-98], sowie durch den Verformungswiderstand und die Scherfestigkeit des Betons im Konsolbereich bestimmt.

Die Bruchfläche der abgescherten Betonkonsole verläuft vom Rippenkopf unter einer Neigung von etwa 1 : 5 bis 1 : 7 zur Stabachse, normal zu den Hauptzugspannungen. Dabei entsteht eine Spaltwirkung auf den umgebenden Beton. Ausgehend von breiten Biegerissen bilden sich meist noch vor dem Verbundbruch Längsrisse entlang der Stäbe. Die in DIN 1045 angegebene Mindestbetondeckung kann die Längsrißbildung insbesondere bei dicken Rippenstäben höchstens im Bereich der Gebrauchslast verhindern.

7.8.2 Verbundfestigkeit

Als Rechenwert der Verbundfestigkeit ist die Verbundspannung definiert, bei der in einem genormten Ausziehversuch eine Verschiebung des freien Stabendes von 0,1 mm gegenüber dem Beton gemessen wird. Die tatsächliche Verbundfestigkeit im Ausziehkörper ist bei Scherverbund viel höher, bis zum doppelten Rechenwert, wobei Relativverschiebungen bis 1 mm auftreten.

Die aufnehmbare Verbundspannung nimmt etwa proportional der Betondruckfestigkeit zu [7-98, 7-99]. Dementsprechend sind auch die zulässigen Rechenwerte der Verbundspannung nach DIN 1045 linear nach der Druckfestigkeit gestaffelt.

Für die Güte des Verbundes ist wesentlich, ob die Stäbe senkrecht stehen oder waagerecht liegen. Bei liegenden Stäben spielen auch der vertikale Abstand zum Schalungsboden und die Höhe der Frischbetonschicht oberhalb des Stabes eine Rolle. Unter obenliegenden Stäben sammelt sich durch das Absetzen des Frischbetons Wasser an, das später vom Zementstein wieder aufgesogen wird und dabei Hohlräume oder Poren hinterläßt. Hierdurch kann die aufnehmbare Verbundspannung, besonders im baupraktisch maßgebenden Bereich geringer Verschiebungen, bis unter die Hälfte der günstigen Werte stehend einbetonierter Stäbe absinken. Die Abnahme hängt vom Absetzverhalten des Frischbe-

7.9 Formänderungen   313

tons und der rechtwinklig zum Bewehrungsstab auftretenden Relativverschiebung zwischen Stahl und Beton beim Absetzen des Betons ab. Ungünstig wirken ein hoher Wasserzementwert, eine zu weiche Konsistenz, eine Betonzusammensetzung, die zum Entmischen neigt (z. B. zu wenig Mehlkorn, stark blutende Zemente), ein großer Abstand des Stabes zum Schalungsboden und ein kleiner Abstand von der Frischbetonoberfläche.

Über das Verbundverhalten bei erhöhten Temperaturen siehe Abschnitt 7.16.2.2.4.

7.8.3 Auswirkungen

Das Verbundverhalten hat auch einen Einfluß auf den Abstand und die Breite der in der bewehrten Zugzone von Stahlbetonbauteilen auftretenden Risse. Je besser das Verbundverhalten ist, desto kleiner sind bei gleicher Stahldehnung der Rißabstand und die Rißbreite. In der Nähe der Rißufer ist der Verbund auf eine bestimmte Länge gestört, in der Nachbarschaft der Risse tritt eine Relativverschiebung (Schlupf) zwischen Stahl und Beton auf. Unter dem Einfluß einer Dauerlast vergrößert sich dieser Schlupf. Die Zunahme des Schlupfes unter Dauerlast wird als Verbundkriechen bezeichnet und ist eine der Ursachen für die zeitabhängige Vergrößerung der Rißbreite in Stahlbetonbauwerken [7-100].

7.9 Formänderungen

Man unterscheidet zwischen lastabhängigen und lastunabhängigen Verformungen. Im ersten Fall handelt es sich um Formänderungen infolge von Spannungen. Zu den lastunabhängigen Verformungen zählen Schwinden und Quellen sowie temperaturbedingte Formänderungen.

7.9.1 Lastabhängige Formänderungen

Eine Belastung des Betons bewirkt sofort eintretende, also zeitunabhängige, und zeitabhängige Verformungen. Die letzteren stellen sich erst mit der Zeit ein und nehmen mit der Belastungsdauer zu. Ein Teil dieser Verformungen ist elastisch, d. h. bei Entlastung rückgewinnbar, ein anderer Teil ist bleibend.

Die einzelnen Verformungsanteile lassen sich an den Ergebnissen eines Dauerstandversuchs verdeutlichen, bei dem der Beton über eine gewisse Zeit einer konstanten Belastung ausgesetzt und anschließend wieder entlastet wird (Bild 7.9-1). Danach unterscheidet man

– sofort eintretende elastische Verformungen $\varepsilon_{0,el}$
– verzögert eintretende (zeitabhängige) elastische Verformungen ε_v
– sofort (d. h. während des Belastens) eintretende bleibende Verformungen $\varepsilon_{0,bl}$
– zeitabhängige bleibende Verformungen ε_f.

Die zeitabhängigen bleibenden Verformungen werden als Fließen bezeichnet. Sie werden zusammen mit den verzögert elastischen Verformungen unter dem Begriff Kriechverformungen zusammengefaßt.

Bleibende Verformungen können auch dadurch zustande kommen, daß der Beton während der Belastung weiter erhärtet. Dabei wächst sein Verformungswiderstand an. Infolgedessen ist die Rückverformung bei der Entlastung kleiner als die elastische Verformung bei Lastaufbringung. Die sofort eintretende elastische und die verzögert elastische Verfor-

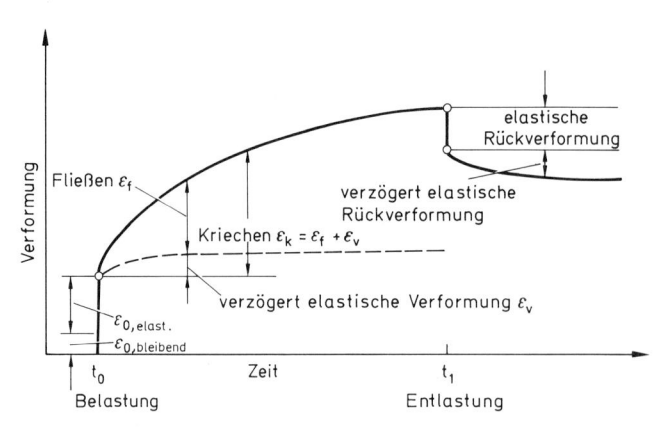

Bild 7.9-1 Gesamtverformung des Betons (ohne Schwinden) bei Dauerstandbelastung und anschließender Entlastung (schematisch)

mung sind deshalb nur bei älteren Betonen vollständig reversibel, bei denen die Nacherhärtung während der Belastung bzw. nach der Entlastung keine Rolle spielt.

7.9.2 Elastische Formänderungen

Die elastischen Formänderungen werden im Kurzzeitversuch bestimmt. Von besonderem Interesse ist das Spannungs-Dehnungs-Verhalten bei einachsiger Druckbeanspruchung.

Um reproduzierbare und vergleichbare Ergebnisse zu erhalten, müssen diesbezügliche Versuche mit kontrollierter Beanspruchungsgeschwindigkeit durchgeführt werden. Sie können mit konstanter Belastungsgeschwindigkeit, wie bei der Druckfestigkeitsprüfung üblich ($\dot{\sigma} = 0{,}5$ N/(mm$^2 \cdot$ s), oder mit konstanter Verformungsgeschwindigkeit $\dot{\varepsilon}$ gefahren werden.

Man erhält als Ergebnis die Arbeitslinie, die den Zusammenhang zwischen der Spannung σ und der Dehnung ε beschreibt. Aus der Arbeitslinie läßt sich das Arbeitsvermögen und der statische Elastizitätsmodul E ableiten.

7.9.2.1 Arbeitslinie

7.9.2.1.1 Erstbelastung

Die im einachsigen Druckversuch mit einer bestimmten konstanten Belastungs- bzw. Verformungsgeschwindigkeit ermittelten Arbeitslinien haben bis zur Höchstlast entsprechend $\sigma = \beta_D$ einen ähnlichen Verlauf. Mit Erreichen der Höchstlast ist der lastgesteuerte Versuch beendet. Eine weitere Laststeigerung führt sofort zum Bruch und ist daher nicht möglich, die Stauchung nimmt unkontrolliert zu. Dagegen läßt sich beim verformungsgesteuerten Versuch die Stauchung kontrolliert über die der Betonfestigkeit β_D zugeordnete Stauchung hinaus steigern, wenn die Belastung stetig vermindert wird. Auf diese Weise erhält man außer dem aufsteigenden Belastungsast auch einen abfallenden Ast (Bild 7.9-2 und 7.9-3), dessen Verlauf von der Verformungsgeschwindigkeit $\dot{\varepsilon}$ abhängt.

Die Arbeitslinie weist u. U. in der Nähe des Ursprungs einen „Anlauf" auf, das ist eine zur Spannungsachse hin hohle Krümmung (Bild 7.9-4). Dieser kann in manchen Fällen auf

7.9 Formänderungen

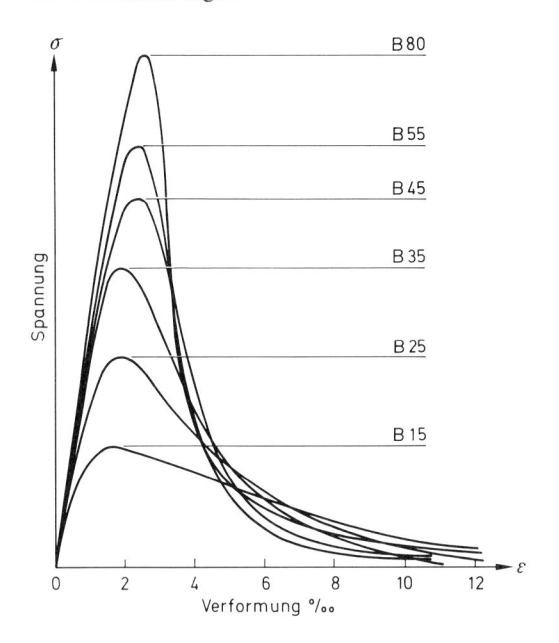

Bild 7.9-2 Arbeitslinien von druckbeanspruchten Normalbetonen B 15 bis B 80 ($\dot{\varepsilon} = 2‰/min$) [7-11]

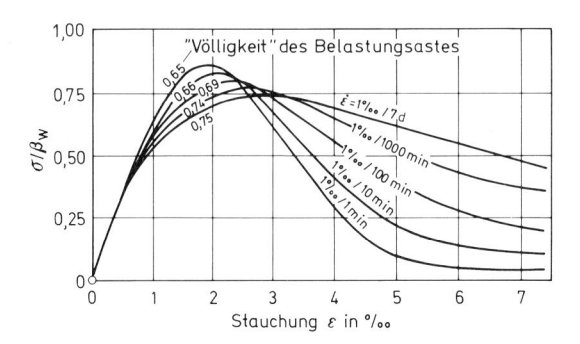

Bild 7.9-3 Arbeitslinien von Beton bei verschiedenen konstanten Verformungsgeschwindigkeiten $\dot{\varepsilon} = d\varepsilon/dt = const.$ [7-101]

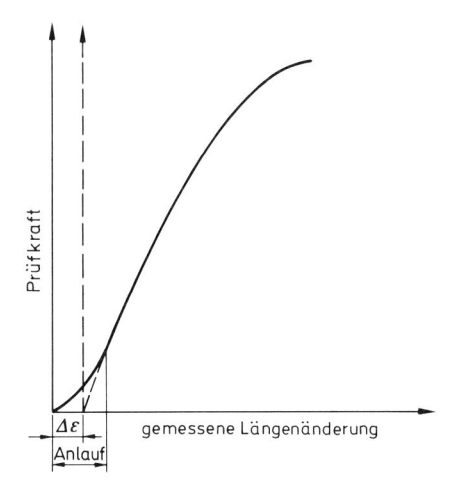

Bild 7.9-4 „Anlauf" (Gegenkrümmung) der Arbeitslinie in der Nähe des Ursprungs

Fehler bei der Verformungsmessung zurückzuführen sein, insbesondere, wenn die Verformung aus der Abstandsänderung der Druckplatten bestimmt wird. Mitverantwortlich können aber auch anfängliche Gleiterscheinungen im Betongefüge [7-101] oder das Schließen von Schrumpf- und Mikrorissen sein, die beim Erhärten des Betons entstanden sind. Die zuletzt genannten Vorgänge sind stärker ausgeprägt, wenn die Druckkraft in Betonierrichtung wirkt und wenn der untersuchte Beton als Frischbeton starkes Wasserabsondern gezeigt hat („Wassersäcke" unter den Zuschlagkörnern).

Abgesehen von dem ggf. vorhandenen „Anlauf" ist die Arbeitslinie des Betons von Beginn an wenig und dann stärker zur Stauchungsachse hin gekrümmt. Diese Krümmung und die daraus erkennbare eintretende bleibende Verformung ist bei schneller Lastaufbringung nur zu einem geringen Teil auf Kriechen des Zementsteins, sondern in erster Linie auf die Bildung von Mikrorissen und Gefügestörungen zurückzuführen [7-102]. Beton verhält sich im üblichen Kurzzeitbelastungsversuch selbst im Bruchzustand weitgehend wie ein spröder Stoff. Nennenswertes Kriechen des Zementsteins tritt nur unter länger dauernder Belastung auf.

Außer dem Scheitelpunkt bei max $\sigma = \beta_D$ läßt die Arbeitslinie in der Regel keine ausgezeichneten Punkte erkennen. Die dem Höchstwert der Spannung zugeordnete Stauchung wird oft als Bruchstauchung ε_{bu} bezeichnet. Form und Verlauf der Arbeitslinie sind von der Betonfestigkeit und der Beanspruchungsgeschwindigkeit abhängig:

Der Belastungsast ist bei niedriger Festigkeit annähernd parabelförmig gekrümmt. Die Krümmung nimmt mit steigender Druckfestigkeit ab. Für Betone $\geq$ B 35 ergibt sich ein nahezu geradliniger Verlauf (Bild 7.9-2).

Die Krümmung des Belastungsastes wird durch die Völligkeit α beschrieben.

$$\alpha = \frac{1}{\beta_D \cdot \varepsilon_u} \cdot \int_0^{\varepsilon_u} \sigma(\varepsilon)\,d\varepsilon$$

mit
β_D Druckfestigkeit
ε_u Stauchung für $\sigma = \beta_D$.

Die Völligkeit nimmt mit steigender Festigkeit ab. Für die Arbeitslinien in Bild 7.9-2 ergibt sich $\alpha_{B15} = 0{,}67$ und $\alpha_{B35} = 0{,}56$. Einem geradlinigen Verlauf entspräche $\alpha = 0{,}50$.

Die Krümmung des Belastungsastes und damit die Völligkeit nehmen mit abnehmender Belastungs- bzw. Verformungsgeschwindigkeit zu (Bild 7.9-3).

Die Bruchstauchung ε_u nimmt mit steigender Festigkeit geringfügig zu. Bei den üblichen Kurzzeit-Druckversuchen (Versuchsdauer $\leq$ 20 Minuten) sind Bruchstauchungen von 2,0 bis 2,5‰ zu erwarten. Bei extrem langsamer Belastung (Versuchsdauer z. B. 7 Tage) kann sie auf 3‰ anwachsen.

Der Verlauf des Entlastungsastes hängt in starkem Maß von der Prüfkörpergestalt, der Länge der Meßstrecke im Verhältnis zur Ausdehnung der Bruchzone und von der Art der Verformungssteuerung ab [7-102]. Er verläuft mit zunehmender Verformungsgeschwindigkeit steiler (Bild 7.9-3).

Die Neigung des Entlastungsastes wird unter sonst gleichen Verhältnissen mit steigender Festigkeit steiler (Bild 7.9-2). Das bedeutet, daß höherfeste Betone nach Überschreiten der Bruchstauchung ε_u eine geringere bezogene Resttragfähigkeit besitzen als niederfeste Betone.

7.9 Formänderungen

7.9.2.1.2 Wiederholte Belastung

Bei wiederholter Be- und Entlastung mit einer Oberspannung, die nicht zum Bruch führt, verändern sich Form und Verlauf der Arbeitslinie wie folgt (Bild 7.9-5):

Bei der Erstbelastung weist der Belastungsast die bekannte Krümmung nach der Stauchungsachse hin auf, die allerdings im Bild wegen der verhältnismäßig geringen Oberspannung von 0,4 β_C kaum erkennbar ist. Der Entlastungsast ist zur Spannungsachse hin gekrümmt. Die Stauchung geht nicht auf Null zurück.

Bei der sofort anschließenden ersten Lastwiederholung verläuft der Belastungsast gestreckter. Der Abbau der Krümmung ist um so stärker, je größer die bezogene Oberspannung σ_o/β_C. Bei $\sigma_o/\beta_C > 0,4$ kann die Kurve sogar eine gegensinnige Krümmung annehmen.

Bei weiteren Lastwiederholungen bekommt der Belastungsast einen immer stärker werdenden Durchhang. Das bedeutet, daß sich der Verformungswiderstand bei höheren Spannungsstufen erhöht und bei niedrigeren Spannungsstufen vermindert.

Be- und Entlastungsast bilden Hysteresisschleifen, die zunächst unten nicht geschlossen sind. Mit zunehmender Lastspielzahl schließen sich diese so weit, daß eine Zunahme der bleibenden Stauchung nicht mehr für jeden Be- und Entlastungsvorgang, sondern nur durch Summierung über eine größere Zahl von Lastspielen gemessen werden kann.

Mit wachsender Lastspielzahl verkleinert sich auch der Flächeninhalt der Hysteresisschleife.

Eine geschlossene Hysteresisschleife beschreibt ein quasi-elastisches Verhalten. Verläßt man die Schleife an irgendeinem Punkt, indem man schon vor Erreichen der bisherigen Oberspannung σ_o entlastet, so spielt sich das weitere Spannungs-Stauchungs-Geschehen innerhalb dieser Schleife ab.

Eine vorausgegangene Dauerstandbelastung wirkt sich auf die Krümmung der Arbeitslinie qualitativ ähnlich aus wie wiederholte Lastwechsel [7-103].

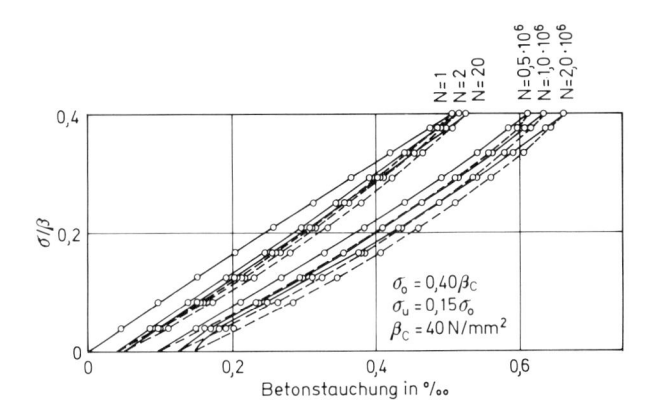

Bild 7.9-5 Arbeitslinien bei Druckschwellbeanspruchung [7-103]

Die vorgenannten Feststellungen bedeuten, daß für das Verhalten des Betons im Bauwerk nicht die zur Stauchungsachse hin gekrümmte Arbeitslinie des Kurzzeitversuchs, sondern eine geradlinige, wenn nicht sogar eine zur Spannungsachse hin gekrümmte Arbeitslinie charakteristisch ist, wenn man von dem Auftreten einer einmaligen Überlastung absieht.

Die Krümmungsumkehr ist auf die Wechselwirkung zwischen fester Phase (Zuschlag) und viskoser Phase (Zementstein) und auf Verbundrisse zurückzuführen. Bei reinem Zementstein tritt diese Erscheinung nicht auf. Auch ist bei diesem ein abfallender Ast der Arbeitslinie i. allg. nicht festzustellen [7-104].

Wird die Arbeitslinie im verformungsgesteuerten Versuch nicht in einem Zuge, sondern mit mehreren Zwischenentlastungen aufgenommen, so entspricht die Umhüllende dieser Kurven ungefähr der mit monotoner Zunahme der Stauchung aufgenommenen Linie (Bild 7.9-6).

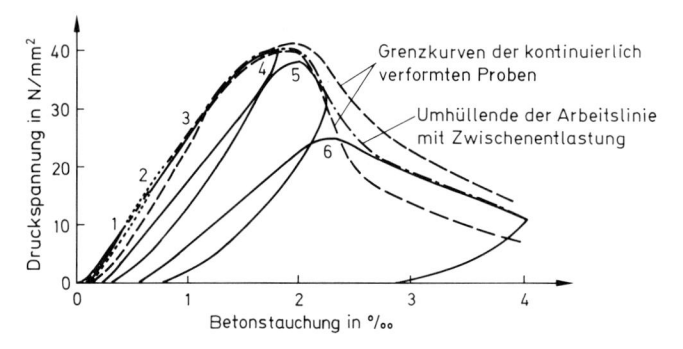

Bild 7.9-6 Arbeitslinie bei zyklischer Verformung im Vergleich zur Arbeitslinie kontinuierlich verformter Proben [7-104]

7.9.2.1.3 Einfluß von Temperatur und Feuchte

Durch tiefe Temperaturen unter dem Gefrierpunkt wird die Arbeitslinie des Betons in Richtung auf linear-elastisches und sprödes Verhalten mit steiler ansteigendem Belastungsast verändert, und zwar um so stärker, je feuchter der Beton ist (Bild 7.9-7). Die Bruchstauchung ist jedoch auch bei $-170\,°C$ noch etwa so groß wie bei $20\,°C$. Bei Temperaturen zwischen -30 und $-70\,°C$ kann sie sogar um bis zu 1‰ größer sein als bei Raumtemperatur [7-105].

Bei hohen Temperaturen nimmt die Steigung des Belastungsastes ab und die Bruchstauchung zu. Im weiteren s. Abschn. 7.16.2.2.5.

7.9.2.1.4 Faserbeton

Durch die Zugabe von Fasern wird die Arbeitslinie im Bereich der Höchstlast und im abfallenden Ast entscheidend verändert (Bild 7.9-8). Durch die Zugabe von 2 Vol.-Stahlfasern von 0,4 mm Durchmesser und 25 mm Länge wurde bei einem B 35 eine um rd. 20 % höhere Druckfestigkeit erreicht. Wesentlich bedeutsamer ist jedoch, daß der Stahlfaserbeton im Gegensatz zum „unbewehrten" Beton auch bei großen Stauchungen noch

7.9 Formänderungen

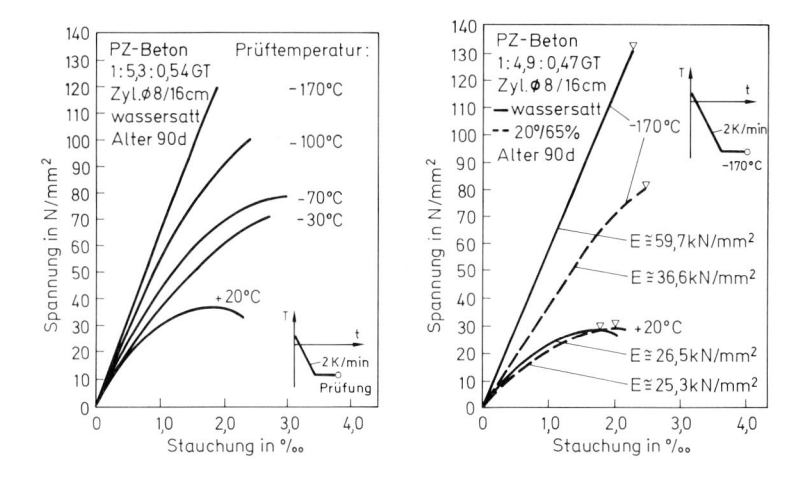

Bild 7.9-7 Arbeitslinien von Beton bei tiefen Temperaturen [7-105]

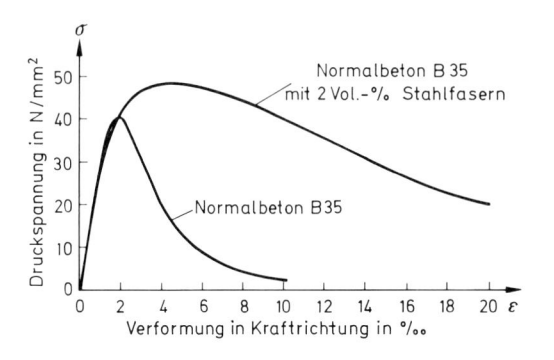

Bild 7.9-8 Arbeitslinien von druckbeanspruchtem Normalbeton B 35 ohne und mit 2 Vol.-% Stahlfasern [7-11]

eine hohe Resttragfähigkeit besitzt. Sie betrug bei $\varepsilon = 10\,‰$ noch 80% der Festigkeit. Ein vollständiger Verlust der Tragfähigkeit tritt erst bei Stauchungen zwischen 30 und 50‰, also 30 bis 50 mm/m auf [7-11]. Das Arbeitsvermögen des Betons (s. Abschn. 7.9.2.2) wird also durch die Zugabe von Stahlfasern um ein Vielfaches erhöht. Dies ist auf den Ausziehwiderstand der Fasern nach der Rißbildung zurückzuführen.

7.9.2.1.5 Polymerisierter Beton

Die Arbeitslinie von polymerisiertem Beton (s. Abschn. 4.7) weist einen wesentlich steileren Belastungsast auf, der bis zu einer Spannung von etwa 80% der Druckfestigkeit praktisch geradlinig verläuft (Bild 7.9-9).

7.9.2.1.6 Zugbelastung

Der Belastungsast der Arbeitslinie verläuft i. allg. bis zu einer Spannung von etwa 2/3 der Zugfestigkeit nahezu geradlinig und krümmt sich dann etwas zur Dehnungsachse (Bild 7.9-10). Lediglich bei sehr jungem Beton ist sie von Anfang an stärker zur Dehnungsachse

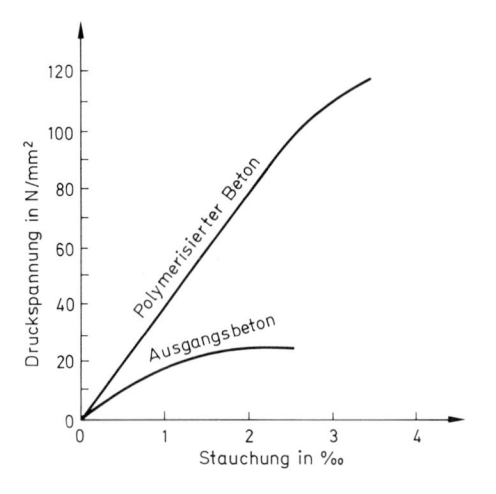

Bild 7.9-9 Arbeitslinie von polymerisiertem Beton [7-79]

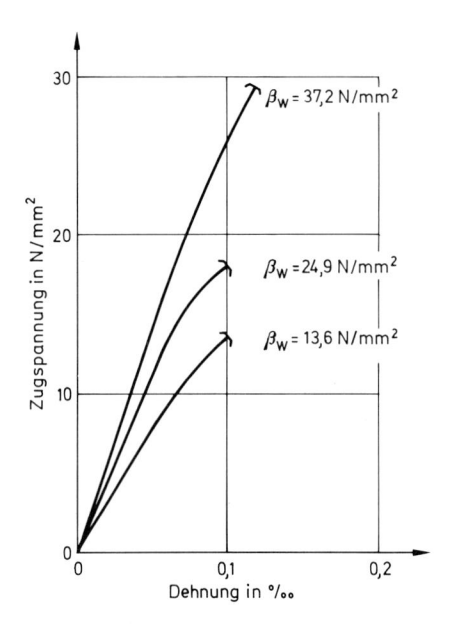

Bild 7.9-10 Arbeitslinien von Beton bei zentrischem Zug [7-90], Dehngeschwindigkeit 0,00125‰/min

hin gekrümmt (Bild 7.9-11). Die Neigung der Ursprungstangente entspricht der bei Druckbeanspruchung. Entlastet man einen mit einer geringen Druckspannung belasteten Prüfkörper, so geht die Entlastungskurve beim Vorzeichenwechsel der Spannung stetig in die Zug-Arbeitslinie über.

Bei Erreichen der Zugfestigkeit erfolgt auch im verformungsgesteuerten Versuch aufgrund der Streuung der Zugfestigkeit längs des Prüfkörpers im allgemeinen ein plötzlicher Bruch. Ein abfallender Ast kann meist nicht oder nur andeutungsweise ermittelt werden, es sei denn, man benützt eine Serie von Dehnungsaufnehmern im zugbruchgefährdeten Bereich und eine trägheitslose Steuerung nach dem jeweils größten Meßwert sowie eine sehr steife Prüfmaschine.

7.9 Formänderungen

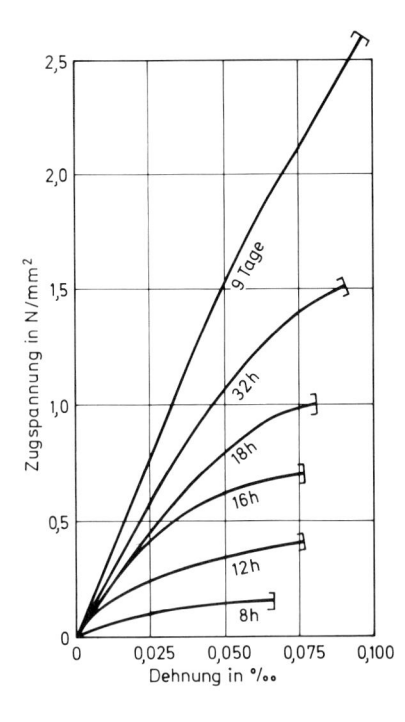

Bild 7.9-11 Einfluß des Betonalters auf die Arbeitslinie von Normalbeton bei zentrischem Zug im kraftgesteuerten Versuch [7-106]

Die Zugbruchdehnung liegt im Kurzzeitversuch in der Größenordnung von 0,10‰. Sie nimmt mit abnehmender Dehngeschwindigkeit zu und ist bei Betonen mit hoher Zugfestigkeit meist etwas höher als bei weniger festen Betonen.

Verhindert man das Austrocknen und damit das Schwinden, so erhält man etwas höhere, bei schneller Austrocknung dagegen niedrigere Bruchdehnungen.

7.9.2.2 Arbeitsvermögen

Das Tragverhalten eines Bauteils wird durch die Energie bestimmt, die von den beteiligten Werkstoffen bis zum Versagen aufgenommen werden kann. Die mögliche Energieaufnahme wird als Arbeitsvermögen bezeichnet.

Der Bemessung wird für den Beton üblicherweise der Belastungsast der Arbeitslinie bis zur Kurzzeitdruckfestigkeit zu Grunde gelegt. Maßgebend für das Tragverhalten insgesamt ist jedoch die Energie, die bis zur vollständigen Zerstörung des Betons gespeichert werden kann. Sie wird durch die Fläche unter der vollständigen Arbeitslinie beschrieben (Bild 7.9-12). Die so definierte Energie umfaßt reversible, d.h. elastische, und irreversible, d.h. plastische bzw. in andere Energieformen umgesetzte Anteile. Sie erlaubt eine vergleichende Aussage über das Bruchverhalten von zäh bis spröde.

Um Betone unterschiedlicher Festigkeit vergleichen zu können, wird die Arbeitslinie durch affine Verzerrung in Richtung der Spannungsachse auf den Scheitelwert β_C bezogen. Man erhält dann durch Integration das bezogene Arbeitsvermögen bez AV, das sich aus den Anteilen des Belastungsastes (bez AVB) und des Entlastungsastes (bez AVE) zusammensetzt (Bild 7.9-12). Es nimmt beim Übergang von spröde nach zäh zu.

Nach [7-107] nimmt das bezogene Arbeitsvermögen und damit die Zähigkeit mit steigen-

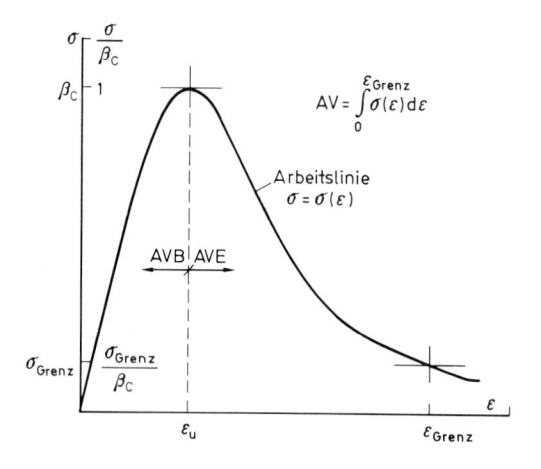

Bild 7.9-12 Vollständige Arbeitslinie im Druckversuch [7-107]

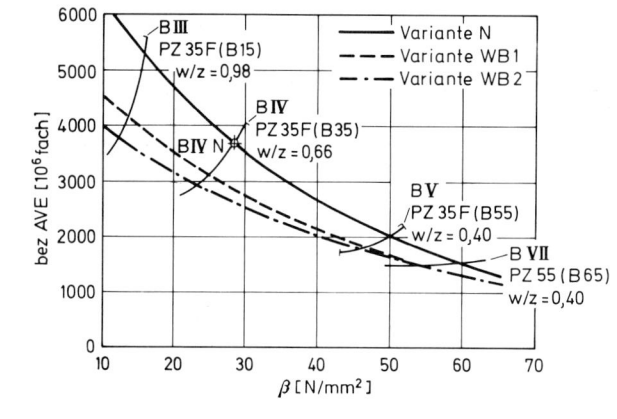

Bild 7.9-13 Bezogenes Arbeitsvermögen im Entlastungsbereich (Druckversuche) [7-107]

der Druckfestigkeit ab (Bild 7.9-13). Dies ist i. w. auf den zunehmend steiler verlaufenden Entlastungsast der bezogenen Arbeitslinien zurückzuführen. Die Werte bez AVE wurden aus dem Entlastungsast bis zu einer Resttragfähigkeit entsprechend $\sigma_{\text{grenz}} = 0{,}1\,\beta_C$ bestimmt.

Bei Normalerhärtung ergibt sich gegenüber der Bezugsvariante BIV (etwa B 35) für B 15 eine Zunahme des Arbeitsvermögens um rd. 15% und für B 65 eine Abnahme um rd. 60%.

Eine beschleunigte Erhärtung infolge Wärmebehandlung (Bild 7.9-14) führt ebenfalls zu einer Abnahme des Arbeitsvermögens. Sie ist bei intensiver Wärmebehandlung deutlich größer als bei mäßiger. Der Einfluß geht jedoch mit steigender Festigkeit zurück.

7.9.2.3 Elastizitätsmodul

7.9.2.3.1 Definition und Bestimmung

Der Elastizitätsmodul, kurz E-Modul genannt, beschreibt den elastischen Verformungswiderstand des Betons und wird durch das Verhältnis einwirkende Spannung zu zugehöri-

7.9 Formänderungen

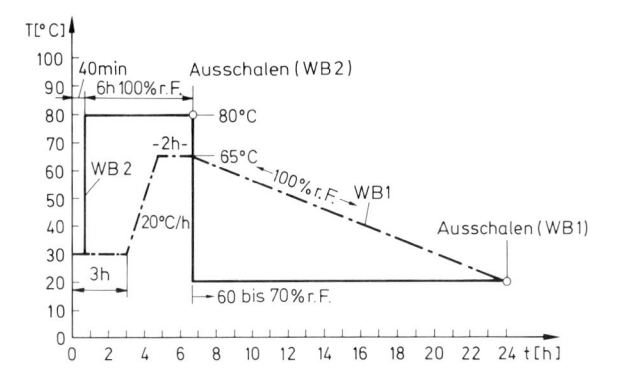

Bild 7.9-14 Temperaturverlauf des Luftraums in der Wärmebehandlungskammer für die Wärmebehandlungen WB1 und WB2 [7-107]

ger elastischer Formänderung ausgedrückt. Man unterscheidet zwischen dem statischen und dem dynamischen E-Modul.

Der statische E-Modul beschreibt den Verformungswiderstand gegen eine stetig zunehmende oder ruhende Beanspruchung. Er kann aus dem Belastungsast der Arbeitslinie eines Druck- oder Zugversuchs als Tangenten-, Sekanten- oder Sehnenmodul bestimmt werden (Bild 7.9-15). In Deutschland wird der statische Druck-E-Modul nach DIN 1048 Teil 1 als Sehnenmodul zwischen der Unterspannung $\sigma_u \approx 0{,}5$ N/mm² und der Oberspannung $\sigma_o \approx 1/3\,\beta_C$ nach 10maliger Be- und Entlastung bei der 11. Belastung mit einer Belastungsgeschwindigkeit von $\dot{\sigma} \approx 0{,}5$ N/(mm² · s) wie folgt ermittelt:

$$E_D = \frac{\sigma_o - \sigma_u}{\varepsilon_o - \varepsilon_u}$$

Durch die vorangegangenen 10 Lastwechsel wird erreicht, daß sich bei der 11. Belastung praktisch nur noch elastische Formänderungen einstellen.

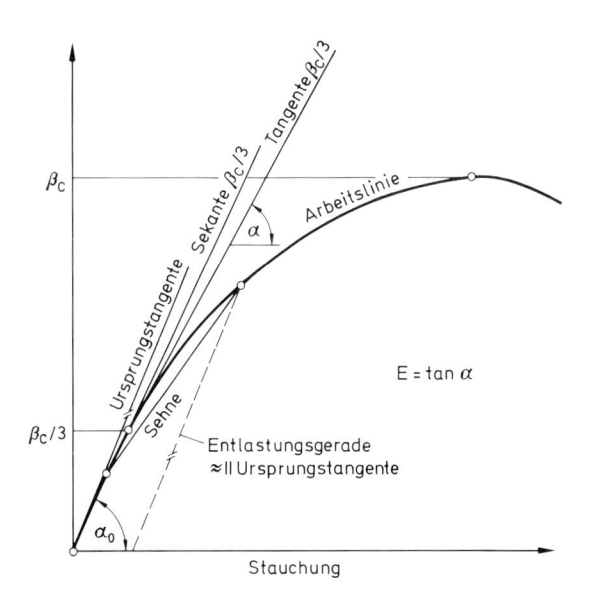

Bild 7.9-15 Arbeitslinie des Betons bei Druckbeanspruchung und verschiedene Definitionen des E-Moduls (schematisch)

Der solcherweise bestimmte Sehnenmodul entspricht aufgrund der geringen unteren Prüfspannung dem Sekantenmodul. Durch Wegfall des überwiegenden Anteils der viskosen und verzögert elastischen Verformungsanteile infolge der 10maligen Vorbelastung ist er meist nur wenig kleiner als der Ursprungstangentenmodul und entspricht etwa dem Entlastungsmodul.

Der dynamische E-Modul beschreibt den Verformungswiderstand bei stoßartigen Beanspruchungen, die sich wellenförmig im Beton fortpflanzen. Er kann aus Schallaufzeitmessungen nach der Beziehung

$$E_{\mathrm{dyn}} = \varrho_{\mathrm{b}} \cdot c^2$$

mit
ϱ_{b} Betonrohdichte
c Schallgeschwindigkeit

oder aus Resonanzfrequenzmessungen ermittelt werden. Die Werte E_{stat} und E_{dyn} sind wegen der völlig unterschiedlichen Beanspruchung nicht ohne weiteres vergleichbar. E_{dyn} liefert jedoch schnelle und vergleichende Informationen, z. B. über den Erhärtungsverlauf oder das Verhalten des Betons bei Auslagerungsversuchen.

Wenn man allgemein vom E-Modul spricht, so ist damit stets der statische E-Modul gemeint. Dies gilt auch für die weiteren Ausführungen.

7.9.2.3.2 Beeinflussung

Der E-Modul des Betons wird bestimmt von den E-Moduln seiner Komponenten Zementstein und Zuschlag. Er ist um so höher, je höher diese sind und liegt der Größe nach dazwischen.

Der E-Modul des Betons ist damit abhängig von der Betonzusammensetzung und dem Erhärtungszustand. Weiter von Einfluß sind Feuchte und Temperatur sowie die Höhe der Beanspruchung.

Zementstein

Der E-Modul des Zementsteins ist im wesentlichen von seiner Porosität abhängig, die vom Wasserzementwert und vom Hydratationsgrad bestimmt wird. Darüber hinausgehende Einflüsse der Zementart sind unbedeutend [7-108]. Für übliche Wasserzementwerte (0,40 bis 0,80) liegt der statische E-Modul von 28 Tage altem Zementstein zwischen 20 000 und 5000 N/mm² (Bild 7.9-16).

Zuschlag

Der E-Modul der als Zuschlag verwendeten Gesteine schwankt in weiten Grenzen ($\sim 20\,000$ bis $100\,000$ N/mm²). Anhaltswerte können der Tabelle 2.2-4 entnommen werden. Im allgemeinen übertrifft der E-Modul des Zuschlags den des Zementsteines um ein Mehrfaches. Eine Ausnahme bilden Leichtzuschläge, deren E-Modul je nach Kornrohdichte zwischen 3000 und 20 000 N/mm² liegt. Für Rheinkies beträgt der E-Modul etwa 40 000 N/mm².

Der E-Modul des Betons nimmt mit steigendem Korn-E-Modul des Zuschlags zu, bezo-

7.9 Formänderungen

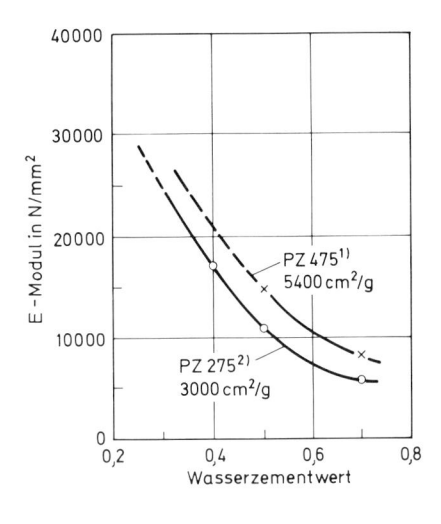

Bild 7.9-16 E-Modul von 28 Tage altem Zementstein in Abhängigkeit vom Wasserzementwert [7-109]

[1]) ≈ PZ 55   [2]) ≈ PZ 35 F

gen auf Beton mit Rheinkiessand gelten für den E-Modul von Beton mit anderen Zuschlägen folgende Verhältniswerte [7-16]:

Hochofenschlacke	1,75
Basalt	1,40
Quarzit, Porphyr	1,25
Moränekiessand	1,15
Muschelkalk	1,00
Mainkiessand	0,70
Sandstein	0,50

Betonzusammensetzung

Bei gleichem Volumenanteil des Zuschlags wirkt sich der E-Modul des Grobkorns stärker aus als der E-Modul des Fein- und Mittelkorns.

Mit wachsendem Zuschlaganteil und sinkendem Zementsteingehalt nimmt normalerweise der E-Modul zu (bei Leichtbeton dagegen mit wachsendem Anteil ab).

Die meisten Einflußgrößen, die die Druckfestigkeit erhöhen, lassen auch den E-Modul anwachsen. Hierzu gehören ein niedriger Wasserzementwert, Verwendung von Zement mit hoher Normdruckfestigkeit, vollständige Frischbetonverdichtung und eine ausreichend lange Nachbehandlung.

Umgekehrt läßt die Einführung von künstlichen Luftporen den E-Modul abfallen. Ebenso ist der E-Modul von wärmebehandeltem Beton häufig etwas niedriger als der von Beton, der bei normaler Temperatur erhärtet ist.

Temperatur

Erhöhte Temperaturen setzen den E-Modul herab. Im weiteren siehe Abschnitt 7.16.2.2.5.

Umgekehrt kann der E-Modul von Beton bei tiefen Temperaturen deutlich höher sein als bei normaler Temperatur (siehe Bild 7.9-7, Steigung der Arbeitslinien). Dies ist auf die Wirkung des in den Poren gefrorenen Wassers zurückzuführen. Eine ähnliche Wirkung hat eine Tränkung des Betons mit polymerisierenden Kunstharzen (Bild 7.9-9).

Feuchte

Feuchter und wassergesättigter Beton hat einen höheren E-Modul als trockener Beton, weil das Wasser in den Poren inkompressibel ist und bei raschen Belastungsvorgängen nicht so schnell entweichen kann. Dieser Einfluß ist mit dafür verantwortlich, daß an großen Prüfkörpern oft ein höherer E-Modul gemessen wird als an kleinen, die schneller austrocknen. Bei den letzteren kommt hinzu, daß durch die schnellere Austrocknung auch die Hydratation früher zum Stillstand kommt.

7.9.2.3.3 *Rechenwerte*

Der E-Modul liegt für übliche Betone mit Festigkeiten von 10 bis 60 N/mm² vorwiegend zwischen 15 000 und 40 000 N/mm². Er nimmt ähnlich wie die Druckfestigkeit mit fortschreitender Erhärtung zu. Es besteht jedoch kein straffer Zusammenhang zwischen diesen beiden Eigenschaften, da sich die verschiedenen Einflüsse unterschiedlich, im Fall des Zuschlag-Größtkorns und der Feuchtigkeit sogar gegensinnig, auswirken.

In DIN 1045 und DIN 4227 Teil 1 sind Rechenwerte für den Elastizitätsmodul im Alter von 28 Tagen in Abhängigkeit von der Festigkeit bzw. der Festigkeitsklasse angegeben (Tabelle 7.9-1). Diese beziehen sich auf Beton mit überwiegend quarzitischem Zuschlag. Wegen des im Abschnitt 7.9.2.3.2 beschriebenen teilweise großen Einflusses der Zuschlagart auf den E-Modul des Betons empfiehlt sich in Sonderfällen eine Bestimmung durch Versuche.

Die sogenannten Rechenwerte gelten nicht für die Nennfestigkeit, sondern für wahrscheinliche Mittelwerte der Festigkeitsklassen. Diese kann man in Anlehnung an [7-110] zu $\beta_{WN} + 8$ N/mm² annehmen. Man erhält dann für den Zusammenhang zwischen E_D und β_W die ausgezogene Kurve in Bild 7.9-17. Sie läßt sich näherungsweise durch die Gleichung

$$E_b = 5150 \cdot \beta_W^{1/2}$$

beschreiben (gestrichelte Linie). In [7-110] sind ebenfalls Richtwerte für den E-Modul enthalten. Sie entsprechen der Gleichung

$$E_b = 9500 \cdot \beta_C^{1/3}$$

und stimmen im unteren und mittleren Festigkeitsbereich recht gut mit den Rechenwerten der DIN 1045 überein, während sie für hohe Festigkeiten etwas niedriger liegen.

Die vorstehenden Gleichungen beschreiben den Zusammenhang $E_D - \beta_W$ für Betone mit gleichem Zuschlag. Die Koeffizienten und damit die Absolutwerte E_D sind von der Ge-

Tabelle 7.9-1 Elastizitätsmodul und Schubmodul des Betons, Richtwerte nach DIN 1045 und DIN 4227

Betonfestigkeits-klasse	Elastizitätsmodul E_b MN/m²	Schubmodul G_b MN/m²
B 10	22 000	–
B 15	26 000	–
B 25	30 000	13 000
B 35	34 000	14 000
B 45	37 000	15 000
B 55	39 000	16 000

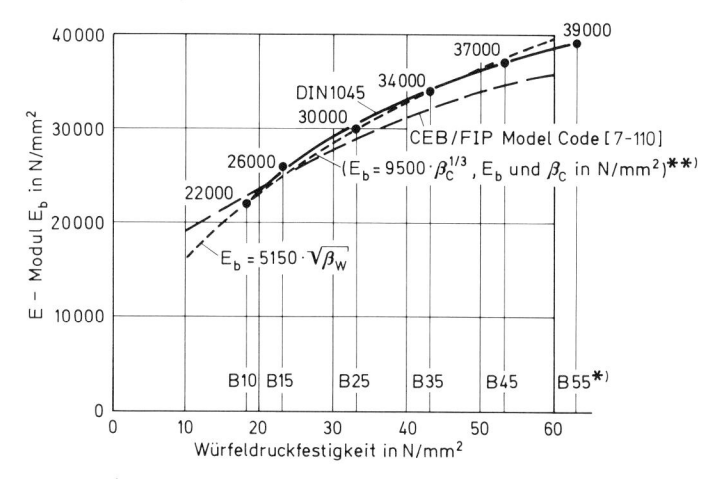

7.9 Formänderungen

Bild 7.9-17 Zusammenhang zwischen statischem E-Modul und Druckfestigkeit

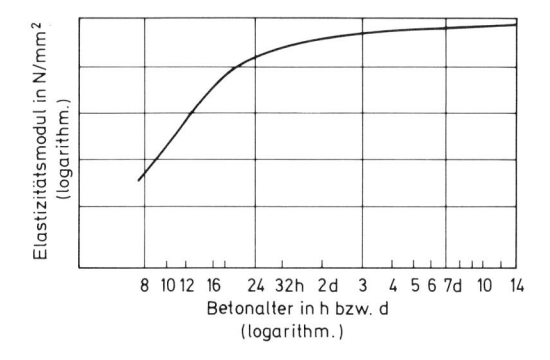

*) Mittlere Festigkeit 8 N/mm² über der Nennfestigkeit angenommen
**) $\beta_C = 0{,}8$ bis $0{,}9\,\beta_W$

Bild 7.9-18 Elastizitätsmodul von jungem Beton bei zentrischem Zug (Sekantenmodul für $\varepsilon = 0{,}025‰$ aus den Arbeitslinien des Bildes 7.9-11, PZ 35 F, $w/z = 0{,}55$) [7-106]

steinsart des Zuschlags abhängig. Im Einzelfall kann deshalb eine versuchsmäßige Bestimmung zweckmäßig sein.

7.9.2.3.4 Zeitliche Entwicklung

Die zeitliche Entwicklung verläuft beim E-Modul rascher als bei der Druckfestigkeit. Das Verhältnis E_t/E_{28} kann zu etwa $(\beta_t/\beta_{28})^{1/3}$ bis $(\beta_t/\beta_{28})^{1/2}$ angenommen werden. Der in [7-111] angegebene Beiwert $k_e \doteq E_t/E_{28}$ entspricht $(\beta_t/\beta_{28})^{1/3}$.

Bild 7.9-18 zeigt die Entwicklung des Zug-E-Moduls in sehr jungem Alter. Die Entwicklung des Druck-E-Moduls verläuft ähnlich.

7.9.2.3.5 Zusammenhang statischer-dynamischer E-Modul

Der dynamische E-Modul ist stets größer als der statische (Bild 7.9-19). Der Unterschied nimmt mit zunehmender Festigkeit ab. Das Verhältnis zwischen dynamischem und stati-

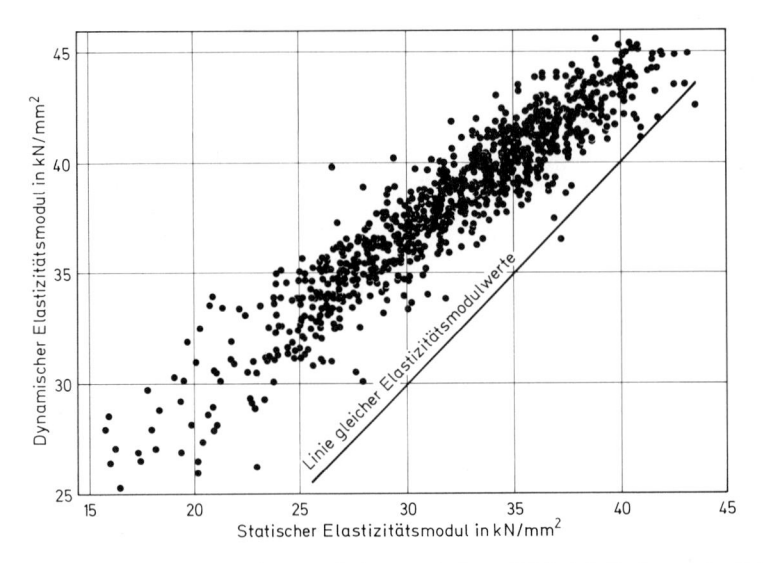

Bild 7.9-19 Zusammenhang zwischen statischem E-Modul (Steigung der Sekante der Entlastungskurve für $\sigma_0 = \beta_C/3$) und dynamischem E-Modul (aus Resonanzfrequenzmessungen) [7-112]

schem E-Modul wird vom Porenraum, dem Wassersättigungsgrad des Porensystems und der Zuschlagart stark beeinflußt.

7.9.2.3.6 Zugbelastung

Der E-Modul bei einer Zugbeanspruchung ist näherungsweise gleich dem E-Modul für Druck im Bereich kleiner Beanspruchungen (Ursprungstangentenmodul). Bei Spannungen in der Nähe der Zugfestigkeit nimmt der Sekantenmodul allerdings wegen fortschreitender Mikrorißbildung etwa auf 1/3 ab [7-113].

7.9.2.4 Querdehnzahl und Schubmodul

7.9.2.4.1 Querdehnzahl

Bei einer Beanspruchung des Betons entstehen neben den Formänderungen in Lastrichtung auch Formänderungen senkrecht zur Lastrichtung.

Bei zentrischer einachsiger Druckbeanspruchung nehmen die Querdehnungen ε_q bis $\sigma/\beta_W \approx 0{,}8$ annähernd linear mit den Längsstauchungen ε_l zu, erreichen jedoch nur einen Bruchteil von diesen (Bild 7.9-20). Das Verhältnis von elastischer Querdehnung zu elastischer Längsstauchung

$$\mu = \frac{\varepsilon_l}{\varepsilon_q}$$

wird als Querdehnzahl μ (POISSON-Zahl) bezeichnet.

Solange die Querdehnzahl eines Werkstoffs kleiner ist als 0,5, bewirkt eine einachsige Druckbelastung eine Volumenabnahme. Bei $\mu = 0{,}5$ bleibt das Volumen konstant, bei $\mu > 0{,}5$ nimmt es zu.

7.9 Formänderungen

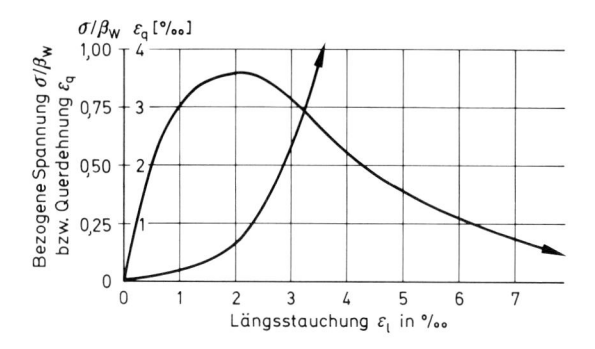

Bild 7.9-20 Zusammenhang zwischen Druckspannung, Längsstauchung und Querdehnung im verformungsgesteuerten Druckversuch [7-101] ($\beta_W = 24$ N/mm^2, $\dot{\varepsilon}_l = 1$‰ in 7,5 Minuten)

Die Querdehnzahl des Betons hängt von der Zusammensetzung, vom Erhärtungszustand, der Wasserfüllung der Poren und von den Prüfbedingungen ab. Sie liegt bis $\sigma/\beta_W \approx 0,8$ in der Regel zwischen 0,15 und 0,25 und nimmt i. allg. mit fallender Betonfestigkeitsklasse ab [7-50].

Steigt die Beanspruchung bis in die Nähe der Druckfestigkeit, so wächst die Querdehnung zunehmend schneller an, und die Volumenabnahme verringert sich. Das Betonvolumen erreicht ein Minimum, wenn $d\varepsilon_q/d\varepsilon_l$ den Wert 0,5 angenommen hat, und nimmt bei weiterer Laststeigerung wieder zu. Die zugehörige Spannung wird als kritische Druckspannung bezeichnet [7-114, 7-115]. Die Volumenzunahme oberhalb der kritischen Spannung, die mit der verstärkten Krümmung der Arbeitslinie in diesem Bereich korrespondiert, wird auf die Aufweitung von Rissen im Grenzbereich zwischen Zuschlagkörnern und Zementstein zurückgeführt. Beim Zementstein selbst tritt der v. g. Umkehrpunkt nicht auf (Bild 7.9-21).

Die Querkontraktion bei Zugbeanspruchung ist um etwa 10 % kleiner als die Querdehnung bei einer gleich großen Druckbeanspruchung [7-50].

7.9.2.4.2 Schubmodul

Der Schubmodul G ist der Quotient aus Schubspannung τ und zugehöriger elastischer Schubverformung (Winkeländerung) γ:

$$G = \frac{\tau}{\gamma}$$

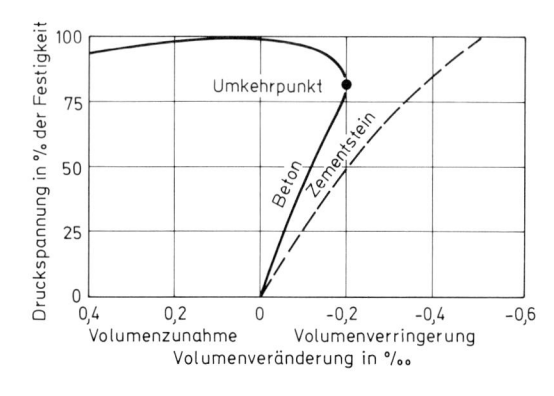

Bild 7.9-21 Volumenveränderung von Beton und Zementstein beim Druckversuch [7-114]

Zwischen dem Schubmodul G, dem E-Modul E und der Querdehnzahl μ besteht die Beziehung:

$$G = \frac{E}{2(1+\mu)}$$

Rechenwerte für den Schubmodul sind in Tabelle 7.9-1 angegeben.

7.9.3 Kriechen und Relaxation

7.9.3.1 Allgemeines

Man versteht unter Kriechen die zeitabhängige Zunahme der Verformungen des Betons unter Dauerlast unter Ausschluß von Schwinden und Quellen (vgl. Abschn. 7.9.1). Die Zunahme ist zunächst sehr groß, nimmt aber mit der Zeit ab und ist bei Bauteilen im Inneren nach einer Belastungsdauer von 2 bis 4 Jahren, bei Bauteilen im Freien, wie z. B. bei Brücken, nach 6 bis 8 Jahren meist weitgehend abgeklungen (Bild 7.9-22).

Die Kriechverformungen können ein Mehrfaches der sofort eintretenden Verformungen erreichen. Sie sind für die Durchbiegung von Bauteilen unter Dauerbelastung von großer Bedeutung. Bei Zwangbeanspruchung statisch unbestimmter Konstruktionen und beim Zusammenwirken des Betons mit anderen Baustoffen, wie bei der Verbundbauweise, führen sie zu einer Umlagerung der Schnittkräfte bzw. der Spannungen.

Das Kriechen bewirkt einen Abbau von Eigen- und Zwangspannungen (Relaxation).

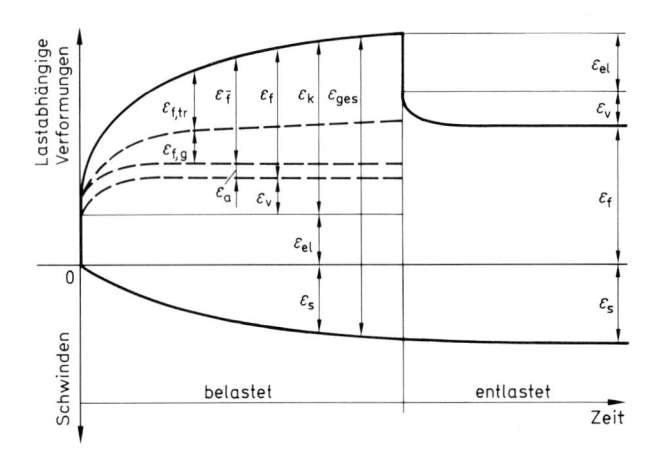

Bild 7.9-22 Formänderungen von austrocknendem Beton unter einer länger andauernden Belastung (schematisch)

lastabhängig
- ε_{el} elastische Verformung
- ε_k Kriechen
  - ε_v verzögert elastische Verformung
  - ε_f Fließen
    - ε_a rasche Anfangsverformung
    - $\varepsilon_{f,g}$ Grundfließen
    - $\varepsilon_{f,tr}$ Trocknungsfließen

lastunabhängig ε_s Schwinden

7.9 Formänderungen

Der Kriechmechanismus und seine Ursachen sind noch nicht vollständig geklärt. Man kann jedoch davon ausgehen, daß im wesentlichen der Zementstein kriecht und bei üblichem Normalbeton demgegenüber das Kriechen des Zuschlags von untergeordneter Bedeutung ist. Überwiegend wird vermutet, daß das Kriechen vor allem auf die Bewegung und Umlagerung von Wasser im Zementstein, zum Teil auch auf Vorgänge im Feststoffbereich, wie interkristallines Gleiten und Mikrorißbildung, zurückzuführen ist [7-116, 7-117].

Für das Kriechen und seinen Verlauf sind neben der Betonzusammensetzung (Wasserzementwert, Zementgehalt) insbesondere der Erhärtungsgrad (Festigkeit) und die Feuchte des Betons bei der Lastaufbringung sowie die Umweltbedingungen während der Belastungsdauer von Bedeutung. Dabei üben letztere den größten Einfluß aus, da sie die Feuchte des Betons bestimmen.

Die Kriechverformung ε_k setzt sich aus einem bleibenden Anteil, dem Fließen ε_f, und einem reversiblen Anteil, der verzögert elastischen Verformung ε_v, zusammen.

$$\varepsilon_k = \varepsilon_f + \varepsilon_v$$

Für wissenschaftliche Überlegungen kann das Fließen ε_f noch in die Anteile ε_a (rasche Anfangsverformung), $\varepsilon_{f,g}$ (Grundfließen) und $\varepsilon_{f,tr}$ (Trocknungsfließen) aufgespalten werden. Für praktische Belange ist diese Aufteilung jedoch nur bedingt von Bedeutung.

Zur Vorhersage der Kriechverformungen müssen, da ein umfassendes strukturphysikalisch begründetes Stoffgesetz bislang nicht vorliegt, empirische Gesetzmäßigkeiten herangezogen werden. Es wurde eine Reihe von Verfahren entwickelt, die im stoffmechanischen Konzept wie auch in der Ausführlichkeit der Formulierung und der benötigten Eingabedaten zum Teil beträchtlich voneinander abweichen. Hinsichtlich der mathematischen Formulierung sind zwei Gruppen zu unterscheiden. Bei der ersten Gruppe wird die Kriechzahl φ_t (Abschn. 7.9.3.2) mit einem Produktansatz ermittelt, bei der zweiten, zu der auch das Verfahren nach DIN 4227 gehört, mit einem Summenansatz. Ein wesentliches Merkmal der Summenansätze ist, daß für die Alterung des Betons, d.h. den Einfluß des Belastungsalters, und für den zeitlichen Verlauf der Fließverformung die gleiche Zeitfunktion angesetzt wird. Alle Vorhersageverfahren gehen von einem linearen Zusammenhang zwischen Kriechverformung und kriecherzeugender Spannung aus [7-117].

Umfangreiche Parameterstudien haben gezeigt, daß die nach verschiedenen Verfahren ermittelten Verformungen für einen bestimmten Fall deutlich voneinander abweichen können [7-116, 7-118]. In [7-117] wird ein diesbezüglich optimiertes Verfahren vorgestellt, das auf der Grundlage umfangreicher Versuchsergebnisse verschiedener Autoren auf theoretisch-numerischem Weg entwickelt wurde. Es basiert auf einem Summenansatz, in dem die Kriechverformung in die Komponenten verzögert elastische Verformung, Fließen bei versiegelter Lagerung und Fließen bei gleichzeitigem Feuchteaustausch mit der Umgebung aufgespalten wird.

Wenn man allgemein von Kriechen spricht, so ist damit die Kriechverformung in Belastungsrichtung gemeint. Es stellt sich jedoch auch eine entsprechende Verformung senkrecht zur Belastungsrichtung ein. Die Querdehnzahl für Langzeitbelastung $\mu_t = \dfrac{(\varepsilon_{el} + \varepsilon_k)_q}{(\varepsilon_{el} + \varepsilon_k)_l}$ entspricht etwa der elastischen Querdehnzahl μ (s. Abschn. 7.9.2.4.1).

7.9.3.2 Kriechmaß und Kriechzahl

Im Gebrauchslastbereich bis $\sigma/\beta_C \approx 0{,}4$ ist das Kriechen annähernd proportional zur kriecherzeugenden Spannung. Man kann daher mit der auf die Spannungseinheit bezogenen Kriechverformung rechnen, die als Kriechmaß α_k bezeichnet wird.

$$\alpha_k = \frac{\varepsilon_k}{\sigma_k} \; [\frac{1}{\text{N/mm}^2}]$$

Bei höheren Spannungen wachsen die Kriechverformungen überproportional stark an und können in der Nähe der Dauerstandfestigkeit sehr große Werte erreichen [7-119, 7-120].

Für praktische Berechnungen benutzt man i. allg. nicht das Kriechmaß α_k, sondern die Kriechzahl φ_t, die das Verhältnis der Kriechverformung zum Zeitpunkt t zur elastischen Verformung beschreibt, welche der Beton unter der Einwirkung der kriecherzeugenden Spannung im Alter von 28 Tagen erfahren würde.

$$\varphi_t = \frac{\varepsilon_{k,t}}{\varepsilon_{el,28}} = \frac{\varepsilon_{k,t}}{\sigma / E_{b,28}} = \alpha_{k,t} \cdot E_{b,28}$$

(Der Bezug auf den 28-Tage-E-Modul gilt vereinbarungsgemäß für alle Belastungsalter, nicht nur für die Belastung nach 28 Tagen [7-111]. Er ermöglicht eine einfache Superposition der Kriechanteile bei zeitlich veränderlicher Spannung.)

In DIN 4227 Teil 1 ist die Kriechzahl in zwei zu addierende Funktionen aufgespalten, mit denen das Fließen und die verzögert elastische Verformung getrennt ermittelt werden.

$$\varphi_t = (k_{f,t} - k_{f,t_0})\varphi_{f_0} + 0{,}4\, k_{v,(t-t_0)}$$

Hierin bedeuten:

k_f Beiwert nach Bild 7.9-23 für den zeitlichen Ablauf des Fließens in Abhängigkeit von der wirksamen Körperdicke d_{ef}, der Zement-Festigkeitsklasse und dem wirksamen Betonalter. Hiermit kann auch der Einfluß des Belastungsalters auf das Fließen berücksichtigt werden.

φ_{f_0} Grundfließzahl, nach Tabelle 7.9-2 und Bild 7.9-24 in Abhängigkeit von der Lage des Bauteils, beschrieben durch die mittlere relative Luftfeuchte.

k_v Beiwert nach Bild 7.9-28 für den zeitlichen Ablauf der verzögert elastischen Verformung

t Alter, jedoch mit unterschiedlicher Bedeutung beim Fließen (k_f) und bei der verzögert elastischen Verformung (k_v):
Beim Fließen bedeutet t das wirksame Betonalter zum untersuchten Zeitpunkt. Wenn der Beton bei Normaltemperatur (20 °C) erhärtet, ist das wirksame Betonalter gleich dem wahren Betonalter.
Bei von 20 °C wesentlich abweichender Erhärtungstemperatur ist das wirksame Betonalter nach folgender, auf der SAUL'schen Regel (s. Abschn. 4.4.2) beruhenden Formel zu berechnen:

$$t = \sum_i \frac{T_i + 10\,°\text{C}}{30\,°\text{C}} \cdot \Delta t_i$$

mit

T_i mittlere Tagestemperatur des Betons in °C
Δt_i Anzahl der Tage mit der mittleren Tagestemperatur T_i

Bei der verzögert elastischen Verformung bedeutet t immer das wahre Betonalter [7-111, siehe besonders die Fußnote auf S. 32].

7.9 Formänderungen

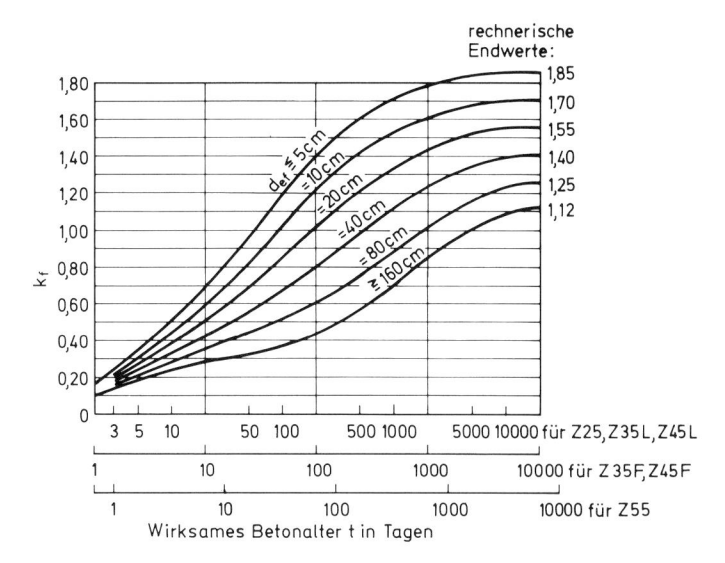

Bild 7.9-23 Beiwert k_f für den zeitlichen Verlauf der Fließverformung in Abhängigkeit von der wirksamen Bauteildicke und der Festigkeitsklasse des Zementes (DIN 4227 Teil 1)

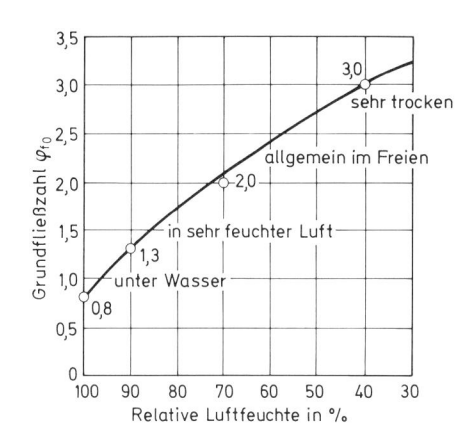

Bild 7.9-24 Einfluß der mittleren Luftfeuchte auf die Grundfließzahl des Betons. (Diese Angaben nach DIN 4227 Teil 1, Tabelle 8, gelten für den Konsistenzbereich KP. In den Konsistenzbereichen KS und KR sind die Werte um 25% zu ermäßigen bzw. zu erhöhen.)

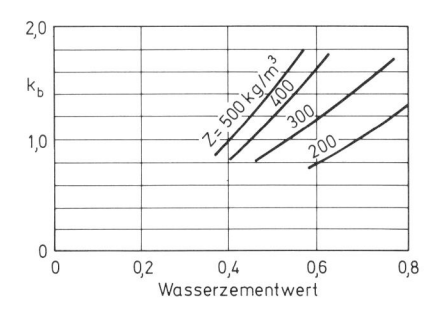

Bild 7.9-25 Einfluß des Wasserzementwerts und des Zementgehalts auf die Fließzahl des Betons nach [7-123]

Tabelle 7.9-2 Richtwerte nach DIN 4227 Teil 1 für die Grundfließzahl, das Grundschwindmaß und den Beiwert k_{ef} zur Berücksichtigung der Lage des Bauteils auf die wirksame Körperdicke d_{ef}

Lage des Bauteils	Mittlere relative Luftfeuchte etwa %	Grundfließzahl φ_{f_0}	Grundschwindmaß ε_{s_0} *)	Beiwert k_{ef}
im Wasser	–	0,8	$+10 \cdot 10^{-5}$	30
in sehr feuchter Luft, z.B. unmittelbar über dem Wasser	90	1,3	$-13 \cdot 10^{-5}$	5,0
allgemein im Freien	70	2,0	$-32 \cdot 10^{-5}$	1,5
in trockener Luft, z.B. in trockenen Innenräumen	50	2,7	$-46 \cdot 10^{-5}$	1,0

*) Ein positives Vorzeichen bedeutet eine Verlängerung (Quellen), ein negatives Vorzeichen eine Verkürzung (Schwinden) gegenüber dem Ausgangszustand.

7.9.3.3 Fließen

Das Fließen des Betons wird im wesentlichen auf die Bewegung und Umlagerung von Wasser im Zementstein und damit verbundene Gleitvorgänge zurückgeführt. Es ist daher stark abhängig vom Feuchtegehalt und dessen Änderung.

Die Fließverformungen, die der Beton erfährt, ohne daß sich sein Feuchtegehalt ändert, bezeichnet man als *Grundfließen*. Dieses wird durch folgende Einflüsse gefördert:
- hoher Wasserzementwert
- hoher Zementsteinanteil
- niedriger Korn-*E*-Modul des Zuschlags
- höhere Temperaturen (bei feuchtem Beton)
- hohe Spannungen oberhalb des Gebrauchslastbereichs
- Belastung in jungem Alter bzw. bei niedrigem Erhärtungsgrad β/β_∞ [7-129]
- Porenwassergehalt

Völlig ausgetrockneter Beton hat nur noch ein sehr geringes Fließvermögen. Das Grundfließen ist jedoch bei 50 % rel.F. größer als bei 100 % rel.F. [7-121].

Das Grundfließen ist unabhängig von den Bauteilabmessungen.

Trocknet der Beton aus, während er unter Dauerlast steht, so wird hierdurch das Kriechen wesentlich vergrößert. Den durch die Austrocknung bewirkten Zuwachs bezeichnet man als *Trocknungsfließen*. Er ist um so größer, je stärker und schneller sich der Feuchtegehalt des belasteten Betons ändert, und zwar bewirkt nicht nur Austrocknen, sondern auch eine Zunahme der Feuchte erhöhtes Kriechen [7-122]. Das Trocknungsfließen wird durch folgende Einflüsse gefördert:
- hoher Feuchtegehalt bei Belastungsbeginn
- austrocknende Umweltbedingungen, also niedrige rel. Luftfeuchte, höhere Temperaturen, bewegte Luft
- geringe Querschnittsabmessungen

Das Trocknungsfließen kann unter baupraktischen Bedingungen ein Mehrfaches des Grundfließens betragen.

7.9 Formänderungen

7.9.3.4 Fließzahl
7.9.3.4.1 Rechenwerte

Die Fließzahl φ_f ist das Verhältnis der gesamten Fließverformung zur elastischen Verformung im Alter von 28 Tagen. Sie ergibt sich nach DIN 4227 Teil 1 durch Multiplikation der Grundfließzahl φ_{f_0} mit einer Zeitfunktion $k_f(t)$.

Die Grundfließzahl φ_{f_0} hat nichts mit dem vorher erläuterten Grundfließen zu tun. Sie ist als Grundwert der Fließzahl in Abhängigkeit von der Lage des Bauteils angegeben (Tab. 7.9-2 bzw. Bild 7.9-24). Sie ist um so größer, je trockener die Umgebung des Bauteils ist.

7.9.3.4.2 Betonzusammensetzung

Wasserzementwert und Zementgehalt

Die Grundfließzahl nimmt mit wachsendem Wasserzementwert zu. Bei konstantem Wasserzementwert steigt sie mit zunehmendem Zementgehalt. Der Einfluß der beiden Parameter läßt sich anhand von Bild 7.9-25 abschätzen. Der Beiwert k_b gibt an, um welchen Faktor φ_{f_0} zu erhöhen ist, wenn eine von der üblichen Betonzusammensetzung (Wasserzementwert $\approx 0{,}50$, Zementgehalt ≈ 330 kg/m^3) abweichende Zusammensetzung vorliegt.

Da bei der Bemessung Wasserzementwert und Zementgehalt des Betons im allgemeinen nicht bekannt sind, werden in DIN 4227 Teil 1 die vorgenannten Einflüsse durch einen Korrekturfaktor berücksichtigt, der an die beim Entwurf leichter festlegbare Frischbetonkonsistenz gebunden ist. Die Werte von Tabelle 7.9-2 bzw. Bild 7.9-24 gelten für den Konsistenzbereich KP, für den eine „übliche" Betonzusammensetzung unterstellt wird. Sie sind für den Bereich KR um 25 % zu erhöhen, für den Bereich KS um 25 % zu erniedrigen. Bei Verwendung von Fließmitteln dürfen die Rechenwerte für die Ausgangskonsistenz angesetzt werden, weil aus einer Vielzahl von Versuchen hervorgeht, daß Kriechen und Schwinden beim Ausgangsbeton und beim Fließbeton etwa gleich sind [7-124].

Zuschlag

Mit abnehmendem Elastizitätsmodul des Zuschlages steigen die Fließverformungen des Betons an (Bild 7.9-26). Der Grund ist, daß sich Zuschläge mit niedrigem E-Modul

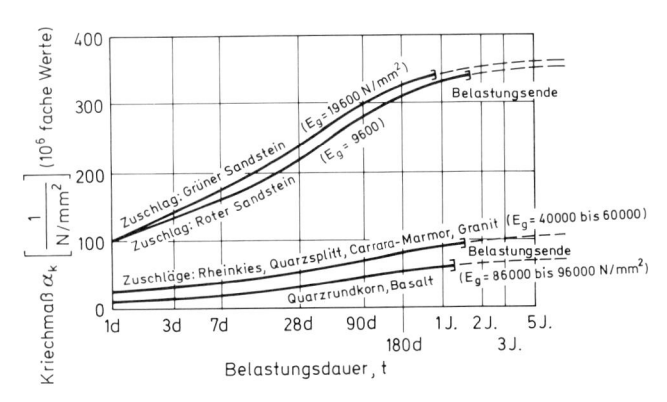

Bild 7.9-26 Einfluß der Gesteinsart auf das Kriechmaß [7-125] (E_g: Korn-E-Modul des Zuschlags)

unter der beim Fließen des Zementsteins stattfindenden Spannungsumlagerung stärker elastisch verformen als Zuschläge mit höherem E-Modul. Die Kriechverformungen der Zuschläge selbst sind in der Regel vernachlässigbar.

Die Kriechzahl φ_t von Normalbeton wird dagegen nach [7-125] durch die Zuschlagart nur wenig beeinflußt, weil die elastischen Verformungen in etwa gleichem Maße vom Korn-E-Modul des Zuschlags abhängen wie die Kriechverformungen.

7.9.3.4.3 Belastungsalter und zeitlicher Verlauf
(s. auch Abschn. 7.9.3.7)

Bild 7.9-23 zeigt die normierten k_f-Kurven der DIN 4227 Teil 1, die den zeitlichen Verlauf des Fließens beschreiben. Sie sind nach der wirksamen Körperdicke d_{ef} gestaffelt, die nach der Gleichung

$$d_{ef} = k_{ef} \cdot \frac{2A}{u}$$

berechnet wird.

Hierin bedeuten:

k_{ef} Beiwert nach Tabelle 7.9-2 zur Berücksichtigung des Einflusses der Feuchte auf die wirksame Dicke
A Fläche des gesamten Betonquerschnittes
u Abwicklung der der Austrocknung ausgesetzten Begrenzungsflächen des gesamten Betonquerschnitts. Bei Hohlprofilen braucht i. allg. nur die Hälfte des inneren Umfangs berücksichtigt zu werden.

Der Beiwert k_f ergibt sich als Differenz der Werte $k_{f,t}$ am Ende des betrachteten Zeitraums und k_{f,t_0} bei Beginn der Belastung. Hiernach gilt folgendes:

– Der Beton fließt um so stärker, je früher er belastet wird und je länger die Dauerlast einwirkt.
– Beton, der in jungem Alter belastet wird, fließt um so schneller und stärker, je kleiner die wirksame Körperdicke ist. Das liegt daran, daß dünne Bauteile schneller austrocknen, wodurch das Trocknungsfließen gefördert wird.
– In höherem Alter zeigen dagegen Bauteile mit größerer wirksamer Körperdicke die höheren Fließverformungen, weil bei ihnen das Trocknungsfließen noch anhält, während es bei dünneren Bauteilen infolge schnellerer Austrocknung schon weitgehend abgeklungen ist. Dies veranschaulicht Bild 7.9-27, das aus den k_f-Kurven des Bildes 7.9-23 abgeleitet wurde.
– Für Beton, der bei einer von 20 °C abweichenden Temperatur erhärtet, ist anstelle des wahren Alters bei der Ermittlung des Beiwertes k_f das in Abschnitt 7.9.3.2 erläuterte wirksame Betonalter zugrundezulegen. Dabei wird vernachlässigt, daß sich die Temperatur auf die beiden Einflußgrößen Erhärtungszustand und Austrocknungsverlauf unterschiedlich auswirken kann. Von zwei Betonen mit gleichem wirksamen Alter wird der Beton, der kürzere Zeit bei höherer Temperatur lagerte, das kleinere Fließvermögen besitzen. Aus diesem Grunde wurde in [7-126] im Hinblick auf das Fließen anstelle des wirksamen Betonalters bzw. der Reife eine gewichtete Reife eingeführt.
– Der zeitliche Verlauf des Fließens hängt auch von der Erhärtungsgeschwindigkeit des Zements ab. Bei der Ermittlung des Beiwerts k_f nach Bild 7.9-23 wird dies dadurch berücksichtigt, daß für die langsam erhärtenden Zemente Z 25, Z 35 L und Z 45 L das wirksame Alter nur halb so groß, für den besonders schnell erhärtenden Zement Z 55

7.9 Formänderungen

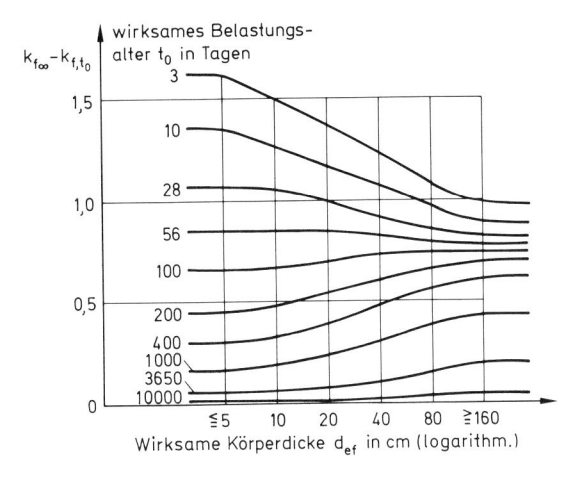

Bild 7.9-27 Einfluß der wirksamen Körperdicke und des Belastungsalters auf das Fließen (Auswertung des Bildes 7.9-23 [7-111])

dagegen 1,5mal so groß anzunehmen ist wie für Zemente Z 35 F und Z 45 F mit mittlerer Erhärtungsgeschwindigkeit. Dies wirkt sich dahingehend aus, daß die Endfließzahl von in jungem Alter belastetem Beton bei Verwendung von schnell erhärtendem Zement niedriger ist als bei langsam erhärtendem Zement.

Ein darüber hinausgehender, spezifischer Einfluß der Zementart (z. B. Portlandzement, Hochofenzement, Zusammensetzung des Klinkers, Mahlfeinheit) auf das Kriechen ist nicht erwiesen.

7.9.3.5 Verzögert elastische Verformung

Unter der verzögert elastischen Verformung versteht man den Teil der Kriechverformung, der bei einer der Dauerbelastung folgenden Entlastung im Laufe der Zeit wieder vollständig zurück geht. Man hat sie früher als Rückkriechen bezeichnet. Sie kann nur im Anschluß an die Entlastung beobachtet werden, tritt aber bereits während der Belastung auf. Sie ist auf die Wechselwirkung zwischen der vorwiegend viskosen Phase Zementstein und der vorwiegend elastischen Phase Zuschlag zurückzuführen.

Der zeitliche Verlauf ist auf Bild 7.9-28 dargestellt. Er erstreckt sich über mehrere Monate.

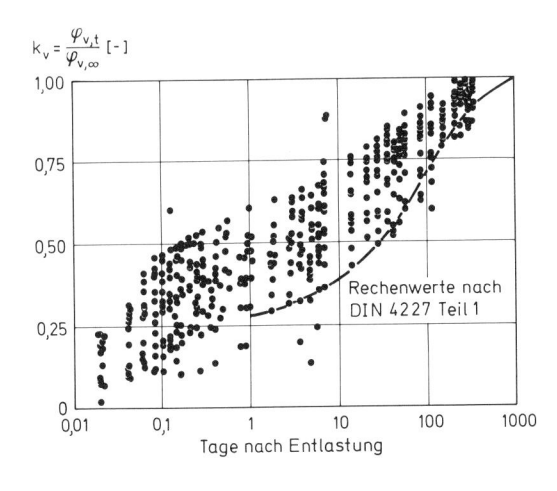

Bild 7.9-28 Verlauf der verzögert elastischen Verformung. Vergleich der Rechenwerte nach DIN 4227 Teil 1, Bild 2, mit Versuchswerten (Entlastung von Kriechproben) [7-129]

7.9.3.6 Endkriechzahl

Der voraussichtliche Endwert der Kriechverformungen läßt sich aus dem zeitlichen Verlauf der beobachteten Verformungen nur bedingt abschätzen, da das Kriechen, je nach Bauteildicke und Austrocknungsbedingungen, selbst nach 20jähriger Belastung noch fortschreiten kann [7-127]. Meist benutzt man dazu das Verfahren von Ross [7-119]. Dabei wird dem oberen, schon ziemlich flach verlaufenden Ast der beobachteten Kriechkurve eine Hyperbel angeschmiegt und deren Asymptote bestimmt.

Richtwerte für die Endkriechzahl φ_∞ sind in DIN 4227 Teil 1 angegeben (Bild 7.9-29).

Kurve	Lage des Bauteiles	Mittlere Dicke $d_m = 2\frac{A}{u}$ *)	Endkriechzahlen φ_∞	Endschwindmaße $\varepsilon_{s\infty}$
1	feucht, im Freien (rel. Luftfeuchte ≈70%)	klein (≦10 cm)	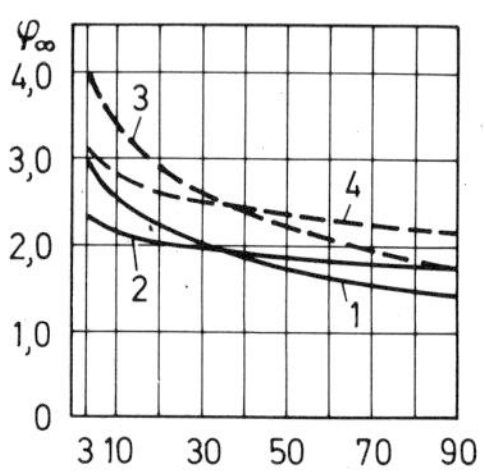 Wirksames Betonalter t_0 bei Belastungsbeginn in Tagen	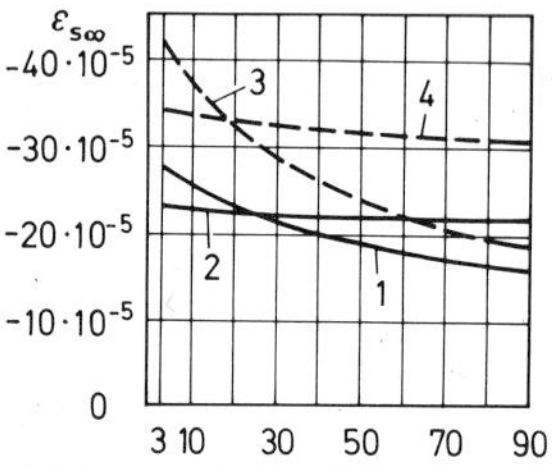 Wirksames Betonalter t_0 in Tagen, ab dem das Schwinden berücksichtigt werden soll
2		groß (≧80 cm)		
3	trocken, in Innenräumen (rel. Luftfeuchte ≈50%)	klein (≦10 cm)		
4		groß (≧80 cm)		

Anwendungsbedingungen:
Die Werte gelten für den Konsistenzbereich KP. Für die Konsistenzbereiche KS bzw. KR sind die Zahlen um 25% zu ermäßigen bzw. zu erhöhen. Bei Verwendung von Fließmitteln darf die Ausgangskonsistenz angesetzt werden.
Die Werte gelten für Beton mit Zement der Festigkeitsklassen Z 35 F und Z 45 F. Der Einfluß von Zement mit langsamerer Erhärtung (Z 25, Z 35 L, Z 45 L) bzw. mit sehr schneller Erhärtung (Z 55) auf das Kriechen kann dadurch berücksichtigt werden, daß die Richtwerte für den halben bzw. 1,5fachen Wert des wirksamen Betonalters bei Belastungsbeginn abzulesen sind.

*) A Fläche des Betonquerschnittes; u der Atmosphäre ausgesetzter Umfang des Bauteiles

Bild 7.9-29 Endkriechzahl φ_∞ und Endschwindmaß $\varepsilon_{s\infty}$ von Normalbeton in Abhängigkeit vom wirksamen Betonalter und der mittleren Dicke des Bauteils nach DIN 4227 Teil 1

7.9 Formänderungen

7.9.3.7 Einfluß des Belastungsalters
7.9.3.7.1 Junger Beton

Berechnet man mit Hilfe der in Bild 7.9-23 dargestellten Beiwerte die Kriechverformungen, die bei einer Belastung innerhalb der ersten 4 bis 8 Wochen auftreten, so ergibt sich nach Bild 7.9-30 für den sehr schnell erhärtenden Zement Z 55 eine größere Kriechzahl φ_t, für langsam erhärtende Zemente (Z 25, Z 35 L, Z 45 L) dagegen eine kleinere Kriechzahl φ_t als für Beton aus Zement mit mittlerer Erhärtungsgeschwindigkeit (Z 35 F, Z 45 F). Dieses Ergebnis ist bedingt durch die Verschiebung der Zeitachse des k_f-Diagramms. Hierdurch geht bei jeweils gleicher Belastungsdauer für Beton mit schneller erhärtendem Zement ein größerer Kurvenabschnitt in die Rechnung ein als für Beton mit langsamer erhärtendem Zement, was zu einer größeren Fließzahl führt. Das tatsächliche Verhalten ist gerade umgekehrt. Da der Beton mit frühhochfestem Zement bereits bei Beginn der Belastung einen höheren Hydratationsgrad und einen höheren Prozentsatz seiner Endfestigkeit erreicht hat, als der Beton mit langsamer erhärtendem Zement (Bild 7.9-31), hat er nicht nur, wie die Rechenannahmen richtig ergeben, ein niedrigeres Kriechmaß zum Zeitpunkt $t = \infty$, sondern auch für alle Zwischenzeiten.

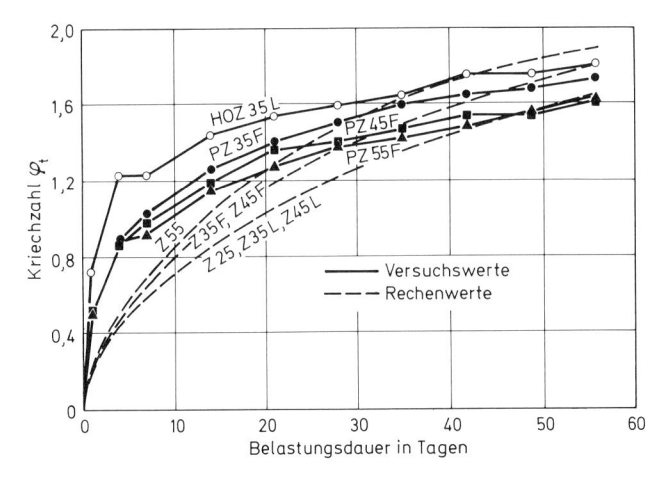

Bild 7.9-30 Zeitlicher Verlauf der Kriechzahl φ_t bei Belastung im Alter von 3 Tagen. Vergleich von Versuchswerten mit den entsprechenden Rechenwerten nach DIN 4227 Teil 1 ($d = 15$ cm, Lagerung bei 65% rel F.; $d_{ef} \approx 10$ cm, $\varphi_{f_0} = 2{,}2$) [7-128]

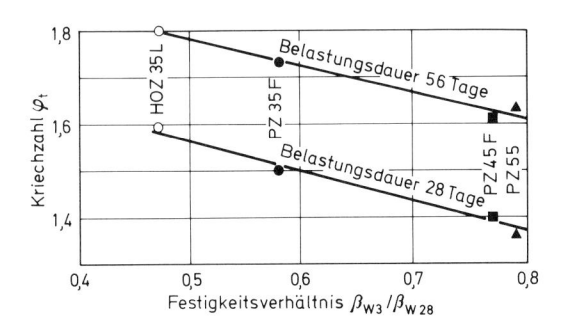

Bild 7.9-31 Einfluß des Festigkeitsverhältnisses β_{W3}/β_{W28} bei Belastungsbeginn im Alter von 3 Tagen auf die Kriechzahl φ_t nach 28tägiger und 56tägiger Belastung [7-128]

7.9.3.7.2 Hohes Betonalter

Bei einer Belastung oder Laständerung im Alter von mehr als 5 Jahren sind nach den Rechenannahmen von DIN 4227 Teil 1 bei dünnwandigen Bauteilen fast nur noch elastische und verzögert elastische Verformungen zu erwarten.

Bei Kriechversuchen und Rückverformungsmessungen an Betonen, die bei der Belastung 6,5 bis 40 Jahre alt waren, wurde folgendes festgestellt [7-129, 7-130]:

- Betont kriecht auch noch, wenn die Belastung in sehr hohem Alter aufgebracht wird.
- Auch in sehr hohem Alter setzt sich die gesamte Kriechverformung aus einem Fließanteil und einem verzögert elastischen Anteil zusammen.
- Der Fließanteil ist in hohem Alter bedeutend niedriger als bei jungem Beton und kleiner als die elastische Anfangsverformung. Er erreicht etwa die gleiche Größenordnung wie die verzögert elastische Verformung.
- Der Endwert der verzögert elastischen Verformung wurde als 0,2- bis 0,3faches der elastischen Anfangsverformung bestimmt. (In DIN 4227 Teil 1 sind die zeitabhängigen Verformungen stets auf die elastische 28-Tage-Verformung bezogen.)

7.9.3.8 Einfluß der Temperatur

7.9.3.8.1 Hohe Temperaturen

Es ist zwischen dem Kriechen bei konstanter und bei veränderlicher Temperatur zu unterscheiden.

Konstante Temperatur (stationäres Kriechen)

Wird die Dauerlast wirksam, nachdem der Beton eine erhöhte, konstant bleibende Temperatur erreicht hat, so kriecht der Beton durchweg um so stärker, je höher die Temperatur ist.

Die in Bild 7.9-32 dargestellten Versuchsergebnisse verschiedener Autoren zeigen erhebliche Abweichungen. Teilweise betrugen die Kriechverformungen bei 80 °C etwa das 4- bis 5fache der Werte bei 20 °C, vielfach erreichen sie jedoch nur das 1,5- bis 2,5fache. Die Abweichungen lassen sich durch den unterschiedlichen Feuchtigkeitshaushalt der Betonproben erklären.

Bei unversiegelten Proben bewirkt eine Erwärmung eine schnelle Feuchtigkeitsabgabe. Hierdurch wird das Kriechen zunächst intensiviert. Nach dem Austrocknen geht das Kriechen jedoch stark zurück. Bei den nicht zu dickwandigen Bauteilen überwiegt der letztgenannte Einfluß. Die großen Kriechverformungen sind vollständig versiegelten Proben mit hohem Feuchtegehalt zuzuordnen (Massenbetonbedingungen), während die niedrigeren Werte an mehr oder weniger ausgetrockneten Proben festgestellt werden, deren Kriechvermögen durch den Verlust des Gelwassers herabgesetzt ist [7-132, 7-133]. Wie Bild 7.9-33 zeigt, erfahren aber zuweilen auch die unversiegelten Proben die größeren Kriechverformungen.

Das Kriechen unversiegelter Proben bei Temperaturen deutlich über 100 °C kann nach Bild 7.9-34 abgeschätzt werden. Bei 300 °C sind Kriechverformungen zu erwarten, die etwa das drei- bis fünffache der bei 20 °C betragen [7-131].

7.9 Formänderungen

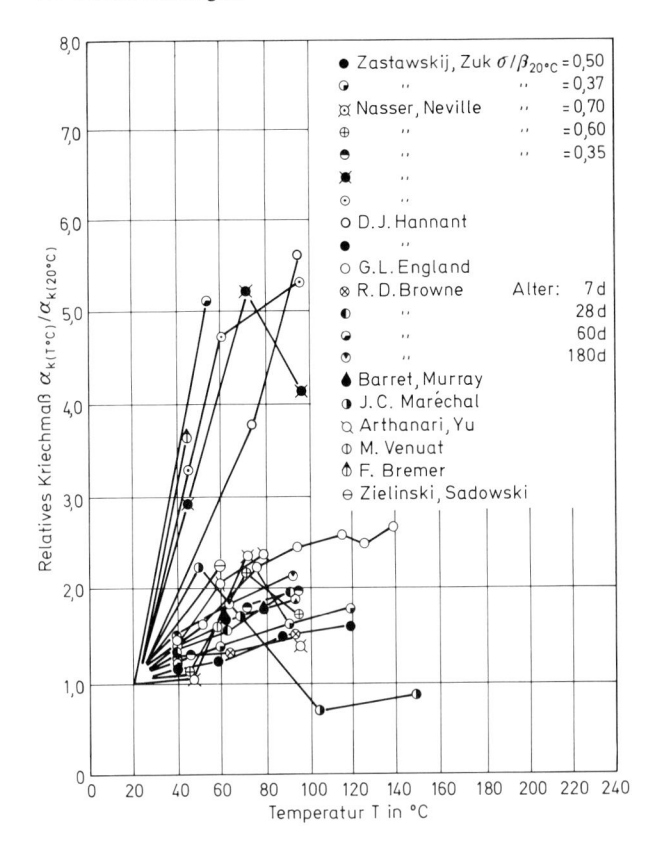

Bild 7.9-32 Einfluß erhöhter konstanter Temperaturen auf das Kriechen [7-131]

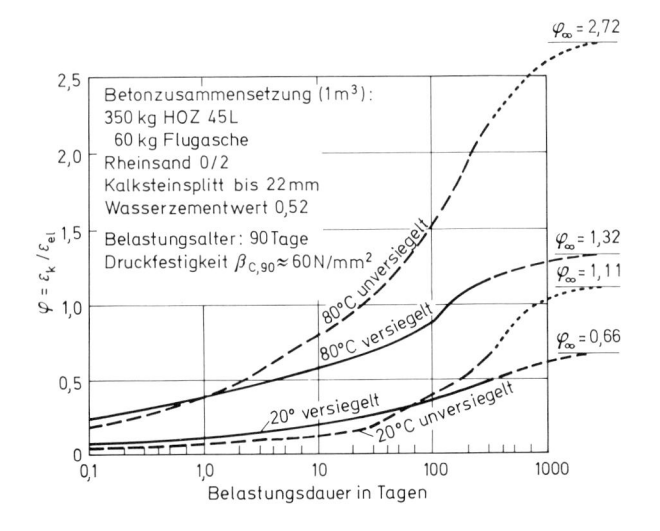

Bild 7.9-33 Einfluß der Temperatur auf das Kriechen von Reaktorbeton [7-134]

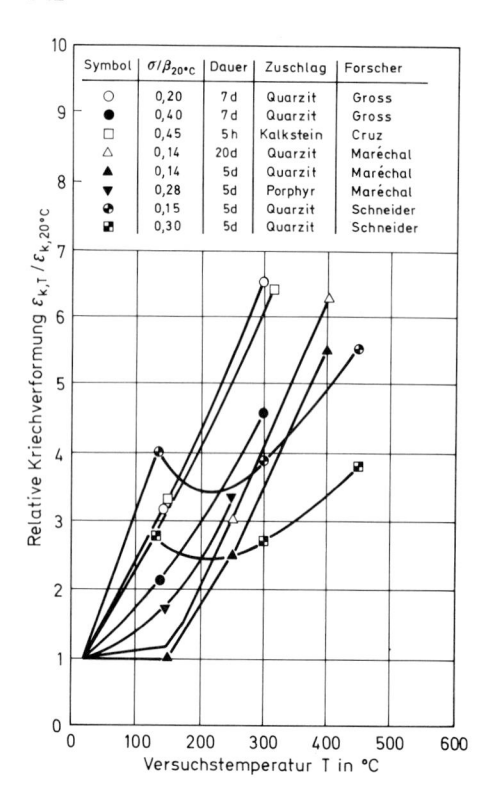

Bild 7.9-34 Relative Kriechverformung von Normalbetonen bei hohen Temperaturen (Probekörper unversiegelt) [7-131]

Veränderliche Temperatur (Übergangskriechen)

Wird Beton im belasteten Zustand erwärmt, so erfährt er außer der Wärmedehnung zusätzlich lastabhängige Verformungen, die als Übergangsverformungen bezeichnet werden. Diese setzen sich aus einem elastischen Anteil, der durch die thermisch bedingte Änderung des Elastizitätsmoduls (Bild 7.9-35) verursacht ist, und dem sog. Übergangskriechen (engl. „transitional thermal creep") zusammen.

Das Übergangskriechen tritt nur bei der erstmaligen Erwärmung auf eine bestimmte Temperatur auf und ist praktisch irreversibel. Eine Abkühlung bewirkt kein Übergangskriechen, eine Wiedererwärmung auf eine bereits früher einmal erreichte Temperatur nur dann, wenn der Beton zwischenzeitlich intensiv durchfeuchtet wurde. Bild 7.9-36 zeigt schematisch die bei veränderlicher Temperatur auftretenden Kriechanteile.

Das Übergangskriechen läuft sehr schnell ab und kommt kurze Zeit nach dem Ende der Temperaturerhöhung vollständig zum Stillstand. Es ist praktisch unabhängig vom Erhärtungszustand des Betons bei der Temperaturänderung und von der Aufheizgeschwindigkeit und stellt sich daher in gleicher Größe ein, wenn die Temperaturerhöhung in einem Schritt oder in mehreren Schritten bis zur gleichen Endtemperatur erfolgt [7-126]. Die Größe der Übergangskriechverformungen ist im Vergleich zu den Kriechverformungen, die bei konstanter Temperatur auftreten, ganz erheblich. Bild 7.9-37 zeigt Größe und zeitlichen Verlauf des stationären und des Übergangskriechens bei einer Torsionsbeanspruchung, die in der Probekörperoberfläche eine Hauptzugspannung von 0,67 N/mm², entsprechend 16 % der Spaltzugfestigkeit, erzeugte.

7.9 Formänderungen

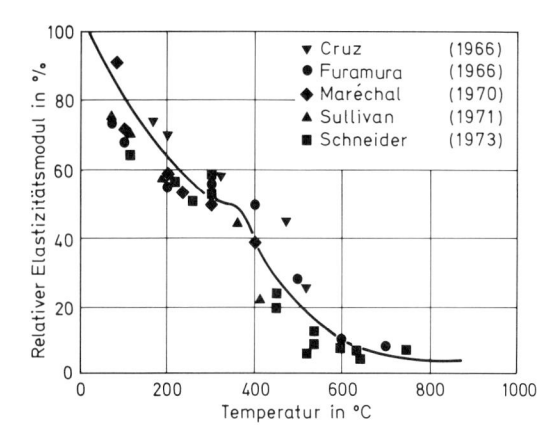

Bild 7.9-35 Einfluß der Temperatur auf den Elastizitätsmodul von Beton [7-131]

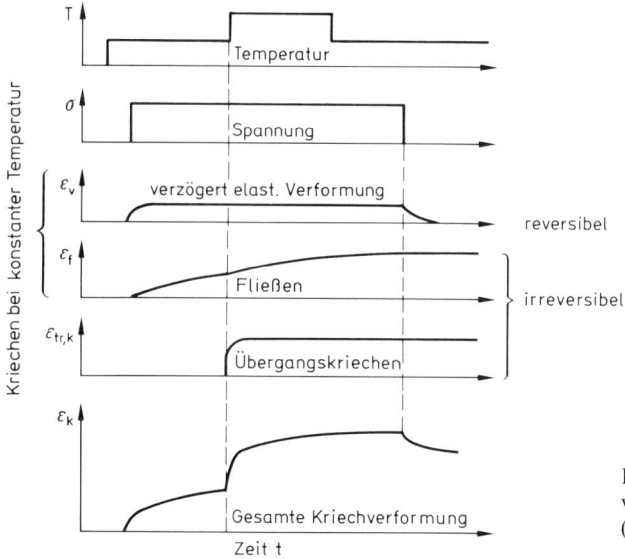

Bild 7.9-36 Kriechanteile bei veränderlicher Temperatur (schematisch) [7-135]

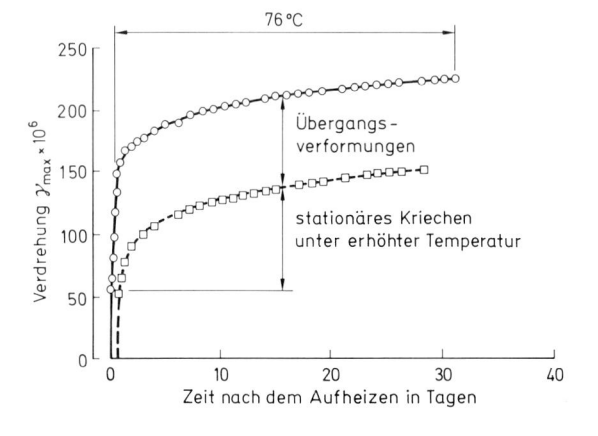

Bild 7.9-37 Verformungen von Mörtelproben, die kurz vor und kurz nach einer Erwärmung von 20 auf 76 °C durch ein Torsionsmoment belastet wurden [7-135]

Bild 7.9-38 zeigt den Einfluß mehrfacher Temperaturänderungen auf die Verformungen unter einer Torsionsbeanspruchung. Hieraus geht hervor, daß eine Abkühlung und eine Wiedererwärmung auf eine früher bereits einmal erreichte Temperatur zu keinen zusätzlichen Kriechverformungen führt.

Bild 7.9-39 zeigt schematisch die Auswirkung der Übergangsverformungen auf die Längenänderungen einer auf Druck beanspruchten Probe, die unter Last erwärmt und dann wieder abgekühlt wird. Infolge der irreversiblen Übergangsverformungen stellen sich

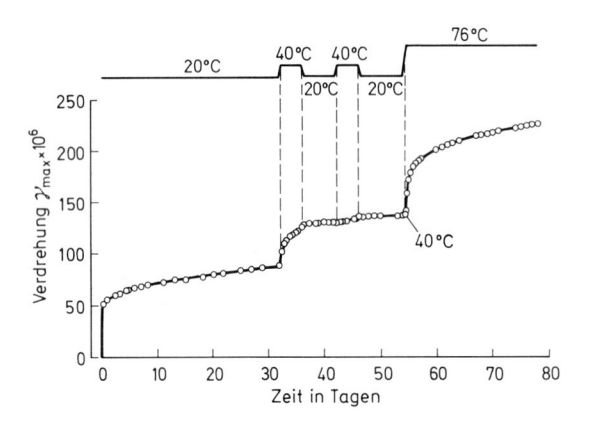

Bild 7.9-38 Einfluß von Temperaturänderungen auf die Verformungen unter einer Torsionsbeanspruchung [7-135]

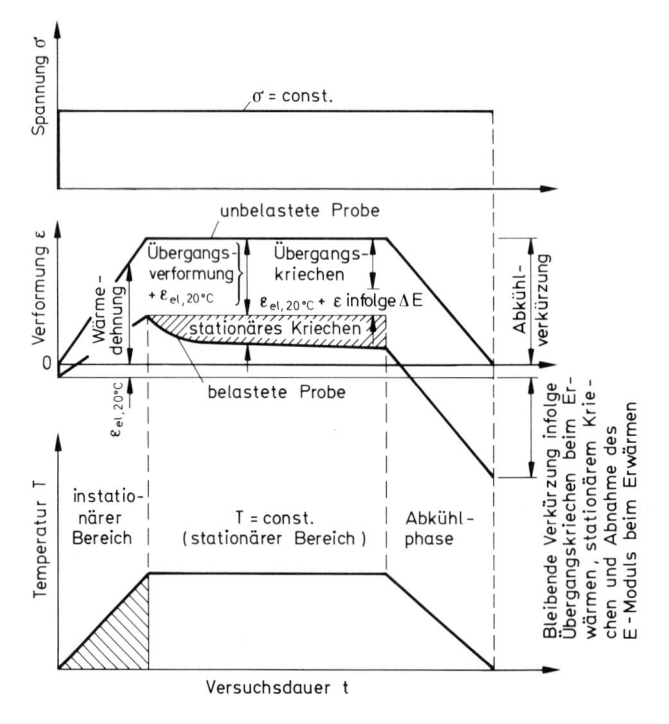

Bild 7.9-39 Verformungen beim Aufheizen und Abkühlen von belastetem und unbelastetem Beton (schematisch, in Anlehnung an [7-131]

7.9 Formänderungen 345

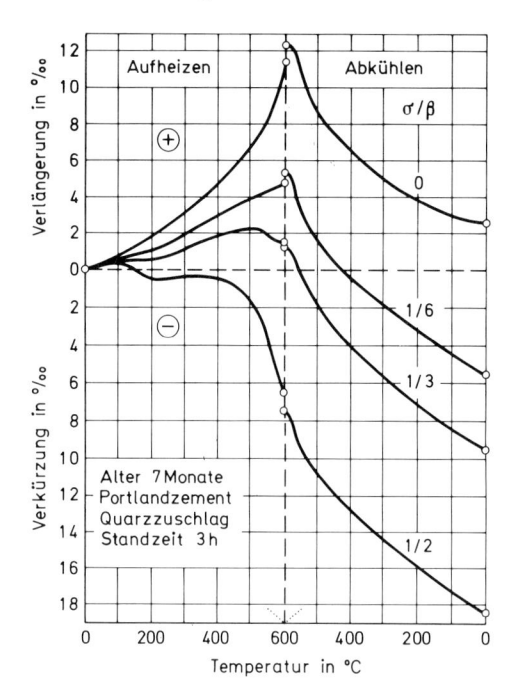

Bild 7.9-40 Verformung unterschiedlich hoch auf Druck belasteter Betonproben beim Erwärmen auf 600 °C und nachfolgendem Abkühlen [7-136]

nach dem Abkühlen beträchtliche bleibende Verkürzungen ein, die sich aus dem stationären Kriechen allein nicht erklären lassen. Nach Bild 7.9-40 können die Übergangsverformungen bei hohen Belastungsgraden die Größenordnung der Wärmedehnung erreichen oder überschreiten.

Wie Bild 7.9-41 zeigt, nehmen die Übergangsverformungen mit steigendem Temperaturunterschied zu. Aus den Verformungen lassen sich Kriechzahlen $\varphi_{tr,k}$ für das Übergangskriechen und φ_{120h} für das stationäre Hochtemperaturkriechen während der 120stündigen Versuchsdauer berechnen (Bild 7.9-42). Die Übergangskriechzahlen $\varphi_{tr,k}$ stellen bereits Endwerte dar, während die φ-Werte für das stationäre Hochtemperaturkriechen mit steigender Versuchsdauer naturgemäß noch weiter zunehmen würden.

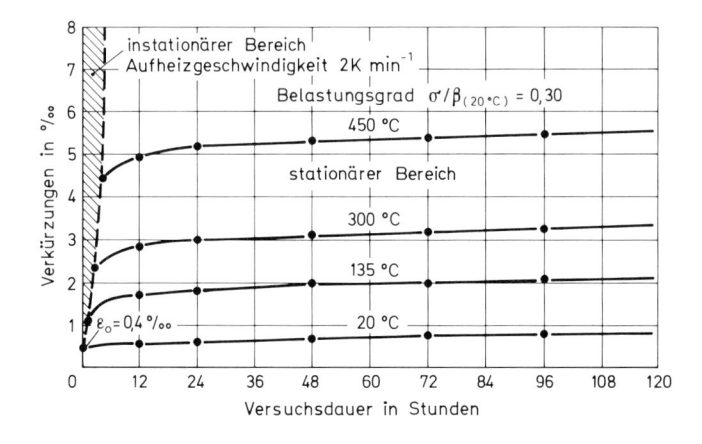

Bild 7.9-41 Übergangskriechen und stationäres Kriechen von Normalbeton bei hohen Temperaturen [7-131]

Um unerwünscht große Kriechverformungen zu vermeiden, sollte man bei der erstmaligen Erwärmung von Betonkonstruktionen überlegt vorgehen. Da das Übergangskriechen nur beim erstmaligen Erwärmen auf die betreffende Höchsttemperatur auftritt, kann es weitgehend unterdrückt werden, indem der Beton vor der Belastung erwärmt wird, selbst wenn er anschließend bis zum Aufbringen der Belastung wieder abkühlt [7-126]. Das stationäre Hochtemperaturkriechen läßt sich, falls dies durchführbar ist, durch eine Vortrocknung erheblich vermindern.

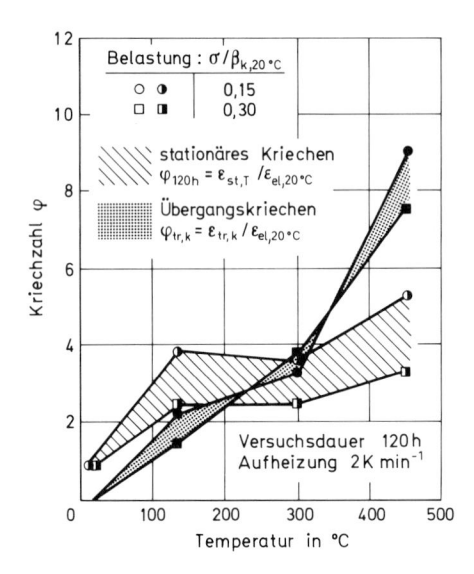

Bild 7.9-42 Kriechzahl φ (ε_k bezogen auf die elastische Verformung ε_{el} bei 20 °C) [7-131]

7.9.3.8.2 Niedrige Temperaturen

Es liegen nur wenige Angaben über die Ergebnisse von Kriechversuchen bei niedrigen Temperaturen vor. Nach [7-137] war das Kriechen bei $-20\,°C$ in den ersten 7 Tagen nach der Belastung verhältnismäßig groß, nahm dann aber nicht mehr zu. Das Endkriechmaß war praktisch bereits nach 7 Tagen erreicht und betrug etwa 80 % des Endkriechmaßes, das für $+20\,°C$ – dort zu einem viel späteren Zeitpunkt – ermittelt wurde.

In dieser Untersuchung ergab sich das größte Kriechmaß, wenn die Dauerlast auf Beton von $0\,°C$ einwirkte. Es lag um 20 % höher als das Kriechmaß des bei $+20\,°C$ belasteten Betons.

Unter einer Temperatur-Wechselbeanspruchung zwischen $+20$ und $-20\,°C$ entstand ein größeres Kriechmaß als bei ständiger Lagerung bei $-20\,°C$.

7.9.3.9 Zug-, Torsions- und Schwellbelastung

Für das Kriechen unter Zug- oder Torsionsbeanspruchung gelten weitgehend die gleichen Gesetzmäßigkeiten wie für das Kriechen unter Druck. Es setzt sich ebenfalls aus einem irreversiblen Fließanteil und einem verzögert elastischen Anteil zusammen. Bei einem Temperaturanstieg kommt in allen Fällen noch das Übergangskriechen hinzu.

Zug

Nach den vorliegenden Versuchsergebnissen scheint das Kriechmaß bei einer Zugbeanspruchung von ähnlicher Größenordnung, z. T. aber etwas größer zu sein als für Druck. Dies wird darauf zurückgeführt, daß zu den Kriechverformungen noch zeitabhängige Verformungen infolge fortschreitender Mikrorißbildung hinzukommen [7-138]. Der zeitliche Verlauf des Zugkriechens ist ähnlich wie beim Druckkriechen.

Bei konservierten Proben ist das Zugkriechen bis zu $\sigma_Z/\beta_Z \approx 0{,}6$ proportional zur Spannung, bei wassergelagerten Proben bis zu etwa 0,4. Bei höheren Beanspruchungen wachsen die Kriechverformungen beträchtlich an, insbesondere bei wassergelagertem Beton (Bild 7.9-43). Bei diesem ist etwa bei einem Spannungsverhältnis $\sigma_Z/\beta_Z = 0{,}75$ die Dauerstandsgrenze erreicht, bei konservierten Proben dagegen erst bei etwa 0,85.

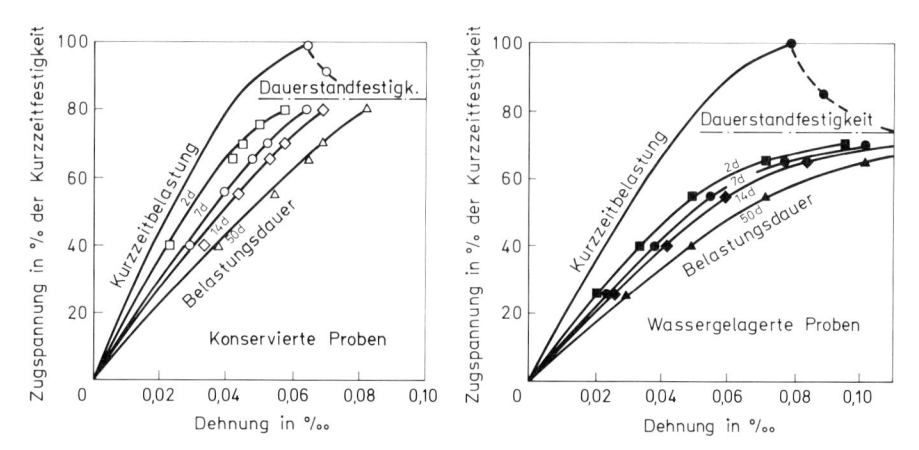

Bild 7.9-43 Zusammenhang zwischen Zugspannung und Betondehnung bei Kurzzeit- und Langzeitbelastung [7-122]

Torsion

Das Kriechen unter Torsionsbelastung nimmt einen ähnlichen Verlauf wie unter Druckbelastung. Die Kriechzahlen sind etwa gleich groß (Bild 7.9-44).

Schwellbelastung

Eine Schwellbelastung kann das Kriechen im Vergleich zu einer konstanten Dauerbelastung ($\sigma_D = \sigma_m$) verstärken. Bei gleicher Mittelspannung ist die Kriechverformung um so größer, je größer die Schwingbreite ist (Bild 7.9-45).

Es hat den Anschein, als ob eine Schwellbeanspruchung vor allem den Kriechverlauf beschleunigt, während das Endkriechmaß von vergleichbarer Größenordnung ist wie bei

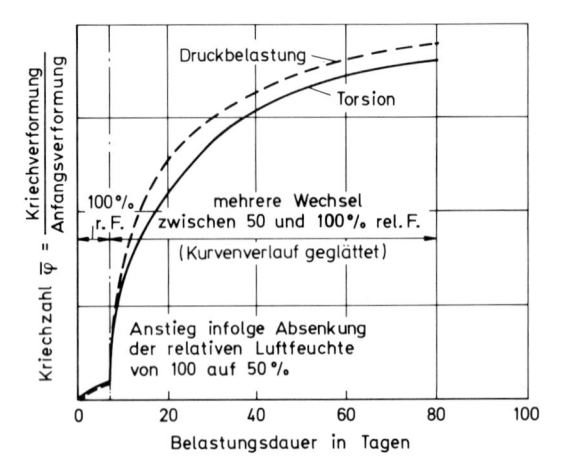

Bild 7.9-44 Vergleich der Kriechzahlen bei Druck- und Torsionsbeanspruchung (nach Ergebnissen in [7-121])

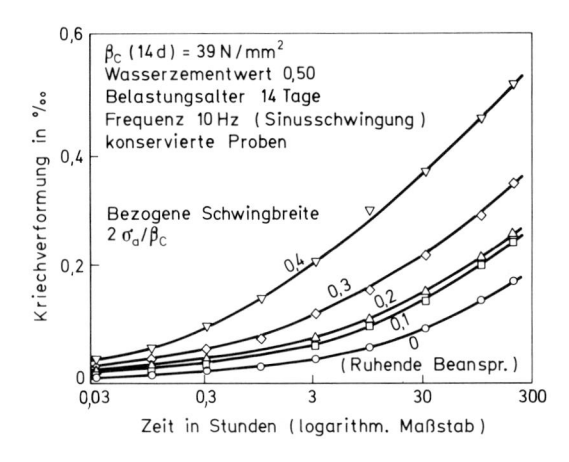

Bild 7.9-45 Einfluß einer Schwellbeanspruchung bei einer Mittelspannung $\sigma_m = 0{,}25\,\beta_C$ [7-139]

einer entsprechenden Dauerstandbeanspruchung. Dabei ist vorausgesetzt, daß die Oberspannung noch im Proportionalitätsbereich liegt. Diese Vermutung wird dadurch unterstützt, daß Beton im Anschluß an eine vorausgegangene Druckschwellbeanspruchung unter einer statischen Druckspannung in Höhe von σ_m langsamer kriecht als Beton, der ständig einer konstanten Beanspruchung σ_m ausgesetzt gewesen war [7-139].

Nach [7-140] kann das Kriechen unter Schwellbelastung rechnerisch erfaßt werden, indem man das Kriechen unter einer konstant gedachten Mittelspannung σ_m mit einem „Schwingkriechfaktor" η multipliziert.

Der Schwingkriechfaktor hängt u. a. von Amplitude, Frequenz und Form der Spannungs-Zeit-Funktion, Höhe der Mittelspannung, Betonalter bei Beginn der Belastung und Belastungsdauer ab.

7.9.3.10 Spannungsrelaxation

Infolge des Kriechvermögens des Betons nehmen die durch eine aufgezwungene Verformung erzeugten Spannungen im Laufe der Zeit beträchtlich ab. Diesen Vorgang bezeichnet man als Spannungsrelaxation (siehe auch Abschnitt 6.5.3).

7.9 Formänderungen   349

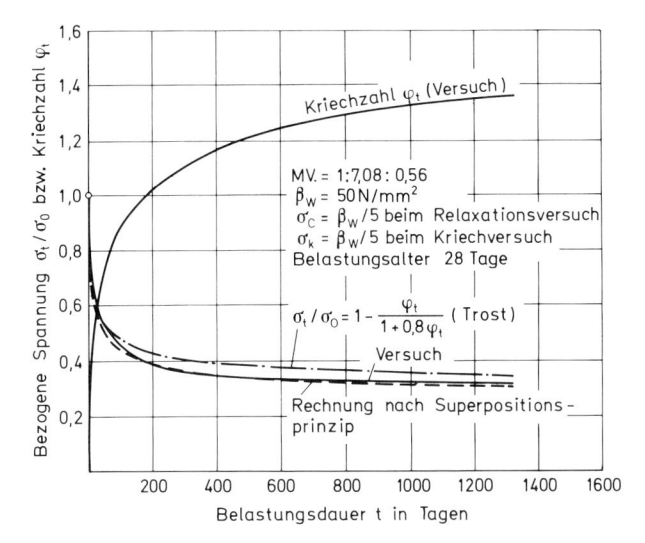

Bild 7.9-46 Bezogene relaxierte Spannung σ_t/σ_0 und Kriechzahl $\varphi_t = \varepsilon_f/\varepsilon_{el}$. Vergleich zwischen Versuch und Rechnung nach dem Superpositionsprinzip [7-141] sowie der Näherungsformel von TROST [7-130]

Bild 7.9-46 zeigt, wie die durch eine Stauchung ε zum Zeitpunkt $t = 0$ erzeugte Spannung σ_0 abfällt, wenn ε konstant gehalten wird.

Der Spannungsabfall ist um so größer, je größer das Kriechvermögen des Betons ist. Alle Einflüsse, die das Kriechen vergrößern, erhöhen daher auch die Relaxation. Bei bekanntem Verlauf der Kriechzahl φ_t kann man nach [7-130] die Spannungsrelaxation mit der Beziehung

$$\frac{\sigma_t}{\sigma_0} = 1 - \frac{\varphi_{t,t_0}}{1 + 0,8 \cdot \varphi_{t,t_0}}$$

abschätzen (t_0 = Belastungsbeginn).

Bei der Berechnung von Relaxationsverläufen aus Kriechdaten wird in der Regel Proportionalität zwischen Spannung und Dehnung vorausgesetzt. [7-140] enthält einen Ansatz, mit dem auch der nicht lineare Einfluß der Höhe der Anfangsspannung auf die Relaxationsgeschwindigkeit berücksichtigt werden kann.

7.9.4 Schwinden und Quellen

7.9.4.1 Allgemeines

Man versteht unter Schwinden die Verkürzung bzw. die Volumenverringerung des Betons infolge Austrocknen. In geringem Maße trägt auch die Carbonatisierung zum Schwinden bei.

Hinsichtlich der zeitlichen Entstehung unterscheidet man

– das plastische Schwinden des jungen Betons im Anfangsstadium des Erstarrens und Erhärtens und
– das Schwinden des erhärteten Betons.

Das plastische Schwinden (s. Abschn. 6.2.2) kommt zum Stillstand, wenn der Beton eine Festigkeit in der Größenordnung von 1 N/mm² erreicht hat. Es kann je nach der Betonzusammensetzung und den Austrocknungsbedingungen Werte zwischen etwa 2‰ und, insbesondere bei verzögertem Beton, bis zu 6‰ annehmen.

Wird der Beton im genannten Zeitraum vor Austrocknung geschützt, so tritt plastisches Schwinden nicht auf. Der Beton schwindet aber auch bei späterer Austrocknung, allerdings in geringerem Maße. Dabei ist es für die Größe des Schwindmaßes unerheblich, ob die Austrocknung z. B. im Alter von 1, 7 oder 14 Tagen beginnt (Bild 7.9-47).

Wenn man allgemein von Schwinden spricht, so ist damit stets das Schwinden des erhärteten Betons gemeint. Dies gilt auch für die weiteren Ausführungen.

Das Schwinden verläuft nach einer abklingenden Zeitfunktion und nähert sich bei gleichbleibenden Austrocknungsbedingungen asymptotisch einem Endwert. Wird der Beton zwischendurch oder nach Erreichen des Endwertes wieder befeuchtet, so quillt er, wobei seine Länge bzw. sein Volumen zunimmt. Allerdings erreicht er seine Ausgangslänge nicht mehr ganz, sondern es bleiben Verkürzungen bzw. eine Volumenverminderung zurück, weil das Quellen bei der Wiederbefeuchtung nach der ersten Austrocknung nur 40 bis 80 % der vorhergehenden Schwindverformung erreicht [7-143].

Das Schwinden bei wiederholtem Austrocknen ist deutlich kleiner als beim erstmaligen Austrocknen. Bei Wechsellagerung klingen die irreversiblen Anteile sehr schnell ab, so daß Schwinden und Quellen bereits nach wenigen Wechseln annähernd gleich groß sind (Bild 7.9-48).

Bei Behinderung der Schwindverkürzungen entstehen Zugspannungen, die unter ungünstigen Bedingungen zu Rissen führen. Nach [7-25] sind die Schwindspannungen um so

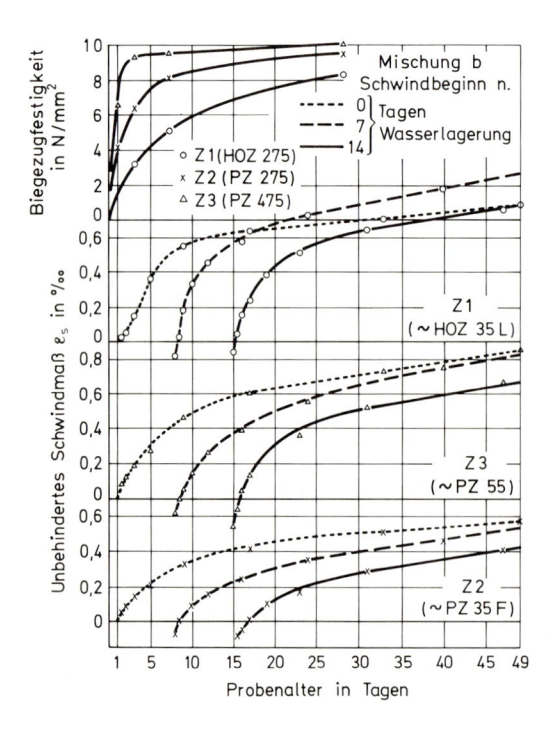

Bild 7.9-47 Schwindverlauf bei Zementmörtel 1 : 3 : 0,5 mit verschiedenen Zementen und Austrocknungsbeginn in verschiedenem Alter [7-142]. Prismen 4 cm × 4 cm × 16 cm; Lagerung bei 20 °C und 50 % rel. F.

7.9 Formänderungen

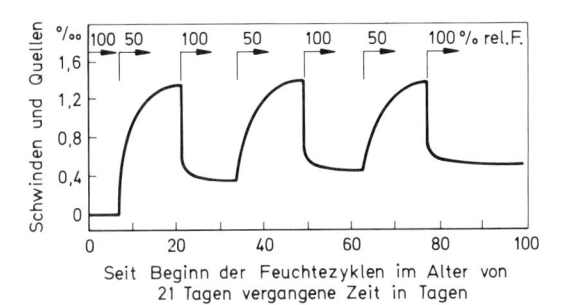

Bild 7.9-48 Schwinden und Quellen von Zementmörtel 1 : 2 : 0,58 (Hohlzylinder mit 15 cm Außendurchmesser und 13 mm Wandstärke) bei wechselnder Austrocknung und Wiederbefeuchtung [7-121]

größer, je größer das Schwinden ist, je mehr es behindert wird und je langsamer der Beton austrocknet. Man unterscheidet dabei Eigen- und Gefügespannungen. Eigenspannungen entstehen, wenn der Beton unterschiedlich feucht ist und z. B. das Schwinden der rasch austrocknenden Randzonen durch den noch feuchten Kern behindert wird. Gefügespannungen entstehen, wenn das Schwinden des Zementsteins durch den Zuschlag behindert wird. Gefügespannungen sind also Korn-Matrix-Eigenspannungen. Außerdem können bei Behinderung der Verkürzung der Bauteile zusätzlich Zwangspannungen durch Schwinden entstehen.

Das Schwinden des Betons wird im wesentlichen durch das Schwinden des Zementsteins verursacht. Nur in seltenen Fällen tragen auch die Zuschläge aktiv zum Schwinden bei, wie z. B. bestimmte basaltische Gesteine, wie „whinstone", und manche Dolerite [7-144]. In der Regel verändern die Zuschläge beim Austrocknen ihr Volumen nicht oder im Vergleich zum Zementstein nur unbedeutend und verringern daher das Schwinden des Betons nicht nur dadurch, daß sie das Volumen an schwindfähiger Masse herabsetzen, sondern auch, indem sie die Verformungen des Zementsteins durch ihre Steifigkeit behindern.

Das Schwinden hängt vor allem von den Austrocknungs(Umwelt)bedingungen und der Betonzusammensetzung, hier im wesentlichen vom Zementleimgehalt, ab.

7.9.4.2 Schwindmaß

Nach DIN 4227 Teil 1 ergibt sich der Rechenwert für das Schwindmaß zum Zeitpunkt t nach der Gleichung

$$\varepsilon_{s,t} = \varepsilon_{s_0}(k_{s,t} - k_{s,t_0})$$

Hierin bedeuten:

ε_{s_0} Grundschwindmaß nach Tabelle 7.9-2 bzw. Bild 7.9-49
k_s Zeitfunktion für das Schwinden nach Bild 7.9-50
t wirksames Betonalter nach Abschnitt 7.9.3.2 zum untersuchten Zeitpunkt
t_0 wirksames Betonalter zu dem Zeitpunkt, von dem ab der Einfluß des Schwindens berücksichtigt werden soll.

Der Wert ε_{s_0} gilt für Normalbeton mit der Konsistenz KP. Für Normalbeton mit der Konsistenz KR ist das Schwindmaß um 25 % zu erhöhen, für solchen mit der Konsistenz KS darf es um 25 % niedriger angesetzt werden (vgl. Abschn. 7.9.3.4.2).

Das Grundschwindmaß ε_{s_0} erscheint im Vergleich zu den bei Laborversuchen gemessenen Schwindverformungen niedrig. Die niedrigen Rechenwerte lassen sich dadurch rechtfertigen, daß das Schwinden bewehrten Betons durch die vorhandene Bewehrung stets in

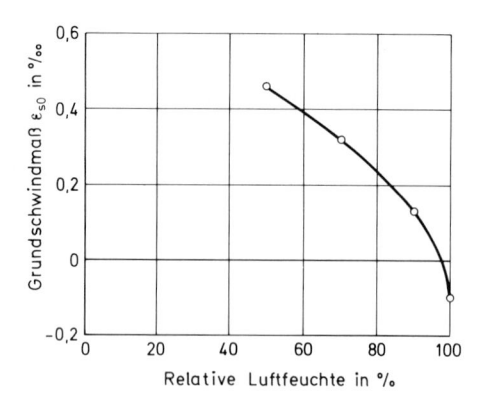

Bild 7.9-49 Einfluß der rel. Luftfeuchte auf das Grundschwindmaß von Beton (Richtwerte nach DIN 4227 Teil 1, Tab. 8, für Normalbeton mit der Konsistenz KP)

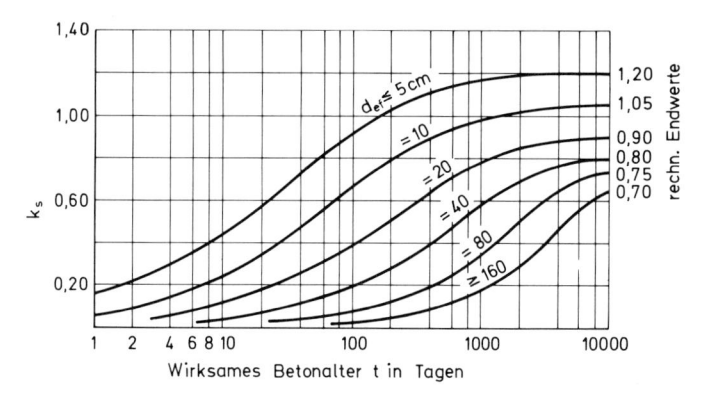

Bild 7.9-50 Beiwert k_s für den Schwindverlauf in Abhängigkeit von der wirksamen Körperdicke d_{ef} (s. Abschn. 7 9.3.4.3) nach DIN 4227 Teil 1, Bild 3

gewissem Grade behindert ist, so daß sich die Schwindverformungen auch bei fehlendem äußeren Zwang nie in voller Höhe einstellen können.

Der voraussichtliche Endwert der Schwindverformungen läßt sich aus dem zeitlichen Verlauf der beobachteten Verformungen nur bedingt abschätzen, da das Schwinden je nach den Austrocknungsbedingungen früher oder später zum Stillstand kommt. Richtwerte für das Endschwindmaß $\varepsilon_{s\infty}$ enthält Bild 7.9-29 auf S. 338.

7.9.4.3 Beeinflussung des Schwindmaßes

7.9.4.3.1 Austrocknungsbedingungen

Die Austrocknungsbedingungen wirken sich sowohl auf den zeitlichen Verlauf als auch auf das Endschwindmaß aus. Das Endschwindmaß ist bei dünneren Bauteilen schon nach 1 bis 2 Jahren, bei dickeren Bauteilen erst nach wesentlich längerer Zeit zu erwarten. Es ist außerdem bei dünneren Bauteilen spürbar größer als bei dickeren.

Dies ist hauptsächlich darauf zurückzuführen, daß bei dicken Bauteilen infolge des Feuchtigkeitsgefälles von innen nach außen der feuchtere Kern das Schwinden der schneller austrocknenden Schale stärker behindert.

7.9 Formänderungen   353

Mit der Zeitfunktion k_s für den Schwindverlauf nach DIN 4227 Teil 1 (Bild 7.9-50) ist z. B. bei einer 40 cm dicken Wand ein um etwa 25 % niedrigeres Endschwindmaß zu erwarten als bei einer 10 cm dicken Wand. Wesentlich größer sind die Unterschiede in jüngerem Alter, weil dickere Bauteile nur langsam austrocknen. Während eine 10 cm dicke Wand die Hälfte des zu erwartenden Endschwindmaßes bereits nach etwa 50 Tagen erreicht hat, braucht eine 40 cm dicke Wand etwas mehr als ein Jahr und eine 80 cm dicke Wand etwa 3 Jahre dafür.

Der Einfluß der relativen Luftfeuchte auf das Endschwindmaß kann nach Bild 7.9-49 abgeschätzt werden. Je trockener die Lagerungsbedingungen sind, desto mehr schwindet der Beton.

7.9.4.3.2 Betonzusammensetzung

Den Einfluß des Wasser- und Zementgehalts sowie des Wasserzementwertes zeigt Bild 7.9-51.

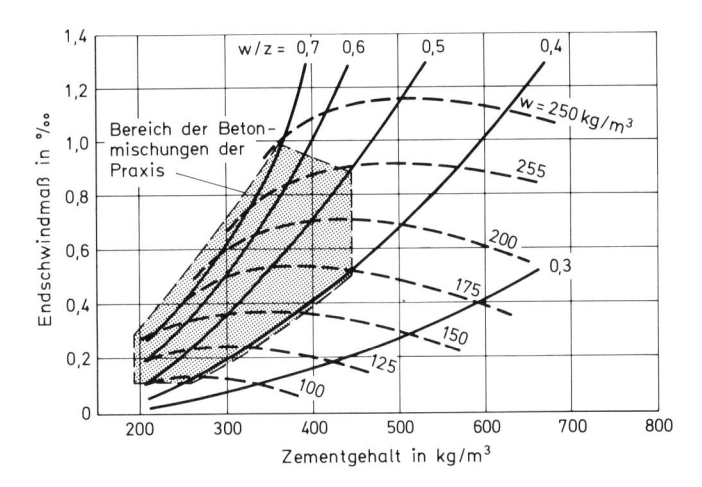

Bild 7.9-51 Einfluß des Zementgehaltes, des Wassergehaltes und des Wasserzementwertes auf das Endschwindmaß von Beton und Mörtel (Prismen 10 × 10 × 40 cm, Lagerung bei 50 % rel. F. nach 7 Tagen Feuchtlagerung [7-145]

Wassergehalt

Er ist die Haupteinflußgröße. Um das Schwinden niedrig zu halten, sollte der Beton mit dem kleinstmöglichen Wassergehalt hergestellt werden.

Zementgehalt

Bei gleichbleibendem Wassergehalt ist das Schwinden nahezu unabhängig vom Zementgehalt. Bei konstantem Wasserzementwert nimmt das Schwinden dagegen mit wachsendem Zementgehalt stark zu, weil gleichzeitig auch das Volumen des schwindfähigen Zementsteins anwächst.

Wasserzementwert

Bei gleichbleibendem Wassergehalt ist das Schwinden nahezu unabhängig vom Wasserzementwert. Bei konstantem Zementgehalt nimmt das Endschwindmaß dagegen mit zunehmendem Wasserzementwert stark zu.

Zementart

Der Einfluß der Zementart ist relativ gering. Mörtel mit feiner gemahlenen Zementen neigen zwar bei der Prüfung oft zu etwas stärkerem Schwinden. Es besteht jedoch kein gesicherter Zusammenhang zwischen dem Schwindmaß des Betons und dem des Mörtels.

Um die Schwindrißgefahr zu vermindern, wurden Zemente mit einer quellenden Komponente entwickelt (s. Abschn. 2.1.1.6). Um Nutzen aus dem Quellvermögen zu ziehen, muß die Volumenvergrößerung durch Bewehrung oder durch angrenzende Bauteile behindert werden. Hierdurch baut sich im Beton eine Druckspannung auf. Sobald der Beton austrocknet, schwindet er ganz normal. Während sonst jedoch bei einer Behinderung der Schwindverkürzungen Zugspannungen entstehen, werden hier zunächst nur die durch die anfängliche Volumenvergrößerung erzeugten Druckspannungen abgebaut.

Während z. B. in den USA solche schwindkompensierten Betone häufig angewendet werden [7-146], wird in Deutschland kein Gebrauch davon gemacht. Es sind auch keine derartigen Zemente verfügbar.

Zuschlag

Bei selbst nicht schwindendem Zuschlag (Regelfall) nimmt das Schwinden mit zunehmendem Zuschlaggehalt ab, weil das Volumen der schwindfähigen Komponente kleiner wird und die Zuschläge das Schwinden des Zementsteins behindern. Der zuletzt genannte Effekt ist um so stärker, je größer der E-Modul des Zuschlags ist. Beton mit weniger steifen Zuschlägen (z. B. Sandstein, Leichtzuschläge), schwindet deshalb stärker als Beton mit Zuschlägen, die einen hohen E-Modul haben (z. B. quarzhaltige Kiese, Granit, Basalt).

Der Zuschlag wirkt sich auch indirekt auf das Schwinden aus, indem er den Wasseranspruch beeinflußt. Zuschlaggemische mit hohem Feinkornanteil, die einen hohen Wasseranspruch haben, führen zu verstärktem Schwinden. Eine im Hinblick auf die Verarbeitbarkeit ungünstige Kornform hat die gleiche schwinderhöhende Wirkung.

Zusatzmittel

Im allgemeinen kann man erwarten, daß Zusatzmittel, die zu einer Wassereinsparung führen, auch das Schwinden herabsetzen. Einige dieser Zusatzmittel können jedoch erhöhtes Schwinden bewirken, obwohl sie den Wasseranspruch vermindern. Das gilt besonders für solche, denen zur Kompensation einer verzögernden Wirkung eine beschleunigende Komponente zugesetzt wurde, da Beschleuniger manchmal dazu neigen, das Schwindmaß des Betons zu erhöhen [7-147].

Luftporenbildner beeinflussen das Schwinden nur wenig, solange die Zugabe auf die Menge begrenzt bleibt, die zur Verbesserung des Frost- und Tausalzwiderstands und der Verarbeitbarkeit üblich ist. Größere Mengen an Luftporen, wie z. B. bei Schaumbeton, können das Schwinden jedoch stark erhöhen.

7.9 Formänderungen

Zusatzstoffe

Manche puzzolanischen Stoffe können im Austausch gegen einen Teil des Zements das Schwindmaß erhöhen. Bei Steinkohlenflugasche wurde bei Austauschmengen bis zu etwa 30% des Zementgehalts kein deutlicher Einfluß auf das Schwinden, zumindest keine Erhöhung, beobachtet [7-147, 7-148].

7.9.4.3.3 Wärmebehandlung

Das Schwinden des Betons ist im wesentlichen eine Folge des Wasserverlustes. Da wärmebehandelter Beton bei der anschließenden Abkühlung meist stark austrocknet, schwindet er in diesem kurzen Zeitraum relativ stark. Wenn die Längenänderungen erst nach der Abkühlung gemessen werden, wird deshalb nur noch ein Teil des Schwindens erfaßt, so daß es den Anschein hat, als würde der wärmebehandelte Beton deutlich weniger schwinden als normalgelagerter. Das Gesamtschwindmaß ändert sich jedoch bei normalen Wärmebehandlungsmethoden (s. Abschn. 4.4) kaum.

Dagegen kann eine Dampfhärtung (s. Abschn. 4.5) das Schwinden im baupraktisch interessierenden Feuchtebereich deutlich vermindern.

Voraussetzung dafür ist, daß der Beton reaktionsfähige Kieselsäure, z. B. in Form von Flugasche oder Quarzmehl, enthält, die mit dem vom Zement abgespaltenen Kalk reagiert. Bei Gas- und Schaumbeton, die von Hause aus sehr stark schwinden, ist eine Dampfhärtung bisher die einzige Möglichkeit, um das Schwinden auf unbedenkliche Werte zu vermindern.

7.9.5 Temperaturverformungen

7.9.5.1 Allgemeines

Beton erfährt bei einer Temperaturerhöhung eine Ausdehnung und bei einer Erniedrigung eine Volumenverringerung. Die Veränderung der Abmessungen, das Dehnmaß Δl, errechnet sich aus der Dehnlänge l, der Temperaturdifferenz ΔT und der Wärmedehnzahl $\alpha_{T,b}$ zu

$$\Delta l = \alpha_{T,b} \cdot l \cdot \Delta T$$

Eine Behinderung der Wärmedehnung führt zu Spannungen, die vom Dehnmaß, den Abmessungen und den konstruktiven Gegebenheiten des Bauteils, der Festigkeit und dem Verformungsvermögen des Betons sowie von der Geschwindigkeit der Temperaturänderung abhängen.

Wegen des unterschiedlichen Verhaltens von Zementstein und Zuschlag führen Temperaturänderungen auch zu Gefügespannungen und unter Umständen zu Mikrorissen.

7.9.5.2 Wärmedehnzahl

Die Wärmedehnzahl $\alpha_{T,b}$ des Betons ist von den Wärmedehnzahlen $\alpha_{T,z}$ des Zementsteins und $\alpha_{T,g}$ des Zuschlags, vom Zementstein- bzw. Zuschlaganteil und vom Feuchtigkeitszustand des Betons abhängig.

7.9.5.2.1 Zementstein

Bei der Wärmedehnung von Zementstein wird zwischen einem wahren und einem scheinbaren Anteil unterschieden.

Die wahre Wärmedehnung ist eine Folge der kinetischen Molekularbewegung. Die scheinbare Wärmedehnung, die der wahren größenordnungsmäßig gleichkommen kann, beruht auf einer Umverteilung von Gel- und Kapillarwasser bei einer Temperaturänderung. Als Folge davon quillt das Gel bei einer Temperaturerhöhung, was zu einer Volumenvergrößerung des Zementsteins führt. Bei einer Temperaturerniedrigung tritt der entgegengesetzte Effekt ein.

Die scheinbare Wärmedehnung ist stark von der Feuchte abhängig. Sie erreicht bei einer Feuchte, wie sie sich nach längerer Luftlagerung bei etwa 50 bis 70% rel. F. einstellt, ein Maximum mit etwa $10 \cdot 10^{-6}/K$ und nimmt mit zunehmendem Alter ab. Bei wassergesättigtem und bei extrem getrocknetem Zementstein ist die scheinbare Wärmedehnung Null.

Die gesamte Wärmedehnung des Zementsteins $\alpha_{T,z}$ ist die Summe der wahren und der scheinbaren Wärmedehnung. Sie ist bei wassergesättigtem Zementstein und bei völlig ausgetrocknetem Zementstein mit etwa 10 bis $12 \cdot 10^{-6}/K$ am kleinsten.

Ihren Größtwert erreicht sie mit etwa $20 \cdot 10^{-6}/K$ bei mittleren Feuchtegehalten, wie sie sich bei einer Lagerung in Luft mit etwa 50 bis 70% rel. F. einstellen (Bild 7.9-52 und 7.9-53).

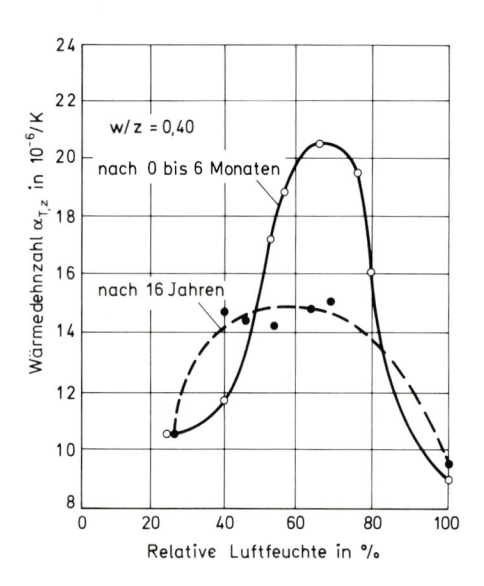

Bild 7.9-52 Einfluß der Feuchte auf die Wärmedehnzahl von Zementstein (entnommen aus [7-149]). Die Zementsteinproben lagerten vor der Prüfung längere Zeit bei der angegebenen Luftfeuchte

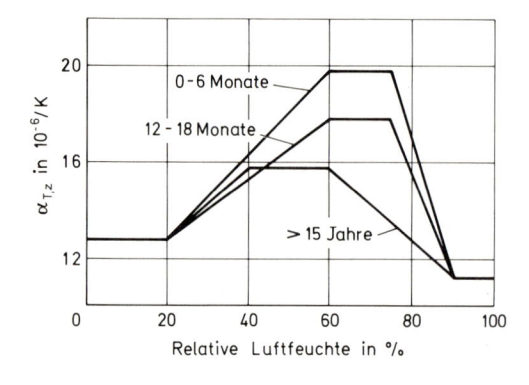

Bild 7.9-53 Idealisierter Zusammenhang zwischen der Wärmedehnzahl des Zementsteins, den Lagerungsbedingungen und dem Alter [7-150]

7.9.5.2.2 Zuschlag

Die Wärmedehnzahl $\alpha_{T,g}$ ist von der Gesteinsart abhängig (Abschnitt 2.2.4.1.2, Tabelle 2.2-4). Sie liegt bei üblichem Zuschlag vorwiegend etwa zwischen 5 und $11 \cdot 10^{-6}$/K. Bei feuchtigkeitsgesättigtem Zuschlag ist sie etwas geringer als bei lufttrockenem.

7.9.5.2.3 Beton

Temperaturbereich 0 bis 100 °C

In erster Näherung kann die Wärmedehnzahl $\alpha_{T,b}$ des Betons aus den Wärmedehnzahlen $\alpha_{T,z}$ des Zementsteins bzw. $\alpha_{T,g}$ des Zuschlags entsprechend deren Volumenanteilen V_z und V_g ($V_z + V_g = 1$) berechnet werden.

$$\alpha_{T,b} = \alpha_{T,z} \cdot V_z + \alpha_{T,g} \cdot V_g$$

Wenn der Zuschlag eine kleinere Wärmedehnzahl als der Zementstein hat, ergeben sich hiernach jedoch zu kleine Werte. Nach [7-149] erhält man in diesem Fall einen genaueren Schätzwert, wenn man nach der obigen Gleichung die Wärmedehnzahl des Mörtels einschließlich der Zuschläge bis 4 mm Korngröße ermittelt und dann die Wärmedehnzahl des Betons wie folgt bestimmt:

$$\alpha_{T,b} \approx \alpha_{T,m}(V_m - 0{,}23) + \alpha_{T,gg}(V_{gg} + 0{,}23)$$

Hierin bedeuten:

$\alpha_{T,m}$ Wärmedehnzahl des Mörtels
V_m Volumenanteil des Mörtels
$\alpha_{T,gg}$ Wärmedehnzahl des Zuschlags > 4 mm
V_{gg} Volumenanteil des Grobzuschlags > 4 mm

Hieraus folgt, daß die Wärmedehnzahl des Betons im wesentlichen von der Wärmedehnzahl des Zuschlags bestimmt wird, weil der Zuschlag in der Regel etwa 70 % des Betonvolumens einnimmt.

Der Zuschlaganteil unter 4 mm Korngröße beeinflußt die Wärmedehnzahl weniger als die groben Zuschläge.

Bild 7.9-54 zeigt die Wärmedehnzahl von Kiessandbeton (vorwiegend Quarz) und Kalk-

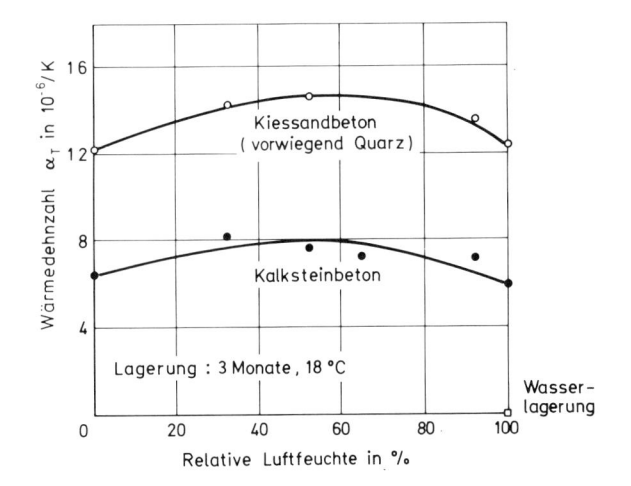

Bild 7.9-54 Wärmedehnzahl von Beton mit Kiessandzuschlag und Kalksteinzuschlag nach 3monatiger Lagerung in Luft bestimmter relativer Feuchte [7-150]

steinbeton in Abhängigkeit von der bei der dreimonatigen Lagerung herrschenden relativen Luftfeuchte.

Aufgrund der relativ hohen Wärmedehnzahl der quarzhaltigen Zuschläge im Vergleich zum Kalksteinzuschlag ist die Wärmedehnzahl des Kiessandbetons deutlich höher als die des Kalksteinbetons.

Im Hinblick auf die Verarbeitbarkeit wäre es allerdings günstig, auch bei Kalksteinbeton als Feinkorn quarzhaltigen Natursand zu verwenden. Dies kann nach [7-149] geschehen, ohne daß die Wärmedehnzahl dadurch wesentlich größer wird.

Richtwerte für die Wärmedehnzahl einiger Betone können Tabelle 7.9-3 entnommen werden.

Tabelle 7.9-3 Richtwerte für die Wärmedehnzahl α_T von Beton [7-151]

Betonzuschlag	Feuchtigkeitszustand bei Prüfung	Wärmedehnzahl α_T in $10^{-6}/K$ von Beton mit einem Zementgehalt (kg/m³) von				
		200	300	400	500	600
Quarzgestein	wassergesättigt	11,6	11,6	11,6	11,6	11,6
	lufttrocken*)	12,7	13,0	13,4	13,8	14,2
Quarzsand und -kies	wassergesättigt	11,1	11,1	11,2	11,2	11,3
	lufttrocken*)	12,2	12,6	13,0	13,4	13,9
Granit, Gneis, Liparit	wassergesättigt	7,9	8,1	8,3	8,5	8,8
	lufttrocken*)	9,1	9,7	10,2	10,9	11,8
Syenit, Trachyt, Diorit, Andesit, Gabbro, Diabas, Basalt	wassergesättigt	7,2	7,4	7,6	7,8	8,0
	lufttrocken*)	8,5	9,1	9,6	10,4	11,1
dichter Kalkstein	wassergesättigt	5,4	5,7	6,0	6,3	6,8
	lufttrocken*	6,6	7,2	7,9	8,7	9,8

*) bei 65 bis 70% rel. Luftfeuchte und bis zum Alter von rd. 1 Jahr, danach α_T etwas geringer

Hohe Temperaturen

Mit zunehmender Temperatur nimmt die Wärmedehnzahl zu (Bild 7.9-55). Bei quarzhaltigem Zuschlag steigt sie oberhalb 500 °C sprunghaft an, was auf die sog. Quarzumwandlung zurückzuführen ist (s. Abschn. 2.2.4.1.2).

Von den üblichen Zuschlaggesteinen zeichnet sich Basalt auch im Bereich hoher Temperaturen (500 bis 1000 °C) durch eine niedrige, nahezu lineare Wärmedehnung aus. Die irreversiblen Restverformungen nach Abkühlung sind beim Basalt geringer als bei anderen Gesteinen (Bild 7.9-56).

Steht der Beton während der Erwärmung unter einer Druckbeanspruchung, so wird die Wärmedehnung beim erstmaligen Erwärmen auf eine bestimmte Temperatur durch das sog. Übergangskriechen teilweise oder ganz kompensiert (s. Abschn. 7.9.3.8.1). Bei allen folgenden Erwärmungsvorgängen tritt die Wärmedehnung dagegen in voller Größe ein.

7.9 Formänderungen

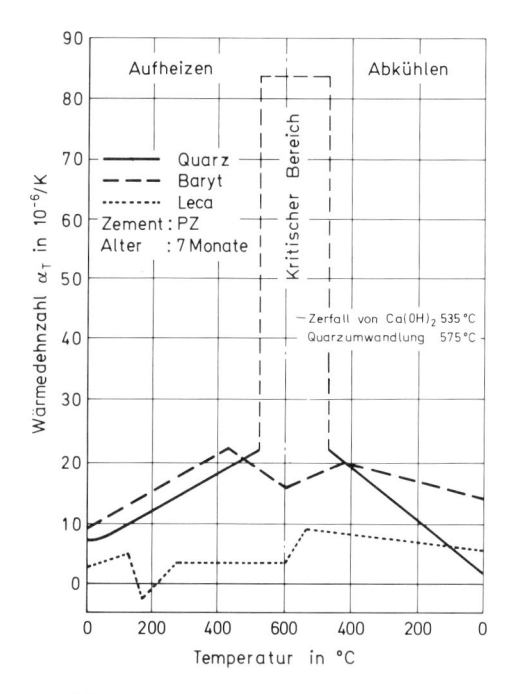

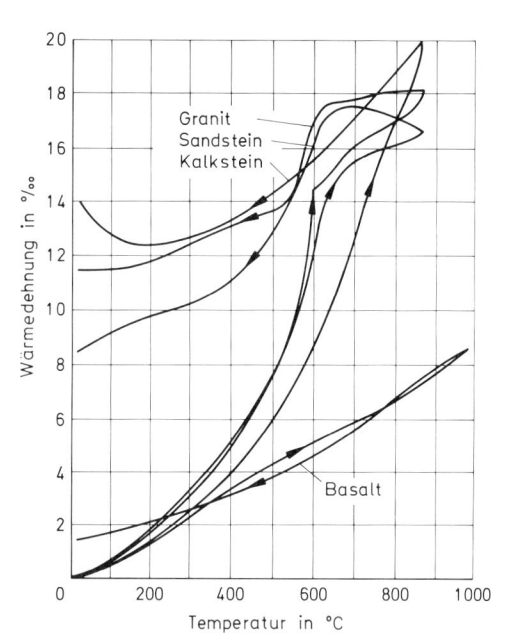

Bild 7.9-55 Wärmedehnzahl von PZ-Beton in Abhängigkeit von der Temperatur [7-136]

Bild 7.9-56 Wärmedehnung verschiedener Gesteine bei hohen Temperaturen [7-152]

Tiefe Temperaturen

Die Wärmedehnkurve von wassergesättigtem Beton bei einer Abkühlung unterhalb der Raumtemperatur weist drei typische Bereiche auf (Bild 7.9-57):

– Im ersten Bereich bis etwa $-20\,°C$ findet eine Kontraktion statt.
– Im zweiten, als Übergangsbereich bezeichneten Bereich zwischen etwa $-20\,°C$ und $-70\,°C$ dehnt sich der Beton bei der Abkühlung aus. Diese Ausdehnung ist um so stärker, je höher der Feuchtegehalt und der Wasserzementwert sind. Sie hängt auch von der Porenstruktur ab.
– Im dritten Bereich (etwa $-70\,°C$ bis $-170\,°C$) ist eine mit fallender Temperatur nahezu linear zunehmende Kontraktion zu beobachten.

Die Ausdehnung im Übergangsbereich ist eine Folge des in den Poren gefrierenden Wassers. Sie deutet sich bereits bei den in einem Klima mit rel. F. $\geq 60\%$ gelagerten Proben an, wird aber erst ab 86% rel. F. stärker bemerkbar. Wenn eine deutliche Ausdehnung im Übergangsbereich auftritt, bleibt eine positive irreversible Restdehnung nach jedem Temperaturzyklus zurück (Bild 7.9-58).

Bei weitgehend ausgetrocknetem Beton verläuft die Wärmedehnkurve monoton und ähnlich wie die von Stahl.

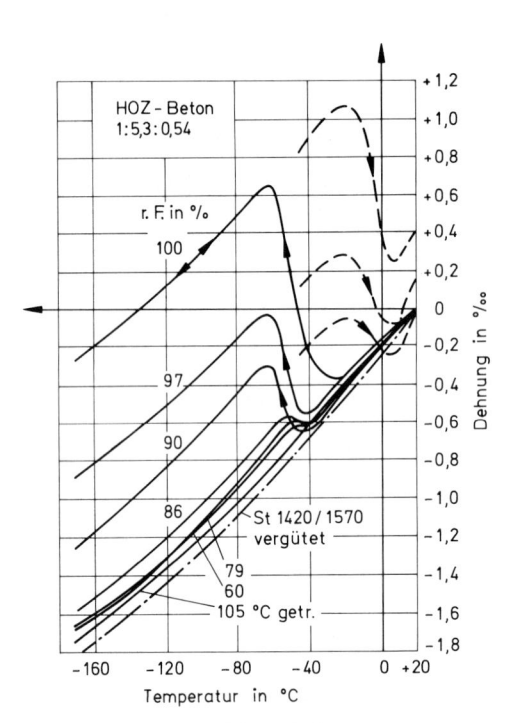

Bild 7.9-57 Wärmedehnverhalten von unterschiedlich feuchtem Beton (Lagerung in Luft mit unterschiedlicher rel. Feuchte) und von Spannstahl bei tiefen Temperaturen [7-153]

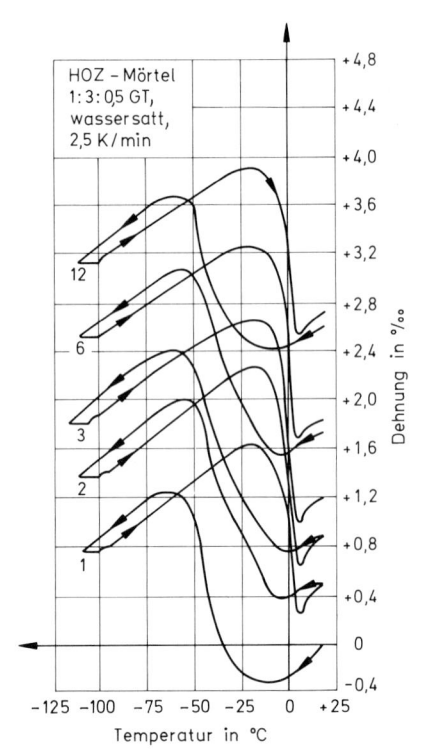

Bild 7.9-58 Wärmedehnverhalten von Mörtel im Tieftemperaturbereich bei 12 Temperaturzyklen [7-105]

7.9.5.3 Gefügespannungen

Wenn die Wärmedehnzahl des Zuschlags stark von der des Zementsteins abweicht, entstehen bei großen Temperaturänderungen hohe Gefügespannungen. Wird z. B. Beton, der Zuschlag mit sehr niedriger Wärmedehnzahl enthält, abgekühlt, so schrumpft die sich stärker verkürzende Mörtelmatrix auf die Zuschlagkörner auf und erfährt dabei eine Zugbeanspruchung.

Die Zugspannung kann nach folgender Gleichung abgeschätzt werden [7-154]:

$$\sigma_Z = \frac{k-1}{k} \cdot \frac{m \cdot n}{m \cdot n + 1} \cdot \alpha_{T,m} \cdot \Delta T \cdot E_m$$

mit

$k = \alpha_{T,m}/\alpha_{T,gg}$ Verhältnis der Wärmedehnzahlen des Mörtels und des Grobzuschlags

$m = \dfrac{E_{gg}}{E_m}$ Verhältnis der Elastizitätsmoduln von Grobzuschlag und Mörtel

$n = \dfrac{V_{gg}}{V_m}$ Grobzuschlagvolumen/Mörtelvolumen

ΔT Temperaturänderung

7.10 Dauerhaftigkeit

Dabei ist das Kriechen vernachlässigt. Es wirkt jedoch bei raschen Temperaturänderungen, bei altem Beton auch bei langsam verlaufenden Temperaturänderungen, nur wenig entlastend.

Beispiel:

		Grobzuschlag	
		Kalkstein	Quarzkies
$\alpha_{T,gg}$	K^{-1}	$4 \cdot 10^{-6}$	$12 \cdot 10^{-6}$
E_{gg}	N/mm^2	60 000	60 000
$\alpha_{T,m}$	K^{-1}	$15 \cdot 10^{-6}$	
E_m	N/mm^2	20 000	
n	N/mm^2	0,8	
σ_Z	$N/(mm^2 K)$	0,16	0,04

7.10 Dauerhaftigkeit

7.10.1 Allgemeines

Bauwerke sollen für die vorgesehene Nutzungsdauer mit minimalem Unterhaltungsaufwand uneingeschränkt gebrauchsfähig sein. Dafür sind zum einen Entwurf, Konstruktion und Ausführung, zum anderen die Dauerhaftigkeit der verwendeten Baustoffe maßgebend.

Die überwiegende Zahl der Schäden ist primär konstruktiv bedingt, beispielsweise durch zu feingliedrige Querschnitte, zu geringe Bauteilabmessungen, eine zu geringe Betondeckung und eine ungünstige Anordnung der Bewehrung. In der Häufigkeit der "Normal-Schäden" stehen an erster Stelle Risse und Betonabplatzungen, die durch Korrosion der oberflächennahen Bewehrung verursacht sind. Der Korrosionsschutz wird aber entscheidend durch die Betondeckung und die Bewehrungsführung bestimmt, wobei diese Größen ihrerseits indirekt auch die Betongüte im Überdeckungsbereich beeinflussen. Nur die kleinere Zahl der Schäden ist primär durch eine ungeeignete Zusammensetzung oder eine unzureichende Verarbeitung des Betons verursacht.

Beton ist bei einer auf den Verwendungszweck abgestimmten Wahl und Zusammensetzung der Ausgangsstoffe, bei sachgerechter Herstellung und bei entsprechender Nachbehandlung unter den üblichen Umweltbedingungen ein dauerhafter Baustoff. Sachgerecht hergestellte Außenbauteile aus Beton, Stahlbeton und Spannbeton erfordern keinen besonderen Schutz gegen normale Witterungsbeanspruchungen.

Bei Außenbauteilen ist der Beton wiederholten Frost-Tauwechseln bei gleichzeitiger Einwirkung von Niederschlägen und unter Umständen einem schwachen chemischen Angriff ausgesetzt. Für die Bewehrung liegen verstärkt korrosionsfördernde Einflüsse vor.

Sollen Stahlbetonbauteile den vorgenannten Einwirkungen widerstehen, so bedingt das einen entsprechenden Widerstand des Betons selbst und einen dauerhaften Schutz der Bewehrung gegen Korrosion durch den Beton. Für beides ist, eine sachgerechte konstruktive Ausbildung der Bauteile vorausgesetzt, die Dichtheit des Betons maßgebend. Sie wird durch dessen Zusammensetzung, Verarbeitung bzw. Verarbeitbarkeit und Nachbehandlung bestimmt, wobei sich diese drei Faktoren in ihrer Auswirkung gegenseitig beeinflussen.

Die weiteren Ausführungen beschränken sich auf Außenbauteile im allgemeinen Hochbau. Bauteile mit darüber hinausgehenden Beanspruchungen, die Beton mit besonderen Eigenschaften (s. Abschn. 1.1.8) bedingen, bleiben unberücksichtigt, ebenso Sonderbauwerke im Wasser- und Tiefbau.

7.10.2 Anforderungen an den Beton

Maßgebend für Herstellung, Verarbeitung und Nachbehandlung des Betons ist der Korrosionsschutz der Bewehrung (s. Abschn. 7.20). Beton, der bei Einhaltung der vorgeschriebenen Betondeckung einen ausreichenden Korrosionsschutz erwarten läßt, besitzt auch einen für allgemeine Außenbauteile ausreichenden Widerstand gegen Frost-Tauwechsel (s. Abschn. 7.13.2) und gegen schwachen chemischen Angriff (s. Abschn. 7.14.4).

Die entsprechenden Kennwerte und Anforderungen sind in Abschnitt 7.20.4.1 angegeben.

7.11 Verschleißwiderstand

7.11.1 Allgemeines

Der Verschleißwiderstand beschreibt das Verhalten des Betons bei einer Beanspruchung durch schleifenden und rollenden Verkehr, durch rutschendes Schüttgut, durch ruckweises Bewegen schwerer Gegenstände oder durch stark strömendes Wasser. Es kann dabei zu einem gleichmäßigen Abtrag oder zu örtlichen Vertiefungen an der Oberfläche kommen.

Der Verschleißwiderstand wird im wesentlichen von den Eigenschaften des Zuschlags und der Haftung zwischen Zementstein und Zuschlag bestimmt. Er kann durch eine auf die Angriffsart abgestimmte Betonzusammensetzung sowie durch Herstellung, Verarbeitung und Nachbehandlung des Betons beeinflußt werden.

7.11.2 Angriffsarten

7.11.2.1 Schleifende Beanspruchung

Gleitet ein Körper unter einem gewissen Anpreßdruck über die Betonoberfläche, so werden je nach Rauhigkeit und Reibung der Kontaktflächen feinkörnige Betonbestandteile herausgerissen. Damit ist ein weitgehend gleichmäßiger Abtrag verbunden, da der Angriff erst dann in größere Tiefen fortschreiten kann, wenn die härteste Komponente, in der Regel der Zuschlag, bis in die Ausbruchstiefe abgeschliffen ist. Folglich kann ein hoher Widerstand gegen diese Art von Angriff durch harte, verschleißfeste Zuschläge mit gutem Haftverbund zur Zementsteinmatrix erreicht werden. Die Härte und Verschleißfestigkeit des Zementsteins ist dabei von untergeordneter Bedeutung.

Der Widerstand gegen schleifenden Angriff kann nach DIN 52108 (Verschleißprüfung mit der Schleifscheibe nach Böhme) beurteilt werden. Dabei ist jedoch zu beachten, daß ein schleifender Angriff in dieser reinen Form in der Praxis nur selten auftritt. Die Prüfung

7.11 Verschleißwiderstand

mit der BÖHMEscheibe liefert immer gute Werte, wenn der in der Schleifebene liegende Zuschlag widerstandsfähig gegen Abschleifen ist. Der Beton kann in der Praxis trotzdem versagen, wenn die Zuschlagkörner gelockert werden, weil sie nicht fest genug eingebettet sind.

7.11.2.2 Rollende Beanspruchung

Hier ist zwischen einer Beanspruchung durch weiche und harte Körper zu unterscheiden. Bei weichen Körpern, wie z. B. gummibereiften Rädern, kann ein reibender und schleifender Angriff entstehen, wenn Schlupf auftritt und sich hartes körniges Material (z. B. Sand) zwischen Rad und Betonoberfläche befindet. Außerdem tritt eine saugende Beanspruchung auf.

Handelt es sich dagegen um harte Körper, z. B. stahlbereifte Räder, Kettenfahrzeuge oder kollerndes Schüttgut, so kommt zu dem reibenden noch ein stoßender Angriff hinzu. Die rollenden oder kollernden Körper prallen dabei hart auf die ebenfalls harten Zuschlagkörner auf, zertrümmern sie örtlich oder lockern sie aus ihrer Einbettung. Bei dieser Art von Angriff müssen die Zuschläge schlagfest, zäh und gut im Zementstein verankert sein. Eine besonders große Härte kann in manchen Fällen sogar nachteilig sein, weil hartes Material gewöhnlich auch einen hohen E-Modul besitzt, damit die Schlagwirkung verstärkt und das Herausbrechen begünstigt. Etwa zugegebene Hartstoffe können spröder sein als gewöhnliches Zuschlagmaterial. Eine günstige Ausnahme bilden Hartstoffe der Gruppe M (Metalle) nach DIN 1100 (Tabelle 7.11-1).

Einen Anhalt über den Verschleißwiderstand gegenüber diesem Angriff gibt die Verschleißprüfung mit dem EBENER-Gerät [7-155].

7.11.2.3 Prallbeanspruchung durch Schüttgüter und Flüssigkeiten

Beim Aufprall feinkörniger Schüttgüter oder von Flüssigkeiten kommt es zu einer erodierenden Beanspruchung, die der Wirkung eines Sandstrahlgebläses ähnelt. Sie unterschei-

Tabelle 7.11-1 Hartstoffgruppen, Schleifverschleiß und Festigkeiten nach DIN 1100

Hartstoffgruppe	Stoffart	Mittelwerte für		
		Schleif-verschleiß[1]) cm^3 je 50 cm^2	Biege-festig-keit[2]) N/mm^2	Druck-festig-keit[2]) N/mm^2
A (für allgemein)	Naturstein und/oder dichte Schlacke oder Gemische davon mit Stoffen der Gruppen M und KS	$\leq 6,0$	≥ 10	≥ 80
M (für Metall)	Metall	$\leq 3,0$	≥ 12	≥ 80
KS (für Elektrokorund und Siliziumkarbid)	Elektrokorund und Siliziumkarbid	$\leq 1,5$	≥ 10	≥ 80

[1]) ermittelt nach DIN 52108 an Estrichmörtel nach der Rezeptur des Hartstoffherstellers
[2]) ermittelt an Prismen $40 \times 40 \times 160$ mm^3 aus Estrichmörtel

det sich je nachdem, ob die Bewegung der auftreffenden Stoffe mehr normal oder mehr tangential zur Betonoberfläche erfolgt.

Im ersteren Fall wird bevorzugt der weichere Zementstein angegriffen. Die Zuschlagkörner werden freigelegt und bei stärkerem Angriff gelockert. Entscheidend für den Verschleißwiderstand ist hier die Widerstandsfähigkeit des Zementsteins und eine dichte Packung der Zuschlagkörner. Eine besondere Härte des Zuschlags kann dagegen meist nicht ausgenutzt werden.

Bei mehr tangentialer Einwirkung der auftretenden Partikel ist die Härte des Zementsteins weniger von Bedeutung, da dieser, nachdem ein gewisser Abtrag stattgefunden hat, nicht mehr direkt dem Angriff ausgesetzt ist, sondern durch die hervorstehenden Zuschlagkörner geschützt wird.

Bei Wasserbauwerken kann der Beton im Bereich hoher Wassergeschwindigkeiten der Erosion durch Kavitation ausgesetzt sein. Dabei „implodieren" Dampfblasen durch plötzliche Kondensation, wenn der Sättigungsdruck erreicht wird, und hinterlassen Hohlräume mit Unterdruck. Ein wiederholter Kollaps solcher Hohlräume auf oder nahe der Betonoberfläche führt dort zu einer Narbenbildung. Diese Narben unterscheiden sich deutlich vom schleifenden Verschleiß, der durch das vom fließenden Wasser mitgeführte Geschiebe verursacht wird. Weitere Angaben siehe [7-156, 7-157].

7.11.3 Beeinflussung

7.11.3.1 Druckfestigkeit

Unter sonst gleichen Bedingungen nimmt der Verschleißwiderstand mit der Druckfestigkeit zu. Nach DIN 1045 soll Beton, der einer besonders starken Verschleißbeanspruchung ausgesetzt ist, mindestens der Festigkeitsklasse B 35 entsprechen. Ein solcher Beton hat einen etwa doppelt so hohen Verschleißwiderstand wie ein B 15 [7-158].

7.11.3.2 Betonzusammensetzung

Der Verschleißwiderstand des Zementsteins ist im allgemeinen deutlich geringer als der des Zuschlags. Ein hoher Widerstand des Betons ist deshalb nur durch Verwendung harter (schleifende Beanspruchung) und gegebenenfalls zäher (rollende und Prallbeanspruchung) Zuschläge erreichbar, die in möglichst dichter Packung fest im Zementstein verankert sind und diesen vor der unmittelbaren Beanspruchung schützen. (Über Beton im Wasserbau siehe [7-159]).

Zuschlag

Der Zuschlag bis 4 mm Korngröße soll überwiegend aus Quarz oder Stoffen mindestens gleicher Härte bestehen, das gröbere Korn aus Gestein oder künstlichen Stoffen mit hohem Verschleißwiderstand. Tabelle 2.2-4 enthält Angaben über den Verschleiß von natürlichen Gesteinen bei schleifender Beanspruchung und über die Schlagfestigkeit. Von weich nach hart lassen sich einige als Betonzuschlag wichtige Gesteine wie folgt einordnen [7-16]:

– Sandstein (geringe Härte)
– Kalkstein (Härte 3)
– Grauwacke (Härte 5 bis 6)
– Basalt, Diabas (Härte 6)
– Granit, Diorit, Gabbro, Syenit, Porphyr, Gneis (Härte 6 und 7)
– Quarz, Quarzit (Härte 7)

7.11 Verschleißwiderstand

Für Beton mit hohem Verschleißwiderstand soll das Gestein mindestens die Härte 6 haben. Um eine gute Verankerung zu erzielen, sind eine mäßig rauhe Oberfläche und eine gedrungene Gestalt der Körper günstig.

Es sollen möglichst sand- und hohlraumarme Kornzusammensetzungen, die eine geringe Zementleimmenge benötigen, gewählt werden. Günstig sind Kornzusammensetzungen in der Nähe der Sieblinie A oder bei Ausfallkörnungen zwischen den Linien U und B (Bilder 3.1-1 bis 3.1-4). Bei den üblichen Straßenbetonen liegt der Kornanteil über 8 mm zwischen 50 und 70 %. U.U. ist eine Beschränkung des Größtkorns auf 16 mm oder bei besonders hoch beanspruchten Flächen (z.B. Industriefußböden) auf 8 bis 12 mm zweckmäßig [7-158]. Hiermit läßt sich eine besonders dichte Packung widerstandsfähigen Grobzuschlags an der Betonoberfläche erzielen. Eine Beschränkung des Größtkorns auf etwa 20 mm ist auch bei Wasserbauten dort angezeigt, wo mit Kavitation gerechnet werden muß [7-157]. Im Straßenbau hat sich ein Größtkorn von 32 mm bewährt (in Norwegen bis zu 70 mm).

Zementgehalt und Wasserzementwert

Der Zementgehalt sollte nicht zu hoch sein und z.B. bei einem Größtkorn von 32 mm 350 kg/m^3, bei einem Größtkorn von 16 mm 400 kg/m^3 nicht überschreiten, um einen möglichst hohen Zuschlaganteil unterbringen zu können. Dabei ist jedoch ein niedriger Wasserzementwert (bei starkem Angriff nicht über 0,50, besser 0,40 bis 0,45) anzustreben, weil mit abnehmender Porosität die Widerstandsfähigkeit des Zementsteins zunimmt und das Verbundverhalten zwischen Zementstein und Zuschlag verbessert wird.

Hartstoffzusatz

Bei besonders hoher Beanspruchung kann es nötig sein, eine Verschleißschicht mit Hartstoffzuschlägen herzustellen. Die Hartstoffe werden nach DIN 1100 in die drei Gruppen A, M und KS mit in dieser Reihenfolge steigendem Verschleißwiderstand eingeteilt (Tabelle 7.11-1). Die Hartstoff-Verschleißschicht kann durch Auftragen und Einarbeiten einer trockenen Mischung aus Hartstoffen und Zement in die frische Betonoberfläche hergestellt werden (DIN 18560 Teil 5).

Luftporen

Der Einfluß künstlicher Luftporen, wie sie zur Verbesserung des Frost- und Taumittelwiderstandes benötigt werden, ist bis zu einem Gehalt von etwa 5 Vol.-% gering. Bei Porengehalten über 10 Vol.-% ist mit einer erheblichen Verminderung des Verschleißwiderstandes zu rechnen.

Frischbetonkonsistenz

Die Konsistenz darf keinesfalls zu weich und der Beton nicht zu wasserreich sein, damit sich an der Oberfläche kein Wasser absondert und sich dort keine zu stark mit Zementstein angereicherte Schicht bildet.

7.11.3.3 Verarbeitung

Bei der Verarbeitung ist darauf zu achten, daß der Beton nicht zu lange gerüttelt wird, um nicht zu viel Wasser und Schlempe nach oben zu bringen.

Die Bearbeitung der Oberfläche (Glätten) darf nicht zu früh erfolgen, sondern erst, wenn die Oberfläche nach Beendigung des Blutens wieder mattfeucht geworden ist. Der Verschleißwiderstand kann deutlich verbessert werden, wenn die Oberfläche zu einem späteren Zeitpunkt ein zweites oder drittes Mal geglättet und dabei verdichtet wird. Zwischen den wiederholten Glättvorgängen können je nach Witterung und Abbindeverhalten ½ bis 1½ Stunden liegen. Stählerne Glättwerkzeuge ergeben die verschleißfestesten Oberflächen, die allerdings ziemlich glatt sind. Hölzerne Glättscheiben reißen die Oberfläche auf und neigen dazu, die Zuschläge in Bewegungsrichtung der Scheibe zu verschieben, so daß der Verbund auf der entgegengesetzten Seite beeinträchtigt werden kann. Glättscheiben aus Leichtmetall liefern mäßig rauhe Oberflächen, die am Anfang einen höheren Verschleiß erfahren als die glatten mit Stahlwerkzeugen bearbeiteten Flächen [7-158].

Der Verschleißwiderstand läßt sich durch eine Vakuumbehandlung (s. Abschn. 4.2.5.5) bedeutend steigern, weil hierbei alles überschüssige Wasser abgezogen wird und ein besonders dichter und fester Zementstein an der Oberfläche entsteht. Horizontale vakuumbehandelte Oberflächen werden oft mit motorbetriebenen Flügelglättern bearbeitet. Auch hier ist es günstig, zu einem späteren Zeitpunkt die Bearbeitung noch einmal oder mehrere Male zu wiederholen [7-160].

7.11.3.4 Nachbehandlung

Da für den Verschleißwiderstand der Hydratationsgrad in den oberflächennahen Bereichen entscheidend ist, kommt hier der Nachbehandlung eine besondere Bedeutung zu.

DIN 1045 fordert, daß Beton mit hohem Verschleißwiderstand mindestens 7 Tage feucht gehalten werden soll. Eine längere Nachbehandlungsdauer kann noch zu erheblichen Verbesserungen führen. Sie ist besonders anzuraten, wenn die Temperatur niedrig ist und langsam erhärtende Zemente oder puzzolanische Zusätze (z. B. Flugasche) verwendet werden. Bei niederen Betonqualitäten ist der Einfluß der Nachbehandlung besonders stark ausgeprägt [7-161].

7.12 Dichtheit gegen Flüssigkeiten und Gase

7.12.1 Allgemeines

Bei bestimmten Bauwerken, wie z. B. Gründungswannen, Behältern oder Rohren, muß der Beton neben der tragenden auch eine dichtende Funktion übernehmen. Die Dichtheit des Betons ist auch für den Widerstand gegen chemische Angriffe (s. Abschn. 7.14) und den Schutz der Bewehrung gegen Korrosion (s. Abschn. 7.20) wie für die Dauerhaftigkeit schlechthin von Bedeutung.

Man muß zwischen der nur begrenzt erreichbaren Dichtheit des Betons und der Undurchlässigkeit eines daraus hergestellten Bauteils unterscheiden. Die Dichtheit beschreibt den Widerstand gegen das Eindringen von Flüssigkeiten und Gasen. Die Undurchlässigkeit beinhaltet, daß zwar ein Eindringen, aber kein strömendes Hindurchdringen erfolgt.

Für die Undurchlässigkeit eines Bauteiles sind neben der Undurchlässigkeit des Betons Abmessungen, Formgebung und konstruktive Ausbildung, insbesondere die Bewehrungsanordnung, von wesentlicher Bedeutung.

Für den Widerstand des Betons gegen das Eindringen von Flüssigkeiten und Gasen ist, eine sachgemäße Zusammensetzung und Verarbeitung vorausgesetzt, die Dichtheit des Zementsteins maßgebend. Sie wird durch Volumen, Art und Verteilung der Poren be-

7.12 Dichtheit gegen Flüssigkeiten und Gase

stimmt. Man unterscheidet nach der Größe zwischen Gel- und Kapillarporen (s. Abschn. 2.1.3.5, Tabelle 2.1-2).

Gelporen (rechnerischer Radius 1 bis 10 nm) sind unter normalen Austrocknungsverhältnissen mit physikalisch gebundenem Wasser gefüllt, das auch durch einen hohen Druck von z. B. 20 bis 40 bar nicht bewegt werden kann [7-162]. Daher werden Gelporen normalerweise nicht von Flüssigkeiten und Gasen durchströmt. Wohl aber ist eine Diffusion von Gasen möglich.

Demgegenüber ist in den größeren Kapillarporen (rechnerischer Radius 10^1 bis 10^5 nm) das Porenwasser leicht beweglich und verdunstet bereits bei normaler Temperatur. Die Kapillarporen stehen miteinander in Verbindung und sind durchlässig für Flüssigkeiten und Gase.

Die Kapillarporosität wird entscheidend durch den Wasserzementwert und den Hydratationsgrad bestimmt (s. Abschn. 2.1.3.5, Bild 2.1-6).

7.12.2 Dichtheit gegen Wasser

Wasser kann durch hydrostatischen Druck, ein Dampfdruckgefälle, kapillare Wasseraufnahme oder Schlagregen in den Beton eindringen und ggf. hindurchtreten. Im folgenden wird in erster Linie die Dichtheit gegen drückendes Wasser behandelt. Der Widerstand gegen den Durchtritt von Wasserdampf wird im Abschnitt 7.12.4 angesprochen.

7.12.2.1 Einflüsse und Beurteilung

Die für die Dichtheit des Betons maßgebende Wasserdurchlässigkeit des Zementsteins wird ausschließlich durch den Gehalt an Kapillarporen bestimmt. Bild 2.1-21 zeigt den Zusammenhang zwischen der Kapillarporosität – in Abhängigkeit von Wasserzementwert und Hydratationsgrad – und der Wasserdurchlässigkeit.

Solange der Anteil der Kapillarporen 25 % des Zementsteinvolumens nicht überschreitet, ist die Wasserdurchlässigkeit gering. Diese Bedingung erfordert z. B. bei einem Wasserzementwert von 0,50 einen Hydratationsgrad von 80 % und bei einem Wasserzementwert von 0,40 einen Hydratationsgrad von 60 %. Beim Wasserzementwert von 0,60 muß der Zement dagegen praktisch vollständig hydratisiert sein. Bei einer weiteren Erhöhung des Wasserzementwerts nimmt die Wasserdurchlässigkeit sehr stark zu.

Bei unvollständiger Verdichtung und/oder unzureichender Nachbehandlung kann der Zementstein bzw. der Beton auch bei niedrigen Wasserzementwerten durchlässig sein.

Wird dem Beton durch künstliche Trocknung das Wasser in den feinsten Kapillaren und das Gelwasser entzogen, so kann auch an sich wasserundurchlässiger Beton vorübergehend durchlässig werden. Bei länger anhaltender Durchfeuchtung findet jedoch wieder eine Selbstabdichtung statt.

Die Dichtheit bzw. die Wasserdurchlässigkeit eines Betons wird anhand der größten Wassereindringtiefe beurteilt, die sich bei einer Prüfung nach DIN 1048 Teil 1 (s. Abschn. 7.12.2.2) ergibt. Nach DIN 1045 gilt für Bauteile mit einer Dicke von etwa 10 bis 40 cm ein Beton als wasserundurchlässig, dessen größte Wassereindringtiefe dabei 5 cm nicht überschreitet.

Bild 7.12-1 zeigt die Abhängigkeit der Wassereindringtiefe von der Erhärtungsdauer und vom Wasserzementwert. Danach ist die Wassereindringtiefe bei Prüfung von wassergelagerten Probekörpern im Alter von 3 bis 7 Tagen wesentlich größer als im Alter von 28 Tagen. Im weiteren nimmt sie nur noch geringfügig ab. Luftgelagerter, mehr oder weniger

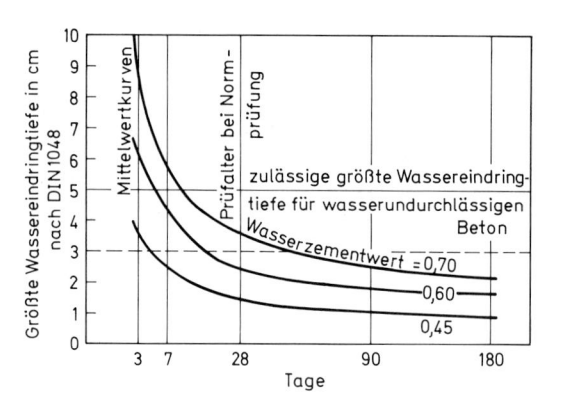

Bild 7.12-1 Abnahme der Wassereindringtiefe mit zunehmender Erhärtungsdauer des Betons bei Versuchsbeginn [7-163]

ausgetrockneter Beton zeigt unter sonst gleichen Bedingungen größere Eindringtiefen als bis zur Prüfung wassergelagerter Beton. Dieser Unterschied ist für das Verhalten von sachgerecht eingebautem und nachbehandeltem Beton im Bauteil ohne Bedeutung. Er bedeutet jedoch, daß Prüfergebnisse an trocken gelagertem Beton für die Beurteilung nur bedingt geeignet sind.

Wegen des eingangs beschriebenen Zusammenhanges zwischen dem Wasserzementwert und der Dichtheit des Zementsteins ist auch die Wasserundurchlässigkeit des Betons in starkem Maße vom Wasserzementwert abhängig (Bild 7.12-2).

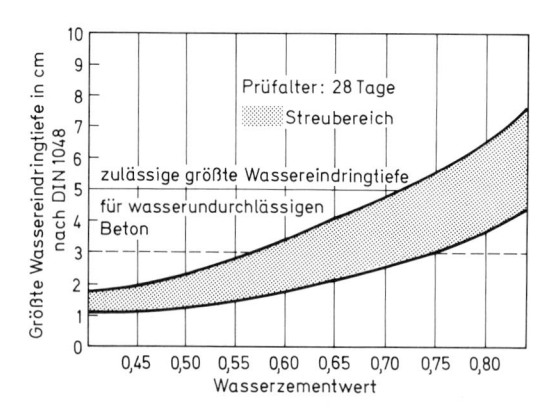

Bild 7.12-2 Einfluß des Wasserzementwerts auf die Wassereindringtiefe [7-163]

7.12.2.2 Prüfung

Die Wasserundurchlässigkeit wird im allgemeinen nach DIN 1048 Teil 1 an plattenförmigen, bis zur Prüfung im Alter von 28 Tagen wassergelagerten Prüfkörpern bestimmt, die auf einer Oberfläche stufenweise einem Wasserdruck von 1, 3 und 7 bar ausgesetzt werden. Nach dem Versuch werden die Prüfkörper gespalten, die Wasserverteilung festgestellt und die größte Wassereindringtiefe angegeben.

7.12 Dichtheit gegen Flüssigkeiten und Gase

7.12.2.3 Wasserundurchlässiger Beton

7.12.2.3.1 Herstellung

Nach DIN 1045 ist wasserundurchlässiger Beton in der Regel als Beton B II herzustellen. Beton geringerer Festigkeitsklassen als B 35 darf jedoch auch als Beton B I hergestellt werden, wenn der Zementgehalt bei Zuschlaggemischen 0 bis 16 mm mindestens 370 kg/m^3, bei 0 bis 32 mm mindestens 350 kg/m^3 beträgt und wenn die Kornzusammensetzung des Zuschlaggemisches im Bereich (3) der Bilder 3.1-2 bzw. 3.1-3 liegt.

7.12.2.3.2 Zusammensetzung

Wasserzementwert

Der Wasserzementwert darf bei Bauteilen von etwa 10 bis 40 cm Dicke 0,60 nicht überschreiten. Bei dickeren Bauteilen ist ein Wasserzementwert von 0,70 noch erlaubt. Zusätzliche Anforderungen, wie z. B. hoher Frost- und Tausalzwiderstand, hoher Widerstand gegen starken chemischen Angriff und Meerwasser, erfordern w/z-Werte $\leq 0,60$. Dies gilt auch für Bauteile, die der Witterung unmittelbar ausgesetzt sind.

Die v. g. Grenzwerte dürfen auch von Einzelwerten nicht überschritten werden. Das bedeutet, daß wegen der üblichen Streuungen bei der Bauausführung Wasserzementwerte von höchstens 0,55 bzw. 0,65 angestrebt werden müssen.

Für die Herstellung von Offshore-Bauwerken, bei denen Wasserdrücke von 10 bis 20 bar auftreten, sind heute Wasserzementwerte w/z $\leq 0,45$ gebräuchlich [7-162].

Mehlkorn- und Feinstsandgehalt

DIN 1045 sieht für wasserundurchlässigen Beton keine Begrenzung des Mehlkorn- und Feinstsandgehaltes vor. Die dort für andere Betone mit besonderen Eigenschaften angegebenen zulässigen Höchstwerte (s. Abschn. 3.2.3, Tab. 3.2-2) haben sich jedoch als geeignete Richtwerte erwiesen. Die Anteile an abschlämmbaren Bestandteilen im Zuschlag sollen jedoch gering sein, z. B. im Sand $\leq 1,0$ M.-%.

Künstlich eingeführte Luftporen können fehlendes Mehlkorn, insbesondere im Massenbeton, bei niedrigem Zement- und Sandgehalt ersetzen. Sie verbessern außerdem den Frostwiderstand des Betons und sind zur Erzielung eines hohen Frost- und Tausalzwiderstandes i. allg. unentbehrlich.

Zuschlag

Da für die Wasserundurchlässigkeit in erster Linie die Dichtheit des Zementsteins maßgebend ist, kann auch mit porigen und durchlässigen Zuschlägen, wie z. B. Leichtzuschlägen (s. Abschn. 8.2.6.8), ein wasserundurchlässiger Beton hergestellt werden, wenn die Zuschlagkörner in dichten Zementstein eingebettet werden. Voraussetzung ist, daß die Zuschläge keine Verunreinigungen enthalten, die die Dichtigkeit des Zementsteins beeinträchtigen, wie z. B. ein zu hoher Anteil an abschlämmbaren Bestandteilen.

Kornzusammensetzung des Zuschlags sowie Mörtelgehalt und Konsistenz des Betons müssen so aufeinander abgestimmt werden, daß der Frischbeton eine gute Verarbeitbarkeit aufweist. Andernfalls besteht Gefahr, daß der Beton beim Verdichten nicht überall ein dichtes Gefüge erhält. Dies gilt insbesondere bei Verwendung von gebrochenem Zuschlag.

Unter extremen Temperaturbedingungen kann jedoch der Zuschlag einen entscheidenden Einfluß auf die Durchlässigkeit gewinnen. Maßgebend ist sein Verformungsverhalten. Weicht die Wärmedehnzahl zu sehr von der des Zementsteins ab, können bei starken

Temperaturänderungen Mikrorisse entstehen, die die Durchlässigkeit stark erhöhen. Dies dürfte der Grund dafür sein, daß die Durchlässigkeit von Beton mit Kalksteinzuschlag gegenüber flüssigem Stickstoff (− 196 °C) um mehr als eine Zehnerpotenz größer gefunden wurde als die von vergleichbarem Beton mit Granitzuschlag [7-164].

Betonzusatzmittel

Grundsätzlich ist die Herstellung von wasserundurchlässigem Beton nicht an die Verwendung eines Betonzusatzmittels gebunden. Bestimmte Zusatzmittel können jedoch nützlich sein. Hierzu gehören Zusatzmittel, die eine Wassereinsparung ermöglichen (Verflüssiger, Fließmittel), weil hierdurch der Wasserzementwert gesenkt werden kann, was zu einer verminderten Kapillarporosität führt.

Dichtungsmittel (DM) haben meist ebenfalls eine verflüssigende Wirkung. Wird sie zur Senkung des Wasserzementwerts ausgenutzt, so führt dies zu einer entsprechenden Verbesserung der Wasserundurchlässigkeit. Die bloße Zugabe eines Dichtungsmittels ohne gleichzeitige Verminderung des Wassergehalts bringt dagegen keine wesentliche Verbesserung der Undurchlässigkeit gegenüber drückendem Wasser (Bedeutung und Wirkungsweise der Dichtungsmittel s. Abschn. 2.3.6.3).

Künstlich eingeführte Luftporen können die um zwei bis drei Zehnerpotenzen kleineren Kapillarporen unterbrechen und dadurch die kapillare Wasseraufnahme vermindern. Sie wirken sich auch dadurch günstig auf die Undurchlässigkeit aus, daß sie den Zusammenhalt des Frischbetons verbessern und das Bluten vermindern (Vermeidung von Wassersäcken unter groben Zuschlagkörnern).

Betonzusatzstoffe

Die für die Durchlässigkeit maßgebende Kapillarporosität hängt in starkem Maße davon ab, wie vollständig die Hydratationsprodukte das Porensystem ausfüllen.

Puzzolanische (Flugasche, Traß) und latent hydraulische Betonzusatzstoffe (Hüttensand, in Deutschland nur als Bestandteil von Hochofen- und Eisenportlandzement) reagieren träger als Portlandzement. Wird ein Teil des Portlandzements gegen solche Stoffe ausgetauscht, so wachsen die Kapillaren am Anfang langsamer zu als beim reinen PZ-Beton. Infolgedessen ist die Durchlässigkeit zunächst größer. Unter der Voraussetzung, daß dem Beton mit puzzolanischem oder latent hydraulischem Zusatzstoff genügend Feuchtigkeit über längere Zeit zur Verfügung steht, kann er jedoch später eine wesentlich größere Undurchlässigkeit erlangen als der Beton ohne Zusatzstoff [7-148]. Wie bei den Zusatzmitteln spielt auch hierbei die Verbesserung der Frischbetoneigenschaften (geringere Entmischungsneigung, vermindertes Bluten) eine Rolle.

7.12.2.3.3 Konsistenz, Verarbeitung und Nachbehandlung

Wasserundurchlässiger Beton wird meist mit einer Konsistenz im Bereich KP/KR (Ausbreitmaß 38 bis 45 cm) verarbeitet. Bei Massenbeton sind Abweichungen in Richtung auf eine steifere Konsistenz (KS) üblich. Für dünnwandige Bauteile oder als Unterwasserbeton ist eine weiche Konsistenz KR (Ausbreitmaß a = 42 bis 48 cm) zweckmäßig. Wasserundurchlässiger Beton kann auch als Fließbeton hergestellt werden.

Verarbeitung

Wichtig ist eine vollständige Frischbetonverdichtung. Wasserundurchlässiger Beton aller Konsistenzbereiche sollte stets durch Hochfrequenz-Rüttler verdichtet werden. Das gilt auch bei Verwendung von Fließbeton für Wände [7-162].

7.12 Dichtheit gegen Flüssigkeiten und Gase 371

Wasserundurchlässiger Beton mit der Konsistenz KR kann auch als bewehrter Unterwasserbeton eingebracht werden [7-165]. Er läßt sich auch als Spritzbeton ausführen, wobei allerdings Entmischungen im Bereich von Bewehrungsstäben und Aussteifungsbögen (Spritzschatten) problematisch sind. Bei Verwendung von Stahlfaserspritzbeton können diese Hindernisse vielleicht entfallen, so daß damit ein einschaliger wasserundurchlässiger Ausbau möglich wäre.

Nachbehandlung

Da für die Wasserundurchlässigkeit des Betons eine möglichst weitgehende Hydratation des Zementsteins Voraussetzung ist, kommt der Nachbehandlung eine besondere Bedeutung zu. Die in der „Richtlinie zur Nachbehandlung von Beton" [4-48] genannten Maßnahmen reichen hier nicht aus, es sind weitergehende Maßnahmen erforderlich. Dies gilt insbesondere für die Mindestnachbehandlungsdauer. Auch sind vor allem bei dicken Bauteilen Vorkehrungen zu treffen, um Spaltrisse infolge zu schneller Abkühlung und Schwinden zu vermeiden. Bezüglich weiterer Einzelheiten wird auf [7-163] verwiesen.

7.12.3 Dichtheit gegen andere Flüssigkeiten

Flüssigkeiten mit einer geringeren Oberflächenspannung als Wasser können auch in wasserundurchlässigen Beton eindringen und ggf. hindurchströmen. Hierzu gehören vor allem Mineralöle, Petroleum, Terpentin, Benzin usw.. Die Öldichtheit hängt von der Viskosität der Öle ab. In trockenen Beton dringen Öle mit einer Viskosität unter 15 mm^2/s ein. Dazu gehören Heizöle EL und die meisten Heizöle L. Bei Ölbehältern ist daher meist eine Schutzhaut erforderlich [7-16].

7.12.4 Dichtheit gegen Gase

7.12.4.1 Einflüsse und Beurteilung

Die Dichtheit eines Betons gegen Gase bzw. die Gasdurchlässigkeit wird durch die offene Porosität bestimmt. Diese ist im wesentlichen identisch mit der Kapillarporosität (s. Abschn. 7.12.1). Damit sind für die Dichtheit der Wasserzementwert und der Hydratationsgrad, d. h. die Nachbehandlung entscheidend. Eine weitere Einflußgröße ist der Austrocknungszustand des Betons.

Die Gasdurchlässigkeit wird durch den Permeabilitätskoeffizienten K und den Diffusionskoeffizienten D beschrieben. K ist ein Maß für die Gasdurchlässigkeit unter einem absoluten Druckgefälle, wie es z. B. in Gasbehältern vorliegt. D ist ein Maß für die Durchlässigkeit bei einem Partialdruckgefälle des Gases aufgrund unterschiedlicher Konzentration und ist z. B. maßgebend für das Eindringen von Sauerstoff und Kohlendioxid unter natürlichen Umweltbedingungen. Über Prüfverfahren zur Bestimmung der Durchlässigkeit siehe [7-166, 7-167].

Bild 7.12-3 zeigt den Einfluß von Wasserzementwert, Zementart und Nachbehandlung auf die Durchlässigkeit von Beton bis 16 mm Zuschlaggrößtkorn für Sauerstoffgas. Sie wurde an Scheiben von 15 cm Durchmesser und 5 cm Dicke im Alter zwischen 40 und 55 Tagen bestimmt. Die Prüfkörper wurden jeweils nach einem Tag ausgeschalt und lagerten dann im Klimaraum bei 65% r.F. (Nachbehandlung B) bzw. zwei Tage konserviert in Folie, anschließend bei 65% r.F. (Nachbehandlung C) bzw. 27 Tage konserviert in Folie, anschließend bei 65% r.F. (Nachbehandlung D) [7-168].

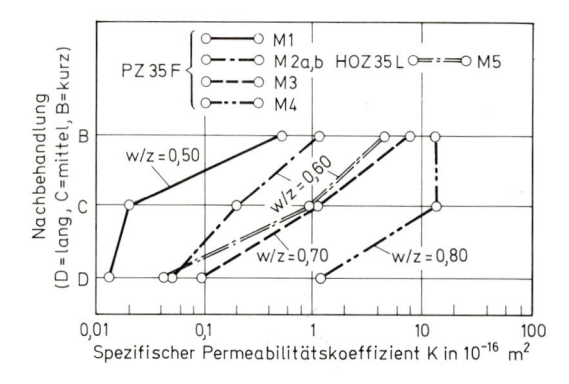

Bild 7.12-3 Einfluß von Wasserzementwert, Zementart und Nachbehandlung auf den spezifischen Permeabilitätskoeffizienten von Beton [7-168]

Die Durchlässigkeitskoeffizienten erstrecken sich über drei Größenordnungen. Die Durchlässigkeit steigt an, je früher die Austrocknung des Betons einsetzt und je höher der Wasserzementwert ist, wobei sich diese Einflüsse überlappen. Ein sehr gut nachbehandelter Beton mit w/z = 0,80 kann danach ähnlich dicht werden wie ein schlecht nachbehandelter Beton mit w/z = 0,60.

Von besonderem Interesse sind die Verhältnisse in den oberflächennahen Betonschichten. Deren Austrocknung und damit die Porenstruktur werden bei dickeren Bauteilen durch die Feuchtigkeitsreserven im Kern beeinflußt Bild 7.12-4 demonstriert die Abnahme der Durchlässigkeit für Sauerstoff über die Tiefe. Es zeigt auch, daß der Einfluß der Nachbehandlung auf die Durchlässigkeit des Beton in den Randbereichen von dickeren Bauteilen im Vergleich zu Bild 7.12-3 zurückgeht.

Bild 7.12-5 zeigt den Zusammenhang zwischen Permeabilitätskoeffizient und Diffusionskoeffizient. Danach liegen die Diffusionskoeffizienten für Sauerstoff bei Normalbeton mit einer Ausgleichsfeuchte entsprechend 65% r. F. der Umgebung zwischen etwa $0,7 \cdot 10^{-8}$ (w/z = 0,50) und $7 \cdot 10^{-8}$ m^2 · s^{-1} (w/z = 0,80).

In [7-169] werden für Normalbetone mit Ausgleichsfeuchten entsprechend etwa 70 bis 80% r. F. je nach Betondruckfestigkeit Werte zwischen etwa $0,5 \cdot 10^{-8}$ (β_W = 70 N/mm^2) und $5 \cdot 10^{-8}$ m^2 · s^{-1} (β_W = 20 N/mm^2) genannt. Bild 7.12-6 zeigt Diffusionskoeffizienten für Luft von Normalbeton mit einer Ausgleichsfeuchte entsprechend 65% r. F. nach [7-170].

Der Widerstand, den ein Baustoff dem Durchtritt von Wasserdampf entgegensetzt, wird durch die Wasserdampf-Diffusionswiderstandszahl beschrieben. Dieser Kennwert gibt an, um wievielmal größer der Diffusionswiderstand einer Stoffschicht ist als der einer gleich dicken Luftschicht.

Bild 7.12-7 zeigt, daß die Diffusionswiderstandszahl mit sinkender Betonrohdichte abnimmt. Nach DIN 4108 Teil 4 ist für Normalbeton ein Wert zwischen 70 und 150 anzunehmen, desgleichen, unabhängig von der Rohdichte, für dampfgehärteten Gasbeton zwischen 5 und 10 und für haufwerksporigen Leichtbeton zwischen 5 und 15.

7.12.4.2 Gasundurchlässiger Beton

Für die Herstellung eines gasdichten Betons gelten die gleichen Grundsätze wie für wasserundurchlässigen Beton. Durchschnittlich zusammengesetzter Beton (w/z ≤ 0,65, Zementgehalt ≥ 300 kg/m^3) gilt in feuchtem Zustand als weitgehend gas- bzw. luftdicht [7-173], wird jedoch bei stärkerem Austrocknen zunehmend durchlässiger. Bei stark aus-

7.12 Dichtheit gegen Flüssigkeiten und Gase

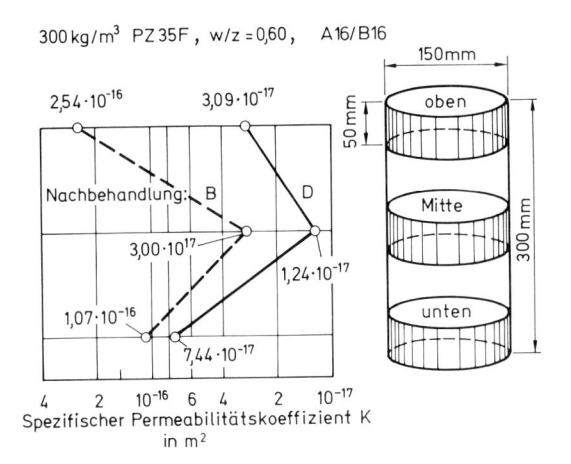

Bild 7.12-4 Permeabilitätskoeffizient (O_2) für den oberen, mittleren und unteren Bereich eines Prüfkörpers bei unterschiedlicher Nachbehandlung [7-168]

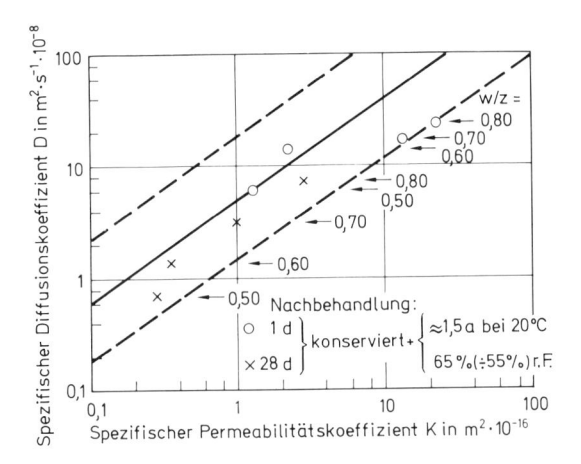

Bild 7.12-5 Zusammenhang zwischen Permeabilitätskoeffizient und Diffusionskoeffizient für Sauerstoff [7-168]

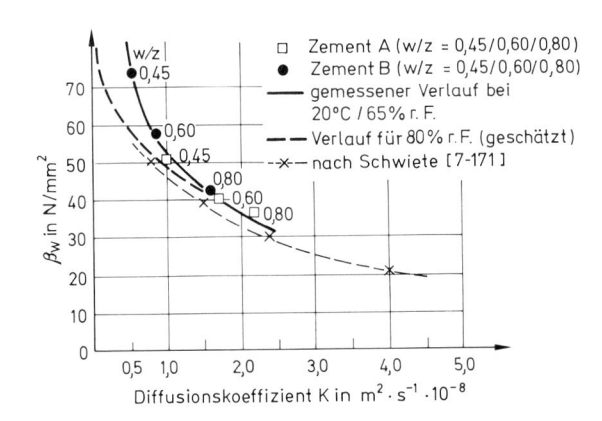

Bild 7.12-6 Diffusionskoeffizient für Luft in Abhängigkeit von der Betondruckfestigkeit [7-170]

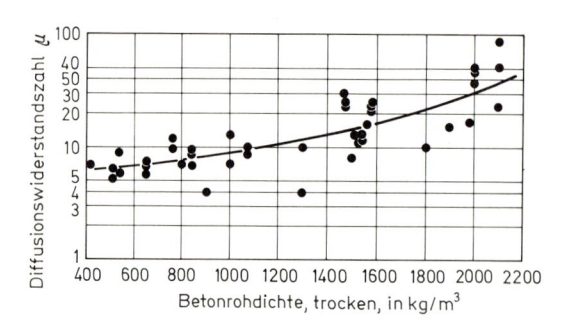

Bild 7.12-7 Zusammenhang zwischen Betonrohdichte und Wasserdampf-Diffusionswiderstandszahl [7-172]

getrocknetem Beton kann Gasundurchlässigkeit nicht vorausgesetzt werden [7-174]. In Sonderfällen ließe sich eine solche durch eine Imprägnierung mit Polymeren oder Schwefel erreichen (s. Abschn. 4.6).

7.13 Frostwiderstand und Frost- und Taumittelwiderstand

7.13.1 Allgemeines

Die Auswirkung von Frost-Tauwechseln auf den Beton ist abhängig von seinem Feuchtigkeitsgehalt sowie von der Häufigkeit und Intensität der Temperaturänderungen.

Der Feuchtigkeitsgehalt wird zunächst durch die Luftfeuchte in der Umgebung bestimmt. Die Betonfeuchtigkeit reagiert auf kurzfristige Schwankungen nur sehr träge, sie korrespondiert vielmehr mit deren Mittelwert (Jahresmittel der Luftfeuchte 75 bis 85 % r. F.). Sie wird zusätzlich durch Häufigkeit und Intensität der Niederschläge beeinflußt, die unmittelbar auf die Oberflächen der Bauteile einwirken.

Die Beanspruchung des Betons durch Gefrieren nimmt mit steigendem Feuchtigkeitsgehalt zu. Sie ist am größten bei Gefrieren unter Wasser, wie es z. B. bei aufstehenden Wasserfilmen auf Verkehrsflächen stattfindet. Bei Außenbauteilen erfolgt in der Regel ein Gefrieren an Luft, was zu einer deutlich geringeren Beanspruchung führt.

Beton, der unter der oben genannten Umgebungsfeuchte „ausgetrocknet" und, wie bei vertikalen Bauteilflächen, der Einwirkung von Niederschlägen nur begrenzt ausgesetzt ist, ist bei sachgerechter Ausführung praktisch unempfindlich gegenüber Frost-Tauwechseln. Schäden sind jedoch zu erwarten, wenn der Beton im durchfeuchteten Zustand häufigen und schroffen Frost-Tauwechseln ausgesetzt ist, insbesondere bei gleichzeitiger Einwirkung von Taumitteln. In diesen Fällen ist ein Beton mit hohem Frostwiderstand bzw. Frost- und Taumittelwiderstand erforderlich.

Beton mit hohem Frostwiderstand ist in erster Linie erforderlich für voll der Witterung ausgesetzte Bauwerke des Wasser-, Brücken- und Hochbaus, Beton mit hohem Frost- und Taumittelwiderstand für Fahrbahndecken und Flugplatzbefestigungen, für Rand- und Mittelkappen von Brücken sowie für Betonwaren des Straßenbaus.

Ein hoher Frostwiderstand und Frost- und Taumittelwiderstand bedingt einen wasserundurchlässigen Beton (s. Abschn. 7.12.2.3). Darüber hinaus ist bei hohem Frostwiderstand in Sonderfällen, immer jedoch bei Beton mit hohem Frost- und Taumittelwiderstand (ausgenommen bei Beton mit sehr steifer Konsistenz, s. Abschn. 7.13.3.5) ein bestimmter

7.13 Frostwiderstand und Frost- und Taumittelwiderstand   375

Gehalt an künstlich eingeführten Mikroluftporen erforderlich. Die angestrebten Eigenschaften werden aber insbesondere in den oberflächennahen Bereichen nur bei einer intensiven Nachbehandlung des Betons erreicht (s. Abschn. 4.3.2).

Zur unmittelbaren Bestimmung des Frostwiderstands bzw. des Frost- und Taumittelwiderstandes wurden verschiedene Prüfverfahren entwickelt [7-175]. Sie haben sich jedoch bisher nicht allgemein durchgesetzt, da die Übertragbarkeit der Ergebnisse auf das Verhalten des Betons im Bauwerk zu wenig gesichert ist.

7.13.2 Frostwiderstand

7.13.2.1 Frostwirkung

Die Mechanismen, die einen Frostschaden bewirken, sind noch nicht völlig geklärt. Neben der Sprengwirkung, die durch die Volumenvergrößerung des Wassers beim Gefrieren erzeugt wird, scheinen auch noch andere Effekte, wie z. B. stark unterschiedliche Wärmedehnzahlen von Zementstein und Zuschlag oder Druckunterschiede beim Gefrieren von kapillarkondensiertem Wasser in Poren mit unterschiedlichem Durchmesser oder osmotischer Druck, insbesondere bei Einwirkung von Taumitteln eine wesentliche Rolle zu spielen [7-176].

Frostschäden können sich wie folgt äußern:
- langsames Abwittern des Feinmörtels an der Oberfläche
- Lockerung des Gefüges in oberflächennahen Bereichen
- Ablösen von Oberflächenschichten, Abplatzungen
- Gefügeschäden im Inneren, bleibende Frostdehnung
- völliger Zerfall.

Manchmal sind nur einzelne Zuschlagkörper nicht genügend frostbeständig. Wenn solche Körner dicht unter der Oberfläche liegen, sprengen sie örtlich die Betondeckung ab, wobei trichterförmige Abplatzungen oder „pop-outs" entstehen.

7.13.2.2 Beeinflussung

Für den Frostwiderstand des Betons ist, frostbeständiger Zuschlag vorausgesetzt, vor allem seine Dichtheit maßgebend. Sie wird durch Zusammensetzung, Verarbeitung bzw. Verarbeitbarkeit und Nachbehandlung bestimmt. Zwischen diesen drei Faktoren bestehen hinsichtlich der Möglichkeiten wie der Auswirkung wechselweise Abhängigkeiten.

Der Frostwiderstand kann durch künstlich eingeführte Mikroluftporen verbessert werden.

7.13.2.3 Betonzusammensetzung

Beton mit hohem Frostwiderstand ist als wasserundurchlässiger Beton herzustellen (s. Abschn. 7.12.2.3). Eine Herstellung und Verarbeitung als Beton B II ist zu empfehlen.

Betonzuschlag

Es müssen Zuschläge mit erhöhten Anforderungen an den Frostwiderstand (eF) verwendet werden (s. Abschn. 2.2.3.5).

Mehlkorn- + Feinstsandgehalt

Ein zu hoher Gehalt an Mehlkorn und Feinstsand kann den Frostwiderstand beeinträchtigen (s. Abschn. 3.2.3). Tabelle 3.2-2 enthält die nach DIN 1045 höchstzulässigen Mehlkorn- sowie Mehlkorn- und Feinstsandgehalte.

Zementgehalt

Bei einer Herstellung als Beton B II muß der Zementgehalt mindestens 270 kg/m^3 betragen. Bei einer Herstellung als Beton B I gelten die Anforderungen für wasserundurchlässigen Beton (s. Abschn. 7.12.2.3).

Wasserzementwert

Der Frostwiderstand des Zementsteins hängt in erster Linie von der Art und der Menge der Zementsteinporen ab. Das Wasser in den Poren gefriert bei um so tieferen Temperaturen, je feiner die Poren sind [7-176, 7-177]. Für einen hohen Frostwiderstand ist es günstig, wenn der Beton möglichst wenig grobe Kapillarporen enthält. Er soll außerdem möglichst wasserundurchlässig sein, damit sich bei Wasserandrang von außen nur wenige Poren mit Wasser füllen. Um dies zu erreichen, muß ein niedriger Wasserzementwert eingehalten werden, und der Zementstein soll vor der Frostbeanspruchung einen möglichst hohen Hydratationsgrad erlangt haben.

In DIN 1045 ist für Beton mit hohem Frostwiderstand der Wasserzementwert auf ≤ 0,60 begrenzt. Bei scharfer Frostbeanspruchung ist ein niedrigerer Wasserzementwert zu empfehlen.

Der Wasserzementwert darf bei massigen Bauteilen auf 0,70 erhöht werden, wenn ein Luftporensystem gem. Abschnitt 7.13.3.3 in den Beton eingebracht wird.

7.13.3 Frost- und Taumittelwiderstand

7.13.3.1 Frost- und Taumittelwirkung

Die gleichzeitige Einwirkung von Frost und von Taumitteln führt zu einer erhöhten Beanspruchung des Betons, deren Ursache noch nicht eindeutig geklärt ist. Es ist zwischen physikalischen und chemischen Einwirkungen zu unterscheiden, wobei die letzteren von der Art des Taumittels abhängen.

Physikalische Einwirkungen

Als maßgeblich wird ein schichtweises Gefrieren des Wassers nach Bild 7.13-1 und damit verbunden eine starke Beanspruchung der obersten Schicht durch den beim späteren Gefrieren einer Zwischenschicht entstehenden hydraulischen Druck angesehen [7-178]. In der Praxis kann die Wechselwirkung zwischen vielen einzelnen gefrorenen und ungefrorenen Bereichen (unterschiedliche Taumittelkonzentrationen und Temperaturen) zu einer Gefügelockerung führen.

Daneben verschärft auch der große Wärmeentzug beim plötzlichen Tauen des Eises die Beanspruchung.

7.13 Frostwiderstand und Frost- und Taumittelwiderstand

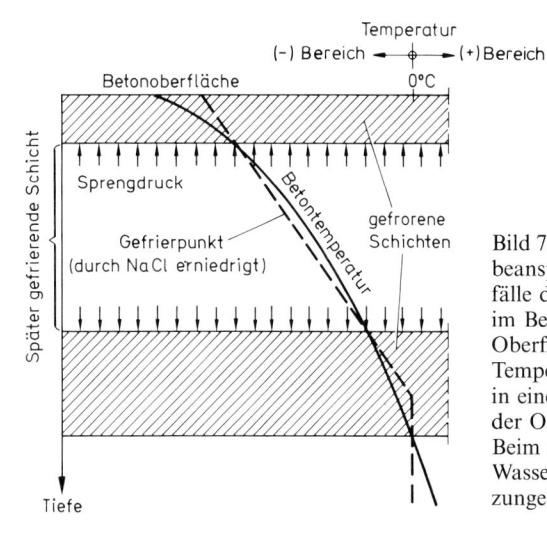

Bild 7.13-1 Wirkungsweise einer Frost-Tausalzbeanspruchung (Durch das Konzentrationsgefälle des Chloridgehaltes wird der Gefrierpunkt im Betoninneren weniger abgesenkt als an der Oberfläche. Dies kann in Verbindung mit dem Temperaturgefälle dazu führen, daß das Wasser in einer Zwischenschicht später gefriert als an der Oberfläche und in einer tieferen Schicht. Beim späteren Gefrieren übt das eingeschlossene Wasser einen Sprengdruck aus, der zu Abplatzungen führen kann.) [7-178]

Chemische Einwirkungen

Bei dem als Tausalz überwiegend verwendeten Natriumchlorid (NaCl, Anwendungsbereich bis $-15\,°C$, eutektische Temperatur $-21\,°C$) wird eine Schädigung auf chemischem Wege nicht angenommen.

Magnesiumchlorid ($MgCl_2$) und Calciumchlorid ($CaCl_2$), die sich für tiefere Anwendungstemperaturen eignen (eutektische Temperatur -34 bzw. rd. $-50\,°C$) können den Beton auch chemisch angreifen. $MgCl_2$ wirkt als austauschfähiges Salz lösend, und beide Salze können bei hohen Konzentrationen treibende Betonkorrosion verursachen [7-177].

Da chloridhaltige Tausalze zur Metallkorrosion führen, werden auf Flugplätzen als Taumittel künstlicher Harnstoff (Urea) $CO(NH_2)_2$ (Anwendungsbereich bis $-7\,°C$, eutektische Temperatur $-12\,°C$) und Alkohole (Isopropylalkohol, Ethylenglycol, Glycerin) sowie Harnstoff-Alkohol-Gemische (z. B. „Frigantin") verwendet. Diese können den Beton chemisch angreifen.

Die schädigenden Einflüsse von Harnstoff auf Beton werden wie folgt beschrieben [7-179]:

- Bestimmte Zuschläge, wie z. B. Diabassplitt, zerfallen bei Einlagerung in 20 %ige Harnstofflösung schon bei Normaltemperatur.
- Zuschläge werden in der Regel bei Frost-Tauwechseln in Harnstofflösung wesentlich stärker geschädigt als in Wasser oder auch in NaCl-Lösung.
- Harnstofflösung kann aufgrund der gegenüber Wasser oder auch NaCl-Lösung deutlich geringeren Oberflächenspannung und Viskosität leichter und tiefer in den Beton eindringen.
- Harnstoff bzw. seine verschiedenen Abbauprodukte reagieren chemisch mit dem Zementstein. Es findet ein lösender Angriff statt.
- Beton mit hohem Frost- und Tausalzwiderstand nach DIN 1045 weist gegenüber dem Taumittel Harnstoff bei gleichzeitiger Frosteinwirkung nicht immer einen hohen Widerstand auf.

7.13.3.2 Beeinflussung

Für den Frost- und Taumittelwiderstand des Betons ist in gleicher Weise wie für den Frostwiderstand zunächst seine Dichtheit maßgebend. Hierfür gelten die im Abschnitt 7.13.2.2 beschriebenen Zusammenhänge.

Taumittel, die den Beton chemisch angreifen, bedingen einen Beton mit hohem Widerstand gegen chemische Angriffe (s. Abschn. 7.14). Es können auch zusätzliche Schutzmaßnahmen erforderlich sein (s. Abschn. 7.13.3.6).

Der Frost- und Taumittelwiderstand läßt sich durch künstlich eingeführte Mikroluftporen entscheidend verbessern. Ein solches Luftporensystem ist für einen ausreichenden Widerstand unerläßlich. Ausgenommen ist sehr steifer Beton mit sehr niedrigem Wasserzementwert (w/z ≤ 0,40) (s. Abschn. 7.13.3.5).

Feinmörtelanreicherungen im oberflächennahen Bereich beeinträchtigen den Frost- und Taumittelwiderstand.

Der in der Betonzusammensetzung angelegte Frost- und Taumittelwiderstand wird nur bei intensiver Nachbehandlung erreicht (s. Abschn. 4.3). Darüberhinaus sollte der Beton vor der ersten Taumitteleinwirkung gut ausgetrocknet sein. Bei Herstellung im Herbst ist die Austrocknung bis zur nächsten Streuperiode nicht immer ausreichend. In diesem Fall sind zusätzliche Schutzmaßnahmen zu empfehlen (s. Abschn. 7.13.3.6).

7.13.3.3 Luftporensystem

7.13.3.3.1 Wirkungsweise

Umfangreiche Untersuchungen haben gezeigt, daß der Frost- und Taumittelwiderstand des Betons durch künstlich eingeführte Mikroluftporen entscheidend verbessert wird. Dies bestätigen auch die Beobachtungen an zahlreichen Bauwerken.

Neuere Untersuchungen haben gezeigt, daß die Wirksamkeit der Mikroluftporen auch über sehr lange Zeit erhalten bleibt [7-180].

Es ist allerdings nicht eindeutig geklärt, worauf die günstige Wirkung der Luftporen zurückzuführen ist. Man nimmt an, daß sie einen Ausgleich des beim Gefrieren des Wassers in den Kapillarporen entstehenden Überdrucks ermöglichen. Dies setzt voraus, daß die Luftporen den Zementstein gleichmäßig und in dichten Abständen durchsetzen und daß sie selbst nicht mit Wasser gefüllt sind.

7.13.3.3.2 Anforderungen und Kennwerte

Das Porensystem muß zwei Anforderungen erfüllen:

– Es muß einen ausreichenden Anteil an feinen, geschlossenen und weitgehend kugeligen Luftporen mit einem Durchmesser ≤ 0,30 mm enthalten, da nur solche Poren sich bei einer Durchfeuchtung des Betons nicht mit Wasser füllen.
– Der Abstand von einem beliebigen Punkt des Zementsteins bis zur nächsten Mikroluftpore muß begrenzt sein, um einen ausreichenden Abbau des hydrostatischen Druckes zu erreichen, der durch das Gefrieren des Kapillarporenwassers entsteht.

Der Gehalt an feinen Luftporen < 0,30 mm wird durch den Mikroluftporengehalt $L\,300$ beschrieben, der Abstand durch den Abstandsfaktor AF. Beide Kennwerte können nur am erhärteten Beton nachgeprüft werden, z. B. durch eine mikroskopische Bestimmung mit Hilfe des Meßlinienverfahrens nach Rosiwal (ASTM C 457 und [7-181]). Dabei wird für die Ableitung der Kennwerte ein idealisiertes Porensystem zugrunde gelegt.

7.13 Frostwiderstand und Frost- und Taumittelwiderstand

Für die v. g. Kennwerte bestehen keine verbindlichen Anforderungen. Im allgemeinen geht man von folgenden, aus der Erfahrung gewonnenen Grenzwerten aus [7-182, 7-183]:

- Mikroluftporengehalt L 300 (für Beton mit 32 mm Größtkorn) mind. 1,5 Vol.-%
- Abstandsfaktor AF höchstens 0,20 mm

7.13.3.3.3 Luftgehalt im Frischbeton

Aus umfangreichen Untersuchungen ist bekannt, daß die Anforderungen an das Luftporensystem erfüllt sind, wenn geeignete Luftporenbildner verwendet werden und der Luftgehalt des sachgerecht hergestellten Frischbetons unmittelbar vor dem Einbau bestimmte Werte nicht unterschreitet.

Der erforderliche Gesamtluftgehalt ist abhängig vom Größtkorn des Zuschlags. Die Luftporen liegen nur im Zementstein bzw. Feinmörtel vor. Dessen Anteil steigt mit abnehmendem Größtkorn und damit auch der erforderliche Luftgehalt des Frischbetons (Tabelle 7.13-1). Da der Zusammenhang zwischen Feinmörtelgehalt und Größtkorn jedoch nicht sehr straff ist, wird auch vorgeschlagen [7-175], den Mindestluftgehalt nach dem Mehlkorn- und Feinstsandgehalt (s. Abschn. 3.2.3) zu staffeln (Tabelle 7.13-2).

7.13.3.3.4 Erzeugung der Luftporen

Für die Erzeugung der Luftporen dürfen ausschließlich Luftporenbildner mit Prüfzeichen (s. Abschn. 2.3.6.2) verwendet werden. Nur dann ist gewährleistet, daß bei dem im vorhergehenden Abschnitt genannten Luftgehalt des Frischbetons im Festbeton das erforderliche Luftporensystem entsteht. Die Zugabemenge ist in einer Betoneignungsprüfung zu bestimmen, ggf. auch bei höheren oder niedrigeren Temperaturen als 20 °C [7-175]. Der Luftgehalt des Frischbetons ist laufend zu überprüfen (s. Abschn. 5.3.2).

Ein geeignetes Luftporensystem kann auch durch Zumischen von Mikrohohlkugeln (MHK) erzeugt werden (s. Abschn. 2.3.6.2). Da praktisch alle so eingeführten „Poren" im wirksamen Größenbereich < 0,30 mm liegen, ist der erforderliche „Gesamtluftgehalt" im Frischbeton kleiner als bei Verwendung eines Luftporenbildners. Bei der Prüfung am Festbeton sollte der Mikroluftporengehalt L 300 mindestens 1,5 Vol.-% betragen [7-177].

Tabelle 7.13-1 Erforderlicher Luftgehalt im Frischbeton unmittelbar vor dem Einbau für Beton mit hohem Frostwiderstand (0,60 < w/z < 0,70) und für Beton mit hohem Frost- und Taumittelwiderstand (DIN 1045, Tabelle 5)

Größtkorn des Zuschlaggemisches mm	Mittlerer Luftgehalt*) Vol.-%
8	$\geq 5,5$
16	$\geq 4,5$
32	$\geq 4,0$
63	$\geq 3,5$

*) Einzelwerte dürfen diese Anforderungen um höchstens 0,5 Vol.-% unterschreiten.

Tabelle 7.13-2 Frischbeton-Luftgehalt von LP-Beton in Abhängigkeit vom Mehlkorngehalt [7-175]

Mehlkorngehalt bei der Eignungsprüfung kg/m³	Mindest-Luftgehalt Vol.-%	
	Einzelwert	Mittelwert
350 bis 400	3,0	3,5
401 bis 450	3,5	4,0
451 bis 500	4,0	4,5
501 bis 550	4,5	5,0
551 bis 600	5,0	5,5
601 bis 650	5,5	6,0
651 bis 700	5,5	6,5
701 bis 750	6,0	7,0
751 bis 800	6,5	7,5
801 bis 850	7,0	8,0
851 bis 900	7,5	8,5
901 bis 950	8,0	9,0

7.13.3.4 Betonzusammensetzung

Beton mit hohem Frost- und Taumittelwiderstand sollte stets als Beton B II hergestellt und verarbeitet werden.

Betonzuschlag

Es müssen Zuschläge mit erhöhten Anforderungen an den Frost- und Taumittelwiderstand (eFT) verwendet werden (s. Abschn. 2.2.3.5). Wenn mit dem Einsatz organischer Taumittel, wie z. B. Harnstoff, zu rechnen ist, so empfiehlt es sich, bei der Zuschlagprüfung auch den möglichen Einfluß der in Frage kommenden Taumittel zu berücksichtigen.

Die Zusammensetzung des Zuschlaggemischs sollte möglichst grobkörnig sein, entsprechend einer Sieblinie in der unteren Hälfte des Bereiches ③ der Bilder 3.1.-1 bis 3.1-4. Damit wird der Gefahr von Feinmörtelanreicherungen im oberflächennahen Bereich des Betons vorgebeugt.

Mehlkorn- und Feinstsandgehalt

Ein zu hoher Gehalt an Mehlkorn- und Feinstsand (Abschnitt 3.2.3) beeinträchtigt den Frost- und Taumittelwiderstand. Nach DIN 1045 dürfen die in Tabelle 3.2-2 angegebenen Werte nicht überschritten werden.

Zementart

Maßgebend für den Frost- und Taumittelwiderstand des Betons sind die Dichtheit des Zementsteins und die Schutzwirkung des Luftporensystems.

Die Dichtheit ist abhängig vom Wasserzementwert und vom Hydratationsgrad, der durch die Feuchtigkeitsabgabe im Erhärtungszeitraum begrenzt wird (s. Abschn. 2.1.3.5). Er ist demzufolge um so höher, je größer die Hydratationsgeschwindigkeit, je schneller also die Festigkeitsentwicklung des Zements.

Die Schutzwirkung eines Luftporensystems, wie im vorhergehenden Abschnitt 7.13.3.3

7.13 Frostwiderstand und Frost- und Taumittelwiderstand

beschrieben, gilt uneingeschränkt für Beton mit Portlandzement. Beton mit hüttensandreichem Hochofenzement weist teilweise ein abweichendes Verhalten auf. Die Angaben in der Literatur [7-175, 7-179, 7-184, 7-185, 7-186, 7-187, 7-188] sind nicht ganz einheitlich und scheinen sich zum Teil sogar zu widersprechen. Unter Berücksichtigung der unterschiedlichen Versuchsbedingungen kann man die verschiedenen Aussagen jedoch auf folgenden gemeinsamen Nenner bringen:

- Eine ausreichende Nachbehandlung vorausgesetzt, ist Beton mit Hochofenzement (HOZ-Beton) von Hause aus, d. h. ohne künstlich eingeführte Luftporen (LP), deutlich widerstandsfähiger gegen eine Frost-Taumittel-Beanspruchung als Beton mit Portlandzement (PZ-Beton) ohne LP. Der Frost- und Taumittelwiderstand von Beton ohne LP nimmt mit zunehmendem Hüttensandanteil des Zements zu und kann bei hüttensandreichem HOZ ($\geq 70\%$ Hüttensand) ähnlich hoch sein wie bei PZ-Beton mit einem den Regeln entsprechenden Luftporensystem. Dieses günstige Verhalten wird der geringeren Durchlässigkeit des HOZ-Zementsteins zugeschrieben, die ein Eindringen der Taumittellösung in den Beton stark behindert.
- Die Einführung künstlicher Mikroluftporen bewirkt bei Betonen mit hüttensandreichem HOZ im Gegensatz zum PZ-Beton keine nennenswerte weitere Steigerung des Frost- und Taumittelwiderstandes [7-187, 7-188]. Diese Erscheinung wird darauf zurückgeführt, daß aufgrund der geringen Durchlässigkeit des HOZ-Zementsteins künstliche Luftporensysteme auch bei sehr geringen Abstandsfaktoren nicht mehr wirksam werden.
- HOZ-Beton ist sehr nachbehandlungsempfindlich. Beton mit hüttensandreichem HOZ erfordert zur Erzielung eines hohen Frost- und Taumittelwiderstandes eine mehrwöchige Nachbehandlung (Feuchtlagerung oder wirksame Austrocknungsbehinderung). Das Aufsprühen der üblichen verdunstungshemmenden Nachbehandlungsmittel allein reicht nicht aus.
- Bei Beton mit hüttensandreichem HOZ führt eine Carbonatisierung der Betonrandzone zu einer deutlichen Verminderung des Frost- und Taumittelwiderstandes. Im Gegensatz dazu führt sie bei PZ-Beton zu einer deutlichen Erhöhung, was mitursächlich ist für die Steigerung des Frost- und Taumittelwiderstandes nach langer Trocknungsdauer.

Aufgrund dieses Sachverhaltes fordert DIN 1045

- im allgemeinen die Verwendung von Portland-, Eisenportland-, Hochofen- oder Portlandölschieferzement mindestens der Festigkeitsklasse Z 35
- für Beton, der einer sehr starken Frost- und Tausalzeinwirkung, wie bei Betonfahrbahnen, ausgesetzt ist, die Verwendung von Portland-, Eisenportland- oder Portlandölschieferzement mindestens der Festigkeitsklasse Z 35 oder von Hochofenzement mindestens der Festigkeitsklasse Z 45 L.

Zementgehalt

Im Hinblick auf die Dichtheit und den Widerstand des Betons gegen Witterungseinwirkungen soll der Zementgehalt mindestens 300 kg/m^3 betragen.

Wasserzementwert

Der Wasserzementwert darf 0,50 nicht überschreiten. Im Hinblick auf die bei der laufenden Herstellung unvermeidbaren Streuungen ist der Betonzusammensetzung ein Wert von 0,45 zugrunde zu legen.

Zusatzstoffe

Ein begrenzter Austausch von Zement gegen Flugasche (s. Abschn. 2.4.3.2.2) beeinflußt den Frostwiderstand und den Frost- und Taumittelwiderstand des Betons nur wenig, wenn die Festigkeit und der Luftporengehalt konstant gehalten werden [7-148, 7-185, 7-186]. Allerdings kann die Wirksamkeit von Luftporenbildnern durch einen Flugaschezusatz vermindert werden, weil die in der Flugasche befindlichen Kohlereste einen Teil des Wirkstoffs absorbieren. In solchen Fällen muß man die Zugabe des LP-Mittels erhöhen, um den geforderten Luftporengehalt zu erreichen.

Ein Zusatz von Silicastaub (s. Abschn. 2.4.3.2.3) kann den Frost- und Taumittelwiderstand des Betons erheblich verbessern. Dies gilt auch bei einem begrenzten Austausch von Zement gegen Silicastaub. Bei den in Bild 7.13-2 gezeigten Versuchsergebnissen [7-189] nimmt der Widerstand mit wachsendem Silicagehalt stark zu, wobei die Verbesserung besonders bei hoher Frost-Tauwechselzahl ins Auge fällt. Bei einer Zugabe von 16% Silicastaub bezogen auf den Zementgehalt traten selbst nach 100 Wechseln praktisch keine Abwitterungen auf, während beim Vergleichsbeton mit einem Luftgehalt von 5,8 Vol.-% immerhin schon fast 10% des Betonvolumens abgewittert waren. Bemerkenswert ist, daß diese Verbesserung erreicht wurde, obwohl der Luftgehalt bei gleichbleibender Zugabe des LP-Mittels von 5,8 auf 2,4 Vol.-% abgesunken war.

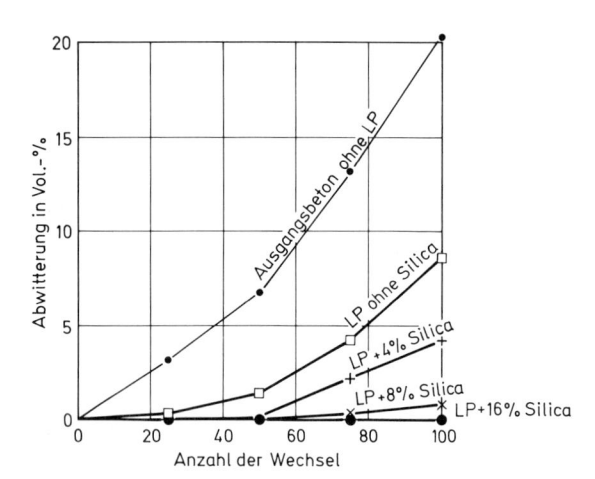

Bild 7.13-2 Verbesserung des Frost- und Tausalzwiderstandes von LP-Beton durch Zusatz von Silicastaub [7-189]

7.13.3.5 Beton mit sehr steifer Konsistenz

Für bestimmte Betonwaren, wie z. B. Pflastersteine, Gehwegplatten oder Bordsteine, muß der Beton aus fertigungstechnischen Gründen mit sehr steifer, „erdfeuchter" Konsistenz verarbeitet werden. Sie werden bisher in der Regel ohne künstlich eingeführte Luftporen hergestellt. Um einen ausreichend hohen Frost- und Taumittelwiderstand zu erhalten, sind folgende Regeln zu beachten:

– Der Wasserzementwert soll möglichst niedrig sein (w/z ≤ 0,40)
– Für den Mehlkorn- und Feinstsandgehalt (siehe Abschnitt 3.2.3) gelten folgende Richtwerte:
 550 kg/m^3 bei einem Größtkorn von 4 mm
 475 kg/m^3 bei einem Größtkorn von 8 mm

400 kg/m³ bei einem Größtkorn von 16 mm
350 kg/m³ bei einem Größtkorn von 32 mm.

Diese Mengen sollten um nicht mehr als 50 kg/m³ überschritten werden. Eine Unterschreitung ist zweckmäßig, wenn die Herstellungsart es gestattet und dabei ein Beton mit geschlossenem Gefüge entsteht.

Diese Empfehlungen sollten besonders bei Vorsatzschichten beachtet werden. Brechsande mit hohem Staubanteil dürfen nur in geringer Menge verwendet werden. Der Gehalt an Farbzusätzen ist auf ein Minimum zu begrenzen.

- Die Kornzusammensetzung des Zuschlaggemischs soll im Bereich ③ der Sieblinien nach Bild 3.1-1 bis 3.1-4 liegen. Ausfallkörnungen mit entsprechend niedrigem Sandanteil sind ebenfalls geeignet.
- Der Beton ist vollständig zu verdichten und wenigstens 7 Tage vor stärkerem Austrocknen zu schützen.

Durch erhöhte Zugabe von Luftporenbildnern können auch in solche erdfeuchte Mischungen Mikroluftporen zur Verbesserung des Frost- und Taumittelwiderstandes eingeführt werden [7-190]. Hierzu ist etwa die 5fache sonst übliche Zugabemenge nötig.

7.13.3.6 Zusätzliche Schutzmaßnahmen

Tränkung (Imprägnieren)

Betonflächen ohne ausreichenden Widerstand gegen Frost und Taumittel können durch Tränkung (Imprägnieren) z. B. mit lösungsmittelhaltigem Leinöl, Epoxidharz, Polyurethanharz oder mit Alkyl-Alkoxy-Silan-Produkten in ihrem Verhalten gegenüber Abwitterung verbessert werden (s. Abschn. 4.6.2).

Dazu ist es erforderlich, daß das Tränkmittel in die oberste Zone des Betons eindringt und dort aushärtet. Es soll das Eindringen von Feuchtigkeit und Taumitteln verhindern, aber noch Dampfdiffusion zulassen. Die Dauer der Schutzwirkung ist begrenzt. Die Behandlung muß deshalb in gewissen Zeitabständen wiederholt werden. Sie kann in folgenden Fällen zweckmäßig sein:

- bei Beton, der keinen ausreichenden Gehalt an künstlich erzeugten feinen Luftporen aufweist
- bei Beton, der im Spätherbst eingebaut wurde, bis zur ersten Frost-Taumittelbeanspruchung seine volle Festigkeit noch nicht erreicht hat und nicht wenigstens einen Teil seines herstellungsbedingten Überschußwassers abgeben konnte
- bei Anwendung von Taumitteln, die den Beton auch chemisch angreifen (z. B. Harnstoff).

Auf Flugplätzen der Bundeswehr, wo als Taumittel im wesentlichen technischer Harnstoff und Frigantin angewendet werden, ist eine Tränkung der Flugzeugverkehrsflächen vorgeschrieben [7-191].

Hinweise über geeignete Mittel und die Durchführung der Imprägnierung können z. B. [7-191] entnommen werden.

Hydrophobierung

Bei Brückenkappen, aber auch bei aufgehenden und sehr schlanken Bauteilen treten häufig Schäden auf, die ihre Ursache nicht immer nur in einem unzureichenden Luftporengehalt des Frischbetons haben. Man hat deshalb versucht, Beton auch auf andere Weise gegen Frost- und Taumitteleinwirkung widerstandsfähig zu machen.

Die Ergebnisse eines Großversuchs und Beobachtungen in der Praxis [7-187, 7-192] deuten darauf hin, daß dies mit Hilfe hydrophobierender Betonzusatzmittel möglich ist, wenngleich bei Laborprüfungen eine entsprechende Wirkung nicht nachgewiesen werden konnte.

7.14 Widerstand gegen chemische Angriffe

7.14.1 Allgemeines

Oberflächen- und Bodenwässer, schädliche Bestandteile von Böden, Luftverunreinigungen sowie pflanzliche und tierische Stoffe können den Beton chemisch angreifen.

Man unterscheidet zwischen lösendem und treibendem Angriff. Der erstere wird durch verschiedene Säuren und bestimmte austauschfähige Salze hervorgerufen, die den Zementstein von außen nach innen fortschreitend aus dem Beton herauslösen. Das Treiben wird meist durch in den Beton eindringende Sulfationen bewirkt, die einen Zerfall des Zementsteins und damit des Betons bewirken (s. Abschn. 2.1.4.6).

Ein Treiben tritt auch bei einer Alkalireaktion auf, wobei es sich aber nicht um einen chemischen Angriff handelt (s. Abschnitte 2.2.3.6 und 7.15).

Die Stärke des chemischen Angriffs, der Angriffsgrad, ist in erster Linie vom Gehalt an angreifenden Bestandteilen des Wassers oder der Böden abhängig. Er wird desweiteren durch die Temperatur beeinflußt.

Bestimmte Stoffe können schon in geringer Konzentration gefährlich werden, wenn sie in fließendem Wasser immer wieder erneut an den Beton herangebracht werden, während sie als Bestandteile des Anmachwassers bei der Herstellung des Betons meistens ungefährlich sind, wie z. B. kohlensäurehaltiges Grundwasser oder Meerwasser.

Beton kann *sehr starken* lösenden Angriffen, wie z. B. durch starke Säuren, nicht widerstehen. In solchen Fällen sind zusätzliche Schutzmaßnahmen erforderlich. Gegen *schwache* und *starke* Angriffe ist jedoch zweckmäßig zusammengesetzter Beton ausreichend widerstandsfähig. Dafür ist in erster Linie die Dichtigkeit des Zementsteins maßgebend, dergegenüber der Einfluß der Zementart klein ist. Die Widerstandsfähigkeit gegen einen Sulfatangriff hängt dagegen in hohem Maße von der Zementart ab (s. Abschn. 2.1.4.6).

7.14.2 Angreifende Stoffe und ihre Wirkung

Eine Zusammenstellung über die Wirkung verschiedener Stoffe auf Beton enthält Tabelle 7.14-1.

7.14.2.1 *Lösender Angriff*

Ein lösender Angriff kann durch die Einwirkung von weichem Wasser, Säuren, austauschfähigen Salzen, Basen oder Ölen und Fetten stattfinden.

Auslaugung durch weiches Wasser

Weiches Wasser mit einer Gesamthärte unter 3° d bzw. 1,1 mval/l, das in der Natur als Schmelzwasser, Regenwasser und Quellwasser in Gegenden mit wenig löslichen Gesteins-

7.14 Widerstand gegen chemische Angriffe

Tabelle 7.14-1 Chemische Einwirkung verschiedener Substanzen auf Beton [7-193], ergänzt durch Angaben in [7-194, 7-195, 7-196 und 7-16]

Substanz	Wirkung
Abgase	siehe auch Schwefeldioxid
Abwasser, Grubenwasser	Angriff durch Sulfate, Säuren, Schwefelwasserstoff usw. möglich; erforderlichenfalls analysieren
Aceton	Flüssigkeitsverlust durch Eindringen, kann Essigsäure als Verunreinigung enthalten (siehe dort)
Alaun	siehe Kaliumsulfat
Alizarin	kein Angriff
Alkohol	siehe Ethanol, Methanol
Aluminiumchlorid	stark angreifend, fördert Stahlkorrosion
Aluminiumsulfat*)	greift Beton und Stahl an
Ameisensäure*)	schwach angreifend
Ammoniak, flüssig*)	nur schädlich, wenn schädliche Ammoniumsalze enthaltend (siehe dort)
Ammoniak-Gas	kann feuchten Beton langsam angreifen, fördert Stahlkorrosion in porigem oder gerissenem feuchtem Beton
Ammoniumacetat	kein Angriff
Ammoniumcarbonat*)	kein Angriff
Ammoniumchlorid*	(schwach) angreifend, fördert Stahlkorrosion
Ammoniumcyanid	schwach angreifend
Ammoniumfluorid	schwach angreifend
Ammoniumhydrogensulfat	angreifend, fördert Stahlkorrosion
Ammoniumhydroxid	kein Angriff
Ammoniumnitrat	angreifend, fördert Stahlkorrosion
Ammoniumoxalat	kein Angriff
Ammoniumsulfat*)	angreifend, fördert Stahlkorrosion
Ammoniumsulfid	angreifend
Ammoniumsulfit	angreifend
Ammoniumsuperphosphat	angreifend, fördert Stahlkorrosion
Ammoniumthiosulfat	angreifend
Anhydrit	siehe Gips
Anthracen	nicht schädlich
Apfelwein*)	schwach angreifend
Arsenige Säure	kein Angriff
Asche	ggf. Angriff durch ausgelaugte Sulfide und Sulfate
Bariumhydroxid	kein Angriff
Bariumsulfat (Baryt)	kein Angriff
Basen	siehe Laugen
Benzin	Flüssigkeitsverlust durch Eindringen
Benzol	Flüssigkeitsverlust durch Eindringen
Bier*)	kann angreifende Essig-, Kohlen-, Milch-, Gerbsäure enthalten
Bittersalz	siehe Magnesiumsulfat
Bleinitrat	schwacher Angriff, Zersetzung
Borax*)	kein Angriff
Borsäure*)	praktisch kein Angriff
Brom	angreifend
Buttermilch	schwach angreifend
Butylstearat	schwach angreifend
Calciumchlorid*)	u. U. schwach angreifend, fördert Stahlkorrosion
Calciumhydrogensulfit (Sulfitlauge, Papierherst.)	starker Angriff

*) kann bei der Herstellung oder als Bestandteil von Speisen oder Getränken verwendet werden

Tabelle 7.14-1 (Fortsetzung) Chemische Einwirkung verschiedener Substanzen auf Beton [7-193], ergänzt durch Angaben in [7-194, 7-195, 7-196 und 7-16]

Substanz	Wirkung
Calciumhydroxid*)	kein Angriff
Calciumnitrat	kein Angriff
Calciumsulfat*)	angreifend bei nicht sulfatbeständigem Beton
Carbazol	nicht schädlich
Chile-Salpeter	siehe Natriumnitrat
Chlorgas	schwach angreifend bei feuchtem Beton
Chloride	
Calcium- Kalium- Natrium- Strontium-	bei wechselnder Durchfeuchtung und Austrocknung u. U. schwacher Angriff möglich, Verschärfung des Frostangriffs
Aluminium- Ammonium-	angreifend
Eisen- Kupfer- Magnesium- Quecksilber- Zink-	schwach angreifend
Chrombäder zum Verchromen	schwacher Angriff (enthalten Sulfate)
Chromsäure	kann angreifen, fördert Stahlkorrosion
Chrysen	nicht schädlich
Cocosöl	angreifend, besonders bei Anwesenheit von Sauerstoff
Cumol	Flüssigkeitsverlust durch Eindringen
Cyanammonium	schwach angreifend
Dieselkraftstoff	durchdringt Beton
Dinitrophenol	schwach angreifend
Düngemittel	siehe auch: Ammoniumsulfat, -phosphat, Kalium- und Natriumnitrat
Dung (Mist, Jauche)	schwach angreifend
Eisenchlorid	schwach angreifend
Eisennitrat	kein Angriff
Eisensulfat	Angriff von nicht sulfatbeständigem Beton
Eisensulfid	angreifend, wenn Sulfat enthalten ist
Erdöl	siehe Mineralöle
Erze	aus feuchten Erzen ausgelaugte Sulfide können zu angreifenden Sulfaten oxidieren
Essig	siehe Essigsäure
Essigsäure*)	angreifend
Ester (aliphatische)	stark angreifend
Ethanol (Ethylalkohol)	Flüssigkeitsverlust durch Eindringen
Ethylether	Flüssigkeitsverlust durch Eindringen
Ethylenglycol	schwach angreifend, Enteisungsmittel für Flugzeuge, verschärft Frostangriff
Fette und Öle (tierisch, pflanzlich)	feste Fette schwach-, flüssige Fette etwas stärker angreifend
Fischlauge	angreifend
Fleischabfälle	organische Säuren greifen an
Fluoride	kein Angriff, außer schwach bei Ammoniumfluorid
Fluorwasserstoffsäure	kein Angriff

*) kann bei der Herstellung oder als Bestandteil von Speisen oder Getränken verwendet werden

7.14 Widerstand gegen chemische Angriffe

Tabelle 7.14-1 (Fortsetzung)

Substanz	Wirkung
Flußsäure	angreifend, fördert Stahlkorrosion
Formaldehyd*) Formalin	Ameisensäure wirkt angreifend
Frigantin (Taumittel)	verschärft Frostangriff
Fruchtsäfte	Säuren und Zucker schwach angreifend
Gärfutter	Säuren wirken schwach angreifend
Gaswasser	größere Mengen Ammoniumsalze können angreifend wirken, jedoch selten vorhanden
Gemüse*)	siehe auch Gärfutter
Gerblösungen	angreifend, wenn sauer
Gerbsäure	schwach angreifend
Gips	treibender Angriff
Glucose*)	schwach angreifend
Glycerin*)	schwach angreifend, greift auch bestimmte Diabaszuschläge an
Harnstoff	Schädigung nach längerer Einwirkungsdauer; verschärft Frostangriff
Harz, Harzöl	kein Angriff
Heizöl	durchdringt Beton
Honig*)	kein Angriff
Holzstoff (Cellulose, Lignin, Hemicellulose)	kein Angriff
Huminsäuren	schwach angreifend
Hydroxid	
Ammonium- Calcium-	kein Angriff
Kalium-	> 20% angreifend
Natrium-	> 10% angreifend
Jod	schwach angreifend
Kalialaun	siehe Kaliumaluminiumsulfat
Kalilauge	siehe Kaliumhydroxid
Kaliumaluminiumsulfat	Angriff von nicht sulfatbeständigem Beton
Kaliumcarbonat	kein Angriff, wenn nicht mit Sulfat verunreinigt
Kaliumchlorid*)	u. U. angreifend, fördert Stahlkorrosion
Kaliumchromat	angreifend
Kaliumcyanid	schwach angreifend
Kaliumdichromat	angreifend
Kaliumhydroxid $\leq 15\%$	kein Angriff, Vorsicht bei alkaliempfindlichem Zuschlag
Kaliumhydroxid $> 20\%$	angreifend
Kaliumnitrat (Salpeter)*)	angreifend
Kaliumpermanganat	unschädlich, sofern nicht mit Kaliumsulfat verunreinigt
Kaliumpersulfat	Angriff von nicht sulfatbeständigem Beton
Kaliumsulfat	Angriff von nicht sulfatbeständigem Beton
Kaliumsulfid	unschädlich, sofern nicht mit Kaliumsulfat verunreinigt (siehe dort)
Karbolsäure	siehe Phenol
Karbonate	
Ammonium- Kalium- Natrium-	kein Angriff
Kerosin	Flüssigkeitsverlust durch Eindringen

*) kann bei der Herstellung oder als Bestandteil von Speisen oder Getränken verwendet werden

Tabelle 7.14-1 (Fortsetzung)   Chemische Einwirkung verschiedener Substanzen auf Beton [7-193], ergänzt durch Angaben in [7-194, 7-195, 7-196 und 7-16]

Substanz	Wirkung
Klärschlamm	kann Schwefelwasserstoff und andere angreifende Stoffe enthalten
Kobaltsulfat	Angriff von nicht sulfatbeständigem Beton
Kochsalz	siehe Natriumchlorid
Kohlen	aus feuchter Kohle ausgelaugte Sulfide können zu Sulfaten oxidieren oder schweflige Säure sowie Schwefelsäure bilden (siehe dort)
Kohlendioxid(Gas)*)	führt zur Carbonatisierung (Beeinträchtigung des Korrosionsschutzes)
Kohlensäure	u. U. angreifend
Kohlenteeröle	siehe Anthrazen, Benzol, Carbazol, Chrysen, Cumol, Kreosot, Kresol, Paraffin, Phenanthren, Phenol, Toluol, Xylol
Koks	siehe Kohlen
Kreosot, Kresol	schwacher Angriff, wenn Phenol enthaltend
Kunstdünger	siehe Düngemittel
Kupferchlorid	schwach angreifend
Kupferbäder (Verkupferung)	kein Angriff, wenn kein Sulfat enthalten ist
Kupfersulfat	Angriff von nicht sulfatbeständigem Beton
Kupfersulfid	kein Angriff, wenn kein Sulfat enthalten ist
Laugen	bei geringer Konzentration i. allg. kein Angriff, konzentrierte Lösungen von Natronlauge (>10%) und Kalilauge (>20%) greifen an
Lebertran*)	schwach angreifend
Lohgerben	schwach angreifend
Magnesiumchlorid*)	angreifend, fördert Stahlkorrosion
Magnesiumnitrat	schwach angreifend
Magnesiumsulfat*)	Angriff von nicht sulfatbeständigem Beton
Maische	schwacher Angriff
Mangansulfat	Angriff von nicht sulfatbeständigem Beton
Margarine*)	schwach angreifend
Meerwasser	Angriff von nicht sulfatbeständigem Beton, fördert Stahlkorrosion
Melasse*)	bei höheren Temperaturen schwacher Angriff
Methanol (Methylalkohol)	Flüssigkeitsverlust durch Eindringen
Methylacetat	sehr stark angreifend (treibend)
Methylethylketon Methylisoamylketon Methylisobutylketon	Flüssigkeitsverlust durch Eindringen
Milch, süß*)	kein Angriff
sauer	schwach angreifend
Buttermilch	schwach angreifend
Milchsäure	(schwach) angreifend
Mineralöl	Leichtöle dringen ein; Angriff nur bei Anwesenheit von fettigen Ölen
Mineralwasser	u. U. Angriff durch Kohlensäure und gelöste Salze
Molke	schwach angreifend
Natriumbromid	schwach angreifend
Natriumcarbonat	nur angreifend, wenn mit Sulfat verunreinigt
Natriumchlorid*)	bei wechselnder Durchfeuchtung und Austrocknung u. U. schwacher Angriff möglich; Verschärfung des Frostangriffs; fördert Korrosion der Bewehrung

*) kann bei der Herstellung oder als Bestandteil von Speisen oder Getränken verwendet werden

7.14 Widerstand gegen chemische Angriffe

Tabelle 7.14-1 (Fortsetzung)

Substanz	Wirkung
Natriumcyanid	schwach angreifend
Natriumdichromat	angreifend
Natriumhydrogensulfat	angreifend
Natriumhydrogensulfit	angreifend
Natriumhydrogencarbonat*)	kein Angriff
Natriumhydroxid*)	$\leq 10\%$ kein Angriff, Vorsicht bei alkaliempfindlichem Zuschlag $>10\%$ angreifend
Natriumhypochlorid	schwach angreifend
Natriumnitrat*)	schwach angreifend
Natriumnitrit	schwach angreifend
Natriumphosphat	schwach angreifend
Natriumsulfat	Angriff von nicht sulfatbeständigem Beton
Natriumsulfid	schwach angreifend
Natriumsulfit	bei Verunreinigung mit Sulfat Angriff von nichtsulfatbeständigem Beton
Natriumthiosulfat	schwacher Angriff von nicht sulfatbeständigem Beton
Natron	siehe Natriumhydrogencarbonat
Natronlauge	siehe Natriumhydroxid
Nickelbäder (Vernickelung)	Nickel-Ammoniumsulfat angreifend
Nickelsulfat	Angriff von nicht sulfatbeständigem Beton
Nitrate	
Ammonium-	greift Beton und Stahl an
Calcium-	kein Angriff
Kalium-	
Magnesium-	schwacher Angriff
Natrium-	
Zink-	kein Angriff
Öle *(pflanzliche* *und tierische)*	manchmal schwach angreifend
Ölsäure	kein Angriff
Oxalsäure	kein Angriff, schützt Tanks vor Essigsäure, Kohlendioxid, Salzwasser; giftig!
Paraffin	bei oberflächlichem Eindringen unschädlich, Tränkung und nachfolgende Wasserlagerung kann bei porösem Beton zu Zerstörungen durch Sorptionskräfte führen
Perchlorethylen	dringt ein
Perchlorsäure 10%ig	angreifend
Petroleum	siehe Mineralöl
Phenanthren	Flüssigkeitsverlust durch Eindringen
Phenol	schwach angreifend
Phosphorsäure*)	schwach angreifend
Pökellauge*)	fördert Stahlkorrosion
Pyrit	siehe Eisensulfid, Kupfersulfid
Quecksilberchlorid	schwach angreifend
Rauchgase	bei Kondensation können schweflige Säure und Salzsäure entstehen
Salmiak	siehe Ammoniumchlorid
Salmiakgeist	siehe Ammoniumhydroxid
Salpeter	siehe Kaliumnitrat

*) kann bei der Herstellung oder als Bestandteil von Speisen oder Getränken verwendet werden

Tabelle 7.14-1 (Fortsetzung) Chemische Einwirkung verschiedener Substanzen auf Beton [7-193], ergänzt durch Angaben in [7-194, 7-195, 7-196 und 7-16]

Substanz	Wirkung
Salpetersäure	stark angreifend
Salze	angreifend: alle löslichen Sulfate (treibender Angriff); alle Magnesiumsalze außer $MgCO_3$; Ammoniumnitrat, -chlorid, -sulfid, -sulfat, -hydrogencarbonat, -superphosphat; sonstige Salze i. allg. unschädlich
Salzsäure*)	stark angreifend
Sauerkraut*)	schwacher Angriff durch Milchsäure, Geschmack kann durch Beton beeinflußt werden
Saure Wässer (pH-Wert 6,5 und niedriger)	greifen mit abnehmendem pH-Wert zunehmend an, fördern Stahlkorrosion
Schlacke	angreifend, wenn naß und Sulfide und Sulfate enthaltend (z. B. Natriumsulfat)
Schmieröle	falls fettige Öle enthaltend schwach angreifend
Schwefeldioxid*)	bildet mit Wasser schädigende schweflige Säure oder Schwefelsäure
Schwefelkohlenstoff	schwach angreifend
Schwefelsäure*)	stark angreifend
Schweflige Säure	angreifend
Schwefelwasserstoff	schwach angreifend, kann aber in feuchter, oxidierender Umgebung zu schwefliger Säure und Schwefelsäure oxidieren
Silicate	kein Angriff
Silofutter	siehe Gärfutter
Soda	siehe Natriumcarbonat
Steinkohlenteeröle	siehe Anthrazen, Benzol, Carbazol, Chrysen, Cumol, Kreosot, Kresol, Paraffin, Phenanthren, Phenol, Toluol, Xylol
Strontiumchlorid	kein Angriff
Sulfate	alle löslichen Sulfate greifen nicht sulfatbeständigen Beton an; unlösliches Bariumsulfat (Baryt) als Zuschlag für Schwerbeton geeignet
Sulfitlauge	siehe Calciumhydrogensulfit
Tabak	organische Säuren greifen an
Talg, Talgöl	schwach angreifend
Taumittel und Tausalze	siehe Natrium-, Calcium- und Magnesiumchlorid, Harnstoff, Frigantin, Glycerin usw.
Teer, Pech	kein Angriff
Sauermilch	Milchsäure greift schwach an
Säuren Salzsäure, Salpetersäure, Schwefelsäure	stark angreifend
Essigsäure, Flußsäure, Gerbsäure, Kohlensäure, Milchsäure, Perchlorsäure, Schweflige Säure	angreifend

*) kann bei der Herstellung oder als Bestandteil von Speisen oder Getränken verwendet werden

7.14 Widerstand gegen chemische Angriffe

Tabelle 7.14-1 (Fortsetzung)

Substanz	Wirkung
Ameisensäure	
Chromsäure	
Fettsäure	
Humussäure	
Karbolsäure	schwach angreifend
Phosphorsäure	
Schwefelwasserstoff	
Unterchlorige Säure	
Arsenige Säure	
Borsäure	
Fluorwasserstoffsäure	kein Angriff
Oxalsäure	
Weinsäure	
Teeröl	siehe Steinkohlenteeröle
Terpentin	schwach angreifend, Flüssigkeitsverlust durch Eindringen
Tetrachlorethylen	Flüssigkeitsverlust durch Eindringen
Tetrachlorkohlenstoff*)	Flüssigkeitsverlust durch Eindringen
Toluol	Flüssigkeitsverlust durch Eindringen
Trichlorethylen*)	Flüssigkeitsverlust durch Eindringen
Trinatriumphosphat	kein Angriff
Unterchlorige Säure	schwach angreifend
Urea	siehe Harnstoff
Urin	siehe Harnstoff
Wasser	sehr weiches Wasser (unter 3°d) laugt Ca(OH)$_2$ aus; Wasser mit kalklösender Kohlensäure ist je nach Gehalt schwach bis sehr stark angreifend; saure Wässer wirken wie folgt: pH 6,5 bis 5,5 schwach angreifend pH 5,5 bis 4,5 stark angreifend pH < 4,5 sehr stark angreifend; über die Wirkung gelöster Stoffe siehe dort
Wein*)	kein Angriff
Weinsäure*)	kein Angriff
Xylol	Flüssigkeitsverlust durch Eindringen
Zellulose	kein Angriff
Zinkchlorid*)	schwach angreifend
Zinknitrat	kein Angriff
Zink-Raffinierlösung	angreifend, wenn Salz- oder Schwefelsäure anwesend
Zink-Schlacke	kann Zinksulfat bilden
Zinksulfat	schwach angreifend
Zuckerlösung*)	schwach angreifend

*) kann bei der Herstellung oder als Bestandteil von Speisen oder Getränken verwendet werden

arten, wie z. B. Basalt, Granit oder Andesit, vorkommt oder z. B. auch als Kondensat bei Meerwasser-Entsalzungsanlagen anfällt, löst, wenn auch langsam, Calciumhydroxid aus dem Zementstein heraus. Nach dessen Herauslösen und Abtransport zersetzen sich auch die sonstigen Hydratverbindungen, die nur in Calciumhydroxidlösung von einer bestimmten Konzentration stabil bleiben. Dabei verliert der Beton seine Festigkeit. Bei stetiger Einwirkung können schwere Schäden entstehen. Wasserundurchlässiger Beton wird von weichen Wässern praktisch nicht angegriffen.

Einwirkung von Säuren

Säuren bilden mit den calciumhaltigen Bestandteilen des Zementsteins Salze. Die Reaktionsprodukte können unlöslich, schwerlöslich oder leichtlöslich sein, dementsprechend ist die Auswirkung eines Angriffs schwächer oder stärker. Dabei spielt auch die Konzentration der Säure eine wesentliche Rolle. Säuren können als konzentrierte Säurelösungen z. B. in Säurewerken, Sprengstoff- und Düngemittelfabriken, verdünnt in Wässern, Abwässern und Böden oder in der Luft als Säuregas bzw. -dampf vorkommen.

Starke Mineralsäuren, wie Salzsäure, Salpetersäure und Schwefelsäure greifen alle Bestandteile des Portlandzementsteins an und lösen ihn unter Bildung von löslichen Calcium-, Aluminium- und Eisensalzen sowie kolloidaler Kieselsäure (Kieselgel) auf. Schwache Säuren, wie z. B. die Kohlensäure, bilden nur mit dem Kalk, nicht aber mit der Tonerde und dem Eisenoxid, wasserlösliche Salze.

Schwefelsäure und die ebenfalls angreifende schweflige Säure kommen nicht nur in industrieller Umgebung vor, sondern sind auch in manchen Moorwässern und -böden enthalten, wo sie durch Oxidation von Eisensulfid (Pyrit) entstehen können. Beim Angriff von Schwefelsäure und schwefliger Säure kann es durch die beim lösenden Angriff gebildeten Sulfate zusätzlich zu einer Treibwirkung kommen.

Schwefelwasserstoff H_2S ist in Wasser gelöst eine schwache Säure und greift als solche dichten Beton kaum an. Er kann sich unter bestimmten Bedingungen in Abwasseranlagen bilden, wenn das Abwasser biologisch abbaubare schwefelhaltige Stoffe, wie z. B. Eiweiße, Kohlehydrate, Fette, Waschmittel u.a. mit sich führt. Besonders hohe Schwefelkonzentrationen haben Abwässer aus fleisch- und fischverarbeitenden Betrieben, Gerbereien, Webereien, Kokereien, Entwicklungslabors, Gelatine- und Klebstoffwerken und manchen landwirtschaftlichen Betrieben [7-197].

Der Schwefelwasserstoff tritt aus dem Abwasser dort aus, wo eine Verwirbelung stattfindet. Wird er nicht durch Entlüftung abgeführt und schlägt er sich auf feuchten Oberflächen nieder, so kann sich unter der Mitwirkung von Mikroorganismen Schwefelsäure bilden. Hierdurch ist der Beton einem lösenden Angriff ausgesetzt.

Bei Messungen in Abwassersammlern in Hamburg [7-198] wurden homologe organische Polysulfide identifiziert, die aus dem Abbau von Proteinen entstehen. Die höheren Polysulfide zerfallen wieder unter Abscheidung von molekularem Schwefel, der als Nährboden für Mikroorganismen dient. Aus dem Stoffwechselprozeß dieser Organismen, die im Kondensat auf der Kanalinnenwand oberhalb des Wasserspiegels leben, entsteht unter Sauerstoffzufuhr Schwefelsäure. Diese Möglichkeit kann jedoch durch Abwasserkontrolle sowie durch zweckmäßige Planung und Konstruktion des Abwassersystems weitgehend vermieden werden [7-197, 7-199].

Phosphorsäure greift den Beton nur oberflächlich an, weil sich eine Schutzschicht von Calciumphosphat bildet.

Flußsäure HF zersetzt nicht die Kalkverbindungen des Zementsteins, sondern unmittelbar die kieselsauren Salze. Sie kommt in der Natur nicht vor und ist nur in bestimmten Industriebetrieben zu finden.

Kieselfluorwasserstoffsäure reagiert mit dem Zementstein unter Bildung unlöslicher, harter und chemisch beständiger Verbindungen und ist daher nicht betonschädlich. Eine Fluatierung des Betons erhöht sogar seine Beständigkeit.

Eine besondere Bedeutung hat die *Kohlensäure*, die in vielen Wässern vorkommt und unter bestimmten Bedingungen mit den Calciumverbindungen des Zementsteins und ggf. auch des Zuschlags reagieren kann. Dabei bildet sich zunächst wasserunlösliches Calciumcarbonat $CaCO_3$. Dieses setzt sich anschließend mit weiterer Kohlensäure zu wasserlöslichem Calciumhydrogencarbonat $Ca(HCO_3)_2$ um, das vom Wasser abtransportiert werden kann. Auf diese Weise wird Kalk aus dem Beton herausgelöst. Dabei werden nach längerer Einwirkung auch die Calciumsilikathydrate angegriffen.

Kohlensäure H_2CO_3 kann entstehen, wenn sich gasförmiges Kohlendioxid CO_2 in Wasser löst. Die Löslichkeit ist um so größer, je niedriger die Temperatur und je höher der Druck ist. Allerdings ist nicht alles in einem Wasser enthaltene Kohlendioxid in der Lage, die Kalkverbindungen des Betons anzugreifen. Ein Teil ist an das in praktisch allen natürlichen Wässern vorkommende Calcium- und Magnesiumhydrogencarbonat gebunden („halbgebundene" Kohlensäure). Der Rest wird als „freie" Kohlensäure bezeichnet. Davon ist eine bestimmte Menge erforderlich, um das Hydrogencarbonat in Lösung zu halten („stabilisierende" oder „zugehörige" Kohlensäure) und wirkt nicht angreifend. Der Rest der freien Kohlensäure ist die „überschüssige" Kohlensäure, die für einen Angriff zur Verfügung steht. Da das dabei entstehende Calciumhydrogencarbonat seinerseits nur in Lösung bleibt, wenn noch eine entsprechende Menge stabilisierender Kohlensäure vorhanden ist, kann nur eine Teilmenge der überschüssigen Kohlensäure mit den Calciumverbindungen des Betons reagieren. Sie wird als „kalklösende" Kohlensäure bezeichnet.

Kalklösende Kohlensäure kommt häufig in weichen Grundwässern vor. Oberflächen- und Quellwasser kann durch Zersetzung organischer Substanzen mit CO_2 angereichert sein. Mineralwässer enthalten oft große Mengen an CO_2.

Wenn Wasser, das von Hause aus Calciumhydrogencarbonat enthält oder beim Durchsickern durch undichten Beton aufgenommen hat, auf der Betonoberfläche verdunstet, scheidet es die halbgebundene Kohlensäure ab. Dabei bilden sich weiße Sinterfahnen aus Calciumcarbonat. Diese deuten auf undichte Stellen hin.

Gasförmiges Kohlendioxid kann mit dem Calciumhydroxid des Zementsteins reagieren. Dabei bildet sich Calciumcarbonat. Diese im Abschnitt 7.20.2.1 näher beschriebene Carbonatisierung ist für den Beton selbst nicht schädlich, sie verbessert i. allg. sogar seine Festigkeit und Widerstandsfähigkeit.

Organische Säuren greifen den Beton ebenfalls dadurch an, daß sie das Calciumhydroxid teils in leichtlösliche, teils in schwerlösliche Salze umwandeln. Zu den stärkeren organischen Säuren gehören die Ameisensäure, die Essigsäure und die Milchsäure. Bei der Essigsäure sind auch die sich oberhalb der Flüssigkeit bildenden Dämpfe betonangreifend [7-200]. Humussäuren sind für Beton kaum gefährlich, weil sich nur schwer lösliche Salze bilden. Das gleiche gilt in erhöhtem Maße für die Oxalsäure und die Weinsäure, deren Reaktionsprodukte Schutzschichten auf der Betonoberfläche bilden.

Einwirkung austauschfähiger Salze

Salze, deren Basen schwächer sind als Calciumhydroxid, greifen in wäßriger Lösung Beton dadurch an, daß ihr Kation das Calcium aus den Calciumverbindungen des Zementsteins und ggf. auch des Zuschlags verdrängt und mit dem Rest wasserlösliche Verbindungen bildet, die ausgelaugt werden können. Gefährlich für Beton sind in dieser

Hinsicht besonders die Magnesium- und die Ammoniumsalze, von den Ammoniumsalzen das Chlorid, das Sulfat und, weniger stark, auch das Nitrat. Auch Eisenchlorid führt zu einer langsamen Auslaugung.

Von den *Magnesiumsalzen* wirken alle betonangreifend bis auf das sehr schwer lösliche Magnesiumcarbonat, das in großen Mengen im Dolomitgestein enthalten ist. Es kann allmählich der gesamte Calciumgehalt des Bindemittels gegen Magnesium ausgetauscht werden, was zum Zerfall des Betons führt. Bei den Umwandlungen scheidet sich Magnesiumhydroxid oder -silikat auf der Betonoberfläche ab, was den weiteren Angriff etwas bremst. Magnesiumhydroxid ist eine weiche, gallertartige Masse. Es kann durch strömendes Wasser mechanisch abgetragen werden, so daß die Schutzwirkung verloren geht.

Magnesiumsalze kommen in großen Mengen im Meerwasser als Magnesiumchlorid und -sulfat vor. Im Grundwasser können Magnesiumsulfat und Magnesiumhydrogencarbonat gelöst sein, die vorwiegend aus dolomitischem Gestein stammen.

Magnesiumchlorid kommt im Grundwasser selten vor, in industriellen Abwässern dagegen häufiger. Die Zerstörung verläuft in $MgCl_2$-Lösungen wesentlich langsamer als in $MgSO_4$-Lösungen von gleicher Mg^{2+}-Ionen-Konzentration. Bei den $MgSO_4$-Lösungen kommt zum lösenden Angriff noch ein treibender Sulfatangriff hinzu. Die angreifende Wirkung von $MgSO_4$ wird durch die Anwesenheit von $MgCl_2$ gemildert. Dies wirkt sich bei der Einwirkung von Meerwasser günstig aus.

Bei der Einwirkung von *Ammoniumsalzen* wird vorwiegend Calciumhydroxid aus dem Zementstein herausgelöst. Dabei wird Ammoniak NH_3 als Gas frei und löst sich im Wasser. Eine Schutzschicht wie beim Magnesiumangriff wird also nicht gebildet. Infolgedessen wirken alle Ammoniumsalze, die mit dem Beton wasserlösliche Calciumsalze bilden, angreifend. Hierzu gehören vor allem das Ammoniumsulfat, das -chlorid und das -nitrat. Bei Ammoniumsulfat, das ein wichtiger Stickstoffdünger ist, kommt zum lösenden Angriff noch der treibende Sulfatangriff hinzu. Ammoniumcarbonat, -fluorid und -oxalat reagieren mit dem Beton unter Bildung schwerlöslicher Calciumverbindungen und sind daher für den Beton unschädlich. Auch Ammoniakwasser greift den Beton nicht an.

Nitrate (Salpeter) und *Nitrite* wirken als anionenaustauschende Verbindungen, bei denen aus schwerlöslichen Calciumverbindungen leichtlösliche entstehen, die ausgewaschen werden können. Die Nitratlösungen führen nach entsprechender Wasserabgabe zu Salpeterausblühungen [7-201, 7-202].

Die angreifende Wirkung anderer Salze ist Tabelle 7.14-1 zu entnehmen.

Einwirkung von Basen

Infolge seines Calciumhydroxidgehaltes reagiert der Zementstein, solange er nicht carbonatisiert ist, stark basisch (pH $\approx$ 12,5) und wird von basischen Wässern geringerer (OH)-Ionen-Konzentration nicht angegriffen. Konzentrierte Lösungen starker Basen, wie Natronlauge (> 10 %) oder Kalilauge (> 20 %), lösen allerdings die Aluminatverbindungen, insbesondere das Tricalciumaluminathydrat, an. Das Calciumhydroxid wird dagegen nicht angegriffen, auch die Calciumsilikathydrate sind weitgehend beständig. Die Verwendung C_3A-armer Zemente ist deshalb günstig [7-200]. Konzentrierte Lösungen starker Basen können auch kieselsäurehaltigen Zuschlag anlösen.

Einwirkung von Ölen und Fetten

Teeröle sind Steinkohlenteer-Destillate. Sie enthalten saure Bestandteile in Form von Phenolen. Erfahrungsgemäß wird dichter Beton von ihnen jedoch nicht angegriffen [7-203].

Mineralöle sind Destillate des Erdöls und bestehen fast ausschließlich aus gesättigten Kohlenwasserstoffen. Die Mittel- und Schweröle können geringe Mengen schwacher organischer Säuren enthalten. Mineralöle, die zunächst säurefrei sind, können unter ungewöhnlichen Betriebsbedingungen oxidieren und schwache Säuren bilden.

Ihr Angriffsvermögen wird nach der Neutralisationszahl (Menge an Kaliumhydroxid in mg, die nötig ist, um die freien Säuren in 1 g eines Öles zu neutralisieren) oder nach der Verseifungszahl (Menge an Kaliumhydroxid in mg, die nötig ist, um die in 1 g eines Öles enthaltenen freien Säuren zu neutralisieren und die vorhandenen Ester zu verseifen) beurteilt. Eine Einwirkung auf Zementstein ist u. U. zu erwarten, wenn die Neutralisationszahl über 0,25 oder die Verseifungszahl über 0,50 liegt. Diese hohen Werte kommen höchstens bei schwerflüssigen Ölen, Rohölen oder sehr lange und stark belüfteten, gealterten Ölen vor.

Eine Schädigung von zweckentsprechend zusammengesetztem Beton bleibt bei schwerflüssigen Ölen auf die äußerste Oberflächenschicht beschränkt, weil solche Öle nicht eindringen und bei einer Verseifung die Poren dichten.

Eine Aufoxidation von tiefer in den Beton eingedrungenem leichtflüssigem Öl ist nicht zu befürchten, weil die Durchtränkung mit Öl den Zutritt von Sauerstoff verhindert. Bereits im Öl vorhandene Säuremengen werden durch das Calciumhydroxid neutralisiert, ohne daß eine Schädigung eintritt.

Störende Angriffe von Säuren der Teer- und Mineralöle auf dichten Beton sind nicht bekannt geworden [7-203], doch kann eine Durchtränkung des Betons mit Öl seine Festigkeit durch eine Art innere Schmierwirkung zeitweilig oder dauernd deutlich herabsetzen. Eine Öltränkung verhindert auch die weitere Nacherhärtung des Betons.

Pflanzliche und tierische Öle und Fette sind Ester verschiedener Fettsäuren, wie Palmitin-, Stearin- und Ölsäure, mit dem dreiwertigen Alkohol Glycerin. Sie enthalten kleinere oder größere Mengen freier Fettsäuren, die den Beton schädigen können, indem sie sich mit dem Calciumhydroxid des Zementsteins zu festigkeitsloser Kalkseife umsetzen, wodurch eine Erweichung eintritt.

Der Angriffsgrad hängt auch von der Viskosität ab. Fette dringen weniger ein als Öle und wirken deshalb weniger schädigend. Wasserundurchlässiger Beton wird von Ölen und Fetten kaum angegriffen.

7.14.2.2 Treibender Angriff

Betonschäden durch treibenden Angriff werden vor allem durch die Einwirkung wasserlöslicher Sulfate hervorgerufen (Sulfattreiben).

Sulfathaltige Lösungen haben ein hohes Benetzungsvermögen und dringen daher relativ schnell und tief in den Beton ein [7-204]. Enthält der Beton vom Zement her Tricalciumaluminat (C_3A) bzw. dessen Hydratationsprodukte, so kann das angreifende Sulfat mit diesen reagieren. Dabei bildet sich in der Regel Tricalciumaluminattrisulfathydrat, das meist kurz Trisulfat oder, wie das entsprechende natürliche Mineral, Ettringit genannt wird. Die nadelförmigen, wasserreichen Ettringitkristalle benötigen einen größeren Raum. Sie wachsen zunächst in den Porenraum hinein, was die Festigkeit vorübergehend erhöhen kann. Sobald nicht mehr genug Platz für ein freies Kristallwachstum vorhanden ist, baut sich ein starker innerer Druck auf, der zum Zertreiben des Betons führen kann.

Bei hohen Sulfatkonzentrationen (etwa > 1200 mg SO_4^{2-}/l) kann sich auch aus der in den Zementsteinporen enthaltenen Calciumhydroxidlösung Gips ausscheiden, der ebenfalls treibend wirkt [7-204].

Sulfatschäden sind i. allg. oberhalb des Wasserspiegels stärker als unterhalb. Durch die Verdunstung und durch wechselnde Austrocknung und Durchfeuchtung können sich dort die Sulfate anreichern und eine besonders starke Treibwirkung entfalten.

Die Bildung des zerstörenden Ettringits erfolgt nur bei einem bestimmten Ionenverhältnis $Al^{3+} : Ca^{2+}$. Oberhalb von 40 °C kann kein Ettringit entstehen und auch nicht bei höherer Carbonatkonzentration. Die treibenden Kristallphasen können auch nur in Gegenwart von Calciumhydroxid gebildet werden [7-202].

Besonders aggressiv wirken Magnesiumsulfat, das auch im Meerwasser enthalten ist, und Ammoniumsulfat. Während Calciumsulfat (Gips) oder Natriumsulfat im wesentlichen nur mit dem Aluminatanteil des Zementsteins reagieren und deshalb Betone aus Zementen mit niedrigem Aluminatgehalt kaum angreifen, wirken die Sulfate des Magnesiums und des Ammoniums durch die im Abschnitt 7.14.2.1 bei den austauschfähigen Salzen beschriebenen Vorgänge auch auf das Calciumhydrat und die Silikathydrate ein und führen damit neben dem treibenden Angriff auch zu einem lösenden Angriff.

Die gleichzeitige Anwesenheit von Chloriden vermindert den Sulfatangriff [7-200]. Dies wird als Hauptgrund dafür angesehen, daß Meerwasser, das aufgrund seines Sulfat- und Magnesiumgehalts als sehr stark betonangreifend einzustufen wäre, weit weniger aggressiv ist als reine Sulfat- und Magnesiumsalzlösungen entsprechender Konzentration. In Meerwasserentsalzungsanlagen ändern sich durch die Erhitzung bis zu 110 °C die Zusammensetzung und die Eigenschaften des Meerwassers. Es wirkt dadurch als Sulfatlösung stark angreifend [7-16].

Der treibende Sulfatangriff beschränkt sich nicht immer nur auf den Zementstein, sondern kann sich in Sonderfällen auch auf den Zuschlag erstrecken. Bei glimmerhaltigem Zuschlag kann zwischen die Glimmerplättchen eindringende Sulfatlösung zur Kristallisation von Gips und zum Auftreiben führen. Besonders anfällig sind angewitterte Glimmerschiefer. Im süddeutschen Raum und in Österreich werden manchmal glimmerschieferhaltige Zuschläge verwendet.

7.14.3 Vorkommen angreifender Stoffe

Betonangreifende Stoffe können in Wässern, Böden oder Gasen enthalten sein, die mit dem Beton in Berührung kommen, wie z. B. bei Gründungen, Tiefbauwerken oder Fassaden. In anderen Fällen ist der Kontakt mit angreifenden Stoffen durch die Nutzung bedingt, wie z. B. bei Abwasserrohren, Fabrikfußböden oder Behältern. Im folgenden werden einige Hinweise gegeben, wo mit betonangreifenden Stoffen zu rechnen ist.

7.14.3.1 Wässer

Gebirgs- und Quellwässer sind oft sehr weich und wirken dadurch lösend. Darüber hinaus enthalten sie manchmal kalklösende Kohlensäure.

Moorwässer enthalten oft kalklösende Kohlensäure, Sulfate und Huminsäuren.

Bodenwasser kann kalklösende Kohlensäure, Sulfate und Magnesiumsalze enthalten. Schwefelwasserstoff, Ammoniumsalze und angreifende organische Verbindungen kommen in natürlichem Bodenwasser nicht in schädlichen Mengen vor, können aber mit Abwässern dorthinein gelangen.

Bach- und Flußwasser kann die verschiedenartigsten Verunreinigungen enthalten. Die Konzentration der Schadstoffe liegt jedoch i. allg. nicht im angreifenden Bereich. Boden- und Bachwasser in Gebieten mit weniglöslichen Gesteinsarten, wie z. B. Basalt, Granit oder Buntsandstein, ist oft sehr weich und enthält manchmal kalklösende Kohlensäure.

7.14 Widerstand gegen chemische Angriffe

Tabelle 7.14-2 Richtwerte für die Zusammensetzung von Meerwasser nach DIN 4030 Teil 1 (E 88)

Bestandteile	Nordsee (Helgoland) mg/l	Ostsee (Kieler Bucht) mg/l
Na^+	11 000	5 000
K^+	400	200
Ca^{2+}	400	200
Mg^{2+}	1 300	600
Cl^-	19 900	9 000
SO_4^{2-}	2 800	1 300
pH	> 8	> 7

Regenwasser ist manchmal stark sauer (pH ≈ 4), wobei der Säuregrad in städtischen Gebieten infolge der Verschmutzung der Luft durch kalkhaltigen Staub geringer ist als auf dem Lande.

Meerwasser enthält als betonangreifende Stoffe Sulfate und Magnesiumsalze (Tabelle 7.14-2). Der Angriffsgrad ist jedoch wesentlich geringer als bei reinen Sulfat- bzw. Magnesiumsalzlösungen.

Brack- und Meerwasser in küstennahem Bereich kann Zusammensetzungen aufweisen, die von den Werten der Tabelle 7.14-2 erheblich abweichen. Liegen keine mehrjährigen Analysen vor, so ist das Wasser stets als „stark" angreifend einzustufen.

Abwässer können Mineralsäuren und organische Säuren sowie deren Salze enthalten. Die Konzentration der Schadstoffe ist in häuslichen Abwässern i. allg. unterhalb der schädigenden Schwelle. In Industrieabwässern sind angreifende Stoffe dagegen manchmal in größeren Mengen vorhanden.

Vorsicht ist immer bei Abwässern der chemischen Industrie geboten. Sie können die verschiedensten der in Tab. 7.14-1 aufgeführten Schadstoffe auch in höherer Konzentration enthalten.

In den Abwässern von Zellstoffwerken, Galvanisieranstalten und Beizereien kommen neben Mineralsäuren häufig Sulfate vor. Kokereiabwasser kann durch Ammoniumsalze, Sulfate und Phenole verunreinigt sein.

Die Abwässer von Zucker-, Papier-, Farben-, Essig- und Konservenfabriken, von Brennereien, Gerbereien, Molkereien und bestimmten landwirtschaftlichen Betrieben (Gärfutter) bzw. Betrieben, die landwirtschaftliche Produkte weiterverarbeiten, enthalten als angreifende Stoffe in erster Linie organische Säuren.

Sickerwässer aus Kohle- und Schlackenhalden können hohe Sulfatgehalte aufweisen und damit auch das Bodenwasser betonangreifend machen.

7.14.3.2 Böden

Sulfathaltige Böden treten vorwiegend in Zechstein-, Trias-, Jura- und Tertiärformationen auf, deren Ablagerungen Anhydrit und Gips führen.

Moorböden enthalten oft kalklösende Kohlensäure, Sulfate und Humussäuren. Sie können außerdem Eisensulfide enthalten, die auch in Tonböden und Faulschlamm vorkommen.

Aufschüttungen industrieller Abfälle, Schutt- und Mülldeponien sowie Berg- und Schlackenhalden können verschiedene betonangreifende Stoffe in großer Menge enthalten. Deshalb können auch Sickerwässer aus solchen Schüttungen betonangreifend sein.

7.14.3.3 Gase

Verbrennungsgase und Abgase der Industrie können freie Mineralsäuren, organische Säuren, Schwefeldioxid und Schwefelwasserstoff sowie Sulfate enthalten. Die Schadstoffe können mit der Porenfeuchtigkeit des Betons angreifende Lösungen bilden oder sich in Niederschlägen auflösen und dadurch mit dem Beton in Berührung kommen. Beispiele sind SO_2 in Verbrennungsabgasen, Papier- und Salzsäurefabriken, Schwefelsäuredämpfe in Akkumulatorenfabriken, Flußsäuredämpfe in den Elektrolysehallen von Aluminiumwerken, Essigdämpfe in Essig- und Konservenfabriken und Holzdestillierbetrieben, Schwefelwasserstoffgas im Luftraum von Abwasserleitungen und in chemischen Fabriken und Salpetersäuregas in Mineraldüngerwerken.

7.14.4 Beurteilung des Angriffsvermögens

Das Angriffsvermögen von Wässern und Böden wird durch den Angriffsgrad ausgedrückt. Er beschreibt die Wirkung auf einen Beton, der zwar ein geschlossenes Gefüge besitzt, in den aber aufgrund seiner Kapillarporosität Wasser und angreifende Bestandteile eindringen können, der also nicht wasserundurchlässig im Sinne von DIN 1045 ist [7-205]. Umgekehrt bestimmt der Angriffsgrad die erforderlichen betontechnischen Maßnahmen.

Zur Beurteilung des Angriffsvermögens genügt im allgemeinen die Entnahme und Untersuchung von Wasserproben.

Besteht der Verdacht, daß der Boden betonangreifende Stoffe enthält und ist eine Wasserentnahme nicht möglich, aber mit einer zeitweisen Durchfeuchtung zu rechnen, so sind Bodenproben zu entnehmen.

Sind betonangreifende Gase in höherer Konzentration zu erwarten, so ist eine Gasanalyse erforderlich.

Das Vorgehen und die Anforderungen bei der Entnahme und der Untersuchung von Wasser- und Bodenproben sind in DIN 4030 Teil 2 festgelegt.

7.14.4.1 Wässer

Allgemein wahrnehmbare Merkmale

In manchen Fällen gibt schon die äußere Erscheinung einen Hinweis auf angreifendes Verhalten. Vorsicht ist geboten bei dunkler Farbe, Ausscheidung von Gips- und anderen Kristallen, fauligem Geruch (Schwefelwasserstoff), Aufsteigen von Gasblasen (CO_2). Eine saure Reaktion kann leicht mit Indikatorpapier nachgewiesen werden. Mit Sicherheit lassen sich angreifende Bestandteile nur durch eine chemische Analyse feststellen.

Chemische Untersuchung

Die chemische Untersuchung von Wässern vorwiegend natürlicher Zusammensetzung umfaßt die Bestimmung der in Tabelle 7.14-3 aufgeführten Merkmale.

Der Verbrauch an Kaliumpermanganat ($KMnO_4$) ist ein Gradmesser für den Gehalt an oxidierbaren Bestandteilen (Schwefelwasserstoff, Sulfide und organische Bestandteile).

7.14 Widerstand gegen chemische Angriffe

Tabelle 7.14-3 Untersuchungen für Wässer vorwiegend natürlicher Zusammensetzung nach DIN 4030 Teil 1 (E 88)

Allgemeine Merkmale	Merkmale zur Beurteilung des Angriffsgrades
Farbe	pH-Wert
Geruch	Kalklösekapazität
Kaliumpermanganatverbrauch	Ammonium (NH_4^+)
Gesamthärte	Magnesium (Mg^{2+})
Carbonathärte	Sulfat (SO_4^{2-})
Nichtcarbonathärte	
Chlorid (Cl^-)	
Sulfid (S^{2-})	

Tabelle 7.14-4 Anhaltswerte für den Kaliumpermanganatverbrauch nach DIN 4030 Teil 1 (E 88)

Quellwasser	5 bis	10 mg/l
Trinkwasser	1 bis	15 mg/l
Grundwasser	10 bis	50 mg/l
Flußwasser	10 bis	50 mg/l
häusliches Abwasser	150 bis	300 mg/l
industrielles Abwasser	50 bis	50 000 mg/l

Tabelle 7.14-4 enthält Anhaltswerte für einzelne Wasserarten, Extremwerte können jedoch weit über oder unter dem Durchschnitt liegen. Übersteigt der Verbrauch, ausgenommen bei häuslichen Abwässern, einen Wert von 50 mg/l, so ist eine gesonderte Beurteilung durch einen Fachmann erforderlich. Dieser sollte insbesondere überprüfen, ob mit einer Anreicherung von Schwefelwasserstoff auf der Betonoberfläche oberhalb des Wasserspiegels zu rechnen ist. Bei einem Schwefelwasserstoffgehalt von mehr als 20 mg/l ist ein Säure- und Sulfatangriff möglich.

Das in Wässern vorwiegend natürlicher Zusammensetzung enthaltene Chlorid greift Beton nicht chemisch an. Allerdings sind bei Chloridgehalten von mehr als 1500 mg/l, bei häufigem Feuchtigkeitswechsel auch schon darunter, betontechnische Maßnahmen wie bei schwachem Angriff zu empfehlen. Dies gilt auch bei weichem Wasser mit einer Gesamthärte unter 3° d [7-16].

Angriffsgrad

DIN 4030 unterscheidet die drei Angriffsgrade „schwach", „stark" und „sehr stark" angreifend. Die Angriffsgrade „schwach" und „stark" sind so festgelegt, daß ein entsprechend zusammengesetzter und hergestellter Beton ausreichend widersteht (s. Abschn. 7.14.5).

Der Angriffsgrad von Wässern vorwiegend natürlicher Zusammensetzung kann nach den in Tabelle 7.14-5 angegebenen Grenzwerten beurteilt werden. Die Grenzwerte gelten für stehendes oder schwach fließendes, in großen Mengen vorhandenes und unmittelbar angreifendes Wasser, bei dem die angreifende Wirkung durch die Reaktion mit dem Beton nicht vermindert wird.

Tabelle 7.14-5 Grenzwerte zur Beurteilung des Angriffsgrades von Wässern vorwiegend natürlicher Zusammensetzung nach DIN 4030 Teil 1 (E 88)

Untersuchung	Angriffsgrad		
	schwach angreifend	stark angreifend	sehr stark angreifend
pH-Wert	6,5 bis 5,5	5,5 bis 4,5	<4,5
Kalklösende Kohlensäure (CO_2) in mg/l (Marmorlöseversuch nach HEYER)	15 bis 40	40 bis 100	>100
Ammonium (NH_4^+) in mg/l	15 bis 30	30 bis 60	>60
Magnesium (Mg_2^+) in mg/l	300 bis 1000	1000 bis 3000	>3000
Sulfat (SO_4^{2-}) in mg/l	200 bis 600	600 bis 3000	>3000

Für die Beurteilung des Wassers ist der aus der Tabelle entnommene höchste Angriffsgrad maßgebend, auch wenn er nur von einem der Werte der Zeilen 1 bis 5 erreicht wird. Liegen zwei oder mehr Werte im oberen Viertel bzw. bei pH im unteren Viertel eines Bereichs, so erhöht sich der Angriffsgrad um eine Stufe. Diese Erhöhung gilt jedoch nicht für Meerwasser gem. Tabelle 7.14-2 (s. Abschn. 7.14.3.1).

Mit einem verstärkten Angriff ist zu rechnen bei höherer Temperatur, bei höherem Druck oder bei schnell fließendem oder bewegtem Wasser, das die entstandenen Reaktionsprodukte durch mechanischen Abrieb fortführt und damit eine Schutzschichtbildung verhindert [7-206].

Der Angriff ist schwächer bei niedriger Temperatur oder wenn sich die angreifenden Stoffe nur langsam erneuern können, wie z. B. in wenig durchlässigen Böden (Durchlässigkeitszahl $k < 10^{-5}$ m/s).

Da in Tabelle 7.14-5 nicht die angreifenden Verbindungen aufgeführt sind, werden auch unschädliche Verbindungen, wie Magnesium- oder Ammoniumcarbonat, als angreifend gerechnet. Dieser Fehler ist jedoch in den meisten praktischen Fällen sehr klein, und man liegt bei der Beurteilung auf der sicheren Seite.

7.14.4.2 Böden

Allgemein wahrnehmbare Merkmale

Die Farbe des Bodens kann einen Hinweis auf einen möglichen Angriff geben, wenn sie vom normalen Braun bis Gelbbraun abweicht. Als verdächtig gelten schwarze bis graue Böden, besonders wenn sie noch rotbraune Rostflecken aufweisen. Lichtgrau bis weiß gebleichte Schichten unter dunklen Humusböden deuten auf einen sauren Charakter des Baugrundes hin. Vorsicht ist geboten, wo nach den geologischen oder Bodentypenkarten Gips, Anhydrit oder andere Sulfate anstehen.

Trockene Böden wirken nicht angreifend. Ein Angriff kann nur erfolgen, wenn solche

7.14 Widerstand gegen chemische Angriffe

Böden durchfeuchtet werden, wobei die angreifenden Stoffe in Lösung gehen. Wenn keine Wasserproben entnommen werden können, ist der Boden selbst zu untersuchen.

Chemische Untersuchung

Die Untersuchung umfaßt normalerweise folgende Bestimmungen:
- Säuregrad nach BAUMANN-GULLY
- Sulfat- und Sulfidgehalt

Angriffsgrad

DIN 4030 unterscheidet die Angriffsgrade „schwach" und „stark" angreifend (Definition s. Abschn. 7.14.4.1).

Die Grenzwerte zur Beurteilung des Angriffsgrades von Böden sind in Tabelle 7.14-6 angegeben. Sie gelten für durchlässige Böden, die häufig durchfeuchtet werden. Bei Böden mit geringer Durchlässigkeit (bindige Böden) ist der Angriff schwächer.

Tabelle 7.14-6 Grenzwerte nach DIN 4030 Teil 1 (E 88) zur Beurteilung des Angriffsgrades von Böden

Untersuchung	Angriffsgrade	
	schwach angreifend	stark angreifend
Säuregrad nach BAUMANN-GULLY	über 20	–
Sulfat (SO_4^{2-}) in mg je kg lufttrockenen Bodens	2000 bis 5000	über 5000

Der Angriffsgrad „sehr stark" fehlt hier, weil bei Böden, bei denen eine Wasserentnahme aufgrund mangelnder Durchlässigkeit nicht möglich ist, immer vorausgesetzt werden kann, daß sich die angreifenden Bestandteile nur sehr langsam erneuern.

Bei Aufschüttungen industrieller Abfälle und bei Böden mit einem Sulfidschwefelgehalt von mehr als 100 mg S^{2-} je kg lufttrockenen Bodens ist eine weitergehende Beurteilung durch einen Fachmann erforderlich, da schon sehr geringe Sulfidgehalte zu hohen Sulfat- und Säurekonzentrationen im Boden und in Sickerwässern führen können.

7.14.4.3 Gase

Ist die ständige Einwirkung betonangreifender Gase oder Dämpfe in höherer Konzentration zu erwarten, so ist eine Gasanalyse erforderlich. Die Ergebnisse sind von einem Fachmann unter Berücksichtigung der örtlichen Verhältnisse zu beurteilen.

7.14.5 Beton mit hohem Widerstand

7.14.5.1 Allgemeines

Die Widerstandsfähigkeit des Betons gegen chemische Angriffe hängt weitgehend von der Dichtheit gegen Flüssigkeiten und Gase ab und steigt mit dem Hydratationsgrad des Zements, also mit dem Alter und der Intensität der Nachbehandlung (s. Abschnitte 7.12.2.1 und 7.12.4.1).

Junger Beton sollte im allgemeinen nicht mit angreifendem Wasser in Berührung kommen. Zwar haben Versuche, bei denen der Beton im Alter von drei Stunden bzw. sieben Tagen der Einwirkung „stark" angreifender Sulfatlösungen und kohlensäurehaltigen Wassers ausgesetzt wurde, keine signifikant unterschiedliche Schädigung ergeben [7-207]. Die genannten Versuche erscheinen jedoch wenig trennscharf, weil es in keinem Fall zu einem deutlichen Sulfatangriff gekommen ist, auch dort nicht, wo Zement ohne hohen Sulfatwiderstand verwendet wurde. Bei Bauteilen, bei denen eine Berührung des jungen Betons mit angreifenden Stoffen nicht zu vermeiden ist, wie z.B. bei Ortbetonpfählen in angreifendem Bodenwasser, kann der Angriffsgrad nach den Angaben in Abschnitt 7.14.4 beurteilt werden.

Für die Herstellung, Verarbeitung und Nachbehandlung gelten die Grundsätze für wasserundurchlässigen Beton (s. Abschn. 7.12.2.3) Darüber hinausgehende Erfordernisse werden im folgenden behandelt.

7.14.5.2 Betonzusammensetzung

Der Wasserzementwert ist auf die Werte in Tabelle 7.14-7 zu begrenzen. Des weiteren muß der Beton so dicht sein, daß die größte Wassereindringtiefe bei Prüfung nach DIN 1048 Teil 1 (siehe Abschnitt 7.12.2.2) die in Tabelle 7.14-7 genannten Werte nicht überschreitet.

Bei „sehr starkem" Angriff sind zusätzliche Schutzmaßnahmen erforderlich (s. Abschn. 7.14.6).

Tabelle 7.14-7 Anforderungen an Beton mit hohem Widerstand gegen chemische Angriffe

Angriffsgrad nach DIN 4030	Anforderungen nach DIN 1045
schwach angreifend	Wassereindringtiefe nach DIN 1048 $\leq$ 50 mm
	w/z-Wert $\leq$ 0,60 (besser $\leq$ 0,55)
stark angreifend	Wassereindringtiefe nach DIN 1048 $\leq$ 30 mm
	w/z-Wert $\leq$ 0,50 (besser $\leq$ 0,45)
sehr stark angreifend	wie bei stark angreifend, zusätzlich Schutz des Betons
> 600 mg SO_4/l Wasser > 3000 mg SO_4/kg Boden	Zemente mit hohem Sulfatwiderstand nach DIN 1164 (HS)*)

*) Bei Meerwasser ist die Verwendung von HS-Zementen nicht erforderlich, da Beton mit hohem Widerstand gegen starken chemischen Angriff auch Meerwasser ausreichend widersteht.

7.14.5.2.1 Zementart

Lösender Angriff

Der Einfluß der Zementart auf die Widerstandsfähigkeit gegenüber lösendem Angriff ist gering. Allgemein weist Beton aus hüttensandreichem Hochofenzement gegenüber den meisten lösenden Angriffen einen etwas höheren Widerstand auf als Beton aus anderen Normzementen. Dies ist z.T. auf den niedrigen $Ca(OH)_2$-Gehalt zurückzuführen.

Die Widerstandsfähigkeit von Portlandzementbeton gegenüber Magnesiumchloridlösungen nimmt mit wachsendem C_3A-Gehalt des Zements zu. Beton aus hüttensandreichem Hochofenzement verhält sich noch günstiger, ist aber auch nicht vollkommen beständig [7-208, 7-196].

7.14 Widerstand gegen chemische Angriffe

Treibender Angriff

Bei der Einwirkung von Wässern mit einem Sulfatgehalt über 600 mg SO_4^{2-}/l bzw. von Böden mit über 3000 mg SO_4^{2-}/kg ist ein Zement mit hohem Sulfatwiderstand (HS-Zement) zu verwenden (s. Abschn. 2.1.1.6).

Davon ausgenommen ist Beton im Meerwasser, weil Beton mit hohem Widerstand gegen starken chemischen Angriff unabhängig von der Zementart erfahrungsgemäß auch Meerwasser trotz dessen hohen Sulfatgehalts ausreichend widersteht. Dies gilt nicht für Beton, der mit erhitztem Meerwasser in Berührung kommt, wie z.B. in Entsalzungsanlagen (s. Abschn. 7.14.2.2). Hier kann aber durch Senkung des Wasserzementwerts auf Werte deutlich unter 0,50 sowie durch Verwendung von HS-Zement mit mindestens 335 bis 350 kg/m³ ein hinreichend hoher Widerstand erzielt werden [7-209].

Bei sehr hoher Sulfatkonzentration kann es neben oder anstelle der Ettringitbildung zu einem treibenden Angriff durch auskristallisierenden Gips kommen, was auch durch die Verwendung von HS-Zement nicht völlig unterbunden wird.

7.14.5.2.2 Zuschlag

Lösender Angriff

In der Regel sind Zuschläge zu verwenden, die gegenüber den angreifenden Stoffen beständig sind.

Carbonathaltige Zuschläge sind säurelöslich. Sie können trotzdem beim Angriff saurer Wässer verwendet werden, wenn sich die angreifenden Stoffe nur sehr langsam erneuern und schnell neutralisiert werden können. Dabei wird das Lösungsvermögen des Wassers relativ schnell abgesättigt.

Erneuert sich das angreifende weiche oder saure Wasser dagegen rasch, so ist eine Absättigung durch in Lösung gehende Zuschlagbestandteile nicht möglich. Durch die Auflösung des Zuschlags werden zusätzlich neue Angriffsflächen geschaffen, und der Abtrag schreitet schneller fort als bei Verwendung beständiger Zuschläge.

Bei der Einwirkung konzentrierter Lösungen starker Basen können dichte Kalksteinzuschläge günstiger sein als quarzreiche Zuschläge, weil sie im Gegensatz zu diesen nicht angelöst werden.

Treibender Angriff

Bestimmte Zuschläge sind empfindlich gegen treibenden Angriff. Nach [7-184] zeigte Diabassplitt bei Einwirkung von Harnstofflösung oder Glycerin (Taumittel) starke Zerfallserscheinungen. Mergelhaltiger Kalkstein und Gesteine mit Tonadern sind als Zuschlag ungeeignet, wenn der Beton mit konzentrierten Lösungen starker Basen in Berührung kommt, weil der Ton unter der Einwirkung von Laugen quillt [7-200, siehe bes. S. 395].

7.14.5.2.3 Zusatzstoffe

Lösender Angriff

Zugesetzte Puzzolane binden Calciumhydroxid, doch wird hierdurch die Angriffswirkung freier Säuren nicht merklich gemindert. Dagegen wird der Widerstand gegen Auslaugung und Austauschreaktionen erhöht, insbesondere dann, wenn man nicht einen Teil des Zements durch Puzzolane ersetzt, sondern diese zusätzlich zugibt.

Die günstige Wirkung der Puzzolane äußert sich vor allem darin, daß die Dichtigkeit des Betons erhöht wird [7-148]. Diese dichtende Wirkung bleibt selbst dann noch zumindest teilweise erhalten, wenn die durch die Kalkbindung entstandenen Neubildungen unter der Einwirkung des chemischen Angriffs hydrolytisch aufgespalten worden sind [7-210].

Treibender Angriff

In [7-211] wird bei Einwirkung sehr konzentrierter Sulfatlösungen mit über 10 000 mg SO_4^{2-}/l außer der Verwendung von Portlandzement mit hohem Sulfatwiderstand und einem Wasserzementwert $\leq 0,45$ der Zusatz von Puzzolanen empfohlen. Puzzolane verbinden sich mit dem freien Kalk des Zements und vermindern dadurch die schädliche Gipsbildung. Außerdem verbessern sie bei ausreichender Nachbehandlung die Dichtigkeit des Betons in höherem Alter erheblich [7-148].

Als besonders günstig haben sich in diesem Zusammenhang bestimmte Steinkohlenflugaschen erwiesen. Die empfohlene Zugabemenge im Austausch gegen Zement liegt zwischen 15 und 25 M.-% des Zementgehalts.

7.14.6 Schutzmaßnahmen und bauliche Ausbildung

Beton kann „sehr starkem" chemischen Angriff auf Dauer nicht widerstehen. Er ist in solchen Fällen wie Beton mit hohem Widerstand gegen starken Angriff zusammenzusetzen, muß aber darüber hinaus durch bauliche Maßnahmen gegen den Zutritt der angreifenden Stoffe geschützt werden.

Als Schutz kommen in Frage:
- Anstriche und Beschichtungen [7-212]
- Dichtungsbahnen aus Kunststoffolien oder aus getränkten und beschichteten Pappen
- Verkleidung mit entsprechend widerstandsfähigen Platten mit dichter und beständiger Verfugung.

In bestimmten Fällen können auch Dichtungsschichten aus Lehm oder Ton verwendet werden. Bei lösendem Angriff kommen u. U. auch Schüttungen aus feinkörnigem Kalkstein zur Verminderung des Lösungsvermögens in Betracht.

Ein praktisch vollkommener Schutz gegen angreifende Sulfatlösungen kann durch eine Autoklavbehandlung (s. Abschn. 4.5) erzielt werden [7-210]. Eine solche kommt aber aus wirtschaftlichen Gründen allenfalls für bestimmte Betonwaren und Fertigteile in Frage.

Bei lösendem Angriff findet ein allmählicher Abtrag von der Oberfläche her statt. In bestimmten Fällen, wie z. B. bei der Einwirkung von kalklösender Kohlensäure, kann die zeitliche Entwicklung des Abtrages abgeschätzt werden [7-206]. Die Gebrauchsfähigkeit der Bauteile kann dann für die geplante Nutzungsdauer durch eine entsprechende Vergrößerung der Abmessungen und der Betondeckung der Bewehrung auch ohne zusätzliche Schutzmaßnahmen sichergestellt werden [7-205].

Insgesamt gilt, daß für das Langzeitverhalten neben dem Widerstand des Betons gegen chemische Angriffe Abmessungen, Formgebung und konstruktive Ausbildung der Bauteile, insbesondere die Bewehrungsanordnung, von wesentlicher Bedeutung sind.

7.15 Widerstand gegen Alkalireaktion

7.15.1 Ursache und Wirkung

Die Reaktion alkaliempfindlicher Zuschläge mit der Porenlösung des Zementsteins kann zu einer Volumenvergrößerung und Schädigung des Betons führen (s. Abschn. 2.2.3.6). Ablauf und Ausmaß der Reaktion hängen insbesondere von Art und Menge der alkaliempfindlichen Zuschlagbestandteile, ihrer Größe und Verteilung, dem Alkalihydroxidgehalt in der Porenlösung sowie den Feuchtigkeitsbedingungen des erhärteten Betons ab.

Eine Reaktion kann unter der Einwirkung von Feuchtigkeit allein durch die im Zement vorhandenen Alkalien zustande kommen, maßgebend ist der sogenannte wirksame Alkaligehalt (s. Abschn. 2.1.1.6). Alkalien können aber auch aus anderen Betonbestandteilen stammen oder nachträglich von außen in den Beton eindringen, wie z. B. bei langzeitiger Einwirkung von Meerwasser oder Tausalzlösungen.

Bei trockenem Beton, ebenso wie bei ständigen Betontemperaturen unter $+10$ und über $+60°C$, kommt die Alkalireaktion zum Stillstand, während sie bei feuchtem Beton im Temperaturbereich zwischen $+10$ und $+60°C$ rasch abläuft.

Eine Alkalireaktion kann nach Monaten oder Jahren an einem zuvor unter normalen Bedingungen erhärteten Beton zu Ausblühungen, Ausscheidungen, Auswachsungen oder Abplatzungen, zu Rissen und im Extremfall zum Zerfall führen.

Eine schädigende Alkalireaktion tritt im allgemeinen durch Rißbildung und Gelausscheidungen an der Betonoberfläche in Erscheinung. Der Verlauf der feinen, meist nicht tief reichenden Risse folgt in belasteten Bauteilen bevorzugt der Druckrichtung, weil sich die sprengenden Quelldrücke vor allem quer zu den vorhandenen Druckspannungen auswirken können. Im Innern biegen die Rißflächen meist ab und verlaufen parallel zur Oberfläche, so daß es zu einem schalenförmigen Auflösen des Querschnitts kommen kann. Dabei behalten die Betonbereiche zwischen den Rissen weitgehend ihre ursprüngliche Festigkeit, es wird nur der Gesamtquerschnitt durch die Rißbildung in seiner Tragfähigkeit geschwächt.

Je nach den Randbedingungen kommt die Reaktion nach zwei bis drei, manchmal aber auch erst nach sechs bis zehn Jahren zum Stillstand. Entscheidend für den zeitlichen Ablauf sind vor allem die Zufuhr von Feuchtigkeit und die Feuchtetransportvorgänge im Betoninnern. Um die Reaktion zu stoppen, bevor sie alle potentiell alkalireaktiven Zuschläge erfaßt hat bzw. bevor das gesamte Alkaliangebot aufgebraucht ist, muß eine weitere Feuchtezufuhr unterbunden werden, ohne jedoch die Austrocknung zu verhindern.

Für die Standsicherheit ist die nach Ablauf der Alkalireaktion noch vorhandene Restfestigkeit von Bedeutung. Durch besondere Prüfmethoden, bei denen durch eine gezielte Feuchtwarmbehandlung von Bohrkernen die noch vorhandene Reaktivität beschleunigt zum Ablauf gebracht wird, ist es möglich, die wahrscheinliche Endfestigkeit des Betons noch vor Eintritt des natürlichen Reaktionsstillstandes abzuschätzen.

Es hat sich gezeigt, daß das Verhältnis Zug- zu Druckfestigkeit bei alkaligeschädigtem Beton in der Regel kleiner ist als bei einwandfreiem Beton. Man kann jedoch davon ausgehen, daß die noch vorhandene Zugfestigkeit immer noch die in üblichen Stahlbetonbauwerken nach DIN 1045 für die betreffende, abgeminderte Druckfestigkeit vorausgesetzten Werte abdeckt [7-213].

7.15.2 Vorbeugende Maßnahmen

Möglicherweise alkaliempfindlicher Zuschlag ist nach [2-33] zu prüfen und zu beurteilen.

Für die vorbeugenden Maßnahmen sind neben der Alkaliempfindlichkeit des Zuschlags die zu erwartenden Umwelteinflüsse maßgebend. Dazu werden die Bauteile einer der drei Feuchtigkeitsklassen „trocken", „feucht" und „feucht + Alkalizufuhr" zugeordnet. Vorbeugende Maßnahmen sind für Bauteile der Feuchtigkeitsklassen „feucht" und „feucht + Alkalizufuhr" erforderlich, wenn ein Betonzuschlag verwendet wird, der hinsichtlich Alkalireaktion als „bedingt brauchbar" oder „bedenklich" einzustufen ist [2-33] (Tabelle 7.15-1).

Tabelle 7.15-1 Vorbeugende Maßnahmen gegen schädigende Alkalireaktion [2-33]

Alkaliempfind-lichkeitsklasse des Zuschlags[1])	Erforderliche Maßnahmen für die Feuchtigkeitsklasse[2])		
	WO	WF	WA
E I	keine	keine	keine
E II	keine	keine[3])	NA-Zement
E III	keine	NA-Zement	Austausch d. Zuschlags

[1]) E I unbedenklich hinsichtlich Alkalireaktion
 E II bedingt brauchbar hinsichtlich Alkalireaktion
 E III bedenklich hinsichtlich Alkalireaktion
[2]) WO „trocken" (z. B. Innenbauteile)
 WF „feucht" (z. B. ungeschützte Außenbauteile)
 WA „feucht + Alkalizufuhr" (z. B. Bauteile mit Tausalzeinwirkung)
[3]) bei Beton der Festigkeitsklassen oberhalb B 25: NA-Zement

Eine wirkungsvolle, wenn auch nicht immer ausreichende Maßnahme ist die Verwendung eines Zements mit niedrigem wirksamen Alkaligehalt (NA-Zement) (s. Abschn. 2.1.1.6).

Die Treibwirkung infolge Alkalireaktion kann durch Zugabe von kieselsäurereichen Betonzusatzstoffen reduziert werden, soweit diese den wirksamen Alkaligehalt des Betons nicht nennenswert vergrößern. Dafür eignen sich insbesondere Steinkohlenflugaschen mit einem hohen Glasanteil. Die erforderliche Zugabemenge richtet sich nach dem Zementgehalt, dem wirksamen Alkaligehalt des vorgesehenen Zements und nach dem Anteil der reaktiven Komponenten im Zuschlag. Zu ihrer Bestimmung sind gezielte Eignungsprüfungen erforderlich, da bei einer nicht „optimierten" Zugabe die Alkalireaktion unter Umständen deutlich gefördert wird [7-214].

Allgemein müssen Betonzusatzstoffe, ebenso wie etwaige Betonzusatzmittel, besondere Anforderungen hinsichtlich des Alkaligehaltes erfüllen [2-33].

7.16 Verhalten bei tiefen und hohen Temperaturen

7.16.1 Tiefe Temperaturen

Die Druckfestigkeit von erhärtetem Beton ist bei tiefen Temperaturen (bis −170 °C) z. T. beträchtlich höher als bei normaler Temperatur. Der Festigkeitszuwachs hängt von dem Feuchtigkeitsgehalt des Betons vor dem Gefrieren ab. Die Festigkeit von feuchtem Beton kann beim Gefrieren auf mehr als das Dreifache ansteigen. Bei lufttrockenem Beton ist der Festigkeitszuwachs gering, bei trockenem Beton bleibt die Festigkeit nahezu unverändert.

Die große Festigkeitssteigerung von wassergesättigtem Zementstein in gefrorenem Zustand beruht darauf, daß beim Abkühlen das Porenwasser nicht bei einem festen Gefrierpunkt, sondern mit abnehmender Porengröße bei immer tieferen Temperaturen, die bis zu $-90\,°C$ reichen, gefriert. Das in den Poren entstehende Eis kann Kräfte übernehmen, wobei Festigkeit und Elastizitätsmodul des Eises und die Anzahl der Poren, in denen Eis entsteht, mit abnehmender Temperatur gleichermaßen anwachsen. Die Wirkung des Eises ist ähnlich wie bei einer Porenfüllung mit erhärtenden Kunststoffen oder geschmolzenem Schwefel (s. Abschn. 4.6). Hinzu kommt, daß das Eis durch die beim Gefrieren eintretende Volumenvergrößerung anfänglich unter einer Druckvorspannung steht [7-105]. Ob mit dem durch das Gefrieren des freien Wassers im Beton hervorgerufenen Festigkeitszuwachs dauernd gerechnet werden kann, ist nicht sicher. Man braucht jedoch nicht zu befürchten, daß bei einem Rückgang des Festigkeitszuwachses die ursprünglich vorhandene Festigkeit unterschritten wird [7-137].

Über die Formänderungen von Beton bei tiefen Temperaturen informieren die Abschnitte 7.9.2.1.3, 7.9.2.3.2 und 7.9.3.8.2.

7.16.2 Hohe Temperaturen

7.16.2.1 Allgemeines

Eine Erwärmung des Betons führt zu einer Abnahme des E-Moduls und je nach Höhe der Temperatur zu mehr oder weniger ausgeprägten bleibenden Schädigungen, mit denen ein Festigkeitsrückgang verbunden ist. Dabei ist zu unterscheiden zwischen der planmäßigen Einwirkung erhöhter Temperaturen, z. B. bei Industrieschornsteinen oder geothermischen Anlagen, und ungewollten Einwirkungen, z. B. bei Bränden. Des weiteren ist die Einwirkungsdauer, kurzfristig oder ständig, und die Höhe der Temperatur im Beton zu berücksichtigen.

Bei planmäßiger Einwirkung interessiert die Warmdruckfestigkeit bei Dauertemperatureinfluß, das ist die Druckfestigkeit des erwärmten Betons. Bei ungewollter, insbesondere zeitlich begrenzter Einwirkung, ist auch die Kaltdruckfestigkeit von Bedeutung, das ist die Druckfestigkeit nach Abkühlen des Betons. Sie bestimmt z. B. die Wiederverwendbarkeit der Bauteile nach einem Brand.

Das Verhalten des Betons wird durch die unterschiedliche Wärmedehnung von Zementstein und Zuschlag, das Schwinden und mögliche Strukturänderungen des Zementsteins infolge erhöhter Temperatur sowie durch die Reaktionsfähigkeit des Feinzuschlags unter hydrothermalen Bedingungen (gleichzeitige Einwirkung von Wasserdampf und Temperaturen über $100\,°C$) bestimmt. Allgemein erfolgt bei Temperaturen ab $100\,°C$ eine stark beschleunigte Entwässerung des Zementsteins, im Bereich 500 bis $700\,°C$ erfolgt eine Zersetzung der Hydrat-Phasen des Zementsteins, bei $575\,°C$ ändert sich die Kristallmodifikation von Quarz, womit eine sprunghafte Änderung der Wärmedehnzahl einhergeht, und ab 600 bis $800\,°C$ entweicht bei Kalkstein CO_2. Oberhalb von 1200 bis $1300\,°C$ beginnen einige Komponenten des Betons zu schmelzen.

Der Widerstand des Betons gegen erhöhte Temperaturen kann durch seine Zusammensetzung beeinflußt werden. Er hängt im weiteren von dessen Feuchtigkeitsgehalt und damit von den Umweltbedingungen und den Abmessungen der Bauteile ab.

Der E-Modul des Betons sinkt mit steigender Temperatur. Bei Temperaturen ab etwa

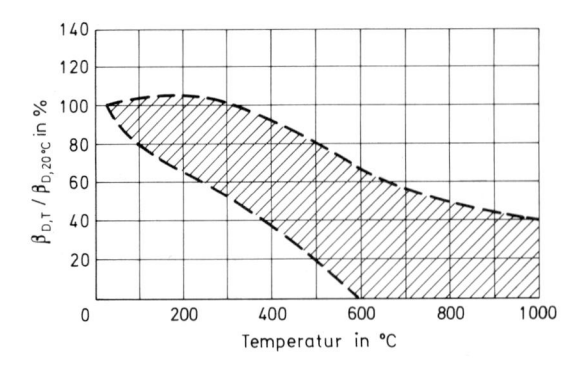

Bild 7.16-1 Betondruckfestigkeit nach einer Temperatur-Dauerbeanspruchung [7-16]

80 °C ist auch ein Abfall der Festigkeit zu erwarten. Dieser ist im Temperaturbereich bis 250 °C vor allem davon abhängig, ob bzw. wieviele Mikrorisse im Beton entstanden sind. Dementsprechend schwankt die Druckfestigkeit von Betonen aus unterschiedlichen Ausgangsstoffen und nach einer Temperaturbeanspruchung in weiten Grenzen (Bild 7.16-1).

Einen Sonderfall bildet der hitzebeständige Feuerbeton. Er wird aus feuerfesten Zuschlägen hergestellt und kann auch auf Dauer sehr hohen Temperaturen bis weit über 1000 °C ausgesetzt werden. Seine Heißdruckfestigkeit beruht darauf, daß die anfängliche hydraulische Bindung während der Erhitzung auf sehr hohe Temperaturen in eine keramische Bindung übergeht. Weitere Angaben [7-215, 7-216, 7-217, 7-218].

7.16.2.2 Beton für Gebrauchstemperaturen bis 250 °C

Das Verhalten des Betons wird entscheidend durch die Gesteinsart des Betonzuschlags, Quarz oder Kalkstein, bestimmt. Es kann durch Zugabe silikatischer Zusatzstoffe, wie Quarzmehl oder Flugasche, verbessert werden. Der Einfluß des Zuschlags und etwaiger Zusatzstoffe hängt von dem Feuchtigkeitsgehalt des Betons ab.

Demgegenüber hat die Zementart nur einen geringen Einfluß. Der Zementgehalt und der Wasserzementwert ist im Bereich der üblichen Werte ohne wesentlichen Einfluß. Dies gilt auch für die Ausgangsfestigkeit des Betons.

Von den Betoneigenschaften interessieren vorrangig die Warm- und die Kaltdruckfestigkeit, das Verhältnis Zug- zu Druckfestigkeit, die Verbundfestigkeit Beton-Bewehrung und die Formänderungen. (Weitere Betoneigenschaften siehe [7-218]).

7.16.2.2.1 Betonzuschlag

Allgemein gilt, daß die Wärmedehnung der Zuschläge möglichst nicht größer sein soll als die des Zementsteins (s. Abschn. 7.9.5.2). Mit diesem Kriterium wird jedoch die Eignung eines Zuschlags nicht ausreichend beschrieben. Die Erwärmung des Betons bewirkt eine stark beschleunigte Entwässerung des Zementsteins, was zu großen Schwindverkürzungen führt. Die dadurch verursachten Eigenspannungen können die Eigenspannungen aus unterschiedlicher Wärmedehnung von Zementstein und Zuschlag um ein Mehrfaches überschreiten.

Ein weiteres wichtiges Kriterium für die Eignung eines Zuschlags ist die Reaktionsfähigkeit, insbesondere des Feinzuschlags unter hydrothermalen Bedingungen, d.h. unter

7.16 Verhalten bei tiefen und hohen Temperaturen

gleichzeitiger Einwirkung von Wasserdampf und Temperaturen über 100 °C. Dafür ist der Gehalt an verdampfbarem Wasser maßgebend, der im wesentlichen durch den Feuchtezustand des Betons bestimmt wird. Wird ein massiges Bauteil einseitig erwärmt, so stellen sich zu verschiedenen Zeiten unterschiedliche Feuchtezustände ein (Bild 7.16-2).

Eine Dampfbehandlung von Zementstein führt zur Bildung kalkreicher kristalliner Calciumsilikathydrat(CSH)-Phasen, die eine weitaus gröbere Struktur und eine größere Porosität als das bei Raumtemperatur gebildete CSH-Gel aufweisen. Eine Dampfbehandlung führt daher immer zu Hydratationsprodukten mit niedrigeren Endfestigkeiten. Gleichzeitig setzt sich das bei der Hydratation bildende $Ca(OH)_2$ mit dem SiO_2 des Zuschlags um. In Gegenwart von SiO_2, insbesondere bei silikatischem Feinzuschlag, entstehen an Stelle der kalkreichen CS-Hydrate Phasenverbindungen, die bei entsprechender Dosierung Feinzuschlag zu Zement die erstgenannten Festigkeitsminderungen teilweise oder ganz ausgleichen. Dementsprechend zeigen bei ständig einwirkenden hohen Temperaturen Betone mit quarzitischen Zuschlägen trotz deren großer Wärmedehnzahl bei dicken Betonquerschnitten günstige Eigenschaften, Betone mit kalzitischen Zuschlägen dagegen weniger [7-219].

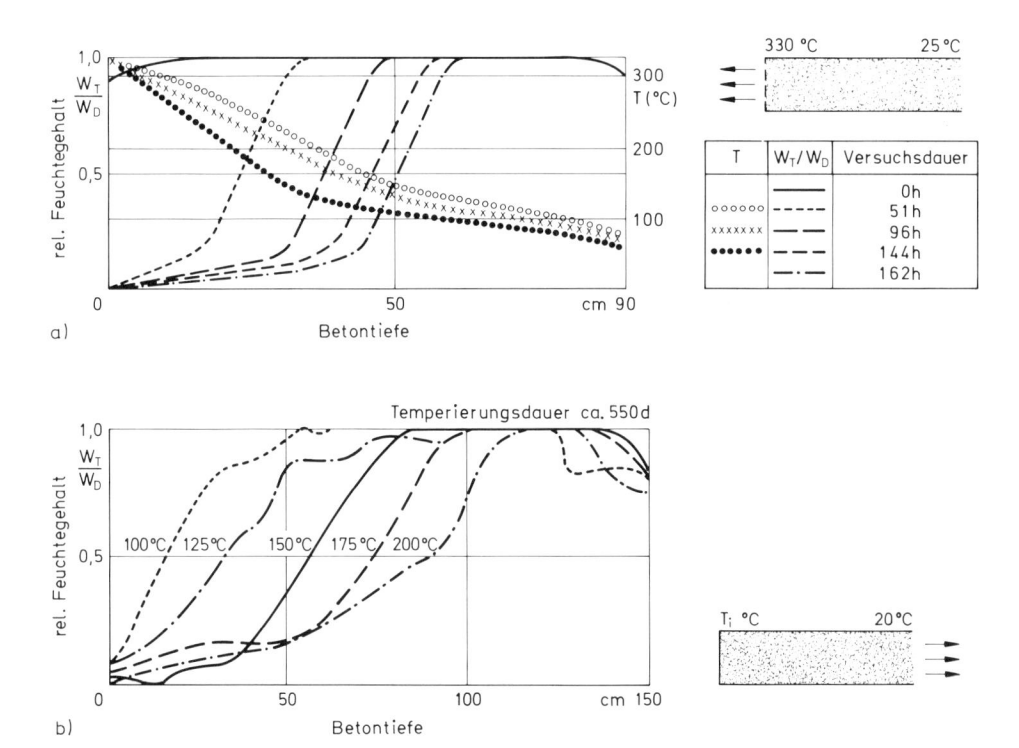

Bild 7.16-2 Feuchte- und Temperaturverteilung in einer einseitig auf 330 °C erhitzten Betonprobe [7-219]
W_D: Gehalt an verdampfbarem Wasser bei Raumtemperatur
W_T: Gehalt an verdampfbarem Wasser bei der Beanspruchungstemperatur
a) Wasser kann an der erhitzten Seite entweichen
b) Versiegelte Stirnseite durch Temperaturen zwischen 100 und 200 °C beansprucht, Wasser kann an der kalten unversiegelten Stirnseite entweichen

Da die Eignung eines Zuschlags nicht durch einfache Kennwerte beschrieben werden kann, wird in DIN 1045 gefordert, daß Beton für hohe Gebrauchstemperaturen bis 250 °C mit Zuschlägen herzustellen ist, die sich für eine Temperaturbeanspruchung als geeignet erwiesen haben. Auch kalzitische Zuschläge können geeignet sein, insbesondere wenn bei einer Erwärmung über 100 °C das freie Wasser so schnell entweichen kann, daß auch kurzfristig keine hydrothermalen Bedingungen vorherrschen oder wenn die Korngruppe 0/4 mm gegen quarzitischen Sand ausgetauscht wird. Kalzitische (Grob-) Zuschläge sind auch vorteilhaft, weil ein damit hergestellter Beton eine geringe Wärmedehnung aufweist und damit in der Konstruktion entsprechend niedrige Zwangspannungen entstehen. Ebenso wurden mit Hochofenschlacke als Zuschlag für Beton in temperaturbeanspruchten Konstruktionen, wie z. B. Industrieschornsteinen, gute Erfahrungen gemacht [7-220].

7.16.2.2.2 Druckfestigkeit

Die Druckfestigkeit des Betons während und nach einer Temperatureinwirkung war Gegenstand zahlreicher Untersuchungen [7-218, 7-219]. Es wurden feuchte Probekörper im unversiegelten und im versiegelten Zustand, d.h. mit und ohne Möglichkeit zur Porenwasserabgabe, erwärmt. Damit sind die Grenzfälle des Feuchtezustandes von Beton (s. Abschn. 7.16.2.2.1) erfaßt. Die Ergebnisse an versiegelten Probekörpern kommen den Verhältnissen in Bauteilen mit extrem feuchten Umweltbedingungen oder mit einer die Feuchtigkeitsabgabe behindernden Verkleidung und/oder mit großen Querschnittsabmessungen nahe.

Die folgenden Angaben beziehen sich überwiegend auf die Kaltdruckfestigkeit. Die Warmdruckfestigkeit ist demgegenüber etwas größer (Tabelle 7.16-1).

Tabelle 7.16-1   Verhältnis der Warmdruckfestigkeit zur Kaltdruckfestigkeit [7-219]

Prüftemperatur Betonart	$T_p \leq 150\,°C$		$T_p = 200\,°C$		$T_p = 250\,°C$	
	quarzit.	kalzit.	quarzit.	kalzit.	quarzit.	kalzit.
ABRAMS $\dfrac{(\beta_T)_{warm}}{(\beta_T)_{kalt}}$	1,0	1,0	1,1	1,1	1,16	1,23
LANKARD $\dfrac{(\beta_T)_{warm}}{(\beta_T)_{kalt}}$	1,0	1,0	1,0	1,3	1,17	1,0

Mit Feuchtigkeitsabgabe (unversiegelt)

Die Warm- und die Kaltdruckfestigkeit nehmen im Bereich bis 250 °C mit steigender Temperatur kontinuierlich ab. Dabei ist der Abfall für Beton mit kalzitischem Zuschlag größer als mit quarzitischem (Bilder 7.16-3 und 7.16-4).

Die Festigkeiten sind weitgehend unabhängig von der Dauer der Temperatureinwirkung. Auch eine zyklische Beanspruchung durch Temperaturwechsel beeinflußt das Festigkeitsverhalten nicht. Die Aufheizrate hat nur geringen Einfluß, solange der Temperaturgradient im Beton < 10 K/cm ist.

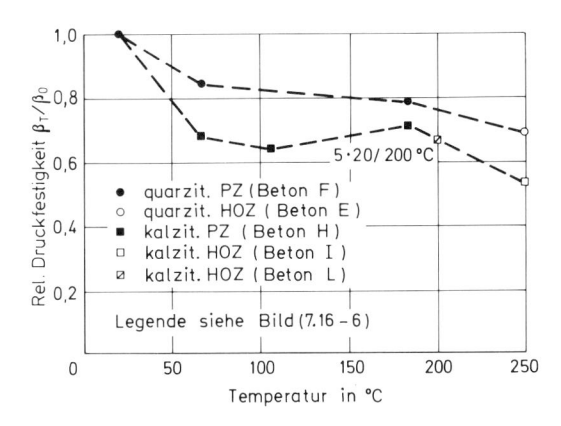

7.16 Verhalten bei tiefen und hohen Temperaturen

Bild 7.16-3 Kaltdruckfestigkeiten von unversiegelt erwärmten Betonen mit kalzitischen bzw. quarzitischen Zuschlägen [7-219]

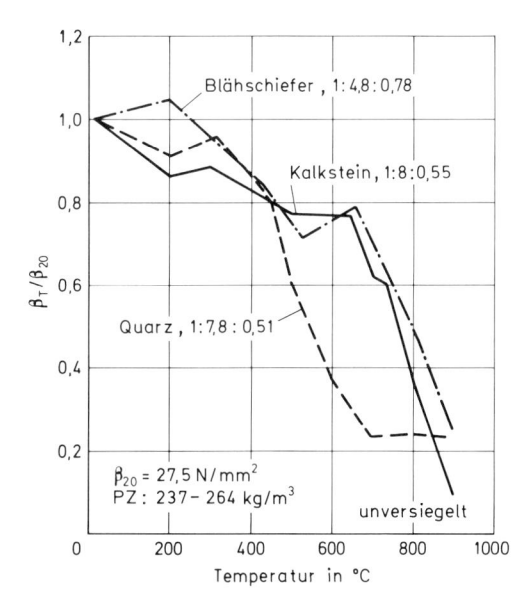

Bild 7.16-4 Einfluß der Zuschlagart auf die Hochtemperatur-Druckfestigkeit [7-218]

Bei konstanter Belastung während der Erwärmung werden höhere Festigkeiten erreicht als im unbelasteten Zustand (Bild 7.16-5). Die Belastungshöhe $\alpha = \sigma/\beta_0$ hat nur geringen Einfluß solange $\alpha > 0,2$ ist.

Ohne Feuchtigkeitsabgabe (versiegelt)

Betone mit reinem Kalksteinzuschlag erfahren mit steigender Temperatur bedeutende Festigkeitsverluste. Nach 7tägiger Lagerung bei 250 °C wurde ein Festigkeitsabfall bis auf 20 % der Ausgangsfestigkeit beobachtet. Demgegenüber zeigen Betone mit quarzitischem Zuschlag ein weitaus günstigeres Festigkeitsverhalten. Es wurden bei niedrigen Temperaturen nur geringe Festigkeitsverluste, bei höheren Temperaturen und längerer Einwirkung sogar Festigkeitssteigerungen beobachtet (Bild 7.16-6).

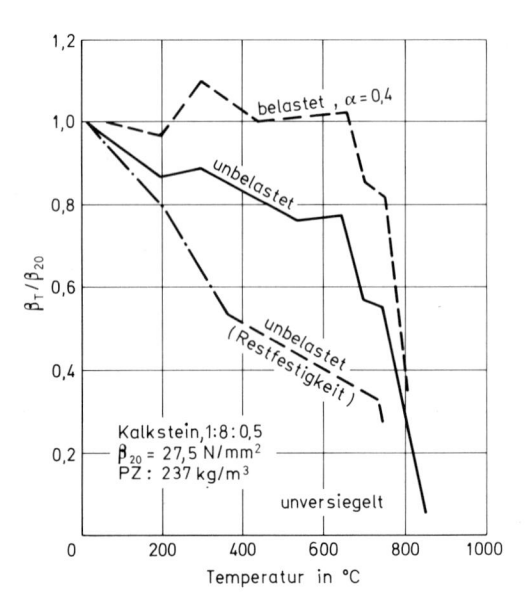

Bild 7.16-5 Einfluß der Belastung während der Aufheizung auf die Druckfestigkeit [7-218]

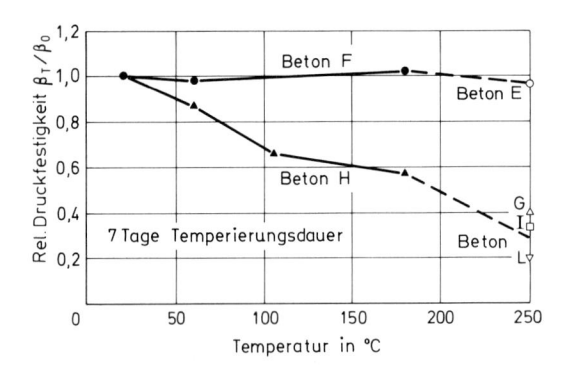

(Kalkstein, 1:8:0,5; β_{20} = 27,5 N/mm²; PZ: 237 kg/m³; unversiegelt)

Beton	Zement	Zuschlag	Zusatz
E	HOZ 45 L	Rheinsand, -kies	Quarzmehl/Z = 0,07
F	PZ 45 F	Rheinsand, -kies	–
G	PZ 45 F	0/4 Kalkstein, 4/32 Rheinkies	–
H	PZ 45 F	Kalkstein	–
I	HOZ 45 L	Kalkstein	–
L	HOZ 45 L	Kalkstein	–

Bild 7.16-6 Relative Druckfestigkeit versiegelt erwärmter Betone mit quarzitischem bzw. kalzitischem Zuschlag [7-129]

7.16 Verhalten bei tiefen und hohen Temperaturen

Der starke Abfall bei den Kalksteinbetonen ist auf Mikrorisse im Betongefüge und auf die Entfestigung der Zementsteinmatrix zurückzuführen. Das günstige Verhalten der quarzitischen Betone kann mit der Bildung neuer CSH-Phasen erklärt werden.

Insgesamt gilt, daß die Festigkeitsverluste mit zunehmender Behinderung der Feuchtigkeitsabgabe (Übergang von unversiegelt zu versiegelt) bei Kalksteinbeton größer werden, bei Quarzkiesbeton jedoch kleiner oder sogar ausbleiben (Bild 7.16-7).

Die festigkeitssteigernde Auswirkung der hydrothermalen Bedingungen verläuft nicht zeitgleich mit der Entfestigung durch die erhöhte Temperatur. Die Restfestigkeit ist deshalb von der Dauer der Temperatureinwirkung abhängig. Sie kann zunächst ein Minimum durchlaufen, um mit zunehmender Dauer wieder anzusteigen (Bild 7.16-8).

Das Festigkeitsverhalten kann durch Zusatz von feinkörnigen silikatischen Stoffen, wie Quarzmehl oder Flugasche, weiter verbessert werden. Wegen der großen Feinheit des so vorliegenden SiO_2 verläuft die Festigkeitssteigerung schneller, und die Endfestigkeit wird früher erreicht. Eine Entfestigung kann allenfalls während der Aufheizperiode eintreten (Bild 7.16-9).

Zyklische Temperatureinwirkungen führen ebenfalls zu zeitabhängigen Festigkeitsverlusten. Der wesentliche Verlust erfolgt im ersten Zyklus.

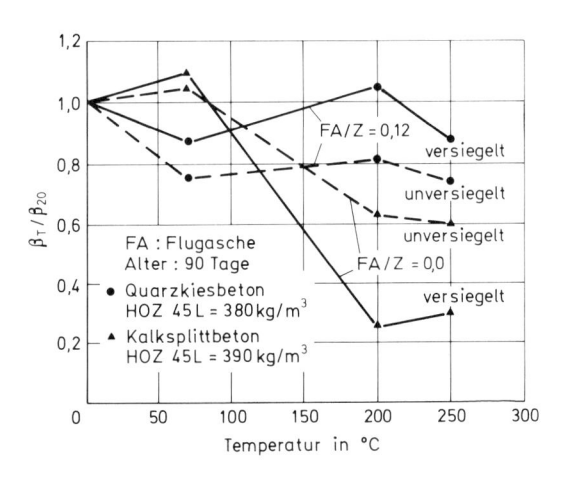

Bild 7.16-7 Druckfestigkeit von verschiedenen Betonen nach 7 Tagen Temperatureinwirkung im versiegelten und unversiegelten Zustand [7-218]

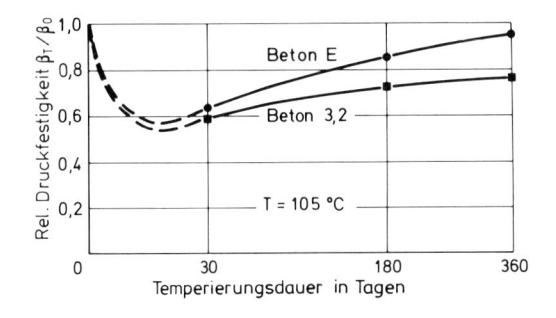

Bild 7.16-8 Restdruckfestigkeit von Beton nach einer Dauertemperaturbeanspruchung (versiegelt) [7-219]

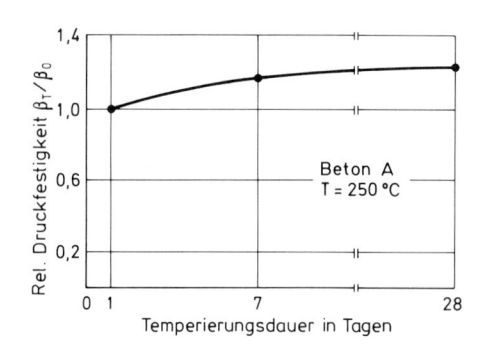

Bild 7.16-9 Festigkeitsentwicklung von hydrothermal beanspruchtem quarzitischen Beton [7-219]

7.16.2.2.3 Zugfestigkeit

Über die Zugfestigkeit liegt nur eine begrenzte Zahl von Untersuchungen vor. Am häufigsten wurde die Spaltzugfestigkeit untersucht.

Die Zugfestigkeit wird in gleicher Weise wie die Druckfestigkeit in hohem Maße von der Gesteinsart des Betonzuschlags beeinflußt. Der Festigkeitsverlust kann bei Kalksteinbeton bis zu zweimal so groß sein wie bei quarzitischem Beton (Bild 7.16-10).

Die Zugfestigkeit ist unter sonst gleichen Verhältnissen im erwärmten Zustand etwas größer als nach der Abkühlung.

Die auf die jeweilige Ausgangsfestigkeit bezogenen Festigkeitsverluste sind für die Zugfestigkeit größer als für die Druckfestigkeit.

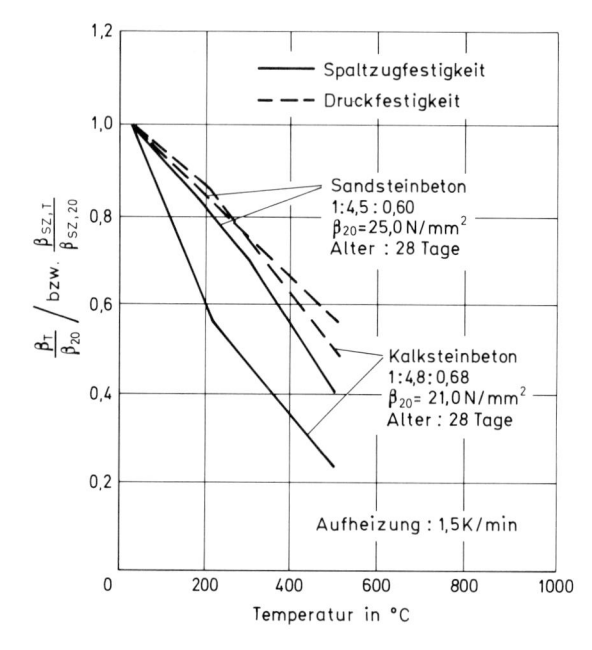

Bild 7.16-10 Spaltzugfestigkeit und Druckfestigkeit von verschiedenen Betonen nach der Abkühlung [7-218]

7.16 Verhalten bei tiefen und hohen Temperaturen

7.16.2.2.4 Verbund Beton-Bewehrung

Früher wurde vornehmlich das Verbundverhalten im wieder abgekühlten Zustand untersucht [7-218]. Umfangreiche neuere Untersuchungen befassen sich mit dem Hochtemperaturverhalten im erwärmten Zustand, das für das Brandverhalten von Stahl- und Spannbetonbauteilen von Bedeutung ist [7-221].

Mit steigender Temperatur nimmt die Verbundfestigkeit von Betonrippenstahl ab, und der Verbund wird weicher. Nennenswerte Änderungen sind jedoch erst im Temperaturbereich oberhalb 250 bis 300 °C zu erwarten (Bild 7.16-11).

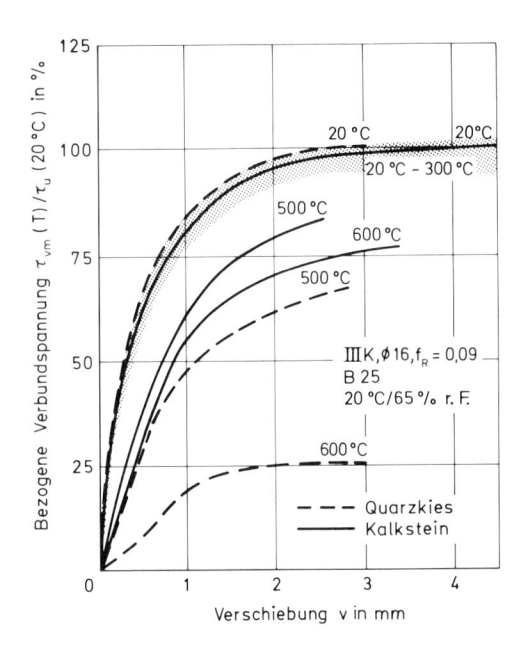

Bild 7.16-11 Einfluß der Zuschlagart auf das Verbundverhalten von Betonrippenstahl bei erhöhter Temperatur [7-221]

Im Hochtemperaturbereich wird das Verbundverhalten durch die Gesteinsart des Betonzuschlags stark beeinflußt. Je niedriger die Wärmedehnung des Betons, desto größer sind Festigkeit und Steifigkeit des Verbundes. Deshalb sind die Verhältnisse bei Kalksteinbeton günstiger als bei Beton aus Quarzkies (Bild 7.16-12).

7.16.2.2.5 Formänderungen

Die vorliegenden Ergebnisse beziehen sich überwiegend auf das Verhalten im erwärmten Zustand. Die Verhältnisse mit und ohne mögliche Feuchtigkeitsabgabe während der Erwärmung (unversiegelt bzw. versiegelt) wurden nicht systematisch untersucht. Verschiedentlich wurde die Vorlagerung, an Luft oder unter Wasser, variiert. Die Anfangssteigung der Arbeitslinie und der E-Modul sind im allgemeinen bei Wasserlagerung kleiner, das Kriechmaß dagegen größer als bei Luftlagerung.

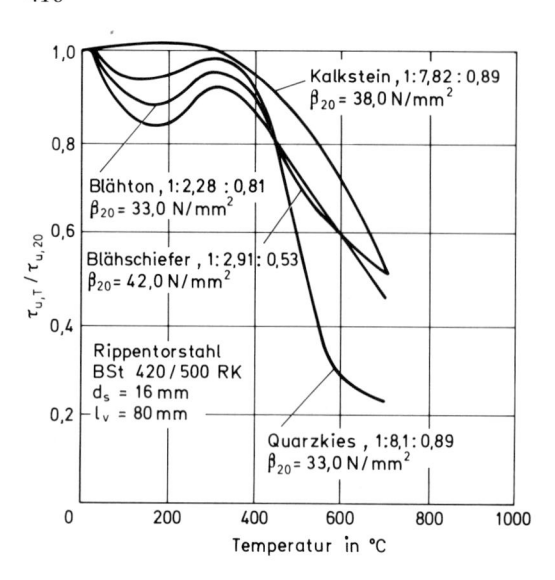

Bild 7.16-12 Einfluß des Betonzuschlags auf die Hochtemperaturverbundfestigkeit [7-218]

Arbeitslinie

Die Steigung des Belastungsastes nimmt mit steigender Temperatur ab (Bild 7.16-13), gleichzeitig nimmt die Bruchdehnung zu (Bild 7.16-14).

Eine konstante Belastung während der Erwärmung erhöht die Anfangssteigung (Bild 7.16-15). Die Bruchdehnung nimmt dagegen ab.

E-Modul

Der E-Modul nimmt mit steigender Temperatur von Anfang an deutlich ab. Kalksteinbetone zeigen geringere Abnahmen als Quarzitbetone (Bild 7.16-16).

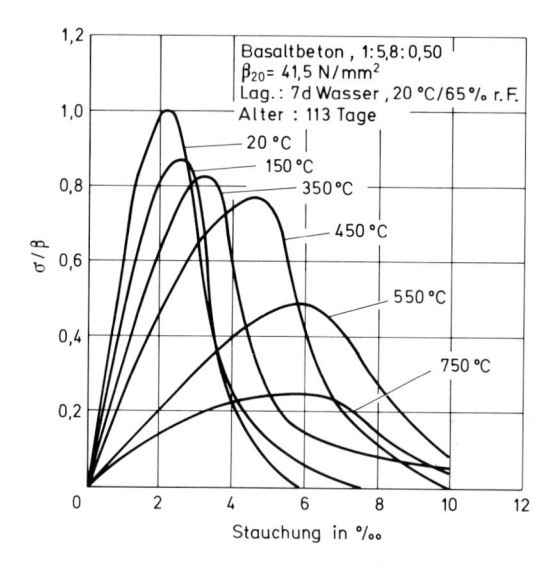

Bild 7.16-13 Arbeitslinien von Normalbeton bei hohen Temperaturen im dehnungsgesteuerten Versuch [7-218]

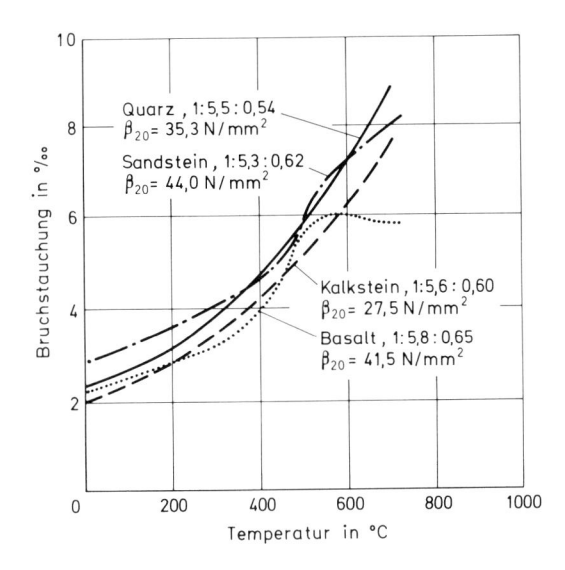

7.16 Verhalten bei tiefen und hohen Temperaturen

Bild 7.16-14 Bruchstauchung unter Höchstlast von Betonen mit verschiedenen Zuschlägen in Abhängigkeit von der Temperatur [7-218]

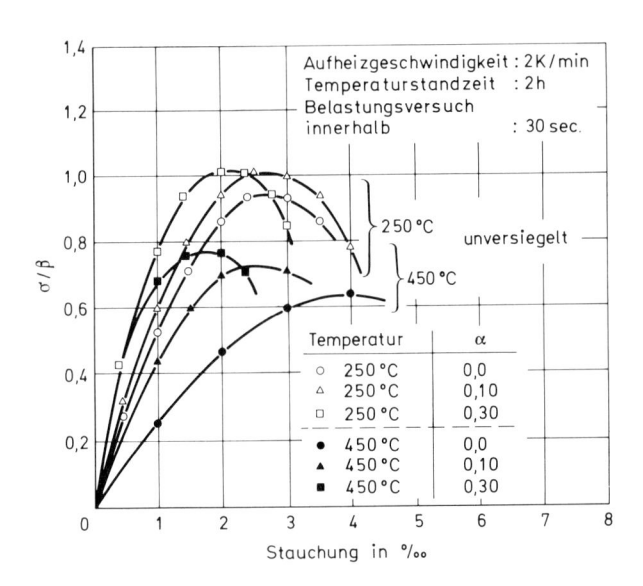

Bild 7.16-15 Arbeitslinien von Normalbeton bei Vorbelastung der Proben während des Aufheizens [7-218], $\alpha = \sigma/\beta$ Beanspruchungsgrad (Vorbelastung) der Proben beim Aufheizen

Eine konstante Belastung während der Erwärmung ist von großem Einfluß auf die E-Modul-Temperaturbeziehung. Wie bereits am Verlauf der Arbeitslinien (Bild 7.16-15) erkennbar, ist der E-Modul bei Vorbelastung größer als im unbelasteten Zustand.

Die Dauer der Temperatureinwirkung hat keinen nachweisbaren Einfluß. Soweit Ergebnisse vorliegen, gilt dies auch für eine Versiegelung der Probekörper.

Schwinden

Die Schwindverformungen des Betons sind im Verhältnis zur Wärmedehnung klein. Deshalb ist das Schwinden bei hohen Temperaturen von geringer Bedeutung.

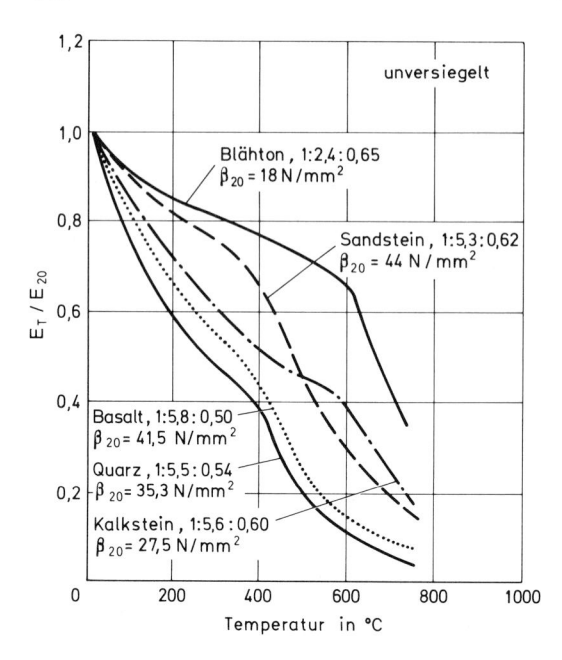

Bild 7.16-16 Einfluß des Zuschlags und der Betonfestigkeit auf den E-Modul [7-218]

Kriechen

Über das Kriechen bei erhöhten Temperaturen siehe Abschnitt 7.9.3.8.1

7.16.2.2.6 Rechenwerte für E-Modul und Druckfestigkeit

Die in DIN 1045, Tabelle 11 und 12, angegebenen Rechenwerte für den E-Modul und die Druckfestigkeit gelten für Beton bei Raumtemperatur. Bei Beton unter erhöhter Temperatur wird dort wie folgt unterschieden:

Kurzfristig einwirkende Temperaturen

– $T \leq 80\,°C$
  Eine Abminderung der Rechenwerte ist nicht erforderlich.
– $80\,°C < T < 250\,°C$
  Die Rechenwerte sind abzumindern. Dafür werden Richtwerte angegeben, die für die meisten Betone auf der sicheren Seite liegen.

Ständig einwirkende Temperaturen

– $T \leq 80\,°C$
  Es wird keine Abminderung der Rechenwerte gefordert, obwohl eine Reduktion von E-Modul und Druckfestigkeit je nach Betonausgangsstoffen, Querschnittsabmessungen und Umweltbedingungen der Bauteile nicht auszuschließen ist.
– $80\,°C < T < 250\,°C$
  Die Betoneigenschaften sind durch Versuche nachzuweisen, da zuverlässige Voraussagen nicht möglich sind.

7.17 Wärmeleitfähigkeit

Die Wärmeleitfähigkeit λ [W/(m · K)] hängt vor allem ab vom Porengehalt und der Porenart, der Zuschlagart und dem Feuchtegehalt des Betons.

Die Porigkeit kommt in der Betonrohdichte zum Ausdruck, weshalb für die praktische Anwendung die Wärmeleitfähigkeit allgemein nach der Trockenrohdichte gestaffelt wird. Sie nimmt mit steigender Trockenrohdichte zu.

Eine Erniedrigung der Wärmeleitfähigkeit und damit eine Verbesserung des Wärmedämmvermögens ist möglich durch ein haufwerkporiges Gefüge, durch Verwendung poriger Zuschläge und durch Einführung von Luftporen in den Mörtel. Fein verteilte Poren sind günstiger als grobe Poren.

Die Wärmeleitfähigkeit des Betons ist weiterhin abhängig von der des Zuschlags, die je nach Gesteinsart in weiten Grenzen schwankt, z. B. von 0,7 W/(m · K) bei Kalkstein bis 6,6 W/(m · K) bei Quarz [7-16].

Die Wärmeleitfähigkeit nimmt mit steigendem Feuchtegehalt des Betons zu. Die Rechenwerte λ_R berücksichtigen einen praktischen Feuchtegehalt, das ist der Feuchtegehalt, der bei der Untersuchung genügend ausgetrockneter Bauten, die zum dauernden Aufenthalt von Menschen dienen, in 90 % aller Fälle nicht überschritten wurde. Er beträgt für Normalbeton mit geschlossenem Gefüge und dichten oder porigen Zuschlägen 5 Vol.-%.

Normalbeton hat nur eine geringe Porosität und dementsprechend eine hohe Beton-Trokkenrohdichte und eine hohe Wärmeleitfähigkeit (Rechenwert der Wärmeleitfähigkeit $\lambda_R = 2,1$ W/(m · K) nach DIN 4108 Teil 4, Tabelle 1). Mit Normalbeton allein kann keine ausreichende Wärmedämmung erzielt werden (s. Abschn. 8.2.6.7 und Tab. 8.2-7).

7.18 Brandverhalten und Feuerwiderstand

Beton aus mineralischem Zuschlag gehört zur Baustoffklasse A1 nach DIN 4102 Teil 4. Er ist nicht brennbar und

– entflammt nicht, leitet daher den Brand nicht weiter
– entwickelt keine Wärme, trägt somit nicht zur Erhöhung der Brandlast bei
– bleibt während des Brandes über lange Zeit fest und schützt die Bewehrung vor zu starker Erwärmung, ermöglicht so eine hohe Feuerwiderstandsdauer der Bauteile
– schmilzt, tropft und verkohlt nicht, bildet keinen Rauch und setzt keine giftigen Gase frei, erzeugt daher keine Brandnebenwirkungen.

Beton ist also nicht brandgefährdend, kann zur Brandeinschränkung eingesetzt werden und erfüllt in der Regel auch noch nach einem Brand seine tragende Funktion [7-222].

Die Wärmeeinwirkung beim Brand bewirkt

– reversible, teilweise auch irreversible Festigkeitseinbußen. Dabei wird die Zugfestigkeit stärker beeinflußt als die Druckfestigkeit (s. Abschn. 7.16.2)
– erhöhte elastische und plastische Formänderungen (s. Abschn. 7.9.2.1.3 und 7.9.3.8)
– Gefügespannungen (s. Abschn. 7.9.5.3)
– eine Abminderung der Verbundfestigkeit Bewehrung – Beton [7-223].

Die Betoneigenschaften ändern sich vor allem infolge von Gefügespannungen, die durch die Inhomogenität des Gefüges, insbesondere bei stark unterschiedlichen Wärmedehnzahlen der Betonbestandteile, durch Unstetigkeiten in der Ausdehnung, wie z. B. bei der Quarzumwandlung, und durch Wasserdampfdruck hervorgerufen werden.

Daneben entstehen durch die von außen nach innen fortschreitende Erhitzung der Bauteile Eigen- und Zwangspannungen. Die Eigenspannungen können zu einem schalenförmigen Abplatzen der Betondeckung führen, wodurch die Bewehrung ihren Schutz teilweise verliert und der Verbund beeinträchtigt wird.

Die Zeit, bis im Beton Temperaturen auftreten, die zum Fließen der Zugbewehrung und damit zum Versagen führen, hängt vor allem von der Wärmeleitung des Betons ab. Diese ist im Vergleich zu Metallen gering, so daß die Erwärmung nur langsam ins Bauteilinnere vordringt.

Die Wärmeleitung im Beton wird hauptsächlich beeinflußt von der Betonrohdichte, vom Feuchtegehalt, der Art und dem Anteil der Betonbestandteile und der Höhe der Brandtemperatur.

Der Temperaturanstieg im Inneren des Betons wird durch wärmeverbrauchende Umsetzungen verzögert. Hierzu gehört das Verdampfen des Wassers, die Quarzumwandlung bei $+573\,°C$, die CO_2-Abgabe von Kalkstein ab 600 bis 800 °C und die Gasabgabe von Basalt ab $+900\,°C$.

Weitere Angaben über das Brandverhalten von Beton und Betonbauteilen siehe [7-222 bis 7-226].

7.19 Widerstand gegen radioaktive Strahlung

Beton dient häufig als Schutz gegen radioaktive Strahlung. So werden z. B. beim Bau eines Krankenhauses im Schnitt rd. 300 m³ Schwerbeton zur Abschirmung gegen Gammastrahlung und Röntgenstrahlung benötigt [7-227].

Radioaktive Strahlen können Struktur und Eigenschaften von Werkstoffen wesentlich verändern. Bei kristallinen Stoffen können energiereiche Strahlen Atome aus ihrem Gitterplatz stoßen und damit Gitterdefekte verursachen, die die plastische Verformbarkeit herabsetzen. Bei Kunststoffen führt die Energiezufuhr durch radioaktive Strahlung häufig zu einer Zunahme des Vernetzungsgrades, was eine Versprödung zur Folge haben kann. Ionisierende Strahlen können Wasser in freier oder gebundener Form unter Bildung von H_2 und O_2 zersetzen. Ferner wird bei der Abschirmung radioaktiver Strahlung ein großer Teil der Energie in Wärme umgewandelt, was zu einer Erwärmung des abschirmenden Werkstoffes führt, die bei Beton schon allein eine Beeinträchtigung bestimmter mechanischer Eigenschaften verursachen kann.

Nach dem heutigen Stand der Kenntnisse [7-228] führt eine Neutronenstrahlung mit einer Fluenz von mehr als etwa $1 \cdot 10^{19}$ n/cm² (n = Anzahl der Neutronen) und eine γ-Strahlung mit einer Energiedosis von mehr als etwa $2 \cdot 10^{19}$ rd (1 rd = 10^{-5} J/g) zu einer Verschlechterung der mechanischen Eigenschaften des Betons. Insbesondere werden davon die Druck- und Zugfestigkeit sowie der Elastizitätsmodul betroffen. Die Wärmedehnzahl und die Wärmeleitfähigkeit werden zumindest bis zu einer Fluenz von $5 \cdot 10^{19}$ n/cm² durch Neutronenbestrahlung nicht wesentlich beeinflußt.

Betone aus unterschiedlichen Zementen und unterschiedlichen Zuschlägen zeigen unterschiedliche Strahlungsbeständigkeit. Es erscheint gesichert, daß die Strahlungsbeständigkeit des Betons im wesentlichen durch die Strahlungsbeständigkeit des Zuschlags bestimmt wird, dessen Volumen als Folge der durch die radioaktive Strahlung verursachten Störungen im Kristallgitter stark zunehmen kann. Es wird daher empfohlen, einen besonders strahlenbeständigen Zuschlag zu wählen, dessen Eignung durch Versuche überprüft werden muß.

Da bei Reaktordruckbehältern bis zu einer Entfernung von etwa 45 cm von der Behälterinnenseite die Strahlungsbeanspruchung des Betons auf Größenordnungen anwachsen kann, bei denen sich eine Beeinträchtigung der mechanischen Eigenschaften bemerkbar macht, ist eine reduzierte Betonfestigkeit und -steifigkeit zu berücksichtigen [7-228].

7.20 Korrosionsschutz der Bewehrung

7.20.1 Voraussetzungen

Die Korrosion des Stahles als elektrochemischer Vorgang ist an vier Voraussetzungen geknüpft:
- elektrische Potentialdifferenzen längs der Bewehrungsstäbe
  (anodische und kathodische Teilbereiche)
- elektrische Leitfähigkeit des Betons (Elektrolyt)
- Sauerstoffzutritt zur Bewehrung (Kathode)*)
- unbehinderte Eisenauflösung (Anode)

Diese Voraussetzungen sind grundsätzlich erfüllt, allerdings von Fall zu Fall graduell abgestuft. So wird eine Potentialdifferenz bewirkt durch Inhomogenitäten in Beton und Stahl, die Leitfähigkeit wird bewirkt durch die Betonfeuchte, der Sauerstoffzutritt und die anodische Eisenauflösung durch die Porosität des Betons.

Dessen ungeachtet ist die Bewehrung in einem sachgerecht zusammengesetzten, hergestellten und verarbeiteten Beton bei ausreichender Betondeckung gegen Korrosion geschützt. Die Schutzwirkung ist chemischer und physikalischer Natur:

- Der Beton besitzt infolge der stark alkalischen Reaktion bei der Hydratation des Zements einen pH-Wert oberhalb von 12,5. Ursächlich dafür sind die in der Porenflüssigkeit gelösten Alkalien des Zements und das bei der Hydratation abgespaltene Calciumhydroxid, die eine OH-Ionen-Konzentration in der vorgenannten Höhe bewirken. Im Alkalitätsbereich mit pH-Werten zwischen 9 und 13 ist auf der Stahloberfläche eine submikroskopisch dünne und beständige Eisenoxid-Deckschicht vorhanden, welche die anodische Eisenauflösung verhindert und damit den Stahl gegen Korrosion schützt. Man bezeichnet dies als Passivierung.
- Der Beton behindert durch seinen Diffusionswiderstand den Zutritt von Gasen, wie Sauerstoff, Kohlendioxid oder Schwefeldioxid, und anderen schädlichen Stoffen, wie z. B. Chloriden, zur Stahloberfläche.

Im Beton kann also eine Korrosion der Bewehrung nur stattfinden, wenn der pH-Wert unter 9 absinkt und damit die Passivierung aufgehoben wird oder wenn freie Salzionen bis zur Stahloberfläche vordringen und die Deckschicht zerstören.

---
*) Die in stark sauren Lösungen (pH-Wert < 3 bis 4) auch ohne Sauerstoffzutritt mögliche Wasserstoffkorrosion wird hier nicht behandelt.

Man bezeichnet den Zeitraum, in dem dieser Zustand erreicht wird, als Einleitungsphase. Eine Korrosion erfolgt allerdings nur, wenn gleichzeitig die eingangs genannten Voraussetzungen erfüllt sind. Den Zeitraum, in dem dann die Korrosion abläuft, bezeichnet man als Ausbreitungsphase. Die Korrosion wird dabei verstärkt bzw. beschleunigt, wenn Stoffe vorhanden sind, die den Stahl chemisch angreifen. Dazu gehören z. B. Nitrate, Sulfide und Sulfate.

Ursache für die Erniedrigung des pH-Wertes sind der Säuregrad der Niederschläge sowie der Gehalt der Luft an CO_2 und SO_2. Durch Reaktionen der sauren Stoffe mit den Hydratationsprodukten des Zements entstehen Verbindungen, die zu einem niedrigeren pH-Wert in den oberflächennahen Schichten des Betons führen. Die Erniedrigung wird nahezu ausschließlich durch das von der Betonoberfläche aus eindringende CO_2 bewirkt, also durch die Carbonatisierung des Betons.

Ursache für die Zerstörung der Deckschicht durch eingedrungene Salze sind die Ionen der Halogene, ausgenommen Fluor. Von baupraktischer Bedeutung ist das Eindringen von Chloridionen, beispielsweise aus Tausalzlösungen.

Ein für die meisten Fälle ausreichender Schutz der Bewehrung gegen Korrosion, auch bei äußerer Chlorideinwirkung, wird durch eine ausreichend dicke Betondeckung aus dichtem Beton und durch Begrenzung des Gehaltes an korrosionsfördernden Stoffen bei den Betonausgangsstoffen erreicht.

Die elektrochemischen Korrosionsmechanismen im einzelnen, insbesondere im Bereich von Rissen, und das Verhalten von Beton- und von Spannstahl werden hier nicht behandelt. Siehe dazu Band „Betonstahl und Spannstahl" dieser Handbuchreihe.

7.20.2 Einleitung der Korrosion

7.20.2.1 Carbonatisierung

7.20.2.1.1 Allgemeines

Das mit der Luft in den Zementstein eindiffundierende CO_2 wandelt das in der Porenflüssigkeit vorhandene Calciumhydroxid zu Calciumcarbonat um. Diesen Vorgang nennt man Carbonatisierung. Ist die Umsetzung so weit fortgeschritten, daß kein Calciumhydroxid mehr nachgelöst werden kann, sinkt der pH-Wert ab. Nach vollständiger Carbonatisierung stellt sich ein pH-Wert von etwa 8,3 ein, der unter der Passivierungsgrenze des Stahles liegt.

Der carbonatisierte Bereich kann durch Besprühen mit Phenolphthalein sichtbar gemacht werden [7-229]. Auf einer frischen Betonbruchfläche erscheint der Bereich unterhalb pH = 8,3 farblos, während der Bereich über pH = 9 eine deutliche Rot(violett)färbung aufweist. Untersuchungen an alten Stahlbetonbauwerken, wie auch Langzeituntersuchungen an ausgelagerten Versuchsbalken, haben gezeigt, daß beim Fehlen einer Chlorideinwirkung Korrosion an den Stahleinlagen immer nur in Bereichen mit abgemindertem pH-Wert auftritt. Sie begann, sofern auch die übrigen Voraussetzungen für eine Korrosion gegeben waren, in der Regel genau an der vom Indikator Phenolphthalein angezeigten Alkalitätsgrenze [7-170].

7.20.2.1.2 Carbonatisierungstiefe und -geschwindigkeit

Maßgebend für den Korrosionsschutz ist die Carbonatisierungstiefe und damit für die Schutzdauer die Carbonatisierungsgeschwindigkeit. Beide Größen sind abhängig von den Umweltbedingungen, der Betonzusammensetzung und der Nachbehandlung.

7.20 Korrosionsschutz der Bewehrung

Umweltbedingungen

Die Umweltbedingungen beeinflussen den Feuchtegehalt des Betons (s. Abschn. 7.13.1). Vollständig trockene und wassergesättigte Betone carbonatisieren praktisch nicht. Für die Carbonatisierung sind relative Luftfeuchten zwischen 50 und 70% r. F. am günstigsten. Dies erklärt, warum Beton im Freien, der den Niederschlägen ausgesetzt ist, wesentlich langsamer carbonatisiert als Beton im Freien, der vor Niederschlägen geschützt ist (Bild 7.20-1).

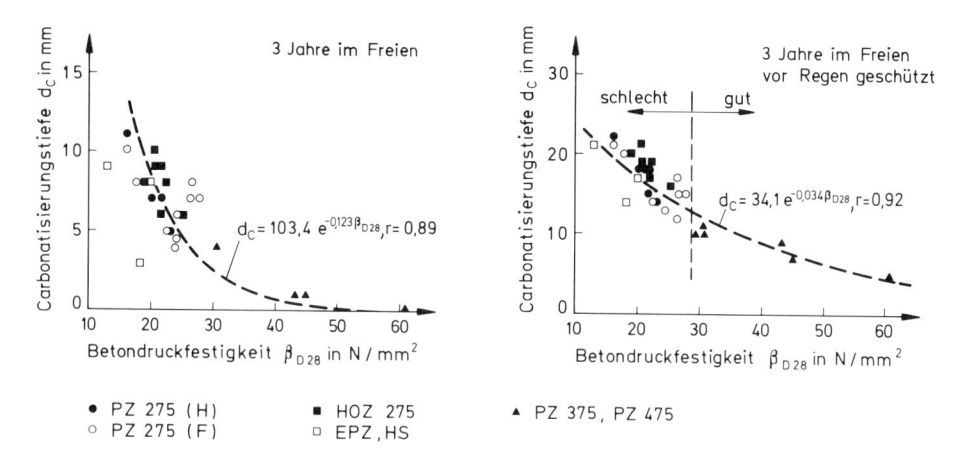

Bild 7.20-1 Carbonatisierungstiefe in Abhängigkeit von der Betondruckfestigkeit [7-230]

Betonfestigkeitsklasse

Versuche [7-230] zeigen, daß die Carbonatisierungstiefe mit einer Zunahme der 28-Tage-Druckfestigkeit bis etwa 30 N/mm² überproportional abnimmt (Bild 7.20-1). Messungen an Balken nach zehnjähriger Lagerung im Freien, z. T. unter Dach, erbrachten ähnliche Ergebnisse [7-231]. Die Erklärung dafür ist, daß die Steigerung der Festigkeitsklasse bis zu einem Beton B 35 „automatisch" Wasserzementwerte und Zementgehalte bedingt, die, wie nachfolgend dargestellt, die Carbonatisierung hemmen.

Wasserzementwert und Zementgehalt

Bei gleichen Umweltbedingungen ist die Carbonatisierung primär abhängig vom Diffusionswiderstand (Dichtheit) des Betons, der durch den Zementsteinporenraum und damit durch den Wasserzementwert bestimmt wird (Bild 7.20-2 und Abschnitt 7.12.4.1, Bild 7.12-3).

Die Durchlässigkeit wächst ab einer Kapillarporosität von etwa 25 Vol.-% rasch an. Dieser Wert wird etwa bei $w/z = 0{,}60$ (vollständige Hydratation) bzw. 0,50 (Hydratationsgrad 80%) erreicht. Bei frühzeitigem Ausschalen und anschließender Lagerung an Luft sind im oberflächennahen Bereich Hydratationsgrade von 40 bis 70% zu erwarten. Die kritische Porosität kann dann bereits bei Wasserzementwerten oberhalb 0,40 auftreten (Bild 2.1-21).

Versuche an rund 50 Tage alten Betonen mit Zementgehalten bzw. Wasserzementwerten zwischen rund 340 kg/m³/0,50 und 240 kg/m³/0,80 [7-168] zeigen, daß die Durchlässig-

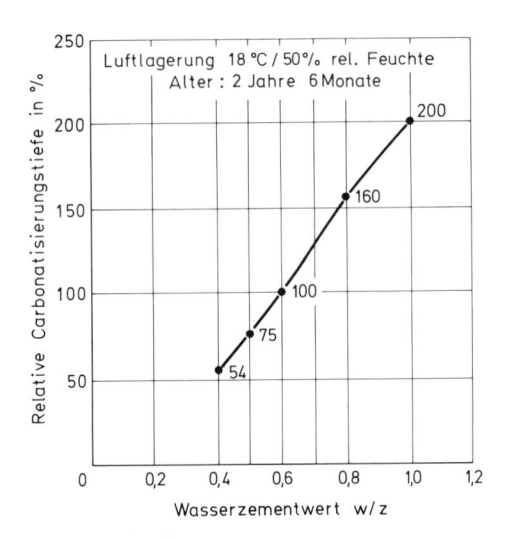

Bild 7.20-2 Einfluß des Wasserzementwertes auf die Carbonatisierungstiefe [7-232]

keit für Luft generell ab $w/z = 0{,}60$ exponentiell zunimmt, wobei die Absolutwerte in hohem Maße von der Nachbehandlung abhängen.

Die Carbonatisierung ist weiterhin abhängig von dem Gehalt des Betons an Stoffkomponenten, die für die Bindung von CO_2 zur Verfügung stehen. Dafür ist in erster Linie der Gehalt an Calciumhydroxid im Porenwasser maßgebend, der seinerseits vom Zementgehalt und von der Zementart abhängt (Bild 7.20-3).

Für die wartungsfreie Nutzungsdauer der Bauwerke ist maßgebend, in welcher Zeit die Carbonatisierungsfront die Bewehrung erreicht. Dieser Zeitraum t_c wächst mit dem Quadrat der Betondeckung $ü$, der Dichtheit des Betons, ausgedrückt durch den Diffusionskoeffizienten D und dem Gehalt A an reaktionsfähigen Stoffkomponenten. Der Diffusionskoeffizient wächst mit dem Quadrat des Wasserzementwertes, der Gehalt an reak-

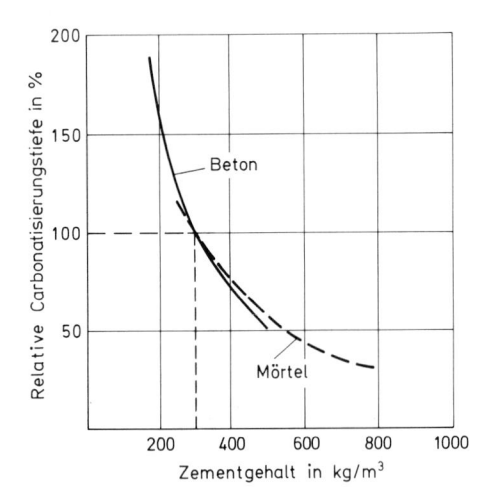

Bild 7.20-3 Einfluß des Zementgehaltes auf die relative Carbonatisierungstiefe bei Beton und Mörtel [7-232]

7.20 Korrosionsschutz der Bewehrung

tionsfähigen Stoffkomponenten mit dem Zementgehalt. Damit gilt

$$t_c \sim ü^2 \frac{A}{D} \sim ü^2 \frac{Z}{(w/z)^2}$$

Die Schutzwirkung der Betondeckung wächst also unter sonst gleichen Verhältnissen mit dem Quadrat der Wasserzementwerterniedrigung und mit dem Zementgehalt.

Der Carbonatisierungsfortschritt klingt mit der Zeit ab. Er verläuft nach dem Fick'schen Diffusionsgesetz mit $\sqrt{t}$. Im einzelnen ist er u. a. von der zementartspezifischen Dichtheit des Zementsteins und vom Feuchtegehalt des Betons abhängig. Nach [7-233] läßt sich die Zunahme der Carbonatisierungstiefe d_c mit der Zeit t durch die Beziehung

$$d_c = a \cdot (\frac{w/z}{\beta_{D28}} - b) \sqrt{t}$$

beschreiben, wo die Koeffizienten a und b die übrigen Einflüsse berücksichtigen.

Im Bauwerk schreitet die Carbonatisierung nach längerer Zeit nur noch unmerklich fort und erreicht praktisch einen Endwert, weil der Diffusionswiderstand durch die Carbonatisierung im Laufe der Zeit ansteigt. Der Endwert ist im allgemeinen um so niedriger, je niedriger w/z und je höher die Betondruckfestigkeit ist (Bilder 7.20-4, 7.20-5 und 7.20-6). Nach [7-236] kann man unter ungünstigen Bedingungen, Bauteile im Freien unter Dach, nach 30 Jahren mit etwa folgenden Carbonatisierungstiefen rechnen:

Betonfestigkeitsklasse	Geschätzte mittlere Carbonatisierungstiefe in mm
B 15	bis zu 30
B 25	bis zu 17
B 35	bis zu 10
B 45	bis zu 3

Alle bisher genannten Werte beschreiben die mittlere Carbonatisierungstiefe. Die Carbonatisierungsfront verläuft aber nicht einheitlich. Sie weist, verursacht durch Mikrorisse

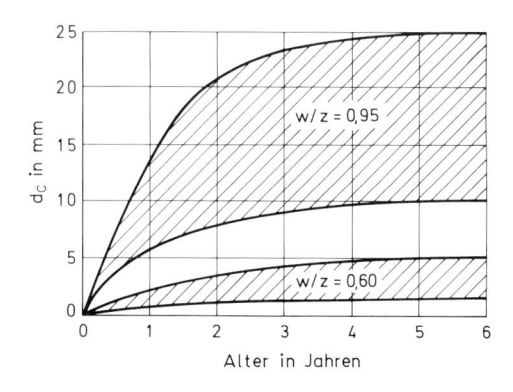

Bild 7.20-4 Carbonatisierungstiefe in Abhängigkeit vom Betonalter [7.234]

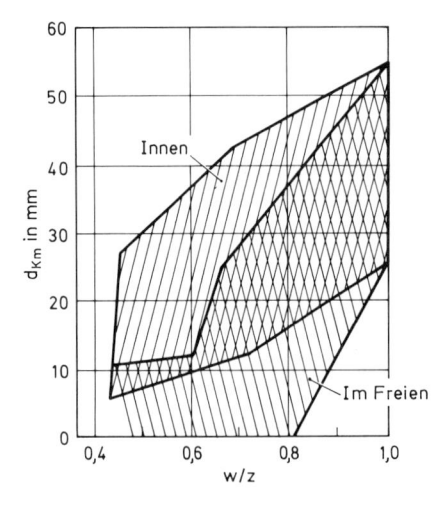

Bild 7.20-5 Meßwerte der mittleren Carbonatisierungstiefe von 150 Betonbauten im Alter von 1 bis 54 Jahren in Abhängigkeit vom Wasserzementwert w/z [7-235]

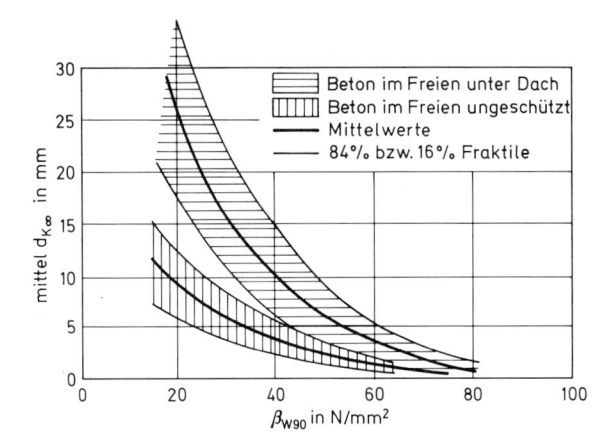

Bild 7.20-6 Endcarbonatisierungstiefen in Abhängigkeit von der Betondruckfestigkeit [7-170]

und Fehlstellen im Beton, Spitzen auf, die bei dünnen Carbonatisierungsschichten ein Mehrfaches der mittleren Tiefe betragen können.

Risse, wie sie bei biegebeanspruchten Stahlbetonbauteilen nicht zu vermeiden sind, führen zu einer beschleunigten Carbonatisierung. Die carbonatisierte Rißtiefe nimmt ungefähr proportional zur Quadratwurzel der Rißbreite zu [7-237]. Daher wird die Rißbreite bei Bauwerken im Freien vor allem durch entsprechende Bewehrungsanordnung stärker beschränkt als bei Bauteilen im Inneren.

Zementfestigkeitsklasse

Tabelle 7.20-1 zeigt die bezogene Carbonatisierungstiefe von Beton nach sieben Jahren Lagerung im Freien unter Dach in Abhängigkeit von der Festigkeitsklasse des verwendeten Zements. Bezugswert ist die am meisten verwendete Klasse Z 35 F. Die Ergebnisse sind sowohl für gleiches Mischungsverhältnis ($w/z = 0{,}60$) wie für gleiche Betonfestigkeit (B 25) angegeben. Bei gleichem Wasserzementwert nimmt die Carbonatisierungstiefe mit

7.20 Korrosionsschutz der Bewehrung

Tabelle 7.20-1 Einfluß der Zementfestigkeitsklasse auf die bezogene Carbonatisierungstiefe von Beton nach 7 Jahren Lagerung im Freien unter Dach [7-236]

Zementfestigkeitsklasse Z	55	45 F	45 L	35 F	35 L	25
Gleiches Mischungsverhältnis ($w/z = 0{,}60$)	0,4	0,7	0,9	1,0 (7 mm)	1,3	2,2
Gleiche Betonfestigkeit (B 25)	0,9	1,0	1,3	1,0	1,3	1,4

steigender Festigkeitsklasse deutlich ab. Dies ist im wesentlichen auf die zunehmende Erhärtungsgeschwindigkeit zurückzuführen, die bei gleicher Nachbehandlung in den oberflächennahen Schichten einen höheren Hydratationsgrad und damit eine höhere Dichtheit zur Folge hat. Bei gleicher Betondruckfestigkeit sind die Unterschiede geringer. Niedrigere Zement-Festigkeitsklassen bedingen kleinere Wasserzementwerte, welche die Auswirkung der langsameren Erhärtungsgeschwindigkeit teilweise kompensieren.

Zementart

Zementstein aus kalkarmem Hochofen- oder Puzzolanzement carbonatisiert unter sonst gleichen Bedingungen etwas schneller und tiefer als solcher aus Portlandzement. Der Grund dafür ist, daß weniger Calciumhydroxid für die Reaktion zur Verfügung steht und daß wegen des geringeren Anteils an gebildetem $CaCO_3$ die dadurch bedingte Dichtigkeitszunahme geringer ist. Umgekehrt nimmt bei sachgerechter und ausreichender Nachbehandlung die Durchlässigkeit des Zementsteins mit steigendem Hüttensandanteil des Zements ab, was die Carbonatisierung hemmt. Dementsprechend sind die am Bauwerk beobachteten Carbonatisierungstiefen nicht einheitlich.

Insgesamt muß man aber wohl davon ausgehen, daß bei Beton aus hüttensandreichem Hochofenzement das Risiko einer geringfügig tiefer reichenden Carbonatisierung besteht [7-231, 7-238].

Nachbehandlung

Die Nachbehandlung beeinflußt den Hydratationsgrad und damit die Dichtheit insbesondere in den oberflächennahen Bereichen. Ein normal nachbehandelter Beton mit $w/z = 0{,}60$ kann ähnlich dicht werden wie ein schlecht nachbehandelter Beton mit $w/z = 0{,}50$ (Bild 7.12-3), was sich entsprechend auf die Carbonatisierungstiefe auswirkt (Bild 7.20-7). Dies gilt vor allem bei Verwendung von Zementen mit langsamer Festigkeitsentwicklung sowie bei Hochofen- und Puzzolanzementen.

7.20.2.2 Chloridkorrosion
7.20.2.2.1 Allgemeines

Chloride können von außen in den Beton eindringen, wie z. B. bei Einwirkung von Meerwasser, von Tausalzlösungen oder von PVC-Brandgasen, oder über die Ausgangsstoffe im Beton vorliegen. Das Eindringen wird durch eine gewisse Durchlässigkeit des Betons und durch Risse gefördert.

Eine begrenzte Menge von Chloriden wird im Zementstein chemisch oder adsorptiv gebunden. Die darüber hinausgehenden freien Chloride können, auch im nicht carbonatisierten Beton, die passivierende Deckschicht auf der Stahloberfläche zerstören, wenn in

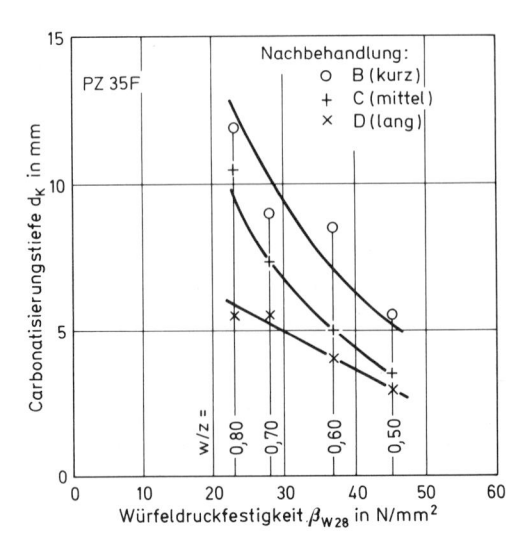

Bild 7.20-7 Carbonatisierungstiefe nach einjähriger Lagerungsdauer bei 20°C/ 65% rel. F. in Abhängigkeit von Wasserzementwert, Betondruckfestigkeit und Nachbehandlung [7-168]

der Porenlösung in Umgebung der Bewehrung das Verhältnis Chlorid- zu Hydroxylionen Cl^-/OH^- einen Grenzwert überschreitet. Dabei werden die Chloride nicht „verbraucht", sie bleiben weiter korrosionsfördernd wirksam.

Der Gehalt an freien Chloriden ist nur in aufwendigen Untersuchungen an „ausgepreßtem" Porenwasser zu bestimmen [u.a. 7-239]. Üblicherweise wird der Chloridgehalt potentiometrisch an einem salpetersauren Aufschluß des Betons ermittelt [7-240]. Man erhält dabei den praktischen Gesamtchloridgehalt.

Zum Stand der Kenntnisse über die Chloridkorrosion siehe u.a. [7-169, 7-241].

7.20.2.2.2 *Chloridverteilung*

Chloride dringen überwiegend durch Diffusion über die Feuchtigkeitsphase des Porensystems in den Beton ein. Dabei entstehen im Gegensatz zur Carbonatisierung keine Chloridfronten mit definierter Eindringtiefe, sondern kontinuierliche Chloridverteilungen (Bild 7.20-8).

Maßgebend für den Korrosionsschutz der Bewehrung und damit für die wartungsfreie Nutzungsdauer der Bauteile ist, nach welcher Zeit in einer bestimmten Tiefe bzw. in welcher Tiefe nach einer bestimmten Zeit der kritische Chloridgehalt erreicht wird. Diese Daten sind bei gleicher Beaufschlagung mit Chloridlösungen oder chloridhaltigen Gasen abhängig von den Umweltbedingungen, der Betonzusammensetzung, dem Betonalter und der Nachbehandlung des Betons.

Umweltbedingungen

Die Umweltbedingungen beeinflussen den Feuchtegehalt und die Temperatur des Betons (s. Abschn. 7.13.1). Das Eindringen von Chlorid nimmt mit dem Feuchtegehalt und der Temperatur zu. Der Einfluß der Temperatur ist sehr groß. Der Diffusionskoeffizient steigt progressiv an und verdoppelt sich bei Erhöhung der Lagerungstemperatur von 15 auf 25°C [7-242].

7.20 Korrosionsschutz der Bewehrung

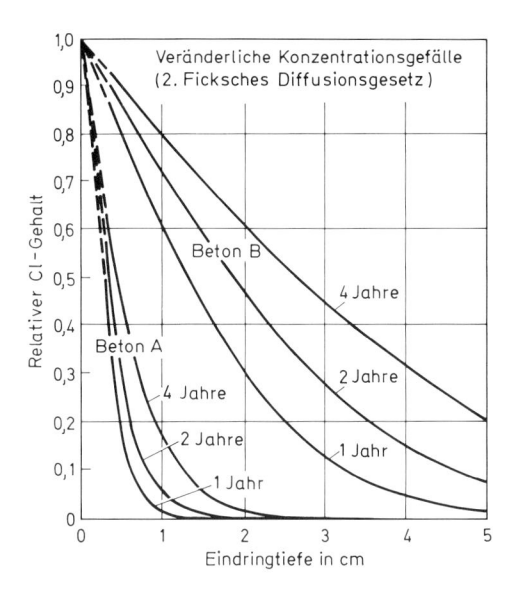

Bild 7.20-8 Chloridverteilung in Betonen mit $w/z = 0{,}60$. Lagerung in NaCl-Lösung bei 21 °C [7-242]

Wasserzementwert und Zementart

Für das Eindringen der Chloride ist der Diffusionswiderstand des Betons maßgebend, der unter sonst gleichen Bedingungen primär vom Zementsteinporenraum und damit vom Wasserzementwert abhängt (s. Abschn. 7.12). Chloride dringen um so schwerer ein, je niedriger der Wasserzementwert ist. Die Abnahme ist aber anscheinend von der Zementart abhängig. Nach [7-238] ist der Einfluß des Wasserzementwertes bei Portlandzement stärker ausgeprägt als bei Zementen mit höherem Hüttensandanteil (Bild 7.20-9). Dem entspricht die am Zementstein festgestellte Abnahme der Diffusionskoeffizienten in Abhängigkeit vom Hüttensandgehalt (Bild 7.20-10). Bei Zementen mit Hüttensandgehalten von 50 % und mehr ist der Diffusionswiderstand so hoch, daß eine Absenkung des Wasserzementwertes von 0,60 auf 0,50 keine wesentliche Abnahme der Chlorideindringtiefe mehr bewirkt. Einschränkend ist zu sagen, daß die in Bild 7.20-9 dargestellten Ergebnisse unter Bedingungen (28 Tage Wasserlagerung) gewonnen worden sind, die Hochofenzement begünstigen.

Nach [7-209, 7-238, 7-243, 7-244] weisen Betone aus Hochofen- und Puzzolanzement allgemein einen deutlich höheren Diffusionswiderstand gegenüber Cl^- auf als Betone aus

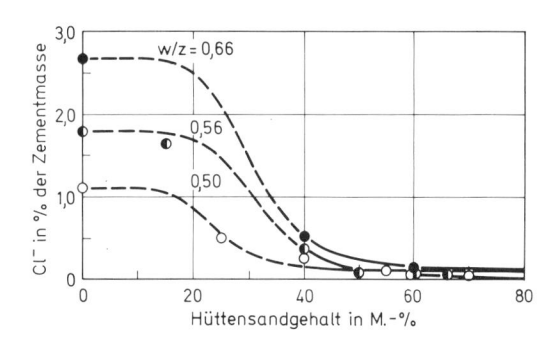

Bild 7.20-9 Gehalte an Cl^- in der Zementmasse in der Schicht 20 bis 40 mm in Abhängigkeit vom Hüttensandgehalt des verwendeten Zements sowie vom w/z-Wert der Betone nach 1jähriger Lagerung in 3molarer NaCl-Lösung bei 21 °C [7-238]

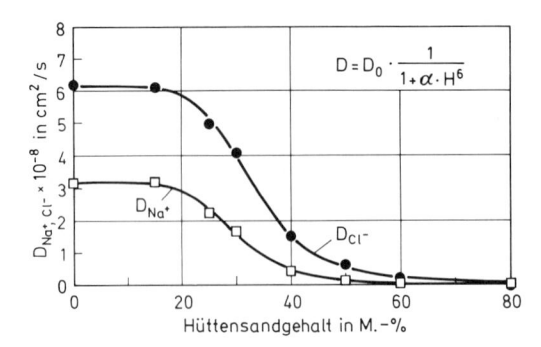

Bild 7.20-10 Diffusionskoeffizienten von Zementstein ($w/z = 0{,}30$, 3molare NaCl-Lösung, 21 °C) [7-242]

Portlandzement. Dies wird zum Teil damit begründet, daß bei Zementstein aus HOZ der Anteil der für das Chlorideindringen entscheidenden Kapillarporen ≥ 20 bis 30 nm niedriger ist als bei einem vergleichbaren Zementstein aus PZ [7-244], zum anderen mit der Fähigkeit des Zementsteins aus HOZ, größere Mengen von Chlorid adsorptiv zu binden [7-238].

Bei Beton aus Portlandzement steigt der Diffusionswiderstand mit zunehmendem C_3A-Gehalt des Zements, wobei dieser Einfluß vor allem bei altem Beton ausgeprägt ist [u. a. 7-245]. Dies wird damit erklärt, daß die Fähigkeit des Zementsteins, Chloride unlöslich zu binden, u.a. mit dem C_3A-Gehalt zunimmt (Bild 7.20-11).

Im übrigen ist der Diffusionskoeffizient auch von der Herkunft der Chloride abhängig. Er ist für Cl^- aus NaCl-Lösungen nahezu doppelt so groß wie für solche aus $CaCl_2$-Lösungen.

Nachbehandlung

Die Nachbehandlung beeinflußt den Hydratationsgrad und damit die Dichtheit des Betons insbesondere in den oberflächennahen Bereichen. Der Diffusionskoeffizient, also die Durchlässigkeit, nimmt in gleicher Weise wie bei einer Wasserzementwerterniedrigung mit steigendem Hydratationsgrad ab. Die Abnahme ist wiederum bei Beton mit Port-

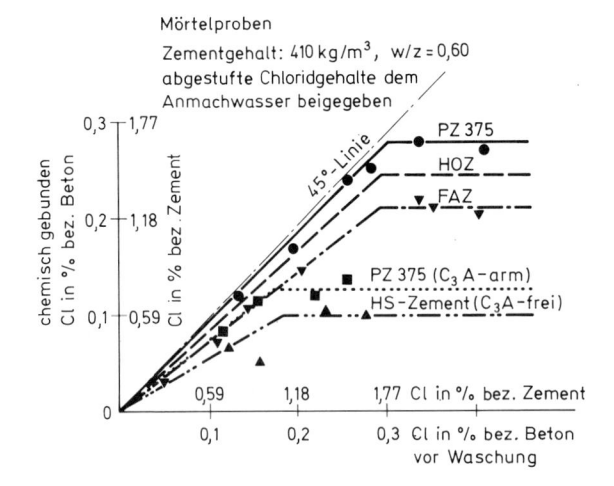

Bild 7.20-11 Zusammenhang zwischen dem Gesamtchloridgehalt und dem Anteil an chemisch gebundenem Chlorid bei Mörteln aus verschiedenen Zementen [7-246]

7.20 Korrosionsschutz der Bewehrung

landzement stärker ausgeprägt als bei Beton mit hüttensandreichem Hochofenzement, der schon bei niedrigem Hydratationsgrad eine geringere Durchlässigkeit aufweist. Danach wäre bei einem Beton aus Portlandzement die ungünstige Auswirkung einer unzureichenden Nachbehandlung auf das Eindringen von Cl^- bei weitem ausgeprägter als bei einem Beton aus Hochofenzement.

Eine Wärmebehandlung des Betons wirkt sich nachteilig aus. Nach [7-247] konnte der Eindringwiderstand durch eine Vakuumbehandlung des Betons und auch durch eine Oberflächenversiegelung mit Silikon oder Dynasilan nicht wesentlich verbessert werden.

Zusatzstoffe

Eine nennenswerte Verbesserung des Widerstands gegen Chloriddiffusion in der Größenordnung einer Zehnerpotenz läßt sich durch Zusatz von Steinkohlenflugasche erzielen. Dies setzt wegen der Reaktionsträgheit der Flugasche eine ausreichend lange Feuchtnachbehandlung voraus.

Wie Bild 7.20-12 zeigt, läßt sich die Durchlässigkeit für Chloride auch durch Zugabe von Silicastaub (siehe Abschnitt 2.4.3.2.3) sehr stark vermindern. Hierfür reichen etwa 10 M.-%, bezogen auf den Zementgehalt, aus. Von dieser Möglichkeit wird in den letzten Jahren in den USA, bei der Herstellung von Brückendecks in zunehmendem Maße Gebrauch gemacht [7-248, 7-249].

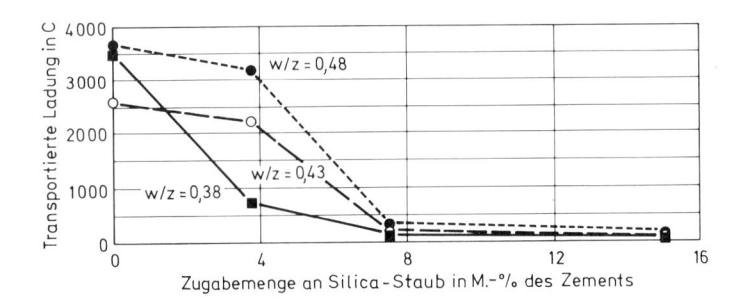

Bild 7.20-12 Einfluß eines Zusatzes an Silicastaub auf die Chlorid-Permeabilität von Beton [7-248]. (Beim sog. „Rapid Permeability Test" nach AASHTO T-277 wird die Permeabilität für Chloridionen anhand der durch den Prüfkörper hindurchgegangenen elektrischen Ladung in Coulomb beurteilt. Je größer die transportierte Ladung, desto höher ist die Permeabilität.)

Zusatzmittel

Eine Erhöhung des Eindringwiderstandes wurde bei Verwendung von Verflüssigern und Fließmitteln sowie von Luftporenbildnern beobachtet, während bei Dichtungsmitteln keine ins Gewicht fallende Verbesserung belegt ist. Verflüssiger und Fließmittel können zu einer beschränkten Erhöhung des Eindringwiderstandes führen, wenn ihre wassereinsparende Wirkung ausgenutzt wird. Luftporenbildner können zwar den Diffusionswiderstand etwas erniedrigen und zu einer Anreicherung von Chloriden in den Luftporenräumen führen, können sich aber dennoch indirekt günstig auswirken, indem sie Gefügeschäden bei einer Frost- und Taumittelbeanspruchung, die das Eindringen von Chloriden begünstigen, verhindern.

Auswirkung auf den Korrosionsschutz

Der Zeitraum, in dem der als kritisch angesehene Chloridgehalt die Bewehrung erreicht, wächst mit dem Quadrat der Betondeckung und der Dichtheit des Betons, ausgedrückt durch den Diffusionskoeffizienten D_{Cl}. Dieser wächst mit dem Quadrat des Wasserzementwerts, wird aber zusätzlich von der Zementart und von der Nachbehandlung beeinflußt.

Die Schutzwirkung der Betondeckung wächst also

— unter sonst gleichen Verhältnissen mit dem Quadrat der Wasserzementwerterniedrigung
— bei gleichem Wasserzementwert für Hochofenzement mit dem Hüttensandgehalt bzw. für Portlandzement mit dem Gehalt an C_3A
— mit der Intensität der Nachbehandlung

Der Einfluß dieser drei Parameter auf die Durchlässigkeit (Diffusionskoeffizient) ist in [7-242] zahlenmäßig abgeschätzt. Setzt man die relative Durchlässigkeit für einen Zementstein aus normalem PZ mit $w/z = 0{,}60$ bei einer Feuchtnachbehandlung von 7 Tagen zu 100 %, so ergibt sich eine Verminderung der Durchlässigkeit bei

Senkung von w/z von 0,60 auf 0,40	auf 20 %
Erhöhung der Nachbehandlungsdauer von 7 auf 14 bis 28 Tage	auf 50 %
Übergang von PZ auf	
HOZ mit 40 % Hüttensand	auf 25 %
HOZ mit 60 % Hüttensand	auf 5 %

Danach wäre bei Verwendung von normalem Portlandzement mit einer Absenkung des Wasserzementwertes von 0,60 auf 0,40 und einer Verlängerung der Nachbehandlungsdauer auf zwei bis vier Wochen eine Verringerung der Durchlässigkeit auf etwa 10 % zu erwarten. Dem entspräche eine zeitliche Verlängerung der Schutzwirkung des Betons auf das Zehnfache. Die gleiche Verbesserung wäre bei $w/z = 0{,}60$ durch Verwendung eines Hochofenzementes mit 40 bis 60 % Hüttensandanteil zu erreichen. Wenn diese Zahlen auch nur eine grobe Schätzung darstellen, so verdeutlichen sie doch die Möglichkeiten zur Verbesserung des Korrosionsschutzes der Bewehrung durch den Beton nach Tendenz und Größenordnung.

Die Zunahme der Chlorideindringtiefe d_{Cl} klingt mit der Zeit ab, sie folgt der Beziehung

$$d_{Cl} \sim \sqrt{D_{Cl} \cdot t}$$

Für extreme Bedingungen, wie sie z. B. in Meerwasserentsalzungsanlagen vorliegen, ist der mit Portlandzementbeton erzielbare Diffusionswiderstand nicht ausreichend, die Eindringtiefe scheint keinem Endwert zuzustreben (Bild 7.20-13). Demgegenüber kommt die Chloriddiffusion bei Beton gleicher Zusammensetzung mit hüttensandreichem Hochofenzement bei einer Eindringtiefe unter 50 mm zum Stillstand.

7.20.2.2.3 *Kritischer Chloridgehalt*

Für die Aufhebung des Korrosionsschutzes (Depassivierung des Stahles) ist vorrangig das Verhältnis Cl^-/OH^- in der Porenlösung maßgebend. Als unbedenklich werden Verhältniswerte bis 1,2 angesehen [7-250]. Demgegenüber wird für die baupraktische Beurteilung allgemein der auf den Zement bezogene Chloridgehalt herangezogen. Damit sind zwei Schwierigkeiten verbunden:

7.20 Korrosionsschutz der Bewehrung

- Das Verhältnis Cl^-/OH^- wird durch den Gehalt an freien Chloriden und durch die Alkalität (pH-Wert) bestimmt, wobei letzterer von dem Gehalt an Alkalien und Calciumhydroxid in der Porenlösung, also der Zementart abhängt.
- Üblicherweise ist nur der Gesamtchloridgehalt bekannt. Ein Teil der Chloride ist aber unlöslich im Zementstein gebunden und ungefährlich.

Chloridionen im Beton, sowohl von Anfang an enthaltene als auch nachträglich eingedrungene, können mit den Hydraten des Calciumaluminats und des Calciumaluminatferrits eine in alkalischer Lösung schwer lösliche Verbindung eingehen, das sog. „FRIEDEL'sche Salz". Außerdem sind auch die Calciumsilikathydrate fähig, eine gewisse Menge an Chloridionen zu binden. Nach [7-251] können in einem dichten, durchschnittlich zusammengesetzten Beton aus Portlandzement mindestens 0,4 M.-% Cl, bezogen auf den Zement, fest und dauerhaft gebunden werden. Allerdings können unter der Einwirkung von CO_2, also im carbonatisierten Beton, freie Chloride abgegeben werden. Des weiteren gehört zu jedem gebundenen Chloridanteil aus Gleichgewichtsgründen ein gewisser Gehalt an freien Chloriden in der Porenlösung.

Über den Anteil der gebundenen Chloride am Gesamtchloridgehalt geben Untersuchungen an Bauwerks- und Laborbetonen mit verschiedenen Zementen Auskunft [7-246]. Der Anteil nimmt in der Reihenfolge Portland- über Hochofenzement bis zum C_3A-armen und C_3A-freien Zement ab (Bild 7.20-11). Er beträgt aber im ungünstigsten Fall noch rd. 0,6 M.-% Cl bezogen auf den Zement.

Verschiedene Untersuchungen haben gezeigt, daß dem obengenannten Grenzverhältnis Cl^-/OH^- von 1,2 je nach Herkunft der Chloride (NaCl oder $CaCl_2$) Grenzwerte von 0,6 bis 1,0 M.-% Cl bezogen auf den Zement entsprechen [7-242].

Aufgrund der vorgenannten Feststellungen kann man davon ausgehen, daß im Hinblick auf die Aufhebung des Korrosionsschutzes der Bewehrung Gesamtchloridgehalte bis 0,6 M.-% Cl bezogen auf den Zement ungefährlich sind und bei Gehalten bis 1 M.-% nur eine bedingte Gefährdung besteht. Dabei ist vorausgesetzt, daß die vorgeschriebenen Betondeckungen eingehalten sind und ein dichter Beton (Betonfestigkeitsklasse $\geq$ B 35, s. Abschn. 7.20.4.1) vorliegt.

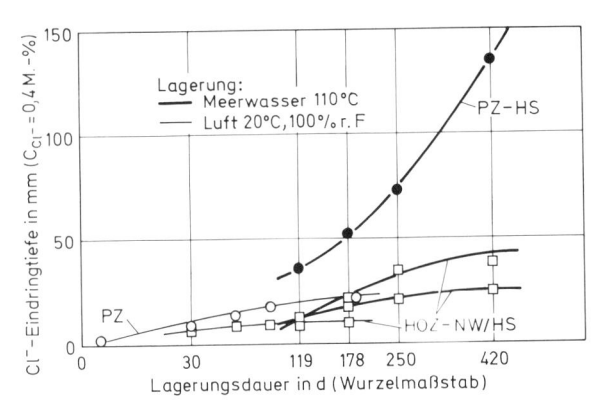

Bild 7.20-13 Eindringtiefe von freiem Chlorid in dichten Beton während der Lagerung in heißem Meerwasser von 110 °C und an feuchter Luft von 20 °C [7-209].
(Als Eindringtiefe wurde der Bereich definiert, in dem der Chloridgehalt 0,4 M.-% des Zementgehaltes überschritt. Die luftgelagerten Proben waren vorher Salzsäuredämpfen ausgesetzt worden, wodurch sich an ihrer Oberfläche eine stärkere Schicht von Calciumchlorid gebildet hatte.)

7.20.3 Ausbreitung der Korrosion

7.20.3.1 Allgemeines

Eine Korrosion der Bewehrung erfolgt nur, wenn die in Abschnitt 7.20.1 genannten Bedingungen gleichzeitig erfüllt sind. Dies gilt unabhängig von der Ursache der Depassivierung. Von besonderer Bedeutung sind die elektrische Leitfähigkeit des Betons und der Sauerstoffzutritt zum Stahl, die beide vom Feuchtegehalt und von der Dichtheit des Betons beeinflußt werden.

Die Leitfähigkeit nimmt mit dem Feuchtegehalt zu. Ab einem Wassergehalt, der sich bei Lagerung an Luft mit etwa 40 % r. F. einstellt, ist ein Korrosionsabtrag möglich. Demgegenüber nimmt die Durchlässigkeit für Sauerstoff (Diffusionskoeffizient) mit steigendem Feuchtegehalt ab. Die Abnahme ist ab einer Umgebungsfeuchte von etwa 70 % r. F. stark ausgeprägt. In wassergesättigtem Beton findet eine Sauerstoffdiffusion praktisch nicht mehr statt (Bild 7.20-14). Das „Pessimum" für eine Korrosion liegt bei einem Feuchtegehalt entsprechend einer Lagerung an Luft mit einer relativen Feuchte um 70 % (Bereich 65 bis 90 % r. F.). Ständiger Feuchtewechsel oder gelegentliche Austrocknung sind besonders nachteilig.

Die Durchlässigkeit (Dichtheit) des Betons an sich wird in erster Linie durch den Wasserzementwert bestimmt und nimmt demzufolge grundsätzlich mit steigender Betondruckfestigkeit ab (Bild 7.12-6). Die Abnahme ist bis zu einer Festigkeit von etwa 40 N/mm² besonders ausgeprägt. Dementsprechend verringert sich die Korrosionsgeschwindigkeit, d. h. der Korrosionsabtrag je Zeiteinheit (Korrosionsrate).

Aus den genannten Zusammenhängen folgt:

- Bei Bauteilen in trockenen Innenräumen und bei Bauteilen, bei denen der Beton ständig weitgehend wassergesättigt ist, erfolgt keine Korrosion der Bewehrung.
- Eine erhöhte Korrosionsgefahr besteht bei Bauteilen, die einem regelmäßigen Feuchtigkeitswechsel und/oder einer zwischenzeitlichen Austrocknung ausgesetzt sind. Dies gilt z. B. für Bauteilbereiche in der Wasserwechselzone.
- Die Korrosionsrate wird unter sonst gleichen Bedingungen durch einen Beton der Festigkeitsklasse ≥ B 35 merklich verringert.

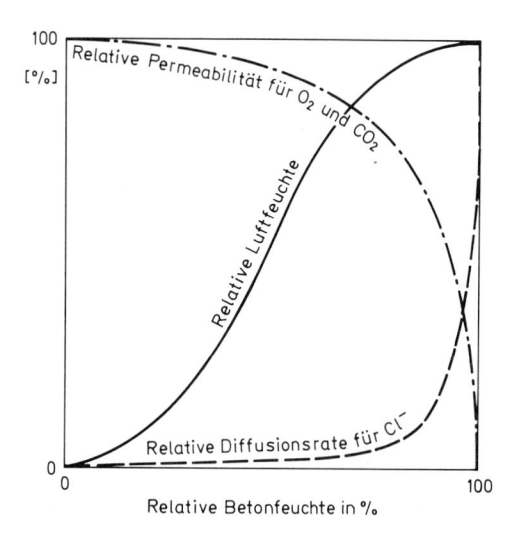

Bild 7.20-14 Zusammenhang zwischen relativer Luftfeuchte, relativer Betonfeuchte, der Permeabilität für Sauerstoff und Kohlendioxid und der Diffusionsrate für Chloridionen [7-252]

7.20 Korrosionsschutz der Bewehrung

Risse begünstigen das Vordringen von Kohlendioxid, Chloriden und Sauerstoff zur Bewehrung. Aus den bis zu einer Rißbreite von 0,5 mm wirksamen elektrochemischen Mechanismen ergibt sich jedoch, daß die Rißbreite für die Korrosion von untergeordneter Bedeutung ist und gegenüber dem Einfluß von Dicke und Dichtheit der Betondeckung zurücktritt [7-253].

7.20.3.2 Bei Carbonatisierung

Die Korrosion ist nahezu unabhängig vom Maß der Betondeckung und der Rißbreite. Erreicht die Carbonatisierung die Stahloberfläche nur im Bereich von Querrissen, aber nicht im Bereich neben den Rissen, so ist die Gefahr einer gravierenden Schädigung relativ gering. Ein Absprengen der Betondeckung ist nicht zu befürchten, und die Korrosion kommt nach einiger Zeit zum Stillstand, weil die Korrosionsprodukte den Riß abdichten. Durch Transport von $Ca(OH)_2$ aus dem Betoninneren zu den Rißufern kann sogar eine Repassivierung eintreten.

Eine Beschränkung der Rißbreiten kann eine Korrosion der Bewehrung im Rißbereich nicht völlig verhindern, sie bewirkt aber, daß der Korrosionsfortschritt innerhalb der üblichen Lebensdauer von Bauwerken nicht ins Gewicht fällt. Bei einer Korrosion im Bereich von Längsrissen besteht die Gefahr des Abplatzens der Betondeckung. Der Bildung von Längsrissen und von Abplatzungen wird in DIN 1045 mit einer entsprechend erhöhten Betondeckung begegnet. Ebenfalls ist durch entsprechende Betondeckung zu vermeiden, daß die Carbonatisierungsfront auch im Bereich neben den Rissen großflächig bis zum Stahl vordringt, denn sonst können die entstehenden Korrosionsprodukte die gesamte Betondeckung absprengen, wodurch außer dem Korrosionsschutz auch der Verbund verloren geht.

7.20.3.3 Bei Chlorideinwirkung

Wird die passivierende Deckschicht auf der Bewehrung an einzelnen, örtlich begrenzten Stellen durchbrochen, so erfolgt hier eine rasche Eisenauflösung. Bei gleichem Sauerstoffzutritt ist der Korrosionsabtrag um so stärker, je kleiner der durchbrochene anodische Bereich gegenüber dem noch geschützten kathodischen Bereich ist. Örtliche Chloridanreicherungen im Beton, z. B. bei Rissen, fördern daher örtlich begrenzte Angriffe größerer Tiefe, die sogenannte Lochfraßkorrosion.

Sind die Chloride hingegen gleichmäßig im Beton verteilt, so entstehen eng benachbarte Angriffsstellen, und die Korrosion kann auch als ebenmäßige Abtragung verlaufen. Flächenhafte Abtragungen unter Bildung volumenreicher Korrosionsprodukte können zu Betonabplatzungen führen. Dies ist um so eher möglich, je geringer die Betondeckung ist.

Die Chloride werden beim Korrosionsablauf nicht verbraucht, sie bleiben weiter voll wirksam.

7.20.4 Anforderungen an den Beton

7.20.4.1 Allgemeines

Betonfestigkeitsklasse

Die Carbonatisierungstiefe und die Durchlässigkeit des Betons für Sauerstoff wie für Chloride nimmt mit einer Steigerung der 28-Tage-Druckfestigkeit bis etwa 30 bis 40 N/mm^2 überproportional ab. Aus diesem Grund ist im Hinblick auf den Korrosionsschutz der Bewehrung ein Beton der Festigkeitsklasse $\geq$ B 35 zu empfehlen. Ein solcher Beton bedingt „automatisch" eine Zusammensetzung, die eine ausreichende Dichtheit einschließt.

DIN 1045 fordert für Außenbauteile einen Beton mindestens der Festigkeitsklasse B 25. In einer Fußnote wird aber darauf hingewiesen, daß die Einhaltung des geforderten Wasserzementwertes und des Zementgehaltes in der Regel eine Nennfestigkeit $\beta_{WN} \geq 32\,N/mm^2$ bedingt.

Wasserzementwert

Die Durchlässigkeit für Luft nimmt ab $w/z \leq 0{,}60$ exponentiell ab. Dies legt eine Begrenzung des wirksamen Wasserzementwertes auf 0,50 bis maximal 0,60 nahe. Für die endgültige Wahl sind die topographischen und klimatischen Verhältnisse am Standort des Bauwerks zu berücksichtigen. Der jeweilige Grenzwert ist wegen der unvermeidbaren Abweichungen in der laufenden Betonherstellung mit einem Toleranzmaß (Abschlag) zu versehen, für das ein Wert von 0,05 realistisch erscheint. Es empfiehlt sich, dem Mischungsentwurf auf jeden Fall einen Wert $w/z \leq 0{,}55$ zugrunde zu legen.

Nach DIN 1045 ist bei Beton für Außenbauteile der Betonzusammensetzung ein Wert $w/z \leq 0{,}60$ zugrunde zu legen, was im Hinblick auf den bei der Güteprüfung zugelassenen größten Einzelwert einem Grenzwert von 0,65 entspricht. Dieser Grenzwert sollte jedoch aus den obengenannten Gründen nicht ausgeschöpft werden.

Zementgehalt

Der Mindestzementgehalt ergibt sich zunächst aus der genannten Obergrenze für w/z und aus dem Wasseranspruch des Frischbetons. Bei konstantem Wasserzementwert hat eine Änderung des Zementgehalts im praxisüblichen Rahmen keinen wesentlichen Einfluß auf den Endwert der Carbonatisierungstiefe. Der Zeitraum, in dem die Carbonatisierungsfront die Bewehrung erreicht, wächst aber proportional mit dem Zementgehalt. Es empfiehlt sich deshalb ein Mindestzementgehalt von 300 kg/m^3.

DIN 1045 fordert bei Beton für Außenbauteile einen Mindestzementgehalt von 300 kg/m^3, der auf 270 kg/m^3 ermäßigt werden darf, wenn ein Zement der Festigkeitsklasse Z 45 oder Z 55 verwendet wird oder wenn der Beton als Beton B II zusammengesetzt, hergestellt und verarbeitet wird. Dabei ist man davon ausgegangen, daß die erhöhte Hydratationsgeschwindigkeit bei Z 45/55 oder eine sorgfältigere Ausführung, als Beton B II, zu einer Verbesserung der Dichtheit führen.

Frischbetonkonsistenz

Voraussetzung für den Korrosionsschutz der Bewehrung ist eine vollständige Verdichtung des Betons und eine satte Umhüllung der Bewehrung mit Beton der gewählten Zusammensetzung. Dies bedingt einen verarbeitungsfreundlichen Beton. Die Konsistenz ist auf den Querschnitt des Bauteils und den Bewehrungsgrad abzustimmen, aber auch auf den zeitlichen Ablauf von Herstellung und Einbau des Betons. Dies gilt insbesondere bei der Verwendung von Transportbeton.

Es sollte allgemein ein weicher Beton im Konsistenzbereich KR (Ausbreitmaß 45 $\pm$ 3 cm) verwendet werden. Dies gilt insbesondere bei feingliedrigen Querschnitten und/oder stark bewehrten Bauteilen.

7.20 Korrosionsschutz der Bewehrung

Nachbehandlung

Die angestrebte und in der Zusammensetzung des Betons angelegte Dichtheit wird in den oberflächennahen Bereichen nur erreicht, wenn der Beton durch eine intensive Nachbehandlung gegen vorzeitiges Austrocknen geschützt wird. Eine unzureichende Nachbehandlung kann sich bis zu einer Tiefe von 20 bis 30 mm auswirken. Die in [4-48] genannten Fristen für die Nachbehandlung sind Mindestwerte, die an der unteren Grenze des Notwendigen liegen. In anderen europäischen Ländern werden längere Zeiträume empfohlen.

7.20.4.2 Bei Chlorideinwirkung

Um die Gefahr einer Chloridkorrosion für den Betonstahl in gefährdeter Umgebung auszuschließen, sind Maßnahmen erforderlich, die über die Angaben im vorangehenden Abschnitt 7.20.4.1 hinausgehen.

Chloridgehalt der Ausgangsstoffe

Der zulässige Chloridgehalt ist wie folgt begrenzt:

Zement (DIN 1164 Teil 1)	allgemein	0,1 M.-% Cl^-
Zuschlag (DIN 4226 Teil 1)	für Stahlbeton	nicht festlegbar
	für Spannbeton, dessen Spannglieder nicht in Hüllrohren liegen	0,02 M.-% Cl^-
Zugabewasser [2-112]	für Stahlbeton	2000 mg Cl^-/l
	für Spannbeton, dessen Spannglieder nicht in Hüllrohren liegen	600 mg Cl^-/l
Zusatzmittel	für Stahlbeton	0,2 M.-% Cl^-
	für Spannbeton	0,1 M.-% Cl^-
	Darüber hinaus darf der mit der höchstzulässigen Zugabemenge in den Beton gelangende Gesamtgehalt an Halogenen (außer Fluor), ausgedrückt als Chlor (Cl^-), nicht größer sein als 0,001%, bezogen auf den Zementgehalt.	

Die Werte für das Zugabewasser dürfen u. U. höher sein, wenn der Chloridgehalt aller Betonausgangsstoffe berücksichtigt wird.

Bei Ausnutzung der vorgenannten Grenzwerte, die allerdings in der Regel nicht erreicht werden, ergäbe sich in einem durchschnittlich zusammengesetzten Beton ein Chloridgehalt in der Größenordnung von 0,3 M.-% Cl^- bezogen auf den Zement.

Wasserzementwert, Zementgehalt und Zementart

Die Eindringtiefe und die Durchlässigkeit für Chloride wächst ab $w/z \geq 0{,}50$ überproportional an.

Der Wasserzementwert sollte daher im Falle einer fortgesetzten Einwirkung von Chloriden begrenzt werden auf Werte $w/z \leq 0{,}45$ bis max. 0,50, bei gleichzeitigen Zementgehalten über 370 bis 400 kg/m^3 und Betondeckungen über 4 bis 5 cm [7-244, 7-245, 7-254].

Bei Gefahr eines kurzfristigen Chloridangebots, z. B. nach einem PVC-Brand, soll ein Wert $w/z \leq 0{,}55$ und ein Zementgehalt ≥ 300 kg/m^3 ausreichen [7-255].

Die Verwendung eines „diffusionshemmenden" Zements, wie z. B. eines Hochofenzements mit einem Hüttensandgehalt ≥ 40 bis 60 % oder eines Puzzolanzements, führt zu einer deutlichen Verringerung der Durchlässigkeit für Chloride und damit zu einer entsprechenden Verlängerung der Schutzwirkung des Betons. Dementsprechend werden empfohlen [7-244, 7-245, 7-169]:

– für PZ mit einem C_3A-Gehalt $< 11\%$ $w/z \leq 0{,}45$, $Z > 400$ kg/m^3
– für HOZ mit ca. 70 % Hüttensand $w/z \leq 0{,}50$, $Z \geq 300$ kg/m^3.

Nach Abschnitt 7.20.2.2.2 kann auch durch Zugabe von etwa 10 M.-% Silica-Staub, bezogen auf den Zementgehalt, eine durchgreifende Verbesserung erzielt werden (s. auch Bild 7.20-12).

Schutzmaßnahmen

Um eine Ausbreitung der Korrosion bei Überschreitung des kritischen Chloridgehaltes zu verhindern, müßte der Sauerstoffzutritt durch diffusionsdichte Überzüge auf der Betonoberfläche unterbunden werden, was jedoch in der Regel praktisch nicht möglich ist.

Nach Laborversuchen erscheint es möglich, eingedrungene Chloride aus Stahlbeton durch Elektroosmose zu entfernen [7-256]. Erfahrungen aus der Praxis mit diesem Verfahren sind nicht bekannt.

Bei Einwirkung chloridhaltiger Brandgase wird gelegentlich die sogenannte Kalksanierung angewendet, bei der durch wiederholten Auftrag von Kalkbrei die Chloridkonzentration im Beton abgemindert werden soll. Dieses Verfahren ist jedoch umstritten. Nach [7-257] kann der Kalkbrei dem Beton kaum Chloride entziehen, zumindest nicht aus der Tiefe, in der die Bewehrung liegt.

Es bleibt derzeit nur, die Betondeckung der Bewehrung, soweit wie der kritische Chloridgehalt erreicht ist, abzutragen und sie nach Vorbehandlung der eventuell freigelegten Bewehrung durch dichten neuen Beton, ggf. unter Zusatz von Kunstharz, zu ersetzen [7-241, 7-258].

7.21 Beständigkeit anderer Stoffe in Beton

Während Beton eingebetteten Stahl gegen Korrosion schützt, kann er andere Stoffe, die mit ihm in Berührung kommen, u. U. schädigen [7-259, 7-211, 7-260]. Eine Schädigung ist jedoch nur in Anwesenheit von Feuchtigkeit zu befürchten.

Aluminium

Aluminium kann in Anwesenheit von Chloriden oder bei Zement mit hohem Alkaligehalt im Beton korrodieren, besonders wenn es mit Stahl in leitender Verbindung steht. Die Korrosion des Aluminiums nimmt mit wachsendem Verhältnis Stahl- zu Aluminiumoberfläche zu. Im Beton können Risse entstehen.

Wenn Aluminium in Kontakt mit Frischbeton kommt, entwickelt sich Wasserstoffgas. Die sich dabei bildenden Poren können die Festigkeit beeinträchtigen und das spätere Eindringen korrosionsfördernder Stoffe erleichtern. Die verschiedenen Aluminiumlegierungen sind unterschiedlich anfällig.

Aus den genannten Gründen sollte Aluminium nicht ungeschützt in Beton eingebettet werden. U. a. haben sich Beschichtungen aus Epoxidharz bewährt.

Blei

Blei kann in feuchtem Beton durch Calciumhydroxid angegriffen und in wenigen Jahren zerstört werden. Eine Berührung mit Bewehrungsstahl erhöht die Gefahr. Eine Schädigung des Betons ist nicht zu erwarten. Als Schutz sind unempfindliche Bitumen- oder Kunststoffanstriche zu empfehlen.

Kupfer

Kupfer wird normalerweise durch Beton nicht angegriffen, sofern keine freien Chloride oder Ammoniak vorhanden sind. Schon sehr kleine Mengen an Ammoniak und vielleicht auch von Nitraten können beim eingebetteten Kupfer zu einer Spannungsrißkorrosion führen. Im allgemeinen sind Kupfer und Kupferlegierungen (z. B. Messing) im Beton jedoch gut beständig.

Wenn Kupfer mit dem Bewehrungsstahl in leitender Verbindung steht oder sich in seiner Nähe befindet und ein Elektrolyt (z. B. Chlorid) vorhanden ist, besteht die Gefahr, daß der Stahl als das „unedlere" Metall elektrochemisch angegriffen wird. Um dies zu verhindern, sollte das Kupfer mit einem isolierenden Überzug versehen werden.

Magnesium

Magnesium und Magnesiumlegierungen sind in Beton beständiger als Aluminium, können jedoch besonders im Übergangsbereich Beton/Luft erheblich korrodieren.

Zink

Zink kommt mit Beton im allgemeinen nur als korrosionsschützender Überzug der Bewehrung in Berührung. Über das Verhalten verzinkter Bewehrungsstähle in Beton gibt es eine umfangreiche Literatur. Hiernach ist grundsätzlich zu erwarten, daß Zinkdeckschichten in Beton korrodieren, sofern Calciumhydroxid vorhanden ist. Dies ist mit Ausnahme von vollständig carbonatisiertem Beton immer der Fall. Die Reaktion ist im weiteren abhängig vom Chromatgehalt des Zements.

Die dabei entstehende Calciumhydroxozinkatschicht schützt zwar das Zink vor weiterer Auflösung. Sie verzögert jedoch die Erhärtung des Betons. Außerdem erhöht die mit der Reaktion verbundene Wasserstoffentwicklung die Porosität der Grenzschicht und vermindert damit die Korrosionsschutzwirkung für die Bewehrung wie den Verbund mit dem Beton.

Diese Störungen können am wirksamsten durch Verwendung eines Zements mit erhöhtem Chromatgehalt verhindert werden [7-261].

Andere Metalle

Chrom- und nickellegierte Metalle sind im Beton im allgemeinen gut beständig, ebenso reines Zinn und Silber. Die Dauerhaftigkeit einiger dieser Metalle kann jedoch durch freie Chloride beeinträchtigt werden. Besondere Umstände können trotz der Mehrkosten die Verwendung von Monelmetall (Legierung mit hoher Festigkeit aus rd. 70 % Ni und rd. 30 % Cu) oder von rostfreien Stählen im Meerwasserbereich rechtfertigen.

Vernickelte oder cadmiumbeschichtete Stähle sind in chloridfreiem Beton nicht korrosionsgefährdet, können jedoch durch eindiffundierte oder von Anfang an im Beton vorhandene freie Chloride angegriffen werden.

Glas

Glas wird manchmal in Form von Altglas als künstlicher Zuschlag, in Form von Fasern als Bewehrung oder in Form von Betonglas für die Herstellung von Glasstahlbeton verwendet.

Verschiedene Gläser reagieren mit den Alkalien des Zements. Die damit verbundene Volumenvergrößerung kann zu Zerstörungen führen. Aufgrund ihrer großen Oberfläche und des geringen Querschnitts sind feine Glasfasern durch den Alkaliangriff besonders gefährdet. Weitgehend alkalibeständige Glasfasern werden unter Zusatz von Zirkondioxid ZrO_2 hergestellt (s. Abschn. 10.3.2).

Die Beständigkeit von Gläsern gegenüber Beton kann z. B. nach den amerikanischen Prüfvorschriften ASTM C 289 – Test for potential reactivity of aggregates (chemical method) und ASTM C 227 – Test for potential alkali reactivity of cement-aggregate combinations (mortar-bar method) überprüft werden.

Holz

In Beton eingebettetes Holz kann durch das Calciumhydroxid des Zementsteins geschädigt werden. Relativ beständig sind harzreiche Hölzer wie Kiefern-, Tannen- und Fichtenholz.

Gelegentlich wird Holz in Form von Spänen auch als Füllstoff bzw. Zuschlag für die Herstellung wärmedämmender Isolierbetone verwendet. Um die Haftung zu verbessern, das Holz zu konservieren und eine Beeinträchtigung des Abbindevorgangs durch Holzinhaltsstoffe zu verhindern, wird gewöhnlich eine Vorbehandlung z. B. mit Zementleim, Kalkmilch, Wasserglas oder Calciumchlorid vorgenommen [7-82, 7-259].

7.21 Beständigkeit anderer Stoffe in Beton

Kunststoffe

Kunststoffe werden in zunehmendem Maße in Verbindung mit Beton verwendet, z. B. als Rohre, Dichtungsbahnen, Fugenbänder oder Einbauteile. Ein möglicher Angriff könnte von den stark alkalischen Bestandteilen des Zementsteins ausgehen. Gegenüber starken Alkalien verhalten sich verschiedene Kunststoffe wie folgt [7-259]:

Kunststoff	Beständigkeit
Polyethylen	sehr gut
Polymethyl-Methacrylat	schlecht
Polypropylen	sehr gut bis gut
Polystyrol	sehr gut
Hart-PVC	sehr gut
Weich-PVC	befriedigend bis gut
Saranharz	befriedigend bis gut
Epoxidharz	sehr gut
Melamin-Formaldehydharz	schlecht
Phenol-Formaldehydharz	schlecht
Polyesterharz	schlecht
Harnstoff-Formaldehydharz	schlecht

Asbestfasern zeigen im Zementstein oder Beton eine gute Beständigkeit, sollen jedoch wegen ihrer kanzerogenen Wirkung (Lungenkrebs) nicht mehr verwendet werden.

8 Leichtbeton

8.1 Übersicht

Leichtbeton ist definiert als Beton mit einer Trockenrohdichte unter 2000 kg/m³. Er wird mit künstlich erzeugten Zuschlägen oder Zuschlägen aus natürlichen Gesteinen, in Sonderfällen auch aus natürlichen oder künstlichen organischen Stoffen hergestellt. Die gegenüber Normalbeton abgeminderte Rohdichte wird, wenn man von Gasbeton und Schaum- oder Porenleichtbeton absieht, erreicht

– durch die ausschließliche oder teilweise Verwendung von porigem Leichtzuschlag oder
– durch bleibende Hohlräume zwischen den Zuschlagkörnern (Haufwerksporen) bei unter Umständen gleichzeitiger Verwendung von Leichtzuschlag.

Dementsprechend unterscheidet man zwischen Leichtbeton mit geschlossenem Gefüge und Leichtbeton mit haufwerksporigem Gefüge (s. Abschn. 1.1.1).

Druckfestigkeit und Rohdichte des Leichtbetons schwanken je nach Zuschlagart, Betonzusammensetzung und Verwendungszweck in weiten Grenzen. Mit der Abminderung der Betonrohdichte ist eine Verminderung des Eigengewichts und eine Verbesserung des Wärmedämmvermögens der Bauteile verbunden.

Wesentlich für Hersteller und Verwender von Leichtbeton ist, daß dieser im Vergleich zu Normalbeton eine zusätzliche Güteanforderung erfüllen muß. Neben die Gewährleistung einer bestimmten, dem jeweiligen Verwendungszweck angepaßten Verarbeitbarkeit und der verlangten Druckfestigkeit tritt die Einhaltung der vereinbarten Rohdichte.

Zu den Leichtbetonen zählen auch Gasbeton und Schaum- oder Porenleichtbeton (s. Abschn. 1.1.1). Diese werden jedoch hier nicht behandelt.

8.2 Leichtbeton mit geschlossenem Gefüge

8.2.1 Allgemeines

Die folgenden Ausführungen behandeln Leichtbeton mit geschlossenem Gefüge, der für die Herstellung von Leicht-, Stahlleicht- und Spannleichtbeton nach DIN 4219 und DIN 4227 Teil 4 geeignet ist und auch als Konstruktionsleichtbeton bezeichnet wird [8-1]. Er unterscheidet sich hinsichtlich der Zusammensetzung vom Normalbeton im wesentlichen nur dadurch, daß anstelle von dichtem Normalzuschlag ausschließlich oder teilweise poriger Leichtzuschlag verwendet wird. Praktische Bedeutung haben nur künstlich hergestellte Leichtzuschläge (s. Abschn. 2.2.4.2.1).

Damit ist eine Verminderung der Rohdichte um 25 bis 50% unter Beibehaltung der vom Normalbeton her bekannten Festigkeiten möglich. Von praktischer Bedeutung sind Leichtbetone mit Rohdichten (kg/m³) bzw. Druckfestigkeiten (N/mm²) von 1200/12 bis

1800/60. Weitere, für das Tragverhalten der Bauteile wesentliche Festbetoneigenschaften, wie der Verbund Beton – Bewehrung, die Dauerhaftigkeit oder der Korrosionsschutz der Bewehrung, entsprechen weitgehend denen von Normalbeton.

Mit Leichtzuschlag-Schaumbeton werden Rohdichten von 0,8 bis 1,0 kg/dm^3 bei Druckfestigkeiten von 8 bis 12 N/mm^2 erreicht [8-2, 8-3].

Die Verwendung von Leichtzuschlag belastet die Betonherstellung mit einer zusätzlichen Stoffeinflußgröße. Die je nach angestrebter Betonrohdichte abgestufte Kornrohdichte (Porigkeit) und die dementsprechend unterschiedliche Saugfähigkeit, Steifigkeit und Festigkeit des Zuschlags beeinflussen die Frisch- und Festbetoneigenschaften, insbesondere das Tragverhalten des Betons.

8.2.2 Tragverhalten

Das Tragverhalten von Beton wird allgemein durch das Verhältnis der Steifigkeiten und Festigkeiten des Zementsteins bzw. der Mörtelmatrix und des Zuschlags bestimmt (Tabelle 8.2-1).

Tabelle 8.2-1 Steifigkeit und Festigkeit von Zuschlag und Mörtelmatrix

	E-Modul N/mm^2	(Korn)festigkeit N/mm^2
Leichtzuschlag	(5 bis 15) · 10^3	10 bis 60
Zementmörtel	(20 bis 30) · 10^3	20 bis 80
Normalzuschlag	(50 bis 100) · 10^3	120 bis 300

Beim Normalbeton ist die weniger steife und feste Mörtelmatrix für die Festigkeit maßgebend (s. Abschn. 7.4.1). Daher kann hier ein einheitlicher Zusammenhang zwischen der Beton- und der Matrixdruckfestigkeit zugrunde gelegt werden; letztere ist charakterisiert durch den Wasserzementwert und die Normdruckfestigkeit des Zements (s. Abschn. 3.2.2.2 und Bild 3.2-4).

Demgegenüber sind beim Leichtbeton die Zuschlagkörner oft weniger fest und steif als die Matrix. Sie stellen dann Schwachstellen im Betongefüge dar mit der Folge, daß die Betonfestigkeit die Festigkeit der Matrix nicht erreicht. Um wieviel die Betonfestigkeit hinter der Matrixfestigkeit zurück bleibt, hängt im wesentlichen von den Festigkeits- und Steifigkeitsverhältnissen Matrix zu Zuschlag ab.

Betrachtet man die Festigkeit von Leichtbeton im Verlauf seiner Erhärtung, so liegen in jungem Alter ähnliche Verhältnisse wie bei Normalbeton vor. Die Hauptdruckspannungslinien verlaufen konzentriert von Zuschlagkorn zu Zuschlagkorn. Die Mörtelschichten müssen die Druckkräfte übertragen und werden dabei überwiegend senkrecht zu ihrer Schichtfläche auf Druck beansprucht (Bild 8.2-1 links). Rechtwinklig zur Belastungsrichtung entstehen aufgrund der Krümmung der Drucktrajektorien Zugspannungen, die auch den Haftverbund zwischen Matrix und Zuschlag beanspruchen. Wie beim Normalbeton kommt es hier unterhalb einer bestimmten, vom Zuschlag abhängigen Grenzfestigkeit schließlich zu Haftrissen und dann zum Bruch. Die Betondruckfestigkeit entspricht etwa der Druckfestigkeit der Matrix.

Mit fortschreitender Erhärtung erreicht und überschreitet in der Regel die Steifigkeit der Matrix diejenige des Zuschlags. Damit ändert sich der innere Kräftefluß (Bild 8.2-1

8.2 Leichtbeton mit geschlossenem Gefüge

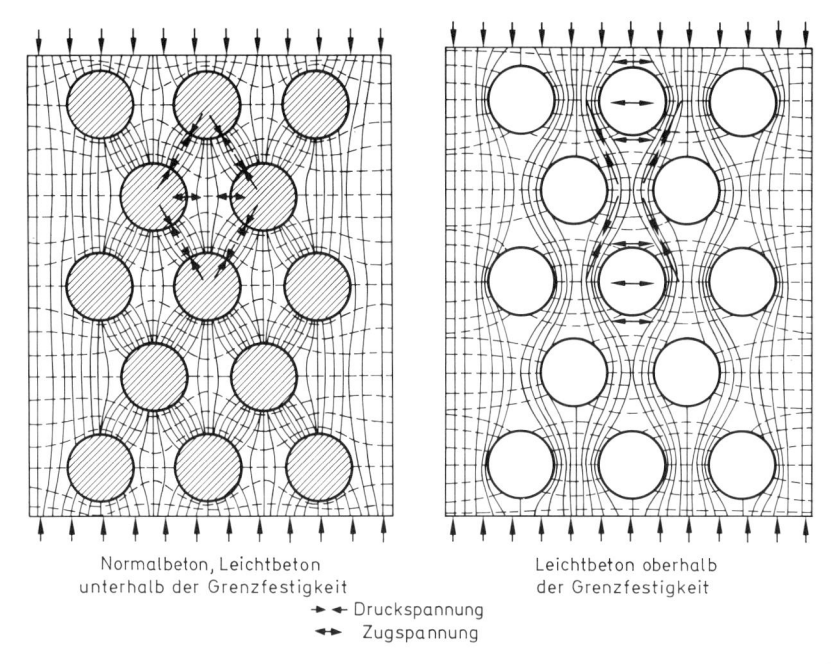

Bild 8.2-1 Kräfteverlauf in druckbeanspruchtem Normalbeton und Leichtbeton mit geschlossenem Gefüge [8-4]

rechts). Die Hauptdruckspannungslinien laufen jetzt um die Zuschlagkörner herum, die sich infolge ihrer geringeren Steifigkeit der Lastaufnahme entziehen. Die Mörtelschichten werden bei der Kraftweiterleitung in ihren Schichtflächen auf Druck beansprucht. Dabei entstehen oberhalb und unterhalb der Zuschlagkörner Zugspannungen rechtwinklig zu den gekrümmten Drucktrajektorien, d. h. etwa rechtwinklig zur Kraftrichtung. Überschreiten diese die Zugfestigkeit der Matrix, bilden sich dort Risse, und die Querzugkräfte lagern sich allmählich auf die Zuschlagkörner um, bis auch deren Zugfestigkeit erreicht ist. Damit ist die Tragfähigkeit des Betons erschöpft. Diese Bruchart wird als Kornbruch bezeichnet [8-5]. Er bestimmt die obere Grenze der Betondruckfestigkeit.

Der Leichtbeton versagt jedoch nicht immer durch Kornbruch. Die mit dem Reißen der Matrix freiwerdenden Umlagerungskräfte können nur dann auf das Korn übertragen werden, wenn der Verbund zwischen Zuschlag und Matrix eine ausreichende Festigkeit aufweist. Andernfalls läuft nach Überschreiten der Verbundfestigkeit der Riß entlang der Korngrenze um das Korn herum. Es erfolgt ein vorzeitiger Verbundbruch.

Trägt man die Druckfestigkeit von Leichtbeton über der Druckfestigkeit der zugehörigen Mörtelmatrix auf, so ergibt sich der auf Bild 8.2-2 gezeigte Zusammenhang. Bis zu einer vom Zuschlag abhängigen Grenzfestigkeit erreicht die Festigkeit des Leichtbetons praktisch die Matrixfestigkeit. Oberhalb der genannten Grenzfestigkeit nimmt die Leichtbetonfestigkeit bei einer Steigerung der Matrixfestigkeit langsamer zu als diese. Die Grenzfestigkeit ist etwa dann erreicht, wenn der E-Modul (Verformungsmodul) der Matrix den E-Modul der Zuschlagkörner überschreitet, so daß sich die Zuschlagkörner nicht mehr voll entsprechend ihrem Volumenanteil an der Kraftübertragung beteiligen. Die Steigung im weiteren Verlauf hängt ebenfalls von der Zuschlagart ab, aber auch vom Zuschlaggehalt. Sie ist um so größer, je höher der Korn-E-Modul ist und nimmt mit zunehmendem Zu-

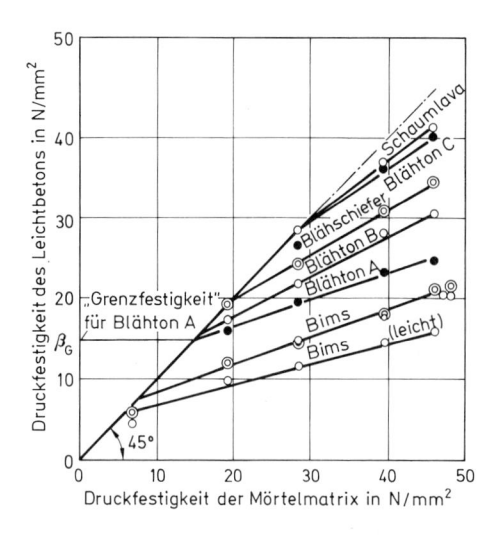

Bild 8.2-2 Festigkeit von Leichtbeton in Abhängigkeit von der zugehörigen Matrixfestigkeit bei verschiedenen Leichtzuschlagarten [8-6]

schlaggehalt ab. Die erreichbare Betondruckfestigkeit wird durch Verbund- oder Kornbruch begrenzt.

Da nicht alle Körner des Zuschlaggemischs den gleichen E-Modul haben, vollzieht sich der Übergang zwischen den verschiedenen Brucharten allmählich. Die Kurve verläuft daher ausgerundet und ist insbesondere oberhalb der Grenzfestigkeit zur Abszisse hin hohl gekrümmt (Bild 8.2-3).

Aus den vorstehenden Zusammenhängen ergibt sich, daß bei hoch beanspruchtem Leichtbeton die Matrixfestigkeit in der Regel größer sein muß als die angestrebte Betondruckfestigkeit. Umgekehrt kann diese durch Steigerung der Matrixfestigkeit nicht beliebig erhöht werden. Es gibt für jeden Zuschlag eine obere Grenze der Betondruckfestigkeit, die

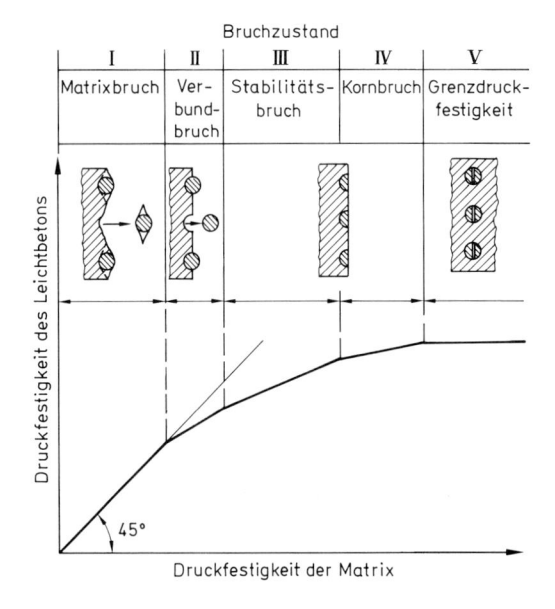

Bild 8.2-3 Bruchzustände des Leichtbetons [8-5]

8.2 Leichtbeton mit geschlossenem Gefüge

durch die Kornfestigkeit bestimmt wird. Eine weitere Erhöhung der Matrixfestigkeit erbringt kaum noch einen nennenswerten Zuwachs der Betonfestigkeit.

Das bedeutet insgesamt, daß bei Leichtbeton im Gegensatz zu Normalbeton kein einheitlicher Zusammenhang zwischen Matrix- und Betondruckfestigkeit besteht. Er ist vielmehr von der Zuschlagart abhängig und wird außerdem noch durch die Mörtelmenge bzw. den Zuschlaggehalt beeinflußt.

8.2.3 Festigkeits- und Rohdichteklassen

Beton wird aufgrund der Güteprüfungsergebnisse in Festigkeitsklassen und im Fall von Leichtbeton zusätzlich in Rohdichteklassen eingeteilt (s. Abschn. 1.2.1 und 1.2.2).

Leichtbeton wird in die Festigkeitsklassen LB 8 bis LB 55 unterteilt (Tabelle 8.2-2). Der Abstand zwischen der Nennfestigkeit β_{WN} und der Serienfestigkeit β_{WS} ist hier geringer als bei Normalbeton (Tabelle 1.1-1). Diese Erleichterung ist in einer erfahrungsgemäß geringeren Streuung der Druckfestigkeit während der laufenden Herstellung begründet. Sie ermöglicht eine Absenkung der Rohdichte bei jeweils gleicher Festigkeitsklasse.

Des weiteren wird Leichtbeton in die Rohdichteklassen 1,0 bis 2,0 eingeteilt (Tabelle 8.2-3). Die Zuordnung zu einer der Rohdichteklassen erfolgt anhand der Beton-Trockenrohdichte. Zur Bestimmung der Beton-Trockenrohdichte werden die auf Druckfestigkeit

Tabelle 8.2-2 Festigkeitsklassen von Leichtbeton mit geschlossenem Gefüge nach DIN 4219 Teil 1

Betongruppe	Festigkeitsklasse des Leichtbetons	Nennfestigkeit β_{WN} N/mm²	Serienfestigkeit β_{WS} N/mm²	Anwendung	
Leichtbeton B I[1])	LB 8	8,0	11	Für unbewehrte Bauteile. Als Stahlleichtbeton nur für Wände nach DIN 1045, Abschn. 25.5.1 und für Fassaden- und Brüstungselemente, die durch Eigenlasten und Wind belastet werden	Nur bei vorwiegend ruhenden Lasten
	LB 10	10	13		
	LB 15	15	18	Unbewehrter Leichtbeton und Stahlleichtbeton	
	LB 25[2])	25	29	Unbewehrter Leichtbeton, Stahlleichtbeton und Spannleichtbeton	Auch bei nicht vorwiegend ruhenden Lasten
Leichtbeton B II	LB 35	35	39		
	LB 45	45	49		
	LB 55[3])	55	59		

[1]) Stets mit Eignungsprüfung.
[2]) LB 25 für Spannleichtbeton ist unter den Bedingungen für B II herzustellen und zu überwachen.
[3]) Zustimmung im Einzelfall oder Zulassung entsprechend den bauaufsichtlichen Vorschriften erforderlich.

Tabelle 8.2-3 Rohdichteklassen von Leichtbeton mit geschlossenem Gefüge nach DIN 4219 Teil 1

Rohdichte-klasse	Grenzen des Mittelwertes der Beton-Trockenrohdichte ϱ_d in kg/dm³ *)
1,0	0,80 bis 1,00
1,2	1,01 bis 1,20
1,4	1,21 bis 1,40
1,6	1,41 bis 1,60
1,8	1,61 bis 1,80
2,0	1,81 bis 2,00

*) 1 kg/dm³ = 1000 kg/m³

Tabelle 8.2-4 Anhaltswerte für die Zuordnung von Festigkeits- und Rohdichteklassen nach DIN 4219 Teil 1

Festigkeits-klasse	Rohdichteklasse mit Natursand	Rohdichteklasse mit Leichtsand
LB 8	–	ab 1,0
LB 10	ab 1,4	ab 1,2
LB 15	ab 1,4 oder ab 1,6	ab 1,2 oder ab 1,4
LB 25	ab 1,6	ab 1,4
LB 35	ab 1,6 oder ab 1,8	ab 1,4 oder ab 1,6
LB 45	ab 1,8	ab 1,6
LB 55	ab 1,8	–

geprüften Probekörper als Ganzes oder von jedem Probekörper mehrere Bruchstücke aus dem Kern und aus den Randbereichen bei 105 °C vollständig getrocknet.

Es ist nicht möglich, Festigkeits- und Rohdichteklassen beliebig miteinander zu kombinieren. Die oberen Festigkeitsklassen lassen sich nur mit entsprechend hohen Betonrohdichten erreichen. Unter durchschnittlichen Verhältnissen kann man von der in Tabelle 8.2-4 angegebenen Zuordnung der Festigkeitsklassen und Rohdichteklassen des Leichtbetons ausgehen.

8.2.4 Betonzusammensetzung

8.2.4.1 Mischungsentwurf

Bei Normalbeton erfolgt der Mischungsentwurf mit Hilfe der Stoffraumrechnung (s. Abschn. 3.3.1). Dabei wird im Hinblick auf die Betondruckfestigkeit ein einheitlicher Zusammenhang mit dem Wasserzementwert und der Normdruckfestigkeit des Zements zugrundegelegt (s. Abschn. 3.2.2.2).

Ein solcher allgemeingültiger Zusammenhang besteht für Leichtbeton nicht. Zwar können für einzelne Leichtzuschlagsorten entsprechende Beziehungen analog Bild 3.2-4 hergeleitet werden. Sie sind aber auch dann nur für eine bestimmte Kornzusammensetzung gültig, weil sich die Korngruppen oft im E-Modul und in der Festigkeit unterscheiden. Erschwerend kommt hinzu, daß Leichtzuschlag aufgrund seiner Porosität meist eine beträchtliche Menge Wasser aufnimmt, die nur näherungsweise abgeschätzt werden kann.

8.2 Leichtbeton mit geschlossenem Gefüge

Maßgebend für die Matrixfestigkeit ist der wirksame Wasserzementwert, bei dem nur das im Zementleim enthaltene Wasser zählt. Dieser wirksame Wasserzementwert ist aber bei einer ausgeführten Leichtbetonmischung nur näherungsweise bekannt. Beim gleichen Gesamtwassergehalt hängt er u. a. auch von der Ausgangsfeuchte des Leichtzuschlags, von der Konsistenz des Frischbetons, von der Zähigkeit des Zementleims und von den Verarbeitungsbedingungen ab. Schließlich ist in den Mischungsentwurf als weitere Zielgröße auch die Betonrohdichte einzubeziehen.

In Anbetracht dieser verwickelten Zusammenhänge werden Leichtbetonmischungen in der Regel nach den Richtrezepturen des Leichtzuschlagherstellers zusammengestellt. Diese beziehen sich im allgemeinen auf Mischungen mit weichplastischer Konsistenz im Bereich KP/KR mit Zementgehalten von 300 bis 350 kg/m^3 und einem Mörtelgehalt (Zementleim einschließlich Luftporen und Zuschlag unter 4 mm Korngröße) von 500 bis 600 dm^3/m^3. Damit wird eine gute Verarbeitbarkeit und ein geschlossenes Gefüge des Betons erreicht.

Für Fertigteile in liegender Schalung genügen meist Mörtelgehalte in der unteren Hälfte des angegebenen Bereichs. In Fällen, wo der Beton schwieriger einzubringen und zu verdichten ist, wie in stehender Schalung und bei enger Bewehrung, und bei Transportbeton sind Mörtelgehalte in der oberen Hälfte des genannten Bereichs zweckmäßig. Runde Zuschläge mit geschlossener Oberfläche, wie die meisten Blähtone, benötigen weniger Mörtel als Zuschläge mit eckiger Kornform und grobporiger Oberfläche (z. B. gebrochene Schaumlava). Auch die Art des Sandes spielt eine Rolle. Bei Verwendung von Natursand mit gerundeten Körnern kommt man mit weniger Mörtel aus als bei Verwendung von Sanden mit eckiger Kornform und rauher Oberfläche (z. B. Blähton-Brechsand).

Für die oberen Festigkeitsklassen wird manchmal ein Zusatz von Natursand empfohlen. Damit ist allerdings eine Erhöhung der Betonrohdichte und der Wärmeleitfähigkeit verbunden.

Für die verschiedenen Festigkeits- und Rohdichteklassen werden meist Leichtzuschläge unterschiedlicher Schüttdichte bzw. Kornrohdichte eingesetzt, da eine Beeinflussung der Festigkeit und der Betonrohdichte über Menge und Zusammensetzung der Mörtelmatrix nur in relativ engen Grenzen möglich ist. Die für die Festigkeit und Rohdichte des Betons maßgebenden Zuschlageigenschaften können überschläglich anhand der Kornrohdichte oder Schüttdichte des Grobkorns 8/16 mm beurteilt werden (Tabelle 8.2-5).

Nach DIN 4219 Teil 1 ist bei Leichtbeton stets eine Eignungsprüfung durchzuführen. Die Vorhaltemaße für Druckfestigkeit und Trockenrohdichte sind vom Unternehmer nach seinen Erfahrungen so zu wählen, daß bei der Güteprüfung die entsprechenden Anforderungen hinsichtlich der Festigkeits- und Rohdichteklasse sicher erfüllt werden.

Tabelle 8.2-5 Erreichbare Festigkeitsklasse und Trockenrohdichte des Betons in Abhängigkeit von der Kornrohdichte des Zuschlags 8/16 mm

Kornrohdichte Korngruppe 8/16 mm (kg/dm^3)	Betonfestigkeitsklasse (Zementgehalt 300–350 kg/m^3)	Trockenrohdichte (kg/dm^3)	
		mit Leichtsand	mit Natursand
0,60–0,70	LB 8	$\leq 1,10$	$\leq 1,30$
0,70–0,80	LB 10	$\leq 1,20$	$\leq 1,40$
0,90–1,00	LB 15	$\leq 1,30$	$\leq 1,50$
1,00–1,15	LB 25	$\leq 1,40$	$\leq 1,60$
1,25–1,35	LB 35	$\leq 1,50$	$\leq 1,70$
1,45–1,55	LB 45/LB 55	–	ab 1,80

8.2.4.2 Konsistenz

Im Hinblick auf die Verarbeitbarkeit haben sich Konsistenzen im Bereich KP/KR bewährt. Bei zu weicher Konsistenz besteht die Gefahr, daß das leichte Grobkorn beim Verdichten aufschwimmt. Das Aufschwimmen läßt sich jedoch durch stabilisierende Zusatzmittel (z. B. UCR) oder Einführung von Luftporen (LP-Mittel) einschränken. Bei Verwendung eines stabilisierenden Zusatzmittels läßt sich Leichtbeton auch als Fließbeton herstellen.

8.2.4.3 Kornzusammensetzung des Zuschlags

Die Kornzusammensetzung kann nach stetigen und unstetigen Sieblinien erfolgen (Bilder 3.1-1 bis 3.1-3). Im Hinblick auf die Verarbeitbarkeit und ein homogenes Gefüge des Betons ist eine stetige Kornzusammensetzung im Sieblinienbereich (3) zu empfehlen. Die Verwendung von Ausfallkörnungen kann aus wirtschaftlichen Gründen (Einsparung einer Lieferkorngruppe) zweckmäßig sein.

Das Größtkorn darf 25 mm nicht überschreiten. Für Beton der Festigkeitsklasse LB 25 und höher ist es im allgemeinen zweckmäßig, den Größtkorndurchmesser auf z. B. 16 mm zu begrenzen, da das Grobkorn bei manchen Zuschlagsorten stärker gebläht, leichter und weniger fest ist als das Mittel- und Feinkorn. Für Betone der unteren Festigkeitsklassen, bei denen eine niedrige Rohdichte bzw. Wärmeleitfähigkeit vorrangig ist, kann die Mitverwendung der Korngruppe 16/25 mm vorteilhaft sein.

Leichtzuschlag muß stets nach Korngruppen getrennt zugegeben werden. Da die Korngröße einen Einfluß auf die für die Betonfestigkeit und -rohdichte maßgebenden Zuschlageigenschaften (*E*-Modul, Festigkeit, Kornrohdichte) hat, sind die für die Herstellung von Leichtbeton zulässigen Korngruppen enger gefaßt als bei Normalzuschlag. Für Leichtbeton aller Festigkeitsklassen und beider Betongruppen (B I und B II) müssen die einzelnen Korngruppen, soweit sie verwendet werden (Ausfallkörnungen sind zulässig), wie folgt begrenzt sein:

```
        0/2 mm,  2/8 mm,  8/16 mm,  16/25 mm
oder    0/4 mm,  4/8 mm,  8/16 mm,  16/25 mm
```

8.2.4.4 Wasseranspruch

Der für eine bestimmte Konsistenz erforderliche Wassergehalt hängt von der Kornzusammensetzung, der Kornform und der Oberflächenrauhigkeit der Zuschläge ab. Beim Gesamtwassergehalt ist zusätzlich die Wasseraufnahme der Leichtzuschläge zu berücksichtigen. Trockener Leichtzuschlag kann dem Zementleim Wasser in erheblichem Maße entziehen, z. B. 30 bis 100 l je m^3 Beton. Diese Menge ist bei der Festlegung des Zugabewassers zu berücksichtigen. Sie entspricht größenordnungsmäßig etwa der Menge, die trockene Leichtzuschläge in unverarbeitetem Zustand bei halbstündiger Unterwasserlagerung aufnehmen [8-7, 8-8].

8.2.4.5 Zementgehalt

Der erforderliche Zementgehalt richtet sich nach der Eignungsprüfung. Er muß bei bewehrtem Leichtbeton (Stahlleichtbeton, Spannleichtbeton) stets mindestens 300 kg je m^3 fertigen Betons betragen und soll 450 kg/m^3 nicht überschreiten. Wie schon erwähnt, werden in den Rezepturen der Zuschlaghersteller meist Zementgehalte zwischen 300 bis 350 kg/m^3 empfohlen.

8.2.5 Herstellung, Verarbeitung und Nachbehandlung

Die allgemeinen Regeln für Herstellung, Verarbeitung und Nachbehandlung des Betons sind in den Abschnitten 4.1 bis 4.3 besprochen. Im folgenden werden die zusätzlichen oder abweichenden Maßnahmen für Leichtbeton behandelt.

8.2.5.1 Herstellung

Vorbehandlung des Zuschlags

Leichtzuschlag entzieht während des Mischens, insbesondere aber im Zeitraum zwischen Mischen und Einbringen des Betons, dem Zementleim Wasser. Dadurch wird das Ansteifen des Frischbetons beschleunigt und seine Verarbeitbarkeit beeinträchtigt. Dies kann durch ein Vornässen des Zuschlags vor der Zugabe vermieden oder eingeschränkt werden. Das dabei vom Zuschlag aufgenommene Wasser wird jedoch nur sehr langsam wieder abgegeben. Dies hat zur Folge, daß der Beton noch nach Jahren einen erhöhten Feuchtegehalt aufweist, was die Rohdichte und die Wärmeleitfähigkeit erhöht, den Frostwiderstand und den Feuerwiderstand beeinträchtigt und sich nachteilig auf das Schwind- und Kriechverhalten auswirken kann.

Aus diesen Gründen sieht man in Deutschland von einem ausgiebigen Vornässen des Zuschlags ab und trägt dem möglichen beschleunigten Ansteifen des Frischbetons durch eine längere Mischdauer und/oder eine Konsistenzvorgabe Rechnung.

Abmessen des Zuschlags

Ungeschützt im Freien gelagerter Zuschlag kann erhebliche Mengen Wasser aufnehmen. Beim Abwiegen muß dessen Eigenfeuchte berücksichtigt werden, weil sonst zu wenig Zuschlag in die Mischung gelangt.

Insbesondere bei stark wechselnden Feuchtegehalten kann es zweckmäßig sein, den Grobzuschlag nach Volumen abzumessen, weil ein bestimmtes Schüttvolumen von Zuschlag > 4 mm unabhängig von der Feuchte immer etwa die gleiche Zuschlagmenge enthält. Häufige Feuchtemessungen können damit entfallen, wenn gleichzeitig die Wasserzugabe so gesteuert wird, daß der Frischbeton immer etwa die gleiche Konsistenz aufweist.

Mischen

Bei Leichtbeton kann es wegen der größeren Rohdichteunterschiede zwischen Zementleim und Zuschlag schwieriger sein, eine gleichmäßige Durchmischung zu erzielen als bei Normalbeton. Bei Freifallmischern fehlt insbesondere bei sehr leichtem Zuschlag oft das nötige Gewicht, um die erforderliche Umwälzung zu bewirken, vor allem dann, wenn eine etwas steifere Konsistenz gefahren werden soll. In solchen Fällen sind Zwangsmischer günstiger. Bei Zuschlag mit geringer Kornfestigkeit besteht hier allerdings die Gefahr, daß ein Teil der Körner beim Mischen zertrümmert wird.

Die Mischdauer nach Zugabe aller Stoffe muß nach DIN 4219 Teil 1 mindestens 1,5 Minuten betragen. Bei Verwendung von trockenem Zuschlag wird eine etwas längere Mischdauer empfohlen [8-9], damit die Körner noch während des Mischens Wasser aufnehmen können und hinterher dem Frischbeton nicht mehr so viel Wasser entziehen.

Betonzusatzmittel sollen erst dann zugegeben werden, wenn der Zuschlag ausreichend befeuchtet ist. Andernfalls können sie zum Teil von den porigen Zuschlagkörnern aufgesaugt und so in ihrer Wirkung eingeschränkt werden.

Konsistenz

Bei Leichtbeton läßt sich die Konsistenz mit dem Verdichtungsmaß meist besser beurteilen als mit dem Ausbreitmaß. Wegen der geringeren Rohdichte kann das Ausbreitmaß um 2 bis 4 cm niedriger ausfallen als bei Normalbeton mit gleicher Konsistenz.

Bei einem längeren Zeitraum zwischen Mischen und Einbringen kann der Beton durch weitere Wasseraufnahme des Leichtzuschlags beträchtlich über das normale, durch die beginnende Hydratation bewirkte Maß hinaus ansteifen. Um die gewünschte Konsistenz beim Einbau sicherzustellen, muß der Beton vorm Verlassen des Mischers durch eine zusätzliche Wasserzugabe entsprechend weicher eingestellt werden. Dies darf jedoch nicht zu Entmischungen führen. Die für die Konsistenzvorgabe erforderliche zusätzliche Wassermenge hat keinen Einfluß auf den wirksamen Wasserzementwert, da sie sich zum Zeitpunkt des Verdichtens nicht mehr im Zementleim befindet, sondern in die Kornporen des Zuschlags gewandert ist.

Transportleichtbeton

Da bei Transportbeton meist eine größere Zeitspanne zwischen Mischen und Einbringen verstreicht, ist hier mit einem verstärkten Ansteifen zu rechnen. Um die vereinbarte Konsistenz bei der Übergabe sicherzustellen, kann, wie vorstehend beschrieben, mit einer Konsistenzvorgabe gearbeitet werden, oder es kann unmittelbar vor der Übergabe zusätzliches Wasser untergemischt werden, das das dem Zementleim zwischenzeitlich entzogene Wasser ersetzt. Eine solche nachträgliche, kontrollierte Wasserzugabe ist nur bei Leichtbeton zulässig. Vor erstmaliger Verwendung eines Leichtzuschlags muß vom Transportbetonwerk die Eignungsprüfung auch unter Berücksichtigung der für den praktischen Fall vorgesehenen Arbeitsweise einschließlich Fahrzeit und Auslieferung durchgeführt werden [8-9].

8.2.5.2 Verarbeitung

Fördern

Es ist zu berücksichtigen, daß Leichtbeton oft stärker zum Entmischen neigt als Normalbeton. Dies äußert sich besonders darin, daß die leichten Grobzuschläge aufschwimmen. Diese Gefahr besteht vor allem bei sehr weicher Konsistenz, bei niedriger Kornrohdichte (unter 1,0 kg/dm^3), größeren Kornrohdichteunterschieden zwischen den einzelnen Korngruppen und bei verhältnismäßig glatten, runden Körnern. Der Zusammenhalt des Frischbetons kann erforderlichenfalls durch Betonzusatzmittel, wie Stabilisierer, Verflüssiger, Luftporenbildner, oder durch Betonzusatzstoffe (z. B. Flugasche, Gesteinsmehl) verbessert werden.

Es ist heute möglich, entsprechend zusammengesetzten Leichtbeton auch zu pumpen. Dabei ist aber der Wasseraufnahme des Zuschlags und der Zusammendrückbarkeit der in den Poren der Zuschlagkörner befindlichen Luft Rechnung zu tragen. Unter dem zum Pumpen erforderlichen Druck wird zusätzliches Wasser bzw. wäßriger Zementleim in die Poren der Körner gedrückt. Der Leichtbeton wird dadurch steifer und schlechter verformbar. Dies bedingt eine Erhöhung des Förderdrucks, wodurch noch mehr Wasser in die Körner gedrückt wird und der Beton noch weiter ansteift, so daß es leicht zu einem Verstopfer kommen kann. Infolge der Wasseraufnahme des Zuschlags hat der gepumpte Leichtbeton beim Verlassen der Rohrleitung eine steifere Konsistenz als vor dem Pumpen. Um ihn noch verarbeiten zu können, muß der Leichtbeton der Pumpe deshalb mit einer weicheren Konsistenz zugeführt werden, als sie an der Einbaustelle gebraucht wird, jedoch nicht so weich, daß er sich entmischt. Eine zusätzliche Komplikation ergibt sich

8.2 Leichtbeton mit geschlossenem Gefüge

dadurch, daß die in den Kornporen des Zuschlags befindliche Luft durch das beim Pumpen hineingepreßte Wasser komprimiert wird, da sie nicht entweichen kann. Beim Austritt des Leichtbetons aus der Rohrleitung dehnt sie sich wieder aus und drückt einen Teil des eingedrungenen Wassers bzw. des wäßrigen Zementleims aus dem Korn heraus. Dabei können sich um die einzelnen Körner herum wasserreiche Mörtelschichten bilden, die das Betongefüge schwächen.

Um die mit der Wasseraufnahme der Leichtzuschläge verbundenen Schwierigkeiten beim Pumpen von Leichtbeton zu vermeiden, besteht die Möglichkeit, die Zuschläge vor ihrer Verwendung gründlich vorzunässen.

Eine extrem starke Vornässung des Leichtzuschlags, wie sie vornehmlich in der amerikanischen Literatur [8-10, 8-11] empfohlen wird, hat aber den Nachteil, daß das Wärmedämmvermögen und der Widerstand gegen Frost- und Tausalzangriff anfänglich vermindert sind. In Deutschland ist das Vornässen des Leichtzuschlags nicht üblich. Das Ansteifen beim Pumpen wird durch eine Konsistenzvorgabe berücksichtigt.

Damit sich der sehr weiche Ausgangsbeton nicht entmischt, wird ihm oft ein Stabilisierer zugesetzt. Geeignete Zusatzmittel dieser Art können gleichzeitig die Wasseraufnahme des Leichtzuschlags vermindern und die Gleitfähigkeit des Frischbetons verbessern [8-12, 8-13]. In England entwickelt sich das Pumpen zu der am meisten benutzten Förderart für Leichtbeton. Der Leichtbeton wird praktisch in Fließbetonkonsistenz hergestellt. Der feine Zuschlag besteht aus Natursand. Als Pumphilfen werden Bentonit in einer Menge von 9 bis 12 kg/m^3 oder ein speziell für das Pumpen von Leichtbeton entwickeltes Betonzusatzmittel zugegeben [8-14].

Einbringen und Verdichten

Beim Einbringen und Verdichten ist die gegenüber Normalbeton meist größere Entmischungstendenz zu berücksichtigen. Beim Schütten aus größerer Höhe sind deshalb Fallrohre, die den Frischbeton zusammenhalten, noch notwendiger als bei Normalbeton. Da der frische Leichtbeton infolge seines niedrigeren Gewichtes schlechter auseinanderfließt, sollten die Einbringstellen in engeren Abständen angeordnet werden.

Leichtbeton sollte immer durch Rütteln verdichtet werden.

Der Wirkungsradius von Innenrüttlern ist bei Leichtbeton nur etwa halb so groß wie bei Normalbeton. Deshalb sind die Abstände der Tauchstellen gegenüber Normalbeton etwa zu halbieren. Dies ist bereits bei der Anordnung von Verdichtungsöffnungen und Rüttelgassen zu berücksichtigen. Näherungsweise sollte der Tauchstellenabstand ungefähr dem fünffachen Durchmesser der Rüttelflasche entsprechen. Für das Verdichten von Leichtbeton mit Innenrüttlern eignen sich hochfrequente Geräte mit 9000 oder mehr Schwingungen in der Minute besonders gut.

Bei der Herstellung von Fertigteilen in liegender Schalung hat sich eine ausschließliche Verdichtung auf einem Rütteltisch nicht bewährt, weil sich der Leichtbeton dabei entmischt. Eine steifere Frischbetonkonsistenz im Bereich KS/KP und die zusätzliche Verwendung von Oberflächenrüttlern sind ratsam, um Mörtelanreicherungen an der Unterseite zu vermeiden, die zur vermehrten Bildung von Netzrissen infolge Schwinden beitragen können. Es hat sich als zweckmäßig erwiesen, mit dem Rütteltisch nur kurz anzurütteln, um eine geschlossene Unterseite zu erzielen. Die Verdichtung sollte im übrigen überwiegend von der Oberseite her erfolgen.

8.2.5.3 Nachbehandlung

Leichtbeton enthält in den Kornporen des Zuschlags Wasser, das während der Erhärtung zum Teil in den Zementstein übergeht und die Hydratation begünstigt. Trotzdem muß die Oberfläche vor zu schnellem Austrocknen geschützt werden, weil sonst ein starkes Feuchtegefälle zwischen Kern und Außenzone auftritt, das zur vermehrten Bildung von Netzrissen infolge Schwindens führen kann.

Die Hydratationswärme des Zements bewirkt bei Leichtbeton eine stärkere Erwärmung als bei Normalbeton, weil Wärmekapazität und Wärmeleitfähigkeit niedriger sind. Dies erhöht bei entsprechenden Bauteilabmessungen und Umweltbedingungen die Gefahr von Temperaturrissen als Folge eines starken Temperaturgefälles. Als vorbeugende Maßnahme empfiehlt sich ein späteres Entschalen oder das Abdecken mit wärmedämmenden Matten.

Bei einer Wärmebehandlung ist zu berücksichtigen, daß die Betontemperatur bei Leichtbeton deutlich höher über die Temperatur des Behandlungsraums hinaus anwächst als bei Normalbeton. Um zu hohe Betontemperaturen zu vermeiden, sind die Behandlungstemperaturen deshalb bei Leichtbeton etwas niedriger zu wählen.

8.2.6 Festbetoneigenschaften

Leichtbeton unterscheidet sich von Normalbeton hauptsächlich durch eine deutlich niedrigere Rohdichte bei vergleichbarer Festigkeit. Damit verbunden ist eine wesentlich geringere Wärmeleitfähigkeit und Wärmekapazität. Demgegenüber bestehen in den übrigen Eigenschaften keine oder nur begrenzte Unterschiede.

8.2.6.1 Druckfestigkeit und Rohdichte

Die Druckfestigkeit (Definition und Bestimmung siehe Abschnitt 7.4.3) ist in hohem Maße von der Festigkeit und der Steifigkeit des Zuschlags abhängig. Diese nehmen in der Regel mit ansteigender Kornrohdichte zu. Eine höhere Kornrohdichte führt zu höheren Betonrohdichten, ermöglicht aber auch höhere Betonfestigkeiten (Bild 8.2-4).

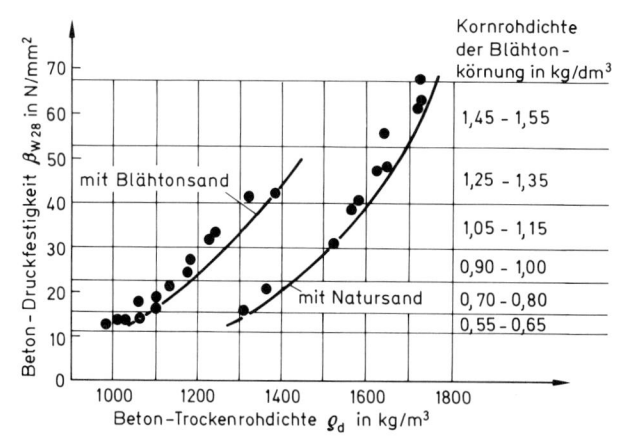

Bild 8.2-4 Zusammenhang zwischen der Beton-Trockenrohdichte und der Betondruckfestigkeit β_{W28} für Leichtbeton mit Blähtonzuschlägen unterschiedlicher Kornrohdichte eines deutschen Werks [8-15]

8.2 Leichtbeton mit geschlossenem Gefüge

Verwendet man als Feinzuschlag anstelle von Leichtsand Natursand, so nimmt die Betonrohdichte stark zu, während die Festigkeit normalerweise nur wenig ansteigt. Bei einem Natursandgehalt von 20 Stoffraum-% des Zuschlags nimmt die Rohdichte um etwa 200 kg/m³ zu. Die höhere Festigkeit und Steifigkeit von Natursand kommt erst im Grenzbereich, wo die Festigkeit des Leichtzuschlag-Grobkorns voll ausgeschöpft wird, zum Tragen und ermöglicht dann eine weitere Steigerung der Betondruckfestigkeit.

Mit dem leichtesten z. Z. in Deutschland erhältlichen Zuschlag lassen sich Beton-Trockenrohdichten bis herunter zu 1000 bis 1100 kg/m³ erzielen, wobei man sich allerdings mit Festigkeiten zwischen 10 und 17 N/mm² begnügen muß. Auf der anderen Seite ist es möglich, mit hochfestem Blähton und Natursandzusatz einen LB 55 herzustellen, dessen Trockenrohdichte bei etwa 1800 kg/m³ liegt (Tabellen 8.2-4 und 8.2-5).

8.2.6.2 Festigkeitsentwicklung

Die Betondruckfestigkeit wächst ab einer Grenzfestigkeit, die vom verwendeten Zuschlag abhängt, langsamer an als die Festigkeit der Mörtelmatrix (Bild 8.2-2 und 8.2-3). Dies hat zur Folge, daß die Festigkeitsentwicklung im Vergleich zu Normalbeton schneller abklingt und in jüngerem Alter ein höherer Anteil der Endfestigkeit erreicht wird. Diese Erscheinung ist um so ausgeprägter, je stärker der betreffende Zuschlag ausgenutzt ist, d. h. je näher die angestrebte 28-Tage-Festigkeit an die mit diesem Zuschlag überhaupt erreichbare Festigkeit heranreicht.

8.2.6.3 Dauerstand- und Druckschwellfestigkeit

Die Dauerstandfestigkeit (s. Abschn. 7.4.8) liegt nach den relativ wenigen bisher bekannten Versuchsergebnissen für Leichtbeton bei etwa 70 bis 75 % der Kurzzeitdruckfestigkeit, während sie bei Normalbeton etwa 80 % erreicht. Bei letzterem treten Brüche im allgemeinen nur innerhalb der ersten Woche nach der Belastung auf. Im Gegensatz dazu ist dies bei Leichtbeton wegen der geringeren Nacherhärtung in höherem Alter noch nach Monaten und Jahren möglich (Bild 8.2-5), was die stärkere Abminderung erklärt.

Die bezogene Druckschwellfestigkeit (s. Abschn. 7.4.9.3) ist mit 0,30 bis 0,35 β_C etwas niedriger als bei Normalbeton mit rund 0,4 β_C [8-18].

Bild 8.2-5 Zeitstandfestigkeit bzw. Dauerstandfestigkeit von Leichtbeton mit geschlossenem Gefüge und von Normalbeton

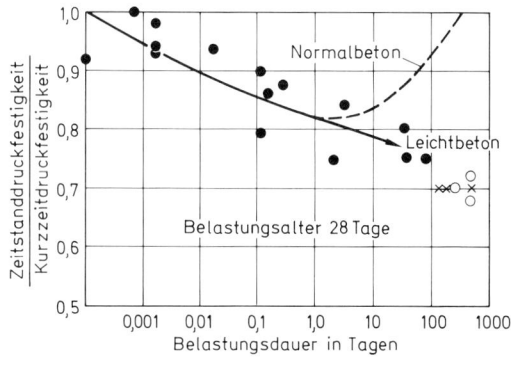

Leichtbetone LB 25 nach [8-16] ● gebrochen
○ noch nicht gebrochen
Leichtbetone LB 10 nach [8-17] × gebrochen

8.2.6.4 Teilflächenbelastung

Wird nur die Teilfläche A_1 eines Querschnitts mit der Fläche A durch eine Druckkraft belastet, dann ist die aufnehmbare Spannung größer als die einachsige Druckfestigkeit (s. Abschn. 7.4.11). Bei Normalbeton steigt die aufnehmbare Spannung etwa mit der Quadratwurzel des Flächenverhältnisses A/A_1 an, bei Leichtbeton dagegen nur etwa mit der Kubikwurzel.

8.2.6.5 Zugfestigkeit

Das Verhältnis Zug- zu Druckfestigkeit, sowie von Biege- zu Spalt- zu zentrischer Zugfestigkeit liegt in der gleichen Größenordnung wie bei Normalbeton (s. Abschn. 7.5.6) [8-19].

Die zur Aufnahme äußerer Zugkräfte verfügbare Zugfestigkeit ist jedoch in der Regel geringer, da Leichtbeton beim Austrocknen durch Schwindspannungen in den oberflächennahen Bereichen meist stärker beansprucht wird als Normalbeton. Das bedeutet, daß die an sich vorhandene Zugfestigkeit für die Aufnahme von Zugspannungen parallel zur Bauteiloberfläche nicht voll zur Verfügung steht, während sie für Zugspannungen senkrecht zur Oberfläche, wie sie z. B. in der Betondeckung von Übergreifungsstößen auftreten, voll in Ansatz gebracht werden kann.

In DIN 4219 Teil 2 sind deshalb die Grenze τ_{011} für den Grundwert τ_0 der Schubspannung bei Platten auf 60 % und der Grenzwert der Vergleichszugspannung zur Verminderung der Rißbildung auf 80 % der jeweiligen Werte für Normalbeton herabgesetzt.

Die Verbundfestigkeit Beton-Bewehrung kann wie bei Normalbeton angenommen werden.

8.2.6.6 Formänderungen

Elastizitätsmodul (vgl. Abschn. 7.9.2.3.1)

Der E-Modul wird in erster Linie durch das Verhalten des Zuschlags bestimmt. Er ist um so kleiner, je geringer dessen Steifigkeit. Diese nimmt in der Regel mit fallender Kornrohdichte ab. Eine niedrigere Kornrohdichte führt zu niedrigeren Betonrohdichten. Der E-Modul E_{lb} nimmt deshalb mit fallender Betonrohdichte ab. Er wird aber auch durch die Steifigkeit der Mörtelmatrix und damit durch die Betondruckfestigkeit beeinflußt.

Einen Anhaltspunkt liefert die Beziehung von PAUW [8-19]

$$E_{lb} = 0{,}04 \sqrt{\varrho_{lb}^3 \cdot \beta_W} \; [\text{N/mm}^2]$$

mit
ϱ_{lb} Rohdichte (lufttrocken) in kg/m^3
β_W Würfeldruckfestigkeit in N/mm^2

In DIN 4219 Teil 2 sind Rechenwerte in Abhängigkeit von der Rohdichteklasse angegeben (Tabelle 8.2-6). Der tatsächliche E-Modul kann davon je nach der Zuschlagart, einem eventuellen Natursandzusatz und der Betonfestigkeit um bis zu etwa 30 % nach oben oder unten abweichen. In besonderen Fällen kann es deshalb zweckmäßig oder notwendig sein, den E-Modul im Versuch zu bestimmen, z. B. wenn bei statisch unbestimmten Konstruktionen Abschnitte aus einem anderen Baustoff, wie Normalbeton oder Stahl, mit Leichtbetonabschnitten so zusammenwirken, daß der Elastizitätsmodul einen wesentlichen Einfluß auf die Schnittgrößen hat.

8.2 Leichtbeton mit geschlossenem Gefüge

Tabelle 8.2-6 Rechenwerte des Elastizitätsmoduls von Leichtbeton mit geschlossenem Gefüge nach DIN 4219 Teil 2

Rohdichteklasse	1,0	1,2	1,4	1,6	1,8	2,0
Elastizitätsmodul E_{lb} in MN/m²	5000	8000	11000	15000	19000	23000

Querdehnzahl

Die Querdehnzahl von Leichtbeton liegt in der gleichen Größenordnung wie die von Normalbeton und kann zu 0,20 angenommen werden.

Arbeitslinie (vgl. Abschn. 7.9.2.1)

Die Arbeitslinie von Leichtbeton verläuft im aufsteigenden Ast gestreckter, im abfallenden Ast deutlich steiler als bei Normalbeton gleicher Druckfestigkeit. Beide Erscheinungen sind um so stärker ausgeprägt, je näher die Festigkeit des Leichtbetons an die mit dem betreffenden Zuschlag überhaupt erreichbare Festigkeit herankommt [8-20].

Die Stauchung unter Höchstlast (Bruchstauchung) ist größer als bei Normalbeton gleicher Festigkeit. Sie liegt meist zwischen 2,5 und 3,5‰ und nimmt im Gegensatz zu Normalbeton mit steigender Festigkeit zu.

Schwinden (vgl. Abschn. 7.9.4.2)

Im allgemeinen muß man bei Leichtbeton mit etwas größeren Schwindverformungen rechnen als bei Normalbeton. Das Schwindmaß nimmt mit abnehmender Betonrohdichte und Druckfestigkeit zu. Nach DIN 4219 Teil 2 ist für die Festigkeitsklassen LB 8 bis LB 15 ein gegenüber Normalbeton um 50%, für LB 25 bis LB 55 ein um 20% erhöhtes Schwindmaß anzunehmen.

Bei stark vorgenäßtem Zuschlag kann das Schwinden in den ersten Monaten stark verzögert sein.

Das Feuchtigkeitsgefälle zwischen Kern und Randzonen ist bei Leichtbeton häufig größer als bei Normalbeton. Dies führt zu hohen Schwindeigenspannungen und in ungünstigen Fällen zu starker Netzrißbildung auf der Oberfläche. Die Netzrisse sind für die Dauerhaftigkeit der Bauteile i. allg. ohne nennenswerte Bedeutung. Sie können jedoch das Erscheinungsbild beeinträchtigen.

Kriechen (vgl. Abschn. 7.9.3.2)

Das Kriechmaß $\alpha_k = \varepsilon_k/\sigma$ von Leichtbeton der mittleren und oberen Festigkeits- und Rohdichteklassen ist von ähnlicher Größenordnung wie das von Normalbeton. Leichtbetone der unteren Festigkeits- und Rohdichteklassen haben ein höheres Kriechmaß.

In DIN 4219 Teil 2 ist für die Festigkeitsklassen LB 25 bis LB 55 das gleiche, für die Festigkeitsklassen LB 8 bis LB 15 ein um 30% höheres Kriechmaß zugrunde gelegt wie für Normalbeton. Das bedeutet, daß die für Normalbeton geltenden Kriechzahlen $\varphi = \alpha_k \cdot E$ (siehe DIN 4227 Teil 1) mit dem Faktor $1,0 \cdot E_{lb}/E_b$ (für LB 25 bis LB 55) bzw. $1,3\, E_{lb}/E_b$ (für LB 8 bis LB 15) abzumindern sind. Hierin bedeuten E_{lb} bzw. E_b die Rechenwerte des E-Moduls für Leicht- bzw. Normalbeton.

Wärmedehnzahl (vgl. Abschn. 7.9.5.2)

Die Wärmedehnzahl von Leichtzuschlag aus Blähton und Blähschiefer ist mit 0,4 bis $0,6 \cdot 10^{-5}/K$ nur etwa 1/3 bis 1/2 so groß wie die von Quarzzuschlag. Infolgedessen ist auch die Wärmedehnzahl eines entsprechenden Leichtbetons niedriger als die von Kiessandbeton. Sie kann nach DIN 4219 Teil 2 zu $\alpha_T = 0,8 \cdot 10^{-5}/K$ angenommen werden.

8.2.6.7 *Wärmeleitfähigkeit* (vgl. Abschn. 7.17)
spezifische Wärme und Wärmekapazität

Die *Wärmeleitfähigkeit* λ nimmt mit der Betonrohdichte ab. Von Einfluß ist auch die Zuschlagart. Kristalline Zuschläge, besonders Quarz, leiten die Wärme besser als solche mit amorpher oder glasiger Struktur (Bild 8.2-6).

Für Leichtbetone, die unter ausschließlicher Verwendung von Blähton, Blähschiefer, Naturbims und Schaumlava hergestellt werden, sind deshalb in DIN 4108 Teil 4 niedrigere Rechenwerte für die Wärmeleitfähigkeit angegeben als für solche mit Quarzsandzusatz (Tabelle 8.2-7). Sollen diese günstigeren Rechenwerte in Anspruch genommen werden, so ist auch bei Leichtbeton der Festigkeitsklassen LB 8 bis LB 25 die Betonherstellung nach den für Beton B II geltenden Bedingungen zu überwachen.

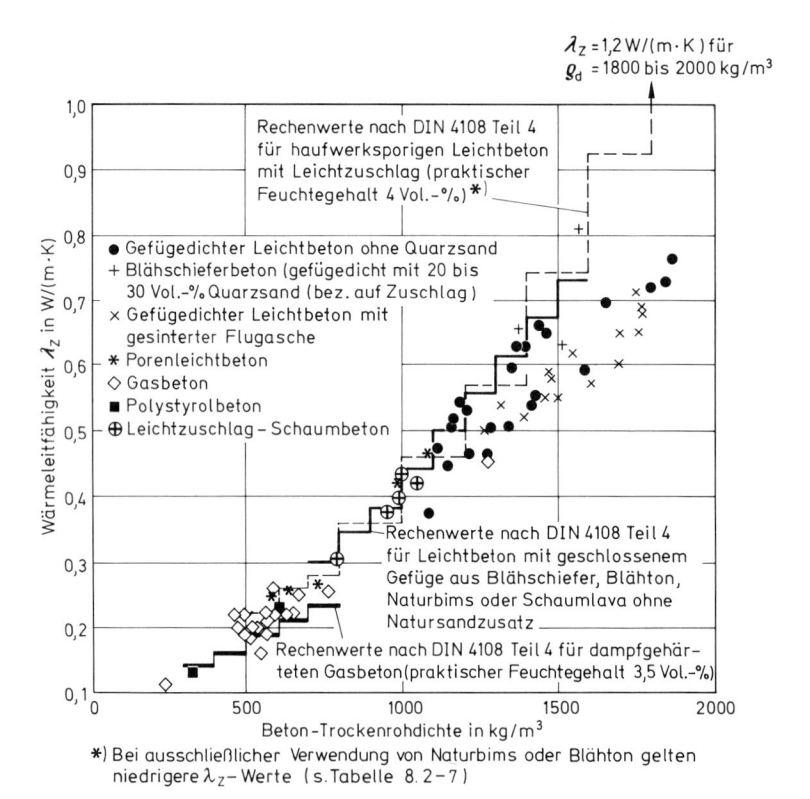

Bild 8.2-6 Wärmeleitfähigkeit verschiedener Leichtbetonarten in Abhängigkeit von der Beton-Trockenrohdichte [8-21].
(Feuchtegehalt, soweit nichts anderes angegeben, 5 Vol.-%)

8.2 Leichtbeton mit geschlossenem Gefüge

Tabelle 8.2-7 Rechenwerte der Wärmeleitfähigkeit nach DIN 4108 Teil 4 (Ausgabe August 1981) für verschiedene Leichtbetone.
(Zum Vergleich: λ_R für Normalbeton = 2,1 W/(m · K))

Beton-Trockenrohdichte kg/m³	Leichtbeton gefügedicht (DIN 4219) a)	b)	Leichtbeton haufwerksporig (DIN 4028, DIN 4232) c)	d)	e)	f)	Dampfgehärteter Gasbeton (DIN 4223)
< 400							0,14
> 400 bis 500					0,15	0,18	0,16
> 500 bis 600				0,22	0,18	0,20	0,19
> 600 bis 700				0,26	0,20	0,23	0,21
> 700 bis 800		0,30		0,28	0,24	0,26	0,23
> 800 bis 900	0,47	0,35		0,36	0,27	0,30	
> 900 bis 1000	0,47	0,38		0,36	0,32	0,35	
> 1000 bis 1100	0,59	0,44		0,46	0,44	0,46	
> 1100 bis 1200	0,59	0,50		0,46	0,44	0,46	
> 1200 bis 1300	0,72	0,56		0,57			
> 1300 bis 1400	0,72	0,62		0,57			
> 1400 bis 1500	0,87	0,67	0,81	0,75			
> 1500 bis 1600	0,87	0,73	0,81	0,75			
> 1600 bis 1700	0,99		1,1	0,92			
> 1700 bis 1800	0,99		1,1	0,92			
> 1800 bis 1900	1,2		1,4	1,2			
> 1900 bis 2000	1,2		1,4	1,2			

a) ohne Einschränkungen und ohne besonderen Nachweis (auch mit Quarzsandzusatz)
b) unter ausschließlicher Verwendung von Blähton, Blähschiefer, Naturbims und Schaumlava nach DIN 4226 Teil 2 ohne Quarzsandzusatz (ein begrenzter Zusatz an quarzhaltigem Mehlkorn zählt hierbei nicht als Quarzsandzusatz) und Überwachung der Frischbetonherstellung nach den für Beton B II geltenden Bedingungen
c) mit nichtporigen Zuschlägen nach DIN 4226 Teil 1 (z.B. Kies)
d) mit porigen Zuschlägen nach DIN 4226 Teil 2 ohne Quarzsand; bei Quarzsandzusatz erhöhen sich die Rechenwerte der Wärmeleitfähigkeit um 20%
e) ausschließlich unter Verwendung von Naturbims
f) ausschließlich unter Verwendung von Blähton

Die Wärmeleitfähigkeit steigt mit zunehmendem Feuchtegehalt. Die o. g. Rechenwerte berücksichtigen für Leichtbeton mit geschlossenem Gefüge einen „praktischen Feuchtegehalt" von 5 Vol.-%. Für Leichtbeton mit haufwerksporigem Gefüge und porigen Zuschlägen bzw. für dampfgehärteten Gasbeton sind Feuchtegehalte von 4 bzw. 3,5 Vol.-% zugrundegelegt.

Die *spezifische Wärme* c_b [kJ/(kg · K)] des Betons hängt stark von seinem Wassergehalt ab, weil die spezifische Wärme des Wassers (genauer des freien, nicht chemisch gebundenen Wassers) etwa 4mal so groß ist wie die der festen Bestandteile (s. Abschn. 4.1.3.6.3). Infolge der Saugfähigkeit der Leichtzuschläge enthält der Leichtbeton in frischem und jungem Zustand in der Regel deutlich mehr Wasser als Normalbeton. Da die spezifische Wärme der Feststoffe (Zementstein, Zuschlag) und die Mischungszusammensetzung ähnlich ist wie bei Normalbeton, hat Leichtbeton, solange er noch nicht ausgetrocknet ist, eine deutlich höhere (z. B. 20 %) spezifische Wärme als Normalbeton. Die *Wärmekapazität* $c · \varrho$ [kJ/m³ · K)] ist dagegen bei Leichtbeton aufgrund seiner niedrigeren Rohdichte ϱ kleiner als bei Normalbeton (weitere Einzelheiten siehe [6-14]).

8.2.6.8 *Dichtheit gegen Wasser und Wasserdampf* (vgl. Abschn. 7.12.2 und 7.12.4)

Leichtbeton mit geschlossenem Gefüge kann in gleicher Weise wie Normalbeton als wasserundurchlässiger Beton nach Abschnitt 7.12.2.3 ausgeführt werden. Für die Wasserundurchlässigkeit ist in erster Linie die Dichtheit bzw. die Porosität des Zementsteins maßgebend. Die Porosität des Zementsteins ist bei Leichtbeton in der Regel niedriger als bei Normalbeton gleicher Festigkeit.

Für die Wasserdampf-Diffusionswiderstandszahl sind in DIN 4108 Teil 4 die gleichen Richtwerte $\mu = 70$ bis 150 angegeben wie für Normalbeton.

8.2.6.9 *Dauerhaftigkeit* (vgl. Abschn. 7.10)

Leichtbeton ist bei sachgerechter Zusammensetzung, Herstellung, Verarbeitung und Nachbehandlung unter den üblichen Umweltbedingungen ein ebenso dauerhafter Baustoff wie Normalbeton. Dies bestätigen umfangreiche Erfahrungen im In- und Ausland (z. B. [8-22]).

Für die Dauerhaftigkeit von Außenbauteilen ist der Korrosionsschutz der Bewehrung durch den Beton entscheidend.

Korrosionsschutz und Betondeckung

Der Korrosionsschutz der Bewehrung wird, eine sachgerechte konstruktive Ausbildung der Bauteile vorausgesetzt, durch die Dichtheit des Betons bestimmt, wofür bei Normalbeton die Dichtheit des Zementsteins maßgebend ist. Diese ist bei Leichtbeton mindestens ebenso groß, in der Regel wegen der erhöhten Matrixfestigkeit (s. Abschn. 8.2.2) sogar größer als bei Normalbeton gleicher Festigkeit. Jedoch können Grobzuschlagkörner im Bereich der Betondeckung wegen ihrer Porosität das Eindringen von CO_2, O_2 und Feuchte und damit die Carbonatisierung und eine Korrosion der Bewehrung örtlich begünstigen [8-23, 8-24]. Aus diesem Grunde soll das Mindestmaß der Betondeckung den Größtkorndurchmesser nicht unterschreiten. Dies bedeutet bei Verwendung der Korngruppe 16/25 mm zum Teil eine Erhöhung der Mindestmaße um 0,5 cm gegenüber Normalbeton.

Im übrigen gelten die Anforderungen an Normalbeton für Außenbauteile (s. Abschn. 7.20.4.1) sinngemäß auch für Leichtbeton. Sie sind hinsichtlich des Zementgehaltes, indirekt auch hinsichtlich des Wasserzementwertes, erfüllt, wenn der Leichtbeton nach DIN 4219 Teil 1 hergestellt wird. Allerdings empfiehlt es sich auch hier, einen Beton mindestens der Festigkeitsklasse LB 25 zu verwenden.

Korrosionsfördernde Umweltbedingungen

Der Widerstand gegen „schwachen" und „starken" chemischen Angriff ist bei Leichtbeton, der als wasserundurchlässiger Beton mit begrenzter Eindringtiefe hergestellt wird (s. Abschn. 7.12.2.2, 7.12.2.3 und 7.14.5.1), in gleicher Weise gegeben wie bei Normalbeton.

Dies gilt auch hinsichtlich des Korrosionsschutzes der Bewehrung bei Bauteilen aus Stahl- und Spannleichtbeton, die korrosionsfördernden Umweltbedingungen (DIN 1045, Tabelle 10, Zeile 3 und 4) ausgesetzt sind.

Frostwiderstand und Frost- und Taumittelwiderstand

Künstlicher Leichtzuschlag genügt in der Regel den erhöhten Anforderungen an den Frostwiderstand (s. Abschn. 2.2.3.5).

Leichtbeton, der mit einem solchen Zuschlag als wasserundurchlässiger Beton hergestellt wird (Abschnitte 7.12.2.2 und 7.13.2.3), besitzt einen hohen Frostwiderstand.

Der Frost- und Taumittelwiderstand ist bei einigen Leichtbetonen von Hause aus höher als bei Normalbeton. Dies ist auf die druckentlastende Wirkung der Kornporen beim schichtweisen Gefrieren zurückzuführen. Bei Einführung eines ausreichenden Luftporensystems (s. Abschn. 7.13.3.3) und Verwendung eines geeigneten Zements (s. Abschn. 7.13.3.4) ist in jedem Fall ein hoher Frost- und Taumittelwiderstand zu erwarten [8-25].

8.2.6.10 *Brandverhalten und Feuerwiderstand* (vgl. Abschn. 7.18)

Leichtbeton weist gegenüber Normalbeton eine niedrigere Wärmeleitfähigkeit, eine kleinere Wärmedehnzahl und eine größere Verformbarkeit auf. Bei Einwirkung erhöhter Temperaturen entstehen daher geringere Beanspruchungen. Die Feuerwiderstandsdauer von Bauteilen aus Leichtbeton ist deshalb bei gleicher Betondeckung der Bewehrung größer als bei Bauteilen aus Normalbeton [8-26].

Gelegentlich ist es bei Brandversuchen an Leichtbeton zu einem vorzeitigen Versagen durch starke Abplatzungen gekommen [8-27]. Dieses Verhalten hat seine Ursache wahrscheinlich darin, daß der Beton vor der Brandeinwirkung nicht genügend ausgetrocknet war. Das Wasser in den Zuschlagporen entwickelt beim Verdampfen hohe Sprengkräfte, die mitunter zu einem geschoßartigen Herausschleudern von Zuschlagkörnern geführt haben.

Da über das Abplatzverhalten von Leichtbeton mit geschlossenem Gefüge für tragende Bauteile noch keine sicheren, allgemeingültigen Aussagen gemacht werden können, konnten in der Brandschutznorm DIN 4102 Teil 4 nur für nichttragende, raumabschließende Wände Bemessungsregeln aufgestellt werden. Bei tragenden Bauteilen ist der Nachweis der Feuerwiderstandsklasse durch Prüfzeugnis oder in besonderen Fällen durch Gutachten zu führen. Dabei kann auch auf bestehende Erfahrungen zurückgegriffen werden [8-28].

8.3 Leichtbeton mit haufwerksporigem Gefüge

8.3.1 Allgemeines

Leichtbeton mit haufwerksporigem Gefüge ist dadurch gekennzeichnet, daß nach dem Verdichten definierte Hohlräume zwischen den Zuschlagkörnern verbleiben. Diese Haufwerksporen werden erzeugt, indem man den Zementleim- bzw. den Feinmörtelgehalt auf die Menge beschränkt, die erforderlich ist, um die Zuschlagkörner an den Berührungsstellen mehr oder weniger punktweise miteinander zu verkitten. Von entscheidender Bedeutung ist dabei die Kornzusammensetzung des Zuschlags.

Durch die Haufwerksporen wird im Vergleich zu Normalbeton mit geschlossenem Gefüge die Betonrohdichte verringert und das Wärmedämmvermögen verbessert. Als Zuschlag wird je nach der angestrebten Betonrohdichte Normal- und/oder Leichtzuschlag verwendet.

Haufwerksporiger Leichtbeton mit Normalzuschlag wird überwiegend für Hohlblocksteine für Kellermauerwerk verwendet. Wegen seiner Durchlässigkeit wird er auch für Filterrohre und wegen der erhöhten Schallabsorption für Lärmschutzwände eingesetzt.

Haufwerksporiger Leichtbeton mit Leichtzuschlag wird in großem Umfang zur Herstellung von Vollsteinen und Hohlblöcken für Mauerwerk mit tragender und wärmedämmender Funktion eingesetzt. Weitere Anwendungsgebiete sind werkmäßig hergestellte Stahlbetondielen als Dach- und Deckenplatten oder ausfachende Wandtafeln nach DIN 4028 (Rohdichteklassen 0,8 bis 2,0; Festigkeitsklassen LB 5 bis LB 10) sowie unbewehrte tragende oder aussteifende Wände nach DIN 4232, die heute praktisch nur noch als Fertigteile hergestellt werden (Rohdichteklassen 0,5 bis 2,0; Festigkeitsklassen LB 2 bis LB 8).

8.3.2 Betonzusammensetzung

8.3.2.1 Mischungsentwurf

Ein exakter Mischungsentwurf ist nicht möglich, da der Haufwerksporenraum des eingebauten Betons im voraus nur grob abgeschätzt werden kann. Für den Vorentwurf geht man von der Schüttdichte der vorgesehenen Einzelkorngruppe oder des Zuschlaggemisches im eingerüttelten Zustand aus. Zementleim und Feinkorn vergrößern das Volumen haufwerksporiger Betone im allgemeinen nicht wesentlich, sie vermindern nur die Haufwerksporigkeit. Die Frischbetonrohdichte (kg/m^3) kann deshalb in erster Näherung als Summe von Schüttdichte des Grobzuschlags (kg/m^3), Zementgehalt, Wassergehalt und Feinkornmenge in 1 m^3 Beton angenommen werden. Die Beton-Trockenrohdichte läßt sich unter der Annahme abschätzen, daß der Zement eine Wassermenge von etwa 20 % seiner Masse chemisch bindet, während das übrige Wasser bei der Trocknung verdampft.

8.3.2.2 Zuschlag

Als Normalzuschlag wird gebrochenes Material bevorzugt, weil es zu einem größeren Hohlraumgehalt führt als Rundkornmaterial, wie z. B. Kies, und sich besser verzahnt. Die bessere Verzahnung wirkt sich auf die Grünstandfestigkeit und auf die Festigkeit des erhärteten Betons günstig aus.

Als Leichtzuschlag werden natürliche Gesteine, wie z. B. gebrochene Schaumlava oder Bims, und künstlich hergestellter Zuschlag, wie z. B. Blähton oder Hüttenbims, verwendet.

8.3 Leichtbeton mit haufwerksporigem Gefüge

Kornzusammensetzung

Um einen ausreichenden Haufwerksporenraum zu erzielen, beschränkt man den Sandanteil auf den für die Verarbeitbarkeit, die Grünstandfestigkeit und die angestrebte Druckfestigkeit des Betons erforderlichen Mindestgehalt. Im übrigen ist die Kornzusammensetzung so zu wählen, daß das Korngerüst einen möglichst großen Hohlraumgehalt enthält. Man verwendet deshalb im Grobbereich in der Regel nur eine eng begrenzte Korngruppe, z. B. 4/8 oder 8/16 mm bei Rundkorn, bzw. 5/8 oder 8/11 mm bei gebrochenem Korn. Aus diesem Grund wird haufwerksporiger Leichtbeton gelegentlich auch als Einkornbeton bezeichnet.

8.3.2.3 Wasseranspruch

Die Wasserzugabe wird so bemessen, daß ein sämiger, zähklebriger Zementleim entsteht, der die Zuschlagkörner mit einer Haut umkleidet, aber nicht in die Haufwerksporen abfließt und diese verstopft.

8.3.2.4 Zementgehalt

Für den Zementgehalt werden häufig Werte zwischen 200 und 250 kg/m³ gewählt. Zemente höherer Festigkeitsklassen, z. B. Z 45 F, ermöglichen bei gleicher Betonrohdichte höhere Betonfestigkeiten als ein Zement Z 35.

8.3.3 Druckfestigkeit und Rohdichte

Mit Normalzuschlag lassen sich Beton-Trockenrohdichten bis herunter zu etwa 1600 kg/m³ erreichen, mit Leichtzuschlag je nach Kornrohdichte und Kornzusammensetzung bis herunter zu etwa 500 kg/m³.

Bild 8.3-1 zeigt den Zusammenhang zwischen Beton-Trockenrohdichte und Druckfestigkeit von haufwerksporigem Leichtbeton mit rundkörnigem und mit gebrochenem Bläh-

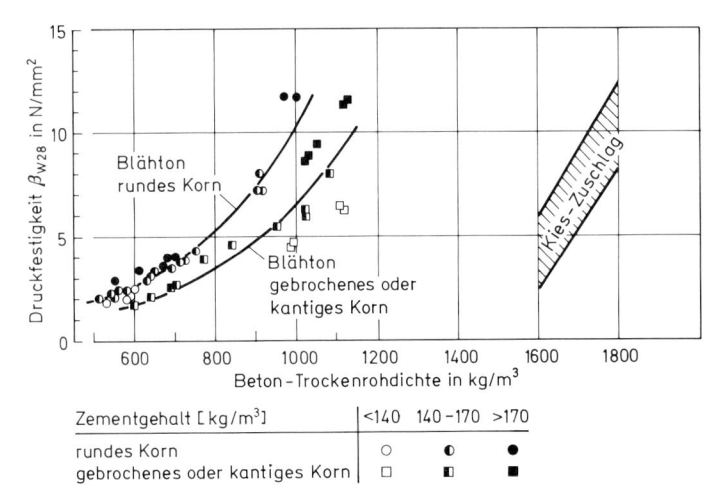

Bild 8.3-1 Druckfestigkeit von haufwerksporigem Leichtbeton mit Blähtonzuschlag [8-29] und mit Kieszuschlag (eigene, bisher unveröffentlichte Versuche) in Abhängigkeit von der Beton-Trockenrohdichte

tonzuschlag im Vergleich zu solchem mit Normalzuschlag (Kies). Mit Leichtzuschlag ergibt sich durch die Kombination von Haufwerks- und Kornporen bei gleicher Druckfestigkeit eine wesentlich niedrigere Rohdichte als mit dichtem Normalzuschlag.

8.3.4 Elastizitätsmodul

Einen Anhaltswert für den E-Modul liefert die Beziehung von PAUW (s. Abschn. 8.2.6.6).

Bild 8.3-2 zeigt den Zusammenhang zwischen E-Modul und Beton-Trockenrohdichte für haufwerksporigen Leichtbeton mit Blähtonzuschlag. Danach treffen die Rechenwerte für gefügedichten Leichtbeton nach DIN 4219 Teil 2 annähernd auch für haufwerksporigen Leichtbeton zu.

DIN 4232 enthält Rechenwerte für den E-Modul von haufwerksporigem Leichtbeton in Abhängigkeit von der Festigkeitsklasse (Tabelle 8.3-1).

8.3.5 Schwinden

Der Anteil an schwindfähigem Mörtel ist bei haufwerksporigem Leichtbeton gering. Die Zuschlagkörner stützen sich über dünne Mörtelzwischenschichten fast unmittelbar gegeneinander ab, was meist zu einem sehr geringen Endschwindmaß von etwa 0,2‰ führt. Bei Verwendung von Zuschlag mit einer Feuchtedehnung, wie z. B. Naturbims, können jedoch Schwindmaße von 0,7 bis 0,9 mm/m auftreten [8-29, 8-30]. Im Gegensatz zu gefü-

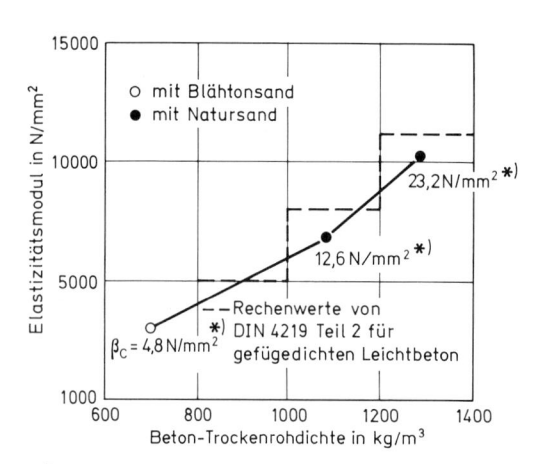

Bild 8.3-2 Elastizitätsmodul von haufwerksporigem Leichtbeton mit Blähtonzuschlag in Abhängigkeit von der Beton-Trockenrohdichte (nach eigenen unveröffentlichten Versuchen)

*) Nach Trocknung bei 150 °C;
E-Modul im lufttrockenen Zustand ermittelt

Tabelle 8.3-1 Rechenwerte für den Elastizitätsmodul von haufwerksporigem Leichtbeton nach DIN 4232 (Werte aus Versuchen an Leichtbeton mit Blähtonzuschlägen abgeleitet)

Festigkeitsklasse des Leichtbetons	LB 2	LB 5	LB 8
Elastizitätsmodul E_{lb} in MN/m²	2000	4000	6000

8.3 Leichtbeton mit haufwerksporigem Gefüge

gedichtem Leichtbeton neigt haufwerksporiger Leichtbeton kaum zu netzartigen Schwindrissen an der Oberfläche.

8.3.6 Dichtheit und Korrosionsschutz der Bewehrung

Da die Haufwerksporen untereinander in Verbindung stehen, ist der Beton sehr durchlässig für Flüssigkeiten und Gase. Er kann deshalb die Bewehrung nicht ausreichend vor Korrosion schützen. Diese muß daher durch Überzüge oder durch Einbetten in Beton mit dichtem Gefüge zusätzlich geschützt werden (siehe DIN 4028 und DIN 4232).

8.3.7 Verbund Beton-Bewehrung

Die Verbundfestigkeit reicht für eine Verankerung gerader Stabenden nicht aus. Die Verwendung von gerippten Stäben bringt gegenüber glatten Stäben keine nennenswerte Verbesserung des Verbundverhaltens. Zur Verankerung sind stets Endhaken oder angeschweißte Querstäbe erforderlich.

8.3.8 Wärmeleitfähigkeit

Die Wärmeleitfähigkeit von haufwerksporigem Leichtbeton aus porigem Zuschlag (Leichtzuschlag) ist nach DIN 4108 Teil 4 niedriger als die von gefügedichtem Leichtbeton der gleichen Rohdichteklasse. Dies ist im wesentlichen darauf zurückzuführen, daß der praktische Feuchtegehalt im ersten Fall mit 4 Vol.-% niedriger ist als im zweiten Fall mit 5 Vol.-%.

Für haufwerksporigen Leichtbeton aus dichtem Zuschlag ist nach DIN 4232 ebenfalls ein praktischer Feuchtegehalt von 5 Vol.-% anzunehmen. Die Wärmeleitfähigkeit ist bei Rohdichten über 1800 kg/m^3 etwas größer, bei niedrigeren Rohdichten dagegen etwas kleiner als bei gefügedichtem Leichtbeton.

8.3.9 Wasserdampfdurchlässigkeit

Für die Wasserdampf-Diffusionswiderstandszahl werden in DIN 4108 Teil 4 folgende Richtwerte angegeben:

Leichtbeton mit haufwerksporigem Gefüge:

    mit porigem Zuschlag $\mu = 5$ bis 15
    mit nichtporigem Zuschlag $\mu = 3$ bis 10

Normalbeton und Leichtbeton
mit geschlossenem Gefüge: $\mu = 70$ bis 150

8.3.10 Frostwiderstand

Nach der Erfahrung ist der Frostwiderstand ausreichend, wenn frostbeständiger Zuschlag verwendet wird [8-29].

9 Spritzbeton

9.1 Allgemeines

Spritzbeton ist Beton, der in einer geschlossenen, druckfesten Schlauch- oder Rohrleitung bis zur Einbaustelle gefördert, dort durch Spritzen aufgetragen und dabei gleichzeitig verdichtet wird. Bei Begrenzung des Zuschlags auf die Korngröße 4 mm spricht man von Spritzmörtel.

Spritzbeton wird für die Ausführung von bewehrten und unbewehrten Bauteilen verwendet. Beispiele sind der einschalige Ausbau von Tunneln und Stollen, die Auskleidung von Becken und Kanälen, das Betonieren geneigter Flächentragwerke ohne Gegenschalung oder die Sicherung von Hängen und Böschungen. Einen kräftigen Aufschwung erfuhr die Spritzbetontechnik durch die Ausbreitung der Neuen Österreichischen Tunnelbauweise, bei der die Sicherung des Ausbruches durch schnell erhärtenden Spritzbeton ein wesentliches Element der Baumethode darstellt. Ein zweites bedeutendes Anwendungsgebiet ist die Ausbesserung und Verstärkung von Betonbauteilen und von Mauerwerk.

Die Herstellung und Prüfung von Spritzbeton ist in DIN 18551 geregelt. Diese Norm wird derzeit überarbeitet. Dabei sind jedoch gravierende Änderungen nicht zu erwarten. Die Anwendung von Spritzbeton für die Ausbesserung und Verstärkung von Betonbauteilen wird in einer Richtlinie des Deutschen Ausschusses für Stahlbeton behandelt [9-1]. Eine Zusammenstellung der internationalen Regelwerke für Spritzbeton findet sich in [9-2]. In [9-3 bis 9-5] sind zahlreiche Beiträge über neuere Entwicklungen in der Spritzbetontechnologie zusammengestellt. Herstellung, Prüfung und Ausführung sind ausführlich in [9-6] behandelt.

Spritzbeton wird wie üblicher Beton aus Zement, Zuschlag und Wasser, ggf. unter Verwendung von Zusatzmitteln und/oder Zusatzstoffen, hergestellt. Die Verwendung von Zusatzmitteln ist zunächst vom Herstellverfahren – Trocken- oder Naßspritzverfahren – abhängig. Eine besondere Bedeutung haben Zusatzmittel zur Beschleunigung des Erstarrens und Erhärtens des Betons. Ob solche Zusatzmittel erforderlich sind, hängt von der Dicke der aufzutragenden Spritzbetonschicht ab. Dies gilt für beide Herstellverfahren in gleicher Weise.

Beim Trockenspritzverfahren wird der Förderleitung die Betontrockenmischung zugeführt und mit Druckluft zur Spritzdüse gefördert, wo das Zugabewasser beigegeben wird. Beim Naßspritzverfahren wird der Beton der Förderleitung als „Naßgemisch" (Konsistenz $\geq$ KP) zugeführt und mit Druckluft (Dünnstromförderung) oder mit Pumpen (Dichtstromförderung) zur Spritzdüse gefördert. Das Trockenspritzverfahren als das ältere Verfahren ist auch heute noch vorherrschend, vor allem auf dem Gebiet der Ausbesserung und Verstärkung. Das Naßspritzverfahren gewinnt jedoch, vorzugsweise im Tunnelbau, zunehmend an Bedeutung.

Spritzbeton wird im allgemeinen als Beton B I in der Festigkeitsklasse B 25 hergestellt. In besonderen Fällen kann er auch als Beton B II bis zur Festigkeitsklasse B 45 ausgeführt werden sowie als Beton mit besonderen Eigenschaften, z. B. als wasserundurchlässiger Beton.

9.2 Ausgangsstoffe und Betonzusammensetzung

Für die Anforderungen an die Ausgangsstoffe und für den Betonaufbau gelten die gleichen Gesichtspunkte wie für Beton im allgemeinen (s. Abschn. 2 und 3).

Bei Verwendung eines beschleunigenden Zusatzmittels ist die Wahl von Zementsorte und Zusatzmittel aufeinander abzustimmen. (Die Zementsorte ist durch Art, Festigkeitsklasse und Herstellwerk des Zements beschrieben.) Dazu sind Eignungsprüfungen unumgänglich.

Beim Festlegen der Ausgangsmischung ist zu berücksichtigen, daß bei Zugabe eines Beschleunigers die maßgebende 28-Tage-Druckfestigkeit des Spritzbetons kleiner ist als die des Ausgangsbeton. Weiterhin weicht wegen des Rückpralls die Zusammensetzung des aufgespritzten Betons von jener der Ausgangsmischung ab. Der Rückprall besteht vorwiegend aus mit Zementmörtel umhüllten Grobanteilen des Zuschlags, wodurch die Mischung fetter wird. Er ist beim Trockenspritzverfahren größer als beim Naßspritzverfahren.

9.2.1 Ausgangsstoffe

9.2.1.1 Zement

In der Regel werden Zemente mit einer Frühfestigkeit nach 2 Tagen deutlich über $10\,\text{N/mm}^2$ eingesetzt [9-7], d.h. Zemente der Festigkeitsklasse Z 45 F und höher (s. Abschn. 2.1.4.1.1). Zemente mit hoher Mahlfeinheit und einer hohen Frühfestigkeit sind von Vorteil [9-8]. Bei einer Verwendung von Z 55 ist zu prüfen, ob beim Naßspritzverfahren ein frühes Ansteifen und Erstarren zu Förderschwierigkeiten führen kann.

Für Spritzbeton, von dem ein hoher Sulfatwiderstand gefordert wird, ist ein Zement mit hohem Sulfatwiderstand zu verwenden.

Über die Wahl des Zements bei Verwendung eines beschleunigenden Zusatzmittels siehe Abschnitt 9.2.1.3.

9.2.1.2 Zuschlag

Nach DIN 18551 ist als Zuschlag natürliches Rundkorn zu bevorzugen. Bei vielen Bauvorhaben wurden jedoch auch mit gebrochenen Zuschlägen gute Erfahrungen gemacht. Bei dem gebrochenen Material ist auf ein kubisches Korn zu achten, da ungünstig geformte Körner zu Rohrverstopfern und zu einer Erhöhung des Rückpralls führen können. Der Größtkorndurchmesser wird normalerweise zu 16 mm, für Instandsetzungsarbeiten in der Regel zu 8 mm gewählt.

Als günstig wird einen Kornzusammensetzung mit stetiger Sieblinie gemäß Bild 3.1-1 und 3.1-2 angesehen.

9.2.1.3 Zusatzmittel

Die Verwendung von Zusatzmitteln richtet sich nach der Dicke der aufzutragenden Spritzbetonschicht und dem Herstellverfahren. In Frage kommen Beschleuniger, Fließmittel und ggf. Stabilisierer (s. Abschn. 2.3.2 und 2.3.6).

9.2 Ausgangsstoffe und Betonzusammensetzung

Beschleuniger (BE)

Sind nur dünne Schichten von etwa 5 cm Dicke aufzutragen, wie im allgemeinen bei Ausbesserungsarbeiten, so reicht die Klebewirkung des Frischbetons aus, um diesen auch beim Spritzen über Kopf festzuhalten. Bei hoher Spritzleistung hingegen, bei Auftrag bis zu 40 bis 60 cm Dicke in kurzer Zeit, wie etwa im Tunnelbau, wird neben der Klebewirkung eine schnelle Festigkeitsentwicklung in den ersten Minuten nach dem Spritzauftrag benötigt. Dies bedingt die Zugabe eines Beschleunigers, was für beide Herstellverfahren in gleicher Weise gilt.

Erstarren und Erhärten des Betons werden durch den Hydratationsverlauf des Zements bestimmt (s. Abschn. 2.1.3). Die Beschleuniger greifen in diesen Ablauf ein und führen zur Verschlechterung einiger Festbetoneigenschaften, insbesondere zu einer geringeren Endfestigkeit des Spritzbetons gegenüber der des Ausgangsbetons. Ihre Wirkung hängt stark von der chemisch-mineralogischen Zusammensetzung des Zements ab (s. Abschn. 2.3.6.5). Die beschleunigende Wirkung wird um so zuverlässiger erreicht, je besser Beschleuniger und Zement in chemischer Hinsicht aufeinander abgestimmt sind. Hier sind Betoneignungsprüfungen unumgänglich. Den Einfluß der Zementsorte auf die Betondruckfestigkeit zeigt beispielhaft Bild 9.2-1.

Bei den Beschleunigern wird unterschieden zwischen solchen, die vorwiegend das Erstarren und solchen, die vorwiegend die Erhärtung beschleunigen. Sie werden in pulvriger oder in flüssiger Form verwendet. In der Häufigkeit überwiegen pulverförmige Erstarrungsbeschleuniger.

Beim Trockenspritzverfahren werden vorwiegend pulverförmige Erstarrungsbeschleuniger mit Alkalialuminaten und Alkalicarbonaten als Hauptbestandteil verwendet [9-10]. Die Zugabe erfolgt vor Übergabe der Trockenmischung an die Spritzbetonmaschine. Dabei läßt sich jedoch eine gleichmäßige Verteilung im Beton nur schwer erreichen. Es wird deshalb vielfach höher dosiert, als bei gleichmäßiger Verteilung erforderlich wäre. Dies wirkt sich nachteilig auf die Endfestigkeit aus, die mit steigender Dosierung zurückgeht.

Beim Naßspritzverfahren kommen flüssige Zusatzmittel bisher vorwiegend mit Wasserglas (Natriumsilikat) als Wirkstoff zur Anwendung. Flüssige Mittel auf der Basis von Alkalialuminaten sind derzeit in Erprobung [9-9 bis 9-11].

Bei Verwendung von Wasserglas läßt sich das geforderte „blitzartige" Erstarren des Spritzbetons (Bild 9.2-2) zielsicher nur mit Zugabemengen zwischen 50 und 100 cm^3/kg

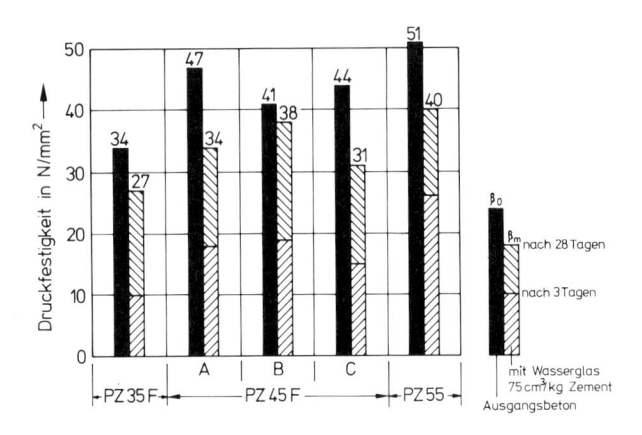

Bild 9.2-1 Einfluß der Zementsorte auf die Druckfestigkeit bei Zugabe von Wasserglas als Beschleuniger [9-9]

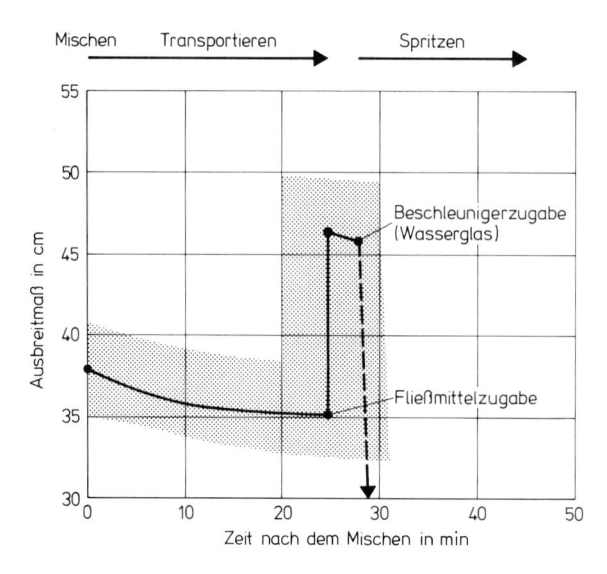

Bild 9.2-2 Konsistenz des Ausgangsbetons beim Naßspritzen [9-9]

Zement erreichen [9-9]. Das bedeutet, daß die in den Prüfbescheiden für beschleunigende Zusatzmittel derzeit mit 50 cm^3/kg Zement festgelegte Obergrenze überschritten und damit der bisherige Erfahrungsbereich verlassen wird. Es ist noch nicht abschließend geklärt, ob und in welcher Weise dadurch das Langzeitverhalten des Betons beeinflußt wird [9-10]. Eine Zugabe von Wasserglas über 50 cm^3/kg Zement ist deshalb zur Zeit noch auf Anwendungen begrenzt, die vom Spritzbeton nur eine zeitlich begrenzte Tragfunktion fordern, wie beispielsweise zur Sicherung des Ausbruchs im Tunnelbau mit nachträglichem Einbau einer tragenden Innenschale.

Das Wasserglas muß auf einer Temperatur von mindestens 35 °C gehalten werden. Die für das beschleunigte Erstarren ursächliche Reaktion des Wasserglases mit dem Zement führt zu einem erhöhten Temperaturanstieg im Beton (Bild 9.2-3).

Bei Verwendung eines hochwirksamen Alkalialuminatbeschleunigers kann die gewünschte Wirkung bereits mit Zugabemengen zwischen 25 und 40 cm^3/kg Zement erreicht werden. Der Verbrauch ist abhängig von der Konsistenz des Frischbetons vor Zugabe des

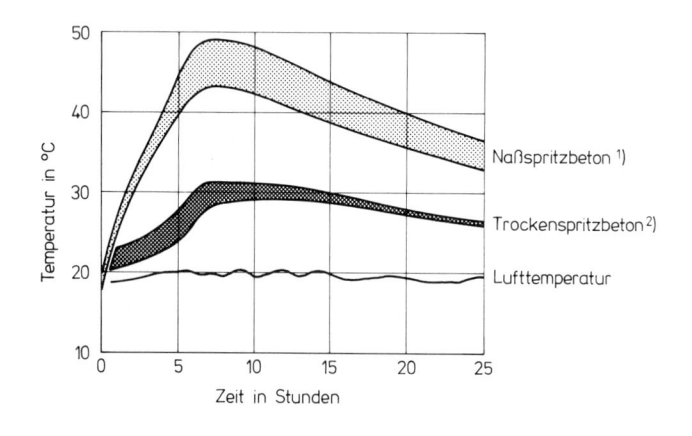

Bild 9.2-3 Temperaturentwicklung von Spritzbeton [9-9]

[1]) BE: Wasserglas 110 cm^3/kg Zement
[2]) BE: Pulver NaAl 50 g/kg Zement

9.2 Ausgangsstoffe und Betonzusammensetzung

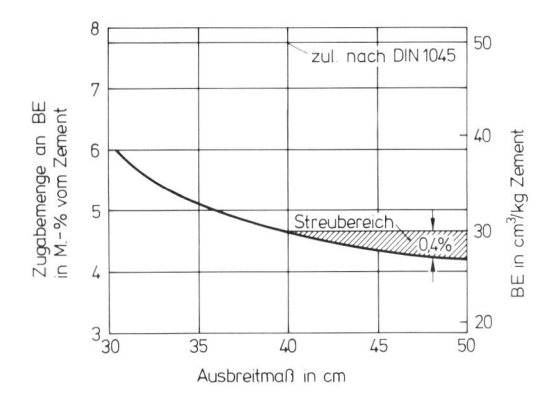

Bild 9.2-4 Verbrauch von Aluminatbeschleuniger in Abhängigkeit von der Konsistenz des Betons [9-11]

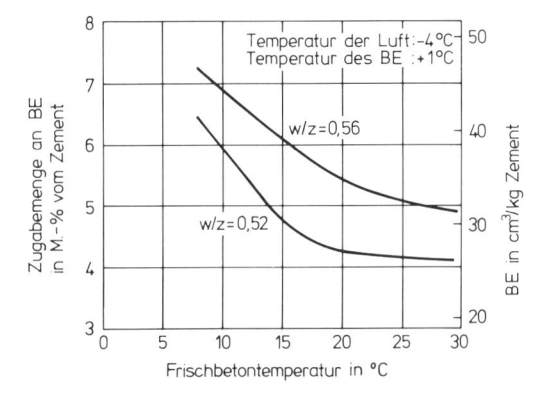

Bild 9.2-5 Erforderliche Zugabemenge von Aluminatbeschleuniger bei niedrigen Außentemperaturen [9-11]

Beschleunigers (Bild 9.2-4) und dessen Temperatur (Bild 9.2-5). Mit steigendem Ausbreitmaß und steigender Temperatur nimmt der Verbrauch ab.

Das Erstarren verläuft in den ersten Sekunden etwas langsamer als bei Verwendung von Wasserglas. Dadurch wird der bereits aufgebrachte Spritzbeton von der Aufprallenergie des nachfolgenden Betons noch weiter verdichtet, was zu einer besseren Umhüllung der Bewehrung, zu verringerten Spritzschatten und zu einer erhöhten Dichte führt. Der Rückprall wird vermindert.

Weiterhin zeigte sich, daß der Aluminatbeschleuniger Frosttemperaturen bis $-20\,°C$ ohne nachteilige Folgen verträgt. Beim Spritzen sollte seine Temperatur allerdings nicht unter $0\,°C$ liegen. Diese geringe Temperaturempfindlichkeit ist ein wesentlicher Vorteil gegenüber dem Wasserglas [9-11].

Zemente mit hohem Widerstand gegen Sulfatangriff (HS-Zemente) erfordern besonders hohe Beschleunigerzugaben, da ihnen das reaktionsfähige C_3A fehlt. Hier ist bei der Verwendung aluminathaltiger Beschleuniger Vorsicht geboten, da die zugeführten Aluminate bei Sulfatangriff, beispielsweise bei der Durchörterung von Gips- oder Anhydritstrecken, offenbar zu Ettringit umgewandelt werden können und damit zum Treiben führen. Die Grenze der Sulfatbeständigkeit wird nach [9-12] bei rd. 0,6 % zusätzlichem löslichen Al_2O_3 erreicht. Diese Grenze läßt sich mit flüssigen Beschleunigern leicht einhalten, wird aber bei Verwendung pulverförmiger Beschleuniger mit hohem Aluminatgehalt bei der erforderlichen höheren Dosierung u. U. überschritten, so daß es trotz Verwendung von HS-Zement und sachgerechter Betonzusammensetzung bei starkem Sulfatangriff schon wiederholt zu Fehlschlägen gekommen ist, für die es zunächst keine Erklärung gab.

Die Auswirkung der beschleunigenden Zusatzmittel auf die Festigkeit und das Verformungsverhalten des Spritzbetons wird in Abschnitt 9.4 beschrieben.

Fließmittel (FM)

Beim Naßspritz-Dichtstromverfahren muß der Beton auf dem Weg von der Pumpe zur Spritzdüse durch relativ dünne, ggf. sich verjüngende Leitungen gefördert werden. Dies bedingt eine nahezu fließfähige Konsistenz. Dazu wird dem plastischen Ausgangsbeton vor Übergabe an der Einbaustelle ein Fließmittel zugesetzt. Die damit mögliche Wassereinsparung beim Ausgangsbeton wirkt sich über den verminderten Wasserzementwert günstig auf die Festigkeit aus. Durch die erniedrigte Zugabewassermenge wird auch die Wirksamkeit von flüssigen aluminathaltigen Beschleunigern verbessert; dies erlaubt eine geringere Dosierung. Hierdurch werden die durch den Zusatz von Beschleunigern verursachten Festigkeitseinbußen reduziert.

Die Fließmittel dürfen das Erstarren nicht verzögern. Ihre Wirksamkeit muß so lange anhalten, bis die Charge verspritzt ist. Als Fließmittel haben sich Produkte auf der Basis von Naphthalin-Melaminharz bewährt [9-13].

Stabilisierer

Stabilisierer erhöhen die Viskosität des Wassers und verbessern den Zusammenhalt des Betons. Sie können den Rückprall verringern und den Feinstaubgehalt der Luft während des Spritzens deutlich senken. Manche Typen können verzögernd wirken und in größeren Mengen die Festigkeit beeinträchtigen.

9.2.1.4 Zusatzstoffe

Flugasche

Der bei Spritzbeton mit Beschleunigerzusatz zu erwartende Abfall der 28-Tage-Druckfestigkeit gegenüber der Festigkeit des Ausgangs(Null)betons kann durch einen teilweisen Austausch des Zements gegen Flugasche verringert werden. Der Grund dafür ist, daß der Festigkeitsbeitrag der Flugasche im Gegensatz zu dem des Zements durch den Beschleuniger nicht beeinflußt wird. Darüber hinaus vermindert ein Flugaschezusatz den Rückprall und verbessert die Dichtigkeit sowie den Sulfatwiderstand des Betons [9-14 bis 9-16].

Reaktionsharze

Ein Zusatz von wasseremulgierbaren Reaktionsharzen, etwa von Epoxidharz, verbessert das Wasserrückhaltevermögen des Betons. Dünne Spritzbetonschichten sind daher weniger nachbehandlungsbedürftig. Der Wasserentzug durch einen saugenden Untergrund wird reduziert. Auf diese Weise werden bessere Verarbeitungsbedingungen erzielt.

Ein Harzzusatz erhöht die Verformbarkeit bei Zug- und Druckbeanspruchungen. Die Druckfestigkeit sinkt mit zunehmendem Harzzusatz bei konstant gehaltenem Wasserzementwert etwas ab. Sie steigt jedoch an, wenn die verflüssigende Wirkung der Harze genutzt und die Wasserzugabe so gedrosselt wird, daß der modifizierte Beton die gleiche Konsistenz erreicht wie der Ausgangsbeton ohne Harzzusatz. Im Biegezug- und zentrischen Zugversuch ergeben sich höhere Festigkeitswerte. Die technisch anzustrebenden Harzgehalte liegen bei etwa 10% bis maximal 15% des Bindemittelvolumens [9-17].

9.2.2 Betonzusammensetzung

Maßgebend für die Zusammensetzung des Ausgangsbetons, d. h. für den Mischungsentwurf, sind die für Fördern und Spritzen des Betons erforderliche Verarbeitbarkeit und die geforderte Druckfestigkeit des aufgespritzten Betons. Die Verarbeitbarkeit bestimmt den Wasseranspruch, die Druckfestigkeit den Wasserzementwert.

Beim Trockenspritzverfahren wird das Wasser an der Spritzdüse dem Trockengemisch zugegeben. Die für die Spritzfähigkeit erforderliche Zugabemenge wird im wesentlichen von Kornzusammensetzung und Kornform des Zuschlags bestimmt. Sie kann im voraus nur bedingt abgeschätzt werden und hängt weitgehend von der Erfahrung und der Geschicklichkeit des Düsenführers ab.

Beim Naßspritzverfahren wird der Ausgangsbeton in plastischer Konsistenz, Ausbreitmaß 35 bis 41 cm, hergestellt. Der Wasseranspruch ist von Kornform- und Kornzusammensetzung des Zuschlags abhängig (s. Abschn. 3.2.1). Er kann durch verflüssigende Zusatzmittel vermindert werden.

Der Wasserzementwert und damit, bei vorgegebenem Wasseranspruch, der Zementgehalt werden durch die für den Spritzbeton geforderte Festigkeitsklasse bestimmt (s. Abschn. 3.2.2 und 3.2.3). Beim Mischungsentwurf ist zu berücksichtigen, daß bei Zugabe eines Beschleunigers (s. Abschn. 9.2.1.3) die maßgebende 28-Tage-Druckfestigkeit des Spritzbetons kleiner ist als die des Ausgangsbetons ohne Beschleuniger. Die Festigkeitsminderung ist abhängig von der Art des Zusatzmittels und insbesondere von der Zugabemenge (s. Abschn. 9.4.2). Sie kann 20 bis 50% betragen. Der jeweilige Wert ist durch Eignungsprüfungen zu ermitteln. Das bedeutet, daß dem Mischungsentwurf für einen Spritzbeton der allgemein üblichen Festigkeitsklasse B 25 ein Beton der Festigkeitsklasse B 35 bis B 45 zugrunde zu legen ist.

Für einen Spritzbeton B 25 liegt bei der Verwendung von Zuschlag bis zur Korngröße 16 mm und von Zement der Festigkeitsklasse Z 45 der Wasseranspruch zwischen 180 und 210 l/m^3, der Zementgehalt je nach Beschleunigerzusatz zwischen 270 und 450 kg/m^3.

9.3 Herstellung und Verarbeitung

9.3.1 Trockenspritzverfahren

Es wird ein Trockengemisch aus Zuschlag und Zement hergestellt, an der Einbaustelle in einen Vorratsbehälter übergeben und von dort, ggf. unter Zugabe eines beschleunigenden pulverförmigen Zusatzmittels, der Spritzbetonmaschine zugeführt. Diese fördert das Trockengemisch mit Druckluft in einer Schlauchleitung zur Spritzdüse. Vielfach wird das Trockengemisch auch unmittelbar der Spritzbetonmaschine zugeführt und gelangt durch Druckluft zur Einbaustelle. Die Wasserzugabe erfolgt in beiden Fällen in der Spritzdüse.

9.3.2 Naßspritzverfahren

Der Ausgangsbeton wird in plastischer Konsistenz KP hergestellt und mit einem Mischfahrzeug zur Einbaustelle gebracht. Die weitere Förderung geschieht heute vorwiegend nach dem Dichtstromverfahren.

Dazu wird der Ausgangsbeton vor der Übergabe durch Zusatz eines Fließmittels in eine nahezu fließfähige Konsistenz, Ausbreitmaß 50 cm und mehr, überführt und mit einer Betonpumpe durch eine Rohr- oder Schlauchleitung zur Spritzdüse gefördert (Dichtstrom). Der für das Spritzen eines derart weichen Betons unumgängliche Zusatz eines beschleunigenden Zusatzmittels erfolgt unmittelbar an der Spritzdüse in flüssiger Form. Weiterhin wird dort Druckluft zugeführt. Diese reißt den dichten Betonstrom zum luftgetragenen Dünnstrom auf, verwirbelt den eingesprühten Beschleuniger und erzeugt die für das Spritzen erforderliche hohe Anwurfgeschwindigkeit.

Beim Dünnstromverfahren erfolgt die Förderung des Ausgangsbetons mit Druckluft. Man ist hier nicht auf eine pumpfähige Konsistenz angewiesen und damit beweglicher in der Betonzusammensetzung. Es gibt Geräte, die für das Trocken- wie auch das Naßspritzverfahren mit Dünnstromförderung verwendet werden können [9-18].

9.3.3 Vergleich der Verfahren

Handhabung

Das Trockenspritzverfahren ist einfacher und flexibler als das Naßspritzverfahren. Dies beginnt schon beim Trockengemisch, das bis zur Verarbeitung ohne weiteres 2 bis 3 Stunden vorgehalten werden kann [9-19]. Für das Trockengemisch ist allerdings eine gleichmäßige Eigenfeuchte des Zuschlags, besonders des Sandes, erforderlich. Die Zwischenlagerung in den Umschlaggeräten ist unproblematisch. Hierdurch können in kurzen Zeitabständen auch kleine Mengen verarbeitet werden. Die Spritzarbeiten können kurzfristig aufgenommen und wieder unterbrochen werden. Der Spritzschlauch mit der Düse hat nur geringes Gewicht und kann leicht von Hand geführt werden. Das Spritzen ist auch unter beengten Platzverhältnissen möglich.

Durch die Möglichkeit, die Wasserzugabe an der Spritzdüse vor Ort regulieren zu können, kann die Konsistenz den jeweiligen wechselnden Einbaubedingungen, wie beispielsweise Spritzen an lotrechte Flächen oder „über Kopf", trockener oder nasser Untergrund, leicht und schnell angepaßt werden.

Beim Naßspritzverfahren ist wegen des relativ hohen Gewichtes des bei der Dichtstromförderung vollständig mit Beton gefüllten Spritzschlauchs zumindest im Dauerbetrieb untertage ein Manipulator mit selbsttätig gesteuerten Spritzarmen erforderlich. Ein ermüdungsarmes Spritzen aus der Hand ist allerdings auch hier möglich, wenn an das Kupplungsstück, in dem die Betonförder-, die Druckluft- und die Zusatzmittelleitung zusammengeführt werden, ein 2 bis 3 m langer Spritzschlauch angeschlossen wird. Dieser wirkt als Schlauchdüse und ist nur mit dem aufgelockerten Betonstrom gefüllt [9-11].

Die Naßspritzanlage mit Manipulator braucht verhältnismäßig viel Platz. Ihr Einsatz ist nur dann wirtschaftlich und sinnvoll, wenn der Querschnitt des aufzufahrenden Hohlraumes mindestens 40 bis 50 m^2 beträgt [9-20]. Dann kommt auch die höhere Spritzleistung voll zu Geltung.

Die Anlieferung der Naßmischung muß zeitlich genau disponiert sein, da längere Wartezeiten zu einem Ansteifen führen und die Mischung dann nicht mehr störungsfrei gepumpt werden kann.

9.4 Festbetoneigenschaften   475

Ein gewichtiger Vorteil des Naßspritzverfahrens ist die relativ geringe Staubentwicklung. Der Rückprall ist um etwa 35 bis 50% kleiner als beim Trockenspritzverfahren.

Beschaffenheit des Spritzbetons

Wie erwähnt kann beim Trockenspritzverfahren die Wasserzugabe leicht und schnell an wechselnde Einbaubedingungen angepaßt werden. Damit sind aber auch Schwankungen des Wasserzementwertes und der davon abhängigen Festbetoneigenschaften verbunden. Der Rückprall und die Gleichmäßigkeit des Spritzbetons hängen in hohem Maße von der Erfahrung und Geschicklichkeit des Düsenführers ab.

Beim Naßspritzverfahren wird der Beton gleichmäßiger und homogener. Die Einhaltung vorgegebener Rezepturen ist leicht möglich, die Geschicklichkeit des Düsenführers ist weniger ausschlaggebend. Bei Verwendung entsprechender Erstarrungsbeschleuniger lassen sich dicke Schichten in einem Arbeitsgang auftragen. Eine bei mehrlagigem Auftrag auftretende, mehr oder weniger stark ausgeprägte Schichtstruktur wird vermieden.

Kosten

Bei großen Spritzbetonkubaturen ist das Naßspritzen kostenmäßig im Vorteil. Wo kleinere Mengen aufzutragen sind, ist das Trockenspritzverfahren wirtschaftlicher [9-19].

9.4 Festbetoneigenschaften

9.4.1 Allgemeines

Die Eigenschaften des Spritzbetons entsprechen weitgehend denen eines üblichen Betons der gleichen Festigkeitsklasse, gleiche Ausgangsstoffe vorausgesetzt. Eine Ausnahme bilden die Fertigkeitsentwicklung und das Verformungsverhalten. Diese beiden Eigenschaften werden zunächst durch die Zusammensetzung des Ausgangsbetons bestimmt, im weiteren aber entscheidend durch die Zugabe eines erstarrungsbeschleunigenden Zusatzmittels beeinflußt.

Im Vergleich zum Ausgangsbeton, also einem Beton gleicher Zusammensetzung, aber ohne beschleunigendes Zusatzmittel (Nullbeton), ist beim Spritzbeton die Druckfestigkeit in den ersten Stunden größer, im Alter von 7 Tagen und mehr kleiner.

Das Verformungsverhalten des Spritzbetons weicht von dem des Ausgangs(Null)betons ab, aber auch von dem eines üblichen Betons der gleichen Festigkeitsklasse. Bei beiden Vergleichen sind der Elastizitätsmodul kleiner, die Schwind- und Kriechverformungen größer.

Eine systematische und umfassende Untersuchung der Druckfestigkeit und des Verformungsverhaltens von Spritzbeton liegt bislang nicht vor. Die in der Literatur mitgeteilten Ergebnisse sind wegen der unterschiedlichen Ausgangs- und Versuchsbedingungen nur bedingt vergleichbar. Auch sind die Betonzusammensetzung, die verwendeten Zusatzmittel und das Herstellverfahren nicht immer erschöpfend beschrieben. Die folgenden Abschnitte 9.4.2 und 9.4.3 enthalten beispielhafte Angaben.

Eine weitere Schwierigkeit bereitet die Ermittlung der Kennwerte. Üblicherweise werden diese in der Eignungs- und Güteprüfung an gesondert hergestellten Prüfkörpern bestimmt (s. Abschn. 7.4.3, 7.4.12 und 7.9). Damit erhält man jedoch bei Spritzbeton keine aussagefähigen Ergebnisse, da der entscheidende Einfluß der Verarbeitungstechnik, des Spritzens, nicht zutreffend und allgemeingültig simuliert werden kann. Druckfestigkeit und Verformungsverhalten müssen vielmehr an Prüfkörpern, im allgemeinen an Bohrkernen, aus einem Spritzbetonauftrag bestimmt werden, der in Herstellung und Abmessungen den baupraktischen Verhältnissen entspricht.

9.4.2 Druckfestigkeit

Festigkeitsentwicklung

Die Festigkeitsentwicklung ist durch relativ hohe Frühfestigkeiten in den ersten Stunden gekennzeichnet (Bild 9.4-1). Die Absolutwerte sind – bei gleichem w/z – von Art und Menge des Beschleunigers abhängig.

In den zitierten Beispielen setzt sich die weitere Festigkeitsentwicklung bis zum Alter von 90 Tagen in üblicher Weise fort (Tab. 9.4-1).

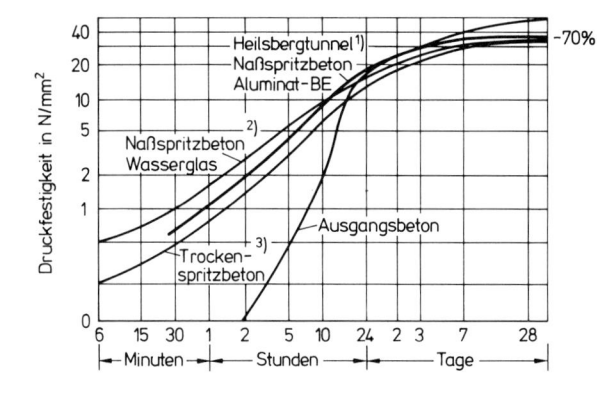

Bild 9.4-1 Festigkeitsentwicklung ermittelt an Bohrkernen (Spritzbeton) bzw. Würfeln (Ausgangsbeton) [9-11]

Zement: PZ 45 F, 350 kg/m^3
BE: [1]) 30 cm^3/kg Zement
[2]) 110 cm^3/kg Zement
[3]) 50 g/kg Zement

Tabelle 9.4-1 Druckfestigkeit von Spritzbeton (Zusammensetzung s. Tab. 9.4-2) ermittelt an Bohrkernen in Spritzrichtung [9-10]

Versuchsserie [1])	Druckfestigkeiten (N/mm^2) im Alter von			
	7 d	28 d	90 d	360 d
N 10 t	–	25	26	21
N 10 n	22	23	26	31
N 15 t	–	26	28	24
N 15 n	22	26	30	32
T 10 t	–	25	30	33
T 10 n	19	24	27	29
Üblicher B 25 [2])	20–23	25	25–28	26–29

[1]) N Naßspritzbeton, BE: Wasserglas
 T Trockenspritzbeton, BE: Pulver (NaAl, NaCO)
 n Naßlagerung (unter Wasser)
 t Trockenlagerung (an Luft 20 °C/65 % r.F.)
[2]) Schätzwerte

9.4 Festbetoneigenschaften

28-Tage-Druckfestigkeit

Die 28-Tage-Druckfestigkeit des Spritzbetons ist niedriger als die des Ausgangs-(Null)betons. Die Abminderung ist abhängig von Art und Menge des zugegebenen Beschleunigers.

Bild 9.4-2 zeigt die Verhältnisse bei Zugabe von Wasserglas. Danach beträgt der Festigkeitsabfall im baupraktischen Bereich mit Zugabemengen zwischen 50 und 100 cm³/kg Zement 30 bis 35 %. Für deutlich größere Zugabemengen sind die Ergebnisse nicht einheitlich.

Für den Spritzbeton B 25 gemäß Tab. 9.4-2 wären bei gleicher Zusammensetzung, aber ohne Beschleuniger, Festigkeiten entsprechend einem B 35 bis B 45 zu erwarten gewesen. Das unter üblichen Bedingungen vorhandene Festigkeitsbildungsvermögen des verwendeten Zements PZ 45 F wird also durch die hohe Zugabe von Wasserglas nur zu etwa 60 % aktiviert.

Bild 9.4-3 zeigt die Druckfestigkeiten für einen Spritzbeton B 25 mit Aluminat-Beschleuniger (30 cm³/kg Zement), bei dem nach 12 Std. bereits ein Wert von etwa 18 N/mm² erreicht wurde. Die Streuung der Werte wird auf die Streuung beim Ausgangsbeton zurück-

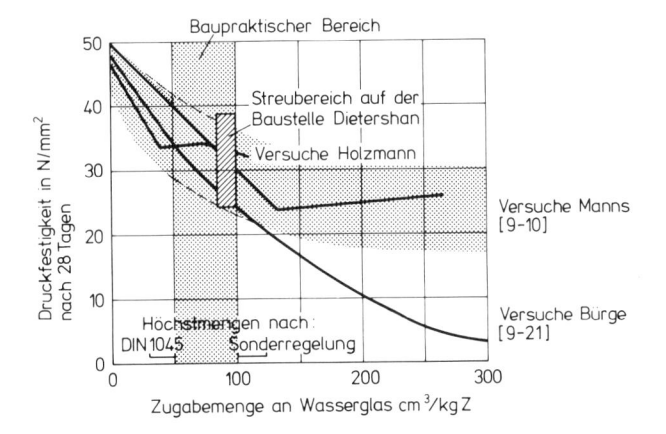

Bild 9.4-2 Einfluß der Zugabemenge von Wasserglas auf die Druckfestigkeit [9-11]

Tabelle 9.4-2 Zusammensetzung der Spritzbetone in Tabelle 9.4-1

| Versuchsserie[1]) | Ausgangsmischung | | Wasser | Zusatzmittel | |
	Zement PZ 45 F kg/m³	Zuschlag[2]) (Rheinmaterial) kg/m³	l/m³	BE cm³/kg Z	FM g/kg Z
N 10 t / N 10 n			200	~130	~10
N 15 t / N 15 n	370	1740		~260	~22
T 10 t / T 10 n			[3])	~70	—

[1]) s. Tab. 9.4-1
[2]) Sand 0/2 mm und Kiessand 2/8 mm im Verhältnis 1:1
[3]) keine Angaben

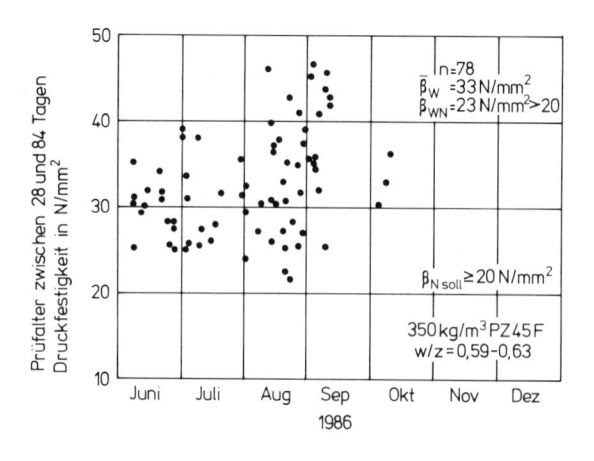

Bild 9.4-3 Bohrkern-Druckfestigkeiten von Naßspritzbeton mit Aluminatbeschleuniger (30 cm^3/kg Zement) [9-11]

geführt, bei dem die gleiche Standardabweichung wie beim Spritzbeton beobachtet wurde. Das Festigkeitsbildungsvermögen des Zements wurde hier zu 75 bis 80 % ausgenutzt.

Die Streuung der Festigkeitswerte ist nach [9-9] beim Naßspritzverfahren etwas kleiner als beim Trockenspritzverfahren.

Endfestigkeit

Über die Endfestigkeit liegen nur wenige Ergebnisse vor. Nach [9-10] zeigten Spritzbetone bei Feuchtlagerung unabhängig vom Herstellverfahren eine stärkere Nacherhärtung als ein üblicher Beton der gleichen Festigkeitsklasse. Bei Trockenlagerung betrug beim Naßspritzbeton mit einem Wasserglaszusatz von rd. 130 bzw. 260 cm^3/kg Zement die Festigkeit nach 360 Tagen nurmehr 84 bzw. 92 % der 28-Tage-Werte.

9.4.3 Verformungsverhalten

Elastizitätsmodul

Der *E*-Modul des Spritzbetons ist geringer als der des Ausgangs(Null)betons. Die Abnahme ist abhängig von Art und Menge des Beschleunigers. Bild 9.4-4 zeigt die Verhältnisse in Abhängigkeit von der Probenlagerung.

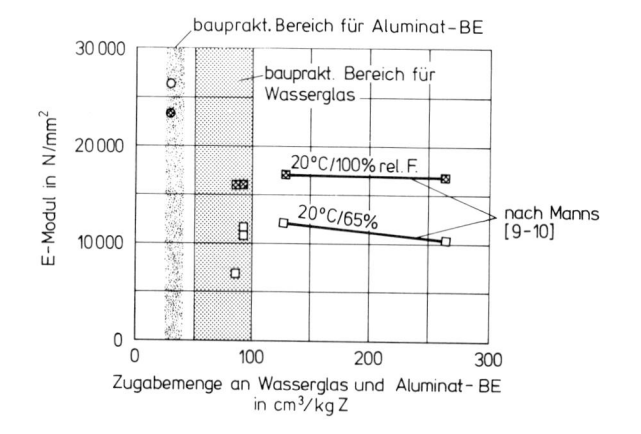

Bild 9.4-4 *E*-Modul parallel zur Spritzrichtung in Abhängigkeit von der Zugabemenge an Wasserglas bzw. Aluminatbeschleuniger [9-11]

9.4 Festbetoneigenschaften   479

Der *E*-Modul des Spritzbetons ist aber auch wesentlich kleiner als der eines üblichen Betons der gleichen Festigkeitsklasse, gleiche Ausgangsstoffe vorausgesetzt. Die Abnahme verdeutlicht Tab. 9.4-3. Für die untersuchten Betone mit Wasserglas als Beschleuniger wurden Minderungen um bis zu 2/3 beobachtet.

Bei Verwendung eines Aluminatbeschleunigers ist eine geringere Absenkung des *E*-Moduls zu erwarten. Dies gilt im Vergleich zum Ausgangsbeton (Bild 9.4-5) wie zum üblichen Beton gleicher Festigkeitsklasse (Bild 9.4-6).

Der *E*-Modul des Spritzbetons ist, bedingt durch das schichtenweise Aufbringen, abhängig von der Belastungsrichtung, was auch für die Druckfestigkeit gilt. Im allgemeinen ist der *E*-Modul parallel zur Spritzrichtung kleiner als senkrecht dazu. Für die Druckfestigkeit ist es umgekehrt (Bild 9.4-6).

Schwinden und Kriechen

Die Schwind- und Kriechverformungen des Spritzbetons sind im Vergleich zum üblichen Beton größer [9-10, 9-11]. Die Schwind- und Kriechmaße sind unter sonst gleichen Bedin-

Tabelle 9.4-3 *E*-Modul von Spritzbeton (Zusammensetzung siehe Tabelle 9.4-2) ermittelt an Bohrkernen in Spritzrichtung im Alter von 28 Tagen [9-10]

Versuchsserie[1])	*E*-Modul (N/mm^2)	Anteil, bezogen auf üblichen B 25
N 10 t	12 000	0,40
N 10 n	17 000	0,57
N 15 t	10 500	0,35
N 15 n	16 900	0,56
T 10 t	16 900	0,56
T 10 n	19 600	0,65
Üblicher B 25[2])	30 000	1,00

[1]) s. Tab. 9.4-1   [2]) Rechenwert nach DIN 1045

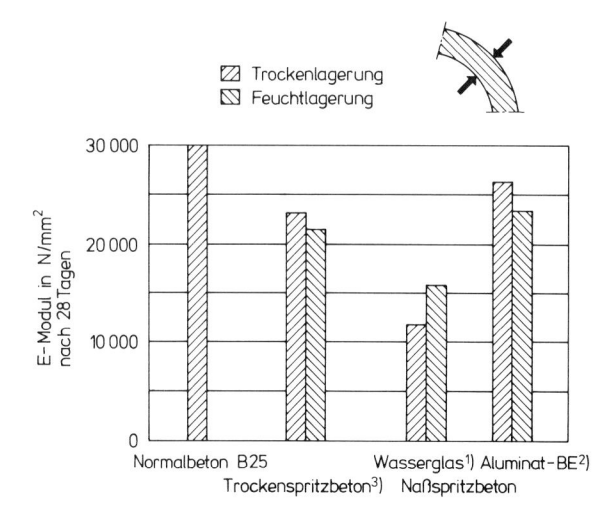

Bild 9.4-5 *E*-Modul von Spritzbeton parallel zur Spritzrichtung [9-11]

[1]) 110 cm^3/kg Zement
[2]) 30 cm^3/kg Zement
[3]) 50 g BE/kg Zement

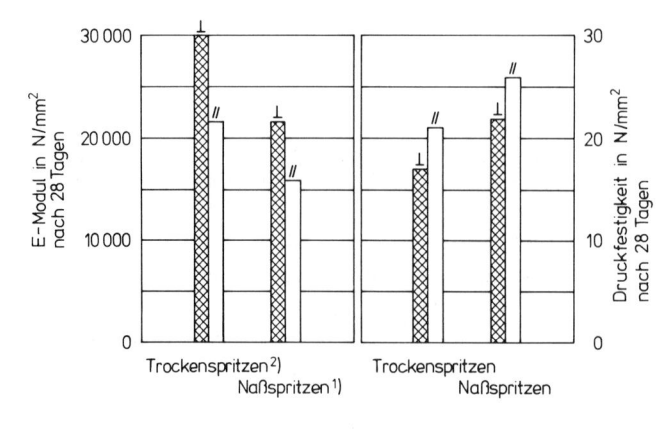

Bild 9.4-6 *E*-Modul und Druckfestigkeit von Spritzbeton senkrecht und parallel zur Spritzrichtung bei Feuchtlagerung der Bohrkerne [9-9]
[1]) BE: Wasserglas 110 cm^3/kg Zement
[2]) Pulver NaAl 50 g/kg Zement

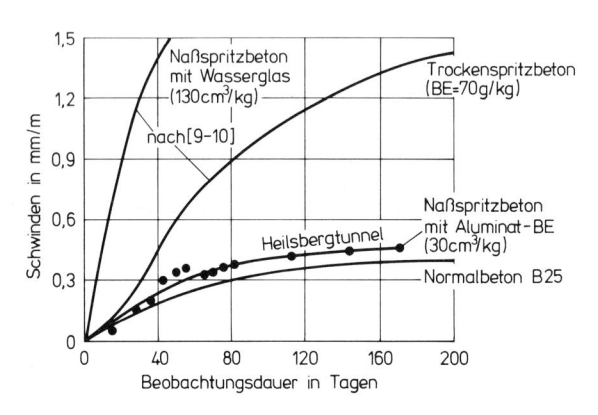

Bild 9.4-7 Schwinden von Spritzbeton B 25 (Lagerung bei 20 °C/65 % r. F.) [9-11]

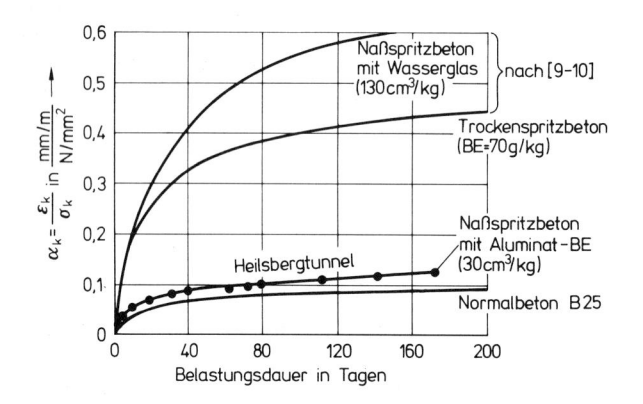

Bild 9.4-8 Kriechen von Spritzbeton B 25 (Lagerung bei 20 °C/65 % r. F., Belastungsalter 28 Tage) [9-11]

gungen abhängig von Art und Menge des Beschleunigers (Bild 9.4-7 und 9.4-8). Danach sind die zu erwartenden Schwind- und Kriechverformungen für Naßspritzbeton mit Wasserglaszusatz wesentlich größer, für Trockenspritzbeton mit einem pulverförmigen Beschleuniger auf Natriumaluminatbasis noch deutlich größer als für einen üblichen Beton der gleichen Festigkeitsklasse. Die entsprechenden Werte des Naßspritzbetons mit Aluminatbeschleuniger waren demgegenüber nur unbedeutend erhöht.

9.5 Faserspritzbeton

9.5.1 Allgemeines

Ein Faserzusatz erhöht die Zähigkeit und das Arbeitsvermögen (s. Abschn. 7.9.2.2) wie auch die Schlagfestigkeit (s. Abschn. 7.7) des Betons. Faserbeton weist auch nach relativ großen Verformungen noch eine nutzbare Resttragfähigkeit auf. Die Fasern wirken als Rißbremse, was zu fein verteilten Rissen geringer Breite führt (s. Abschn. 10).

Ein Faserzusatz verbessert auch den Zusammenhalt des Frischbetons.

Bei zweckmäßiger Zusammensetzung und sorgfältiger Verarbeitung kann Faserspritzbeton bis zur Betonfestigkeitsklasse B 35 hergestellt werden. Für die Herstellung einschaliger Tunnelauskleidungen wurde Stahlfaserspritzbeton auch schon als wasserundurchlässiger Beton im Sinne von DIN 1045, Abschnitt 6.5.7.2, eingebaut.

9.5.2 Anwendung

Faserspritzbeton wird im Berg-, Tunnel- und Stollenbau angewendet, besonders bei Arbeiten im Lockergestein sowie druckhaftem, gebrächem und inhomogenem Gebirge. Vorteile sind zu erwarten beispielsweise auch bei der Hangsicherung, der Verkleidung von Felswänden über Verkehrswegen, der Ummantelung feuergefährdeter Bauteile (z. B. Lagertanks), bei mechanisch beanspruchten Betonoberflächen [9-22] und bei der Sanierung von Stahlbetonkonstruktionen [9-23].

9.5.3 Faserwerkstoffe

Für Faserspritzbeton werden Stahlfasern, Kunststoffasern, Glasfasern und versuchsweise auch Kohlenstoffasern verwendet.

Die meisten Erfahrungen liegen bisher mit Stahlfasern vor [9-22 bis 9-29]. Die Verwendung von Kunststoffasern (z. B. Polyvinylalkoholfasern, Polypropylenfasern) und Kohlenstoffasern steht noch in den Anfängen. Da vor allem Kunststoffasern chemisch sehr widerstandsfähig sind, könnten sie vorteilhaft dort eingesetzt werden, wo der Beton starken Witterungsbeanspruchungen ausgesetzt ist, etwa bei der Sicherung von Böschungen, bei Stützmauern, Fahrbahnbelägen und ähnlichen Anwendungsgebieten.

9.5.4 Herstellung und Verarbeitung

Faserzugabe

Entscheidend ist, daß ebenso wie bei üblichem Faserbeton (s. Abschn. 10) die Fasern gut vereinzelt und möglichst gleichmäßig im Beton verteilt werden.

Stahlfasern können mit den heute zur Verfügung stehenden mechanischen Geräten bis zu Längen von etwa 25 mm und Durchmessern von 0,2 bis 0,4 mm ohne Schwierigkeiten vereinzelt und dosiert werden, vorausgesetzt, die Fasern sind trocken und nicht zu stark angerostet.

Kunststoffasern gibt es in Stapellängen ab 6 mm. Insbesondere feinere Fasern mit Durchmessern unter 0,05 mm werden zweckmäßigerweise vor dem Einmischen zunächst mit Preßluft oder mechanischen Geräten aufgelockert und vereinzelt.

Gröbere Fasern können auch direkt zugegeben werden.

Während Stahlfasern auch im Trockenspritzverfahren verarbeitet werden können, ist das Einmischen der erforderlichen Menge an Kunststoffasern in eine Trockenmischung wegen der Bildung von Faseranhäufungen und Knäueln sehr schwierig. Zur Herstellung vcon Spritzbeton mit Kunststoffasern ist das Naßspritzverfahren besser geeignet als das Trockenspritzverfahren.

Fasergehalt

In der Praxis sind bei Kunststoff- und Kohlenstoffasern derzeit Zugabemengen von 0,2 bis 0,5 Vol.-% möglich [9-25]. Bei Stahlfasern stellen etwa 6 M.-% ($\sim$ 2 Vol.-%) die obere Grenze dar. Stahlfasergehalte unter 4 M.-% ($\sim$ 1,2 Vol.-%) haben nur geringe Wirkung. Nach [9-22] muß Stahlfaserspritzbeton mindestens 3 M.-% Stahlfasern enthalten.

Auftrag

Faserspritzbeton wird grundsätzlich in gleicher Weise wie normaler Spritzbeton aufgetragen. Wegen der verhältnismäßig hohen Faserkosten sind Maßnahmen zur Rückprallminderung von besonderer Bedeutung, da die im Rückprall befindlichen Fasern verloren sind. Dies kann beispielsweise durch eine Erhöhung des Zementgehaltes geschehen, da Mischungen mit höherem Zementgehalt und ggf. anderen geeigneten Feinststoffen einen besseren Zusammenhalt und eine bessere Haftung aufweisen.

Danach soll der Zuschlag möglichst rundkörnig, bei gebrochenem Material von gedrungener Kornform sein. Kornzusammensetzungen, die etwa der Sieblinie zwischen den Bereichen ③ und ④ von Bild 3.1-1 und 3.1-2 entsprechen, sind günstig. Das Größtkorn soll im Hinblick auf die Wirksamkeit der Fasern nicht wesentlich größer als die Faserlänge sein und beträgt in der Regel höchstens 8 mm, um den Rückprall gering zu halten. Der Zementgehalt soll bei 8 mm Größtkorn des Zuschlags rd. 250 bis 400 kg/m^3 und bei 4 mm Größtkorn rd. 400 bis 450 kg/m^3 betragen. Zemente der Festigkeitsklassen Z 45 F und Z 55 werden bevorzugt.

9.5.5 Festbetoneigenschaften

Die Eigenschaften der Faserspritzbetone entsprechen weitgehend denen üblicher Faserbetone der gleichen Festigkeitsklasse (s. Abschn. 10). Ein Unterschied besteht darin, daß sich die Fasern beim Aufprallen des Spritzbetons vorwiegend parallel zur Auftragsfläche ausrichten.

Hinsichtlich des Verformungsverhaltens gelten die gleichen Einflüsse wie beim üblichen Spritzbeton (s. Abschn. 9.4.3).

10 Faserbeton

10.1 Allgemeines

Faserbeton ist ein Beton, dem bei der Herstellung zur Verbesserung des Riß- und Bruchverhaltens Fasern, vorzugsweise Stahl-, Glas oder Kunststoffasern zugesetzt werden. Die Fasern sind im Zementstein bzw. im Mörtel, der Matrix, eingebettet und wirken dort als Bewehrung. Die Matrix bestimmt in erster Linie das Tragverhalten des Betons.

Die im Zementstein vorwiegend vorhandenen Calciumsilicathydrate bilden ein unregelmäßiges Geflecht aus kurzen Kristallfasern, das einer Druckbeanspruchung einen erheblichen Widerstand entgegensetzt. Bei einer Zugbeanspruchung jedoch werden die einzelnen Fasern, die im Mittel nur etwa 1 µm lang sind, aus dem Geflecht herausgezogen, bevor ihre Zugfestigkeit erreicht ist [10-1]. Festigkeit und Bruchdehnung sowie das Arbeitsvermögen des Betons bei Zugbeanspruchung sind deshalb relativ klein. Es bilden sich bereits frühzeitig Risse.

Eine in die Matrix eingebaute Bewehrung aus zugfesten und dehnfähigen Fasern hemmt das Öffnen der Risse bzw. bewirkt bei größeren Dehnungen eine Aufteilung in viele, sehr feine und in der Regel unschädliche Risse (Bild 10.1-1). Unter bestimmten Voraussetzungen verbinden die Fasern die Rißufer zugfest miteinander und ermöglichen auch bei größeren Dehnungen noch eine Übertragung von nennenswerten Zugkräften.

Es besteht die Möglichkeit, in den Beton durchgehende lange Fasern in Richtung der zu erwartenden Zugbeanspruchung einzulegen oder kurze Fasern einzumischen.

Die weiteren Ausführungen beschränken sich auf das Einmischen kurzer Fasern. Diese können je nach den Verarbeitungsbedingungen im erhärteten Beton

- nach Lage und Richtung räumlich gleichmäßig verteilt sein
- mit unterschiedlicher Richtung vorwiegend in einer Ebene angeordnet sein, etwa beim Faserspritzbeton
- einachsig ausgerichtet gleichmäßig über den Querschnitt verteilt sein, beispielsweise bei stranggepreßten Betonwaren.

Über die Vorzüge und die Anwendung von Faserbeton siehe Abschnitt 10.7.

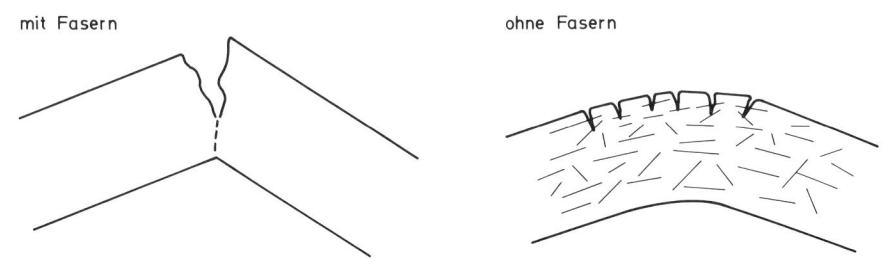

Bild 10.1-1   Rißbremsende und -verteilende Wirkung von Fasern

10.2 Zusammenwirken von Fasern und Matrix

10.2.1 Ungerissener Beton

Die Bruchdehnung der Zementsteinmatrix bei einer Zugbeanspruchung ist wesentlich geringer als die Bruchdehnung der in Frage kommenden Faserwerkstoffe. Infolgedessen reißt die Matrix stets, bevor die volle Tragfähigkeit der Fasern erreicht ist. Vor der Rißbildung beteiligen sich die Fasern nur entsprechend dem Verhältnis ihrer Dehnsteifigkeit $E_f A_f$ (E = E-Modul, A = Querschnitt) zur Dehnsteifigkeit $E_b A_b$ des Betons an der Übertragung von Zugkräften. Dieser Beitrag ist sehr gering, weil der Fasergehalt aus Gründen der Einmischbarkeit und aus Kostengründen meist nur wenige Vol.-% beträgt und darüber hinaus bei eingemischten Fasern nur ein Teil annähernd in Richtung der Beanspruchung orientiert ist. Daher kann selbst durch den Zusatz von Stahl- oder Kohlenstofffasern, deren Elastizitätsmodul im Vergleich zu dem der Matrix eine Zehnerpotenz größer ist, die Rißlast nach den bisherigen Untersuchungsergebnissen nur beschränkt angehoben werden.

10.2.2 Verhalten nach dem Anriß

Die den Riß kreuzenden und beiderseits in der Matrix verankerten Fasern „vernähen" die beiden Rißufer miteinander und behindern die Ausbreitung des Risses. Sie wirken somit als Rißbremse.

Ist die Faser ausreichend lang und fest eingebettet, kann sie bis zu ihrer Zugfestigkeit beansprucht werden. Andernfalls wird sie vor dem Erreichen der Zugfestigkeit auf einer Seite aus der Matrix herausgezogen. Die Verankerungslänge, die zur Einleitung der Faserbruchlast erforderlich ist, wird als *Haftlänge* l_H bezeichnet. Sie hängt von der aufnehmbaren Verbundspannung und vom Durchmesser bzw. dem Umfang der Fasern ab. Für runde Fasern mit dem Durchmesser d und einer Zugfestigkeit β_Z gilt

$$l_H = \frac{d}{4} \cdot \frac{\beta_Z}{\tau_m}$$

Dabei ist τ_m die mittlere Verbundfestigkeit, die je nach Faserart zwischen 1 und 10 N/mm² liegen kann [10-2]. Für eine Stahlfaser mit $d = 0{,}4$ mm, $\beta_Z = 1400$ N/mm² und $\tau_m = 5$ N/mm² ergibt sich die erforderliche Haftlänge zu

$$l_H = \frac{0{,}4}{4} \cdot \frac{1400}{5} = 28 \text{ mm}$$

Entspricht die Faserlänge dem zweifachen Wert der Haftlänge, wird bei einem Matrixriß in halber Faserlänge die Zugfestigkeit der Faser gerade voll ausgenutzt (Bild 10.2-1 Mitte). Bei einem Riß außerhalb der halben Faserlänge wird das kürzere Ende der Faser herausgezogen. Erst wenn die gesamte Faserlänge ganz erheblich größer ist als die doppelte Haftlänge (rechtes Teilbild), wird auch bei Rissen an beliebiger Stelle eine weitgehende Ausnutzung der Zugfestigkeit der Faser möglich. Im statistischen Mittel wird hierzu eine Faserlänge von mindestens dem 4fachen Wert der erforderlichen Haftlänge benötigt. Diese Mindestlänge wird auch als *kritische Faserlänge* bezeichnet [10-2].

Bei glatten runden Stahl-, Kohlenstoff- und manchen Kunststoffasern ist die kritische Faserlänge bei den aus Gründen der Verarbeitbarkeit in Frage kommenden Durchmes-

10.2 Zusammenwirken von Fasern und Matrix

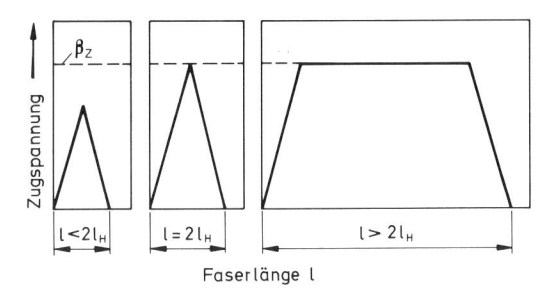

Bild 10.2-1 Zugbeanspruchung eingebetteter Fasern in Abhängigkeit von ihrer Länge [10-1]

l_H: erforderliche Haftlänge

sern so groß, daß sich die Fasern nicht mehr einwandfrei einmischen lassen. Außerdem wäre ein Beton mit so langen Fasern kaum zu verarbeiten. Man muß deshalb kürzere Fasern wählen, deren Zugfestigkeit dann nicht mehr voll ausgenutzt werden kann. Dies ist jedoch, wie noch gezeigt wird, für die angestrebten Betoneigenschaften nicht unbedingt ein Nachteil, sondern kann sogar günstig sein. Bei Asbest-, Glas- und bestimmten Kunststoffasern können dagegen auch Fasern mit überkritischer Länge noch einwandfrei verarbeitet werden, weil die erforderliche Haftlänge aufgrund des geringen Faserdurchmessers und der guten Verbundfestigkeit relativ klein ist.

Mörtel oder Beton ohne Faserzusatz bricht unter einachsiger Zugbeanspruchung bei Erreichen der Zugfestigkeit i. allg. nahezu schlagartig. Die Bruchdehnung liegt gewöhnlich unter 0,2‰. Werden in Kraftrichtung genügend viele durchgehende Fasern eingelegt, dann können diese nach dem Anriß der Matrix die Zugkraft übernehmen. Der Fasergehalt in Volumenprozent, der gerade ausreicht, diese Aufgabe zu erfüllen, wird als *kritischer Fasergehalt* bezeichnet. Er hängt von der Zugfestigkeit der verwendeten Fasern, deren Länge und von der Betonzugfestigkeit ab. Er beträgt beispielsweise für Stahl- und Glasfasern 0,2 bis 0,3 Vol.-%.

Bei in Beanspruchungsrichtung orientierten Kurzfasern reicht der gleiche Fasergehalt aus, wenn die Faserlänge mindestens der kritischen Faserlänge entspricht. Bei Verwendung von Kurzfasern mit einer unterkritischen Länge ist ein höherer Fasergehalt erforderlich. Sind darüber hinaus die Kurzfasern nicht alle in Beanspruchungsrichtung, sondern in der Ebene oder im Raum unterschiedlich orientiert, so wächst der kritische Fasergehalt weiter stark an, da nur ein Teil der Fasern wirksam wird. Im Fall von Stahlfasern mit einem Längen/Durchmesser-Verhältnis von 100 (unterkritische Länge) und dreidimensionaler Orientierung beträgt der kritische Fasergehalt fast 2 Vol.-%. Er steigt auf das Doppelte an, wenn das Verhältnis von Faserlänge zu Durchmesser nur 50 beträgt [10-2].

Nach der Rißbildung in der Matrix sind für das weitere Tragverhalten mehrere Fälle zu unterscheiden, die in Bild 10.2-2 schematisch dargestellt sind:

Fall 1

Hier werden die Fasern vor Erreichen der Zugfestigkeit aus der Matrix herausgezogen, da die Verankerungslänge kleiner als die benötigte Haftlänge ist (unterkritische Faserlänge). Die Zugkraft in der Faser erreicht ihr Maximum beim Überwinden der Haftung. Dann fällt sie ab. Das weitere Herausziehen wird jedoch durch Reibungskräfte behindert. Damit ist ein Energieverzehr verbunden. Daher haben derartige Faserbetone ein großes Arbeitsvermögen und zeigen ein quasi-zähes Verhalten (s. Abschn. 7.9.2.2).

a) unzureichende Verankerung (unterkritische Faserlänge)
b) Endverankerung dicke lange Fasern
c) dünne kurze Fasern mit gutem Verbund

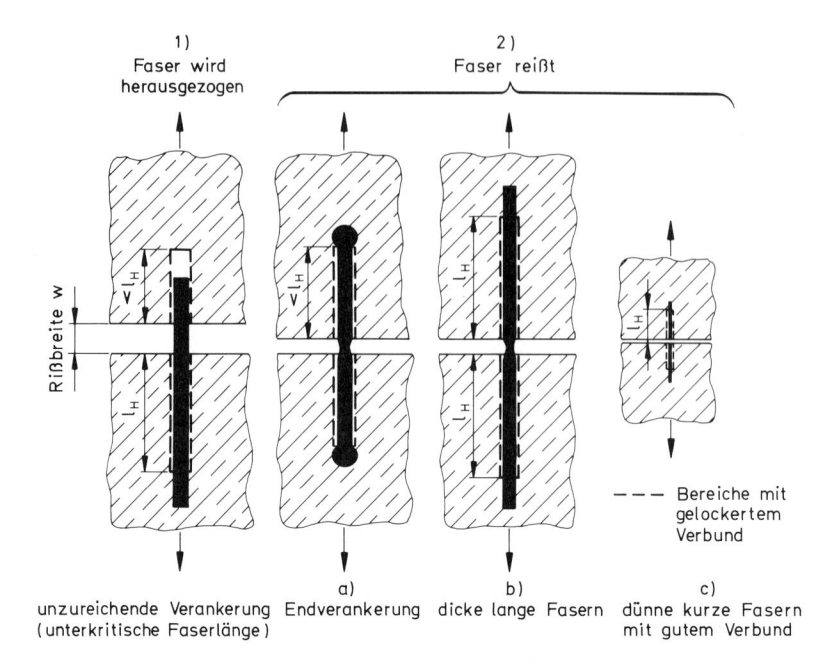

1) Faser wird herausgezogen
2) Faser reißt

--- Bereiche mit gelockertem Verbund

Bild 10.2-2 Verankerung und Versagensmöglichkeiten von Fasern

Die maximal übertragbare Zugkraft ist abhängig vom Fasergehalt (unterkritisch oder überkritisch, siehe Bild 10.2-3). Der Verlauf der Arbeitslinie nach Überschreiten der Höchstlast wird außer vom Fasergehalt auch stark durch das Ausziehverhalten der Fasern beeinflußt.

Ein *unterkritischer Fasergehalt* erhöht die Höchstlast nur geringfügig. Nach Überschreiten der zur Höchstlast gehörenden Dehnung fällt die übertragbare Zugkraft stark ab.

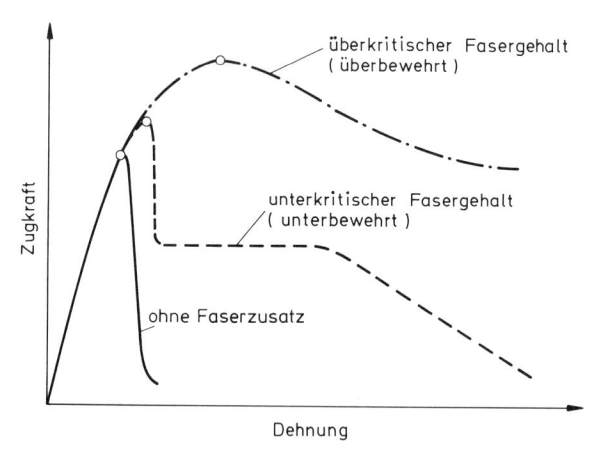

Bild 10.2-3 Zusammenhang zwischen Zugkraft und Dehnung von Faserbeton mit unterkritischer Faserlänge bei zentrischem Zug in Abhängigkeit vom Fasergehalt (schematisch)

10.2 Zusammenwirken von Fasern und Matrix

Fasergehalte, die deutlich *über dem kritischen Fasergehalt* liegen, führen zu einer nennenswerten Erhöhung der Höchstlast.

In beiden Fällen erfolgt die weitere Kraftübertragung nach Ausfall der gerissenen Matrix nur noch über den Ausziehwiderstand der Fasern. Fasern, die den Riß schräg kreuzen, erfahren dabei eine zusätzliche Biegebeanspruchung. Bei biegesteifen Fasern, wie Stahlfasern, ist dann die übertragbare Zugkraft größer, als wenn sie die Rißebene rechtwinklig kreuzen, weil durch die durch die Kraftumlenkung hervorgerufenen Querpressungen der Ausziehwiderstand erhöht wird [10-3]. Stahlfasern mit abgekröpften Enden (Typ DRAMIX), die beim Herausziehen erst gerade gebogen werden müssen, zeichnen sich durch einen besonders hohen Ausziehwiderstand aus. Je höher der Ausziehwiderstand der Fasern ist und je länger er mit zunehmender Dehnung des Betons erhalten bleibt, desto langsamer nimmt die übertragbare Zugkraft ab. Der flach verlaufende Entlastungsast der Arbeitslinie beschreibt ein erhöhtes Arbeitsvermögen des Faserbetons.

Fall 2

Hier sind die Fasern so fest in der Matrix verankert, daß sie bis zu ihrer vollen Zugfestigkeit beansprucht und damit im Hinblick auf die Verbesserung der Zugfestigkeit des Betons optimal ausgenutzt werden können.

Meist ist jedoch für den Einsatz von Faserbeton nicht dessen erhöhte Zugfestigkeit entscheidend, sondern die gegenüber üblichem Beton größere Zähigkeit bzw. das größere Arbeitsvermögen. Dafür ist das Verformungsverhalten nach der Rißbildung maßgebend, das in starkem Maße vom Dehnungsvermögen, dem Verbundverhalten und der Verankerung der Fasern abhängt. Ein zähes Bruchverhalten des Faserbetons ist nur möglich, wenn die Fasern sich im Rißbereich ausreichend verlängern können. Dies bedingt, neben einer hohen Bruchdehnung, daß sich der Verbund beiderseits des Risses auf eine genügende Länge löst. Ein Beispiel dafür sind kurze Stahlfasern mit angestauchten Köpfchen oder abgewinkelten Enden (Bild 10.2-2, Fall 2a).

Ein ähnlich zähes Bruchverhalten läßt sich auch durch Verwendung von genügend dehnfähigen Fasern mit überkritischer Länge erreichen, die so dick und lang sind, daß der Verbund auf eine größere Länge versagt und damit eine ausreichende Verlängerung der Faser erlaubt, bevor diese reißt (Bild 10.2-2, Fall 2b).

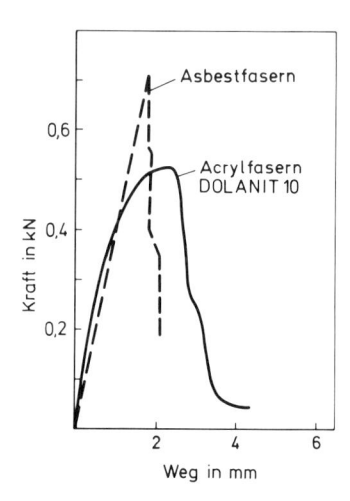

Bild 10.2-4 Kraft-Weg-Diagramm für Fassadenplatten aus Asbestzement und Faserzement mit Acrylfasern bei Biegezugbeanspruchung [10-4]

Sind die Fasern dagegen sehr dünn und aufgrund ihrer Oberflächengestalt wie der chemisch-mineralogischen Zusammensetzung so fest in die Matrix eingebunden, daß die zum Bruch führende Zugkraft auf einer sehr kurzen Länge übertragen werden kann, etwa bei Asbestfasern (Bild 10.2-2, Fall 2c), so lassen sich das Arbeitsvermögen und die Zähigkeit des Betons durch die Faserzugabe kaum erhöhen. Dagegen ist eine beträchtliche Steigerung der Zugfestigkeit möglich (Bild 10.2-4).

10.3 Fasern

Für Faserbeton werden überwiegend Stahl-, Glas- und Kunststoffasern verwendet.

Asbestfasern sind für Faserzementprodukte, wie Dachplatten, Rohre, usw., technisch besonders gut geeignet [10-5]. Sie werden jedoch zunehmend weniger angewandt, weil sie durch Staubbildung bei der Herstellung, Verarbeitung und u. U. auch bei der Nutzung der Asbestzementprodukte gesundheitsgefährdend wirken können.

10.3.1 Stahlfasern

Stahlfasern zeichnen sich durch eine relativ hohe Zugfestigkeit (0,3 bis 2,5 kN/mm^2 und einen hohen Elastizitätsmodul aus, der mit mehr als 200 kN/mm^2 eine Zehnerpotenz über dem der Mörtelmatrix liegt. Sie sind nicht brennbar und in dichtem, alkalischem Beton ohne Einwirkung von Chloriden gut gegen Korrosion geschützt und auf Dauer beständig.

In der carbonatisierten Randzone kann es in Anwesenheit von Feuchte zu einer Korrosion, zu Rostflecken und zum Durchrosten einzelner Fasern kommen. Dies führt jedoch i. allg. nicht zu größeren Oberflächenschäden in Form von Absprengungen, weil die Sprengwirkung der um die dünnen Fasern herum entstehenden Korrosionsprodukte dazu erfahrungsgemäß nicht ausreicht. Die Korrosion der außenliegenden Fasern kann durch eine Imprägnierung des Stahlfaserbetons an der Oberfläche mit Polymeren [10-1] oder durch Aufbringen einer geeigneten Deckschicht (z. B. Spritzbeton) verhindert werden.

Die Haftung glatter Stahlfasern im Zementstein ist schlecht. Das Verbundverhalten kann aber durch Wellung, Abkröpfen oder Verdicken der Enden verbessert werden.

Bild 10.3-1 gibt eine Übersicht über verschiedene auf dem Markt erhältliche Stahlfasern und die Art ihrer Herstellung. Die meisten Produkte haben einen runden Querschnitt und werden aus Walzdraht durch mehrere, abwechselnd aufeinanderfolgende Kaltziehvorgänge und Wärmebehandlungen gewonnen. Sie können glatt und gerade oder zur Verbesserung des Verbundes profiliert sein.

Die DRAMIX-Fasern mit abgekröpften Enden sind mit einem wasserlöslichen Kleber zu streifenartigen Bündeln verklebt. Die Faservereinzelung erfolgt während des Einmischens in den Beton durch Auflösen des Klebers und Reibung mit den Zuschlagkörnern. Die Gefahr einer „Igelbildung" ist hierdurch stark verringert.

Die HAREX-Stahlfaser wird mittels eines Fräsers aus unbearbeiteten Brammen hergestellt. Dabei entsteht ein in sich gedrehter Stahlspan mit sichelförmigem Querschnitt, der auf der konvexen Außenseite glatt und auf der konkaven Innenseite rauh ist. Die HAREX-Stahlfasern sind sehr gut verarbeitbar, da sie sich aufgrund ihrer Formgebung nicht ineinander verhaken, keine Knäuel oder Igel bilden, rieselfähig sind und sich auch noch in hoher Konzentration beim Mischen gleichmäßig verteilen. Sie zeichnen sich durch

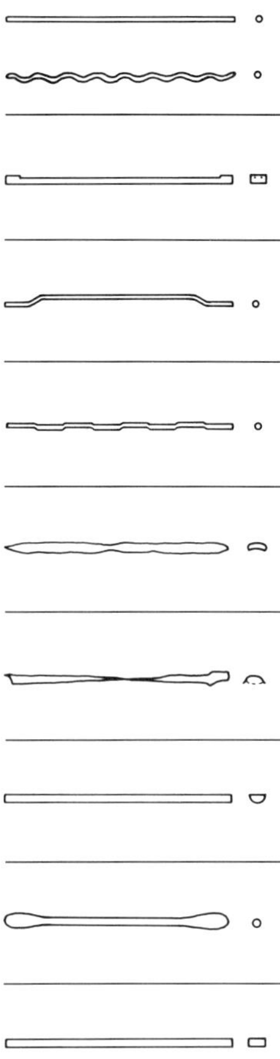

10.3 Fasern

		Firma	Markenname	Bemerkung
— o	A	Trefil ARBED	Wirex	Einzelfasern
～～～ o	A		Eurosteel	
— ▫	B	Australian Wire	Fibresteel	
— o	A	Bekaert	Dramix	zu Bündeln verklebt
— o	A	National-standard	Duoform	
— ◠	D	National-standard	Melt-extracted	
— ◠	C	Harex Stahlfaser-technik	Harex	sichelförmige, in sich gedrehte Stahlspäne
— ▽	A	Stax		
— o	A	Thibo		
— ▫	B	US-Steel	Blech-fasern	

A: aus Walzdraht gezogen   C: aus Blöcken gefräst
B: aus Blechstreifen geschnitten   D: direkt aus der Schmelze hergestellt

Bild 10.3-1 Verschiedene Formen von Stahlfasern [10-6]

einen besonders guten Verbund aus und können deshalb i. allg. bis zum Bruch beansprucht werden, ohne herausgezogen zu werden.

10.3.2 Glasfasern

Glasfasern werden unter anderem durch Ausziehen zähviskoser Glasschmelzen aus Platinspinndüsen hergestellt. Die aus den Düsen austretenden Einzelfäden (Filamente) werden mit einer Schlichte (sizing) versehen und mehrere Hunderte dazu zu Spinnfäden (strand) zusammengefaßt. Etwa 10 bis 40 dieser Spinnfäden ergeben einen Roving mit einem Außendurchmesser in der Größenordnung von 1 mm. Spinnfäden und Rovings lassen sich zu Vliesen, Matten und Geweben weiterverarbeiten. Aus dem Roving können durch Schneiden Kurzfasern hergestellt werden. Dabei zerfällt er wieder zu Spinnfäden oder noch kleineren Einheiten [10-2, 10-7].

Ein Hauptproblem bei der Verwendung von Glasfasern in zementgebundenen Werkstoffen ist die Frage der Alkalibeständigkeit. Die herkömmlichen Silikatgläser, Natron-Kalk-Glas (A-Glas) bzw. Borosilikatglas (E-Glas), sind gegenüber alkalischen Lösungen, wie sie in feuchtem Zementstein bzw. Beton lange Zeit vorliegen können, unbeständig. Dabei entstehen an der Glasoberfläche lochfraßähnliche Korrosionen [10-1], die durch Kerbwirkung zu starken Festigkeitseinbußen und zu einer Versprödung führen.

Von der englischen Firma PILKINGTON wurde ein Soda-Zirkon-Glas mit hoher Alkalibeständigkeit entwickelt. Während der Herstellung der aus diesem Glas bestehenden Fasern, bekannt unter dem Handelsnamen Cem-FIL 2, wird das Material im Oberflächenbereich durch einen patentierten Prozeß chemisch modifiziert, wobei die Alkalibeständigkeit nach Angabe des Herstellers noch erheblich zunimmt.

Ein weiteres Problem ist die Kerb- und Ritzempfindlichkeit der glasigen Oberfläche. Beim Einmischen von Glasfasern in Mörtel oder Beton sind daher wegen der Reibwirkung des Zuschlages schlechtere Ergebnisse zu erwarten als beim Einsatz in nur wenig gemagertem Zementleim [10-7].

Glasfasern sind unbrennbar. Ihre Zugfestigkeit liegt mit 2,0 bis 3,5 kN/mm^2 in der Größenordnung derjenigen von hochfesten Stahlfasern (Tab. 10.3-1) Der Elastizitätsmodul ist etwa doppelt bis dreimal so groß wie der des Zementsteins und beträgt rund 1/3 desjenigen von Stahl. Der Verbund zwischen Glasfasern und Zementsteinmatrix ist aufgrund des geringen Faserdurchmessers und der chemisch-mineralogischen Zusammensetzung des Faserwerkstoffs gut, so daß bei üblichen Faserlängen die Zugfestigkeit voll ausgenutzt werden kann.

10.3.3 Kunststoffasern (Polymere)

Aus der Vielzahl der für die Herstellung von Fasern zur Verfügung stehenden Kunststoffe wurde bisher wegen der geringen Kosten und der guten Alkalibeständigkeit vorwiegend *Polypropylen* verwendet. Neben dem auch für andere Polymerfasern üblichen Düsen-Ziehverfahren, bei dem einzelne Fäden (Filamente) entstehen, ist hier besonders die Herstellung von Fibrillaten bedeutend [10-7]. Dazu wird eine extrudierte Polypropylenfolie in Streifen geschnitten und anschließend im Warmluftstrom auf das 8fache ihrer Ausgangslänge gereckt. Das Recken bewirkt eine Erhöhung der Festigkeit und Steifigkeit in Längsrichtung und gleichzeitig eine Abnahme der Querzugfestigkeit, so daß die Streifen beim Verdrehen um die Längsachse zu einem netzähnlichen Gebilde zerfasern (fibrillate). Dies führt zu einem guten mechanischen Verbund mit der Matrix, der bei glatten Einzelfäden nicht gegeben ist. Die gereckte Faser hat eine Festigkeit von 0,4 bis 0,7 kN^2/mm^2 und einen Elastizitätsmodul von 1 bis 8 kN/mm^2 [10-8]. Bei einem abgewandelten Herstellverfahren, das eine Wärmebehandlung einschließt, werden E-Moduln bis 18 kN/mm^2 erreicht [10-10].

Unter den Handelsnamen KEVLAR 29 bzw. KEVLAR 49 werden von Du Pont Fasern aus aromatischen *Polyamiden* vertrieben, die bei der Zugfestigkeit, dem Elastizitätsmodul und der Bruchdehnung etwa die günstigen Werte von Glasfasern erreichen [10-7]. Ihre Beständigkeit im Beton erscheint jedoch nicht gesichert, da sie nach [10-10a] von stark alkalischen Lösungen angegriffen werden.

Die von der Hoechst AG entwickelte hochfeste *Polyacrylnitrilfaser* DOLANIT hat einen

10.3 Fasern

Tabelle 10.3-1 Eigenschaften ausgewählter Fasern (Richtwerte) im Vergleich zur Faserbeton-Matrix [10-2, 10-7, 10-8, 10-9]

Material		Dichte g/cm³	typische Durchmesser µm	Zugfestigkeit kN/mm²	E-Modul kN/mm²	Bruchdehnung %	Haftung in Zementstein	Beständigkeit in Zementstein
Asbest	Chrysotil	2,6	0,02–20	1–4,5	160	2–3	sehr gut	sehr gut
Glas	E-Glas	2,6	8–15	2–3,5	175	2–3,5	gut	schlecht
	Cem-FIL	2,7	10–15	1,8–3,0	75	2–3	gut	weitgehend beständig
Stahl	normal	7,85	150–1000 ggf. auch flach	0,3–2,5	200–210	3–4	mäßig	im alkal. Milieu beständig
	nichtrostend			2,1	160–170	3	schlecht	sehr gut
Kunststoff	Polypropylen fadenförmig	0,9	>4 (>20)	0,4–0,7	1–8	20	schlecht	gut
	fibrilliert	0,9	>4	0,5–0,75	5–18	5–15	gut	gut
	Kevlar 49 [1]	1,45	10	2,8–3,6	130	2	–	–
	Kevlar 29	1,45	10	2,8–3,6	65	4	schlecht	bedingt beständig
	Polyacrylnitril (DOLANIT)	1,17	13–100	0,85–0,95	16,5–19	10	gut	gut
	Polyvinylalkohol (KURALON)	1,31	≧12	1,6	30	6	gut	gut
Kohlenstoff	Typ I (hoher E-Modul)	2,0	5–10	1,4–2,1	380–450	0,4–0,5	schlecht	gut
	Typ II (hohe Festigkeit)	1,7	~8	2,5–3,2	250–320	~1	schlecht	gut
Naturfasern	Sisal	1,5	8–50	0,85	–	3	–	–
	Hanf	1,5	15–50	0,40	–	2	–	–
Matrix	Zementstein	2,0	–	bis 0,008 [2]	7–28	0,03–0,06	–	–
	Mörtel	2,3	–	bis 0,006 [2]	20–45	0,015	–	–
	Beton	2,6	–	bis 0,004 [2]	20–45	0,01	–	–

[1] Cyclisches Polyamid   [2] Grobe Anhaltswerte

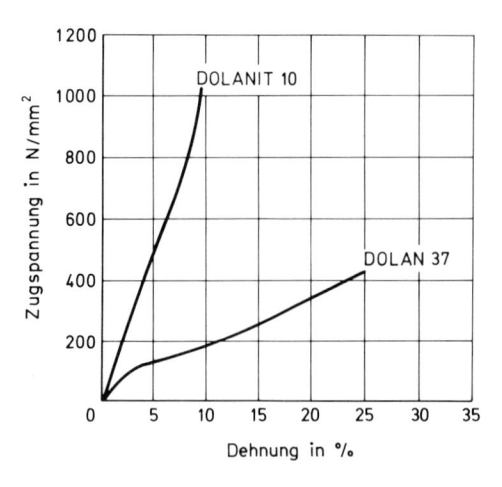

Bild 10.3-2 Spannungsdehnungslinie einer technischen Polyacrylnitrilfaser (DOLANIT 10) im Vergleich zu einer textilen Acrylfaser (DOLAN 37) [10-11]

nierenförmigen Querschnitt und eine Oberfläche mit feiner Längsstruktur. Ihre Festigkeit ist deutlich höher als die textiler Acrylfasern (Bild 10.3-2). Der Elastizitätsmodul erreicht mit 16 bis 19 kN/mm² eine ähnliche Größenordnung wie der von Zementstein. Die Bruchdehnung von etwa 10 % übertrifft deutlich die von Stahl- oder Glasfasern (2–4 %). Die alkalibeständige Faser wird mit Durchmessern von 14 μm an aufwärts bis etwa 100 μm geliefert, wobei für die Bewehrung von Beton und Mörtel Fasern mit Durchmessern zwischen 50 und 100 μm und nicht zu großer Länge (6 bis 24 mm) sich am günstigsten erwiesen haben.

Unter dem Handelsnamen KURALON stellt die japanische Firma Kuraray Fasern aus *Polyvinylalkohol* mit günstigen Festigkeits- und Verformungseigenschaften und guter Alkalibeständigkeit her.

DOLANIT und KURALON werden bereits in industriellem Maßstab als Asbestersatz für Faserzementprodukte eingesetzt, wobei allerdings zusätzlich noch sog. Prozeßfasern auf natürlicher (beispielsweise Cellulose) oder synthetischer Basis (beispielsweise Pulpex) zugesetzt werden müssen, um den Zementleim zu binden. Extrem hoch beanspruchte Produkte (etwa Druckrohre) können jedoch mit den heute zur Verfügung stehenden asbestfreien Faserzementmischungen noch nicht hergestellt werden [10-9].

10.3.4 Kohlenstoff- und Zellulosefasern

Kohlenstoffasern (Carbon-, Graphitfasern) werden durch Verkohlung geeigneter organischer Fasern (beispielsweise Viskose oder Polyacrylnitril) hergestellt. Sie sind alkaliverträglich und weitgehend temperaturbeständig. Die Festigkeit entspricht der von hochfestem Stahl. Der Elastizitätsmodul ist ebenso bis mehr als doppelt so groß wie der von Stahl. Die Faserstruktur ergibt sich aus dem Ausgangsmaterial. Im allgemeinen sind viele Einzelfasern seilartig zusammengedreht, so daß sich ein guter Reibungsverbund einstellen kann. Gegen Oberflächenbeschädigungen sind Kohlenstoffasern noch empfindlicher als Glasfasern. Um sie einmischen zu können, müssen sie i. allg. durch einen Kunstharzüberzug geschützt werden. Wegen des sehr hohen Preises kommen Kohlenstoffasern trotz ihrer günstigen Eigenschaften nur für besondere Anwendungen in Betracht.

Zellulosefasern stehen in Form von weitgehend unbehandelten Naturprodukten (Baumwolle, Sisal, Hanf) oder chemisch aufbereiteten Fasern (Viskose, „Reyon") zur Verfügung. Die Anwendbarkeit in zementgebundenen Werkstoffen ist wegen ihrer geringen Beständigkeit beschränkt.

10.4 Zusammensetzung

10.4.1 Beton

Für die Betonzusammensetzung gelten die allgemeinen Regeln der Betontechnologie (s. Abschn. 3), ergänzt durch die folgenden Hinweise.

Zuschlag

Es kann sowohl Normal- als auch Leicht- oder Schwerzuschlag verwendet werden. Wichtig ist die Wahl des Größtkorndurchmessers und die Begrenzung des Grobzuschlaganteils.

Das Größtkorn muß auf die Bauteildicke sowie die Art und die Abmessungen der Fasern abgestimmt werden. Aus Gründen der Verarbeitbarkeit und zur Erzielung eines möglichst geringen Faserabstandes wird der Größtkorndurchmesser häufig auf 8 mm oder weniger beschränkt. Nach [10-12] wurden bei Glasfaserbeton gute Erfahrungen mit einem Größtkorn von 1 bis 2 mm gemacht. In [10-13] wird für Stahlfaserbeton empfohlen, den Größtkorndurchmesser zu $\leq \frac{1}{3}$ der Faserlänge zu wählen.

Je geringer der Grobzuschlaganteil ist, desto mehr Fasern lassen sich unterbringen, ohne daß es zu Faseragglomerationen kommt [10-7]. Bei Verwendung von Grobzuschlägen sind dickere Fasern vorteilhaft.

Wasserzementwert, Zementgehalt und Betonzusätze

Als günstig haben sich Wasserzementwerte zwischen 0,40 und 0,50 erwiesen [10-12]. Um diese Werte einzuhalten, ist ein relativ hoher Zementgehalt erforderlich, da der Wasseranspruch für eine bestimmte Verarbeitbarkeit des Betons mit zunehmendem Fasergehalt steigt. Dies gilt verstärkt bei Verwendung eines grobkornarmen Zuschlaggemischs.

Um den Zementgehalt unter Beibehaltung der Festigkeit zu senken, können 25 bis 35 % des Zementes gegen Flugasche ausgetauscht werden [10-14]. Ein Austausch von bis zu 10 % des Zementes gegen Silicastaub kann sich ebenfalls günstig auswirken.

Ferner ist eine Verringerung des Wasseranspruchs durch Zugabe eines Betonverflüssigers oder Fließmittels zweckmäßig. Weitere Zusatzmittel, beispielsweise Luftporenbildner, können wie beim üblichen Beton zur Verbesserung bestimmter Eigenschaften eingesetzt werden.

10.4.2 Fasern

Länge und Durchmesser

Die Zugabe von Fasern erhöht den Wasseranspruch des Betons. Bei gegebenem Fasergehalt vergrößert sich der Wasseranspruch deutlich mit abnehmendem Faserdurchmesser d und, weniger ausgeprägt, mit steigender Faserlänge l.

Von großem Einfluß auf die Einmischbarkeit der Fasern und die Verarbeitbarkeit des Frischbetons ist das Verhältnis l/d. Mit zunehmendem Verhältnis l/d nimmt die Verarbeitbarkeit ab.

Bei *Stahlfaserbeton* ist nach [10-15] noch eine gute Verarbeitbarkeit zu erwarten, wenn folgende Bedingung erfüllt ist:

$$p \cdot \frac{l}{d} < 100 \text{ bis } 150 \text{ (Größtkorn 10 mm) bzw. } < 160 \text{ bis } 200 \text{ (Größtkorn 2 mm)}$$

Hierin ist p der Fasergehalt in Vol.-%.

Für Stahlfaserbeton bzw. stahlfaserverstärkten Stahlbeton werden überwiegend Stahlfasern bis etwa 1 mm Dicke, für Stahlfaserspritzbeton solche von 0,3 bis 0,5 mm Dicke eingesetzt. Das Verhältnis l/d liegt meist zwischen 30 und 150 [10-16]. Sind die Stahlfasern zu schlank ($l/d > 100$), so besteht die Gefahr, daß sie sich beim Mischen verbiegen.

Glasfasern und *Kunststoffasern* sind wesentlich biegeweicher als Stahlfasern. Bei der Herstellung von Faserbeton im Mischverfahren wird ihre Länge i. allg. auf höchstens 25 mm, oft sogar auf 12 oder 6 mm beschränkt. Dies hat zur Folge, daß hochfeste Kunststofasern, wie Polyacrylnitril, ab einer bestimmten Dicke, beispielsweise ab 0,1 mm, hinsichtlich ihrer Zugfestigkeit nicht mehr voll ausgenutzt werden können, da die Verankerungslänge kleiner als die Haftlänge ist. Bei eigenen Versuchen wurde festgestellt, daß sich 0,1 mm dicke Polyacrylnitrilfasern bis zu Verankerungslängen von etwa 15 mm noch aus der Matrix (Normmörtel nach DIN 1164 Teil 7 mit PZ 45 F) herausziehen lassen.

Fasergehalt

Der Fasergehalt wird gewöhnlich in Vol.-%, bezogen auf das Betonvolumen, angegeben. Es ergibt sich aus dem in M.-% angegebenen Fasergehalt näherungsweise durch Multiplikation mit dem Faktor ϱ_b/ϱ_f, wobei ϱ_b die Betonrohdichte und ϱ_f die Dichte des Faserwerkstoffs ist.

Mit steigendem Gehalt nimmt die Neigung der Fasern zum Zusammenballen (Igelbildung) während des Mischvorganges zu.

Die einmischbare Fasermenge hängt von der Zusammensetzung und Konsistenz des Frischbetons, den Eigenschaften der Fasern und der Mischtechnik ab. In feinkörnigen Beton lassen sich mehr Fasern einmischen als in grobkörnigen. Normalerweise liegt der Fasergehalt im Bereich von 0,4 bis 3 Vol.-%.

Bei Anwendung spezieller Verarbeitungstechniken und von Zusatzmitteln sind höhere Fasergehalte, z. B. bei Glasfasern bis zu 6 Vol.-% [10-17], möglich.

Mit Stahlfasern lassen sich extrem hohe Fasergehalte von 10 bis 20 Vol.-% erreichen, indem man in ein Faserhaufwerk, das in die Schalung lose eingelegt oder eingerüttelt wird, Zementleim oder Feinmörtel einbringt. Diese spezielle Art von Stahlfaserbeton wird SIFCON genannt (Slurry Infiltrated Fibre CONcrete) [10-18].

10.5 Herstellung

Damit die Fasern voll wirksam werden, ist beim Einmischen eine möglichst gleichmäßige Verteilung im Beton anzustreben.

Manche Fasertypen können aus ihrer Verpackung direkt in den Mischer geschüttet werden und verteilen sich beim Mischen von selbst, etwa die gefrästen HAREX-Stahlfasern, die mit wasserlöslichem Kleber zu Bündeln verklebten DRAMIX-Stahlfasern oder bestimmte Polypropylenfasern.

Viele Stahl- und Kunststoffasertypen müssen jedoch vor der Zugabe zunächst vereinzelt werden, weil sie ineinander verhakt oder verfilzt sind. Hierfür gibt es besondere Vereinzelungsgeräte, die je nach Faserart unterschiedlich ausgebildet sind. Für Stahlfasern haben sich Geräte bewährt, die mit Schwingsieben oder Siebtrommeln arbeiten [10-19].

Bei der Verarbeitung von Glasfasern ist deren Empfindlichkeit Rechnung zu tragen. Sie können bis zu 25 mm Länge eingemischt werden, werden dabei aber leicht beschädigt, besonders wenn der Beton auch Grobzuschlag enthält. Statisch beanspruchte Bauteile werden in der Regel nach dem Spritzverfahren hergestellt, bei dem Faserlängen von 50 mm üblich sind [10-20]. Dabei wird ein Roving (s. Abschn. 10.3.2) von einem Endlosstrang abgezogen und mittels einer luftgetriebenen Schneidewalze abgelängt.

Kurze Kunststoffasern (6 bis 12 mm) mit einem Längen/Durchmesser-Verhältnis ≤ 120 lassen sich oft noch recht gut ohne den Einsatz eines Vereinzelungsgeräts einmischen. Auf die Einmischbarkeit hat auch die Betonzusammensetzung Einfluß. So wurde bei Splittbeton eine bessere Verteilung von Kunststoffasern beobachtet als bei Kiesbeton, was auf die höheren Scherkräfte der kantigen Splittkörner zurückzuführen ist.

Zwangsmischer lassen i. allg. eine bessere Verteilung der Fasern erwarten als sogenannte Freifallmischer, zu denen im Prinzip auch Mischfahrzeuge zu rechnen sind. Dessen ungeachtet konnten hier bei Versuchen gefräste Stahlfasern (HAREX) bis zu 150 kg/m³ Beton (1,9 Vol.-%) untergemischt werden, ohne daß eine Igelbildung festzustellen war.

Durch Einbau eines Aktivators, eines schnellaufenden Rührwerkzeugs, in einen Gleichstrom-Zwangsmischer (Zyklos) konnte bei Polypropylenfasern ein wesentlich besserer Aufschluß und damit eine größere Wirksamkeit zur Verhinderung von Schwindrissen in verformungsbehinderten Bauteilen erzielt werden [10-21].

10.6 Eigenschaften

10.6.1 Verhalten bei Druckbeanspruchung

Die Druckfestigkeit des Faserbetons wird vorwiegend durch die Betonzusammensetzung bestimmt (s. Abschn. 3.2). Der Gehalt an Verdichtungsporen ist gegenüber üblichem Beton etwas erhöht. Andererseits lassen die Fasern durch die Behinderung der Rißbildung eine leichte Festigkeitssteigerung erwarten.

Üblicherweise wird Faserbeton entsprechend den Festigkeitsklassen B 25 bis B 35 hergestellt. In Sonderfällen wurden Druckfestigkeiten bis etwa 160 N/mm² erreicht [10-18].

Die Völligkeit der Arbeitslinie (s. Abschn. 7.9.2.1) wird durch einen Faserzusatz vergrößert, insbesondere im Bereich des abfallenden Astes (Bild 10.6-1 und Bild 10.6-2).

Beim Stahlfaserbeton können gleiche Grenzstauchungen erreicht werden (bis zu etwa 6‰) wie in einem Querschnitt mit einer Druckbewehrung von $\mu' = 3\%$. Das Versagen der Druckzone kündigt sich vorher an und tritt nicht schlagartig auf [10-24].

10.6.2 Verhalten bei Zugbeanspruchung

In der Literatur finden sich nur relativ wenig Ergebnisse verformungsgesteuerter zentrischer Zugversuche an Faserbeton. Bild 10.6-3 zeigt einige typische Arbeitslinien für Stahlfaserbeton. Die Völligkeit des abfallenden Astes nimmt mit steigendem Fasergehalt zu [10-25].

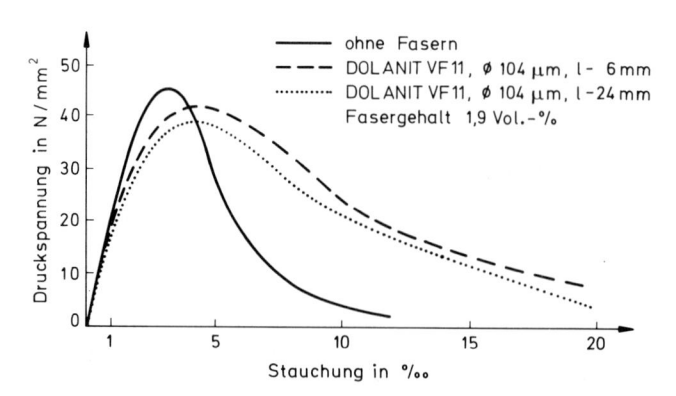

Bild 10.6-1 Arbeitslinien von Beton mit und ohne Kunststoffasern (Polyacrylnitril) bei zentrischer Druckbelastung mit $\dot{\varepsilon} = 2‰/\text{min}$ [10-22]

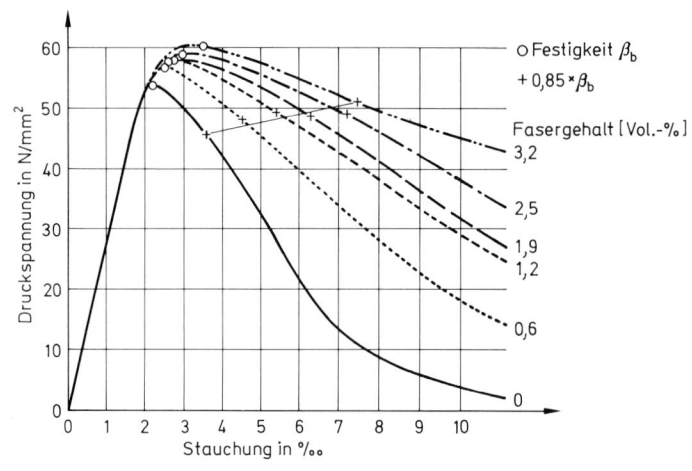

Bild 10.6-2 Arbeitslinien von Stahlfaserbeton bei zentrischer Druckbelastung in Abhängigkeit vom Fasergehalt [10-23]

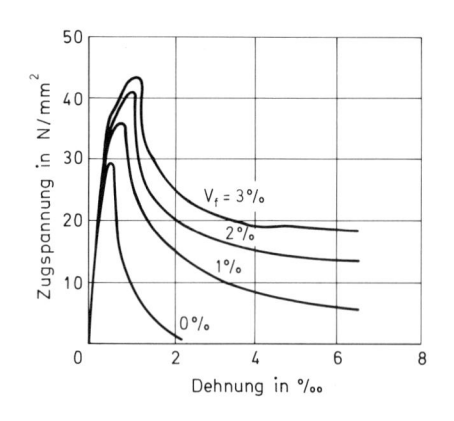

Bild 10.6-3 Arbeitslinien von Stahlfaserbeton bei zentrischer Zugbelastung in Abhängigkeit vom Fasergehalt [10-25]

10.6 Eigenschaften

Die Zugfestigkeit kann durch Zusatz von Stahlfasern um maximal etwa 50 % gesteigert werden. Dabei erhöht sich die Dehnung unter Höchstlast um etwa 30 %.

10.6.3 Verhalten bei Biegebeanspruchung

Das Verhalten des Faserbetons bei Biegebeanspruchung wird durch das Verhalten der Zugzone bestimmt (s. Abschn. 10.2).

Einmalige Belastung

Maßgebend für die Riß- und Bruchlast, für die Last-Durchbiegungskurve und das Bruchverhalten, spröde oder zäh, sind der E-Modul, die Zugfestigkeit und die Verbundfestigkeit der Fasern sowie der Fasergehalt.

Fasern, deren E-Modul kleiner ist als der E-Modul der Betonmatrix, wie Polypropylen- oder Polyacrylnitrilfasern (siehe Tabelle 10.3-1), wirken sich auf die Rißlast praktisch nicht aus. Die Höchstlast ist abhängig vom Gehalt und der Zugfestigkeit der Fasern bzw. deren Ausziehwiderstand und liegt bei überkritischem Fasergehalt über der Rißlast. Für den Verlauf des abfallenden Astes der Last-Durchbiegungskurve ist neben dem Verbundverhalten der Fasern deren Verformungsmodul entscheidend.

Bild 10.6-4 zeigt Last-Durchbiegungskurven von Betonbalken mit Polyacrylnitrilfasern (Dolanit), die ein je nach Faserlänge unterschiedlich zähes Bruchverhalten erkennen lassen. Mit Polypropylenfasern läßt sich nach [10-20] nur ein relativ bescheidener Zuwachs der Zähigkeit gegenüber Beton ohne Faserzusatz erreichen.

Fasern, deren E-Modul größer ist als der E-Modul der Betonmatrix, etwa Stahl- oder Glasfasern, erhöhen die Rißlast. Die Bruchlast ist in der Regel größer als die Rißlast. In statischen Kurzzeitversuchen wurden bei Stahlfaserbeton Steigerungen der Biegezugfestigkeit zwischen 10 und 20 %, in Extremfällen bis etwa 45 % beobachtet [10-26]. in anderen Untersuchungen wurde mit Stahlfasergehalten von 3 bis 6 Vol.-% praktisch keine wesentliche Zunahme der Kurzzeit-Biegezugfestigkeit erreicht [10-27].

Der Verlauf des abfallenden Astes der Last-Durchbiegungskurve und damit das Arbeits-

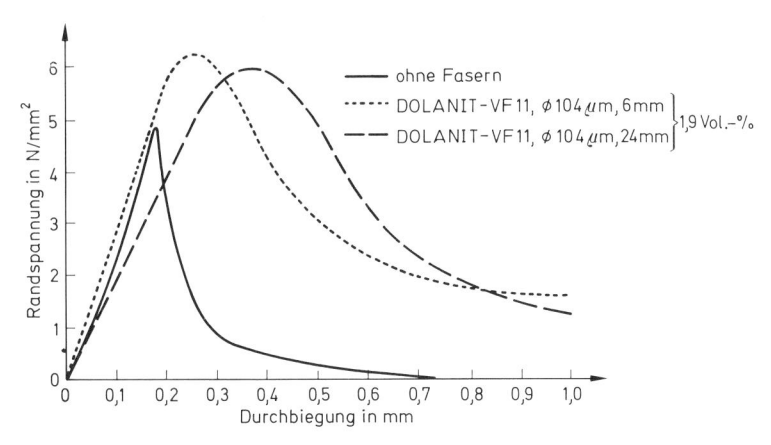

Bild 10.6-4 Last-Durchbiegungskurven von Kunststoffaserbetonbalken (Querschnitt $100 \cdot 100$ mm², $l = 400$ mm, Einzellast in Feldmitte) [10-22]

vermögen bzw. das Bruchverhalten des Faserbetons wird in erster Linie durch das Verbundverhalten der Fasern bestimmt. Fasern mit besonders gutem Verbund, wie z.B. gefräste HAREX-Stahlfasern (Bild 10.3-1), ermöglichen keine große Rißöffnung, der Faserbeton versagt nahezu schlagartig (Bild 10.6-5, Kurven QH 3 und QH 6). Im Gegensatz dazu bewirken glatte Stahlfasern, wie z. B. WIREX- oder DRAMIX-Fasern, einen überkritischen Fasergehalt vorausgesetzt, ein zähes Bruchverhalten (Bild 10.6-5, Kurven Qm).

Das Verhalten nach dem ersten Anriß läßt sich quantitativ durch den *Zähigkeitsindex* (toughness index) beschreiben. Dieser ist nach ASTM C 1018-85 definiert als das Verhältnis der Fläche unter der Last-Durchbiegungskurve bis zu einer festgelegten Durchbiegung (i. allg. das 5,5-fache der beim ersten Riß vorhandenen Durchbiegung) zur Fläche unter der Kurve bis zum ersten Riß. Die jeweiligen Flächen entsprechen der Energie, die für die betreffende Durchbiegung aufgewendet werden muß.

Bei unbewehrtem Beton beträgt der Zähigkeitsindex 1,0. Bei Stahlfaserbetonen mit Fasergehalten von 0,5 bis 0,75 Vol.-% wurden Werte zwischen 10 und 15 [10-26], bei Polypropylenfaserbeton mit Fasergehalten von 0,1 bis 0,3 Vol.-% Werte zwischen 2 und 3 [10-28] ermittelt. Besonders hohe Zähigkeiten lassen sich nur mit überkritischen Fasergehalten erreichen, weil nur dann eine vollständige Rißentwicklung an vielen Stellen gleichzeitig möglich ist.

Wiederholte Belastung

Nach [10-26] führt ein Faserzusatz zu einer erheblichen Verbesserung der Dauerbiegeschwellfestigkeit. Während diese bei unbewehrtem Beton nur etwa 50 % der statischen

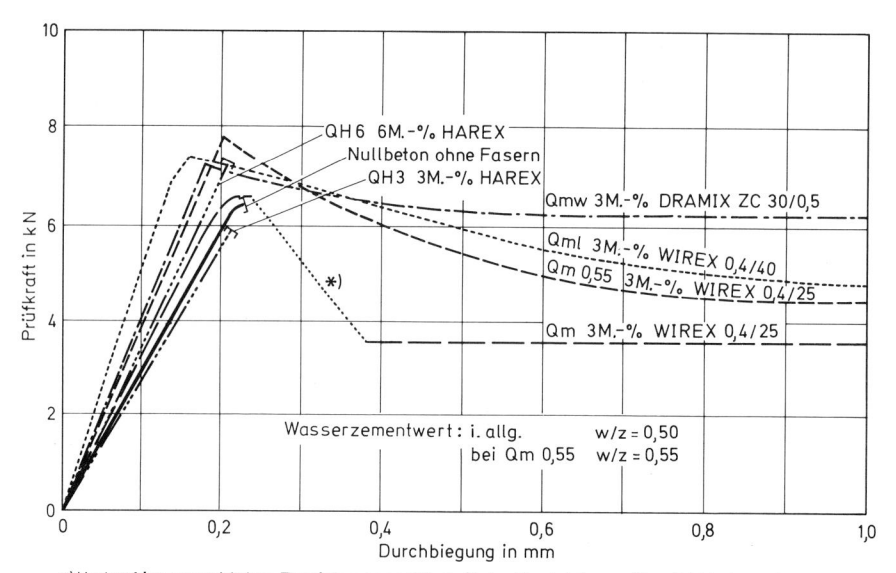

Bild 10.6-5 Last-Durchbiegungskurven von Stahlfaserbetonbalken mit unterschiedlichen Stahlfasern ($l = 260$ mm, $d = 64$ mm, $b = 72$ mm, Einzellast in Feldmitte) [10-27]
(Anmerkung: Beim Nullbeton ohne Fasern und bei den Faserbetonen mit HAREX-Fasern konnte der sehr steil zu erwartende abfallende Ast offenbar aufgrund der zu träge reagierenden Verformungssteuerung bzw. einer zu weichen Prüfeinrichtung nicht gemessen werden.)

10.6 Eigenschaften 499

Kurzzeitbiegefestigkeit beträgt, konnte sie durch Zusatz von Stahlfasern auf 90 bis 95 % gesteigert werden. Bei Zugabe von Polypropylenfasern war die Verbesserung nach [10-28] weniger ausgeprägt. Die Biegeschwellfestigkeit erreichte hier rd. 70 % der statischen Kurzzeitbiegefestigkeit.

Einfluß hoher Temperaturen

Bei Einwirkung hoher Temperaturen ist der Beton biegeweicher als bei Raumtemperatur. Gleichzeitig verringert sich die aufnehmbare Biegezugkraft (Bild 10.6-6). Danach versagen Prüfkörper aus Beton ohne Fasern auch bei hohen Temperaturen weitgehend schlagartig. Die erreichten Durchbiegungen entsprachen etwa denen bei 20 °C. Bei Stahlfaserbeton konnten die Prüfkörper auch bei hohen Temperaturen nach dem Überschreiten der Höchstlast noch erhebliche Lasten aufnehmen, die i. allg. mit zunehmender Durchbiegung nur relativ langsam abnahmen. Der Übergang von der Höchstlast auf das untere Lastniveau nach dem Bruch der Zugrandfaser war bei thermisch beanspruchten Proben wesentlich weicher als bei normaler Raumtemperatur [10-27].

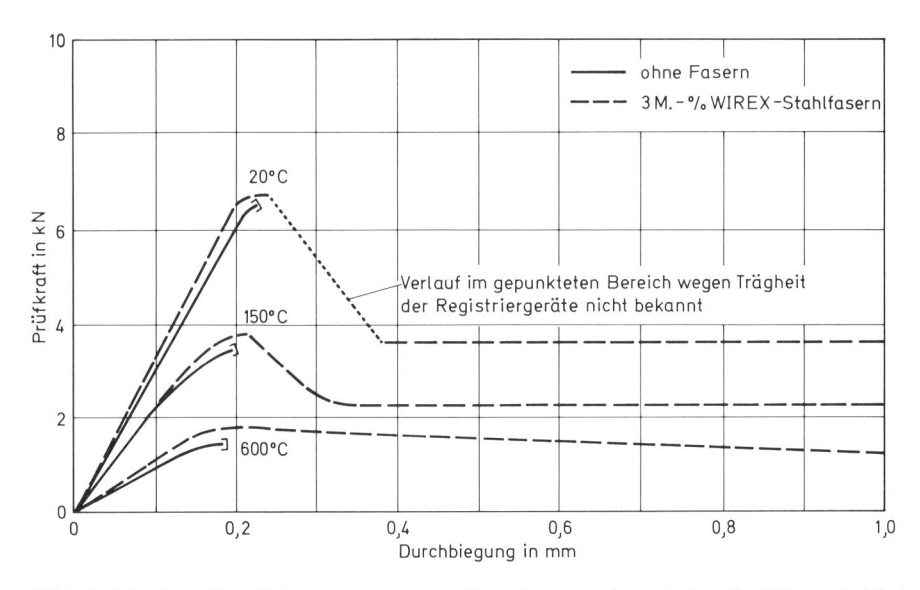

Bild 10.6-6 Last-Durchbiegungskurven von Betonbalken mit und ohne Stahlfasern bei hohen Temperaturen (Zuschlag: quarzhaltiger Kiessand) [10-27]
(Anmerkung: Bei exakter Verformungssteuerung kann auch bei Betonen ohne Fasern ein abfallender Ast gemessen werden, der allerdings sehr steil verläuft.)

10.6.4 Verhalten bei Schlag- und Stoßbeanspruchung

Die Schlagzähigkeit kann durch Zugabe bestimmter Fasern beträchtlich erhöht werden. Günstig sind Kunststoffasern und die meisten Stahlfasern. Dies gilt auch für Glasfasern, solange noch keine Versprödung durch Alkaliangriff und Beeinträchtigung der Verformbarkeit durch Kristallwachstum eingetreten ist (s. Abschn. 10.6.8 und Bild 10.6-7).

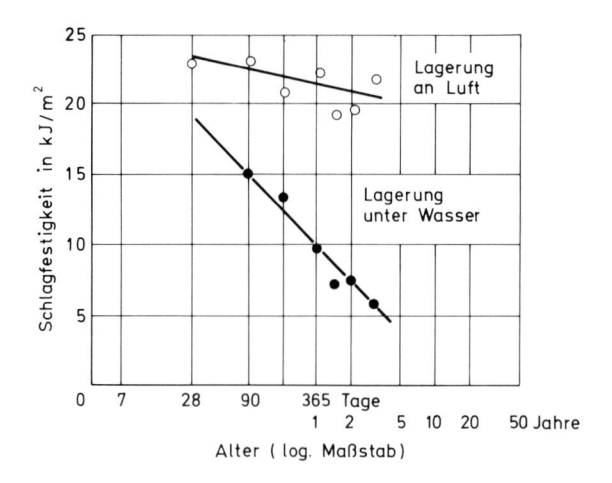

Bild 10.6-7 Einfluß des Alters auf die Schlagfestigkeit von Faserzement mit „alkalibeständigen" Glasfasern (AR-Glas) [10-29]

Nach [10-8] ist eine Kombination von Fasern mit hohem und mit niedrigem E-Modul und hoher Bruchdehnung vorteilhaft. Eine Verbesserung der Schlagfestigkeit konnte bei Stahlfasern und auch bei Polypropylenfasern bereits ab einer Zugabemenge von 0,1 Vol.-% festgestellt werden [10-30].

Mit steigender Zugabemenge nimmt die Schlagfestigkeit deutlich zu (Bild 10.6-8). In [10-31] werden Stahlfasergehalte von 0,6 Vol.-% (2 M.-%) als optimal angesehen, weil hiermit bei noch günstiger Verarbeitbarkeit des Frischbetons eine hohe Schlagzähigkeit erreicht wird. Die Zähigkeit bei dynamischen Einwirkungen, wie Beanspruchung durch aufprallende Massen, Explosionen, Erdbeben usw., ist bei faserbewehrtem Beton oft 5 bis 10 mal so groß wie bei unbewehrtem Beton [10-14].

Weitere Angaben zur Schlagfestigkeit siehe [10-32, 10-33].

10.6.5 Verhalten bei Querkraft- und Torsionsbeanspruchung

Bei den in [10-34] beschriebenen Querkraftversuchen hatte die Zugabe von Stahl- oder von Polypropylenfasern bis etwa 1 Vol.-% nur sehr geringen Einfluß auf die Schubtragfähigkeit. Durch hohe Gehalte an Glasfasern ($\approx$ 4 Vol.-%) ließ sich die Schubtragfähigkeit dagegen nahezu verdoppeln. Bei anderen Querkraftversuchen [10-35] brachte die Zugabe von 0,9 Vol.-% Stahlfasern von 50 mm Länge und abgekröpften Enden eine Erhöhung der Schubtragfähigkeit um 30 bis 40%.

In allen Fällen erhöhte die Zugabe von Fasern die Zähigkeit. Diese nahm proportional mit dem Fasergehalt zu. Dies ist darauf zurückzuführen, daß die Fasern die Schubrisse überbrücken, das Öffnen der Risse bremsen und die Rißufer miteinander verdübeln. Sie wirken in dieser Hinsicht ähnlich wie eine Bügelbewehrung, sind allerdings bei gleichem Bewehrungsprozentsatz weniger wirksam [10-36].

Torsionsbeanspruchte Bauteile mit Faserbewehrung ertragen bis zum Versagen wesentlich stärkere Verdrehungen als unbewehrte, z.B. 5 bis 22°/m gegenüber rd. 0,1°/m. Dies führt trotz eines nicht oder nur relativ wenig erhöhten Bruch-Torsionsmomentes zu einer um 1 bis 2 Zehnerpotenzen höheren Energieaufnahme bis zum Bruch (Bild 10.6-9). Bei gleichem Fasergehalt sind lange Fasern, beispielsweise 50 mm, wirksamer als kürzere von z.B. 30 mm Länge. Als sehr günstig hat sich eine Mischung aus langen und kurzen Fasern

10.6 Eigenschaften 501

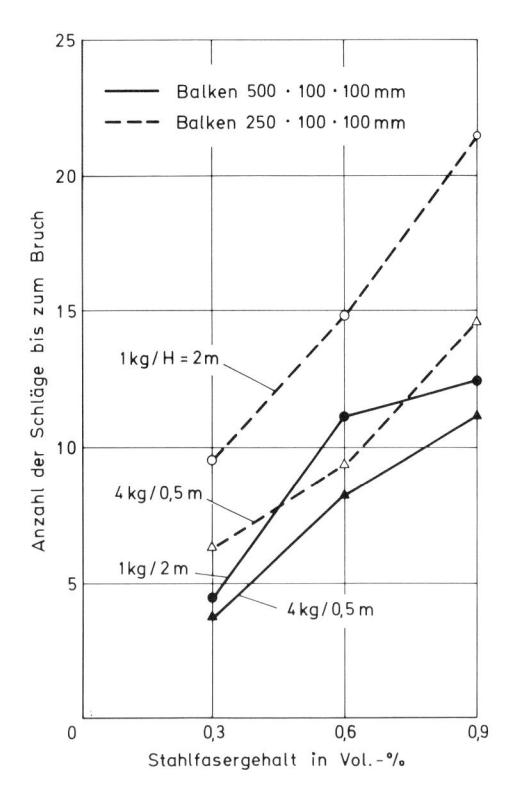

Bild 10.6-8 Einfluß des Fasergehalts auf die Schlagfestigkeit von Stahlfaserbeton [10-31] (gerade Stahlfasern, $d = 0{,}3$ mm, $l = 30$ mm, Balken mit 20 mm tiefer Nut, Fallgewicht 1 kg aus 2 m Höhe bzw. 4 kg aus 0,5 m Höhe)

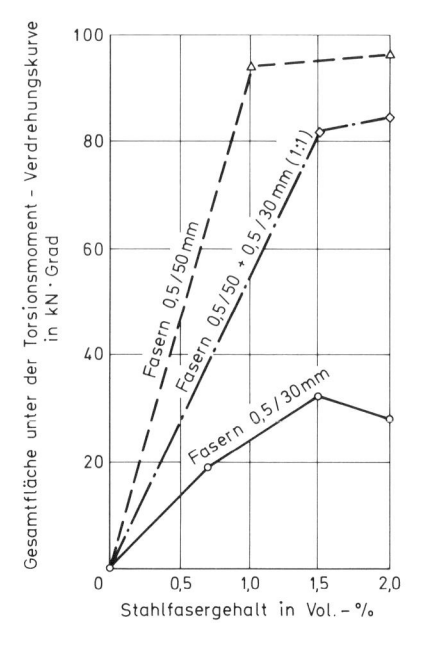

Bild 10.6-9 Einfluß von Stahlfasern auf die Bruchenergie bei Torsionsbeanspruchung [10-37]
(Balkenquerschnitt $305 \cdot 152$ mm; Stahlfasern mit abgekröpften Enden, $d = 0{,}5$ mm, $l = 30$ bzw. 50 mm)

im Verhältnis 1 : 1 erwiesen, weil sie hinsichtlich der Bruchenergie und der Verdrehbarkeit fast die gleiche Verbesserung bringen wie die gleiche Menge an langen Fasern, die Vearbeitbarkeit des Betons aber viel weniger beeinträchtigen [10-37].

10.6.6 Kriechen und Schwinden

Über den Einfluß eines Faserzusatzes auf das *Kriechen* des Betons liegen z. T. widersprüchliche Versuchsergebnisse vor. Nach [10-30] führte die Zugabe von 0,3 Vol.-% Polypropylenfasern bzw. 1 Vol.-% Stahlfasern zu eine deutlichen Erhöhung der Kriechverformungen um 20 bzw. 40 %. Hierfür ist keine plausible Erklärung bekannt. Außer in der Faserzugabe unterschieden sich die Mischungen nur in der Zusatzmenge des Fließmittels, die beim Faserbeton rd. doppelt so groß war wie beim Ausgangsbeton. Bei anderen Versuchen [10-38] führte die Zugabe von Stahlfasern (3 Vol.-%) dagegen zu einer Verringerung des Kriechens. Beide Ergebnisse sind aber nicht ohne weiteres vergleichbar, da in [10-30] Betone mit Grobzuschlag und in [10-38] Mörtel untersucht wurden.

Durch Austausch von 10 % Portlandzement gegen Silicastaub (Microsilica) konnte bei den in [10-30] beschriebenen Versuchen das Kriechen der Faserbetone etwa auf die Werte des Ausgangsbetons ohne Fasern gesenkt werden.

Das *Schwinden* des Betons wird durch Zugabe von Fasern i. allg. nur wenig beeinflußt. Bei gut verarbeitbaren Betonen wurde z. B. bei Zugabe von 1 Vol.-% Stahlfasern eine Verringerung der Schwindverformungen um 15 bis 20 % beobachtet, während bei Mischungen mit steifer Konsistenz und dementsprechend mehr Poren kein Einfluß festzustellen war [10-39].

10.6.7 Reißneigung bei behindertem Schwinden

Werden die Schwindverformungen von unbewehrtem Beton be- oder verhindert, so können sich bereits bei mäßig scharfen Austrocknungsbedingungen breite Spaltrisse bilden. Durch eine nicht vorgespannte Bewehrung lassen sich zwar Risse nicht verhindern, aber die Rißbreiten auf ein unschädliches Maß beschränken. Fasern wirken in dieser Hinsicht wie eine sehr fein verteilte Bewehrung.

Versuche mit Betonringen, deren Schwindverformungen durch einen starren Stahlkern praktisch vollständig verhindert wurden, haben gezeigt, daß es durch Zusatz geeigneter Fasern in ausreichender Menge möglich ist, das sich beim Schwinden des Betons ausbildende Mikrorißsystem so zu stabilisieren, daß auch bei scharfen Austrocknungsbedingungen keine sichtbaren Risse (Rißbreiten über 0,01 mm) entstehen. Als besonders geeignet erwiesen sich für diesen Zweck vorgereckte und dadurch in ihrem *E*-Modul verbesserte Polypropylenfasern [10-21] und Polyacrylnitrilfasern DOLANIT [10-22]. Mit ersteren wurden gute Erfolge bei einer Zugabemenge von 2 Vol.-%, mit letzteren bei einer Zugabemenge von 1 Vol.-% erzielt. Auch mit Stahlfasern (2 Vol.-%) konnte die Rißbreite auf Werte $\leq 0,1$ mm beschränkt werden.

10.6.8 Dauerhaftigkeit

Voraussetzung für die Dauerhaftigkeit von Faserbeton ist, daß die durch den Faserzusatz bewirkten Eigenschaften auf Dauer erhalten bleiben. Dies ist nur dann gewährleistet, wenn die Fasern im eingebetteten Zustand ausreichend beständig sind.

10.6 Eigenschaften

Glasfaserbeton

Fasern aus Silikatgläsern (A- oder E-Glas) werden schon nach kurzer Zeit durch den alkalischen Zementstein so stark angegriffen, daß sie ihre Wirksamkeit im Beton weitgehend verlieren. Aber auch bei Beton, der mit Fasern aus alkaliwiderstandsfähigem Soda-Zirkon-Glas (AR-Glas) bewehrt ist, wurde ein Abfall der Zug- und Biegezugfestigkeit über die Zeit beobachtet. Parallel zu dem Glasfaserbeton-Schalendach eines Ausstellungspavillons auf der Bundesgartenschau 1977 in Stuttgart [10-40] wurden Probeplatten angefertigt. An diesen wurde nach 2jähriger Lagerung im Freien ein Abfall der Biegezugfestigkeit und der zentrischen Zugfestigkeit um ein Drittel gegenüber dem 28-Tage-Wert festgestellt. Gleichzeitig ging die an Zugproben im Alter von 28 Tagen gemessene Dehnung unter Höchstlast von rd. 10‰ bei 657 Tage alten Proben auf rd. 3‰ zurück [10-41]. In einer anderen Versuchsreihe [10-29] betrug die Schlagfestigkeit von Faserbeton mit AR-Glasfasern nach 3jähriger Unterwasserlagerung nur noch gut ¼ des ursprünglich vorhandenen Werts (Bild 10.6-7). Bei Luftlagerung ging die Schlagfestigkeit im gleichen Zeitraum dagegen nur um etwa 10 % zurück.

Das ungünstige Verhalten des wassergelagerten Glasfaserbetons ist wahrscheinlich nur zu einem geringen Teil auf einen chemischen Angriff zurückzuführen. Die wesentliche Ursache dürfte eine mechanische Beanspruchung der empfindlichen Glasfasern durch scharfkantige Hydratationsprodukte sein, die eine Art Beißzangenwirkung ausüben. Es wurde nämlich beobachtet, daß sich bei Wasserlagerung die Zwischenräume innerhalb der aus mehreren Einzelfäden bestehenden Fasern mit kristallinem Material, vorwiegend Calciumhydroxid, füllen [10-42]. Zusätzlich wirkt sich die mit der Zeit immer fester werdende Einbindung der Glasfasern in die Matrix in Richtung einer Versprödung des Glasfaserbetons aus.

Bei der neuen Generation alkaliwiderstandsfähiger Glasfasern (Cem-FIL 2) soll das Langzeitverhalten gegenüber den in den genannten Untersuchungen verwendeten Glasfasern erheblich verbessert sein.

In Japan wurde für die Herstellung von Glasfaserbeton ein kalkarmer Spezialzement (Calcium Silicates – C_4A_3S-CS-slag type low alkaline cement, abgekürzt CGC) entwickelt, der in Verbindung mit alkaliwiderstandsfähigen Glasfasern (AR-Glas mit 20 M.-% ZrO_2) verwendet wird. Nach [10-43] wird die Oberfläche der Glasfasern aufgrund des niedrigen pH-Wertes der Matrix chemisch kaum beansprucht, und die Fasern werden auch nicht durch Calciumhydroxidkristalle blockiert. Dies führt zu einer deutlich verbesserten Dauerhaftigkeit (Bild 10.6-10).

Stahlfaserbeton

Bei Bauteilen aus Stahlfaserbeton, die der Witterung ausgesetzt sind, ist mit der Bildung von Rostflecken auf der Oberfläche zu rechnen, wenn diese nicht imprägniert oder beschichtet wurde oder wenn keine Fasern aus nichtrostendem Stahl verwendet worden sind. Eine Schwächung der Stahlfasern durch Korrosion und damit eine Beeinträchtigung ihrer günstigen Wirkung ist dagegen allenfalls in der carbonatisierten Zone, in Bereichen mit unzulässig hohem Chloridgehalt oder im Bereich von breiten Rissen zu befürchten, wenn gleichzeitig auch noch die für eine Korrosion erforderliche Feuchtigkeit vorhanden ist. In der Literatur finden sich keine Hinweise auf schwerwiegende durch Korrosion der Stahlfasern verursachte Schäden.

Die Druckfestigkeit von Stahlfasermörtel, der 10 Jahre lang ständig in Meerwasser gelagert worden war, hatte um 10 % abgenommen, während sich die Festigkeit von unbewehrtem Mörtel unter den gleichen Bedingungen um 40 % verringert hatte. Die Biegezugfestig-

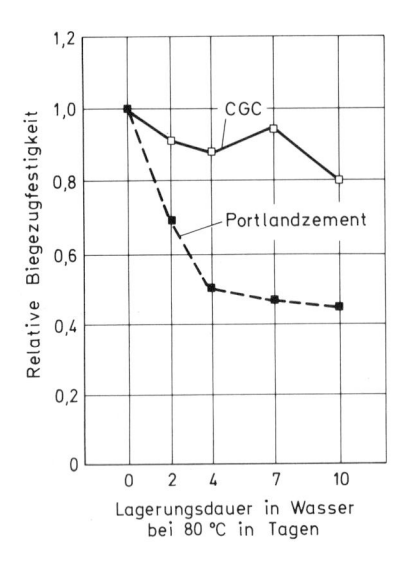

Bild 10.6-10 Abfall der Biegezugfestigkeit von Glasfaserbeton mit CGC (kalkarmer Spezialzement) bzw. mit normalem Portlandzement bei Lagerung in heißem Wasser. 3 M.-% Glasfasern aus AR-Glas mit 20 M.-% ZrO_2 [10-43]

keit von Stahlfasermörtel hatte in 10 Jahren um 30 % abgenommen, betrug aber immer noch 10,3 N/mm² [10-14].

Kunststoffaserbeton

Die in Tabelle 10.3-1 aufgeführten Kunststoffasern sind im Zementstein überwiegend gut beständig. Über ein Nachlassen ihrer Wirksamkeit konnten in der Literatur keine Hinweise gefunden werden.

10.6.9 Frostwiderstand, Frost- und Tausalzwiderstand

Nach [10-44] verhält sich Faserbeton bei einer Beanspruchung durch wiederholte Frost-Tauwechsel ähnlich wie vergleichbarer Normalbeton. Haupt-Einflußgrößen sind das Luftporensystem und der Wasserzementwert.

Bei eigenen Frost-Tausalzversuchen wurden an Faserbeton mit Polyacrylnitrilfasern DOLANIT VF 11 (1 Vol.-%) nur unbedeutend stärkere Abwitterungen festgestellt als am Ausgangsbeton ohne Fasern, der – aus Gründen der Verarbeitbarkeit – mit einem etwas niedrigeren Wasserzementwert hergestellt werden konnte.

Bild 10.6-11 zeigt die Ergebnisse von Frost-Tauversuchen an Glasfaserbeton mit AR-Glas. Bei scharfer Beanspruchung (Gefrieren und Auftauen in Wasser) sank der dynamische E-Modul von konventionellem Glasfaserbeton auf 65 % des Ausgangswertes ab. Dies deutet auf eine spürbare Schädigung hin. Bei Verwendung des im Abschnitt 10.6.8 erwähnten japanischen Spezialzementes CGC war der E-Modul nach 300 Frost-Tauwechseln noch unverändert, und es wurden kaum Abwitterungen beobachtet.

Bei mäßiger Beanspruchung (Gefrieren an Luft, Auftauen in Wasser) zeigte auch der Glasfaserbeton mit normalem Portlandzement einen hohen Frostwiderstand.

10.6 Eigenschaften   505

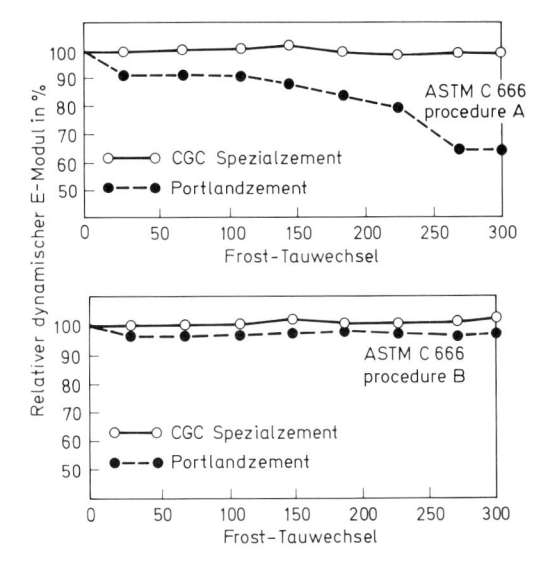

Bild 10.6-11 Frostwiderstand von Glasfaserbeton mit CGC (kalkarmer Spezialzement) bzw. mit normalem Portlandzement bei Prüfung nach ASTM C 666; 3,5 M.-% AR-Glasfasern mit 20 M.-% ZrO_2 [10-43].
Oben: Gefrieren in Wasser, Auftauen in Wasser
Unten: Gefrieren an Luft, Auftauen in Wasser

10.6.10 Hitzebeständigkeit

Start- und Landebahnen für Düsenflugzeuge mit Nachbrenner und für Senkrechtstarter werden durch plötzliche Einwirkung von Gasströmen mit sehr hohen Temperaturen ($\approx$ 700 bis 1500 °C) und Geschwindigkeiten ($\approx$ 400 bis 1000 m/s) beansprucht. Dies führt häufig zu einer starken Erosion der Betonoberfläche.

Durch Zusatz von 25 mm langen nichtrostenden Stahlfasern in einer Menge von 0,8 bis 1,2 Vol.-% konnte nach [10-45] ein hoher Widerstand gegenüber einer solchen Beanspruchung erzielt werden. Es muß allerdings durch besondere Maßnahmen beim Einbau und u. U. durch eine nachträgliche Behandlung der Oberflächen dafür gesorgt werden, daß keine Fasern aus der Oberfläche herausragen oder sich lösen, weil dies zu Beschädigungen der Triebwerke oder zu Verletzungen des Bodenpersonals führen kann.

10.6.11 Verschleißwiderstand

Ob der Zusatz von Fasern den Verschleißwiderstand verbessert, hängt von der Art der Beanspruchung ab (s. Abschn. 7.11.2). Bei Prallbeanspruchung verhält sich Faserbeton sehr günstig. Bei schleifender oder rollender Beanspruchung bestimmen die Härte der Betonoberfläche und der Verschleißwiderstand der Zuschläge die Abtragsrate. In diesem Fall bringen Fasern kaum eine Verbesserung. Sie können sogar zu etwas höheren Abtragsraten führen, wenn der Wasserzementwert aufgrund der Faserzugabe erhöht werden muß, um eine ausreichende Verarbeitbarkeit zu erzielen [10-14].

10.7 Anwendung

Faserbeton weist gegenüber unbewehrtem Beton vor allem folgende verbesserten Eigenschaften auf:
- Verzögerte Rißbildung und kontrollierte Rißentwicklung
- zähes Bruchverhalten
- erhöhte Schlag- und Stoßfestigkeit
- Geringe Rißempfindlichkeit bei scharfen Temperaturwechseln.

Aufgrund dieser Eigenschaften kann Faserbeton – erforderlichenfalls mit zusätzlicher Betonstahlbewehrung – vorteilhaft wie folgt eingesetzt werden [10-8, 10-14, 10-19, 10-20, 10-39, 10-46]:

- Für dynamisch beanspruchte Konstruktionen, wie Tragwerke in Erdbebengebieten, explosionsgefährdete Bauwerke, Bauteile mit Schußbelastung, Anprallschutzkonstruktionen, Wasserbauten mit Beanspruchung durch Kavitation oder Aufprall von grobem Geschiebe, Küstenbefestigungen, Rammpfähle, Maschinenfundamente, Getriebegehäuse.

- Für Industrieböden, Flugplatzbefestigungen und Brückenbeläge. Hier ist eine günstige Beeinflussung der Rißbildung vor allem im jungen Beton zu erwarten, wo eine konventionelle Bewehrung wenig wirksam ist. An Stelle breiter Einzelrisse entstehen nur feine Haarrisse. Weitere Vorteile sind die erhöhte Kerbschlagzähigkeit, die verbesserte Kantenfestigkeit, ein besseres Verhalten bei Stoßbeanspruchung und die Möglichkeit zur Reduzierung der Plattendicke bei gegebener Belastung im Vergleich zu einer konventionell bewehrten Stahlbetonplatte.

- Für dünnwandige Bauteile, bei denen die Unterbringung und der Korrosionsschutz einer konventionellen Bewehrung problematisch wäre.
Beispiele sind Schalen, Faltwerke, Rohre, Fassadenelemente, Raumzellen, Lärmschutzwände, Tribünenelemente, Winkelstufen, integrierte Schalungen, Containerboxen.

- Für die örtliche Verstärkung besonders hoch beanspruchter Bereiche von Stahl- oder Spannbetonbauteilen, etwa zur Verbesserung der Schubtragfähigkeit von Balken oder Pilzdecken, als Ersatz oder Ergänzung der Bügelbewehrung im Verankerungsbereich von Spanngliedern.

- Als Stahlfaserspritzbeton im Berg- und Tunnelbau und zur Sanierung von Stahl- und Spannbetonkonstruktionen.

- Als Reparaturmörtel, beispielsweise für Silos, Staudämme, Brücken, Fassaden (auch als Spritzmörtel mit Glas- oder Kunststoffasern), Bauteile mit hohem Feuerwiderstand (Stahlfasern). Wichtig ist hierbei der Widerstand gegen die Bildung von breiten Rissen und gegen Abplatzungen. Bei sehr hohen Temperaturen bis zu 1600 °C sind Fasern aus nichtrostendem Stahl zu verwenden.

Literaturverzeichnis

[1-1] CEB/FIP – Mustervorschrift für Tragwerke aus Stahlbeton und Spannbeton. Veröffentlicht vom Euro-Internationalen Beton-Komitee (CEB) 1977. Vertrieb der deutschen Ausgabe: Deutscher Ausschuß für Stahlbeton, Bundesallee 216/218, D-1000 Berlin 15.

[2-1] Verein Deutscher Zementwerke e. V., Forschungsinstitut der Zementindustrie: Tätigkeitsbericht 1984–1987. Tannenstraße 2, D-4000 Düsseldorf 30.

[2-2] Hochofenzement mit hohem Sulfatwiderstand. beton 30 (1980) H. 12, S. 459/462; ebenso Betontechnische Berichte 1980/81, S. 91/100. Beton-Verlag, Düsseldorf 1982.

[2-3] WISCHERS, G.: Bautechnische Eigenschaften des Zements. Abgedruckt in Zement-Taschenbuch 48. Ausgabe (1984), S. 89/118. Hrsg. Verein Deutscher Zementwerke e. V., Düsseldorf. Bauverlag, Wiesbaden und Berlin 1984; ebenso in früheren Ausgaben.

[2-4] EFES, Y.: Eigenschaften von Betonen aus einem Schnellzement. Betonwerk + Fertigteil-Technik 46 (1980) H. 8, S. 504/510.

[2-5]). ACI Standard: Standard practice for the use of shrinkage-compensating concrete (ACI 223–77) (Revised 1982). ACI Manual of Concrete Practice 1983, Part 1, S. 223-1/223-22 (mit über 300 Literaturangaben). American Concrete Institute, P.O. Box 19150, Redford Station, Detroit, Michigan 48219.

[2-6] KEIL, F.: Zement, Herstellung und Eigenschaften. Springer-Verlag, Berlin, Heidelberg, New York 1971.

[2-7] SWAMY, R. N. (Hrsg.): New Concrete Materials in Concrete Technology and Design, Vol. 1. Surrey University Press 1983.

[2-8] RICHARTZ, W. und F. W. LOCHER: Ein Beitrag zur Morphologie und Wasserbindung von Calciumsilicathydraten und zum Gefüge des Zementsteins. Zement-Kalk-Gips 18 (1965) H. 9, S. 449/459.

[2-9] LOCHER, F. W.: Chemie des Zements und der Hydratationsprodukte. Abgedruckt in Zement-Taschenbuch 48. Ausgabe (s. [2-3]), S. 49/72; ebenso in früheren Ausgaben.

[2-10] POWERS, T. C.: Physical properties of cement paste. Proc. IV. Intern. Sympos. Chem. Cem., Washington (1960) Bd. 2, S. 577/609.

[2-11] LOCHER, F. W. und G. WISCHERS: Aufbau und Eigenschaften des Zementsteins. Abgedruckt in Zement-Taschenbuch 48. Ausgabe (1984), S. 73/88. Hrsg. Verein Deutscher Zementwerke e. V., Düsseldorf. Bauverlag, Wiesbaden und Berlin 1984; ebenso in früheren Ausgaben.

[2-12] LOCHER, F. W., W. RICHARTZ und S. SPRUNG: Erstarren von Zement. Teil I: Reaktion und Gefügeentwicklung. Zement – Kalk – Gips 29 (1976) H. 10, S. 435/442.

[2-13] LOCHER, F. W., W. RICHARTZ und S. SPRUNG: Erstarren von Zement. Teil II: Einfluß des Calciumsulfatzusatzes. Zement – Kalk – Gips 33 (1980) H. 6, S. 271/277.

[2-14] Tätigkeitsbericht des Vereins Deutscher Zementwerke 1978/81, S. 61/68. Verein Deutscher Zementwerke e. V., Forschungsinstitut der Zementindustrie, Tannenstraße 2–4, Düsseldorf.

[2-15] ROMBERG, H.: Zementsteinporen und Betoneigenschaften. Beton-Informationen 1978, H. 5, S. 50/55. Hrsg. Montanzement-Verband, Düsseldorf.

[2-16] POWERS, T. C. und T. L. BROWNYARD: Studies of the physical properties of hardened portland cement paste. J. Amer. Concr. Inst., Proc. 43 (1946) Nr. 3, S. 249/302; ebenso PCA Res. Dept. Bull. 22 (1948).

[2-17] LOCHER, F. W.: Volumenänderungen bei der Zementerhärtung. Zement und Beton 20 (1975) H. 85/86, S. 22/25.

[2-18] LOCHER, F. W.: Die Festigkeit des Zements. beton 26 (1976) H. 7, S. 247/249, und H. 8, S. 283/286.

[2-19] HENK, B.: Zur Frühfestigkeit von Beton bei natürlichen Erhärtungsbedingungen. Betonstein-Zeitung 32 (1966) H. 8, S. 461/470.

[2-20] BRODERSEN, H.: Zur Abhängigkeit der Transportvorgänge verschiedener Ionen im Beton von Struktur und Zusammensetzung des Zementsteins. Dissertation an der Rheinisch-Westfälischen Technischen Hochschule Aachen, 1982.

[2-21] WISCHERS, G.: Zur Normung von Zement. beton 21 (1971) H. 4, S. 193/197, und H. 6, S. 241/245.

[2-22] SADRAN, G. und R. DELLYES: Représentation linéaire de la résistance mécanique des ciments en fonction du temps. Revue des Matériaux de Construction (1966) Nr. 606, S. 93/106.

[2-23] WALZ, K.: Verwendung von heißem Zement (Literaturzusammenstellung). Zement – Kalk – Gips 8 (1955) H. 9, S. 315/319.

[2-24] BONZEL, J. und J. DAHMS: Der Einfluß des Zements, des Wasserzementwertes und der Lagerung auf die Festigkeitsentwicklung des Betons. beton 16 (1966) H. 7, S. 299/305, und H. 8, S. 341/342; ebenso Betontechnische Berichte 1966, S. 115/144. Beton-Verlag, Düsseldorf 1967.

[2-25] HUMMEL, A.: Das Beton-ABC. 12. Auflage, Verlag Wilhelm Ernst & Sohn, Berlin 1959.

[2-26] MEINHOLD, U., M. MAULTZSCH und P. SCHIMMELWITZ: Untersuchungen zur Wirkung von Erstarrungsverzögerern auf die Verarbeitbarkeit von Beton. Betonwerk + Fertigteil-Technik 44 (1978) H. 9, S. 485/491.

[2-27] LEWANDOWSKI, R. und G. WOLTER: Verhalten des Zements in der Frischbetonphase. Bauwirtschaft 35 (1981) H. 4, S. 78/83.

[2-28] WESCHE, K.: Baustoffe für tragende Bauteile. Band 2: Nichtmetallisch-anorganische Stoffe: Beton, Mauerwerk. Bauverlag, Wiesbaden und Berlin 1974; ebenso [2-48].

[2-29] JÜNGST, W.: Forderungen der DIN 1045 und DIN 4226 an Betonzuschlag. Betonwerk + Fertigteil-Technik 40 (1974) H. 6, S. 385/391, und H. 7, S. 476/480.

[2-30] Technische Lieferbedingungen für Mineralstoffe im Straßenbau, Ausgabe 1983 (TL MIN-StB 83). Hrsg.: Forschungsgesellschaft für Straßen- und Verkehrswesen e. V., Alfred-Schütte-Allee 10, 5000 Köln 21.

[2-31] MANNS, W., und K. ZEUS: Zur Bedeutung von Zuschlag und Zement für den Frost-Taumittel-Widerstand von Beton. Straße und Autobahn 30 (1979) H. 4, S. 167/173.

[2-32] KORDINA, K.: Erkennen und Beheben von Schäden an Massivbauwerken. Vorträge auf dem Deutschen Betontag 1981, S. 220/243. Hrsg.: Deutscher Betonverein e. V., Wiesbaden 1982.

[2-33] Richtlinie Alkalireaktion im Beton: „Vorbeugende Maßnahmen gegen schädigende Alkalireaktion im Beton" (Dezember 1986). Herausgegeben vom Deutschen Ausschuß für Stahlbeton (DAfStb). Beuth-Verlag, Berlin 30 und Köln 1, Vertriebs-Nr. 65012. Siehe dazu auch J. BONZEL, J. DAHMS und J. KRELL: Erläuterungen zur Richtlinie Alkalireaktion im Beton; Vorbeugende Maßnahmen gegen schädigende Alkalireaktion im Beton, Fassung Dezember 1986. Deutscher Ausschuß für Stahlbeton, H. 400. Beuth-Verlag, Berlin · Köln 1989.

[2-34] STEIN, V.: Vorbeugende Maßnahmen gegen schädigende Alkalireaktion im Beton. Erfahrungen mit der vorläufigen Richtlinie. beton 28 (1978) H. 9, S. 329/330.

[2-35] „Vorbeugende Maßnahmen gegen Alkalireaktion im Beton". Schriftenreihe der Zementindustrie Heft 40. Verein Deutscher Zementwerke e. V., Düsseldorf 1973.

[2-36] KUNZE, W. und R. BRODDA: Zur Eignung von Laterit als Betonzuschlag. Betonwerk + Fertigteil-Technik 42 (1976) H. 11, S. 559/561, und H. 12, S. 627/631.

[2-37] KEIL, F.: Hochofenschlacke. 2. Auflage. Verlag Bauverlag, Düsseldorf 1963.

[2-38] FRONDISTOU-YANNAS, S.: Waste concrete as aggregate for new concrete. ACI Journal 74 (1977) H. 8, S. 373/376.

[2-39] SCHULZ, R.-R.: Recycling von Beton. Betonwerk + Fertigteil-Technik 44 (1978) H. 9, S. 492/497.

[2-40] NIXON, P.J.: Recycled concrete as an aggregate for concrete – a review. Matériaux et Constructions Vol. 11 (1978) Nr. 65, S. 371/378.

[2-41] WESCHE, K. und R. SCHULZ: Beton aus aufbereitetem Altbeton. Technologie und Eigenschaften. beton 32 (1982) H. 2, S. 64/68, und H. 3, S. 108/112.

[2-42] HANSEN, T.C. und H. NARUK: Strength of recycled concrete made from crushed concrete coarse aggregate. Concrete International 5 (1983) H. 1, S. 79/83.

[2-43] HANSEN, T.C. und E. BØEGH: Elasticity and drying shrinkage of recycled-aggregate concrete. ACI Journal 82 (1985) H. 5, S. 648/652.

[2-44] DETTLING, H.: Die Wärmedehnung des Zementsteines, der Gesteine und der Betone. Dissertation TH Stuttgart 1961.

[2-45] ROTHFUCHS, G.: Betonfibel Bd. II. 2. Auflage, Bauverlag GmbH, Wiesbaden-Berlin 1965.

[2-46] ASTM Designation C 131–81: Standard test method for resistance to degradation of small-size coarse aggregate by abrasion and impact in the Los Angeles machine. 1983 Annual Book of ASTM Standards, Vol. 04.02 Concrete and Mineral Aggregates.

[2-47] AURICH, H.: Kleine Leichtbetonkunde. Bauverlag, Wiesbaden und Berlin 1971.

[2-48] WESCHE, K.: Baustoffe für tragende Bauteile, Bd. 2: Beton. 2., neu bearbeitete Auflage. Bauverlag, Wiesbaden und Berlin 1981.

[2-49] CEB-FIP: Manual of lightweight aggregate concrete. Design and technologie. The Construction Press Ltd., Lancaster, England 1977.

[2-50] MANNS, W.: Leichtzuschlag. Abgedruckt im Zement-Taschenbuch 46. Ausgabe (1976/77). Bauverlag, Wiesbaden und Berlin 1976.

[2-51] MUSEWALD, J.: Eigenschaften von Bims und Bimsbaustoffen. Beton-Informationen Heft 4, 1969, S. 2.

[2-52] HOHWILLER, F. und H. KÖHLING: Styropor-Leichtbeton. Betonsteinzeitung 34 (1968) H. 2, S. 81/87, und H. 3, S. 132/137.

[2-53] MANNS, W.: Zuschlag für Strahlenschutzbeton (Schwerzuschlag). Zement-Taschenbuch 1974/75, S. 172/181. Bauverlag Wiesbaden, Berlin.

[2-54] ASTM Designation C 638–73: Standard descriptive nomenclature of constituents of aggregates for radiation-shielding concrete.

[2-55] SEETZEN, J.: Technologie der Abschirmbetone. Mitteilungen aus dem Institut für Massivbau der Technischen Hochschule Hannover, Bd. 2. Hrsg. von Prof. Dr.-Ing. W. ZERNA. Werner-Verlag, Düsseldorf 1960.

[2-56] Strahlenschutzbetone. Merkblatt für das Entwerfen, Herstellen und Prüfen von Betonen des bautechnischen Strahlenschutzes. Hrsg. vom Deutschen Beton-Verein e. V. beton 28 (1978) H. 10, S. 368/371, und H. 11, S. 417/420.

[2-57] Richtlinien für die Zuteilung von Prüfzeichen für Betonzusatzmittel (Prüfrichtlinien), Fassung Februar 1984. Mitteilungen Institut für Bautechnik 15 (1984) H. 3, S. 82/92.

[2-58] Richtlinien für die Überwachung von Betonzusatzmitteln (Überwachungsrichtlinien), Fassung Oktober 1985. Mitteilungen Institut für Bautechnik 17 (1986) H. 1, S. 10/14.

[2-59] EFES, Y.: Erläuterungen zu den Prüfrichtlinien und Überwachungsrichtlinien für Betonzusatzmittel. Mitteilungen Institut für Bautechnik 17 (1986) H. 1, S. 1/9.

[2-60] Richtlinien für Versuche zur Beurteilung von Betonzusatzstoffen mit organischen Bestandteilen, Fassung August 1969. Hrsg. vom Institut für Bautechnik, Berlin. Siehe: BONZEL, J., H. BUB und P. FUNK: Erläuterungen zu den Stahlbetonbestimmungen. Band I DIN 1045. 7. Auflage, Verlag Wilhelm Ernst & Sohn, Berlin/München/Düsseldorf 1972, S. 780/782.

[2-61] HEINRICH, W. und W. BONDER: Über Rohstoffe und Wirkungsweise von Betonverflüssigern. Beton- und Stahlbetonbau 78 (1983) H. 8, S. 218/220.

[2-62] BONZEL, J. und E. SIEBEL: Fließbeton und seine Anwendungsmöglichkeiten. beton 24 (1974) H. 1, S. 20/24, und H. 2, S. 59/63; ebenso Betontechnische Berichte 1974, S. 21/44. Beton-Verlag, Düsseldorf 1975.

[2-63] MALHOTRA, V.M.: Superplasticizers: Their effect on fresh and hardened concrete. Concrete International 3 (1981) H. 5, S. 66/81.

[2-64] KLUG, P.: Verformungsverhalten von Beton mit Fließmitteln. beton 29 (1979) H. 5, S. 175/177.

[2-65] LEWANDOWSKI, R.: Anforderungen des Transportbeton-Herstellers an Betonzusatzmittel. beton 33 (1983) H. 8, S. 285/288.

[2-66] MANNS, W. und K. ZEUS: Zum Einfluß von Zusatzmitteln auf die Entstehung sogenannter Schrumpfrisse. beton 29 (1979) H. 2, S. 63/66, und H. 3, S. 96/99.

[2-67] B.D.: Fließmittel im Betonbau. Eindrücke vom V. Internationalen Melment-Symposium. beton 29 (1979) H. 5, S. 182.

[2-68] ALBRECHT, W. und U. MANNHERZ: Zusatzmittel, Anstrichstoffe, Hilfsstoffe für Beton und Mörtel, 8. Auflage. Bauverlag, Wiesbaden und Berlin 1968.

[2-69] BONZEL, J.: Beton mit hohem Frost- und Tausalzwiderstand. beton 15 (1965) H. 11, S. 469/474, und H. 12, S. 509/515; ebenso Betontechnische Berichte 1965, S. 185/216. Beton-Verlag, Düsseldorf 1966.

[2-70] KOTTAS, R.: Der Einfluß der Temperatur auf die Wirksamkeit von Luftporenbildnern. Deutscher Ausschuß für Stahlbeton, 10. Forschungskolloquium, Karlsruhe, S. 55/60.

[2-71] TOGNON, G. und S. CANCIANO: Air contained in superplasticized concretes. ACI Journal 79 (1982) H. 5, S. 350/354.

[2-72] BONZEL, J.: Frühhochfester Beton mit Fließmittel für Verkehrsflächen. beton 27 (1977) H. 10, S. 394/399; ebenso Betontechnische Berichte 1977, S. 149/164. Beton-Verlag, Düsseldorf 1978.

[2-73] NISCHER, P.: Einführung von künstlichen Luftporen in Fließbeton. Betonwerk + Fertigteil-Technik 43 (1977) H. 6, S. 285/288.
[2-74] SOMMER, H.: Ein neues Verfahren zur Erzielung der Frost-Tausalz-Beständigkeit des Betons. Betonwerk + Fertigteil-Technik 44 (1978) H. 9, S. 476/484; ebenso Zement und Beton 22 (1977) H. 4, S. 124/129.
[2-75] WALZ, K.: Erläuterungen zu den „Richtlinien für die Prüfung der Wirksamkeit von Betonzusatzmitteln" (Wirksamkeitsprüfrichtlinien) (Fassung Oktober 1974). Mitteilungen Institut für Bautechnik 6 (1975) H. 1, S. 10/14.
[2-76] ALBRECHT, W.: Über die Wirkung von Betondichtungsmitteln. Betonstein-Zeitung 32 (1966) H. 10, S. 568/573.
[2-77] LEONHARDT, F.: Vorlesungen über Massivbau. Erster Teil: Grundlagen zur Bemessung im Stahlbetonbau. Von F. LEONHARDT und E. MÖNNIG. Springer-Verlag, Berlin/Heidelberg/New York 1973.
[2-78] WOERMANN, H.H.: Beton: Vorschrift und Praxis. Verlag Wilhelm Ernst & Sohn, Berlin/München/Düsseldorf 1977.
[2-79] MEINHOLD, U., M. MAULTZSCH und P. SCHIMMELWITZ: Untersuchungen zur Wirkung von Erstarrungsverzögerern auf die Verarbeitbarkeit von Beton. Betonwerk + Fertigteil-Technik 44 (1978) H. 9, S. 485/491.
[2-80] Deutscher Ausschuß für Stahlbeton: Vorläufige Richtlinie für Beton mit verlängerter Verarbeitbarkeitszeit (Verzögerter Beton), Fassung März 1983. Beuth Verlag, Berlin 30 und Köln 1, Vertriebs-Nummer 65008.
[2-81] LUDWIG, U.: Über die Wirkung von Verzögerern auf das Erstarren von Zementen. Beton-Informationen 23 (1983) H. 3, S. 31/35.
[2-82] BENZ, G.H.: Erstarrungsverzögerer für Beton. Schweizer Bauwirtschaft 57 (1979).
[2-83] SCHUBAUER, A.: Betontechnologische Untersuchungen für das Fundament des Münchner Fernsehturms. beton 17 (1967) H. 10, S. 353/360.
[2-84] CEB/FIP-Mustervorschrift für Tragwerke aus Stahlbeton und Spannbeton. Anhang d: Betontechnologie. Internationale CEB/FIP-Richtlinien. 3. Ausgabe 1978. Vertrieb der deutschen Augabe: Deutscher Ausschuß für Stahlbeton, Bundesallee 216/218, D-1000 Berlin 15.
[2-85] MANNS, W. und W.R. EICHLER: Zur korrosionsfördernden Wirkung von thiocyanathaltigen Betonzusatzmitteln. Betonwerk + Fertigteil-Technik 48 (1982) H. 3, S. 154/162.
[2-86] Aus der Arbeit der Sachverständigenausschüsse. SVA Betontechnologie. Mitteilungen Institut für Bautechnik 13 (1982) H. 2, S. 37/38.
[2-87] BONZEL, J. und E. KRUMM: Betonzusätze. Zement-Taschenbuch 48. Ausgabe (1984), S. 177/196. Hrsg. vom Verein Deutscher Zementwerke e. V., Düsseldorf. Bauverlag, Wiesbaden und Berlin 1984.
[2-88] Deutscher Ausschuß für Stahlbeton: Richtlinien für das Einpressen von Zementmörtel in Spannkanäle (Fassung Juni 1973). Beuth-Vertrieb GmbH, Berlin, Köln, Frankfurt/Main.
[2-89] MEYER, A. und M. LÜTKEHAUS: Stabilisatoren – Eine neue Möglichkeit zur Verbesserung der Verarbeitungseigenschaften von Beton. Betonwerk + Fertigteil-Technik 43 (1977) H. 6, S. 289/294.
[2-90] POPPY, W.: Leichtbeton pumpen? beton 26 (1976) H. 3, S. 89/94.
[2-91] SCHULZ, B.: Erfahrungen beim Pumpen von Leichtbeton. beton 25 (1975) H. 3, S. 86/91.
[2-92] SCHÄFER, A.: Frostwiderstand und Porengefüge des Betons – Beziehungen und Prüfverfahren. Deutscher Ausschuß für Stahlbeton, Heft 167. Verlag Ernst & Sohn, Berlin 1964.
[2-93] KARL, S.: Leichtzuschlag-Schaumbeton als Konstruktionsleichtbeton mit abgeminderter Rohdichte. Dissertation Darmstadt 1979.
[2-94] ACI Committee 212: Admixtures for concrete. Concrete International 3 (1981) H. 5, S. 24/52.
[2-95] State tests anticorrosion admixture as protection for bridge deck rebar. Eng. News Record, Band 201 (1978) H. 13, S. 15. Referat in beton 29 (1979) H. 3, S. 102.
[2-96] VOM BERG, W.: Flugasche als Betonzusatzstoff nach DIN 1045. In: Verwertung von Verbrennungsrückständen. Vorträge der VGB-Konferenz vom 21./22. Juni 1982. Herausgegeben von der VGB Technische Vereinigung der Großkraftwerksbetreiber e. V. Zu beziehen bei: VGB-Kraftwerkstechnik GmbH, Verlag technisch-wissenschaftlicher Schriften, Klinkestraße 27–31, Essen.
[2-97] Richtlinie für die Durchführung der Überwachung der Herstellung von Steinkohlenflugaschen als Betonzusatzstoff nach DIN 1045 (Überwachungsrichtlinie) (Fassung September 1979). Mitteilungen Institut für Bautechnik 11 (1980) H. 2, S. 43/45.

[2-98] Richtlinie für die Erteilung von Prüfzeichen für Steinkohlenflugasche als Betonzusatzstoff nach DIN 1045 (Prüfzeichenrichtlinie) (Fassung September 1979). Mitteilungen Institut für Bautechnik 11 (1980) H. 2, S. 39/43.

[2-99] British Standards Instruction: Document 81/10567 DC Draft British Standard Specification for pulverized-fuel ash for use in concrete (revision of BS 3892: 1965).

[2-100] ASTM Designation C 311-77: Standard methods of sampling and testing fly ash or natural pozzolans for use as a mineral admixture in portland cement concrete. 1983 Annual Book of ASTM Standards, Vol. 04.02 Concrete and Mineral Aggregates.

[2-101] LØLAND, K. E., T. HUSTAD, Ø. VENNESLAND, O. A. OPSAHL und O. E. GJØRV: Silica fume in concrete. Referat in Nordisk Beton 3 – 1981, S. 57.

[2-102] JAHREN, P.: Use of silica fume in concrete. ACI Publication SP – 79, Vol. 2, S. 625/642.

[2-103] BONZEL, J.: Zur Frage eines Traßzusatzes bei Beton. beton 10 (1960), S. 435/436; ebenso Betontechnische Berichte 1960, S. 101/105. Beton-Verlag, Düsseldorf 1961.

[2-104] ACI Committee 212: Admixtures for concrete. Concrete International 3 (1981) H. 5, S. 24/52.

[2-105] MASSAZZA, F. und U. COSTA: Aspetti dell' attivita pozzolanica e proprieta dei cementi pozzolanici. Il cemento 76 (1979) H. 1, S. 3/18.

[2-106] HENK, B.: „Farbiger Beton" in: Betonwerkstein – Herstellung und Verlegung. Bauverlag, Wiesbaden und Berlin 1970.

[2-107] JAGER, J. und A. E. JUNGK: Neue Farben für Betonsteine. Betonwerk + Fertigteil-Technik 48 (1982) H. 8, S. 492/497.

[2-108] HEUFERS, H.: Wandbauteile aus eingefärbtem und profiliertem Beton. Betonwerk + Fertigteil-Technik 45 (1979) H. 7, S. 385/394.

[2-109] SCHWIETE, E., U. LUDWIG und G. SCHROTH: Der Einfluß von Kunststoffdispersionen auf die Eigenschaften von Zementmörteln. Betonstein-Zeitung 35 (1969) H. 1, S. 7/16.

[2-110] ACI Committee 548: Polymers in Concrete. American Concrete Institute, Detroit 1977. Auszug in ACI Journal 74 (1977) H. 8, S. 378/384.

[2-111] BONZEL, J. und E. KRUMM: Betonzusätze. Zement-Taschenbuch 48. Ausgabe (1984), S. 175/196. Hrsg. Verein Deutscher Zementwerke e. V., Düsseldorf. Bauverlag, Wiesbaden und Berlin, 1984.

[2-112] Arbeitskreis „Zugabewasser" des Deutschen Beton-Vereins e. V.: Zugabewasser für Beton. Merkblatt für die Vorabprüfung und Beurteilung vor Baubeginn sowie die Prüfungswiederholung während der Bauausführung (Fassung Januar 1982). Beton- und Stahlbetonbau 77 (1982) H. 5, S. 137/140.

[2-113] Deutscher Ausschuß für Stahlbeton: Richtlinie Alkalireaktion im Beton. (Dezember 1986). Beuth Verlag, Berlin 30 und Köln 1, Vertriebs-Nummer 65012.

[3-1] LUSCHE, M.: Beitrag zum Bruchmechanismus von auf Druck beanspruchten Normal- und Leichtbeton mit geschlossenem Gefüge. Schriftenreihe der Zementindustrie, H. 39. Beton-Verlag, Düsseldorf 1972.

[3-2] WALZ, K.: Zur Beurteilung der Eigenschaften des Betons mit Ausfallkörnungen. Betontechnische Berichte 1974, S. 163/188. Beton-Verlag, Düsseldorf, 1975; ebenso in beton 24 (1974) H. 11, S. 425/428, und H. 12, S. 459/464.

[3-3] SCHÄFFLER, H.: Beton mit Ausfallkörnungen. Betonwerk + Fertigteil-Technik 45 (1979) H. 6, S. 341/345, und H. 7, S. 423/428.

[3-4] FULLER, W. B. und S. E. THOMPSON: The laws of proportioning concrete. Transactions, American Society of Civil Engineers 59 (1907) S. 67/143.

[3-5] ROTHFUCHS, G.: Betonfibel Band II. Arbeitsdiagramme und -tafeln für Betoningenieure. Bauverlag, Wiesbaden und Berlin 1964.

[3-6] HUMMEL, A.: Das Beton-ABC. Zwölfte Auflage, Verlag Wilhelm Ernst & Sohn, Berlin 1959.

[3-7] ÖNORM B 4200 Teil 10: Beton; Herstellung und Überwachung. (Fassung 1982), gültig ab 1.1.1984. Österr. Normungsinstitut, Wien.

[3-8] WESCHE, K.: Baustoffe für tragende Bauteile, Bd. 2: Beton. Bauverlag, Wiesbaden und Berlin 1981.

[3-9] DAHMS, J.: Normalzuschlag. Abgedruckt in Zement-Taschenbuch 48. Ausgabe (1984) S. 133/157. Verein Deutscher Zementwerke e. V., Düsseldorf. Bauverlag, Wiesbaden und Berlin 1984; ebenso in früheren Ausgaben.

[3-10] RINGS, K.-H.: Ein grafisches Verfahren zur Bestimmung, der optimalen Kornzusammensetzung. Betonwerk + Fertigteil-Technik 42 (1976) H. 11, S. 551/554.

[3-11] KRELL, J.: Sieblinienberechnung per Computer. Betonwerk + Fertigteil-Technik 48 (1982) H. 10, S. 585/589.

[3-12] KOCH, K. und E. WÜRTH: Wasseranspruchs- und Stoffraumrechnung für Beton. beton 21 (1971) H. 8, S. 324/327.

[3-13] BONZEL, J. und J. DAHMS: Über den Wasseranspruch des Frischbetons. beton 28 (1978) H. 9, S. 331/336, H. 10, S. 362/367, und H. 11, S. 413/416.

[3-14] NIEMEYER, W.: Kalksteinsplittbetone mit guter Verarbeitbarkeit. Betonwerk + Fertigteil-Technik 45 (1979) H. 5, S. 277/286.

[3-15] HEWLETT, P. und R. RIXOM: Superplasticised concrete. ACI Journal 74 (1977) H. 5, S. N6/N11.

[3-16] JAEGERMANN, C.H., S. KARL und H. WEIGLER: Konstruktionsleichtbeton mit abgeminderter Rohdichte. Möglichkeiten und Eigenschaften. Betonwerk + Fertigteil-Technik 42 (1976) H. 11, S. 534/540, und H. 12, S. 599/604.

[3-17] WALZ, K.: Herstellung von Beton nach DIN 1945. Beton-Verlag, Düsseldorf 1971.

[3-18] WALZ, K.: Beziehung zwischen Wasserzementwert, Normfestigkeit des Zements (DIN 1164 Juni 1970) und Betondruckfestigkeit. beton 20 (1970) H. 11, S. 499/503; ebenso Betontechnische Berichte 1970, S. 165/178, Beton-Verlag, Düsseldorf 1971.

[3-19] LUSCHE, M.: Beitrag zum Bruchmechanismus von auf Druck beanspruchtem Normal- und Leichtbeton mit geschlossenem Gefüge. Dissertation Ruhr-Universität Bochum 1971; ebenso Schriftenreihe der Zementindustrie, Heft 39, Beton-Verlag, Düsseldorf 1972.

[3-20] KIRTSCHIG, K.: Ableitung einer Gleichung für den Zusammenhang zwischen dem Zementwasserverhältnis, der Normfestigkeit des Zements und der Betondruckfestigkeit. beton 22 (1972) H. 10, S. 443/444.

[3-21] GRUBE, H.: Einfluß der Nachbehandlung auf die Porosität des Betons. Internationales Kolloquium Chloridkorrosion, Wien, 22./23.2.1983. Mitteilungen aus dem Forschungsinstitut des Vereins der Österreichischen Zementfabrikanten, Heft 36, S. 54/59.

[3-22] ACI Committee 201: Guide to durable concrete. ACI Journal 74 (1977) H. 12, S. 573/609.

[3-23] WALZ, K.: Eigenschaften und Verhalten von Beton nach 29jähriger Lagerung im Freien. beton 22 (1972) H. 2, S. 63/69; ebenso Betontechnische Berichte 1972, S. 33/49. Beton-Verlag, Düsseldorf 1973.

[3-24] BONZEL, J., H. BUB und P. FUNK: Erläuterungen zu den Stahlbetonbestimmungen. Band I. DIN 1045. 7. Auflage. Verlag Wilhelm Ernst & Sohn, Berlin, München, Düsseldorf 1972.

[4-1] CEB/FIP-Mustervorschrift für Tragwerke aus Stahlbeton und Spannbeton. Anhang d: Betontechnologie. Internationale CEB-FIP-Richtlinien (Model Code). 3. Ausgabe 1978. Vertrieb der deutschen Ausgabe: Deutscher Ausschuß für Stahlbeton, Bundesallee 216/218, D-1000 Berlin 15.

[4-2] WIERIG, H.-J.: Herstellen, Fördern und Verarbeiten von Beton. Zement-Taschenbuch 47. Ausgabe (1979/80), S. 255/277. Hrsg. Verein Deutscher Zementwerke e.V., Düsseldorf. Bauverlag, Wiesbaden 1979.

[4-3] SCHÜLE, W.: Bauphysikalische Eigenschaften von Beton und Betonkonstruktionen. Abgedruckt in Zement-Taschenbuch 1968/69, S. 331/356. Hrsg. Verein Deutscher Zementwerke e.V., Düsseldorf. Bauverlag, Wiesbaden 1968.

[4-4] UTZ, M.: Kühlen von Frischbeton mit Flüssigstickstoff. beton 37 (1987) H. 2, S. 51/52.

[4-5] Verminderung der Rissegefahr bei Beton im Klärwerksbau: Mit Stickstoff bleibt's dicht. Entsorga 6 (1987) H. 1, S. 28.

[4-6] Cold weather concreting – ACI 306 R-78. ACI Manual of Concrete Practice Part 2 – 1983, S. 306 R-1/306 R-22. American Concrete Institute, Detroit, Michigan.

[4-7] NEUBARTH, E.: Einfluß einer Unterschreitung der Mindestmischdauer auf die Betondruckfestigkeit. beton 20 (1970) H. 12, S. 537/538.

[4-8] WÖHNL, U.: Eine kalte Sache. Gekühlter Transportbeton für den Rauhebergtunnel. beton 38 (1988) H. 9, S. 369/370.

[4-9] WISCHERS, G.: Einfluß langen Mischens oder Lagerns auf die Betoneigenschaften: beton 13 (1963) H. 1, S. 23/30, und H. 2, S. 86/90; ebenso Betontechnische Berichte 1963, S. 21/52, Beton-Verlag, Düsseldorf 1964.

[4-10] WISCHERS, G.: Ansteifen und Erstarren von Zement und Beton. Vorträge auf dem Deutschen Betontag 1981, S. 271/298. Hrsg. Deutscher Beton-Verein e.V., Wiesbaden 1982.

[4-11] UMEK, A.: Die Intensivaufbereitung des Betons. Druckschrift der Fa. Gustav Eirich, D-6969 Hardheim.

[4-12] SCHLOTMANN, B.: Grundlagen der Betonherstellung mit vorgemischtem Zementleim. Dissertation Aachen, 1962.

[4-13] WALZ, K. und G. WISCHERS: Über Aufgaben und Stand der Betontechnologie. beton 26 (1976) H. 10, S. 403/408, H. 11, S. 442/444, und H. 12, S. 476/480; ebenso Betontechnische Berichte 1976, S. 135/169. Beton-Verlag, Düsseldorf 1977.

Literaturverzeichnis

[4-14] SOMMER, H.: Möglichkeiten und Grenzen der Betontechnologie. Zement und Beton 27 (1982) H. 3, S. 117/119.

[4-15] Merkblatt 18: Betonherstellung auf der Kleinbaustelle. Bauberatungsstelle des Vereins der Österreichischen Zementfabrikanten und des Österreichischen Betonvereins, Wien 1980.

[4-16] KÖNIG, W.: Erfahrungen mit dampferhitztem Beton unter Verwendung von Fejmert-Dampfinjektionsanlagen. Betonstein-Zeitung 37 (1971) H. 2, S. 104/106.

[4-17] RIES, H.: Aufbereiten von warmem Beton durch Bedampfen im Mischer. Betonstein-Zeitung 36 (1970) H. 3, S. 142/149.

[4-18] Merkblatt für die Anwendung des Betonmischens mit Dampfzuführung (Fassung Juni 1974). beton 24 (1974) H. 9, S. 344/346; ebenso Betontechnische Berichte 1974, S. 151/156, Beton-Verlag, Düsseldorf 1975.

[4-19] HÜTTE: Des Ingenieurs Taschenbuch. 28. Auflage. Verlag Wilhelm Ernst & Sohn, Berlin 1955, s. bes. S. 460.

[4-20] BERGE, O.: Improving the properties of hot-mixed concrete using retarding admixtures. ACI Journal 73 (1976), S. 394/398.

[4-21] Richtlinie für die Herstellung und Verwendung von Trockenbeton (Fassung November 1975). Abgedruckt z. B. im Betonkalender 1978/II, S. 413/419. Verlag Wilhelm Ernst & Sohn, Berlin-München-Düsseldorf.

[4-22] WEBER, R.: Pumpen von Beton. Zement-Taschenbuch 1974/75, S. 395/421. Bauverlag, Wiesbaden und Berlin 1974.

[4-23] ACI Committee 304: Placing concrete by pumping methods. ACI-Journal 68 (1971) H. 5, S. 327/345.

[4-24] Zement-Merkblatt Nr. 22 BBD/We 1275 17,5: Pumpbeton. Hrsg. Bundesverband der Deutschen Zementindustrie e. V., Köln.

[4-25] LINDER, R. und H. BEITZEL: Pumpbeton und Betonpumpen – Anforderungen und Baustellenerfahrungen. Ein Überblick. Beton- und Stahlbetonbau 78 (1983) H. 3, S. 62/68.

[4-26] Betonpumpen und Verteilermasten. Neuheiten und Weiterentwicklungen. beton 30 (1980) H. 8, S. 287/291.

[4-27] Trennmittel für Betonschalungen und -formen. Richtlinien für die Lieferung, Anwendung und Prüfung (Entwurf Februar 1977). Betonwerk + Fertigteil-Technik 43 (1977) H. 3, S. 130/132.

[4-28] SCHMINCKE, P.: Gestaltete Sichtflächen aus Beton. Zement-Taschenbuch 47. Ausgabe (1979/80), S. 479/513. Herausgegeben vom Verein Deutscher Zementwerke e. V., Düsseldorf. Bauverlag, Wiesbaden 1979.

[4-29] WEIGLER, H. und E. SEGMÜLLER: Einfluß von Schalölen auf die Festigkeit der Betonoberfläche. Betonstein-Zeitung 35 (1969) H. 5, S. 302/308.

[4-30] KÖNEKE, R.: Schalungsöle, Schalungsmittel oder Trennmittel. Betonwerk + Fertigteil-Technik 39 (1973) H. 2, S. 91/94.

[4-31] Trennmittel für Betonschalungen und -formen. Richtlinien für die Lieferung, Anwendung und Prüfung. beton 30 (1980) H. 11, S. 429/432.

[4-32] QUITMANN, H.-D. und W. SCHLAGE: Erste Erfahrungen mit Walzbeton auf Verkehrsflächen. Straße + Autobahn 38 (1987) H. 11, S. 417/421.

[4-33] ACI Committee 309: Standard practice for consolidation of concrete (ACI 309-72) (Revised 1982). ACI Manual of Concrete Practice, Part 2–1983, S. 309-1/309-40.

[4-34] SCHNEIDER, W.: Einsatz von Außenrüttlern bei der Herstellung von Betonfertigteilen und Auswirkungen auf die Oberfläche. Betonstein-Zeitung 32 (1966) H. 10, S. 574/581.

[4-35] WALZ, K.: Rüttelbeton. 3. Auflage. Verlag Wilhelm Ernst & Sohn, Berlin 1960.

[4-36] BRUX, G.: Vacuum-Concrete. Verfahren und Anwendungsgebiete. Beton-Verlag, Düsseldorf 1966.

[4-37] KREITMEYER, H.: Vakuumbeton verkürzt Ausschalfristen. beton 24 (1974) S. 392/398.

[4-38] Beton – Herstellung und Kontrolle. Hrsg. Dyckerhoff & Widmann KG, München 1966.

[4-39] THAULOW, N. und A. D. JENSEN: Vakuumbeton (schwed.) Nordisk Betong 24 (1980) H. 4, S. 14/16.

[4-40] FRANZ, G.: Konstruktionslehre des Stahlbetons. Band I: Grundlagen und Bauelemente. 4., völlig neubearbeitete Auflage. Teil A: Baustoffe. Springer-Verlag Berlin, Heidelberg, New York 1980.

[4-41] Zement-Merkblatt Nr. 17: Arbeitsfugen. Herausgegeben vom Bundesverband der Deutschen Zementindustrie e. V., Köln.

[4-42] Merkblatt für Schutzüberzüge auf Beton bei sehr starken Angriffen nach DIN 4030 (Fassung April 1974). beton 23 (1973) H. 9, S. 399/403; ebenso Betontechnische Berichte 1973, S. 125/138. Beton-Verlag Düsseldorf 1974.

[4-43] SPEARS, R.E.: The 80 per cent solution to inadequate curing problems. Concrete International 5 (1983) H. 4, S. 15/18.

[4-44] KERN, E.: Nachbehandlung von Beton. Beton- und Stahlbetonbau 78 (1983) H. 12, S. 336/341.

[4-45] HILSDORF, H. K. und M. GÜNTER: Einfluß von Nachbehandlung und Zementart auf den Frost-Tausalz-Widerstand von Beton. Beton- und Stahlbetonbau 81 (1986) H. 3, S. 57/62.

[4-46] SCHÖNLIN, K. und H. K. HILSDORF: Überprüfung der Wirksamkeit einer Nachbehandlung von Betonkonstruktionen. Abschlußbericht zum Forschungsvorhaben V 245 des Deutschen Ausschusses für Stahlbeton. Institut für Massivbau und Baustofftechnologie der Universität Karlsruhe, 1988.

[4-47] FIP Commission on Practical Construction: Guide to good practice in basic reinforced concrete and prestressed concrete construction. 2. Entwurf, 1977.

[4-48] Deutscher Ausschuß für Stahlbeton: Richtlinie zur Nachbehandlung von Beton (Fassung Februar 1984). Beuth Verlag, Berlin 30 und Köln 1, Vertriebs-Nummer 65009; ebenso Deutscher Ausschuß für Stahlbeton, H. 400. Beuth Verlag, Berlin · Köln 1989. S. bes. S. 142/143.

[4-49] Der Bundesminister für Verkehr, Abteilung Straßenbau: Zusätzliche Technische Vorschriften und Richtlinien für den Bau von Fahrbahndecken aus Beton (ZTV Beton 78). Forschungsgesellschaft für das Straßenwesen, Köln.

[4-50] WISCHERS, G. und W. RICHARTZ: Einfluß der Bestandteile und der Graulometrie des Zements auf das Gefüge des Zementsteins. beton 32 (1982) H. 9, S. 387/341, und H. 10, S. 379/386.

[4-51] ACI Committee 114 und 306: Cold weather concreting – Any problems? Concrete International 2 (1980) H. 10, S. 18/21.

[4-52] RILEM-Richtlinien für das Betonieren im Winter. Beton-Verlag, Düsseldorf 1965; ebenso beton 14 (1964) H. 10, S. 411/427.

[4-53] BONZEL, J. und M. SCHMIDT: Einfluß von Erschütterungen auf frischen und jungen Beton. beton 30 (1980) H. 9, S. 333/337, und H. 10, S. 372/378; ebenso Betontechnische Berichte 1980/81, S. 61/90. Beton-Verlag, Düsseldorf 1982.

[4-54] KRELL, W. C.: The effect of coal mill vibration on fresh concrete. Concrete International 1 (1979) H. 12, S. 31/34. Ergänzender Diskussionsbeitrag von F. M. FULLER in Concrete International 2 (1980) H. 10, S. 94/96.

[4-55] KORDINA, K.: Einfluß von Erschütterungen von frischem Beton auf die Tragfähigkeit von Übergreifungsstößen. Kurzberichte aus der Bauforschung Nr. 2/80-21, S. 115/116.

[4-56] Merkblatt Gleitbauverfahren (Fassung Februar 1987). DBV-Merkblatt-Sammlung (Ausgabe 1987), S. 305/309, s. bes. Abschn. 4.3 (3). Eigenverlag Deutscher Beton-Verein, Wiesbaden.

[4-57] Deutscher Ausschuß für Stahlbeton: Richtlinie zur Wärmebehandlung von Beton (Fassung 1989). Beuth-Verlag Berlin 30 und Köln 1, Vertriebsnummer 65013.

[4-58] Gewogene Reife. Betoniek 6/20, November/Dezember 1984. Hrsg. Vereinigte Niederländische Zementindustrie, Postfach 3011, 5203 DA 's-Hertogenbosch, Holland.

[4-59] Verfahren zur Feststellung der „Betonreife". Betonwerk + Fertigteil-Technik 52 (1986) H. 7, S. 486.

[4-60] PRINS, P. C. und R. W. RITTER: Praktische toepassing van de rijpheidsmethode. Cement XXXVI (1984) nr. 1, S. 26/30.

[4-61] Die Berechnung des gewogenen Reifegrades. Beton-Informationen 1/2–82, S. 16. Hrsg. montanzement Marketing GmbH, Berliner Allee 17, D-4000 Düsseldorf 1.

[4-62] CUR-Aanbeveling 9: Bepaling van de sterkteontwikkeling van jong beton op basis van de gewogen rijpheid. Redactionele bijlage bij Cement 1987 nr. 1.

[4-63] DBV-Sachstandbericht „Wärmebehandlung von Beton" (Fassung Juli 1985). Betonwerk + Fertigteil-Technik 51 (1985) H. 9, S. 610/617.

[4-64] SYLLA, H. M.: Reaktionen im Zementstein durch Wärmebehandlung. beton 38 (1988) H. 11, S. 449/454; ebenso Betontechnische Berichte 1986/88, S. 199/214. Beton-Verlag, Düsseldorf 1989.

[4-65] HEINZ, D.: Schädigende Bildung ettringitähnlicher Phasen in wärmebehandelten Mörteln und Betonen. Dissertation Aachen 1986.

[4-66] LUDWIG, U. und D. HEINZ: Einflüsse auf die Schadreaktionen in wärmebehandeltem Beton. Baustoffe 85, S. 105–110, Bauverlag, Wiesbaden und Berlin 1985.

[4-67] NECK, U.: Auswirkung der Wärmebehandlung auf Festigkeit und Dauerhaftigkeit von Beton. beton 38 (1988) H. 12, S. 488/493; ebenso Betontechnische Berichte 1986/88, S. 215/230. Beton-Verlag, Düsseldorf 1989.

[4-68] Merkblatt für die Herstellung geschlossener Betonoberflächen bei einer Wärmebehandlung. Anmerkungen von G. WISCHERS. beton 17 (1967) H. 3, S. 101/103, und H. 4, S. 139/142; ebenso Betontechnische Berichte 1967, S. 35/53. Beton-Verlag, Düsseldorf 1968.

[4-69] ALTNER, W. und W. REICHEL: Betonschnellerhärtung: Grundlagen und Verfahren. 3., vollständig neu gefaßte Auflage. Beton-Verlag, Düsseldorf 1981.

[4-70] WALZ, K. und J. BONZEL: Festigkeitsentwicklung verschiedener Zemente bei niedriger Temperatur. beton 11 (1961) H. 1, S. 35/48; ebenso Betontechnische Berichte 1961, S. 9/46. Beton-Verlag, Düsseldorf 1962.

[4-71] RICHARTZ, W. und F. W. LOCHER: Ein Beitrag zur Morphologie und Wasserbindung von Calciumsilicathydraten und zum Gefüge des Zementsteins. Zement – Kalk – Gips 18 (1965) H. 9, S. 449/459.

[4-72] WIERIG, H.-J.: Kurzzeitwarmbehandlung von Beton. Betonwerk + Fertigteil-Technik 41 (1975) H. 9, S. 418/423, und H. 10, S. 492/495.

[4-73] SOROKA, I., C. H. JAEGERMANN und A. BENTUR: Short-term steam-curing and concrete later age strength. Matériaux et Constructions Vol. 11 – N° 62 (1978), S. 94/96.

[4-74] WIERIG, H.-J.: Die Warmbehandlung von Beton. Zement-Taschenbuch 1970/71, S. 203/236. Bauverlag, Wiesbaden und Berlin 1970.

[4-75] HIGGINSON, E. C.: Effect of steam curing on the important properties of concrete. ACI Journal 58 (1961) H. 3 (September), S. 281/298.

[4-76] ITAKURA, CH.: Electric heating of concrete in winter construction. ACI Journal Mai 1952, S. 753/767.

[4-77] CZERNIN, W.: Zementchemie für Bauingenieure. 3., neubearbeitete Auflage, Bauverlag, Wiesbaden und Berlin 1977.

[4-78] FRANJETIĆ, Z.: Beton-Schnellhärtung. Bauverlag, Wiesbaden und Berlin 1969.

[4-79] RÖBERT, S. u. a.: Silikat-Beton. VEB Verlag für Bauwesen, Berlin 1970.

[4-80] SOMMER, H.: Polymerbeton. Zement und Beton 22 (1977) H. 1, S. 23/25.

[4-81] FONTANA, J. J. und A. ZELDING: Concrete polymer materials as alternative construction materials for geothermal applications – field evaluations. Cement, Concrete and Aggregates Vol. 2, No. 2 (Winter 1980), S. 67/73.

[4-82] SCHORN, H.: Polymerisierter Beton – Stand der Entwicklung. Betonwerk + Fertigteil-Technik 40 (1974) H. 12, S. 766/772.

[4-83] STEINBERG, M., L. E. KUKACKA, P. COLOMBO, J. J. KEISCH und B. MANOWITZ: Concrete-polymer materials. First topical report. Brookhaven National Lab., Upton, New York, BNL-50134, Dezember 1968.

[4-84] NEVILLE, A.: Essentials of strength and durability of various types of concrete with special reference to sulfur. ACI Journal 76 (1979) H. 9, S. 973/996.

[4-85] MALHOTRA, V. M.: Development of sulfur-infiltrated high-strength concrete. ACI Journal 72 (1975) H. 9, S. 466/473.

[5-1] NIEMEYER, W.: Kalksteinsplittbetone mit guter Verarbeitbarkeit. Betonwerk + Fertigteil-Technik 45 (1979) H. 5, S. 277/286.

[5-2] HÄRIG, S.: Bauen mit Splittbeton. 2. Auflage (1984). Hrsg. Bundesverband Naturstein-Industrie e. V., Buschstr. 22, D-5300 Bonn 1.

[5-3] BONZEL, J. und J. KRELL: Konsistenzprüfung von Frischbeton. beton 34 (1984) H. 2, S. 61/66, und H. 3, S. 101/104; ebenso Betontechnische Berichte 1984/85, S. 17/40. Beton-Verlag, Düsseldorf 1986.

[5-4] WIERIG, H.-J.: Verfahren zur Prüfung der Konsistenz von Frischmörtel und Frischbeton. Schriftenreihe des Bundesverbandes der Deutschen Transportbetonindustrie. Beton-Verlag, Düsseldorf 1984.

[5-5] TATTERSALL, G. H.: The rationale of a two-point workability test. Magazine of Concrete Research Vol. 25 No. 84: September 1973, S. 169/172.

[5-6] TATTERSALL, G. H.: Der Zweipunktversuch zur Messung der Verarbeitbarkeit. Betonwerk + Fertigteil-Technik 49 (1983) H. 12, S. 789/792.

[5-7] WERSE, H. P.: Kennzeichnung der Betonkonsistenz durch eine Auslaufzeit. beton 22 (1972) H. 10, S. 437/440.

[5-8] ALBRECHT, W. und H. SCHÄFFLER: Konsistenzmessung von Beton. Deutscher Ausschuß für Stahlbeton, H. 158 (1964), S. 39/60.

[5-9] WEIGLER, H.: Beton mit Regelkonsistenz – Vorteile und Möglichkeiten. beton 36 (1986) H. 1, S. 15/17.

[5-10] KLUG, P.: Verformungsverhalten von Beton mit Fließmitteln. beton 29 (1979) H. 5, S. 175/177.

[5-11] Deutscher Ausschuß für Stahlbeton: Richtlinie für Beton mit Fließmittel und für Fließbeton; Herstellung, Verarbeitung und Prüfung (Fassung Januar 1986). Beuth Verlag, Berlin · Köln, Vertriebs-Nummer 65011. Siehe dazu auch J. BONZEL und E. SIEBEL: Erläuterungen zur Richtlinie für Beton mit Fließmitteln und für Fließbeton, Fassung Januar 1986. Deutscher Ausschuß für Stahlbeton, H. 400, S. 177/185. Beuth Verlag, Berlin · Köln 1989.

[5-12] Fließmittel im Betonbau. Mit Beiträgen von: J. Bonzel, J. Bonzel und E. Siebel, R. Braun, D. Freese, R. Lewandowski und P. Peterfy, D. Schubenz, H. Wolf. Betonverlag, Düsseldorf 1979.

[5-13] Kern, E. und H.-J. Koch: Anwendung von Fließbeton. Beton und Stahlbetonbau 71 (1976) H. 12, S. 285/288.

[5-14] Zusätzliche Technische Vorschriften und Richtlinien für den Bau von Fahrbahndecken aus Beton mit Fließmittel (ZTV Beton, Erg. 80). Zu beziehen durch Forschungsgesellschaft für das Straßenwesen e.V., Köln.

[5-15] Gutsche, H. und M. Hermanns: Einbauverfahren für Fließbeton im Straßenbau. beton 32 (1982) H. 10, S. 375/378.

[5-16] Bonzel, J.: Frühhochfester Beton mit Fließmittel für Verkehrsflächen. beton 27 (1977) H. 10, S. 394/399; ebenso Betontechnische Berichte 1977, S. 149/164. Beton-Verlag, Düsseldorf 1978.

[5-17] Bonzel, J.: Fließbeton. Zement-Taschenbuch 46. Ausgabe (1976/77), S. 327/351. Bauverlag, Wiesbaden und Berlin 1976.

[5-18] Lukas, W.: Nachdosieren von Fließmitteln bei Betonen. Betonwerk + Fertigteil-Technik 47 (1981) H. 3, S. 153/157.

[5-19] Malhotra, V.M.: Effect of repeated dosages of superplasticisers on slump, strength and freeze-thaw resistance of concrete. Matériaux et Constructions 14 (1981) H. 2 (März/April), S. 79/80.

[5-20] Niemeyer, W.: Natursteinsplitte zur Herstellung von Beton. Betonwerk + Fertigteil-Technik 47 (1981) H. 6, S. 332/340.

[5-21] Lewandowski, R. und G. Wolter: Zum Ansteifungsverhalten von Zement und Beton. Betonwerk + Fertigteil-Technik 47 (1981) H. 5, S. 266/272, und H. 6, S. 341/348.

[5-22] Teubert, J. und G. Kilian: Konsistenzmessungen am Zementmörtel mittels eines Rotationsviskosimeters. beton 32 (1982) H. 3, S. 103/107.

[5-23] Freese, D.: Ansteifen des Frischbetons. Ringversuche der Transportbetonindustrie. beton 32 (1982) H. 2, S. 59/63.

[5-24] Gast, R.: Luftporen im Beton, Veränderungen durch Transport und Einbau. beton 30 (1980) H. 10, S. 367/371.

[5-25] Weigler, H. und S. Karl: Frost- und Tausalzwiderstand und Verschleißverhalten von Konstruktionsleichtbetonen. Betonstein-Zeitung 34 (1968) H. 5, S. 225/237, und H. 11, S. 581/583.

[5-26] Kaltenböck, H.: Die Bestimmung des Luftgehaltes im erdfeuchten Beton. Betonwerk + Fertigteil-Technik 46 (1980) H. 10, S. 612/615.

[5-27] Nasser, K.W. und R. Beaton: New method and apparatus for testing air content of fresh concrete in situ. ACI Journal 77 (1980) H. 6, S. 472/476.

[5-28] ASTM Designation C 457–82a: Standard practice for microscopical determination of air-void content and parameters of the air-void system in hardened concrete. 1983 Annual Book of ASTM Standards, Vol. 04.02 Concrete and Mineral Aggregates.

[5-29] ASTM designation C 173–78: Standard test method for air content of freshly mixed concrete by the volumetric method. 1983 Annual Book of ASTM Standards, Vol. 04.02 Concrete and Mineral Aggregates.

[5-30] Wierig, H.-J.: Eigenschaften von „grünem, jungem" Beton. Druckfestigkeit – Verformungsverhalten – Wasserverdunstung. beton 18 (1968) H. 3, S. 94/101.

[5-31] Wierig, H.-J.: Einige Beziehungen zwischen den Eigenschaften von „grünen" und „jungen" Betonen und denen des Festbetons. beton 21 (1971) H. 11, S. 445/448, und H. 12, S. 487/490.

[5-32] Mamillan, M.: Die mechanischen Eigenschaften des Frischbetons für Fertigteile. Betonstein-Zeitung 29 (1963) H. 11, S. 558/563.

[5-33] Labutin, N.: Schalung und Rüstung. Moderne Schalungstechnik. 5., neubearbeitete und erweiterte Auflage. Verlag Wilhelm Ernst & Sohn, Berlin, München, Düsseldorf 1975. S. bes. S. 268/272.

[5-34] Specht, M.: Der Frischbetondruck nach DIN 18218 – die Grundlagen und wichtigsten Festlegungen. Die Bautechnik 58 (1981) H. 8, S. 253/261.

[5-35] Toussaint, E.: Belastung lotrechter Schalwände durch Frischbeton. Zement und Beton 27 (1982) H. 3, S. 126/130.

[5-36] ASTM Designation C 243–83: Standard test method for bleeding of cement pastes and mortars. 1983 Annual Book of ASTM Standards, Vol. 04.01 Cement; Lime; Gypsum.

[5-37] ASTM Designation C 232–77: Standard test method for bleeding of concrete. 1983 Annual Book of ASTM Standards, Vol. 04.02 Concrete and Mineral Aggregates.

[5-38] Walz, K.: Prüfung der Zusammensetzung des Frischbetons (Frischbetonanalyse). beton 27 (1977) H. 7, S. 282/287, H. 8, S. 313/317, und H. 9, S. 347/352; ebenso Betontechnische Berichte 1977, S. 105/147. Beton-Verlag Düsseldorf 1978.

Literaturverzeichnis

[5-39] DORNER, H., P. CHRISTLMEIER und F. H. WITTMANN: Die Bestimmung des Wasser/Zement-Wertes von Frischbeton. Cement and Concrete Research 9 (1979) H. 5, S. 613/622.

[5-40] NÄGELE, E. und H. HILSDORF: Die Frischbetonanalyse auf der Baustelle. beton 30 (1980) H. 4, S. 133/138.

[5-41] NÄGELE, E. und H. HILSDORF: Bestimmung des Wasserzementwertes von Frischbeton. Deutscher Ausschuß für Stahlbeton, Heft 349. Verlag Wilhelm Ernst & Sohn, Berlin/München 1984.

[5-42] WERTHMANN, E.: Bestimmung des Wassergehaltes durch Vakuumdestillation im Frischbeton. Zement und Beton 22 (1977) H. 1, S. 31/32.

[5-43] FORRESTER, J. A., P. F. BLACK und T. P. LEES: An apparatus for the rapid analysis of fresh concrete to determine its cement content. Cement and Concr. Assoc., Techn. Rep. 42.490, London 1974.

[5-44] G. ST.: Geprüfter Beton in die Schalung. Frühanalyse gibt Gewißheit über die Qualität des Mischgutes auf der Baustelle. VDI-Nachrichten 37 (1983) H. 19, S. 25.

[6-1] PLANK, A.: Die Auswirkung von Druckverformungen an jungen Zementmörteln. Betonstein-Zeitung 36 (1970) H. 8, S. 520/526.

[6-2] RILEM 42 – CEA: Properties of set concrete at early ages. State-of-the-art-report (1981-05-14).

[6-3] ZIEGELDORF, S., H. S. MÜLLER, J. PLÖHN und H. K. HILSDORF: Autogenous shrinkage and crack formation in young concrete. RILEM International conference on concrete at early ages, Paris 1982. Volume I, S. 83/88. Edition Anciens ENPC, Paris 1982.

[6-4] WEIGLER, H. und S. KARL: Junger Beton. Beanspruchung – Festigkeit – Verformung. Betonwerk + Fertigteil-Technik 40 (1974) H. 6, S. 392/401, und H. 7, S. 481/484.

[6-5] LERCH, W.: Plastic shrinkage. ACI Journal 53 (1956/1957) H. 8 (Februar 1957), S. 797/802.

[6-6] VIRONNAUD, L.: Le premier âge du béton. Annales de l'Institut Technique du Bâtiment et des Travaux Publics Nr. 154, Oktober 1960, S. 1003/1016.

[6-7] Tsolakidis, P.: Beanspruchung und Verhalten von jungem Beton. Diplomarbeit am Institut für Massivbau der Technischen Hochschule Darmstadt, 1973.

[6-8] JAEGERMANN, C. H. und J. GLUCKLICH: Effect of plastic shrinkage on subsequent shrinkage and swelling of hardened concrete. RILEM/CEMBUREAU – International colloquium on the shrinkage of hydraulic concretes, 20–22 march 1968, Madrid. Vol. I, report I – B. Veröffentlicht durch Instituto Eduardo Torroja, Madrid 1968.

[6-9] Prüfungsbericht Nr. 203.2.80 des Instituts für Massivbau der Technischen Hochschule Darmstadt vom 26.1.81.

[6-10] ACI Committee 517: Accelerated curing of concrete at atmospheric pressure – state of the art. ACI Journal 77 (1980) H. 6, S. 429/448.

[6-11] PUCHER, S.: Die adiabate Kalorimetrie des Zementes. Zement und Beton 25 (1980) H. 3, S. 106/112.

[6-12] ROMBERG, H., und R. VINKELOE: Über ein adiabatisches Betonkalorimeter. Betonstein-Zeitung 36 (1970) H. 4, S. 240/243.

[6-13] Vorläufiges Merkblatt für die Messung der Temperaturerhöhung des Betons mit dem adiabatischen Kalorimeter (Fassung Dezember 1970). Hrsg. Verein Deutscher Zementwerke, Düsseldorf. beton 20 (1970) H. 12, S. 545/549; ebenso Betontechnische Berichte 1970, S. 179/192. Beton-Verlag, Düsseldorf 1971.

[6-14] Weigler, H. und J. NICOLAY: Temperatur und Zwangspannung im Konstruktions-Leichtbeton infolge Hydratation. Deutscher Ausschuß für Stahlbeton, H. 247. Verlag Wilhelm Ernst & Sohn, Berlin 1975.

[6-15] BASALLA, A. Wärmeentwicklung im Beton. Zement-Taschenbuch 1964/65, S. 275/304. Bauverlag, Wiesbaden 1963.

[6-16] WARNCKE, F.: Beitrag zur Berechnung der Temperaturen und Temperaturspannungen im Beton infolge Hydratation. Dissertation, Technische Universität Berlin, 1969.

[6-17] RILEM-Richtlinien für das Betonieren im Winter. beton 14 (1964) H. 10, S. 411/427.

[6-18] ZEITLER, W. und G. MEHLHORN: Untersuchung des Spannungszustandes infolge Hydratation im Bereich von Arbeitsfugen von in Abschnitten hergestellten Massivbrücken. Institut für Massivbau der Technischen Hochschule Darmstadt. Abschlußbericht zum Forschungsvorhaben B. 3.2.6200 (1982). Auftraggeber: Bundesanstalt für Straßenwesen.

[6-19] WERTHMANN, E.: Berechnung des Temperaturverlaufes durch Hydratationswärme an dünnwandigen Betonmauern. Zement und Beton 27 (1982) H. 3, S. 131/133.

[6-20] KASAI, Y. und K. OKAMULA: The initial tensile strength of concrete. Cement Association of Japan – 22nd general meeting – 1968, S. 172/176.

[6-21] WIERIG, H.-J.: Eigenschaften von „grünem, jungem" Beton. Druckfestigkeit – Verformungsverhalten – Wasserverdunstung. beton 18 (1968) H. 3, S. 94/101.

[6-22] WIERIG, H.-J.: Einige Beziehungen zwischen den Eigenschaften von „grünen" und „jungen" Betonen und denen des Festbetons. beton 21 (1971) H. 11, S. 445/448, und H. 12, S. 487/490.

[6-23] SPRINGENSCHMID, R.: Versuche und Erfahrungen mit Längs- und Querfugen. Zement und Beton Nr. 47 (Dezember 1969), S. 9/18.

[6-24] WISCHERS, G. und W. MANNS: Ursachen für das Entstehen von Rissen in jungem Beton. beton 23 (1973) H. 4, S. 167/171, und H. 5, S. 222/228.

[6-25] MANNS, W. und K. ZEUS: Einfluß von Zusatzmitteln auf den Widerstand von jungem Beton gegen Rißbildung bei scharfem Austrocknen. Deutscher Ausschuß für Stahlbeton, H. 302. Verlag Wilhelm Ernst & Sohn, Berlin 1979.

[6.26] BREITENBÜCHER, R.: Zwangsspannungen und Rißbildung infolge Hydratationswärme. Dissertation Technische Universität München 1989.

[6-27] WEIGLER, H.: Verzögerter Beton – Betontechnologische Probleme und Maßnahmen. Betonwerk + Fertigteil-Technik 49 (1983) H. 6, S. 363/367.

[6-28] Vorläufige Richtlinie für Beton mit verlängerter Verarbeitbarkeitszeit (Verzögerter Beton) (Fassung März 1983). Hrsg. Deutscher Ausschuß für Stahlbeton (DAfStb). Verkauf durch Beuth-Verlag, Berlin 30 und Köln 1, Vertriebsnummer 65008.

[7-1] SCHULZE, W., W. REICHEL und J. GÜNZLER: Bestimmung der Reindichte von Zementstein. beton 16 (1966) H. 11, S. 452/457.

[7-2] ROMBERG, H.: Einfluß der Zementart auf die Porengrößenverteilung im Zementstein. Tonindustrie-Zeitung 95 (1971) H. 4, S. 105/115.

[7-3] SMOLCZYK, H.-G. und H. ROMBERG: Der Einfluß der Nachbehandlung und Lagerung auf die Nacherhärtung und Porenverteilung von Beton. Tonindustrie-Zeitung 100 (1976) H. 10, S. 349/357, und H. 11, S. 381/390.

[7-4] ROMBERG, H.: Zementsteinporen und Betoneigenschaften. Beton-Informationen 1978, H. 5, S. 50/55. Hrsg.: Montanzement-Verband, Düsseldorf.

[7-5] Sonderforschungsbericht 148: Brandverhalten von Bauteilen. Arbeitsbericht 1981/1983. Teil II. TU Braunschweig, Mai 1983. S. bes. S. 33/52.

[7-6] SCHNEIDER, U., U. DIEDERICHS und K. HINRICHSMEYER: Nachweis von Strukturveränderungen beim Erhitzen von Zementstein und Mörtel durch Quecksilberporosimetrie. TIZ-Fachberichte 107 (1983) H. 2, S. 102/109.

[7-7] NISCHER, P. und P. RECHBERGER: Untersuchungen mit dem Porosimeter. Einfluß Probenvorbereitung, W/Z-Wert, Alter. Mitteilungen aus dem Forschungsinstitut des Vereins der Österreichischen Zementfabrikanten, Heft 38.

[7-8] WINSLOW, D. N. und S. DIAMOND: A mercury porosimetry study of the evolution of porosity in Portland cement. Journal of Materials 5 (1970) H. 3, S. 564/585.

[7-9] WINSLOW, D. N. und C. W. LOVELL: Measurements of pore size distributions in cements, aggregates and soils. Powder Technologie 29 (1981), S. 151/165.

[7-10] GABER, K.: Einfluß der Porengrößenverteilung in der Mörtelmatrix auf den Transport von Wasser, Chlorid und Sauerstoff im Beton. Dissertation Technische Hochschule Darmstadt 1989.

[7-11] WISCHERS, G.: Aufnahme und Auswirkungen von Druckbeanspruchungen auf Beton. beton 28 (1978) H. 2, S. 63/67, und H. 3, S. 98/103; ebenso Betontechnische Berichte 1978, S. 31/56. Beton-Verlag, Düsseldorf 1979.

[7-12] ACI Committee 363: State-of-the-art report on high strength concrete. ACI Journal 81 (1984) H. 4, S. 364/411.

[7-13] WALZ, K.: Über die Herstellung von Beton höchster Festigkeit. beton 16 (1966) H. 8, S. 339/340; ebenso Betontechnische Berichte 1966, S. 139/144. Beton-Verlag, Düsseldorf 1967.

[7-14] CEB/FIP-Mustervorschrift für Tragwerke aus Stahlbeton und Spannbeton. Internationale CEB/FIP-Richtlinien (Model Code). 3. Ausgabe 1978. Vertrieb der deutschen Ausgabe: Deutscher Ausschuß für Stahlbeton, Bundesallee 216/218, D-1000 Berlin 15.

[7-15] SCHICKERT, G.: Formfaktoren der Betondruckfestigkeit. Die Bautechnik 58 (1981) H. 2, S. 52/57.

[7-16] WESCHE, K.: Baustoffe für tragende Bauteile. Bd. 2: Beton. 2., neu bearbeitete Auflage. Bauverlag, Wiesbaden und Berlin 1981.

[7-17] LEONHARDT, F.: Vorlesungen über Massivbau. Erster Teil: Grundlagen zur Bemessung im Stahlbetonbau von F. LEONHARDT und E. MÖNNIG. 2. Auflage. Springer Verlag, Berlin, Heidelberg, New York 1973.

[7-18] BONZEL, J.: Beton. Beton-Kalender 1986 Teil I, S. 1/92. Verlag Wilh. Ernst & Sohn, Berlin 1986.

[7-19] HÄRIG, S.: Einfluß des Materials der Prüfkörperformen auf die Druckfestigkeit des Betons. Betonwerk + Fertigteil-Technik 46 (1980) H. 11, S. 672/680.

[7-20] WESCHE, K. und K. KRAUSE: Der Einfluß der Belastungsgeschwindigkeit auf Druckfestigkeit und Elastizitätsmodul von Beton. Materialprüfung 14 (1972) H. 7, S. 212/218.

[7-21] SPARKS, P. R. und J. B. MENZIES: The effect of rate of loading upon the static and fatigue strengths of plain concrete in compression. Magazine of Concrete Research Vol. 25, No. 83: Juni 1973, S. 73/80.

[7-22] POPP, C.: Untersuchungen über das Verhalten von Beton bei schlagartiger Beanspruchung. Deutscher Ausschuß für Stahlbeton, Heft 281. Verlag von Wilhelm Ernst & Sohn, Berlin, München, Düsseldorf 1977.

[7-23] HUGHES, B. P. und A. J. WATSON: Compressive strength and ultimate strain of concrete under impact loading. Magazine of Concrete Research Vol. 30, No. 105: Dezember 1978, S. 189/199.

[7-24] DAHMS, J.: Einfluß der Eigenfeuchtigkeit auf die Druckfestigkeit des Betons. beton 18 (1968) H. 9, S. 361/365; ebenso Betontechnische Berichte 1968, S. 113/126. Beton-Verlag, Düsseldorf 1969.

[7-25] BONZEL, J. und V. KADLEČEK: Einfluß der Nachbehandlung und des Feuchtigkeitszustands auf die Zugfestigkeit des Betons. beton 20 (1970) H. 7, S. 303/309, und H. 8, S. 351/357; ebenso Betontechnische Berichte 1970, S. 99/132. Beton-Verlag, Düsseldorf 1971.

[7-26] BONZEL, J. und F. W. LOCHER: Über das Angriffsvermögen von Wässern, Böden und Gasen auf Beton. beton 18 (1968), H. 10, S. 401/404, und H. 11, S. 443/445; ebenso Betontechnische Berichte 1968, S. 127/144. Beton-Verlag, Düsseldorf 1969.

[7-27] MANNS, W. und E. HARTMANN: Zum Einfluß von Mineralölen auf die Festigkeit von Beton. Deutscher Ausschuß für Stahlbeton, Heft 289. Verlag Wilhelm Ernst & Sohn, Berlin, München, Düsseldorf 1977.

[7-28] BONZEL, J.: Beton bestimmter Festigkeit. Zement-Taschenbuch 48. Ausgabe (1984), S. 227/260. Bauverlag, Wiesbaden und Berlin 1984.

[7-29] STÖCKL, S.: Tastversuche über den Einfluß von vorangegangenen Dauerlasten auf die Kurzzeitfestigkeit des Betons. Deutscher Ausschuß für Stahlbeton, Heft 196. Verlag Wilhelm Ernst & Sohn, Berlin 1967.

[7-30] RÜSCH, H., R. SELL und R. RACKWITZ: Statistische Analyse der Betonfestigkeit. Deutscher Ausschuß für Stahlbeton, H. 206. Verlag Wilhelm Ernst & Sohn, Berlin 1969.

[7-31] RÜSCH, H.: Stahlbeton – Spannbeton, Band 1. Werner-Verlag, Düsseldorf 1972.

[7-32] RACKWITZ, R. und K. F. MÜLLER: Zum Qualitätsangebot von Beton B II. beton 27 (1977) H. 10, S. 391/393.

[7-33] Nach mündlicher Auskunft des Bundesverbandes der Deutschen Transportbetonindustrie (1988).

[7-34] BONZEL, J. und W. MANNS: Beurteilung der Betondruckfestigkeit mit Hilfe von Annahmekennlinien. beton 19 (1969) H. 7, S. 303/307, und H. 8, S. 355/360; ebenso Betontechnische Berichte 1969, S. 85/114. Beton-Verlag, Düsseldorf 1970.

[7-35] NOWAK, H. und T. DEUTLER: Statistisch betrachtet: Die neue DIN 1045 und die Betonqualität. Eine Untersuchung zur Problematik der Annahmekennlinien der DIN 1045. Betonwerk + Fertigteil-Technik 38 (1972) H. 3, S. 183/184, und H. 7, S. 524/527.

[7-36] BLAUT, H.: Stichprobenprüfpläne und Annahmekennlinien für Beton. Deutscher Ausschuß für Stahlbeton, H. 233. Verlag Wilhelm Ernst & Sohn, Berlin 1973.

[7-37] CEB/CIB/FIP/RILEM Committee: Recommended principles for the control of quality and the judgement of acceptability of concrete. Matériaux et Constructions Vol. 8 No. 47 (September/Oktober 1975), S. 387/403.

[7-38] Normenausschuß Bauwesen im DIN: Grundlagen zur Festlegung der Anforderungen und von Prüfplänen für die Überwachung von Baustoffen und Bauteilen mit Hilfe statistischer Betrachtungen. Berlin 1985.

[7-39] Institut für Bautechnik: Grundlagen zur Beurteilung von Bauteilen und Bauwerken im Prüfzeichen- und Zulassungsverfahren. Berlin 1986.

[7-40] WISCHERS, G. und J. DAHMS: Festigkeitsentwicklung des Betons. Zement-Taschenbuch 48. Ausgabe (1984), S. 261/285. Bauverlag, Wiesbaden und Berlin 1984.

[7-41] CARRIER, R.E.: Curing materials. ASTM Special Publication 169 B, S. 774/786. American Society for Testing and Materials, Baltimore 1978.

[7-42] WALZ, K.: Festigkeitsentwicklung von Beton bis zum Alter von 30 und 50 Jahren. beton 26 (1976) H. 3, S. 95/98, und H. 4, S. 135/138; ebenso Betontechnische Berichte 1976, S. 57/78. Beton-Verlag, Düsseldorf 1977.

[7-43] EFES, Y.: Eigenschaften von Betonen aus einem Schnellzement. Betonwerk + Fertigteil-Technik 46 (1980) H. 8, S. 504/510.

[7-44] SOMMER, H. und N. SINNHUBER: Straßenbeton besonders hoher Frühfestigkeit. Zement und Beton 27 (1982) H. 1, S. 8/10.

[7-45] WIEBENGA, J.-G.: Der Einfluß des Wasserbedarfs von Zement und der Temperatur auf die Betonqualität. beton 33 (1983) H. 2, S. 62/65.

[7-46] KLAUSEN, D. und H. WEIGLER, Betonfestigkeit bei konstanter und veränderlicher Dauerschwellbeanspruchung. Betonwerk + Fertigteiltechnik 45 (1979) H. 3, S. 158/163.

[7-47] HERZOG, M.: Realistischer Betriebsfestigkeitsnachweis für massive Eisenbahnbrücken. Die Bautechnik 54 (1977) H. 4, S. 118/123. DIN 1055 Teil 4 – Lastannahmen für Bauten; Verkehrslasten, Windlasten nicht schwingungsanfälliger Bauwerke (Ausgabe Mai 1977). POOK, L.P.: Proposed standard load histories for fatigue testing relevant to offshore structures. NEL Report 624, Department of Industry, National Engineering Laboratory, Oktober 1976.

[7-48] MINER, M.A.: Cumulative damage in fatigue. Transactions of the ASME 67 (1945).

[7-49] WEIGLER, H.: Beton bei häufig wiederholter Beanspruchung. beton 31 (1981) H. 5, S. 189/194.

[7-50] KUPFER, HELMUT: Das Verhalten des Betons unter mehrachsiger Kurzzeitbelastung unter besonderer Berücksichtigung der zweiachsigen Beanspruchung. Deutscher Ausschuß für Stahlbeton, H. 229. Verlag Wilhelm Ernst & Sohn, Berlin 1973.

[7-51] LINSE, D. und STEGBAUER, A.: Festigkeit und Verformungsverhalten von Leichtbeton, Gasbeton, Zementstein und Gips unter zweiachsigen Kurzzeitbeanspruchungen. Deutscher Ausschuß für Stahlbeton, H. 254. Verlag Wilhelm Ernst & Sohn, Berlin 1976.

[7-52] SCHICKERT, G. und H. WINKLER: Versuchsergebnisse zur Festigkeit und Verformung von Beton bei mehraxialer Druckbeanspruchung. Deutscher Ausschuß für Stahlbeton, H. 277. Verlag Wilhelm Ernst & Sohn, Berlin 1977.

[7-53] BREMER, F. und F. STEINSDÖRFER: Bruchfestigkeiten und Bruchverformung von Beton unter mehraxialer Belastung bei Raumtemperatur. Deutscher Ausschuß für Stahlbeton, Heft 263. Verlag Wilhelm Ernst & Sohn, Berlin 1976.

[7-54] AKROYD, T.N.W.: Concrete under triaxial stress. Magazine of Concrete Research Vol. 13 Nr. 39 (Nov. 1961), S. 111/118.

[7-55] LINSE, D.: Lösung versuchstechnischer Fragen bei der Ermittlung des Festigkeits- und Verformungsverhaltens von Beton unter dreiachsiger Belastung. Deutscher Ausschuß für Stahlbeton, H. 292. Verlag Wilhelm Ernst & Sohn, Berlin 1978.

[7-56] LINSE, D. und A. STEGBAUER: Festigkeit und Verformungsverhalten von Beton unter hohen zweiachsigen konstanten Dauerbelastungen und Dauerschwellbelastungen. Deutscher Ausschuß für Stahlbeton, H. 254. Verlag Wilhelm Ernst & Sohn, Berlin 1976.

[7-57] LIEBERUM, K.-H.: Das Tragverhalten von Beton bei extremer Teilflächenbelastung. Dissertation TH Darmstadt 1987.

[7-58] LÄCHLER, W.: Beitrag zum Problem der Teilflächenpressung bei Beton am Beispiel der Pfahlkopfanschlüsse. Dissertation am Institut für Grundbau und Bodenmechanik der Universität Stuttgart 1977.

[7-59] WURM, P. und F. DASCHNER: Versuche über Teilflächenbelastung von Normalbeton. Deutscher Ausschuß für Stahlbeton, H. 286. Verlag Wilhelm Ernst & Sohn, Berlin 1977.

[7-60] ZELGER, C.: Liegt der Unterschied zwischen Leicht- und Normalbeton nur im Gewicht? beton 20 (1970) H. 3, S. 90/95.

[7-61] LEWANDOWSKI, R.: Beurteilung von Bauwerksfestigkeiten an Hand von Betongütewürfeln und -bohrproben. Schriftenreihe der Institute für Konstruktiven Ingenieurbau der Technischen Universität Braunschweig, H. 3. Werner-Verlag, Düsseldorf 1971.

[7-62] SCHMIED, CHR.: Die Beziehung zwischen der Betonfestigkeit des Bauwerks und der an unterschiedlichen vom Bauwerk hergestellten Prüfkörpern ermittelten Festigkeit (Literaturstudie). Abschlußbericht zu einem Forschungsauftrag des Instituts für Bautechnik. Aktenzeichen IV/1-5-105/75. Lehrstuhl für Baustoffkunde und Werkstoffprüfung der Technischen Universität München, 1976.

[7-63] GAEDE, K. und E. SCHMIDT: Rückprallprüfung von Beton mit dichtem Gefüge. Deutscher Ausschuß für Stahlbeton, Heft 158. Verlag Wilhelm Ernst & Sohn, Berlin 1964.

[7-64] REHM, G., N. V. WAUBKE und J. NEISEKKE: Ultraschall-Untersuchungsmethoden in der Baupraxis. Berichte aus der Bauforschung, H. 84. Verlag Ernst & Sohn, Berlin 1973.

[7-65] MELLMANN, G.: Zerstörungsfreie Untersuchung von Beton. Materialprüfung 22 (1980) H. 5, S. 208/210.

[7-66] NEISECKE, J.: Ein dreiparametriges, komplexes Ultraschall-Prüfverfahren für die zerstörungsfreie Materialprüfung im Bauwesen. Institut für Baustoffkunde und Stahlbetonbau der Technischen Universität Braunschweig, Heft 28, Oktober 1974.

[7-67] MITTELMANN, G. und W. MONTADA: Über den Beton einer Spannbetonstartbahn. beton 17 (1967) H. 2, S. 50/56.

[7-68] ASTM Designation C 900–82: Standard test method for pullout strength of hardened concrete. 1983 Annual Book of ASTM Standards, Vol. 04.02 Concrete and Mineral Aggregates.

[7-69] Druckschrift der Fa. LOK-Test ApS Gulkløvervej 2, DK 2400 Kopenhagen.

[7-70] KIERKEGAARD-HANSEN, P.: Lokstrength. Nordisk Betong 1975, H. 3.

[7-71] CHABOWSKI, A.J. und D. BRYDEN-SMITH: A simple pull-out test to assess the in situ strength of concrete. Concrete International 1 (1979) H. 12, S. 35/40.

[7-72] MALHOTRA, V.M. und G. CARETTE: Comparison of pullout strength of concrete with compressive strength of cylinders and cores, pulse velocity, and rebound number. ACI-Journal 77 (1980) H. 3, S. 161/170.

[7-73] JOHANSEN, R.: In situ strength evaluation of concrete – The „break-off" method. Concrete International 1 (1979) H. 9, S. 45/51.

[7-74] ASTM Designation C 684-81: Standard method of making, accelerated curing, and testing of concrete compression test specimens. 1983 Annual Book of ASTM Standards, Vol. 04.02 Concrete and Mineral Aggregates.

[7-75] MALHOTRA, V.M.: Accelerated strength testing: Is it a solution to a contractor's dilemma? Concrete International 3 (1981) H. 11, S. 17/21

[7-76] SAUCIER, K.L.: High-strength concrete, past, present, future. Concrete International 2 (1980) H. 6, S. 46/50.

[7-77] TOGNON, G., P. URSELLA und G. COPPETTI: Design and properties of concrete with strength over 1500 kgf/cm^2. ACI Journal 77 (1980) H. 3, S. 171/178.

[7-78] HOGNESTAD, E. und W.F. PERENCHIO: Developments in high-strength concrete. Proceedings of the Seventh Congress, Vol. 2: Lectures and General Reports. Fédération Internationale de la Précontrainte (FIP), 1974, S. 21/24 (zitiert nach CARRASQUILLO, R.L., A.H. NILSON und F.O. SLATE: High-strength concrete: An annotated bibliography 1930–1979. Cement, Concrete and Aggregates 2 (1980) H. 1, S. 3/19).

[7-79] NEVILLE, A.: Essentials of strength and durability of various types of concrete with special reference to sulfur. ACI Journal 76 (1979) H. 9, S. 973/996.

[7-80] MALHOTRA, V.M.: Development of sulfur-infiltrated high-strength concrete. ACI Journal 72 (1975) H. 9, S. 466/473.

[7-81] REHM, G. und R. ZIMBELMANN: Möglichkeiten zur Steigerung der Zugfestigkeit des Betons über die Haftung zwischen Zuschlag und Zementsteinmatrix. Deutscher Ausschuß für Stahlbeton, H. 283, S. 57/76. Verlag Wilhelm Ernst & Sohn, Berlin 1977.

[7-82] HUMMEL, A.: Das Beton-ABC. 12. überarbeitete und erweiterte Auflage. Verlag Wilhelm Ernst & Sohn, Berlin 1959.

[7-83] LINDNER, C.P. und I.C. SPRAGUE: Effect of depth of beams upon the modulus of rupture of plain concrete. ASTM Proc. 55 (1955), S. 1062/1083 (zitiert nach [7-84]).

[7-84] MAYER, H.: Die Berechnung der Durchbiegung von Stahlbetonbauteilen. Deutscher Ausschuß für Stahlbeton, Heft 194. Verlag Wilhelm Ernst & Sohn, Berlin 1967.

[7-85] BONZEL, J.: Über die Biegezugfestigkeit des Betons. beton 13 (1963) H. 4, S. 179/182, und H. 5, S. 227/232.

[7-86] BONZEL, J.: Über die Spaltzugfestigkeit des Betons. beton 14 (1964) H. 3, S. 108/114, und H. 4, S. 150/157.

[7-87] KUPFER, H.B., H. KUPFER und A. STEGBAUER: Die Spannungsverteilung beim Spaltzugversuch unter Berücksichtigung des nicht-linearen Verformungsverhaltens des Betons. Konstruktiver Ingenieurbau, Hrsg.: Verband Beratender Ingenieure, Verlag Wilhelm Ernst & Sohn, Berlin 1985, S. 391/393.

[7-88] SCHLEEH, W.: Zur Ermittlung der Spaltzugfestigkeit des Betons. beton 28 (1978) H. 2, S. 57/62.

[7-89] RILEM Recommendation CPC 7 – 1975 (E): Direct Tension.

[7-90] HEILMANN, H.G., H. HILSDORF und K. FINSTERWALDER: Festigkeit und Verformung von Beton unter Zuspannungen. Deutscher Ausschuß für Stahlbeton, H. 203. Verlag Wilhelm Ernst & Sohn, Berlin 1969.

[7-91] STEHNO, G. und G. MALL: Die Verwendung eines tragbaren Zugprüfgerätes für die Qualitätskontrolle von Beton. Mitteilungen aus dem Institut für Baustofflehre + Materialprüfung an der Universität Innsbruck, 6./7. Jahrgang 1980/81, S. 12/16.

[7-92] AL-KUBAISY, M.A. und A.G. YOUNG: Failure of concrete under sustained tension. Magazine of Concrete Research Vol. 27 No. 92, September 1975, S. 171/178.

[7-93] REINHARDT, H.W.: Zugfestigkeit von Beton unter stoßartiger Beanspruchung. Berichte zum Forschungskolloquium „Stoßartige Belastung von Stahlbetonbauteilen". Hrsg. J. EIBL, Lehrstuhl für Beton- und Stahlbetonbau, Universität Dortmund, September 1980.

[7-94] HEILMANN, H.G.: Beziehungen zwischen Zug- und Druckfestigkeit des Betons. beton 19 (1969) H. 2, S. 68/70.

[7-95] RÜSCH, H.: Die Ableitung der charakteristischen Werte der Betonzugfestigkeit. beton 25 (1975) H. 2, S. 55/58.

[7-96] DAHMS, J.: Über die Schlagfestigkeit des Betons für Rammpfähle. beton 18 (1968) H. 4, S. 131/136, und H. 5, S. 177/182; ebenso Betontechnische Berichte 1968, S. 49/82. Beton-Verlag, Düsseldorf 1969.

[7-97] DAHMS, J.: Herstellung und Eigenschaften von Faserbeton. beton 29 (1979) H. 4, S. 139/143; ebenso Betontechnische Berichte 1979, S. 29/42. Beton-Verlag, Düsseldorf 1980.

[7-98] REHM, G.: Über die Grundlagen des Verbundes zwischen Stahl und Beton. Deutscher Ausschuß für Stahlbeton, H. 138. Verlag Wilhelm Ernst & Sohn, Berlin 1961.

[7-99] MARTIN, H.: Zusammenhang zwischen Oberflächenbeschaffenheit, Verbund und Sprengwirkung von Bewehrungsstählen unter Kurzzeitbelastung. Deutscher Ausschuß für Stahlbeton, H. 228. Verlag Wilhelm Ernst & Sohn, Berlin 1973.

[7-100] FRANKE, L.: Einfluß der Belastungsdauer auf das Verbundverhalten von Stahl in Beton (Verbundkriechen). Deutscher Ausschuß für Stahlbeton, H. 268. Verlag Wilhelm Ernst & Sohn, Berlin 1976.

[7-101] RASCH, CHR.: Spannungs-Dehnungs-Linien des Betons und Spannungsverteilung in der Biegedruckzone bei konstanter Dehngeschwindigkeit. Deutscher Ausschuß für Stahlbeton, Heft 154. Verlag Wilhelm Ernst & Sohn, Berlin 1962.

[7-102] CORDES, H.: Über die Spannungs-Dehnungs-Linie von Beton bei kurzzeitiger Lasteinwirkung. Heft 10 der Mitteilungen aus dem Institut für Materialprüfung und Forschung des Bauwesens der Technischen Universität Hannover. Eigenverlag des Instituts, Hannover 1968.

[7-103] MEHMEL, A. und E. KERN: Elastische und plastische Stauchungen von Beton infolge Druckschwell- und Standbelastung. Deutscher Ausschuß für Stahlbeton, H. 153. Verlag Wilhelm Ernst & Sohn, Berlin 1962.

[7-104] SPOONER, D.C., C.D. POMEROY und J.W. DOUGILL: Damage and energy dissipation in cement pastes in compression. Magazine of Concrete Research Vol. 28 No. 94, März 1976, S. 21/29.

[7-105] ROSTÁSY, S. und G. WIEDEMANN: Festigkeit und Verformung von Beton bei sehr tiefer Temperatur. beton 30 (1980) H. 2, S. 54/59; ebenso Betontechnische Berichte 1980/81, S. 17/32 Beton-Verlag, Düsseldorf 1982.

[7-106] WEIGLER, H. und S. KARL: Junger Beton. Beanspruchung – Festigkeit – Verformung. Betonwerk + Fertigteil-Technik 40 (1974) H. 6, S. 392/401, und H. 7, S. 481/484.

[7-107] WEIGLER, H. und E. BIELAK: Das Tragverhalten von Beton. Betonwerk + Fertigteil-Technik 50 (1984) H. 6, S. 361/366; ebenso Deutscher Ausschuß für Stahlbeton, H. 386. Verlag Ernst & Sohn, Berlin 1987.

[7-108] HÄRIG, S.: Die Beeinflussung des E-Moduls von Beton durch Zemente mit unterschiedlichem mineralischen Aufbau und durch natürliche und künstliche Zuschlagstoffe. Betonstein-Zeitung 32 (1966) H. 9, S. 510/520, und H. 10, S. 557/567.

[7-109] MANNS, W.: Elastizitätsmodul von Zementstein und Beton. beton 20 (1970) H. 9, S. 401/405, und H. 10, S. 455/460; ebenso Betontechnische Berichte 1970, S. 139/164. Beton-Verlag, Düsseldorf 1971.

[7-110] CEB/FIP: Code Modèle pour les Structures en Béton. Bulletin d'Information Nr. 124/125, April 1978, mit Ergänzungen im Bulletin Nr. 130, April 1979.

[7-111] RÜSCH, H. und D. JUNGWIRTH: Stahlbeton – Spannbeton. Bd. 2: Berücksichtigung der Einflüsse vom Kriechen und Schwinden auf das Verhalten der Tragwerke. Werner-Verlag, Düsseldorf 1976.

[7-112] ROTH, H.: Verwendbarkeit des dynamischen Elastizitätsmoduls, insbesondere für die Frostbeständigkeitsprüfung des Betons. Zement und Beton 22 (1977) H. 1, S. 32/35.

[7-113] VOELLMY, A.: Superbeton-Rohrleitungen. Hunziker-Mitteilungen, Juli 1944.

[7-114] BONZEL, J.: Ein Beitrag zur Verformung des Betons. beton 21 (1971) H. 2, S. 57/60, und H. 3, S. 105/109; ebenso Betontechnische Berichte 1971, S. 33/54. Beton-Verlag, Düsseldorf 1972.

[7-115] SCHICKERT, G.: Schwellenwerte beim Betondruckversuch. Deutscher Ausschuß für Stahlbeton, H. 312. Verlag Wilhelm Ernst & Sohn, Berlin, München 1980.

[7-116] NEVILLE, A. M., W. H. DILGER und J. J. BROOKS: Creep of plain and structural concrete. Construction Press, London und New York 1983. S. bes. S. 158/181.

[7-117] MÜLLER, H. S.: Zur Vorhersage des Kriechens von Konstruktionsbeton. Dissertation Karlsruhe 1986.

[7-118] MÜLLER, H. S., D. OPPERMANN und H. K. HILSDORF: Überprüfung der Vorherbestimmungsmethoden für Kriechkoeffizienten von Beton. Vorläufiger Schlußbericht zum Forschungsvorhaben V 195 des Deutschen Ausschusses für Stahlbeton. Institut für Massivbau und Baustofftechnologie, Universität Karlsruhe, 1984.

[7-119] WAGNER, O.: Das Kriechen unbewehrten Betons. Deutscher Ausschuß für Stahlbeton, H. 131. Verlag Wilhelm Ernst & Sohn, Berlin 1958.

[7-120] GRASSER, E. und U. KRÄMER: Kriechen von Beton unter hoher zentrischer und exzentrischer Druckbeanspruchung. Deutscher Ausschuß für Stahlbeton, H. 358. Verlag Wilhelm Ernst & Sohn, Berlin 1985.

[7-121] AL-ALUSI, H. R., V. V. BERTERO und M. POLIVKA: Einflüsse der Feuchte auf Schwinden und Kriechen von Beton. Beton- und Stahlbetonbau 73 (1978) H. 1, S. 18/23.

[7-122] DOMONE, P. L.: Uniaxial tensile creep and failure of concrete. Magazine of Concrete Research Vol. 26, No. 88 (September 1974), S. 144/152.

[7-123] CEB-FIP, State of art report 1973: Time dependent behaviour of concrete.

[7-124] KLUG, P.: Verformungsverhalten von Beton mit Fließmitteln. beton 29 (1979) H. 6, S. 175/177.

[7-125] RÜSCH, H., K. KORDINA und H. HILSDORF: Der Einfluß des mineralogischen Charakters der Zuschläge auf das Kriechen von Beton. Deutscher Ausschuß für Stahlbeton, H. 146. Verlag Wilhelm Ernst & Sohn, Berlin 1962.

[7-126] ILLSTON, J. M. und P. D. SANDERS: Characteristics and prediction of creep of a saturated mortar under variable temperature. Magazine of Concrete Research Vol. 26, No. 88 (September 1974), S. 169/179.

[7-127] PROBST, P. und S. STÖCKL: Kriechen und Rückkriechen von Beton nach langer Lasteinwirkung. Deutscher Ausschuß für Stahlbeton, H. 295, S. 29/65. Verlag Wilhelm Ernst & Sohn, Berlin 1978.

[7-128] WEIGLER, H. und S. KARL: Kriechen des Betons bei frühzeitiger Belastung. Einfluß der Erhärtungsgeschwindigkeit des Zements. Betonwerk + Fertigteil-Technik 47 (1981) H. 9, S. 519/522.

[7-129] WESCHE, K., W. VOM BERG und I. SCHRAGE: Kriechen von Beton – Einfluß des Belastungsalters. beton 27 (1977) H. 1, S. 27/30; ebenso Betontechnische Berichte 1977, S. 17/27. Beton-Verlag, Düsseldorf 1978.

[7-130] TROST, H., H. CORDES und G. ABELE: Kriech- und Relaxationsversuche an sehr altem Beton. Deutscher Ausschuß für Stahlbeton, H. 295. S. 3/27. Verlag Wilhelm Ernst & Sohn, Berlin 1978.

[7-131] SCHNEIDER, U.: Festigkeit und Verformungsverhalten von Beton unter stationärer und instationärer Temperaturbeanspruchung. Die Bautechnik 54 (1977) H. 4, S. 123/132.

[7-132] HILSDORF, H.: Kriechen von Beton bei höheren Temperaturen. Vortrag auf der Technisch-wissenschaftlichen Zementtagung 1976 in Düsseldorf. Referat in Betonwerk + Fertigteiltechnik 42 (1976) H. 11, S. 578.

[7-133] NASSER, K. W. und H. M. MARZOUK: Creep of concrete at temperatures from 70 to 450 F under atmospheric pressure. ACI Journal 78 (1981) H. 2, S. 147/150.

[7-134] ASCHL, H. und S. STÖCKL: Wärmeausdehnung, Elastizitätsmodul, Schwinden, Kriechen und Restfestigkeit von Reaktorbeton unter einachsiger Belastung und erhöhten Temperaturen. Deutscher Ausschuß für Stahlbeton, H. 324. Verlag Wilhelm Ernst & Sohn, Berlin 1981.

[7-135] ILLSTON, J. M. und P. D. SANDERS: The effect of temperature change upon the creep of mortar under torsional loading. Magazine of Concrete Research Vol. 25 No. 84 (September 1973), S. 136/144.

[7-136] WEIGLER, H. und R. FISCHER: Beton bei Temperaturen von 100 bis 750 °C. beton 18 (1968) H. 2, S. 33/46.

[7-137] WISCHERS, G. und J. DAHMS: Das Verhalten des Betons bei sehr niedrigen Temperaturen. beton 20 (1970) H. 4, S. 135/139, und H. 5, S. 195/201; ebenso Betontechnische Berichte 1970, S. 57/88. Beton-Verlag, Düsseldorf 1971.

[7-138] WARD, M. A. und D. J. COOK: The mechanism of tensile creep in concrete. Magazine of Concrete Research Vol. 21, No. 68 (Sept. 1969), S. 151/158.

[7-139] WHALEY, C. P. und A. M. NEVILLE: Non-elastic deformation of concrete under cyclic compression. Magazine of Concrete Research Vol. 25, No. 84 (September 1973), S. 145/154.

[7-140] ALDA, W.: Zum Schwingkriechen von Beton. Institut für Baustoffe, Massivbau und Brandschutz der Technischen Universität Braunschweig, Heft 40. Braunschweig, Dezember 1978.

[7-141] ROSTÁSY, F., K.-TH. TEICHEN und H. ENGELKE: Beitrag zur Klärung des Zusammenhanges von Kriechen und Relaxation bei Normalbeton. Heft 139 der Reihe Straßenbau und Straßenverkehrstechnik des Bundesministers für Verkehr, Abt. Straßenbau, Bonn, 1972.

[7-142] WEIGLER, H.: Über den Zusammenhang zwischen Reißneigung, Schwindmaß und Festigkeitsentwicklung von Zementmörteln. Betonstein-Zeitung 29 (1963) H. 7, S. 366/370.

[7-143] MANNS, W.: Formänderungen von Beton. Zement-Taschenbuch 47. Ausgabe (1979/80), S. 339/365. Bauverlag, Wiesbaden und Berlin 1979.

[7-144] British Standards Institution: Code of practice for the structural use of concrete (CP 110: Part 1 : 1972).

[7-145] US Bureau of Reclamation: Concrete Manual, Denver 1942 (zitiert nach [7-16]).

[7-146] ACI Committee 223 Standard practice for the use of shrinkage-compensating concrete. Concrete International 5 (1983) H. 1, S. 40/74 (348 Literaturangaben).

[7-147] SAWYER, J. L.: Volume Change. ASTM Special Technical Publication 169 B (Significance of tests and properties of concrete and concrete-making materials), S. 226/241.

[7-148] BERRY, E. E. und V. M. MALHOTRA: Fly ash for use in concrete – a critical review. ACI-Journal 77 (1980) H. 2, S. 59/73.

[7-149] ZIEGELDORF, S., K. KLEISER und H. K. HILSDORF: Vorherbestimmung und Kontrolle des thermischen Ausdehnungskoeffizienten von Beton. Deutscher Ausschuß für Stahlbeton, H. 305. Verlag Wilhelm Ernst & Sohn, Berlin 1979.

[7-150] EMANUEL, J. H. und J. L. HULSEY: Prediction of the thermal coefficient of expansion of concrete. ACI Journal 74 (1977) H. 4, S. 149/155.

[7-151] DETTLING, H.: Die Wärmedehnung des Zementsteins, der Gesteine und der Betone. Heft 3 der Schriftenreihe des Otto-Graf-Instituts der Technischen Hochschule Stuttgart, 1962.

[7-152] SCHNEIDER, U., U. DIEDERICHS und W. ROSENBERGER: Eigenschaften und Verwendung von Normalbeton mit Basalt-Zuschlag. Betonwerk + Fertigteil-Technik 48 (1982) H. 11, S. 659/662, und H. 12, S. 739/742, sowie 49 (1983) H. 1, S. 36/40, und H. 2, S. 111/116.

[7-153] WIEDEMANN, G. und K-H. SPRENGER: Zur Messung der Temperaturdehnung von Stahl und Beton im Tieftemperaturbereich. Mitteilungsblatt für die amtliche Materialprüfung in Niedersachsen 20/21 (1980/81) S. 51/55.

[7-154] VENECANIN, S. D.: Durability of composite materials as influenced by different coefficients of thermal expansion of components. Proceedings of the First International Conference on Durability of Building Materials and Components. ASTM Special Technical Publication 691, S. 179/192, Ottawa 1978.

[7-155] WALZ, K.: Prüfung des Widerstands von Beton gegen mechanische Abnutzung, gegen Witterungseinflüsse und gegen angreifende Flüssigkeiten. Handbuch der Werkstoffprüfung, Bd. III: Die Prüfung nichtmetallischer Baustoffe. Zweite Auflage, S. 457/470. Springer Verlag, Berlin, Göttingen, Heidelberg 1957. Vgl. auch PLASSMANN, E.: Verfahren zum Prüfen von Hartbetonbelägen durch rollenden Kugeldruck. Beton- und Stahlbetonbau 49 (1954) H. 8, S. 185; ebenso Tonindustrie-Zeitung 78 (1954) H. 7/8, S. 108.

[7-156] BLIND, H.: Wasserbauten aus Beton. Handbuch für Beton-, Stahlbeton- und Spannbeton. Hrsg. v. H. KUPFER. Verlag Wilhelm Ernst & Sohn, Berlin 1987.

[7-157] ACI Committee 210: Erosion resistance of concrete in hydraulic structures – ACI 210 R-55 (Reaffirmed 1979). ACI Manual of Concrete Practice, Part 2-1983, S. 210 R-1/210 R-10. American Concrete Institute, Detroit, Michigan.

[7-158] LANE, R.O.: Abrasion resistance. ASTM Special Technical Publication 169 B – Significance of tests and properties of concrete and concrete-making materials – Kapitel 22, S. 332/350. American Society for Testing and Materials (ASTM), 1619 Race Street, Philadelphia, Pa. 19101, Dezember 1978.

[7-159] SPRINGENSCHMID, R.: Betontechnologie im Wasserbau, in [7-156].

[7-160] WENANDER, H. und Y. ALVARSSON: Durability of vacuum dewatered concrete. Nordisk betong 2–4, 1982, S. 271/273.

[7-161] REINHARDT, H.W.: Erosie van beton. Cement 30 (1978) H. 6, S. 282/285.

[7-162] GRUBE, H.: Wasserundurchlässige Bauwerke aus Beton. Otto Elsner Verlagsgesellschaft, Darmstadt 1982.

[7-163] BONZEL, J.: Der Einfluß des Zements, des Wasserzementwertes, des Alters und der Lagerung auf die Wasserundurchlässigkeit des Betons. beton 16 (1966) H. 9, S. 379/383, und H. 10, S. 417/421; ebenso Betontechnische Berichte 1966, S. 145/168. Beton-Verlag, Düsseldorf 1967.

[7-164] HANAOR, A. und P.J.E. SULLIVAN: Factors affecting concrete permeability of cryogenic fluids. Magazine of Concrete Research Vol. 35, No. 124 (September 1983), S. 142/150.

[7-165] GRUBE, H.: Unterwasserbeton. Zement-Taschenbuch 47. Ausgabe (1979/80), S. 423/451. Bauverlag, Wiesbaden, Berlin 1979.

[7-166] GRÄF, H. und H. GRUBE: Verfahren zur Prüfung der Durchlässigkeit von Mörtel und Beton gegenüber Gasen und Wasser. beton 36 (1986) H. 5, S. 184/187, und H. 6, S. 222/226.

[7-167] SCHÖNLIN, K. und H.K. HILSDORF: Überprüfung der Wirksamkeit einer Nachbehandlung von Betonkonstruktionen. Abschlußbericht zum Forschungsvorhaben V 245 des Deutschen Ausschusses für Stahlbeton. Institut für Massivbau und Baustofftechnologie der Universität Karlsruhe, 1988.

[7-168] GRÄF, H. und H. GRUBE: Einfluß der Zusammensetzung und der Nachbehandlung des Betons auf seine Gasdurchlässigkeit. beton 36 (1986) H. 11, S. 426/429, und H. 12, S. 473/476; ebenso Betontechnische Berichte 1986/88, S. 79/99, Beton-Verlag, Düsseldorf 1989.

[7-169] NÜRNBERGER, U.: Chloridkorrosion von Stahl in Beton. Betonwerk + Fertigteil-Technik 50 (1984), H. 9, S. 601/612, und H. 10, S. 697/704.

[7-170] SCHIESSL, P.: Zur Frage der zulässigen Rißbreite und der erforderlichen Betondeckung im Stahlbetonbau unter besonderer Berücksichtigung der Carbonatisierung des Betons. Deutscher Ausschuß für Stahlbeton, Heft 255. Verlag Wilhelm Ernst & Sohn, Berlin 1976.

[7-171] SCHWIETE, H.E. und K. LUDWIG: Korrosionsschutz von Stahl- und Spannbeton. Bauplanung-Bautechnik 22 (1968) H. 1, S. 13/15.

[7-172] SCHÜLE, W.: Bauphysikalische Eigenschaften von Beton und Betonkonstruktionen. Zement-Taschenbuch 1968/69, S. 331/356. Bauverlag, Wiesbaden 1968.

[7-173] BONZEL, J.: Erläuterungen zu den Richtlinien für die Herstellung von Beton für Gärfuttersilos. beton 12 (1962) H. 2, S. 69/72; ebenso Betontechnische Berichte 1962, S. 23/32. Beton-Verlag, Düsseldorf 1963.

[7-174] WALZ, K. und G. WISCHERS: Beton als Strahlenschutz für Kernreaktoren. beton 11 (1961) H. 2, S. 179/192; ebenso Betontechnische Berichte 1961, S. 91/127. Beton-Verlag, Düsseldorf 1962.

[7-175] BONZEL, J. und E. SIEBEL: Neuere Untersuchungen über den Frost-Tausalz-Widerstand von Beton. beton 27 (1977) H. 4, S. 153/158, H. 5, S. 205/211, und H. 6, S. 237/244; ebenso Betontechnische Berichte 1977, S. 55/104. Beton-Verlag, Düsseldorf 1978.

[7-176] SETZER, M.: Einfluß des Wassergehalts auf die Eigenschaften des erhärteten Betons. Deutscher Ausschuß für Stahlbeton, H. 280. Verlag Wilhelm Ernst & Sohn, Berlin, München, Düsseldorf 1977.

[7-177] KNÖFEL, D.: Einfluß von Frost und Taumittel auf Zementstein und Zuschlag. Betonwerk + Fertigteil-Technik 45 (1979) H. 4, S. 221/227, und H. 5, S. 315/320.

[7-178] SPRINGENSCHMID, R.: Grundlagen und Praxis der Herstellung und Überwachung von Luftporenbeton. Zement und Beton 47 (1969) H. 1, S. 19/25.

[7-179] BLUNK, G. und A. BRODERSEN: Zum Widerstand von Beton gegenüber Harnstoff und Frost. Straße und Autobahn 31 (1980) H. 3, S. 119/131.

[7-180] GRASENICK, F. und S. SORETZ: Beitrag der Elektronenmikroskopie zur Frost- und Frost-Tausalz-Forschung. Zement und Beton 27 (1982) H. 3, S. 120/122.

[7-181] Anleitung für die Bestimmung von Luftporenkennwerten am Festbeton – Mikroskopische Luftporenuntersuchung (Fassung 1981). beton 31 (1981) H. 12, S. 463/466; ebenso Betontechnische Berichte 1980/81, S. 180/189. Beton-Verlag, Düsseldorf 1982.

[7-182] BONZEL, J. und E. SIEBEL: Bestimmung von Luftporenkennwerten am Festbeton. beton 31 (1981) H. 12, S. 459/463; ebenso Betontechnische Berichte 1980/81, S. 169/179. Beton-Verlag, Düsseldorf 1982.

[7-183] MANNS, W.: Bemerkungen zum Abstandsfaktor als Kennwert für den Frostwiderstand von Beton. beton 20 (1970) H. 6, S. 253/255; ebenso Betontechnische Berichte 1970, S. 89/94, Beton-Verlag, Düsseldorf 1971.

[7-184] MANNS, W. und K. ZEUS: Zur Bedeutung von Zuschlag und Zement für den Frost-Taumittel-Widerstand von Beton. Straße und Autobahn 30 (1979) H. 4, S. 167/173.

[7-185] LEWANDOWSKI, R.: Einfluß unterschiedlicher Flugaschequalitäten und -Zugabemengen auf die Betoneigenschaften. Betonwerk + Fertigteil-Technik 49 (1983) H. 1, S. 11/15, H. 2, S. 105/110, und H. 3, S. 152/158.

[7-186] VIRTANEN, J.: Freeze-thaw resistance of concrete containing blast-furnace slag, fly ash or condensed silica fume. Proceedings of the CANMET/ACI First International Conference on the Use of Fly Ash, Silica Fume, Slag, and Other Mineral By-Products in Concrete, July 31-August 5, 1983, Montebello, Quebec, Canada. ACI Publication SP 79, Vol. 2, S. 923/942.

[7-187] BRODERSEN, H.A.: Zum Frost-Tausalz-Widerstand von Beton und dessen Prüfung im Labor. Beton-Informationen 1978 H. 3, S. 26/35. Hrsg. Montanzement-Verband, Düsseldorf. Beton-Verlag, Düsseldorf.

[7-188] GÜNTER, M. und H.K. HILSDORF: Einfluß der Nachbehandlung auf die Widerstandsfähigkeit von Betonoberflächen. Abschlußbericht zum Forschungsauftrag DBV-Nr. 88. Institut für Massivbau und Baustofftechnologie, Abteilung Baustofftechnologie, Universität Karlsruhe, Dezember 1983.

[7-189] VIRTANEN, J.: Mineral by-products and freeze-thaw resistance of concrete. Nordic concrete research, Publication No. 3. Hrsg. v.: The Nordic Concrete Federation. Oslo, Dezember 1984.

[7-190] NISCHER, P.: Herstellung und Überwachung von Luftporenbeton bei Betonsteinen. Betonwerk + Fertigteil-Technik 40 (1974) H. 12, S. 761/765.

[7-191] Hinweise für die Planung und Ausführung von Flugzeugverkehrsflächen auf Flugplätzen der Bundeswehr. Bundesministerium für Verteidigung, Februar 1979.

[7-192] DEPKE, F.: Hydrophobierter Beton. Betonwerk + Fertigteil-Technik 38 (1972) H. 3, S. 148/153.

[7-193] ACI Committee 515: A guide to the use of waterproofing, dampproofing, protective, and decorative barrier systems for concrete. Concrete International 1 (1979) H. 11, S. 41/81.

[7-194] ACI Committee 515: Guide for the protection of concrete against chemical attack by means of coatings and other corrosion resistant materials. ACI-Journal 63 (1966), H. 12, S. 1305/92. Deutsche Bearbeitung von H. WEIGLER und E. SEGMÜLLER: Schutz von Beton gegen chemische Angriffe. beton 17 (1967) H. 8, S. 293/299, und H. 9, S. 331/337; ebenso Betontechnische Berichte 1967, S. 85/120. Beton-Verlag, Düsseldorf 1968.

[7-195] KRENKLER, K.: Chemie des Bauwesens. Band 1: Anorganische Chemie. Springer Verlag, Berlin, Heidelberg, New York 1980.

[7-196] KNÖFEL, D.: Stichwort Baustoffkorrosion. 2., neubearbeitete und erweiterte Auflage. Bauverlag, Wiesbaden und Berlin 1982.

[7-197] KLOSE, N.: Beton in Abwasseranlagen. Chemischer Angriff und Schutzmaßnahmen. beton 28 (1978) H. 6, S. 209/213.

[7-198] KUNTZE, E.: Betonkorrosion in Abwassersammlern. Vorträge auf dem Deutschen Betontag 1981, S. 244/257. Hrsg. Deutscher Beton-Verein e.V., Wiesbaden 1982.

[7-199] WOLF, H.: Schwefelwasserstoff-Korrosion an zementgebundenen Werkstoffen. Betonwerk + Fertigteil-Technik 44 (1978) H. 10, S. 609/611.

[7-200] BICZÓK, I.: Betonkorrosion, Betonschutz. 6. Ausgabe. Bauverlag, Wiesbaden und Berlin 1968.

[7-201] NÄGELE, E., B. HILLEMEIER und H.K. HILSDORF: Der Angriff von Ammoniumsalzlösungen auf Beton. Betonwerk + Fertigteil-Technik 50 (1984) H. 11., S. 742/751.

[7-202] LIESCHE, H. und K.-H. PASCHKE: Beton in aggressiven Wässern. 5., neu bearbeitete Auflage. VEB Verlag für Bauwesen, Berlin 1969.

[7-203] Vorläufiges Merkblatt über das Verhalten von Beton gegenüber Mineral- und Teerölen. beton 16 (1966) H. 11, S. 461/463; ebenso Betontechnische Berichte 1966, S. 169/176. Betonverlag, Düsseldorf 1967.

[7-204] KNÖFEL, D.: Treiberscheinungen an nichtmetallisch-anorganischen Baustoffen als Ursache von Bauschäden. Betonwerk + Fertigteil-Technik 42 (1976) H. 11, S. 555/558, und H. 12, S. 623/626.

[7-205] BONZEL, J. und F. W. LOCHER: Über das Angriffsvermögen von Wässern, Böden und Gasen auf Beton. Anmerkungen zu den Normentwürfen DIN 4030 E und DIN 1045 E. beton 18 (1968) H. 10, S. 401/404, und H. 11, S. 443/445; ebenso Betontechnische Berichte 1968, S. 127/144. Beton-Verlag, Düsseldorf 1969.

[7-206] GRUBE, H. und W. RECHENBERG: Betonabtrag durch chemisch angreifende saure Wässer. beton 37 (1987) H. 11, S. 446/451 und H. 12, S. 495/498.

[7-207] RECHENBERG, W.: Junger Beton in „stark" angreifendem Wasser. beton 25 (1975) H. 4, S. 143/145, ebenso Betontechnische Berichte 1975, S. 57/65. Beton-Verlag, Düsseldorf 1976.

[7-208] RIEDEL, W.: Die Korrosionsbeständigkeit von Zementmörteln in Magnesiumsalzlösungen. Zement-Kalk-Gips 26 (1973) H. 6, S. 286/296.

[7-209] SPRUNG, S.: Beton für Meerwasserentsalzungsanlagen. beton 28 (1978) H. 7, S. 241/245; ebenso Betontechnische Berichte 1978, S. 93/104. Beton-Verlag, Düsseldorf 1979.

[7-210] KÜHL, H.: Zement-Chemie. Bd. III; 3., überarbeitete und erweiterte Auflage. VEB Verlag Technik, Berlin 1961. s. bes. Kap. 12.

[7-211] ACI Committee 201: Guide to durable concrete. ACI Journal 74 (1977) H. 12, S. 573/609. Deutsche Bearbeitung von K. WALZ: Anleitung für beständigen Beton. beton 29 (1979) H. 7, S. 254/257, H. 8, S. 285/289, H. 9, S. 323/327, und H. 10, 360/366; ebenso Betontechnische Berichte 1979, S. 61/112. Beton-Verlag, Düsseldorf 1980.

[7-212] Merkblatt für Schutzüberzüge auf Beton bei sehr starken Angriffen nach DIN 4030 (Fassung April 1973). beton 23 (1973) H. 9, S. 399/403; ebenso Betontechnische Berichte 1973, S. 125/138. Beton-Verlag, Düsseldorf 1974.

[7-213] KORDINA, K.: Erkennen und Beheben von Schäden an Massivbauwerken. Vorträge auf dem Deutschen Betontag 1981, S. 220/243. Hrsg. Deutscher Beton-Verein E. V., Wiesbaden 1982.

[7-214] KORDINA, K. und W. SCHWICK: Untersuchungen von Betonzusatzstoffen zur Vermeidung der Alkali-Zuschlag-Reaktion. Betonwerk + Fertigteil-Technik 47 (1981) H. 6, S. 328/331.

[7-215] NEKRASSOW, K. D.: Hitzebeständiger Beton. Deutsche Ausgabe von L. LENZ. Bauverlag, Wiesbaden 1961.

[7-216] PETZOLD, A. und W. RÖHRS: Beton für hohe Temperaturen. Beton-Verlag, Düsseldorf 1964.

[7-217] HALLAUER, O.: Zusammensetzung und Eigenschaften von Beton im Feuerungsbau. beton (19) 1969 H. 1, S. 23/27, und H. 5, S. 206/207.

[7-218] SCHNEIDER, U.: Verhalten von Beton bei hohen Temperaturen. Deutscher Ausschuß für Stahlbeton, Heft 337. Verlag Wilhelm Ernst & Sohn, Berlin 1982.

[7-219] SEEBERGER, J., J. KROPP und H. K. HILSDORF: Festigkeitsverhalten und Strukturänderungen von Beton bei Temperaturbeanspruchung bis 250 °C. Deutscher Ausschuß für Stahlbeton, Heft 360. Verlag Wilhelm Ernst & Sohn, Berlin 1985.

[7-220] HILSDORF, H. K.: Erläuterungen zu DIN 1045, Ausgabe Juni 1988, Abschnitt 6.5.7.7. Deutscher Ausschuß für Stahlbeton, Heft 400. Beuth Verlag, Berlin · Köln 1989. S. bes. S. 41.

[7-221] ROSTASY, F. S. und H. SAGER: Hochtemperaturverhalten von Beton- und Spannstählen. Schlußbericht des Teilprojektes B im Sonderforschungsbereich 148 „Brandverhalten von Bauteilen". Technische Universität Braunschweig 1985.

[7-222] NECK, U.: Entwicklungen und Beurteilungsgrundlagen im baulichen Brandschutz aus der Sicht des Betonbaus. Betonwerk + Fertigteil-Technik 46 (1980) H. 1, S. 20/25, und H. 2, S. 113/118.

[7-223] ROSTÁSY, F. und H. SAGER: Zum Einfluß hoher Temperaturen auf das Verbundverhalten von Betonrippenstählen. Betonwerk + Fertigteil-Technik 48 (1982) H. 11, S. 663/669, und H. 12, S. 732/738.

[7-224] NECK, U.: Baulicher Branschutz mit Beton (3. Teil). Brandverhalten und davon abhängige Wahl der Baustoffe. Klassifizierung von Baustoffen und Bauteilen. Betonwerk + Fertigteil-Technik 48 (1982) H. 10, S. 615/622.

[7-225] KORDINA, K. und C. MEYER-OTTENS: Beton-Brandschutz-Handbuch. Beton Verlag, Düsseldorf 1981.

[7-226] Sonderforschungsbereich Brandverhalten von Bauteilen, Technische Universität Braunschweig. Arbeitsbericht 1972 bis 1986.

[7-227] WANDSCHNEIDER, R. und R. PICK: Betone, Mauerwerk, Estrich und Putz im bautechnischen Strahlenschutz. Beton-Informationen 5–82, S. 47/50 mit Einführung auf S. 46. Herausgeber: montanzement Marketing GmbH, Düsseldorf.

[7-228] HILSDORF, H., J. KROPP und H.-J. KOCH: Der Einfluß radioaktiver Strahlung auf die mechanischen Eigenschaften von Beton. Deutscher Ausschuß für Stahlbeton, H. 261. Verlag Wilhelm Ernst & Sohn, Berlin 1976.

[7-229] GRUBE, H. und J. KRELL: Zur Bestimmung der Carbonatisierungstiefe von Mörtel und Beton. beton 36 (1986) H. 3, S. 104/109.

[7-230] NISCHER, P.: Einfluß der Betongüte auf die Karbonatisierung. Zement und Beton 29 (1984) H. 1, S. 11/15.

[7-231] MÜLLER, H. H. und A. RAUEN: Einfluß der Zementart auf die Korrosion des Spannstahls. Institut für Massivbau, Technische Universität München, Bericht Nr. 1006, 9.1.1978.

[7-232] MEYER, A., H.-J. WIERIG und K. HUSMANN: Karbonatisierung von Schwerbeton. Deutscher Ausschuß für Stahlbeton, H. 182. Verlag Wilhelm Ernst & Sohn, Berlin 1967.

[7-233] RILEM Commission Technique 16-C: „Carbonatation". Matériaux et Constructions 11 (1978) N° 62, S. 142/146.

[7-234] SORETZ, ST.: Korrosionsschutz im Stahlbeton- und Spannbetonbau. Betonsteinzeitung 33 (1967) H. 2, S. 52/63.

[7-235] SORETZ, ST.: Korrosion von Betonbauten. Zement und Beton 24 (1979) H. 1, S. 21/29 (entnommen aus [7-16]).

[7-236] Kommission „Carbonatisierung" des VDZ: Carbonatisierung des Betons. Einflüsse und Auswirkungen auf den Korrosionsschutz der Bewehrung. beton 22 (1972) H. 7, S. 296/299; ebenso Betontechnische Berichte 1972, S. 125/133. Beton-Verlag, Düsseldorf 1973.

[7-237] SCHIESSL, P.: Zusammenhang zwischen Rißbreite und Korrosionsabtragung an der Bewehrung. Betonwerk + Fertigteil-Technik 41 (1975) H. 12, S. 594/598.

[7-238] BRODERSEN, H.: Zur Abhängigkeit der Transportvorgänge verschiedener Ionen im Beton von Struktur und Zusammensetzung des Zementsteins. Dissertation an der Rheinisch-Westfälischen Technischen Hochschule Aachen, 1982.

[7-239] GUNKEL, P.: Die Zusammensetzung der flüssigen Phase erstarrender und erhärtender Zemente. Beton-Informationen 23 (1983) H. 1, S. 3/8.

[7-240] Deutscher Ausschuß für Stahlbeton: Anleitung zur Bestimmung des Chloridgehalts von Beton (1989). Deutscher Ausschuß für Stahlbeton, H. 401. Beuth Verlag, Berlin · Köln 1989.

[7-241] Sachstandsbericht „Schutzwirkung des Brückenbetons gegen Bewehrungskorrosion", insbesondere bei Tausalzeinwirkung (Januar 1988). Hrsg. Bundesanstalt für Straßenwesen, D-5060 Bergisch Gladbach.

[7-242] SMOLCZYK, W. G.: Flüssigkeit in den Poren des Betons – Zusammensetzung und Transportvorgänge in der flüssigen Phase des Zementsteins. Beton-Informationen 24 (1984) H. 1, S. 3/10.

[7-243] LUKAS, W.: Eindringen von Chloridlösungen in Beton herkömmlicher Zusammensetzung, frühhochfesten Beton bzw. Fließbeton. Mitteilungen aus dem Institut für Baustofflehre + Materialprüfung an der Universität Innsbruck 6./7. Jahrgang 1980/81, S. 26/32.

[7-244] EFES, Y.: Einfluß der Zemente mit unterschiedlichem Hüttensandgehalt auf die Chloriddiffusion im Beton. Betonwerk + Fertigteil-Technik 46 (1980) H. 4, S. 224/229, H. 5, S. 302/306, und H. 6, S. 365/368.

[7-245] FREY, R. und U. NÜRNBERGER: Zur Chloriddiffusion und Stahlkorrosion im Beton von Offshore-Bauwerken. Forschungsberichte im Auftrag des DECHEMA. FMPA Baden-Württemberg, Stuttgart 1979 bis 1982.

[7-246] LUKAS, W.: Zur Frage der Chloridbindung und -korrosion von Stahl im Beton. Beitrag zum Kolloquium „Chloridkorrosion", Wien, 22./23. Februar 1983. Mitteilungen aus dem Forschungsinstitut des Vereins der Österreichischen Zementfabrikanten, Heft 36.

[7-247] GRÜBL, P. und D. JUNGWIRTH: Einfluß betontechnologischer Maßnahmen auf das Eindringen von Chloriden in Beton. Beitrag zum Kolloquium „Chloridkorrosion" (s. 7-246).

[7-248] BERKE, N. S.: Microsilica and concrete durability. Transportation Research Board, 67th Annual Meeting, 11.–14. Januar 1988, Washington, D. C.

[7-249] LUTHER, M. D.: Silica fume (microsilica) concrete in bridges in the USA. Transportation Research Board, 67th Annual Meeting, 11.–14. Januar 1988, Washington, D. C.

[7-250] Tuutti, K.: Corrosion of steel in concrete. Cement-och betonginstitutet, forskning 4.82, Stockholm 1982.

[7-251] RICHARTZ, W.: Die Bindung von Chlorid bei der Zementerhärtung. Zement-Kalk-Gips 22 (1969) H. 10, S. 447/456.

[7-252] JUNGWIRTH, D., E. BEYER und P. GRÜBL: Dauerhafte Betonbauwerke. Beton-Verlag, Düsseldorf 1986
[7-253] SCHIESSL, P.: Einfluß von Rissen auf die Dauerhaftigkeit von Stahlbeton- und Spannbetonbauteilen. Deutscher Ausschuß für Stahlbeton, H. 370. Verlag Wilhelm Ernst & Sohn, Berlin 1986.
[7-254] LOCHER, F. W.: Untersuchung des Betons von Uferschutzbauten auf Helgoland. beton 18 (1968) H. 2, S. 47/82
[7-255] LOCHER, F. W. und S. SPRUNG: Einwirkung von salzsäurehaltigen PVC-Brandgasen auf Beton. beton 20 (1970) H. 2, S. 63/99.
[7-256] RAUEN, R. und H. H. MÜLLER: Elektrochemische Chloridentfernung aus Beton durch Elektroosmose. Institut für Massivbau, Technische Universität München, Bericht Nr. 1308 (1986).
[7-257] LÄMMKE, A.: Untersuchungen zur Beurteilung der Kalksanierung. 1. Zwischenbericht zum Forschungsauftrag „Verfahren zur Untersuchung und Sanierung chloridgeschädigter Stahlbetonbauteile". Institut für Baustoffe, Massivbau und Brandschutz der Technischen Universität Braunschweig.
[7-258] Der Bundesminister für Verkehr: Zusätzliche Technische Vorschriften und Richtlinien für Schutz und Instandsetzung von Betonbauteilen (ZTV-SIB 87). Verkehrsverlag Borgmann, Dortmund.
[7-259] ERLIN, B. und H. WOODS: Corrosion of embedded materials other than reinforcing steel. ASTM Special Technical Publication 169 B (Significance of tests and properties of concrete and concrete-making materials), S. 300/319.
[7-260] MATCUSCHEK, F.: Korrosion an Metallen durch Zement-Wasser Aufschlämmungen. Zement – Kalk – Gips 10 (1957) H. 4, S. 124/127.
[7-261] REHM, G. und A. LÄMMKE: Korrosionsverhalten verzinkter Stähle in Zementmörtel und Beton. Deutscher Ausschuß für Stahlbeton, H. 242. Verlag Wilhelm Ernst & Sohn, Berlin 1974.

[8-1] WEIGLER, H. und S. KARL: Stahlleichtbeton; Herstellung, Eigenschaften, Ausführung. Bauverlag, Wiesbaden, Berlin 1972.
[8-2] WEIGLER, H., S. KARL und CH. JAEGERMANN: Leichtzuschlag-Beton mit hohem Gehalt an Mörtelporen. Deutscher Ausschuß für Stahlbeton, Heft 321. Verlag Wilhelm Ernst & Sohn, Berlin/München 1981.
[8-3] WEIGLER, H. und S. KARL: Konstruktionsleichtbeton mit abgeminderter Rohdichte. Betonwerk + Fertigteil-Technik 46 (1980) H. 3, S. 157/166, und H. 4, S. 230/239.
[8-4] LUSCHE, M.: Beitrag zum Bruchmechanismus von auf Druck beanspruchtem Normal- und Leichtbeton mit geschlossenem Gefüge. Dissertation Ruhr-Universität Bochum 1971.
[8-5] GRÜBL, P.: Druckfestigkeit von Leichtbeton mit geschlossenem Gefüge. beton 29 (1979) H. 3, S. 91/95.
[8-6] SCHÜTZ, F. R.: Der Einfluß der Zuschlagelastizität auf die Betondruckfestigkeit. Dissertation RWTH Aachen 1970.
[8-7] Merkblatt I für Leichtbeton und Stahlleichtbeton mit geschlossenem Gefüge: Betonprüfung zur Überwachung der Leichtzuschlagherstellung (Fassung Juli 1974). beton 24 (1974) H. 7, S. 265/267; ebenso Betontechnische Berichte 1974, S. 111/119. Beton-Verlag, Düsseldorf 1975.
[8-8] Merkblatt II für Leichtbeton und Stahlleichtbeton mit geschlossenem Gefüge: Zusammensetzung und Eignungsprüfung (Fassung Juli 1974). beton 24 (1974) H. 7, S. 268/269, und H. 9, S. 297/299; ebenso Betontechnische Berichte 1974, S. 121/132. Beton-Verlag, Düsseldorf 1975.
[8-9] Merkblatt III für Leichtbeton und Stahlleichtbeton mit geschlossenem Gefüge: Herstellen und Verarbeiten (Fassung Juli 1974). beton 24 (1974) H. 8, S. 299/302; ebenso Betontechnische Berichte 1974, S. 133/142. Beton-Verlag, Düsseldorf 1975.
[8-10] REILLY, W. E.: Hydrothermal and vacuum saturated lightweight aggregate for pumped structural concrete. ACI Journal 69 (1972) H. 7, S. 428/432.
[8-11] ACI Committee 213: Guide for structural lightweight aggregate concrete. Concrete International 1 (1979) H. 2, S. 33/61.
[8-12] MEYER, A. und M. LÜTKEHAUS: Stabilisatoren – Eine neue Möglichkeit zur Verbesserung der Verarbeitungseigenschaften von Beton. Betonwerk + Fertigteiltechnik 43 (1977) H. 6, S. 289/294.
[8-13] POPPY, W.: Leichtbeton pumpen? beton 26 (1976) H. 3, S. 89/94.
[8-14] CEB/FIP Manual of lightweight aggregate concrete. Neuentwurf (1982) von Kapitel 4 (Mixing, placing, compacting, and finishing).
[8-15] LIAPOR für konstruktives Bauen. Druckschrift der Fa. Lias-Franken Leichtbaustoffe, Pautzfeld.
[8-16] ZELGER, C.: Liegt der Unterschied zwischen Leichtbeton und Normalbeton nur im Gewicht? beton 20 (1970) H. 3, S. 90/95.

[8-17] WEIGLER, H. und K. REISSMANN: Untersuchungen an Konstruktionsleichtbetonen. Betonstein-Zeitung 31 (1965) H. 11, S. 615/629.

[8-18] WEIGLER, H. und D. KLAUSEN: Betonfestigkeit bei konstanter und veränderlicher Druckschwellbeanspruchung. Betonwerk + Fertigteil-Technik (1979) H. 3, S. 158/163.

[8-19] CEB/FIP Manual of lightweight aggregate concrete. The Construction Press, Lancaster, London, New York 1977.

[8-20] WEIGLER, H., S. KARL und P. LIESER: Über die Biegetragfähigkeit von Stahlleichtbeton. Betonwerk + Fertigteil-Technik 38 (1972) H. 5, S. 324/334, und H. 6, S. 445/449.

[8-21] WEIGLER, H. und S. KARL: Structural lightweight aggregate concrete with reduced density – Lightweight aggregate foamed concrete. The International Journal of Lightweight Concrete 2 (1980) H. 2 (Juni), S. 101/104.

[8-22] WEIGLER, H.: Leichtbeton im Brückenbau. Erfahrungen in den USA. Beton- und Stahlbetonbau 83 (1988) H. 5, S. 136/141.

[8-23] HERGENRÖDER, M. und H. H. MÜLLER: Einfluß der Rißbreite auf die Korrosion von Stahl in Leichtbeton (Teil III). Ergebnisse nach 11jähriger Auslagerungsdauer. Lehrstuhl für Massivbau, TU München, Bericht Nr. 1239, 2.9.85.

[8-24] HERGENRÖDER, M.: Korrosion von Stahl in Leichtbeton – Ergebnisse eines Auslagerungsprogramms. Betonwerk + Fertigteil-Technik 52 (1986) H. 11, S. 725/730.

[8-25] WEIGLER, H. und S. KARL: Frost- und Tausalzwiderstand und Verschleißverhalten von Konstruktionsleichtbetonen. Betonstein-Zeitung 34 (1968) H. 5, S. 225/240 und H. 11, S. 581/583.

[8-26] HAKSEVER, A. und U. SCHNEIDER: Zum Brandverhalten von Leichtbetonkonstruktionen. Deutsche Bauzeitung (DBZ) 9/82, S. 1279/1282.

[8-27] KRAMPF, L.: Grundlagenversuche zum Verhalten von Konstruktionsleichtbeton unter Brandbeanspruchung bei Verwendung als Konstruktions- oder Vorsatzbeton unter besonderer Berücksichtigung der Verhältnisse beim Schutzbau.
Kurzberichte aus der Bauforschung 11 (1970) Sonderheft 11: Baulicher Zivilschutz, S. 3/5.

[8-28] KORDINA, K. und C. MEYER-OTTENS: Beton-Brandschutz-Handbuch. S. bes. S. 165/167. Beton-Verlag, Düsseldorf 1981.

[8-29] SPITZNER, J.: Haufwerksporige Leichtbetone aus Blähton. beton 25 (1975) H. 3, S. 92/94.

[8-30] Wesche, K.: Baustoffe für tragende Bauteile. Bd. 2: Beton. 2., neubearbeitete Auflage. Bauverlag, Wiesbaden und Berlin 1981.

[9-1] Deutscher Ausschuß für Stahlbeton: Richtlinie für die Ausbesserung und Verstärkung von Betonbauteilen mit Spritzbeton (Oktober 1983). Beuth Verlag, Berlin und Köln, Vertriebs-Nummer 65008.

[9-2] LINDER, R.: Stand und Trends der Spritzbetonbauart. In [9-3], S. 9/13.

[9-3] LUKAS, W. (Hrsg.): Spritzbeton-Technologie. Berichtsband der Internationalen Fachtagung am 15. und 16. Januar 1985 in Innsbruck-Igls. Institut für Baustofflehre und Materialprüfung der Universität Innsbruck.

[9-4] LUKAS, W. und W. KUSTERLE (Hrsg.): Spritzbeton-Technologie. Berichtsband der 2. Internationalen Fachtagung am 15. und 16. Januar 1987 in Innsbruck-Igls. Institut für Baustofflehre und Materialprüfung der Universität Innsbruck.

[9-5] Spritzbeton für Tunnelbau und Bergbau. III. Kolloquium des Lehrstuhls für Bauverfahrenstechnik und Baubetrieb an der Ruhr-Universität Bochum 1985. Technisch-wissenschaftliche Mitteilungen des Instituts für Konstruktiven Ingenieurbau der Ruhr-Universität Bochum, Nr. 85-6, September 1985.

[9-6] BRUX, G., R. LINDER und G. RUFFERT: Spritzbeton – Spritzmörtel – Spritzputz. Herstellung, Prüfung und Ausführung. Verlag Rudolf Müller, Köln 1981.

[9-7] WANDSCHNEIDER, R.: Materialtechnologische Baustellenerfahrungen. In [9-5], S. 131/145.

[9-8] MÜLLER, L.: Einfluß der Ausgangsstoffe und Zusatzmittel auf die Eigenschaften von Spritzbeton. In [9-5], S. 119/130.

[9-9] KERN, E. und H. WIND: Erprobung von Spritzbetontechniken und ihr Einfluß auf den Baufortschritt bei zwei Tunneln der DB-Neubaustrecke Hannover-Würzburg. In: Vorträge auf der STUVA-Tagung 1985 in Hannover. Forschung + Praxis H. 30, Hrsg. STUVA. Alba-Verlag, Düsseldorf 1985.

[9-10] MANNS, W., B. NEUBERT und R. ZIMBELMANN: Spritzbeton im Test – Festigkeitsentwicklung und Verformungsverhalten. beton 37 (1987) H. 8, S. 317/319.

[9-11] KERN, E.: Naßspritzbeton mit Aluminatbeschleuniger bei einem Autobahntunnel. In [9-4], S. 81/90.

[9-12] HUBER, H.: Neue Entwicklung bei Spritzhilfen. Zement und Beton 26 (1981) H. 3, S. 103/105.

[9-13] GÖHRE, D.: Naßspritzverfahren im Dichtstrom – Betontechnologische Einflußgrößen. In [9-3], S. 31/34.

[9-14] STÜTTLER, R.: Technologische Erkenntnisse bei Verwendung von Flugasche für Spritzbetonarbeiten. In [9-3], S. 95/96.

[9-15] HUBER, H.: Gegenüberstellung des Trocken- und des Naßspritzverfahrens aus der Sicht des Praktikers. In [9-3], S. 61/63.

[9-16] JODL, H.G.: Sulfatbeständiger Spritzbeton – Baupraktische Erfahrungen mit flüssigen Erstarrungsbeschleunigern. In [9-3], S. 85/90.

[9-17] SCHORN, H.: Epoxidharzmodifizierter Spritzbeton. In [9-5], S. 181/190.

[9-18] SCHWING, F.: Neuentwicklungen auf dem Gebiet der Spritzbetonmaschinen. In [9-5], S. 27/37.

[9-19] MAAK, H.: Aktueller Erfahrungsstand der Anwendung von Spritzbeton beim Bau der Neubaustrecke Hannover-Würzburg im Südabschnitt. In [9-5], S. 55/72.

[9-20] EGGER, H.R.: Wird das Trockenspritzverfahren durch das Naßspritzverfahren abgelöst werden? In [9-3], S. 15/18.

[9-21] BÜRGE, TH.: Erstarrungsbeschleuniger für Spritzbeton – Eignungsprüfung für möglichen Einsatz beim Wiener U-Bahn-Bau. In [9-3], S. 69/72.

[9-22] Deutscher Beton-Verein: Merkblatt Stahlfaserspritzbeton (Fassung Februar 1984). Beton- und Stahlbetonbau 79 (1984) H. 3, S. 134/136; ebenso DBV-Merkblatt-Sammlung. Eigenverlag Deutscher Beton-Verein, Wiesbaden, 2. Ausgabe April 1987.

[9-23] RUFFERT, G.: Stahlfaserspritzbeton zur Sanierung vorgespannter Stahlbetonkonstruktionen. Straßen- und Tiefbau 32 (1978) H. 7, S. 10/12.

[9-24] DEIX, F.: Stahlfaserverstärkter Spritzbeton – Eignungsprüfung für möglichen Einsatz beim Wiener U-Bahn-Bau. In [9-3], S. 69/72.

[9-25] STOCKER, M. und G. KÖRBER: Die Anwendung von Stahl- und Kunststoffasern im Naßspritzbeton. In [9-3], S. 73/79.

[9-26] SCHMIDT, M.: Stahlfaserspritzbeton. Eigenschaften, Herstellung und Prüfung. beton 33 (1983) H. 9, S. 333/337; ebenso Betontechnische Berichte 1982/83, S. 155/168, Beton-Verlag, Düsseldorf 1984.

[9-27] RAPP, R.: Stahlfaserspritzbeton im Bergbau und Tunnelbau. Glückauf-Betriebsbücher 20 (1979), Essen 1979; ebenso Dissertation Ruhr-Universität Bochum 1979.

[9-28] ACI Committee 544: State-of-the-art-report on fiber reinforced concrete. Report No. ACI 544.1R-82. Concrete International 4 (1982) H. 5, S. 9/13.

[9-29] ZERNA, W. (Hrsg.): Technologie des Stahlfaserbetons. konstruktiver ingenieurbau – berichte H. 42. Aus dem Institut für Konstruktiven Ingenieurbau der Ruhr-Universität Bochum. Vulkan-Verlag, Essen 1984.

[10-1] WISCHERS, G.: Faserbewehrter Beton. beton 24 (1974) H. 3, S. 95/99, und H. 4, S. 137/141; ebenso: Betontechnische Berichte 1974, S. 45/70. Beton-Verlag, Düsseldorf 1975.

[10-2] MEYER, A.: Faserbeton. Zement-Taschenbuch 47 (1979/80), S. 453/477. Bauverlag, Wiesbaden-Berlin 1979.

[10-3] SCHNÜTGEN, B.: Lastaufnahme durch Stahlfasern in gerissenem Beton. konstruktiver ingenieurbau – berichte H. 38/39, S. 108/111. Aus dem Institut für Konstruktiven Ingenieurbau der Ruhr-Universität Bochum. Vulkan-Verlag, Essen 1981.

[10-4] HÄHNE, H.: Dolanit: Hochfeste Acrylfasern für technische Einsatzgebiete. Chemiefaser/Textilindustrie 33/85 (Dezember 1983), S. 839/846.

[10-5] KLOS, H.: Asbestzement. Technologie und Projektierung. Springer-Verlag, Berlin/Göttingen/Heidelberg 1967.

[10-6] HUMMERT, G.: Arten und Abmessungen von Stahlfasern für Stahlfaserspritzbeton. konstruktiver ingenieurbau – berichte H. 42, S. 27/30. Institut für Konstruktiven Ingenieurbau der Ruhr-Universität Bochum. Vulkan-Verlag, Essen 1984.

[10-7] REHM, G.: Forschungsvorhaben Faserbeton. Teil 1: Literaturauswertung. Forschungsbericht, Universität Stuttgart 1979. Informatives Verbundzentrum Raum und Bau der Fraunhofer-Gesellschaft.

[10-8] SWAMY, R.N.: Fibre reinforcement of cement and concrete. Materials and Structures Vol. 8, N° 45 (1975) H. 3, S. 235/254.

[10-9] STUDINKA, J.: Faserzement ohne Asbest. Hoechst High Chem Magazin 1986 H. 1, S. 62/65.

[10-10] KRENCHEL, H. und S. SHAH: Applications of polypropylene fibers in Scandinavia. Concrete International 7 (1985) H. 7, S. 32/34.

[10-10a] Druckschrift DUPONT Engineering Fibre Products Division, Genf: Wir stellen vor die hochbelastbare Para-Aramidfaser KEVLAR (07.86).

[10-11] HÄHNE, H. und K. SCHUSTER: Dolanit für technische Einsatzgebiete. Hochfeste Acrylfasern. Hoechst High Chem Magazin 1986 H. 1, S. 66/70.

[10-12] MEYER, A.: Zusammensetzung und Eigenschaften der Faserbeton-Matrix. Betonwerk + Fertigteil-Technik 52 (1986) H. 1, S. 52/58.

[10-13] ZERNA, W. und B. SCHNÜTGEN: Some remarks on properties of steel fibre reinforced concrete. Beitrag zu Fibre Reinf. Concr. Conf., Delft 1973.

[10-14] ACI Committee 544: State-of-the-art report on fiber reinforced concrete. ACI Publication SP-81 (1984), S. 411/432: ebenso: Concrete International 4 (1982) H. 5, S. 9/30.

[10-15] MOENS: Steel wire fibre optimization. Summary of contribution to Fib. Reinf. Concr. Conf., Delft 1973.

[10-16] Deutscher Beton-Verein: Merkblatt Stahlfaserspritzbeton (Fassung Februar 1984). Beton- und Stahlbetonbau 79 (1984) H. 3, S. 134/136; ebenso DBV-Merkblatt-Sammlung. Eigenverlag Deutscher Beton-Verein, Wiesbaden, 2. Ausgabe, April 1987.

[10-17] MEYER, A.: Glasfaserbeton. Betonwerk + Fertigteil-Technik 39 (1973) H. 9, S. 625/630.

[10-18] LANKARD, D. R.: Slurry infiltrated fiber concrete (SIFCON): Properties and applications. Mat. Res. Soc. Symp. Proc. 42 (1985), S. 277/286.

[10-19] HUMMERT, G.: Industrieböden aus Stahlfaserbeton. beton 37 (1987) H. 2, S. 47/50.

[10-20] KAISER, U.: Glasfaserbeton – ein zeitgemäßes Baumaterial. beton 38 (1988) H. 11, S. 431/434.

[10-21] KRENCHEL, H. und S. SHAH: Restrained shrinkage tests with PP-fiber reinforced concrete. In: Fiber reinforced concrete, properties and applications. ACI SP-105, American Concrete Institute, Detroit 1987, S. 141/158.

[10-22] HÄHNE, H., S. KARL und J. WÖRNER: Properties of polyacrylonitrile fiber reinforced concrete. In: Fiber reinforced concrete, properties and applications. ACI SP-105, American Concrete Institute, Detroit 1987, S. 211/223.

[10-23] SCHNÜTGEN, B.: Bemessung von Stahlfaserbeton und ihre Problematik. konstruktiver ingenieurbau – berichte H. 37, S. 9/13. Aus dem Institut für Konstruktiven Ingenieurbau der Ruhr-Universität Bochum. Vulkan-Verlag, Essen 1981.

[10-24] STILLER, W. K.: Stahlbeton – Stahlfaserbeton: Das Grenztragverhalten von Rechteckquerschnitten unter Impulsbelastung. konstruktiver ingenieurbau – berichte H. 38/39, S. 118/123. Aus dem Institut für Konstruktiven Ingenieurbau der Ruhr-Universität Bochum, Vulkan Verlag Dr. W. Classen Nachf., Essen 1981.

[10-25] SOROUSHIAN, P. und Z. BAYASI: Prediction of the tensile strength of fiber reinforced concrete: a critique of the composite material concept. In: Fiber reinforced concrete, properties and applications ACI SP-105, American Concrete Institute, Detroit 1987, S. 71/84.

[10-26] RAMAKRISHNAN, V., G. OBERLING und P. TATNALL: Flexural fatigue strength of steel fiber reinforced concrete. In: Fiber reinforced concrete, properties and applications. ACI SP-105, American Concrete Institute, Detroit 1987, S. 225/245.

[10-27] KORDINA, K., W. WYDRA und M. DIEDERICHS: Untersuchungen zur Biegezugfestigkeit von thermisch hochbeanspruchtem Stahlfaserbeton. Abschlußbericht des Instituts für Baustoffe, Massivbau und Brandschutz der Technischen Universität Braunschweig, August 1986.

[10-28] RAMAKRISHNAN, V., S. GOLLAPUDI und R. ZELLERS: Performance characteristics and fatigue strength of polypropylene fiber reinforced concrete. In: Fiber reinforced concrete, properties and applications. ACI SP-105, American Concrete Institute, Detroit 1987, S. 159/177.

[10-29] MAJUMDAR, A. J. und R. W. NURSE: Glass fibre reinforced cement. Materials Science and Engineering 15 (1974), S. 101 ff.

[10-30] HOUDE, J., A. PREZEAU und R. ROUX: Creep of concrete containing fibers and silica fume. In: Fiber reinforced concrete, properties and applications. ACI SP-105, American Concrete Institute, Detroit 1987, S. 101/118.

[10-31] BARR, B. und A. BAGHLI: A repeated drop-weight impact testing apparatus for concrete. Magazine of Concrete Research 40 No. 144, September 1988, S. 167/176.

[10-32] GOPALARATNAM, V. S. und S. P. SHAH: Properties of steel fiber reinforced concrete subjected to impact loading. ACI Journal 83 (1986) H. 1, S. 117/126.

[10-33] GOPALARATNAM, V. S.: Fracture and impact resistance of steel fiber reinforced concrete. Dissertation Northwestern University, Juni 1985.

[10-34] BARR, B.: The fracture characteristics of FRC materials in shear. In: Fiber reinforced concrete, properties and applications. ACI SP-105, American Concrete Institute, Detroit 1987, S. 27/53.

[10-35] SHARMA, A. K.: Shear strength of steel fiber reinforced concrete beams. ACI Journal 83 (1988) H. 4, S. 624/628.

[10-36] SWAMY, R., R. JONES und T. CHIAM: Shear transfer in steel fiber reinforced concrete. In: Fiber reinforced concrete, properties and applications. ACI SP-105, American Concrete Institute, Detroit 1987, S. 565/592.

[10-37] CRAIG, J., J. A. PARR, E. GERMAIN, V. MOSQUERA und S. KAMILARES: Fiber reinforced beams in torsion. ACI Journal 83 (1986) H. 6, S. 934/942.

[10-38] MANGAT, P.S. und M. MOTAMEDI AZARI: A theory for the creep of steel fiber reinforced cement matrices under compression. J. Mat. Sci. 20 (1985), S. 1119/1133.

[10-39] SWAMY, R.N.: Use of steel fibres in reinforced and prestressed concrete structural members. In FIP State of Art Report – Special concretes, S. 15/21. Fédération Internationale de la Précontrainte, Wexham Springs, 1982.

[10-40] MEYER, A.: Erstes Schalendach aus Glasfaserbeton in Deutschland. beton 27 (1977) H. 4, S. 142/148.

[10-41] Amtliche Forschungs- und Materialprüfungsanstalt für das Bauwesen (Otto-Graf-Institut) der Universität Stuttgart: Forschungsvorhaben Faserbeton. Teil II: Einfluß von Alterung, Lagerung und langzeitig wirkender ruhender Belastung auf die Festigkeit und das Verformungsverhalten von Glasfaserbeton.

[10-42] JARAS, A.C. und K.L. LITHERLAND: Microstructural features in glass fibre reinforced cement composites. RILEM Symposium on fibre reinforced cement and concrete, 1975, S. 327/334.

[10-43] AKIHAMA, S., T. SUENAGA, M. TANAKA und M. HAYASHI: Properties of GFRC with low alkaline cement. In: Fiber reinforced concrete, properties and applications. ACI SP-105, American Concrete Institute, Detroit 1987, S. 189/209.

[10-44] BALAGURU, P.N. and V. RAMAKRISHNAN: Freeze-thaw durability of fiber reinforced concrete. ACI Journal 83 (1986) H. 3, S. 374/382.

[10-45] WU, G.: Steel fiber reinforced heat resistant pavement. In: Fiber reinforced concrete, properties and applications. ACI SP-105, American Concrete Institute, Detroit 1987, S. 323/350.

[10-46] HUMMERT, G.: Feuerfesttechnik mit WIREX-Stahlfasern. TIZ-Fachberichte 103 (1979) H. 5, S. 279.

Normen

Amerikanische Normen (USA)
(In Klammern jeweils der Band der Annual Books of ASTM Standards, in dem die betreffende Norm abgedruckt ist. Weitere ASTM-Normen finden sich im Literaturverzeichnis zu den einzelnen Kapiteln.)

ASTM C 10-73
Specification for natural cement (Norm inzwischen ersatzlos zurückgezogen)

ASTM C 33-84
Specification for concrete aggregates (04.02)

ASTM C 91-83a
Specification for masonry cement (04.01)

ASTM C 143-78
Test method for slump of portland cement concrete (04.02)

ASTM C 227-81
Test method for potential alcali reactivity of cement-aggregate combinations (mortar bar method) (04.02)

ASTM C 253-52
Standard test method for linear change of magnesium oxychloride cements (Norm inzwischen ersatzlos zurückgezogen)

ASTM C 289-87
Test method for potential reactivity of aggregates (chemical method) (04.02)

ASTM C 403-80
Test method for time of setting of concrete mixtures by penetration resistance (04.02)

ASTM C 666-84
Standard test method for resistance of concrete to rapid freezing and thawing (04.02)

ASTM C 1018-85
Test method for flexural toughness of fiber reinforced concrete (using beam with third-point loading) (04.02)

ISO-Normen
ISO 565
Test sieves – Woven wire cloth and perforated plate – Nominal sizes of apertures

ISO 4109
02.80 Fresh concrete – Determination of the consistency – Slump test

ISO 4110
12.79 Fresh concrete – Determination of the consistency – Vebe test

Euronormen
E DIN EN 206
10.84 Beton; Eigenschaften, Herstellung, Verarbeitung und Gütenachweis

Deutsche Normen
DIN 272
02.86 Prüfung von Magnesiaestrich
DIN 459
08.72 Betonmischer; Begriffe, Größen, Anforderungen
DIN 1045
07.88 Beton und Stahlbeton; Bemessung und Ausführung
DIN 1048
Teil 1 12.78 Prüfverfahren für Beton; Frischbeton, Festbeton gesondert hergestellter Probekörper
Teil 2 02.76 Prüfverfahren für Beton; Bestimmung der Druckfestigkeit von Festbeton in Bauwerken und Bauteilen, Allgemeine Verfahren
V DIN 1048
Teil 4 12.78 Prüfverfahren für Beton; Bestimmung der Druckfestigkeit von Festbeton in Bauwerken und Bauteilen, Anwendung von Bezugsgeraden und Auswertung mit besonderen Verfahren
DIN 1060
Teil 1 01.86 Baukalk; Begriffe, Anforderungen, Lieferung, Überwachung
Teil 2 11.82 Baukalk; Physikalische Prüfverfahren
DIN 1084
Teil 1 12.78 Überwachung (Güteüberwachung) im Beton- und Stahlbetonbau; Beton B II auf Baustellen
Teil 2 12.78 Überwachung (Güteüberwachung) im Beton- und Stahlbetonbau; Fertigteile
Teil 3 12.78 Überwachung (Güteüberwachung) im Beton- und Stahlbetonbau; Transportbeton
DIN 1100
05.79 Hartstoffe für zementgebundene Hartstoffestriche
DIN 1164
Teil 1 12.86 Portland-, Eisenportland-, Hochofen- und Traßzement; Begriffe, Bestandteile, Anforderungen, Lieferung
Teil 2 11.78 Portland-, Eisenportland-, Hochofen- und Traßzement; Überwachung (Güteüberwachung)
Teil 3 11.78 Portland-, Eisenportland-, Hochofen- und Traßzement; Bestimmung der Zusammensetzung
Teil 4 11.78 Portland-, Eisenportland-, Hochofen- und Traßzement; Bestimmung der Mahlfeinheit
Teil 5 11.78 Portland-, Eisenportland-, Hochofen- und Traßzement; Bestimmung der Erstarrungszeiten mit dem Nadelgerät
Teil 6 11.78 Portland-, Eisenportland-, Hochofen- und Traßzement; Bestimmung der Raumbeständigkeit mit dem Kochversuch
Teil 7 11.78 Portland-, Eisenportland-, Hochofen- und Traßzement; Bestimmung der Festigkeit
Teil 8 11.78 Portland-, Eisenportland-, Hochofen- und Traßzement; Bestimmung der Hydratationswärme mit dem Lösungskalorimeter
Teil 100 01.89 Zement; Portlandölschieferzement; Anforderungen, Prüfungen, Überwachung
DIN 1168
Teil 1 01.86 Baugipse; Begriffe, Sorten und Verwendung; Lieferung und Kennzeichnung
DIN 4028
01.82 Stahlbetondielen aus Leichtbeton mit haufwerksporigem Gefüge; Anforderungen, Prüfung, Bemessung, Ausführung, Einbau
DIN 4030
11.69 Beurteilung betonangreifender Wässer, Böden und Gase
E DIN 4030
Teil 1 11.87 Beurteilung betonangreifender Wässer, Böden und Gase; Grundlagen und Grenzwerte
Teil 2 11.87 Beurteilung betonangreifender Wässer, Böden und Gase; Entnahme und Analyse von Wasser- und Bodenproben
DIN 4102
Teil 4 03.81 Brandverhalten von Baustoffen und Bauteilen; Zusammenstellung und Anwendung klassifizierter Baustoffe, Bauteile und Sonderbauteile
DIN 4108
Teil 4 12.85 Wärmeschutz im Hochbau; Wärme- und feuchteschutztechnische Kennwerte
DIN 4150
Teil 3 05.86 Erschütterungen im Bauwesen; Einwirkungen auf bauliche Anlagen
DIN 4211
12.76 Putz- und Mauerbinder
E DIN 4211
09.86 Putz- und Mauerbinder; Begriff, Anforderungen, Prüfungen, Überwachung
DIN 4219
Teil 1 12.79 Leichtbeton und Stahlleichtbeton mit geschlossenem Gefüge; Anforderungen an den Beton, Herstellung und Überwachung

Literaturverzeichnis

Teil 2 12.79 Leichtbeton und Stahlleichtbeton mit geschlossenem Gefüge; Bemessung und Ausführung

E DIN 4223
08.78 Gasbeton; bewehrte Bauteile

DIN 4223
07.58x Bewehrte Dach- und Deckenplatten aus dampfgehärtetem Gas- und Schaumbeton; Richtlinien für Bemessung, Herstellung, Verwendung und Prüfung

DIN 4226
Teil 1 04.83 Zuschlag für Beton; Zuschlag mit dichtem Gefüge; Begriffe, Bezeichnung und Anforderungen
Teil 2 04.83 Zuschlag für Beton; Zuschlag mit porigem Gefüge (Leichtzuschlag); Begriffe, Bezeichnung und Anforderungen
Teil 3 04.83 Zuschlag für Beton; Prüfung von Zuschlag mit dichtem oder porigem Gefüge
Teil 4 04.83 Zuschlag für Beton Überwachung (Güteüberwachung)

DIN 4227
Teil 1 12.79 Spannbeton; Bauteile aus Normalbeton mit beschränkter oder voller Vorspannung
Teil 2 05.84 Spannbeton; Bauteile mit teilweiser Vorspannung
Teil 4 05.84 Spannbeton; Bauteile aus Spannleichtbeton

DIN 4232
09.87 Wände aus Leichtbeton mit haufwerksporigem Gefüge; Bemessung und Ausführung

DIN 4235
Teil 2 12.78 Verdichten von Beton durch Rütteln; Verdichten mit Innenrüttlern
Teil 4 12.78 Verdichten von Beton durch Rütteln; Verdichten von Ortbeton mit Schalungsrüttlern

DIN 18 218
09.80 Frischbetondruck auf lotrechte Schalungen

DIN 18 500
08.76 Betonwerkstein; Anforderungen, Prüfung, Überwachung

DIN 18 551
07.79 Spritzbeton; Herstellung und Prüfung

DIN 18 555
Teil 2 09.82 Prüfung von Mörteln mit mineralischen Bindemitteln; Frischmörtel mit dichten Zuschlägen; Bestimmung der Konsistenz, der Rohdichte und des Luftgehalts

DIN 18 560
Teil 5 08.81 Estriche im Bauwesen; Zementgebundene Hartstoffestriche

DIN 51 043
08.79 Traß; Anforderungen, Prüfung

DIN 51 056
08.85 Prüfung keramischer Werkstoffe; Bestimmung der Wasseraufnahme und der offenen Porosität

DIN 52 100
07.39x Prüfung von Naturstein; Richtlinien zur Prüfung und Auswahl von Naturstein

DIN 52 102
09.65 Prüfung von Naturstein; Bestimmung der Dichte, Rohdichte, Reindichte, Dichtigkeitsgrad, Gesamtporosität

DIN 52 103
11.72 Prüfung von Naturstein; Bestimmung der Wasseraufnahme

DIN 52 105
08.65 Prüfung von Naturstein; Druckversuch

DIN 52 106
11.72 Prüfung von Naturstein; Beurteilungsgrundlagen für die Verwitterungsbeständigkeit

DIN 52 108
08.68 Prüfung anorganischer nichtmetallischer Werkstoffe; Verschleißprüfung mit der Schleifscheibe nach Böhme, Schleifscheiben-Verfahren

DIN 52 171
07.42x Stoffmengen und Mischungsverhältnis im Frisch-Mörtel und Frisch-Beton

DIN 53 237
02.77 Prüfung von Pigmenten; Pigmente zum Einfärben von zement- und kalkgebundenen Baustoffen

Stichwortverzeichnis

Abbrechversuch (Break-off-test) 295
Abbruchbeton 55
Abdecken mit Folien 179
Abdeckungen - wärmedämmende 183
abfallender Ast 314, 320
- Faserbeton 497
- Leichtbeton 457
Abgleichen 17
Abkühldifferenz, ertragbare 251
Abkühlung - Schutz des jungen Betons 185
Abkühlverkürzung 250
Abmehlen 155
Abmessen
- der Ausgangsstoffe 139
- Leichtzuschlag 451
Abschirmung
- radioakt. Strahlung 8, 64, 420
abschlämmbare Bestandteile **50**, 369
Abschreckeffekt 181
Absetzen **227**, 312
Absetzversuch 50
Abstandsfaktor 73, 378
Abwasser 385, 397, 399
adiabatischer Temperaturverlauf 239
Alkalialuminatbeschleuniger 470
Alkalibeständigkeit - Glasfasern 440, **490**, 499, 503
Alkaligehalt - Zement 15, 406
Alkalireaktion 52, 384, **405**
Altbeton 55
Alter
- Einfluß auf Biegezugfestigkeit 303
- Einfluß auf Schlagfestigkeit 311
Alter Beton - Kriechen 340
Aluminatbeschleuniger 470
Aluminium -Beständigkeit 438
Ammonium 385, 400
Ammoniumsalze 385, 394
Anbetonieren 174
Anfangserhärtung, -festigkeit 28, 30, 245, 275
Anforderungen - an Zuschlag
- erhöhte 45
- verminderte 45
angreifende Stoffe 384
Angriff
- Alkalien 405, 440, 499
- Chloride auf Stahl 427
- Frost 375
- Frost- und Taumittel 376
- hohe Temperaturen
- lösend 38, 384, 392
- radioakt. Strahlung 420
- treibend 38, 395, 403
- Verschleiß (mechanisch) 362
Angriffsgrad 39, 384, 398, **399**

Anhydrit 11, 471
Anlauf der Arbeitslinie 315
Anmachfeuchte - Konservierung 179
Anmachwasser siehe Zugabewasser
Annahmekennlinie 269
Anreger 13
Anschlußbeton 174
Ansteifen 19, **22**, 35, 143
Anwendung
- Faserbeton 506
- Faserspritzbeton 481
- Fließbeton 216
- hochfester Beton 299
- Leichtbeton 447, 462
- Spritzbeton 467
- steifer Beton 212
- Vakuumbeton 172
- Walzbeton 161
Arbeitsfugen 173, 175
Arbeitslinie 314
- Entlastungsast 316
- Faserbeton 486, 496
- hohe Temperaturen 416
- hochfester Beton 299
- junger Beton 247
- Leichtbeton 457
- polymerisierter Beton 203, 319
- tiefe Temperaturen 319
- vollständige 322
- wiederholte Belastung 317
- Zugbelastung 247, 319
Arbeitsvermögen (Bruchenergie) 327
- Faserbeton 487, 501
Asbestfasern 441, 488, 491
Asbestzement 17, 487
Außenbauteile
- allgemein 124, 361
- gefügedichter Leichtbeton 460
- Mindestzementgehalt 125
- Nachbehandlung 182
- Wasserzementwert 125
Außenrüttler 161, 165, 166
Aufheizrate 192, 193
Aufschwimmen - Leichtzuschlag 162, 452
Ausbreitmaß 35, **209**, 214
Ausfallkörnung 102, **106**, 152, 365, 450, 463
Ausgangsbeton
- Fließbeton 5, 214
- Spritzbeton 473, 475
Ausgangsstoffe 11
- Abmessen 139
- Faserbeton 481, 488
- hochfester Beton 297
- Spritzbeton 468
Ausgußbeton 4
Auslaufzeit nach WERSE 210

Auslaugung 384, 403
Ausreißversuche 293
Ausschalen 154, 183
Austrocknung
- Einfluß auf Nacherhärtung 275
- Einfluß auf plastisches Schwinden 237
- Einfluß auf Schwinden 352
- junger Beton 251
- Schutz gegen 176
Austrocknungsrisse siehe Schrumpfrisse
Auswaschversuch
- Zuschlag 51
- Frischbeton 230
Ausziehwiderstand - Fasern 487
Auto-Betonpumpe 150, 153
Autoklavbehandlung, -härtung **200**, 202, 299 404

Baryt (Bariumsulfat)8, 43, 65, 385
Basalt 49, 55, 58, 364, 396
Basaltbeton 358, 416
Basen (siehe auch Laugen) 394
Baustellenbeton 3, 148
Bauteildicke
- Einfluß auf Fließen 333
- Einfluß auf Schwinden 352
- Betontemperatur 242
Bauwerksfestigkeit
- Druckfestigkeit 287
- Zugfestigkeit 305
Bauxit 14
Beanspruchungskollektiv 283
Befördern des Betons 148
Behandlungsdauer
- Nachbehandlung 181
- Wärmebehandlung 194
Beheizen der Schalung 196
Belassen in der Schalung 179
Belastungsalter 336, 339
Belastungsast - Arbeitslinie 314, 317, 457
Belastungsdauer
- Einfluß auf Biegezugfestigkeit 305
- Einfluß auf Druckfestigkeit 277, 455
- Einfluß auf Zugfestigkeit 305
Belastungsgeschwindigkeit 314
- Einfluß auf Biegezugfestigkeit 303
- Einfluß auf Druckfestigkeit 263
Bentonit 84, 453
Beschleuniger 66, 78, 184, 276
- Einfluß auf Schwinden 354
- Spritzbeton 469
beschleunigte Festigkeitsprüfung 295
Besprühen 179, 181
Beständigkeit verschied. Stoffe in Beton 438
Bestandteile
- abschlämmbare 50, 51

- schädliche 50
Beton
- alter siehe Alter
- arten 1-8
- aufbau (siehe auch -zusammensetzung) 114-129
- B I, B II 9
- bewehrter 6, 123, 311, 415, 421
- deckung 125, 460
- druckfestigkeit siehe Druckfestigkeit
- eigenschaften
  - Faserbeton 318, 495-505
  - Festbeton 253-438
  - Fließbeton 214, 335
  - Frischbeton 205-228
  - hochfester Beton 299
  - junger Beton 235-252
  - Leichtbeton 454-461, 463-465
  - polymerisierter Beton 202, 319
  - Spritzbeton 475-480
  - Vakuumbeton 171
  - wärmebehandelter Beton 198
- grüner 224
- Festigkeitsklassen 8, 267, 423, 435, 447
- feuchte 177
- förderband 150
- für Außenbauteile 124
- Gefüge 2, 443, 462
- Gruppen (BI, BII) 9
- herstellung
  - allgemein 139-148
  - Faserbeton 494
  - Leichtbeton 451
  - Schleuderbeton 161
  - Spritzbeton 473
  - Unterwasserbeton 5, 80, 126, 127, 370
  - Vakuumbeton 171
  - Walzbeton 161
- höchster Festigkeit siehe hochfester Beton
- klassen 8
- korrosion siehe chem. Angriff
- mischen siehe Mischen
- mischen mit Dampfzuführung **145-148**, 183
- mit besonderen Eigenschaften 6, 127
- mit bestimmter Festigkeit 120
- mit hohem Frost- und Tausalzwiderstand 127, **376-384**
- mit hohem Frostwiderstand 127, **375**
- mit hohem Verschleißwiderstand 126, **364-366**
- mit hohem Widerstand gegen chem. Angriff 127, **401-404**
- pumpe 150
- rohdichte siehe Rohdichte
- sonde nach HUMM 211

Stichwortverzeichnis 539

- sorten 10
- verflüssiger 66, **69-72**, 118
- waren 3
- wasserundurchlässiger 6, 127, **369-371**
- werkstein 3
- zusammensetzung
  - allgemein 101-137
  - Außenbauteile 124
  - besondere Eigenschaften 127
  - bestimmte Festigkeit 120
  - bewehrter Beton 123
  - Einfluß auf
    - Biegezugfestigkeit 302
    - Druckfestigkeit 259
    - Elastizitätsmodul 325
    - Fließen 335
    - Schlagfestigkeit 309
    - Schwinden 353
    - Zugfestigkeit 301
  - Faserbeton 493
  - Fließbeton 214
  - hochfester Beton 298
  - Beton für hohe Gebrauchstemperaturen 408
  - hoher Frost- und Taumittelwiderstand 380
  - hoher Frostwiderstand 375
  - hoher Widerstand geg. chem. Angriff 402
  - Leichtbeton, gefügedicht 448
                haufwerksporig 462
  - Pumpbeton 151
  - Rüttelbeton 162, 168
  - Spritzbeton 468
  - Unterwasserbeton 126, 127
  - Vakuumbeton 171
  - wärmebehandelter Beton 197
  - wasserundurchlässiger Beton 369
  - zusätze siehe Betonzusatzmittel, -zusatzstoffe
- zusatzmittel **65-83**, 118
  - Einfluß auf
    - Chloriddiffusion 431
    - Schwinden 354
    - Verarbeitbarkeit 207
    - Wasseranspruch 118
  - Faserbeton 493
  - Pumpbeton 151
  - Spritzbeton 468
  - wasserundurchlässiger Beton 370
- zusatzstoffe **83-96**, 118
  - Einfluß auf
    - chem. Angriff 403
    - Chloriddiffusion 431
    - Frost- und Taumittelwiderstand 382
    - Grüstandfestigkeit 225

- Pumpfähigkeit 151
- Schwinden 355
- Verarbeitbarkeit 207
- Wasseranspruch
- Wasserundurchlässigkeit 370
- zuschlag siehe Zuschlag
Betriebsfestigkeit 279, 281
Bewehrungssuchgeräte 290
bezogene Rippenfläche 312
bezogenes Arbeitsvermögen 321
Bezugsgerade (Schlagprüfung) 291
Biegeschlankheit 303
Biegezugfestigkeit 301, **302**
- Faserbeton 497
- Gesteine 49
- Leichtbeton 456
- Normmörtel 33
Bims 60, 63
Bindemittel 3, 11
Blähschiefer 61, 63
Blähton 59, 61
BLAINE, BLAINE-Wert 35, **87, 88**, 151
Blei - Beständigkeit 439
bleibende Verformungen 313
Bluten 129, 227, 236
Böden, angreifende 397
- Angriffsgrad 401
Bohrkerne 289
Brandverhalten 419
- gefügedichter Leichtbeton 461
Break-off-test 295
Brechsand 44, 47, 207
Bruchdehnung - bei Zug 246, 321
Bruchenergie siehe Arbeitsvermögen
Bruchspannungsgrenzen 285
Bruchstauchung
- bei hohen Temperaturen 318
- bei tiefen Temperaturen 318
- Definition 316
- Faserbeton 495
- gefügedichter Leichtbeton 457
Bruchverhalten 321
- Faserbeton 487
Bruchzustände - Leichtbeton 446
Brückenkappen 383

Calcit 57, 410
Calcium
- aluminat 12, 14
- aluminatferrit 18, 19
- aluminathydrat 22
- chlorid 78, 377
- hydroxid 19, 20, 22, 421
- silikat 14
- silikathydrat 19, 22, 183, 409
- sulfat 13, 23

Carbonatisierung 123, 381, **422-427**
- gefügedichter Leichtbeton 460
Cem-FIL-Fasern 490, 491, 503
CEMIJ-Methode 189
chemischer Angriff 38, 377, **384-401**
chemisches Schrumpfen 235
Chlorid
- angriff
  - Beton 377, 386
  - Bewehrung 83, **427**
- diffusion 428, 434
- gehalt, kritischer 432
- gehalt, zulässiger
  - Betonzusatzmittel 67
  - Flugasche 87, 431
  - Zement 11
  - Zugabewasser 98
  - Zuschlag 53
- korrosion 427
- Verteilung 428
Chromatgehalt 439
Colcrete-Verfahren 4

D-Summe (Durchgangswert) 109, 111
Dämmbeton 3, 64
Dampfbehandlung (Niederdruck) 196, 409
Dampfhärtung 3, 200, 201, 202, 298
- Einfluß auf Schwinden 355
- Einfluß auf Sulfatwiderstand 201
Dampfinjektion 146
Dampfmischen 4, **145-148**, 183
Darrversuch 229
Dauerfestigkeitsschaubild 280
Dauerhaftigkeit 119, 129, 187, 192, **361**
- Faserbeton 502
- gefügedichter Leichtbeton 460
Dauerschwing(Druckschwell)festigkeit 278, 286
- Faserbeton 498
- Leichtbeton 455
Dauerschwingversuch 279
Dauerstandfestigkeit
- einachsige Druckbeanspruchung 277
- gefügedichter Leichtbeton 455
- mehrachsige Belastung 286
Dauertemperaturbeanspruchung 413
Dehnfähigkeit - junger Beton 246
Dehngeschwindigkeit 305, 320
- Einfluß auf Zugfestigkeit 305
Dicalciumsilikat 18
Dichte
- Betonzusatzstoffe 131
- Gesteine 49
- Mineralien 56
- Zement 37, 131
Dichtheit 366-374

- gefügedichter Leichtbeton 460
- gegen Flüssigkeiten **371**, 465
- gegen Gase **371**, 465
- gegen Wasser **367**, 460
- haufwerksporiger Leichtbeton 465
Dichtigkeit siehe auch Dichtheit
- des Betons 179, 404
- des Zementsteins 25, 39
Dichtstromförderung 467
Dichtstromverfahren 474
Dichtungsmittel 66, **74**, 370
Diffusionskoeffizient 371, 424
- Chlorid 430
- Sauerstoff 372
- Wasserdampf 372
Diffusionswiderstand - Wasserdampf **372**, 460
Drehofen (Drehrohrofen) 18, 59
Drehzahl
- Mischer 145
- Rüttler 167
dreiachsige Belastung 285
Drittelspunktbelastung 303
Druckausgleichverfahren 220
Druckfestigkeit
- Beton (Normal-) 120-122, **257-300**
- einachsige, wahre 261
- dreiachsige 285
  Einflüsse
  - Alter 30-32, 272-277
  - Belastungsdauer 278
  - Belastungsgeschwindigkeit 263
  - Beschleuniger 79, 477
  - Betonzusammensetzung 259
  - Druckplatten 261
  - Erhärtungstemperatur 198, 259
  - Feuchtegehalt 264
  - Gestalt 260
  - Kunststofformen 263
  - Prüfkörpergröße 262
  - Schlankheit 261
  - Temperatur 265, 406-414
  - Vorbelastung 265
  - Wärmebehandlung 198
  - Wasserzementwert 120-122, 302, 310
  - Zementfestigkeitsklasse 121
  - Zuschlag 47, 120, 444-447
- Festigkeitsklassen 8, 267, 423, 435, 447
- Kaltdruckfestigkeit 410
- Kurzzeit 259
- Leichtbeton 454, 463
- Nachweis 268
- Normalbeton 120-122, 257-300
- polymerisierter Beton 202
- Prüfung 259-265, 287-297
- Spritzbeton 476

Stichwortverzeichnis

- Verhältniswerte 262, 263
- wahre 261, 284
- Warmdruckfestigkeit 407, 410
- Zementstein, -mörtel 25-26, 28-33
- Zielfestigkeit 271
- zweiachsige 284

Druckschwell(Dauerschwing)festigkeit 278-281
- einachsige Belastung 278
- gefügedichter Leichtbeton 455
- mehrachsige Belastung 286

Dry-cast-Beton 4
Dünnstromförderung 4, 467
Durchgangswert siehe D-Summe
Durchlässigkeit 24
- für Sauerstoff 372, 434
Durchlässigkeitskoeffizient 372
Durchlässigkeitszahl k (Böden) 400
dynamischer Elastizitätsmodul 292, 324, 327

E-Modul siehe Elastizitätsmodul
Eigenschaften
- bautechnische von Zement 28
- Beton siehe Betoneigenschaften
Eigenspannungen 195, 300, 351, 420
Eignungsprüfung 29, 79, **132**
Einbringen
- Anschlußbeton (Arbeitsfugen) 174
- Fließbeton 158, 215
- Frischbeton 158, 163, 167
- gefügedichter Leichtbeton 453
Einbringen und Verdichten
- Außenrüttler 167
- Innenrüttler 163
- Oberflächenrüttler 168
- von Fließbeton 215
Einkornbeton 2
Einpreßhilfen 66, 79
Eintauchstellen 162, 163, 165, 453
Eisenoxidfarben 94
Eisenportlandzement 11, 12, 13
elastische Formänderungen 313, 314
elastische Verformungen 313
Elastizitätsmodul
- Bestimmung 323, 324
- Definition 322
- dynamischer 292, 324, 327
- gefügedichter Leichtbeton 456
- haufwerksporiger Leichtbeton 464
- hochfester Beton 300
- hohe Temperaturen 343, 416
- junger Beton 247, 327
- polymerisierter Beton 202
- Spritzbeton 478
- statischer 323, 328

541

- tiefe Temperaturen 325
- wärmebehandelter Beton 199
- Zementstein 41, 324
- Zugbeanspruchung 328
- Zuschlag 49, 324, 445
Elastizitätstheorie 301, 304
Elektroerwärmung 197, 200
Elektroosmose 438
Endfestigkeit 146, 183, 187, 272, 276, 455
- bei Dampfbehandlung 409
- Einfluß Temperatur 277
- Spritzbeton 478
- wärmebehandelter Beton 187, 198
Endkriechzahl 338
Endschwindmaß 338, 352
Endwert - Carbonatisierungstiefe 426
Entladefristen für Transportfahrzeuge 149
Entlastungsast (abfallender Ast) 316
Entmischen 150, 163, 164, 165, 167, 205, 206, 207, 452
Entschäumer 82
Epoxidharz 174
erdfeuchte Konsistenz 382
Erhärten 19
Erhärtungsbedingungen
- Einfluß auf Biegezugfestigkeit 303
- Einfluß auf Druckfestigkeit 259
- Einfluß auf Schlagfestigkeit 311
Erhärtungsbeschleuniger siehe Beschleuniger
Erhärtungsgeschwindigkeit 28, 31, 146, 182-184, 276
Erschütterungen 185-187
Erstarren 13, 19, **22-23**, 32, **34-35,**68, 77-79
Erstarrungsbeschleuniger siehe Beschleuniger
Erstarrungsgesteine 49
Erstbelastung 317
Erwärmen
- Frischbeton **145-147,** 187
- Wärmebehandlung 193, 196, 197
Ettringit (Trisulfat) 19, 21, 38, 39, 395, 403, 471
eutektische Temperatur (Taumittel) 377

F-Wert (Feinheitsziffer n. HUMMEL) 109, 111
Fahrbahndecken 7, 182
Faircrete 8
Fallhöhe - zulässige 159
Fallrohr 159, 174, 453
Farbe - Beton 42
Farbstoffe (Pigmente) 94-95
Faserbeton 6, 318, **483-506**
Fasergehalt 494
- Faserspritzbeton 482
- kritischer 485
Faserlänge - kritische 484
Fasern 481, **488-493**

- Einfluß auf Arbeitslinie 318
- Einfluß auf Grünstandfestigkeit 225
- Einfluß auf Schlagfestigkeit 311
- Faserspritzbeton 481

Faserspritzbeton 481, 483
Faserstruktur - Hydratationsprodukte 183
Feinbeton 2
Feinheitsmodul F_m nach ABRAMS 108, 110
Feinheitsziffer (F-Wert) nach HUMMEL 108, 109
Feinmörtel 2
- anreicherung 168, 378

Feinstsand 47, **127-129**, 152
Feinststoffe 47, **127-129**
- Einfluß auf Frost- und Taumittelwiderstand 380
- Einfluß auf Frostwiderstand 47, 376
- Einfluß auf Reißneigung 252
- Einfluß auf Verarbeitbarkeit 206
- Einfluß auf Wasseranspruch 206
- Einfluß auf Wasserundurchlässigkeit 369

Ferrozement 17
Fertigteile 3
Festbeton 253-438
Festbetoneigenschaften
- Faserbeton 318, 495-505
- Faserspritzbeton 482
- hochfester Beton 299
- Leichtbeton 454-461, 463-465
- Normalbeton 253-438
- polymerisierter Beton 202, 319
- Spritzbeton 475-480
- Vakuumbeton 172
- wärmebehandelter Beton 198

Festbetonrohdichte 253
Festigkeit siehe Druckfestigkeit, Zugfestigkeit usw.
Festigkeitsentwicklung
- Betondruckfestigkeit 272-275
- Frühfestigkeit 275-277
- Schlagfestigkeit 311
- gefügedichter Leichtbeton 455
- Klassen (für Nachbehandlung) 181
- Spritzbeton 476
- Zement 30-33

Festigkeitsklassen
- gefügedichter Leichtbeton 447, 449
- haufwerksporiger Leichtbeton 449
- Normalbeton 8, 267
- Zement 28
- Zugfestigkeit 245, 303

Festigkeitsverhältniswerte
- Bauwerks-/Gütewürfelfestigkeit 288
- Biegezug-/Spaltzugfestigkeit 308
- Druckfestigkeit, Einfluß h/d 262
- Spaltzug-/zentrische Zugfestigkeit 308

- Zug-/Druckfestigkeit 306

Fettalkohol 82
Fette - angreifende Wirkung 386, 394
Feuchte
- Einfluß auf Alkalireaktion 406
- Einfluß auf Arbeitslinie 318
- Einfluß auf Biegezugfestigkeit 303, 456
- Einfluß auf Chloriddiffusion 434
- Einfluß auf Hydratation 176
- Einfluß auf Druckfestigkeit 264, 410-411
- Einfluß auf Elastizitätsmodul 326
- Einfluß auf Festigkeitsentwicklung 273
- Einfluß auf Frostwiderstand 374
- Einfluß auf Kriechen 334
- Einfluß auf Permeabilität 434
- Einfluß auf Schlagfestigkeit 311
- Einfluß auf Schwinden 352
- Einfluß auf Wärmedehnzahl 356
- Einfluß auf Wasserundurchlässigkeit 367

Feuchtegehalt - Bestimmung 140
Feuchtigkeitsklassen
- Alkalireaktion 406
- Wärmebehandlung 187

Feuerbeton 7, 408
Feuerwiderstand 419
- gefügedichter Leichtbeton 461

Fliehkraft 161
Fließbeton
- Anwendung 216
- Ausgangsbeton 5, 214
- Definition 5
- Eigenschaften 214, 335
- Einbringen und Verdichten 158, 215, 370
- Fließmittel 66, 69-72, 215
- Konsistenz 209, 213, 215
- Kriechen 335
- Luftporen 73
- Schwinden 335
- Verarbeitbarkeit 205
- wasserundurchlässiger 370
- Zusammensetzung 214

Fließen 313, 331-337, 340
Fließfähigkeit 207, 212-214
Fließmittel 5, 66, 69-72, 215
- Dosierung 215
- Einfluß auf Kriechen und Schwinden 335
- Einfluß auf Wasseranspruch 118
- Spritzbeton 472

Fließverhalten 208, 211
Fließzahl 332-335
Flint reaktionsfähiger 52
Flotationsverfahren 232
Flugasche (Steinkohlen-) 11, 12, **85-90**, 119
- Einfluß auf Alkalireaktion 92, 406
- Einfluß auf Dichtigkeit 404
- Einfluß auf Druckfestigkeit 91

Stichwortverzeichnis

- Einfluß auf Erhärtungsgeschwindigkeit 182
- Einfluß auf Frost- und Taumittelwiderstand 382
- Einfluß auf Nachbehandlung 182
- Einfluß auf Schwinden 355
- Einfluß auf Sulfatwiderstand 92
- Einfluß auf Temperaturentwicklung 93
- Einfluß auf Verarbeitbarkeit 87, 207
- Einfluß auf Wasseranspruch 87, 119, 128
- Einfluß auf Widerstand gegen chem. Angriff 403
- hochfester Beton 297
- Spritzbeton 472

Flugasche-Hüttenzement 11, 12
Flugaschezement 11, 12, 14
Flügelglätter 172, 366
Flugzeugverkehrsflächen 383, 505, 506
flüssiger Stickstoff 142, 370
Förderhöhe 150, 151
Förderleitungen 152-154
Fördern
- auf der Baustelle 148, 150-154
- gefügedichter Leichtbeton 452

Förderweite 150, 151
Formänderungen siehe auch Verformungen
- dampfgehärteter Beton 201
- Festbeton 313-361
- Faserbeton 502
- gefügedichter Leichtbeton 456-458
- haufwerksporiger Leichtbeton 464
- hohe Temperaturen 415-418
- junger Beton 235-238
- polymerisierter Beton 202
- Schalung 249
- Spritzbeton 478-480
- wärmebehandelter Beton 199
- Vakuumbeton 172
- Zementstein 41

Formbeiwert a_f für Kornform 110
Freifallmischer 143, 451, 495
Frequenz 161, 185
FRIEDEL'sches Salz 433
Frigantin 377, 383
Frischbeton 1, 205-233
- analyse 228-233
- druck 226-227
- eigenschaften 171, 205-228
- konsistenz siehe Konsistenz
- Leichtbeton 452-454
- rohdichte 218
- temperatur **140-142,** 183, 240
- Vakuumbeton 171

Frost- und Taumittelwiderstand 73, 219, **376-384**
- Einfluß der Nachbehandlung 178

- Faserbeton 504
- gefügedichter Leichtbeton 461
- Vakuumbeton 172
- wärmebehandelter Beton 199
- Zuschlag 45, 48

Frost- und Taumittelwirkung 376
Frost- und Tausalzwiderstand siehe Frost- und Taumittelwiderstand
Frostbeanspruchung 48, 375
Frostschutzmittel 184
Frostwiderstand
- Ausfallkörnungen 103
- Beton 7, 47, 374-376
- Faserbeton 504
- gefügedichter Leichtbeton 461
- haufwerksporiger Leichtbeton 465
- Vakuumbeton 172
- wärmebehandelter Beton 199
- Zuschlag 48, 50

Frostwirkung 375
Frühfestigkeit 26-28, 30, 175, 187, **275**
Fugenband 175
FULLERkurve 103
Füllkorn 106

Gammastrahlung 64, 420
Gasbeton 2, 3, 201
Gasbildner 80
Gasdurchlässigkeit 124, 371-374
Gase - angreifende 398, 401
Gasundurchlässigkeit 371-374
Gebrauchstemperaturen
- hohe 7, 126, 407-418, 505

Gefällebeton 8
Gefrierbeständigkeit 183
Gefüge
- geschlossenes 2, 443
- haufwerksporiges 2, 443, 462

Gefügeschäden 183
Gefügespannungen 351, 420, 461
- infolge Temperaturänderung 360

Gefügestörungen 192, 193
Gelporen 20, 21, 23, 24, 367
Gelwasser 23, 24
Gesamtluftgehalt 220, 224, 379
Gesamtporosität 24, 179, 255
Gesamtstreuung - der Druckfestigkeit 266
Gestaltseinfluß - Druckfestigkeit 260
Gesteine 49, 54, 57-58
gewogene Reife 188-191, 336
Gips 11, 387, 395, 400, 403
Gipstreiben 38
Glas - Beständigkeit 440
Glasfaserbeton 503
Glasfasern 440, 489, 491, 494, 495, 499, 503
Glättwerkzeuge 366

Glimmer 47, 58, 84, 128, 396
Glühverlust
- Flugasche 87
- Leichtzuschlag 53
Glycerin - Taumittel 48, 377, 387, 403
GOODMAN-Diagramm 281
Granit 49, 52, 57, 370
Granu-Sand 86
Grenzfestigkeit 445, 455
Grenzlastwechselzahl 279
Größtkorn 5, 44, 103, 115
- Faserbeton 493
- Faserspritzbeton 482
- Leichtzuschlag 450
- Pumpbeton 151
- Spritzbeton 468
Grobbeton 2
Grobkies, -sand 44
Grundfließen 331, 334
Grundfließzahl 332, 333, 335
Gründruckfestigkeit 224
grüner Beton 224
Grünstandfestigkeit 5, 102, 224-226
- Vakuumbeton 172
Gütefestigkeit 288
Güteprüfung 268
Gütewürfelfestigkeit 288

HAEGERMANN-Tisch 35
Haftfestigkeit, Haftung, Haftverbund
- Arbeitsfuge 174
- Beschichtungen 181
- Zementstein - Stahl 170, 311
- Zementstein - Zuschlag 298
Haftlänge - Fasern 484
Halogene, Halogenide 53, 67, 422
Harnstoff (Urea) 48, 377, 383, 387, 403
Härte
- Gesteine, Zuschlag 363, 364
- Zementstein 362
Hartstoffe 55, 363, 365
Hartstoffgruppen 363
Haufwerksporen 2, 107, 222, 443, 462
haufwerksporiger Leichtbeton 443, 462
Hauptzugspannung 309
Heißbeton 146
Herstellung
- Beton siehe Betonherstellung
- Flugasche 85-86
- Hüttensand 13, 94
- Leichtzuschlag 59-65
- Silicastaub 90
- Zement 17-18
- Zuschlag 54-55
high strength concrete siehe hochfester Beton
Hitzebeständigkeit 407-418, 505

hochfester Beton 121, 297-300
Hochfrequenz-Rüttler 166, 370
Hochofenschlacke 12, 49, 53, 55
Hochofenzement 11, 12, 13, 29, 381
Hochofenzement-Beton
- Carbonatisierung 381, 427
- Chloriddiffusion 429
- Frost- und Taumittelwiderstand 381
- Nachbehandlung 183, 381, 427
- Permeabilität 372
- Widerstand chem. Angriff 402
Höchsttemperatur
- Einfluß auf Kriechen 345
- Wärmebehandlung 193, 194
Hochtemperaturkriechen 345
hohe Temperaturen
- Einfluß auf Druckfestigkeit 410-413
- Einfluß auf Formänderungen 340, 415-418
- Einfluß auf Faserbeton 499
- Einfluß auf Verbund 415
- Einfluß auf Wärmedehnzahl 358
- Einfluß auf Zugfestigkeit 414
hoher Sulfatwiderstand (HS) **15**, 29, 30, 402, 403, 471
Holz - Beständigkeit 440
Holzschalungen - Trennmittel 157
HS-Zement 15, 29, 402, 403, 471
Hüttenbims 61, 462
Hüttensand 12, 13, 19, 93
Hüttensandgehalt
- Einfluß auf Chloriddiffusion 429, 432, 438
- Einfluß auf Frost- und Taumittelwiderstand 381
- Einfluß auf Wärmeentwicklung 40
- Einfluß auf Widerstand chem. Angriff 402
Hüttenzemente 13, 19
Hydratation 19-22, 24, 25, 175
Hydratationsgrad 25, 26, 42, 123, 401, 423
Hydratationsprodukte 19-22
Hydratationsstufen 21-22
Hydratationsverlauf 21
Hydratationswärme 15, 39, 93
- niedrige 15, 40
Hydratphasen 19, 22
Hydratwasser 2, 24
Hydrolyse 200
Hydrophober Zement 15
Hydrophobierung 74, 383
Hydroxycarbonsäuren 69, 252
Hysteresisschleife 317

Idealsieblinien 103
Igelbildung 488, 494
Infrarotbestrahlung 196
Innenbauteile 182

Stichwortverzeichnis

Innenrüttler 161-165, 453
Intensivmischen 144

junger Beton 235-252
- Kriechen 339
- Widerstand gegen chemischen Angriff 402
Jute - zur Nachbehandlung 178, 180

Kalk, 13, 85
- freier 85
- hochhydraulischer 17
- hydraulischer 11, 17
Kalk-Kieselsäure-Reaktion 200, 201, 298
Kalkhydrat siehe auch Calciumhydroxid 13
kalklösende Kohlensäure 393, 396, 400, 404
Kalksandsteine 201
Kalksanierung 438
Kalkstein 14, 49, 54, 57, 58, 364, 370, 403, 404, 408, 410
Kalksteinbeton 358, 410-413, 415
Kalksteinmehl 12
Kalktreiben 38
Kaltdruckfestigkeit 410
kalzitischer Zuschlag 410
Kapillarporen 24, 179, 367
Kapillarporosität 24, 26, 42, 367, 371
Kavitation 364, 506
Kegelfallgerät 211
KELLY-VAIL-Verfahren 229
Kennwerte für die Kornverteilung 108-112
keramische Bindung 7, 408
Kernfeuchte - Zuschlag 132, 450
Kiesbeton 2
Kieselsäure
- alkalilösliche 52
- amorphe (glasige) 85, 90
- Kalk-Kieselsäure-Reaktion 200, 201, 298
Kiesnester 174, 206
Kiessand 47, 54, 111, 122
Kiessandbeton 122, 358, 413
Kleinbaustellen 145
Klinkerphasen 18
Klinkerreste 25
Kochversuch 38
Kohlendioxid (CO_2) 371, 388, 421, 422, 424
Kohlensäure 388, 393
Kohlenstoffasern 481, 482, 491, **492**
Konservierung der Anmachfeuchte 179
Konsistenz 149, 205-218
- Einfluß auf Frost- und Taumittelwiderstand 382
- Einfluß auf Frühfestigkeit 276
- Einfluß auf Korrosionsschutz 436
- Einfluß auf Kriechen 335
- Einfluß auf Schalungsdruck 227
- Einfluß auf Schlagfestigkeit 310

- Einfluß auf Schwinden 351
- Einfluß auf Verschleißwiderstand 365
- gefügedichter Leichtbeton 450, 452
- Pumpbeton 152
- wasserundurchlässiger Beton 370
Konsistenzabnahme 215
Konsistenzbereiche 212
Konsistenzentwicklung 216
Konsistenzmaße 208-212
Konsistenzvorgabe 452
Konsistenzzahl K_z 114
Konstruktionsleichtbeton 4, 443
Kontaktwinkel - Quecksilber 256
Korn-E-Modul 324, 445
Kornbruch 445, 446
Kornfestigkeit 43, 48, 53, 60-62, 444
Kornform 44, 47, 59, 63, 87, 110, 115
- Einfluß auf Biegezugfestigkeit 303
- Einfluß auf Druckfestigkeit 122, 259
- Einfluß auf Grünstandfestigkeit 225
- Einfluß auf Schlagfestigkeit 310
- Einfluß auf Schwinden 354
- Einfluß auf Verarbeitbarkeit 47, 207
- Einfluß auf Wasseranspruch 115
- Pumpbeton 151
Korngröße 44
Korngruppen 45, 109, 112, 113
- Leichtzuschlag 450, 463
Kornoberfläche 47, 60-62
Kornrohdichte 44, 49, 53, 56, 59
- Gesteine 49
- Hochofenschlacke 49
- Leichtzuschläge 59-64
- Normalzuschläge 49, 56, 131
- Schwerzuschlag 64
Körnungsziffer (k-Wert) 108, 109, 111, 113, 116
Kornverteilung 105
- Kennwerte 108-112
Kornzusammensetzung - Zuschlag 45, 101-114
- Ausfallkörnungen 102
- Einfluß auf Elastizitätsmodul 325
- Einfluß auf Frost- und Taumittelwiderstand 380
- Einfluß auf Grünstandfestigkeit 225
- Einfluß auf Schlagfestigkeit 310
- Einfluß auf Schwinden 354
- Einfluß auf Verarbeitbarkeit 206, 207
- Einfluß auf Verschleißwiderstand 365
- Faserspritzbeton 482
- gefügedichter Leichtbeton 450
- haufwerksporiger Leichtbeton 463
- Pumpbeton 152
- stetige Sieblinien 102
Korrosion

- Beton (chem. Angriff) 384-396
- Bewehrung 421-438
- Metalle 438-440
Korrosionsschutz - Bewehrung 78, 83, 362, 421-438
- gefügedichter Leichtbeton 460, 461
- haufwerksporiger Leichtbeton 465
- Tonerdezement 20
Korund 55, 363
Krater-Zement 16
Kriechen 41, 313, 330-349
- Faserbeton 502
- Fließbeton 335
- gefügedichter Leichtbeton 457
- hohe Temperaturen 340
- niedrige Temperaturen 345
- polymerisierter Beton 202
- Schwellbelastung 347
- Spritzbeton 479
- Torsion 344, 347
- Vakuumbeton 172
- wärmebehandelter Beton 199
- Zug 347
Kriechmaß 331
- gefügedichter Leichtbeton 457
Kriechzahl 332, 338, 339
- gefügedichter Leichtbeton 457
Kristallisationsdruck 39
kritische Faserlänge 484
kritischer Fasergehalt 485
Krümmung der Arbeitslinie 316
Krümmungsumkehr 318
Kugelschlagprüfung 292
Kühlen 142
Kunststoffaserbeton 496, 497, 500, 502, 504
Kunststofffasern 481, 490-492
Kunststoffe - Beständigkeit in Beton 440
Kunststofformen 263
Kunststoffschaumkugeln 64
Kunststoffzusätze 96
Kupfer - Beständigkeit 439
Kurzzeitdruckfestigkeit
- Bestimmung 259
- einachsige 259
Kurzzeitfestigkeit 258
- zweiachsige Belastung 284
Kurzzeitwarmbehandlung 192
k-Wert siehe Körnungsziffer

Lageparameter 36
Laser-Granulometer 35, 87
Last-Durchbiegungskurve - Faserbeton 497-499
lastabhängige Formänderungen
- Faserbeton 495-500

- junger Beton 246-249
- Leichtbeton 456-457
- Normalbeton 313-349
- Spritzbeton 478-480
- Zementstein 41
Lastkollektiv 282
Lastspielzahl 317
Lastwechselzahl 279, 283
latent hydraulisch 13, 84, 93, 182, 275, 370
Laterit 54, 120
Laugen (siehe auch Basen) 388, 403
Lebensdauer
- Dauerschwingbeanspruchung 279
Leichtbeton 4, 6, 9, 443-465
- gefügedichter siehe - mit geschlossenem Gefüge
- mit geschlossenem Gefüge 443-461
- mit haufwerksporigem Gefüge 462-465
- wärmedämmender 63
Leichtzuschlag 53, 59-64
Leichtzuschlag-Schaumbeton 2
Liegezeit 78, 252
Ligninsulfonat 69, 215
Limonit 8
lineare Schadensakkumulation (MINER) 283
Lochfraßkorrosion 435
LOK-Test 294
Longitudinalwellen 293
lösender Angriff 38, 384, 392, 403
Löslichkeit 27
LP-Gehalt siehe Luftgehalt
LP-Mittel siehe Luftporenbildner
Luftfeuchte
- Einfluß auf Beiwert k_{ef} 334
- Einfluß auf Endschwindmaß 353
- Einfluß auf Grundfließzahl 333, 334
- Einfluß auf Grundschwindmaß 334
Luftgehalt 126, 159, 219-224, 379-380
Luftporen 24, 73, 120, 129, 219, 224, 369
- Einfluß auf Verschleißwiderstand 365
- künstlich eingeführte 73, 129, 224
- natürliche 120
- Pumpbeton 151
- wasserundurchlässiger Beton 369
Luftporenbeton (LP-Beton) 2
- Verdichten 165
Luftporenbildner 66, **73**, 379
- Einfluß auf Verarbeitbarkeit 207
- Einfluß auf Wasseranspruch 118
Luftporensystem 378

Maßnahmen - gegen Alkalireaktion 406
Magnesiatreiben 38
Magnesitbinder 16
Magnesitzement 16
Magnesium 400, 439

Magnesiumchlorid 377
Magnesiumsalze 394
Magnetit 8, 65
Mahlfeinheit (siehe auch BLAINE-Wert) 35-37
- Einfluß auf Pumpfähigkeit 151
- Einfluß auf Wasseranspruch 115
Mahlhilfen 18
Marmorzement 16
Massenbeton 7, 29, 370
Matrix 2, 444, 483
Matrixfestigkeit 460
Meerwasser 97, 394, 397, 403
Meerwasserentsalzungsanlage 392, 396, 432
Mehlkorn 47, 127, 129
- Pumpbeton 152
Mehlkorn- und Feinstsandgehalt siehe auch Feinststoffgehalt
- Beton mit hohem Frostwiderstand 376
- Beton mit hohem Frost- und Taumittelwiderstand 380
- Höchstwerte 128
- wasserundurchlässiger Beton 369
mehrachsige Festigkeit 284
mehrachsige Zugfestigkeit 308
Melaminharz 69, 70, 215
Meßlinienverfahren nach ROSIWAL 378
Metallhüttenschlacken 55
Microsilica siehe Silicastaub
Mikrohaftrisse 121
Mikro-Hohlkugeln (MHK) 74, 81, 379
Mikroluftporen 222, 256, 375, 378
Mikrorisse 331, 355, 370, 413
Mindestzementgehalt
- Außenbauteile aus Stahlbeton 126
- Außenbauteile, unbewehrt 126
- Beton für Unterwasserschüttung 126
- Beton mit besonderen Eigenschaften 126, 127
- Beton mit hohem Frost- und Tausalzwiderstand 126, 381
- Beton mit hohem Frostwiderstand 126, 376
- Beton mit hohem Verschleißwiderstand 126
- Beton mit hohem Widerstand gegen chemische Angriffe 126
- bewehrter Beton, Stahlbeton 124, 126
- Stahlleichtbeton 450
- wasserundurchlässiger Beton 126
Mineralöl
- angreifende Wirkung 388, 395
- Eindringen in Beton 371
- Trennmittel 155
MINERregel 283
- summe 283
Mischdauer, -zeit 143, 451

Mischen 142-148
- Faserbeton 494, 495
- gefügedichter Leichtbeton 451
- Intensivmischen 144
- mit Dampfzuführung 145
- Transportbeton 145, 149
- Zementleimvormischung 145
Mischfahrzeug 142, 149, 495
Mischgeschwindigkeit 145
Mischungsentwurf 130-137
- gefügedichter Leichtbeton 448-449
- haufwerksporiger Leichtbeton 462
- Spritzbeton 473
Mischzeit 143, 451
Monosulfat 19, 22, 38
Mörtelmatrix siehe Matrix

NA-Zement **15**, 30, 406
Nachbehandlung 175-187
- Einfluß auf Carbonatisierung 427
- Einfluß auf Chloriddiffusion 430
- Einfluß auf Druckfestigkeit 259
- Einfluß auf Festigkeitsentwicklung 273, 274
- Einfluß auf Frost- und Taumittelwiderstand 178, 375, 381
- Einfluß auf Korrosionsschutz 437
- Einfluß auf Permeabilität 372
- Einfluß auf Porosität 179, 254
- Einfluß auf Schlagfestigkeit 311
- Einfluß auf Schwinden 350
- Einfluß auf Widerstand geg. chem. Angriff 401
- Einfluß auf Verschleißwiderstand 366
- Fahrbahndecken 182
- gefügedichter Leichtbeton 454
- hochfester Beton 298
- HOZ-Beton 178, 381
- Innenbauteile 182
- wärmebehandelter Beton 195
- wasserundurchlässiger Beton 371
Nachbehandlungsdauer 181-183
Nachbehandlungsmittel 179, 180, 381
Nachdosieren von Fließmitteln 72, 215
Nacherhärtung 30, 272, 274-275
- Spritzbeton 478
Nachrütteln 159, 174
Nachverdichten 169
- Schrumpfrisse 78, 252
Naphtalinsulfonsäurekondensate 70
Naßmischung - Spritzbeton 474
Naßnachbehandlung 179, 182
Naßspritzverfahren 4, 467, 474
Natriumchlorid 377, 388
natürliche Zuschläge 43
Natursteine 49, 54

Naturzement 17
Nennfestigkeit 9, 247, 267
- gefügedichter Leichtbeton 447
Netzrisse 251, 453, 457
Neutronenstrahlung 64, 420
niedrige Hydratationswärme (NW) 15, 29, 40
niedrige Temperaturen siehe auch tiefe Temperaturen
- Anforderungen an Nachbehandlung 182
- Einfluß auf Kriechen 345
- Schutz des frischen und jungen Betons 183
niedriger Alkaligehalt siehe NA-Zement
Nitrate 53, 389, 394
Normalbeton siehe auch Beton 6
Normalzuschlag 43-51, 54-58
Normdruckfestigkeit 28, 120-122
Normfestigkeit (siehe auch Normdruckfestigkeit) 36
Normmörtel 33
Normsteife 34
Normzemente 11, 12
Nullspannungstemperatur 250
NW-Zement 15, 29, 40

Oberfläche
- innere 200
- massenbezogene (BLAINE-WERT) 35, **87-88**, 151
- spezifische 88
- spezifische (Zuschlag) A_O 108, 110, 111
Oberflächenbearbeitung 8, 172, 366
Oberflächengüte 180
Oberflächenrüttler 168
Oberflächenspannung
- Anmachwasser 69
- Quecksilber 256
Oberflächenvergütung 173, 365-366, 383
Oberflächenwasser 132
Oberspannung 278, 317
offene Porosität 254
Offshore-Bauwerke 369
Öldichtheit 371
Öle siehe auch Mineralöl
- angreifende Wirkung 386, 394
- Eindringverhalten 371
- Trennmittel 155-156
Ölschiefer 12, 20
- zement siehe Portlandölschieferzement
Opalsandstein 52
Ortbeton 3
osmotischer Druck 375

PAPADAKIS - Reife 189
Partikelgrößenverteilung 35, 87
Passivierung 421

PAUW'sche Beziehung 456, 464
Pectacrete-Zement 15, 29
Penetrometer - Konsistenzmessung 212
Perlit 62, 64
Permeabilitätskoeffizient 371
Permeabilitätsmessung 179
pH-Wert 27, 123, 400, 421
- dampfgehärteter Beton 201
Phenolphthalein 422
Phonolith 12
Phonolithzement 11, 12
Phosphate 252
Phosphatzement 16
Pigmente 95
plastisches Schwinden 169, 236-238, 349-350
POISSON-Zahl siehe Querdehnzahl
Polyacrylnitrilfasern 490-492, 494, 496, 497, 502, 504
Polyamidfasern 490
polymerisierter Beton 319
Polypropylenfasern 8, 490, 491, 494, 495, 497, 498, 500, 502
Polystyrol-Schaumkugeln 62
Polyvinylalkoholfasern 491, 492
pop-outs 375
Poren
- arten 24
- Gelporen siehe dort
- größenverteilung
  - differentielle 256
  - kumulative 256
- Haufwerksporen siehe dort
- Kapillarporen siehe dort
- leichtbeton 2
- Luftporen siehe dort
- radien 24, 255
- raum 254
- wasser 21
- wasserlösung 27
- verbleibende 159
- Zementsteinporenraum 254
Porosität 25
- Gesamt- 256
- offene 256, 371
Portlandkalksteinzement 11, 12, 14
Portlandölschieferzement 11, 12, 14, 381
Portlandzement 11, 12, 13, 17-18, 29, 20, 37, 381
- weißer 15, 30
Portlandzementklinker 11, 12, 13, **17-18**
praktischer Feuchtegehalt 253, 419
- haufwerksporiger Leichtbeton 465
Prallbeanspruchung 363
Preßbeton 5
Prepact-Verfahren 4
Prüfeinflüsse - auf Druckfestigkeit 260

Stichwortverzeichnis

Prüfkorngrößen 45
Prüfkörper - für Druckfestigkeit 259
Prüfkörpergestalt
- Einfluß auf Arbeitslinie 316
- Einfluß auf Druckfestigkeit 260
Prüfkörpergröße
- Einfluß auf Druckfestigkeit 262
Prüfkörperschlankheit 260
Prüfsiebe 45, 109
Prüfstreuung 265, 289
Prüfverfahren
- Abbrechversuch (Break-off-test) 295
- Absetzversuch 50
- Alkalibeständigkeit von Glas 440
- alkalilösliche Kieselsäure 52
- Ausbreitmaß 35, 209
- Auslaufzeit nach WERSE 210
- Ausreißversuche 293
- Auswaschversuch (Zementgehalt) 230
- (Zuschlag) 51
- Autoklavversuch 38
- Bauwerksfestigkeit 289-296
- beschleunigte Festigkeitsprüfung 295
- Betonsonde nach HUMM 212
- Biegezugfestigkeit 300, 302
- BLAINE-Wert 35
- Bluten (Wasserabsondern) 228
- Bohrkernprüfung 289
- Darrversuch (Wassergehalt) 229
- Druckfestigkeit 259-265, 289-296
- EBENER-Gerät (Verschleiß) 363
- Elastizitätsmodul 323
- erhärtungsstörende Stoffe 51
- Erstarren 34
- Flotationsverfahren (Zementgehalt) 232
- Frostwiderstand - Zuschlag 48
- Gasdurchlässigkeit 371
- Gesamtporosität 254
- HAEGERMANN-Tisch 35
- KELLY-VAIL-Verfahren (Wassergehalt) 229
- Kegelfallgerät 211
- Kochversuch (freier Kalk) 38
- Konsistenz 208-212
- Kornfestigkeit, Kornrohdichte 53
- Kugelschlagprüfung 292
- Luftgehalt 220-224
- Luftporen 220-224
- Mahlfeinheit 35
- offene Porosität 254
- organische Bestandteile (Zuschlag) 51
- Pyknometerverfahren (Dichte) 255
- Quecksilberdruckporosimetrie 255
- RAM-Methode (Zementgehalt) 231
- Rückprallprüfung 290
- Schlagprüfung 290

549

- Schleifverschleiß mit BÖHMEscheibe 363
- SCHMIDT-Hammer (Rückprall-) 290
- Setzmaß (Slump) 210
- Setzzzeitversuch (VEBE-Grad) 210
- Slumptest 210
- Spaltzugfestigkeit 300, 305
- statischer Elastizitätsmodul 323
- Sulfat im Zuschlag 53
- Ultraschallverfahren 292
- Vakuumdestillation (Wassergehalt) 229
- Verdichtungsmaß 200
- VEBE-Grad 210
- Verschleißprüfung 362-363
- VICAT'sches Nadelgerät 34
- Viskosimeter 35, 217
- Wassergehalt 228-230
- Wasserundurchlässigkeit 368
- Wasserzementwert 232
- Zementgehalt 230
- zerstörende Verfahren 289
- zerstörungsfreie Verfahren 290
- Zugfestigkeit 300, 305
Prüfzeichen 66, 86
Pumpbeton 4, 127, 150-154
Pumpen
- Fließbeton 215
- gefügedichter Leichtbeton 452
- Spritzbeton 474
Putz- und Mauerbinder 17
Puzzolane 11, 13, 83, 85-93, 275, 370, 403
Puzzolanwert 89, 90, 91
Puzzolanzement 13, 20, 427, 429
Pyknometerverfahren 255

Quarz 56, 58, 325, 361, 364, 408
Quarzit, quarzitischer Zuschlag 57, 310, 361, 409-413
Quarzkiesbeton 413
Quarzmehl 413
Quarzumwandlung 58, 420
Quasi-Druckschwellfestigkeit 280
Quecksilber 255
Quecksilberdruckporosimetrie 255
Quellen 349-351, 354
Quellzement 16, 354
Querdehnungsbehinderung 260
Querdehnzahl 328-329
- Basalt 310
- Beton 329
- dynamische 292
- Einfluß auf Schlagfestigkeit 310
- gefügedichter Leichtbeton 457
- Hochofenschlacke 310
- Kalkstein 310
- Langzeitbelastung 331
- Quarzit 310

Querschnittshöhe - Einfluß auf Biegezugfestigkeit 303

radioaktive Strahlung 64, 420
RAM-Methode 231
Rapid Analysis Machine 231
rasche Anfangsverformung 331
Raumbeständigkeit 37, 68
Reaktionsharze - Spritzbeton 472
Rechenwerte
- Druckfestigkeit hohe Temp. 418
- E-Modul 326, 418
- E-Modul von haufwerksporigem Leichtbeton 464
- Elastizitätsmodul von gefügedichtem Leichtbeton 457
- Endkriechzahl 338
- Endschwindmaß 338
- k_{ef} (wirks. Dicke) 334
- k_f (Fließen) 333
- Grundfließzahl 333, 335
- Grundschwindmaß 334
- Schubmodul 326
- Schwindmaß 351
- verzögert elastische Verformung 337
- Wärmeleitfähigkeit 419, 459
Regelanforderungen an Zuschlag 45
Regelkonsistenz 213
Regelsieblinien 104-107, 111
Reibungsverbund 312
Reife 31, 188-191, 193, 194, 332
- gewogene 188-191
Reifecomputer 190
Reifeformeln
- CEMIJ 190
- PAPADAKIS 189
- SAUL 188, 193, 332
- WIERIG 194
Reißneigung 96
- Faserbeton 502
- junger Beton 249
Relaxation 330, 348
- junger Beton 249
Resttragfähigkeit 316, 319
Richtwerte siehe auch Rechenwerte
- Beiwert k_{ef} 334
- Biegezug-/Spaltzugfestigkeit 307
- Dichte von Betonzusatzstoffen 131
- Dichte von Zement 131
- Druck-/Biegezugfestigkeit 307
- Druck-/Spaltzugfestigkeit 307
- Druckfestigkeitsentwicklung (20°C) 272
- Druckfestigkeitsentwicklung (5°C) 274
- Druckfestigkeit, Einfluß h/d 262
- Elastizitätsmodul 326
- Endkriechzahl 338

- Endschwindmaß 338
- Erhärtungsdauer für Gefrierbeständigkeit 184
- Fasereigenschaften 491
- Festigkeitsverhältnis β_{W28}/β_{W7} 273
- Grundfließzahl 334
- Grundschwindmaß 334, 352
- Kaliumpermanganatverbrauch 399
- Luftgehalt von LP-Beton 380
- Meerwasser Zusammensetzg. 397
- Schubmodul 326
- Wärmedehnzahl 358
- Wasserdampf-Diffusionswiderstandszahl 465
- Zug-/Druckfestigkeit 306
- Zugfestigkeit 306
Rißbildung 195
Risse
- Alkalireaktion 405
- Biegerisse 250
- Einfluß auf Korrosion 435
- Netzrisse siehe dort
- Oberflächenrisse 250
- Schalenrisse 7, 181
- Spaltrisse siehe dort
Rohdichte
- Festbeton 253
- Frischbeton 218-219
- gefügedichter Leichtbeton 454
- haufwerksporiger Leichtbeton 463
- Kornrohdichte siehe dort
- Trockenrohdichte siehe dort
Rohdichteklassen 9, 447
Rohrleitung 152-154
Roll-A-Meter 223
rollende Beanspruchung 363
Romanzement 17
ROSS'sches Verfahren 338
Rotationsviskosimeter 35, 217
Roving 485, 490-495
RRSB-Verteilungsfunktion 35
Rückkriechen 337
Rückprall - Spritzbeton 468, 475, 482
Rückprallprüfung 290
Ruheperiode, -zeit (Hydratation) 21, 250
Rüttelgassen 164, 453
- beton 5
- bohlen 168
- dauer 162, 165, 453
- flasche (s. auch Innenrüttler) 161, 162
- grobbeton 5
- platten 168
- stampfen 160
- tisch 165
- verdichtung 161-169
Rütteln 160

Saccharose 252
Salze - chem. Angriff 377, 390, 393-394
Sand
- allgemein 44, 54
- Blähschiefersand 63
- Blähtonsand 59
- Brechsand siehe dort
- Feinstsand siehe dort
- Feuchtegehalt 140
- Hüttensand siehe dort
- Kiessand siehe dort
Sandgehalt 106-108
Sauerstoff - Durchlässigkeit 372
Sauerstoffdiffusion 434
SAUL'sche Reifeformel 188, 193, 332
Säuregrad 401
Säuren - Angriff 390, 392-393, 403
Schadensakkumulation, MINER-Regel 283
Schalenrisse 7, 181
Schallaufzeitmessungen 293
Schallemissionsanalyse 264
Schallgeschwindigkeit 292
Schalung 154, 157
- Belassen in der 179
- Vorbehandlung 154-158
Schalungsdruck 226
Schalungsrüttler 166
Schaumbeton 2
Schaumbildner 80
Schaumlava 60
scheinbare Wärmedehnung 356
Scheitelpunkt der Arbeitslinie 316
Scherfestigkeit 309
Scherverbund 312
Scherwiderstand 208, 217
Schichtgesteine 49
Schlagfestigkeit 309-311
- Faserbeton 500, 501
Schlagzähigkeit - Faserbeton 499
Schlankheit
- Einfluß auf Druckfestigkeit 260
Schleifende Beanspruchung 362
Schleifverschleiß 49, 363
Schleuderbeton 5, 161
Schleudern 161
Schlupf 313
Schlüpfkorn 106
Schmelzwärme des Eises 141, 146
Schnellzement 16, 30, 276
Schockbeton 5
Schocken 160
Schrumpfen 21, 103, 184, 235
Schrumpfrisse 21, 72, 78, 82, 91, 185, 249, 250
Schubfestigkeit 309
Schubmodul 326, 329

Schüttbeton 5
- Einbringen 159
Schüttdichte 37, 53, 56
Schütten 159
Schütthöhe 167
Schüttkegel 158, 159, 216
Schüttlagen 163, 165
Schutzmaßnahmen
- Frischbeton 179-187
- Frost- und Taumittelangriff 383
- Korrosion der Bewehrung 438
- sehr starker chemischer Angriff 404
Schwefel-Zement 16
Schwefeltränkung 203-204, 299
Schwefelverbindungen 52
Schwefelwasserstoff 390, 392, 398, 399
Schwellbelastung
- Einfluß auf Arbeitslinie 317
- Einfluß auf Biegezugfestigkeit 303
- Einfluß auf Druckfestigkeit siehe Druckschwellfestigkeit
- Einfluß auf Kriechen 347
Schwerbeton 6, 9, 162, 420
Schwerzuschläge 43, 64
Schwinden 41, 349-355
- dampfgehärteter Beton 200
- dampfgehärteter Gasbeton 201
- Faserbeton 502
- gefügedichter Leichtbeton 457
- haufwerksporiger Leichtbeton 464
- hohe Temperaturen 417
- plastisches 169, 236-238, 349-350
- Polystyrolbeton 201
- Spritzbeton 479
- wärmebehandelter Beton 199
Schwindmaß 351
Schwindrißgefahr 354
Schwindspannungen
- Einfluß auf Biegezugfestigkeit 303
- Einfluß auf Spaltzugfestigkeit 305
- Einfluß auf Zugfestigkeit 305
Schwingbeanspruchung 278
Schwingbreite 279, 347
Schwinggeschwindigkeit 185, 186
Schwingkriechen 347
Schwingungen, Erschütterungen 185-187
Schwingungsbreite 161, 167
Sehnenmodul 323
Sekantenmodul 323
Serienfestigkeit 9, 267, 447
Serpentin 8
Setzmaß (Slump) 210
Setzzeitversuch (VEBE-Grad) 210
Sichtbeton 8
- Einbringen und Verdichten 165
- Nachbehandlung 180

Sieblinien 102-108
- Ausfallkörnungen 106-108
- stetige 103-106
Sieblinienberechnung 112-114
Sieblinienbereiche 104, 105
Sieblinien-Kennwerte 108-111
- D-Summe (Durchgangswert) 109, 111
- Feinheitsmodul F_m 110
- F-Wert (Feinheitsziffer) 109, 111
- Körnungsziffer (k-Wert) 109, 111
- Spez. Oberfläche A 110, 111
- Wasseranspruchszahl 111, 114-115
Siebweiten 45, 109
SIFCON 494
Silicastaub 90, 91
- Beton mit hohem Frost- und Taumittelwiderstand 382
- Einfluß auf Chloriddiffusion 431, 438
- Faserbeton 493, 502
Siliciumkarbid 55
Silikatbeton 3
silikatischer Zuschlag siehe quarzitischer Zuschlag
Sinterbims 61
Sintertemperatur 18
Slump 210
SMITH-Diagramm 281, 282
Sonderzemente 14-17
Spaltrisse 7, 251, 371, 502
Spaltzugfestigkeit 301, 304-308
- hohe Temperaturen 414
Spannleichtbeton 447
Spannungsdehnungslinie siehe Arbeitslinie
Spannungsrelaxation 330, 348
- junger Beton 249
Spannungsrißkorrosion 439
Spannungsverhältnis 284
Spannungsverteilung beim Spaltzugversuch 304
Sperrbeton 7, 75
Sperrkorn 106
spezifische Oberfläche A_O 110, 111
spezifische Wärme 141, 146, 239
- gefügedichter Leichtbeton 460
Splittbeton 2
Spreizdübel 294
Spritzbeton 4, 467-482
- als wasserundurchlässiger Beton 371
Spritzschatten 371
Stabilisierer 66, 80, 207, 450
- Spritzbeton 472
Stahlfasern, Stahlfaserbeton 311, 319, 481, 488, 490-505
Stahlfaserspritzbeton 371, 494
Stahlleichtbeton 9, 443, 447, 460
Stahlzuschläge 65, 162

Stampfbeton 5
statistische Auswertung 268
Steifigkeit - Prüfmaschine 320
Steigungsmaß - Kornverteilung 36
Steinkohlenflugasche siehe Flugasche 11, 12, 85, 119
Stochern 160
Stoffe
- Beständigkeit in Beton 438-440
- erhärtungsstörende 51
- organischen Ursprungs 51
- stahlangreifende 53
Stoffraumanteile 130
Stoffraumrechnung 130, 230
Stoßbelastung 264
- Einfluß auf Zugfestigkeit 305
Straßenbauzement 35
Straßenbeton 7
Strahlenschutzbeton 8, 64-65, 420-421
Streuung
- Festigkeit von Spritzbeton 478
- Kurzzeitfestigkeit 265-267
Strukturbeton 8
Sulfat
- angriff **39,** 390, **395,** 399-401, 472
- träger 11
- treiben 395
- haltige Medien 397, 398, 400
- widerstand 39, 92, 402, 403, 404
 - dampfgehärteter Beton 201
- zusatz 38
Sulfid 53, 55, 399
Superpositionsprinzip 349

Tangentenmodul 323
Tauchrüttler siehe Innenrüttler
Taumittel 48, 376-377, 390
Tausalz siehe Taumittel
Teilflächenbelastung 286-287
- gefügedichter Leichtbeton 456
Temperatur
- Einfluß auf Angriffsgrad 400
- Einfluß auf Arbeitslinie 318, 416, 417
- Einfluß auf Bruchstauchung 417
- Einfluß auf Druckfestigkeit 265, 406, 407, 410-414, 418
- Einfluß auf Elastizitätsmodul 325, 343, 407, 416, 418
- Einfluß auf Endfestigkeit 187, 277
- Einfluß auf Erhärtung 188-191
- Einfluß auf Festigkeitsentwicklung 31, 273
- Einfluß auf Hydratation 409
- Einfluß auf Kriechen 340-346
- Einfluß auf plastisches Schwinden 237
- Einfluß auf Schrumpfrißbildung 250
- Einfluß auf Schwinden 417

- Einfluß auf Verbund 415
- Einfluß auf Wärmedehnzahl 358-359, 407
- Einfluß auf Zugfestigkeit 414
- (Gefüge)spannungen 360-361
- hohe 358, 407
- Spritzbeton 470
- tiefe 359, 406

Temperaturdehnzahl siehe Wärmedehnzahl-
Temperaturentwicklung infolge Hydratation 245
Temperaturgefälle 251
Temperaturmaximum 243
Temperaturrisse 454
Temperaturverformungen 355-361
Temperaturverlauf
- adiabatischer 239
- im Bauwerk 241-245

Temperaturverteilung 241
Tetracalciumaluminathydrat 19
THAULOW-Verfahren (w/z-Wert-Bestimmung) 232
thixotrop 21
Tiefbohrzement 16
TNS-Tester (Abbrechversuch) 295
Tonerde 12, 18, 85
Tonerde(schmelz)zement 7, 12, 14, 16, **20**
Torsionsfestigkeit 309
- Faserbeton 500

Torsionskriechen 347-348
Traß 11, 12
Traßhochofenzement 11, 12, 13
Traßzement 11, 12, 13, 20
Tragverhalten - gefügedichter Leichtbeton 444-447
Trainiereffekt 283
Tränkung 299
- (Imprägnieren) 383
- mit geschmolzenem Schwefel 203
- mit Kunststoffen 202

Transport 148, 149
Transportbeton 3, 35, **145, 148-150,** 217
Transportleichtbeton 452
Transversalwellen 293
Treiben 38, 39, 392, 471
- Alkalireaktion 406

treibender Angriff **39,** 384, 392, **395-396,** 403
Trennmittel 155-158
Tricalciumaluminat (C_3A) 18, 19, 23, 395
Tricalciumsilikat 18
Trichterversuch 210
Trisulfat (Ettringit) 19, 21, 22, 23, 38, 39, 395
Trockenbeton 3, 148
Trockengemisch 474
Trockenrohdichte 253

- gefügedichter Leichtbeton 449
- haufwerksporiger Leichtbeton 462

Trockenspritzverfahren 4, 467, 469, 473-475
Trocknungsfließen 331, 334

Übergangskriechen 342-346, 358
Überkorn 46
Ultraschallverfahren 292
Umgebungsbedingungen - Klassen (für Nachbehandlung) 182
Umweltbedingungen
- Einfluß auf Carbonatisierung 423
- Einfluß auf Chloriddiffusion 428

Undurchlässigkeit 366
Unterkorn 46
Unterspannung 278, 280, 281
Unterwasserbeton, -schüttung 5, 80, 126, 127, 370

Vakuumbehandlung 170-173, 226
- Einfluß auf Verschleißwiderstand 366

Vakuumbeton 4
Vakuumdestillation 229
Variationskoeffizient 266
Verarbeitbarkeit 101-103, 106, 115, 119, 205-218
- Einfluß von Feinststoffen 127-129
- Einfluß der Kornform 115, 207
- Einfluß der Kornzusammensetzung 101-103, 106
- Einfluß des Zementgehalts 118
- Einfluß von Zusatzmitteln 66, 69, 71, 73, 80
- Einfluß von Zusatzstoffen 84, 87, 90, 91, 119
- Faserbeton 494
- Leichtbeton 450-453
- Splittbeton 115, 207

Verarbeitbarkeitszeit 72, 75, 78
- dampfgemischter Beton 148

Verarbeitung 148-175
- Faserspritzbeton 481
- gefügedichter Leichtbeton 452-453
- Spritzbeton 473
- wasserundurchlässiger Beton 370

Verbund in Arbeitsfugen 174
Verbund Beton-Bewehrung 311-313
- Einfluß von Erschütterungen in jungem Alter 186
- gefügedichter Leichtbeton 456
- haufwerksporiger Leichtbeton 465
- hohe Temperaturen 415
- wärmebehandelter Beton 200

Verbundkriechen 313
Verdichten 159-173
- gefügedichter Leichtbeton 453

- hochfester Beton 298
Verdichtungsmaß **209,** 211, 212, 452
Verdichtungsporen 219, 223
Verflüssiger siehe Betonverflüssiger
Verformbarkeit - junger Beton 185, 246
Verformungen siehe auch Formänderungen
- lastabhängige siehe Arbeitslinie, Elastizitätsmodul, Fließen, Kriechen, verzögert elast. Verformung
- lastunabhängige siehe plastisches Schwinden, Quellen, Schrumpfen, Schwinden, Temperaturverformungen, Wärmedehnung, Wärmedehnzahl
- rasche Anfangsverformung siehe dort
- verzögert elastische siehe dort
- zeitabhängige siehe Kriechen, plastisches Schwinden, Quellen, Schrumpfen, Schwinden
- zeitabhängige bleibende siehe Fließen
- zeitabhängige elastische siehe verzögert elastische Verformung
Verformungsgeschwindigkeit 314-316
Verhältnis von Zugfestigkeiten 308
Verhältniswerte - Elastizitätsmodul (Zuschlageinfluß) 325
Vermiculit 62, 64
Verschleiß, -widerstand 49, 362-366
- Faserbeton 505
- Schleifverschleiß von Gesteinen 49
- Vakuumbeton 172
- wärmebehandelter Beton 199
Verteilermast 153, 154
Verträglichkeitsprüfung - verzögerter Beton 78
Verweildauer - Wärmebehandlung 193-195
Verzögerer 66, 75-78, 174
- bei Arbeitsfugen 174
- bei dampfgemischtem Beton 148
- bei Pumpbeton 151
- bei Transportbeton 149
- Einfluß auf plastisches Schwinden 238
- Einfluß auf Schrumpfrißbildung 252
verzögert elastische Verformung 313, 314, 331,**337,** 340
Verzögerungszeit 252
Vɪᴄᴀᴛ'sches Nadelgerät 34
Viskosimeter 35, 217
Völligkeit - Arbeitslinie 316
Volumendefizit bei Hydratation 21, 235
volumetrisches Verfahren (Luftgehalt) 220, **222-223**
Vorbehandlung der Schalung 154-158
Vorbelastung - Einfluß auf Druckfestigkeit 265
Vorhaltemaß
- für Druckfestigkeit 10, 271

- für Konsistenz 217
Vorlagern 191-192, 199
Vornässen von Leichtzuschlag 453
Vorsatzbeton 3
Vulkanzement 11, 12

wahre Druckfestigkeit 261, 284
wahre Wärmedehnung 355-356
wahre Zugfestigkeit 301
Walzbeton 5, 161
Walzen 161
Warmbeton 4, **146-147,** 191, 192, 194
Warmdruckfestigkeit 407, 410
Wärmebedarf - Dampfmischen 146
Wärmebehandlung 187, 191-200
- Einfluß auf Arbeitsvermögen 322
- Einfluß auf Chloriddiffusion 431
- Einfluß auf Dauerhaftigkeit 187
- Einfluß auf Druckfestigkeit 198
- Einfluß auf Elastizitätsmodul 199
- Einfluß auf Endfestigkeit 198, 409
- Einfluß auf Frost- und Taumittelwiderstand 199
- Einfluß auf Frostwiderstand 199
- Einfluß auf Kriechen 199
- Einfluß auf Schwinden 199, 355
- Einfluß auf Verbund Beton-Bewehrung 200
- Einfluß auf Verschleißwiderstand 199
- Einfluß auf Wasserundurchlässigkeit 199
- Einfluß auf Zementsteinstruktur 409
- Einfluß auf Zugfestigkeit 199
Wärmedehnung 408
- scheinbare 355
- wahre 355
Wärmedehnzahl 41, 49, 369, 407
- Beton 355, 357-360
- Einfluß auf Gefügespannungen 360, 369, 420
- Einfluß auf Wasserundurchlässigkeit 369
- Einfluß auf Betoneigenschaften bei hohen Temperaturen 408
- gefügedichter Leichtbeton 458
- junger Beton 238
- Richtwerte 358
- Zementstein 41, 355-356
- Zuschlag 49, 169, 357, 361, 407, 408
Wärmedurchgangskoeffizient 243
Wärmeentwicklung
- Beton siehe Temperaturentwicklung
- Zement 40
Wärmekapazität 194, 241
- gefügedichter Leichtbeton 460
Wärmeleitfähigkeit 419
- gefügedichter Leichtbeton 458
- haufwerksporiger Leichtbeton 465
Wärme - spezifische 141, 146, 239, 460

Warmluftbehandlung 196
Waschbeton 6
WASHBURN-Gleichung 255
Wasser 390
- Abwasser siehe dort
- Anmachwasser siehe Zugabewasser
- angreifende Wässer 396-397
- Angriffsgrad 398-400
- chemisch gebundenes 21
- Gelwasser 23, 24
- Hydratwasser 2, 24
- Porenwasser 21
- Untersuchung 399
- weiches 399
- Zugabewasser siehe dort
Wasserabsondern 103, 169, 207, 227
Wasseranreicherungen 129
Wasseranspruch 114-119
- dampfgemischter Beton 148
- Einfluß von Dichtungsmitteln 74
- Einfluß von Einpreßhilfen 66, 79
- Einfluß von Feinststoffen 128, 207
- Einfluß von Flugasche 87-90, 119, 128
- Einfluß der Kornform des Zuschlags 115, 128
- Einfluß der Kornzusammensetzung 101-103, 106, 108, 111, 114-116
- Einfluß von Luftporenbildnern 118
- Einfluß von Pigmenten 95
- Einfluß von Silicastaub 90
- Einfluß von Verflüssigern und Fließmittel 66, 69, 118
- Einfluß der Zementart 14, 35, 37, 117-118
- Einfluß des Zementgehalts 116-117
- Einfluß von Zusatzstoffen 118-119, 207
- Faserbeton 493
- gefügedichter Leichtbeton 450
- haufwerksporiger Leichtbeton 463
- Spritzbeton 473
Wasseranspruchszahl 111, 114-115
Wasseraufnahme 49, 50, 57
- von Leichtzuschlag 60-61, 63, 64, 114, 448, 450, 451, 452, 453
- von Normalzuschlag 49, 50, 57
- von losem Zement 176
Wasserdampf-Diffusionswiderstandszahl 372
- gefügedichter Leichtbeton 460
- haufwerksporiger Leichtbeton 465
Wasserdampfdurchlässigkeit 41
- haufwerksporiger Leichtbeton 465
Wasserdurchlässigkeit - Zementstein 42-43
Wassereindringtiefe 367, 402
Wassergehalt
- Einfluß auf Betoneigenschaften siehe Wasserzementwert
- Einfluß auf Konsistenz und Verarbeitbarkeit 206
- Einfluß auf plastisches Schwinden 237
- Einfluß auf Schwinden 353
- Prüfung 228-230
Wasserglas (als Beschleuniger) 469-472, 477, 478, 479, 480
Wasserrückhaltevermögen 129, 151, 176, 252
Wassersäcke 305, 316, 370
Wasserundurchlässigkeit 103, 126, 127, 367-371, 402
- Arbeitsfugen 175
- gefügedichter Leichtbeton 460
- Vakuumbeton 172
- Anrechnung von Fließmitteln 215
- wärmebehandelter Beton 199
Wasserzementwert 22, 23, 119-127
- Außenbauteile 125, 436
- Beton für Unterwasserschüttung 126
- Beton mit besonderen Eigenschaften 127
- Beton mit hohem Frost- und Taumittel-Widerstand 126, 381
- Beton mit hohem Frostwiderstand 376
- Beton mit hohem Widerstand gegen chemische Angriffe 126, 127, 402
- bewehrter Beton 123
- Einfluß auf adiabatischen Temperaturanstieg 240
- Einfluß auf Arbeitsvermögen 322
- Einfluß auf Biegezugfestigkeit 302
- Einfluß auf Carbonatisierung 423-426
- Einfluß auf Chloriddiffusion 429, 432
- Einfluß auf Diffusionskoeffizient 424, 432
- Einfluß auf Dauerhaftigkeit 119, 125
- Einfluß auf Druckfestigkeit 26, **119-122,** 259, 302, 310
- Einfluß auf Elastizitätsmodul 324, 325
- Einfluß auf Erstarren 34
- Einfluß auf Festigkeitsentwicklung 27, 31, 182, 272-273, 276
- Einfluß auf Fließzahl 333
- Einfluß auf Frühfestigkeit 276
- Einfluß auf Gasdurchlässigkeit 124
- Einfluß auf Grundfließzahl 335
- Einfluß auf Konsistenz 206
- Einfluß auf Kapillarporen 24-25
- Einfluß auf Korrosionsschutz 429, 432, 436, 437
- Einfluß auf Permeabilität 372
- Einfluß auf Porengrößenverteilung 257
- Einfluß auf Porosität 24-25, 42, 254, 257, 298
- Einfluß auf Nachbehandlungsdauer 182
- Einfluß auf Schlagfestigkeit 309-310
- Einfluß auf Schwinden 354
- Einfluß auf Spaltzugfestigkeit 310
- Einfluß auf Verbund 313

- Einfluß auf Verschleißwiderstand 365
- Einfluß auf Wassereindringtiefe 368
- Einfluß auf Wasser(un)durchlässigkeit 42
- Erniedrigung durch Nachverdichten 169
- Erniedrigung durch Vakuumbehandlung 170-171
- Erniedrigung durch Zusatzmittel 72
- Faserbeton 493
- Gesetz 120-121
- Grenzen 127, 436
- hochfester Beton 72, 298
- Mischungsentwurf 131
- Prüfung 232
- wärmebehandelter Beton 197
- wasserundurchlässiger Beton 126, 127, 369
- wirksamer 170, 449, 452

WEIBULL-Effekt 262
weiches Wasser 384
weißer Portlandzement 15
Weißzement 15, 30, 95
werkgemischter
- Betonzuschlag 47
- Transportbeton 145

Widerstand gegen
- Alkalireaktion 52, 405-406
- chemische Angriffe 7, **38-39**, 172, 199, 201, **384-404**
- Frost siehe Frostwiderstand
- Frost- und Taumittelangriff siehe Frost- und Taumittelwiderstand
- hohe Gebrauchstemperaturen 7, 126, 407-418, 505
- Gefrieren siehe Gefrierbeständigkeit
- Korrosion der Bewehrung siehe Korrosionsschutz
- Verschleiß siehe Verschleißwiderstand
- radioaktive Strahlung 420-421
- wiederholte Belastung siehe Schwellbelastung, Druckschwellfestigkeit

Windeinwirkung 182
Wirbler 144
wirksames Betonalter 332
wirksame Körperdicke 332, 336, 352
Wirkungsbereich (-radius) von Innenrüttlern 163, 453
Wirkungsgruppen - Betonzusatzmittel 65-66
WÖHLERlinie 279-281
Würfel, Würfeldruckfestigkeit 122, 258, 260, 262, 263, 268, 291

Zähigkeit 321
zeitabhängige Verformungen siehe Fließen, Kriechen, plastisches Schwinden, Quellen, Schrumpfen, Schwinden, verzögert elastische Verformung
Zeitfestigkeit 279, 281

Zeitfunktion k_s - Schwindverlauf 352-353
Zeitkonstante τ - Temperaturverlauf 243
zeitliche Entwicklung
- Betondruckfestigkeit 193, 242, 272-277, 311, 476
- Betontemperatur 239-245
- Bruchdehnung 247
- Elastizitätsmodul 248, 327
- Konsistenz 215-217
- Porosität 25
- Querdehnzahl 293
- Schlagfestigkeit 311
- Spaltzugfestigkeit 311
- Wärmedehnzahl 238
- Wasserundurchlässigkeit 368
- Zementmörtelfestigkeit 27, 30-33
- Zugfestigkeit 246, 248

zeitlicher Verlauf
- adiabatischer Temperaturanstieg 239-241
- Carbonatisierung 425
- Chloriddiffusion 429, 432, 433
- Fließen, Kriechen 333, 336, 339, 341, 348, 480
- Hydratation 21-23
- plastisches Schwinden 236-238
- Schwinden 352, 353
- Spannungsrelaxation 349
- Übergangskriechen 346
- verzögert elastische Verformung 337
- Vakuumentwässerung 171
- Wärmebehandlung 191-196

Zement 11-43
- Abmessen 139
Zementart 12-17
- Einfluß auf Alkalireaktion 15, 406
- Einfluß auf Carbonatisierung 427
- Einfluß auf Chloriddiffusion 429
- Einfluß auf Dauerhaftigkeit 20
- Einfluß auf Durchlässigkeit 381
- Einfluß auf Frost- und Taumittelwiderstand 380-381
- Einfluß auf Kriechen 337
- Einfluß auf Nachbehandlungsdauer 381
- Einfluß auf Permeabilität 372
- Einfluß auf Porosität 20
- Einfluß auf Schwinden 41, 354
- Einfluß auf Sulfatwiderstand 15
- Einfluß auf Wärmeentwicklung 15, 40
- Einfluß auf Wasseranspruch 14, 35, 37, 116 117-118
- Einfluß auf Widerstand gegen chem. Angriff 29, 39, 402
- Korrosionsschutz 438
Zementbazillus 39
Zementfestigkeitsklasse 28-30
- Einfluß auf Anfangserhärtung 28

- Einfluß auf Betondruckfestigkeit 120-123
- Einfluß auf Carbonatisierungstiefe 426
- Einfluß auf Festigkeitsentwicklung 31-32, 272
- Einfluß auf Fließen und Kriechen 41, 336

Zementgehalt 119-127
- Außenbauteile 125, 126, 436
- Beton bestimmter Festigkeit 123
- Beton mit hohem Frost- und Taumittelwiderstand 381
- Beton mit hohem Frostwiderstand 126, 376
- bewehrter Beton 124
- Beton mit hohem Verschleißwiderstand 126
- Beton mit hohem Widerstand gegen chemische Angriffe 126
- Einfluß auf Carbonatisierung 423
- Einfluß auf Fließzahl 333
- Einfluß auf Grundfließzahl 335
- Einfluß auf Schwinden 353
- Einfluß auf Verschleißwiderstand 365
- Einfluß auf Wärmedehnzahl 358
- Einfluß auf Wasseranspruch 116-117
- Faserspritzbeton 482
- gefügedichter Leichtbeton 450
- haufwerksporiger Leichtbeton 463
- Korrosionsschutz 436, 438
- Mischungsentwurf 131
- Prüfung am Frischbeton 230-233
- Spritzbeton 473
- Stahlleichtbeton 450
- wasserundurchlässiger Beton 126

Zementgel 20
Zementherstellung 17-18
Zementleim 19
Zementleimvormischung 145
Zementstein 19
- Druckfestigkeit 26
- E-Modul 41
- Verschleißwiderstand 364
- Wärmedehnzahl 41, 355-356

Zementsteinfestigkeit 25, 120
Zementsteinporenraum 254
Zementtemperatur 32
zentrische Zugfestigkeit 246, 301, 305
zerstörende Prüfverfahren 289-290
zerstörungsfreie Prüfverfahren 290-296
Zielfestigkeit 271
Zink 439
Zugbruchdehnung
- junger Beton 246
Zugabewasser 96, 98, 132
- Abmessen 139
- Anforderungen 97
- Beurteilung 97
- Schnellprüfverfahren 98

- Vergleichsprüfungen 97

Zugfestigkeit 300-308
- Einflüsse 301
- Faserbeton 497
- gefügedichter Leichtbeton 456
- hohe Temperaturen 414
- junger Beton 245
- mehrachsige 308
- polymerisierter Beton 202
- Prüfung 300
- wärmebehandelter Beton 199

Zugfestigkeitsentwicklung 246
Zugkriechen 347
Zumahlstoffe 11-14
Zusammenhaltevermögen 207, 214
Zusammensetzung
- Beton siehe Betonzusammensetzung
- Steinkohlenflugasche 85-86
- Zement 12-17
- Zuschlaggemisch siehe Kornzusammensetzung

Zusatzmittel siehe Betonzusatzmittel
Zusatzstoffe siehe Betonzusatzstoffe
Zuschlag 43-65
- abschlämmbare Bestandteile **50**, 369
- alkaliempfindlicher 52, 92, 405-406
- Anforderungen 45-53
- Arten 43-45, 54-65
- Biegezugfestigkeit 49, 57
- Dichte 49
- Druckfestigkeit 49, 57
- Einfluß auf Fließen 335
- Einfluß auf Schlagfestigkeit 310
- Einfluß auf Schwinden 354
- Einfluß auf Verarbeitbarkeit 206
- Einfluß auf Verschleißwiderstand 364
- Einfluß auf Wärmedehnzahl des Betons 358
- Elastizitätsmodul 58
- Frostwiderstand 48-50
- für Beton mit hohem Frostwiderstand 375
- für Beton für hohe Gebrauchstemperaturen 408-410
- für Beton mit hohem Verschleißwiderstand 364-365
- für Faserbeton 493
- für Konstruktionleichtbeton 59-61
- für haufwerksporigen Leichtbeton 462
- für hochfesten Beton 297
- für vorwiegend wärmedämmenden Leichtbeton 62-64
- für Spritzbeton 468
- für Strahlenschutzbeton 43, 64
- kalzitischer 410
- Korn-E-Modul siehe dort
- Kornfestigkeit siehe dort

- Kornform siehe dort
- Korngruppen siehe dort
- Kornrohdichte siehe dort
- Kornverteilung siehe dort
- Kornzusammensetzung siehe dort
- künstlicher 43
- Leichtzuschlag 53, 59-64
- natürlicher 43
- Normalzuschlag 43, 51-58
- quarzitischer siehe dort
- Schüttdichte 53, 56
- Schwerzuschlag 43, 64
- spezifische Oberfläche 110-111
- spezifische Wärme 141, 146
- Verschleißwiderstand 49, 57
- Wärmedehnzahl 49, 58, 357
- Wasseraufnahme 49, 57
- werksgemischter 47

Zuschlaggehalt - Mischungsentwurf 131
Zuschlaggemische 47, 104, 105
Zwangsmischer 143, 145, 495
Zwangsspannungen 300
zweiachsige Belastung 284
Zwischenschichtwasser 19, 21, 24

GLEITSCHNELLBAU GMBH

Verwaltung:

Siegburger Straße 241
Postfach 21 11 20
5000 Köln 21
Telefon: (02 21) 824-2870
Telefax: (02 21) 824-2694
Telex: 8 873 718
Teletex: 2 21 42 30

Betrieb:

Hansestraße 74–76
5000 Köln 90
(Porz-Gewerbegebiet)
Telefon: (0 22 03) 30 13 34

Ausführung von Bauarbeiten
unter Anwendung von Gleitschalungen aller Art,

Heben, Senken und Verschieben schwerer Lasten,
Kletterschalungen für Turmbauten.

VAKUUM BETON

Monolithischer Betonfußboden aus einem Guß. Ohne Estrich.

Wir liefern:
Maschinen + Geräte für den rationellen Betoneinbau.
Betonflächenfertiger bis 12 m Arbeitsbreite.
Vakuum-Beton-Anlagen,
Beton-Glättmaschinen.

Wir bieten:
das umfassende technische Know-How für die Anwendungs- und Verfahrenstechnik, sowie die Arbeitsvorbereitung und die Einarbeitung Ihres Baustellenpersonals.

NOGGERATH
VAKUUM-BETON-TECHNIK

Neuer Wall 75, 2000 Hamburg 36,
Telefon 040/36 29 58, Telex 02 11 334

Kennen Sie schon……?

WOERMENT®
FM 26 (FM)

(Prüfzeichen: PA VII-8/189)

eines der stärksten Fließmittel!

Die Vorteile:

- Geringe Dosierung
- Keine Verzögerung
- Mit LP-Bildnern kombinierbar
- Ausgewählte und bewährte Rohstoffe

WOERMANN

**Ihr Partner
für wirtschaftlichen Qualitätsbeton**

Woermann GmbH & Co. KG · Posf. 40 38 · Wittichstr. 1 · D-6100 Darmstadt
Telefon (0 61 51) 8 54-0 · Telefax (0 61 51) 8 54 52 · Telex 4 19 665

PORENLEICHTBETON – Lufterhärtend

Durch hochwertigen, chloridfreien (0,002%), biologisch abbaubaren, stabilen PROTEINSCHAUM, einer ausgereiften und einfachen Maschinentechnik (PUTZMEISTER) und durch eine ausgefeilte Technologie der Herstellung, bewährt in vielfacher Anwendung seit über 15 Jahren in mehr als 40 Ländern bietet PORENLEICHTBETON (PLB) folgende Vorteile und Möglichkeiten:

- Reproduzierbare mechanische und physikalische Eigenschaften bei optimalem Verhältnis von Rohdichte zur Festigkeit.
- Rohdichten von ca. 350 bis 1800 kg/m^3 bei erzielbaren Festigkeiten von ca. 1 bis 35 N/mm^2.
- Enorme Gewichtseinsparungen, hohe thermische Isolierung, optimaler Feuerwiderstand, flüssige Konsistenz, trittschalldämmend, pumpbar, spritzbar, einfachste Herstellung/Anwendung, kostensparend.

Einfacher und zuverlässiger Schaumerzeuger mit Dosierautomatik zur Beschickung von Mischern aller Art, einschließlich Fahrmischern.

Vorhanden sind Prüfzeugnisse renommierter Institute – des In- und Auslandes über Eigenschaften und Verhalten von PLB.

Als Referenzen gelten **zehntausende** Wohnungen, Appartements aber auch Schulen, Krankenhäuser und Industriebauten in aller Welt, einschließlich gesamter Städte und Siedlungen mit jeweils tausenden von Einheiten.

Technische Anwendungen:

Hohlraumverfüllungen, Hinterfüllungen, Fußbodenisolierung (Sanierungen), Verfüllung von Hohlräumen in der Abflußrohrsanierung.

Verwendbar in Kombination mit Flugasche, Leichtzuschlägen (Verbesserung des Verhältnisses von Rohdichte zur Festigkeit um ein Vielfaches (z. B. Dichte 800 kg/m^3 = 8 N/m^2).

NEOPOR SYSTEM GMBH

Postfach 15 25, D-7440 Nürtingen/Neckar
Telefon 07022/3 10 71, Telefax 07022/3 62 32, Telex 7267345 neop d

doubrava Anlagenbau

Dosier- und Mischanlage
für staubförmige Beton-Zusatzmittel.

In Doubrava-Anlagen, vom Projekt bis zur Realisierung eines Werkes, stecken Jahrzehnte praktischer Erfahrung.

Mit so viel Erfahrung und unter Einbringung guter Ideen und jeweils des neuesten Standes der Technik, gelingen optimale, ausgewogene Lösungen.

Versuchen Sie es mit uns!

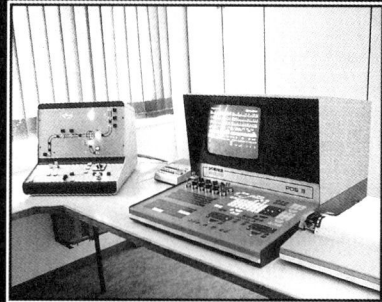

DORNER-Mikroprozessorsteuerung

Einwellenmischer mit Restlosentleerung

Elektromechanische Verwiegung

doubrava
doubrava GmbH & Co KG · A-4800 Attnang · Austria · Fach 73
Industriestr. 17 — 20 · ☎ 07674/2501-0 · Fax 499 · Tx 26450

Beton-Kalender 1990

Taschenbuch für Beton-, Stahlbeton- und Spannbetonbau sowie die verwandten Fächer

Schriftleitung: G. Franz

79. Jahrgang 1990. Teil I und II zusammen ca. 1600 Seiten mit zahlreichen Abbildungen und Tabellen. DIN A 5.
Kunststoff DM 174,-   ISBN 3-433-01108-7

Im Beton-Kalender 1990 werden erstmals zwei Themen behandelt, die die Fachleute in den nächsten Jahren besonders beschäftigen werden. Es sind dies
- die Einführung europäischer Normen in die Baupraxis;
- das Problem der Lebensdauer von Betonkonstruktionen.

Aus dem Inhalt Teil I:
BONZEL/HILSDORF, Beton
DAHMS, Baumörtel
BERTRAM, Stahl im Bauwesen
CZERNY, Tafeln für Rechteckplatten
GRASSER, Bemessung der Stahlbetonbauteile I
KORDINA/QUAST, Bemessung der Stahlbetonbauteile II
KUPFER, Bemessung von Spannbetonbauteilen,
LITZNER, Vergleich DIN 1045 - Eurocode 2

Aus dem Inhalt Teil II:
GOFFIN, Bestimmungen
Schweizerische Stahlbetonbestimmungen - SIA 162
KÖNIG/LIPHARDT, Hochhäuser aus Stahlbeton
KUPFER/HOCHREITHER, Anwendung des Spannbetons
NATHER, Gerüste
GRUBE/KERN/QUITMANN, Instandhaltung von Betonbauwerken

Ernst&Sohn
Verlag für Architektur und
technische Wissenschaften
Hohenzollerndamm 170, 1000 Berlin 31
Telefon (030) 86 00 03-0

Parkhaus, Hamburg

Stadion, Leverkusen (Fertigteile)

City-Center, Stuttgart-Feuerbach

Verwaltungsgebäude, Frankfurt/M.

imbau

Zentrale: Frankfurt/Neu-Isenburg
An der Gehespitz, 6078 Neu-Isenburg
Niederlassungen: Berlin, Hamburg, Hannover, Leverkusen, Neu-Isenburg, Stuttgart, München

Planen und Bauen

Eisenbahn-Talbrücke Morschen

Wohn- und Geschäftszentrum „An Farina", Köln

Eisenbahntunnel Escherberg

Naturzugkühlturm im Kraftwerk Herne

PHILIPP HOLZMANN
Aktiengesellschaft

Hauptverwaltung in Frankfurt/Main

Hauptniederlassungen in:
Berlin · Düsseldorf · Frankfurt · Hamburg
Hannover · Köln · Mannheim · München

Dyckerhoff & Widmann AG
Ihr Partner in allen Baufragen

Seit vielen Jahren ist die Dyckerhoff & Widmann AG für ihre Bauherren tätig:

Bedeutende Bauwerke sind der Beweis für gute Zusammenarbeit.

Dyckerhoff & Widmann
Aktiengesellschaft
Hauptverwaltung
Erdinger Landstraße 1
8000 München 81
Telefon: 089/9255-1

wir bauen auf Ideen

DYWIDAG

WIBAU

Rotor-Betonpumpen

Rundum die beste Lösung

Kolben-Betonpumpen

WIBAU Maschinen GmbH + Co KG · Postfach 11 53 · D-6466 Gründau-Rothenbergen · Tel. 0 60 51/88-1 · Telefax 0 60 51/88-2 30 · Telex 4184316 wib d
— **Ein Putzmeister Unternehmen** —

Keine Kompromisse bei Wasser, denn Wasser ist kompromißlos ...

...kommen Sie im Bedarfsfall zu uns
- wir erarbeiten für Sie die wirtschaftlichste und bestmögliche Lösung zur Abdichtung wasser- und druckwasserbelasteter Stahlbetontragwerke,
- übernehmen die fachgerechte Beratung durch erfahrene Fachingenieure unseres Hauses sowie
- die abdichtungstechnische Ausführungs-Planung in Übersicht und Detail unter Berücksichtigung aller objektbezogener, besonderer Lastfälle und Erschwernisse,
- die Ausschreibung ebenso wie auch
- die bauleitende Betreuung.

Wir gewährleisten in vollem Umfange
- die Gebrauchs- und Funktionsfähigkeit dieses diffizilen Gewerks „Abdichtung" und bieten als weitere Sicherheit objektbezogenen Versicherungsschutz.

Übrigens werten wir diese „sogenannte Sperrbetonbauweise" (weiße Wanne), welche in den allgemein anerkannten Regelwerken als Einheitsnorm nicht abgesichert ist, zur Funktions- und Gebrauchsfähigkeit und so zur Regel bzw. Stand der Technik auf.

35-jährige Erfahrung und Erfolg garantieren Ihnen Sicherheit.

ZEMENTOL-Gruppe
mit **Ingenieurbüro K. Köder u. Mitarbeiter,** Dipl.-Ingenieure

Zentralverwaltung
7443 Frickenhausen · Postfach 12 55 · Max-Eyth-Straße 17
Tel. 0 70 22/4 10 85-89 · Telex 7 267 309 · Fax 0 70 22/4 51 52

mit weiteren Büros in:

Berlin	Wangen	Nürnberg
0 30 / 8 21 65 30	0 75 22 / 58 56	09 11 / 59 15 04
Rinteln	Fax 07522 / 8465	Fax 0911 / 592232
0 57 51 / 62 80	München/Martinsried	Dornbirn
Fax 05751 / 76325	0 89 / 8 57 50 85	Tel. Österreich
Rödermark	Fax 089 / 8561629	0 55 72 / 6 43 50
0 60 74 / 9 80 41	Ruhpolding	Fax 0043-5572 / 60615
Karlsruhe	0 86 63 / 12 90	Tel. Deutschland
07 21 / 61 38 01		00 43-55 72 / 6 43 50
Fax 0721 / 6162		

zementol

HAREX®
die gefräste Stahlfaser mit der großen, rauhen Oberfläche

Wir garantieren:

- keine Verarbeitungsschwierigkeiten
- kurze Mischzeiten
- keine Zusatzgeräte (Vereinzelungs- und Dosiergeräte)
- einfaches Einmischen in jeden Mischer
- homogene Verteilung
- **KEINE STAHLFASERIGEL**
- qualitative Fachberatung

VULKAN HAREX®
Stahlfasertechnik GmbH & CO. KG
Heerstr. 66 · **D-4690 Herne 2**
Tel. (02325) 5909-0 · Telex 820361
Telefax (02325) 53221

Tiefbaufugen

Fugen und Fugenkonstruktionen
im Beton- und Stahlbetonbau

von N. Klawa und A. Haack
1989. Ca. 320 Seiten mit zahlreichen Abbildungen
und Tabellen. 21 x 28 cm.
Gebunden ca. DM 180,-   ISBN 3-433-01012-9

Größere Betonbauwerke werden in der Regel durch Fugen in Einzelabschnitte unterteilt. Dadurch sollen die Entstehung wilder klaffender Risse im Bauwerk vermieden und eine Unterteilung des Bauwerks aus den praktischen Erwägungen des Baustellenbetriebs erreicht werden. Dieser zweite Aspekt sowie wirtschaftliche Überlegungen sind heute vorrangig, denn nach dem Stand der konstruktiven und betontechnischen Erkenntnisse könnte in vielen Fällen auf die Anordnung von Fugen verzichtet werden.

Das Buch gibt nach einem einleitenden Kapitel über die Fugenausbildung an Bauwerken aus wasserundurchlässigem Beton oder mit Hautabdichtungen anhand von zahlreichen Beispielen eine systematische Übersicht über Fugenanordnung, -konstruktion und -abdichtung für alle typischen Tiefbauten aus Beton. Jedes Kapitel schließt mit einem umfangreichen Nachweis weiterführender Literatur ab.

Ernst & Sohn

Verlag für Architektur und
technische Wissenschaften
Hohenzollerndamm 170, 1000 Berlin 31
Telefon (030) 86 00 03-0